SELF–ANALYSIS & THE STRUGGLE
TOWARDS SELF–REALIZATION

自我分析与自我实现

〔美〕卡伦·霍妮⊙著

林萱素　邹一祎⊙译

天津出版传媒集团

天津人民出版社

图书在版编目（CIP）数据

自我分析与自我实现/（美）卡伦·霍妮著；林萱
素，邹一祎译 . -- 天津：天津人民出版社，2020.10
ISBN 978-7-201-14081-0

Ⅰ.①自… Ⅱ.①卡… ②林… ③邹… Ⅲ.①新弗洛
伊德主义 Ⅳ.① B84-069

中国版本图书馆 CIP 数据核字 (2019) 第 268350 号

自我分析与自我实现
ZIWO FENXI YU ZIWO SHIXIAN

出　　版　天津人民出版社
出 版 人　刘　庆
地　　址　天津市和平区西康路 35 号康岳大厦
邮政编码　300051
邮购电话　（022）23332469
网　　址　http://www.tjrmcbs.com
电子邮箱　reader@tjrmcbs.com

责任编辑　李　荣
装帧设计　同人阁文化传媒

制版印刷　香河利华文化发展有限公司
经　　销　新华书店
开　　本　787 毫米 × 1092 毫米　1/16
印　　张　52
字　　数　933 千字
版次印次　2020 年 10 月第 1 版　2020 年 10 月第 1 次印刷
定　　价　128.00 元

译者序

卡伦·霍妮（1885—1952），是西方当代新精神分析学派的代表人之一。精神分析的治疗方法和学说最初是弗洛伊德在自己的治疗实践中发展起来的，可以说，精神分析是整个心理咨询与治疗的开端，并影响了社会生活的方方面面。在各种理论、技术趋于整合的今天，精神分析作为理论基础得到了更为灵活的应用。比如，在时下盛行的婚姻家庭治疗领域中，所有该领域的先驱或创造者，几乎都系统学习过精神分析技术。一个多世纪以来，心理学的发展派别林立，但没有一个心理学者能够绕过精神分析，也没有哪一个流派能有如此深远的影响。然而，没有一个理论是十全十美的，自精神分析问世以来，无数精神分析学者师从弗洛伊德，又发现其理论中存在的不足与缺陷，在批判的基础上，各有偏离，形成了自己的精神分析理论。从某种程度上来说，在与弗洛伊德"决裂"的道路上，卡伦·霍妮和荣格等人都要走得更远，以至于被正统精神分析流派所"驱逐"。其实，她并没有完全否认弗洛伊德那近乎天才般的设想，只是创造性地将社会文化背景融入精神分析之中，为精神分析学说开辟了新的道路。正如她在书中所说："我们必须迈出坚定的一步以超越弗洛伊德，而只有站在他启发性发现的基础上，这种超越才能成为可能。"霍妮从文化的视角来研究心理问题与现象，不仅跨越式地发展并丰富了正统精神分析学说，而且对我们今天的心理学研究，都具有极强的现实借鉴意义。

霍妮生平坎坷，童年也并不幸福。她的父亲是一位远洋轮船船长，母亲是父亲的第二任妻子，两人年龄相差19岁。父亲与前妻已经有四个成年孩子，另外，她还有一个同父同母的哥哥。在她童年的记忆中，父亲独裁又沉默寡言，是一位非常可怕的人物；他不认可她，还认为她丑陋又愚笨。同样，她也敏感地察觉到母亲更加偏爱哥哥，对她十分冷落。这样的童年经历和感受，对她日后的精神分析实践和理论的形成产生了巨大的影响。在《我们时代的神经症人格》这本书中，霍妮对儿童经历对日后将产生何种影响，有着精彩的分析和独到的见解。与正统精神分析学家不同的是，虽然她也认同童年经历的重要性，但却不认为成年人的病态（神经症）行为是童年模式的复演。

1909年，霍妮婚后不久，由于受到抑郁症和性问题的困扰，开始接受卡尔·亚伯拉罕的精神分析治疗。卡尔·亚伯拉罕是弗洛伊德的嫡传弟子，由此，她在卡尔·亚伯拉罕的引领下开始接触并学习精神分析。1913年，她获得柏林大学医学博士学位，并随后在柏林精神分析研究所接受了长期的精神分析训练；1919年，她作为一名精神分析医生开始了其漫长的精神分析实践。在《我们时代的神经症人格》这本书中，她几乎在每一章中，都列举了大量实际发生过的神经症案例，既为本书的创新性理论做了充分的论证，也为读者更好地理解神经症这一复杂现象提供了客观的例证。可以说，本书的成果，正是建立在霍妮长期的精神分析实证基础之上的。这一阶段，她还发表了大量不同于弗洛伊德观点的文章，并逐渐偏离弗洛伊德正统学说。

1932年，霍妮来到美国，担任芝加哥精神分析研究所副所长。在这里，她接触到了阿德勒和弗洛姆等人，她的理论思想也进一步成熟。在长期的艰苦工作和深刻思考后，1937年，她出版了自己的第一本重要专著，就是这本《我们时代的神经症人格》。本书的出版，表明霍妮形成了自己的思想，并且其"对神经症的许多解释都与弗洛伊德相去甚远"。本书的语言，作者"力求通俗易懂"，既不像荣格著作那般，通常会引用许多神话原型，也不像弗洛伊德那样，运用较多的专业术语，而且，书中案例翔实，又不乏精辟而透彻的分析。因此，即使不是心理学专业人士，也能够理解书中意思，并有一种醍醐灌顶之感。

霍妮认为诞生于我们文化冲突中的焦虑，是"神经症的核心动力"。全书也一直围绕焦虑、对抗焦虑所建立的防御机制，以及种种难以调和的冲突展开，以揭示神经症的基本结构和现象。一般而言，正常人在其所处的文化中也会产生焦虑，但他们并非时刻处于焦虑状态之中，且能够较好地处理这些问题，找到内心的平衡。而神经症患者为了摆脱他们身上时刻存在着的焦虑，往往采取过激的防御措施，"焦虑越是难以忍受，保护手段就需要越彻底"。在书中，霍妮花了大量篇幅，着重探讨了对爱的病态需求，对权力、名望、财富的渴求等防御方式。她揭示出，神经症患者对这些目标的追逐亦是焦虑、愤怒和自卑感的产物；他们不仅无法摆脱焦虑、获得安全感，反而会陷入恶性循环，导致更严重的冲突和焦虑。

　　不得不提的是，霍妮自始至终都在强调文化和社会环境对神经症的影响。在书的开端，她就反复强调，不同的行为在不同文化中具有不同的意义。在一些文化中看起来是异端的行为，在另一些文化中却是一种正常的行为。因此，我们通常认定神经症的一个标准就是："他的生活模式是否同我们这个时代公认的行为模式一致。"在这个前提下，社会文化的考量就显得尤为重要。如果不考虑文化和社会环境这个大背景，那么，我们就会对很多神经症做出误判。因此，霍妮在书的结尾，直接将神经症患者称为"我们当今文化中的副产品"。在我看来，全书最精髓之所在，也正是霍妮创造性地用这种文化决定论批判并修正了弗洛伊德所谓正统的生物决定论，让精神分析理论更为多元、更加精彩。

　　最后需要指出的是，由于水平有限，译文中难免存在一些问题，可能给读者阅读带来不便，因此诚挚地欢迎读者批评指正，并给本书提出宝贵意见。

屈建伟

目 录

我们时代的神经症人格

精神分析的新方法

自我分析

我们内心的冲突

神经症与人的成长

THE NEUROTIC PERSONALITY OF OUR TIME

我们时代的神经症人格

（1937）

屈建伟⊙译

前　　言

　　我写此书的目的，是希望能够准确描绘我们生活中的神经症患者，描绘出实际驱动他们的内心冲突、焦虑、痛苦，以及在与他人和自己相处时所面临的种种困难。在这书中，我并不关注神经症的某一种或者几种类型，只关注以某种形式在所有神经症患者中重复出现的人格结构。

　　本书的重点将放在描述神经症患者生活中存在的冲突，为解决冲突所进行的努力，真实存在的焦虑以及他们为缓解这些焦虑所采取的防御机制上。书中强调现实情境，但并不意味着我否认神经症从本质上看是由早期童年经验发展而来的观点。我与其他精神分析学派作者的区别在于，我认为，不应该将注意力仅仅放在童年生活经历上，且成年后的行为反应也不只是早期经历的简单重复。换而言之，早期童年经验与后期冲突之间的关系非常错综复杂，并不像那些认为童年经验与后期冲突只是简单因果关系的精神分析学家们想得那么简单。尽管童年经验为神经症病发提供了先决条件，但这并不是造成后期困境的唯一原因。

　　当我们将注意力集中于实际的神经症困难时，就会发现，神经症的产生不仅与偶然的个人经验有关，还与我们所处的具体文化环境相关。事实上，文化环境不仅加重和丰富了个体经历，而且还决定着这些经历的具体形式。例如，拥有一个专横跋扈还是具有自我牺牲精神的母亲，是一个人的命运。但是，她究竟是一个专横跋扈的母亲还是具有自我牺牲精神的母亲，只有在特定的文化环境下才能得以确定，正是因为这些环境，才使得这样的经历对个人的生活产生影响。

　　当我们意识到文化环境会对神经症产生重要影响，那么，被弗洛伊德理论视为根基的生物和生理因素就会立即退到背景的位置，且只有在已被证实的基础上，才应考虑其影响力。

　　我的这种研究方向，使我对神经症中的一些基本问题进行全新的阐释。尽管这些阐释涉及一些不同的问题，例如，受虐狂现象、爱的神经症性需要的内涵、神经症性罪恶感的意义等，但它们都有一个共同基础，即都强调焦虑在神经症人格倾向中的作用。

我对神经症的许多解释都与弗洛伊德相去甚远，基于此，一些读者可能会产生质疑：这还是精神分析吗？是与否的关键在于对精神分析本质如何理解。如果你认为，精神分析完全是由弗洛伊德提出的既有理论所构成，那么本书所讲的就不是精神分析。如果你认为精神分析的实质是基于以下基本的思想：关注无意识过程的作用以及无意识寻求表达的方式，在治疗过程中将无意识过程意识化等，那么，我谈的就是精神分析。我认为，严格遵从弗洛伊德理论会带来一种危险，即倾向于在神经症患者身上仅能看到弗洛伊德所希望呈现的内容，这不利于理论的向前发展。进一步探索和发展弗洛伊德理论是对其最大的尊重，这样我们才能使精神分析在理论和实践两个领域得以更为长足的发展。

上述内容也对另一个问题进行了回答：我对神经症的阐释是否是阿德勒式的。诚然，书中的一些观点确实与阿德勒理论有相似之处，但从本质上来说，我是以弗洛伊德学说为基础进行阐释的。事实上，阿德勒是一个典型的例子，说明如果不以弗洛伊德基本发现为基础而片面地进行探索，那么对心理过程的富有创造性的洞见也会变得枯燥乏味。

探讨我与其他精神分析学家的异同并不是本书的主要目的，因此，本书将对那些我与弗洛伊德背道而驰的观点进行集中讨论。

书中展示的是长久以来，我在对神经症进行精神分析研究中获得的一些成果。我本应该尽可能详尽地呈现所依据的病历资料，但对一本旨在概括性介绍神经症一般问题的书而言，这样做显得过于累赘。即使没有这些材料，专业人士甚至是门外汉也能够轻易检验书中观点的有效性。有心的读者，不妨将我的假设与自己的观察结果和经验做比较，进而对我的观点予以驳斥或接纳、修订或深化。

本书语言力求通俗易懂，为使解释足够清楚，我避免过多讨论细枝末节，而且，书中也较少使用专业词汇，以免妨碍读者进行清晰的思考。因此，通过本书，许多读者，即使是非专业读者，也能轻松理解神经症人格的问题。但是，这可能会让读者得出神经症问题很简单这样一个大错特错甚至是危险至极的结论。我们不能忽略的是，几乎所有的心理学问题都非常复杂且微妙。若有人不能接受这点，那劝他最好不要读此书，以免陷入混乱或因无法找到现成结论而感到失望。

本书写给对神经症感兴趣的人，需要与神经症患者打交道的专业人士以及对神经症问题有所了解的人，这其中不仅包括精神科医生、社会工作者、教师，还包括那些认识到心理因素在不同文化研究中都具有重要性的人类学家和社会学家。最后，我希望本书对那些神经症患者本人也能有所帮助。从原则上来说，如果神经症患者能够接纳心理学观点，不将其作为对个人的一种入侵或强加，那么，基于他自身所经历的痛苦，与那些未患神经症的同胞相比，便能更敏锐、细致地理解心理现象的复杂性。然而，不幸的是，阅读本身并不能治愈神经症患者，在所阅读的内容中，他们可能更容易识别出其他人而不是自己。

借此机会，我要向编辑出版本书的伊丽莎白·托德小姐表示感谢。至于那些我需要表达感谢的作者，在本书正文部分我都有所提及。我要向弗洛伊德表达我最大的谢意，因为他为我们提供了基础以及工作的工具，同样，我也要向我的患者表达最大的谢意，因为我的所有见解，都来自我与他们一起进行的工作。

第一章　神经症的文化与心理内涵

现在，我们使用"神经症"一词与以往任何时候相比，都更为自由，但这并不意味着我们对"神经症"有了一个清晰且明确的定义。通常，这不过是一种略显高雅地表达不满的方式：曾经人们满足于用懒惰、敏感、苛责或者多疑来描述此类人，但现在大家更愿意用"神经症"这个词来代替。然而当我们使用这个词的时候，还是意有所指的，在选择使用这个词时，也还是有一些标准的，虽然我们没有意识到。

首先，在行为反应方面，神经症患者和普通人是截然不同的。下面的几个例子，我们就倾向于认为其属于神经症的表现：一个女孩在工作中，宁愿保持现有的位置和级别，且拒绝接受涨薪，也不愿与上司保持一致；一个只要努力工作即可突破三十美元周薪的艺术家，却过度享乐生活，而且还把大量时间花在陪伴女人或沉迷于技术爱好之中。之所以将他们看成神经症，原因在于，我们大多数人熟悉且只熟悉一种行为模式，这种行为模式暗示着人们想要在世界独占鳌头，超越他人，赚更多的钱，而不是只为了最低限度地满足生存。

这些例子说明，在认定神经症时，我们常常使用的一个标准是：他的生活模式是否同我们这个时代公认的行为模式一致。上述那个没有竞争驱力的女孩，至少表面上如此，如果她生活在普韦布洛（Pueblo）印第安文化中，那她完全就是一个正常人。同样，上面例子中的那位艺术家，如果他生活在意大利南部或者墨西哥的村庄，那么他的行为与大多数人无异。因为，在这类环境中，但凡有人为了满足眼前的需要而去赚取更多的钱或者付出更多努力是不可想象的。回溯得更远一些，在希腊，超出个人所需而拼命工作的态度，会被认为是十分不体面的。

"神经症"一词虽源于医学领域，今天却不能脱离其文化内涵而用之。医生可以不考虑患者的文化背景就对其受伤的腿进行治疗，但却不能因为一个印第安男孩相信自己的幻觉而将其诊断为精神病，这会存在极大风险。在印第安的独特文化中，幻觉和幻觉体验被看成是一种特殊的礼物和来自神灵的祝福。拥有这种体验的人，人们会郑重其事地认为其享有一定威望。在我们看来，有人如果还能跟他已故的祖父交谈几个小时，那他可能是神经症或精神病，但在一些印第安部落，与祖先交流是被认可的行为。如果有人因为其已故亲属的名字被提及而感到被严重冒犯，那么我们会认为他确实是神经症患者，但在吉卡里拉·阿巴切（Jicarila Apache）文化中，这种被冒犯感则显得十分正常。在我们的文化中，如果一个男人被月经期的女人吓坏，则应认为患有神经症；然而，在许多原始部落，对月经的恐惧则是一种常态。

　　"正常"的概念，会根据文化的不同而不同，即使在同一文化中，不同时期的定义也不尽相同。举个例子来说，如果今天这个时代，一个成熟独立的女性还因为发生过性关系，而认为自己是"一个堕落的女人"且"不再值得优秀男人去爱"，那么，她会被怀疑患有神经症，至少在许多社会阶层里是这样的。四十多年前，这种罪恶感是一种常态。对于正常的定义在不同社会阶层中也有所不同，例如，封建阶层的人认为，男性整天游手好闲，只有在狩猎或者战争状态下才会显得活跃是很正常的；然而，如果一个小资产阶级的人如此表现，就会被认为是明显异常的。这种观念还因性别不同而不同，只要差异存在于社会之中，就像在西方文化中，男性和女性被认为应该具有不同的气质、性格。对于一个女人而言，当她接近40岁时，会对衰老产生深深的恐惧，这是一种"正常"的现象；但当一个男人在这个时期，因年龄增长而变得焦虑不安时，那他很可能被认为患有神经症。

　　在某种程度上，每个受过教育的人都明白，很多时候对"常态"或者"正常"的认识是不同的。我们都知道中国人吃的食物跟我们不同，爱斯基摩人眼中整洁的概念与我们相左，巫医能够用与现代医生不同的方法来治疗病人，但很少有人能够明白，人类不仅在风俗方面有差别，在欲望和情感方面也有着种种不同，尽管人类学家已经或明或暗地对此进行了阐释。正如萨丕尔所说，总是在不断重识"常态"，是现代人类学的功绩之一。

　　每种文化都有正当的理由执念于其自我情感和欲望才是"人性"的正常表达。在这点上，心理学也并不例外。例如，弗洛伊德通过大量观察后得出女性比男性善妒的观点，而后尝试在生物学的基础上对这一普遍存在的现象进行解释。[1]弗洛伊德似乎还假定，所有人体验过因谋杀而产生的罪恶感。然而，无可辩驳的是，不同文化对杀戮的看法是截然不同的，就像彼得·弗洛伊琴所说，因纽特人并不认为谋杀者需要受到惩罚。在许多原始部落中，因家庭成员被外人所杀而造成的伤害，可以通过提供替代品加以弥补。在某些文化中，若一位母亲的儿子被杀，她可以通过收养凶手来代替儿子的方式来减轻痛苦。

　　进一步运用人类学的发现，我们必须承认，对于人性的某些看法我们还非常幼稚。比如：认为竞争、手足争宠、情感与性之间的密切关系，是人类固有的本性。我们对于正常观念的认识，来源于特定群体强加于其成员身上的特定的行为和情感标准。但是，这些标准因文化、时期、阶层以及性别的不同而不同。

　　这些考量因素对心理学的影响意味深长，直接导致对心理学全知全能的怀疑。即使我们的文化和其他文化中出现了类似之处，也不能归因于相同的动机。新的心理学发现会揭示人性中固有的普遍倾向的这种观点，这种观点已经不再可靠了。所有这些结果都证实了某些社会学家一再强调的论断：不可能存在一种放之四海而皆准的正常心理学。

　　然而，局限性利大于弊，它使我们对人性的理解更为有效。这些人类学考量因素的基本内涵在于：情感和心态在很大程度上是由我们生活的环境所塑造，包括交织在一起不可分割的个体环境和文化背景。反过来又意味着，如果我们对自身所处的文化环境有所了解，那么就能更深刻地理解正常情感和心态的特质，而由于神经症患者的行为模式往往偏离常态，这也有助于我们更好地理解它们。

---

[1] 在他的论文《两性解剖之间差异造成的心理后果》中，弗洛伊德提出了这样一种理论，即生理解剖上的性别差异，不可避免地导致每一个女孩都会嫉妒男孩拥有阴茎。随后，她希望拥有阴茎的愿望，就会转化为想要拥有一个有阴茎的男人。随后，她就会嫉妒其他女人，嫉妒她们与男人的关系，更准确地说，就是嫉妒她们拥有男人，就像她最初嫉妒男性拥有阴茎一样。在做出这样的陈述时，弗洛伊德屈从于他那个时代的诱惑：对人类的人性进行概括，虽然他的概括仅仅来自于对一个文化区域所做的观察。

人类学家不会对弗洛伊德观察的正确性进行质疑，他只会把它当作某一时代某一文化中的某些人群的观察。但是，他会对弗洛伊德概括的正确性进行质疑，他会指出，在对待嫉妒的态度上，人和人之间的差异是无尽的，在一些民族中，男性比女性更善妒，在另一些民族中，男性和女性都不善妒，还有一些民族，男性和女性都异常善妒。鉴于这些差异，他会反对弗洛伊德（或事实上反对任何人）在两性差异的基础上来解释自己的观察结果，相反，他会强调，调查男女两性的生活环境差异以及这些差异对其嫉妒发展影响的必要性。例如，在我们的文化中，就有必要提出这样的问题，弗洛伊德的观察对我们文化中的神经症女性是正确的，这种观察结果是否适用于这种文化中的正常女性。必须要提出这个问题，是因为那些日复一日与神经症患者打交道的精神分析学家经常会忽略一个事实，即，我们的文化中也存在正常人。还必须提出的问题是，会加强嫉妒以及对另一个性别占有欲的心理条件是什么？在我们的文化中，那些能够解释嫉妒心差异的男女生活环境有何不同？

　　某种程度而言，这样做就意味着继续沿着弗洛伊德的道路前行，在这条路上，弗洛伊德向世人呈现了一种迄今未有人想到过的对神经症的理解。尽管在理论上，弗洛伊德将我们身上的怪癖归因于生物内驱力，但同时他在理论上尤其在实践中，不断强调一个观点，即脱离了对个体生活环境的深入了解，特别是早期童年经历对情感塑造的影响这部分，那么我们将无法理解一个神经症患者。运用该原则解决特定文化下正常结构和神经症结构的问题，意味着如果没有掌握特有文化对个体施加了何种影响，我们就无法理解这些结构。[1]

　　除此之外，这意味着我们必须迈出坚定的一步以超越弗洛伊德，而只有站在他启发性发现的基础上，这种超越才能成为可能。因为，虽然弗洛伊德在某些方面独领风骚，超越了同时代者；但从另一角度看，他过分强调精神特征的生物性起源，又留下了那个时代科学主义倾向的烙印。他曾假设，我们文化中屡见不鲜的本能冲动或客体关系是由生物因素决定的"人性"，或是来源于无法改变的情境，如生物学意义上的"前生殖器"阶段、俄狄浦斯情结，等等。

　　弗洛伊德漠视文化因素，不仅导致得出了许多错误结论，更在很大程度上阻碍了我们对真正能够激活我们态度和行动的力量的理解。我认为，这种漠视是为什么精神分析（如实遵循了弗洛伊德有缺陷的理论路线）看似具有无限可能性，却已走进了死胡同，继而仅靠增添晦涩理论和滥用模糊术语装点门面的主要原因。

　　如今，我们已经明白，神经症是从正常状态中偏离而来，二者的区别标准虽尚不充分但却异常重要。有些并未患神经症的人，其行为表现也可能偏离常态。前文所提艺术家的例子，他不愿在赚更多钱这件事上投入更多时间，可能是因为患有神经症，也可能是明智地让自己免于陷入激烈竞争当中。另一方面，许多人从表面上看适应了当下的生活模式，但实际上却患有很严重的神经症。在这种情况下，心理学或者医学观点就很有必要。

　　奇怪的是，根据这一观点，想要说明神经症结构却异常困难。无论如何，我们要是仅单独研究那些明显的表面现象，就难以发现所有神经症共同的特征。我们不能将症状作为标准，因为这些症状很可能不会出现，例如：恐惧症、抑郁症、功能性机体障碍。某种类型的抑制总是存在，其原因我将在后面

------

　　[1] 许多作者都认识到了文化因素在心理状况的决定性影响的重要性，弗洛姆在德国精神分析文献中第一个提出和阐述这种方法。此后，该方法又被其他人所使用，例如，被威廉·赖希和奥托·芬尼切尔所使用。在美国，哈里·斯塔克·沙利文是第一个认识到要在精神分析中考虑文化内涵必要性的人。采用这种方式考虑问题的其他美国精神病学家还有阿道夫·梅耶、威廉·A. 怀特、威廉·A. 希利和奥古斯塔·布朗纳。最近，一些精神分析学家开始对心理问题的文化内涵感兴趣。在社会学家中，采用这种观点的有H. D. 拉丝威尔和约翰·多拉德。

的章节进行讨论，但其总是以非常微妙的方式或者伪装逃过表面观察。如果仅以表面现象判断人际关系障碍，包括性关系障碍，会产生同样的问题。这些现象倒容易发现，却难以对其进行辨识。然而，神经症有两种结构，是不需要对人格结构有深入了解就可以从所有神经症患者身上辨别出来的，即：僵化反应以及潜能和成就之间的脱节。

这两种特征都需要进一步的解释。我所说的僵化反应，是指缺乏多变性和灵活性，这些特性能让我们根据不同情景而做出不同的行为反应。举例来讲，正常人也会心生疑窦，当他感觉到或者发现端倪时就会如此；而神经症患者却可能莫名其妙的时刻处于疑虑状态，无论其是否意识到自己的"变味"。正常人能够区分别人的赞美到底是自然流露，还是虚情假意；而神经症患者往往不分青红皂白，在任何场合都会对二者生出怀疑。正常人会因受到不正当的欺骗而心怀不满，而神经症患者对所有的曲意奉承都怀有恶意，即使他意识到有些奉承对其有利。正常人在那些重要且难以抉择的问题上犹豫不决，而神经症患者在任何时候都会如此。

只有当僵化行为偏离了文化范式时，才能成为神经症的表现。在西方文化中，绝大多数农夫都会对新鲜事物或者奇异事件产生一种类似僵化的怀疑态度，这很正常；而小资阶层对于节俭的严苛要求，也属正常的僵化。

同样，生活中个体潜能与实际成就之间的差异，很有可能是完全由外部因素所导致的。如果一个人很有天赋，同时外部环境条件也很优越，但他还是一事无成；又或者说，一个人拥有了所有足以让他感觉幸福的条件，但他却不能享受并从中感知幸福；又或者说，一个靓丽的女子却仍然觉得自己对异性没有吸引力，这时我们就要注意，这类人很可能患有神经症。换而言之，神经症患者给人的印象是，他们总是觉得自己就是自己的绊脚石。

将这些表面现象抛开，深入审视一下神经症产生的动力因素，我们就会发现几乎所有神经症都有一个共同的重要因素：那就是焦虑，以及为了对抗焦虑所建立的防御机制。神经症的结构也许错综复杂，但是这种焦虑始终是产生和保持神经症持续的内在动力。在接下来的章节中我还会谈到这个问题，使它变得更为清晰，在这里就不再举例。但即使该观点只是被暂时性接受，仍需要对其做进一步阐释。

就目前来看，说明显然过于笼统。焦虑或者恐惧（我们暂且会交替使用这两个词）以及为对抗其而建立的防御机制是普遍存在的。这些行为反应不只是人类才有，动物一旦受到惊吓，它们要么反击，要么逃走，这与人类遇到危险或者受到惊吓时的反应是一样的。如果担心被闪电击中，我们就会在屋顶安装避雷针；如果担心可能发生事故，我们就会为自己购买保险，这里同样包含着恐惧和防御因素。在不同的文化中，它们以其特有的方式存在，也可能会被制度化，就像通过佩戴护身符来消灾免祸，通过举行仪式来降低对死亡的恐惧感，通过设定禁忌避免接触月经期的女性以应对她们带来的不祥。

　　这些相似之处诱使大家得出一个错误的逻辑推论。如果说恐惧和防御机制是神经症必不可少的因素，那为何不将这些制度化防御行为看作是"文化"神经症呢？这一推论的错误在于，即使两种现象中的某一因素相同也不意味着这两种现象必然相同。人们不会仅仅因为房子是用石头建成的，就将房子叫作石头。那么，使之成为神经症的神经症性恐惧和防御机制的根本特征是什么？神经症性恐惧仅仅是一种想象吗？不，因为我们也倾向于将对死亡的恐惧视为想象性恐惧；在这两种情况下，我们皆因缺乏足够的认知，而只能如此想象。神经症患者也许根本不知道自己害怕什么，但是即使是原始人也不知道自己为什么害怕死者。显然，这种区别与意识程度或理性程度没有关系，但是区别在于以下两个因素。

　　其中之一是，任何文化条件下的生活环境都会导致某些恐惧。不管这些恐惧究竟是如何产生的，它们可能由外部危险所引发（自然界、敌人），也可能由社会关系形式所引发（因压制、不公正、强迫性依赖、挫折而产生的敌意），还可能是由那些不知起源的文化传统所引起（对鬼怪和触犯禁忌的原始恐惧）。个人或多或少都会产生这些恐惧，总体而言，可以肯定的是生活在特定文化中的人们不可避免地会受到文化的影响，没有人能够避免。但神经症患者，不仅承受着某种文化中所有人共有的恐惧，而且由于其个人生活境遇（与一般生活环境交织在一起）的原因，还一并承受着在量和质两方面都偏离文化范式后导致的种种恐惧。

　　另一个因素是，通常而言，存在于特定文化中的恐惧因某些保护性因素而得以避免（例如：禁忌、礼仪、风俗等）。一般来说，这些应对恐惧的保护措施，比神经症患者所建立起来的防御性措施要经济得多，因而，虽然正常人也要忍受其文化中的恐惧和防御，但他们仍能实现自身的潜能，并享受生活带给他们的一切。正常人能够最大限度地利用其文化为他们创造的可能性，消极地说，除了那些存在于文化中不可避免的忧虑，他们不必过多地担忧。另一方面，与一般人相比，神经症患者要遭受更多磨难。他们不可避免地要为自身的防御行为付出更高昂的代价，这其中包括对生机和活力造成的损害，更具体一点就是，对其获得成就和悦享能力造成损害，最终跟正常人之间形成了我之前提到过的差异。事实上，神经症患者不可避免地要经历苦难的人。在探讨那些经过表面观察便可辨识出的神经症特质时，我并未提到这点的唯一原因在于，这些特质不一定能从外部观察得到。甚至，神经症患者本人很可能也并未意识到自己正在遭受痛苦。

谈起恐惧和防御，到现在为止，恐怕许多读者已经不耐烦了，因为我们对神经症的性质这样一个简单问题进行了如此广泛的论述。为了自我辩护，我必须指出心理现象异常复杂，有些问题看似简单，其答案却从来都不简单。在本书伊始我们遇到这样的困惑并不是一个例外，无论我们要解决一些什么样的问题，这种困惑将会贯穿全书。对神经症进行准确描述的困难之处在于，心理学和社会学工具都无法单独给出一个令人满意的答案，我们只能交替使用这两种工具，先使用一种，然后再使用另一种，就像我们做的那样。如果我们仅从动力学和心理结构的角度审视神经症，那么就需要将一个并不存在的所谓正常人实体化；而如果我们将视野超出本国的国界，或者超出与我们文化相似国家的国界，就会遇到更多困难。另一方面，如果仅从社会学的观点来看，神经症只是特定社会中对常态化行为的偏离，这就完全忽视了我们已掌握的所有神经症心理特征，任何国家和流派的精神病医生都不会承认这种结果就是其平常鉴别精神病患者所使用的。结合两种方式，以这样一种模式进行观察：既考虑到神经症的外显性偏离，也考虑到其心理过程的动力学偏差，而不把其中任何一种看作是神经症主要的和决定性因素，这两者必须结合起来。通常而言，我们认为恐惧和防御是神经症的动力中枢之一，但是它们只有在同一文化中，从量和质上都偏离了常态化的恐惧和防御模式时，才能认为其构成神经症。

在同一方向上，我们还须向前再进一步。神经症还有另一种基本特征就是存在冲突倾向，神经症患者本人很少能够意识到这种冲突或者说其确切内容，他们会自动尝试达成某种妥协方案。正是这后一个特征，弗洛伊德曾采用各种方式强调指出，这一特征是神经症不可或缺的组成部分。神经症性冲突与文化中存在的一般冲突的区别，既不在于二者的内容，也不在于它们本质上是无意识的（这两方面上，共同的文化冲突可能是完全相同的），而在于这样一个事实：在神经症患者身上，这些冲突表现得更严重、更尖锐。神经症患者试图达成某种妥协的解决方案，我们可以将这种方案归为神经症性的解决方式，这类解决方案与正常人相比满意度更低，且往往以损害人格完整性为代价。

回顾上述思考，我们还不能对神经症下一个全面定义，但可以做出如下描述：神经症是一种由恐惧、对抗这些恐惧的防御机制以及试图寻求解决冲突的妥协方案所引发的心理紊乱。出于现实考虑，比较明智的做法是，只有当这种心理紊乱偏离了特定文化中的常规范式时，才能被称作神经症。

第二章　谈及"我们时代的
神经症人格"的缘由

　　我们的关注点聚焦于神经症影响人格的方式上，因此研究范围也限定在两个方面。一方面，神经症会产生于这样一些个体身上，他们的人格未遭受损害和扭曲，却因充满冲突的外界环境形成了神经症的反应。在讨论了某些基本心理过程本质之后，我们回过头来大致思考一下情况较为简单的情境神经症[1]结构。但我们主要的兴趣并不在这儿，因为情境神经症并未揭示神经症人格特质，只是暂时缺乏适应某种困难情境的能力。提及神经症，我所指的是性格神经症，这种神经症的症状表现与情境神经症相似，但其主要紊乱在于性格畸形[2]。这是由潜在的慢性过程导致，起源于童年，且或多或少或强或弱地影响到人格的各个方面。从表面来看，它是由实际的情境冲突所引发，但对个人病史的收集却表明，扭曲的性格特点，早在任何令人困惑的情境产生之前，就已出现，而暂时的困境，在很大程度上就是由之前存在的人格障碍导致的。更重要的是，神经症患者会对某一生活环境做出神经症性反应，但这种环境对于正常人而言并不存在任何冲突或困难，因而，这种情境仅仅只是揭示了早已存在一段时间的神经症罢了。

　　另一方面，我们也不关注神经症症状的现象。我们主要的关注点在性格障碍本身，因为人格变态在神经症中反复出现，而临床意义上的症状却会发生变化或完全缺失。从文化角度来看，性格比症状要重要得多，因为是性格而不是症状在影响人的行为。随着对神经症结构了解的增加，并且认识到治疗症状并不能治愈神经症，大部分心理学家将兴趣从症状转移到了关注性格变态上来。更形象地说，神经症症状并不是火山本身，而是火山喷发的状态，致病性冲突，像火山一样，深藏于个体内心深处而不为人所知。

---

　　[1] 情境神经症与J. H. 舒尔茨所说的外源性神经症大致类似。

　　[2] 弗兰茨·亚历山大曾经建议用性格神经症这一术语来指称那些缺乏临床症状的神经症。我并不认为这种说法能够站得住脚，因为症状是否得以表现与神经症的本质毫无关系。

对这些局限性的认识引发出这样一个问题：如今的神经症患者是否具有某些共同的本质特征，我们可以将其称为我们时代的神经症人格。

就不同类型的神经症伴有不同的性格变态而言，它们之间的差异性比其相似性更加令我们震惊。例如，癔症（又称歇斯底里症）型人格与强迫症型人格的特征截然不同。然而，引起我们注意的这种差异只是机制上不同，说得更通俗一些，这种差异体现在失调的表现形式和解决失调的方式中。例如，癔症型人格会表现出强烈的投射倾向，而强迫症型人格的冲突却极具理智性。另一方面，就相似性而言，我并不关注其表现形式和产生方式，却会关注相似性中涉及的冲突本身的内容。确切而言，相似性较少存在于引起紊乱的经验中，更多存在于实际驱使个体行为失常的冲突之中。

为了进一步阐明其动机及分支，预设前提是必要的。弗洛伊德和大多数精神分析专家都非常强调以下原则：精神分析的主要任务是发现一种冲动的性欲根源（例如，特殊的性感区），或是发现一种重复的幼儿模式。虽然，我认为如果不追溯到婴幼儿时期，就难以对神经症有全面的理解，但我仍相信，片面使用发生学方法，就会让问题变得更加困惑而非清晰，因为这种方法使我们完全忽视实际存在的无意识倾向，忽视其功能，以及它们与那些同时存在的其他倾向（例如，冲动、恐惧以及保护措施）之间的交互作用。只有在有助于功能性理解时，发生学方法才有用。

基于这一理念，在对不同年龄、不同气质和兴趣、不同社会阶层，归属不同类型神经症患者富于变化的人格类型进行分析时，我发现，他们身上那些动力核心的冲突以及冲突间的交互作用，从本质上来看是相似的。[1]通过观察实践中以及当代文学作品中的人物特征，我在精神分析实践方面的经验得到了证实。在神经症患者反复出现的问题中，常具有虚幻晦涩特性；如果将这些特性剔除，那么这些问题就无处藏匿，其与我们文化中困扰普通人的问题只是程度不同而已。绝大多数人都要面对竞争的压力、失败的恐惧、情感上的孤独以及自己与他人缺乏信任的问题，光提到的这几个问题，就也可能会存在于神经症患者身上。

通常而言，一种文化中绝大多数人都不得不面对相同的问题。这也意味着这样一个结论，即：这些问题是由该文化中特定的生活环境所引发。其他文化中的驱动力和冲突与我们自身文化不同这一事实，似乎也印证了这些问题并不

---

[1] 强调相似性并不意味着无视对神经症的特殊类型进行科学的精细分类的努力，相反，我完全相信精神病理学在描述心理紊乱的全貌，对它们的起源、特殊结构以及独特表现方面已经取得了显著的成就。

代表"人性"中共性的问题。

因此，当谈到我们时代的神经症人格时，我的意思不仅仅只是在说神经症患者都存在的共同基本特征，而且，也意味着这些基本的相似性本质上是由我们时代和文化中存在的种种困境所造成。在后面，我将利用自身所储备的社会学知识，说明到底是什么样的文化困境导致了这些我们存在的心理冲突。

关于我对文化和神经症之间关系假设的正确性，需要由人类学家和精神病医生的共同努力加以检验。精神病医生不仅要研究特定文化中神经症的表现形式，例如从形式标准去研究其发生频率、严重程度和类型，还应该特别注意研究潜藏于表面状况下的基本冲突，人类学家则应该从一种文化结构给个体造成了什么样的心理困境这个方面来对同一文化进行研究。

在基本冲突中表现出来的相似性是一种对表面观察就可以得出的态度相似性。我所说的表面观察，是指一个好的观察者不借助精神分析技术，就能对他完全熟悉的人有所发现，这些人可能是他自己、他的朋友、他的家人，或他的同僚，等等。现在，我将开始对这些可频繁观察的现象做一个简要剖析。

可观察到的态度大致可分为以下几类：（1）给予和获得爱的态度；（2）自我评价的态度；（3）自我肯定的态度；（4）攻击性；（5）性欲。

关于第一种态度，我们时代的神经症患者一个主要的倾向，就是会过度依赖他人的赞赏和他人的喜爱。我们都希望被人喜欢且赢得赞赏，但对于神经症患者来说，他们对爱或赞赏的依恋，与爱和赞赏在他人生活中具有的实际意义极不相称。尽管，我们都希望被所爱之人喜欢，但在神经症患者身上，我们看到的是不加区分地渴求他人的喜欢和欣赏，不论他们是否真的在意这些人，也不管这些人的评价对他们有没有任何意义。一般情况下，神经症患者无法意识到自己这种无尽的渴望，但当他们没有得到自己希望得到的关心和注意时，这种渴望就会从他们的过分敏感中显现出来。举例来说，如果有人拒绝了他们的邀请，很长时间没有给他们打电话，甚至是与他们的观点不同，他们都会觉得受到了伤害，这一敏感性很可能会被一种"不在乎"的态度所掩盖。

此外，神经症患者对爱的渴望与他们自己感知和给予爱的能力之间存在着显著的差距。他们自身对爱的过度渴望，往往同忽视对他人的关怀体谅形成对比。这种矛盾并不总会浮上表面，例如，神经症患者可能也会过于体谅他人并希望对每个人都有所帮助，但在这种情形下，很容易发现，他们是被迫这样做的，而不是自然地散发出热情。

这种依赖他人所折射出的内在不安全感，是我们在表面观察中发现的第二个特征。自卑和不足感是其准确无误的标志，这一特征可能以许多方式表现出来：不称职、愚蠢、缺乏魅力，而这些想法可能没有任何现实依据。有些异常聪明的人可能会觉得自己无比愚蠢，许多貌美如花的女子会觉得自己缺乏吸引力，这些自卑感可能会以抱怨或忧虑的形式表现出来，或者把莫须有的缺陷看作事实，而在这上面无休止的耗费心思。另一方面，这些感觉还可能被以下行为所掩盖：自我夸张的补偿性需求，或为给他人留下印象而强作卖弄，炫耀在文化中能给自己带来地位和尊敬的东西，例如：金钱、古画收藏、古董家具、女人、与名流之间的社会关系、旅游或是丰富的知识等。这两种倾向中的任何一种都可能完全展现出来，但更常见的情形是，大家会分别感受到两种倾向都存在。

第三种态度，即自我肯定，其中还包括明显的抑制倾向。我所说的自我肯定，是指相信自己或肯定自己的主张，而没有任何过度引申推测的含义。在这方面，神经症患者表现出大量的抑制倾向，他们抑制自己表达某种愿望或要求，抑制做对自己有利的事，抑制自己发表意见、表达批评、命令他人，还抑制自己选择想要交往的人，以及与他人的正常接触，等等。在我们所说的坚持个人立场方面也存在着抑制：神经症患者往往无法保护自己不受攻击，如果他们不想顺从其他人的意愿，他们也不会说"不"。就好比说，一个售货员想卖给他们并不想买的东西，或者邀请他们参加一个不想参加的聚会，又或者与一个不喜欢的对象做爱，对此他们都无法拒绝。最终的结果是，当面对自己的需求时，他们也表现出抑制倾向：难以做出决策、形成观念，不敢表达哪怕仅仅涉及自身利益的某些愿望。这些愿望不得不隐藏起来：我的一个朋友在她的个人账户中将"电影"置于"教育"的名下，将"酒类"置于"健康"的名下。在后一种抑制倾向中，特别重要的是缺乏计划能力，[1]无论是旅行或生活计划。神经症患者会让自己随波逐流，即使是在职业或婚姻这样重要的决定中，他们也不会清楚地知道自己想要什么样的。他们会被某种神经症性恐惧所驱使，就像我们所见的，有些人因为害怕贫穷而拼命敛财，或是为了逃避有建设性意义的工作而让自己陷入无止境的风流韵事之中。

第四种困难是与攻击性相关的态度，即是说，与自我肯定的态度相反，是反对、攻击、蔑视、侵犯他人或者其他任何形式的敌对行为。这种心理紊乱会以两种完全不同的方式表现出来：一种方式表现为咄咄逼人、飞扬跋扈、过分苛求，以及指挥、欺骗或者"挑刺"。具有这种态度的人偶尔能够意识到自己

---

[1] 舒尔茨·亨克是少数在著作（《命运与神经症》）中关注这一重要观点的精神分析研究者之一。

的侵犯性倾向，但大部分时候他们却一点也意识不到，甚至主观地认为这恰恰是诚实的表现，或仅仅只是在表达一种观点。事实上，尽管他们有时十分蛮横和咄咄逼人，却自认为自己的要求十分谦逊。然而，在另一些人身上，这种紊乱会以完全相反的形式表现出来。通过表面观察，即可发现这类人具有这样一种心态，即易于感到被欺骗、被辖制、被责怪、被利用或是羞辱。通常而言，这类人也意识不到这仅仅只是他们自己的看法，而是悲观地认为全世界都在歧视或欺压他们。

第五类态度，表现为性领域的怪癖，可以粗略地划分为对性行为的强迫性需求和对性行为的抑制两种类别。抑制可出现在性满足过程的任何阶段，可能在接触异性、追求异性、性机能或性欢娱时出现。前面所讲述的所有反常特征，也都可能体现在性心态中。

我们或许还能对上面提及的这些态度做更深入的描述。后面，我会回过头来对它们一一进行讨论；但是，现在过于详尽的描述对于我们的理解无益。为了更好地理解这些态度，我们不得不对产生这些态度的动力过程进行思量。在了解这些潜在的动力过程后，我们会发现这些态度表面上看似并不相关，但是它们在结构上却相互关联。

第三章　焦虑

在对今日神经症作更深入的讨论之前，我将重新拾起我在第一章结尾撇下的话头，明确我所说的焦虑的确切内涵。这样做非常重要，正如我之前所说，焦虑是神经症的动力核心，因此我们不得不一直与焦虑"打交道"。

之前，我将这个词作为恐惧的同义词，由此可见它们之间关系的紧密性。事实上，这两个词都是面对危险时表露出的情绪反应，且都伴随着种种生理感受，如颤抖、出虚汗、剧烈心跳等。这些生理反应有可能极度强烈，以至于突发强烈的恐惧感甚至会导致死亡。尽管如此，焦虑与恐惧仍然存在着差异。

当母亲仅仅因为自己的孩子长了一些丘疹或得了轻微感冒就担心孩子会死去时，我们将这称作焦虑；但如果她的孩子得了非常严重的疾病，母亲因此而感到非常害怕，我们就称这种反应为恐惧。如果一个人只是站在高处或者对自己所熟知的领域进行讨论，就会感到非常害怕，我们将这种反应称为焦虑；而如果一个人害怕自己在暴风雨中迷失于深山老林之中，我们将这种反应称为恐惧。目前为止，我们可以对这两者进行一个简单而明确的区分：恐惧是一个人对自己不得不面对的危险做出的恰如其分的反应，而焦虑是一种对危险不相称的反应，甚至是对想象中的危险的一种反应。[1]

这种区分的一个瑕疵是，其反应是否适当取决于特定文化中的一般常识。但是，即使这种常识认为某种态度是毫无根据的，神经症患者也能毫不费力地给其行为找到合理依据。事实上，如果你告诉患者他害怕遭到疯子攻击的担忧，乃是一种精神病态的焦虑，那你们将陷入无尽的争论中。神经症患者会指出，他的恐惧是实际存在的，并列举出实际发生的例子。同样，如果谁认为原始人的某种恐惧是对实际危险的不恰当反应，他们也会同样固执地坚持自己的意见。举例来说，如果在某个原始部落食用某种动物是一种禁忌，而该部落的某个原始人不巧吃了这种动物，那么这给他带来的恐惧感将是致命性的。作为

---

[1] 弗洛伊德在其《精神分析新引论》一书中的《焦虑与本能生活》这一章节中，也在"客观性"焦虑与"神经性"焦虑之间进行了相似的区分，将前者描述为"对危险的明智反应"。

一个外来者和旁观者，你会认为这是不恰当的反应，这种恐惧事实上是毫无根据的。但一旦你了解了这个部落关于禁止食用某种肉类的信念内涵，你就会意识到，这种违禁行为对部落成员来说是非常危险的，可能会对他们狩猎或捕鱼的地方造成危险，还可能使整个部落罹患大病。

　　但是，我们发现原始部落存在的这种焦虑，和我们文化中的神经症患者身上发现的焦虑是有区别的。神经症性焦虑的内容并不涉及共同信仰的观点，这与原始人的焦虑不同。但不管哪一种焦虑，一旦明白了这种焦虑的含义，那种认为它是不恰当性反应的看法就会被打消。例如，有些人对死亡有着恒久的焦虑；另一方面，正是由于其遭受的痛苦，他们对死亡又有一种隐秘的渴望。对死亡的种种恐惧，再加上他们对死亡所打的如意算盘，就会对即将发生的危险产生强烈的恐惧。如果我们对所有因素都有所了解，就会认为他们这种对死亡的焦虑反应乃是恰如其分的。从另一个简化的例子，我们发现，当人们置身悬崖边缘、站在高楼窗户旁或高架桥上时，就会感到惊吓恐慌。这里也是一样，从表面来看，这些恐惧反应也是不恰当的，但这种情景可能会让他面对或在心中激起一种在生存愿望和出于某些原因想从高处跳下去的冲动之间的冲突，正是这种内心冲突可能会导致焦虑的产生。

　　所有这些思考都表明定义需要完善。焦虑和恐惧都是对危险的恰当反应，但引起恐惧的危险因素，通常都是明显且客观的；而引发焦虑的危险因素，常常是隐晦且主观的。也就是说，焦虑的强度与情境对人所具有的意义成正比，至于为何如此焦虑，焦虑者本人也尚不能知晓。

　　对恐惧和焦虑进行区分的实际意义在于，试图采用劝说的方式来说服神经症患者摆脱焦虑，是无用的。他们的焦虑涉及的并不是生活中的实际情景，而是他们内心所感受到的情境。因此，心理治疗的任务只能是发现某些情境对他们所具有的意义。

　　在说明了焦虑的含义后，我们要进一步弄清楚焦虑发挥的作用。我们文化中的普通人，极少能意识到焦虑在其生活中的重要性。通常而言，他们只记得自己童年时期曾有过的一些焦虑，他们做过的一两次令其感到焦虑的梦；或者在其正常生活轨迹外的情境中，感到极为焦虑，例如，与一个极具影响力的人交谈之前，或者即将考试之前。

　　就这一点而言，我们从神经症患者身上获得的信息绝不是一致的。一些神经症患者能完全意识到自己正在被焦虑所困扰，而焦虑的表现变化多端：它可能以表现为一种弥漫性焦虑；也可能与特定的活动或场景相联系，例如：恐高、害怕上街或公开表演；还可能有明确的内容，例如：担心自己精神失常、担心患上癌症、担心吞下异物等。其他神经症患者觉得自己的焦虑时有时无，有时候能够意识到产生焦虑的外在条件，有时候则意识不到，不过他们并不认为这些外在条件非常重要。最后，还有些神经症患者只能意识到自己有抑郁感、自卑感、性生活紊乱等情形，但他们完全意识不到自己现在或者曾经有过任何焦虑。但是，进一步的调查常常发现，他们最初的陈述是不准确的。在对他们进行分析时一定会发现，其潜藏于表面的焦虑与第一组患者一样多，如果不是更多的话。精神分析使神经症患者意识到他们之前潜在的焦虑，这样他们就可能回忆起那些让他们感到焦虑的梦境以及感到非常不安的情景。然而，他们承认的焦虑程度，并不会超过正常限度。这表明：我们可能具有自己所不知道的焦虑。

　　若以此种方式呈现，表明这一问题的全部意义并未得到充分揭示。这只是一个更广泛问题的一部分，我们有爱、愤怒、怀疑的感受，这些情感转瞬即逝，几乎不会进入意识，且又如此短暂以至于我们很快便将其抛之脑后。这些情感可能是昙花一现，无关紧要的，但它们背后却同样有着巨大的动力作用。对一种感受的觉察程度，并不能说明其程度和重要性。[1]用到焦虑上，这意味着，我们不仅可能存在焦虑却不知，还可能意识不到这些焦虑在我们生活中所起到的决定性作用。

　　事实上，我们似乎在竭力摆脱焦虑或者避免这种情绪。这样做的原因很多，其中一个最常见的原因可能是，强烈的焦虑是一种最折磨人的情感。那些经历过强烈焦虑的患者会告诉你，他们宁愿死也不愿再次体验那样的折磨。除此之外，焦虑所包含的某些因素对个体来说是非常难以忍受的，无助感即是其中之一。个人面对巨大危险时，仍可能是积极勇敢的；但是饱受焦虑之时，他却感到，事实上也是如此，是非常无助的。承认这种无力感对于那些将权力、地位以及控制视为最高理想的人而言，是尤其不能容忍的。当他们感到自己的实际表现与预期不相符时，就会憎恨这种焦虑的感受，就如同这种感受证明了他们的软弱和懦弱一样。

　　焦虑中的另一个因素是显而易见的非理性。对一些人来说，他们难以忍受自己被非理性因素所控制。他们内心隐秘地感到自己处于被自身非理性冲突力量所淹没的危险中，或自动地把自己训练成严格服从理性的支配，因此他们绝对无法有意识地忍受任何非理性因素。除包含种种个人动机之外，后一种反应还涉及文化因素，因为我们的文化总是重点强调理性思维和理智行为，并将非

---

[1] 这只是对弗洛伊德基本发现（即无意识的重要性）的一个方面的阐释。

理性，或者那些看似非理性的东西视为是劣等的。

就某种层面而言，与此相联系的是焦虑的最后一个因素：正是通过这种非理性性质，焦虑向我们提出了一个含蓄的告诫，我们身上的一些东西已经偏离了正轨。因此，它实际上是一种警示，让我们对自己进行彻底地检查。并不是说我们有意识地将其看成一种警示，事实上，不论我们是否愿意承认，它实际上都是一种警示。没有人喜欢这样的警示，甚至可以说，我们反应最激烈的就是意识到我们必须改变自身的某些态度。但是，一个人越是绝望地感到正陷入自身恐惧和防御机制的复杂关系之中，他就越是活在那种自己完美无瑕且在任何事情上都是正确的这种妄想中；如果有间接或含蓄的暗示指出——他自身有些错误或是需要改变，他越是持拒绝的态度。

在我们的文化中，有四种方式避免焦虑：将其合理化，否认焦虑，麻痹自己，避免那些能引起焦虑的思想、情绪、冲动和境遇。

第一种方式即合理化，是对逃避责任的最佳解释，其实质在于将焦虑转化为合理的恐惧。如果我们无视这种转变的心理价值，那么我们就可能会想象这种转变带来的变化并不大。一位过度焦虑的母亲，事实上只是关心她的孩子而已，不论她是否承认自己的焦虑，或者将焦虑解释为一种合理的恐惧。然而，我们可以实验无数次，如果试图告诉这位母亲她的反应不是一种理性的恐惧而是焦虑，暗示她的反应与实际的危险不相符，且包含着个人因素，她会拒绝这种解释，并竭尽全力证明你是错误的。难道玛丽不是在育婴室感染过这种传染病吗？难道强尼不是因为爬树摔断过腿吗？最近不是有人用糖果来诱骗孩子吗？难道她自己不是完全出于爱与责任才那样做的吗？

无论何时，当我们遇到这种为其非理性态度进行激烈辩护的人，我们几乎可以肯定，这种态度对那个人来说具有非常重要的功能性作用。这样的母亲，觉得她可以在这种处境下主动做些什么，而不是被情绪所困以至于感到无能为力；她不仅不会承认自己的软弱，反而会为自己的高标准而感到自豪；她不仅不会承认自己的非理性态度，反而会认为其态度完全是正当合理的；她不会觉察并接受改变自己某些态度的警示，还会继续将责任归咎于外部环境，以此来避免面对自己的真实动机。最终，她要为这种暂时的利益付出代价，那就是永远无法摆脱自己的焦虑。尤其是，她的孩子们也要为此付出代价，但她完全没有意识到这些。而且，归根结底，她不愿意去意识这些，因为她内心深处抱有一种幻想，认为自己可以不改变自己的态度，同时又能获得只能由这种改变而带来的所有好处。

这一原则适用于所有将焦虑看成是合理恐惧的倾向，不论其内容是什么：

对生育的恐惧、疾病的恐惧、饮食不当的恐惧、灾难或贫穷的恐惧。

逃避焦虑的第二种方式就是否认焦虑的存在。事实上，在这种情况下，除了否认焦虑，将其排除在意识之外，我们并不能真正摆脱焦虑。这时候，一些生理现象会伴随焦虑或恐惧情绪产生，例如，颤抖、出汗、心跳加速、窒息感、尿频、呕吐、腹泻等；在精神层面，则表现为慌乱不安、无故冲动和麻木纳呆等。当我们害怕并意识到自己害怕时，都会产生这样的感觉和生理现象；这些感觉和生理现象可能确实存在，并成为受到压抑的焦虑的独有表现方式。在后一种情况下，个体自身能够意识到的只是一些外在情况，如：某些场合下会频繁上厕所，在火车上会经常呕吐，有时还会夜间盗汗，且这些状况并没有任何生理原因。

但是，我们同样也可能会有意识地否认焦虑或者试图去克服它。这类似于发生在正常水平上的情况，即通过全然无视恐惧来试图摆脱恐惧。最常见的例子就是发生在士兵身上，其为了克服恐惧而表现出英勇的行为。

神经症患者也会通过做出有意识的决定来克服焦虑。举例来说，有一个女孩儿，直到临近青春期都深受焦虑折磨，特别是与入室盗窃相关的焦虑。但她有意识地决定无视这种焦虑，她自己会独自一人睡在阁楼上，或在空无一人的房子里行走。她带来做精神分析的第一个梦，揭示了其态度的种种变化。事实上，很多时候梦中都包含着可怕的情境，但是每一次她都能勇敢面对。其中一个情景是，一个晚上，她听到花园里有脚步声，于是，走到阳台上大喊："谁在那儿？"她成功地摆脱了对入室盗窃的恐惧。但引发她焦虑的内在因素并未发生改变，所以，由于焦虑所导致的其他后果并未消失。她仍然非常孤僻、胆怯，认为自己是不受欢迎的没用的人，且无法从事任何富有建设性的工作。

在神经症患者身上，通常没有这样富有自觉意识的决定，这个过程通常是自发进行的。然而，神经症患者与正常人的区别并不在于做决定的自觉意识程度，而在于其所达成的结果。神经症患者竭尽全力，所能达到的也只是缓解或消除特殊的焦虑表现形式，就好像那个女孩不再害怕入室盗窃一样。我并不是要低估这一结果，它不仅可能拥有实际的价值，也可能在增强自尊心的过程中具有心理价值。然而，这种结果通常会被高估，因此，必须要指出其负面影响。[1]事实上，在这一结果中，不仅人格层面的基本动力没有发生改变，而且神经症患者丧失了其内在紊乱的明显表征，同时，也就失去了促使他们解决困扰的动力源。

---

[1] 症状的消失并不是治愈的充分指征，弗洛伊德总是强调这一点。

对焦虑不顾一切地抑制，在神经症患者身上发挥了重要的作用，且常常不易被正确地察觉。例如，许多神经症患者在某些特定情境中表现出的攻击性，通常被看成是真实敌意的直接表达；而实际上，却可能是他们在感受到攻击的压力下，不顾一切地想要征服自己的内在胆怯。虽然有些敌意确实存在，但是神经症患者可能会夸大其感受到的攻击，他的焦虑促使其克服自身的胆怯。如果忽视了这点，我们就可能会出现将这些莽撞行为错当成是真正的攻击行为的危险。

摆脱焦虑的第三种方式就是麻痹自己，可以有意识地、不加掩饰使用酒精或药物来达到麻痹目的。但是也还有很多方法可以实现这一目的，而且这些方法之间没有明显联系。其中一种是由于害怕孤独而参与到社会活动之中，不管这种恐惧是否被意识到，或者仅仅是一种模糊的不安，都不可能改变真实的处境。另一种麻痹焦虑的方式就是全身心投入到工作当中，这一点可以从工作所具有的强迫性质，以及周末或节假日的不安中看出来。对睡眠的过度需求，也会导致相同的结果，尽管这种过度的睡眠无法使人的精力得到充分恢复。最后，性行为也可以被视为释放焦虑的"安全阀"。长久以来，人们都认为强制性自慰是由焦虑所引发，却没认识到，所有的性关系均可能是由焦虑所导致的。那些将性行为作为消除焦虑主要手段的人，如果没有机会得到性满足，即使是在很短时间内没法得到，也会变得极为焦躁不安。

摆脱焦虑的第四种方式是最为彻底的，它包括避免所有引发焦虑的情境、想法和感受。这可能是一个意识过程，就像害怕跳水或爬山的人会避免这些活动一样。更确切地说，个体能够意识到焦虑的存在并避免焦虑。但是，他也可能只是模糊地意识到，或者根本没有意识到自己回避焦虑的方式。例如，他会无意识地拖延那些与焦虑有关的事情——迟迟不做决策、不去看医生、不予回信等；或者会主观地认为那些自己关注的事情（参与讨论、给员工下达命令、将自己与他人断绝关系）并不重要，或者装作自己不喜欢这些事情，并以此抛开它们。因此，一个担心在派对中会被忽视的女孩，很可能会让她自己相信自己并不喜欢社交聚会，而干脆避免参加舞会。

如果进一步深入这一点之中，即这种回避是自发发挥作用的，我们就会接触到一种抑制现象。抑制就是不能做、无法感知或思考某些事情，它的作用在于避免个体尝试去做这些时所引发的焦虑。此时，意识层面并不存在焦虑，也不能通过有意识的努力来克服这种抑制状态。抑制以最为引人注目的形式存在于癔症性功能丧失中：癔症性失明、癔症性失语或癔症性肢体瘫痪。在性领域中，性冷淡和阳痿就是这种抑制的代表，尽管性压抑的结构可能更为复杂。在精神领域，往往表现为无法集中注意力、无法形成和表达自己的观点，与他人交往不畅等，这些都是常见的抑制现象。

用一些篇幅来列举抑制现象很有价值，这样可以使读者对抑制的形式、种类和发生频率有一个全面的认知。但是，我认为这项工作不妨留给读者来做，让他们自己回忆他们在这方面的观察。因为抑制的作用在当下已经是众所周知，如果它得以充分发展，那么很容易就能将其辨认出来。尽管如此，我们还是要简单地考虑一下先决条件，否则，我们就会低估压抑作用发生的频率，因为我们通常意识不到自己身上究竟存在多少压抑。

首先，我们要意识到自己做某件事的欲望，然后才能意识到自己实际上没有能力做这件事。例如，我们先要意识到自己有哪方面的野心，才能意识到自己在这个领域有哪些抑制。也许有人会问，难道我们不是时刻都知道自己想要什么吗？当然不是。例如，我们可以设想这样一个人，他在听一篇论文宣讲的同时，对这篇论文有了某些批判性思考。这时，轻微的抑制作用会使此人羞于表达自己的批判性想法；强烈的抑制作用会妨碍其思维的形成，从而导致其在讨论结束之后或者第二天早晨，才能形成自己的批评意见。甚至，抑制作用可能会更严重，以至于其根本无法形成任何批判性想法。在这种情况下，假设他压根儿不同意别人的意见，却很有可能会倾向于盲目接受别人说的一切，甚至会非常钦佩那些言论，且他完全不知道自己身上有任何压抑。换句话说，如果抑制作用强大到足以妨碍我们的愿望或冲动，那我们也就根本无法意识到它的存在。

第二种可能会阻止我们意识到抑制作用的因素发生在这样的时候，即当抑制在个体的生命中起非常重要的作用时，他会更加坚信这是不可改变的事实。例如，一个人身上存在着一种与任一竞争性工作相关的巨大焦虑，使他每次工作尝试后都会产生强烈的疲惫感，这时个体就会坚信自己不够强大，不能胜任任何工作。这种信念对他起到了保护作用，而如果承认了自己身上的抑制作用，他就不得不回去工作，从而让自己置身于可怕的焦虑之中。

第三种可能性使我们再次回到文化因素中。如果，个人的抑制状态与文化或现存意识形态中所认可的抑制形式相吻合，那么，这种抑制可能永远不会进入到意识之中。不敢接近女性的患者，由于习惯于从女性神圣不可侵犯这一普遍接受的观念去理解自己的行为，因此他不会意识到这是一种严重的抑制行为。对自身需求有所抑制的倾向，很可能是建立在"谦虚是美德"的信条上。我们可能无法对政治、宗教中居统治地位的条条框框产生任何批判性思维，且根本无法意识到这种抑制，因而，我们也就完全意识不到自身存在着与受惩罚、被批判或是遭孤立有关的焦虑。但是，为了更好地判断这种情形，我们必须详细地了解个体因素。缺乏批判性思维并不一定意味着存在抑制，也可能是由于思维惰性、愚昧，或者确信自己真的与主流教条完全一致的信念。

这三种因素中的任何一种，都可能使我们不能识别出存在的抑制作用，都可以解释为什么，即使是经验丰富的精神分析学家要识别并确认这些抑制倾向也很困难。但是，即使假设我们能将其全部识别出来，我们对抑制发生频率的估计还是会偏低。我们要将所有这些反应都考虑在内，尽管这些反应还只是尚未完全成熟的抑制作用，但却处于臻于成熟的途中。在我们的内心，我们还是能做一些事情的，但是与这些事相关的焦虑，却会对我们行动本身产生一定的影响。

首先，进行一项能让我们产生焦虑的活动后，就会产生紧张、疲惫和衰竭感。举个例子，我的一个病人（她正在逐渐摆脱不敢在大街上行走的恐惧，但仍然对此心存许多焦虑）在星期天上街散步时，就会感到筋疲力尽。我们从她能够完成繁重家务而不感到丝毫疲惫这一事实，可以看出其这种精疲力竭并非由生理上的劳累所致。恰恰是与户外散步有关的焦虑导致了疲惫感。这种焦虑已经减少到足以使她能够在户外散步，但还没有减少到不使其感到虚弱的程度。事实上，许多机体障碍常常被归咎于过度工作，但实际上并不是工作本身引起的，而是由于对工作的焦虑或是对同事关系的焦虑所引发的。

其次，与特定活动相关的焦虑会导致与该活动的相关功能遭到损坏。例如，如果是一种与下达命令相关的焦虑，则此命令会以带有歉意的无效方式发布出来；而对骑马的焦虑，会使人无法驾驭马匹。对这种情形的意识程度是不尽相同的，个体可能会意识到焦虑阻碍其以一种令人满意的方式完成任务，或者他可能隐约觉得自己无法将某事做好。

第三，与某种活动相关的焦虑，会破坏活动本身可能产生的欢愉。对于轻微的焦虑来说不存在这种现象，相反，轻微焦虑会促使个体产生额外的热情。带着些许担忧坐过山车，会使这个过程更加令人兴奋；但若带着强烈的焦虑情绪，将使这个过程变成一种折磨。一种与性关系密切相关的强烈焦虑，会使性关系变得索然无味；而如果个体不能意识到焦虑，他就会觉得性关系本来就没有任何意义。

最后一点可能会引起困惑，因为我之前说过，厌恶感可以成为避免焦虑的方式，现在我要说的是厌恶感可能是焦虑的结果。事实上，这两种陈述都是正确的。厌恶感可能既是一种逃避手段，又是焦虑所产生的后果，这是一个理解心理现象困境的简单例子。心理现象往往错综复杂、相互交织，除非我们下定决心去考察那些数不清的交织在一起的相互作用，否则，我们在心理学知识领域就不会有任何进展。

　　讨论如何保护自己以免受焦虑影响的目的，并不是对所有可能的防御机制进行详尽的揭示。事实上，我们很快就能看到避免焦虑的更为彻底的方法。现在，我的主要关注点是证实以下主张：一个人实际存在的焦虑要比他意识到的多得多，还有些焦虑是他根本没有意识到的；同时，也为了指出一些从中发现焦虑的共同之处。

　　因此，简单来说，焦虑可能被生理上的不适感所掩盖，例如：隐藏于心跳过速和疲劳感背后，也可能被一些看似合理的恐惧所掩盖，它也可以驱使我们去酗酒或是沉迷于寻欢作乐的潜在动因。我们还常发现，它是使我们无法做或者无力享受某事的原因；我们还会发现，它是隐藏于各种抑制背后的动因。

　　由于某些将在后面章节讨论到的原因，我们的文化使得生活在其中的人们产生了大量焦虑。因此，几乎每个人都建立了一种或几种我提到过的防御机制。个体的神经症越严重，其人格被这种防御机制所渗透和决定的程度就越重，他无法做到或者不想做的事情就越多；尽管就其生命力、精神状态或者教育背景而言，我们有理由期待他去做这些事。神经症病症越严重，他身上存在的抑制就越多，这些抑制倾向不仅微妙还很强大。[1]

---

[1] 舒尔茨·亨克在《精神分析绪论》一书中，特别强调了缺口的重要性，即我们在神经症患者生活和人格中发现的那些空白。

第四章　焦虑与敌意

　　在讨论焦虑和敌意之间的区别时，我们得出的第一个结论是，从本质上来说，焦虑是一种涉及主观因素的恐惧，那这种主观因素的本质是什么？

　　我们从描述一个人在焦虑情绪下的经历开始。他会体验到一种强烈的无法摆脱的危险感，对这种危险感，他自己却是无能为力的。无论焦虑的表现形式怎样，不论是对担心患上癌症的疑病症性恐惧，对雷雨的焦虑、恐高，或是任何其他类似的恐惧，这两种因素，即极其强大的危险感和对这种危险感的无力抵抗，都会始终存在。有时，让他感觉到无能为力的危险力量源自外界——暴风雨、癌症、事故，诸如此类；有时，他会觉得这种对自身产生威胁的危险感源自难以抑制的内在冲动——害怕自己会控制不住从高处跳下去，或是忍不住用刀子伤害别人；有时候这种危险感模糊且无形，就如同焦虑发作时的感受一样。

　　然而，这些感觉本身并不是焦虑所独有的特征。在任何涉及事实性的巨大危险和面对这种危险的实际无助感的情况中，也完全会产生同样的感觉。我可以想象，身处地震中或是一个遭受残忍折磨的不到两岁婴儿的主观经验，同一个由于雷雨而产生焦虑的人的主观经验并没有什么区别。在恐惧的情形中，危险是实际存在的，对危险的无助感也是现实情境所决定的；而在焦虑情境中，危险是由内部心理因素所激发或放大的，而无助感也是由自身态度所决定的。

　　因此，焦虑中主观因素的问题就被还原为了一种更为具体的探究：究竟是什么样的心理状态，导致了这种紧迫且强大的危险感，以及对这种危险的无力态度？无论如何，心理学家都必须提出这个问题。体内的化学环境也可以产生感觉，产生伴随焦虑而出现的身体反应，这就如同体内化学环境可以导致兴奋或睡眠这个事实一样，事实上它们并不是心理学问题。

　　像解决其他问题一样，在处理焦虑这个问题的过程中，弗洛伊德为我们指出了前进的方向。他通过自己的重要发现做到了这一点，即焦虑所包含的主观因素在于我们自身的本能驱力；换言之，焦虑预期的危险以及对这种危险的无助感，都是由自身冲动的爆炸性力量所引起的。在本章最后部分，我将对弗洛伊德的观点进行深入讨论，并指出我所得出的结论与他有何不同。

原则上，任何冲动都具有引发焦虑的潜在力量，只要对这种冲动的发现或执着意味着对其他维持生命所必需的利益或需求的侵犯，只要这种冲动是非常必要或充满热情的，情况就会如此。在那些有明确且严厉的性禁忌时代，好比维多利亚时代，屈从于性冲动，常常意味着招来实际危险。例如，一位未婚少女，如果屈从于性冲动，就必须要面对遭受良心谴责和社会耻辱的现实危险；屈从于手淫欲望的人，则必须面对被阉割或者致命的身体伤害，再或者精神疾病的警告等实际危险。今天，这些原则对某些反常的性冲动依旧适用，例如，暴露癖、恋童癖。然而，在我们这个时代，就"正常"的性冲动而言，我们的态度变得非常宽容，可以在内心承认性冲动的存在，并在现实中使之得以实践，而不会面临太多的严重危险。因此，在这一点上我们没有什么可担心的实际理由。

就我的经验而言，与性相关的文化态度的转变可能导致这样的事实：类似于这样的性冲动只有在一些特殊情况下才能成为潜藏于焦虑背后的动力因素。这种说法似乎有些言过其实，因为，毋庸置疑，从表面来看，性欲望似乎与焦虑相关。神经症患者身上经常能够发现与性关系有关的焦虑，或者在这方面，由于焦虑而发生抑制。然而，更详细的分析表明，焦虑的基础并不在于这种性冲动，而在于与性冲动相伴随的敌意冲动，例如，通过性行为来伤害或者羞辱对方的冲动。

事实上，正是各种不同形式的敌意冲突，构成了神经症性焦虑由以产生的主要来源。恐怕这个新的说法，听起来像是从某些正确案例中形成的一种不合理的概括。这些案例，尽管，我们从中可以发现敌意与它所产生的焦虑之间的直接关系，但这不是我做出上述陈述的唯一依据。众所周知，如果敌意冲动的诉求是挫败自我的目标，那么强烈的敌意冲突就是导致焦虑产生的直接原因。这有一个可以说明许多诸如此类问题的例子：F先生与玛丽小姐一起在山中徒步旅行，F先生对玛丽小姐倾心已久，但是，由于他莫名其妙发作的醋意，他突然对她产生了一种强烈的愤怒。当他们一起在陡峭的山路上行走时，他突然产生了一种严重的焦虑，并伴有呼吸困难和心跳加速，因为他意识到自己有一种想把玛丽推下山崖的冲动。此种焦虑的结构与源自性欲的焦虑结构是完全相同的：一种强迫性冲动，如果屈服了，对自己而言就是一场灾难。

然而，在绝大多数人身上，敌意和神经症性焦虑之间的直接因果关系并不那么明显。因此，为了进一步阐明我所说的，在我们时代的神经症患者中，敌意是促使焦虑产生的主要心理因素，就有必要详细研究压抑敌意后所导致的心理结果。

压抑敌意，意味着"假装"所有事情都是正确的，因此，该战斗的时候，或者至少是我们想要战斗的时候，却避免进入战斗。因此，这种压制所造成的第一个不可避免的后果就是，无防御感的产生，或者说得更准确些，进一步对已有的无防御感进行了强化。当一个人的利益受到实际侵害时，如果压抑敌意，那么其他人就会有机可乘。

化学家C的经历，就代表了日常生活中的此类现象。由于工作过度，C患上了神经衰弱症。他颇有天赋且雄心勃勃，但他自己却意识不到这些。由于一些我们搁置不论的原因，他压抑了自己的抱负，因此一直看起来很谦和。当他进入一家大化学品公司的实验室时，另一年龄比他大、职位比他略高的同事G，将他置于自己的羽翼之下，并表现得对他非常友好。由于一些个人因素，例如依赖于他人的关爱，早已存在的对他人进行批判性观察的胆怯，C无法意识到自己的雄心壮志，因此也意识不到其他人的野心，C非常乐意接受这种友善，却没有注意到，G实际上除了自己的事业外，对其他事都毫不关心。让他隐约感到震惊的是，有一次，G报告了一个可能形成一项发明的想法，而这个观点实际是C的，在此之前，C在一次友好的交谈中透露给了G。有那么一瞬间，C对G产生了怀疑，但是，由于他自己的野心事实上激发了内心强烈的敌意，所以他很快便压制了这种敌意，不仅如此，他还将由此产生的怀疑和批评也一并压抑了下去，于是，他仍然相信G是他最好的朋友。当G不支持他再继续进行某项工作时，他只是从表面价值层面来接受这一建议。当G完成了那项本该由C完成的发明时，C只是感到G的天赋和才智远在自己之上，他为自己拥有如此令人钦佩的朋友而感到非常高兴。由于他压制了自己的怀疑和愤怒，C无法注意到，在许多关键性问题上，G是他的敌人而不是朋友。由于他紧握这种被人喜欢的幻觉不放，C便放弃了为自己利益而斗争的准备。他甚至意识不到自己的重大利益受到了损害，他也就不能为此而战，从而让别人利用了自己的弱点。

借由压抑得以克服的恐惧，也可以通过将敌意置于意识控制之下来进行克服。但是，对个体来说，是控制敌意还是压抑敌意并不是可选择的，因为压抑是一个类似反射性的过程。在一个特定的情况下，个体意识到自己处于无法忍受的敌意之中，压抑就会发生。当然，在这种情况下，他就不能通过意识控制来克服敌意了。意识到敌意让人难以忍受的主要原因可能在于，一个人可能在憎恨某个人的同时又爱或需要此人；又或者在于，个体可能不愿意正视产生敌意的原因是嫉妒或者占有欲等；还可能是因为，意识到自己内心对他人的敌意是一件可怕的事情。在这种情况下，压抑是能消除疑虑使人心安最简洁快速的方式。通过压抑，这种令人感到害怕的敌意就会从意识层面消失，或是被阻拦在意识的大门之外。我换个表达方式再来重复这句话，尽管非常简单，但确实是精神分析中极少为人所了解的论断之一：如果敌意受到了压抑，个体就丝毫想不到自己内心怀有敌意。

但是，这种消除疑虑最快速的方式，从长远来看，并不一定是最安全的方式。通过压抑过程，敌意（或者为了说明其动力特征，我们在这里最好使用愤怒这个词）被驱逐出了意识，但它并没有消失。它从个体的人格背景中分离出来，并因此脱离了控制。作为一种爆发性和爆炸性的情感，在个体内心翻滚，并倾向于寻求释放。被压抑的情感其爆发性更强，因为它与人格相分离，从而使自身具有了更强大且令人惊奇的维度。

一旦个体意识到自己的敌意，敌意的扩张就会从三个方面受到限制。第一个方面，在特定环境中考虑周围的环境因素，将使个体明白对自己的敌人或所谓的敌人能做什么，不能做什么。第二个方面，如果一个人愤怒的对象，是个体在其他方面所敬仰、喜欢或者需要的人，那么，这种愤怒或早或晚会整合到他的整体情感之中。最后一个方面，个体一旦形成了做什么合适、做什么不合适的感知，不论其人格如何，都会限制其敌意冲动。

如果愤怒被压抑，那么通向这些限制可能性的渠道就被切断了，结果是，敌意冲动会从内外两方面来突破这些限制，哪怕只在想象中进行。我前面提到的那位化学家，如果能按照其冲动行事，他就会告诉其他人G是如何滥用他的友谊，或者向上级透露G剽窃了他的想法，又或者阻止G继续进行相关研究。由于他压抑了自己的愤怒，使这种情绪被分化或者扩散掉了，可能会在梦境中呈现出来。在他的梦中，他可能以某种象征性的形式成了杀人犯，或者变成了令人敬佩的天才，而其他人则威信扫地。

通过分化的作用，随着时间的推移，被压抑的敌意可能会因外部因素而得到强化。举例来说，如果一个高级雇员因为上司没跟他进行讨论就做出安排，而对上司产生了愤怒，如果他压抑了自己的愤怒，不再对安排提出异议，那么上级必然会继续骑在他的头上，因此，雇员就会不断地产生新的愤怒情绪。[1]

压抑敌意的另一个后果源于这样一个事实，个体会将那种无法控制的高度爆发性的情感记录在内心。在讨论这个后果之前，我们必须考虑由此产生的

---

[1] F. 昆克尔在《性格学引论》中已经注意到这样一个事实，即神经症患者的态度会产生一种环境反应，通过这种反应，态度本身又进一步得到强化，结果就是神经症患者越陷越深，越来越难以逃离这种困境，昆克尔将这种现象称为"魔鬼之圈"。

一个问题。根据定义，压抑一种情感或冲动的后果是，个体再也不会意识到其存在，因此，在他的意识层面，他并不知道自己怀有任何针对他人的敌意。那么，我怎么能说他在内心"记录"了那些被压抑的情感是存在的呢？答案基于以下事实，即意识和无意识之间并没有严格的必择其一的取舍，但正如沙利文在一次演讲中所指出的那样，存在着不同的意识水平。被压抑的冲动不仅还能发挥作用（这是弗洛伊德的基本发现之一），在意识的较深水平上，个体还能意识到它的存在。将其还原为尽可能简单的说法就是，本质上来说，我们不能自欺欺人，我们对自己的观察比我们意识到的要好，就像我们观察别人比我们意识到的要好一样。例如，我们对别人形成第一印象往往很正确，但我们仍有足够的理由不去注意我们在这方面的观察。为了避免重复解释，当我谈及，我们实际知道内心发生了什么，但我们没有意识到这一点时，我将使用"记录"这个词。

通常，只要敌意及其对其他利益的潜在威胁足够大，压抑敌意的后果本身就足以产生焦虑，模糊的焦虑状态可能是通过这种方式得以建立。但是，更常见的情况是，这一过程并不会停滞不前，因为个体迫切地想要摆脱这种从内部威胁自身利益和安全的危险情感。第二种类似于反射的过程就产生了，个体将其敌意冲动"投射"到外部世界。第一种"伪装"就是压抑，需要第二种"伪装"来补充："假装"这种毁灭性的冲动不是来自他自身而是来自外界事物。从逻辑上来讲，他自身的敌意冲动所投射的对象，正是这些敌意冲动所指向的人。结果是，这个人当下就拥有了投射者心中可怕的部分。部分原因在于这个人被赋予了投射者本人受到压抑的敌意冲动所具有的残忍性质，部分原因在于，在任何危险中，这种效能的程度不仅取决于实际情形还取决于他们对实际情形所持的态度。一个人越是缺乏防御能力，危险看起来就越大。[1]

作为一种附带功能，投射也满足了自我辩护的需求。并不是个体本身想要欺骗、偷盗、剥削、羞辱他人，而是其他人希望对自己做这样的事情。一个意识不到自己有毁灭丈夫这一冲动倾向的妻子，在主观上相信自己非常爱自己的丈夫，由于这种投射机制，很可能认为自己的丈夫是一个想要伤害她的野兽。

投射过程可能会也可能不会被另一个为达到相同目的的过程所支持：对报复的恐惧可能会控制被抑制的冲动。在这种情况下，一个想要伤害、欺骗其他

---

[1] 埃里希·弗洛姆在《权威与家庭》一书中（该书由国际社会研究院的马克思·霍克海默编辑出版）曾明确指出，我们对一种危险做出的焦虑反应，并非机械地取决于该危险实际上的大小程度，"一个具有无助、消极被动态度的个体，对即使相对来说较小的危险，也做出焦虑的反应"。

人的人也害怕其他人对自己做相同的事情。这种对报复的恐惧究竟在多大程度上是人性中根深蒂固的普遍特性，在多大程度上源于罪恶与惩罚的原始经验，在多大程度上为个体的报复行为预设了一种动机，对这些我不给出答案。毋庸置疑，这种报复恐惧在神经症患者的心中发挥着重要作用。

压抑敌意所产生的过程，导致了焦虑的情绪。事实上，压抑产生的状态，正是焦虑的典型状态：感到源自外界强大危险而出现的一种缺乏防御能力的感觉。

尽管，从原则上讲，焦虑产生的步骤非常简单，但在实际中，要理解焦虑产生的条件是相当困难的。其中一个复杂的因素是，被压抑的敌意冲动常常不是投射到个体实际上与之相关的那个人身上，而是投射到其他事物上。例如，在弗洛伊德的一个案例中，小汉斯并未对他的父母产生焦虑，而是对白马产生了焦虑。再者，我有一个非常敏感的病人，她压抑了自己对丈夫的敌意，她突然对游泳池中的爬行动物产生了焦虑。似乎任何东西，从细菌到暴风雨，都可以成为焦虑附着的对象。这种将焦虑从相关个体身上分离出来的倾向，原因非常明显。如果焦虑情绪确实指向父母、丈夫、朋友或者类似亲密关系中的人，那么拥有这种敌意就会使人感到与尊重权威、忠于爱情、欣赏朋友的现存关系不相符。面对这样的情况，最好的方式就是完全否认敌意的存在。通过压抑自己的敌意，个体就否认自己身上存在任何敌意，通过将其敌意投射到暴风雨上，他也就否认了他人身上存在的敌意，许多对幸福婚姻的幻想都是基于类似的鸵鸟心态。

说敌意的压抑不可避免地会导致焦虑的产生，并不意味着，每次压抑发生时，都会表现出明显的焦虑。焦虑可能会通过我们已经讨论过或将要讨论的保护机制中的一种立即转移，处于这种情况之中的个体，可能会采用这样的方式来进行自我保护：例如，提高自己对睡眠或者饮酒的需求。

在压抑敌意的过程中，会产生出许多不同形式的焦虑。为了更好地理解所产生的各种不同结果，我将以下述形式呈现不同的可能性。

A. 感到危险是源自个体内在冲动。

B. 感到危险源自外界。

从压抑敌意的后果看，A组似乎是压抑的直接结果，而B组以投射为前提，A组和B组都可以进一步划分为两个亚组。

（1）感到危险是指向自己的。

（2）感到危险是指向他人的。

这样我们就形成了四种主要的焦虑类型：

Ａ（1）感到危险来源于自身冲动，并指向自己。在这个类型中，敌意会继而转向针对自己，这个过程我们后面将会讨论。

例子：因控制不住自己想要从高处跳下而感到恐惧。

Ａ（2）感到危险来源于自身冲动，但却指向他人。

例子：因控制不住想要用刀伤人而感到恐惧。

Ｂ（1）感到危险来源于外界，并指向自己。

例子：对暴风雨的恐惧。

Ｂ（2）感到危险来源于外部，并指向他人。在这个类型中，敌意被投射到外部世界，而最初的敌意对象仍然存在。

例子：过度担忧的母亲，对一些会威胁其子女的危险感到焦虑。

不用说，这一分类的价值是有限的。在提供一种快速的定向上，它或许是有用的，但它不能解释所有的可能例外的情况。例如，不能做出以下推断，有Ａ型焦虑的人不会投射出他们被压抑的敌意，只能据此推断，在这种特定形式的焦虑中，投射并不存在。

敌意可以产生焦虑，但两者之间的关系并不局限于此，这个过程还可以对周围其他方式起作用：基于受到威胁的感受，焦虑可以轻易地反过来以防御的形式产生一种反应性敌意。在这点上，它与恐惧没有任何不同之处，恐惧也同样会引发攻击性。如果反应性敌意被压抑，会产生焦虑，这样就形成了一个循环。焦虑和敌意间的相互作用会产生以下效应，其中一个总会激发和加强另一个，这就使我们能够理解，为什么会在神经症患者身上发现大量无情的敌意。[1]这种交互影响，也是为什么严重的神经症患者在没有明显的外部不良条件时，病情也会日益严重的一个基本原因。敌意或焦虑到底哪个是主要因素，这一点无关紧要，对神经症的动力学来说，最重要的是明白焦虑和敌意是不可分离地交织在一起的。

总体而言，我提出的焦虑概念，本质上来说是使用精神分析的方法得出的，它要通过无意识力量、压抑过程、投射等诸如此类的动力才能发挥作用。但是，如果我们要想讨论得更为详细，就会发现，它与弗洛伊德的观点在好几个方面都有所不同。

弗洛伊德曾相继提出了两种关于焦虑的观点。简单来说，第一种观点是，

---

[1] 一旦我们意识到敌意是由焦虑而得以强化，似乎就没有必要为这些破坏性的驱力寻找一个特定的生物学根源，就像弗洛伊德在他关于死本能的理论中所说的那样。

焦虑是抑制冲动的结果。这里只涉及性冲动，因而是一种纯粹生理学的解释，因为它基于以下信念，即如果性能量受阻得不到释放，就会在体内产生生理紧张，这种紧张会进一步转化为焦虑。根据他的第二个观点，焦虑（或者他所说的神经症焦虑）源于对这样一些冲动的恐惧，这些冲动的发现或者追求会引来外部危险。第二种解释是心理学的，不仅涉及性冲动还涉及了攻击性。在这一对焦虑的解释中，弗洛伊德并没有关注到冲动的压抑或者不压抑，而只关注对这些冲动的恐惧，因为对这些冲动的追求会带来外来的危险。

我所提出的焦虑的定义基于这样一种信念，即必须将弗洛伊德两种观点结合起来，才能认识焦虑的全貌。因此，我让其第一个观点摆脱了其纯粹的生理基础，将它与第二个概念结合起来。总体而言，焦虑并不是主要是源于对冲动的恐惧。在我看来，弗洛伊德未能很好地使用焦虑的第一种观点的原因（尽管这一观点是建立在具有独创性的心理学观察基础上的）在于，他只给出了一个生理学的解释，而不是提出了这样一个心理学问题：如果一个人压抑了一种冲动，那他的心理会发生什么后果？

我与弗洛伊德分歧的第二点在于，在理论层面不那么重要，但在实践层面却非常重要。在这一点上我同他的观点完全一致：每种冲动都会产生焦虑，只要其表达会招来外部危险。性冲动当然就是这一类冲动，只有在严厉的个体和社会禁忌下，它才会成为危险冲动。[1]从这个方面来看，性冲动引发焦虑的频率，在很大程度上取决于现存文化对性的态度。我并不认为性是焦虑的一个特殊来源，但是，我相信敌意中，或者更准确地说，是被压抑的敌意中，存在着这样一种特殊来源。我用简单实用的语言来表述一下我在本章中提出的概念：无论何时，我发现焦虑或者焦虑的迹象，我的脑海中就会浮现出这样的问题，什么样的敏感点受到了伤害并由此引发了敌意？又是什么使得压抑成为必要？我的经验是，沿着这些方向进行探索，通常能获得一种对焦虑令人满意的理解。

我的发现与弗洛伊德的第三点区别在于，弗洛伊德假设焦虑仅产生于童年，始于所谓的出生焦虑，随后是阉割恐惧，而后产生的焦虑都是以童年时期的幼稚行为反应为基础的。"毋庸置疑的是，我们称为神经症患者的人，他们对危险的态度仍然停留于婴幼儿时期，尚未成熟到脱离已经过时的焦虑状态。"

---

[1] 可能在某些社会中，例如塞缪尔·巴特勒所撰写的《乌有乡》中所描绘的那样的社会，任何生理疾病都会受到严厉的惩罚，因而一种患病的冲动也会是被禁止的焦虑。

让我们分别对解释中包含的元素进行思考。弗洛伊德宣称，在童年时期，我们特别容易产生焦虑反应。这是一个毋庸置疑的事实，它有充分且易于理解的理由，因为对于不利影响，儿童相对而言较为无助。事实上，在性格神经症患者身上，我们总会发现，焦虑始于童年早期，或者至少是我所说的基本焦虑，就始于这一时期。然而，除此之外，弗洛伊德还认为，在成年神经症患者身上的焦虑，仍与最初引发焦虑的条件有关。这意味着，例如，一个成年男子也会像小男孩那样因阉割恐惧而苦恼，尽管形式有所不同。毫无疑问，的确存在一些罕见的病例，在这些病例中，一种婴儿期的焦虑反应会伴随适当的刺激，以不加改变的方式，再次出现在后来的生活中。[1]但是，一般而言，我们发现的，用一句话来说就是，不是重演而是发展。在有些病例中，精神分析让我们对神经症如何形成有了一个全面的了解。我们发现，从早期焦虑到成年怪癖之间，有一条没有间断的反应链。因此，与其他因素一起，后期的焦虑包含儿童期存在的特殊冲突。但是焦虑作为一个整体，并不是婴儿期的反应。如果将焦虑看作是一种婴儿期的反应，会让两种不同的事物产生混淆，即将婴儿期产生的每种态度都错误地看成一种幼稚态度。如果有正当的理由将焦虑称为一种婴儿期的反应，那么至少也有同样正当的理由认为，应将其称为儿童身上早熟的成人态度。

---

[1] J. H. 舒尔茨在《神经症、生命需要和医生责任》一书中，记录了一个病例。一个职员总是不断地更换工作，因为一些上司总是让他感到愤怒和焦虑。精神分析表明，只有那些留着特定样式胡须的上司才会激怒他。这个患者的反应，被证明是他三岁时对父亲产生的反应的再现，那时，他父亲曾以一种恐吓的方式攻击过他的母亲。

第五章　神经症的基本结构

　　焦虑可以从实际冲突情境中得到完整的阐释。但是，如果我们在性格神经症中，发现了一种焦虑产生的情境，那么我们就不得不考虑之前存在的焦虑，以此来解释为什么特定的情境下会产生敌意并被压制。我们会发现，先前的焦虑反过来是由之前既已存在的敌意所导致，如此循环往复。为了理解整个发展过程最初是如何产生的，我们就必须要追溯到童年时期。[1]

　　我很少讨论童年经历的问题，这将是少数场合之一。与精神分析文献的常规做法相比，我较少谈及童年时代经历的原因，并不是我认为童年经验不像其他精神分析学家认为的那么重要；而是在于，本书中，我主要讨论的是神经症人格的实际结构问题，而不是导致神经症形成的个体经验。

　　在考察了许多神经症患者的童年史后，我发现，所有神经症患者的一个共同特征，就是处于这样一种环境中，该环境以不同的组合形式显示出以下特征：

　　缺少真诚的温暖和爱是最基本的邪恶品质。一个孩子可以在很大程度上忍受一般而言所谓的创伤，例如：突然断奶、偶尔的打骂、性体验等，只要他在内心深处感到自己是被需要和被爱的。不用说，孩子能敏锐地觉察到爱是否真诚，并不会被任何虚伪的表示所欺骗。一个孩子无法得到足够的温暖和爱的主要原因是，父母由于患有神经症而无法给予他爱和温暖。根据我的经验，最常见的情形是：从本质上来说，这种温暖的缺失被掩盖了，家长总是声称自己满心所想都是孩子的最佳利益。教育学理论告诉我们：一位母亲过度关注或是自我牺牲的"理想"是造成这一氛围的基本因素；与其他任何东西相比，这种氛围更能够为孩子未来强烈的不安全感埋下隐患。

　　而且，我们在父母身上发现了许多必然会引发子女敌意的态度或行为。例如：偏爱其他孩子，不公正的指责，在时而拒人于千里之外和时而过度溺爱之间毫无征兆地转变，没有兑现承诺等。而最为重要的是，对孩子需求的态度存

---

　　[1] 在这里，我并不打算触及心理治疗有必要向童年时代追溯多远这一问题。

在不同等级，从暂时的置之不理到不断干涉孩子最合理的需求。例如，干涉子女的友谊，对独立思考的嘲笑，破坏孩子所追求的兴趣，无论兴趣爱好是艺术上的、体育上的还是机械操作上的。总之，父母的态度，即便不是故意为之，其实际效果仍会摧毁孩子的意志。

在精神分析文献中，关于引发孩子敌意的因素，主要是强调儿童愿望受挫，尤其是在性领域的愿望挫折，和儿童嫉妒心理。很可能，儿童敌意的出现，部分原因在于我们文化中对一般快乐的严厉态度，尤其是对儿童性欲的禁止性文化，不论后者涉及的是性好奇、手淫还是与其他同伴的性游戏。但可以肯定的是，挫折并不是反叛性敌意的唯一原因。观察结果表明，毫无疑问，孩子像成人一样，如果觉得剥夺是公平、公正、必要或者是有目的的，他们就可以极大程度地接受挫折和剥夺。例如，只要父母没有在这方面施加过分的压力，不通过狡猾或残酷的方式强迫孩子，他们是不会介意接受有关清洁卫生方面的教育的。同样，孩子也不介意偶然的惩罚，只要他们从总体上感觉到自己是被爱的，惩罚是公平的，而不是有意伤害或是羞辱他。挫折是否能引起敌意，这个问题很难判断，因为在给孩子带来很多挫折的同一环境中，同时还存在其他足以引发敌意的因素。重要的是，强加于挫折之上的精神，而不是挫折本身。

我强调这一点的原因在于，通常我们会过分强调挫折的危险，这使得许多家长怀有这样一种观点，且比弗洛伊德走得更远，他们根本不敢对孩子进行任何干涉，唯恐孩子因此受到伤害。

显然，无论在儿童还是成年人身上，嫉妒都是可怕的仇恨的来源。不用怀疑，兄弟姐妹之间的嫉妒，以及对父母任何一方的嫉妒，都会在神经症儿童身上产生很大的影响，这一态度对其今后的生活也可能会产生持久的影响。但是，我们仍会问类似问题：是什么环境条件产生了这种嫉妒心理？存在于兄弟姐妹中的嫉妒，或是俄狄浦斯情结中所观察到的嫉妒反应，是不是必定会发生在每个孩子身上，抑或这只是由特定的条件所激发？

弗洛伊德对俄狄浦斯情结的观察是在神经症患者身上进行的，在这些神经症患者身上，他发现与父母任何一方有关的强烈嫉妒反应极具破坏性，且足以引发恐惧，并可能会对性格形成和个人人际关系产生持久的干扰性影响。由于从我们时代的神经症患者身上经常能够观察到这种现象，因此，他便假定这是一种普遍现象。他不仅认为俄狄浦斯情结是神经症的核心，还试图以此为基础去理解其他文化中的情结现象，但这一结论是值得怀疑的。在我们的文化中，兄弟姐妹之间、父母子女之间，确实很容易出现嫉妒，就像它们也很容易发生在每个密切生活在一起的群体中一样。但是，并没有证据表明：具有破坏性和持续性的嫉妒反应（当谈论俄狄浦斯情结或是亲缘竞争时，我们所想到的正是这些）在我们的文化中正如弗洛伊德所假设的那样常见，更不用说在其他文化中了。总体而言，这些嫉妒心理属于人类的反应，但只能经由儿童成长之中的文化氛围，人为得以产生出来。

具体而言，哪些因素要为嫉妒的产生负责，我们在后面将会有所了解，那时会对神经症性嫉妒的一般内涵进行阐释，在这里，只要提及缺乏温暖和鼓励竞争会导致这一结果的产生，就已经足矣。除此之外，患有神经症的父母制造了我们之前讨论过的那种氛围，他们对自己的生活极为不满，通常没有令人满意的情感或性关系，因此倾向于将孩子作为他们爱的对象。他们将自己对爱的需求释放到孩子身上，他们爱的表达并不一定带有性色彩，但不管怎样，都具有高度的情感内涵。我很怀疑，在孩子和父母关系中暗涌的性欲，会强大到足以产生潜在的心理紊乱。无论如何，我所了解的所有病例，都是神经症父母通过温柔或威胁的方式，迫使孩子沉溺于充满情感的依恋之中，从而蒙上了弗洛伊德所描述过的占有欲和嫉妒心等全部情感内涵。[1]

我们习惯性地认为，对家庭或者家庭中的某些成员表现出敌意，对儿童的成长发育来说是不幸的。当然，如果孩子不得不与患有神经症的父母的行为进行抗争，这的确是不幸的。但是，如果这些反抗本身有充足的理由，那么对孩子性格形成的危险，就不在于对反抗的表达和感受，而在于对这种反抗的压抑。对批评、反抗或指责的压抑会产生许多危险，其中一种危险就是孩子很可能会将所有的责备都揽在自己身上，并且感到自己不值得被爱。我们在后面会对这一情况的种种内涵进行讨论，这里我们所关注的危险是：受压抑的敌意可能会产生焦虑，并开始之前我们讨论过的那种发展过程。

为什么在这种环境中长大的孩子会压抑自己的敌意？原因有很多，这些原因以不同的程度，通过不同的组合方式发挥作用，包括：无助感、恐惧、爱或罪恶感等。

儿童的无助感常常只被认为是生物学事实。尽管事实上，儿童在很长一段时间内要依赖于环境来满足需求，与成年人相比，他们体质不够强壮、经验不

---

[1] 总体来说，我的这些说辞不符合弗洛伊德关于俄狄浦斯情结的概念，我假设它并不是一种生物学的特定现象，而是受文化因素所制约的。已经有许多作者讨论过这一观点，例如：马林诺夫斯基、波姆、弗洛姆、赖希。因此，在这里我仅限于指出我们文化中那些可能产生俄狄浦斯情结的因素，例如：由于两性冲突而导致的婚姻不和谐，父母无限制的权威，严禁孩子有任何性发泄的禁忌；总将孩子当成婴儿并使其对父母有情感依赖，否则就将其孤立的心理倾向。

够丰富，但也用不着对这一问题的生理方面过度强调。两三岁之后，儿童的依赖性会发生决定性转变，从占主要地位的生物性依赖转变为心理、智力以及精神生活的依赖，这一过程将一直持续到儿童成熟至青春期，能够独立掌控自己的生活时为止。尽管在继续依赖父母的程度上，不同儿童之间存在着很大的个体差异，但这一切都取决于父母在教育子女过程中所希望达到什么样的目的：是倾向于让孩子变得强壮、勇敢、自立，能够应对各种情境，还是倾向于为孩子提供庇护，使他顺从、听话，对实际生活一无所知（或简而言之，使他直到20岁甚至更晚，都保持一种幼稚天真的状态）。在这种不良环境中成长起来的孩子，其无助感会通过恐吓、溺爱，或是出于情感依赖状态，而人为地得以强化。一个孩子越无助，他就越不敢去感受或表达反抗，这种反抗心理就会被迁延得越久。这种情况下，潜在的情感，或者孩子心中奉为格言的是：我不得不压抑我的敌意，因为我需要你。

　　威胁、禁令、惩罚以及孩子目睹的大发雷霆等暴力场景，都能够直接引发恐惧；间接的恐吓也能引发恐惧，例如，让孩子们对生活中的种种重大危险（细菌、马路上的车辆、陌生人、野孩子、爬树）留下深刻印象。孩子越是感到恐惧，就越不敢表达反抗甚至不敢去感受敌意。在这种情况下，孩子心中信奉的格言就是：我不得不压抑我的敌意，因为我害怕你。

　　爱可能是压抑敌意的另一个原因。当父母缺乏对孩子真正的爱时，父母通常在语言上会强调自己很爱孩子，如何为孩子牺牲，直到耗尽心血。一个处在这种环境中，特别是在其他方面不断受到恐吓的孩子，可能会紧紧抓住这种爱的替代物不放手，不敢表达任何反抗，唯恐会因此失去自己做乖孩子时所获得的奖励。在这种情况下，孩子心中信奉的格言是：我不得不压抑我的敌意，因为我怕失去爱。

　　迄今为止，我们讨论了种种孩子压抑对父母的敌意的情景，因为他担心，自己一旦表达了任何敌意，就会破坏他与父母之间的关系。他受这种恐惧的驱使，深恐这些强有力的巨人会抛弃他，会收回令人安心的仁慈转而攻击他。除此之外，在我们的文化中，孩子常常会被教育得因为任何敌对感或任何反抗表现，而感到愧疚。也就是说，孩子们已经被教育成这样：如果他们表达或者感受到了自己对父母的愤恨，或是违反了父母制定的规则，那么他就会觉得自己变得一文不值、无比可耻。产生罪恶感的两个原因是密切相关的，孩子越是被教育得因闯入禁区而感到罪恶，他就越不敢对父母怀有恨意或者指责。

　　在我们的文化中，性领域是最易于产生罪恶情感的领域。不论禁令是采用可以感受到的沉默方式，还是通过公开威胁和惩罚的方式表现出来，孩子们经常会感到：性好奇和性行为是被禁止的，而且如果他们沉溺于此，那么就是肮脏和卑劣的。如果出现任何涉及对父母一方的性幻想或性愿望，虽然它们由于一般的性禁忌态度而不能得以公开表达，也同样可能会引发孩子们的罪恶感。在这种情况下，孩子心中信奉的格言是：我不得不压抑敌意，因为如果我感受到敌意，我就是一个坏孩子。

以各种不同的方式进行组合以上所提及的因素，都会让孩子压抑自己的敌意并最终导致焦虑。

但是，每一种幼年期的焦虑都会最终导致一种神经症的产生吗？我们目前所拥有的知识尚不足以恰当地解答这一问题。我的观点是：幼年期焦虑是神经症形成的一个必要因素，但并不是导致其产生的充分条件。有利的环境，例如，及早改变不利环境或通过各种形式消除不利因素的影响，似乎都可能预防某种特定神经症的形成。但是，正如事实通常所发生的那样，如果生活环境并不能减少焦虑，那么焦虑不仅会持续下去，如同我们在后面会看到的那样，它还会持续增强，并推动所有足以构成神经症的内在进程。

在可能影响婴儿期焦虑进一步发展的众多因素中，其中一个是我要特别考虑的：焦虑和敌意的反应，是被局限在迫使孩子产生该反应的环境中，还是会发展成一种针对所有人的普遍性敌意和焦虑？这两者之间具有很大区别。

举例来说，如果一个孩子非常幸运，有一个慈爱的祖母，一位善解人意的老师，几个好朋友，那么，他与他们交往的经历，就会避免让他感到所有人都是坏人。但是，如果他在家庭中的处境越困难，他就越可能会形成不仅针对父母和其他兄弟姐妹的仇恨心理，而且对每个人都会形成怀疑和仇恨的态度。一个孩子越是与他人隔绝，越无法将他人的经验变为自身经验，就越可能往这方面发展。最终，一个孩子对自身家庭的怨恨掩盖的越多，例如通过顺从父母的态度来掩盖，他向外界投射的焦虑就越多，并因此认为整个世界都是危险、可怕的。

对外界的普遍焦虑也可能会逐渐发展和增长。在上述氛围中成长起来的孩子，在与其他孩子的交往过程中，不敢像他们一样有胆量或好斗。他会失去被人需要这种最令人幸福的自信心，甚至会将一个无害的玩笑看成是残忍的排斥、打击。与其他孩子相比，他更易于受到伤害，并缺乏自我保护能力。

由我上面提到的这些因素，或与之相似的因素所产生的状况，是一种在内心世界中不断增长且无处不在的孤独感，以及身处一个敌意世界中的无助感。对个人情境所做出的这种尖锐的个人反应，会固化为一种性格态度。这种态度本身并不构成神经症，它却是合适的肥沃土壤，可以随时形成某种特定的神经症。由于这种态度在神经症中起着根本性的作用，因此，我为它取了一个特别的名字：基本焦虑。它与基本敌意交织在一起，不可分割。

在精神分析中，通过处理个体不同形式的焦虑，我们逐渐认识到这样一个事实：即基本焦虑是所有人际关系的基础。虽然，个体焦虑可能会由实际因素所激发，但即使实际情境中并不存在特殊刺激的情况下，基本焦虑仍会存在。如果将神经症的整体情形与一个国家不稳定的政治局势相比，基本焦虑和基本敌意就类似于对政治体制的潜在不满和抗议。在这两种情况下，可能看不到任何表面现象，或出现形式纷繁的表面现象。在一个国家中，它们可能表现为骚乱、罢工、集会、示威；同样，在心理领域，焦虑的形式可能会表现为各种症状。无论这种特殊刺激是什么，所有焦虑的表现形式都产生于相同的背景。

在单纯的情境神经症中，基本焦虑是不存在的。情境神经症是个体对现实冲突情境的神经症性反应，而这些个体的人际关系并未受到干扰。下面这个案例，也许可以作为这种情况的一个典型例子，在精神分析治疗实践中经常出现。

一位45岁的女性抱怨说，她在夜里总是心跳加速、焦虑紧张，还会伴有大量盗汗现象。她身上并未发现任何器质性病变，所有证据均表明她很健康。她给人的印象是一个非常热心且直爽的人。20年前，主要由于环境而非她本人的原因，她嫁给了一个比自己大25岁的男人。他们生活得很快乐，在性方面也能得到满足，还有三个养育得非常好的孩子。她很勤劳并将家务料理得井井有条。最近五六年来，她的丈夫脾气变得有些暴躁，性能力也大不如前，但她忍受了这些且没有任何神经症性反应。问题始于七个月之前，一位年龄与之相仿、可以托付终身且值得喜爱的男性开始向她献殷勤。结果，她对自己上了年纪的丈夫产生了怨恨，但是由于她整个心理和社会背景，以及基本上美满的婚姻关系等原因，她完全压抑了自己的怨恨。几次访谈后，她获得了一些帮助，能够正视这种冲突情景并摆脱了自己的焦虑。

没有什么比用性格神经症案例的个体反应与上述单纯的情境神经症比较，更能说明基本焦虑的重要性了。后者在健康人身上也会出现，由于某些可以理解的原因，他们无法有意识地解决一种冲突情景。也就是说，他们不能正视冲突的存在及其性质，因此无法做出明确的决定。这两类神经症之间的明显差异在于，情境神经症极易取得明显的疗效。在性格神经症中，治疗往往必须在极大的困难下进行，并要持续很长一段时间，有时候时间太长以至于患者无法等到治愈就会退出治疗；相比之下，情境神经症就相对容易治愈。对情境的一次理解性讨论，通常不仅是对症状，也是对病因的治疗。而在性格神经症治疗中，对病因的治疗要通过改变情境才能消除困扰。[1]

因此，在情境神经症中，我们形成了这样的印象，即冲突情境和神经症性反应之间，存在着恰当的关系；但在性格神经症中，这种关系似乎并不存在。由于存在基本焦虑，即使是最轻微的刺激，也可能会引起最强烈的反应，这一点我们在后面的章节会进行详细讨论。

虽然焦虑外显形式的范围，以及为对抗焦虑而采用的防御措施的范围是无限宽广的，且在不同个体身上也是不尽相同的，但基本焦虑无论在任何地方都或多或少是相同的，只是在程度上有所不同。它可能会被简略地描述为一种感到渺小、无足轻重、无能为力、被抛弃、被胁迫的感觉，一种仿佛置身于一个对自己充满谩骂、欺骗、攻击、侮辱、背叛和嫉妒的世界中的感觉。我的一个病人，在她自发画出的一幅画中表达了这种感觉。在画中，她是一个弱小无助、赤身裸体的婴儿，坐在画面中央，周围都是正准备攻击她的各种张牙舞爪的怪物、人和动物。

在各种精神病患者身上，我们常常会发现：患者对这种焦虑的存在，有着高度的自觉意识。在偏执狂类病人身上，这种焦虑会限定在某一个或几个特定的对象身上；而在精神分裂症患者身上，则往往对周围环境中的潜在敌意，有着过于敏锐的感知，甚至敏锐到会将对他们的善意行为，也视为包含着潜在的敌意。

但是，在神经症中，患者对基本焦虑或基本敌意的存在，却极少有自觉意识，至少是没有意识到它在其整个生命过程中的重要性和意义。我的一个病人，她在梦中看到自己是一个小老鼠，为了避免被人踩到，而不得不藏在一个洞中——这正是对她实际生活的真实写照。然而，事实上，她一点也没有意识到她害怕任何人，而且她还告诉我，并不知道什么是焦虑。对所有人不信任的基本敌意，可能会被肤浅的信念所掩饰，即一般人都很可爱，这种肤浅的信念还可以和一种与他人表面敷衍的友好关系同时存在；对所有人极度蔑视的基本敌意，也可以借由随时称赞别人而加以掩盖。

尽管基本焦虑涉及的对象是人，但它也可以完全脱离其人格特征，并转变为一种受到暴风雨、政治事件、细菌、意外事件、变质食品威胁的感觉，或是转变为受命运摆布的感觉。一个训练有素的观察者识别这些态度的潜在基础并不困难，但要使神经症患者本人意识到他的焦虑，并不是真正针对细菌之类的事情，而是人，往往需要进行大量深入细致的精神分析工作；同时，他对他人的愤怒并不是，或者并不只是对现实刺激所做出的恰当且合理的反应，而是因

---

[1] 在这些病例中，精神分析是不必要且不可取的。

为他已经从骨子里变得不信任并仇恨他人。

在阐述神经症患者基本焦虑的含义之前，我们有必要对许多读者心中可能早已存在的疑问进行讨论：这种针对他人的基本焦虑和基本敌意，被看作是神经症的基本组成因素，难道，它不是我们所有人都隐秘拥有，或许只是程度上较轻一些的正常态度吗？在讨论这个问题时，必须区分两种观点。

如果"正常"一词是用来描述一种普遍的人类态度，那么我们可以说，在德国哲学和宗教用语里所称的"生之苦恼"（Angst der Kreatur）中，基本焦虑是一种正常的推论。这句话所要表达的是：面对比自己更强大的力量时，例如在死亡、疾病、衰老、自然灾害、政治事件、意外事故面前，我们事实上都会感到很无助。我们第一次认识到这点是在童年的无助中，然而这一认识还会伴随我们的整个人生历程。这种"生之苦恼"与基本焦虑一样，蕴含着我们在面对更强大力量时的无助感，但却并不认为这些力量中含有敌意。

但是，如果"正常"一词从对我们文化而言来说是正常的这个意义上来使用的话，那我们就可以进一步说：在我们的文化中，只要一个人的生活缺乏足够的保障，则个体成熟时的一般经验，会变得对他人更有所保留，更善于提防别人，更明白通俗而言，事实上人们的行为并不是直截了当的，而是由怯懦和随机应变心理所支配。如果他是一个诚实的人，会将自己也包含在内；如果他不是，就会在其他人身上更清楚地看到这些。简单来说，他形成了一种与基本焦虑类似的态度。但是，仍存在一些区别：健康成熟的人不会对这些人类的缺陷感到无助，在他身上不存在基本的神经症态度中存在的那种不分青红皂白的倾向，他仍能给某些人以真诚的友谊和信任。也许，这种差异可以由以下事实来解释：健康之人所遭遇的大量不幸经验，发生在他能够对这些不幸经验进行整合的年岁；而神经症患者是在他无法掌控这些不幸经验的年岁，遭遇了这些，因而便因彻底的无助而产生了焦虑反应。

基本焦虑在人对自己和他人的态度中，有着特定的含义。它意味着情感上的孤立，如果同时伴随着自我的内在软弱感，则这种孤立感就更加令人难以忍受，它还意味着自信心的基础被削弱。它埋下了潜在冲突的种子，一方面神经症患者渴望依赖他人，另一方面由于对他人的不信任和敌意，他又无法这样做。这意味着由于内在的软弱感，个体有一种将所有责任都放在其他人肩上的愿望，有一种想要受到保护和照顾的愿望；然而，由于基本敌意的存在，他不太信任他人，以至于无法实现这一愿望。因此，不可避免的结果是，他不得不将绝大部分精力放在寻求安全保障上。

焦虑越是难以忍受，保护手段就需要越彻底。在我们的文化中，人们用来保护自己不受基本焦虑困扰的方式主要有四种：爱、顺从、权力、退缩。

第一种，任何形式的爱，都可以成为对抗焦虑的强有力的保护手段。基本思路是：如果你爱我，你就不会伤害我。

第二种，根据其是否服从特定的个体或制度，可以对顺从粗略地做进一步划分。例如，在对标准化的传统观念的顺从中，在对某些宗教仪式或权威人物的服从中，就存在着这样一种顺从焦点。此时，遵守规则和顺从需求是个体所有行为的决定性动机。这种态度可能会以一种不得不"听命"的形式表现出来，虽然"听命"的内容会随着其所遵守的要求或规则的不同而不同。

当这种顺从的态度不与任何制度或个人相关时，它就会以一种更为一般化的形式表现出来，表现为顺从所有人的潜在愿望，避免一切可能会引发敌意的事情。在这种情况下，个体可能压抑了所有的自身需求，压抑了对他人的批评，宁愿自己遭受侮辱而不还击，并随时准备不加选择地为所有人提供帮助。偶尔，人们也会意识到焦虑潜藏于其行为背后，但是大多数时候他们都意识不到这一点，并且还坚信这样做是出于一种大公无私或自我牺牲的理想，这种理想如此崇高，以至于他们完全放弃了自身的愿望。不论顺从采取的是特定形式还是一般形式，其基本思路是：如果我屈服，就不会受到伤害。

这种顺从态度同样也可以服务于借爱来获得安全感的目的。如果爱对个体来说非常重要，以至于他生命中的安全感全部依赖于此，那么，他为此会愿意付出任何代价，而这意味着要遵从他人的意愿。但是，通常而言，人无法对任何爱产生信任，因此，他的顺从态度并不是为了赢得爱，而是为了赢得保护。有些人，他们只有通过彻底的顺从，才能获得安全感。在他们身上，焦虑是如此强大，对爱的怀疑也是如此彻底，以至于爱的可能性完全被拒之门外。

第三种试图保护自己对抗基本焦虑的方式是通过权力，即通过获得实际的权力、成就、财富、崇拜或智力上的优势来赢得安全感。在这种获得保护的尝试中，其基本思路是：如果我有权力，就没有人可以伤害我。

第四种方式是退缩。前三种防护机制都有一个共同点，即愿意与外界角逐，以这种或那种方式来与之周旋。然而，这种自我保护也可以采取不与外界发生联系的方式来获取。这并不意味着要遁入荒漠或是与世隔绝，而是指当他人对自己的外部或内部需求产生影响时，能够独立且不依赖他人。通过诸如囤积财富的方式，就可以实现对外部需求的独立性。这种占有动机与为了获取权力或是影响力的动机完全不同，而且对占有物的使用也完全不同。通常情况下，为了外部独立而囤积占有物时，个体会非常焦虑，而无法使用它们；这些占有物被个体以一种极其吝啬的态度看护，因为占有的唯一目的是用来预防不测。另一种服务于同一目的——使自己外部独立的方式是，将个人需求减少到最低程度。

内部需求的独立，可表现为试图从情感联系上与他人相脱离，以便自己不会因为任何事情而受到伤害或感到失望，这意味着要扼杀一个人的情感需求。其表现方式之一，就是对任何事情都满不在乎，包括对自己也是如此。这种态度经常会出现在知识界，不把自己当回事并不是说认为自己无足轻重，事实上，这两种态度很可能是相互矛盾的。

这些退缩手段与顺从或屈服的策略有着一个共同之处，它们都包含着对自身意愿的放弃。但是，在后一类型中，放弃自身愿望是为了"听命"或顺从他人的愿望，以便能够获得安全感；而在前一种类型中，"听命"的想法根本不存在，放弃自己的意愿是为了独立于其他人。这里的思路是：如果我退缩，就没有什么能伤害我。

为了正确评估神经患者用来对抗基本焦虑以获得保护的方式所起的作用，我们必须对它们潜在的强度有所认识。它们并不是由一种满足享乐或是追求幸福的本能所驱动，而是由一种希望获得安全感的需要所推动。但这并不是说，它们无论如何也不像本能驱力那样强大且不可抗拒。经验表明：对某种野心的追求所产生的影响，可能与性冲动一样强烈，甚至更加强大。

只要生活情境允许这样做且不会产生任何冲突，那么片面且单独地采用这四种方式中的任何一种，都可能会有效地给人带来其所需要的安全感。但是这种片面的追求，通常要付出沉重的代价——造成整个人格的萎缩。例如，在一个要求女性服从家庭或丈夫，遵从传统规范的文化中，一个采取顺从方式的女人，可能会获得安宁和满足许多次级需要。再比如，一个一心想要攫取财富和权力的帝王，其结果也同样是能让自己获得最大的安全感和成功的人生。然而，事实上，对一个目标过于直接的追求可能导致这个目标根本无法实现，因为它所提出的要求如此过分且考虑不周，就会与周围环境发生冲突。更常见的是：人们常常并不是仅通过一种方式，而是同时通过几种互不相容的方式，来从一种巨大的潜在焦虑中获得安全感。因此，神经症患者也可能被自己内心种种强迫性需求所推动，一方面希望统治所有人，另一方面又希望被所有人所爱；一方面顺从他人，另一方面又要将自己的意愿强加于人；一方面与他人疏远分离，另一方面又渴望得到他们的爱。这些完全不能得以解决的冲突，构成了神经症最常见的动力核心。

最常发生冲突的两种尝试，是对爱的追求和对权力的追求。因此，在接下来的章节中，我将详细探讨这两种方式。

　　从原则上来讲，我描述的神经症结构与弗洛伊德理论并不冲突。弗洛伊德认为，大体来说，神经症是本能冲动与社会要求（或社会要求在"超我"中的体现）之间相互冲突的结果。但是，尽管我赞同个人需求和社会压抑之间的冲突，是每种神经症不可或缺的条件之一，但我不认为这是一个充分条件。个人欲望与社会要求之间的冲突并不必然导致神经症，但会导致事实上的人生限制，导致对种种欲望的简单压制或压抑，或者用更通俗的话来说，即导致事实上的痛苦。只有当冲突产生焦虑，且试图减轻焦虑的努力反过来又导致种种尽管同样不可抗拒却彼此互不相容的防御倾向时，神经症才会产生。

第六章　对爱的病态需求

毋庸置疑，在我们的文化中，这四种保护自己免受焦虑困扰的方式，在大多数人的生活中都起着决定性作用。对有些人而言，获得爱和被认同是最重要的，他们会想尽一切办法来让自己的这一需求得以满足。有些人的行事特点，就是倾向于顺从、屈服，去除任何自我肯定的措施。有些人的全部追求就是获得成功、权力或财富，还有些人倾向于将自己封闭起来，并独立于其他人。但是，人们可能会提出这样一个问题：即我认为这些努力体现了一种为对抗基本焦虑而采取的保护措施，这种观点是否正确？难道它们不是特定的人在正常范围内可能出现的一种本能表现吗？这一错误在于，它采用了一种非此即彼的形式来提出问题。事实上，这两种观点既不矛盾也不相互排斥。爱的渴求，顺从的倾向，对影响力或成功的追求，以及退缩倾向，在我们每个人身上以不同的组合方式呈现，而没有任何神经症的征象。

此外，这些倾向中的这种或那种，在特定文化中，可能会成为占主导地位的态度或倾向。事实再一次证明：这些倾向完全可能是人类正常的潜力。正如玛格丽特·米德（Margaret Mead）所描述的，在阿拉佩西文化（Arapesh culture）中，对爱、母爱的态度以及顺从他人愿望，是占主导地位的态度；就像鲁斯·本尼迪克特（Ruth Benedict）所指出的那样，在夸基乌特尔人（Kwakiutl）中，以残酷的方式来获得声望是一种被认可的方式；在信奉佛教的文化中，出世或退缩则是一种主要的心理倾向。

我的观点并不是要否认这些内驱力的正常特性，而是为了指出，所有这些内驱力都能为对抗某种形式的焦虑提供保障服务。而且，通过获取保护性机能，他们改变了自身的特性，并变成了完全不同的东西。我可以借用类比的方式来把这种差异解释清楚，我们可能会因为想要检验自己的体能和技术，想要从高处鸟瞰风景，而去爬树，或者我们爬树是因为被某种野兽所追赶。在两种情况下，我们都爬上了树，但爬树的动机完全不同。第一种情况下，我们爬树是为了获得快乐；而在第二种情形下，我们则是受到恐惧驱使，出于安全需要而不得不这样做。在第一种情况下，我们可以自由选择是否爬树，在另一种情况下，我们却因为一种紧急的需要而被迫这样做。在第一种情况下，我们可以选择最符合我们意图的树，而在第二种情况下，我们别无选择，必须爬上最近的树，而且它甚至可以不必是一棵树，而只是一根旗杆或一栋房子，只要它能满足保护自己的目的即可。

不同的驱动力会导致不同的感觉和行为。如果我们的行为受到任何一种直接的、希望获得满足的愿望所驱使，那么我们的态度中就会包含自发性与选择性。但是，如果我们受到焦虑的驱使，那么我们的感觉和行动就会具有强制性和不加选择性。当然，其中存在着许多过渡阶段。在一些本能驱动中，例如饥饿和性欲，在很大程度上是源自匮乏的生理紧张所产生，生理紧张会积累到这样一种程度，以至于获得满足的方式在一定程度上具有强制性和不加选择性，而这些特征在正常情形下，本来是由焦虑决定的内驱力所具备的特征。

此外，在获得的满足中也存在差异——用一般的话来说，即获得快乐和获得安全感之间的差异。[1]但是，这一区别并不像最初看起来那么鲜明。本能驱力（如饥饿和性欲）所获得的满足是快乐的，但是如果生理紧张一直被压抑，其获得的满足就会近似从焦虑缓解中所获得的满足。在这两种情况下，都存在着一种从无法忍受的紧张中摆脱出来而获得的宽慰感。在强度上，快乐和安全感可能会同样强烈。性满足，尽管种类不同，却可能同个体突然从强烈的焦虑中解脱出来的感觉一样强烈。通常而言，对安全感的追求，不仅可能同本能驱力一样强烈，而且还可能产生同样强烈的满足。

正如我们在前一章所讨论过的那样，对安全感的追求，同样也包含着其他次要的满足。例如，除了获得安全感之外，被爱或被人赞赏的感觉，获得成功或具有影响力的感觉，也可以同时获得极大的满足感。此外，正如我们马上就要看到的，获取安全感的众多途径，可以使得被积郁的敌意得以发泄，从而提供了另一种缓解紧张的感觉。

我们已经发现，焦虑可能是某些驱力背后的驱力，而且我们已经大致考察了由此产生的几种最重要的驱力。现在，我将进一步详细讨论其中两种驱力。事实上，它们在神经症中发挥着最大的作用，即：渴望爱和对权力与控制的渴求。

对爱的渴求在神经症患者身上很常见，训练有素的观察者很容易识别出这种渴望，以至于可以将其视为认定焦虑存在以及反映其程度深浅的最可信的指征之一。实际上，如果个体对一个总是充满威胁和敌意的外部环境，从根本上感到无助，那么，对爱的追求就会被视为最合乎逻辑且最直接的寻求仁爱、帮

---

[1] 哈克·斯塔克·沙利文在《关于社会科学研究中精神病内涵的札记：人际关系研究》一文中已经指出，对满足和安全的追求体现了调解人生的一条基本原理。

助或赞赏的方式。

　　如果神经症患者内在的心理状态就是他心中常想的那样，那么，他要得到爱就是一件非常容易的事。若要我将其模糊感觉到的东西用语言表达出来，那他的感受很可能是这样的：他想要的是如此微乎其微，仅仅是希望其他人对他能够友好，给他以善意的建议，赏识和理解他这样一个可怜、无害、孤独的灵魂；只不过是急切地想要给人以快乐，急切地希望不伤害任何人的情感，这就是神经症患者所看到和感受到的一切。他并没有意识到自己是多么敏感，他潜藏的敌意和苛刻的要求对自己与他人的关系造成了困扰；他也无法正确判断他给别人留下的印象，以及他人对自己做出的反应是什么样的。因此，他自然困惑不解，为什么自己的友谊、婚姻、爱情和工作关系总是这么令人不满。他很可能会认为这都是其他人的错，认为他们不顾及别人的感受、不忠诚、不道德，或者出于深不可测的原因，认为自己缺乏成为受人欢迎的天赋，因此，他会不断追求爱的幻象。

　　如果读者还能记起我们曾讨论过焦虑是如何由压抑的敌意产生，以及它又是怎样反过来产生敌意，换而言之，焦虑和敌意是如何不可分割地紧密交织在一起，那么就不难认识到神经症患者思维中的自我欺骗，以及其遭受失败的原因。神经症患者毫不自知地陷入了这样一种既无力去爱，又极其渴望得到他人之爱的困境中。在这里，我们不得不停下来回答一个看似简单却又难以回答的问题：什么是爱？或者说，在我们的文化中，我们所说的爱是什么意思？有时，我们会听到一个关于爱的很随意的定义，即爱是给予和获得感情的能力。虽然，这个定义中包含了一些事实，但它过于笼统，无法帮助我们澄清所遇到的困难。大多数人可能在某些时候都会满怀爱意，但仍可能具有无法去爱的特质。因此，最需要考虑的就是爱流露出的态度：是对其他人的一种最基本的肯定态度？或者，是出于害怕失去对方的恐惧，还是想让他人处于自己控制之下的念头？换而言之，我们不能将显现出的任何一种态度都作为判断爱的标准。

　　虽然，想要讲清楚什么是爱非常困难，但我们可以明确地说什么不是爱，或者哪些因素是与爱背道而驰的。一个人可能会死心塌地地喜欢另一个人，但即使这样，有时候还是会对他发火，不答应他的某些要求，或是希望自己能独处一段时间，但这种有外界原因的愤怒和退缩态度与神经症患者的态度完全不同。神经症患者总是提防着别人，认为其他人对第三者所表现出的好感就是对自己的忽视，并将其他人的任何要求解读为一种强迫，将他人的任何批评都视为羞辱。当然，这并不是爱。爱是允许对别人的某种性格或态度提出建设性的批评，从而（如果可能的话）对他人有所裨益；但是对他人提出一种令人无法忍受的，指望他人尽善尽美的要求，也并不是爱。正如神经症患者经常表现的那样，这种要求中包含着一种敌意："如果你不完美，那就滚蛋吧！"

　　如果我们发现，一个人仅仅将另一个人当作实现某种目的的手段，也就是说，仅仅或主要因为对方能够满足自己的某些需要而利用对方，我们也会认为，这与我们关于爱的观念是相悖的。在一些情况中这点表现得非常明显，仅仅为了性满足而需要对方，或是，在婚姻中仅仅为了获得声望而需要对方。但是在这里，我们也很容易将问题搅在一起而弄得模糊不清，特别是当这些需要具有一种心理性质时就更是如此。举例来说，一个人可能会欺骗自己，相信自己是爱对方的，而事实是他仅仅出于一种盲目崇拜而需要对方。然而，在这种情形中，对方很可能会被突然抛弃，甚至可能转而遭到仇恨：一旦那个爱他的人开始感到不满，并因此失去了对他的崇敬——他之所以被爱正是由于这种崇敬。

　　在讨论什么是爱、什么不是爱时，我们务必要提高警惕，不可粗枝大叶、矫枉过正。虽然，爱不是为了获得某些满足而利用爱自己的人，但这并不是说，爱必须是完全利他和富有牺牲精神的，那种不需要对方为自己付出任何东西的感情也不值得被称作爱。表现出此类信念的人，实际上恰恰暴露了他们自己不愿意给他人以爱，而不是表现出他们对此有一种深思熟虑的信念。我们当然希望从自己所爱的人那里得到某些东西——我们希望得到满足、忠诚和帮助；在需要的时候，我们甚至会希望对方能做出牺牲。一般来说，心理健康的一个指征是，能够表达这些愿望，并为了实现这些愿望而做出努力。爱和对爱的神经症性需求的区别就在于这样一个事实：对真正的爱而言，爱的情感是首要的；而对神经症患者而言，首要的是获得安全感，爱的幻觉是次要的。当然，在这两者之间还存在着各种中间过渡状态。

　　若一个人对另一个人爱的需求是为了获得对抗焦虑的安全感，那么这个问题在他的意识中就会模糊不清。因为，通常来说，他并不知道自己内心充满焦虑，也不知道自己因此而拼命想要抓住任何一种爱以获得安全感。他所能感受到的仅仅是：他喜欢或是信任这个人，又或者他深深地迷恋着对方。但是，这种他自认为发自内心的爱，可能只是因为其他人对他表达了某种善意而产生的感激，或是由某个人或某种情境所唤起的一种希望或温情。那个或明或暗地唤起某种希望的人，不知不觉地被赋予了某种重要性，而他的情感则会表现为对那个人爱的错觉。这些期望由一个简单的事实所引发，如，一个很有权力和影响力的人对他表现得很友善，或者一个一眼看上去就显得足以提供安全感且坚强有力的人对他表现出亲切友善。这些预期还可能由爱欲或性欲的高涨所唤起，尽管这些可能与爱毫无关系。最后，某些既存关系也可能会滋养这些预期，只要这些关系中暗含着一种给予帮助或是情感支持的承诺，如与家庭、朋友、医生的关系等。很多这样的关系都维持在爱的幌子下，也就是说，维持在一种对依恋的主观信念之下。实际上，这种爱只是一个人为了满足自身需求而紧紧抓住对方不放。这并不是真正可靠的爱情，一旦自己的愿望得不到满足，就会随时将爱抽回。我们爱情观的一个本质因素——情感的可靠性和稳定性，在这些情况下根本不存在。

我已经含蓄地指出了无力去爱的根本特征，但我还要特别强调一下：这就是对对方人格、个性、局限、需求、愿望以及发展的忽视。这种忽视在某种程度上是焦虑的结果，正是这种焦虑促使神经症患者去紧紧地依附另一个人。溺水者一旦抓住一个游泳者，通常不会考虑其是否愿意或是有能力救他上岸。在某种程度上，这种漠视也是对他人基本敌意的表达，最常见的内涵就是嫉妒和蔑视。它可能会被不顾一切地想要体贴对方，甚至为对方做出牺牲的态度所掩盖，但通常而言，这样做并不能阻止某些异常的反应出现。例如，一个妻子可能会主观上相信自己深爱着自己的丈夫，但当她丈夫埋头于工作、专心于兴趣或招待自己的朋友时，她就会感到不满，并心生抱怨，感到闷闷不乐。一位过度操心的母亲会相信，为了孩子的幸福，她愿意付出一切，但她从根本上忽视了孩子独立发展的需求。

那些将对爱的追求作为保护手段的神经症患者，很难意识到自己缺乏爱的能力。他们中的大多数人都会错误地认为自己对别人的需要是一种爱，不论是对个体还是对全人类，都是如此。他们有一个迫切的理由来捍卫这一错觉，如果不这样做，情感上的困境就会被马上揭露，即自己一方面对他人存在基本敌意，但另一方面又希望从其他人那里获得爱。我们不可能一方面轻视一个人，不信任他，想要毁掉其幸福和独立性，但同时又希望从对方那里获得爱、帮助和支持。为了同时实现这两个互不相容的目的，个体不得不将敌意倾向严格地控制在意识的大门之外。换而言之，这种爱的错觉，虽然一方面是出于可以理解的混淆了真正的爱与对他人的需要的缘故，另一方面却具有使爱的追求成为可能的特定功能。

神经症患者在满足自己对爱的饥渴时会遇到另一个基本障碍。虽然，神经症患者能成功的，至少是暂时性的，获得他想要的爱，但他很可能无法真正接受这种爱。我们原本可能期望看到，他接受和欢迎所有给予其的情感，就像久渴思饮者那样。事实上，这种情况虽然发生了，却非常短暂。每个医生都知道，和蔼可亲，关心体谅病人会有什么样的作用：即使没有进行任何治疗，但只要给他进行护理和彻底检查，他身上所有的身心问题就可能会突然消失。情境神经症患者，尽管病情非常严重，但当其感受到自己是被爱着的时候，所有症状也可能会突然消失，伊丽莎白·巴瑞特·布朗宁就是这种情形的著名例证。即使是性格神经症患者，类似的关注——不论它是爱、兴趣或是医疗护理，都足以缓解焦虑，并改善患者的状况。

任何一种爱都足以给神经症患者一种表面上的安全感，甚至能让他产生一种幸福感。但在内心深处，他并不相信这种爱，或是引发了怀疑与恐惧。神经症患者不相信这种爱，因为他始终坚信，没有人会爱他。这种不会被爱的感觉通常是一种有意识的信念，任何与之相反的经验都不能动摇这一信念。事实上，神经症患者可能会认为这种信念是理所当然的，所以并不会反映在人的意识里；但即使这一信念并未被表达出来，它也经常会像被自觉意识到时那样，是一种不可动摇的信念。有时，这种信念会被一种"无所谓"的态度所掩饰，表现为一种傲慢，这样就很难被人发现。这种不被人爱的信念，与无力去爱非常相似；事实上，这种信念正是无力去爱的状态的意识反映。显然，一个能够真心喜欢别人的人，从不会怀疑别人是否爱自己。

如果这种焦虑确实根深蒂固，那么，任何给予他的爱都会受到质疑，而且立刻会被看作是别有用心的做法。例如，在精神分析中，这样的患者会认为，分析师帮助他们只是为了实现分析师自己的野心；只是出于治疗的目的，分析师才给予他们赞赏或鼓励。我的一位病人，就将我在她情绪极不稳定的时候提出周末去看她的建议，视为一种正面的羞辱。公开表达爱，很容易被当作是一种奚落。如果一个极具吸引力的女孩对一个患有神经症的男性公开示爱，那么，这位神经症患者很可能认为这是一种取笑，甚至是一种别有用心的挑衅，因为他完全无法想象，这样的女孩会真的爱自己。

对这样的人表达爱不仅会引发怀疑，还可能会激起正向焦虑。这就如同，屈服于一种爱就意味着被困在了罗网中而不可自拔；或者，信任一种爱意味着生活在食人族中，却解除了自己的武装。当神经症患者开始意识到有人在给他真正的爱时，他会产生极大的恐惧感。

最后，爱的证实还可能会引发对依赖的恐惧。很快我们就会发现，情感依赖对那些离开他人的爱就无法生活的人而言，是实实在在的危险。任何与它有细微相似的其他事物，都会激起他不顾一切的反抗。这样的人会不惜一切代价避免自己产生正面的情感反应，因为这种反应会立即导致依赖他人而失去自主性的危险。为了避免产生这种危险，他会蒙蔽自己，不让自己意识到他人确实是友善的和乐于助人的，并想方设法地摒弃一切爱的证据，坚信他人是不友好的、不关心人的，甚至是心怀恶意的。这种方式产生出的情境，与另一种情境非常相似：一个人因饥饿而急需食物，一旦获得了食物，却因害怕食物有毒而不敢吃。

因此，简而言之，对于一个受基本焦虑驱使并将寻求爱作为一种保护措施的人而言，获得这种渴求的爱的机会不是什么好事。正是这种产生需要的情境，阻碍了需求的满足。

第七章　再论对爱的病态需求

我们大多数人都希望被他人喜欢，都能愉快地享受自己被喜欢的感觉，如果不被他人喜欢，我们就会产生怨恨感。对儿童来说，被需要的感觉，正如我所提到过的，对他的和谐发展起着至关重要的作用。但是，什么样的特性，会使得人对爱的需要成为一种神经症性需求呢？

我认为，武断地将这种需求称为幼稚需求，不仅错怪了儿童，同时还忘记了：构成爱的神经症性需求的基本因素，与幼稚行为完全没有关系。幼稚需求和神经症性的需求只有一个共同要素那就是无助感，但这两种情况产生的基础是不同的。除了这一点，神经症性需求是在完全不同的先决条件下形成的。需要再次强调，这些先决条件是：焦虑、不被人爱的感受、不能相信爱以及针对所有人的敌意。

因此，在对爱的神经症性需求中，第一个引起我们注意的特征就是其强迫性。只要个体受到强烈的焦虑所驱使，其结果必然是丧失自发性和灵活性。简单来说就是，对神经症患者而言，获得爱并不是一种奢侈，也不是额外力量或快乐的来源，而是一种关乎生存性的基本需要。这其中的区别就好像是"我希望被爱，并享受被爱的感受"和"我必须被爱，为此我不惜一切代价"之间的区别。或者，这两种人的区别在于：有人吃东西是因为有很好的胃口，能够享受食物带给他的快乐并有选择性地享用食物；而另一种人吃东西，是因为他快要饿死了，这时，他对食物的选择是不加区分且不计代价的。

这样的态度必然会导致高估"被喜欢"的实际意义。实际上，让所有人都喜欢我们并不是那么重要。事实上，只让某些人喜欢我们，例如那些我们关心的人，必须同他们生活或工作在一起的人，又或者说那些我们希望给他留下好印象的人，才非常重要。除了这些人，其他人是不是喜欢我们，通常而言并不重要。[1]但是，神经症患者他们感受和行动的目的就如同：他们的存在、幸福

---

[1] 这一说法在美国可能会遭到反对，因为在美国，文化因素已渗透到实际生活中，受公众喜爱已经成为具有竞争力的目标之一，因而它具有在其他国家中所不具有的意义。

和安全都取决于其是否被他人所喜爱似的。

他们不加区分地将自己的需求附着于任何人身上，从发型师、聚会上认识的陌生人，直到他们的同事、朋友，所有男人或女人。因此，一个简单的问候，来电或是邀请，态度是十分热情还是有些冷漠，都可能会改变他们的心情，甚至会改变他们对生活的全部看法。我要提出一个与此相关的问题：即他们无法独处，有的可能因为独处而产生轻微的不安情绪，有的则可能因为独处而产生强烈的恐惧和不安。在这里，我所说的并不是那些本来就对任何事都提不起兴趣，只要一人独处就觉得百无聊赖的人，而是那些足智多谋、精力充沛，能够独自充分享受生活的人。例如，我们经常见到这样一些人，他们只有在身边有人的情况下才能工作，如果他们不得不独自工作，那么他们就会感到不安和不悦。对于陪伴的需求可能还包含着其他因素，但通常我们看到的景象是一种模糊的焦虑，体现着对爱的需要，或更确切地说，是对人际接触的需要。他们有一种在人世间漂泊无依的感觉，任何人跟他的一点接触对他而言都是一种安慰。有时我们会观察到，如在实验中，无法独处的状态随着焦虑的增加而加剧。有些患者，只要感到置身于自己为自己建造的保护墙后，他们就能够独处。但是，一旦他们为自己设置的保护机制在分析过程中被有效地识破，焦虑就会被激发，他们就会突然发现自己再也不能独处了。在精神分析过程中，患者状况中的这种过渡性损伤是不可避免的。

对爱的神经症性需求可能会集中在某个特定对象身上，比如，丈夫、妻子、医生、朋友。如果情况如此，那么，这个特定对象的忠诚、关怀、友谊，甚至仅仅是这个人在场，对他而言都是无比重要的。然而，这种重要性却有一个看似矛盾的特征。一方面，神经症患者寻求对方的兴趣以及存在，害怕不被喜欢，如果对方不在就会感到被忽视；另一方面，当神经症患者与他偶像在一起时，却一点也不开心。如果他能意识到这种矛盾，他就会常常对此感到困惑。但是，按我所谈到的内容，很显然，希望他人在场的心愿并不是真正的爱，而是仅仅出于一种对安全感的需要（当然，因为真正的爱和对可靠情感的需要而追求爱，这两种情感可能会同时产生，但它们却不一定相互吻合）。

这种对爱的渴望可能会限定在某些群体范围内，可能局限于具有相同兴趣和共同利益的人当中。例如：政治或宗教团体，或者局限在某一性别的人身上。如果对安全感的需求局限于异性，那么，表面看来，这种情况似乎是"正常"的，相关当事人也会辩解说这是"常态"。举例来说，对有些女性而言，如果她们身边没有异性环绕，就会感到痛苦和焦虑，她们就会开始一段恋情，短时间内又会结束这段恋情，使自己再次陷入痛苦和焦虑情绪之中。于是，又一段新的恋情开始，如此周而复始。事实证明，这并不是对恋爱关系的真实渴望，因为这段关系充满冲突和不满。相反，这些女人对男性不加选择，她们只希望身边有一个男人，并不是真的喜欢他们中的哪一个。通常而言，她们甚至不能得到生理方面的满足。当然，在现实中，整个情境要复杂得多，我只不过是对其中焦虑和爱的需求所发挥的作用这部分内容进行强调而已。

在男性中也能发现相同的情形，他们有希望被所有女性喜欢的强迫性心理，一旦与其他男性在一起，就会感到非常不舒服。

如果对爱的需求集中在同一性别的人身上，那么这就可能会成为潜在的或明显的同性恋的决定性因素。如果通向异性的道路由于过度焦虑而受到阻塞，那么这种对爱的需求就可能会转向同性对象。更不用说，这种焦虑并不一定会表现出来，而可能会隐藏于对异性的厌恶或不感兴趣这些情绪背后。

因为对神经症患者而言，获得爱是如此重要，所以，他们会不惜一切代价追求爱，而且大部分神经症患者并不能意识到这点。最常见的付出代价的方式就是，对他人的顺从态度和情感上的依恋。顺从态度，常常以不敢反对他人意见或是批评他人这种方式表现出来，只会对他人表示忠诚、赞赏和温顺。这类人如果允许自己发表批评性或者贬损性意见，即使他的言论不具有任何伤害性，也会感到焦虑不安。这种顺从态度可能会走向极端；神经症患者不仅会抑制自身具有的攻击性冲动，也会遏制所有自我肯定的倾向。他会任由他人辱骂自己，做出牺牲，而不管这种牺牲对自己多么有害。例如，他的自我牺牲可能会表现为一种希望自己患上糖尿病的愿望，仅仅因为他想要获得爱的那个人对糖尿病研究感兴趣，那么患有这种病就能引起对方对自己的兴趣。

与顺从态度相似并紧密交织在一起的就是情感依赖，这种情感依赖源于神经症患者的一种需要，即总想紧紧依附于某个能提供保护性承诺的人。这种情感上的依赖，不仅会给个体带来无尽的痛苦，甚至会全面性地毁灭一个人。例如，在一种人际关系中，个体非常无助的依赖于另一个人，即使他完全清楚这种关系是难以维系的。如果他不能从其他人那里获得一句亲切的话语或者微笑，那么他就会感到世界完全崩溃了；如果他期待的一个电话久等不来，他就可能会产生焦虑；如果其他人没有来看望他，他就会感到万分凄凉。尽管如此，他仍无法摆脱这种关系。

事实上，这种情感依赖的结构非常复杂。在一个人依赖于另一个人的关系中，总是会充满着大量的怨恨。具有依赖性的一方总是怨恨对方奴役自己，怨恨自己不得不顺从对方，但由于害怕失去对方，他还是会继续这样做。他不知道是自己的焦虑造成了目前的状况，因此，很容易认为，自己被征服的状态是由其他人强加在他身上的。以此为基础产生的怨恨必须被压制，因为他迫切需要得到他人的爱，而这种压制反过来又会促进新的焦虑出现，随之而来的是对安全感的需求，从而强化了依赖他人的冲动。这样一来，对某些神经症患者而言，其情感依赖产生了担心自己生活被毁掉，这样一种真实甚至合理的恐惧。当恐惧感变得非常强烈时，他们就可能会为保护自己而脱离这种依恋，以此来对抗这种情感上的依赖。

有时，对同一个人的依赖态度也会有所转变。在经历过一次或几次这种痛苦之后，对那些与依赖即使只有细微相似性的态度，他们也可能会盲目抗拒。例如，一个女孩，有过几次恋爱经历，每次恋爱失败都是源于对对方的极度依赖。最后，她会对所有男性产生一种分离的态度，只希望将对方置于自己的掌控之下，而不付出任何真实感情。

这一点也明显地表现在神经症患者对精神分析医生的态度上。利用分析治疗的时间来获得对于自己的认知和理解，这本来是符合患者利益的事情，但患者经常忽视自己的利益而试图去取悦医生，以赢得其注意或赞赏。尽管，他有充分的理由希望能够尽快结束治疗——在分析治疗过程中，他经受了很多痛苦或者做出了巨大的牺牲，又或者他做治疗的时间非常有限，不能保证经常来治疗。但是，有时这些因素似乎与患者毫不相干。他们会在讲述冗长的故事上花费大量的时间，只是希望从医生那里获得一个赞许；或者他会设法让每次治疗都令医生感到有趣，以使医生感到愉快并对他表示赞赏。这种情况甚至会发展到，患者的自由联想甚至是梦境都会被他希望取悦医生的意愿所支配。或者说，患者对医生产生了迷恋，认为除了医生的爱，自己什么都不在乎了，并试图用自己的真心实意打动医生。在这里，患者不加区分选择对象的倾向非常明显，他们仿佛认为每个精神分析医生都是人类价值的典范，或者完美地契合了每个患者的个人期待。当然，精神分析医生有可能是患者在任何情况下都可能会爱上的人，但即使如此，也不能说明，精神分析医生在情感方面对患者所具有的极端重要性。

在人们讨论"移情作用"时，常常就会想到这种情况。"移情"一词并不非常准确，这个词可以被看作患者对医生所有非理性反应的总和，而不仅仅只是一种情感上的依赖。问题的重点不在于为何在精神分析中会出现依赖，因为需要获得这种保护的个体，倾向于紧紧抓住任何医生、社会工作者、朋友或家人。问题的重点是，为什么这种依赖如此强烈，并如此频发？答案其实非常简单：除其他作用外，精神分析往往能攻破患者建立起来的对抗焦虑的壁垒，从而激发起这些保护墙后的焦虑情绪。正是这种焦虑的增强，促使患者以这样或那样的方式紧紧地依附于精神分析医生不放。

在此，我们又发现了这种依赖与儿童对爱的需求的不同之处：与成年人相比，儿童需要更多的爱或帮助，是因为他们更无助，但在他们对爱的态度中并不存在任何强迫性因素。只有那些本身已经忧虑不安的孩子，才会经常"紧抓母亲的衣服"不放。

对爱的神经症性需求的第二个特征是永远无法满足，这也完全不同于儿童对爱的需求。的确，一个孩子可能会纠缠不休，需要获得过度的关注，并无休止地证明自己是被父母所爱的，如果是这样，他就是一个患有神经症的孩子。在一个温暖且充满信任的环境中长大的健康的孩子，确信自己是被需要的，并不需要不断证明这一事实。在他自己需要帮助又得到帮助时，就会感到很满足。

神经症患者永不知足的态度，可以从总体上体现出一种贪婪的性格特征，表现在贪吃、贪多、拼命购物和急不可耐等方面。贪婪很多时候都会被压抑，但会突然爆发，例如，一个人在买衣服方面通常非常有节制，但在焦虑状态下，却一次性买了四件新外套。总之，这种贪婪可能会以海绵吸水式的温和方式表现出来，也可能以一种类似八爪鱼式的凶猛方式表现出来。

贪婪的态度，以及其所有的变化形式和随之而来的压抑，被称为"口欲期"态度，这种态度在精神分析的相关著作中已经得到了详尽的描述。尽管，构成这一术语基础的理论预见很有价值，因为它将分离的倾向整合为一种综合征，但是，认为所有倾向都源于口唇快感，这种假设是值得怀疑的。这种预想基于一种有效的观察，即：贪婪经常在对食物的需求和饮食方式中得以表达，同时也表现在梦中，这些梦可能以更原始的方式表现出了同样的倾向，例如，吃人的梦。但是，这种现象并不足以证明，我们这里所说的现象从本质上说与口唇欲望有关。似乎有一种更站得住脚的假设是：通常，吃只是贪婪能够得以满足的最容易的方式，无论贪婪的源头是什么，正如在梦中，吃也是表达不满足欲望的最原始、最具体的符号象征。

认为"口唇"欲或"口唇"态度具有力比多性质的这一假设也尚需证实。毫无疑问，贪婪的态度会出现在性领域，表现在实际性生活中的不知足和在梦境中会把交媾表现为吞咽或咬人。但这种贪婪的态度也会表现在对金钱或者服装方面，或者对野心和声望的过度追求上。唯一能够用来支持这种力比多假说的说法，即是贪婪的强烈程度同性冲动的强烈程度相似。但是，除非假设每种充满热情的冲动都具有力比多的性质，否则还需要进一步证明贪婪确实是一种性欲，即生殖器前期的驱力。

贪婪的问题十分复杂且尚未解决，同强迫行为一样，也是由焦虑所驱动的。

贪婪受焦虑制约这一事实，就像在过度手淫或者过度进食的例子中经常发生的那样，可以看得非常清楚。这两者之间的关系，还可以表现在这样的事实中，即一旦个体以某种方式获得安全感——获得爱、获得成功、做有建设性的工作，这种贪婪就会减少甚至完全消失。例如，被爱的感觉可以立刻减少强迫性购物的欲望。一个对每顿饭都充满热情和期待的女孩，一旦从事了自己喜欢的职业，如服装设计，就会完全忘记饥饿和用餐时间。另一方面，当敌意或焦虑感有所增强时，贪婪就会出现或者变得更加强烈。在一次令人恐惧的演出前，一个人可能会不自主地想去购物；或者在遭到拒绝后，不自主地想要大吃一顿。

但是，也有一些焦虑的个体并未变得贪婪，这说明还有一些其他的特殊因素在起作用。在这些因素中，我们唯一可以肯定指出的一点是：贪婪的人不相信自己具有独自创造事物的能力，因此不得不依靠外界满足自身需求；但他们同时又坚信，没人愿意给他们提供任何帮助。那些在爱的需求方面贪得无厌的神经症患者，通常在物质层面也会表现出相同的贪婪。例如，浪费金钱或者时间，在具体问题的具体建议方面，在对困难的实际帮助上，以及对待各种礼物、信息、性满足等方面都是如此。在有些情况下，这些欲望，明确地解释了希望得到爱的证明这一愿望；在另一些情况下，这种解释并不令人信服。在后一种情况下，人们会对神经症患者形成一种印象，即他们只想获得某些东西，可能是爱也可能不是爱；对爱的渴望如果存在，也只是为了能勒索到某些有形的惠赠或是利益，而披上的一层伪装罢了。

这些观察发现了这样一个问题，这种对一般物质的贪婪是否是最基本现象，同时，对爱的需求是否是达成这一目标的唯一方式？对这一问题，并没有一个标准答案。在随后的内容中我们会发现，对占有的渴望是对抗焦虑的基本防御机制。但是经验也告诉我们，在某些情况下，虽然对爱的需求是一种主要的保护措施，但也可能会被深深压制，而不是明显地表现出来。于是，对物质的贪婪可能会永久性地或暂时性地取代它的位置。

在涉及爱的作用问题时，可以将神经症患者大体分为三种类型。第一种神经症类型的患者，毋庸置疑，追求的就是爱，不论其表现形式是什么，也不管其追求方式是什么。

第二种神经症类型的患者也会追求爱，但一旦他们在某些关系中没有获得爱，通常情况下，他们注定要失败，那么，他们不会立即转向追求另一个人，而是退缩，远离所有人。为了不依附于任何人，他们就迫使自己依附于某些事物，不得不去吃东西、购物、阅读；简而言之，不得不去获得某些东西。这种改变有时会以奇特的形式出现，好比一个恋爱失败的人，开始强迫性地吃东西，以致短时间内体重就增加了20~30磅；如果他重新开始了一段新恋情，他的体重就会下降；如果这段情感再次失败，他的体重就会再次增加。有时，可以在患者身上看到同样的行为：如果他们对精神分析医生极度失望，他们就开始强制性的饮食并增加体重，使得自己的样子都无法被认出来；但是当他们与咨询师的关系得以理顺后，他们的体重就会恢复。这种对食物的贪婪也可能会被抑制，这时它可能会表现为某种功能性的消化不良或者食欲不振。这种类型的神经症患者与第一种类型相比，人际关系受到的困扰更为严重。他们仍然渴望爱，也仍然敢于寻求爱，但是任何一点失望都会剪断他们与其他人相联系的那条线。

第三种类型的神经症患者由于在很早的时候就遭受过严重的打击，以至于他们的自觉态度已经变得对任何爱都深感怀疑。他们内在的焦虑非常之深，以至于他们只要不受到任何正面的伤害，就会感到非常满足。他们可能对爱持一种冷嘲热讽的态度，并宁愿实现那些有形的愿望，如物质上的帮助、具体的建议、性欲满足等。只有当大部分的焦虑得到缓解后，他们才能追求和欣赏爱。

这三种类型神经症患者的不同态度可以总结为：对爱的需求永不满足；对爱的需求和一般性贪婪交替出现；对爱没有明显的需求，只有一般性贪婪，每一种类型都表现出了焦虑和敌意的增加。

回到我们讨论的主要方向上来，现在我们必须考虑这样一个问题，即无法满足的爱借以表现其自身的特殊方式，其主要表现是嫉妒和要求对方无条件的爱。

神经症性嫉妒与正常人的嫉妒不同，正常人的嫉妒是对失去某些人的爱这种危险的恰当反应，而神经症性嫉妒是与这种危险完全不相称的反应。它表现为总是害怕失去对某人的占有，或总是害怕失去对方的爱。因此，对方可能有任何其他兴趣，对神经症患者而言都是一种潜在的危险。这种嫉妒可以出现在任何人际关系中——就父母而言，他们会嫉妒子女交朋友或是结婚；就孩子而言，则是嫉妒父母之间的关系；这种嫉妒还会出现在婚姻伴侣之间，也会出现在任何一种恋爱关系中。患者与精神分析医生之间的关系也不例外，表现为，医生去看另一个患者或仅仅是提起另一个患者，患者就会表现出高度敏感，其格言是："你必须只爱我一个人。"患者可能会说："我承认你对我很好，但是，你对其他人也同样很好，因此，你对我的好根本不能说明什么。"任何必须与其他人分享的爱，都会立即因此而丧失全部价值。

这种不相称的嫉妒，通常被认为是源自童年期对同胞或父母一方的嫉妒经验。同胞之间的竞争如果发生在健康儿童之间，例如对新生儿的嫉妒，只要孩子能够确信他没有因此而失去任何迄今为止所获得的爱和关注，这种竞争就会消失得无影无踪且不会留下任何创伤。根据我的经验，发生在儿童期又未能得到克服的过度嫉妒，是由于儿童处在与成年人所处的相似的神经症性环境中，这种环境我在上文已经做过描述。在孩子心中，早已存在一种源于基本焦虑的对爱永不满足的需求。在精神分析文献中，婴儿期嫉妒反应与成人嫉妒反应之间的关系常常表述得含糊不清，因为成人嫉妒反应常被称为婴儿期嫉妒的"复演"。如果这一术语意味着，一位成年女性嫉妒自己的丈夫是因为她曾对自己的母亲有过同样的嫉妒，这种说法似乎是站不住脚的。儿童对父母或是兄弟姐妹的强烈嫉妒，并不是导致后来成年人嫉妒的根本原因，但是，这两种嫉妒都源自同一根源。

也许，这种永不知足的爱的需求可以以一种比嫉妒更强烈的形式表达出来，就是追求对方无条件的爱。这种诉求在个人的意识层面最常出现的形式就是："我希望你因为我本身而爱我，而不是因为我做了什么而爱我。"迄今为止，我们可能认为这种愿望并不过分。当然，希望别人因为我们本身而爱我们的这种愿望，在任何人看来都并不奇怪。但是，神经症患者对无条件的爱的渴望，与一般人相比更为复杂，且在极端的形式中根本不可能实现。这种对爱的需求，确切地说，是对没有任何条件或毫无保留的爱的需求。

首先，这种需求包含一种爱他而不能计较他任何挑衅性行为的愿望。对安全感而言，这一愿望是必要的，因为神经症患者内心隐秘地知道这一事实：他内心充满了敌意和过分的要求，因此，他具有一种可以理解且恰当的恐惧，害怕一旦这种敌意变得非常明显，对方就会收回对他的爱，或者变得愤怒，对他怀恨在心。这一类神经症患者会表达这样一种观点：即爱一个可爱的人是一件容易的事，这不能说明任何问题，真正的爱应该是能够证明自己具备忍受任何不适当行为的能力，任何批评都被认为是一种对爱的收回。在精神分析过程中，患者会因为医生暗示他应该改变其人格中的某些方面——尽管这正是分析的目的，而感到愤怒，因为他把任何这样的暗示，都看作是他爱的需求所遭受的挫折。

其次，神经症患者对无条件的爱的需求包含着一种爱他且不计任何回报的愿望。这种愿望之所以必要，是因为神经症患者深感自己无力感受到任何温暖或付出任何爱，而且他也不愿意这样做。

再次，他的这种要求还包含着一种要爱他却不能获得任何好处的愿望。这种愿望之所以必要，是因为一旦对方从这种情境中获得了任何好处或满足，就会立即使神经症患者产生如下疑虑：即对方是为了获得这些好处或满足才喜欢他。在性关系中，这种类型的人总是吝啬于对方从这种关系中获得满足，因为他会觉得对方仅仅是希望得到这种满足才爱自己。在精神分析中，患者会嫉妒医生从帮助他们的过程中获得的满足感。他们要么贬低其给予的帮助，要么一方面从理智上承认这种帮助，另一方面却没有任何感激之情。或者他们倾向于将病情的好转归结于其他原因：他所服用的药物或是朋友的建议。当然，他们还会吝惜自己应该向医生支付的费用。尽管他们在理智上承认，这些费用是对医生付出的时间、精力以及知识的报酬，但在情感上，他们将付费视为医生并不是真正关心他们的证据。同样，这种类型的人也会怯于赠送礼物，因为赠送礼物使他们不能确定对方是否真正爱自己。

最后，对无条件的爱的需求还包括一种爱他并为他牺牲的愿望。只有当对方为自己牺牲一切之后，神经症患者才有可能确定自己是被对方所爱的。这些牺牲可能涉及金钱或时间，也可能涉及信念以及人格的完整。例如，这种需求包含这样的期望：不论在什么情况下，即使是会造成巨大的灾难，对方也要与自己站在一边。有一些母亲，她们相当天真地认为，期望从子女那里获得盲目的忠诚和牺牲是理所当然的，因为她们"在痛苦中生育了他们"。另外一些母亲，能够为子女提供许多正面的支持和帮助，而压抑了自己想要获得子女无条件的爱的愿望，但是她们却无法从与子女的这种关系中获得任何满足。因为就像我们之前提到的那样，她们认为子女之所以爱她们，仅仅是因为能够从她们身上得到如此多的爱。因此，对于给予子女的一切，她们都会怀着一种隐秘的吝惜心理。

对无条件的爱的追求，从其对其他所有人冷酷无情态度的实际内涵中，最为清晰地显示出：在神经症患者对爱的追求背后，隐藏着一种内在的敌意。

这种神经症患者与一般吸血鬼类型的人不同。吸血鬼类型的人可能会有意识地确定要将他人剥削至极致，而神经症患者通常意识不到自己正是这样一种人。由于一些很有说服力的策略性理由，他必须将自己的需求排除在意识之外。没有人会坦诚地说："我要你为我牺牲自己而不需要任何回报。"他被迫将自己的需求放在某个合理的基础之上。例如，他生病了所以需要他人为他牺牲一切。另一个不承认自己这些需求的有力原因是：一旦它们得以建立，就难以放弃，意识到这些需求的不合理正是放弃它的第一步。除了上面已经提到的那些基础外，它们还根植于神经症患者的一种深刻信念，即他无法依靠自己拥有的资源而生活，他所需要的一切必须由他人来给予，他生活的所有责任都在其他人肩上而不在他自己肩上。因此，要他放弃对无条件的爱的需求，前提是要改变他的整个生活态度。

对爱的神经症性需要的所有特征都共同表明了这样一个事实：即神经症患者自身的冲突阻挡了他获得所需之爱的道路。那么，如果他的这些需求只能部分实现或是完全无法实现，他会做出什么样的反应呢？

第八章　获得爱的方式和对拒绝的敏感

在思考神经症患者是如何迫切地需要得到爱，而对他们来说，要接受这种爱是何等苦难这个问题时，我们可能会认为，在一种适度的、不冷不热的情感氛围中，他们或许能够发展得最好。但是，另一个复杂的问题又出现了：他们与此同时又会痛苦地对任何拒绝或冷落都极为敏感，哪怕这种拒绝或冷落极其轻微。一种适度的氛围，尽管一方面让人感到安全，另一方面却又让人感到冷落。

描述神经症患者对拒绝的敏感程度是非常困难的。约会的改变、必要的等待、没能得到及时回复、同他人意见不合、不符合自己心愿，简而言之，在他看来任何不能满足其心愿的行为，都是一种拒绝和冷落。而且，这种拒绝和冷落不仅会将他们抛回到其基本焦虑中，还会被他们认为相当于一种侮辱（我稍后会解释为什么他们会将这种冷落看作一种侮辱）。由于冷落中确实包含羞辱的内涵，这就会引起极大的愤怒，这种愤怒也可能会公开地表达出来。例如，如果一个女孩儿的猫咪对她的爱抚没有任何反应，那她就会勃然大怒，并将猫扔到墙上。如果他们被要求等待，他们会将这种要求解读为自己在他人眼中无足轻重，所以其他人见他们才不需要准时。这样的解读很可能使他们迸发出强烈的敌意，或者导致他们收回所有的感情，以至于变得冷酷无情，即使几分钟以前，他们还可能迫切地期待这次会面。

很多时候，受冷落感与恼怒感之间的关系仍是处于无意识状态的。这种情况之所以非常容易发生，是因为这种冷落有时十分轻微，以至于完全能够不为意识所觉察。于是，神经症患者就会感到非常愤怒，或变得怀恨在心并心存恶意，或感到筋疲力尽、沮丧或是头疼，而毫不怀疑其原因所在。而且，不仅冷落或自认为被冷落时会引发敌意反应，就连自己将会遭到冷落的这种预期也会引发敌意反应。举例来说，一个人很可能会怒气冲冲地问一个问题，仅仅是因为在他心里，他已经预料到这个问题会遭到冷落。他也可能不会继续给女朋友送花，因为他预期她会从中觉察到他有什么不可告人的动机。由于同样的原因，他可能会非常害怕表达任何积极的，诸如喜爱、感激、欣赏之类的情感。

因此，在自己和他人眼中，他表现得比真实的自己更冷漠和无情。或者，他们也可能会藐视女性，以此来对预期中受到的女性的冷落进行报复。

对拒绝的恐惧如果剧烈发展，可能会导致的结果是，避免让自己暴露在任何可能遭到拒绝和冷落的情境中。这种回避行为的范围非常广，从买香烟不要火柴，一直到不敢去找工作。那些害怕遭到任何形式拒绝的人，只要他们不能绝对确定自己不会遭到拒绝，就会避免接近自己喜欢的人。这种类型的男性通常会因自己必须主动邀请女孩跳舞而感到气愤，因为他们担心女孩接受他们的邀请仅仅是出于礼貌；而且他们认为女性在这一点上要幸运得多，因为她们不需要采取主动。

换而言之，对拒绝的恐惧可能会导致一系列严重的压抑，致使自己变得胆怯，胆怯成为一种不使自己暴露于任何可能遭受拒绝的情境中的防御机制。认为自己是不可爱的，也被用来作为同一种防御机制。就好像是，这种类型的人对自己说："不管怎样，人们都不会喜欢我，所以我最好还是待在角落里，这样我就可以保护自己，以免遭到任何可能的拒绝。"这样，对被拒绝的恐惧就成为获得爱的渴望的严重阻碍，因为它使得个体无法让其他人感到或者了解到他其实是希望得到他人关注的。此外，由受冷落感所引发的敌意在很大程度上，使得焦虑情绪得以持续，甚至会增强焦虑感，这是形成难以摆脱的"恶性循环"的一个重要因素。

对爱的神经症性需求的各种内涵所形成的恶性循环，可以大致描绘成如下所示：焦虑→对爱的过度需求，包括绝对排他性的无条件的爱→如果这些需求不能被满足，就会产生被拒绝感以及对拒绝的强烈的敌意反应→由于害怕失去爱从而必须压制敌意→弥散性愤怒所造成的紧张→焦虑进一步增加→对安全感需求的进一步增加……因此，为了对抗焦虑获得安全感的每种方式，反过来又产生了新的敌意和焦虑。

这种恶性循环的形成，不仅在我们所讨论的情况下是典型的，一般而言，这是神经症形成过程中最重要的过程之一。除了让人感到安全这种特性外，任何一种保护措施都具有会产生新的焦虑的特性。一个人为了减缓自己的焦虑而去喝酒，然后又担心喝酒会对自己有害。又或者是，他可能会通过手淫的方式来缓解自己的焦虑，然后又担心手淫会使自己生病。再或者说，他可能接受某种对焦虑的治疗，但很快就会担心治疗会伤害到自己。这种恶性循环的形成是严重的神经症注定会恶化的主要原因，即使外界环境并没有发生变化。揭示这种恶性循环以及其全部内涵，是精神分析的最重要的工作之一。神经症患者本人是无法把握他们的，他们只能注意到自己陷入了一种无望境地的这一结果。

这种陷入无望困境的感觉，是他对于自己无法突破种种困境所做出的一种反应。任何一种似乎能够引导他走出困境的道路，都会再次将其拖入新的危险之中。

人们可能会问，尽管存在内心障碍，神经症患者是否还有可以获得他决心想要获得的爱的方式。这里有两个实际存在的问题需要解决：一是怎样获得必需的爱；二是如何使得这种对爱的需要在自己及他人看来是正当的。我们可以大致地描述一下获得爱的各种可能的方式：收买笼络、乞求怜悯、诉诸公正，最后是恐吓。当然，这种分类，就像所有心理因素的分类一样，并不是绝对严格且规范的划分方法，只是一般趋势的指征。各种方式之间并不互相排斥，许多方法可以同时或交替使用，这既取决于情境以及整个性格结构，同时还取决于敌意程度。事实上，这四种获得爱的方法的排列顺序，表明了敌意增加的程度。

当神经症患者试图用收买笼络的方式获得爱时，他的箴言是："我爱你爱得如此深沉，因此你也应该以爱我作为回报，并为了获得我的爱而放弃一切。"在我们的文化中，女性与男性相比更喜欢使用这种策略，这一事实是由女性长期的生活环境造成的。几个世纪以来，爱不仅一直是女性生命中独特的领域，事实上也是唯一或者主要能够获得她们想要的东西的途径。男性成长过程中一直抱着这样一种信念，即如果他们想要实现某种愿望，那么就必须在生活中取得一些成就。而女性则认为，通过爱，且仅能通过爱，她们才能获得幸福、安全和声望。这种文化地位上的差异，对男性和女性的心理发展有着重大的影响。在这里讨论这一影响恐怕是不合时宜的，但它所造成的结果之一是，在神经症患者中，与男性相比，女性会更频繁地将爱作为一种策略。而与此同时，她们对爱的主观信念，又使得她们将这一要求合理化。

这一类型的人，在其爱情关系中，会陷入一种对对方的痛苦依赖这种特殊危险之中。例如，假设对爱有某种神经症性需求的女人，紧紧地依赖于同一类型的男性。但是，每次她向他靠近一步，他就会退缩；她对他的这种拒绝会做出怀有强烈敌意的反应，但因为害怕失去他，她会压抑这种敌意。如果，她想退出这段关系，那么他就又会开始重新追求她。随后，她就会不仅仅是压抑自己的敌意，还会用更强烈的爱来掩盖这一敌意。于是，她将再次被拒绝并再次做出相应反应，而最终又再次产生强烈的爱。因此，她将渐渐确信她被一种无法抗拒的"巨大激情"所支配。

另一种被认为具有收买笼络意味的策略，是试图通过理解对方，在心理或事业发展过程中帮助对方，为对方解决种种困难等类似的方式来赢得爱，这种策略男女两性都会使用。

　　获得爱的第二种方式是乞求怜悯。神经症患者会用自己的痛苦和无助来吸引其他人的注意，这里的箴言是："你应当爱我，因为我正在遭受痛苦且无所依靠。"与此同时，神经症患者将这种痛苦作为提出过分要求的正当理由。

　　有时，这种乞求会以十分公开的方式表现出来。一个患者就会指出，自己是病情最严重的患者，因此最有权利要求得到医生的关注。他会对其他表面上看起来更健康的患者表现出轻蔑，他也会对那些更成功地使用这一策略的患者怀有深深的怨恨。

　　在乞求怜悯的方式中，或多或少其中都混合着一些敌意心理。神经症患者可以单纯地乞求我们的善良心肠，也可以通过某些极端手段迫使我们给予恩惠。例如，通过将自己置身于一个灾难性的处境，从而迫使我们来帮助他。所有在社会或者医务工作中不得不与神经症患者打交道的人，都深知这一策略的重要性。一个以实事求是的态度解释自己处境的神经症患者，与一个将自己的疾病用一种戏剧性的解释来展示困境以引发同情的患者，两者有着显著的区别。在不同年龄段的儿童身上，我们也会发现这一相同的倾向和同样的变化形式：孩子或是通过诉说苦难来获得安慰，或是下意识地为父母制造一种可怕的情境，例如无法进食或是不能小便等，来引起父母的关注。

　　使用乞求怜悯这一策略意味着，个体预先有一种确信自己不能通过其他方式获得爱的信念。这一信念会被合理化为一种对爱的普遍怀疑，或是采用这样一种形式，即在特定的情况下，不能通过其他方式获得爱，只能通过乞求怜悯的方式才能获得。

　　获得爱的第三种方式，即诉诸公正，这里的箴言可以被描述为："我为你做了这些事，你将为我做什么？"在我们的文化中，母亲经常说自己为孩子付出了很多，那么她们有权利要求子女对他们永远忠诚孝顺。在恋爱关系中，答应对方的追求这一事实，也可能被当作向对方提出要求的基础。这一类型的人往往过分热心地时刻准备着为其他人效力，而内心却隐秘地希望，能够得到自己想要的一切来作为回报。如果其他人不能同样情愿地为他们做某些事，那么他们就会非常失望。我所提到的这类人，不是那些有意识地进行盘算的人，而是那些根本不知道自己有意识地预期希望能够获得可能的回报的人。他们这种强迫性的慷慨大方，也许可以更准确地描绘成一种变戏法的姿态。他们为其他人做的一切，正是他们希望其他人为他们自己所做的。正是这种失望带给他们强烈的刺激，才表明了期待得到回报的心理事实上确实存在。有时，他们会在心里记一本账，在这个账本上记录着自己为他人所做的大量牺牲，事实上这些牺牲是毫无用处的，例如，彻夜不眠等，却减少甚至无视其他人为他做的一切。因此，他们完全歪曲了实际情形，认为自己有权利获得特殊关注。这一态度反过来又对神经症患者本人产生影响，因为，他们可能会极度害怕欠别人的人情。由于他本能地会以己度人，因此，他害怕如果接受了任何来自他人的恩惠，别人就会利用他。

这种诉诸公平的方式也建立在这样一种心理基础上，即如果我有机会，我就会很乐意为其他人做些什么。神经症患者会指出，如果他处在其他人的位置上，他将会是多么的仁爱或乐于自我牺牲。而且他觉得自己的要求完全是合理的，因为他对其他人并没有过多的要求，他所要求的也都是他自己也乐于去做的。实际上，神经症患者这种合理化的心理，比他本人意识到的现象要复杂得多。他对自身性质的描述，主要是由于他无意识地将他要求别人做的那些事情放到了自己身上。但是，这并不完全是一种欺骗，因为他确实具有自我牺牲的倾向，这种倾向源于他缺乏自我肯定，源于他常认为自己是失败者，源于他倾向于对别人宽容，以期得到他人向自己宽容别人那样的宽容的心理。

诉诸公正的方式中可能存在敌意，当要求为受到的所谓的伤害做出赔偿时，表现得最为明显。其箴言是："你让我遭受了痛苦，你毁了我，因此你必须帮助我、照顾我、支持我。"这一策略同创伤性神经症患者所用的策略非常相似。对于创伤性神经症，我并没有什么经验，但是我猜想，患有创伤性神经症的人也许并不在这一范畴中，不以自己的创伤为基础，去要求他们在任何情况下都可能会要求的那些东西。

我举一些例子来说明，神经症患者是如何通过使他人产生愧疚感或责任感，以使其自身需求看起来正当合理。一位妻子曾采用生病的方式来应对自己丈夫的不忠，她没有对他表达任何指责，甚至可能都没有意识到他该受到指责。但是她生病的事实却含蓄地表达了一种活生生的责备，目的在于引发自己丈夫的愧疚感，从而使其心甘情愿地将全部注意力都放在她身上。

这一类型的另一个神经症患者是一位患有偏执和歇斯底里症状的女性。有时，她会坚持帮助自己的姐妹们做家务，而一两天后，她可能会无意识地因为她们竟然接受了她的帮助而非常生气；于是随着症状的加重，她不得不卧病在床，以此迫使她的姐妹们不仅要自己料理家务，而且要承担更多照顾她的义务。同样，她健康状况的受损也表达了一种责难，并要求其他人为此做出赔偿。一次，其中一个姐妹批评她时，她突然晕倒，以此来表达自己的愤怒，并迫使她们给她以同情。

我的一个病人，在她接受精神分析的一段时期内，病情曾变得越来越严重，甚至产生了幻觉，认为精神分析除了要让她精神崩溃外，还要夺走她的一切财产。因此，她认为，在将来，我必须承担起照顾她全部生活的义务。在每个医疗过程中，类似的反应都很常见，与之相伴出现的是对医生的公开威胁。在病情轻微的患者中，下面这种现象经常出现：当精神分析医生休假时，患者的病情会明显加重；而且患者或明或暗地断定，他病情的恶化是医生的过错，并且因此他有特权要求获得医生的关注。我们可以将这个例子很容易地转换为日常生活经验。

　　正像这些例子所表明的那样，这种类型的神经症患者愿意承受付出痛苦的代价，甚至是巨大的痛苦。因为，通过这种方式，他们可以表达对他人的指责并提出自己的要求。而他们本人意识不到这点，因而能够维持自身的公正感。

　　当一个人使用威胁作为获得爱的策略时，他可能威胁要伤害自己或他人。他会做出某种极端的行为来进行威胁，例如，毁坏自己或他人的声誉，或是对自己或他人做出暴力行为，以自杀相威胁，甚至以企图自杀相威胁都是非常常见的例子。我的一个病人通过这种威胁方式相继获得了两任丈夫。当第一任丈夫表现出要退却的迹象时，她跑到城市最拥挤且热闹的地方去跳河；当她的第二任丈夫似乎不太情愿结婚时，她打开了煤气，当然她确定其他人能够发现她。很显然，她的意图在于说明，没有这个男人，她就没法活下去了。

　　由于神经症患者希望通过这种威胁的手段，来获得其他人对自己需求的认可，因此，只要有希望达成这一目的，他就不会将这种威胁付诸行动。如果失去了这种希望，他就会在绝望和报复的压力下实施这种威胁。

第九章　性欲在爱的病态需求中的作用

　　对爱的神经症性需求通常采取性迷恋或是对性欲贪婪渴求的形式出现。考虑到这一事实，我们不得不提出这样一个问题：对爱的神经症性需求的整体现象，是否都是由性生活的不满足所导致的？是不是他们对爱、接触、欣赏、支持的所有渴望，都是由这种不满足的力比多所驱使，而不是主要由安全感的需求所驱使的呢？

　　弗洛伊德很可能倾向于这样来考虑这个问题。他发现，许多神经症患者都渴望接近他人并倾向于依附他人，他将这种态度描述为不满意的力比多所造成的结果。但是，这一概念是建立在某些前提之上的：它事先假设所有这些表现本身并不具有性色彩的外部表现，例如：希望得到建议、赞赏或支持的愿望等，都是经过"减弱"或"升华"的性需要的表现；更有甚者，它还假设温柔也是性驱力的一种抑制或"升华"的表达。

　　这些假设是毫无事实依据的，爱的感受、温柔的表达同性欲之间的关系并不像有时我们所想象的那样密切。人类学家和历史学家告诉我们，人的爱是文化发展的产物。布利弗奥特（Briffault）指出，性行为与残忍之间的关系要比与温情之间的关系更紧密。尽管他的这种说法并不十分令人信服，但是，在我们的文化中，通过观察发现：性欲的存在可以没有爱或温情与之相伴，同时，爱或者温情也可以脱离性而存在。例如，没有证据表明母亲和子女之间的温情具有性欲的本质。我们可以观察到的一切，表明性因素可能存在，这也是弗洛伊德发现的结果。在温情和性欲之间，我们确实能够看到许多联系：温情可以成为性欲的先兆，我们可能具有性欲却仅仅意识到温情，性欲可以激发或是转化为温情。尽管温情和性行为之间的转化关系已经明确表明两者之间的密切关系，然而还是更谨慎点比较妥当，最好假设它们是两种不同范畴的感觉，两者可能彼此吻合，可以相互转化，或是彼此替代。

　　而且，如果我们接受弗洛伊德认为不满足的力比多是追求爱的驱力这一假设，那么我们就几乎无法理解，为什么从生理角度看，那些在性生活上完全得到满足的人，也会发现同样的对爱的渴求及前文所述的全部复杂现象——占有欲、无条件的爱、觉得自己不被需要等症状。但是，这些情形确实存在且毋庸置疑，所以其结论必然是：未得到满足的力比多不能解释这些现象，造成这些现象的原因并不在性领域。[1]

最后，如果对爱的神经症性需求仅仅是一种性欲现象，我们就无法理解与此相关的许多问题，例如：占有欲、无条件的爱、被拒绝的感受等。确实，这些问题已经被认识到并且得到了详尽的描述，例如：嫉妒可以回溯到同胞竞争或俄狄浦斯情结，无条件的爱可以追溯到口欲期，占有欲被解释为肛欲期的表现，等等。但是大家还没有意识到的是，事实上，我们在前面章节描述过的所有态度和反应，它们都属于同一范畴，是一个完整结构的不同组成部分。不了解焦虑是爱的需求背后的动力因素，我们就无法理解这一需求得以减弱或是加强的确切条件。

借助弗洛伊德具有天才创造性的自由联想方式，尤其是通过注意患者对爱的需求的变化波动，我们就可以在精神分析的过程中，准确地观察到焦虑和对爱的需求之间的关系。在经历一段时间具有建设性的合作之后，患者可能会突然改变自己的行为，要求占用精神分析医生的时间，或是渴求获得医生的友谊，抑或是盲目地钦佩医生，或是变得非常嫉妒，极具占有欲，对医生将他"仅看成一个患者"非常敏感。同时，患者的焦虑会有所增加，这种焦虑的增加或是表现在梦中，或是表现为感觉非常忙碌，抑或是表现出一些生理症状，例如腹泻、尿频等。患者并没有意识到焦虑的存在，也不知道正是焦虑使得自己对医生的依恋越来越强烈。如果医生发现了这两者之间的联系，并向患者揭示出这一联系，那么，双方都会发现：在医生触及患者突然产生的迷恋问题时，就已经激发了患者的焦虑，例如，他可能会把医生的解释视为一种不公平的指责或羞辱。

这一系列的反应似乎是这样的：一个问题出现了，对它的讨论激发患者对医生的强烈敌意；患者开始憎恨医生，梦到医生死了；患者立即压抑了自己的敌意冲动，开始感到害怕，为了满足安全需要而紧紧依附于医生；在经历过这些反应之后，敌意、焦虑以及与之相伴而增加的对爱的需求，就会退居幕后，逐渐淡化。对爱的需求的增强，经常有规律地作为焦虑的结果出现，因此，我们完全可以将其作为一种预警信号。它表明，焦虑正在慢慢浮现到患者意识层面，因此患者需要寻求安全感。这里所描述的过程并不只限于精神分析，同样

---

[1] 像这样的案例，这些案例的患者常常在情绪领域存在明确的紊乱，而同时又具备获得充分性满足的能力。对某些精神分析师来说，它们一直是一个难题，尽管它们不符合力比多理论，却并不因此而不存在。

地，在个人关系中也会出现相同的反应。例如，在婚姻中，丈夫被迫依附于他的妻子，尽管在内心深处恨她并害怕她，但他的表现却可能是嫉妒她，想占有她，将她理想化并赞美她。

如果能认识到这一术语只是对这一过程进行了大致的描述，而没有涉及其动力因素，那么，我们完全有理由将这种附加于隐藏在憎恨之后的夸大的忠诚说成是"过度补偿"。

如果由于上面所提到的这些原因，我们拒绝接受对爱的需求给出性欲病因学解释的话，就会出现这样的问题：对爱的神经症性需求有时与性欲结伴出现或是看起来就像是一种性欲，这是否是一种偶然现象？又或者说是否存在一些特定的条件，在这些条件存在的情况下，对爱的需求才会以性的方式来被感知和表达。

在某种程度上，对爱的需求是否以性欲的形式表现出来，取决于其是否能得到外部环境的认同。它还取决于在文化、生命活力以及性气质中的差异。最后，它还取决于个体的性生活是否满意。因为如果其性生活没有得到满足，与拥有满意性生活的个体相比，其更有可能以性欲的方式来反映。

尽管，所有这些因素都是不证自明的，并且对人的行为反应有着确定的影响，但它们还不足以解释基本的个体差异。在表现出对爱的神经症性需求的一定数量的人中，这些反应往往因人而异。因此，我们发现在与其他人接触时，一些人会强迫性地立即表现出或多或少具有性色彩的冲动；而在另一些人身上，这种性兴奋或性活动都维持在一个正常的情感和行为范围之内。

第一种类型中的男女会从一种性关系转向另一种性关系，对他们性反应的进一步了解表明：当他们缺乏性关系或是发现没有立即获得伴侣的机会，那么他们就会感到不安全、缺乏保护，表现得非常古怪。同一类型中，具有更多抑制倾向的一些男性或女性，实际上他们拥有非常少的性关系，但他们总在自己和其他人之间创造出引起性欲的氛围，不论其他人是否特别吸引自己。最后，这种类型中的第三种人，他们具有更多性方面的抑制，但是他们很容易进入性兴奋状态，并且强制性地将任何一个他们所遇到的男性或女性看成是自己潜在的性伴侣。在最后这一类人中，强迫性手淫可能会代替性关系，但也不尽然如此。

在这一类型群体中，生理获得满足的程度存在着很大的差异。除了其性需求的强制性本质外，这一类型群体的另一个共同点是，不加区分地选择性伴侣，他们具有那些在我们对对爱有神经症性需求的个体进行整体考虑时就已经讨论过的特征。另外，让人感到震惊的是，他们时刻准备实际上或想象中进入性关系；可他们与他人的情感关系中却存在深刻的障碍，与普通人相比这一障碍受基本焦虑的困扰更为深刻。他们不仅无法相信爱，而且实际上，如果他们得到了爱，也会烦躁不安，因为他们心理已经严重失调，如果是男性，那么他很可能已经患有阳痿。他们可能意识到自己的防御姿态，或者他们可能倾向于责怪自己的伴侣。在后面一种情况中，他们坚信自己从未遇到一个称心的女性或男性。

对他们而言，性关系不只是对特定性紧张的释放，还是获得人际交往的唯一方式。如果一个人形成了这样一种信念：即认为对他而言，从实际情况看根本不能获得爱，那么，身体接触可能就会成为情感关系的一种替代。在这种情况下，如果不是唯一，性就是他们与其他人接触的主要桥梁，并因此获得了不同寻常的重要性。

在某些人身上，辨别力的匮乏，表现在对潜在伴侣的性别不加区分这方面；他们要么会主动寻求性关系，不论对方的性别是什么，或者屈服于其他人的性需求，而不管提出要求的人是同性还是异性。在这里，对第一种类型的人我们不感兴趣，因为尽管在他们那里，性也是用于建立人际交往的手段，否则他们就很难获得人际关系，但其动机并不是为了满足对爱的需求，而是为了征服，更准确地说，是出于制服他人的动机。这种动机非常强烈，以至于性别差异已经变得不那么重要了。总之，在性方面或者其他方面，他们认为对男人和女人都必须加以制服。第二类人，受到对爱的无尽需求的驱动，屈服于同性或异性的性需求者，特别是害怕失去对方而不敢拒绝对方的性要求，或者不敢反抗对方提出的任何性要求——无论这些要求合理与否。他们之所以不愿意失去对方，是因为他们迫切地需要这种与对方的接触联系。

在我看来，用某种天生的"双性恋倾向"解释这种对性别不加区分而发生性关系的现象是一种误解。在这些情形中，并没有任何迹象表明他们对同性的真正依恋。一旦一种健全的自我肯定取代了焦虑，这种表面上的同性恋倾向就会立即消失，对异性性伴侣不加区分的选择这一情况也会立即消失。

对双性恋所陈述的那些内容，同样能够在某种程度上，给同性恋现象的问题某些启示。事实上，之前描述的"双性恋"类型和明确的同性恋类型之间，还存在很多中间阶段。在后者的生活史中，有些确定的因素足以说明他们拒绝接受异性为性伴侣的原因。当然，同性恋的问题异常错综复杂，以至于无法只从一个单一的观点来进行理解。在这里这么说就足够了，我还没有见过一个同性恋者，在他身上没有同时表现出我们在"双性"群体中所提到的那些特点。

最近几年，许多精神分析家都指出，性欲之所以会增强，是因为性兴奋和性满足可以成为焦虑和被压抑的心理紧张的发泄途径，这种机械的解释可能是正确的。但是，我认为，还存在一些心理过程，会导致从焦虑到性需求的增加，并且我们有可能认识这些心理过程。我的这个观点是基于精神分析的观察，以及联系患者与性欲无关的种种性格特征来对其生活史所做的全面研究。

这一类型的患者很可能一开始就充满热情的迷恋精神分析医生，急切地需要得到某种爱的回报。或者，在精神分析过程中，他们可能会保持一种相当冷淡的态度，将对他人性亲密的需求转移到局外人身上，且正如一些事实所说明的那样，那个局外人由于与医生非常相似，或者这两个人在梦中被等同起来，这个局外人就成了分析师的替身。最后，这些患者希望同医生建立性关系的需求，这能在梦中出现，也可能会表现为访谈过程中产生性兴奋现象。患者经常会对这些显而易见的性欲信号感到异常震惊，因为他们既没有感到被医生所吸引，也根本没有爱上他。事实上，来自于医生的性吸引并没有发挥可觉察到的作用，而且并不是说与其他人相比，这些患者的性气质更为迫切或不可控，也不是说与其他人相比这些患者的焦虑更多或者更少。他们身上的特征是，对任何形式的真爱都怀有深深的怀疑。他们完全相信，医生因隐秘不明的动机对自己感兴趣，如果是这样，他们相信在医生内心深处是看不起他们的，而且给他们带来的伤害可能比好处多得多。

由于神经症患者高度的敏感性，因此，在每一次精神分析中，他们都可能做出怨恨、生气以及怀疑的反应，但在那些性需求特别强烈的患者身上，这些反应形成了一种固定且持久的心态。他们的反应，看似医生和患者之间有一道无形且又无法跨越的墙。当他们面对自身难题时，他们的第一个冲动就是放弃，中断治疗。在分析中，他们展现的场景，正是他们在整个生活中全部行为的精确缩影。其区别是，在精神分析之前，他们可以免于认识到自己的人际关系实际上是多么的脆弱和复杂；而他们很容易卷入性关系这一事实，却有助于他们混淆实际情况，并使得他们误认为他们很容易与他人建立性关系就意味着他们总体而言具有良好的人际关系。

我提到的这些态度，频繁而有规律地出现。无论什么时候，患者只要在分析开始的时候，就表现出对分析师的性欲望、性幻想，或是做与分析师有关的春梦，我就能在他的人际关系中找寻到某些特殊的深层障碍。同这个方面相一致的所有观察结果是，医生的性别相对而言不那么重要。那些相继接受过男性和女性医生治疗的患者，会对这两个性别的医生产生相同的反应。在这种情形中，如果将这些表面现象看作是他们在梦中或者其他形式中所表现出来的同性恋渴望，那就很可能犯了一个严重的错误。

因此，总体来看，就好像"闪光的不一定是金子"一样，"看似是性欲的东西不一定是性欲"。大部分看似是性欲表现的现象，实际上都与性欲毫无关系，而是对安全感渴望的一种表达。如果不将这一点纳入思考范围，我们就必定会高估性欲的作用。

那些由于无法意识到的内在焦虑的紧张，而导致性欲增强的人，倾向于单纯地将自己的性需求归结于自己固有的先天气质，或是解读为自己是不受传统习俗、禁忌约束的。在这样做的时候，他们跟那些对自己的睡眠需求做过高估计的人犯了同样的错误。高估自身睡眠需求的人，认为他们的体质需要十个小时或者更长时间的睡眠，但事实上，他们对睡眠需求的增加可能是由大量被压抑的情感所导致的，睡眠被他们当作了逃避所有冲突的手段。强迫性进食和饮酒的情形，也是同样的道理。饮食、酗酒、睡眠和性行为，都是维持生命所必需的；这些需求强烈程度的变化不仅与个体体质有关，还与其他情景有关，例如：气候，其他需求是否得到满足，外部刺激是否存在，工作的紧张程度以及目前的生理状况等。但是，所有这些需求都会因无意识因素所增强。

性欲和对爱的需求之间的关系，为我们理解性欲节制问题提供了思路。人们忍受禁欲的程度，因文化和个体因素的不同而不同。就个人而言，性欲节制取决于一些不同的生理和心理因素。但是，很容易理解的是，需要通过性行为来缓解焦虑的人，很可能是无法忍受任何节欲，即使是短时期的节欲也不行。

这些思考，导致我们对于性在我们文化中所起的作用进行某种程度的反思。在对我们的性问题方面，我们常怀有一种骄傲和满足的自由主义态度。当然，自维多利亚时代以来，这种情况确实有了一些好的变化。在性关系中，我们都有了更多的自由，并更有能力来获得性满足。后一种观点对女性而言尤其适用，在女性中，性冷淡不再被认为是一种常态，而被普遍地认为这是一种缺陷。但是，尽管有这种变化，这方面的进步却并没有我们所认为的那么深远。因为，现在很多性行为更多的是心理紧张的发泄途径，而不是一种真正的性驱力。因此，它也被更多地看作是镇静剂，而不是一种真实的性享受或者乐趣。

文化环境也会在精神分析的概念中有所反映。弗洛伊德的重大成就之一，就在于给予了性应有的重要地位。但是，更详细地讲，被看作性的许多现象，实际上是复杂的神经症现象的表现，主要是对爱的神经症性需求的表现。例如，与精神分析医生有关的性欲望，通常被解读为是患者对其父亲或者母亲的性欲固着作用的重演。但通常而言，这并不是真实的性愿望，而是为了减轻焦虑获得安全感的行为。诚然，患者经常讲述这样的联想或梦，例如，表达想要躺在母亲怀抱里或者回到母亲子宫的愿望，这些联想或梦说明了一种对父亲或母亲的移情。但是，我们不能忘记，这种明显的移情，可能只是现在想要获得爱或寻求庇护愿望的一种表达。

即使这些跟医生有关的性欲望被理解为对父亲或者母亲这种相似愿望的直接复演，也没有证据能够表明，幼儿对父母的依恋，本身而言是一种真正的性依恋。有很多证据表明，在许多成年神经症患者身上，爱和嫉妒的所有特征，也就是弗洛伊德描述的俄狄浦斯情结的特征在童年期都可能存在，但是这种情况并不像弗洛伊德所设想的那样频发。正如我已经谈到的，我认为，俄狄浦斯情结并不是一个初始过程，而是许多不同种类过程的结果。它可能是一种非常简单的儿童反应，由于被父母给予过富有性色彩的爱抚，因目睹性爱场面，或者由于父母一方的养育标准是使孩子成为自己盲目的忠诚者所引发。另一方面，这也可能是更为复杂过程的结果。正如我所说，那些为俄狄浦斯情结的产生提供了沃土的家庭环境中，孩子心理通常会产生很多恐惧和敌意，而对这些恐惧和敌意的压抑导致了焦虑的出现。我认为，在这些情况下，俄狄浦斯情结是由于孩子为了获得安全感，而依附于父母中的一方才产生的。事实上，获得充分发展的俄狄浦斯情结，正如弗洛伊德所描述的，表现出对爱的神经症性需求的所有特征和倾向，例如：对无条件的爱的过度需求、嫉妒、占有欲，因遭到拒绝而产生的恨意等。因此，在这些案例中，俄狄浦斯情结只不过是神经症的一种形式，而并不是神经症的根源。

第十章　对权力、声望和财富的追求

在我们的文化中，对爱的追求是一种经常用来对抗焦虑以获得安全感的方式，而对权力、声望以及财富的追求则是另一种方式。

也许我应该解释一下，为什么我要将权力、声望以及财富作为同一个问题的不同方面来讨论。更详细地说，不论一个人的主导倾向是追求这些目标中的其中一个或者另一个，都必然会在人格中形成巨大差异。在神经症患者对安全感的追求中，究竟哪一个目标占主要地位？这既取决于外部环境，也取决于个体在天赋以及心理结构上的差异。我将它们作为一个统一体来进行讨论，原因是它们具有一个共同点，正是这个共同点将它们与对爱的需求相区别。获得爱意味着通过增强与他人的联系而获得安全感，而追求权力、声望或财富意味着通过减少与他人的联系，增强自身地位来获得安全感。

支配他人的愿望、赢得声望和获取财富的愿望，本身并不是一种神经症倾向，就像对爱的渴望本身不是神经症性倾向一样。为了理解在这一方向上的神经症性追求的特征，我们应将其与正常需求进行比较。例如，在正常人身上，权力的感受可能产生于对自身优势力量的认识，不论是身体的力量或能力，还是心理上的能力、成熟或智慧。又或者，其对权力的追求可能与一些特定的原因相关：家庭、政治或职业群体、祖国、某种宗教思想或科学观念等。但是，对权力的神经症性追求产生于焦虑、憎恨以及自卑感。严格来说，对权力的正常追求源自力量，而神经症性需求来源于软弱。

文化因素也应当考虑进去，个人的权力、声望以及财富并不是在所有文化中都会发挥作用。例如，在普韦布洛印第安人（Pueblo Indians）中，对声望的追求是绝对不提倡的，而且个人财富也没有什么差别，因此对财富的追求也没那么重要。在这种文化中，追求任何形式的支配，并以它作为获得安全感的手段，都是毫无意义的。我们文化中的神经症患者之所以会选择这种方式，是基于以下事实：在我们的社会结构中，权力、声望以及财富能够提供强大的安全感。

在探寻是什么样的条件产生了对这些目标的追求时，我们清楚地发现，常见的情况是，事实已经证明无法通过爱来获得安全感以缓解潜在的焦虑时，这种追求就会形成。我将引用一个例子来说明，当对爱的需求受到阻碍时，这种追求是如何以野心的形式发展起来的。

　　一个女孩儿对大自己4岁的哥哥有着强烈的依恋，他们曾经或多或少地沉溺于一种带有性特征的温情中，但是当女孩8岁的时候，她的哥哥突然拒绝了她，并指出现在他们都长大了，不能再玩类似的游戏了。在这次经历后不久，女孩突然在学校里表现得野心勃勃。这一现象显然是由于她对爱的追求过程中遭到失望而引起的，而这种失望又因为她没有更多的人可依赖而变得更加痛苦。她的父亲一直以来并不关心自己的孩子，而母亲则明显更偏爱哥哥。但是，她所感受到的不仅仅是失望，同时也是对她的自尊心的沉重打击。她不知道哥哥的态度之所以会发生变化，是因为他快要进入青春期了。因此，她感到非常羞耻、屈辱。由于她的自信心一直以来都建立在一种极不安全的基础上，她的羞耻和屈辱感就更加强烈。首先，她的母亲并不需要她，就让她感到自己是无足轻重、可有可无的。而由于母亲是一个美丽的女人，所以每个人都还时常赞美她。除此之外，她哥哥不仅被母亲所喜爱，还能赢得她的信任。父母的婚姻并不幸福，所以母亲总是跟哥哥商量她的烦恼，因此，女孩感到完全被排除在外。她做了更多的尝试希望获得自己想要的爱：就在她跟哥哥那次痛苦的经历后不久，她爱上了一个自己在旅途中遇到的男孩，她变得非常兴奋，开始编织自己对这个男孩的美好幻想。而当这个男孩儿从她的视野中消失，她又由于抑郁而表现出新的失望。

　　正像在这类情景中常发生的那样，父母和家庭医生将她的情况归咎于她所处的年级对她而言太高了。他们让她暂时休学，带到一个避暑胜地去休养；然后，再让她在比之前所在年级低一个年级的班里就读。就在那时，她9岁，她表现出了一种不顾一切、不屈于人后的野心。在班里，她不能忍受自己不是第一名。与此同时，她与其他之前很要好的女同学之间的关系也明显恶化了。

　　这个例子说明了形成神经症性抱负的典型因素：最开始，她感到不安全是因为她觉得自己不被需要，由此产生了很强的反抗心理。但这种反抗心理，却因为母亲在家庭中是占主导地位的人，需要盲目赞美，而不能得以表达出来；于是，被压抑的恨意产生了大量的焦虑；她的自尊心没有机会得到发展，在很多情况下她都觉得屈辱，又由于与哥哥的那次经历而受到强烈刺激；于是，她通过寻求爱来得到安全感，但是这种尝试最终也失败了。

　　对权力、声望以及财富的神经症性追求，不仅被用来作为对抗焦虑的保护措施，而且也是受到压抑的敌意得以发泄的途径。我将首先谈论每种追求是如何为对抗焦虑提供特殊保护方式的，然后再讨论释放敌意的特殊方式。

　　首先，对权力的追求可以作为一种对抗无助感的保护措施，我们已经了解到无助感是焦虑的基本要素之一。神经症患者会对自己所表现出的任何一点儿无助和软弱都非常反感，因此，他会避开那些在正常人看来非常普遍的场景，例如：接受他人的指导、建议或帮助，对他人或环境的依赖，放弃自己的观点或同意他人的意见。这种对软弱的反抗，并不会突然爆发出其全部力量，而是逐步增加其强度。神经症患者越是感到自己事实上已经被这些压抑所阻挠，他在现实环境中就越是不能肯定自己。他在实际生活中变得越软弱，就越焦虑地想要逃避一切看起来与软弱有某种相似的东西。

　　其次，对权力的神经症性追求，可以作为一种保护性措施，以对抗自认为无足轻重或被他人看作无足轻重的危险。神经症患者对力量形成了一种僵化且非理性的观念：自己应该能够处理所有的情况，不论这个情况有多困难，都应该立刻就能够应对它。这种理想与骄傲相联系，其结果，神经症患者认为软弱不仅仅是一种危险更是一种耻辱。他将人分为"强者"和"弱者"两个类型，他崇敬强者而鄙视弱者。他对软弱的看法也走向了极端。他对同意他的意见或是顺从于他愿望的人，或多或少都表现出一种轻视，还瞧不起那些内心有种种压抑或是不能控制自己的情绪，而显得表情冷漠的人，他也会鄙视自己身上存在的同样的特点。如果他无法避免地意识到自己存在着某种焦虑或是压抑，就会感到耻辱，还会因为自己患有神经症而鄙视自己，并急于将事实掩盖起来，他也会因自己无法独自应对这一问题而瞧不起自己。

　　所采取的这些寻求权力的特殊形式，取决于权力的缺乏是否是神经症患者最害怕或是最鄙视的事情。我将提到一些这种追求特别常见的表现。

　　这种表现之一是，神经症患者在控制自己的同时，也想要控制他人，他不希望任何不是由自己发起或赞同的事情发生。这种对控制的追求可能会采取一种淡化的形式，即有意识地允许其他人获得充分的自由，但却坚持要知道对方所做的一切；如果对他隐瞒了什么，他就会勃然大怒。这种控制他人的倾向，也可能会受到强烈的压制，以至于到这样一种程度：即不仅是他本人，甚至他周围的人也都相信，他在给别人自由方面是非常慷慨大方的。但是，如果一个人完全压抑了自己对他人的控制欲，那么，每当对方与其他朋友有约会或者意外回家晚了，他就会变得沮丧，出现头疼或是胃痛等症状。由于不了解这些失调的原因，他会将这些症状归因于天气情况、饮食不当或是其他类似的不相干的原因。很多表面看起来好像是好奇的心理，实际都是由想要控制一切的隐秘愿望所决定的。

　　这一类型的人还倾向于希望自己永远正确，即使是在无关紧要的细节上，一旦被证明他是错的，他也会极为恼火，他们必须要比其他人知道更多的东西，这种态度有时会明显地让人难堪。那些在其他方面都严肃可靠的人，一旦他们遇到自己不知道答案的问题时，就可能会不懂装懂，或者凭空杜撰一个答案，即使在这个特殊问题上的无知也并不会有损他们的声誉。有时，他们会强调预先知道将会发生什么，并预测每一种可能性。这种态度可能是厌恶且不愿出现任何不可控的因素，不愿冒任何风险的心态。对自我控制的强调表现为不愿意让任何情感摆布自己。一位患有神经症的女性感到一位男士对她非常具有吸引力，如果这位男士爱上了她，她就会突然转为看不起他。这一类型的患者往往很难让自己自由驰骋于自由联想之中，因为那样做意味着失去控制，并会将自己卷入一个未知的领域。

　　在追求权力的过程中，标志神经症特征的另一个态度就是希望一切都符合自己的愿望。如果其他人不能完全按照神经症患者的期望去做，或者没有在他所希望的时间内去做这些事情，那么他就可能因此而无比愤怒。急躁的态度也与上述追求权力的态度有着紧密的联系，任何方式的延迟，任何被迫的等待，即使只是等红绿灯，都可能导致愤怒。通常，神经症患者本人意识不到自己有一种想要支配一切的态度，至少是不知道这种态度的程度。事实上，不承认、不改变这种态度，显然更符合他的利益。因为这个态度本身具有很重要的保护性功能。同样，他也不应该让其他人发现这种态度，因为，一旦其他人认识到这一点，他就要承担可能失去他人之爱的风险。

　　这种意识的缺乏对恋爱关系有着重要的意义。如果情人或丈夫无法完全符合其预期，如果他迟到了，不打电话，外出办事，患有神经症的女性就会认为他不爱自己了，她无法意识到自己的感受只是对方没有遵循其模糊不清的愿望的一种愤怒反应。通常情况下，她不会说出自己的这些愿望，所以她将这些情况作为自己不被人需要的证据。事实上，这种谬误在我们的文化中非常常见，它在很大程度上促成了不被人需要的感觉，而这种感觉在神经症中往往又是一个关键因素。这种反应是从父母身上学到的，一个因孩子违背自己意愿而感到愤怒的专横母亲，就会相信并且宣称孩子并不爱她。在这种心理基础上，常常会产生出一种奇怪的矛盾现象，这种矛盾会严重阻碍所有的恋爱关系。一个神经质的女孩无法爱上一个"软弱"的男人，因为她蔑视一切软弱；但是，她也无法与一个"坚强"的男人相处，因为她总希望自己的伴侣能顺从自己。因此，她内心深处寻找的是英雄、是超人；但这个人同时也要毫不犹豫地屈从于她的所有愿望。

追求权力的另一个态度就是永不屈服。同意他人的意见或者接受他人的建议，即使这些意见和建议被认为是正确的，在他们看来也是一种软弱，仅仅是要接受意见的这种想法都足以引发反抗心理。那些认为这种态度非常重要的人往往因为害怕对他人的屈服，而倾向于矫枉过正地强迫自己采取相反的立场。这种态度最常见的表现方式就是，神经症患者在内心深处暗暗坚信世界应该适应他，而不是他来适应整个世界，精神分析治疗的基本困难之一就在于此。对患者分析的最终目的并不是获得知识或洞见，而是用这种洞察力来改变他的态度。尽管这种类型的神经症患者能够意识到这个改变对自己有好处，但他却十分憎恨这种未来的改变，因为这种改变对他来说是一种最终的屈服。在恋爱关系中也存在这种态度，爱，不论它意味着什么，都隐含着屈服于自己的情感和自己所爱的人。无论男性或女性，越是无法做到屈服，他的恋爱关系就越不会让他满意。这也可能是性冷淡的原因之一，因为性高潮也是以这种完全放开的能力为前提。

我们已经看到对权力的追求会给恋爱关系造成的影响，使我们能够更全面地了解对爱的神经症性需求的更多内涵。不考虑到追求权力在追求爱的过程中所发挥的作用，我们就无法完全理解对爱的追求中的许多态度。

正如我们所看到的，对权力的追求是对抗无助感和无关紧要感的一种保护性措施。同样，后一种功能在对声望的追求中也有所体现。

这一类型的神经症患者对给他人留下深刻印象，受到他人敬仰和尊敬的需求非常迫切。他幻想用美貌、智慧或是其他卓越的成就来使人对自己印象深刻；他会极为浪费，以引人注目的方式花费金钱；他会不惜一切地学会谈论最新出版的书籍和上映的剧目，会竭力认识一切显要人物，他不会让不仰慕他的人成为他的朋友、丈夫、妻子和雇员。他全部的自尊都是建立在他人对自己的敬仰上，如果他无法得到仰慕，其自尊心就会降低甚至完全消失。由于他极度敏感，并总是感觉到耻辱，生活对他而言是一种永恒的折磨。通常而言，他并没有意识到这种羞耻感，因为意识到这点会使他更加痛苦；但不论是否意识到这种感受，他总是以与之相应的愤怒来对这种感受做出反应。因此，他的态度导致了新的敌意和焦虑的持续产生。

仅仅出于纯粹描述的目的，我们将这类人称为自恋者。但是，如果从动力学角度来看，这个术语可能会造成一种误解。因为，尽管他总是沉溺于自我膨胀之中，但他这样做的主要目的不是出于自恋，而是为了保护自己不受无关紧要和羞辱感的干扰，或者用正面的话来说，是为了修复被揉碎了的自尊心。

跟其他人的关系越是疏远，他对声望的追求就越会被内化；在他自己看来，他的这种需求是正确且美好的。不论是明确认识到还是隐约感觉到的任何一个缺点，都会被看作是一种耻辱。

在我们的文化中，保护自己以对抗无助感、无关紧要感、羞耻感，也可以通过对财富的追求实现，因为财富既能带来权力，也能带来声望。在我们的文化中，对财富的非理性追求是非常普遍的现象，以致只有同其他文化相比较，我们才能意识到，这并不是一种普遍的人类本能，不论它是以一种贪婪的获得本能还是以一种生物驱力升华的方式所表现。即使在我们的文化中，一旦对其起决定性作用的焦虑缓解或消失，这种对财富的强制性追求行为就会立即消失。

用财富作为对抗恐惧的保护方式，对抗的是贫困潦倒、寄人篱下这些特殊恐惧。对贫穷的恐惧就像鞭子一样，驱动一个人不断工作并且不错过任何赚钱机会，这种追求的防御特质说明神经症患者不会为了较多的享受而花费自己的金钱。对财富的追求并不仅仅直接指向金钱或是物质，还表现为对他人的占用欲，并被当作防止失去爱的保护手段。由于占有欲的现象是众所周知的（尤其表现在婚姻中，法律为婚姻中的占有欲提供了合法基础），同时其特征与我们讨论对权力的追求时所描述的特征完全一致，在这里我就不再专门举例了。

正如我所说过的，我前面所描述的这三种追求，不仅仅是为了对抗焦虑以获得安全感，还可以作为宣泄敌意的手段。敌意会表现出支配他人的倾向，还是羞辱他人的倾向，抑或是剥夺他人的倾向，则取决于哪种需求占主导地位。

对权力的神经症性追求所蕴含的支配他人的特征，并不一定公开地表现为针对其他人的敌意，它会伪装成有社会价值或是具有人文主义精神的形式，例如表现为：提建议的态度、爱管闲事的态度、喜欢带头或当领导的态度。但是，如果这些态度中确实隐藏着敌意，其他人——子女、伴侣、雇员便都会感受到这种敌意，并会以顺从或反抗的方式来应对。神经症患者本人通常意识不到自己的这些态度中蕴藏着敌意，即使当事情没有按照他预想的方式发展而感到非常愤怒时，他仍然坚信自己本质上是一个性情温和的人，他之所以这么生气是因为其他人非常不明智的反对自己。但是，实际发生的情况是：神经症患者的敌意被压抑为一种文明的形式，当事情不能称心如意地进行时，敌意就会公开爆发。那些激怒他的理由，在其他人看来可能根本就不是对他的反对，而仅仅是意见不同或是没有按照他的意见去办而已。然而，就是这样鸡毛蒜皮的琐事，也会让他非常愤怒。我们可以将这种支配他人的态度看作一个安全阀，经由这个安全阀，一定量的敌意可以一种非破坏性的方式得以释放。由于这种态度本身乃是敌意的一种淡化后的表达，因此，它也就为阻止那些纯粹破坏性的冲动提供了一种途径。

　　由于他人反对而产生的愤怒可能会被压抑，而正如我们所看到的，被压抑的敌意随后会导致产生新的焦虑，它可能会表现为抑郁或疲劳。由于引发这些反应的事件如此无足轻重，所以它们完全没有被注意到；同时，由于神经症患者无法意识到自身的这些反应，这些抑郁或焦虑情绪看起来似乎不是由外界刺激所引发。只有通过精确的观察，才能逐步揭示刺激性事件和随之而来的行为反应结果之间的关系。

　　由强迫性支配所形成的另一个更深层次的特征就是，缺乏与人平等相处的能力。这类人要么成为领导，要么必然感到完全无望、六神无主和茫然无助。由于他如此专横，以至于任何不能由自己完全支配的事情，都会让他感到自己被征服了。如果他的气愤被压抑了，这种压抑可能会导致他产生抑郁、沮丧以及疲惫的感觉。但是，这种无助感可能只是确保自己的支配地位或表达不能指挥他人而产生敌意的一种迂回的表达方式。例如，一位女性同丈夫在国外的一座城市散步，她曾在某种程度上，提前研究了地图，因此她一直在带路。但是，当他们到了她之前没有在地图上研究过的地方和街道时，她很自然地感到不安全，于是把领路的任务完全推给了丈夫。尽管在此之前，她非常快乐、活泼，这个时候她却突然感到非常疲惫，甚至一步都走不动了。我们都知道，在婚姻伴侣、兄弟姐妹、朋友之间，神经症患者就好像是一个监督奴隶工作的人，用他的无助像鞭子一样抽打他人，驱使其他人服从于自己的意志，向他们索取无止境的关注和帮助。这些情况的典型特征是，神经症患者从未从他人为自己做的事中获得好处，但报之以不断的抱怨并不断提出要求，更糟糕的是，报之以指责，指责别人忽视并虐待他。

　　在精神分析过程中也可以观察到相同的行为。这种类型的患者可能会拼命地要求获得帮助，但是他们不仅不会接受精神分析医生的任何建议，还会对没有得到任何帮助而表达自己的不满。如果他们因为理解了自己的某些特性而确实收获了帮助，那么他们会立即重新陷入之前的烦恼中，就好像医生什么都没有做过一样，他们会试图擦去经过医生艰苦工作而获得的洞见。随后，患者会再次迫使医生进行新的努力，而这些努力注定会再次失败。

　　从这种情景中，患者会收获双重的满足感：通过表现出无助的状态，他在迫使医生像奴隶一样为他服务这方面获得了胜利。与此同时，这一策略还会引发医生的无助感，由于患者自身的纠葛使他无法以一种建设性的方式来支配他人，因此，他就找到了一种破坏性的方式来支配他人。不用说，通过这种方式获得的满足感完全是无意识的，就好像是为获得这种满足感而无意识地使用了某种技术一样。患者所能够意识到的一切，就是自己非常需要帮助，同时又并没有获得帮助。因此，在患者眼中，他的行为是完全合理的，而且他还觉得自己有充分的权利生医生的气。同时，他情不自禁地记录了这样一个事实——他正在玩一个阴险的游戏，非常害怕别人发现并报复自己。因此，为了保护自己，他感到很有必要来强化自己的地位，于是他通过发动反击的方式来达到这一目的，并不是说他暗中使坏，而是他认为医生忽视、欺骗并且虐待他。但是，只有在他真正受到伤害时，他才能够继续假装并维持这一信念。处于这种状况中的患者，不仅对承认自己遭受虐待毫无兴趣，而且，相反的是，他对坚持自己的信念有着强烈的兴趣。他坚信自己受到伤害的这种信念，给人的感觉就如同他非常希望被虐待。事实上，他跟我们大家一样，也不希望自己被虐待；但是，他的这种认为自己遭受了虐待的信念具有十分重要的功能，因此他无法轻易放弃这个信念。

　　在支配他人的态度中，往往可能包含着过多的敌意，这些敌意会带来新的焦虑。这又会导致一些抑制的出现，例如：不能发布命令，无法做出决策，无法准确地表达观点等。结果是，神经症患者常常表现出一种过分的顺从，这一结果反过来让他们错误地认为其压抑是一种先天的软弱。

　　在那些将追求声望看作是最重要的事的人身上，敌意常常表现出一种想要侮辱他人的欲望。对那些因受过羞辱而伤到自尊心，并为此寻求报复的人而言，这种欲望是至高无上的。通常而言，他们在童年时期有过一系列遭受侮辱的经历，这些经历可能与他们成长的社会环境相关，例如：属于某一少数民族群体，或是自己非常贫困却有一些富有的亲戚。也可能与他们的个体环境有关，例如：由于其他孩子的缘故而受到歧视，被人唾弃；被父母当作玩物，有时被宠爱，有时又被羞辱和冷落。绝大多数时候，这些经历由于其痛苦的特征会被遗忘，但是如果问题跟羞辱相关，这些经历就会在意识层面被唤起。但是，在成年神经症患者中，我们无法观察到这些童年情景所带来的直接影响，而只能观察到其带来的间接影响。这些结果之所以得以强化，是因为进入了一种"恶性循环"：经历侮辱感——产生侮辱他人的欲望——由于害怕遭到报复而对侮辱异常敏感——侮辱他人的欲望得到增强。

　　侮辱他人的倾向会被深深地抑制，是因为神经症患者，从其自身的敏感性中了解到，当受到侮辱时，自己是如何痛苦和想要报复，因此，他本能地害怕其他人会对他做出相同的反应。虽然，在他没有意识到的情况下，这种倾向有可能会表现出来：以一种不经意地忽视他人的方式表现出来，例如：让其他人长时间等待，不经意地让他人陷入尴尬的情景，让对方产生强烈的依赖性，等等。即使神经症患者完全没有意识到自己想要侮辱别人的欲望，或者意识不到自己已经侮辱了别人；在与其他人的关系中，他心中仍然弥漫着无形的焦虑，表现为不断担心自己会遭到责难或侮辱。后面，在讨论对失败的恐惧时，我会回过头来讨论这种恐惧。对羞辱的敏感所导致的压抑作用，通常会表现为做出试图回避一切可能伤害或侮辱他人的事情。举例而言，这类神经症患者可能无法批评别人、无法拒绝别人的请求、不敢开除一个雇员，结果是，他常常表现得过于为他人着想或过于礼貌。

最后，羞辱他人的倾向会隐藏在敬仰他人的背后。因为，遭受侮辱和仰慕他人是截然相反的，后者是消除或隐藏前者的最佳方式，这就是为什么这两种极端的表现经常发生在同一个人身上。这两种态度有许多的分配方式，不同分配的原因取决于个体差异。它们可能会独自出现在人生的不同阶段，一个人可能在一段时期内，普遍轻视所有人，紧接着又进入到一个英雄崇拜的阶段。他可能崇拜男性而轻视女性，或者反过来；他可能盲目崇拜某一个或两个人，而同时盲目地蔑视其他一切人。正是在分析的过程中，我们可以发现，事实上，这两种态度是同时存在的。患者可能会盲目地崇拜精神分析医生，同时又会蔑视他。患者或是压抑其中一种态度，或是在这两种态度之间犹豫不决。

在追求财富的过程中，敌意通常表现为剥削他人的倾向。欺骗、偷盗、剥削或是挫败他人的愿望，其本身并不是神经症，它可能是由一种文化范式或是被实际环境所认可的，或仅仅被看成是一种权宜之计。但是，在神经症患者身上，这些倾向却具有高度的情绪色彩。即使从他人身上获得的实际利益微乎其微，甚至无关紧要，但只要取得成功，他就会感到非常高兴并觉得获得了胜利。例如，为了讨价还价搞到一个便宜商品，他会花费与节省下的金钱不成比例的时间和精力。他对胜利的满足感有两种来源：一种是他以智取胜，赢了他人，感觉聪明过人；另一种感受是感到自己击败他人，损害了对方。

剥削他人的倾向有许多种不同的表现方式。如果神经症患者没有得到免费治疗，或是要求他支付的报酬超过了他的支付能力，他就会对医生产生怨恨。如果他的员工不愿意无偿加班，他就会对他的员工感到非常愤怒。在与朋友和孩子相处的过程中，这种剥夺倾向通常会以一种合理化的方式来表现，即宣称他们对他负有责任和义务。事实上，父母经常根据这一理由来要求子女做出牺牲，并有可能会摧毁子女的一生。即使这种倾向没有以这种破坏性的方式表现出来，那些坚信孩子的存在是要使自己得到满足的母亲，也必然会倾向于从情感上对孩子进行剥削。这种类型的神经症患者，也可能倾向于保留或拒绝给他人某些东西，比如：他们应该支付的金钱，应该提供的信息，让对方期待的性满足等。这种掠夺倾向的存在，可能是通过不断地做偷盗的梦来表现，或者，他甚至可能意识到自己有想要偷盗的冲动，只不过他将这种冲动压抑了下去，又或者在某一阶段，他可能会成为实际的盗窃狂。

这种类型的人通常无法意识到自己在有目的地剥削他人。一旦有人期待他做些什么或拿出些什么的时候，与他这种剥夺欲望相关的焦虑可能会导致压抑的产生。这样他就会忘记去买本应购买的生日礼物，或者如果一个女性愿意委身于他时，他就会突然变得阳痿。但是，这种焦虑并不总是能够导致实际的压抑，它也可能在一种害怕自己正在剥削他人的潜在恐惧中表现出来。虽然事实上，他们就是在这样做，但他们有意识地非常愤怒地否认自己有这样一种意图。这种神经症患者甚至可能在某些事实上并不存在这些倾向的行为中，也产生这种恐惧，而与此同时，他却始终意识不到自己那些真正包含着对他人剥削的行为。

这些剥削他人的倾向常常伴随着羡慕嫉妒的情感。如果他人获得某些我们也想得到的好处，那么，我们中的绝大多数人都会嫉妒他们。但是，在正常人身上，强调的重点是这样一个事实，即他们自己也想取得这样的好处；而对神经症患者而言，重点在于，即使他们自己不想取得这样的好处，他们还是会对取得者产生嫉妒的情绪。这种类型的母亲往往会嫉妒孩子的快乐，并告诉他们"乐极就会生悲"。

神经症患者会通过将嫉妒置于一种合理的基础上的方式，来竭力将自己的嫉妒情感隐藏起来。其他人的任何好事，不论是一个洋娃娃、一个女孩、一种休闲乐趣还是一个较好的工作，在他看来都是如此光彩夺目和值得拥有，以至于他觉得自己的嫉妒是完全合理的。这种合理化可能只是借助于对事实进行无意识地歪曲，例如：低估自己实际拥有的一切，以及错误地觉得其他人的好事真的也是自己希望得到的。这种自我欺骗可能会达到这样一种程度，即让自己真正地相信，他自己处于一种悲惨的境地，因为他无法拥有那种其他人拥有的东西，从而完全忘记了在其他方面，他都不愿意同他人进行交换。为了这一歪曲的事实，他所付出的代价就是无法享受和欣赏那些他能够获得的幸福。但正是这种不可能，保护其免受其他人的嫉妒，这种嫉妒是他十分害怕的。就像许多正常人有足够的理由保护自己免受某些人的嫉妒一样，他并不是有意要抛弃自己已经拥有的满足，因此，他们会歪曲自己的实际处境。神经症患者在这方面做得如此彻底，以至于真正夺去了自己的所有享受。这样，他最终做掉了自己的目的。他本想要获得一切，但是他这种破坏性的动机和焦虑，使得他最后落得两手空空。

　　显然，这种剥削他人的倾向，正如我们所讨论过的其他敌意倾向一样，不仅产生于受损的人际关系；还会导致这种关系进一步受损。特别是，如果这种倾向或多或少处于无意识状态——就像正常的情况一样，那么它就会使他对他人处于一种不自然的状态，甚至面对他人时感到胆怯。当他不希望从对方身上得到什么的时候，他的行为举止和言谈感觉会表现得很自然；但一旦有机会从其他人身上获得任何好处时，他就会立马变得不自然。这些好处可能是实际的东西，例如：信息或建议；也可能是一些看不见摸不着的东西，例如仅仅是未来的获益可能性。这一点在性关系中如此，在其他人际关系中也是如此。这种类型的神经症患者，跟她不在意的男性在一起时，就会很坦率自然；但是如果她希望对方能够喜欢自己，她就会感到很尴尬和不知所措。因为，对她而言，获得对方的爱就等同于要从对方身上获得某些东西。

　　这种类型的人也许有着非常卓越的赚钱能力，这种能力将其冲动引向那些有利可图的地方。很多时候，他会在挣钱的问题上形成种种抑制，这样他就会犹豫是否要向对方索要报酬；或是做了很多没有得到足够回报的工作，因而他们表现得要比实际而言更为慷慨大方。随后，他们会因为没有得到足够的报酬而心怀不满，但通常他们都意识不到自己不满的真正原因。如果神经症患者的压抑变得十分严重，这种压抑就会渗透到其整个人格当中，结果将导致他失去自立的能力，而需要依靠他人的支持供养。这样，他就会过一种寄生虫式的生活，并以此来满足其剥削他人的倾向。这种寄生虫式的态度不一定表现为"全世界都欠我的"这种明显方式，而是以一种更微妙的方式表现出来，例如：希望他人能给自己以恩惠，能首先采取主动的态度，能为其工作出谋划策。简而言之，希望他人为他的生活负责。总体来说，最终结果就是他对生活产生了一种奇怪的态度——他对生活是自己的，只有自己才能决定是有意义的去活着还是要浪费生命这一问题没有清晰的认识。他的生活态度，就好像周围发生的一切都跟他本人没有任何关系；好像一切善与恶都源自外界，而与他所做的事无关；好像他有权利坐享其他人创造的美好，并可以将所有不好的事情都归咎于他人一样。由于在这样的生活态度中，坏事往往比好事多得多，从而神经症患者对世界产生愤懑是不可避免的。这种寄生虫式的态度，还可以从对爱的神经性需求中发现，尤其是当这种对爱的需求表现为一种渴求物质利益时更是如此。

　　神经症患者剥削他人倾向的另一个常见结果就是，会产生担心自己会被其他人欺骗或者剥削的焦虑。他会生活在一种永恒的恐惧之中：生怕有人会利用他，会掠夺他的金钱或剽窃他的观点；他会对遇到的每一个人都做出相同的恐惧反应，担心对方会对他打什么主意。如果他真的被骗了，例如：如果出租车司机没有走最近的路线，或者服务员多收了他的钱，他就会发泄出远超情况严重程度的愤怒。显然，他是在将自己的欺骗倾向所具有的心理价值投射到他人身上；因为，觉得对他人的愤怒具有正当性，远比面对自己的问题更让人愉快。而且，癔症患者经常将指责作为一种威胁方式，或是通过威胁的方式，使对方产生愧疚感，从而达到任其利用的目的。辛克莱·路易斯在多滋沃尔斯夫人这个人物形象的性格基础上，对这种策略做了异常睿智的描述。

　　神经症患者追求权力、声望和财富的目的和功能可以粗劣地划分为以下几种：

目标	为获得安全感的对抗	敌意的表现形式
权力	无助感	支配他人的倾向
声望	屈辱	侮辱他人的倾向
财富	贫困	剥削他人的倾向

　　这正是阿尔弗雷特·阿德勒的成就，他已经看到并强调了这些追求的重要性。这些追求在神经症患者的表现中的作用，以及它们借以表现出的伪装。但是，阿德勒认为这些追求是人类本性中最重要的倾向，对其本身不需要进行任何解释。[1]而在神经症患者身上这些趋势变得如此强烈，他将这种现象归结为自卑感和生理缺陷。

　　弗洛伊德也看到了这些追求的含义，但他并没有将它们作为一个整体，他将对声望的追求看作是自恋倾向的一种表现。他最初将对权力和财富的追求，以及其中包含的敌意，看作是"肛门施虐阶段"的衍生物；但是，随后他认识到这些敌意不可能还原到性欲望的基础上，并认为它们是"死亡本能"的一种表现，因而，他始终坚持自己生物倾向的信念。不论是阿德勒，还是弗洛伊德都没有意识到焦虑在其中所起到的作用，他们也都没有发现在它们得以表现的形式中所包含的文化内涵。

---

[1] 尼采在《权力意志》中，也对权力欲望做了同样片面的评价。

第十一章　病态竞争

在不同的文化中，获得权力、声望和财富的方式也是不同的，也许是通过继承获得，也许是个体的某些品质，如勇敢、机智、拥有治愈疾病或与超自然现象交流的能力、头脑灵活多变等类似的素质，受到其所在文化群体的赏识。这些也许是因非凡的或成功的活动而获得，也许是因特定的品质或幸运的环境而获得。在我们的文化中，继承在获得地位和财富中无疑具有重要的作用。但是，如果权力、声望和财富必须通过个人的努力才能获得，那么他就不得不与他人竞争。竞争以经济为核心并会辐射到其他所有活动当中，会渗透到爱、社会关系和社交游戏中。因此，在我们的文化中，竞争对每一个人来说都是问题，因此竞争成为神经症性冲突一个经久不衰的研究中心，并不出人意料。

在我们的文化中，神经症性竞争与正常竞争有三个不同点。一是，神经症患者会不断与其他人进行比较，即使并没有比较的必要。尽管，追求胜过他人在所有的竞争情景中都是最为根本的，但是，神经症患者却总会与那些不会成为潜在竞争对手的人或是与他没有共同目标的人进行比较。关于谁更聪明、更有吸引力、更受欢迎这个问题，他会不加选择地与每个人比较。他对人生的感受，就好比赛马骑手对生活的感受——对骑手而言唯一重要的事情就是，他是否领先他人。这种态度必然会使他丧失或者降低对任何事情的真正兴趣，他真正关心的并不是他所做的事情本身，而是从中能获得多大成功，给人留下多深印象，获得多少声望。神经症患者可能能够意识到自己爱与他人比较的这种心态，或者他并没有意识到只是自然而然地这样做了，他很少能够完全意识到这种态度在他身上发挥的作用。

同正常竞争的第二个区别在于，神经症患者的野心不仅仅是获得比别人更多的成就、更大的成功，还在于想要成为独一无二的人。在比较中，他也许认为自己的目标永远都是最高级的。他也许完全能够意识到自己被残酷的野心所驱使，但是，更常见的情况是，对自己的野心，他要么彻底压抑，要么有所遮掩。如果他对自己的野心有所遮掩，他可能认为，自己并不在意成功，而是仅仅关心工作本身；或者认为自己并不想成为舞台上令人瞩目的焦点，而只想在幕后做些打杂的工作；或者他会承认，在人生的某个阶段，他曾的确很有野心——作为小男孩儿的他，幻想自己是耶稣或是拿破仑第二，或者幻想自己救世人于战火；作为小女孩的她，幻想嫁给威尔士亲王——但是他会宣称，从那以后，他的野心就消失了，他甚至会抱怨自己现在是这样缺乏野心，以至渴望再找回一些曾经的野心。如果他完全压抑了自己的野心，他很可能会相信野心已离他非常遥远。只有当精神分析医生将他的保护层剥开一些的时候，他才会回忆起自己那些宏伟夸张的幻想，或是曾在头脑中一闪而过的想法，例如：希望在自己的领域成为最优秀的人，认为自己特别聪明、英俊，发现某个女人居然会在他在场的时候爱上其他男人，让他即使回想起来都深感气愤、耿耿于怀。但在绝大多数情况下，他都无法意识到野心在他的反应中具有如此强大的作用，他并不认为自己的想法有什么特殊之处。

这样的野心有时会体现在追求一个具体的目标上：聪慧、吸引力、某种成就或者道德。但有些时候，这种野心并没有集中在一个明确的目标上，而是遍布于个体的所有活动中。他要在涉足的各个领域中都成为最好的。他也许想同时成为伟大的发明家、卓越的医生和无与伦比的音乐家。女性也许不仅希望在工作中勇拔头筹，还希望成为一个完美的家庭主妇并且打扮入时得体。这类青少年则会发现难以选择或从事任何一种职业，因为对他们来讲，选择一种职业就意味着放弃另一种职业，或者至少放弃自己的部分兴趣爱好。对许多人来说，做到同时精通建筑学、外科手术和小提琴演奏都是非常困难的。这些青少年可能还会抱着许多过分不切实际的期望开始工作：画画得像伦勃朗一样好，剧本写得像莎士比亚一样好，刚到实验室工作就能精确计算出血球数目。过度的野心导致他们期望过高，而根本无法实现自己的目标，因此，他们很容易就会感到沮丧和失望，并因此而放弃努力，转而开始其他的事情。许多有天赋的人终其一生都在这样分散自己的精力，他们的确具有在许多领域取得成就的巨大潜能，但对所有领域都感兴趣、抱有野心，致使他们不能持之以恒地追求任何一个目标；最后，一事无成，白白浪费了自己的大好才华。

无论是否意识到自己的野心，但当野心受挫时，个体总是非常敏感，甚至成功了他也会感到失望，因为这种成功没有达到其野心勃勃的期望。例如，成功的科学论文或专著可能会让人失望，原因在于它没有引起轰动，而只引起了有限的关注。这种类型的人，当他通过了一个很难的考试时，会因为他人也通过了这场考试而不认为这是什么成功。这种总是感到失望的倾向，就是为什么这类人无法享受成功的原因之一。其他原因我稍后将讨论。从本质上来说，他们对任何批评都极度敏感。许多人在他们写了第一本书或者画了第一幅画作之后就再也没有出版过任何作品，因为即使是温和的批评，也让他们感到深受挫折。许多潜在的神经症患者，首次出现神经症症状，是在遭上级批评或遭到失败的时候。尽管这些批评或失败本身是非常微不足道的，并不足以产生如此严重的精神障碍。

神经症性竞争与正常竞争的第三个区别就是在神经症性野心中蕴藏着敌意，即他那种"只有我才是最美丽、最能干和最成功的人"的态度。在每一次激烈的竞争中，敌意都是固有的，因为一个竞争者获得胜利就意味着另一个竞争者遭到失败。事实上，在个人主义文化中存在大量破坏性竞争，需要单独分析，而不能立刻就将其视为神经症特征，这似乎是一种文化模式。但是，在神经症患者身上，竞争的破坏性比建设性更强大：对他而言，看到他人失败比自己获得成功更重要。更确切地说，具有神经症性野心的人，其行为就好像是打败别人比获得成功更重要。实际上，他自己的成功对他来说是最为重要的；但是，由于他强烈地压抑渴望成功的野心，我们随后就会看到，为他打开的通往成功的唯一通道就是成为优胜者，或至少感觉比他人优越：击败他人，把他们拉到低于自己的水平，或者是完全将他们踩在脚下。

在我们的文化中，试图去毁灭竞争者从而提高自己的地位、荣誉，或是镇压潜在的竞争者，常常不过是竞争中的一种权宜之计。然而，神经症患者却总是盲目地、任意地、无法自控地诋毁他人。即使他认识到其他人不会给自己带来实际的伤害，甚至他人的失败会对自己不利，他也仍然会这样做。他的这种感情可以被清楚地描述为这样一种信念，即"只有一个人能够成功"，而这不过是"除我以外任何人都不能成功"的另外一种表达方式。在他破坏性冲动的背后，可能存在着大量的情绪冲动。例如，一个人在写一部戏剧，当他听说他的一位朋友也在写一部戏剧时，竟会突然陷入盲目的愤怒。

这种挫败或阻碍其他人努力的冲动在很多关系中都能看到。一个野心勃勃的儿童，可能会不顾一切地希望挫败父母为他所做的一切努力。如果父母在行为举止和社会成功的问题上对孩子施加了压力，那么他就会让自己的行为在社会上臭名远扬。如果父母在孩子的智力发展方面投入了很多的努力，那么他就会在学习方面形成强烈的抑制，而表现得像是低能的人。我想到我曾经有过两个这样的小患者，他们的父母怀疑他们智力发育不全，后来事实证明他们其实是非常有才能、非常聪明的。当他们想以同样的方式来应对精神分析医生时，就清晰地表明了他们想要挫败自己父母的动机。他们中的一个，很长时间假装不明白我所说的一切，因此，我就无法很有把握地对她的智力状况做出判断，直到我意识到，她在跟我玩曾经她一直用来对付父母和老师的同一种把戏。这两个年轻人都有着极强的野心，但在治疗的初期，这种野心完全淹没在了破坏性的冲动之中。

在对待学习或是任何治疗时同样的态度都会出现。在上课或是进行治疗时，从中获益乃是个人利益所在。但是，对这类神经症患者而言，或者更准确地说，对他们内心的神经症性竞争心态而言，击败老师或精神分析医生的努力，使他们无法获得成功更为重要。如果他能够通过让他人无法在自己身上获得任何成功来达到这一目的，那么，他将会愿意付出这样的代价，即继续生病或是继续无知下去，以此向其他人证明自己没有什么高明之处。不用另加说明的是，这个过程是无意识的。在他的意识层面，他相信老师或是医生实际上是无能的，或者并不是教他学习或给他治疗疾病的合适人选。

因此，该类型的患者非常害怕医生会成功地治愈他的疾病。他将竭尽全力地挫败医生的努力，即使他知道这么做的话，最终也会击败自己。他不仅会误导医生或是隐瞒一些重要的信息，而且他还会保持在同一状态之中，甚至会戏剧性地加重病情，只要可以他就会这么做。他不会告诉医生自己病情有什么好转，如果他这么做了也是以一种不情愿的或是抱怨的方式，或是认为这种好转是由外部因素导致的，例如：气候变化，他自己服用了阿司匹林，或是读了些什么书。他不会服从医生的任何指导，并企图以此证明医生是错的。或者他会将当初强烈拒绝的医生的建议，转而说成是自己所发现的。后面这种行为在日常生活中能明显观察到：它构成了无意识剽窃的心理动力，许多关于优先权的斗争，都基于这一基础。这种人无法忍受其他任何人提出新想法，对于不是自己提出的观点他会果断地加以诋毁。例如，如果此时正与他竞争的人推荐了一部电影或是一本书，那么他会讨厌或诋毁这部电影或是这本书。

在精神分析的过程中，所有的这些反应在医生的精辟解释下更接近意识层面的时候，神经症患者就会公然爆发愤怒：他可能想要在办公室砸东西或是中伤医生。或是在很多问题逐渐清晰之后，指出还有许多问题没有得到解决。即使他已经取得了明显好转，并且清楚地意识到了这点，他也拒绝表达任何谢意。在这种忘恩负义的现象中还存在许多其他因素，例如，害怕承担偿还其他人恩惠的义务，但是其中一个重要的因素是，将某件事归功于他人常常会让神经症患者内心产生屈辱感。

与这种挫败他人的冲动相伴随的常常是极度的焦虑，因为神经症患者无意识地认为，在遭受挫败之后其他人像他自己一样会感到受到伤害并产生报复心理。因此，他总是对伤害他人感到焦虑，并将自己击败别人的倾向排除在意识之外，从而坚定地认为自己的行为是非常合理的。

如果神经症患者有强烈的诋毁他人的倾向，他就很难形成任何积极的意见，采取积极的立场，或是做出任何有建设性的决定。对于某人或某件事情的积极看法可能会因为他人的一丁点儿的负面言论而消散，因为只要一丁点儿小事就足以激发起他诋毁的冲动。

所有这些具有破坏性的冲动都包含在对权力、声望和财富的神经症性追求中，从而进入到竞争性行为中。在那些发生在我们文化中的一般性竞争中，正常人也会表现出这些倾向，但在神经症患者身上，这些冲动本身变得非常重要，不论这些冲动会给他带来什么样的不利情况或是灾难。侮辱、剥削或是欺骗他人的能力对他而言就是一种优势和胜利，如果他不具有这种能力，那么他就是失败的。如果不能从其他人那里获得优越感，神经症患者就会表现得非常愤怒，便是源于这种失败感。

在任何社会中，如果个人主义竞争精神成为一种主导趋势，就一定会对两性关系有所损伤，除非属于男性和女性的领域是完全分开的。但是，神经症性竞争由于本身的破坏性，会比普通竞争造成更严重的破坏。

在恋爱关系中，神经症患者想挫败、制服以及侮辱对方的神经症性倾向，发挥着很强大的作用。性关系成为一种征服和侮辱伴侣或是被伴侣征服和羞辱的手段，这种特性显然与性关系的本性完全相悖。在男性恋爱关系中，这种情况经常发展为弗洛伊德所描述的分裂状态：一位男性在性方面只会受到低于自己标准的女性的吸引，对自己喜欢和敬仰的女性则无法产生任何欲望。对这样的人来说，性行为同羞辱的倾向不可分割地联系在一起，因此，一旦他遇到自己喜欢的或是爱慕的异性就会压抑自己的性欲。这种态度常常能够回溯到其母亲身上，从母亲那里他曾感受到了侮辱，同时他也想侮辱自己的母亲，但由于害怕，他将这种冲动隐藏在了一种夸张的忠诚背后，这种情景通常被称作固定作用（Fixation）。在他随后的生活中，他发现了一种解决方式，就是将女性分为两类；这样，他对自己所爱慕的女性所怀有的敌意，往往表现为以实际行动使她们受挫并感到沮丧。

如果这一类型的男性同一位女性开始了一段关系，这位女性的地位和人格魅力跟他相当或是更优于他，那么，他就会因她暗暗感到羞耻而不是自豪。对于这样的反应他会感到非常困惑，因为在他的意识层面，他并不认为女性一旦与异性发生了性关系就会降低自身的价值。但他不明白，自己通过性交贬低女性的冲动如此强烈，因此，在感情层面，女性发生性关系后于他而言就变成了可鄙的，因此，因她感到耻辱是一种符合逻辑的反应。同样，一位女性也会没有道理地因自己的爱人感到羞耻，她通过以下方式来表达这种感受：不希望别人看到他们在一起，无视对方的优秀品质，因此对对方的赞赏比对方实际应该得到的少。通过分析发现，女性也具有贬低对方的无意识倾向。[1]通常而言，她对同性也会有这样的倾向，但是由于个人原因，这种倾向在与异性的关系中更为突出。这里的个人原因是非常多样的：对受偏爱的兄弟的怨恨，对软弱的父亲的蔑视，坚信自己缺乏吸引力并因此预见自己会遭到异性拒绝。她也非常害怕女性，从而不敢表达自己对她们的侮辱倾向。

　　女性，同男性一样，可能完全能够意识到想要征服和侮辱异性的意图，一个女孩儿开始一段恋情的直接动机就是希望将男性玩弄于股掌之中。或者她会先引诱男性，一旦对方对她的情感进行了回应就立即抛弃对方。但是，很多时候，这种羞辱的渴望是无法被意识到的。在这种情况下，它就会以间接的方式表现出来。例如，可能表现为强迫性的嘲笑男性的追求。或者以性冷淡的方式表现出来，通过这种方式告诉对方，对方不能够给她带来满足感并因此成功地羞辱对方。特别是，如果他本身对女性的羞辱就有一种神经症性的恐惧，情况就会更加如此。相反的感受——因发生性关系便感到自己被虐待、被贬低、被羞辱，也常常会在同一个人身上出现。在维多利亚时期，对女性而言，她们感到性关系对自己是一种羞辱乃是一种文化模式，如果这种关系能够合法化并保持冰冷的优雅，这种羞辱感才会有所减弱。在最近30年中，文化的这种影响在逐渐减弱，但它仍足以解释这一事实，即与男性相比，女性在性关系中更能感受到尊严受到了伤害。这也可以导致性冷淡或是疏离男性的结果出现，尽管她们本身是渴望与异性接触的。这类女性可能通过受虐幻想或者反常的方式来获得一种继发性满足感，但由于她对遭受他人侮辱的预期，随后她就会对男性产生强烈的敌意。

　　对自己的男子气概感到怀疑的男性，经常会怀疑自己被女性所接纳仅仅是因为女性的性需求，即使有明显且充分的证据表明对方是真的喜欢他也是枉然，因此，由于这种被虐待感他会产生一种恨意。或者一位男性将女性的毫无反应看作一种难以忍受的侮辱，因此急切希望她获得满足。在他看来，自己的这种过度关心是体贴的表现。但是，在其他方面，他可能非常粗鲁和粗心，因此揭露了这样一个事实：他对异性满足感的关注仅仅是使自己免于感到羞辱的一种保护方式。

　　[1] 多里安·菲根鲍姆在一篇论文中曾经记录过这样一个病例，这篇论文以"神经症性羞耻"为名，发表在《精神分析季刊》上。但是，他对该病例所做的解释与我的分析不同，因为他最后的结论，是将这种羞耻感追溯到阴茎嫉妒。而我认为，从许多人文、精神分析文献都将之看成是女性的阉割倾向，所谓阴茎嫉妒，大多数都是由一种想要侮辱男性的潜在愿望导致的结果。

掩盖这种侮辱或挫败他人的冲动的两种主要方式是：一种是用敬仰的态度来掩盖，另一种是通过怀疑的方式来使其理智化。当然，怀疑也可能是真正有不同的思考意见需要表达，只有明确地排除了真正的怀疑，我们才能够正当地寻找一个人背后隐藏的动机。这些动机也许离表面现象非常近，以至于只要对这些怀疑的合理性进行简单的质疑就能引发焦虑。我的一个病人，每次会面都会将我侮辱一番，尽管他本人完全意识不到这一点。随后，我只是简单地问他，他是否真的确信，自己对我在处理这些事情上的能力有所怀疑，他的反应就是陷入了严重的焦虑之中。

当这种侮辱或是挫败他人的动机被一种仰慕的态度所掩盖的时候，这个过程就更为复杂了。那些内心深处暗暗希望伤害或是侮辱女性的男性，在他们的意识层面，很可能将女性置于一个很高的地位之上。那些没有意识到自己试图击败或是羞辱男性的女性，可能会沉溺于英雄崇拜之中。在神经症患者的英雄崇拜中，跟普通人一样，很可能存在一种真正的价值和伟大感。但是神经症患者态度的特殊性在于，这是两种倾向的妥协：一种倾向是，对成功盲目崇拜，不管这种成功是否重要，因为他渴望成功；另一种倾向是，掩饰自己怀有毁灭成功人士的愿望。

一些典型的婚姻冲突，就可以在这些基础上进行理解。在我们的文化中，这种冲突更多涉及女性，但是，男性更多地受到获得成功的外部刺激并有更多的获得成功的可能性。假设属于英雄崇拜类型的女性嫁给一名男性，是因为他现有的或是潜在的成功吸引着她。既然在我们的文化中，妻子会在某种程度上分享丈夫的成功，那么丈夫的成功就会为她带来一些满足感，只要丈夫的成功能够持续。但是她陷入了一种冲突情景：她因为丈夫的成功而爱他，与此同时，又因为他的成功而憎恨他。她想要毁掉他的成功，但又不能这样做，因为在另一方面，她想要通过参与其中而象征性地享受这种成功。这样的一位妻子，通过铺张浪费来威胁他的财产安全，通过烦人的争吵来破坏丈夫的平和，通过一种阴险的贬低态度来毁坏丈夫的自尊心，从而泄露出希望破坏丈夫成功的隐秘愿望。或者，这种破坏性心理，还会表现为她在对方不情愿的情况下，无情地驱使他不断获得更多的成功，而丝毫不考虑丈夫本人的幸福。尽管在丈夫成功的时候，她会在各个方面都表现得像一个深爱他的妻子，但是一旦预示丈夫失败的信号出现，她的怨恨心理就会变得越来越明显。现在，她不但不会帮助和鼓励他，反而会打击他。因为，只要她还能享受对方带来的成功，就会掩盖这种报复心。一旦他表现出失败的迹象，这种报复心就会立即表现出来，所有这些破坏性活动都是在爱和敬佩的伪装下进行的。

　　这里有另一个常见的例子也可以用来说明，爱怎样用来补偿由野心产生的破坏性冲动。一个自力更生、有能力并且成功的女性，在结婚后，她不仅放弃了自己的工作还养成了依赖的心理，并且似乎要完全抛弃她过去的野心——所有这些都被描述为"成为真正的女性"。她的丈夫通常会感到非常失望，因为他希望找的是一个出色的伴侣。而现实是，他发现妻子并不跟他合作，只是将自己置于他的保护之下。经历了这种改变的女性对于自己的潜能有一种神经症性的担忧，她隐约感到，通过嫁给一个成功的或至少让她感到有成功潜力的男性，对于达成她的野心或仅仅是获得安全感，要比靠个人奋斗更为可靠。迄今为止，这种方式还不足以产生困扰，甚至能得到令人满意的结果。但是，患有神经症的女性在内心深处往往拒绝放弃自己的野心并对丈夫充满敌意，而且根据神经症性"全有或全无"的原则，落入了一种无用感之中，最终变成了一个无足轻重的人。

　　正如我之前所说的，这种反应在女性身上比男性身上更常见的原因，可以在我们的文化背景中找到，文化将成功标记为男性的领域。这种反应类型并不是一种固有的女性特质，这点可以通过以下事实得以说明，如果情况反过来，也就是女性碰巧比自己的丈夫更强壮、更聪明、更成功，那么男性也会有相同的反应。由于我们的文化坚信男性在除了爱情之外的所有领域都比女性优越，这种态度在男性身上很少用钦佩的方式进行伪装；它通常以一种公开的方式表现出来，并对女性的兴趣和工作造成直接的破坏。

　　这种竞争精神不仅会对现存的男女两性关系产生影响，还会对伴侣的选择产生影响。在这方面，我们在神经症患者身上看到的只是一幅放大了的画面，而在一种崇尚竞争精神的文化中这通常被认为是正常的。通常来说，对伴侣的选择都是由对声望或财富的追求所决定的，也就是说，这是由性欲以外的动机所激发的。在神经症患者身上，这种决定可能更强大，更能压倒一切。一方面这是因为他们对统治、声望以及财富的追求与普通人相比更具有强迫性并且更坚定，另一方面是由于他与其他人的关系，包括与异性的关系，过于恶劣从而无法进行充分的选择。

　　破坏性的竞争会通过以下两种方式来加剧同性恋倾向：一是，它可以满足男性或女性远离所有异性的冲动，这样便可避免与对手进行性竞争；二是，焦虑需要得到释放，正如我们之前所指出的，对安全感的需要，通常是抓住同性伴侣不放的原因。如果患者和精神分析医生是同一性别，那么破坏性竞争、焦虑以及同性恋倾向之间的关系在分析过程中很容易被发现。这种类型的患者会在一个阶段内，自吹自擂自己所获得的成就，同时对医生表现出蔑视。起初，他会用一种他完全没有意识到的伪装的方式来行动。随后，他意识到了自己的态度，但仍然跟他的情感相分离，同时，他无法意识到是一种多么强大的情感在背后推动它。然后，他逐渐开始意识到自己对医生敌意的作用，与此同时他开始感到不自在，并伴随着焦虑的梦境、心悸、坐立不安；他突然梦到医生拥抱了自己，开始意识到自己希望与医生建立某种亲密接触的幻想和渴望，从而揭示出他缓解自身焦虑的需要。在患者最终感到能够正视自己的竞争性反应之前，这种行为反应可能会多次反复出现。

因此，简而言之，敬仰或爱可以通过以下方式来补偿挫败动机：将破坏性冲动排除在意识之外，通过在自己和竞争者之间形成无法超越的距离来消除竞争，分享成功或参与其中，通过劝慰竞争者以此来避免其报复。

虽然，这些关于神经症性竞争对两性关系方面影响的论述还不够全面、彻底，但也足以说明，它如何使两性关系受到损伤。在我们的文化中，这些竞争已经削弱了我们获得和谐两性关系的可能性，同时也引发了焦虑，并使人们因此更为渴望和谐的关系，所以，这个问题也就显得更为重要。

第十二章　逃避竞争

由于神经症患者身上的竞争具有破坏性特征，就会产生大量的焦虑，从而导致逃避竞争。现在的问题是，焦虑是从何而来的？

不难理解的是，焦虑的一个来源就是害怕对残酷实现自己野心行为的报复。一个人如果在其他人已经或是想要获得成功的时候，就将其踩在脚下，对他们进行侮辱和打击，那么他就会害怕其他人也有击败他自己的强烈愿望。尽管这种被报复的恐惧在每个以牺牲他人为代价换取成功的人身上都会出现，但这不是神经症患者焦虑情绪日益增重，从而使其产生对竞争的抑制的全部原因。

经验表明，仅仅害怕遭到报复，并不一定会导致压抑的出现。相反，它可能仅仅使人产生想象的或真实的嫉妒、敌意和竞争心理，对他人施以冷酷的算计；或是试图扩张自己的权力，以此来确保不会受到任何攻击。一定类型的成功人士只有一个目标，就是获得权力和财富。但是，如果这一人格结构与被确诊的神经症患者的人格相比较，就会发现两者存在一个显著的区别。这些冷酷追求成功的人，并不在乎其他人的爱，也不希望或是想要从他人身上获得任何东西，不论是帮助还是慷慨。他清楚地知道，自己可以通过自己的力量获得想要的东西。当然，他会利用人，他之所以需要他人的忠告，也仅仅是因为这些忠告会对他自己获得成功有所帮助，为爱而爱对他来说没有任何意义。他的欲望和防卫都沿着一条直线进行：权力、声望、财富。如果他内心没有什么东西能妨碍他的追求，那么被内部困扰所驱使而采取这样行为的个体也不会发展出神经症性的人格特征。恐惧只会促使他更加努力地去取得更多的成功，并变得更加难以战胜。

但是，神经症患者会追求两条互不相容的路径：极具攻击性地追求"唯我独尊"；与此同时，还强烈地渴望获得每个人的爱。被困在爱和野心之间的情景，是神经症患者的核心冲突之一。神经症患者为何害怕自己爱和野心的需要，为何不愿承认它们，又为何会阻止或逃避它们，主要原因在于他害怕失去爱。换言之，神经症患者会制止自己竞争心的主要原因并不是其严格的"超我"要求，其超我不允许其攻击倾向过于强大，而是他发现自己在两种同样不可抗拒的需求中陷入了一种两难境地：他的野心和他对爱的需求。

实际上，这种困境是无法解决的，一个人不可能在将其他人踩在脚下的同时，又获得他们的爱。在神经症患者身上，这种压力如此之大，以至于他必须要试图去解决这一困境。总体上来看，他试图通过两种方式来解决这一困境：通过合理化的方式解释自己的支配动机，以及因支配动机无法满足而产生的不满感，或是限制自己的野心。我们可以简单地谈一下，他如何使自己的攻击需要得以合理化，因为这与我们已经讨论过的获得爱的方法及其合理化过程具有相同的特征。在这里，合理化是一个重要的策略：它试图使得这种需要变成不可争辩的，从而使它不会阻碍他被人所爱。如果在一场竞争中，他为了侮辱或击败他人，而贬低他们，他就会对自己完全是客观的这种观点深信不疑。如果他想要剥削其他人，他就会相信并且试图使其他人也相信，此刻非常需要得到他们的帮助。

这种对合理化需求比其他行为都更能将一种隐藏的不诚实因素渗透到人格之中，即使这个人基本上来说是诚实的，它还解释了那种顽固的一贯正确的心理。这在神经症患者身上是一个普遍的人格倾向，有时这种倾向还非常明显，有时会隐藏在顺从或是自责的态度之后，这种一贯正确的态度经常会与自恋态度相混淆。事实上，它与任何形式的自恋都没有关系；它甚至不包含自满或是自负的任何因素，因为，与表面现象相反，不存在任何真正对自己绝对正确的确信，只有不断地想要使其看起来合理的强烈需求。换言之，这是一种迫切需要解决某种特殊问题的防御态度，这归根结底是由焦虑造成的。

对合理化需求的观察，很可能是弗洛伊德创立特别严格的"超我"要求概念的因素之一，神经症患者在其反应中，常常会屈服于这种严厉的"超我"需求，从而放弃破坏性的驱力。合理化需求的另一个方面是，其对这样一种解释具有启发性。除了是处理人际关系的一种必不可少的策略之外，在许多神经症患者身上，这种合理化需要还是一种满足自己需要，使自己在内心显得无可指责的手段。当我讨论罪恶感在神经症中的作用时，还会再来讨论这个问题。

神经症性竞争中，焦虑的直接结果就是对失败和成功的恐惧。对失败的恐惧，部分是出于对被侮辱的恐惧，任何失败都会变成灾难。一个女孩如果没学会自己在学校中希望了解的知识，那么她不仅感到非常羞愧，而且感到班里的其他女孩也会鄙视自己，并且会联合起来反对她。这种反应会带来很大的压力，因为她经常将一些偶然发生的事情当作失败，事实上这些事并不意味着失败，或是仅仅只能看作是非常无关紧要的失败，例如，没有在学校得高分，或是一次考试的某一部分失利了，举办的聚会并不成功，或是在谈话中没有表现得谈吐惊人，简而言之，任何不符合其过高期望值的事情都被看作是失败。正如我们所看到的，任何形式的拒绝或冷落，都会引起神经症患者的敌意反应，神经症患者会将其视为一种失败，并因此认为是一种侮辱。

神经症患者的这种恐惧，会因担心其他人发现了其残酷的野心后对他的失败幸灾乐祸而得到增强。与失败本身相比，更令他感到害怕的是，已经用某种方式表明自己正与他人竞争，且他确实非常想要获得成功，还因此付出了各种努力，最后却仍然失败了。他认为一次失败可以被原谅，甚至还会引发其他人的同情而不是敌意，但是，一旦他对成功表现出兴趣，就会被一群想要迫害他的敌人所包围，他只要表现出任何软弱或是失败的迹象，他们就会扑上来撕碎他。

由此产生的态度会随着恐惧内容的不同而不同。如果恐惧的重点在于害怕失败本身，那么他就会加倍努力，甚至是不顾一切地去避免失败。在对他的力量或能力进行决定性考验的时候，例如：考试或是公开亮相前，他就会产生严重的焦虑。但是，如果重点在于害怕其他人发现自己的野心，其结果则会完全相反。他感受到的焦虑会让他看起来对所有事情都毫无兴趣，甚至不会为此付出任何努力。这两幅景象的对比是非常值得注意的，因为，它表现出了两种不同的恐惧，归根结底仍是同出一辙，何以产生出两组完全不同的特征。对第一种类型的个体，会拼命苦读以迎接各种测试，但是第二种类型的个体，就会无所事事，而很可能会故意引人注目地热衷于社会活动或其他嗜好，以此向世界证明他对功课没有任何兴趣。

通常而言，神经症患者无法意识到自身的焦虑，仅能意识到由此产生的结果。例如，他可能无法专心工作；或是他可能会产生疑病症患者的恐惧，好比担心体力劳累会产生心脏问题，脑力劳动会造成神经系统损伤；又或者，他会在任何形式的工作之后都感到筋疲力尽，当某种活动中存在焦虑的情绪，就会令人非常疲惫，他就会用这种疲惫来证明，这种努力损害了他的健康，因此必须加以避免。

不做出任何努力的过程中，神经症患者就可能让自己迷失在许多消遣活动中，从打单人纸牌到举办聚会，或者他可能会表现出一种懒散或好逸恶劳的姿态。一个神经症女性，可能会穿着非常邋遢，宁愿给人留下穿着不讲究的印象，也不愿尝试去打扮自己，因为她感到这种努力只为让她遭到嘲笑。一个非常漂亮的姑娘，坚信自己不好看，不敢在公众场合化妆，因为她认为其他人会想："这个丑小鸭试图让自己变得更吸引人，这是多么可笑呀！"

　　因此，总体来说，神经症患者认为不做自己想要做的事情会更安全。他们的箴言是：待在角落里，谦虚谨慎，最重要的是不要引人注目。正如维布伦曾经强调的那样，引人注目的消费，在竞争中都起着重要的作用。因此，回避竞争突出其反面——避免引人注目。这就意味着坚持约定俗成的标准，远离众人瞩目的中心，不要显得与众不同。

　　如果这种回避倾向是一种主要人格特征，那么就会使人不敢采取任何冒险行动，更不用说，这种态度，会造成生活上的贫困和潜能的扭曲。因此，除非环境异乎寻常的有利，否则，获得幸福或是任何形式的成就都是以冒险和付出努力为前提条件的。

　　目前为止，我们已经讨论了对可能失败的恐惧，但是，这只是神经症性竞争中所伴随的焦虑的一种体现。焦虑还可能以害怕成功这种方式表现出来，在许多神经症患者身上，焦虑在很大程度上涉及对他人的敌意，以至于他们害怕成功，即使他们确定能够获得成功。

　　对成功的恐惧来自于害怕遭到他人的嫉妒并因此失去他人的爱。有时，这是一种有意识的恐惧。我病人中一个极具天赋的作家，宣布放弃写作，是因为她的母亲开始写作并且取得了成功。在很长一段时间之后，她又犹犹豫豫、忧心忡忡地重新开始写作，她并不是担心写不好而是害怕写得太好。这位女性在很长一段时间内无法做任何事情，主要原因就是极度恐惧别人嫉妒她的一切；因此，她将自己所有的努力都用在让别人喜欢自己这件事情上。这种恐惧可能仅仅以一种模糊的忧虑表现出来，即担心自己一旦获得成功就会失去朋友。

　　但是，在这种恐惧中，就像许多其他恐惧一样，神经症患者无法意识到自己的恐惧，却能意识到压抑的结果。例如，这种人在打网球时，每当快要接近胜利时，就会感觉有什么东西阻止他，使他无法取得胜利。或者，他会忘记去参加一个对自己未来有重要决定性作用的约会。如果他对于讨论或是会议，有十分中肯的意见，他会用很低的声音表达，或是以一种非常简略的方式进行表达，这样他的建议就不会给人留下任何印象。又或者，他会让他人代替自己去获得称赞，而事实上这些工作都是他自己完成的。他可能会注意到，跟一些人谈话时，他可以非常富有智慧，而与另一些人交谈时，他会显得非常愚蠢；跟一些人在一起时，他可以像一个乐器大师一样演奏某种乐器，而与另一些人在一起，他演奏乐器就像一个初学者一样。虽然，他对这样一种不稳定的状态感到非常困惑，但他无力改变这种状况，只有当他获得了对自己回避倾向的洞见时，他才能发现：当他与一个没有自己聪慧的人交谈时，他会强迫自己表现得比对方更愚笨；或是当与一个水平不高的乐师一起演奏时，他就会被迫演奏得更差。这是由于害怕自己一旦比其他人优秀，就会使对方受到伤害或是羞辱。

最后，如果他确实获得了成功，他不仅无法享受成功，还会感到这似乎并不是自己的经历。又或者，他会通过将成功归功于一些偶然发生的环境因素，或是一些无关紧要的外部刺激或帮助，以此来减小成功的意义。但是，成功之后，他很可能感到抑郁，部分是由于这种恐惧，部分是由一种无法意识到的失望造成的，这种失望就是，实际取得的成功还远远没有达到隐藏在他心中的那种过度期望。

因此，神经症患者的这种冲突情景，来自于一种在比赛中想要勇拔头筹的狂热，而又具有强迫性质的愿望。与此同时，一旦他有了一个很好的开始或是取得了进步就会有一种同样强烈的力量被迫阻止他。如果，他成功地完成某些事情，那么下一次做同样的事情时，就必定会非常糟糕。一次课上好了，紧接着下一次课就会学得非常糟糕；在治疗中取得了进步，紧接着就会故态萌发；给人留下好印象之后，下一次必然就会留下不好的印象。这样一连串行为反复发生，让他感到自己在跟强大的怪癖进行一场毫无希望的斗争。他就像珀涅罗珀一样，每天夜晚会将白天织的锦缎在夜里拆掉。

因此，抑制会嵌入在这一条路的每一个阶段：神经症患者可能会完全压抑自己野心勃勃的愿望，以至于他不想尝试任何工作；他可能会试图去做一些事情，但又无法专心将这件事情做完；他可能能够出色地完成工作，但却出现回避成功的迹象；最终，他可能会取得杰出的成绩却不能享受它，甚至感受不到这种成功。

在逃避竞争的很多方式中，最重要的一种可能就是，神经症患者在自己的想象中创造了一种同真实的或所谓的竞争者之间不可逾越的距离，任何形式的竞争看起来都那么的荒谬，因此，他将竞争排除在自己的意识之外。可以通过将其他人置于无法企及的高度，或是将自己置于其他所有人之下，使得所有关于竞争的想法和企图看起来都是不可能且可笑的，后一种方式就是我将讨论的"贬低"。

贬低自己可以是一种有意识的策略，被当作一种权宜之计加以使用。如果一位伟大画家的门徒创作出了一幅非常棒的作品，但又有理由害怕老师会嫉妒自己，他就会贬低自己的作品以此来缓和老师的嫉妒。但是，神经症患者对自己贬低自己这一倾向只有模糊的意识。如果他出色地完成了一项工作，那么，他就会坚信其他人会完成得更出色，或认为他的成功只是一种偶然，并且自己不会再完成得这么好了。又或者已经做得非常好了，他还是可能会从中挑出缺点，比如：认为自己工作太慢，并以此来降低他整体工作的成就。一位科学家可能会对自己研究领域中的问题感到一无所知，以致他的朋友们就不得不提醒他，他曾写过相关问题的专著。当有人问了他一个愚蠢的或是没有答案的问题，他倾向于产生自己非常愚蠢的感受。当读到一本书，该书的观点他隐约觉得不赞同，但他不会带着批判性的思考去想这个问题，而是认为自己太愚蠢了根本无法读懂这本书。他可能怀有这样的信念，即自己对自身保留了一种批判性的、客观的态度。

但是，这类人不仅会接受这种自卑感的表面价值，并且还会坚信其正确性。尽管他会抱怨这些自卑感，这些感受也会令他感到痛苦，但他不能接受任何证明这些感受不正确的证据。如果有人认为他是一个完全能够胜任工作的人，他仍然坚信自己是被高估了，或者认为自己成功地欺骗了其他人。我之前提到过的那个女孩，在感受到被自己哥哥侮辱之后，在学校形成了过度的野心，她经常在班级中名列前茅，每个人都认为她是一个出类拔萃的学生，但在她内心深处，她仍然坚信自己非常愚蠢。尽管在镜中的一瞥，或是男性表现出的注意力已经足以证明她是一位有吸引力的女性了，但她仍然相信铁一般的事实——她是没有吸引力的。有些人可能直到四十岁仍然坚信，他还太年轻了，无法表达自己的观点或是成为领导，在他四十岁后他的感觉就转变为自己年纪太大了，不能提出新的见解或成为领导。一位知名学者仍会对其他人对自己表现出的敬意感到吃惊，在他自己的感受中，他总是认为自己是一个无关紧要的平庸之人。别人的赞美或恭维，在他看来是一种空洞的奉承，或是出于隐秘的动机，甚至会引起他的愤怒。

这类现象，几乎随处可见。它表明自卑感——这种或许是我们这个时代最常见的邪恶，有十分重要的功能作用，并因此而被神经症患者顽固地坚持和保护。自卑感的价值在于，通过在内心中贬低自己并将自己置于其他人之下，来阻止自己的野心，那么与竞争相关的焦虑感就会得到缓解。[1]

顺便一提，自卑感可能会实际降低一个人的地位，正是基于此，自我贬低会造成自信心的损伤，这一事实不容忽视。一定程度的自信心是取得成就的前提条件，不论这种成就是按照不同标准的食谱调拌沙拉，贩卖商品，维护观点或是在重要亲戚心中留下好印象。

---

[1] D. H. 劳伦斯在他的小说《虹》中，对这个反应有过动人的描述："这种奇怪的残酷感和丑陋感总是尽在眼前，随时准备跳出来抓住她。一些乌合之众怀着强烈的嫉妒心守在一旁，因为她与众不同的这种感觉对他的生活造成了深刻影响。无论她在哪儿，在学校、朋友中、大街上还是火车上，她都本能地贬低自己，使自己变得渺小，假装比实际情况更糟，因为害怕自己未被发现的小我被人发现，从而遭到平凡、普通大我的残酷仇恨和猛烈攻击。"

　　有强烈自我贬低倾向的个体，可能会在梦中梦到自己的竞争对手胜过自己，或是自己处于劣势地位。因此，毋庸置疑的是，他下意识地希望自己能够胜过对方，这些梦看起来与弗洛伊德认为梦是愿望的满足这一观点相矛盾。但是，弗洛伊德的观点不能被理解得过于狭隘，如果直接的愿望满足包含过多的焦虑情绪，缓解焦虑就变得比满足愿望更为重要。因此，当一个害怕自己野心的人，做了一个自己被打败了的梦，这个梦并不是他希望被打败这一愿望的表达，而是他宁可失败，因为这样给他带来的伤害更少。我的一个病人计划在治疗期间进行了一次演讲，那时她正不顾一切想要击败我。她却做了一个梦，梦到我正在做一次非常成功的演讲，她坐在听众席上，非常崇拜我。同样地，一位野心勃勃的教师梦见他的学生成了老师，而他自己却无法完成他布置的任务。

　　自我贬低被用来控制野心的程度，在被贬低的能力通常都是个体最希望能够超越其他人的能力，这一事实中得到了解答。如果他的野心具有一种智慧的特征，那么智慧就是他的工具并因此被贬低。如果他的野心带有一种爱欲的色彩，外貌和魅力就是其工具也会因此而遭到贬低。这种联系非常常见，我们从自我贬低的焦点就可以猜到一个人最大的野心是什么。

　　迄今为止，自卑感同实际的缺陷没有任何关系，但可以作为逃避竞争倾向的一种结果来进行讨论。他们真的与实际存在的缺点以及能够意识到的真实缺陷毫无关系吗？事实上，它们都是现实的和想象的缺点共同的产物：自卑感是焦虑驱动的贬低倾向与意识到的现存缺点的结合。正如我数次强调的那样，我们始终无法愚弄我们自己，尽管我们能够成功地将这些冲动排除在意识之外。因此，具有我们之前所讨论的那些特征的神经症患者，实际上，能够明白他必须隐藏自己的那些反社会倾向，他的态度非常不真诚，他的伪装与隐藏在表面下的暗流完全不同。他对于这些差异的认识是其产生自卑感的重要原因，即使他从未清楚地意识到这些差异来源于何处，因为它们都产生于压抑的驱动。由于无法意识到其来源，他们对自己自卑感的解释就不会是真实的，只是一种合理化的解释。

　　他能够感到自己的自卑感是现存缺陷的一种直接表达，还有另外有一个原因。在其野心的基础上，他对自身价值和重要性建立起了幻想。他情不自禁地将自己的实际成就与自己想象的成为天才或是完美的人这一理想进行比较，在这种比较中，他的实际表现和能力就显现出了劣势。

　　这些逃避倾向的总体结果就是，神经症患者会遭受实际的失败，或者至少是无法像他们实际的机遇和天赋那样表现得那么好。那些跟他们同时起步的人已经超越了他，拥有更好的职业，取得了更大的成功。这种落后不仅仅是外部成功的落后，随着年龄的增长，他越来越能感受到自己潜能与实际成就之间的巨大差距。他强烈地感到自己的天赋，不论这种天赋是什么被浪费了，并感到自己人格的发展受到了阻碍，自己并没有随着时间的增长而变得成熟起来。[1] 他对这种差异的存在会产生一种模糊不清的不满感，这种不满意并不具有受虐的性质，而是一种真实的与事实相符的不满。

正如我指出的，潜能和现实成就之间的差异，可能是由外部环境造成的。但是神经症患者身上所出现的这种差异，是神经症的一种永久性特征，由其内部冲突所导致。他在现实生活中遭到的失败，以及由此扩大了的潜能和实际成就之间的差距，不可避免地会进一步强化其自卑感。因此，他不仅相信不会实现自己的潜能，而且事实证明他确实比他本来能达到的程度要差。由于这为自卑感提供了现实基础，成长所受到的影响就更大了。

与此同时，我提到的另一个差距，高涨的野心与现实的贫乏之间的差距，变得让人如此难以忍受，以至于需要进行补救。幻想本作为一种补救措施，就应运而生了。神经症患者频繁地用浮夸的想法来取代可获得的目标，这些浮夸的想法对他们来说价值是显而易见的：它们掩盖了他那种难以忍受的虚无感；它们让他不用进行任何竞争就能感受到自己的重要性，也就不会遭受失败或是成功带来的危险；它们使他远离所有可以实现的目标，从而建立起宏大的想象。正是这种毫无出路的浮夸想象的价值，使它们陷入了危险，因为对神经症患者而言，同笔直的大道相比，这种死胡同更具明显的好处。

神经症患者这些夸张的想法要与正常人那些夸张的想法，以及精神分裂症人的想法区分开。普通人有时也会认为自己很了不起，并赋予自己的所有行为以不恰当的重要性，或是沉浸在将来自己如何干一番大事业的幻想中。但是，这些幻想和观点也仅仅只是些许点缀，他不会太当真。具有浮夸想法的精神病患者却走向了一个极端，他坚信自己是一个天才，是日本天皇、拿破仑、耶稣，并且本能地拒绝一切对这种错误想法的现实证据；他完全不能接受任何人的提醒，拒不承认他实际上只是一个可怜的看门人，是收容所里的病人，或者是不受尊重或被嘲笑的对象。如果他意识到了这种脱节，那么他也依然会做出支持自己这些夸张想法的决定，并认为其他人并不会比自己更聪明，或者是他们故意不尊敬他，以此来伤害他。

---

[1] 荣格曾明确地指出，人在四十岁左右会遇到阻碍其人格发展因素的问题，但他并没有意识到导致这种情形的种种条件，并因此未能找到任何令人满意的解决方法。

　　神经症患者介于两个极端之间。如果他意识到了自己这种夸张的自我评价，那么他就会做出与正常人更接近的意识反应。如果在梦中，他以皇室的身份出现，他会发现这些梦非常有趣。但是，他那些夸张的幻想，尽管在意识层面已经将它们视为不真实的观念加以摒弃了，但对他而言，这些幻想，在情绪层面却有与精神病患者类似的现实价值。在这两种情况下，原因是相同的：它们具有重要的功能。尽管非常薄弱且不可靠，它们仍是神经症患者自尊心所依赖的支柱，因此，他紧紧抓着这些幻想不放手。

　　这种功能潜在的危险，在自尊受到打击的情况下会显现出来。一旦这个支柱倒塌了，他也会摔倒，并且再也无法站起来了。例如，一个女孩有充分的理由相信自己是被爱的，却发现自己的爱人在犹豫要不要跟自己结婚。在一次谈话中，他告诉她，他觉得自己还太年轻，在结婚这件事情上还没有充足的准备和经验。因此，最明智的做法就是在把自己明确的约束起来前，可以去接触一些别的女孩。她无法从这个打击中恢复，变得非常抑郁，开始感到自己的工作也不安全，对失败感到非常的恐惧，并且回避随之而来的一切，不愿见人也不愿工作。这种恐惧异常强大，以至于一些令人振奋的事件，例如：最终男方决定跟她结婚，以及由于对她能力的赞赏而为她提供更好的工作，都不足以使她感到安全。

　　神经症患者，与精神病患者不同，会情不自禁地记录现实生活中与其意识到的错觉不相符的琐事，尽管这种敏感性会给他带来痛苦。最终的结果是，他的自我评价总是摇摆在感到自己很伟大和感到自己一文不值之间，他随时都会从一个极端转向另一个极端。他在确信自己具有不同寻常的价值的同时，又会因为其他人对他的敬重而感到吃惊。他在感到自己非常悲惨和遭受了践踏的同时，又会因为其他人认为他需要帮助而感到非常愤怒。他的敏感度可以与一个浑身疼痛的人相比，即使是异常轻微的碰触都会引起他身体的退缩。他非常容易感到受到伤害、被轻视、受到忽视、被怠慢，并以与之相符的具有恶意的怨恨来进行反应。

　　在这里我们看到"恶性循环"是如何再一次发挥作用的。尽管浮夸的观点具有明确的安慰价值，并以想象的方式提供了一些支持，它们不仅强化了退缩的倾向，还通过敏感性这一媒介产生了更强的愤怒和更强的焦虑。诚然，这是重症神经症患者的状况，但是，在较小的程度上，较轻的神经症患者身上也可看到相同的情况。在这些病例中，他们本身也许并没有意识到这种情形，但从另一方面来看，一旦神经症患者能够从事一些具有建设性的工作，一个良性循环就开始了。通过这种方式，他的自信心增强了，因此那些浮夸的想法也没有存在的必要了。

　　神经症患者缺乏成功（在任何方面都落后他人，不论是事业还是婚姻，安全感还是幸福感）使得他对其他人充满嫉妒，并强化了由其他途径形成的对他人的嫉妒倾向。许多因素会导致他压抑自己的嫉妒态度，例如：人格中与生俱来的高贵感，一种无权为自己争取任何事物的固有信念，或是仅仅对自己现有不幸的无知。但是，嫉妒倾向越是被压抑，就越可能会投射到他人身上，结果是有时他们对其他人会嫉妒自己的一切有着近乎偏执的恐惧。这种焦虑异常强大，以至于即使有一些好事发生在自己身上，他也会感到心神不宁，例如：获得新的工作，获得他人的恭维，幸运地获得了一些东西，在恋爱关系中获得好运等。因此，这种焦虑进一步强化了他的逃避倾向，使他不打算从任何地方获得任何事物，也不打算获得任何成功。

　　撇开一切细节，由对权力、声望以及财富的神经症性追求所导致的"恶性循环"的主要轮廓，可以粗略地描述为：焦虑、敌意、自尊心受损，追求权力之类的事物，增强敌意和焦虑，逃避竞争的倾向（伴随着自我贬低的倾向），失败以及潜能和成就之间的差距，增强的优越感（伴随着嫉妒），强化了的浮夸观念（伴随着对嫉妒的恐惧），敏感性增强（伴随着新的逃避倾向的产生），增强的敌意和焦虑，由此开始新一轮循环。

　　但是，为了更全面地了解嫉妒在神经症中所起的作用，我们要从一个更综合的视角来探讨它。神经症患者，不论他是否意识到，事实上不仅是一个非常不幸的人，还找不到任何逃离这种不幸的机会。外部观察者，将神经症患者做出的尝试看成是一种恶性循环，神经症患者本人无望地感到自己被困在一张网中。我的一个患者曾经做出过这样的描述，他感到自己被困在一个有很多门的地下室，无论他打开哪扇门，都只会进入新的黑暗之中，而自始至终，他都明白其他人此刻正在外面的阳光下行走。我认为，一个人不能认识到神经症患者身上这种让人无力的绝望感，他就不能理解任何严重的神经症。一些神经症患者以毫不含糊的言辞表达自己的愤怒，而另一些人会用顺从或是一种乐观主义的表现来深深地掩盖自己的愤怒。因此，我们就难以发现在所有古怪的虚荣、要求、敌意背后，存在着一个正在受苦的人，他感到自己永远被排除在了获得合乎心意的生活之外，他知道即使获得了自己想要的东西，也无法享受它。一旦我们意识到这种绝望感的存在，就不难理解那些表面上显得如此具有攻击性、如此卑鄙无耻、如此难以由某种特定环境所解释的行为。一个被所有幸福可能性排除在外的人，如果他对那不属于他的世界没有感到憎恨，那他真成了一个名副其实的天使了。

现在回到嫉妒的问题上来，这种逐渐形成的绝望感是嫉妒不断产生的基础。它并不是对某一具体事物的嫉妒，而是尼采所说的生存嫉妒，是对每个感到更可靠、更沉稳、更幸福、更直接、更自信的人都会有的一种普遍性嫉妒。

如果一个人内心形成了这种绝望感，无论这种绝望感接近他的意识还是远离意识，他都会试图对其进行解释。他不会像精神分析医生那样，将它看成是不可阻挡的过程的结果，相反，他认为这种绝望感是由他人或是由自己造成的。通常而言，尽管这两种来源中的一种会处于较突出的位置，但他会同时责备自己与他人。当他责备他人时，一种控诉的态度就会出现，这种态度可能会指向命运、环境，或是特殊个体：父母、老师、丈夫、医生。正如我反复指出的，对他人的神经症性要求，在很大程度上是从这个观点加以理解的。神经症患者的思想就好像遵循这样的路线："因为你们对我遭受的痛苦负有责任，你们有义务帮助我，我有权期待从你们那里得到帮助。"一旦他开始寻找自身邪恶的根源，就会感到自己的痛苦是罪有应得的。

说起神经症患者责备他人的倾向，可能会产生一种误解。听起来似乎是，他的这种指责是毫无根据的。事实上，他有足够的理由进行控诉，因为，他确实遭受过不公正的待遇，特别是在儿童期。但是，在他的控诉中，也存在神经症性的因素：它们往往取代了朝着积极目标进行富有建设性的努力；通常而言，它们是盲目、不加区分的。例如，它们可能指向那些想要帮助他们的人，与此同时，对于那些真正伤害他们的人，却完全不能感知或正确地表达控诉。

第十三章　病态的罪恶感

在神经症的外在表现中，罪恶感扮演着重要的角色。在一些神经症患者身上，这些感受可以得以公开、丰富地表达；在另一些患者身上，这些感受被掩饰了，但他们会通过行为、态度、思考和反应的方式表现出来。我首先要以一种概括的方式来描述能标志着罪恶感存在的各种外在表现。

正如我在前一章所提到的，神经症患者通常会将自己的遭遇解释为他不值得拥有更好的东西。这种感觉可能是非常模糊且不确定的，或者它可能依附于某些被社会禁忌的想法和行为，例如：手淫、乱伦的愿望、希望亲人死去的愿望等。稍有风吹草动，这类人就会产生罪恶感。如果有人提出要见他，他的第一反应就是对方是因自己所做的事情来跟自己吵架的。如果朋友们有一段时间没有写信或是看望自己，他就会反思是不是自己得罪了他们。如果有些事情出现了失误，他就会认为是自己的错。即使其他人犯了很明显的错误，并虐待了他，他仍会想方设法地为此而责备自己。如果发生了任何利益或是观点的冲突，他会盲目地认定其他人是对的。

这种潜在的、随时准备出现的罪恶感与那些无意识的、明显被压抑的罪恶感之间存在着差异，但这种差异是动态变化的。后者往往以一种自我谴责的方式出现，而这种自我谴责通常是幻想性的，或至少是过分夸张的。神经症患者为了使自己在自己和他人眼中，看起来是正当合理的而进行着不懈的努力，特别是当这些努力的巨大战略性价值没有被清楚认识到时，也同样表明了这些应该被搁置起来、自由游离的犯罪感的存在。

神经症患者萦绕于心头的被发现或是被否定的恐惧，进一步证明了这种弥漫性罪恶感的存在。在他同精神分析医生讨论的过程中，会表现得好像他们之间是罪犯和法官之间的关系一样。因此，在分析中，他很难与医生合作。医生为他提供的每一个解释，他都当作是一种责备。例如，如果分析师指出，在某种防御性态度背后隐藏着焦虑，他就会这样回应："我知道我是个懦夫。"如果分析师指出，他不敢与人接触是因为害怕遭到拒绝，他就会接受这一解释，并且说他只是想让生活变得简单一些。对完美的强迫性追求，在很大程度上源于避免任何形式的被人反感的需求。

最后，如果发生了不利的事情，例如：失去了一次机遇或是发生了事故，神经症患者可能会明显感到更轻松自在了，甚至其某些神经症症状也消失了。对这种行为反应的表面观察，以及他有时候似乎会安排一些不利的事情发生的事实，会导致我们形成这样一种假设：即神经症患者的罪恶感异常严重，以至于他形成了一种接受惩罚的需要，以此来摆脱这种罪恶感。

因此，似乎有大量的证据表明，神经症患者身上不仅存在着强烈的罪恶感，且这些罪恶感还对其人格产生了重要的影响。但是，尽管这些证据显而易见，我们仍必须追问，神经症患者这些意识到的罪恶感是否确实是真的，那些表明无意识罪恶感存在的症状和态度是不是可以另作解释，有许多原因促使我们产生了这些疑问。

罪恶感，与自卑感一样是不受欢迎的，神经症患者并不急于摆脱它们，事实上，他坚持自己有罪过，并且阻止任何将他从这种感觉中拯救出来的尝试。这种态度本身就足以说明在其坚持自己罪恶感的背后，如同自卑感一样，一定隐藏着某种具有重要功能的倾向。

另一个原因也应该引起注意。对一些事情真正感到后悔或惭愧是非常痛苦的，向其他人表达这种感受更加令人感到痛苦；事实上，神经症患者与其他人相比，更不会这样做，因此他害怕遭到反对。但是，对我们所说的罪恶感，他却很乐意表达。

进一步来说，在神经症患者身上，被经常解读为标志着潜在罪恶感的自责，具有明显的非理性因素。不仅是在其具体的自责中，而且在他认为自己不值得获得友善、赞扬以及成功的那种弥散性的感受中，他都可能走向非理性的极端，从显而易见的夸张到完全的幻想。

用来对那些不是真正表达罪恶感的自责进行说明的另一个事实，就是神经症患者本人在无意识中，根本不相信自己是毫无价值的。即使，在他似乎被这种罪恶感淹没之时，如果其他人对他的这种自责信以为真，他就会变得非常愤怒。

后一种观察导致了最后一个原因。在讨论抑郁症患者的自责时，弗洛伊德曾指出，这种表现出来的罪恶感，同应当与之相伴随的谦卑感的缺乏之间是相互冲突的。神经症患者在宣告自己毫无价值的同时，又会强烈地要求其他人关心体谅并崇拜自己，并且还明显地表现出不愿意接受一点点批评。这种矛盾表现得异常明显。有这样一个案例，一位女性对报纸上所报道的每一次犯罪都能感到模糊的罪恶感，并且为每一个家庭中发生的死亡而责备自己。但当她的姐妹只是温和地责备她不应该要求那么多的关心时，她就会突然大发雷霆以至于晕倒在地。但是，这种矛盾有时并不是这么明显，更多的时候都隐藏于表面现象之下。神经症患者可能会将自己的这种自责态度错误地理解为一种对自己合理的自我批评态度，他对批评的敏感性可能会被一种信念所掩盖，即如果批评是以一种友好的、有建设性的方式提出的，他就能很好地接受；但是这种信念，仅仅是一种掩护，并且同事实相矛盾。即使是很明显的友好建议，他也可能会以极为生气的方式来回应，任何形式的建议都暗含着对他不够完美的批评。

因此，我们如果仔细地检验罪恶感的真实性，就能很明显地看出，很多看似罪恶感的现象，不过是焦虑的表现或是一种对抗焦虑的防御机制。某种程度而言，正常人也是如此。在我们的文化中，与害怕人相比，害怕上帝被认为更高尚，或是用非宗教的言语来说，就是因为良心而拒绝做某事，比由于担心被逮到而做某事相比更为高尚。许多丈夫宣称自己对妻子忠诚是出于良知，而事实上，仅仅是害怕自己的妻子。正是由于在神经症中存在着大量焦虑，神经症患者与正常人相比，更倾向于用罪恶感来掩盖自己的焦虑。与正常人不同，他不仅害怕那些可能发生的结果，而且害怕那些与实际情况不相符的预期结果。这些期望具有的性质取决于当下的情景，他可能对即将发生的惩罚、报复以及抛弃有一种夸张的想象，又或者他的恐惧完全是含糊的。但是，不论其本质是什么，他的恐惧都会在相同的点被点燃，我们可以粗略地描述为对反对的恐惧，又或者，如果这种对反对的恐惧已经成为一种信念，就可以称之为怕秘密被揭穿的恐惧。

在神经症中，这种对不赞同的恐惧非常普遍。几乎每个神经症患者，即使表面看起来非常自信，并且对他人的观点漠不关心，都对被反对、被批评、被指责和被揭穿非常恐惧和敏感。正如我所提到过的，对反对的恐惧通常都被理解为是其潜在罪恶感的标志，换言之，被认为是这种感受的一种结果。具有批评性的观察却使得这一结论变得非常可疑，在精神分析过程中，患者经常会发现谈论某种经历或是思想非常困难，例如：那些关于死亡的愿望，手淫、乱伦的愿望，因为他对这些想法感到非常罪恶，或更确切地说，因为他相信自己为此感到罪恶。当他获得了充分的信心来谈论它们时，并意识到这些想法没有遭到反对，这种"罪恶感"就消失了。他之所以感到罪恶是因为，作为其焦虑的结果，与其他人相比他更依赖于大众意见，因此他天真地将这种意见错误地理解为自己的判断。进一步来说，即使在他决心说出造成这些罪恶感的经历使得罪恶感完全消失，他对反对的总体敏感性从根本上而言并没有改变。这一现象，使我们得出这样一种结论：罪恶感本身并不是造成对反对的恐惧的原因，而是怕遭到反对的结果。

　　既然，对反对的恐惧在罪恶感的发展和对其理解中如此重要，我在这里要插入一些对其某些内涵的讨论。

　　对反对的恐惧可能会盲目地涉及所有人，也可能仅仅是对朋友，虽然通常来说，神经症患者无法正确地区分朋友和敌人。最初，这种恐惧仅涉及外部世界，在某种程度上，仍然仅涉及他人的不同意见，但这种恐惧也可能内化。这种情况发生得越频繁，与同自我的反对相比外界的反对就变得越不重要。

　　对反对的恐惧会以多种形式表现出来。有时，表现为不断地害怕惹恼他人，例如：神经症患者害怕拒绝别人的邀请，害怕提出反对意见，害怕表达任何心愿，害怕无法遵守既定标准，害怕任何形式的引人注目。它也表现为不断地担心其他人会了解他，即使当他们感到其他人喜欢自己时，他也倾向于表现出退缩，以免对方一旦了解自己便将自己抛弃。这种恐惧也可能表现为极度不愿让他人对自己的私人事物有所了解，或是对别人提出的任何无关紧要的问题表现得极为生气，因为他认为，别人提出的这些问题，是企图窥探其私事。

　　对反对的恐惧是一个重要的因素之一，使得分析过程对精神分析医生而言非常艰难，对患者而言非常痛苦。尽管每一次个人分析都不相同，但都具有共同的特征，即患者一方面渴望医生的帮助，渴望得到理解；与此同时，他又会将医生作为一个危险的入侵者而反对他。正是这种恐惧，使得患者表现得像是法官面前的罪犯，而且像罪犯一样，他暗暗下定决心要否认自己的所有真实想法，并设法将精神分析医生引入歧途。

　　这种态度也可能出现被迫忏悔的梦境中，而他对这种忏悔感到非常苦恼。我的一个患者，在我们快要揭示其所压抑的倾向时，做了一个在这方面非常有意义的白日梦。他想象自己看到了一个男孩，这个男孩有在梦境般的岛屿上不时地寻找庇护的习惯。在梦中，这个男孩成了某个团体的一员，这个团体被法律所约束，法律禁止让外人知道小岛的存在，并要处死任何可能的入侵者。有一个为这个男孩所爱的人（以某种伪装的形式代表着精神分析医生），发现了通往这座岛的道路。根据法律，他应该被处死。这个男孩却可以救他，只要发誓自己永远不再回到岛上。这是对冲突的艺术化的表达，这种冲突以这种或那种方式贯穿分析始终，反映了对医生喜爱和恨意的冲突，因为医生想要入侵其隐秘的思想和感受，这是患者一方面想要为保守自己的秘密而战的冲动，另一方面又不得不放弃这个秘密之间的冲突。

　　如果对反对的恐惧不是由罪恶感所产生的，那就会有人问，为什么神经症患者会如此担心自己被觉察和反对呢？

　　引起怕遭到反对的恐惧的主要原因，是神经症患者向外界和自己所展示的"面孔"（Facade）[1]，与隐藏在这面孔背后的所有被压抑的倾向之间的巨大差异。尽管神经症患者因为不能与自己成为一体，因为必须维持所有的伪装而备受痛苦——这种痛苦比他意识到的还要大，但他仍然费尽心力来保护自己的这些伪装，因为它们是能够保护其免受潜在焦虑困扰的屏障。如果我们能够认识到，正是那些他必须试图加以隐藏的事构成了其对反对的焦虑的基础，我们就能够更好地理解，为什么某种"罪恶感"消失之后，仍然不能将他从恐惧中解脱出来。事实上，需要改变的东西很多。直截了当地说，正是其人格中的不诚实，或者说，是人格中神经症的那部分不诚实，造成了他对反对的恐惧，他害怕被发觉的正是这种不诚实。

　　说到其秘密的具体内容，通常来说，他首先要隐瞒的就是，用攻击这一术语来掩盖的总和。这一术语在使用中，不仅包含其反应性敌意（愤怒、报复、嫉妒、侮辱他人的愿望等），还包含他对其他人的一切秘密需求。鉴于我已经深入讨论了这些需求，在这里简单地说一下就足够了：他不想依靠他自己，他不想通过自己的努力来获得他想要的一切；相反，在内心深处，他始终坚信要依赖他人而生活，不论是通过支配、剥削或是通过感情、"爱"和顺从的方式。一旦他的敌意性反应或是需求被触及，焦虑就会产生，并不是因为他感到罪恶，而是因为在他看来，他获得满足自身需要的支持的机会受到了威胁。

　　其次，他想要隐瞒的是，他感到自己是多么的软弱、不安全以及无助，他完全不能维护自己的权力，他要隐瞒自己非常焦虑。出于这个原因，他需要营造一种自己强而有力的假象。但是，他对安全感的特殊追求越是集中在控制欲上，他的骄傲就越是与力量相关，就越是彻底地轻视自己。他不仅感受到软弱的危险，还将软弱感看成是可鄙的，不论在自己还是他人身上都是如此，他将任何缺点都看成是软弱，不论是无法成为一家之主，不能克服自己的内在障碍，不得不接受帮助，还是不能摆脱焦虑。因此，从本质上来说，他鄙视自己的任何"软弱"，他情不自禁地相信，如果其他人发现了他的弱点，也会像他自己一样鄙视他，他不惜一切代价要隐藏自己的软弱，与此同时，又害怕自己迟早会被人看穿，由此产生了持续不断的焦虑。

　　因此，罪恶感以及与之相伴的自责，并不仅仅是对反对恐惧的结果（不是原因），还是对抗恐惧的防御措施，它们是要实现获得安全感和掩盖真相的双

----
[1] 相当于荣格所说的"人格面具"（Persona）。

重目标。后一个目标的实现，是通过将注意力从应该被隐瞒的事物上转移开，或是将它们进行夸大以至于看起来不那么真实这两种方式。

我将引用两个例子，这两个例子可以用作许多情境说明。一天，一个患者严厉地责备自己的忘恩负义，责备自己成了精神分析医生的负担，责备自己没有充分认识到医生只收了很少的费用就为他治疗这一事实。但是，在会谈结束的时候，他发现自己忘记带当天要付给医生的治疗费。这只是许多能够证明他不想付出任何代价，但想获得一切的证据之一，他那种言过其实的自责，在这里和其他地方一样，具有掩盖具体问题的功能。

一个成熟、睿智的女性因自己像孩子一样发脾气而感到愧疚，尽管在理智上她知道，她发脾气是由父母不近人情的行为所引起的。同时，尽管她不再相信父母不必受到责备这种信念，但在这一点上，她的愧疚感仍旧十分强烈，以至于她将自己与异性在性关系上的失败，也看作是由于她对父母怀有敌意而遭到的惩罚。通过谴责一种幼稚的冒犯，以此来解释为何她无法与异性建立关系，她掩盖了那些实际起作用的因素，例如：她自身对男性的敌意，以及她因害怕被拒绝而将自己缩在一个壳子里。

自责不仅能够保护自己免受对反对的恐惧，还可以通过说反话的方式获得正面的安全感。即使在不涉及外人的时候，自责也可以通过增强神经症患者的自尊心来提供安全感，因为这些自责说明他具有敏锐的道德判断，他因此谴责自己身上被其他人忽视的那些过错，最终让他感到自己是一个了不起的人。而且，自责为他们提供了一种安慰，因为自责很少关注他对自己的不满的实际问题，因此事实上，还为他还不算太差，为这一信念留了一道暗门。

在我们进一步对自责倾向具有的功能进行讨论之前，我们有必要对避免反对的其他方式进行思考。一种与自责相反，但仍能达到相同目的的防御措施，是通过使自己永远正确或完美无缺的方式来防止任何批评，因此他不会给其他人留下任何可供批评的理由。这种类型的防御措施一旦占据优势，任何行为，即使有明显错误的行为，也会被说成是合理的，就像聪明并富有技巧的律师所做的机智诡辩一样。这种态度可能会发展到这样一种地步，使他在最无关紧要和细枝末节的事情上也是要保持正确，例如：在天气变化的问题上也要保持正确，因为，对这类人来说，任何细节上的错误都可能会导致全面失败。通常而言，这类人无法忍受最细小的不同意见，甚至是情绪上的不同偏好，因为在他的思想中，即使是一点不同意见都等同于批评。这种倾向，在很大程度上解释了所谓的"虚假适应"（Pseudo-Adaptation）。这种现象可以在那些尽管患有很严重的神经症，仍设法在自己眼中，有时也在周围人眼中，维持看起来是正常的形象，并假装自己能很好地适应环境。在这种类型的神经症患者身上，可以几乎不出错地预言，他对于被揭露和反对有着极大的恐惧。

　　神经症患者用来保护自己免于遭受反对的恐惧的第三种方式就是，采用无知、疾病或是无助的方式来寻求庇护。我遇到的一个典型例子，是我在德国治疗过的一个法国女孩。我在前面提到过这个女孩，她被送到我这里来是因为她被父母怀疑智力低下。在分析的最初几周里，我自己也对她的心理能力产生过怀疑：她似乎根本听不懂我说的一切，尽管她能很好地听懂德语。我尝试用更简单的语言来描述同样的事情，并没有取得更好的效果。最后，有两个因素使得这个情况变得豁然开朗。她做了这样的梦，在梦中，我的办公室看起来就像监狱，或是对她进行身体检查的医生的诊室。这两个梦都暴露了她害怕被看穿的焦虑，她的后一个梦是因为她对任何身体检查都非常害怕。另一个具有启发性的事情是她生活中的一个偶然事件，有一次她忘了依照法律要求出示护照。最后，当她被带去见政府官员时，她假装自己不懂德语，希望借此能逃避处罚。她大笑着向我讲述了这件事，随后，她意识到出于同样的动机，她对我采取了同样的策略。从那时起，她被证明是一个非常聪明的女孩，她采用无知和愚蠢的方式来保护自己避免受到指责和惩罚的危险。

　　从原则上来讲，任何感到自己是或表现为像一个不负责任的、不被重视的游手好闲的顽童的人，都会采用相同的策略。一些神经症患者会始终采用这些策略，或者是，即使他们的行为不具有孩子气，在他们自己的感受中，他们也可能拒绝严肃认真、正正经经地看待自己。在精神分析中，这种态度的功能可以被我们观察到。那些立即就必须承认自己攻击倾向的患者，可能会突然感到很无助，突然表现得像孩子一样，除了保护和爱以外什么都不想要。又或者，他们可能会做这样的梦，在梦中他们发现自己很小又很无助，蜷缩在母亲的子宫里或是躺在母亲的怀抱中。

　　在某一特定的情形中，如果无助感是无效且无法应用的，那么疾病也能达到相同的目的。生病被用作逃避苦难的手段是众所周知的，但是，同时，它也为神经症患者提供了一道屏障，防止他认识到这种恐惧，以使他回避他应该解决的困难。例如，一个与自己上级相处困难的神经症患者，可能会通过发生严重的消化不良来提供庇护；在这种情况下，这种无力状态的诱人之处在于，它创造了一个自己完全没有任何行动能力的可能性。换而言之，这可以使他无法认识到自己的懦弱。[1]

　　避免他人任何反对的最后一个且非常重要的防御措施就是受害感。通过感受到虐待这种方式，神经症患者就可以避免责备自己想要利用他人的倾向；通过感觉自己很悲惨地被人忽视，他可以免于对自己占有倾向的责备；通过认为其他人都是毫无帮助的这种感受，他能阻止其他人意识到自己想要击败他们的倾向。受害感这一策略被频繁使用，并被顽强地维持着，因为事实上，它是最有效的防御方法，它能够使神经症患者不仅免于受到责备，同时还能反过来责备其他人。

　　现在，再次回到自责这一态度上来，除了防止遭到反对的恐惧感以及获得正面的安全感的功能以外，它们能提供的另一个功能是阻止神经症患者看到改变的必要性，并且实际上成为一种改变的替代方式。对任何人来说，在已经形成的人格方面进行任何改变都是非常困难的。但是，对神经症患者而言，这项工作是双倍的艰难，不仅仅是因为与其他人相比他更难意识到改变的必要性，而且在于焦虑使得这些态度成为其人格中必要的存在。结果是，他非常害怕意识到自己不得不改变的态度，并会退缩不前，不承认自己需要改变。退缩的方式之一就是，暗自相信通过自责他可以"蒙混过去"。这一过程在生活中非常常见，如果有人后悔做了某件事，或后悔在某件事上没有取得成功，并因而想要补偿或是改变造成这一结果的人格态度，他就不会让自己沉浸在罪恶感中。如果他这么做了——沉浸在罪恶感中，那么说明他逃避了改变自己人格态度的困难任务，不过确实懊悔要比改变容易得多。

　　顺便提一句，神经症患者用来蒙蔽自己，不让自己意识到改变必要性的另一种方式就是使得其现存问题理智化。倾向于采用这种方式的患者在获得心理学知识，包括关于其自身的知识方面得到了极大的理智上的满足感，但却停留于此，止步不前。这种理智化的态度，随后就被当作用来保护自己免于体验到任何情绪化东西的手段，以此避免让自己真正认识到自己不得不改变。就好像他们一边注视着自己，一边说：瞧这多么有趣！

　　自责也可用来防止指责其他人，因为看起来自己承担罪恶感是一种更安全的方式。压抑对他人的批评和指责，以此来增强指责自己的倾向，在神经症中

---

　　[1] 如果将这种愿望解释为像弗朗茨·亚历山大在《对整个人格的精神分析》中所做的，由于对上司产生了攻击性冲动而必须受到惩罚的需要，那么，患者很乐意接受这样一种解释：因为通过这种方式，分析师帮他有效地避免面对这样的事实，即他必须坚持自己，但他却不敢这样做，他会对自己的害怕感到非常气愤。分析师让患者在自我描绘中感到自己是一个非常高尚的人，以至于他为自己竟然产生了反对上司的邪恶想法而感到非常困扰，因此，通过赋予自己高道德标准的要求从而强化了已经存在的受虐驱力。

扮演了一个重要的角色，我们应该对此进行更深入的讨论。

通常，这些抑制都拥有一段形成和发展的历史。在充满恐惧和害怕以及抑制其自尊心自然形成的环境中成长起来的孩子，会对他周围的环境有着很深的谴责感。但是，他不仅无法表达这些感受，而且如果受到了足够的威胁的话，他甚至不敢在意识层面意识到那些指责。部分是由于单纯地对惩罚的恐惧，部分是由于他害怕失去自己需要的爱。在实际生活中，这些幼稚的反应拥有坚实的基础，因为制造出这种氛围的父母由于其自身神经症性的敏感性几乎不能受到批评。但是，父母不会犯错误这种态度普遍存在，是由于一种文化因素的影响。在我们的文化中，父母地位建立在一种权威力量基础之上，为了强迫子女服从，父母要始终依靠这种权威性力量。在许多情况下，仁慈控制着家庭关系，父母也不需要强调其权威力量。尽管如此，只要这种文化态度存在，就会以某种方式为家庭关系蒙上阴影，即使它藏在幕后也仍是如此。

当一种关系建立在权威的基础上时，批评就会被禁止，因为批评会削弱权力。这种禁止可能是公开的，同时会通过惩罚的方式来强化禁令，或者，更有效一些，采用更隐晦的方式来禁止，并在道德的基础上来强化这些禁令。这样，子女对父母的批评，不仅受到父母个体敏感性的检验，还要受到那种认为批评父母是一种罪恶的普遍文化态度的检验；或明或暗地对子女施加影响，让他们也产生相同的感受。在这种情况下，不那么胆小的孩子可能会表达一些反抗，但这种反抗反过来会让他感到罪恶。更胆小一些的孩子不敢表达任何的指责，渐渐地甚至不敢想父母可能是错的。但是，他感觉到一定有人是错的，并形成了这样一种结论，既然父母永远是正确的，那错的一定是他自己。不用说，通常而言，这并不是一个理智的过程，而是一个情感过程，它不是由思维而是由恐惧所决定。

在这种方式下，孩子们开始产生了犯罪感，或者更准确地说，形成了一种寻找并发现自己身上错误的倾向，而不是冷静地权衡双方，并客观考虑整个情况。他的责备可能会导致他感到自卑而不是罪恶，这两者的区别并不那么确定，完全取决于其周围环境中对道德或明或暗的强调。一个经常屈居于姐妹之下的女孩，不敢表达这种不公平的待遇，压抑自己真正感受到的不满，她可能会对自己说，这种不公平的待遇是正当的；因为她比不上她的姐妹（没她们漂亮，没她们聪明）；又或者她相信这种待遇是合理的，因为她是一个坏女孩。但是，在这两种情况中，她都在责备自己而没有意识到她被虐待了。

这种反应类型并不一定会持续，如果它并不是深深地铭刻在头脑中，如果孩子周边的环境发生了改变，再如果一个欣赏他并在情感上支持他的人进入了他的生活，那么这种反应就会发生改变。如果这种改变没有发生，这种将责备转变为自责的倾向就会变得更强而不是减弱。与此同时，对外界的不满就会逐渐从各种来源中积聚起来，表达责备的恐惧感也日益增强，因为他越来越怕被揭露，并假定其他人也跟自己一样敏感。

但是，识别出这种态度的历史渊源仍不足以对它进行解释。无论从实践角度还是动力学角度考虑，更重要的问题是：当下是什么因素导致了这种态度。神经症患者之所以难以批评和指责他人，是因为在其成年人格中，存在着许多决定性因素。

首先，无能是他缺乏自觉地坚持自我肯定的表现之一。为了理解这一缺陷，就需要将他的这种态度同我们文化中健康人的感受和健康人表达对他人的指责的方式进行比较。说得更具普遍性一些，就是同健康人的攻击和防御方式进行比较。正常人能够在争论中维护自己的观点，能够对没有根据的指责、曲意逢迎或是被迫接受的事物进行辩驳，能够内在地或外在地抗议他人的忽视或欺骗，能够拒绝某种请求，如果他不喜欢或是在环境允许他表达拒绝的时候拒绝接受他人的给予。如果有必要，他能够感受和表达批评，可以感受并表达指责；如果他想，他可以故意疏远或是让某人离开。进一步来讲，他能够进行防御和攻击，而不会产生与之不相适应的情绪紧张，在夸大的自我谴责和攻击性之间（这些攻击性会使他对外部世界产生毫无根据的粗暴指责）找到平衡点。因此，只有在这样一些或多或少为神经症患者所缺乏的某种条件基础上，才能达到幸福的中庸之道，这种缺乏的条件就是：在弥漫的无意识敌意中获得相对的解脱，以及一种相对安全的自尊心。

当个体缺乏这种无意识的自我确定时，必然产生的结果就是感到软弱和毫无防卫能力。一个人要是知道（也许从来没有思考过），如果形势需要，他就能够进行攻击和防御，那么他就是坚强的，同时也能感到自己的坚强；而一个在心里知道自己事实上无法这样做的人，则是软弱的且能感到自己的软弱。我们每个人就像电子钟一样能够准确地记录，我们是否出于恐惧或是智慧而压抑了争执，我们是出于软弱或是由于感到公正而接受了指责，即使我们成功地瞒过了自己的意识，也无法欺骗内心的自我。对神经症患者而言，对软弱的记录是产生愤怒的持续而隐秘的来源，许多抑郁都发生在个体无法为自己辩护或是无法表达批判性观点之后。

批评和指责他人的更重要的障碍直接与基本焦虑相联系。如果一个人感知到了外部世界的敌意，且他对这个世界完全无能为力，那么，任何惹恼别人的冒险行为，都似乎完全是鲁莽的。对神经症患者而言，这些危险看起来更为巨大，他的安全感越是以得到他人的爱为基础，他就越怕失去这种爱。惹恼另一个人的含义对他而言，与正常人相比是完全不同的。由于他与其他人的关系是如此的单薄脆弱，他自然坚信自己与他人的关系也不会好到哪儿去。因此，他觉得惹恼他人意味着最终的决裂，他预感到自己会被彻底抛弃，并一定会遭到唾弃或是憎恨。除此之外，他有意或无意地假设，其他人也与他一样害怕被揭露和被批评。因此，他倾向于小心谨慎地对待他们，就像他希望他们也这样对他一样。他极其害怕指责他人，甚至是想象一下也感到非常恐惧。这种恐惧将他推向了一个特别的困境之中，因为就像我们知道的那样，他本人充满了被压抑的愤怒。事实上，了解神经症患者行为的人都知道，神经症患者对他人的大量指责会以隐蔽或公开甚至是侵略性的形式表达出来。由于我仍然坚信，对于批评和指责他人，神经症患者具有本质上的懦弱，因此，我们有必要简单地讨论一下，这些指责会在什么样的条件下表现出来。

指责可能会在绝望的压力下得以表达，更确切地说，是当神经症患者感到他没有什么可失去的时候，当他感到无论自己的行为举止如何都会遭到拒绝的时候。例如，如果他表达善意和关心的这种具体努力没有得到正确的回应或是遭到了拒绝，那么这种情况就会出现。他的指责是在一个时刻倾泻而出，还是会持续一段时间，取决于他的绝望持续时间的长短。他可能在一次危机中，就将他对其他人所拥有的全部指责全部爆发出来，或是他的指责可能会延续很长一段时间。他所说的就是他想要表达的，并且希望其他人能够认真考虑他的话。但是，在内心深处，他仍隐秘地希望，其他人能意识到他绝望的程度并因此而宽恕他。如果指责涉及神经症患者在意识层面憎恨的人，或是不指望从他们身上获得好处的人，即使没有绝望，同样的情况也会存在。在另一种我们即刻就会进行讨论的情形中，真诚的元素已经消失了。

如果神经症患者感到他已经或者处于被揭露和指责的危险中，那么，他也会或多或少地以猛烈的方式指责他人。与被反对的危险相比，惹恼他人的危险看起来显得不那么严重了。他感到自己处于一种紧急情况之中，并进行反击，就如同本性胆小的动物在面对危险时，会拼死杀出重围一样。神经症患者在极度害怕某些事情被揭露，或是做了一些自己预感到会被反对的事情时，他们就会将激烈的指责发泄到精神分析医生身上。

与在绝望情境下进行的指责不同，这类的攻击通常是盲目的。在进行这些攻击的时候，神经症患者并不认为自己是正确的，因为，这些攻击单纯地源于一种需要避开当下危险的感觉。这些攻击中，也会偶尔包含某些自认为真实的谴责，但主要还是夸张和古怪的。神经症患者内心深处并不相信这些攻击，并不希望别人将它当真，如果其他人信以为真，例如：他人因此与他陷入了严重的争论，或是表现出受到了伤害，他会感到非常吃惊。

一旦我们认识到对指责的恐惧是神经症结构中固有的成分，并进一步认识到应对这种恐惧的处理方式时，就可以理解为什么从表面上看，这方面的许多表现是相互矛盾的。神经症患者通常无法表达合理的批评，即使他内心充满了对他人的强烈指责。只要丢失了东西，他就确信是被女仆偷走了；但是，他却无法因她没有按时准备晚餐而对她进行指责，甚至提出意见。他实际表达出的那些指责都具有没有说到点上、不现实的特点，具有一种不真实的色彩，是毫无根据或完全想象出来的。作为一名患者，他可能会对精神分析医生进行野蛮的指责，说医生毁了他，但却无法对分析师吸烟的嗜好提出真诚的抗议。

这些公开表达的指责还不足以释放所有被压抑的愤怒，而要使这些愤怒全部被释放，就必须采用间接的方式——既让神经症患者表达出自己的愤怒，又不必意识到这点的方式。一些愤怒是不经意间表现出来的，另一些是从他真正想指责的人身上转移到无关的人身上，例如，一个女性当她对自己的丈夫不满时，她就会责备女仆，或是转移到环境，或一般的命运上。这些方式作为安全阀门，本身并不是神经症患者专门享有的方式。神经症患者间接无意识地表达指责的特殊方式，是以遭受苦难为媒介的。通过遭受苦难，神经症患者将自己作为一个活生生的指责对象。因丈夫回家晚而生病的妻子，比因此而吵闹更有效地表达了自己的不满，并且收获了在自己心目中是一个无辜受害者的好处。

遭受苦难如何才能有效地表达对他人的指责，取决于对提出指责的种种抑制作用。如果恐惧并不是特别强烈，痛苦可能会以一种富有戏剧性的方式表现出来，并伴随着内容空泛的公开指责："看，你让我多么痛苦。"事实上，这是指责可以得以表达的第三个条件，因为遭受痛苦使得这些指责看起来是正当合理的。这种方式同用来获得爱的方法有着密切的联系，获得爱的方法之前我们已经讨论过了。谴责性的苦难会被当作是获得怜悯的借口，为了弥补受到的伤害而获得某些恩惠的敲诈。越是压抑自己指责他人的行为，这种痛苦就越难得到表达。这种情景可能发展到神经症患者甚至不会让其他人注意到他正在受苦这样的事实。总体来说，在神经症患者展现其正在受苦的方式中，我们发现了很多不同的变化形式。

正是由于向神经症患者全方位袭来的那些恐惧，他不断地在指责别人和自我谴责之间摇摆，由此造成的结果之一，就是神经症患者长久处于绝望的不确定性中，总是搞不清是不是应该批评他人或应不应该认为自己受到了虐待。他根据经验隐约知道，在现实中，他对他人的指责都是没有根据的，仅仅是由他自己的非理性反应所引发的。这种经验使得他在辨认自己是否真的受到了虐待上产生了困难，因此，在需要的时候，他也无法坚定自己的立场。

观察者倾向将所有这些表现形式，都相信或解释为尖锐的愧疚感的表现。这并不意味着，观察者本人是神经症患者，但这确实意味着，他同神经症患者的思考和感受一样，都受到文化的影响。为了理解那些决定我们对罪恶感态度的文化影响，我们不得不考虑历史、文化以及哲学角度的问题，这些问题已经超出了本书的范围。但是，即使将这些问题完全忽略，至少仍必须要提到基督教思想对道德问题的影响。

对罪恶感的讨论可以简单地做如下总结：当一个神经症患者指责自己，或是表现出某种罪恶感时，首要的问题并不是"真正让他感到愧疚的是什么"而是"这种自责态度的功能是什么"。我们发现的主要功能是：表达他对反对的恐惧、防御这种恐惧、避免对他人进行指责。

当弗洛伊德和大多数追随他的精神分析医生倾向于将罪恶感看作是一种终极动力的时候，他们的确反映出他们所处时代的思想。弗洛伊德承认，罪恶感源于恐惧。因为，他假设恐惧促成了"超我"的产生，而超我又导致了罪恶感；但是他倾向于认为：良心的要求和罪恶感一旦形成，就会作为最终的代理人而发挥作用。进一步的分析表明：即使我们学会了用罪恶感对良心带来的压力进行反应，也接受了外在的道德标准，隐藏在这些罪恶感背后的动机（即使它仅仅以微妙和间接的方式表现）却仍然是对结果的直接恐惧。如果承认罪恶感本身并不是最终的动力，就必须要对特定的分析理论进行修改。这些理论建立在这种假设的基础上：罪恶感，特别是这种具有弥散性特征，被弗洛伊德称为无意识的罪恶感，在神经症的产生中具有最大的重要性。我将仅提及这些理论中三种最重要的说法："消极治疗反应"，这一理论主张，患者由于其无意识的罪恶感，而宁愿继续病着；超我作为一种内部结构，将惩罚强加到自我身上；以及关于道德受虐倾向，即将自我施加的痛苦解释为一种出于自我惩罚的需要。

第十四章　神经症性受苦的意义
（受虐狂的问题）

　　我们已经看到，神经症患者在同自己内在冲突斗争的过程中遭受了大量的痛苦，而且，他经常将遭受痛苦作为一种手段，来达到由于实际存在的困境，而难以使用其他方式达到的目的。虽然，在每一个个体情境中，我们都能够发现受苦被作为一种手段方式的原因，以及它想要达到的目的，但还是对为什么个体会愿意付出如此大的代价而感到困惑。就好像是滥用苦难，并随时准备撤回对人生的有效掌控，系来源于一种潜在的动机。这种动机可以被大致描述为，使自己更软弱而不是更坚强，更痛苦而不是更快乐的倾向。

　　由于这种倾向与人们关于人性的一般看法相矛盾，因此它成了一个巨大的谜团，在事实上成为心理学和精神分析学的障碍，这确实是受虐倾向的一个基本问题。受虐这一术语，产生于性变态和性幻想。在这种性变态或性幻想中，通过受苦、挨打、受折磨、被强奸、被奴役、受凌辱等方式来获得性满足。弗洛伊德认识到，这些性变态和性幻想同一般的受苦倾向非常类似，也就是类似那些没有表现出明显性基础的受苦倾向，他将后面的这种倾向归结为"道德性受虐倾向"范畴。由于在性变态和性幻想中，受苦的目的在于获得一种积极的满足，自然就能得出这样的结论：所有的神经症性受苦都是由获得满足感的愿望所决定，或者说得更简单一些：神经症患者想要遭受苦难。性变态与所谓的道德性受虐之间的差别在于，意识程度的不同。在前者中，对满足的需求和满足本身都是能意识得到；而对后者而言，这两者都是意识不到的。

　　通过受苦获得满足，即使在性变态行为中都是一个大问题；但是在遭受苦难的总体倾向中，它变得更令人感到困惑。

　　为解释受虐现象很多人都曾做了许多尝试，其中最引人瞩目的就是弗洛伊德关于死亡本能的假设。简单地说，就是假设在人内心中，有两种主要的生物性力量在操纵着人的行为：生本能和死本能。后一种本能的目的在于自我毁灭，当它与力比多相结合的时候，就会导致受虐现象。

　　在这里，我要提出一个很有趣的问题：受苦倾向是否能够从心理学角度来理解，而不必借助于生物学假说。

　　一开始，我就要澄清一种误解，即将真实苦难和受苦倾向相混淆。在没有根据的情况下，我们得出这样一个结论：既然苦难存在，就会存在招致苦难或是享受苦难的倾向。我们不能像H. 多伊奇那样，将我们文化中，女性有痛苦分娩的过程，解释为女性有暗中享受这些痛苦的受虐倾向的证据，即使在特殊情况下，这种情形确有发生。神经症患者所遭受的大部分痛苦，与遭受苦难的愿望没有任何关系，仅仅是现存冲突不可避免的结果。它的发生就好像一个人摔断了腿后，会感到痛苦一样。在这两种情况下，无论个体是否愿意，痛苦都会出现，并且他从遭受的痛苦中无法获得任何好处。实际存在的冲突导致显性焦虑的产生，是神经症患者遭受这种痛苦的一个明显却并不唯一的例子。其他类型的神经症性痛苦也可以以这种方式来理解，如：由于认识到潜在能力和现实成就之间逐步增大的差距而产生的痛苦，由于身处某种困境中而产生的绝望感，由于对轻微冒犯的高度敏感而产生的痛苦，以及由于患有神经症而轻贱自己所产生的痛苦。这些神经症性痛苦，由于极不显眼，当用神经症患者希望受苦这一假设来处理问题的时候，它们往往就会被忽略。这种现象一旦发生，人们就不禁想知道，外行人甚至一些精神分析医生，究竟在多大程度上，也无意识地持有这样一种类似神经症患者对自己疾病所抱有的轻蔑态度。

　　排除那些并不是由受苦倾向导致的神经症性苦难，我们现在来看看那些确实由这一倾向所导致并且可以归类为受虐驱力倾向的神经症性痛苦。在这些痛苦中，表面现象是神经症患者遭受的痛苦比有现实依据的痛苦更多，更详细地说，他给人的印象是，似乎他内在的某些东西贪婪地想要抓住每一个可以受苦的机会；仿佛他可以将每一个偶然情景，哪怕是幸运的情景都转变为一种痛苦环境，他非常不愿意放弃痛苦。然而，神经症性痛苦对神经症患者的功能，在很大程度上可以解释导致产生这种印象的行为。

　　说到神经症性苦难的这些功能，我要对前面章节所发现的内容再次进行总结。受苦可能对神经症而言，具有一种直接的防御价值；且事实上，受苦经常是他可以保护自己免受即将到来的危险的唯一方式。通过自责，他可以免于受到指责和指责他人；通过表现为生病或是无知，他可以免受责备；通过贬低自己，他可以避免参与竞争的危险——不仅如此，他加诸自己身上的苦难，同时也是一种防御手段。

　　受苦也是他获得他想要的东西，有效满足自身需求以及将自身的需求建立在合理基础上的一种方式。在关于自己的人生愿望方面，神经症患者实际上陷入了两难的境地。他的愿望是（或者已经变成了）：强迫性的和无条件的愿望。部分原因在于它们是由焦虑产生，部分原因在于它们不受任何对他人实际考虑的限制。但另一方面，他肯定和实现自身需求的能力却极度受损，由于他缺乏自发的自我肯定，用更通俗的话说，由于他有一种无助的基本感觉。这种困境的结果就是，他希望其他人能够照顾到他的这种愿望。他给人留下的印象是：他行为的背后隐藏着这样一种信念，即其他人要为他的生活负责，如果事情向着错误的方向发展，那就应该谴责他人。这种信念与他深信的其他人不能为他提供任何帮助的信念相抵触，抵触的结果就是，他感到自己不得不强迫其他人来实现他的愿望。在这里，受苦跑出来成了他的助手，受苦和无助成为他获得爱、帮助，以及控制他人的重要方式。与此同时，还能让他回避其他人对他提出要求的可能。

最后，受苦还具有一种作用，以一种经过伪装却又行之有效的方式来表达对他人的指责。这正是我们已经在前面的章节详细讨论过的内容。

一旦神经症性痛苦的功能被识别出来，我们就在一定程度上褪去了这一问题所具有的某些神秘特性，但问题还没有得到完全解决。尽管受苦具有一定的策略价值，但仍存在一种可以支持神经症患者想要受苦这一观点的因素：通常，神经症患者遭受的痛苦比其策略目的所应承受的痛苦更多。他们常常夸大自己的痛苦，沉溺于无助感、不快乐感以及无价值感之中。即使我们知道，他的情绪很可能是被夸大的，我们不能相信这些情绪的表面价值；我们仍会为这个事实感到震惊，即他的冲突倾向所造成的失望，将他带到了苦难的深渊，这种痛苦同他所处的情境对他的意义是极不相符的。一旦他取得了一点成就，他反而会非常富有戏剧性地将其失败夸大为一种无可挽回的耻辱。当他仅仅只是不能坚持自己的权利时，他却会使自尊心跌入谷底，像泄了气的皮球一样。在精神分析过程中，当他不得不去面对解决新问题这一不那么令人愉快的前景时，他就会陷入完全绝望的境地。我们仍然需要考察，为什么在超越了策略价值范畴之外，他仍旧心甘情愿地增加自己的痛苦。

在这些苦难中，表面上看起来并没有可以获得的好处，没有观众可以被感动，没有任何同情能被赢得，也不能通过将自己的意愿加诸其他人身上而获得一种隐秘的精神胜利。尽管如此，神经症患者还是有所收获，只不过是种类不同。在爱情中遭遇失败，在竞争中遇到挫折，不得不承认自身的弱点或缺点，这些对一个拥有唯我独尊自我意识的人来说，乃是不可忍受的。当他在自我评价中，将自己逐渐变小直至为零时，成功与失败、优势与劣势的区别就不存在了；通过夸大痛苦，使自己迷失在一种痛苦或是无价值的普遍感受中，这种令人恼怒的体验，在某种程度上也就失去了它的现实性，这种特定的痛苦所带来的刺激也就被麻木了。在这一过程中，发挥作用的原理是一种辩证性的原理，包含了在某一节点上，量变可以引发质变的哲理。具体地说，这意味着，虽然受苦是痛苦的，但将个体置于极度的苦难中，苦难就会对痛苦起到麻醉剂的作用。

一部丹麦小说对这一过程进行了精彩描述。故事讲的是，一位作家心爱的妻子在两年前被奸杀了，他通过模糊体验实际发生的事情这一方式，来逃避这个无法忍受的痛苦。为了逃避自己的痛苦，他全身心投入工作中，夜以继日，并完成了一部作品。故事开始于这本书完成的那天，也就是说，开始于他不得不正视自己痛苦的那一心理瞬间。我们在墓地第一次见到他，他的脚步不知不觉地将他引到那里。我们看到他沉浸在最可怕的幻觉性思绪中，想象着蠕虫在咬噬死去的人，人们被活埋于地下。他筋疲力尽地回到家中，然而，即使在家里，痛苦也还在继续折磨着他。他被迫详细地回忆所发生的一切，如果在他妻子去见朋友的那个傍晚，他能陪她一起去，如果她打电话让他去接她，如果他在朋友家留宿，如果他出去散步正好在车站遇见她，谋杀可能就不会发生。由于被迫性地对谋杀是怎样发生的进行细致的想象，他以一种忘乎所以的状态完全陷入痛苦之中，直至失去意识。到此为止，这个故事在我们的讨论中显得特别有趣。接下来发生的就是，他从巨大的痛苦中恢复过来后，仍不得不解决报复的问题。最后，他终于能够真实地面对自己的痛苦。这个故事所展示的过程同某些丧葬风俗一样，通过剧烈增强痛苦并使人完全沉浸于其中的方式，来减轻失去亲人的痛苦。

一旦我们识破被夸大痛苦的麻醉效应，就会进一步有助于我们揭示受虐倾向中可以为人们所理解的动机。但仍然存在这样的问题，即为什么这种痛苦会产生满足感，这种满足感不仅明显表现在受虐性变态和幻想中，我们相信它确实也存在于神经症患者的一般性受苦倾向中。

为了能够回答这个问题，首先，必须要识别出所有受虐倾向所共同拥有的要素，更确切地说，发现隐藏于这种倾向下的人生的基本态度。当我们从这个观点出发，就会明确发现，其共同因素就是固有的软弱感，这种感觉在对自我、对他人、对命运的总体态度中都有所呈现。简而言之，这种感觉可以被描述为一种很深刻的无意义感，或者更确切地说是一种虚无感，就好像随风摇摆的芦苇一样；一种受制于人、不得不唯命是从的感受，表现为过度顺从的倾向，或出于防卫而过分强调控制他人、绝不让步。这是一种对他人的爱和评价的信赖感，前者表现为对爱的过度需求，后者表现为对遭人反对的过度恐惧；

这是一种对自己的生活不能支配，而要让其他人承担其生活责任并做出决定的感觉；是一种善恶都源于外部，个体对掌握命运完全无能为力的感觉。这种感觉消极地表现为即将遭受劫难的预感，积极地表现为期待自己不动一根手指就会有奇迹出现。这种对生活的总体感受，就像是离开他人提供的刺激、手段和目标，就无法呼吸、无法工作和无法享受任何事物一般，是一种被控制在主人手中任人摆布的感觉。我们怎样才能理解这种内在的软弱感呢？归根结底，它是一种缺乏生命活力的表现吗？在某些情形下可能是这样，但总体而言，神经症患者生命力之间的差异并不比其他正常人之间的差异更大。它只是基本焦虑的一个简单结果吗？当然，焦虑跟它有某些联系，但如果仅是焦虑，则可能导致相反的结果，即迫使个体寻求和获得越来越多的力量，以使自己获得安全感。

答案是：这种内在的软弱感本身根本不是一个事实。软弱的感受和表现仅仅是软弱的一个倾向，这一事实可以从我们已经讨论过的特性中被清醒地认识到：在神经症患者自己的感受中，他们意识不到自己的软弱被夸大了，并且固执地坚信软弱的存在。这种软弱倾向不仅可以从逻辑推理中发现，我们在工作中也能发现。患者会想象性地抓住每一个机会，相信自己患上了一种器质性疾病。一个病人，只要一遇到任何困难，就会希望自己患有肺结核，并且能住进疗养院得到他人全面的照顾。如果别人提出任何需求，这种人的第一个冲动就是屈服；然后，他就会走向另一个极端，无论付出任何代价都拒绝屈服。在精神分析中，患者的自责通常是他将预测到的批评作为自己的观点，因此，他时刻准备屈服于任何判断。盲目接受权威的观点，依赖他人，总是抱着"我不能"的无助感来回避困难，而不是将困难作为一种挑战，这种倾向进一步证明了软弱倾向的存在。

通常而言，在软弱倾向中所必须遭受到的苦难，并没有使神经症患者产生有意识的满足感；相反，不论其目的是什么，它们都是神经症患者对痛苦总体认识的一个部分。尽管如此，这些倾向旨在获得满足，即使它们不能，或者至少看起来不能达到这种目的。偶尔，我们能够观察到这个目的，有时，可以明显地看到，获得满足的目的已经实现。一个患者去看望住在乡下的朋友，可能先是因为没有人去车站接她；然后当她到时，朋友又不在家等候，因此，她感到非常失望。她说，到此为止，这个经历让她感到非常痛苦。但是，随后她感到自己陷入了另外一种完全孤独和绝望的感受之中。她很快意识到，这种感受与诱导事件所引发的刺激完全不相称。沉溺在悲惨中的感觉不仅减轻了她的痛苦，而且还成了一种积极且令人舒适的感受。

在具有受虐性质的性幻想和性变态中，例如：在被强奸、被殴打、被侮辱、被奴役的幻想或是其实际实施的过程中，这种满足感的获得更加频繁、更加明显，事实上，它们只是这种普遍的软弱倾向的另一种表现。

通过沉浸在痛苦中而获得满足感，体现了这样一种普遍性原则，这就是通过将自己迷失在更大的痛苦中，抹灭自己的个性，放弃自我及其所拥有的一切怀疑、冲突、痛苦、局限和孤独，来获得满足。[1]这就是尼采所说的从"个体性原则"（Principium Individuations）中解放出来，这也就是他所说的"酒神"倾向的含义，他把这种倾向看成是人类的基本追求之一，与他所说的"阿波罗"（日神）倾向——致力于积极的掌握和塑造人生，恰恰相反。鲁斯·本尼迪克特在谈到为了获得狂欢体验而做出的尝试时，说起了酒神倾向，并指出在各类文化中，这种倾向都是非常普遍的，其表现形式也非常多样化。

"酒神"这个词语来源于希腊的狄俄尼索斯（酒神）祭拜仪式，同之前的色雷斯人祭拜仪式一样，两者都旨在产生强烈的情感刺激，直至产生幻觉。助力达到这种销魂状态的方式包括音乐、长笛统一的韵律和节奏、午夜疯狂的舞蹈、狂欢滥醉、性放纵，所有这些都是为了达到疯狂的兴奋和销魂的状态（"销魂"一词顾名思义，就有达到忘我或无我的状态）。在世界各地，都存在遵循以下原则的风俗和祭仪：在集体中，是节日里的放纵和宗教的狂欢，于个人则是沉迷于毒品和药物狂欢之中。在引发"酒神"状态方面，痛苦也发挥着自己的作用。在一些平原印第安部落中，通过禁食、割掉身上的一块肉、以一种痛苦的姿势把人绑起来的方式来激发幻觉。在太阳舞中——平原印第安人最重要的庆祝仪式之一，肉体折磨是刺激产生这种销魂状态的普遍方式。中世纪的鞭笞教徒就使用鞭打来产生销魂的快感，新墨西哥州的赎罪教徒则使用荆刺、鞭打以及搬重物的方式激发这种状态的出现。

尽管这些文化中"酒神"倾向的表达方式并不是我们文化中已经模式化的经验，但对我们来说它们也并不完全陌生。在某种程度上，我们都体验过源自于"自我丧失"中的满足感。在经历肉体或精神上的紧张感后，进入睡眠或一种麻醉状态中，我们就能感受到这种满足感。酒精也能产生同样的效果，在使用酒精的过程中，消除压抑作用是其中一个原因，减轻悲伤和焦虑是另一个原因；但在这里，最终目的旨在获得狂欢与放纵。有些人并不了解在巨大的感觉中迷失自我——无论这种感觉是出于爱、自然、音乐、对事业的热情，还是性

---

[1] 对于从受虐倾向中所获得的这种满足的解释，从根本上说与弗洛姆在前面提到的那本书的解释是一样的。

放纵，都能使自己获得这种满足。那么，我们怎样解释这些追求所明显具有的普遍性呢？

　　尽管，生活能够提供各式各样的快乐，但同时也充满着无法逃避的悲剧。即使没有特别的苦难，仍然存在着会变老、生病和死亡这些事；更通俗地说，个体是有限而孤独的，这是人的生命所固有的客观事实。人的认识、成就或快乐也是有限的，因为人是一个独一无二的实体，他脱离了其他人，脱离了周围的事物，所以他又是孤独的。事实上，这种个体的有限性和孤独性就是大部分寻欢和放纵文化倾向所要克服的。《奥义书》以及河流汇入大海而失去自己这一自然画卷，都对这种追求做出了最打动人心和美好表述。通过将自我消融在更巨大的东西中，成为更大实体的组成部分，个体也就在某种程度上克服了自身的局限性。正如《奥义书》中所描绘的："凭借消失为虚无，我们成了宇宙创造本体的一部分。"这似乎是宗教必须带给人们的最大安慰和满足；通过丧失自己，人们可以成为上帝或是自然的一部分。献身于一项伟大的事业，也能获得这种满足感；将自己交付给一项更大的事业，我们就能感到自己仿佛与一个更伟大的整体融为一体。

　　在我们的文化中，我们更熟知的是一种相反的自我态度，这种态度高度强调并评价个体的独特性价值。身处在我们文化中的人，会强烈地感受到他的自我是一个独立实体，区别于或者说对立于外部世界。他不仅坚持这种独特性，还从这种独特性中获得了大量的满足感；在形成其独特潜能的过程中，在通过积极主动地征服来主宰世界和自己的过程中，在成为建设性的人，以及从事创造性的工作中，找到了自己的快乐。对于这种个性发展的理想，歌德曾说过："人最大的幸福就在于发展个性。"

　　但是，我们之前讨论过的与之相对的倾向，突破个性的桎梏，摆脱其局限性和孤独性的倾向，同样是一种人类固有的态度，且也同样蕴含着潜在的满足。这两种倾向本身都不是病态的，保护和发展个性，还是牺牲个性，都是解决人类问题的合理目标。

　　在所有的神经症患者中，消除自我的倾向都是以最直接的方式表现出来。它可能会以下方式表现出来：幻想离家出走，成为一个弃儿，或是丧失个体的身份；或是把自己想象为书中的主人公；也可能像一个患者所说的，幻想自己被遗弃在黑暗和波涛之中，并与之成为一体。这种倾向表现在被催眠的愿望中、神秘主义倾向以及非现实感中，存在于对睡眠的过度需求中，对生病、精神障碍甚至死亡的渴望中。正如我之前提到的，在各种受虐幻想中，共同的因素是一种受他人摆布，失去所有的意志、所有的力量，对他人统治的绝对服从

的感觉。当然，每种不同的表现由其特殊方式所决定，并有其自身的含义。被
奴役的感觉，举例来说，可能是一种普遍被害倾向的一部分，是对奴役他人冲
动的一种防御手段，同时也是对他人不受自己支配的一种指责。但是，尽管它
具有表达防御和敌意的价值，但同时还暗含有自我屈服的积极价值。

　　神经症患者不论是屈服于其他人还是命运，且不论他自愿被何种苦难所压
倒，他所寻找的满足似乎都是个性的减弱或消除自我。随后，他停止了作为积
极活动实施者的行为，而成为一个没有个体意志的客体。

　　当受虐倾向整合进一个更普遍的放弃个体自我的倾向中，其所追求或通
过软弱和痛苦获得的满足感，就丧失了其奇特性，它被放进了一个熟悉的结构
中。[1]那么，神经症患者身上顽固的受虐倾向，可以用这一事实来解释：即这
些追求能够作为一种保护手段对抗焦虑，并同时提供潜在的或现实的满足感。
正如我们所了解到的，这种满足感，除了在性幻想或性变态中，很少真正成为
现实的满足，即使对它的这种追求在软弱和被动性倾向中是一个重要因素。因
而，最后一个问题产生了，那就是：为什么神经症患者很少获得解脱和放纵，
以及他所需求的满足感呢？

　　使神经症患者无法获得这种明确的满足感的一个重要原因，是受虐倾向会
受到神经症患者过度强调自身个性的对抗。绝大部分的受虐现象同神经症症状
有同样的特征，即在各种相互排斥的追求间达成一种妥协。神经症患者倾向于
屈从于他人意志，但与此同时，他坚信外部环境应该来适应他。他倾向于感到
被奴役，但与此同时，他也极度坚信支配他人的权利是不能被质疑的。他希望
成为无助并被照顾的人，但与此同时，坚持不仅要完全的自给自足，事实上还
认为自己是无所不能的。他倾向于感到自己一无是处，但当他被其他人认为不
是天才的时候，就会非常愤怒。显然，绝对不存在能够调和这两种极端的令人
满意的解决方案，尤其是在这两种需求都如此强烈的情况下。

　　神经症患者自我湮没的动机与普通人相比要更为不可抗拒，因为神经症患
者不仅想要摆脱那些在人类中普遍存在的恐惧、限制以及孤独，还想要摆脱自
己陷入不可调节的冲突之中的感觉，以及由此而产生的痛苦。他那种与此对立
的、对追求权力和自我扩张的动机同样强烈，且超过了正常人的程度。当然，
他在试图做不可能的事情，试图既无所不能，又一无是处。例如，他可能生活

---

　　[1] 威廉·赖希在《精神关联与植物循环》和《性格分析》两篇文章中，曾做过同样的努力，试图解决受虐
问题。他也坚信，受虐倾向并不与快乐原则相悖，但是他将它们置于性的基础上。而我所说的神经症患者是追
求个体边界的瓦解，在他看来是追求性高潮。

在一种无助的依赖之中，同时又通过这种软弱的手段来对别人专横霸道，他会把这种折中的方式错误地理解为一种放弃。事实上，有时，甚至是心理学家也会混淆两者，并认为放弃本身是一种受虐态度。实际情况却截然相反，受虐倾向的人完全不会让自己沉溺于任何事或屈服于任何人。例如，他不能将自己所有的经历都投入到一项重要工作中，或是在恋爱中，将自己全身心地交于对方。他可以放弃自己并沉浸在痛苦中，但在这种放弃中，他完全是被动的。他将那些引发他痛苦的感觉、兴趣或他人，仅仅作为自己为达到丧失自我的目的的一种手段。他与其他人之间没有积极的相互作用，而只是以自我为中心并专注于自身目的。真正将自己交给他人或一项事业，是内在力量的一种表现，而受虐者的自我放弃却完全是软弱的表现。

神经症患者很难获得这些满足感的另一个原因在于，我所提到过的，神经症结构中固有的破坏性成分，在文化的"酒神"动机中没有这些破坏性因素。在后者中，没有什么能与神经症的破坏性相比，可构成对人格特征，取得成就和获得幸福的潜能的破坏。例如，我们将希腊酒神祭拜仪式同神经症患者变成疯子的幻想进行比较。在前者中，这种动机是为了增强生命的快乐，通过追求一种短暂的出神体验；后者，对于湮没和放纵的动机，既不是为了再生而暂时性的投入，也不是为了使得生命更丰富、更完整，它的目的是完全消除痛苦的自我，而不管其价值如何。因此，人格中未受损的部分会对其做出恐惧的反应。事实上，对于可能发生的灾难的恐惧，人格中的部分结构迫使整个人格对这种恐惧做出的反应，是影响意识过程的唯一因素。神经症患者所了解的是，他们害怕变成疯子。只有当这个过程被分解为其构成部分的时候，自我放弃的动机以及反应性的恐惧，才能被理解为他在追求一种明确的满足，但却受到害怕获得它的这种恐惧的阻挠。

我们文化特有的一个因素能够强化与湮没动机相关的焦虑。在西方文化中（即使不考虑其神经症性特征），很少有能够在其中获得满足的文化模式，如果有也极其稀少。宗教，曾经提供过这种可能性，但对大多数人而言也丧失了其自身权利和吸引力。既没有获得这些满足的有效的文化方式，它们的发展也常常受到挫败。因为在个体主义文化中，个体被希望能够自食其力，为自己辩护，如果需要的话，就要以自己的方式闯出一条路。在我们的文化中，实际地屈服于自我放弃的倾向，还会招来被整个社会抛弃的危险。

注意到这些恐惧经常会阻碍神经症患者获得他所追求的特定的满足感，那我们就不难理解受虐幻想和反常对他们的价值了。如果他这种自我放弃的动机存在于幻想和性行为中，那他可能就可以逃离完全自我毁灭的危险。就像酒神祭拜仪式一样，这些受虐的行为提供了一种暂时的沉沦和放纵，相对来说自我伤害的风险更小。通常来说，这些受虐动机遍及整个人格结构：有时它们集中在性行为中，而人格的其他部分相对来说能摆脱它们。有这样一些男性，在工作中积极主动、有野心并取得了一定的成就，有时也会被迫沉迷于受虐的变态行为中，例如：像女人一样打扮或是表现得像淘气的男孩一样而被痛打。另一方面，那些阻止神经症患者寻找解决自己困境的满意方法的恐惧心理，也渗透到他的受虐倾向中。如果这些动机具有性的特性，那么，尽管具有与性相关的强烈的受虐幻想，他也会远离性行为，对异性表现出厌恶，或是至少表现出严重的压抑倾向。

弗洛伊德指出，受虐的动机在本质上是一种性现象，他提出了一系列理论来解释它们。起初，他把受虐倾向看作是由生理决定的性发展阶段的一个确定的方面，称作肛门受虐阶段。随后，他加入了这一假设：受虐的动机同女性气质有着内在的亲缘关系，暗含着某种想要成为女性的愿望。他最后的假设，之前提及过，认为受虐的动机是自我毁灭和性动机的结合，其功能在于将自我毁灭动机带给个体的伤害降到最低。

另一方面，我的观点可以做如下总结：受虐动机既不是一种性现象，也不是生物性决定过程导致的结果，而是产生于人格冲突。它的目的并不是受苦，神经症患者同其他人一样也不想遭受苦难。神经症性苦难，由于它具有某些功能，并不是个体希望的而是他必须付出的代价，他想要获得的满足并不是苦难本身，而是一种自我放弃。

第十五章　文化和神经症

即使对最有经验的精神分析医生来说，每次个案分析都会面临新的问题。在每一位患者身上，他都会发现自己正在面临着之前没有遇到过的困难，难以识别且难以解释的态度，以及那些无法一下子就看透的反应。回顾我们在前面章节中所描述过的神经症性结构的复杂性，以及其中涉及的复杂因素，这种多样性就不足为奇了。个体在遗传方面的差异以及在其一生中经历和体验的多样性，尤其是童年期经验的差异，致使这些因素所涉及的结构产生了无限丰富的多样性。

但是，正如我们最初就指出的那样，尽管存在这些个体差异，但导致神经症产生的决定性冲突却始终都是一样的。总体来说，这些冲突是我们文化中的正常人也会遭遇到的。老生常谈的是，对神经症患者和正常人进行明确的区分是不可能的，但再次重申仍是非常有用。许多读者，在其自身经历中识别出了他所遭遇到的种种冲突和态度，就可能会发出这样的疑问：我到底是不是也患有神经症？最有效的评判标准就是：个人是否将其冲突感受视作一种障碍，他是否能够正视并直接解决好这些冲突。

当认识到，我们文化中的神经症患者受到与正常人相同的潜在冲突的驱使，只不过在正常人身上这种冲突的驱动程度较小，我们就不得不需要再次面对最初提出的问题：在我们的文化中，是哪些条件导致了这一结果，即使得神经症的产生恰好是围绕着这些特定冲突，而不是其他冲突。

弗洛伊德对这一问题仅做了有限的思考，其生物导向的反面就是缺乏社会学倾向。因此，他倾向于将社会现象归结为心理因素，同时又将心理因素归结为生物性因素（力比多理论）。这一倾向使得精神分析作家相信，例如：战争是由于死亡本能的作用所致，我们现在的经济系统根植于肛欲驱力，机械时代没有在两千年前出现，其原因要从那个时期的自恋倾向中去寻找。

弗洛伊德并没有将文化看成是复杂社会过程的产物，而将其视为生物性驱力的产物，这些生物性驱力被压抑或升华，其结果就是在此基础上建立起各种行为反应。这些驱力被压抑得越彻底，文化的发展程度就越高。由于升华的能力是有限的，原始冲动被强烈地压抑而没有升华，就会导致神经症的产生。所以，文明的发展不可避免地必然意味着神经症的产生——神经症是人类为了让文化得以发展所必须付出的代价。

隐藏于这一串思维线索后面具有暗示性的假设，是相信生物性决定的人类本性，或者更准确地说，是相信口唇、肛门、生殖器以及攻击性的驱力，以大致同等程度的量存在于所有人身上。就像文化间的差异一样，不同个体之间形成的性格差异，也都是由于压抑需求的强度不同造成的，额外的限制条件是，压抑以不同的程度影响着不同种类的驱力。

历史的和人类学的发现，并不支持文化的发展高度，与性和攻击驱力的压抑程度有直接关系这种观点。这一错误主要在于，它假设的是一种量的关系而不是质的关系，这种关系并不是压抑的量和文化的量之间的关系，而是个体冲突的性质和文化困境的性质之间的关系。不能忽视量的因素，但只有在整体结构的范围内才能评估这种量化因素。

在我们的文化中，存在着某些固有的典型困境，这些困境形成内心冲突能够反映在每个人的生命中，不断积累可能会导致神经症的形成。由于我不是社会学家，我只能简略指出那些与神经症和文化问题有关的主要趋势。

从经济角度而言，现代文明是建立在个体竞争原则之上的。独立的个体不得不与同一群体中的其他个体进行斗争，不得不超越他们。通常而言，还必须将他们排挤开，一个人的利益往往是另一个人的损失。这种情境的心理后果就是在个体之间形成了一种普遍敌意的增强，每个人都是其他人真实或潜在的竞争对手。在同一个职业群体中，这种情况非常明显，不论他们多么努力地追求公平，并努力用彬彬有礼的体贴来将这一点进行掩饰。但是，这里必须要强调的是，竞争伴随着潜在的敌意，存在于所有人类关系之中。竞争是社会关系的一个主导因素，它渗透到男性与男性、女性与女性的关系中。竞争的焦点不论是风度、能力、吸引力或是其他社会价值，都会对可靠的友谊造成极大的损害。同样，就像前面已经提到的那样，它也会扰乱男女两性之间的关系，不仅表现在伴侣的选择上，还表现在与伴侣争夺优势地位的整个斗争之中。竞争在校园生活中也很普遍，而且，或许最重要的是，它渗透到了家庭之中，孩子从一开始就被注射了某种"病毒"。父子、母女、子女之间的竞争并不是普遍的人类现象，而是对受文化条件限制的刺激所做出的反应。发现家庭中的竞争作用是弗洛伊德的伟大成就之一，他用俄狄浦斯情结的概念以及其他假设对这种竞争进行了描述。但是，必须要说明的是，这种竞争本身并不是由生物性所决定的，而是特定文化条件下的产物。进一步来讲，家庭环境并不是激发竞争的唯一因素，竞争性刺激因素从个体出生到死亡、从摇篮到坟墓，都在积极活跃地发挥着作用。

个体间潜在的敌对性紧张导致了恐惧不断产生——对其他人潜在敌意的恐惧，这种恐惧会因为害怕其他人报复自己的敌意而得到增强。在正常人中，恐惧的另一个重要来源是失败的可能性。对失败的恐惧具有现实性，因为，通常而言，失败的可能性比成功的可能性要大得多，还因为在一个竞争性社会中，失败对需要的满足会产生实际的阻碍。失败不仅意味着经济方面的不安全，还意味着失去声望以及所有情绪方面都遭受挫折打击。

成功如此令人着迷的另一个原因，在于其对我们自尊心的影响。不仅他人会依据我们取得的成功程度来对我们进行评价，而且，不论是否愿意，我们都会依照同样的模式进行自我评价。根据现存的意识形态，成功源自于我们自身内在的优势，或者用宗教的术语来说，是一种可见的上帝恩赐；在现实中，成功依赖于一些不受我们控制的因素——幸运的环境、狂妄的冒险等因素。无论如何，在现有的意识形态压力下，即使是最正常的人都会被迫感到：一旦成功，他就具有一定的价值；如果失败了，他就毫无价值。不用说，这为自尊心提供了一个不可靠的基础。

所有这些因素——竞争及与同胞的敌意、恐惧、降低的自尊心，共同在心理层面上，使得个体感到孤独。即使他与其他人有许多联系，即使他婚姻美满，他在情感上还是孤独的。每个人都很难忍耐情感上的孤独，但是，如果这种孤独感与担心忧虑以及对自己的不自信相吻合，它就成一场灾难。

在我们这个时代的正常人身上，正是这种情况，激发了以爱作为补偿的强烈需要。获得爱使他感到不那么孤独，受到的敌意威胁减少，自我的不确定性也降低了。爱等同于维持生命的必需品，因此，在我们的文化中爱的价值被高估了。它成了一个幻影（像成功一样），让人产生了它可以解决所有问题的错觉。爱本身并不是一种幻象，虽然在我们的文化中，它通常是一种用来满足与爱完全无关的各种愿望的掩饰，但由于我们期望获得的爱比我们实际能够获得的要高得多得多，所以它形成了一种幻象。这种意识形态对爱的过分强调，掩盖了我们对爱产生过度需要的那些因素。因此，个体，这里所说的也包括正常人，就陷入了一种困境，即对爱的大量需求，又发现难以获得足够的爱这样一个两难境地。

迄今为止，这种情境为神经症的产生和发展提供了丰沃的土壤。影响正常人的文化因素对神经症患者也产生了较大程度的影响，只不过同样的后果在他们身上表现得更加严重。在正常人身上，这些文化因素导致他们形成不稳定的自尊心、潜在的敌意，担心恐惧、带有敌意和恐惧的竞争心、对和谐人际关系的强烈需要；而在神经症患者身上，这些后果则表现为被粉碎的自尊心、毁灭性、焦虑和破坏性冲动愈来愈强的竞争心理，以及对爱的过度需求。

　　如果我们还记得，每种神经症都存在着无法调和的矛盾倾向，就会提出这样的问题：在我们的文化中，难道不存在某些相同的矛盾，它们构成了典型的神经症冲突的社会文化基础？研究和描述这些文化矛盾是社会学家的工作，对我而言，只要对这些主要的矛盾倾向进行简单描述就足够了。

　　我们要提到的第一个矛盾，是竞争和成功，与手足之爱和谦卑两者间的矛盾。一方面，我们所做的一切都鞭策我们走向成功，这就意味着我们不仅要信心十足，还要富有攻击性，才能够将其他人从这条路上推开，不挡路。另一方面，我们被深深地灌输了基督教的观念，只考虑自己是自私的，我们要谦逊、顺从。对于这种矛盾，在常规范围内只有两种解决方式：重视其中的一种追求而抛弃另一种追求，或是两个都重视，结果就是，个体在这两个方向上都会产生强烈的压抑。

　　第二个矛盾，是我们各种需要所受到的刺激，与满足这些需要方面我们遭受的实际挫折之间的冲突。出于经济因素考量，在我们的文化中，我们的需要不断地受到诸如"炫耀性消费""跟他人看齐"等广告宣传的刺激。但是，对绝大多数人而言，对这些需要的实际满足是受到制约的。由此，个体所产生的心理后果，就是在他的欲望和现实之间不断拉大的差距。

　　另一个矛盾存在于其宣称的自由和实际限制之间。社会告诉个体他是自由的、独立的，能够按照自由意志决定自己的生活；"生活的伟大竞技"正在向他敞开，如果他有能力并精力充沛，那他就能获得想要的一切。现实是，对绝大多数人来说，所有的可能性都是有限的。人们平时开玩笑说的"无法选择自己的父母"这句话，可以很好地推广到生活中，我们无法选择职业和成功，选择娱乐方式，选择配偶。结果导致，个体在拥有决定自己命运的无限权力和无助感之间摇摆。

　　这些根植于我们文化中的矛盾，恰恰就是神经症患者拼命想要调和的冲突：他的攻击性和顺从倾向之间的冲突，他的过度需求与害怕一无所获的恐惧之间的冲突，他对自我扩张的追求与无助感之间的冲突。在这些冲突上，他与正常人只有量上的差异。但是，正常人能够在不损害其人格的情况下处理好这些困难；而在神经症患者身上，这些冲突异常强烈，以至于不存在任何令人满意的解决方式。

　　那些可能成为神经症患者的人，似乎是在以一种过于强烈的方式体验到由文化所决定的这些困境；且往往是以童年经历为媒介，所以，他们要么无法解决这些困境，要么解决困境的方式就是付出人格上的巨大代价。因此，我们不妨将神经症患者称为我们当今文化中的副产品。

New Ways in Psychoanalysis

精神分析的新方法

（1939）

缪文荣⊙译

前　　言

　　鉴于目前不尽如人意的心理治疗效果，我希望能从批判的角度对精神分析理论进行重新评估。我发现，几乎所有的患者都会提出一些现今精神分析知识无法解决的问题，而这些问题因此被搁置下去。

　　和大多数分析专家一样，起初我也将这些结果的不确定性归结于自身经验的缺乏、理解的不足或存在专业盲点。我记得曾向经验更加丰富的同事请教一些问题，诸如弗洛伊德或他们如何理解"自我"，为何施虐冲动与"肛欲期"相互关联，以及为何许多不同的倾向被视为潜在同性恋的表现——然而却没有得到令人满意的答案。

　　当我读到弗洛伊德关于女性心理学的概念时，我第一次自发地对精神分析理论的有效性产生了怀疑；后来，这些怀疑又因为他对死亡本能的假设而进一步加强。然而，若干年以后，我才开始从批判性视角对精神分析理论进行思考。

　　正如读者将在整部书中所见，弗洛伊德逐步发展起来的理论体系非常连贯而完善，可以说，一旦你牢固地确立了对这些理论的信仰，你的一言一行就很难逃脱这种思维方式的禁锢。只有意识到这套体系的先决条件仍是存在争议的，我们才能更加清晰地认识各个理论中错误的根源。坦白地说，我认为自己有资格在本书中对弗洛伊德的理论做出批评，因为我坚持贯彻他的理论已十五年有余。

　　且不说非专业人员，就连许多精神科医生都对正统精神分析学派有所抵制；这不单单是感性原因所致，还因为许多理论的合理性尚待商榷。这些批评者经常全面驳斥精神分析，这着实令人遗憾，因为这种做法一味地摒弃了理论的可取之处和待论证疑点，从而阻碍了从本质上认识精神分析法。我发现，我越是批判地看待一系列精神分析理论，就越能够认识到弗洛伊德基本理论的建设性价值，也就为理解心理问题开辟了更多的途径。

　　因此，这本书的目的不是为了说明精神分析存在怎样的错误，而是通过消除有争议的因素，使精神分析发挥其最大的潜能。鉴于理论思考和实践经验，我认为如果我们能摆脱历史上已确定的理论前提，并抛弃在此基础上产生的理论，那么，我们可理解的问题范围就能够得到极大的扩展。

简而言之，我的看法是精神分析应该摆脱由其作为本能论和遗传心理学的性质所带来的局限。至于后者，弗洛伊德倾向于认为，人在后期表现出来的特征基本上就是儿童时期愿望或反应的直接重复；因此，他表示，如果我们阐述清楚这些潜在的童年经历，后期的困扰就会消失。而当我们放弃片面强调早期原因时，我们就会认识到，后期特征与早期经历之间的联系比弗洛伊德设想的要复杂得多：不存在对于孤立经历的孤立重复现象。但是，所有的童年经历结合在一起，会形成一种特定的性格结构，而正是这种结构导致了后期的障碍。因此，对实际性格结构的分析成为人们关注的焦点。

至于精神分析的本能论定位：当性格倾向不再被解释为本能驱力的最终结果，而仅仅因环境而改变，那么整个重点就落在了塑造性格的生活条件上。我们必须重新寻找造成神经症的环境因素，因此，人际关系的冲突就成为神经症成因中的关键因素。此后，一种盛行的社会学倾向便取代了之前盛行的解剖生理学倾向。对于隐含在力比多理论中的快乐原则，如果我们摒弃对它的片面考虑，那么人们就会变得更加重视安全，焦虑对于寻求安全的作用也会上升到新的高度。因此，神经症发生的相关因素既不是俄狄浦斯情结，也不是任何一种儿童对于快乐的追求，而是所有使孩子感到绝望和无助的不良影响，这些影响使得他们将世界看作潜在的威胁。由于对这种潜在危险感到恐惧，孩子们必须培养某种"神经症倾向"，使自身通过一些安全措施来适应世界。从这个角度来看，自恋、受虐和完美主义倾向并不是本能的衍生物，却从根本上代表了在充满未知危险的荒野中寻找道路的个体尝试。所以，神经症的显性焦虑，不是"自我"对于被本能驱动压垮或对于被假想的"超我"惩罚的恐惧表达，而是特定的安全设备操作故障的结果。

这些观点的基本变化对个体精神分析概念产生的影响将在后续的章节中继续讨论。在此可做大概的介绍：

尽管性问题有时被当作神经症的主要症状，但它们已不再被认为是神经症的动力中心，性交困难是神经症性格结构的结果而非原因。

另一方面，道德问题越来越重要。从表面上来看，那些患者所纠结抗争的道德问题（"超我"、神经症内疚感）似乎是一条死胡同，它们表现出的伪道德问题，必须加以揭露。不过，我们也有必要帮助患者正视每一种神经症所涉及的真正的道德问题，并明确对待它们的立场。

最后，如果"自我"不再被视为一个仅仅执行和检查本能冲动的工具，那么，人的一些官能，诸如意志力、判断力和决断力等将可以恢复自己的尊严。而弗洛伊德所描述的"自我"似乎不是一种普遍现象，而是一种神经症患者才有的现象。那么，个体自发的自我扭曲便是神经症产生和发展的关键因素。

因此，神经症代表了一种特殊的在困境中对于生活的抗争。其本质包括与自我和他人有关的困扰，以及由此产生的冲突。它的重点转移到了被认为与神经症相关的因素上，这在很大程度上加重了精神分析治疗的任务。所以，治疗的目的不是帮助患者控制其本能，而是将焦虑减轻到他可以摆脱"神经症倾向"的程度。此外，还有一个全新的治疗目标，即让患者恢复自我，帮助他重新获得自发性，并找到自身的精神重心。

据说，作家可以通过写书而使自身受益匪浅。我知道自己在撰写这本书时收获颇丰，规划思路的必要性助我理清了所要阐述的想法。但其他人能否有所收获，目前还尚未可知。我料想会有许多精神分析学家和精神科医生跟我一样，都曾质疑过很多理论论点的正确性。我不指望他们能够完全接受我的观点，因为它们并不是完整的或最终的结论，也不能代表全新的精神分析"学派"的开端。然而，我希望能够充分地、清晰地将其一一来阐释，让读者来检验它们的正确性。我同样希望能够帮助那些有意将精神分析应用于教育、社会工作和人类学的人，为他们阐明所面临的问题。最后，对于那些拒绝将精神分析看作惊人但未经证实的假设的精神科专家和非专业人员，我希望他们能通过这次讨论确立精神分析作为一门因果关系科学的观点，将它视作理解自身和他人的、具有独特价值的建设性工具。

在我对精神分析的正确性依稀感到疑惑的时候，我的两位同事，哈勒德·舒尔茨-亨克和威廉·赖希给了我很大的支持和鼓励。舒尔茨-亨克对童年记忆的治疗作用提出了质疑，并强调首先分析实际冲突情况的必要性。尽管赖希当时正潜心研究力比多理论，但他指出，必须首先分析神经症患者建立起来的防御性性格倾向。

其他人也对我批判态度的形成产生了一定的影响。马克斯·霍克海默帮助我清楚地理解了某些哲学概念的含义，使我认识到弗洛伊德思想的心理前提。这个国家从不信奉教条主义，这使我不必一味盲从精神分析理论，并让我有勇气沿着我认为的正确道路继续前行。此外，我对一些与欧洲不同的文化有所了解，这使我认识到许多神经症的冲突最终是由文化条件决定的。艾瑞克·弗洛姆的作品扩展了我在这方面的知识，在一系列的论文和讲座中，艾瑞克·弗洛姆批评了弗洛伊德作品中文化取向的缺失，他也为我提供了有关个体心理诸多问题的崭新视角，如迷失自我在神经症发生中的核心作用。遗憾的是，在我撰写这本书期间，艾瑞克·弗洛姆对于社会因素在心理学中的角色定位，尚未发表系统的阐述，因此，我无法引用他的诸多论证。

借此机会我还要向伊丽莎白·托德女士表示感谢，她对本书进行了编辑，所提出的建设性批评和关于如何清晰有效地组织材料的建议对我有很大的帮助。我也要感谢我的秘书玛丽·利维夫人，她不知疲倦的努力和出色的理解力是非常宝贵的。同时，我也非常感激爱丽丝·舒尔茨女士，她在对英语的理解上对我帮助良多。

第一章　精神分析的基本原理

对于弗洛伊德心理学的基本理论是如何构成的，学者们各持己见。它是将心理学归为自然科学的尝试？它是将我们的感受和冲动归结于"本能"的企图？它是对饱受道德争议的性本能概念的延伸？它是对俄狄浦斯情结的普遍重要性的信仰？它是将性格分为"本我""自我"和"超我"的设想？它是关于童年时期形成的重复模式的概念？它是对于通过再现童年经历来提高治疗效果的期待？

毫无疑问，以上所述都是弗洛伊德心理学的重要组成部分。但是这也取决于每个人的价值判断，即我们是将这些观点归为整个系统的核心，还是仅仅视其为次要理论的论述。正如后面即将阐述的，所有这些理论都将接受批评论证，它们更应当被视作精神分析所肩负的历史重任，而绝非其理论核心。

我大胆地预测：弗洛伊德究竟给心理学和精神病学创造了哪些建设性的成果和不朽的价值？笼而统之：若不以弗洛伊德学说中的这些理论作为观测和思考的指导，那么，人们在心理学和精神疗法领域就根本无法取得任何重要的进展；抛弃这些理论，任何新的研究成果都会贬值。

阐明这些基本概念的难点之一在于它们总是与某些有争议的学说划分不清，为了明确这些概念的精髓，必须将其从某些理论研究中分离开来。因此，当下流行的方式就是有目地对这些基本理论的概念进行论述。

我认为弗洛伊德研究中最根本的也是最重要的一系列理论成果是：精神的发展过程是受到严格制约的，人们的行为和感受是由潜意识里的动机决定的，这些动机即我们的情感力量。由于这些理论相互关联，学者们可以从其中任意一个开始研究。但是，严格意义上，我个人还是认为潜意识动机应该排在第一位。这些理论，包括它在内，都普遍为人们所接受，但是它们并没有被人们理解透彻。有些人缺乏探索自身态度和目标的经验，也没有意识到它们所蕴含的力量，对于他们来说，想要真正理解这个概念是很难的。

精神分析法的评论者认为，实际上，我们从未真正地发掘病人的潜意识；病人能够觉察潜意识的存在，只是从未意识到它对于生命的重要性。我们将举一个潜意识是如何被发现的例子来进行阐述。以分析层面上的观察为基础：患者被告知他似乎在强迫自己不能犯一点儿错，必须永远做到完美，还要比身边的人都更聪明，但是理性的怀疑遮掩了这一切。当病人意识到以上所述都真实地发生在他身上时，他才回想起来：当他阅读侦探小说时，那些顶级侦探滴水不漏的观察和推断会让他感到万分兴奋；在高中时，他曾胸怀大志；他从不擅长与人理论，总是被他人的观点左右，但他会花很长时间来反复思量他当时本应说出口的话；有一次，他把作息时间看错了，之后便极度懊恼；他总是不敢谈论或书写任何存在疑点的事情，从而没有多少值得一提的建树；他对任何形式的批评都很敏感，他经常怀疑自己的智力；在看魔术表演时，如果他不能马上理解其中的招数，他就会感到筋疲力尽。

这位病人意识到的是什么？没意识到的又是什么？他偶尔会意识到"做到完美"对他的吸引力，但却丝毫没有意识到这种态度会给他的生活带来什么影响，他只把它看作一种无足轻重的特质。他不仅没有意识到自己的言行和自立的规矩与这种态度或多或少是有关联的，也没有意识到为什么他一定要永远做到完美，这就意味着病人终究没有意识到潜意识的重要性。

反对潜意识动机这一概念的学者往往太形式主义。对于态度的认知不仅包括意识到它的存在，还包括意识到其强大的力量及影响，以及意识到它所带来的结果和所具备的功能。尽管有时这种认知可能会达到有意识的状态，但是如果没有意识到以上所述的内容，那么这种认知还只是潜意识的。另一些反对的声音更进一步认为，我们从未发现过真正的潜意识，这从诸多与事实相左的案例中可以看出。比如说，一个病人会有意识地、无差别地喜欢他所遇到的每一个人。我们认为，他并不见得真的喜欢那些人，他只是觉得这是他的义务，这个观点也许击中了问题的要害。他总是模模糊糊地意识到这一点，但是又不敢承认。我们甚至指出，其实他对别人是轻视多于好感，但这一全新的揭示也没能对他产生多大的影响。他知道他偶尔会看轻别人，却没有意识到这种感觉的深度和广度。但是我们进一步指出，他的这种轻视来自于鄙视他人的倾向，这一完全陌生的观点也许会让他恍然大悟。

弗洛伊德理论的重要性并不在于其指出了潜意识过程的存在，而在于它的两个特殊的方面。第一就是把潜意识从意识里剥离出去，或者说不承认他们是意识的一部分，但并不否定它的存在和影响。举例来说，有时我们会无缘无故地感到不高兴或沮丧，我们会在不明动机的情况下做出很重要的决定，我们的兴趣爱好、我们的信仰、我们的感情寄托可能是由未知的因素决定的。另一方面，抛开纯粹的理论内涵来说，指的是因为我们并不愿意去认知，所以潜意识还是潜意识。综上所述，后者是从实践层面和理论层面理解精神现象的关键。这意味着，如果要揭示潜意识动机，我们就不得不进行一番挣扎，因为这会威胁到我们的一些利益；简单地说，这指的就是"阻抗"，这一概念对心理治疗而言具有很重要的价值。至于那些阻止冲动进入意识的利益，对于它们的本质，学者们持不同的观点，但这相对来说并不重要。

弗洛伊德在认识到潜意识过程及其影响之后，提出了另一个最具建设性的基本理论：一个有效的假设——心理过程同生理过程一样，是受到严格决定的。这个理论解决了一些迄今为止都被认为是偶然发生的、无法解释的，或是神秘莫测的精神现象，比如梦境、幻想、日常生活中所犯的错误。该理论也鼓励学者们对那些一直以来归因于生理刺激的精神现象进行心理上的理解和探索，比如：噩梦的精神基础、手淫带来的精神影响、癔症的精神决定论、功能性疾病的精神决定因素以及工作疲劳的精神决定因素。一直以来，我们认为很多现象都是由外界因素导致的，因此它们也没有引起心理学家的兴趣，但现在我们有了一种建设性的方法来重新审视它们。比如，引起偶然事件的精神因素、特定习惯的形成与保持背后的心理动力机制、从精神角度重新理解那些曾归咎于命运、不断重复的人生经历。

弗洛伊德的思想对于这些问题的意义并不在于提供了解决的方法——比如，对于重复性强迫症来说，这绝不是一个好的解决方法；其真正意义在于，它帮助了心理学家更好地去理解这些问题。实际上，"人的精神过程是被决定的"这一理论是一个极其重要的前提条件，需要我们理解透彻，否则我们的分析工作将举步维艰，无法对病人的反应做出分析。我们甚至能通过他的思想来发现我们理解病情时存在的漏洞，并由此提出问题，使我们得出更好、更完整的理解。例如，我们观察到某些病人，他们自认为在人世间举足轻重，但是周遭的人们并不认同，由此他们便对世界产生强烈的敌意，从而发展出不切实际的空虚感。我们注意到病人的空虚感通常是在他们做出带有敌意的行为时产生的，因此做出推测性的假设，即这种空虚感代表着对幻想的沉迷和对无法忍受的现实世界的绝对贬低。然而，当我们谨记"人的精神过程是被决定的"这一前提时，我们能够更清楚地认识到，我们对病情的分析一定缺少了某个特殊的因素或者某些因素的集合，因为我们看到其他一些病人也有类似的症状，但他们并没有发展出空虚感。

量化评估也是同样的道理。例如，我们不经意地透露出一点不耐烦，便会引起病人极为显著的焦虑，原因与结果在程度上的不成比例让研究者们心生疑窦：一丝轻微的不耐烦就会引发病人如此强烈的焦虑，也许是因为病人无法从根本上确定我们对待他们的态度；那么，是什么导致了这种不确定性的程度？为什么我们的态度对他来说至关重要？他是否感觉对我们有着完全的依赖，如果是，为什么呢？他是否跟所有人相处时都会产生同样的不安全感？抑或是有一些特殊的因素，导致这只出现在他与我们的关系中？总的来说，"心理过程受到严格的决定"这一有效假设给了我们明确的指导，并激励我们更深入地研究心理上的关联。

第三个精神分析的基本原理在前面两个部分中也提到过，我们称之为人格动力学。更准确的阐述为：一般而言，我们态度和行为背后的动机来源于情感的力量，具体来说，为了理解人们的性格差异，我们必须认识到引起矛盾性格的情绪动机是什么。

对于一般性的假设，我们没必要论述它的建设性价值以及它在应对理性动机、条件反射和习惯形成等心理学问题上的优越性。弗洛伊德认为，这些心理驱动在本质上是人的本能：性本能或毁灭本能。但是，如果摒弃这些理论性的研究，用"力比多"来替代情感上的动力、冲动、需求或者激情，我们就会找到这种假设的核心，并能通过对性格的理解来实现它的价值。

更为具体的假设强调内心冲突的重要性，这是研究神经症的关键，其中有争议的部分是关于内心冲突本质的问题。弗洛伊德认为这种冲突介于"本能"和"自我"之间，他把由自己提出的本能理论和冲突概念纠缠在一起，这引起了众人猛烈的批评，我自己也把弗洛伊德的本能论倾向看作是精神分析法发展的障碍之一。然而，一番争论之后，争论的焦点却从该理论的核心部分——冲突理论，转移到了尚存争议的本能理论。关于冲突，为什么我会赋予它本质上的重要性，在此，我不便做长篇大论的阐述，但是这一概念将贯穿全书。就算我们放弃整个本能理论，也无法改变神经症本质上来源于冲突这一事实。弗洛伊德能超越这些理论假设的阻碍，从而认识到这一点，就足以证明他的远见卓识。

弗洛伊德不仅揭示了潜意识过程在性格以及神经症的形成当中所扮演的重要角色，还教给我们许多有关其动力机制的知识。弗洛伊德把阻止情感或冲动进入意识的行为叫作压抑，压抑的过程可用鸵鸟政策来类比：被压抑的感情或冲动还与从前一样强烈，但是我们"假装"它并不存在。从通常意义上来说，压抑和假装之间的唯一不同是，对于前者我们主观上认为自己并没有冲动。要想抑制一股冲动，仅靠简单的压抑是不够的，必须寻求其他的防御机制。关于这些防御机制，我们可以大致将其分为两类：一种是改变冲动本身，另一种是仅仅改变它的方向。

　　严格来讲，只有第一类防御机制可以称为压抑，因为它确实减少了对于某种情感或冲动的意识。能够产生这种结果的两种主要防御机制是反向作用和投射，反向作用会使人发展出补偿性人格。例如，具有冷酷性格的人也许会以夸张的友善来示人。倾向于剥削他人的人在受到压抑后，也许会在请求别人帮忙的时候表现得过分谦虚或者表现得战战兢兢。为了压抑内心的愤懑，人们也许会表现得漠不关心；即使内心渴望爱情，也会用"我不在乎"来掩饰。

　　通过投射感情到别人身上也能得到相同的结果，投射的过程就类似于我们天真地认为别人会和我们有相同的感受和行动。有时候，投射的确只是这样。比如说，某个病人因为陷入种种人格冲突而对自己产生厌恶之情，当他面对治疗分析师时，他会自然而然地认为分析师也同样厌恶他。不过到目前为止，还没有人发现投射和潜意识之间有任何关联。有时我们坚信他人具有某种冲动或感受，实际是为了否认自己有着同样的感觉。这种转移具有很多好处，比如说，一位丈夫将自己对外遇的期许投射在妻子身上，那么丈夫不仅阻止了自己的冲动进入意识，而且可能会高高在上地对待自己的妻子，也许还会带着种种怒气天经地义地怀疑和指责妻子的任何不正当感情。

　　由于有种种好处，这种防御机制很常见。稍加补充一点，但不是对该理念的批驳，而是一个警告，即在没有证据的情况下，不要把任何事都解读为投射反应，而且在查证投射反应的因素时要极其谨慎。例如，如果一个病人坚信分析家不喜欢他，那么这也许是病人自己不喜欢这位分析家，从而产生了感情的投射，但也可能是因为病人对自己有不满之情。甚至，这也许根本就不是什么投射，只是病人不想跟分析家在感情上有任何瓜葛的借口，因为他害怕自己会产生依赖性。

　　另一类防御机制并不改变冲动的性质，只是改变它的方向。这一类防御并不压抑情感本身，而是压抑该情感与特定人物或情境的联系。将情绪从特定人物和情境中剥离出来有许多方法，下面我将就其中最重要的一些方法进行阐述。

　　首先，我们可能会将自己对一个人的感情转移到另一个人身上。这常常发生在人们愤怒时，当人们对那些自己畏惧或者依赖的人感到愤怒，或是隐隐意识到对某个人有着无名之火时，便会将怒火转移到他们不畏惧的人身上，比如说小孩或者女佣，或是转移给那些自己不依赖的人，比如姻亲或者雇员，抑或是转移给那些能为怒火找到正当理由的人，比如将对丈夫的怒火发泄到耍诈的侍者身上。另外，如果一个人对自己不满，那么他很有可能对周围的人发无名火。

第二，我们可能会将自己对人的情感转移给其他物体、动物、行为和环境，向墙上的苍蝇发火就是一个众所周知的例子。转移还可以表现为，我们将自己的怒火从发怒的对象身上转移到其珍惜的想法和行为上。就这一点来看，我们刚好印证了心理决定论的用处，因为人们转移情感的对象是受到严格决定的。比如，一位妻子全身心地为丈夫付出，却莫名其妙地抱怨丈夫的工作，这可能是因为她想完全地占有她的丈夫。

第三，我们可能将对其他人的感情转移到自己身上，一个显著的例子是将对别人的谴责转移给自己。这个观点的价值在于弗洛伊德指出了存在于众多神经症中的一个极其重要的问题，通过观察，弗洛伊德发现，当人们无法表达批评、指责或者愤怒的情绪时，他们就会倾向于寻找自己的问题。

第四，我们对特定的人或情景产生的感情可以变得完全模糊和泛化。比如说，对自己或他人的某种特定的懊恼，可能会泛化成一种整体的愤怒状态。面对某种特定的困境，我们的焦虑可能会被模糊处理为没有任何实质内容的焦虑。

至于那些完全无意识的情感是如何得以释放的，弗洛伊德指出了四种途径，如下所述。

第一，尽管上述防御机制阻止了情感或者其真正意义和方向进入意识，但却依然使情感以一种迂回婉转的方式表达了出来。比如说，一位过分溺爱孩子的母亲常常将自己的溺爱表现为敌意。如果她的敌意投射到别人身上，那么在认定他人对自己有敌意后，她仍然会以敌意作为还击。但如果一种情绪仅仅是被转移，那么它仍会被表达出来，只是表达的方向是错误的。

第二，若以一种理性思维模式为基础，压抑的情绪或冲动是可以表达出来的。或者更规范一些，就如艾瑞克·弗洛姆（也是精神分析心理学家）所说：如果它们是以广为社会接受的形式表现出来。控制欲和占有欲往往会以爱的形式表达出来，个人的野心也可以文饰为对一项事业的献身，诋毁可以披上理智怀疑的外衣，明明是充满敌意的挑衅，却打着揭示真相的旗号。虽然我们对这种合理化过程有了一个大致的了解，但弗洛伊德又做了更进一步的探索；他不仅向世人展示了其在运用上的广度和精度，还教会我们如何在治疗中系统地运用它来发现潜意识里的动力。

就第二方面而言，很重要的一点是，合理化也被用于维护防御机制，并对其做出辩护。一个人如果无力指控他人或为自己的利益辩护，他也许就会有意识地为他人着想或试着理解别人。当人们不愿意承认有潜意识的力量在驱使自己时，他往往会将其合理化，说"不相信自由意志"是罪恶的。如果没有能力获取自己想要的东西，人们就会表现为无私；而人们的疑病性恐惧，则会被认为是在履行照料自己的责任。

在实际应用中，对这个概念的频繁误用并不会抹杀它的价值，就好比你不能将手术中的失误归咎于一把上好的手术刀。但是，我们应该意识到，运用合理化其实是在使用一种危险的工具，如果没有确凿的证据，我们就不能用合理化作为借口来解释某种态度或是罪过。如果真正的驱动是其他动机而非意识，那么合理化就是存在的。比如，有些人不愿接受收入很高但很艰难的工作，这是因为他坚守信念，不会为了经济和地位上的诱惑而放弃自己的信仰。另外一个可能性是，尽管他有信念，但最重要的动机是他担心自己因不能完全胜任这份工作而遭受谴责或者攻击。针对后者，如果不是因为害怕失败，那么他还是会妥协并接受这份工作。至于这两种情况在众多变数中哪一个更重要，当然会有不同的说法。但是，只有当"害怕失败"这个动机更有影响力时，我们才能运用合理化这个概念。我们并不相信他的有意识的动机，这可能是因为我们认识到，这个人在其他情况下会毫不犹豫地做出让步。

第三，人们在不经意间也会流露出被压抑的情绪或想法。弗洛伊德在关于智力心理学和日常错误心理学的研究中已经阐明这些理论；尽管在细节上还存在着争议，但这些研究成果还是成了精神分析的重要依据。一个人的情绪和态度常常会在不经意间流露，比如他说话的语气和肢体语言，或者他在不知其意的情况下说了或做了某件事，这些观察同样也是精神分析疗法的极有价值的组成部分。

第四，也是最后一点，压抑的渴望或者恐惧也许会在梦境或幻想中重现，被压抑的复仇冲动也可能会出现在梦中；当一个人自认为高某人一等，但却不敢在有意识的思维中存在这样的想法时，这种优越感就会在梦中出现。这个概念所代表的成果甚至比我们以往的研究更有影响力，特别是我们将其概念所针对的范畴由梦境和幻想扩展到了无意识错觉。从治疗的角度来说，这种认识很重要。病人往往并不想被治愈，因为他们不愿意放弃自己的错觉。

本书接下来的章节将不再论述弗洛伊德的解梦理论，因此我想借机阐述一下我是如何理解该理论的重要性的。暂且不说弗洛伊德已经教会我们许多关于解梦的具体细节，我首先认为，他的最重要的贡献是提出了有效的假设——梦境表达了人们渴望达成愿望的倾向。如果我们充分了解了梦的潜在内容，梦就可以给予我们解释现存动力的线索——梦到底表达了人的什么倾向？哪些潜在的需要促使它表达了该倾向？

举个简化了的例子，一位分析师在某个病人梦中呈现出无知、专横、丑陋的样子。假设梦境显示病人的内心倾向，那么这个梦表现出了以下几点：第一，这表现了贬低某人某物的倾向，比如，贬低一种观点。第二，我们必须找到驱使病人贬低分析者的实际需求。这个问题反过来让我们认识到，该病人在与分析者沟通的过程中，认为分析者说了一些羞辱自己的话，或者感到自己的主导权岌岌可危，只有通过贬低分析者他才能巩固自己的地位。通过分析这一连串的反应，我们需要面对另一个问题，即这是否是该病人特有的反应模式。在神经官能症中，做梦最重要的功能就是寻找缓解焦虑的办法，或者为真实生活中无法解决的纷争寻求解决方案。如果这些尝试失败了，那么病人还将持续做焦虑的梦。

弗洛伊德的解梦理论常常受到人们的争议，但是在我看来，争议的两个方面常常被人们混淆：一方面是进行解读所应遵循的理论原则，另一方面是我们实际做出的解读。弗洛伊德已经为我们提供了方法论的观点，但它们肯定只是形式主义。由这些理论导出的实际结果将完全取决于个体的基本动机、反应和矛盾冲突，因此，在相同的理论基础上进行分析可能会得出不同的结论，但结论的不同并不影响该理论的有效性。

弗洛伊德的另一个基本贡献是，为研究神经质焦虑的本质以及它在神经官能症中所起的作用开辟了新的道路。本书后面的章节将会详细阐述这一点，在此不再赘述。

同样，我可以在此简短地论述一下儿童时期经历的影响。该研究比较有争议的部分是以下三个假设：遗传比环境更重要，人生中比较重要的经历在本质上与性欲有关，成年人的经历在很大程度上是童年经历的重复上演。就算这些饱受争议的理论全部作废，弗洛伊德理论的精髓仍将存在：童年经历对性格和神经官能症的形成有着超乎想象的影响。无须多言，大家都知道，这些研究不仅为精神病学领域，还为教育学和人类文化学带来了革命性的影响。

在存有争议的观点中，弗洛伊德有关性欲的理论将会在后面的章节阐述。尽管很多人反对弗洛伊德对性欲的评价，但是别忘了，弗洛伊德为将性问题作为事实来研究，以及理解这些问题的实质和意义扫清了障碍。

同样重要的是，弗洛伊德为我们提供了治疗的基本方法论工具。主要的概念包括移情、抵抗与自由联想法，它们都是精神分析疗法的重要组成部分。

移情是否为婴儿时期态度的不断重复，这个话题也备受争议。抛开这一点不说，移情理论认为，观察、理解和讨论病人在精神分析情境下的情绪反应，是我们研究其性格结构及其所遇困难的最直接的方法，它已经成为最具影响力的、不可或缺的分析治疗工具。我认为，除了利用移情的治疗作用，我们未来的心理分析应立足于对病人反应的更为精确和深入的观察与理解。这个信念是基于一种假设提出的，即所有人类心理的本质都建立在对人际关系运行过程的理解之上。精神分析上的关系也是人类关系中的一种形式，它为我们提供了前所未有的理解这些关系过程的可能性。因此，精神分析法要对这种关系进行更精确、更深入的研究，这将极大地促进心理学的发展与成长。

抵抗，即个人保护自己被压抑的感情或想法，防止它们进入自己的意识。我们之前也提到过这个概念，它是基于我们的一个认知，即病人有很好的理由拒绝让自己意识到一些驱动力的存在。那么这就引起了一些存在争议的问题，而在我看来，这些观点并不正确，即这些利益的本质并不会削弱认识其存在的重要性的观点。我们已经花费大量的精力来研究病人是如何捍卫自己的立场，以及他们是如何挣扎、退缩和逃避问题的；若我们能分析更多的个案，了解不同个体的挣扎方式，我们就更能快速有效地促进精神分析疗法的发展。

不管是否有任何智力上或情感上的阻抗，病人都要尽到自己的义务，将自己的想法或感受全盘托出，这是让精神分析做出精确观察的关键因素。精神分析疗法的基本规则中用到了一个有效的原理：尽管没有显现，但想法和感觉总是持续存在的。这就要求分析师必须高度关注病人想法和感觉的生成顺序，也使他们能够逐渐得出试验性的结论——哪些倾向或者反应能够促使病人做出明确的表达。至于自由联想的观点，在治疗法中，它属于潜在价值尚未明确的一个分析概念。经验告诉我，只要我们更透彻地理解可能出现的心理反应、心理连接和表达形式，这个概念的价值就能得到更好、更有力的证明。

要想对病人潜在的精神发展过程做出判断，我们应该留意病人表达的内容及其顺序，并对他的言行举止——手势、语调和喜好；进行整体的观察。如果与病人就这些假设性的推断进行沟通，他们便会由此产生更多的联想，继续、证实或者推翻分析师所做出的解读，并给予分析师新的信息以拓宽他们的思维，或是缩小信息的范围至更具体的情境，进而从整体上揭示出对这些解读的情绪反应。

这种方法一直遭到质疑，反对者们认为这些解读太过武断。在分析师解读后，病人所做的自由联想会受到之前分析师解读的启发和影响，因此整个过程的主观性非常强。如果这种反对的声音存在任何意义的话，除了心理学领域所呼吁的客观性不可能获得之外，它只会有如下可能性：一位易受影响的病人被灌输了颇具权威性的错误解读，这位病人将受到误导。这就像是一个老师误导学生一样，如果老师告诉学生他能在显微镜下看到什么，那么学生就深信不疑地认为自己已经观察到那些物体，这是极有可能发生的。忽略这种解读的误导其实是很危险的，我们不能完全消除这种误导，但是可以减少它的影响。分析师的心理学知识越丰富，对心理学的理解越透彻，他就越不会对理论性的概念按部就班，越不会先入为主地去诠释或者让自己的问题干扰了观察。如果能不断地考虑和分析到病人可能出现的过度顺从，那么误导的危险就能得到进一步的减少。

上述讨论无法完全涵盖弗洛伊德所有的研究成果。以上阐述仅仅是心理学研究方法的基础，我的实际经验表明，它们都是最具建设性的。我们可以简明扼要地阐述这些论点，因为这些都是我在工作过程中需要使用的工具；在接下来的每一章里，我会逐一地阐明它们的效度和用途。可以说，它们是本书的心理基础，本书将陆续提到弗洛伊德的其他众多开创性观察研究。

第二章　弗洛伊德思想的一般前提

　　天才的特质之一是有远见卓识，并能勇于认知当下偏见。从这一点来看，弗洛伊德就可以称得上是天才了。最难能可贵的是，他常常能从权威的思维里跳出来，以新的视角来思考和看待心理连接。

　　听起来好像是陈词滥调，但不得不指出的一点是：没有任何人，包括天才也不能完全脱离他那个时代而存在。他有卓越的才能，但是他在很多方面也会受到那个时代思维方式的影响；承认时代对于弗洛伊德的影响不仅具有历史角度的趣味性，而且对于那些致力于更好地理解弗洛伊德那复杂的、看似深奥的精神分析理论结构的学者来说，也是至关重要的。

　　我对历史的兴趣十分有限，对精神分析以及哲学的历史发展都不甚了解，因此无法透彻地理解19世纪的哲学思想或者当时的心理学流派是如何影响弗洛伊德的。我的意图很简单，只想专注研究弗洛伊德提出的某些特定前提，继而更好地理解他是如何解决心理学问题的。暗含的哲学假设在很大程度上也影响着精神分析理论，这些在后面的章节会进行阐述。本章的主要目的不是详细地论述那些前提、假设所带来的影响，而是对它们进行简要的概括。

　　第一个影响是弗洛伊德的生物学倾向。弗洛伊德以科学家自居并备感骄傲，他总是强调，精神分析是一门科学。哈特曼曾对精神分析法的理论基础做出精辟的阐述，他说："精神分析法以生物学为基础，这是其最重要的方法论优势。"[1]例如，当我们研究阿德勒的理论时，哈特曼表示，阿德勒主张对权势的追求是神经症中最重要的因素，如果他成功地发现其生物学基础，那我们将受益良多。

　　弗洛伊德的生物学倾向有三重影响：第一，他倾向于把精神上的现象归因于生理化学的作用；第二，他倾向于认为，是体质或遗传因素决定了心理历程和它们发生的次序；第三，他认为两性在心理上的区别是由生理解剖结构的差异所导致的。

---

[1] 海因兹·哈特曼《精神分析的基础》（1927年）。

第一个倾向是弗洛伊德本能理论的决定性因素：力比多理论和死亡本能理论。弗洛伊德相信情绪驱力会左右精神生活，认为它们都有生理基础，因此他是一位本能理论学家[1]。弗洛伊德认为本能就是内在肉体的刺激，这种刺激会长期运转并倾向于释放压力。他反复强调：这种解读是将本能置于生理过程与心理过程的边界。

第二种倾向侧重于体质或遗传因素，在很大程度上促进他总结出性欲受遗传影响的几个发展阶段：口唇期、肛门期、性器期和生殖期，该倾向还支撑起了俄狄浦斯情结是正常现象这一假设。

第三种倾向是弗洛伊德对于女性心理学的观点的决定性因素之一，该观点在"解剖即命运"[2]这一习语中得到明确体现。这句习语也出现在弗洛伊德关于双性恋的概念中，比如，女人希望变成男人其实就是希望拥有阴茎，而男人不想表现出某种"娘气"其实就是害怕被阉割。

第二种历史影响是消极的。直到最近，因为有了社会学家和人类学家的研究，我们才不至于在文化问题上显得幼稚无知。在19世纪，人们对文化差异知之甚少，总是倾向于将个别文化的特征笼统地归结为全人类的本质。根据这些观点，弗洛伊德认为他所遇到的人以及他观察到并想要去解读的图景就是全部，适用于全世界，他的这种片面的文化取向与他的生物学前提有着紧密的联系。关于环境的影响——特殊的家庭环境和普遍的文化环境——他最感兴趣的是，环境是以何种方式塑造他所谓的本能驱力的。另一方，他又倾向于将文化现象视为生物本能结构的产物。

弗洛伊德在解决心理学问题中的第三个特点是，他会明确地避开任何价值判断和道德评价。这种态度与他将自己定位为自然科学家是完全吻合的，这在他记录和分析自己的观察时才能体现。正如艾瑞克·弗洛姆所说，[3]在那个自由主义时代，盛行于经济、政治和哲学思想领域的宽容原则影响了弗洛伊德的研究态度。后面我们将论述这种态度是如何对某些理论性概念产生决定性影响的，例如"超我"以及精神分析治疗法。

弗洛伊德思想的第四个基础是他倾向于将心理因素看作成对的对立体。这种二元论思想，同样也深深地植根于19世纪的哲学思想中，贯穿了弗洛伊德

---

[1] 艾瑞克·弗洛姆在一本未出版的手稿中已经强调过这一事实。此处的"本能理论学家"采用的是过去的含义。现代社会对"本能"的解释是"对身体需要或外部刺激的遗传反应模式"［W. 特洛特《和平与战争中的群居本能》（1915年）]。

[2] 西格蒙德·弗洛伊德《两性解剖差异所带来的心理结果》，摘自《国际精神分析期刊》（1927年）。

[3] 艾瑞克·弗洛姆《心理分析疗法的社会公德局限性》，摘自《社会研究期刊》（1935年）。

整个理论构想的始终。他提出的每一条本能理论，都试图通过两组严格对立的驱力倾向，使心理现象可以得到完整的理解。对于心理前提的最重要的表达，在于他在本能和"自我"之间发现的二元论。弗洛伊德认为，它就是神经症冲突和神经症焦虑的基础。"娘气"和"男子气概"这对相互对立的概念也体现了弗洛伊德的二元论思想，与辩证思维不同，这类思想里的刻板成分给其赋予了一定的机械论特质。在此基础上，我们可以将弗洛伊德的假设理解为：一组元素与其对立组所包含的元素是相异的。例如，"本我"包含所有使自己满足的情绪动机，而"自我"却仅有检查和抑制的功能。在现实中——若认可这种分类——"自我"和"本我"不仅有可能，而且会常态性地包含着对某种目标的强烈驱动。机械论的思维习惯也解释，若将能量运用于一个系统中，那么其对立系统则会自动消息，这就好像关爱他人会疏忽对自己的关爱。最后，这种思维方式还可表现为：某种相对立的倾向一旦形成，这种状态就会长期保持下去，而不是一些人所说的两种对立倾向会持续互动，比如"恶性循环"。

最后一个重要的特征就是我们刚刚提到的弗洛伊德的机械进化论思想。因为我们还不是很明白这个观点的含义，而它对精神分析核心理论的理解又至关重要，所以相对于其他假设，我将就这个特殊情况进行详细的阐述。

从进化论的角度来说，现今存在的事物与其最初的形态是不同的，它们经过多个阶段的进化，变成了现在的样子。它们在早期阶段的形态也许与现在截然不同，但是如果没有早期阶段，它们现有的形态就无法被人理解。18世纪到19世纪，进化论主导科学思想，这与当时的神学思维有着极大的反差。最初，该理论主要应用于非生命的物质世界，后来，它也被应用于生物和有机现象中，达尔文就是生物科学最具代表性的人物，同时，它也对心理学产生了重要影响。

机械进化论是进化论思想的一种特殊形式。它认为事物的现状是由过去决定的，而且只包含过去；在进化过程中，并没有产生任何新的东西，我们今天看到的只是改变形态的旧事物而已。以下是威廉·詹姆斯对于机械性思维的说明："作为进化论者，我们必须坚守一个信念：所有事物呈现出来的新形态只是原始物质重新分配的结果。"[1]谈到意识的发展，詹姆斯声称："在这个故事里，早期未呈现出来的因素和性质，在后期也不会出现。"他还说，"意识"本不应被视作动物发展过程中出现的"新的性质"，因此，这种新的性质应归因于单细胞生物。这个例子也显示了对于机械性思维的关注，这种关注是

---

[1] 威廉·詹姆斯《心理学原理》（1891年）。

遗传性的，分析了过去该事物是什么时候、以什么形式出现的问题，也探讨了它是以什么形式再出现或重复出现的问题。

有很多广为人知的例子可以解释机械论和非机械论思维的不同点。比如水转化成蒸汽，机械思维侧重于表述蒸汽只是水表现出来的另一个形态而已。可是，非机械性思维则持这样的观点：尽管蒸汽通过水发展而来，可在这个过程中，一种全新的物质已经出现了，它由新的规则操控并呈现出另一种效果。关于机器在18世纪到20世纪的发展，持机械论观点的学者认为，各种机器和工厂在18世纪早期就出现了，它们的发展仅仅是数量上的变化而已。而持非机械性观点的人则强调：数量的改变引起了质量的改变；数量的发展带来全新的问题，比如生产线的新产能、雇员作为新的社会群体出现、劳动力带来的新问题等等；改变带来的问题不仅仅是数量增长，还有全新的因素。换言之，重点应该从数量转移到质量上。非机械性观点认为，在有机发展中从来就没有简单的重复或者回归早期阶段的退化。

从心理学角度讲，最简单的例子就是年龄问题。机械性思维所持的观点是：一个40岁男人的抱负，是对他10岁时抱负的重复。非机械性思维则认为，成年人的抱负中很可能包含着童年幼稚理想的元素，但前者与孩提时的理想完全不同，准确地说，这就是因为年龄的不同。当他还是小男孩的时候，他就对未来抱有宏大的理想，期待某天能实现这个梦。而等到40岁时，作为一个男人，他才发现这个梦基本上就是一个模糊的概念，或者说，他意识到自己根本无法实现这些抱负。他将会意识到错过的机遇、自己的局限以及外界的重重阻挠。如果他依旧坚持自己的黄粱美梦，一切将以绝望和丧气收场。

弗洛伊德有着进化论的思想，但采用的却是机械论的方式。在心理图式的形式下，他认为我们自5岁之后就再也没有发展出什么新的特性，5岁之后的行为反应或者经历都是以前经历的不断重演，这种假设在很多精神分析文献中引用。就以焦虑为例，弗洛伊德曾经探索我们在哪里可以找到焦虑的源头。根据这个思路，他最终总结：出生即为焦虑的第一表现，之后的焦虑均为出生时焦虑的不断重复。弗洛伊德的这种思维方式，还促使他推测出个体发展阶段是系统进化事件的重复——比如把"潜伏期"看作是"冰河世纪"的残留。在一定程度上，这种思维方式也使他对人类学产生了兴趣。在《图腾与禁忌》一书中，他宣称原始人的精神世界很有趣，因为它代表了我们保存完好的早期发展状态。在理论上，他曾经试着解释阴道的快感可能来自口腔或者肛门的快感。尽管这一点不是很重要，但它可以作为弗洛伊德持此种思维方式的证明。

最能反映弗洛伊德机械进化论观点的，是他的重复性强迫理论。在他的固着理论中，很多细节透露出该观点的影响；在他的情感退化理论与移情概念中，该观点还揭示了潜意识的无时间性。总体来说，该理论认为一个人的性格趋势是基于其幼年时期的，并倾向于用过去的事情来解释现在。

关于弗洛伊德的这些假设，我已经陈述完毕，且没有提出任何批评的意见。我也不打算在后面的章节里讨论它们的效度，因为这已超出一个精神病学家的能力范围和兴趣爱好。对于这些哲学设想，精神病学家的兴趣在于研究它们是否能得出有用的、具有建设性的观点。如果我能预测关于这些观点及其结果的讨论，我的判断是，精神分析法要想发挥其巨大潜力并向前发展，就必须摆脱过去已有的成果。

第三章　力比多理论

弗洛伊德在本能理论里提到，一个人的精神力量来自原始的化学——生理反应。弗洛伊德相继提到过三个二元论的本能观点。在该二元论中，他坚信本能中存在一个性本能，但当谈到其他两个观点时，他又改变了看法。在所有本能理论中，力比多的地位十分特殊，因为它是关于性、性的发展以及性对人格的影响的理论。

在临床观察的基础上，弗洛伊德将注意力转移到性欲在引发精神障碍当中所起的作用。他运用催眠疗法来治疗患有癔症的精神病人，发现被遗忘的性经历往往是问题的根本。后期的观察似乎也印证了之前的假设，绝大多数神经症病人或多或少都有某种类型的性功能障碍。例如，在一些神经症性问题里，最突出的现象就是阳痿和性变态。

弗洛伊德的第一个本能理论：我们的生活主要是由性本能与"自我驱动"之间的冲突决定的。后者可以解释为自我保存和自我肯定等内驱的总和，他还主张，所有与生存必要之物不相关的驱动或者态度从根本上说都来源于性。

尽管他把这种对精神生活的影响归因于性，但我们还是没办法在性的基础上解释很多与性无关的现象。比如，贪婪、吝啬、玩世不恭或者其他性格怪癖、艺术追求、不理智的敌对态度和焦虑，我们已经习以为常的性本能理论无法涵盖如此宽泛的领域。如果弗洛伊德致力于在性理念的基础上诠释所有的神经领域现象，那他不得不扩大性概念的范畴，这是对理论扩展的要求。弗洛伊德本人总是声称，他之所以不得不扩大性概念的范围，都是基于实证研究的要求。事实上，他的确在搜集了很多临床观察之后才开始构建力比多理论。

力比多理论包括两个基本概念，简单地说，一个是性概念的扩展，一个是本能的转化。

让弗洛伊德认为有必要扩展性概念的数据资料可概述如下：性欲的对象并不仅仅是异性客体，也可能是同性、自己或者动物。同时，性目标并不总是指生殖器的交合，还包括其他器官，特别是可以替代生殖器的嘴和肛门。性兴奋不仅仅是由性伴侣在性交中所带来的，也可以由性虐待、性自虐、偷窥和露阴癖等引起。这类行为不只局限于性变态，健康人也会有类似的特征。例如，一个正常人在长时间的压力和挫败感下会对同性感兴趣，不成熟的人可能会被引诱而做出变态的事情；我们可以在普通的前戏，如亲吻或者攻击性行为中发现此类行为，它们也会在梦或幻想中出现，常常是神经症的基本症状。最后，婴幼儿时期的愉悦冲动在某种程度上与性变态有类似的地方：吸手指、非常愉快地关注大小便过程、施虐幻想和行为、性好奇、自我裸露的愉悦或者观察别人的裸体。

　　弗洛伊德对此做出总结：性趋向可以很轻易地指向不同的物体；由于性兴奋和性满足可由各种各样的方式达成，那么性本能本身就不是单一的而是复合的。性欲并不是倾向于异性的本能，也不仅仅是生殖器的满足；异性生殖器的驱力仅仅是一种非特定的性能量，即力比多。力比多可能会集中于生殖器，但也可在那些能替代生殖器的地方产生相同的能量，比如嘴、肛门或者其他"性感带"。除了口交和肛交，弗洛伊德还指出其他性欲趋向的类型——性虐待和自虐、露阴癖和窥阴癖，这些性欲是无法通过满足身体"性感带"而得到满足的。因为外生殖器的性欲表达在童年早期很常见，所以它们被称为"前生殖器"驱动。当5岁左右，在正常的发展下，他们会产生生殖器冲动，由此形成了我们俗称的性本能。

　　性欲发展过程中的紊乱主要以两种方式呈现：一是由固着产生——有些驱力成分可能会抗拒成为"成人"性功能的一部分，因为他们天生[1]就十分强大；第二个是退化——在挫败感的压力下，本来已经达成的性复合可能又会分裂成不同的驱力。在以上两种情况下，生殖器的性欲是紊乱的，个人就会沿着前生殖器驱力指定的道路来追求性欲的满足。

　　力比多理论中比较隐晦的基本论点——尽管没有公开发表——所有愉悦的肉体快感或者对这种快感的欲望从本质上来说都是性欲。这些驱动包含感官的愉悦体验，例如吸吮、排泄、消化、肌肉运动、皮肤快感、与他人接触的愉快经历——比如被鞭打、向他人暴露自己、观察他人或者观察他们的身体机能、虐待他人，等等。弗洛伊德发现，根据对于儿童的观察其实并不能证实这一点。那么他的证据是什么呢？

　　弗洛伊德指出，婴幼儿在吸奶之后获得的满足感其实是跟成年人性交获得的快感是类似的。当然，他并不是想把这种类比作为结论性的证据。但是，我

---

[1] 弗洛伊德对"天生"的解释是它既可以是天生的也可以是从早期经历获得的。他在自己的论文《可完结与不能完结的分析》［《国际精神分析期刊》（1937年）］中提到了该词的定义。

们又不禁要问，为什么还要提出这个论点呢？没有人怀疑人们可以从吸吮、进食、散步或者类似的活动中获得快乐；所以这个类比省略了具有争议的一点，那就是婴幼儿的快乐是否与性有关。根据弗洛伊德的观点，尽管身体感受与追求快感的性本质不能完全确定是由孩提时代发展而来，但事实证明，此类快感却与成人的性活动相类似，比如性变态、性前戏或手淫幻想。尽管这是真的，但我们还是要考虑到，在性变态和性前戏中，最终的性满足都关乎生殖器。根据弗洛伊德的假设，阴茎口交带来的兴奋度和强度应该与阴道性交所引起的相同。事实上，同亲吻一样，阴茎口交时口腔黏膜所得到的兴奋感无足轻重。口交行为仅仅是达到生殖器快感的一个条件，类似的条件还有施虐与受虐、暴露与观看裸体或裸体的一部分，以及看他人摆出特定的姿势。弗洛伊德意识到了这种反驳，但并不认为这是反对他的理论的证据。

总的来说，弗洛伊德极大地促进了我们对于引起性兴奋的各种因素或引起快感的条件的认识，但他还没有证明这些因素本质都是性本能。此外，他的论证有一概而论之嫌。性快感可从观看施暴行为中获得，但这并不能说明施暴行为是一般性驱动中不可分割的一部分。

就身体愉悦驱动的性本质这一论点，弗洛伊德指出了更进一步的证据，即有时非性欲的肉体欲望可能会与性饥渴交替出现。神经症病人可能会发生周期性的强迫进食与性生活交替出现的现象，饕餮之徒通常会对性交兴趣缺失。我会晚些阐述这些观察的结果以及从中得出的总结，在此说明一下：弗洛伊德忽略了对一个事实的解释，那就是将一种对于快感的渴求替换成另外一种并不能证明后者就与前者类似。如果一个人想去看电影，但是没看成，他就改听收音机，这并不能说明看电影和听收音机所带来的愉悦有什么本质上的相似。如果猴子得不到香蕉，但它后来觉得荡秋千也挺好玩的，这个结论性的证据并不表明荡秋千是进食欲望的一个组成部分，或者说通过荡秋千能获取进食的快感。

根据以上种种考虑，我们可以得出结论——性欲理论还未经过验证。它所给出的例证包括了未经证实的类比和概括，此外，关于性感带的研究数据的效度也是极不确定的。

如果力比多理论仅仅用来解释性欲倒错或婴儿对于快感的追求，那么这些效度问题也无足轻重。但是它对本能转化结论来说意义重大，该结论认为人格绝大部分的特征、驱动和对自己与他人的态度都来自性欲，并不仅仅属于为了生存所做的挣扎。该理论倾向在弗洛伊德的第二条本能理论中也曾重点提到过，那是关于自恋和对象欲力的二元论。在他的第三个理论中也很明显，也就是性欲和破坏本能的二元论。之后的章节我会对这些理论进行阐述，所以在此我先暂时不加理会。关于性欲表现形式的讨论，就像前面提到的以性欲为本质的态度意识，例如施虐和受虐，弗洛伊德后来又认为它们是性冲动和破坏冲动的复合体。

关于性欲如何塑造人格、引导态度以及驱动力，弗洛伊德提出了几种方式，有些态度被看作目标抑制性欲驱动。因此不仅是对权势的渴求，甚至是任何自我肯定都被认为施虐欲望的目标抑制表达。任何的感情都是性欲的目标抑制的表达方式，任何对他人顺从的态度都被怀疑是被动的同性恋倾向。

与目标抑制驱力概念相近的是力比多驱力的升华。根据这个概念，性兴奋和性满足从根本上来说存在于"前生殖器"的驱力中，它也可以转化为具有类似特征的非性欲驱力，从而将原始的性欲能量转化成了普通的能量。事实上，升华和目标抑制之间并没有显著的区别，它们的共性在于两者都基于一个主张，即各种各样的性格特征，尽管它们都与性欲无关，但是均被视作去性化后的力比多。它们之所以区别不明显的原因之一是，升华原本的含义就涵盖了"将本能驱力转化成具有社会价值的东西"这一层意思。这就很难说清，自恋式的自爱转换成理想自我到底是一种升华还是自爱的目标抑制表现。

升华这个概念主要是指由"前生殖器"驱力转移到非性欲态度。细看这个理论的特点，例如，吝啬是升华后的肛交情欲快感，包括控制排泄的本能；绘画的快感是玩弄粪便快感去性化后的表现；有施虐渴望的人可能偏爱做外科手术医生或者高层管理工作，而且他们的非性欲行为中通常显露出征服、伤害和虐待等；性受虐驱力可能转化为体验不公平对待或者感受侮辱或羞辱的偏好；口欲渴望可转化为一种接纳能力、占有欲或者贪婪；尿道情欲可转化为野心。同时，好强可以看作跟父母或者兄弟姐妹的性竞争的去性化表现；渴望创造在一定程度上可以解释为父亲对孩子无性的期许，也可以解释为自恋的表现，而性好奇可以升华为爱好科学研究或阻挠科学探索。

有些态度并没有被视为性欲驱力的直接或调整后的结果，但却与性生活中的某些态度类似。弗洛伊德对生活中性驱力的"示范性"有一个笼统的解说，这个概念的实用性结果是，人们期望，如果可以消除性领域里的障碍，那么非性欲领域里的障碍也可以被顺理成章地解决，但通常这个期望无法实现。从心理图式的角度来看，该概念所需的解读就是，强制压抑情感的原因在于无法在性欲上抛弃自己。原始性冷淡也可以归因于早年性创伤或乱伦固着、同性恋倾向、施虐或受虐因素，而后者被认为基本的性学现象。

分类依旧是个难题：某种特定的行为被归类为受虐，原因是它自动遵循了性模式吗？或者说，非性欲受虐倾向是性欲的去性化目标抑制表现吗？但实际上，这些差别并不重要，因为所有相关的理论分类都是基于一个相同论据的不同表达：人类的首要目标是满足某些基本的本能，这些强有力的本能不仅会以直接的方式，也会以很多迂回的方式迫使人们实现它们预定的目标。尽管人们相信自己有崇高的感受，比如宗教信仰或者追求最高贵的活动，像艺术或科学，但他还是不得不顺从自己的主人——本能。

相同的教条式理念也支持将某种性格特征看作过去性关系的残留，或者将其看作对他人的潜在性欲态度的表现。这里所呈现的两个主要问题，都试图把态度解释为过去与某人身份认同的结果或者潜在同性恋的表现。

其他性格特征被视为对抗性欲驱力的反向形成。反向形成被认为从性欲本身吸取他们的能量：因此爱干净或条理性体现了反肛交情欲冲动的反向形成；友善是反施虐的反向形成，谦逊是反露阴癖或反贪婪的反向形成。

还有一类情绪或性格特征是由本能欲望造成的无法避免的结果，因此依赖他人的态度被视为口交情欲的直接结果；自卑感源于"自恋"性欲的缺乏，比如，施与他人情欲却没有得到"爱"的回应。倔强与肛交情欲有关，在此基础上，它也被视为与环境冲突的结果。

最后，诸如恐惧和敌意等重要感觉都被视为性欲驱力受挫的反应。当主要积极驱力的本源被认为是性欲，那么性愿望受挫便会成为令人害怕的危险。弗洛伊德认为，害怕失去爱，就相当于害怕失去由某些人带来的性满足，这被视作基本恐惧之一。而敌意，当我们不把它解读为性嫉妒的表现时，只是单方面地与挫败有关。神经性焦虑最终也来源于本能驱力的挫败感，不管是外界环境施压，抑或是内部因素，比如恐惧、抑制，都会产生本能的压抑紧张情绪。弗洛伊德在表述焦虑的第一个概念时认为：不管是由于内部因素还是外部因素，如果性欲不能释放，焦虑即会产生。后来弗洛伊德对这个概念进行了修改，使它更加符合心理学的规范。尽管焦虑被定义为个人对性欲受抑的恐惧与绝望，但它仍然是性欲受到抑制的一种表现。

总体来说，弗洛伊德认为，性格特征、态度以及驱力是对于性欲的直接的、目标抑制的或者升华后的表现。它可以是性怪癖的模式，可以是对性冲动或性受挫的反向形成，也可以是性欲依恋的内部残留。弗洛伊德试图说明力比多在精神生活中的巨大影响，但对这种泛性论观点的批评也随之而来。为了对这些批评进行反驳，有论证认为，力比多与我们通常所理解的性欲并不相同。此外，精神分析法也考虑性格中那些压抑性驱力的动力。在我看来，这些争论都是没有意义的。重要的是，我们要分析性对人格个性的影响是否真如弗洛伊德所说的那么重要。为了回答以上问题，我们必须对弗洛伊德提出的性本能驱力产生态度的每一种途径，进行批判性的讨论。

　　这个假设——某些感受或者驱力是性目标抑制的表现，包含着一些有用的临床发现。感情和柔情可以是目标抑制的性本能，它们可能是性欲的前兆，性关系也可转变为仅关乎情爱的关系。控制他人和管理他人生活的欲望可能是一种轻度的、合理化的施虐倾向，但这种施虐倾向的性本源和性本质还有待研究。但是没有任何证据显示，所有朝向感情或权势的驱力都是目标抑制的本能驱力。也没有证据表明，感情不会在各种非性欲情况下产生，比如母爱的关怀和保护欲。另外，还有一点被完全忽略了，那就是对感情的需求可以成为重拾信心以对抗焦虑的途径，这样一来，这个现象就与之前的表述完全不同了，因为它与性欲没有任何关系——尽管它可能带有些许性的色彩。[1]同样，控制欲可以是施虐冲动的目标抑制表现，但也可能与施虐完全无关。施虐狂的冲动始于软弱、焦虑和复仇冲动，而对权势的非施虐性驱力则始于坚强的力量、领导才能或者贡献精神。

　　性因素决定内驱力和态度，这一教条性的观点在升华理论中体现得尤为明显。支撑该假设的研究数据十分匮乏，缺少说服力。据观察，当一个孩子对性的好奇心被唤醒，他就会想要拥有世界上的一切，但如果他对性的好奇心得到了满足，那么他的普通的好奇心也会停止。但是，这并不能保证据此可以推论出所有对知识的渴求都是性好奇心的"去性化"。对任何一类研究的特殊兴趣都有很多根源，其中有些可以追溯到孩提时代的某段经历。尽管如此，它们的本质却不一定是性欲。面对此种批评，精神分析学家总是辩解，称精神分析法从来都没有忽略"多重决定"因素，只是这个问题被模糊了。比较合理的假设是：每种精神现象都是由多重原因造成的。类似于这样的争议都没有涉及其中的重点，即性欲根源才是本质。

　　在有力证据的基础上，也有人指出，非性欲范畴的驱力或习惯常常与性欲范畴的、有着类似特征的驱力或习惯同时存在。如果一个人贪爱钱财，那么他也有可能是一位饕餮之徒，而且可能有食欲紊乱障碍或肠胃问题。吝啬的人有时可能会便秘。如果一个人喜欢自慰，那么他可能也喜欢玩纸牌，他会在两种玩乐的过程中感到羞耻，并不断地下决心要停止这种行为。

　　当然，当本能理论家发现，前面所述的生理机能表现常常与类似的精神态度相结合时，他们便会受到引诱，把前者归为本能基础，把后者看成由前者以种种方式演化而来的。实际上，这不仅仅是引诱，在本能理论前提的基础上，

---

[1] 卡伦·霍妮《我们时代的神经症人格》（1937年）第6—9章。

只要有两类现象同时发生的情况，即可证明它们的因果关系。若有人并不认同这个前提，就没有证据来支撑这些特质频频同时发生的巧合。以前没有证据表明为什么眼泪和悲伤经常同时发生，当时的本能理论学家认为，悲伤是流泪的情感结果。而今天我们则认为，眼泪是悲伤的生理表现，而非从前所认为的悲伤是眼泪的情感结果。

换言之，贪吃贪喝是一般性贪婪的表现还是诱因？功能性便秘是否是占有欲和控制欲的众多倾向表现中的一种？迫使一个人自慰的焦虑也可能迫使他玩纸牌；之前的分析表明，他在追求一种禁忌的性愉悦，而说玩纸牌的羞耻感就来源于此，根本无法不证自明。就好比说，如果他还是那种注重完美外表超乎其他任何事情的人，[1]自我放纵和缺乏自控都会导致他深深地自责。

根据该论点，通过非性欲驱力或习惯和性欲表征之间的相似性并不能推论出因果关系联结。贪婪、占有欲、玩单人纸牌的强迫性都需要另作解释，若在此细说，将会离题千里。粗略来讲，比如在强迫性的单人纸牌游戏中，进行分析的时候必须考虑其他的因素，跟分析赌博时应考虑的因素相类似；又或者说，一个人因内心只想依靠他人而不愿自己努力，并时常感到错失良机，所以他花尽力气想要占尽先机并投机取胜。

在贪婪或占有欲的情况中，我们会想到那些在精神分析文献中被称为"口唇"或者"肛门"的性格结构；但是人们并不将这些性格特质与"口唇"或者"肛门"联系起来，而是把它们理解为人对其早期环境里的所有经历的反应。在以上两种情况下，这些经历会导致人们把世界看作潜在的敌人并产生深深的无助感，还会造成自发的自我维护的缺乏，以及对自己自发地去创造或掌握某件事物的能力的不信任。那么，我们就必须理解，为什么这个人倾向于将个人的发展依托在别人身上，并从别人那里索取，以及他让别人心甘情愿接受自己剥削的方式，比如通过迷人的微笑、恐吓或者明里暗里的承诺；我们也要理解，为什么有的人在脱离人群之后，或者在用孤高的外墙将自己与世隔绝之后，才能找到安全感和满足。在对后者的研究中，我们观察到了紧张的身体反应，例如双唇紧闭和便秘。

因此观点的不同大致可以表述如下：一个人因其括约肌的紧绷而不具有紧闭的嘴唇，但这两者都呈现出紧绷的状态，这是因为他性格里面的某种倾向——必须紧紧把握住他所拥有的一切，从不放弃任何东西，比如金钱、爱情或者其他自发的感受。这类人在梦中往往以粪便来象征人，性欲理论对此的解

---

[1] 参见第十三章《"超我"的概念》。

释是，他鄙视别人，因为别人于他就如粪便般存在。我想说的是，将人比作粪便即为鄙视他人的表现。我应找到他鄙视别人和自己的原因：比如，自我鄙视是因为神经脆弱，害怕受到歧视，所以我要通过鄙视他人来达到平衡，从而获得自尊感。在更深入的剖析中发现，这类人通常伴有施虐冲动，常常想通过贬低他人来获得胜利。同样，如果一个男人视性交为一种大肠排泄，那么他很有可能会描述性地谈论性交中的"肛交"概念，但是如果考虑此情境中的动力，我们则会考虑他所有的情感障碍，不仅是与女人的关系，可能还会有与男人的关系，"性关系中的肛交概念"因此就被视为污蔑女性的施虐冲动。

升华理论研究数据的缺乏明显体现在，升华理论假设的生理基础仅存在于理论之中。比如，感到悲伤的时候不一定会流眼泪，有占有欲的人可以没有任何排便怪癖，渴求知识的人也可能没有吃喝癖好；没有对性的好奇也可以对调查研究产生浓厚的兴趣。

情感生活是性生活的仿照，这一论点对于发掘个人的一般态度与其性生活或性功能之间的相似之处有着重要意义。过去，从没有人考虑过，一个人不具备山地滑雪的能力或者一个人对于男人的鄙视态度与性冷淡之间有什么共同之处；也没有人考虑过，一个人感觉受到性虐待与总是感觉受到雇主的欺骗和羞辱之间有什么联系。的确，很多证据表明，性紊乱和与其相似的障碍均出现在一般性格特征中。当一个人总是倾向于在感情上与他人保持距离，那么他就会挑选那些可以让他保持冷漠的性关系。一个常常感到不满的人往往会嫉妒他人获得的快乐，同样，他也会嫉妒性伙伴从他那里获得的满足感。一个有施虐倾向的人总是倾向于激发别人的期望值，然后又让他们失望，这样的人也许会剥夺性伴侣期待的满足感——这是早泄的原因之一。一个倾向于扮演殉道者角色的女人也许会将性行为想象成一种残忍和羞辱，她将会以反抗的方式来阻挠性满足的发生。

然而，弗洛伊德不只认为性障碍和非性障碍是吻合的，他还坚持认为性怪癖是其他怪癖的诱因。该理论将我们带入了一个怪圈：如果一个人的性功能一切正常，那么他在其他方面都是完美的。实际上，在神经症中，性功能有可能但不一定是紊乱的。确实有不少不能高效工作、患有焦虑症、有强迫障碍或者精神分裂倾向的严重神经症患者从性交中获得了最完美的满足感，我并不是从病人寥寥几句话中推断出这个事实的，而是根据病人能够清楚地分辨自己是否获得了完整性高潮这一现象中推断的。

遵循力比多理论的分析师对此提出了不同的看法。提出异议是可以理解的，因为该论点十分关键。这不仅关乎具体推论——性欲决定了其他态度，还涉及力比多理论的基本论点：性欲决定性格，退化情感理论也依赖于此。弗洛伊德认为，神经症主要是由"生殖器"阶段倒退到"前生殖器"阶段造成的，因此，在精神紊乱的情况下，人们不可能有良好的性功能。为了避免力比多理论与一些事实相矛盾，有论点称，尽管一些神经症病人在生理上或许没有性功能障碍，但是他们个人总是在"性心理"上出现紊乱，也就是说，他们在与性伴侣的心理关系中总是不和谐的。

这一观点是相当荒谬的。每一位神经症病人与性伴侣在心理关系中都会有障碍，但是我们可以对其进行不同的解读。对于包括我在内的认为神经症是由人际关系障碍所导致的人来说，这些障碍必定会在每一段关系中出现，不论是性关系还是非性关系。此外，力比多理论有一个论点认为，只有在"前生殖器"驱力被有效地克服之后，人们才会具有生理上完善的性功能。因此，一个人性功能正常但却患有神经症，这一事实揭示了力比多理论的根本错误，也即证实"个性特征在很大程度上依赖于个体性功能的本质"这一观点是错误的。

如果不生搬硬套地进行概括，我们会发现，态度是对现有对立驱力的反向形成，这个发现是相当有建设性的。过分友好的态度可能是施虐倾向的表现，但也不能排除这种发自内心的友好是以真正友谊为基础的可能性。慷慨可能是贪婪的反向形成，但也不能否认真心慷慨的存在。[1]

弗洛伊德经常把挫折置于讨论的中心，这对很多方面都造成了误导。由于特殊的情况，神经症病人总是会感到挫败，但对于挫折的影响，我们不能一概而论。为什么神经症病人会轻易受挫，为什么他对挫败感的反应不同寻常，这可以归结为三个原因：第一，他的很多期待和需求都是由焦虑引起的，而因为这种焦虑，它们变成了强制的，这就使挫折成为对安全感的一个威胁；此外，他的期待不仅超乎寻常，而且相互矛盾，因此，在现实中是无法实现的；最后，他的期待往往是由一种潜在的、想要恶意战胜他人的冲动激发的，并通过将自己的意志强加给他人而得以实施，因此病人如果受挫，就会感到羞辱，接着他就会做出一些充满敌意的行为，这些行为并不是对挫折本身的回应，而是对他主观所感受到的羞辱的回应。

根据弗洛伊德的理论，这样的挫败感理应引起敌意。但是实际上，包括小孩和成年人在内的健康人在受到挫折后并不一定会产生敌意。这种对挫败感的过分强调对教育产生了一点实际影响：注意力将从父母态度中可能引起敌意的

---

[1] 参见第十一章《"自我"和"本我"》。

因素——简短地说，父母自己的缺陷[1]——转移出来，由此引导教育学家和人类学家强调非本质的东西，比如断奶、清洁教育和弟弟妹妹的出生。实际上，侧重点不应落在"什么"上面，而应在于"怎么样"。

此外，挫折是本能张力的来源，被认为是神经症焦虑的根本原因。[2]这种释义令我们对神经症的理解云里雾里，如此一来人们将无法认识到，神经症焦虑不是"自我"对持续增强的本能张力的回应，而是人格中各种冲突倾向的结果。

同时，挫折理论已经对精神分析疗法的潜质产生了严重影响。挫折扮演的角色给我们提供了一种建议：在分析过程中应使用挫折策略，将病人对挫败的反应放在最显著的位置。对于该程序的意义，我将会结合治疗中的其他问题进行讨论。[3]

最后，弗洛伊德将"潜在同性恋"作为原则来解释包括顺从、依恋共生等人格特征或与它们相反的反应。我个人认为，弗洛伊德之所以这样解释，是因为他没有理解受虐性格的结构，[4]而导致他无法理解的原因主要是他把受虐倾向归结为一种性现象。

简而言之，力比多理论的所有论据都无从考究。作为精神分析思想及其疗法的基石之一，力比多理论举足轻重。但是，追求快乐归根结底就是满足性欲，这一假设是站不住脚的。所有已提供的证据都是无根据的，而且经常是对一些较好的观察结果的笼统概括。生理功能与心理行为或精神追求之间的共同点被用于证明前者决定后者，未经证实，性怪癖就被随意地认为能够引发与其相似并可以共存的性格怪癖。

然而，可靠证据的缺乏并不是对力比多理论最严厉的批评。一种理论可以缺乏证据支撑，但它仍然可以作为有用的工具来扩大和加深我们的理解范围，换言之，它仍然是有效的假设。实际上，弗洛伊德自己也意识到该理论缺乏扎实可靠的基础，因此他称其为"我们的神话"；[5]但是，即使承认了这个事实，他也不觉得继续把这个理论当作解释的工具有什么妨碍。在某种程度上，力比多理论在特定观察过程中一直都有建设性的指导。它促进我们摆脱偏见，以公正的眼光认识性障碍及其重要性，它还协助我们认清个性特征和性怪癖之

---

[1] 参见第四章《俄狄浦斯情结》。

[2] 参见第十二章《焦虑》。

[3] 参见第九章《移情的概念》。

[4] 参见第十五章《受虐现象》。

[5] 西格蒙德·弗洛伊德《精神分析引论新编》（1933年）。

间的共同点以及各种趋向之间频发的一致性（口唇期与肛门期的人格特征）。在理解与这些倾向共存的某些功能性紊乱时，它也为我们指明了方向。

该理论的薄弱之处也并不在于认为性欲是很多态度和驱力的根源。实际上，人们不仅可以抛弃"前生殖器"驱力[1]的生理本质的理论，甚至还可以在保留整个理论精华的基础上摈弃性是本质的理论。虽然亚历山大对此并没有做出明确的陈述，但他已放弃了前生殖器性理论，转而提出了三种基本倾向理论：接受或获取、保留、授予或消除。

但是，不管我们是否讨论性驱力或者亚历山大所总结的基本倾向，不管我们是否把它们称为口唇期性欲或者接受与获取的基本倾向，我们的思维模式都不会从根本上改变。尽管亚历山大的尝试起到了一定的推动作用，但基本假设是不变的：人类必须实现一定的原始的、生理上的刚性需求，这些需求之强大足以影响人的性格特征，进而影响整个人生。

这个假设构成了力比多理论的危险所在，它的关键特征和不足之处就在于它是本能理论。尽管它促使我们发现一种倾向可以在个性特征中以多种方式表达，但是它也误导人们将力比多现象视为所有倾向的最终根源。这种错觉的产生是因为：只有这种解释才是"深层"的，因为它展示了一种倾向的生理根源。精神分析法声称自己是深层心理学，因为它研究潜意识动机：当人们对其的解读涉及被压抑的渴望、感受和恐惧时，就是非常深入的，但是那种认为"只有与婴幼儿时期驱力相关的释义才是深层次的解读"的观点犯了先入为主的错误。出于对三个主要原因的考虑，这也是有害的错觉。

第一，它对人际关系、"自我"、神经症冲突的本质、神经症焦虑和文化因素角色的理解都是扭曲的。我将在后面的章节对其进行讨论。

第二，它采取的是以点概面的态度，而不是试图去理解所有组成部分经过内部合作后所带来的特定效果，也没有试图去理解，在整个过程中，为什么某个部分就应当处在某个位置，为什么会起到特定的作用。比如，该论点没有将性虐待倾向视为整个性格结构中的一种表现，而是将性格结构及其复杂性视为一种从被鞭打的痛苦中获得兴奋的经历的后果。如果一个女人希望成为男人，那么该论点不会从她的整个性格特征来考虑，也不会从她的整个生活环境，特别是孩提时代的环境来考虑，而是将整个事件视为对阴茎的嫉妒的后果。她的

---

[1] 后来弗洛伊德本人对口唇期和肛门期驱力的特定生理根源的观点也持保留态度："生理根源是否给本能带来任何特定的特征，如果回答是肯定的，那么它带来了怎样的特征，目前看来仍不明了。"（《精神分析引论新编》，"焦虑与本能生活"章）

破坏性野心、心理缺陷、对男人的敌意、自傲、不满、经期不调或者不孕和受虐倾向等复杂的特征，都被认为来自生理根源：阴茎嫉妒。

第三，它让我们看到很多在治疗领域并不存在的局限性。如果把生理因素视为终极原因动机，那么治疗必然无望，因为弗洛伊德曾指出，没有人能改变生理决定的东西。

那么，用什么来替代它，这在讨论力比多理论的时候已经达成共识，而且会贯穿全书所有章节。原则上有两种办法可以解决这个问题：一个是比较具体的方案，与被弗洛伊德认为本能的驱力力量有关；另一个是比较综合的方案，与驱力本身的性质有关。

对于某些驱力是本能的或根本的这一观点，支撑其的观察结果是，这些驱力看起来有着不可抗拒的力量，它们会强加于某个个体，不管他是否愿意，都要向某个特定的目标前行。这些本能驱力渴望得到满足，有时甚至会与个体的整体利益背道而驰。力比多理论在这方面的理论基础是，人类受到享乐原则的支配。

但是，这都是神经症病人所展现出来的看似不可理喻的、盲目的冲动。弗洛伊德意识到，在这一点上，神经症病人和非神经症病人是有区别的。如果目前无法获得满足，心理健康的人会选择延迟满足，还会付诸持续的、有目的的努力以在未来寻找合适的机会获取满足。而对于神经症病人来说，这些驱力是必须的，也不能延迟。为了解释这种区别，弗洛伊德引入了两个辅助的假设。一是神经症受到享乐原则的更为严格的限制，而且神经症患者一定会不顾一切地追求即时满足感，因为他们就像婴儿一样。二是神经症病人身上有一种奇怪的力比多黏滞性。我将在后面对这些问题进行讨论，即把幼稚症作为解释性原则的过度使用。至于神经症的力比多黏滞性假设，它仅仅是一种猜测，只有在没有合理的心理学解释的情况下，我们才能采用这种解释。

就神经症病人而言，弗洛伊德通过对其观察发现，某些驱力的不可抵抗性是有根据的，而且恰好是他所有最具建设性的研究发现之一。在神经症中，这类驱力诸如自我膨胀与依恋共生等，甚至比性本能还要强大，它们能在很大程度上决定一个人的生活方式，但问题在于，如何才能诠释这种力量。如前所述，弗洛伊德将其归结为对满足感的本能性追求。

但实际上，能赋予所有驱动力以力量的是，它们都能提供满足感与安全感。人类不仅受制于享乐原则，还受制于其他两种原则：安全感和满足感。[1]

---

[1] 在众多学者里，阿尔弗雷德·阿德勒和H. S.莎莉文已经强调过这两种原则的重要性，但是他们都没有充足的论据证实焦虑所扮演的角色，即不懈追求安全感的角色。

神经症病人比精神健康的人要更焦虑，因为他必须耗费相当多的精力来维护他的安全感，这对于他重拾信心以抵抗潜在焦虑是非常必要的，而且这能给予他力量与坚毅。[1]人们完全可以放弃食物、金钱、关注、感情，只要他们能放弃对于满足感的追求。但是如果没有这些东西，人们就会感到贫困交加、饥肠辘辘或者在面对敌意时感到无助的话，他们就无法放弃这些东西。换言之，如果失去这些东西会让他们失去安全感，他们就不会放弃这些东西。

驱动的力量不仅有满足感，也有焦虑，这是通过精确的实验得出的结论。比如，那些惯于索取、抢夺或者共生依赖者，一旦失去了金钱、帮助或者情感支持，他们就会出现焦虑症状，或多或少还带点愤怒，一想到自己的孤立无助他们就会感到惊恐，如果他们得到了自己想要的东西，焦虑就会相应减轻。焦虑可通过吃东西、购物、受到关注或关心而减轻。那种对他人有控制欲、总认为自己是正确的人喜欢正义和权力，可是如果判断失误，或者处在人群中时（比如地铁），他们又感到非常恐惧。保守类型的人不仅珍惜钱财、收藏品和知识，而且当他们意识到自己的私人空间被入侵或暴露于人前时，他们会感到恐惧；他们也可能会在性交时产生焦虑；他们也许会感到爱情是危险的；当他们向别人透露了一点点哪怕是不重要的私人生活信息，特别是自己的感受之后，他们可能会充满焦虑地反思无数遍。类似的研究数据还将在后面讨论自恋和受虐的章节里再次呈现，它们一致表明，虽然这些追求能够带来或公开或隐秘的满足感，但是它们所具有的"必须"的特点，即坚持该做的事、绝不妥协的特点，都来源于其自身所担任的、旨在减轻焦虑的防御机制的角色。

与这些防御机制所对抗的焦虑，我在从前出版的书[2]中将其描述为基本焦虑，也就是面对这个充满潜在敌意的世界时产生的无助感。该概念与精神分析法的研究毫不相关，后者起源于力比多理论。在精神分析法中，与之最相近的概念就是弗洛伊德称之为"真实"焦虑的概念。该概念也是对环境的恐惧，但它完全是与个体本能驱力相关的。其主要含义是：孩子如果追求被禁止的本能驱力，那么他将害怕环境用阉割或失去爱来惩罚他。

基本焦虑的含义比弗洛伊德的"真实"焦虑要宽泛得多。它认为环境作为一个整体令人感到害怕，因为它是如此不可靠、虚假、不懂得欣赏、不公平、不公正、吝啬和残忍。根据这个概念，一个孩子不仅会因为内心产生了禁忌的驱力而害怕受到惩罚或遭受遗弃，还会感到整个环境对他的成长以及他最合理

---

[1] 卡伦·霍妮《我们时代的神经症人格》第五章。
[2] 卡伦·霍妮《我们时代的神经症人格》第三到第五章。

的期许和追求都是一种恐吓，他感到自己的个性被抹杀、自由被剥夺、幸福被阻拦。与被阉割相比，这种恐惧不是幻想，而是现实生活中的真实存在。在一个产生基本焦虑的环境里，孩子不能自由发挥精力，他的自尊和自立受到破坏，威胁和孤立慢慢导致了恐惧，在暴虐、准则或者过度的"爱"中，他的开朗和坦率被抹杀。

另一个基本焦虑的本质因素是孩子变得很无助，他没有足够的力量来面对侵犯。他不仅在生理上无助[1]，需要依靠家庭，还每每在自我主张时受到打击。他通常非常害怕表达自己的不满或指责他人，但他若真这么做，又会感到很内疚。受抑制的敌意导致了焦虑的发生，因为这种敌对的情绪一旦发泄到一个他所依赖的人身上，就会变成一种危险。

面对这些情况，孩子会倾向于产生一定的防御态度，也有人说这是策略，这样一来，他就可以应对这个世界，同时还可能获得满足感。他会持什么样的态度完全取决于整个环境中的综合因素：不管他是掌控、顺从、谦逊，还是封闭自己并筑起壁垒以防私人领地受到侵犯，这些都将取决于在现实当中哪种方式更接近他或者哪种方式最容易获得。

尽管弗洛伊德把焦虑视为"神经症的核心问题"，他还是没能意识到应该把焦虑无处不在的作用看作追求某种目标的动力。在认清了焦虑的角色之后，挫折的角色也就逐渐明朗了。显而易见，我们接受起挫折来不仅要比弗洛伊德猜测的更容易，甚至只要它能提供安全的保证，我们还会喜欢这种感觉。

在这种情况下，为了方便理解，我需要引用新的名词，我认为那些用来追求安全感的力量应称为"神经症倾向"。在很多地方，神经症倾向与弗洛伊德认为的本能驱力和"超级自我"相一致。弗洛伊德将"超级自我"视为各种各样的本能驱力的复合，而我却认为它首先是安全手段，也就是说它是追求完美主义的神经症倾向；弗洛伊德认为自恋或者受虐驱力的本质都是本能，而我则认为它们是朝向自我膨胀和自我贬低的神经症倾向。

将弗洛伊德的"本能驱力"与我的"神经症倾向"等同起来，好处在于比较他和我的观点时不会特别困难，但是我们也要考虑到这种对比从两方面来说是不准确的。根据弗洛伊德的观点，所有带有敌意的侵犯都是性本能所致。但是我却认为，只有在神经症病人感到通过侵犯才能获得安全感的情况下，侵犯才是一种神经症倾向，否则，我不会将神经症中的敌意视为神经症倾向，而仅将其视为对这种倾向的反应。比如，自恋的人之所以会产生敌意，是因为别人

---

[1] 在神经分析文献中，无助仅为单方面强调。

不认可他的自夸，所以他才会做出带有敌意的反应。而对于有受虐倾向的人，当他觉得被虐待或者期待复仇成功时，他的反应就会呈现出敌意。

另外一个不准确的地方已经不证自明。通常意义上，性不是神经症倾向而是本能，但是性驱力也一样带有神经症倾向的色彩，因为许多神经症病人需要靠性满足（手淫或者性交）来释放焦虑。

艾瑞克·弗洛姆提出，驱力的本质是本能的，这是一种更加全面的解读，[1] 其所基于的假设是：与深入理解人格及人格障碍有关的特殊需求在本质上并不是本能的，而是由我们生活的整体环境产生的。弗洛伊德并没有忽略环境的影响，但他仅仅将环境视为塑造本能驱力的因素。我在上述观点中将环境及其复杂性置于核心地位。在所有环境因素中，与性格的形成最为相关的因素是儿童成长时所面临的人际关系类型。对于神经症患者来说，这意味着他们的冲突倾向在根本上都是由人际关系紊乱造成的。

综上所述，以上观点的最大差异在于：弗洛伊德将神经症患者不可抗拒的需求视为本能或者它们的衍生物，他相信环境的影响仅仅局限于将本能驱力塑造成某种形式或者给予其特殊力量。基于我所描述的概念，我却认为那些需求不是本能的，而是孩子在对抗艰难环境时产生的需求。弗洛伊德将它们的力量归结为基本本能因素，而我认为，这些力量是个人获取安全感的唯一途径。

---

[1] 对于该问题，他在一些讲座中已经阐明，特别是在有关社会问题的讲座上，他在一份未出版的手稿中也对此进行了阐述。

第四章　俄狄浦斯情结

关于俄狄浦斯情结，弗洛伊德认为它是一种对父母一方有着性吸引同时又对另一方有着嫉妒的情结。尽管就个体来说，这是由父母对孩子生理需要的照顾所引起的，但弗洛伊德认为这种体验是由生物学因素决定的，它的各种变化都取决于特定家庭环境中个人情意丛的总和。对父母产生的性欲会根据力比多发展的不同阶段而发生本质上的变化，它们在对父母的生殖器渴望中达到高潮。

假设这种状态由生理因素决定，并具有普遍性，这就需要另外两种假设来支撑该论点。对于为什么大多数健康的成年人并没有俄狄浦斯情结这一事实，弗洛伊德认为这是因为他们身上的情结被成功地抑制了，就像麦独孤指出的那样；[1] 但对于那些不认可弗洛伊德关于情结的生物学本质这一观点的人来说，这个结论并没有说服力。此外，通过对母女或父子之间存在着紧密关系的发现，弗洛伊德认为同性的、异常的俄狄浦斯情结与异性的、常态的俄狄浦斯情结一样重要，从而对这个概念做出了扩展；因此，同性纽带，比如说一个女孩对母亲的依恋，最终将会变成对父亲的依恋。

弗洛伊德坚信俄狄浦斯情结的普遍存在性是以力比多理论的假设为基础的，因此只要是能接受力比多理论的人，就应该同样接受俄狄浦斯情结的普遍性理论。正如之前所提到的，根据力比多理论，每段人际关系在根本上都是以本能驱力为基础的。

当该理论被应用于亲子关系时，我们可以得出以下几个结论：期望能像父亲或母亲一样的愿望是口腔合并的衍生物，对父母的依恋可能是强化的口欲组

---

[1] 威廉·麦独孤《精神分析与社会心理学》（1936年）。

合的表现，[1]对同性父母的顺从可能是被动同性恋或者性受虐的倾向，而对同性父母的叛逆则很可能是与内心已有的同性恋渴望做斗争，更概括地说，任何对父母的感情或者温情都被视为目标抑制的性欲，当产生了一些被禁止的本能欲望（乱伦、手淫、嫉妒），就会害怕受到惩罚，那些预想中的危险就会阻止生理上获得满足（害怕被阉割、害怕失去爱）；最后一点，对父母的敌意如果与本能驱力受到的挫折无关，就会被理解成对性别对抗的根本表达。

　　每一种父母与孩子的关系都会呈现出一定的感情或态度，在任何人类关系中都是如此。对于能够接受性欲理论前提的人来说，这种关系充分证实了俄狄浦斯情结的普遍存在。毫无疑问，那些后来患上神经症或精神病的人，可能都与父母有着亲密的关系，不论这些关系是否与性有关。弗洛伊德的功劳在于，尽管在这方面存在着一些社会禁忌，但他还是认识到了这一点及其带来的影响。但是，孩子对父母产生的固着究竟是出于生理原因还是由某些可描述的环境因素导致，这个问题仍然有待考证，我坚信后者是正确答案。引发对父母一方强烈依恋的环境条件主要有两组，它们不一定有关联，但都是由父母引起的。

　　其中一组，简单地说，就是由父母激起的性刺激，这可能会出现在父母对孩子的不恰当性接触中，也可能出现在带有些许性色彩的爱抚中，或者出现在温室一般的情感氛围中，这种氛围可以是笼罩着全体家庭成员的，也可以是只接纳某些家庭成员，而排挤另一些被认为带有敌意的家庭成员。根据我的经验，这些父母的态度不仅仅是由他们在情绪上或性欲上的不满导致的，而且还有其他更为复杂的原因。在此，我不愿对其做过多的阐述，否则就过于偏题了。

---

[1] 引用奥拓·佛尼切尔的话："一个小女孩从还是婴儿起就被胃病困扰，为了治疗胃病，她一直都在用饥饿疗法，这就促成了她强烈的口唇欲。在生病之后的一段时间里，她养成了喝完牛奶就把奶瓶摔到地上并把它打碎的习惯。根据观察，我认为她是这么想的：一个空瓶子对我来说有什么用处？我想要一个满满的瓶子！作为一个孩子，她算是比较贪心的。口唇期固着也表现在她对失去爱的强烈恐惧和对母亲的强烈依恋。因此，当妈妈再次怀孕时，3岁的她感到非常失望。"［奥拓·佛尼切尔《窥阴癖本能与认同》，摘自《国际精神分析期刊》（1937年）］。

报告中暗含的假设只能是，对母亲的极度依恋、对失去母爱的恐惧、发脾气以及对母亲的憎恨都是由强化后的口唇期力比多所导致的，所有那些我认为相关的因素都已经被忽视了。饥饿疗法在此至关重要，它使孩子的注意力集中在食物上，但首先我想了解这个母亲是如何对待她的孩子的。据我推测，母亲的对待方式使小女孩产生了强烈的焦虑和敌意，导致她更加渴望得到关爱，得到无条件的爱，继而产生了强烈的嫉妒心和对于被拒绝、被抛弃的恐惧。此外，我认为乱发脾气和破坏性幻想所表现出来的敌意，一部分是因母亲而产生的敌意表达，另一部分是由于对爱的占有欲得不到满足而产生的愤怒表达。

　　另一组情况在本质上是完全不同的。在上一组因素中，存在着对于刺激产生的纯粹的性回应；而第二组因素，则与孩子或自发或应激所产生的性欲望没有任何联系，而是关乎焦虑。我们后面会看到，焦虑是各种冲突倾向或需求的结果。导致孩子焦虑的典型冲突在于，对父母的依赖（当孩子感到受到孤立和恐吓时，这种感觉就会加重）和对父母的敌对冲动之间的冲突。孩子产生敌意的方式有很多：感觉父母对其不够尊重，需要面对各种无理的要求和禁忌，受到不公正的对待，失去依靠，受到批评的打压，父母以爱之名对其进行操控，父母为了出人头地或实现他们的野心而利用孩子。如果一个孩子，除了依赖他的父母之外，还会受到他们或明显或轻微的威胁，那么这个孩子就会感到，任何针对父母的敌对冲动都会削弱他的安全感，因此这类敌对冲动就会引发孩子的焦虑。

　　有一种减轻焦虑的办法是依靠父母当中的一方，孩子一旦找到任何让他获得可靠情感的机会，他就会去做。这种出于纯粹的焦虑而产生的对一个人的依赖，很容易跟爱混淆在一起，而且在孩子看来，这就是爱。这与性色彩没有什么必然的联系，但又很容易带上这样的色彩。它的确呈现出了一种对情感的神经质需求（这种情感需求是由焦虑决定的）的所有特征，就像我们在成人神经症病人身上看到的那样：依赖、不满、占有欲、嫉妒那些干扰他或可能干扰他的人。

　　如此一来，结果就会呈现出弗洛伊德所描述的俄狄浦斯情结：对父母一方有着强烈依恋，对另一方表示嫉妒或嫉妒那些妨碍他独占感情的人。经验告诉我，绝大多数婴儿特有的对父母的依恋，与在对成年神经症病人的分析回顾中所发现的依恋一样，属于同一类症状，但是这些依恋的动力结构与弗洛伊德所坚信的俄狄浦斯情结截然不同。与其说它们主要是性现象，不如说它们是神经症冲突的早期表现。

　　将这种情况与主要由性刺激引起的对父母的依恋相比，我们发现它们有几处显著不同。对于由焦虑引起的依恋而言，性因素并不重要；它有可能发生，但也有可能完全消失。在乱伦的依恋情感中，目标是爱，但如果依恋是由焦虑引起的，主要的目标则是安全感。因此，在第一种情况里，依恋发生在父母当中引起爱或性欲的一方；而在第二种情况中，依恋发生在父母当中享有权威或令人敬畏的一方，因为赢得他/她的感情就意味着赢得最强有力的保护。在后者这种情况下，如果一个女孩将以前对专横母亲的依恋态度转移到了她与丈夫的关系中，这并不意味着丈夫取代了母亲的角色，而是出于一些有待分析的原因，这个女孩仍然感到非常焦虑，并希望能用儿童时期的办法来减轻焦虑，所以她现在开始依恋自己的丈夫，而不是依恋母亲。

这两组对父母的感情依恋都不是生物学上的现象，而是对外界刺激的一种反应。俄狄浦斯情结不具有生物学上的本质，这个论点似乎已被人类学家观察验证过了。研究表明，这种情结的产生源于家庭生活中的一系列因素，比如父母的权威性、家庭的隔离、家庭成员的多少、性禁忌以及类似的因素。

还有一个问题亟待解决：在"正常的"情况下，即没有受到刺激或焦虑的特别影响时，是否还会对父母产生自发的性欲感情呢？我们的知识仅限于患有神经症的孩子和成年人。但我还是倾向于这样一种观点——没有什么很好的理由可以证明，为什么天生具有性本能的孩子不应对父母或兄弟姐妹产生性倾向的情感。然而，值得质疑的是，如果没有其他因素的影响，这些自发的性吸引是否能达到弗洛伊德所描述的俄狄浦斯情结那种强度——性渴望强烈到引起相当厉害的嫉妒和恐惧，只能靠压抑来削减它们。

俄狄浦斯情结理论在很大程度上影响了现代教育。从积极的方面来说，这可帮助父母认识到，过于激发孩子的性意识、过度放纵、过度保护和谈性色变都会给孩子带来长久的伤害。从消极方面来看，它导致了一种错觉，让人们觉得只要能够适当唤起孩子的性意识、不严禁自慰、不打孩子、避免让他们看到父母性交以及不让他们太过于依恋父母，就已经足够了。这些片面的建议是危险的——就算严格遵守了这些原则，也会为将来患上神经症埋下隐患。为什么？对这个问题的回答跟回答"为什么精神分析治疗不太成功"是一样的：很多跟孩子成长密切相关的因素都被看作不重要的，因此没有给予它们应有的重视。我想，这类父母应持的态度是：要真正对孩子感兴趣，真正尊重、关心孩子，并且具有可靠和真诚的品质。

然而，片面性指向所带来的危害也并没有想象中的那么严重。至少对教育家提出的精神分析性建议是合理并易于实施的，因为它们主要是要避开某些具体的错误。但是那些涉及更多重要因素的建议，就像我之前提到过的、能创造更有利于孩子成长的环境的那些因素，因为它们会改变孩子的性格，所以实施起来要困难得多。

俄狄浦斯情结之所以重要，是由于它被认为会对未来的人际关系产生影响。弗洛伊德认为，人对他人所持的态度都是俄狄浦斯情结的不断重复。比如说，一个男人对另一个男人的蔑视态度，表明他正在逃避对自己父亲或者兄弟产生的同性恋倾向；一个女人如果不能发自内心地爱自己的孩子，那么这意味着她与自己的母亲是同一类人。

这些研究中具有争议的地方将与强迫性重复理论一同讨论，在此我仅指出：如果我们未能证实对父母的乱伦依恋是孩提时代的正常现象，那么将成年之后的性格怪癖视为对婴儿时期乱伦依恋愿望的反应，这种解读的有效性就值得怀疑。此类解读实际上是为了印证一种观点——俄狄浦斯情结常常发生并且具有非常强大的后效作用，但我们由此找到的证据其实来源于循环论证。

　　如果我们抛弃该理论的理论内涵，那么剩余的观点就不再是俄狄浦斯情结，而是具有高度建设性的研究——早年经历中人际关系的总和以不可低估的力量塑造了人的性格。一个人长大后对他人的态度，并不是婴儿时期的重复，而是由早在童年时期就已打下基础的性格结构导致的。

第五章　自恋的概念

精神分析法文献中所提到的"自恋"涵盖了许多不同的现象，它们包括虚荣心、自负、追名逐利、渴望得到爱却没有能力爱别人、不合群、正常的自尊、追求完美、创造欲、对健康、外表和智力水平的密切关注。因此对于临床上的自恋概念，我们很难有一个精确的定义。上述所有现象都有一个共同点，那就是关注自己或者仅关注与自己有关的态度。之所以产生这种让人迷惑的现象，是因为该术语在使用时仅限于其发生学意义，用以说明产生上述现象的根源就是自恋力比多。

与含糊不清的临床概念不同，自恋在发生学上的定义是很清晰的：自恋的人实际上只爱自己。格莱高力·兹柏格指出："'自恋'这个术语，并不是我们所认为的仅仅是自私或者以自我为中心的意思；它特指一种心理状态，一种自发的态度，在这种状态下，个体恰好只选择自己而非他人作为施爱的对象。不是说他不爱或者憎恶其他人，也不是说他希望所有的东西都属于自己，而是他内心只爱他自己，总是到处寻找可以映射出自己形象的镜子，然后倾慕自己，追求自己。"[1]

该概念的核心就是一种假设，假设只关注或过度重视自己的表现是一种自我迷恋。弗洛伊德指出：当我们迷恋某人时，不就是这样对他的缺点忽略不计，而高度评价他的优点吗？因此倾向于自我关注或过度重视自己的人毫无疑问会深深地爱着自己，该假设与力比多理论是相一致的。在此基础上，确实可以得出以自我为中心就是自恋的结论，正常的自尊和追求完美是其去性化后的衍生物。但是，如果我们不接受力比多理论，这种假设就仅仅是一种武断的观点。[2]实际上，只有极少数临床案例可以印证这一点，大部分都无法证明。

如果不从发生学的角度进行考虑，而是从自恋的实际意义来看，那么我认为它在本质上指的就是自我膨胀。心理上的自我膨胀，就像经济里的通货膨胀

---

[1] 格莱高力·兹柏格《孤独》，摘自《大西洋月刊》（1988年1月）。

[2] 参见迈克尔·巴林特《自我的早期发育阶段》，摘自《潜意识中的偶像》（1937年）。

一样，意思是表现出来的价值比实际价值要高。这意味着个人会因为自身的价值而热爱并倾慕自己，但他所认为的自身价值其实并没有充足的依据。[1]同样地，他也期待别人能够爱与仰慕那些他自身根本没有，或者不如他想象中程度那么高的品质。根据我给出的定义，如果一个人珍惜他真正拥有的品质或者他希望别人也珍惜这些品质，那么他就不是自恋。这两种倾向——自视过高和极度渴望别人不恰当的倾慕，是不可分离的。它们常常发生，尽管在不同的类型中，往往是其中一个占主导。

　　人们为什么要夸大自我呢？如果我们对那些倾向于本能根源说的、推测性的生物学答案不满意，我们就必须找到其他答案。因为在所有的神经症案例中，我们发现病人与其他人的人际关系存在根源性障碍，正如我们在前面的章节中所提到的，这种障碍早在孩提时代就因环境因素的影响而开始形成。[2]产生自恋倾向的最基本的因素是：孩子由于悲伤和恐惧而远离他人。他跟其他人的积极关系纽带变得不堪一击，他失去了爱的能力。

　　这样的不利环境也会导致他对自己的感觉障碍。在更严重的情况下，这不仅仅会伤害他的自尊，还会完全压抑个人的自发性自我。[3]导致这一后果的各种原因如下：父母永远都是正确的、是不容置疑的权威，孩子为了和父母和平相处只能选择完全迎合他们的标准；那些自我牺牲的父母给孩子造成一种印象，使孩子认为自己没有权利为自己而活，而应该为父母而活；如果父母把自己的抱负转嫁给他们认为天才的儿子，或者转嫁给他们认为公主的女儿，孩子就会感到父母只爱那些想象中的品质而不是爱自己本人。不管上述原因是如何呈现的，孩子为了让父母喜欢自己或接纳自己，就不得不努力变成父母所期待的样子。这些父母完全把自己的思想强加于孩子身上，由于恐惧，孩子不得不顺从父母的意愿，因此逐渐地失去了詹姆斯所称的"真我"。孩子自己的意愿、希望、感受、好恶和悲伤等都变得麻木了。[4]因此他们便慢慢地失

---

　　[1] 这里的重点是依据不够充足。一个人对自己和他人所呈现的幻想图景并不一定都是不切实际的，而有可能是对他实际所拥有的潜力的夸张描写。

　　[2] 参见第三章《力比多理论》和第四章《俄狄浦斯情结》。

　　[3] 艾瑞克·弗洛姆在关于权威的讲座中，首次指出失去自我对神经症的影响。另外，奥托·兰克的意志和创造性的概念里似乎也包含着类似的因素。参见奥托·兰克《意志治疗法》（1936年）。

　　[4] 斯特林堡在他的一个童话故事《没有自我的犹八》[《童话寓言》（1920年）]中也描述过这一过程。一个男孩生来就有坚强的意志，与其他的男孩子相比，他早早地就开始用第一人称说话。但是他的父母却告诉他，他没有自我。当他长大了些，他说我会有的。但是他的父母又告诉他，他没有意志。因为他有强烈的意志，所以听到这些说法他很惊讶，但还是接受了。当他长大后，他的父亲问他想做什么，他却不知道该怎么回答，因为他的意志已经被禁锢了。

去了正确评估自身价值的能力，他开始变得依赖他人的看法。如果有人认为他很坏或者很笨，那么他就是很坏或者很笨；有人命令他变聪明，他就会变聪明；有人认为他是天才，那么他就是天才。对于我们大部分人而言，自尊心多多少少也依赖于别人的评价，可这个孩子的自尊却是完完全全地依赖于别人的评价。[1]

这样的情况之所以会发生，也有其他原因。比如说直接打击孩子的自尊心、父母时常贬低孩子，使他认为自己一无是处；父母对其他兄弟姐妹的偏心使他的安全感岌岌可危，因此他想要尽全力脱颖而出，这些因素都直接伤害了孩子的自信、自强和创造能力。

在这种压抑的生活环境下，孩子有几种应对的方式：暗地里对抗性地遵守规则（"超我"），令自己表现得谦逊并依赖他人（受虐倾向），自我膨胀（自恋倾向）。选择什么样的方式或者主要选择哪种方式，取决于当时各种情况的集合。

一个人能从自大中获得些什么呢？

他通过幻想把自己塑造成杰出人物，来逃避自己一无是处的痛苦。不管他是否会有意识地将自己幻想成王子、天才、总统、将军、探险家，又或者只是意识到了他对自己的重要性有一种不可言状的感觉，他都可以完成他的幻想。他越是远离人群，不仅远离他人甚至也远离自己，就越是容易实现这种心理现实。这并不是说他像精神病患者一样抛弃现实，而是现实变成了临时性的角色，就好像一个基督徒，他希望他真正的生活能在天堂开始。他对自己的定义替代了受损的自尊，它们变成了他的"真我"。

在他自己创造的幻想世界里，他把自己塑造成英雄，同时安慰着那个没人爱没人欣赏的自己。对于其他人排斥他、看不起他、不爱真实的他，他认为那是由于他太高深莫测而别人对他无法理解。我个人的理解是，这种错觉的作用远大于给予他隐秘的、替代的满足感所产生的作用。我常常想，它们是否真的能解救那些完全崩溃的个人，所以，它们是否真的是救命稻草呢？

最后，自我膨胀其实是人们对于在积极的基础上与他人交往的尝试——如果他人不爱慕或者不尊重那个真实的他，他们至少应该重视和倾慕他。这是一个间接的过程，对爱的获取变成了对仰慕的获取。此后，他如果不能获得倾慕，就会感到不安，他无法理解为什么友谊和爱会包含客观的甚至是评判性的态度。对他来说不对他盲目崇拜就不是爱他，他甚至会怀疑那是对他的敌意。

---

[1] 按照威廉·詹姆斯的解释，他所依赖的是"社交自我"："一个人的社交自我就是别人对自己的认同。"

他会根据别人的钦慕或者奉承来评判他人，对他钦慕的人是好人、是卓越的，反之就没必要与他交往。因此他的大部分喜悦来自于别人对他的钦慕，他的安全感也取决于此，因为这种钦慕带给他一种错觉，使他觉得自己很强大，这个世界很友好。这种安全感的基础并不牢靠，只要一出现问题，潜在的不安全感因素就会完全浮现。实际上，就算不出现问题也会产生相同的效果：对他人的钦慕就足以带来同样的效果。

个性特征倾向的特定组合由此而来，也就是我们所说的基本自恋倾向，这种发展取决于远离自己和他人的程度以及焦虑的严重程度。如果早期的经历不是那么举足轻重，而后期环境又比较有利，这些基本倾向就会趋于消失。反之，它们会通过三个主要因素得到加强。

其中一个是渐增的低效率。对倾慕的追求可发展为对成功的强有力的助推，或者发展出一些为社会认可或受世人尊敬的高贵品质，但是也存在一定的危险性，个体在做任何事情时都得考虑对他人产生的效果。这种类型的人在选择女人时，不会在意这个女人本身的魅力，而会关心征服她是否能使自己感到快乐或为自己赢得声望。创作一件作品不是为了它本身，而是因为它能震撼人心。外表光鲜变得比物体的实质更重要，像浅薄、浮夸和投机倒把之类的危险将会扼杀个体的生产能力。就算个体能以这样的方式赢得声望，他也知道这不会持久，还会隐约感到不安，但又不明白为何不安。唯一能消除不安的方法就是加强自恋倾向：追求更多的成功以及增加更多关于自己的膨胀形象。有时候，他拥有一种难以理解的功能，他能把缺点和失败都说成是光芒万丈的东西。如果他写的作品不受欢迎，那是因为它们过于超前；如果他跟家人或者朋友合不拢，那也是由他们的缺点造成的。

另一个促使个体基本自恋倾向增长的原因是，他对整个世界的期待值过高，好像所有人都在亏欠他。他认为就算不用提供什么证据，别人也应该承认他是个天才；他不需要做什么事情，女人就会将他从万人中挑选出来。有时他内心也会感到困惑不已，比如，一个跟自己相熟的女人怎么会爱上别的男人呢。这种态度的个性特征就是，自己不需要主动付出就可以获得别人的奉献或赞美。这种特殊类型的期待是受到严格决定的，这所有的一切都在情理之中，因为他的自发性、独创性和主动性已经受挫，因为他害怕别人，那些原来促使他自我膨胀的因素也麻木了他的内心活动。因此，他内心的坚持告诉他，只有通过别人才能实现自己的期许。[1]对于这个过程，人们还未意识到其意义，但它引出了强化自恋倾向的两种方式：通过强调自己宣称的价值来证实对他人提出的要求是公正的；而为了掩盖他那不切实际的期待必然带来的失望，他不得不再三强调他所宣称的价值。

最后一点导致基本自恋倾向的源头是人际关系的持续恶化。个体对自己的错觉和他对别人的特殊期待肯定都会使他变得脆弱，因为这个世界并不认可他心理的诉求，他常常感到受伤，因此对别人产生了更多的敌意，变得更加离群，这种情况一而再再而三地重演，最终导致他只能在自己的幻想中顾影自怜。他把不能实现自己幻想的失败归咎于他人，所以对别人的怨恨也日渐增多，这就导致他养成了某些通常被认为"道德上不允许"的习惯：利己主义、憎恶、猜疑，如果别人不宠着他，他就要冷落他们。但是这些特点与他的自视甚高的观念相左，他的弱点已远远超过普通人所具有的弱点，因此他必须将这些弱点掩盖起来。要么压抑它们，乔装打扮之后再出现，要么就干脆否认所有的弱点。[2]因此自我膨胀起到了掩盖现有缺陷的作用，这与一句格言不谋而合：毫无疑问，像我这样的杰出人物，身上是不可能存在这种缺点的。

为了理解这两种显著的自恋倾向的差异，我们必须考虑两个主要因素。其中一个是，自恋倾向的人在现实中追逐钦慕幻觉或者只在幻想世界里有这样的追求达到了何种程度；这种差异归根结底是源头上的定量因素，简而言之，即个体精神崩溃的程度。另一个因素是自恋倾向与其他性格倾向融合的方式，比如说，它们可能与完美主义倾向、受虐倾向[3]和施虐倾向相互缠绕在一起。这些不同性格倾向之间频繁地互相渗透是因为它们有类似的根源，它们是为了解决相似的不幸而产生的不同解决方案。在精神分析文献中，许多归咎于自恋的矛盾特质，导致我们在一定程度上没有认识到自恋只是人格结构中的一种特殊倾向，只是一种给人格特征抹上特定色彩的倾向组合。

自恋倾向也可能与离群倾向相结合，这种倾向是精神分裂症病人的特征。在精神分析文献中，逃避人群的人被视为天生就有自恋倾向；但是，虽然在感情上疏远人群是自恋倾向固有的现象，但逃避人群不是。相反地，一个有明显

---

[1] H. 舒尔茨·汉克曾在《命运与神经症》（1931年）中指出这种过程对于神经症的重要意义。他声称任何一种神经症的基本过程都可简洁地分为恐惧、惰性和过分的要求。N. L.比利斯坦在他的文章《述情障碍》［摘自《神经学和精神病学档案》（1936年）］中强调了对他人提出不合理要求以及希望不劳而获的重要性。

[2] 由自我膨胀导致的压抑，看起来要比那些由完美主义追求引起的压抑轻微一些（参见第十三章《"超我"的概念》）；通常情况下，与个体自我膨胀形象不符的倾向都会遭到否决或加以粉饰。

[3] 参见弗里茨·维特斯《受虐狂的秘密》，摘自《精神分析评论》（1937年）。

自恋倾向的人虽然没有能力去爱别人，却需要人群作为倾慕和支持的来源。因此，在这些情况下，解读自恋倾向与离群倾向的结合要更准确一些。

自恋倾向在我们的文化情境中很常见。人们常常感到没有能力获得真诚的友谊和爱情，他们以自我为中心，也即他们只关心自己的安全感、健康、认同感；他们缺少安全感，并且高估自己的重要性；因为他们依靠别人来评价自己，所以他们对自己的价值缺乏判断，这些典型的自恋特征不仅仅局限于患有神经症的人。

弗洛伊德通过生物本源的假设来解释这些倾向出现的频率。这种假设再次证实了弗洛伊德对本能概念的坚持，但也同样反映了他总是忽略文化因素的坏习惯。实际上，这两组导致自恋倾向的因素在我们的文化中也发挥着它们的影响。很多文化因素都会给人们带来恐惧和敌意，导致人们互相疏远。还有很多普遍的影响会阻碍个体的自发性，比如说情绪、思维和行为的标准化，以及人们经常以貌取人而不看重他人真实的本质。此外，对于声望的追求成了克服恐惧和内心空虚的工具，这显然也是一种文化现象。

综上所述，弗洛伊德教会我们怎样观察[1]自大和以自我为中心的现象，我们可据他的观点给出不同的释义。我认为"本能就是根源"这一假设阻碍了我们去理解个体特征倾向对于性格的重要意义，不仅是在这个问题上，在其他的心理问题上也是一样。我个人认为，自恋倾向不是从本能中衍生的，而是一种神经症倾向，在这个案例中，它试图通过自我膨胀来应对自我与他人。

弗洛伊德认为普通的自尊和自大都是自恋现象，不同之处仅仅是数量上的差别。我个人认为，无法清晰地区分这两种态度使得这个问题更加扑朔迷离，自尊和自我膨胀之间的区别不在于数量而在于质量。真正的自尊取决于人们实际拥有的品质，而自我膨胀意味着对自己和他人展现没有真实基础的品质或成就。如果出现其他情况，再加上与个体的自发性相关的自尊和其他品质受到阻碍，自恋倾向就会产生，因此，自尊和自我膨胀是互相排斥的。

最后，自恋的表现不是自爱，而是对自己的疏离。更简单地说，一个人如果依赖对自己的幻觉，那是因为他已经迷失了方向。这就说明爱自己和爱他人之间并没有关联，与弗洛伊德的观点不同。但是，基于弗洛伊德在本能第二理论中提出的自恋和爱的二元论，如果不考虑其理论含义，那么这个理论其实包

---

[1] 西格蒙德·弗洛伊德的《论自恋：导论》[《论文集》第四卷（1914年）]。也可参见欧内斯特·琼斯的《基督情结》[《国际精神分析期刊》（1913年）]以及卡尔·亚伯拉罕的《神经症反抗精神分析法的特殊形式》[《国防精神分析期刊》（1919年）]。

含着一个古老而重要的真相。简而言之，任何以自我为中心的行为都会降低对其他人的兴趣，这就削弱了爱人的能力。但是，弗洛伊德在他自己的理论中还指出了其他内涵。他认为自我膨胀倾向是由自爱产生的，他还认为，自恋的人之所以不会爱人是因为他太爱自己了。弗洛伊德认为自恋就像一个水库，因为爱自己太多，已经将水库的水抽干，所以便无力再爱他人（即把力比多给予别人）。我个人认为，一个自恋的人不仅在疏远别人，也在疏远自己，因此在某种程度上，他没有能力爱自己，也没有能力爱其他任何人。

第六章　女性心理学

　　弗洛伊德认为人的心理怪癖和两性障碍都是由双性倾向造成的。简单地说，男性的很多心理障碍可以归因于对自身女性倾向的排斥，而一些女性的心理怪癖则来自根植于内心的想要成为男性的愿望。在上述思想中，与对男性的心理分析相比，弗洛伊德对于女性心理的分析要更加详细，因此我们只讨论他的女性心理学观点。

　　根据弗洛伊德的分析，一个小女孩在成长过程中最令她苦恼的发现是别人有阴茎而自己没有，"这一发现会成为这个女孩人生的转折点"[1]。对此，她的反应就是真诚地希望自己也能拥有阴茎或长出阴茎，伴随着她的还有对那些拥有阴茎的幸运儿的嫉妒。正常情况下，阴茎嫉妒不会像这样持续发展；在意识到这种缺失是一个不可改变的事实之后，小女孩的愿望会由拥有阴茎转变为拥有孩子，"拥有孩子是对其身体缺陷的一种补偿"[2]。

　　阴茎嫉妒最初仅仅只是一种自恋现象。与男孩相比，因为自己的身体不够完整，女孩感觉自己受到了冒犯，但这在对象关系中也存在着根源。根据弗洛伊德的分析，无论男孩还是女孩，母亲都是其第一个性对象。女孩对阴茎的渴望不仅是为了满足自恋式的自尊，还有对母亲的性的欲望，只要这种欲望是生殖性的，它就带有男性的特征。由于没有意识到异性相吸的基本力量，弗洛伊德提出了一个的疑问：为什么女孩要把这种性依恋从母亲身上转移到父亲身上？对于这种情感转移，弗洛伊德给出两种答案：一是由于女孩在潜意识把阴茎的缺失归咎于母亲，从而对母亲产生敌意，二是希望能从父亲那里获得这个器官。"毫无疑问，女孩性依恋的转移根本上还是对阴茎的渴望。"因此，在最开始的时候，无论是男孩还是女孩，都只知道一种性：男性。

　　阴茎嫉妒在女性的成长过程中会留下难以磨灭的痕迹，即使是最正常的

---

　　[1] 西格蒙德·弗洛伊德《精神分析引论新编》（1933年），"女性心理学"章。以下关于弗洛伊德观点的论述主要以此为基础。

　　[2] 卡尔·亚伯拉罕《女性阉割心理的表现形式》，《国际精神分析期刊》（1921年）。

成长，想要消灭这种痕迹也要付出巨大的努力。女性的一些最重要的态度或愿望，也都是从对阴茎的渴望中汲取能量。对此，弗洛伊德有一些重要的论点，简要列举如下。

弗洛伊德认为，对于女性来说，由于孩子可以延续她对阴茎的渴望，所以生男孩成为女性最强烈的愿望，一个儿子便象征着对女性这种愿望的满足。"唯一能够给母亲带来完全的满足感的，就是她和儿子的关系，她能够把自身所有被压抑的抱负转移给儿子，并从那里获得对于一直保留在内心的男性情结的满足"。

怀孕期间，母亲象征性地拥有了阴茎（孩子象征阴茎），这种满足感让她感到愉悦，尤其是原本会出现的神经症障碍也因此减弱。当由于某种功能性原因造成推迟分娩，一般的猜测是母亲不想同象征阴茎的孩子分离。另一方面，母性是对身为女性本质的一种暗示，因此它可能会遭到排斥。同样地，在月经期间出现抑郁和恼怒的情绪也是因为月经是对身为女性本质的一种暗示，痛经常被归咎于父亲阴茎被吞没的幻想。

阴茎嫉妒最终会导致与男性关系的障碍。女人求助于男人，希望能得到一件礼物（象征阴茎的男孩），或者希望男人能帮助她们实现心中所有的抱负，如果男人辜负了她们的期望，她们也会轻易地背叛男人。女性有一些倾向，例如超越男性、贬低男性或者力争独立以漠视男性的帮助，这些都是女人对男性嫉妒的表现。在两性现象中，女人失去贞操后，就开始公然反抗女性角色；女人感到失去贞操就像被阉割一样，所以她可能会憎恨自己的性伴侣。

实际上，女人的特征基本上都与阴茎嫉妒有关。由于不像男人一样拥有阴茎，女人会自认为低男人一等，并轻视身为女人的自己。弗洛伊德认为，女人为了补偿自己没有阴茎的缺陷，往往会表现得比男人更虚荣。女人身上表现出来的谦逊，最终就是为了掩盖她在生殖器上的"缺陷"。女人性格特征中的羡慕和嫉妒也是由阴茎嫉妒直接导致，她产生嫉妒的倾向是因为"没有正义感"，"更喜欢属于男人领域的精神和职业爱好"[1]。实际上，所有女人的抱负和追求，在弗洛伊德看来根本上都是对阴茎追求的愿望。同时，亚伯拉罕指出，就算是有着特别女性化的抱负，比如说想成为最美的女人或者希望嫁给一个最有前途的男人，也是阴茎嫉妒的表现。

尽管阴茎嫉妒的概念与解剖学差异有关，但它与生理性思维还是存在冲突的。这就要求相当多的证据来证明，女人在生理上是女人的构造，在心理上却

---

[1] 卡尔·亚伯拉罕《女性阉割心理的表现形式》，《国际精神分析期刊》（1921年）

期待拥有异性的品质。但实际上能证实这个观点的证据少之又少，主要包括三个观察结果。

第一，有研究指出，小女孩常常表达想要拥有阴茎、长出阴茎的愿望。但是，没有理由认为，这种心愿比同样频繁出现的想要拥有乳房的心愿具有更重要的意义；此外，与这种对阴茎的渴望同时出现的，还有一种在我们的文化中被视为女性化的行为。

另外，研究还发现，一些女孩在青春期前不仅希望变成男孩，还希望通过她们男孩子气的举止来证实这一点。但是，我必须重申，我们的问题在于我们是否真的能根据它们的表面价值来判断这些倾向的真实性；当分析这些因素时，我们发现更有利的证据来证明女孩子希望有男子汉气概的愿望：逆反心理，对自己作为一个女孩不够漂亮而感到的绝望。实际上，女孩从小都是在十分自由的环境下长大的，这种行为已经不多见了。

最后，研究指出，成年女性也有可能想成为男人，这些愿望有时会很明确地表现出来，有时会在梦里通过阴茎或者象征阴茎的东西呈现；她们还可能轻视女性，或者因身为女性而感觉低人一等；阉割的倾向会有所流露，或者在梦中经掩饰或不经掩饰地表达出来。但是，对于后面观点的论证，尽管它们确有发生，但是并不像分析文章中所指出的那样频繁。同时，这些观点只适用于患有神经症的女人。最后，它们可以被赋予不同的解读，因此这类观点并不需要得到完全的证实。在对它们进行批判性的讨论之前，让我们先来理解弗洛伊德和其他很多分析家是怎样看待"阴茎嫉妒对女性性格的决定性影响"的明确证据的。

我个人认为，论证这种观点有两个主要因素。在理论偏向的基础上——这种偏向在某种程度上与现有的文化偏见相辅相成，分析家认为以下女性病人的倾向都是未经证实的潜在阴茎嫉妒：控制男人、斥责他、嫉妒他的成功、自己野心勃勃、自给自足、不接受帮助。我怀疑这些倾向有时候只是强加于阴茎嫉妒的观点上，并没有更多的证据。但确实，我们可以轻易地发现更多证据：同时埋怨女性功能（比如说痛经）或者性冷淡，或抱怨自己的兄弟更受父母青睐，或常常指出男人的社会地位所带来的特定优越性，或在梦里出现某种象征（一个女人手持棍子、切香肠）。

在审视这些倾向时，我们发现男性神经症病人和女性神经症病人都有这样的特点。想要发号施令、以自我为中心的野心、嫉妒和斥责他人都是时下神经官能症中从不缺席的因素，尽管它们在神经症结构中所扮演的角色有一定的区别。

此外，针对女性神经症病人的观察告诉我们，所有这些倾向不仅仅是针对女人或者小孩的，还包括男人。有一种很武断的说法：她们与别人的关系只是她们与男人关系的扩张。

最后，关于梦的象征问题，任何对男子汉气概的期望都流于表面，我们并没有深究其更深层次的意义。这种分析过程与传统的分析态度相左，其实它仅可以归结为理论上先入为主的主导力量。

另外一个佐证"阴茎嫉妒有着重要意义"论点的证据并不出自分析者，而是来自他的女性病人。一些女性病人对于"阴茎嫉妒是她们生病的根源"这种解释不以为然，而另外一些则很快接纳了这种说法，并从女性和男性的角色来讨论她们自己的难题，甚至出现顺应这种思维的梦境。这些病人并不是轻信他人之人，但凡有经验的分析师，都会通过分析病人是否顺从而易受影响，从而尽量减少由此带来的错误判断。就算没有分析师的暗示，有些病人也会自觉地将自己的问题从男性和女性的角度来分析，因为人们会自然而然地受到相关文献的影响。但是这也有一个更深层的原因，它解释了为什么很多病人乐意接受阴茎嫉妒这种解释：这些解释能够提供相对而言伤害较小和容易操作的解决办法。对一个女人来说，要解释为什么她在丈夫面前表现得那么不耐烦，她更容易接受——她可以说，这是因为她很不幸，天生没有阴茎，而丈夫却有。但让她们接受其他的想法却很难，比如，她们发展出了一种正义且完美的态度，这让她无法忍受别人的怀疑或反对。对于病人来说，相较于承认自己对环境提出了太多要求，以及一旦不顺意便会大发雷霆，她们更容易接受的说法是，自己一出生就要面对不公平的待遇。因此，分析家的理论性偏见与患者刻意回避自己真正问题的倾向可能是一致的。

如果想要拥有男子汉气概的愿望遮掩了她们心中被压抑的驱力，那么，是什么导致了她们以如此方式来表达呢？

我们首先分析一下文化因素。就像阿尔弗雷德·阿德勒所指出的，做一个男人的愿望，只是对于希望拥有文化中被认为具有男子气概的品质或特权的表达，比如说力量、勇气、独立、成功、性自由和择偶的权利。为了避免歧义，我将在此明确表示：我并不认为阴茎嫉妒仅仅象征着对我们文化中所认为的阳刚品质的向往。这显然是说不通的，因为没有必要压抑对这些品质的向往，因此也不需要任何象征性的表达。只有当心理倾向或感情被赶出意识时，我们才需要这种表达。

那么被"渴望拥有男子气概"所掩盖的是什么呢？受到压抑的真正追求是什么呢？这个答案并不是放之四海而皆准的，而是必须根据每个病人的情况和所处的特殊情境来分析。为了发现那些被压抑的真正追求，就不能以她身为女人而感到低男人一等的自卑倾向为基础来分析，不能仅仅只看这种倾向的表面价值；而应向她说明：每个人都隶属于一个少数群体或弱势群体，人们会倾向于利用这个身份来掩饰由其他各种原因所导致的自卑感，因此，找到其他导致自卑的原因对我们来说很重要。根据我的经验，最常见也是最可能的原因就是病人在现实生活中，无法实践她所持有的、虚浮膨胀的自我认知，而这些膨胀的自我认知又极其必要，因为它们帮助掩盖了各种各样不被承认的虚假和自夸。

另外，我们必须认识到一种可能性，她们对成为男人的渴望也许是一条帷幔，遮盖了她们被压抑的野心。神经症病人的野心可能是极具破坏性的，且自带焦虑症，因此她不得不压抑这种野心。其实无论男女都会这样，但由于文化环境的影响，一个女人内心的、受压抑的破坏性野心会以一种相对无害的象征形式来表达，即想要变成男人的愿望。精神分析的任务就是找到这种野心中的自我中心因素和破坏性因素，并分析是什么造就了这种野心，还要分析它对人格特征产生了何种影响——爱的抑制、工作的抑制、嫉妒竞争对手、自我贬低的倾向、害怕失败和害怕成功。[1]一旦我们解决了病人野心下所掩盖的问题以及她对自己过高的看法或期待，她就会马上打消想要成为男人的愿望，以渴望阳刚之气作为一个具有象征意义的帷幔来掩盖自己就是完全没必要的了。

简而言之，关于阴茎嫉妒的解读会阻拦我们正确理解一些基本困难，比如野心以及与之相关的整个人格结构。这些解读模糊了真正的问题，特别是对治疗角度而言，因此我是竭力反对的。同样，我还反对男性心理学中关于双性情欲重要性的假设。弗洛伊德认为在男性心理学中，与阴茎嫉妒相符的是"抗拒对其他男人所持有的被动或女性化的阴柔态度"[2]。他称这种恐惧为"拒绝女性特质"，还将各种问题产生的原因都归结于它。我却认为，只有那些需要将自己包装完美的人和极具优越感的人才会产生这些问题。

弗洛伊德提出过两个观点，它们彼此相关，且都与女性天生的特质有关。一个是女性化"同受虐倾向有着隐秘的联系"[3]，另一个是女人内心对于失去爱的恐惧就好像男人对被阉割的恐惧一样。

海伦·朵伊契也详述过弗洛伊德的这个观点，并将其概括为受虐倾向是女

---

[1] 参见卡伦·霍妮《我们时代的神经症人格》（1937年），第10—12章。

[2] 西格蒙德·弗洛伊德《可终止与不可终止的分析》。

[3] 西格蒙德·弗洛伊德《引论新编》。

性心理生活的基本力量。她认为女人在性交中的最终愿望就是被强奸和暴力侵犯，她在心理生活中的需要就是被侮辱；痛经对于女人来说很重要，因为它能实现她们的受虐幻想，分娩代表受虐满足的高潮。由于作为母亲可体会某种牺牲精神和对儿女的关怀，因此身为母亲的快乐就是一种旷日持久的受虐满足过程。根据朵伊契的理论，因为这些受虐追求，女人多多少少都会有性冷淡，除非在性交中她们被强奸或者感到被强奸、被伤害、被侮辱。[1]拉多认为女人期望有男子汉气概是为了抵抗女性的受虐追求。[2]

根据精神分析理论，性态度塑造心理态度，"受虐倾向有着特殊的女性化基础"这一观点有着极其深远的意义。这个观点假设所有女人，至少是大部分女人基本上都渴望成为顺从的和依赖的女人，"在我们的文化中女人的受虐倾向比男人要常见"这一印象成了支撑以上观点的佐证。但必须注意的是，这些有效的信息仅仅涉及患有神经症的女人。

很多患有神经症的女人认为性交是一种受虐，女人是用于满足男人兽性的猎物，因此她们必须做出牺牲，也因为自己的牺牲而变得低微，她们还有着性交导致身体受到伤害的幻想。一些患有神经症的女人还会有着分娩受虐幻想，很多患有神经症的母亲扮演着牺牲者的角色，还要不断强调她们为孩子做出了多少牺牲，这就证实成为母亲显然为女性神经症病人带来了受虐满足。还有一些患有神经症的女孩试图逃离婚姻，因为她们预见自己将会被未来的丈夫奴役和虐待。最后，女性的受虐幻想最终会导致她们拒绝接受自己的性别并想要成为男性角色。

假设女性神经症患者中受虐倾向发生的频率的确远远大于男性患者，那么这应该作何解释呢？拉多和朵伊契试图证明女性在成长中特有的因素决定了这一现象。我没兴趣讨论这些假设，因为这两位作者都认为，基本因素是女孩没有阴茎或女孩发现这一事实之后的反应。我认为这种设想是不正确的，实际上，我不相信能从女性发展过程中发现任何导致受虐倾向的特殊因素，因为所有这些假设与尝试都是基于"受虐本质上是性现象"这一前提。诚然，就像在受虐幻想和性变态中所表现的那样，性受虐确实尤为显著，并在第一时间就吸引了精神分析学家的注意。但是，我认为受虐并不主要是性现象，而是由人际交往中特定的冲突导致的结果，我在后面的章节会阐述这一观点。一旦受虐倾

---

[1] 海伦·朵伊契《女人精神生活中受虐的重要性》（第一部分"女性化受虐与性冷淡的关系"），摘自《国际精神分析期刊》（1930年）。

[2] 山多尔·拉多《女人对阉割的恐惧》，《精神分析季刊》（1933年）。

向产生，它会在性方面占据主导地位，就成了性满足的条件。从这点上来说，受虐并不是特定的女性化现象，因此那些试图从女性化发展中为受虐态度寻找特定因素的分析家们，当然无法完成任务。

我个人认为，我们不要从生物学角度分析，而要找到文化原因。那么，文化因素是否真的对女人产生受虐倾向起作用呢？对于这个问题的回答取决于人们认为受虐动力中最基本的因素是什么。简而言之，我认为受虐现象代表着人们想要通过依赖和弱化自己获取生活中的安全感和满足感。就像后面章节将要提到的，这种基本生活态度决定了个人解决问题的方式；比如，它导致个人可通过他人的弱点和痛楚来控制他们，通过受到折磨来表达敌意，通过生病来为失败找借口。

如果这些假设都是正确的，那么文化因素的确促进了女人受虐态度的形成。这些文化因素对上一代人的影响更为明显，但是其余波依旧渗透到了当代人的生活中。简单地说，这些因素包括：女性更强的依赖性，对女人弱点和柔弱的强调；认为女人天生就应该依赖别人，女人只有借助外力，比如家庭、丈夫、孩子，才能获得充实而有意义的生活。这些因素本身是不会引发受虐态度的。历史已经证明：女人可以在这些条件下感到快乐、满足和充实。但是，我认为此类因素导致了女性神经症发展过程中受虐倾向的广泛存在。

弗洛伊德认为女性的基本恐惧是害怕失去爱，这个观点隐含于一个基本假设之中——女性成长中存在着导致受虐倾向的特定因素。在所有特征中，受虐倾向意味着对他人情绪上的依赖，为了对抗焦虑、赢得安心，一个主要方式就是获取情感，所以害怕失去爱就是受虐特有的特征。

但是，对于我来说，相较于弗洛伊德的两个关乎女性自然属性的观点——阴茎嫉妒和受虐倾向的特定女性基础，最后一个论点就我们文化中的健康女性而言也有几分有效性。导致女性过度重视爱并害怕失去它的，是显著的文化因素而非生物学因素。

几个世纪以来，女性都无权承担社会经济和政治责任，仅被辖制于私人情感生活领域。然而，这并不意味着女性没有肩负任何责任，也不需要工作。她们的职责范围局限于家庭圈子中，因此仅以情感主义为基础，这与理性客观、就事论事的人际关系大相径庭。同时，在另一方面，我们一直认为爱和奉献是女性特有的理想和美德。此外，既然女性只能从她与男性和孩子的关系中获取快乐、安全和声望，那么爱就有着实际价值，这可以等同于在男性世界中任何与挣钱能力有关的活动。因此，不仅外界文化情境不鼓励女性去追求感情世界之外的东西，就连女人自己也认为这些追求是次要的。

因此，不仅是以前存在，现今在某种程度上仍然存在一个很现实的原因，解释了为什么在我们的文化里，女人总是高估爱的作用，并期望从中获得远远超出它实际能够给予的东西，这也阐明了为什么女性比男性更害怕失去爱。

这种文化情境使女性认为爱是生活的唯一价值，其中的含义也对理解现今女性特定性格的形成有一定的作用。其中一个是她们对衰老的态度：女人对年龄的恐惧及其含义。长久以来，女人仅可达到的成就都是通过男人来实现的，包括爱、性、家庭或者孩子。因此对于女人来说，取悦男人变得至关重要，故而女性对美貌和魅力的狂热追求至少在某些方面而言是有益的。但是与此同时，过分关注肉体情欲的吸引力又会带来焦虑，令她们担忧韶光逝去、美人迟暮。如果一个年近半百的男人感到恐惧或者情绪低落，我们就会考虑他有神经症问题，然而在一个女人身上发现这些问题却被认为是合情合理的——只要性吸引代表着独一无二的价值，那么它就是自然的。虽然年龄是所有人都需要面对的问题，但当永葆青春成为注意力的焦点时，它就会成为一个让人绝望的议题。

这种恐惧不只局限于担忧衰老会导致女性吸引力的丧失，还会使她的整个人生都笼罩在一片不安之中。这导致了母亲对青春期女儿的妒忌，它不仅破坏了她们之间的关系，还会使母亲迁怒于所有的女人。如此一来，女人就不能正确评估除了肉体吸引力之外的品质，比如说成熟、镇定、独立、自主判断和智慧。如果女人总是对自己日趋成熟的年龄持有一种贬低态度，认为这是在走下坡路，那么她对待自己人格发展的态度则远没有她对待感情生活时来得严肃认真。

女性把一切期待都寄托于爱，这在某种程度上导致了她们对自身女性角色的不满，弗洛伊德将此归因为阴茎嫉妒。就这一点而言，造成这种不满的原因主要有两种：其中一个原因是，在一种文化里，所有人际关系中都存在着障碍，人们很难从感情生活（在此我并不是指性关系）里获取快乐。另一个原因是，这种情境导致了自卑感。有时候，问题在于我们的文化中究竟是男人还是女人更加饱受自卑感的折磨。这些心理状态很难被准确测量，但是也有区别：男人之所以感到自卑并不是因为生而为男人，但是女人常常因为身为女人而感到自卑。就像我之前提到过的，我相信这种不足感与女性或娘气是无关的，但它却利用有关女性的文化内涵掩盖导致自卑感的其他原因，而其他原因从本质上而言，同时适用于男人和女人。因此，在文化上依旧存在着一些原因，致使女性的自信心极易受到干扰。

良好稳固的自信心是建立在广泛的人类品质基础之上的，比如创造力、勇气、独立、天赋、性魅力和掌控局面的能力。只要持家被认可为一项涵盖多重职责的任务，只要不限制子女的数量，女性就会感到自己也是推动经济发展的重要一环，如此一来，她良好的自尊就建立在了坚实的基础之上。然而，这种基础慢慢消失了，女性逐渐感到失去了她自身价值的根基。

就自信心的性基础而言，不论他人如何评估，清教徒式的影响通过赋予性欲以罪恶、低贱的内涵来贬低女性。因此，在男权社会里，女人注定会变成罪恶的象征，这在早期基督文献里是有迹可循的。这是非常重要的一个文化原因，解释了为什么女人至今仍然会认为性玷污了自己，使自己下贱，并因此降低了自尊心。

最后一个就是自信的情感基础。但是如果人们的自信建立在给予爱或接受爱，那么这种根基就过于狭隘和动荡——过于狭隘是因为它忽略了太多个人人格价值，而过于动荡则是因为它依赖太多外在因素，比如说寻找合适的伴侣。另外，这很容易在情感上过度依赖他人的赏识和喜爱，如果别人不爱或者不认同她，那么她就会觉得自己毫无价值。

就所谓的女性被赋予的自卑而言，弗洛伊德还算是发表了一番让人欣慰的评论："但是你不能忘记，我们所描述的女性，是仅就'她们的本质由性功能决定'而言的。这一点的确影响深远，但是我们更应当记住，一个女人首先是一个人。"我相信他真的是这么想的，但是人们更希望能看到这个观点在他的整个理论系统中占据一席之地。在弗洛伊德的最新的几篇关于女性心理学的文章里有几句话表明，相较于他早期的研究，他正在考虑文化因素对女性心理学的影响："但是我们一定不要低估社会习俗的力量，它将女人逼到被动的境地，这整个问题还是模糊不清的。我们不应忽视女性特质与本能生活之间的恒定关联，她们的攻击性所受到的抑制，也就是她们自身的生理构造和社会施予她们的压力，助长了她们强烈的受虐冲动，这些冲动将已经内化的破坏性趋向以一种性欲的方式捆绑起来。"

然而，弗洛伊德的研究具有生物学导向，因此他没有也不可能在他的前提基础上解释以上所有因素的重要性。他无法想象在何种程度上它们塑造了愿望和态度，也无法评估文化环境和女性心理学内在联系的复杂性。

我认为，大家都认同弗洛伊德关于两性生理结构和功能的不同会导致精神生活差异的观点，但是对这种影响的确切本质的思索并没有什么建设性意义。美国女人与德国女人不同，她们又都与普韦布洛的印第安女人不同，纽约的女人与爱达荷州农夫的妻子不同。特定的文化环境造就了特定的品质和能力，这一点对于男女皆适用，希望我们都能理解这一点。

第七章　死亡本能

　　弗洛伊德在他的第三个也是最后一个本能理论中放弃了"自我力比多"与"客体力比多"的二元论，取而代之的是他曾提出的力比多驱力和非力比多驱力的对比，但又有一个显著不同。弗洛伊德先前认为，自我保存驱力——"自我驱力"是性冲动的对应物，而现在，这个对应物变成了一个与之前完全对立的本能——自我毁灭本能。在其主要的临床意义上，该二元论即性本能（包括自恋和客体爱）与毁灭本能之间的对比。

　　在人类历史上，频频出现的战争、革命、迫害、各种专制和犯罪等残酷行为都在告诉人们什么是破坏本能。这些事实让我们认识到人们需要一个出口来宣泄自身的敌意和残忍，并且不会放过任何一线可以释放的机会。此外，大量微小且原始的残忍行径在我们的文化中不断上演，剥削、欺骗、侮辱和欺凌弱小的事情每天都在发生。甚至在那些本应该充满爱和友谊的人际关系中，也常常是暗流涌动、敌意横行。弗洛伊德认为，只有一种人类关系不会混杂敌意，那就是母亲和儿子的关系。而实际上，这唯一的例外也只是一种痴心妄想，残忍和毁灭在我们的幻想中与在现实中一样强烈。即使我们只受到表面上的轻微冒犯，在梦中我们可能就已将对方撕个粉碎或者极尽凌辱。

　　最后，破坏性的欲望和行为并不仅仅只是针对别人，也有很多是针对自己。比如一些自杀行为，神经错乱者的严重自残，一般神经症病人可能也会有自虐的倾向，他们折磨、贬低、嘲弄自己，剥夺自己的快乐，对自己提出不可能完成的要求，并因为不能达到这些要求而严厉地惩罚自己。

　　弗洛伊德早先认为敌意的冲动和表现与性有关，它们在一定程度上是施虐的表现，即性欲中的一元驱力，在一定程度上又是对沮丧的反应或是对性妒忌的表达。后来弗洛伊德意识到，他的解释并不充分，还有更多的破坏冲动和行为与性本能有关。

　　"我知道我们总是能看到破坏本能的表现与色情纠缠在一起，内隐或外显于施虐与受虐之中；但是我不能理解我们如何能够对普遍存在的非性欲侵犯和破坏行为熟视无睹，而且我们在解读生活的过程中没有给予它应有的重视。"[1]

破坏本能独立于性的假设并没有给力比多理论带来根本性的改变，仅有的一个理论变化是，施虐和受虐不再被认为是完全的力比多驱力，而是力比多驱力和破坏驱力的融合。

如果破坏驱力在本质上是本能的，那么它们的器官基础是什么？为了回答这个问题，弗洛伊德利用他称之为推测的特定生物学考察方法来进行分析。这些猜测源自他关于本能本质的概念和强迫性重复理论。根据弗洛伊德的理论，本能是由器官刺激引发的；它的主要目的是消灭这些刺激的干扰，并在刺激干扰之前重新建立一种平衡。弗洛伊德认为强迫性重复代表本能生活的基本原则，他将这种强迫理解为对早期经验或早期成长阶段的不断重复，无论这些经历愉悦与否。弗洛伊德确信，这一原则可能是对有机生命中一种天生倾向的表达——希望恢复到早期存在形式并最终回归于此。

从这些考察中，弗洛伊德得出一个大胆的结论：既然存在一个想要回归、重建早期阶段的本能倾向，既然无机物早于有机物、早于生命发展而出现，那么势必有一种内在倾向想要重组无机状态；既然非生命状态早于生命状态而存在，那么势必有一种朝向死亡的本能驱力——"向死而生"，这就是弗洛伊德得出死亡本能的理论方式。他相信生命有机体会因为内在因素而死亡这一事实，可以证明自我破坏本能驱力这一假设的存在。他在新陈代谢的分解代谢过程中，看到了这个本能的生理基础。

如果没有什么东西能与死亡本能相抵抗，那么我们保护自己免受伤害的行为就是不可理喻的，我们应该做的是去死而不是求生，也许自我保护的驱力不过是生命有机体想要自取灭亡的意志而已。但实际上，还是有与死亡本能相对抗的存在——生本能，而弗洛伊德认为其通过性驱力呈现出来。因此，以此理论为基础的基本二元对立，就存在于生本能和死亡本能之间。它们的有机体表征存在于生殖细胞和体细胞内，没有哪一个临床观察可以证实死亡本能是否存在，因为"它默默地在有机体内完成了分解"。我们能够观察到的，是生本能和性本能的融合。正是这种融合防止死亡本能毁灭我们自己，或者至少是延缓了这种破坏。最初，死亡本能与自恋力比多融合，而这些因素一起构成了弗洛伊德所说的主要受虐癖。

但是，与性本能的联合本身并不能阻止自我毁灭。如果要阻止一部分自

---

[1] 西格蒙德·弗洛伊德《文明与缺憾》（1929年）。

我毁灭倾向，那么就不得不向外界求助。为了保护自己，我们不得不毁灭其他人。基于此推论，破坏本能就变成了死亡本能的衍生物。破坏驱力也可再次倒戈并表现为导致自我伤害的驱力：这就是受虐癖的临床症状。[1]第二个假设是，如果对外发泄的通道受阻，自我毁灭倾向就会增强。弗洛伊德观察发现，如果神经症病人日积月累的愤恨不能向外宣泄，他们就会折磨自己，他将观察到的这个事实作为证据以支撑后一假设。

尽管弗洛伊德自己也意识到，死亡本能理论只是建立在猜测上而已，也缺乏证据支持，但他仍然认为这种理论比以往的任何假设都要有意义得多。此外，它符合他对于本能理论的所有要求：这是二元论，对立的两方都有着有机基础，这两种本能和它们的衍生物似乎能涵括所有的心理表征。

更具体一点，对于弗洛伊德来说，死亡本能假设和它的衍生物——破坏本能——解释了神经症中出现的敌对性攻击，而这一现象用以前的理论是解释不通的。如果只运用力比多理论，猜忌、对他人敌意的恐惧、责骂、嘲弄地拒绝等一切行为，仍将无法得到解释。根据梅勒妮·克莱因和其他英国分析家的观察结果，早期破坏幻想的表象，似乎可以通过这个理论找到令人满意的根基。同时，令人困惑了许久的受虐癖，过去被解释为内倾性虐待倾向，现在似乎能够找到更好的解释；性驱力和自我毁灭驱力的结合揭示了受虐倾向具有一种功能，就像弗洛伊德指出的，它有一种可以防止自我毁灭的经济价值。[2]

最后，这个新理论为"超我"和惩罚需要的概念提供了理论基础。弗洛伊德认为"超我"是性格中的自主性能动者，其主要功能是防止追求本能驱力。它被看作对自身敌意攻击的载体，比如施加挫折感、剥夺快乐、严格要求自己、因自己未完成要求而加以严厉惩罚。简而言之，它的力量若不能向外宣泄，就会积累攻击冲动。[3]

以下章节讨论话题将被限定于死亡本能的衍生物：破坏本能。弗洛伊德对这个概念阐述得很清楚：人们天生就有倾向邪恶、攻击性、破坏性和残忍的内在驱力。"在这背后的真相——人们总是急于否认——人类本性并不温和友善，并不总是期望爱，并不只在受到攻击时才自我防卫，而是有着非常强烈的攻击欲望。我们应认识到这是人类与生俱来的本能。因此，邻里同胞于人们而言不仅可以成为帮手或者性对象，还可能引诱人们利用他们去满足攻击欲望，还可能剥削他们的劳动而不支付薪酬，不经其同意而与其发生性关系，侵占其

---

[1] 西格蒙德·弗洛伊德《受虐狂的经济问题》，《论文集》第二卷（1924年）。

[2] 西格蒙德·弗洛伊德《受虐狂的经济问题》，《论文集》第二卷（1924年）。

[3] 参见第十三章《"超我"的概念》。

财产，羞辱、伤害、折磨和杀害他们。人即他人之狼，面对个人生命中和历史长河里如此之多的证据，谁会有勇气来反驳这一点呢？"[1] "憎恨是人际间所有感情和爱恋关系的基础。""与客体关系中的恨早于爱而存在。"[2]在早期发展阶段，"口唇"期表现为一种吞并客体的倾向，也就是消灭对方。在"肛门"期，与客体的关系表现为操控它或压制它，这种态度与恨并没有区别。只有到了"性器"期，爱与恨才成为一组对立体。

弗洛伊德已经预测到，人们在情感上很难接受上述观点，而更愿意相信人性本善。但弗洛伊德未看清的是，要反驳人性本来就具有破坏性，并不意味着应主张人性本善这一对立论点。他也没有看到，破坏本能的假设对人们来说是有诱惑力的，因为他们可以将自己的责任感和内疚感放下，这样一来他们就可以不用再面对引起自己破坏冲动的真正原因了。我们是否喜欢这个假设无关紧要，重要的是它是否符合我们的心理学知识。

弗洛伊德假设的争议点并不在于其宣称人类是充满敌意的、具有破坏性的和残忍的，也不在于宣称这些行径发生的频率之高、程度之深，而是在于宣称这些通过行为和幻想表现出来的破坏欲在本质上是本能的，然而，这些破坏行径的程度和频率并不能充分证明破坏欲是一种本能。

这个假设意味着敌意无所不在，它"伺机待发"，"如果我们被剥夺那种满足感，就会焦虑不安"，这种满足感也就是发泄敌意后的满足，因此，我们是否真的不分青红皂白就满怀敌意或充满破坏性，这才是应该讨论的问题。假如有充分的理由，假如敌意只是针对环境的正当反应，那么破坏本能假设原有的论据支持就一下子瓦解了。

从表面上看，很多论证都在支持弗洛伊德的观点：敌意或者残忍远不止是受了刺激以后才有的。一个无辜的孩子可能会遭到无缘由的残忍对待；一位同事可能会莫名其妙地诋毁一个人的品格和成就，尽管他们两人从未打过照面；一个病人就算一直都在接受帮助，却还是会满怀敌意；有些暴徒痴迷于残忍地折磨无关且无辜的人，并从受害者的痛苦中获得快乐。

但是外界因素导致的刺激与所呈现出的敌意往往不成比例，因此问题还是没有解决：敌意产生的原因是否并不总是充分的？能够回答这个问题的最好资料是由精神分析治疗提供的。

毫无疑问，病人可能会以最恶毒的方式来诋毁分析师，尽管他从理智上意

---

[1] 西格蒙德·弗洛伊德《文明与缺憾》。

[2] 西格蒙德·弗洛伊德《冲动和冲动的命运》，《国际精神分析期刊》（1915年）。

识到，分析师其实一直在帮助他。他希望能够使分析师声名狼藉，甚至还进行了尝试。对于分析师的努力，病人表示出极大的怀疑，他认为分析师在故意误导他、伤害他、剥削他。分析师认为自己并没有对病人做出任何激发其敌意的事情，当然，也有可能是他缺乏技巧或者不够耐心，也有可能他的分析解读没有切中要点。但是就算没有出任何差错——回顾以往大家达成的一致，所有这些敌意还是会指向分析师。这又是一个很好的例子，印证了没有外界的刺激也能产生敌意。

但这是真的吗？因为精神分析情境独一无二的优越性——这可以让分析师很容易就对病人的情况了如指掌，我们可以给出一个明确的否定回答。这种情境的重点是，病人的敌意是防御性的，其敌意程度绝对与病人所觉察到的伤害与威胁的程度成正比。比如说，病人的自尊心很脆弱，他感到整个分析过程就是一个持续羞辱他的过程。或者他对分析师抱有很高的期待，到头来却未能达到他的预期，他感到被欺骗和愚弄了。或者他的焦虑感使他感觉需要极大的关爱，但他却感到分析师一直在排斥他甚至厌恶他。或者他把自己对完美和成就的无尽追求投射到分析师身上，因此感到分析师对他有着不切实际的期待或者不公正的控诉。这样看来，他的敌意就变得很合理了，他对分析师的反应也是正常的——并不是对分析师实际行为的反应，而是对病人所感受到、理解到的分析师行为的反应。

我们完全有正当理由说，在很多相似的情况下，敌意或者残忍似乎都是无缘无故的。但对于那些向无辜者施暴的行为又该如何解释呢？例如，让我们想一想孩子折磨动物的情景。这里的问题是，我们生活的环境曾经对这个孩子产生过怎样的影响，又使他怀着多少无法对强者发泄的怒火和憎恨？同样亟待回答的问题还涉及小孩们的施虐幻想：需要证明的一点就是，敌意并不是对环境中的刺激性影响所做出的反应，或者说得更积极些，对于那些因被爱、被尊重而感到快乐和安全的孩子，他们是否也存在着虐待行为和幻想呢？

在精神分析实践中，还有一种经历似乎与破坏本能假设相对立。精神分析师越是能成功地消除病人的焦虑，病人就越是有能力对自己和他人宽容以待，他将不再具有破坏性。但是，如果说破坏性是一种本能，那它怎么可能会消失呢？毕竟我们无法创造消除本能这样的奇迹。根据弗洛伊德的理论，病人经过分析治疗后，在以后的生活中可获得更多的满足感，因此之前集中在"超我"上的攻击情绪现在都指向了外部世界。当病人的自虐倾向减轻，他就会变得对他人更具破坏性。但事实上，经过成功的分析治疗后，病人的破坏性减弱了。相信死亡本能的分析师却有不同的说法，尽管病人确实在行动和幻想上都减轻了对他人的破坏性，但是相对于他之前的状况，分析师认为该病人更善于坚持己见、捍卫自己的权利、追求渴望的东西、提出合理的要求并更好地掌控情势；所有这些表现都被认为是更"激进"的表现，而这种"激进"被视为破坏本能的目标抑制表达。

我们来分析一下这种反对意见和它所基于的假设。对于我来说，该假设包含着一种谬论，与"把情爱当作性驱力的目标抑制表现"这个谬论是一样的。对于一个神经症患者来说，当他有受抑制的敌意时，任何的自作主张，比如说索取火柴来点烟，都有可能代表一种攻击性行为，这样一来，他就不敢向别人索取火柴了。但是，这是否可以总结为，所有的"攻击"，或者换一种说法，所有的"自我主张"都是目标抑制后的破坏行为呢？在我看来，任何形式的自我主张都是对生活、对自我的积极的、开阔的、具有建设性的态度。

最后，弗洛伊德的假设还揭示了敌意或破坏性的终极动机是以破坏性冲动为基础的。我们认为，人是为了求生才进行破坏，然而他的观点却与我们的观点相反。如果新的观点教会我们从不同的角度看问题，我们就应该承认老观点的错误，然而情况显然并非如此。如果我们有意愿去伤害或杀害别人，并且我们真的去实施了，这是因为我们感到或确实面临危险、受到侮辱、遭受虐待；因为我们感到或确实被人拒绝，并且受到不公正对待；因为我们感到或发现我们极为看重的意愿受到了干扰。也就是说，如果我们希望去毁灭，那是因为我们想要保护自己的安全、幸福或其他类似的东西。总的来说，是为了生命，而不是为了毁灭。

破坏本能理论不仅没有事实根据，与现实相左，它的影响还是极其有害的。对于精神分析疗法来说，它意味着让病人肆意表达敌意是它本身的一个目的，因为在弗洛伊德看来，如果破坏本能得不到满足，那么病人就无法感到舒适。事实的确如此，如果一个病人有着受抑制的控诉、以自我为中心的需求、复仇的冲动，当这些都得到释放后，他就会感到松了一口气。但一个分析师如果太过重视弗洛伊德的观点，就肯定会迷失重点。分析师的主要任务不是让病人释放这些冲动，而是去理解它们产生的原因，通过消除根本的焦虑来消除它们存在的必然性。另外，该理论还使人难以区分哪些因素在本质上是破坏性的，哪些因素在本质上是建设性的——如自我主张。例如，病人对待一个人或一个原因的批评态度极有可能是无意识的敌意情绪表露，但是，如果在分析师看来每一种批判性态度都是破坏性敌意的话，这样的解读可能会使病人气馁，因此他或她的批判思维能力就无从发展了，分析师应尽力去区分病人的敌意动机与自我主张。

　　该理论的文化影响也同样有害，它必然会使人类学家做出假设——任何时候，在一种文化中所发现的那些平和而友善的人们，他们的敌意反应都被压抑了。这种假设使得任何为寻找特定文化中导致破坏行径的原因所付出的努力都将变成徒劳。如果人类天生就具有破坏性，并因此郁郁寡欢，那为何还要为美好的未来而奋斗呢？

第八章　　童年的重要性

　　弗洛伊德的机械进化论思想是造就他理论的影响最深远的前提之一，对此我已有过描述。简单回顾一下，这种思想认为，现有的生活不仅是由过去创造的，而且只包含过去，别无他物——换句话说，现在就是过去的不断重复。该前提的理论模型在弗洛伊德无意识的无时间性概念以及强迫性重复假设里也提到过。

　　无意识的无时间性是指，恐惧、欲望或者整个童年时期被抑制的经历，由于当时受到了压抑而与当下的生活脱离，因此它们没有参与个体的发展历程，也丝毫未被之后的经历或成长所影响，它们还保留着当初的强烈程度以及它们的特性。这种学说可以与一些人类神话相类比：有一批人迁移到山洞里居住，外面的世界历经百年风雨，而他们却年年岁岁都未曾改变。

　　该理论是固着的临床概念的基础。一个孩子在其早期发展阶段，如果有人在情感方面对他极为重要，但孩子对其感情的重要部分却一直受到压制，那么孩子就会一直对这个人念念不忘。比如说，小男孩一直克制着自己对母亲的欲望，同时对父亲有着嫉妒和恐惧，那么在他长大之后，这种感情的强烈程度仍然不会改变，并且还在施加影响。这也许可以解释，为什么总体上他对女人敬而远之，为什么他要跟比自己年龄大的女人结婚，并只想与已婚女人发生性关系，或者说为什么他产生了如弗洛伊德所说的情爱与性爱分离的现象。通过后者，弗洛伊德理解了为什么一个男人没有能力对自己倾慕的女人产生性欲，但却想与那些自己所鄙视的女性发生性关系，比如妓女。弗洛伊德认为这种现象是对母亲固着的直接后果，这两种女人代表着母亲的不同形象：一个是有性吸引力的，另一个是值得尊敬的。

　　对某个人的固着不仅会在早期环境下产生，还有可能与整个力比多发展阶段有关。当一个人在其他方面发展时，他的"性"意愿仍停留在前生殖阶段的追求上。这种固着，可能是他对于口唇期力比多的专注，产生的原因是由于体质或是某些偶然经历，比如说断奶困难或者肠胃系统障碍。在这种情况下，孩子可能会因为弟弟妹妹的出生而拒绝进食；可能会在长大后贪食，还可能一直痴迷母亲的围裙带。如果是个女孩，那么在青春期时，她对糖果的兴趣可能会比对男孩子的兴趣多得多；可能在长大后发展出神经症症状，例如呕吐或酗酒；可能会过分强调饮食问题；梦到吃了别人；感到对情感的需求总是得不到满足，却在性生活中表现冷淡。

对固着概念的临床观察还是比较先进的，但心理分析批评家们对此不以为然。争议的核心关乎解读的问题，这将在后面的章节与强迫性重复和移情概念一并讨论。

无意识的无时间性不仅会引出固着概念，它还包含在强迫性重复的假设里，它代表了强迫性重复的隐含前提条件。如果弗洛伊德相信对母亲的特殊依恋是整个发展过程的一个构成因素，那么他提出"任何特定表象都只是特定情结的重复"这一假设就是没有意义的。只有通过假定这种情结仍然保持孤立不变，他才能把后期出现的依恋视为对第一次依恋的重复。

简单地说，强迫性重复指精神生活不仅受到享乐原则的调节，还由另外一个更基本的原则决定：重复过往经历和重复已建立反应的本能倾向，弗洛伊德为这种倾向找到了以下证据。

第一，孩子表现出明显的重复过往经历的倾向，即使是不快乐的过往，比如体检或手术。在复述故事的时候，他们会严格按照最初听故事的方式来完成复述。

第二，创伤性神经症患者经常做梦，在梦中，他们会重新经历创伤性事件的点点滴滴。这些梦境似乎与幻想中的主观妄想相矛盾，毕竟创伤性事件是痛苦的。

第三，根据弗洛伊德的说法，病人在分析过程中会复述过往的经历，尽管这些都是痛苦的往事。弗洛伊德辩解称，如果病人在分析过程中表现出追求童年目标的意图，那么在享乐原则下这是完全可以理解的，但是，病人似乎也被迫着不断重复痛苦的经历。例如，病人会持续感觉到分析师对自己的排斥，以此不停地重复小时候被父母拒绝的经历。一个病人提供了更复杂的例子：她在童年时期十分无助的时候没有得到应有的帮助。例如，当她扁桃体发炎还伴有高烧时，她向睡在同一房间里的母亲要一块毛巾敷额头，母亲却拒绝了她。在这个案例中，这个病人既不愿意承认也不愿意接受对她的帮助，她的表现似乎是童年情景的再现，似乎她仍然孤苦无助。

第四，很多人在生活中都在很明显地重复以往经历。一个女人可能结过三次婚，而三任丈夫都患有阳痿。一个人可能会有几次一模一样的经历：为他人奉献，却得不到别人的感激；他可能会不断地崇拜一些偶像，但每次都以失望而告终。

　　让我们来检验一下这些证据的有效性。弗洛伊德本人并没有将儿童做重复的游戏看作有力证据，尽管弗洛伊德承认有这种可能性的存在——通过不断重复痛苦的游戏经历，孩子们希望在现实生活中，当他们被迫背负起苦痛时，也能像在游戏中一样掌控情势。至于梦中出现的重复性创伤事件，弗洛伊德认为另有解释：受虐倾向驱力在起作用。但是对他来说，这种可能性并不足以推翻强迫性重复的假设，而我与他的看法刚好相反。

　　关于一个人在生活中的重复痛苦经历，我们很好理解，并不需要将其假设成一种神秘的强迫性重复，只要考虑到这个人内心的特定驱力和反应势必会带来重复经历即可。[1]例如，崇拜英雄的癖好是由互相矛盾的驱力决定的：一个人树立了代价过高的目标，带来的破坏太大，因而不敢追求它；或者他有崇拜成功人士的倾向，热爱成功人士，不需要自己努力完成任何事就可以代入到他们的成功中去，但同时他又极度妒忌他们，甚至到了想要毁灭他们的程度。这就不需要寻找任何假设的强迫性重复的来源，以此来理解为什么一个人总是很容易陷入一种重复经历里，为什么他寻找偶像而又对他们感到失望，或者为什么他故意将某些人树立为偶像然后再摧毁他们。

　　弗洛伊德最具说服力的证据来自他的假设，即病人在分析治疗情境中强迫重复着孩提时的经历。根据他的说法，病人重复孩提时代经历时会带有"疲劳规律"。这种观点也备受争议，我们将在移情章节中继续讨论。

　　弗洛伊德在提出固着、退化和移情理论之后，构建了他关于强迫性重复的假说，这些概念都属于同一范畴。对于他来说，这种设想就像一个通过临床经验得出的理论模型。实际上经验本身或者他对于自己观察的解读，已经由同一个哲学前提决定了，而这一前提在强迫性重复概念中已经表述过。

　　因此弗洛伊德是否成功地证实了强迫性重复都无关紧要了，重要的是去理解精神分析思维、理论的形成以及治疗法是如何受这些方式影响的。

　　首先，强迫性重复理论所体现的思维方式决定了对童年经历重要性的侧重程度。如果长大后的经验是早期经验的重复，那么哪怕是对过去经历一知半解，也会对理解现在的生活起到关键性作用。因此，把病人联想中的任何童年回忆看作最具价值的材料也是比较合理的；一再地对记忆能追溯多远这个问题进行讨论是合乎逻辑的，将早年的一系列情结从当下表现中重构出来也是极其重要的。

---

[1] 麦独孤早在《精神分析和社会心理学》（1936年）里提出了这一观点。

我们也能理解，为什么所有不符合常规概念上普通成年人的感觉、思维或者行为的一些倾向，会被认为是孩子气的。如果没有强迫性重复的假设，那就很难去理解，为什么一些破坏性的野心，诸如吝啬或者对环境无节制的要求，应该被视为幼稚的低龄化行为。对于健康的孩子来说，这些都是不常见的，往往只有那些患有神经症的孩子才会有这样的表现。但是，如果前两种倾向被视为肛门虐待阶段的衍生物，最后一种倾向被视为儿童时期的无助或者自恋阶段的衍生物，这就很容易理解为什么要将它们视为幼稚的了。

最后，我们也可以理解之前讨论过的一个至关重要的治疗预期——病人一旦意识到他目前的困境与儿童时期经历之间的联系，他就会很好地理解目前的困境。也就是说，当他意识到了参与自己当下生活的童年倾向之后，就会将它们当作与成年视角和努力完全不相符的废旧物加以摒弃。同时我们还看到，与此相吻合的是，如果病人还未痊愈，那是因为他还没有完全阐明自己的童年经历。[1]

简而言之，我们现在可以理解，为什么精神分析是一种发生心理学。之所以称它为发生心理学，是因为它遵循强迫性重复理论所呈现的那种思想。但是这种思想，就算我们假设现在的态度和过往经历的确有明显相同的地方，它仍然受到了各种严厉的批评。[2]

我们来看一个例子，一个女病人总是感到别人待她不公正、感到被排挤、受欺骗、被人占便宜、别人不懂得感恩或者不尊敬她。然而，分析表明，她要么是对于一些相对细微的刺激反应过度，要么是对于情况做出了歪曲的解读。当她还是孩子的时候，她的确受到过不公正的对待。她的母亲是个很漂亮的、以自我为中心的人，而妹妹则集万千宠爱于一身，她就是在这两个人的阴影下长大的。她怯于公开发泄不满，因为她的母亲自认公正无私，而且只能接受别人对她的盲目仰慕。而且当她对不公平的对待表示愤怒时，别人还会嘲笑她，说她像个摇尾乞怜者。

因此，我们看到她过去的态度和现在非常相似。我们常常能观察到这种类似性，这应当归功于弗洛伊德，是他教会了我们如何观察。小时候受宠爱——长大后对其他人要求过分；小时候以听话来换得想要的东西——长大后以顺从

---

[1] 我想说一个小故事，尽管有点讽刺意味，但是它很好地阐明了这种思维类型。有一个美国女孩，她之前一直在海外接受分析治疗，那次她来，希望能让我继续对她进行分析治疗。我问她为什么，本以为她会说为了现实生活中的困境和仍然存在的病症；然而，她说她患了健忘症，5岁之前的事情仍然是一片空白。我们通常认为，寻找童年的记忆本身就是目的，但实际上，它是达成目标的手段，而这个目标就是理解现在。

[2] 参见奥托·兰克、大卫·李维、弗莱德里克·艾伦、F. B.卡普夫、A. 阿德勒、A. C.琼及其他学者对此做出的批评。

来期待换取别人的关爱。但是，为什么有时童年时期的态度会一直持续到成年时期呢？毕竟大多数人成年后就摆脱了童年的影响。如果他们没能摆脱，我们就应该找出其中的原因。因此，我们面临着一个问题，即在现有的性格结构中，是什么因素需要过去态度的延续——尽管它可能以不同的方式延续。这个问题至关重要，不仅从理解的角度来看很重要，而且从治疗角度来看也十分重要，因为治疗所带来的改变完全取决于分析师对于这些因素的了解和掌握。对于这个问题，弗洛伊德给出的答案是强迫性重复假说。现在，让我们基于上述案例，分析后来的经验是否为早期经历的重复。

我们应该承认，我们对病人儿童时期的情况知之甚少，关于她的童年，我们只知道她很幸福并拥有一个令人崇敬的母亲。弗洛伊德会建议，即使关于病人的童年我们只有少得可怜的信息，但是我们依旧可以通过她现在的一系列反应，重现其儿童时期的经历。我们假设，根据以上建议我们可以还原前文所表明的真实情景。我们告诉她，我们认为她在小时候肯定经历了一些不合理待遇，如此一来病人就会受到鼓励，从而帮助我们一起重现过往的经历。在整个过程当中，她也可能会极不情愿，因为这种重现意味着揭露对母亲由来已久的怨恨。同时，我们还将了解到她的另外一个特性，也是对早期反应的重复——她试图通过对别人的崇敬来掩盖对他们的怨恨。从前她对母亲是这样，后来她对丈夫及他人也是这样。

因此弗洛伊德的理论框架可由临床观察来支撑。在神经分析文献中，常见的论点是对过去的重现是有效的，比如经常有第三方证实其可靠性，这些都是有据可查的。尽管如此，这些重现并没有证明它想要证明的东西，也就是说，它不能证明当下生活仅仅是在重复过去。让我们来询问一下病人，看她从重现里都得到了些什么。当然，她看到了早期困境的真实情景，可这并不是目的，那么我们应该进一步追问：对过去真实情况的充分了解对她有什么帮助？

根据强迫性重复的概念，这个回答应该图式化为：病人意识到她今天的反应是陈旧的；它们过去有效，现在却不一样了；由于她没有意识到自己其实一直在被迫重复早期反应，所以它们才会发生；该发现将帮助病人看清现实的真相并做出相应的回应，因此这个魔咒被打破了。

这样的结果常常无法实现，但这并不能用来反驳弗洛伊德的假设，我们仍然对为什么一些病人可被治愈而另外一些却最终失败的原因不甚了解。同时，病人可能会继续重复这种反应，因为其他相关联的因素还没有在分析过程中得到解决。最后，也许在某些病人身上，强迫性重复的力量非常强大，大到即使意识到了它们却还是无法终止。

　　但是，治疗上的失败并不是反对一种理论的依据，频繁的失败的确证实了一个问题，那就是理论预期可能没有问题，只是它还存在不完整的地方。让我们来思考一个观点：现行的神经症反应都是陈旧的，与现实不相符。这是真的吗？对于病人来说，什么才是现实？当提到现行的反应不是基于现实之上，弗洛伊德的意思是这些反应不是由当前环境激发的。但是一直以来，弗洛伊德都完全忽略了现实的另外一部分因素，即病人自身的性格结构。换句话说，他并没有考虑到，病人以这样的方式做出反应是否是由她的性格特征导致的。

　　再做一次图解概括，我们从这种情况中找到了几种与反应的产生有关的因素。由于整个儿童成长期的不幸，再加上刚才提到的因素，她有好几次都感到恐惧，认为如果她不好好表现就真的会被杀死——她已经形成了强迫性的低调态度，[1]处处表现得谦逊平和，总是待在隐蔽的位置，当与别人的意见或者兴趣爱好有所不同时，她总是认为别人的要求或观点是对的，而自己是错的。在深受压抑的表面下，她逐渐滋生出强烈的需求，它们的存在可以从她现有的反应中观察获得：首先，当她期望得到什么东西而又没有正当理由来提出要求时，比如在教育、健康以及类似的方面，她就会开始感到焦虑；第二，由于必须掩盖这种无力的愤怒，她常常感到身心疲惫——当某种隐藏的需求未能得到满足，当事情不按照自己的意愿发展，当她在任何竞争中都无法夺冠，当她顺从他人的愿望而别人却辜负她的时候，她就会开始愤怒。她完全没有意识到这些需求的存在，它们不仅是苛求的，而且是完全以自我为中心的，也就是说它们没有考虑到他人的任何需求。其特征表明，她在人际关系中已经出现困境，但表面上却表现得好像对人人都很友善。

　　因此经过一定数量的观察，我们发现：她对自己有着严格的以自我为中心的需求，而这种需求一旦无法实现，她就会感到愤怒。我们认为这就形成了一个恶性循环，这种愤怒会持续升温，造成敌对情绪和对他人的不信任，由此加剧了以自我为中心的情况。

　　就像之前提到的，病人以麻木的疲惫来掩盖这种愤怒。她不会将其表达出来，因为她十分害怕他人也会这样表达；并且她太想表现得完美无过了，可某些愤怒情绪还是发泄出来了。当她认为自己站在正义的一边，当她感觉受到不公正的待遇时，她的愤怒情绪就出现了。尽管如此，她的愤怒依旧不显著，而是氤氲在弥散的自我怜悯之下，因此，受到不公对待的感受促使她在一个公正的基础上释放了愤怒。可是她却由此获得了更为重要的东西。因为自认为受到

――――――――――
[1] 参见第十五章《受虐现象》。

了不公正的待遇，她开始避免面对她对他人的需求，而这些需求已让她变得以自我为中心和缺少体谅；如此，她便可以保持一幅精美的画面，只展现出她的美好品质。与其改变自己，不如沉浸在自我怜悯的状态里，这种状态对于那些感受不到被爱和被需要的人来说是很重要的。

因此，病人总是倾向于感到待遇不公，并不是她在强迫性地重复过往的经历，而是她现有的个性结构促使她注定做出这样的反应。因此，向她说明她现有的反应没有现实根据，于她而言帮助并不大，因为这个建议只讲明了一半的真相，而遗漏了她自己内部的动力因素，而正是这些因素决定了她现在的反应行为。将这些因素研究透彻对于治疗方案来说才是最重要的，这个过程所包含的与病人相关的因素将在后面与治疗问题一并讨论。

实践中的发生学方法导致了各种各样的错误结论，但是这些结论都没有以上列举的案例那么重要。在这种情况下，对过去反应的重现是有效的，它激发出来的记忆能促使病人更好地了解她的成长经历。但是用于解释现今行为的重现经历或童年记忆，它们越是没有价值，就越不能被证实，越是有价值，也只能是一种可能性而已，每个分析师自然都能意识到这点。尽管如此，重拾童年记忆就可取得治疗进展这一理论期待实际上是一种诱惑，它促使人们去发掘不足以令人信服的重现或模糊记忆，而关于这样的重现和记忆，存在着悬而未决的问题：它们究竟是真实的经历还是幻想？当真实的童年经历变得模糊不清时，分析师为突破迷雾所做出的勉强努力就会表现为，用一种人们知之甚少的东西——童年经历——来解释一种无人知晓的怪癖。然而，放弃这种无谓的努力，而专注于人们内心的驱力和抑制似乎更有益处；即使对童年知之甚少，我们也还是有机会逐渐了解它们。

巧合的是，用这种方式来研究的分析师也不会减少对童年的探究。在更好地理解现实目标、现实力量、现实需求和现实伪装的过程中，被云雾笼罩的过往经历也会开始显露真相。但是我们不能把过往经历当成珍宝去长期追寻，而应将其视为理解病人成长过程的一种有用方式。

发生学方式中导致错误的另一个原因是，那些与现实怪癖有联系的童年经历太过于分散，因此它们无法解释清楚任何事情。例如，分析师试图将整个错综复杂的受虐性格结构归结于一次偶然的在受折磨的过程中感受到的性兴奋。当然，单纯的创伤性事件会留下直接的创痕，就像弗洛伊德早期病例报告中所指出的那样。[1]但是，强迫性重复概念中包含的假设所导致的结果是，这种可

---

[1] 参见约瑟夫·布洛伊尔和西格蒙德·弗洛伊德《癔症研究》（1909年）。

能性也被滥用了。那些孤立事件都有着性欲的本质，例如看到父母性交的过程、兄弟姐妹的出生、因手淫而带来的羞耻或者威胁——这些被认为是大部分后期发展起来的性格趋向或者症状的原因，这种性质是由力比多原理的前提造成的。

过去的情感经历会不断地重复上演，这种理论决定了退化情感理论和移情理论，这些理论都受制于"过去的情感经历可在特定的环境下重现"这一理论。对于移情概念，我将会分开进行讨论。至于退化情感理论，它与力比多理论是相互交错的。

我们都会记得，力比多的发展是经历了几个特定阶段的：口唇期、肛门期、性器期和生殖期。每个特定的阶段都有其显著特征。比如说，在口唇期人们倾向于从别人身上获得些什么、依赖他人、嫉妒、倾向于通过具象结合的方式与他人求同。至于"性器期"，倒是没有过多的精神品格与该阶段相吻合，但是，达到"性器期"似乎也就是实现对周遭世界各种要求的完美顺应。如果说某人正处于"性器期"，就等于说他是一个没有罹患神经症的"正常"人，但这只是统计学均值意义上的"正常"而已。[1]

与该观点一致的是，任何偏离平均水平的倾向都被视为幼稚。当一个人总是出现异常的怪癖，那么这些怪癖就可被视为仍然停滞在儿童期的表现。当这些怪癖沿着之前的轨迹正常发展，且没有什么阻力，就可视它们为退化情感。

在任何一个力比多阶段发展出来的退化情感，都会被考虑为不同类别的神经症或思觉失调。抑郁症代表着口唇期的退化情感，因为在此类案例中，病人往往有进食障碍、自相残杀的梦境、害怕挨饿或者中毒。抑郁症的典型特征是自责，这是由自己对他人的谴责受到压抑而"向内投射"所产生的结果。弗洛伊德认为，患有抑郁症的人就好像他已经吃了受谴责的人，然而，由于他或她自己认同受谴责的对象，因此对那个人的责难就表现为自责。

强迫性神经症被视为肛门期的退化情感。支持这种解读的观察表明，强迫性神经症病人常常有几种倾向：憎恨、残忍、倔强、洁癖、有条理和准时。

精神分裂症被视为发展过程中自恋阶段的退化情感。通过观察我们发现，精神分裂的人逃避现实、以自我为中心并且常常有一些或明显或隐蔽的浮夸念头。

退化情感并不总是与力比多理论组织有关，它可能只是退回到原有的乱伦

[1] W. 特洛特在《和平与战争中的群居本能》（1915年）中指出，精神分析法文献倾向于用统计学上的均值来鉴定"正常"。

爱恋对象上，这种退化情感的类型是癔症的典型特征。

促成退化情感的因素被认为在对生殖器直接或间接的追求中所受到的挫折，更概括地说，任何对生殖器追求的阻碍或者追求时碰到的痛苦都会对情感退化造成影响，比如说对性或者爱情生活感到失望或恐惧。

对于退化情感观点所存在的问题进行批判性考察，在某种程度上就像我以前尝试阐述力比多理论的问题一样。对于退化情感仅仅是重复的特殊形式，我的评论在前面的内容中已经讨论过了。我希望在此重申一点：它牵涉到促使神经症发作的因素——如果有明显的发作；或者用理论上的术语来讲，促成情感退化的因素。

我们知道，导致神经症紊乱的状况数不胜数，而它们当中发生在普通人身上的状况并不会造成创伤。特殊的情况例如，一位老师因为受到校长委婉的批评就产生严重的抑郁症；即将与自己选择的女人结婚的医师患上了严重的焦虑症并伴有功能失调；一位律师向女孩求婚，但女孩表现得犹豫不决，因此他出现了弥散性障碍。

我发现，在上面的事例中，对于病人的联想，我们可以依据力比多理论或者强迫性重复来做出解释。对于这位老师来说，校长代表了父亲的形象，他的责备就相当于对以前从父亲那里受到拒绝的重复，同时她又感到内疚，因为她曾经幻想与父亲和睦相处，因而校长的责备就具有创伤性。而从那位医师的联想中，我们可以发现他常常害怕被什么人或者什么东西束缚，但是，这也可以视为他过去就有的对于被征服的恐惧，或害怕被母亲吃掉，并伴随着乱伦欲望而来的恐惧和内疚感。

但是，我认为我们的任务是了解个体实际性格特征的复杂性以及他建立均衡所依赖的综合条件是什么。这样一来，我们才能理解为什么特定的事件会打乱他的均衡。因此，如果一个人感到均衡的基础是幻想自己是一个完美的人并期望别人也如此认同，那么领导一句委婉的批评就能轻而易举地造成他的神经症障碍。如果一个人幻想自己是极受欢迎的人，那么任何拒绝都可能引发他的神经症。一个靠独立和离群来达到均衡的人，一旦想到即将结婚，便会产生神经症。大多数情况下，几件事情综合在一起，干扰着那些与焦虑对抗的心理防御发挥作用。一个人的架构越不牢靠，他的均衡就越容易被细微的事件所影响，从而导致其出现焦虑症、抑郁或者其他神经症症状。

那些质疑精神分析的人常常要求分析师公开发表精神分析过程的细节，由此来评判分析师是如何得出结论的。我并不认为如此就可以澄清争议，同时，我认为那些人所提出的要求是以毫无根据的怀疑为基础的，他们怀疑实际上并没有真正提供材料给分析师，然而分析师却根据这些无中生有的材料做出了解读。根据我的经验，分析师们都是可靠的、有良知的，他们确实找到了合理的记忆。争议在于，是否应该把这些记忆作为解释原则，毕竟这种治疗实践不是只有一条路可走，也不是完全机械化的。让我们再次回到刚才提到的案例，我们不必从记忆中寻求最终答案，而应试着去了解这些事件——校长的责备、对即将来临的婚姻的预想、拒绝——对这些人的人格结构意味着什么。

通过对这些讨论的回顾，我的评论就像是一场"现在对抗过往"的辩论。如果将这些问题看作简单的二选一，未免显得过于简化，有失公正。毫无疑问，不管童年时期经历了什么，这些经历都会对成长过程起到决定性的作用，就像我之前提到过的，这是弗洛伊德众多贡献中的一个，相较于前人，他在看待这个问题时更为细致、更为准确。自弗洛伊德之后，问题就由"童年经历是否会产生影响"变成了"童年经历如何产生影响"。我个人认为，这种影响以两种方式产生。

其一是它留下了可以直接追溯的痕迹。对一个人自发的好恶，可从早期记忆中直接在父亲、母亲、保姆和兄弟姐妹等人身上找到类似品质。本章中列举的一个案例说明，早期有过不公正待遇的经历与后期总是觉得自己被恶劣对待是有一定关联的，上述这种不利的经历促使孩子早早地失去对他人的仁慈和公正的自发性信任，同时，他将失去或者从未得到过"一定会被人需要"的纯真感觉。因此，从这种意义上来说，因为总是把事情往坏处想，过往的经历直接影响了成年期。

另外一个也是更重要的影响是，童年经历的总和构建了特定的人格结构，或者说启动了它的发展。对于有些人来说，这种发展在5岁时基本上就停止了。有些人在青少年时期终止，还有些人是在30岁左右，少部分人会一直发展到老年阶段。这就意味着，我们不能对后期特征只做单线解读——比如一位女士对丈夫的怨恨并不是因为丈夫的行为——这种怨恨与她对母亲的怨恨是一样的，而我们必须从整个性格特征的架构上来理解后者这种敌意反应。她的性格特质发展成现在这个样子，部分是由母女关系所致，部分是由童年时期其他所有影响因素的总和所致。

过往的种种经历总是以这样或那样的方式影响着我们的今天。如果要我简明扼要地归纳这场讨论的实质，我会说，这个问题所讨论的并不是"现在对抗过往"，而是"变化发展对抗重蹈覆辙"。

第九章　移情的概念

　　如果有人问我，弗洛伊德的哪一项发现最有价值，我会毫不犹豫地说，是他关于病人对分析师和分析情境的情绪反应能够被用于治疗这一发现。这一发现见证了弗洛伊德思想的内在独立性，他把病人的情绪反应当作有用的工具，而不仅仅是把病人的心理依恋或者可暗示性当作可以影响他或她的手段，也没有把病人的负面情绪反应当作麻烦。在我的印象中，有一些心理学家[1]详细阐述过弗洛伊德的这个方法，却并没有对他的这项具有开拓性的工作给予应有的赞誉，所以我要在这里对这一发现的价值进行明确的说明。通常，对一些事物进行修改非常容易，但是第一次将可能性变为现实则需要天赋。

　　弗洛伊德在分析情境中观察到，病人不仅讲述他们当前和过去的困扰，还会对分析师表现出情绪反应，而这些反应常常是不理智的。病人可能完全忘记了来到分析师这里的目的是什么，感觉自己只要能获得分析师的爱与欣赏，其他的都不重要，由此，他们可能对一切危及自己与分析师关系的事物产生过分的恐惧。本来实际上是分析师要帮助病人直面自己的问题，但在病人那里，这反而变成了一场感情上的激烈博弈，并且要力求占据上风。例如，当分析师帮助病人弄清楚了自己的问题，病人不仅没有感到宽慰，反而只看到分析师注意到了自己根本没有意识到的事情，因而暴怒丛生。病人可能不顾自己的利益暗暗较劲，想要使分析师的所有努力付诸东流。

　　弗洛伊德认识到在精神分析过程中，病人的所有反应无不彰显病人自身的人格特征，因此非常值得我们去理解它们。而且，弗洛伊德还认识到，分析治疗情境提供了一个独特的机会去研究这些反应，不仅因为在分析过程中病人愿意表达自己的情感和思想，还因为病人和分析师的关系比较简单且更加开放，适合观察。

　　通过病人讲述自己对待他人的态度，例如对待丈夫、妻子、女佣、单位负责人和同事等，分析师无疑可以从中了解很多信息，但是分析师在进行研究

---

[1] 例如O. 兰克和C. G.琼。

时，常常站在不够牢靠的根基上。病人通常并不清楚自己的反应或者哪些情况会激发它们，并且有着肯定但隐蔽的意愿不想去弄清楚这些。许多病人想要自己看上去是完全正确的，他们为此付出的努力会使他们不经意地根据自己的偏好而润色困难，因此他们对刺激所做出的反应常常是恰到好处。又或者，病人讲述在自我谴责倾向的压力下的一些事件，同样让问题变得模糊不清。分析师不了解其他相关者的信息，即使能够形成关于这些人的试验性画像，也可能很难让病人信服他们自己在冲突中的那份角色。

有人也许会提出反对，认为在精神分析情境中也会出现这些困难，病人对分析师做出的反应也可能是毫无根据的，而分析师难以觉察，毕竟分析师必须要在情境中同时作为参与者和裁判员。对于这些反对，只有一个答案：虽然存在这些困难，由此产生的错误也难以避免，但是它们在精神分析的情境下的确被减少了很多。在病人的生活中，分析师相对于其他的角色更为疏离、公正；因为分析师在情境分析中要集中精力去理解病人的反应，避免随意做出幼稚的主观臆测的反应。而且，作为规则，分析师也会自我分析，因此很少出现非理性的情绪反应。最后，分析师知道他在分析情境中所面临的病人的反应，实际上是病人在所有的人际关系中都会做出的，因此分析师不会认为病人的一些反应是针对分析师本人的。

弗洛伊德的这些观点让大家受益无穷，但遗憾的是没有摆脱他的机械进化论思维的影响，以至于即使到了现在，移情概念还饱受争议。弗洛伊德认为，病人的非理性情绪反应意味着幼年期情感的复苏，并开始依附——或者说转移到分析师身上；不管分析师的性别、年龄和行为，也不管在分析时真实的情况到底是什么，病人的一切感情，诸如爱、蔑视、不信任和嫉妒等都开始依附在分析师身上。这是弗洛伊德一贯的思考方式。病人对分析师产生的情感力量十分强大，强大到只有用幼年期本能驱力才能解释这种情绪的力量！因此分析师的首要关注点之一就是识别在分析治疗的特定阶段，病人赋予分析师的角色是什么；是父亲、母亲还是兄弟姐妹？母亲的角色是好还是坏？

我举例来说明这个方法的实践意义，尽管这个例子中包含的基本观点在之前讨论强迫性重复概念时已经讨论过了。我们假设一个病人在分析中爱上了分析师，那么在他的世界里，他可能只在乎这一个小时的分析时间，别无他物；他会因分析师释放出来的任何和善友好而感到欣欣愉快；然而来自分析师的哪怕最微不足道的拒绝或者只是他自以为的拒绝，都会令他陷入沮丧。他会嫉妒分析师的其他病人或亲属，幻想自己是分析师从众人里挑选出来的，甚至在梦里或清醒的时候对分析师产生性欲。

　　如果遵循弗洛伊德的解释，在病人的某些行为和母亲有着必然联系的基础上，分析师会认为病人对母亲的爱可能远远超过病人记忆中的印象，正是对这种爱的重新激发，导致了病人现在的种种表现。这种解释对于以下类型的病人可能有效，病人幼年时期对母亲有着强烈的依恋，现在这种痴迷还是一如既往，只是泛化了，不只专注一个人了，病人可能会较轻程度地迷恋他的医生、律师、牧师或者其他那些对他友善和维护他的人。分析者意识到了这种不是专注一个人的无分别的迷恋，并把它归因于病人重复固有陈旧模式的强迫行为。病人因此会感到宽慰，因为他明白了在他对于爱的感受中，有一些是强迫的，有一些并不真实。然而到了最后，当实际的迷恋减弱了，病人对分析师的依赖还是会存在。

　　这种解读的不足之处是依旧没有充分考虑病人实际的人格因素，也就是在这个案例中导致病人对分析师产生依恋的那些人格因素。有一种可能是病人具有受虐倾向，病人的安全感和满足感来源于自己与他人的捆绑，更准确地说，就是把自己完全融合到他人中去，[1]因此对于病人来说，获得他人的情感让他感到安心。在病人的思想观念里，从严格意义上讲，这种对情感的需求主要表现为爱和献身。无论何时，只要病人的焦虑情绪被激发（在每个成功的分析过程中都会经常发生），病人对分析师的依赖需求就会随之增强。因此，一旦发现病人对自己有超越正常水平的迷恋，分析师就要马上意识到，这是病人存在焦虑或者没有安全感的表现。这样就有了一个途径来识别病人的焦虑情绪，最终也能够理解导致焦虑的深层次原因。因为主要是病人的焦虑导致了他对分析师的依赖，这样的理解也就能从一开始就防止依赖风险的发生。[2]

　　如果用幼年期的那套模式来解析病人的依恋会有三种风险，第一种风险是可能导致病人对分析师产生依赖，因为它没有触及病人的根本焦虑，而焦虑不断增进病人对分析师的依赖。这是一种非常严重的危险，因为它与我们的治疗目的背道而驰，治疗的目的是帮助病人拥有自由独立的人格。

　　第二种危险是企图用重复过去的情感或经历来解释病人对分析师或分析情境的情绪反应，从而导致整个分析过程没有成效。不妨举例假设，病人可能在心里暗暗觉得整个过程是对他的尊严的难以忍受的羞辱。如果意识到了病人的这种情绪反应，并且把病人的反应主要跟其过去的羞耻感关联，而不去深入挖掘导致这种情绪反应的病人自身的实际结构因素，那么这样的分析也可能会毫

[1] 参见第十五章《受虐现象》。

[2] 在众多学者里，阿道夫·梅尔特别指出了在解决神经症病人依赖心理医生这一问题时所遇到的困难。

无建树、偏离正轨，所有的时间可能就白白浪费在病人或委婉或直接的对分析师的贬低与攻击上。

第三种危险是对病人的实际人格结构及其可能造成的后果没有做出充分的描述。实际存在的个人倾向，即使它们主要与过去有关，也要对其进行识别。因为一种特定的敏感、蔑视或骄傲，在把它与过去联系起来之前，要先辨别清楚。这个过程会不利于分析师去理解各种倾向是如何相互联系的，一种倾向是如何决定、加强、抵触另一种倾向的，同时也会导致分析师在各个倾向之间建立错误的关联。

由于这一点在实践上和理论上的重要性，我将举例阐述。因为这个例子必须是简明扼要的、是图式化的，引用它的目的并不是试图说服读者，让读者相信我利用结构图所获得的真相比"垂直"释义更具有说服力，而是仅仅说明采用的方式和得到的结果之间的差异。

患者X是一位天赋极高的人，他在与分析师的关系中表现出三种主要倾向，我将其称之为a、b和c：a. 他对分析师很顺从，并无意识地期待分析师会以对他的保护、喜爱和倾慕作为回报；b. 他对自己有着隐性的膨胀的自我观念，认为自己是个集智慧和道德于一身的天才，一旦分析师质疑这些品质，他就会马上翻脸；c. 他害怕分析师蔑视他。

分析师揭示了他童年的经验a1、b1和c1：a1. 只要X听话，他的父亲就会给他想要的东西；b1. 父亲认为他是个天才；c1. 母亲看不起父亲。

根据弗洛伊德对移情概念的解释，X在童年期认为自己与母亲身份一致，并在父亲面前扮演了被动的女性角色，希望能有所回报。对于现有的框架：X对自己潜在的被动同性恋倾向感到羞愧，因为他害怕因此而受到轻视。他对自己的天赋夸大其词，其实是用来对抗他的女性倾向，这可以作为对他的自我蔑视和害怕被别人轻视的一种补偿。这种解读也可用于阐明X的其他怪癖，比如说，由于他潜在的同性恋倾向，他害怕受制于任何女人；同时他还害怕女人看不起他，就好像母亲轻视父亲一样。

如果分析师不在a、b、c三种倾向与童年因素a1、b1、c1之间画垂直线，而是画平行线，也就是说，如果分析师主要是去理解a、b、c是怎样真正联系在一起的，那么他就不得不考虑此类问题——为什么X虽然有好的品质和卓越的天赋，却还是那么害怕受到蔑视？为什么他对膨胀的自我认知紧握不放？分析师将逐渐认识到，X暗地里承诺的事情超出了他所能做到的。他激发了别人对他的博爱的期待，但由于恐惧和某种微妙的施虐倾向，他并不愿意也没有能力达成这种期待。同样，他还唤起了人们对他精神成就的期许，可由于自我放纵和各种各样的压抑，他无法实现这些期望。因为X不愿意或没有意识到这一点，所以他变成了一个骗子，一个只希望通过他隐晦的承诺而获得别人的倾慕、爱和支持，但实际上从不"履行承诺"的骗子。

因此a倾向：由于X对他人寄予很高的期望，所以他一直都很顺从，还不能忍受自己引起任何的敌意，因为他必须树立一个大家都认可的好人形象，因此按照大家对他的要求行事。因为基于他的无意识伪装而产生在心头的挥之不去的焦虑，他还非常需要感情。

b倾向：用崇高的形象来自欺欺人。由于主观上这种形象对他来说十分重要，所以他不能容忍任何人的质疑。只要发生这种质疑，他必定表现得敌意十足。

c倾向：他看不起自己，一部分是因为他无意识的依赖倾向，一部分是因为他的顺从，一部分是因为他一直在伪装的人生，因此他害怕别人对他也有类似的蔑视。

弗洛伊德意识到这些表面上夸张的情感反应不仅发生在分析情境中，也存在于其他亲密关系中。实际上，当将分析情境与其他情境进行比较时，复杂的问题就来了：如果说前者的爱是一种感情，它仅仅是从幼年期对象转移到分析师身上，那么也许所有的爱都是移情；但如果不是，我们又要怎样分辨哪些爱是移情而哪些不是呢？我对此类问题的理解与我对移情本身概念的理解是一样的。在分析治疗关系中，就与在其他的关系中一样，一个人整个现有的实际人格结构决定其会不会依恋他人以及为什么会依恋他人。

尽管如此，相对于在其他关系中的情况，在分析情景中依恋或依赖会更加频繁地发生，这一点确实是真实的。在分析治疗情境中，其他情绪反应从整体上来说也比在分析治疗以外的情境中发生得更加频繁、更加激烈。在分析治疗中，那些似乎对环境随遇而安的人会公然表现出敌意、疑虑重重、占有欲和苛求。

这些观察表明，也许是分析环境中的特定因素激发了这些反应。根据弗洛伊德的观点，在分析治疗中，病人的行为和感觉越来越像"幼年期"的情况，因此弗洛伊德认为分析促进了退化反应。自由联想的义务和分析师的解读以及分析师的宽容态度都使得病人放松了作为一个成年人的有意识的控制，使得幼年期的反应更自由地表现出来，揭示病人的幼年期经历将帮助他缓解往日的情绪。最后，也是最重要的一点，依照准则，分析治疗进程中病人要有一定程度的挫败感，也就是说，分析师有义务有所保留地照顾病人的欲望和需求，从而加快其情感退化到幼年期模式，同样，其他的挫败感也会促进情感退化。

在前面的内容中，我已经讨论过退化情感概念了，因此我可以继续提出我对这个问题的解释。我所看到的对于实际精神分析情境的特殊挑战是：病人习惯性的防御态度不能得到有效的利用。它们被这样揭示出来，促使心理防御下被压抑的倾向被迫来到一个明显的位置。病人产生的对于人们毫无差别的崇敬态度，实际是因为他想掩盖竞争意图。他在与分析师的关系中也试图运用相同的策略，首先是盲目地倾慕分析师，之后又很快不得不直面分析师的潜在蔑视。为了掩盖对他人无节制的要求而表现得极其谦卑的病人，在分析情境中不得不面对所有这些要求的存在及其影响。有个病人害怕别人发现自己，在其他场合，他依靠疏远他人、隐秘而严格地控制自己来避免被发现的危险。但在分析师面前，他的这种态度无法维持，因为分析治疗必定会攻击病人的心理防御———一直以来这些防御起着非常重要的作用，所以这就一定会使病人变得焦虑并诱发防御敌意。病人不得不保护自己正在使用的心理防御，他必定憎恨分析师，因为分析师对他而言就是一个危险的入侵者。

弗洛伊德的移情概念具有特定的理论和实践意义。由于他在分析中将病人不合理的情绪和冲动视为其曾经对父母和兄弟姐妹的类似情绪的重复，弗洛伊德相信，移情反应重复着俄狄浦斯关系的"疲惫规律"，他将这种频率看作最有说服力的证据，证明了俄狄浦斯情结的发生是有规律的。可是这种证据是循环论证的结果，因为释义本身的根基是这一观念———俄狄浦斯情结是一种生物学现象，因此它是无处不在的，并且过去的反应会紧接着不断重复。

移情概念的实践意义之一就是分析师对待病人的态度。根据弗洛伊德的观点，由于分析师扮演着一些幼年期里的重要角色，他自己的人格应该尽可能地隐蔽；引用弗洛伊德的一个术语，他应该"像一面镜子"。尽管这个说法基于一个有争议性的前提，但不带任何个人色彩地进行分析还是有用的，分析师不应将自己的问题强加在病人身上。同时，他不应该在与病人的相处中夹杂任何感情，因为这种感情上的参与会损害他对病人问题的清晰判断。这个提议之所以受到争议，只是因为它可能会导致分析师表现得呆板、漠然以及专横。[1]

幸运的是，分析师通常不会使自己变成严格意义上的一面镜子。尽管如此，这种理想化带给分析师的危险最终也必定会影响到病人。它会诱导分析师否认自己对病人做出了任何情绪化的反应，但更合理的做法是，建议分析师去理解自己对病人做出的个人化反应。也许实际情况是，病人希望骗他的钱、打击他所做出的努力、侮辱他或者激怒他，特别是当这些倾向被伪装过而无法认

---

[1] 参见克拉拉·汤普森《论选择一位分析师的精神分析意义》，《精神病学》（1938年）。

清时，分析师的确做出了反应。对于分析师来说，更好的办法是承认自己做了这些反应并以两种方式利用它们：扪心自问自己感受到的反应是不是病人确实想要去施加影响的，因此获得可将分析过程继续进行下去的线索，同时这也使分析师更好地了解了自己所面临的挑战。

分析师的情绪化反应原则可理解为"反移情"，该概念同样也会受到像对移情概念一样的反驳。根据对这种原则的理解，当分析师因病人对其努力的打击而在内心产生愤怒时，他可能会把病人与自己的父亲等同起来，因此重复着童年时期被父亲打击的情景。但是，如果通过分析师自身的人格结构就能理解清楚他的情绪反应，也就是说他确实是被病人的实际行为所影响，那么我们可以看到，他被激怒的原因是他幻想自己必定能治好每个病人，如果不行，他就会觉得这是一种对自己的羞辱。或者，我们来看一下另一个经常发生的问题，只要分析师因感到受到不公正的对待而提出过分要求，并竭力维护这些要求，他就不太可能为病人解开类似的心结；他更有可能去同情病人的困境，却不太可能去分析这种起掩盖作用的防御因素。

但是还需多说一点：我们越是忽略移情中的重复因素，分析师就越应该对自我分析严格对待。因为这要求分析师有无限的内心自由，去看到并理解病人在所有衍生分支上的真正问题，而不是将这些问题统统与幼年期行为相连接。例如，如果分析师本身的神经症野心和受虐倾向的问题尚未解决，他就不太可能分析出这些问题的全部意义。

我并不认为保留或舍弃移情这个术语会产生任何效果，倘若我们可将它从其初始意义的单方面中剥离出来：重新激活过去的情感。简而言之，我对这种现象的观点是：神经症归根结底是人际关系障碍的表现形式；分析治疗关系是人际关系中特殊的一种，现存的障碍注定会出现在分析治疗关系中，就像出现在其他关系中一样；在分析治疗所处的这种特殊环境下，分析师能比在别处更加准确地分析这些障碍，因而能说服病人看到这些障碍的存在以及它们所起的作用。如果移情概念由此能摆脱强迫性重复的理论偏见，那么它本身所能产生的效果将会立竿见影。

第十章　文化与神经症

在之前的章节中，我们已经阐述过弗洛伊德对文化因素理解的局限性以及造成这种局限性的原因。我将简要地对这些原因进行重述，并概括弗洛伊德对这些文化因素的态度是如何影响精神分析理论的。

我们必须首先记住，在弗洛伊德形成他心理学体系的那个时期，我们如今拥有的关于文化对人格的影响及其程度和本质的知识还都是空白的。另外，他倾向于将自己定位为本能理论家，因此也不会对这些文化因素进行恰当的评估。他认为神经症中的冲突只是由个人内部环境所调节的本能倾向，而不是由我们生活的外部环境所造成的。

因此弗洛伊德将那些西方文明下中产阶级神经症中普遍存在的倾向都归咎于生物学因素，故而将其视为与生俱来的"人类天性"。这种类型可表现为：巨大的潜在敌意、憎恨的意愿和能力远远大于爱的意愿和能力、情感上的孤立、以自我为中心的倾向、时刻准备着撤退、贪得无厌、无法摆脱功名利禄的纷扰。弗洛伊德没有认清所有这些倾向归根结底都是由当时特定的社会结构造成的，他将以自我为中心归结为自恋力比多，敌意归结为破坏性本能，经济困境归结为肛门期力比多，贪得无厌归结为口唇期力比多。把现代女性神经症患者中常见的受虐倾向归因于女人的天性，或者把当今儿童神经症患者的特定行为看作人类发展过程中普遍性阶段，但这些观点在那个时代都是符合逻辑的。

弗洛伊德相信所谓的本能内驱力在我们的生活中有着普遍性，他甚至认为有权利在此基础上解释文化现象。资本主义被看作是肛门性欲文化，战争是由破坏性本能的天性导致的，文化成就总的来说是力比多驱力的升华。不同文化的性质差异是由本能内驱力的不同本质导致的，这些驱力受到特有的表达或者压抑。也就是说，文化的性质差异取决于表达或者压抑主要与哪些驱力有关，是口唇、肛门、性器，还是破坏驱力。

也同样是在这些假设的基础上，他利用我们文化中的神经症现象来做类比，解释原始部落的复杂习俗。[1]一位德国作家讽刺这一过程，认为精神分析作家习惯性地把原始人看作是已逝去且未开化的神经症患者。由于贸然攻入社会学和人类学领域，精神分析引起了巨大争议，很多争论认为精神分析没有资格涉及文化议题，它在文化事件中的广义泛论过于草率鲁莽，这是不合理的。这种广义泛论概括仅仅反映了精神分析中某些具有争议的原则，但它们远不是精神分析的核心内容。

弗洛伊德对文化因素的轻视还表现在他倾向于将特定环境对个人的影响当成偶发的命运，而不是分析事件背后文化影响的整个力量。因此，弗洛伊德认为，在一个家庭里如果兄弟比姐妹更受宠，这也只是一种偶然，他不知道其实偏爱男孩是男权社会的一种模式。有人反对说，不管用什么方式来看待这种偏爱，对个体分析来说都是不相干的，但事实并非如此。实际上，对兄弟的偏爱是众多因素中影响女孩的因素之一，女孩会因此感到低人一等或者感觉不被喜欢；因此弗洛伊德认为偏爱兄弟只是一种偶发现象，这说明他没有看到影响女孩的整体因素。

诚然，每个家庭带给个体的童年经历确实是不同的，就算是在同一个家庭里长大的不同孩子，他们所受到的影响也是不同的。尽管如此，这些结果还是由整个文化环境造成的，而绝非偶然事件。比如说兄弟姐妹之间的竞争，在我们文化里普遍存在，因此被认为一种普遍的人类现象，这种假设是不可靠的；我们必须质问，造成这种现象的原因在多大程度上是由我们文化中的竞争性导致的。既然整个文化渗透着我们生活的方方面面，那么唯独家庭能避开这种竞争性，岂不是无稽之谈！

至此，弗洛伊德确实也考虑了文化因素对神经症的影响，但只是片面地看待这个问题。他本人只对文化环境是如何影响现有的"本能"驱力的问题感兴趣。基于这种信念，他认为，影响神经症的主要外在因素是挫折，而文化环境施加挫折于个体身上，从而导致了神经症。他相信文化会对力比多特别是破坏驱力加以限制，从而导致了压抑、内疚和自我惩罚的需要，因此他的整个偏见就是我们不得不用不满足和不快乐来换取文化带来的益处。解决之道在于升华，但由于升华的能力有限，而对"本能"驱力的压抑是所有导致神经症的基本因素之一，因此弗洛伊德认为，文化因素施加压抑的程度和频率与神经症的严重程度之间存在着数量关系。

---

[1] 参见E.撒皮尔《文化人类学与精神病学》，《变态和社会心理学期刊》（1932年）。

但是文化和神经症之间的关系主要取决于质量而非数量。[1]真正的问题在于文化倾向的质量和个体冲突的质量之间的关系。研究这种关系的难度在于我们的研究能力都是有分歧的。社会学家只能为某种文化的社会结构提供信息，分析师也只能为神经症的结构提供信息。想要战胜这种研究上的困难，只能靠互相合作。[2]

当我们考虑文化和神经症的关系时，只需考虑那些神经症共有的倾向，从社会学角度来看待个体在神经症中的差异是无关紧要的。我们必须摒弃令人困惑的个体差异，而在促使个体产生神经症的环境和神经症冲突的内容上寻找相同之处。

当社会学家获得这些信息后，他即可将它们与文化环境联系起来，文化环境促使神经症的发展，也决定了神经症冲突的本质。在此需要考虑的三组因素是：产生神经质的环境，基本的神经症冲突的组成因素以及解决的方法，神经症病人展现在自己和他人面前的表象。

个体神经症的发展归根结底是从孤立感、敌意、恐惧和自我信心的丧失而来的。这些情绪本身并不会引起神经症，但它们是神经症成长的土壤，因为所有的这些因素综合起来，使得个人面对这个世界时感到潜在的威胁，从而产生无助感。基本的焦虑或者基本的不安全感促进了个体固执而苛刻地追求安全感和满足感，而这正是构成神经症核心矛盾的本质。因此，第一组与神经症相关的因素应该在文化中寻找——文化中的哪些情境会造成病人的情绪性隔离，在人群中感到敌意涌动，没有安全感并感到恐惧，感到自己无能为力。

下面我将讨论一些跟此方面相关的因素，我并不是想要闯入社会学领域，而主要是期望达成合作。若要探究西方文化中哪些因素会引起潜在敌意，首当其冲的是"这种文化是建立在个人竞争之上的"。竞争的经济原则影响到人际关系，人们互相厮杀、人们被驱使超过旁人、确立自己的优势并且利用别人的弱势。我们都知道，竞争性不仅在职场关系中占据主导地位，在社会关系、友谊、人们的性关系和家族关系中也普遍存在，因此它们具有破坏性竞争、诽谤、猜疑、记恨等特征。当下整体的不公平性不仅体现在财产分配上，还体现在受教育的机会、娱乐的机会、健身和疗养的机会等方面，这些都构成了另一组潜在的敌意因素。更深层次的因素是，一群人或一个人去剥削他人的可

[1] 对于这种关系更广泛的讨论参见卡伦·霍妮的《我们时代的神经症人格》（1937年）。

[2] 实际上，近年来精神病学家、社会学家和人类学家为此做了大量工作。我们在此列举一些精神病学家的名字：A. 希利、A. 迈耶、H. S.苏利文；社会学家的名字：J. 多拉德、E. 弗洛姆、M. 霍克海默、F. B.卡普夫、H. D.拉斯韦尔；人类学家的名字：R. 本尼迪克特、J. 哈洛韦尔、R. 林顿、S. 麦基尔。

能性。

　　至于造成不安全感的因素，首先在于我们在经济和社会领域中现存的不安全感。[1]另外一个造成个人不安全感的重要因素，是普遍存在的潜在敌意紧张感所带来的恐惧：害怕成功之后招来嫉妒、害怕失败之后招来蔑视、对被责骂的恐惧；另一方面，对排挤他人、诽谤他人和剥削他人后招致报复的恐惧。同时，人际交往关系障碍和缺乏团结所带来的个人情绪性隔离也许是导致不安全感的重要因素；在这种情况下，个人必须利用仅有的资源来保护自己，同时又会感到十分无助。不安全感的普遍增加是因为，当今社会的传统和宗教都没有强大到足以使个体感到他是某个伟大组织中的一员，并向他提供保护，为他指明追求的方向。

　　最后还有一个问题：我们的文化是如何伤害个人自信的。自信是个人真正存在的力量的一种表现，如果一个人将失败归咎于自己的缺点，其自信心就会受到打击，不管这个失败是发生在社会生活、职业生活还是情感生活中。一场地震可能会使我们发现自己的不堪一击，但是它不会削弱我们的自信，因为我们承认这是大自然在主宰。个体在选择和追求目标时呈现出来的自身局限不会损伤他的自信心，但是在现实生活中，当外界的局限性没有地震那么容易察觉时，特别是在意识形态中，认为成功依赖于个人效能时，个人便会倾向于将失败归因于自己的不足。更进一步讲，在我们的文化里，个人通常并不是为了经历敌意和挣扎而存在的，然而事实上那些敌意和挣扎正在等着他。社会教会他所有人都是友好的，信任他人是一种美德，对他人持有戒心是不道德的。我认为，感受到真实存在的敌意紧张感却又要相信人世间的兄弟情义，这其中的矛盾严重地削弱了个体的自信心。

　　第二组应该考虑的因素是那些抑制、需求和追求所一同构成的神经症冲突。在我们的文化背景下研究神经症时，我们发现，尽管症状的表面区别很大，但根本问题却惊人地相似。我所指的这些相似性并不在于弗洛伊德所认为的性本能驱力中，而是在实际存在的冲突中，比如残暴的野心与对感情的强迫性需求之间的冲突，远离他人的愿望与完全占有某人之间的冲突，强调绝对的自给自足与对寄生虫般生活的向往之间的冲突，强迫性的谦逊低调与希望成为英雄或天才之间的冲突。

　　在认清个体冲突之后，社会学家必须探寻导致个人冲突的文化冲突倾向。

----

　　[1] 参见H. 拉斯韦尔《世界政治与个人不安全感》（1935年）；L. K.弗兰克《心理安全感》，摘自《社会经济目标对教育的影响》（1937年）。

因为神经症冲突牵涉到对安全感和满足感的追求，而它们是彼此不相容的，因此个人将不得不专门去寻求矛盾的文化方式来获得安全感和满足感。例如，个人无边界野心的神经症发展就是获得安全感、报复和自我表现的手段，在一种没有个人竞争、不对杰出人物的杰出贡献进行嘉奖的文化中，这种手段是无法想象的。对于那些对名利财富有神经症追求的人来说也一样。依赖他人而求得安心，在一种不鼓励依赖态度的文化里是不可行的。若在一种文化中，受苦和无助被认为是社会的耻辱，或者就像塞缪尔·巴特勒在《埃瑞璜》里所提到的，他们会受到惩罚，那么承受苦难与绝望将无法成为一种解决神经症两难困境的方案。

文化因素对神经症最显著的影响就是神经症病人总是急于向自己或者他人表现，他们害怕别人的不认同以及他们渴望展现出自己的不同凡响导致了这一情形，于是它包括了那些在我们文化中将会受到褒奖的品质，例如无私、爱护他人、慷慨、诚实、自控、谦虚、理性和善断等等。如果没有无私的文化意识形态，神经症病人将不会觉得自己被迫保持着一种毫不为己的姿态，不仅得隐藏着利己主义的态度，还需要压抑着追求快乐的自然天性。

因此文化环境的影响是怎样导致神经症冲突的，这个问题远比弗洛伊德看到的要复杂得多，它至少牵涉到对特定文化的彻底分析，这种分析可从以下几点入手：特定的文化环境会以什么样的方式促使人际敌对情绪的产生，这种情绪又可达到什么程度？个人的不安全感有多严重，是什么样的因素导致了他们的不安全感？哪些因素损害了个人与生俱来的自信？社会上的哪些禁忌能够导致抑制和恐惧？是什么样的意识形态在起作用，它们引导了怎样的目标或文饰作用？这种特定的环境促使、鼓励或打击怎样的需求和追求？

在我们的文化中，即使是健康的人群也会出现神经症病人所具有的这些问题。他们内心也会有着矛盾的倾向，比如竞争和感情、以自我为中心和团结一致、自大和自卑、利己和无私等等。神经症病人和健康人之间的不同在于，神经症病人的这些自相矛盾的情绪达到了更高的临界点，冲突双方都更加激烈，造成了他们更大程度上的根本焦虑，因此他们无力寻求满意的解决方案。

那么问题是，在相同的文化环境下，为什么有一些人患上了神经症，而另一些人却有能力战胜当前的困难呢？这个问题与常常被问到的关于一个家庭环境下成长的兄弟姐妹的不同情况的问题是一样的：为什么他们其中一个患上了严重的神经症，而其他人却只是受到轻微影响呢？要回答这样的问题，我们可以首先来看一个隐藏着的前提，即每个人的精神状况基本上是一致的，这种前提就要求我们从各个兄弟姐妹之间的体质差异中去寻找答案。尽管体质差异确实会影响到总体的成长，但以这种论证得出的结论无疑是错误的，因为它所依据的前提基础就是错误的。对于所有兄弟姐妹来说，只有总的心理气氛是大致一样的，他们多多少少都会受其影响。可是，从细节上来说，相同家庭中其中一个孩子的经历可能与其他孩子的经历完全不同。实际上，重要的经历纷繁复杂，天性和后天经历的影响只有通过仔细的分析才能被揭示出来，这可能是与父母的关系、父母对孩子的重视程度、父母对某个孩子的偏爱、兄弟姐妹之间的关系以及其他很多因素。一个受到轻度影响的孩子有能力战胜目前的困难，而那些受打击程度较大的孩子可能就会发展出一种冲突，从而变得无助，也就是说，他可能患上了神经症。

这个答案也可以用于回答类似的问题，即为什么只有一些人患上了神经症而另一些人却没有，尽管他们都是生活在相同的文化困境之中。患上神经症的是那些受到更加严重的困境打击的人，特别是那些童年时期受到严重打击的人。

在特定文化中，出现神经症和精神病病人的高频率说明了人们的生存环境出现了严重的问题，它表明这种文化环境下孕育出的心理问题远远高出了一般人能承受的地步。

迄今为止，尽管文化因素在各个方面都有着重要的影响，但是精神病学家对文化因素的兴趣十分有限，特别是在实践对病人进行诊疗时。文化因素可以帮助他们以一个合理的参考结构来看待神经症，帮助他们理解，为什么一个又一个的病人在基本相同的问题下苦苦挣扎，为什么病人的情况跟他们自己的问题也很相似。当他们使病人意识到，命运并不单单只对病人不公，归根结底大家都在承担这种不公正的命运，病人的症状就可以缓解。同时，如果分析师能引导病人领悟到那些被认为是禁忌的一些现象——比如手淫、乱伦、死亡意愿或者对抗父母的权威等，都有着社会性的本质，那么病人的内疚感就会得到缓解。当分析师在竞争中苦苦挣扎时，他们只有意识到自己的问题就是所有人的问题，才会有勇气去解决自身的问题。[1]

对文化影响的认识还以一种方式对治疗起着特别重要的作用：其对是什么构成了心理健康这个问题的影响。没有文化意识的精神病学家往往相信，这个问题只是一个简单的医学问题。这样的解读也许能满足那些只关注表面症状的精神病学家，比如：恐惧症、强迫症、抑郁症以及对它们的治疗。精神分析治疗的目的不止如此，分析师的任务不仅仅是消除这些症状，还要努力改变病

---

[1] 本能理论以另一种方式提出了普遍性的安慰功能：分析师指出了特定本能内驱力的普遍性。

人的整个人格，以防这种症状的复发。分析师可通过分析病人的性格来达到这种效果。但在面对病人的性格倾向时，分析师却并没有一个简单的衡量尺度来判断什么是心理健康，什么又是心理不健康，那么，不知不觉中医学标准就为社会评价所替代，也就是"正常"标准，即在特定文化或特定人群中的统计学上的平均水平。[1]这种隐含的评价方式决定了哪些问题需要解决而哪些问题可以保留。在此，"隐含"的意思就是分析师并没有意识到自己使用了这种评价方法。

那些没有意识到文化内涵的分析师诚心诚意地反驳以上观点。他们会指出，其实他们并没有进行任何评价，价值观的正确与否与他们没有任何关系，他们只是纯粹地去解决病人提出的问题。可是这样一来，他们忽视了病人的某些问题，而这些问题病人或许并没有提出或者不敢大大方方地提出来。这就阻碍了分析师对这些问题的理解：病人也认为他们的怪癖是"正常的"，因为他们正好与平均值一致。

例如，一位妻子倾尽全力在事业上帮助她的丈夫，她有能力并且成功地为他处理了各项事宜，然而，她自己的才能和事业依旧毫无起色。由于这个现象看起来很"平常"，所以分析师认为这种态度并没有什么问题，这个女人自己也没有感到或认识到出了什么问题。当然，这也并不一定非是出了什么问题，也许丈夫的才能比妻子更出色。也许妻子深爱丈夫，她将最突出的才能蕴藏在对丈夫无私援助的同盟之情中，而这也恰恰是让她感到最幸福的事情。但是，在另一个病人身上，这种情况却截然不同。我仍然记得，曾经有一个病人比自己的丈夫更有天赋，但她与丈夫的关系十分糟糕，她最严重的问题之一是她完全不能为自己做任何事情。但是这种女性态度从表面上看很"正常"，因此这个问题往往会被忽视。

另一个同样很少被分析师看到、病人也从未提出问题的是，病人没有能力就一个人、一件事情、一种制度和一种理论做出判断；这种不确定性常常容易被忽略，因为对于有着自由主义思想的普通人来说，这很"正常"。[2]与前面的例子一样，这种特点一定会对每一个病人造成困惑，但是有时病人显著的恐惧会被凡事都应该忍让的表面态度所掩盖。一个人可能会特别害怕，一旦站在批评的一方就会引发敌意或者遭到疏远，因此不敢朝着内心的独立迈进。在这种情况下，分析师没能注意到病人缺乏必要的洞察力，也没有对这个问题进行

---

[1] W.特洛特《和平与战争中的群居本能》（1915年）。

[2] 参见艾瑞克·弗洛姆《关于社会制约的精神分析治疗》，《社会研究期刊》（1935年）。

分析，这样就无法触及病人最深层次的问题。

　　自然，分析师在文化意识方面的缺乏还将以更多更严重的形式表现出来，因为他们的这种缺乏是显而易见的，对此无需再进行讨论。因此，分析师可能会觉得有必要去处理病人的开拓精神，但却没有触及病人对保守准则的坚持；同样，分析师也许还能看到病人对精神分析理论的质疑态度，但实际上却忽视了问题可能出在病人对理论的接受之中。

　　因此，对现存的文化评估缺乏意识，再加上之前所讨论的某种理论偏见，共同导致了分析师对于病人所提供材料的片面选择。在精神分析治疗中，与教育类似，我们的目标无意中就适应了"正常"的标准；只有在性欲问题中——由于良好的性生活方式被视为心理健康的基本因素，分析师才意识到目标应独立于现有的广为接纳的实践之外。分析师应该遵照特洛特所说的：正确区分心理正常和心理健康，并理解后者是内心自由状态的表现，在这种状态下，"自身所有的能量都能得到运用"[1]。

---

[1] W. 特洛特《和平与战争中的群居本能》（1915年）。

第十一章　"自我"和"本我"

"自我"的概念本身就有着前后不一的矛盾。弗洛伊德在他最近的论文[1]里声称，神经症冲突是介于"自我"和本能之间的，这样看来，"自我"与本能追求是有区别的，甚至是相互对立的。如果真是如此的话，就很难看到"自我"具体包含了些什么。

"自我"原本只包含力比多以外的内容，它包含着我们自身非性欲的那一部分，服务于纯粹的自我保存需求。但自从引入自恋概念后，过去的大部分归纳为"自我"的现象都被认为有着力比多的本质：关心我们自己、追求自我膨胀、追求名望、自尊、理想主义和创造力。[2]后期，"超我"的概念也被引入，从此道德标准、规范着我们行为和感情的内部准则，也变成了具有本能的本质（"超我"就是自恋力比多、破坏性本能与过去性依恋的派生物的混合体）。因此弗洛伊德认为，"自我"和本能相互对立的这一观点并不清晰。

只有从弗洛伊德各种各样的笔记手稿中搜集资料，我们才大致得出他将哪些现象归纳为"自我"。它似乎包含了以下几组因素：自恋现象，"本能"的去性化衍生物（例如通过升华或反向而形成的品质），本能驱力（比如无乱伦性质的性欲），经过改变而变得能为个人所接受——可能就等同于能为社会所接受。[3]

因此，弗洛伊德的"自我"不是本能的对立面，因为它自己的本质也是本能。在他的一些作品中，我们发现"自我"更像是"本我"的有序部分，"本我"是原始的、未经修饰过的本能需求的总和。[4]

"自我"的基本特征是软弱，所有的能量来源均在"本我"，"自我"在借来的力量上生存，[5]"自我"的喜好与厌恶、目标和决定都是由"本我"

---

[1] 西格蒙德·弗洛伊德《可终止与不可终止的分析》，《国际精神分析期刊》（1937年）。

[2] 西格蒙德·弗洛伊德《论自恋：导论》，《论文集》第四卷（1914年）。

[3] 尽管在总体上弗洛伊德将"超我"视为"自我"的特殊部分，但在一些论文中，他却强调两者的冲突。

[4] 西格蒙德·弗洛伊德《群体心理学与自我的分析》（1922年）。

[5] 西格蒙德·弗洛伊德《自我与本我》（1935年）。

和"超我"决定的；它必须照顾到本能驱力，使它不至于与"超我"或者外界发生危险的冲突。就像弗洛伊德所描述的，它有三重依赖——依赖于"本我""超我"和外界，并在它们之上发挥作用，就好像在三者中间周旋。它希望能享受"本我"所追求的满足感，但又不得不遵守"超我"的禁令。它的弱点就像是一个自己本身没有任何资源的个体，希望从一方获得好处，同时又不损害对立方的任何利益。

在评价"自我"的概念时，我所得到的结论差不多就等于我针对弗洛伊德每一条学说所提的结论：尽管基本观察敏锐而深刻，但是它们的建设性价值却被磨灭了，因为它们被整合进了一个没有建设性的理论体系中。从临床的角度来看，人们确实认可这种概念。慢性神经症病人给人的印象就是他们无法主宰自己的生活，他们被情绪力量所控制，他们不理解这种情绪也无法控制它。他们必然只能以生硬的方式来采取行动或者做出回应，这种举措与他们的智力判断成反比。他们待人接物的方式不是由有意识愿望和有意识价值决定的，而总是被某些强制性性格中的无意识因素所左右。这就是强迫性神经症病人最显著的特征，对于严重的神经症病人来说大致上也是如此，更别说精神病病人了。弗洛伊德为此做了个比喻，当一个人骑着马，他以为马会听他的掌控，去到任何他想去的地方，想不到他实际到达的地方却是马想去的，这就是对神经症"自我"的描述。

但是，此类神经症观察却无法得出这样的结论："自我"从总体上来说只是本能经过修饰的部分。即使是对神经症来说，这也无法作为一种结论。假如一位神经症病人对他人的同情在很大程度上是经转化后的施虐癖或者外化的自我怜悯，这也并不能证明对他人的某些同情不是"发自内心"[1]的。或者说，假如病人对分析师产生的倾慕之情，很大程度上取决于他在无意识中期待奇迹的发生而分析师可能为他呈现了这些奇迹，或者取决于其排除任何形式的竞争的无意识努力，那么，这也不能证明他不是"发自内心"地欣赏分析师的水平或是他的人格。我们来考虑一种情况，A有机会通过诽谤言论来伤害对手B。由于一些无意识感情上的因素，A可以阻止自己的行动，他可能害怕B的报复，他也许不得不保持一种自己眼中的正直形象，他可能只是想表现出他超越了仇恨，从而在他人之中赢得好口碑。但所有的这些描述并不能证明，他克制自己的诋毁言论是因为他感到诽谤B会有失自己的体面，也不能证明他可能无法有

---

[1] "发自内心"在此处的意思是：该问题中的感情或者判断，不需要被进一步地分析出它所具有的所谓本能成分，它本身已经包含着基本的和自发的意义了。

意识地确定类似的报复太廉价或者太阴险。道德品质在何种程度上是由文化因素决定的呢？在此讨论这个问题可能会离题太远。但我认为，"单纯"还是存在的，弗洛伊德不能利用本能的概念来否认它，相对主义者也不能用社会评价和条件来屏蔽它。

相同的情况也适用于精神健康的个人。他们可能也会欺骗自己，声称自己并没有这样或那样的动机，但是这也不能证明他一贯如此。由于他们很少受焦虑折磨，因此相对于神经症病人来说，他们较少地受制于无意识驱力。弗洛伊德对他所得出的结论都没有提供充分的证据。因此在"自我"的概念中，弗洛伊德否认——而且在力比多理论的基础之上必须否认——任何判断或感情都不能分解成更基本的"本能"单位。总的来说，他的观点是指，在理论基础上，对人或事件的任何判断都必须被视为对"更深层次的"情绪动机的合理化，对一种理论的批判立场应该被看作根本的情感阻抗。这就意味着，从理论上讲，人们没有好恶、没有同情、没有慷慨[1]、没有公正的感觉、没有奉献精神，在最后的分析中，这些在根本上都不是由力比多或破坏性驱力所决定的。

否认心理亦能依靠它们自身而存在会导致评判的不可靠，例如，这将导致被分析的人不会无所保留地对任何事情表明立场——他们的判断仅仅是对无意识偏爱或者厌恶的表现。这也可能促成一种错觉，即对于人类本性的远见卓识体现在探查他人做出的每一个评判和感受的隐秘动机之中！这样会导致一种自鸣得意和无所不知的态度。

另一个后果是它促使了感情不确定性的发生，因此导致了感情变肤浅的危险，对"仅仅因为"多多少少的意识会轻易地危害到情感经历的自发性和深度。因此，人们常常会感觉到，尽管一个经过分析治疗的人适应力更好，但是他却变成了"不太真实的人"，或者有人会说，他有点死气沉沉。

对这种效果的观察，有时会被用来维系一种早已存在的谬论——太多的意识会使人进行徒劳的"内省"。但是，"内省"并不是由更加强烈的意识造成的，而是由于人们隐隐相信着无处不在的动机，而这种动机被认为是劣等的。弗洛伊德认为它们在价值上是低劣的，但是他期望能从科学的角度来看待它们，并强调它们已经超出了道德评价范围，就好像受本能驱使的三文鱼在排卵期间奋力逆流而上的行为。正如经常发生的那样，我们狂热地追求一种有效的新发现，然而到头来才知道这种发现已经完全失去了价值。弗洛伊德已经教会

---

[1] 在之前提到的一篇论文中，当说到慷慨大方的人可能也会出现令人惊讶的孤立的吝啬倾向时，弗洛伊德声称，"他们表明任何值得称赞和有价值的品质都是基于补偿与过度补偿之上的"。

我们如何对我们的动机进行怀疑性地审视，他已经展示过了无意识自我中心和反社会驱力的深远影响。但是，评判不仅仅是对个人所持的正确或错误的观点的表达，个人无法因为相信某件事情的价值而愿意为它付出一切，友谊也不是良好人际关系的直接表达，这些主张都太过武断。

在精神分析文献中，相对于对"本我"认知的广泛程度，我们对"自我"知之甚少，这常常被视为一种遗憾。这种缺失是由精神分析法的历史发展所导致的，因为它首先侧重于对"本我"的研究。学术界期待着对"自我"的研究也能加紧开展，但可能会事与愿违，弗洛伊德本能理论的介入使得"自我"没有多少空间和生命力来发挥上述作用。只有摒弃本能理论，我们才能研究"自我"，但这就与弗洛伊德的初衷大相径庭了。

由此一来，"自我"概念近似于弗洛伊德的描述，但它并不是人类与生俱来的本质，而是一种特殊的神经症现象。它也不是由个体构造中的天生本质发展成神经症的，它本身就是一种复杂进程的结果，是与原先的自己疏离的结果。我曾经在其他场合将这种与自身疏离的现象称为影响自我自发性发展的障碍，[1]这是关键的因素，它不仅是神经症发展的根基，同时也阻挠个人摆脱自己的神经症。如果个人不能与自己疏离，神经症病人也不可能被自己的神经症倾向驱使着朝着那些本质上与他们不相容的目标发展。此外，如果神经症病人没有失去评价自己或他人的能力，他就不可能像现在这样依赖别人，因为不管是对何种类型神经症依赖的最终分析，都是基于这样一种情况，即个人已失去了以自己为重心的生活方式，转而依赖外部世界。

我们如果摒弃弗洛伊德"自我"的概念，就能为精神分析治疗法开辟一条新的道路。只要"自我"的本质还被视为"本我"的随从和领导者，那么它本身就很难是治疗的对象。我们对治疗的期待应该是，希望看到"未被驯服的激情"变得更加适应"理性"。但如果这种"自我"及其弱点被视为神经症的本质部分，那么改变它就成了治疗的任务。分析师就应该有意地追求终极目标，使病人重新拥有他们的自发性和判断力，或者就像詹姆斯所说的，唤醒他们的"精神自我"。

弗洛伊德根据自己将人格解剖为"自我""本我""超我"的假设，得到了关于神经症中的冲突本质和焦虑本质的公式化表述。他认为冲突有三种不同类型：个人与环境的冲突，这种冲突最终导致了其他两种类型的冲突，这两种

---

[1] 参见第五章《自恋的概念》；第十三章《"超我"的概念》；第十五章《受虐现象》；第十六章《精神分析疗法》。

类型不仅限于神经症；那些在"自我"和"本我"之间的冲突，导致"自我"可能被本能驱力的巨大力量所压倒的危险；那些"自我"和"超我"之间的冲突，引发了对"超我"的恐惧。这些观点将在后续章节中进行讨论。[1]

抛开这些术语性和理论性的细节不说，弗洛伊德关于神经症冲突的概念大致包括以下内容：因为人类的本能，人类与环境不可避免地要发生冲突；个人与外界发生的冲突继续在个人身上延续，从而促成了一种未驯服的激情与理性或道德标准之间的冲突。

我们无法回避的印象是，这个概念在科学层面上紧随基督教意识形态，这样的冲突包括：好与坏、美德与道德败坏、人的兽性与理性。这本身不会招致批评，问题在于神经症是不是真的具有这种本质。观察神经症所得出的结论让我得出以下几点粗略的假设：人类与环境的冲突并不是像弗洛伊德设想的那样不可避免，如果真的有冲突，也不是因为人的本能，而是因为环境激发了人的恐惧和敌意。个人发展出的神经症倾向，尽管它们可以作为应对环境的一些手段，但在其他方面，它们又加强了个人与环境的冲突。因此我认为，我们与外界的冲突并不仅仅是神经症的根源，还是构成神经症障碍的重要部分。

另外，我认为弗洛伊德通过图式化的方法来定位神经症冲突的方式并不可行。实际上，它们可以由各种各样的原因引起。[2]比如，两种不相容的神经症倾向之间的冲突，就好像对专制权力的欲望与依赖他人的需求之间的冲突。一个单独的神经症倾向也许本身就包含着冲突的因素，比如说表现完美的需求就包含着顺从和抵抗这两种倾向，希望呈现完美形象的需求会与种种不符合这种形象的倾向相冲突。有关冲突的本质、冲突在神经症患者性格中所扮演的角色、冲突对患者生活的影响的内容，在整本书中常常被明确或隐晦地讨论到，因此我不需要在此长篇累牍。我将要讨论的是，对神经症冲突的不同观点，是如何导致我们对神经症中的焦虑产生不同见解的。

---

[1] 参见第十二章《焦虑》和第十三章《"超我"的概念》。

[2] 弗朗茨·亚历山大是第一位指出神经症冲突存在不同类型的学者［参见他的《结构性冲突与本能性冲突的关系》，《精神分析季刊》（1933年）］。

第十二章　焦虑

对那些同弗洛伊德一样，试图从根本上以有机生理为基础解释心理现象的人来说，焦虑是一个具有挑战性的问题，因为它与生理过程有着密切的联系。

事实的确如此，焦虑常常与生理症状同时发作，比如心悸、冒汗、腹泻和呼吸急促等。无论是否意识到了焦虑，这些生理上的并发症都可能随之发生。比如说，在体检之前，病人可能已经开始腹泻了，并清醒地意识到自己产生了焦虑。但病人也有可能在没有意识到任何焦虑的情况下就开始心悸或者尿频，到后来才恍然大悟之前肯定是出现了焦虑情绪。尽管在焦虑时，情绪性生理表现十分明显，但这些特征并不是焦虑所特有的。在抑郁时，生理和心理过程都会逐渐放慢脚步，兴高采烈可以改变肌肉的紧张度或使步履变得轻盈，勃然大怒会使得我们浑身战栗、感到一股血突然涌入大脑。另外一个常常用来指出焦虑和生理因素之间关系的事实是：焦虑可能是由化学物质导致的，但这一点也不只是适用于焦虑。化学物质也可能促使人亢奋或者昏昏欲睡，它们的作用不构成心理问题。心理问题只能是：什么样的心理状况造成了这种焦虑、昏睡和亢奋的状态。

焦虑是一种面对危险时的情绪反应，就像恐惧一样。使焦虑与恐惧相对立的特征首先是它的扩散性和不确定性。人们就算面对一种具体的危险，比如说地震，也还是会对未知产生恐惧。神经症焦虑症也具有这种类似的特征，不管危险是捉摸不定，还是已经清楚的以非常具体的情形表示出来了，比如说，恐高症。

其次，就像戈德斯坦指出的那样，[1]有些部分会因受到危险的威胁而激发焦虑，它们是属于人格的本质或者核心的。对于自己最重要的价值取向是什么，不同的人会有不同的看法，而且这些看法五花八门，差异很大。同样，不同的人所感受到的致命威胁也是完全不同的，尽管有些价值观的重要性几乎是一样的，比如生命、自由和孩子。对于每个人来说，具体哪些事物具有最重要

---

[1] 科特·戈德斯坦《恐惧问题》，《健康保险中有关精神分析的普遍治疗》第二卷。

的价值，完全取决于他的生活状况和人格结构，具体举例来说，可能对个人有价值的事物包括：身体、财产、声望、信念、工作和爱情。我们马上就会看到，对这一焦虑产生的条件的认知，为我们提供了一种建设性的指导来理解神经症中的焦虑。

再次，就像弗洛伊德所正确强调的，焦虑与恐惧的对立体现在，它包含了一种在面对危险时产生的无助情绪。无助可能是由外界因素造成的，比如地震，也可能是由内在因素造成的，比如软弱、胆小和缺乏主动性。因此，相同的情境是会激发恐惧还是导致焦虑，这将取决于个体的能力或者面对危险时想要解决问题的意志。让我用一个病人告诉我的故事来说明这个问题：一天晚上，病人听到隔壁房间有响动，好像有强盗企图入室抢劫。她当时胆战心惊，一身冷汗，无比焦虑。过了一会儿她起床并走到她大女儿的房间里。她的女儿也很害怕，但是她决定采取行动来面对危险，她走到那个有响动的房间，当时那人正企图进入房间。这么一来，她竟然把坏人赶走了。这位母亲面对危险时感到无助，而女儿却不是；母亲产生焦虑，女儿产生恐惧。

因此，如果希望能对任何类型的焦虑都给出令人满意的解释，就必须回答三个问题：是什么在面临危险？危险的来源是什么？面对危险时感到无助的原因是什么？

神经症焦虑的问题是缺乏明显的激发焦虑的危险源头，或者是存在的危险与表现出的焦虑的强度不成比例。我们认为使神经症病人恐惧的危险仅仅是想象中的，神经症焦虑的强度，至少能与由显而易见的危险激发的焦虑症的强度持平。弗洛伊德一直引领我们理解这种使人困惑的情形，他坚信，不管表面上看起来是如何自相矛盾，神经症焦虑中所恐惧的危险与客观焦虑中所面临的危险是一样真实的。区别在于前者的危险是由主观因素造成的。

在寻找这些牵涉到的主观因素的本质时，弗洛伊德以他一贯的方法将神经症焦虑与本能根源联系在一起。根据弗洛伊德的理论，简单地说就是，危险的来源是本能张力的程度或"超我"的惩罚力量，危险的目标是"自我"，无助是由"自我"的弱点和它对"本我"和"超我"的依赖组成的。

对"超我"的恐惧将在"超我"的章节中讨论，在此，我仅针对弗洛伊德所谓的更严格意义上的神经症焦虑，也就是自我对被"本我"的本能要求完全压倒的恐惧。这种理论归根结底还是与弗洛伊德的本能满足观点一样，依赖于同样的机械论观点：满足是本能张力减弱的结果，焦虑是本能张力增长的结果。神经症焦虑中真正令人恐惧的危险是幽闭的受抑制驱力所导致的张力：当孩子被母亲独自留在一边，他会感到非常焦虑，因为他无意识地预测到了因力比多驱力受挫而产生的力比多驱力的郁积。

　　弗洛伊德在一类观察中找到了对这个机械论概念的支持，即当病人有能力表达迄今为止曾受压抑的对分析师的敌意时，他的焦虑就会缓解。在弗洛伊德看来，正是受压抑的敌意导致了焦虑的发生，一旦敌意被释放，焦虑也就随之缓释。弗洛伊德认识到，缓解可能是由于分析师并没有以责备和恼怒来回应这种敌意，但是他未曾看到，这种解释足以夺走他机械论概念的唯一证据。弗洛伊德没有对这个情况进行总结，这就再一次证明了理论偏见对于心理过程的阻挠程度。

　　尽管害怕受到责备与报复的心理的确可能促成焦虑的发生，但仅凭这一点是不足以解释焦虑这一概念的。为什么神经症病人如此害怕这种结果呢？如果我们接受这个前提——焦虑是对至关重要的价值观受到威胁时的反应，那么如果没有弗洛伊德的理论前提，病人因为自己的敌意而感到濒临危险，这又是怎么一回事呢？

　　每个病人对此都有着不同的回答。如果是有着严重受虐倾向[1]的病人，他们会感到自己对分析师的依赖就好像自己一直以来对母亲、校长和妻子的依赖一样；如果没有分析师，他们将感到自己无法生活下去，分析师有着一股魔力，要么可以摧毁他们，要么可以满足他们的所有期待。他们的人格结构就是这样，他们在生活中的安全感依赖于这种服从状态，因此维持人际关系对于他来说是关乎生死的一件事情。其他的原因还有，这类病人自身产生的任何敌意都会让他们联想到被抛弃的危险。因此，任何敌意冲动一旦出现，他就会产生焦虑。

　　但如果他们是那种特别需要有完美表现[2]的类型，他们的安全感则依赖于满足他们自己特定的标准或者达成他们自认为被期待的样子。如果他们的完美形象本质上是由理性、泰然自若和彬彬有礼组成的，那么，他们只要预见敌意情绪的爆发，就足以产生焦虑，因为这使他们联想到了遭受谴责的危险，这对于完美主义的人来说是致命的，就好像遭到抛弃之于受虐病人一样。

　　其他对于神经症焦虑的观察总是与这种普遍原则相一致。自恋类型的人们将安全感建立在他人对自己的欣赏和倾慕之上，失去这种欣赏和倾慕对于他们来说是致命的危险。在他们身上，焦虑产生的原因是他们身处一个没有人赏识他们的环境中，就好像那些原本在本土受人爱戴的人逃亡到海外一样。如果个

　　[1] 参见第十五章《受虐现象》。
　　[2] 参见第十三章《"超我"的概念》。

人的安全感来自于对他人的融入，那么将其孤立就会导致他的焦虑。如果一个人的安全感依赖于他的默默无闻，那么他一显露头角，便会感到焦虑。

通过对这些资料的审视，我们可以得出一个有根有据的结论，即神经症病人的特定神经症倾向决定了他们会碰到什么危险并导致焦虑症的产生，也就是说，病人神经症倾向所追求的安全感来源决定了他可能面临的危险。

在神经症焦虑中，是什么在面临危险呢？对于这个问题的解读可以帮助我们轻易地回答什么是危险的源头这个问题。这个回答是比较普遍的：但凡可能危害到个人特定保护性追求及特定神经症倾向的事情，都可能激发焦虑。如果我们理解了人们获得安全感的主要手段，就可以预测哪些因素可能激发他们的焦虑情绪。

危险的源头有可能来自外界环境，就像刚才提到的逃离家园的难民，他突然失去了获取安全感所必需的声望。同样的，一个女人总是受虐性地依赖于她的丈夫，如果由于外部环境——比如说患病、出国或者另外一个女人，导致她面临失去丈夫的危险，那么她就会陷入焦虑之中。

也许，危险的来源就暗藏在神经症病人自己身上，这使理解神经症焦虑变得更加复杂。病人自身的各种因素——正常的感觉、敌意的反应、抑制、矛盾的神经症倾向，只要它们危害到了病人的安全机制，就都是危险的来源。

神经症病人的焦虑可能只是由小小的错误或者正常的感觉及冲动引发。比如，有些人的安全感是基于对完美的追求之上的，当一些常人都会犯的错误或判断失误——类似于忘记名字或者没有考虑到旅行安排中的所有可能性——发生在这一类人身上时，焦虑就会产生。同样，一个下定决心要表现得无私的人，自己的一个微小而合理的欲望就会激发他的焦虑；一个把冷漠、离群看作安全感基础的人，如果他萌生了爱情或者依恋，那么他就会变得焦虑。

在所有这些被视为威胁的内部因素当中，敌意毫无疑问位居首位。这有两重原因。各种各样的敌意反应在神经症中尤为常见，因为每一种神经症，无论它们有着怎样的特殊本质，都会使人变得软弱和脆弱。相对于健康人来说，神经症病人更频繁地感到被拒绝、被虐待、被侮辱，因此他们更频繁地反映出愤怒、防御性攻击、嫉妒、诋毁或者施虐冲动。另外一个原因是，无论他们对别人的恐惧具有怎样的形式，这种恐惧都是十分强烈的——除非他们觉得不计后果的鲁莽的敌意攻击对他们来说是一种保持安全感的手段，但是这相对来说不常见，因此，他们不敢轻易惹怒对方。但是，频发的敌意作为一种导致危险的因素，不能诱使我们断言焦虑是由敌意本身引起的。就像前面的讨论中所暗示的，我们必须精确地弄清楚，敌意究竟把什么放置在了危险的境地中。

抑制本身并不会激发焦虑，但是如果它危害了某些重要的价值观，焦虑就有可能发生。因此，如果为了确保船只能够躲开即将发生的碰撞，长官就必须下令让它改道，可偏偏就在这时，他的手和声音完全不听使唤，他将陷入惊恐，而这种惊恐与神经症焦虑一模一样。比如说对于做出决定的抑制，它本身并不能助长焦虑，但如果它无法在关键时刻战胜困难，那它就会趋向于导致焦虑。

最后，神经症倾向也会因现有的与之矛盾的倾向而濒临危险。如果渴望独立的驱力威胁到了一段依赖关系，而这段关系对于维系安全感也同等重要，那么焦虑就会产生；同样，如果个人的安全感主要依赖于独立感，那么朝向受虐依赖的驱力可能会激发他的焦虑。在每一种神经症中，互相冲突的倾向不胜枚举，因此一种倾向威胁到另一种倾向的可能性无穷无尽。

但是我们不得不考虑这样一个问题：存在相互矛盾的倾向并不都会导致焦虑的发展。处理相互矛盾的倾向有多种可能性，一种倾向由于被抑制得太彻底，甚至都不会干预到其他任何倾向，它也有可能被幻想代替；还可能有一种妥协的办法，就是被动地抗拒，这就是一种在对抗和顺从之间做出的妥协；也可能是一种倾向单纯地压制着另一种倾向，对低调的强迫性需求可能抑制了同时存在的强迫性野心，这些不同的解决方案可以创建一种不太稳定的均衡。当这种均衡受到破坏，个人的安全机制因此而受到或多或少的威胁，焦虑就产生了。

与弗洛伊德提出的概念进行对比，将有助于阐明我自己提出的神经症中焦虑的概念。根据弗洛伊德的观点，危险的根源来自"本我"和"超我"，就像我之前所提到的，他的这一观点与我提出的神经症倾向大致相同。根据我的观点，危险的根源是不确定的，它可能包含着内部或外部因素；激发焦虑的内部因素不一定是驱力或者冲动，正如弗洛伊德所说，它也可能是一种抑制。神经症倾向也可能是危险的根源，若真是如此，那么它就与其他刺激因素有着相同的理由：它危害到了至关重要的安全机制。

在我的概念里，神经症倾向不是这种危险的根源，而是濒临危险的东西，因为安全感建立在未受阻碍的神经症倾向的正常运作之上，而焦虑会在它们无法发挥作用的时候即刻发生。另一个关于这种区别的分歧就是，弗洛伊德认为"自我"面临着危险，但我却认为是个人的安全感面临着危险，因为个人的安全感基于神经症倾向的正常运作。

我与弗洛伊德在神经症焦虑观点上的不同，归根结底是我们在讨论力比多理论和"超我"理论时所持观点的不同。据我的判断，弗洛伊德认为本能驱力或它们的衍生物是为了维护安全感才发展出来的倾向，它们由"基本焦虑"决定。[1]因此，根据我对神经症的理解，我们必须区分两种类型的焦虑：一是基本焦虑，即对潜在危险的回应，二是显性焦虑，即对显性危险的回应。"显性"这一术语在此处的意思并不是"有意识的"，每一种焦虑，不管是潜在的还是显性的，都会受到各种各样的因素的压抑；[2]焦虑本身并不一定会被有意识地感受到，它可能仅在梦中显现，也可能伴随着生理症状，或者表现为烦躁不安。

这两类焦虑之间的差异可用一种情境来说明。让我们设想一下，一个人在未知的国度里旅行，他只知道周围危机四伏：充满敌意的土著居民、危险的动物、食物的匮乏。只要他有枪和食物，他就会意识到潜在的危险，但是他不会有显性焦虑，因为他觉得自己能够进行自我保护。但是如果他弹尽粮绝，那么危险就变得显著了。如果生命对他来说是最根本的价值之所在，那么他马上就会出现显性焦虑。

基本焦虑本身就是一种神经症表现，它在很大程度上是由这种冲突导致的——对父母既依赖又抵抗。对父母的敌意必须受到抑制，因为他要依赖父母。就像我之前在一本书[3]中提到的，敌意的压抑导致个人没有防御能力，因为压抑使他无法看清必须对抗的危险。如果他压抑自己的敌意，这就意味着他不再认为某些人对他而言代表着一种威胁；因此他在很多场合会表现得顺从、遵守纪律和友善，其实那些都是他应该提高警惕的场合。这种防御无能以及对遭到报复的恐惧尽管受到压抑，但还是持续存在着，这就是神经症病人在敌意四伏的世界上感到孤立无援的重要原因之一。[4]

第三个与如何理解焦虑有关的问题仍然亟待解决：个人在面对危险时的无助。弗洛伊德认为造成这种无助的原因是"自我"的弱点，而它的弱点是由其对"本我"和"超我"的依赖造成的。根据我的观察，无助在一定程度上是隐藏在基本焦虑里的。另外一个原因是神经症病人身处危险境地，他死守着他的安全机制，这的确以某种方式保护了自己，但是这也使他对别人没有任何防御

---

[1] 参见第三章《力比多理论》。

[2] 实际上，人们对于自己焦虑所持的不同态度值得我们对其进行深入仔细的观察，因为它们揭示了极其重要的特质。

[3] 卡伦·霍妮《我们时代的神经症人格》第四章（1937年）。

[4] 神经症基本焦虑与人类普遍现象Urangst（原始焦虑：起源于面对野生动物尖牙利齿的原始焦虑）的区别在于：Urangst是人类面对现存危险——疾病、贫穷、死亡、自然力量和敌人时的一种无助的表现。然而在基本焦虑中，无助在很大程度上是由被压抑的敌意，以及当危险主要源于预想中他人的敌意时所产生的感觉造成的。

能力。他就像一个钢丝绳舞者，必须保持均衡以防从钢丝绳上掉下来，但这却让他在面对其他可能发生的危险时无能为力。最后，无助隐藏在神经症驱力的强迫性本质中。造成神经症焦虑的主要内部因素也有强迫性的特点，因为它们就根植在僵化的神经症结构中。神经症病人没有任何力量来克制自己不对某种刺激做出带有敌意的回应，甚至也不能减少自己的这种反应，尽管这种反应会使自己遭遇危险。他没有力量去驱散惰性，哪怕只是暂时性的驱散，不管这种惰性是多么强烈地危及到了他同样强迫性的野心追求。神经症病人常常抱怨有被束缚的感觉，这是完全有可能的。显性焦虑最重要的部分就是病人陷入了两难境地，且两边都具有强迫性，这令他感到万分无助。

　　焦虑概念中的改变势必会带来治疗方式上的改变。一位遵循弗洛伊德观点的分析师在回应病人的焦虑时，会去寻找受压抑的驱力。当焦虑在精神分析治疗过程中上升时，他会在脑海中提出这样的问题：病人是否在压抑对分析师的敌意，或者他是否存在自己没有意识到的性欲望。此外，分析师的思维一旦由理论前提所引导，他将期待找到众多诸如此类的感情因素，并在实际解释这些因素时感到尴尬窘迫，最终，他还是要借助一种概念——那就是一定数量的欲望或者敌意代表着一种未被破坏的幼年期情感，它曾经一度受到抑制，但是现在它复活了，并移情到了他的身上。

　　根据我对焦虑的理解，分析师在面对病人的焦虑问题时应把握适当的时机向病人解释，焦虑常常使病人处于一种激烈的两难困境中而又不自知的结果，因而鼓励他去寻找这种两难困境的本质。再回到我们的第一个例子，那个对分析师表现出敌意的病人，分析师在理解了这种敌意反应的原因之后，就应该告诉病人，尽管揭示他的敌意能缓解他的焦虑，但这并不能完全解决他的焦虑问题，人们也会在没有焦虑的情况下感到敌意；如果焦虑还在继续，他可能就会感到，敌意使他的一些重要的东西处于危险之中。对这个问题的深究——如果成功的话，将揭示出由于敌意而遭到危险的神经症倾向。

　　根据我的经验，这种方式不仅可以在短时间内解决病人的焦虑，还可以了解到有关病人性格结构的重要信息。弗洛伊德说得很对，梦的解析是理解病人无意识过程的"王道"，这种说法同样也适用于对显性焦虑的分析，对一种焦虑情势的正确分析是了解病人内心冲突的主要途径之一。

第十三章　"超我"的概念

　　弗洛伊德的"超我"概念是建立在下面这些主要观察的基础之上的：某些类型的神经症病人似乎在坚持特别严格与高尚的道德标准，他们生命中的动机力量不是对快乐的渴求而是对公正和完美的热切追求，他们被一系列的"应该"和"必须"所主宰——他们应该把工作做到尽善尽美，在各种领域都能有所建树、拥有完美的判断能力、做一个模范丈夫、模范女儿、模范女主人，等等。

　　他们强迫性的道德目标十分严苛，他们绝不容许出现任何自己无法控制的情况，不管是内部的还是外部的。他们觉得自己应能控制所有焦虑，不管这种焦虑有多严重，自己应该永远不受伤害，并且永不犯错。如果达不到自己所设立的道德要求，他们就会感到焦虑或者内疚。在这些要求的紧紧控制之下，如果目前没能达到要求，病人就会责骂自己，甚至连过去的一些失败都不放过。虽然他们是在艰难的环境中长大的，但他们觉得自己不应该被那些环境所影响；他们应当永远坚强地去面对任何虐待，没有任何的恐惧、顺从、愤怒等情绪。他们承担着超乎寻常的责任，这一点很容易被错误地归因为童年时期的内疚感。

　　这些需求的无条件性也体现在其被无差别地应用上：这类人可能认为喜欢每一个人是一种义务，不管他们是不是令人讨厌；如果他们没有能力做到这一点，就会对自己苛责不已。举例来说，有一个病人谈到一个女人，说这个女人不近人情、以自我为中心、不考虑别人的感受、吝啬，接着病人就会开始"分析"自己不喜欢这个女人的原因。我打断病人的陈述，并问她为什么认为自己一定要去喜欢这个女人，因为对我来说，我有充分的理由去讨厌这个特定的人；至此，病人感到心情放松了很多，她这才意识到，无论他人是好是坏自己都要无差别地去喜欢他们，这其实一直是她的一条不成文的原则。

　　这些标准的强制性本质的另一方面，弗洛伊德称其为"自我疏离"的特征。他的意思是，个人似乎没有权利对自我强制施加的原则说不；不管自己是否喜欢它们，不管自己是否赞同它们的价值，这些都不重要，就像自己无差别地应用它们的能力一样。它们毫无疑问地、不可阻挡地存在着，人们必须遵守。如有任何背道而驰的情况，个人都必须有意识地在心中将其正当化，否则内疚感、自卑感或者焦虑就会接踵而来。

个人可能会意识到强制性道德目标的存在，例如，他也许会说自己是一个"完美主义者"。或者他可能不会这么说——因为他对完美形象的坚持不允许他去承认任何追求完美的非理性驱力，但他也许还会不停地提及，他应该做到永远不感到受伤，他应该有能力控制每种情绪或者应对每种情况。或者他还会很天真地相信他的脾气"很好"、有良知、很理性。最后，他完全没有意识到他的任何目标，更不要说意识到他的强迫性特征。简而言之，每个人意识到这些标准的程度都是不同的。

从整体上来看，不论在何处，关于驱力是否有意识的问题实在太过笼统，无法揭示我们所期待的结果。一个人可能意识到自己的野心，却无法意识到野心在操控他，或者无法意识到野心的破坏性特征。他可能意识到自己偶尔会感到焦虑，却无法意识到焦虑是在什么程度上决定了他的整个生活方式的。类似的情况还有，个人是否能意识到自己需要道德上的完美其实并没有那么重要。想要让人意识到这种需要的存在并不难，至关重要的是，分析师和病人都要认识到这种对道德完美的需求的本质，以及它在何种程度上影响个人与他人的关系、个人与自己的关系，同时也要认识到哪些因素导致个人一定要遵守自己的严苛标准。同时沿着这两条线路推进研究是一项艰巨的任务，因为与各种各样无意识因素的纠缠，都发源于这些问题。

我们可能会问这样的问题，如果病人极少意识到自己标准的存在，也从来没有意识到它们的力量和影响，那么分析师怎么可能总结出这些需求是现存的并正在发生作用呢？主要有三种类型的数据资料可供我们分析。

首先，观察发现，即使没有环境的要求也没有兴趣的召唤，一个人也可能总有着一种死板的行为。比如说，他对别人总是一视同仁：借钱给他们、为他们找工作、帮他们跑腿，却总是没有能力为自己做些什么。

其次，观察发现，某些种类的焦虑、自卑感或者自我责备都是因为已经违背或可能违背现有的强迫性标准而产生的。比如说，医学院的学生在实验室做实验，由于无法迅速、精准地完成血球计数，他觉得自己很笨；一个总是对别人慷慨大方的人，在他希望能来一次旅行或者购买一套舒适的公寓时，他会感到焦虑，尽管这两种心愿都可以在他的财力范围之内实现；一个人因为判断失误而受到责备，他因此而深深地感到自己的无能，尽管这种判断只是关乎不同的立场而已。

最后，观察还发现，一个人经常感到受别人指责或者别人期待他取得不合理的成就。而实际上，别人并没有谴责他也没有强求他必须做到什么。在这种情况下得出的结论是，这个人自认为有充足的理由论证这些态度的存在；然而从他对别人的假设中可以看出，这是一种投射，是他自己对自己持有苛求和责备的态度。

我认为这些数据都是正确的，能看到这种现象及其对理解和治疗神经症的重要性，是对弗洛伊德观察的力量的见证，问题是，我们该如何对它进行解释。

基于本能理论，弗洛伊德不得不假设，对于完美的神经症性需求——这样强大的力量实质上来自本能，他认为这是本能或它们衍生物的综合体。根据弗洛伊德的观点，它是自恋、受虐，特别是破坏性驱力的组合；这也是俄狄浦斯情结的残余，因为它代表了嵌入式的父母形象，而父母的禁令必须遵守。我不会在此讨论这些可能性，因为在之前的章节中我已经陈述过为什么我认为相关的理论性问题存在争议。光是这一点就够了：弗洛伊德"超我"的概念与力比多理论和死亡本能理论相一致；如果我们接受这些理论，我们还得接受他对于"超我"的看法。

通过参阅弗洛伊德有关该主题的作品，他的主要观点是，"超我"是一个具有禁止特征的内部代理机制。它就像一个秘密警察局，能准确地侦查到所有被禁止冲动的倾向，特别是攻击性类别，一旦发现有任何迹象，它就会对个人进行无情的惩罚。因为"超我"似乎会引发焦虑和内疚，弗洛伊德认为它一定被赋予了破坏性力量，对完美主义的神经症性需求也就被视为"超我"横施淫威的结果。为了顺从"超我"和躲避惩罚，个人不得不做到完美。让我们来就这一点进行阐述：弗洛伊德很明确地拒绝了这种常见的观点，即关于自我强加的限制条件和理想主义之间的关系；通常情况下，这些限制条件被视为现有道德目标的结果，但弗洛伊德认为这些道德目标是施虐式侵入。"普通的观点正好是从相反的角度来看待这种情况：自我理想建立起来的标准似乎抑制了攻击性的动机。"[1]个人对自己的施虐是从本该对他人发泄的施虐中获得力量的，他没有去憎恶他人、折磨他人、谴责他人，而是选择憎恨自己、折磨自己和谴责自己。

弗洛伊德提供了两类观察作为论证这些观点的证据。一类是无法摆脱对完美主义的需求，结果把自己弄得苦不堪言的人；简而言之，他们在严格的需求

---

[1] 西格蒙德·弗洛伊德《自我与本我》（1935年）。

下感到窒息。另一类人，按照弗洛伊德的说法，"个人越是抑制自己对他人的攻击性倾向，就越是变得暴虐专制，也就是说他在其自我理想中变得颇具攻击性。"[1]

第一个观察毫无疑问是正确的，但是对它我们也有其他的解读，第二个观察存在争议。的确，这种类型的人对他人表现得慷慨大方，对自己却严厉苛刻。他们也许会不安地克制住对他人的批评或者伤害，对自己却横加指责。但实际上，对这种观察除了也会有不同的解读之外，我们并不能保证其普遍适用性。很多资料是互相矛盾的：神经症病人甚至会在表面上对他人跟对自己一样苛刻与轻蔑，他们随时准备谴责他人，就像随时准备谴责自己一样。那么对于所有那些残忍的行为，比如说以道德和宗教的名义而实施的，又该做何解释呢？

如果神经症病人对完美的需求并不是假设的禁止代理者的产物，那么它意味着什么呢？尽管弗洛伊德的理解存在争议，却包含着建设性的指导；这就是，它们意味着对完美的追求缺乏诚意。通俗地讲，就是这种道德追求里存在猫腻。亚历山大已经对此进行过详细的阐述，他指出神经症病人对道德的追求太过于形式化，因此它具有伪善的特征。[2]

那些看似被无情的完美需求所奴役的人们仅仅是在走过场，佯装修炼一下自己的德行罢了。[3]当有人很认真地想得到什么，他就会看到自身的哪些局限会影响自己达成目标，并愿意对这些障碍刨根究底并最终攻克它；比如说，他发现他自己时常莫名其妙地发火，他将首先试图控制他的易怒，如果这个方式没有效果，他将建设性地在自己的人格中寻找导致易怒的倾向，如果可能的话，他会做出改变。我们提到的神经症类型人群则不会这样做，他将首先着手于减少他发火的次数或者为自己的动怒寻找一个正当的理由。如果这些方式都没有效果，他将无情地责骂自己的态度，他会努力试着去控制它。如果还是不能成功，他将责备自己的无力自控。至此，他的努力就告一段落了。对他来说，他不会觉得是自身有什么问题，使自己养成了易怒的性格。因此，什么都没有改变，这个剧情还是会永远地不断重复。

---

[1] 西格蒙德·弗洛伊德，同上。

[2] 弗朗茨·亚历山大《整体人格的精神分析》（1935年）。

[3] 关于法律的形式化遵守与诚心诚意履行之间的区别，最著名的表述是在保罗给哥林多人的第一封信中："我若能说万人的方言，并天使的话语，却没有爱，我就成了鸣的锣、响的钹一般。我若有先知讲道之能，也明白各样的奥秘、各样的知识，而且有全备的信念，叫我能够移山，却没有爱，我就算不得什么。我若将所有的赈济穷人，又舍身叫人焚烧，却没有爱，仍然于我无益。"（《哥林多前书》13：1—3）

当他接受分析时，尽管不愿意承认，但他将意识到自己的努力是白费的。分析师认为他的怒气只是浮出表面的泡泡而已，他也许会礼貌且理智地接受这一点。但是一旦分析师指出深层次的障碍，他就会有一种复杂的反应，这种反应包含了隐藏的愤怒、弥散的焦虑，很快他又会机智地与分析师理论，认为分析师是错的，或者至少是在夸大其词，他可能又会以责备自己无法控制怒气而结束。每每触及一个更深层次的问题，病人马上就会重复上述反应，尽管有些时候他们反应得非常谨慎小心。

因此，这种类型的人不仅缺乏动机去探究障碍的根源以获得真正的改变，还会主动去反对进行探究和改变。他们不希望被分析，甚至讨厌它。如果不是为了某种严重的症状，比如说恐惧、疑病恐惧等，他们是永远也不会来找分析师的，不管他们的性格障碍有多严重。当他们为了治疗而来时，也只是希望在不触碰他们人格的前提下治愈他们的症状。

从所有的这些观察中，我总结出一个规律，这种类型的病人不会受"尽善尽美"需求的控制，这与弗洛伊德所设想的不一样，他们仅有维护完美形象的需要。这种完美的形象要给谁看呢？第一印象首先留给自己，这个形象对自己来说必须是正确的。他会为了自己的缺点而责备自己，不管是否有人发现他的缺点。他假装看起来相对独立于他人，也就是这种印象，让弗洛伊德认为"超我"最终变成了道德禁忌的自主内心心理再现，尽管它最初是从幼年期的爱、恨以及恐惧中发展而来的。

这种类型确实展示出一种清晰的独立倾向，当它与严重的受虐倾向相比时，就会表现得尤为明显。但这种独立是从反抗中产生的，并不是来自内部力量，因此它在很大程度上是假的。实际上，他们是万分依赖于他人的——以他们自己特定的方式。他们的感觉、想法和行动都由他们所认为的别人对他的期望所掌控，不管他们是顺从还是抗拒这些期待，他们也依赖于别人对他们的看法。还是一样的道理，这种依赖是特殊的；对他们来说，必须得让别人承认他们的完美无缺。任何的异议都会使他们不安，因为这意味着他们的诚实无过正在遭受质疑。他们急于向别人展现的正直完美的表象，其实是让别人与自己获益的一个借口。下面我将讨论对完美表现的需求，具体地说，就是在他人与自己眼中都显得完美的需求。

假装模式的特征也常常如此，只不过更加公开明显，它对完美也有着强迫性的需求，但这些需求与道德问题并不相干，仅与以自我为中心的目标相关，比如说一个人会要求自己无所不知，这种现象在当代知识分子中很常见。当这种类型的人遇到回答不了的问题时，他会不惜一切代价假装自己知道，尽管他就算承认自己不知道，也不会有人质疑他在智力上的权威。或者，他会用一些形式化的科学术语、方法和理论来唬人。

如果我们认为，个人努力只是为了维护完美的、绝对正确的"虚荣假象"，而这种假象出于某些原因其实是必要的，那么整个"超我"的概念就会从根本上改变。"超我"就不再是"自我"内部的代理机制，而是个人的特殊需求。它不再是道德完美的拥护者，而表达着神经症病人对于维持完美形象的需要。

从一定程度上来说，所有人都生活在有序的社会中，而在这里我们必须维持应有的形象。我们每一个人都受到生活环境中标准的潜移默化的影响，我们在某种程度上依赖于他人对我们的尊敬而活。[1]但我们所看到的这类人是怎样的呢——允许我稍作夸张，全人类都展现着同一种假象。他自己的愿望、喜好、憎恶和价值都不重要，唯一重要的就是达到期待和标准并履行责任。

强迫性地展现完美会与特定文化中任何被看重的东西相联系：有条不紊、干净整洁、守时、良知、效率、智慧或艺术成就、理性、慷慨、宽容和无私。为了保持这种完美形象，特定的个人会强调对不同因素的依赖：他天生的能力，童年时给他留下良好印象的人或品质，他童年时所处的、促使他发奋图强的糟糕环境，他在人群中脱颖而出的真实可能性，他必须靠维持完美来保护自己免受其影响的那种焦虑。

我们该怎样理解这种表现完美的迫切需求呢？

弗洛伊德针对它的根源，给我们指明了一个大的方向，他认为这种倾向是在儿童时期养成的，它与父母的禁令有关，还伴有个人对父母的受压抑的愤怒。[2]将"超我"的禁令视作父母施加的禁忌的直接遗留物，这似乎有点过于简单化。因为在其他任何神经症倾向里，促使它们发展的不是一个又一个童年时期的个别特征，而是整个环境。完美主义的态度与自恋倾向基本是从相同的基础上发展而来；因为这个基础已经在之前关于自恋的章节中充分讨论过，在此我仅一笔带过。由于受到多种不利的影响，孩子发现自己正处于痛苦的环境中。他自己的发展受到阻碍，因为他被迫去完成父母对他的期待，他因此失去了自己的创造力、自己的愿望、自己的目标、自己的判断。另一方面，他疏远人群并对他人感到害怕。就像之前提到过的，为了解除这种根本的不幸，孩子

---

[1] 在所有学者中，W. 詹姆斯和C. G.琼在谈到每个人都有"社会自我"（詹姆斯）或"人格面具"（琼）时，强调过这一事实。

[2] 梅兰妮·克莱茵是第一个看到后者所指联系的人。

可能会发展出自恋倾向、受虐倾向或完美主义倾向。

有显著完美主义倾向的病人在童年时期会受到自以为是的父母的影响，他的父母会在孩子身上施加不容置疑的权威，这种权威主要参考一套标准或是一种个人专制管理。因此孩子承受着很多不公正的待遇，比如说父母偏爱其他兄弟姐妹，或者把实际上是父母或其他兄弟姐妹的错误归咎于他并加以责备。尽管此类不公平待遇并没有超越平均水平，但还是会产生超出平均水平的愤怒和不满，因为实际待遇与父母假装的绝对公正大相径庭。控诉由此产生，但由于孩子无法确定自己的可接受性，他并不会将其表达出来。

在这种环境下长大，孩子就会失去自身的重心，而把它完全转移到权威人士的身上。这个过程是缓慢而无意识地进行着的，就好像这个孩子决定去相信父亲或母亲永远是对的。孩子做出的评估，关于好的或者坏的，满意的或者不满意的，愉悦的或者伤心的，喜欢的或者讨厌的，都是从外部世界获得，又在外部世界中留存的，跟他自己毫无关系，他再也无法有一个自己的判断。

通过适应这种过程，他不会知道自己是在逃避，他把外部标准当成自己的标准，因此维护着这种假性的独立。这句话的意思可以被解释为：我做到了我应该做的，因此我没有其他义务需要去履行了，这样别人就不能干涉我了。通过遵守这种外部标准，个人同时也寻求到了某种坚强的力量，可以用来掩盖他现有的软弱，但是这种坚强仅仅就像用来保护受伤脊椎的紧身胸衣。他的标准告诉他，什么是他应该想要的，什么是对的或错的，因此他表现出坚强的性格，然而这只是一种具有欺骗性的表象而已。这两点将他与受虐癖患者区分开来，受虐人群是明显地依附于他人，他们的软弱一眼就能看出来，并且没有披上坚硬的原则盔甲。

此外，通过对准则或期待的过度遵守，他将自己置身于责备和攻击之外，因而消灭了与环境的冲突，他的强迫性内在标准调节着他的人际关系。[1]

最后，通过对标准的遵守，他获得了优越感。这种满足与通过自我膨胀而获得的满足很相似，但是又有不同：一个自恋的人也许很享受自己的优秀并享受别人对他的倾慕，而总是自以为正义的人，对他人怀恨的态度则占据上风。他们甚至会把轻易产生的内疚感看作美德，因为它们证实了个人对道德要求的高度敏感。因此，如果分析师向病人指出他的自我谴责是如何夸张，病人就会有意无意地在思想上有所保留，他认为自己比分析师优秀太多，分析师用"低级"的衡量标准是不可能理解他的。这种态度会引发一种无意识的虐待满足：

---

[1] 参见欧内斯特·琼斯《爱与道德：性格类型研究》，《国际精神分析期刊》（1937年1月）。

用自己的优越感来刺伤和打压他人。这种施虐冲动仅仅表现在对他人错误或者缺点的贬损想法上，但是这种冲动是在告诉别人，他们是多么的愚蠢、没用和卑鄙，并使别人觉得自己如尘埃一般微不足道，这种冲动是个人站在完美无缺的道德高地上对他人义愤填膺的打击。[1]作为一个"伪善"的人，个人就有了俯视他人的权利，因此就像父母对他造成创伤一样，他把同样的伤害施加到别人身上。尼采在《曙光》中以"精致的残酷如美德"为标题描述这种类型的道德优越感：

"我们有一种美德，它完全基于我们对卓越的渴望——因此不要高度评价它！的确，我们也许会问这是什么样的冲动，它的根本意义何在？我们用自己的形象使我们的邻居苦恼，引起他们的嫉妒，唤醒他们的无力感和堕落感；我们努力使他们品尝自己命运的苦果，在他们的舌头上滴一些我们的蜂蜜，当我们在给予这种好处时，却又用胜利者的锐利目光看向他们。

"看着这人，他现在变得谦逊了，这是多么完美的谦逊；通过他的谦逊，他要去寻找一些人，对他们，他长久以来都准备着一场折磨；因为，你肯定能找到他们！另外一个人，他很善待动物，并因此举而受到别人的倾慕——但是，他希望以这种方式在某些人身上发泄他的残暴。看看那个伟大的艺术家：他所提前享受的快乐，来自他所构想的手下败将对他的嫉妒，在他成为伟人之前，这种快乐是不会让他的力量休眠的——为了自己的伟大，多少人都在承受着他给他们的灵魂带来的苦涩时光。修女的圣洁：她是以多么咄咄逼人的目光，看着那些与自己生活方式完全不同的女人的脸！她的眼中闪耀着多么恶毒的愉悦呀！这个题目很短，但它是千变万化的；这些变化数不胜数，不可能轻易变得乏味——若断言高尚的美德一文不值，归根到底，它们只是经过修饰的残酷，这将是多么自相矛盾，新奇又近乎痛苦。"

这种报复性的战胜他人的冲动存在多种源头，这一类人很少能从人际关系或工作中获得满足感，感情和工作都变成他内心对抗的强制性职责。他们对别人发自内心的正面情感受到遏制，并且有大把的原因去厌恶他人。然而，不断产生施虐倾向的特定源头是，他感觉生命不是自己的，他总是必须达成外界对他的期待。他没有意识到自己已经把意愿和标准转交给他人，在义务的束缚下，他感到近乎窒息。所以，他想要战胜他人，仅有的方式就是在正义和美德方面赶超他人。

因此，此类顺服状态的对立面就是在内心反抗所有对他的期待。简单地

---

[1] 与保罗·文森特·卡罗尔的戏剧《影子与实体》中准则的特点相比较。

说，一件他本应该去做的事情或者一种他本应该有的感觉，都属于那类会激发他的反抗的因素。在比较极端的情况下，只有很少的事情可以从这一类别中逃脱，比如阅读推理小说或吃糖果，也只有这点事情是他内心不会抗拒的。在其他所有的情况下，这类人也许会在不知不觉中阻挠一切对他的期待或者一切他认为的对他的期待。如此下去，结果往往就是产生倦怠和惰性。个人的活动，乃至全部生活，都会变得单调无趣和毫无吸引力，尽管他并没有意识到，自己已不再是一个自由代理者，也不再受自己的动机力量所控制，自己的行动和感觉也都已被规定好了。

因为它的实践意义的重要性，我将单独阐述对这种期待的无意识阻挠所带来的特定后果：工作中的抑制。尽管每一份工作在最开始都是个人自愿地想要去做的，但很快这份工作就变成了一种不得不去履行的责任，所以个人就产生了消极抵抗的情绪。因此，个人常常会发现，自己陷入了一种狂热地想把一件事做到完美和压根儿就不愿意做这件事之间的冲突。这种冲突导致的结果，会根据冲突双方所牵涉因素力量的不同而不同，它或多或少会导致完全的惰性。对工作的狂热和惰性将在同一个人身上反复轮转，工作因此而变得异常艰辛。越是非琐碎非常规的任务，个人就越是感到紧张，因为每个环节都必须做到无懈可击，一旦犯错，焦虑就会随之而来，因此个人就开始寻找各种借口，希望能完全放弃工作，或把这些责任转移到别人身上。

这种既顺从又反抗的双重倾向也是治疗中的难题之一。分析师希望个人能表达自己的想法和感受，从而获取对自己的剖析，最终可以改变自己，最大可能地激发出他对这种过程的反抗。结果就是，这种类型的病人外在表现温顺，其实内心还是会阻挠分析师的种种努力。

这种基本结构会引起两种不同类型的焦虑。其中一种弗洛伊德已经对其进行了描述，他认为这种焦虑是对"超我"的惩罚力量的恐惧。简单地说，这种焦虑是由于犯了错误、意识到自己的缺点或者预见到未来的失败而产生的。

对此我的理解是：这种焦虑是由表面和内心之间存在的不一致造成的，它是一种对揭下面具的恐惧。尽管这种恐惧或许会依附在特殊的事物上，比如说手淫，但它是神经症病人需要面临的无处不在、无法回避的恐惧，他们害怕有一天自己的面具会被撕开，会被认为是骗子，害怕有一天其他人发现自己并不慷慨无私，而只是一个不折不扣的以自我为中心的自私自利的人，或者被别人发现自己对工作并不感兴趣而只是关心自己的荣誉。在聪明的人身上，这种恐惧可能会在任何复杂的讨论中产生，因为在讨论中人们会提出看法和问题，他有可能无法反驳或者马上回答——因此他的"无所不知"就被识破了。这里有很多追随他的朋友，但最好别跟他那么亲密无间，因为他们会对他感到失望。他的雇主觉得他很不错，还为他提供了更好的职位，但最好别接受它，因为到头来其实他也并不是那么有效率。

对于自己所有的伪装都被拆穿的恐惧——尽管这些伪装可能是出于真心实意，会令这类人在面对分析师时表示不信任和担心，因为分析师明显是要去"发现"什么。他的恐惧可能在急剧的焦虑下产生，这种恐惧也许是有意识的，它可能表现为普通的羞愧，它也可能表现为明显的坦率。担心自己的面具被撕开是众多无形痛苦的源头。比如说它造成了自己不被需要的痛苦感觉，在此处即指"没有人喜欢这样的我"的感觉，这也是排斥他人和引起孤独的主要原因之一。

面具被撕开的恐惧是最强大的，这是由包含在完美形象需求中的施虐冲动造成的。如果某人把自己捧上神坛，随意讽刺他人的缺点，那么只要他一犯错，就会引发被嘲讽、鄙视和羞辱的危险。

这种结构中涉及的另一种焦虑会在人们抱有或达成自己的某些心愿时引发，而且他们无法证明这些愿望是合理的，诸如为了健康、教育、无私助人等等。例如，一个女人对自己一向过于吝啬，在她将要入住一家一流的酒店时，尽管她完全能负担得起酒店的费用，而且她的亲朋好友都觉得不住这家酒店是件很傻的事情，但是她仍然会感到焦虑。对于这个病人来说，一旦分析触碰到她自己对生活的需求时，她就会产生显著的焦虑。

理解此类焦虑有几种方式。一种就是把谦逊当作对贪婪的反应形成，把因为提出合理要求而产生的焦虑看作对不能控制贪婪的恐惧，但这种解读并不令人满意。诚然，这些病人确实有贪婪的行为，但我认为他们对所有个人意愿的普遍性抑制是次级反应。

或者有人会说，"无私"的形象与病人的宽容形象、理性形象同样必不可少，因此在"自私"意愿被揭示后，焦虑就会随之产生，这可以解释为对面具被揭开的恐惧。尽管这种解释是对的，但从我的经验来看，它还是不够详尽，也就是说，它还是无法使病人自由地拥有自己的意愿。

只有在通过我之前介绍过的方法看清这种类型的结构之后，我才发现了获得对这类焦虑的更深理解的可能性。在分析过程中，这一类人经常认为分析师期望能从他身上看到某种行为，并审视他是否遵守这种行为。这种倾向被视为"超我"在分析师身上的投射，因此病人被告知，他投射在分析师身上的其实是他自己提出的需求。根据我的经验，这种解读是不完整的。病人不仅仅是在投射自己的需求，他还确实喜欢将分析师看作操控自己船只的船长。一旦没有规则，他就会感到迷失方向，像一只没有指令的小船。因此，他的恐惧不仅是因为面具被揭开，也因为他的安全感深深根植于他对规则与别人对他的期待的服从，如果没有这些，他就会无所适从。

有一次，当我正在说服一个病人，告诉她不是我期待她为了分析治疗而牺牲一切，而是出于某种原因，她自己创建了这种设想。她变得对我恼怒起来，还对我说我最好发一些传单给病人，告诉他们如何在分析中好好表现。我们讨论到她失去了自己的主动权（就像在梦中体现的）和自己的意愿，因此她不能成为她自己。尽管成为她自己的概念很吸引她，是她在生命中最渴望得到的东西，但在第二天晚上，她做了一个使她感到焦虑的梦，梦中洪水来袭并毁坏了她的档案。她自己并不害怕洪水，她害怕的是档案会被毁掉，档案对于她来说代表着完美，将它们时时更新并做到毫无缺陷是关乎生死的问题。这个梦的含义是：如果我成为我自己，如果我发泄我的情绪（洪水），那么我的完美形象就会受到威胁。

我们经常天真地认为——病人也是，成为自己就是我们想要的结果，这确实是弥足珍贵的。但如果一个人整个生命中的安全都建立在"不做自己"之上，那么当他有朝一日发现还有一个人躲在表象之后，那将是多么可怕的一件事情。一个人不可能同时是一个被操纵的木偶又是一个跟随内心的人，只有攻克了里外不一造成的焦虑之后，他才能找到安全感，找到以自己为重心的感觉。

此处提到的观点从不同的角度对抑制动力进行了解读，涉及抑制的力量和受抑制的因素两方面。弗洛伊德认为，除了对人们的直接恐惧是一部分原因，对"超我"的恐惧也是造成抑制的力量，但我个人认为这种对抑制的理解过于狭隘。如果抑制因素威胁到其他对于个体来说至关重要的驱力、需要和感觉，那么任何驱力、需要、感觉都可以被抑制。破坏性的野心就会被抑制，因为个人有必要维护无私的形象。但是破坏性野心也同样会出于另外一个原因被抑制，那就是安全感，个人必须以受虐的方式依附于他人。"超我"因此可被理解为与激发抑制相关，而我却认为它只是众多重要因素之一。[1]

至于促成抑制的"超我"的力量，弗洛伊德主要把它归结为自我毁灭本能。我认为这个现象与造成反对潜在焦虑的坚强后盾一样强大，因此，就像其他神经症倾向一样，个人必须竭尽所能来维护它。

弗洛伊德认为，本能驱力会由于它们的反社会特征而受制于"超我"的压

---

[1] 参见弗朗茨·亚历山大《关于结构冲突与本能冲突的关系》的重要论文，《精神分析季刊》（1933年）。

抑之下。如果需要澄清的话，我将以简单的道德术语来表达。在弗洛伊德的观点中，人类的邪恶本质是受抑制的，这种观念无疑包含了弗洛伊德最显著的发现。但我想要提出一种更灵活的建议：受抑制的东西取决于个体感到被迫需要呈现的表象，任何不符合表象的东西都要被抑制。比如说，一个人可能会沉迷于淫秽念头和行为，或者拥有对很多人的死亡意愿，但是他可能会为了私利而抑制着个人愿望。但是，我认为强调这种区别没有太大的实践意义。表象与公认的"良善"几乎是一致的，因此受到压抑的事物主要与我们所认为的"不良的"或者"劣质的"事物相一致。

但是还有另一个更为显著的差异，它与受到抑制的因素有关。简单地说，维护某种表象的必要性不仅会抑制"不良的"、反社会的、以自我为中心的、"本能的"驱力，还会抑制人类最有价值的、最有活力的因素，比如发自内心的愿望、发自内心的感觉、个人判断等等。弗洛伊德已经看到这个因素，但是没能意识到它的重要性。他发现，人们可能不仅会抑制贪婪，也会抑制合理的愿望。但是对此他已做出解释，指出描述抑制的程度不在我们的能力范围之内：当仅仅是贪婪受到抑制时，合理的愿望也会被一起带走。事实的确是这样，但是有价值的品质也会受到抑制，由于它们会损害到表象，所以它们必须受到抑制。

总之，神经症病人对完美表现的需求导致了抑制：第一，抑制那些与他们外在特定现象不符的一切事物，第二，抑制任何阻挠维持这种完美形象的因素。

通过观察完美形象需求给人们带来的痛苦结果，我们可以理解，为什么弗洛伊德认为"超我"是个基本的反自我机制。但我认为只要个人感到自己必须完美无缺，自我攻击行为根本就是不可回避的。

弗洛伊德认为，"超我"是对道德需求的内心表征，尤其是对道德禁忌。为此，他理所当然地进行了一番概括性总结："超我"在本质上与良知和理想的常态现象是一致的，只是更加苛刻。根据弗洛伊德的观点，这两者在本质上都是对自我的残酷发泄。[1]

除了我所阐述过的两种不同解读，道德标准与对完美表现的神经症需求之间还存有一些相似之处。诚然，很多人的道德标准仅仅意味着维持道德的表象。如果说普遍的道德规范就应如此，这未免有些武断，与事实也不太相符。先撇开那些关于理想的复杂的哲学定义，人们可能说它们代表着感情或行为的

---

[1] "就算是普通的道德规范，也有具有严厉、残酷的禁令特征。"（西格蒙德·弗洛伊德《自我与本我》）

标准，人们将这些标准当成有价值的、必须实施的义务。它们不是自我疏离，而是自我的一部分，"超我"只是表面上与它们类似而已。如果说对于完美表现的需求的内容，仅仅是出于巧合与某种文化认可的道德准则相一致，那么这种说法是有失准确的；如果完美主义者的目标与公序良俗不甚吻合，那么它们也就不能发挥其各种各样的功能了。它们只是在模仿道德规范而已，它们只是道德观念的赝品而已。

虚假的道德目标与理想、道德准则相差甚远，并阻碍了后者的发展。我们一直都在讨论的这类人群，他们为了和平而承受着恐惧带来的压力，遵循着他们自己的标准。他们只是形式上遵守这些准则，但内心里是抗拒的。比如，他们表面上对其他人都很友善，但是无意识中却觉得这种友好的态度是一种难以忍受的强迫。只有当他们的友谊失去强迫性特征之后，他们才可能开始思考自己是否喜欢与人为善。

对完美的神经症需要确实牵涉到道德问题，但它们并不是病人明显纠结的对象，也不是病人假装拥有的东西，真正的道德问题是虚伪、傲慢和修饰过的残酷，这些东西与之前讨论过的结构有着紧密的联系。病人不应对这些特质负责，因为他们无力控制这些特质的发展。但在分析过程中，病人不得不面对它们，这不是因为分析师应该去提高病人的道德水准，而是因为病人饱受这些特质的折磨：它们干扰了病人与自己、与他人之间的良好人际关系，病人的人格发展也受其阻挠。尽管对这一部分的分析治疗会使病人感到特别痛苦和沮丧，但它也能给病人带来最大的宽慰。威廉·詹姆斯说过，抛开伪装满足于伪装都是上天恩赐的宽慰；然而通过分析治疗中的观察，我们判断，抛开伪装得到的宽慰似乎会更大。

第十四章　神经症内疚感

　　最初，内疚感并没有在神经症里扮演什么重要的角色，直到今天，每当我们讨论内疚感时，还是会将它与力比多冲动、前性器幻想或者乱伦人格联系在一起。很少有人会像马西诺夫斯基那样声称：所有的神经症都是内疚神经症。在"超我"的概念形成之后，人们才开始把目光转向内疚感，最终它被视为神经症动力中的关键因素。实际上，对内疚感的侧重，特别是对无意识内疚感和受虐癖概念的强调，都只是"超我"概念的其他方面。如果我在讨论中将它们分开，那是因为如果不这样做，一些我认为特别重要的问题就得不到应有的重视。

　　在某些情况下，内疚感可能会有如此表达，并可能影响全局。那么，它们可能表现为一种普遍的无价值感，或者附着于特定的举止、冲动、思维、乱伦幻想、手淫、希望自己爱的人死去等类似的现象。但在临床上，导致"内疚感在神经症中有着普遍且核心的地位"这一信念的，不只是那些相对来说发生得并不频繁的直接表现，更重要的是那些频发的间接表现。在众多暗示出潜在内疚情绪的心理现象中，我将选择一些特别重要的进行讨论。

　　首先，有一类神经症患者会陷入这样或那样的微妙而又显而易见的自责中：伤害别人的感情、小气、不诚实、尖酸刻薄、想消灭所有人、懒惰、软弱、不守时等。这些谴责通常有着为任何不利事件承担过错的倾向。当这类人生病时，他们会责备自己没有照顾好自己的身体、穿戴不合适、没有定期检查身体或者没有预防传染病，等等。如果一个朋友很久没有给他打电话，他的第一反应就是思考自己之前是不是伤害了朋友的感情。如果在时间安排上有什么误会，他会觉得一定是自己的错，一定是自己没有认真听讲。

　　有时这种自责表现为病人会翻来覆去地想自己本该说什么、本该做什么，或者自己遗漏了什么，长此以往，这就会干扰他们参与其他活动或导致他们失眠。就算描述其思考内容也是无用的：他们可能会长时间地思考他们说过什么，其他人说过什么，他们本可能说些什么，他们说过的话会带来什么后果；他们是否已经关了煤气，是否会有人因为煤气没关而受伤，是否会有人因他们没有将掉在地上的橘子皮捡起来而摔倒。

在我的判断中，自责的频率还是比通常预测的要高，因为它们可能隐藏在一个看起来仅是个人的愿望背后，而这个愿望无非就是想认清自己的动机。在这些情况下，神经症病人将不会以任何方式公开进行自责，而似乎是仅仅"分析"自己。他们可能会感到困惑，比如，他是否是为了证明自己的魅力才开始这段暧昧关系，自己说的一些话是否真的不想伤害他人，或者自己不愿意工作是否并不仅仅因为懒惰。有时真的很难区分，所有这些是否都是对自我动机的真诚追问，而最终目的都是要自我提升，还是说它们仅仅是一种微妙地适应了心理分析方式的自责形式。

另外同样暗示了内疚感存在的一组心理现象是，一个人对别人的任何不赞同都极其敏感，或者一个人害怕被别人发现。有这种恐惧的神经症病人可能一直都会害怕，害怕其他人跟他们熟悉之后会对他们失望。在精神分析的情况下，他们可能会对一些重要信息有所保留。他们觉得精神分析过程就像是法院对犯人进行审讯，因此他们总是处于一种防备状态，但却并不知道自己到底在害怕什么。为了消除或反驳任何可能会发生的责骂，他们可能会极度小心，不犯任何错，并且严格遵守法律法规。

最后，有些神经症病人似乎会故意招致不利事件。他们的行为会激怒他人，于是他们总是被虐待。他们似乎很容易就发生意外，经常生病，丢钱——他们也许还感到只有这样才能安心，否则就不安，这些表现也可看作深深的愧疚或者需要通过受难来赎罪。

从这些倾向中总结出内疚感的存在似乎合情合理。自责似乎更像是内疚感的直接表达，对任何批评或质疑动机的极度敏感常常是因为害怕别人发现自己犯错（一个偷了东西的女佣会把别人对她无恶意的问话当成对她的诚实的质疑），用受难来赎罪一直是一种有着庄严立场的做法。因此，我们可以很合理地假设，神经症病人内心的内疚感远远超过普通人。

但这种假设也存在问题：为什么神经症病人感到如此内疚？他们好像也不比其他人差。弗洛伊德对这个问题的回答隐含在"超我"的概念中。神经症病人并不比其他人坏，但由于他们的"超我"具有极高的道德感，他们要比其他人更容易感到内疚。因此，根据弗洛伊德的阐述，内疚感是在"超我"和"自我"中间存在的张力表现。但是，又一个难题产生了。一些病人接受关于他们内疚感的建议，另一些却拒绝接受。[1]走出这种困境的方式是无意识内疚感理论：在自己没有察觉的情况下，病人承受着无意识内疚感带来的深深痛苦，他们必须用郁郁寡欢和神经症疾病来赎罪。他们是如此地害怕"超我"，以至于他们宁愿生病也不愿意承认他们正在感受到的内疚以及为什么他们会感到内疚。

内疚感的确是可以被抑制的，但是，把无意识内疚感的存在视为对情感产生的现象的最终解释，这并不足以让人接受。无意识内疚感理论与此类感觉的内容无关，与它们产生的原因、时间以及如何产生都是无关的，它仅仅是用偶然证据来判定一定存在着个人没有意识到的内疚感。这让分析失去了对治疗的价值，也让这一理论无法得到证实。

它将在此澄清一点问题——在其他难题里也一样，即对这个术语的含义达成一致，且不可将其用于其他目的。在精神分析文献中，"内疚感"这个术语有时会用来表示对无意识内疚的反应，有时又与惩罚需要的意义相同。[2]在通行的语言中，该术语如今正被频繁而宽泛地使用着，因此我们经常会想，一个人在说自己内疚时是否真的感到内疚。

"真正的内疚感"是什么意思呢？我会说，在任何情境中，内疚都包含着特定文化中对道德要求或现有禁忌的违背，内疚感就是在做出了这种违反行为后痛苦感受的表现。但是，一个人可能会因为没有帮助在困境中的朋友或因为婚外恋而感到内疚，而另一个人却不一定会感到内疚，尽管他们都面临着相同的准则。因此我们必须补充，在内疚感中，人们对于违反准则的痛苦意识与个人自身所认定的准则有关。

内疚感可能是，也可能不是一种真正的感觉。判断内疚感真实性的标准是，看它们产生时是不是伴随着希望改正或做到更好的愿望。一般来说，这种愿望是否存在，不仅取决于所违反的道德规范的重要性，还取决于违反规范所带来的好处，这是一种规律。这种考察方式也同样适用于判断一种冒犯是行为上的还是感情上的，是冲动还是幻想。

神经症病人可能会感到内疚，这无疑是正确的。他们所达到的程度是，他

---

[1] "但对于病人来说，这种内疚感是无声的，它不会告诉病人他是内疚的；他不会感到内疚，而仅仅觉得自己生病了。内疚感表达自己的方式是抵抗痊愈，但要克服它极其困难。另外一件困难的事情是，如何让病人相信这种动机就隐藏在他的持续生病状态的背后；他很容易接受一个更为明显的解释，那就是分析治疗不是治愈他的有效疗法。"（西格蒙德·弗洛伊德《自我与本我》）

[2] H. 纳伯格对这种把内疚感与惩罚需求等同起来的观点提出了正确的质疑，尽管是出于其他原因［《"内疚感"与惩罚需要》，《国际精神分析期刊》（1926年）］。

们的标准包含了真实的因素，他们在对它们做出或实际或想象的违反行为后，所有情绪上的反应可能就是真实的内疚感。但是他们的标准，正如我们所看到的那样，至少有一部分只是一种表象，用于服务特定的目的。在某种程度上，它们是假的，它们因违反这种准则而产生的反应与内疚感毫无关系，就像上面所定义的一样，这种反应仅仅是伪装而已。因此我们不能假设，没有遵守"超我"的严格道德要求会令人产生真实的内疚感，也不能通过内疚感的外在表现而断言其来源于真实的内疚。

如果我们不接受这种观点——我们所描述的神经症现象是无意识内疚感的结果，那么它们的实际内容和重要性又是什么呢？这个问题有些方面已经在"超我"的章节里讨论过了，但是因为还有其他方面的问题，我将在此对它们进行重述。

关于动机的任何类似批评或质疑的观点，我们对它们的过度敏感是由完美主义形象与实际缺点或不足之间的差距导致的，这是因为我们必须维护这种形象，任何有关它的质疑都是令人恐惧并使人恼怒的。此外，完美主义者的标准以及达到这种标准的企图都是与个人的骄傲联系在一起的，这是一种虚假的骄傲，它替代了真正的自尊。但不管它是真的还是假的，人们本身就为这种准则感到自豪，并因此觉得自己高人一等。因此，面对批评，他们也会有另一种表现：感到羞辱。这种反应在治疗中具有现实意义，尽管一些病人会将其表达出来，但也有很多病人对其加以隐藏或压抑。因为他们的完美形象暗示着理性，所以他们认为自己不应因分析师的意见而感到受伤，因为他们找分析师的主要原因就是听取意见。如果这些被隐藏的羞辱感不能得到及时的发掘，分析师将因此而触礁，治疗将以失败告终，倾向于生病或继续生病的原因将在受虐现象一章中进行讨论。

通常来说，自责的结构很复杂。没有什么单一的回答能够阐述它们的含义，那些坚持用简单回答来应对心理学问题的人将毫无意外地无功而返。首先，自责是由完美表现的需求的绝对特质导致的不可回避的结果。两种来自日常生活中的简单类比可以对其进行阐述：如果赢得一场乒乓球赛对一个人来说十分重要，但他却在比赛中表现得不尽如人意，那么他就会对自己感到愤怒；如果在面试时，给他人留下好的印象对他来说十分重要，而他却遗忘了一个加分点，事后他就会责骂自己，说自己未能提到那一点是多么愚蠢。我们把这种情形应用于神经症病人的自责上，就像我们看到的那样，完美表现的需求是具有强制性的。因为对于神经症患者来说，无法维护完美形象就意味着失败和危险。因此，他们必然会为每一步不完美的举动感到愤怒，不管这些举动是思想上的、情绪上的还是行动上的。

弗洛伊德将这一过程描述为"反对自己"，这就意味着完全与自己为敌，但实际上，个体仅仅会就特殊的事情对自己发怒。一般情况下，我们说他们会由于危及一个目标而自责，而这个目标的实现是至关重要的，甚至是不可或缺的。我们将会记住，这个描述与神经症焦虑是类似的，焦虑也会在这种情况下被激发。我们可以猜测，是否自责本身并不是应对新出现焦虑的一种尝试。

自责的第二个含义与第一个是紧密相连的。如前所述，完美主义者特别害怕别人意识到他们的完美只是表面而已，因此，他们极度害怕批评和责问。这样看来，他们的自责就是对预测他人责备的一种尝试，他们会通过自责来阻止别人的责问，甚至会通过对自己的苛求来平息别人对自己的指责，这是正常的心理现象。一个孩子不小心弄出一点墨迹，他很害怕挨骂，并因此表现得极为伤心，希望老师能平息怒火，只会对他说几句"不过是几点墨水罢了，又不是犯罪"之类的话来安慰他。对于孩子来说，这是一种有意识的策略。同时，神经症病人的自责也是一种策略性行为，尽管他们没有意识到自己的所作所为：如果有人将他们的自责看成是表面功夫，他们就会马上警觉并开始采取防御措施；此外，这类人对自己百般指责，但如果别人对他们颇有微词，他们就会怒发冲冠，认为这是一种不公正的待遇。

在这种情况下，我们应该能回忆起来，自责不是逃避责备的唯一策略，还有它的反面，也就是反转形势采取进攻，正如古老格言所说，进攻是最好的防守。[1]这是一种更直接的方法，它揭示了自责中隐藏的倾向，也就是那种极力否认自己有任何缺点的倾向，它还是更有效的防御措施，但只有那些不害怕攻击他人的神经症病人才可以利用这个原则。

然而，这种害怕责备他人的恐惧经常出现。实际上这是另外一个导致自责的基本因素。这种机制就是因害怕责备他人而让自己承担责备。它在神经症中扮演着很重要的角色，因为病人谴责他人的心情非常强烈，却又害怕去指责他们。

对别人产生指责情绪的原因是多种多样的。神经症病人有很好的理由认为，是早期父母或其他人给自己带来痛苦的经历，而现在，病人在控诉他人中的神经症部分其实来自他们特殊的性格结构。我们不能在此做出公正的评判，因为这意味着我们首先必须评估神经症病人的所有纠结的可能性，然后才能试

---

[1] 为什么安娜·弗洛伊德将这个简单的过程归结为对进攻者的身份认同，这难以理解［安娜·弗洛伊德《自我与防御机制》（1936年）］。

着详细地理解责备是怎样发生的。因此仅仅列举几个原因就足够了：尽管病人们不承认，但是他们对别人有着过高的期待，如果没有达到这种期待，他们就会感觉受到了不公正的对待；对他人的依赖——轻易感到被人奴役并对此产生怨恨；自我膨胀或者表面正直——感到被误解、受人轻视、受到不公正评论、必须有着完美无缺的形象；通过责备他人来逃避对自我不足的审查；无私的表面——容易感到受虐待、受抑制等类似的情况。

　　同样的情况下，压抑指责他人的情绪常常有很多严苛的理由。首先，神经症病人很怕人。他们总是这样或那样地过分依赖他人，无论是依赖他人的保护、他人的帮助还是他人的观点。因此，他们就必须表现出理性的一面，他们不敢流露任何情绪来发泄自己的悲伤，这些悲伤并不是完全合乎情理的，因此这种情况常常促使他们积压起对别人的苛责。因为这些苛责无法发泄，所以它们就变成了一触即发的力量，因此表现为个人危险的源头。他们不得不竭力中止这种危险，这就使得自责作为一种对付危险的方法应运而生。个人觉得别人完全不应该受到责备，只有自己才是应该受责备的人。[1]我认为这是一个过程中的动力，弗洛伊德将这一过程描述为，病人将想要指责的那个人与自己等同起来。[2]

　　将对他人的指责转移到自己身上，这种行为是基于一种哲学——生活中一旦发生了不好的事情，就一定有人要受到指责。通常，但并不总是，那些通过建造巨大机构来维护完美形象的人都对即将来临的灾难忧心忡忡。他们觉得自己就像生活在一把随时都有可能落下的利剑之下，尽管他们自己可能并没有意识到这些恐惧。他们没有基本的能力来面对实际生活中的起起落落，他们无法调节自己去坚强面对这种现实——生活不像数学作业一样可以计算结果，而是像一场冒险或赌博，它有好运也有厄运，充满着不可预知的难题与风险，也充满着不可预见的困惑。为了确保安全，他们死守一种信仰，那就是生活是可计算的也是可控的，因此他们认为，如果有什么事情不对劲了，肯定是有人做错了什么。只有这样，他们才能逃避对生活本质的令人痛苦和恐惧的认知，他们不愿相信，生活是不可计算的也是不可控的。

　　隐藏在明显内疚感背后的一系列问题，远远不是我前面所举因素所能探讨得完的，比如说，由各种原因引起的自我轻视倾向很容易被视为由内疚感引起的无用感。但我并不想彻彻底底地解释所有潜在的动力，而只想陈述一点，即

---

[1] 这种企图保留对他人批评的焦虑需求，导致人们不能批判性地评价他人，因此助长了他们的无助感。

[2] 参见西格蒙德·弗洛伊德《悲伤与忧郁症》，《论文集》第四卷（1917年）；卡尔·亚伯拉罕《试论力比多发展史》（1924年）。

不是所有暗示内疚感的心理现象都是以这样的方式解读的：虚假的内疚感可能存在，但它不是真正的内疚；一些反应——诸如恐惧、羞辱、气愤、决心逃避批评、无法指责他人、需要为不幸事件找到受责备的一方，都与懊悔无关，它们之所以被理解为内疚，是因为这是理论上的先入之见。

　　我与弗洛伊德对于"超我"和内疚感的不同观点也导致了我们治疗方式的不同。弗洛伊德认为，无意识的内疚感是治疗严重神经症的一个障碍，这在他的消极治疗反应理论中有所论述。[1]

　　根据我的解释，导致病人无法真正审视自己障碍的原因在于，他们呈现出一种似乎不可穿透的外表，因为他们有着强迫性的完美外表需求。他们把看精神分析师当作最后一搏，但是他们是带着"归根结底自己全都是对的"的信念而来的。他们是正常人，他们没有生病。我们一旦质疑他们的动机或者告诉他们问题出在哪里，他们就会恼怒起来，他们最多也只是在理智上顺从。他们是如此迫切地想要表现出完美无缺，因此他们不得不否认自身所有的不足或自身存在的任何问题。这样一来，他们好像真的有一种本能，即用神经症自责避免了实际存在的弱点。事实上，这些自责的主要功能是阻止病人面对任何真正的不足，它们是对现存目标的草率让步，仅仅是一种获得宽慰的方式，这可以保护他们的信心，毕竟他们认为自己没有那么坏，他们良心的不安使他们认为自己比别人好。它们是保全面子的机制，因为如果一个人真的想去提升并看到了提升的可能性，他们将不会浪费时间来自责；无论如何，他们不会认为自责就够了，而是会通过积极的、有建设性的努力来理解和改变这种情况。但是，一个神经症病人除了责备自己，什么也不会做。

　　因此，首先我们必须告诉他们，他们对自己的要求是不可能实现的，然后再使他们意识到，他们的目标和成就只是一个空壳。他们的完美形象和他们的实际倾向之间的差距也要向他们展示出来，他们必须感受到，自己的完美主义需求存在着过度苛刻的问题。对于这些需求的所有结果，我们都必须仔细地逐一研究。当分析师向他们提问，想从他们身上挖掘出什么时，他们做出的反应也需要进行分析。他们必须了解，哪些因素导致了这个需求，而哪些因素又在维护着这个需求，以及这个需求发挥了什么作用。最后，他们还需要看到所牵涉到的真正的道德问题。这个方法比普通的方法要困难，但相对于弗洛伊德关于治疗可能性的观点来说，这种方法得出的观点不会那么悲观。

---

　　[1] 西格蒙德·弗洛伊德《精神分析引论新编》（1933年）、《受虐狂的经济问题》、《论文集》第二卷（1924年）、《超越享乐原则》（1920年）、《自我与本我》（1935年）。

第十五章　受虐现象

受虐通常指通过承受痛苦来获取性满足。这个定义包含着三个先决条件：受虐在本质上是性现象，受虐在本质上是对于满足的追求，受虐在本质上希望承受痛苦。

第一个论点的支撑数据是，我们都知道小孩会因为遭到鞭打而产生性兴奋，而受虐狂的性满足来源于被羞辱、被奴役或是身体上的摧残，在受虐幻想里，对类似情境的想象可导致手淫。但大部分受虐现象并没有明显的性特征，也没有任何证据显示其最终的根源就是性。这些资料被一个以力比多理论为基础的观点代替，即对他人的受虐性格倾向或态度代表了某种受虐性驱力的转化。因此我们可以得出这样的观点，比如，一个女人从扮演乞怜者的角色中获得的满足感，虽然没有明显的性本质，但归根结底也是性的衍生物。

第二个论点与所谓的"道德受虐狂"有关，也就是"自我"对于失败或意外的渴望，或是对于通过自责来惩罚自己的渴望，以此达到与"超我"的和解。弗洛伊德认为，"道德受虐狂"归根结底也是性现象。他认为当对惩罚的需求是为了消除对"超我"的恐惧时，这种需求也代表着"自我"对"超我"的一种修饰过的性受虐屈服，而后者代表着一种经过整合的父母形象。上述这些理论仍然存在争议，因为我认为它们的前提基础就是错误的。由于我们之前已经讨论过这些前提条件，这些争议就无需再进行讨论了。

其他作者对受虐现象中的性满足没有过多的关注，但为了理解受虐，必须从追求满足这一角度来定义它，因此这一设想被保留下来。这个前提条件的论证基础是，那些追求就像受虐追求一样不可抗拒且难以克服，而它们是由能够带来满足感的终极目标决定的。[1]因此，弗朗茨·亚历山大[2]说，人们愿意让自己承受痛苦，不仅是因为他们想逃避"超我"的惩罚威胁，还因为他们相信通过受虐的形式付出一定代价之后，他们就可以将一些被禁止的冲动付诸实践。

---

[1] 参见第三章《力比多理论》。

[2] 弗朗茨·亚历山大《整体人格的精神分析》（1935年）。

弗里茨·维特尔斯[1]认为："受虐狂希望证实他们人格中的一部分是无用的，是为了在另一部分更重要的人格下生活得更安全，他们从别人感受的痛苦中获得快乐。"我本人提出过一个假设，[2]所有受虐追求最终都是指向满足感的，也就是说，其目的就是赦免，就是从所有的自我冲突及其限制中脱离出来。我们在神经症中发现的受虐现象就代表着一种对狂欢倾向[3]的病理性矫正，这种倾向似乎遍布全世界。

但是还有一个问题：是否正是对于这种满足的追求从根本上决定了受虐现象呢？简而言之，可否从本质上将受虐视为对自我放弃的一种追求呢？这种追求在某些情况下可以很明显地被观察到，但在另一些情况下却不明显。如果坚持将受虐定义为追求赦免，我们就需要更进一步的假设来支持该定义：这种追求在不明显的时候也能发挥作用。人们经常做出这种假设，比如，它们是"所有受虐现象在根本上都具有性的本质"这一假设的基石。我们有时也会追求虚幻的满足，但对此并没有意识，这的确会发生。但是如果此类假设没有数据资料作为支撑，那么使用这些假设都是危险的。

我应该在下面的思考中表明，如果我们放弃用"受虐的本质是对满足感的努力追求"这种先入为主的观点来研究受虐问题，那么一切就会变得更有建设性。实际上，弗洛伊德本人对此的观点也没有那么苛刻，他已经表示过，受虐是由死亡本能和性驱动共同导致的，这种融合的功能在于保护个体免于自我毁灭。尽管死亡本能的推测性使这种设想不是特别可靠，但它仍然值得关注，因为它在对受虐的讨论中考虑到了其保护功能。

第三个论点隐含于受虐的普通定义——受虐在本质上是一种承受痛苦的愿望，并与其他流行观点相一致。这一点在格言中就得到了证明：除非他们有了烦恼，除非他们感到受害，或者除非他们有其他类似的事情，否则这种人都不会快乐。在精神病学中，这种前提会引起一种危险——当治疗某些神经症时遇到困难，我们会认为这些困难与患者想要保持生病状态的愿望有关，而不是因为我们现有的心理学知识不够充足。

正如前面指出的一样，该论点最基本的荒谬之处在于它忽视了一个事实——这种追求的迫切感是由其缓解焦虑的功能决定的。我们现在就能看到，受虐追求在很大程度上代表着获得安全感的特殊途径。

---

[1] 弗里茨·维特尔斯《受虐的秘密》，《精神分析评论》（1937年）。

[2] 卡伦·霍妮《我们时代的神经症人格》（1937年）。

[3] 弗里德里希·尼采《悲剧的诞生》；鲁思·本尼迪克特《文化模式》（1934年）。

　　受虐这个术语用于指示性格倾向中的某个特质，但是对这一特质的本质却缺少精准的解释。实际上，受虐性格趋势会引起两种主要倾向。

　　一种是自我轻视倾向。个人经常意识不到这种倾向，而仅仅意识到其结果，即感觉到没有吸引力、无足轻重、无能、愚蠢、没有价值。我先前将自恋倾向描述为一种自我膨胀的倾向，与自恋倾向相反，受虐倾向是一种自我收缩。一个自恋狂[1]倾向于对自己和他人夸大其词，夸赞自己具有种种好的品质和能力，而受虐狂倾向于夸大其不足之处。自恋的人总是感到他们能轻易完成所有任务，完美主义则感到他们必须有能力应对所有情况，但有受虐倾向的人会表现出"我做不到"的无助态度。自恋的人希望能成为备受关注的焦点，完美主义者则自视清高，而且他们的高标准使他们暗自认为高人一等，但是有受虐倾向的人则倾向于寂寂无闻、畏畏缩缩。

　　另外一个主要倾向是个人依赖感。受虐狂对他人的依赖与自恋或完美主义者的依赖有所不同，自恋的人依赖于他人，因为他们需要别人的注意和倾慕。尽管完美主义者过度关心怎样维持独立性，但实际上他们也会依赖他人，因为他们的安全感会自动与他们认为的别人对他们的期待保持一致。但是他们极其焦虑地想掩盖这一事实和他们对他人的依赖程度，因此在分析过程当中，若是这一事实被揭露出来，他们就会感到骄傲和安全感都荡然无存，这两种类型的依赖都是由特定性格结构造成的、不被希望出现的结果。另一方面，对于受虐狂来说，依赖实际上是生存的条件。他们感到，如果没有他人的存在、仁慈、爱和友谊，就好像生活中没有空气，他们将无法生存。

　　让我们简化一下这个概念，只要是受虐狂所依赖的人，比如他们的父母、爱人、姐妹、丈夫、朋友和医生，[2]我们都称之为他们的伙伴。"伙伴"不一定是一个个体，也可以是团体，比如说所有家庭成员或者宗教派别成员。

　　受虐狂感觉自己无法独立完成任何事情，因此总是期待着伙伴的协助：爱、成功、声望、关心、保护。他们的期待具有寄生性的特征，但他们并没有意识到这一点，而且这与他们有意识的谦卑形成了鲜明的对比。他们依附于他人的理由十分严苛，以至于他们排斥了对一个事实的意识——他们的伙伴不会也永远不可能是实现他们期待的合适人选；他们不想承认这种暗含于某些关系

---

　　[1] 当我说到自恋狂、受虐狂或完美主义者时，我是用简化的表达来指那些有着显著自恋倾向、受虐倾向或完美主义倾向的人。

　　[2] F. 库恩凯尔指出了相关人员对神经症病人的重要性，但是却把它看成神经症病人的普遍特征，而不是特别将其与受虐联系在一起。E. 弗洛姆称这种类型的关系为共生关系，并认为这是受虐性格结构的一个基本倾向。

的局限性。因此他们对任何喜爱[1]或感兴趣的迹象都不满意。他们通常对命运持一种类似的态度：他们觉得自己就是命运手中握着的无助的玩具，或者他们觉得一切都是命中注定，他无法看到任何掌握自己命运的可能性。

这些基本受虐倾向与自恋倾向和完美主义倾向的生长基础在本质上是一样的，简单概括就是：由于不利环境的影响，孩子对于主动性、情绪、意志、观点的自发性主张都受到歪曲，以致孩子觉得这个世界处处危机四伏；在这种困境下，他们必须找到保障生存安全的可能性，因此他们产生了我所说的神经症倾向。我们已经知道，自我膨胀是其中一种倾向，而过分迎合标准是另一种倾向；如前所述，我认为受虐倾向的发展要比它们更远。这些方式所提供的安全感都是真实的，比如，完美主义的虚假适应实际是在消灭与他人的显性冲突，并带给他们一些肯定的感觉。现在我们应该试着了解，受虐倾向是以何种方式提供安心的。

对于任何人来说，可以依赖亲朋好友都是很让人宽心的。原则上，从受虐依赖中获得的安慰也是一样的，但它的特别之处在于，它所依赖的假设前提有所不同。维多利亚时期的女孩在庇护的环境下成长，她们同样也会依赖他人，但她们所依赖的世界通常是很友善的。对一个慷慨、仁慈和有保障的世界表示依附和接纳的态度，既不让人感到痛苦也不会发生冲突。

但在神经症病人眼中，这个世界多多少少是不靠谱的、冷酷的、吝啬的、报复性的；去求助于并依赖于这样一个充满着潜在敌意的世界，就相当于在危险的迷雾中毫无防备。有受虐倾向的人在处理这种境况时只能是投入他人的怀抱寻求怜悯，通过完全淹没自己的个性并与伙伴在一起，他才能获得一定的安慰。他们获得安慰的方式，就好像一个岌岌可危的小国为寻求庇护，向一个强大的、极具进攻性的大国投降并交出主权和独立权。有一个区别是，小国知道它不是因为爱而这样做，但在神经症病人的眼里，采取这种措施是出于忠诚、奉献或伟大的爱。但实际上，有受虐倾向的人无法去爱，也不相信他们的伙伴或其他任何人会爱上他。他们高举奉献的旗帜，实际却只是通过对伙伴的纯粹的依附来缓解焦虑，因此这种安全感的本质是不可靠的，病人害怕被抛弃的恐惧从未消失过。伙伴传递的任何友善的信号都能给他们带来宽慰，但是伙伴一旦对其他人或他们自己的工作感兴趣，或者未能满足病人永无止境的对积极兴趣的苛求，都会马上引起病人对被抛弃的幻想并由此引发焦虑。

这类通过自我贬低达成的安全感是一种不引人注目的安全感。我们仍需强

---

[1] 卡伦·霍妮《我们时代的神经症人格》《对情感的神经症需求》章。

调，通过将自己变得微不足道、没有吸引力和谦卑确实可以获得安全感，就像以美好品质给人留下好印象而产生安全感一样。寻求这种卑微的、不引人注意的安全感的人，他的行为就像一只老鼠，它宁愿待在洞里，因为它害怕一出洞便被猫吃掉。这就导致病人对生活的感觉就像是偷渡者的生活一样，他们不得不藏匿以防被人发觉，也没有自主权。

病人死死地依附于一种低调的、无存在感的行为模式，这就暗示着此类态度的出现，并且一旦依赖的权利被剥夺，病人就会产生焦虑，这也体现了这种态度的强迫性特征。例如，如果他们的生活环境变得比现在更好，他们就会变得很警惕。或者说，一个人认为自己能力低下，因此他如果想在讨论中发表意见，就会变得很恐惧；就算是贡献出了有价值的建议，他仍会用一种歉疚的方式表达出来。他们常常在儿童时期或青少年时期很害怕穿精致的服装，担心自己穿上之后比朋友们还好看，因为他们害怕会引人注目。他们既不希望有人因为他们而受伤害，也不希望喜欢他们或欣赏他们，因为就算事实证明这是错的，他们仍然会坚持他们的信念：他们"不值一提"。但当他们真的做得很好，而且受到了应得的表扬时，他们却会表现得尴尬不安；他们倾向于降低自己的价值，由此把自己从成就感和满足感中剥离开来，由此产生的焦虑常常是工作抑制的一个重要特征。比如说，创造性的工作变成一件痛苦的事情，因为它常常意味着需要保持自己独特的观点或感觉，这种任务因而只能在旁人的不断安慰下才能完成。

"鼠洞"态度并不是每次都会引起焦虑，因为生活已经以某种方式得到了自动的安排，以防止焦虑的产生，或者是因为逃避的反应是自动发生的。比如，没有抓住机会，甚至就没有注意到机会；寻找借口紧守低于自己现有能力的二流职位，自己甚至没意识到可以和应该提出的要求；避免与自己真正喜欢的人或者可以帮忙的人接触。一件事尽管存在困难，却取得了成功，就算如此他们在情感上也不会有成功的体验。一种新的主意、一份圆满完成的工作，在他们内心也会立即贬值。他们宁愿买一辆福特也不愿意买林肯，尽管他们更喜欢后者，并且他们也买得起。

大多数神经症病人都意识不到这样一个事实：他们通常只能感受到规律性的结果，却无法意识到自己受到谦卑低调倾向的支配。他们可能会有意识地采取防御性态度，并相信自己并不喜欢出风头或者并不在乎成功。或者他们会因为自己的软弱、无足轻重、无吸引力而略感遗憾，或者，最常见的是，他们体会得最多的是自卑感，这些感觉都是他们自我主张退缩的结果而不是原因。

所有这些都意味着，对生活采取软弱和无助态度的倾向都是我们所熟悉的现象，但通常我们认为这是由其他原因造成的。在精神分析文献中，它们被描述为由被动同性恋倾向、内疚感或想当孩子的愿望所造成的结果——在我的观念中，所有这些解释都会使问题更加难以解决。对于想当孩子的愿望，受虐倾向确实可以通过这些术语来表达，他们可能会在梦境中重新回到母亲的子宫或者回到母亲的怀抱。可是，将这种心理现象解释为想做回孩子的愿望是不合理的，因为神经症病人的"希望"像孩子般幼小，就像他的"希望"孤立无助一样，正是焦虑的压力迫使他们接受自己采取的策略。梦想成为一个婴儿并不能证实他们希望成为一个婴儿，这其实表达了他们希望被保护的愿望，即不需要自力更生也不需要负任何责任——这种愿望很吸引人，因为他们本身就有着深深的无助感。

因此我们已经看到，受虐倾向是一种特殊途径，它被用来缓解焦虑、应对生活中的难题，特别是应对危险或者应对令受虐狂感到危险的东西；尽管这是一种本身就带有冲突的方法。首先，神经症病人总是因为自身的弱点而蔑视自己，这与文化模式下的孤立无助和依赖性有明显的区别。比如，维多利亚时期的女孩对于她的依赖性表示满意，它不会贬低她的幸福也不会损害她的自信，相反，某些虚弱、无助、依赖的特点还是女性的优良品质。但受虐狂并没有生活在这种文化背景之下，他们的受虐态度并不受褒奖。此外，神经症病人需要的不是无助，尽管它为他们提供了有价值的战略方法来获得他们所渴望的一切，但他们想获得的只是谦卑和依赖，甚至他仅希望借此而获得安全感。软弱，就是这种方式导致的无法避免的，并不为人期待的结果。就像之前提到的，它是格外不被期望的结果，这是因为在充满潜在敌意的世界里表现出软弱是极其危险的。在这种危机与他人对软弱持不认同态度的共同作用下，软弱对于神经症病人来说更加可鄙了。

因此软弱是一种几乎总是无穷无尽的恼怒的来源，甚至是无力愤怒的来源，它可能会由日常生活中数不尽的偶然事件激发。病人常常能感觉到偶然事件和随之而来的恼怒，但是并不清晰。但这种类型的人会深深地隐藏自己，他们不敢表达自己的观点，不敢表达自己的愿望，该拒绝的时候他们却臣服了，对他人的阴险狡诈知晓得太晚。在应该坚持自我的时候，他们一直都表现得十分温顺，总是认为自己是错的，因此失去了机会，只能通过生病来逃避困境。

由他们自己的弱点而带来的持续性痛苦，是导致他们一视同仁地钦慕他人力量的原因之一。任何敢于在公共场合斗志昂扬或者坚持自我的人都会被他们暗自倾慕，不管这些人是否值得他人敬佩。一个敢于撒谎或者吹嘘的人所得到的病人的暗自倾慕，跟那些优秀的有勇气的人所获得的崇敬是一样多的。

　　另一个由内心灾难带来的结果是，他们自以为是的想法大量滋长。在他们的幻想里，受虐狂可以跟他们的雇主和他们的妻子说起自己对他们的看法；在他们的幻想里，他们摇身变成了时代的情圣——唐·璜；在他们的幻想里，他们开始发明创造、开始出书。这些幻想都具有安慰的作用，但同时也加强了他们内心存在的对比。

　　建立在受虐狂依赖性基础上的关系充满了对伙伴的敌意，我会在此提出这种敌意的三个主要原因。一个是神经症病人对伙伴的期待。因为他们是没有能量、主动性和勇气的人，他们暗自希望自己的伙伴能为他们做任何事，包括从关心、帮助、消除威胁、负责任以及维护声望和荣誉。在他们内心深处，有一个愿望常常被深深地压抑着——他们希望能寄生在伙伴的生活当中。这种愿望是很难实现的，因为没有任何想维持自己独立性和个人生活的伙伴能与他们生活在一起，并忍受他们这样的期望。如果神经症病人可以意识到自己对伙伴期待的程度，他们就不会因为对伙伴的失望而做出这么大程度且完全不成比例的敌意反应；这样的话，在那种情况下，他们就只会为没有得到想要的东西而生气。然而，他们并没有兴趣打开天窗说亮话，因此他们必须表现得像个小男孩或者小女孩一样谦虚而无辜。在现实中，这个过程其实就是一种简单而任性的生气反应，然而这种反应却在他们心里变得扭曲了。在他们的期待中，并不是自己以自我为中心而不顾及他人的感受，而是自己被伙伴忽视、奚落和虐待，因此无根据的生气反应转而成为邪恶的道德愤怒。

　　此外，尽管受虐狂为了安全感绝对不会放弃他们的信念：自己"一无是处"，他们还是会因为他人对自己的一点点忽视或不恭敬的态度而过度敏感并大发雷霆，但是出于种种原因，他们不得不压抑着愤怒。即使获得真正的友谊，他们也不会为之动容，因为在他们看来自己"一无是处"，因此也不会觉得自己对他人来说很重要。由此而引发的对他人的刻薄是激化冲突的重要因素，这种冲突就是在需要他人和憎恶他人之间产生的冲突。

　　第三个产生敌意的主要源头隐藏得更深。因为受虐狂不能容忍自己和伙伴之间存在任何间隙，更不要说分开了，所以他们实际上有着被奴役的感觉。他们觉得自己不得不接受伙伴提出的任何条件，不论这些条件是什么。但由于他们讨厌自己的依赖性，对这种羞辱感到愤怒，不管伙伴怎样关心他们，他们在内心必定会与之对抗。他感到伙伴们在掌控他，而他们像只困在蜘蛛网里的苍蝇，而伙伴就是蜘蛛。在婚姻当中也是一样，妻子和丈夫常常都会抱怨受到令人无法容忍的控制。

　　部分敌意因此而偶尔发泄出来，但整体来说，受虐狂对伙伴的敌意包含着持续的、难以疏解的危险，因为他们需要伙伴，故此势必害怕伙伴会离开他们。

如果这种敌意的强度加大，焦虑便由此产生，但他们越是感到焦虑，就越是依附于伙伴。恶性循环由此产生，他们想要与伙伴分开也变得更艰难更痛苦。因此，受虐狂人际关系带来的冲突归根结底也就是依赖和敌意之间的冲突。

以上受虐结构中的基本倾向在生活的方方面面都有所体现。从它们存在的程度上来说，它们决定了个人是如何追求他的愿望、表达他的敌意以及逃避困难的。它们也决定了他是如何处理自己内部的其他神经症需求，比如说控制他人的需求或者维持完美形象的需求。最后，它们决定了对于他来说哪些满足感是可以获得的，从而影响到他的性生活。接下来，我将讨论不同生活领域里的不同受虐特征，我将仅挑选几个特征来论述，因为该章节的目标不是研究受虐，而是传递一个关于受虐现象基本原理的总体印象。

有受虐倾向的人的某些愿望可被直接表达出来，尽管他们每个人所表达的程度和条件都不同。但是，表达愿望的具体方式在于，他们会说明自己因情况糟糕而产生的需要是多么迫切，以此来给别人留下更深刻的印象。比如，一个保险推销员，当他恳请潜在的客户购买他的保险时，不会大肆宣扬这个保险的价值，而会说自己急需获得佣金以应付生活；当一个优秀的音乐家申请工作时，他不会展示自己的技巧，而是强调想要挣钱的愿望。更准确地说，这种具体的表达愿望的方式就是拼命地呼求帮助，暗示"我是多么的可怜和绝望——帮帮我吧"或者"如果你不帮我，我就完全失去了方向"，或者"在这个世界上我只有你了——你必须对我好"，或者"我没办法做到——你必须帮我做"，或者"你对我的伤害是如此之多，你必须对我的痛苦负责"，这在无形中将道德义务都套在了受虐狂认为的必须为他负责的人身上。冷静的精神病观察家会注意到，病人为了达到他们的目的，得到他们想要的东西，会不自觉地采用一定的策略来夸大他们的痛苦和需求。这在目前看来是正确的，病人正是通过展示自己的痛苦和无助，采用典型的受虐策略来获取他们所期待得到的。

但问题是，为什么他们仅用这种特别的策略呢？有时它很管用，但是大量过去的案例显示，它只是一时起作用；他们周边的人迟早都会对这种策略感到厌倦，不再被他们的痛苦打动，也不会有什么反应了。如果受虐狂加强他们的进攻，比如威胁说要自杀，那么虽然这个效果当时仍然会起作用，但是过一段时间也会失效，因此，我们不能认为他们的这种态度只是一种策略。为了更充分地理解，我们必须认识到，不管他们是有意识的还是无意识的，受虐狂都深信：他们所处的这个世界非常艰难，没有仁慈，且完全没有自发的友善。因此他们觉得只有给别人施压，他们才能得到自己想要的。另外，他们基本上认为自己是没有权利为自己要求什么的，因此在他们的心里，他们的愿望必须是正当的。在这种苦难中，他们找到的解决方法就是运用他们现有的无助和可怜作为一种手段来施压，同时使自己的要求合理化。他们没有意识到这一点，并让自己滑向更深的痛苦和无助当中，甚至比之前更厉害，因此主观上他们认为自己有权利提出要求。这个过程是以和平的方式展开，还是以激烈的方式展开，这取决于很多因素；但原则上，"受虐式的呼吁帮助"这个花样无法翻新，基本因素总是相同的。

表达敌意的方式由于每个人人格结构的不同而存在差异。对于那些极力追求表现完美的人来说，他们倾向于通过自己的道德优越感、超群的智力或者永远完美无缺来刺激或伤害他人。受虐狂表达敌意的特殊方式是承受痛苦、表示无助，呈现自己付出牺牲或者受到伤害，或者恨不得自己灰飞烟灭——按照人类学家的观点来说就是，在侵犯自己的人面前自杀。他们的敌意也可在残忍的幻想中产生，特别是幻想对他们认为的冒犯自己的人进行再三羞辱。

受虐类型的敌意不仅仅是防御性的，它常常带有施虐性特征。当一个人从使他人无助或给他人带来痛苦中获得满足时，他就是有施虐倾向的。[1]施虐冲动可以从一个软弱的、受压迫的人的仇恨中生成，也可以从一个奴隶身上产生，而这个奴隶渴望令他人臣服于自己，而且任何事情都听命于自己。受虐狂的基本性格结构具有所有利于上述定义的施虐倾向发展的前提条件：他们的软弱有很多原因，他们感到羞辱和压抑，在他们心里，他人必须为他们的痛苦负责。

此处有少许理论上的分歧。弗洛伊德总是设想，施虐倾向和受虐倾向之间是有联系的。他的初衷是把受虐倾向视为内化的施虐倾向，因此认为它们初级的满足感源于让他人痛苦，次级满足感则是将相同的冲动转向自己。弗洛伊德后面对于受虐倾向的观点并没有改变这种论调，因为当受虐倾向被视为性本能和破坏性本能的融合时，它的临床表现——这就是我们都非常感兴趣的，仍然将施虐冲动由外转内，朝向自己。但我们通过设想新的理论发现了新的可能性——受虐不管怎样都比施虐（原始性受虐）更早产生。虽然我并不同意后者

---

[1] 该定义是不完整的，因为当灾难或残忍的行为发生时，就算他们只是看到或听到，也会获得类似的满足感。虽然如此，这里说的也是享受优越感的一个因素，他们感到自己比那些遭受意外、残忍行为、羞辱的人要优越。施虐中的力量因素是由萨德侯爵本人提出的，尼采在他所有的著述中都对其进行过强调。后来，艾瑞克·弗洛姆也在他关于权威心理学的讲座中进行了强调。

论点的理论含义，但从临床的角度来看我持赞同态度，受虐倾向的基本结构是促使施虐倾向滋生的肥沃土壤。但人们应该会对普及这一论点犹疑不决，因为施虐倾向绝不单单只有受虐类型的特征。任何软弱和压抑的人，如果不是因为神经症原因而变得软弱和压抑，都有可能产生这种倾向。

在困难面前畏缩逃跑这一表现本身并不是受虐性质的。受虐倾向的特殊因素是病人自己感到的困难，特别在于他们选择逃避困难的方式是什么。由于他们强迫性的谦卑与依赖以及它们所带来的影响，在他们眼里，遇到一点小的困难就如同泰山压顶，特别是当他们应当为自己做些什么的时候，或者是当他们需要承担责任和面对危险的时候。有些类型的病人只要一想到做大事，总是会竭力回避付出努力或者表现出精疲力竭，比如说圣诞节大采购或者搬家。受虐狂在面对困难时的典型回应是立即回答"我做不到"，有时他们则蜷缩在恐惧里，似乎害怕应该付出的努力会伤害他们。

他们逃避困境的典型方式是拖延，特别是用生病做借口。当一些令人厌烦、充满危险的工作等着他们时，比如考试或者与雇主的争论，他们就会感到惊慌，他们就会希望生病或者至少能发生点意外。当他们必须得去看医生时，或者他们被安排了商务事宜时，他们会设法拖延，顺便把现有的问题抛诸脑后。比如说，他们必须理清杂乱无章的家庭情况。如果他们能坐下来积极地处理这些问题，他们将顺畅地摆脱这种困境。然而，他们却从来不会清晰地理顺当前的麻烦，他们只是稀里糊涂地希望这种困境会随着时间的推移而自己消失，因此他们总是感到心头笼罩着挥之不去的模糊而巨大的威胁。这种逃避所有困境的心态反过来加重了他们的软弱感，并让他们在实际当中变得更软弱，因为他们错过了通过与困难搏斗可以获得的力量。

受虐的基本结构也决定了个人如何应对其他神经症倾向，这些倾向与他们的受虐倾向是结合在一起的，我会对它们之间可能存在的关联进行简单的阐述。

如前所述，受虐结构不能与自我夸大的倾向分开理解。[1]它们都属于同一种结构，它们都是想要把淹没在自我轻视中的自己拯救出来的手段。它们通常都处于幻想状态中，消耗了不少时间和精力。

神经症野心会令人难以忍受自己在现实中无法实现伟大而卓越的事业，当这种野心与受虐倾向同时出现时，又会是另外一番景象。在那种情况下，病人

---

[1] 这一陈述是不可逆的，在没有受虐倾向的情况下，或至少在它们对于人格不是那么重要时，自我膨胀都有可能发生。参见第五章《自恋的概念》。

会陷入艰难的困境，因为野心极力催促个人取得成功，而谦卑低调又使他害怕成功，应对这种情况的特殊受虐方式就是将无法成功的结果怪罪于他人或者环境——并寻找疾病或借口来掩盖自己的不足。一个女人可能会将失败的原因归纳为身为女人，又或者，一个人可能将无法进行创造性工作的原因说成是日常事务太琐碎。想成为出色演员的女孩却害怕演戏，她将自己身材矮小作为不愿登台的借口，其他女人将自己未能取得舞台上的成就归咎于他人的嫉妒。其他人则把自己的失败怪罪于贫困家庭的出身，或是怪罪到亲朋好友头上，说他们干涉了自己的计划或者没有充分地支持他们。

此类病人可能会有意识地希望患上慢性病，比如肺结核。通常他们不会意识到对生病的期待会给他们带来美妙的感觉，但我们几乎无可避免地会得出这种结论，因为我们会看到，这类人为了生病不会放过一丝一毫的可能性：任何心率异常都会让他们觉得就是心脏病，任何短时期的尿频，他们就以为是糖尿病，只要一腹痛就好像是阑尾炎发作了。他们的这种兴趣常常是疑病性恐惧的因素之一，这种恐惧是对生病愿望的反应，而这种愿望会在想象中得到生动的呈现。病人这种对生病的积极兴趣使得医生很难去说服他们，告知他们并没有心、肺、胃的毛病。每一位医生根据经验都会知道，此类病人可能会不顾自己的恐惧，而对"自己身体一切正常"的说法表示憎恨。毋庸多言，这并不是疑病性恐惧的全部释义，而只是在他们身上发挥作用的众多因素之一。

最后，神经症障碍本身就可作为托辞，这样的情况也会阻挠治疗。这类病人会感到，如果痊愈，自己将会失去一种借口，也就是他们不愿意用能力去经受现实工作的挑战的借口。他们如此害怕这种现实挑战是出于这样几种原因：一个是因为他们的自我贬低倾向，他们总是从本质上怀疑自己能否取得任何成就；另一个是真正地为成功而付出努力对他们来说是"自找麻烦"；同时，他们隐隐约约地意识到，对实际工作和成功的期待对他们来说并没有吸引力。在他们的幻想里，他们可以轻而易举地实现辉煌的目标，相对来说，在现实生活中，那些他们付出艰辛劳作和不懈坚持才获取的值得尊敬的工作实在是太微不足道了，因此他们总是更愿意在幻想中保留那份雄心壮志，而把神经症问题作为借口。在精神分析中，这经常被视为一种不愿意治愈的表现，这完全是出于对惩罚的需要。这种解读是站得住脚的，比如说，病人在疗养院或度假村时，他们暂时会觉得治愈了，这时候他们不必对他人和自己抱有任何责任、义务或者期待。更准确地说，这些病人尽管期待着痊愈，但无论怎样还是会逃避这种期待，因为治愈就意味着必须对生活采取积极态度，从而失去了无法积极达成他们某些野心的借口。

　　受虐倾向也可与对权力与控制的强迫性需求结合在一起，对此我可以不必长篇大论，因为受虐狂进行控制的方式是利用自己承受的痛苦和无助作为借口，这是个普遍常识。病人的家人和朋友都会向他们的愿望屈服，因为他们害怕如果不照做，病人就会出现一些爆发性的现象，例如绝望、抑郁、无助、功能性失调等类似的情况。但还应加上一点，亲戚们通常都认为他们的行为仅是个策略。阿尔弗雷德·阿德勒[1]对此的贡献是指出了无意识策略动机的重要性，但如果说出于充分解释这一现象而考虑，那么它就成为他的众多肤浅所在之一。为了抓住为什么神经症病人一定要达到某一目的，以及为什么只有特定方式才能协助他们达成目标的要点，我们必须理解整个结构。

　　在此必须提到的最后一个组合是，受虐倾向与完美表现强迫性需求的结合。自我轻视与这种需求有关联，就像弗洛伊德认为的那样，这种关联的根源是对"超我"惩罚力量的受虐式屈从。之前我已经阐述过，这些倾向本身都不具有受虐性质，而是由性格结构中的其他因素决定的。[2]但他们有可能出现在某个受虐倾向显著的人身上，在那种情况下，他们就不仅仅表现出自我轻视，而是表现出一种沉迷于内疚感的倾向，并诉诸痛苦来赎罪。非神经症人群在处理内疚感时会直面自己的缺点并努力克服它们，但这种方式要求一定的内动力，而这种动力恰恰是受虐狂不具备的。

　　当然，在用承受痛苦来赎罪的尝试中，受虐狂遵循着一种文化模式，用牺牲来敬仰上帝是一种广为流传的宗教仪式。在我们的文化中，基督教教义下的受难即是一种赎罪的方式，刑法也把承受痛苦作为对侵犯者的惩罚，教育方面只在近年才取消了这种规则。因为这些方式跟受虐癖者的结构很相称，所以他们常常利用这种方式。他们有着对接受受难或把自责鞭打自己作为惩罚手段的强烈意愿，这些意愿的显著特点完全在于它们具有无用性；因为这种情愿受罚的意愿并不带有真正的内疚感，而仅仅是为了实现他们对完美外形的强迫性需求，最终这种受罚的目的是企图重建他们的完美形象。

　　最后，受虐的基本结构也决定了病人可以获得哪一类的满足。令人满意的受虐经历可以与性相关也可以无关，前者包含了受虐幻想和性变态，后者则沉迷于痛苦和无用感中。

　　为了理解一个使人困惑的事实，也就是承受痛苦可引起满足感这样的事实，我们必须首先认识到，几乎所有可产生满足的方式都与受虐类型有关。所

[1] 阿尔弗雷德·阿德勒《理解人类本质》（1927年）。

[2] 参见第十四章《神经症内疚感》。

有积极的自我主张行为通常都被回避了，如果卷入其中就会产生强烈的焦虑，可以获得的满足都会被毁掉。获得令人满足的经历的可能性因此而消失，这些经历不仅包含有关领导力和前瞻性的工作，还包括独立工作或者为了一些目标而根据计划坚持不懈的努力。此外，由于强迫性的谦卑低调，病人感受不到认可或者成功的喜悦。最后，受虐狂无法自愿地将他们所有的能量都投入到一项服务或事业中去。虽然他们不得不依附于"伙伴"或者群体，但由于他们不能独立，还是过于忧虑、疑心太重、太利己主义，因而他们无法心甘情愿地、诚心诚意地将自己交给任何事或任何人。

他们无力向任何人献出积极的发自内心的感情但又不肯屈服，这注定要对他们的爱情造成伤害。其他人对于他们满足一定的要求来说是不可或缺的，但是他们并不能给他人带来发自内心的感情，不能关心他人的兴趣爱好、他们的需要、他们的幸福、他们的成长；他们所能爱人的程度不会超过他们投身自己事业的程度，因此这种满足感本来可在爱情和性欲中获得，现在却被扭曲了。

本可获得的满足感因此而被深深地压抑了，实际上，满足感仅可通过获取安全感的途径取得。我们也看到，依赖和谦卑都是这些途径的特征，但我们却面临着一个问题，因为仅靠依赖和自我隐藏是不能获得满足感的。观察发现，满足感是这些态度都发挥到极致的产物。在一种性虐待幻想或者性变态里，受虐狂不仅依赖其伴侣，而且还是伴侣手中的泥土，任由伴侣强暴、奴役、羞辱、折磨。相类似地，当谦逊低调发挥到极致的程度以至于让他们在"爱"或牺牲中完全迷失自己，失掉了身份认同，失掉了尊严，在自我贬低中埋没了个性，如此他们便会感到满足。

为什么在寻求满足感时必须达到极端呢？依赖伙伴是受虐类型人士的一种生活状况，因为这充满着冲突和痛苦的经历，所以不会产生很大的满足感。为了避免普遍的误会，让我明确地重申一次，冲突和痛苦的经历既不是暗自期许的也不是愉悦的，而是无法回避的，它们对于受虐狂来说是痛苦的，正如它们对别人来说一样痛苦，这种势必会造成受虐关系不愉快的经历都在基本结构的讨论中提到过。在此重复一部分：受虐类型的人对自己的依赖性是很鄙视的，因为他们对伙伴抱有过高的期待，他们注定会失望和愤怒，他们注定会常常感到自己受到了不公平待遇。

因此只有减少冲突和麻痹痛苦才能从此类关系中获得满足感，有几种方法可消除冲突和心理痛苦。在受虐狂的冲突中，总的来说，它是因依赖而产生的，这种冲突在于软弱与强大之间、随波逐流与自我主张之间、自轻与自傲之间。他们解决这些冲突的特别的办法就是，在变态和幻想中摆脱自己对力量、骄傲、尊严、自尊的追求，完全放弃自己而依附于软弱和依赖。当他们因此而变成伴侣手中的无助的工具时，当他们因此将自己沉溺于屈辱之中时，他们就可获得满足的性体验。能平息精神痛苦的特殊受虐方式，是加剧痛苦并因此向痛苦屈服。通过沉迷于羞辱，人们自我蔑视的痛苦可由此而被麻痹，因此可获得愉快的经历。

观察显示，通过将自己淹没在痛苦之中，可缓解无法承受的痛苦并将其转化为令人愉悦的事情。有能力进行良好自我观察的病人对此会发自内心地认同，他们会感到轻微的责备、失败，仅仅只是痛苦的，但接着他们却让自己陷入绝望的痛苦里。他模模糊糊地意识到自己做得太夸张了，他们其实可以把自己拉出痛苦的泥沼，但从根本上他们也知道自己不愿意这么做，因为沉迷痛苦的魅力实在是不可抗拒。当受虐倾向与完美形象的强迫性需求结合时，对完美形象的偏离也会以同样的方式受到处理。意识到犯错仅是一种痛苦，但通过加强这种感受并沉迷在自责和感到自己无用的想法中，受虐狂会对痛苦感到麻木，并从自我贬低的放纵中获得满足感，这种情况就是去性化的受虐满足。

痛苦怎么会通过强化而减轻呢？我之前已经对该过程中的运作原则做过描述，我会在此逐字引用。当论及似乎是出于自愿而承受越来越多的痛苦，我就提出过："在承受痛苦中病人没有获得明显的好处，没有任何观众会对此留下什么印象，也不会赢得任何人的同情，从对他人施加愿望中也没有获得任何隐秘的成功。尽管这样，神经症病人仍获得了其他类型的东西。爱情受到挫败、竞争失败，意识到自身的弱点或者短处，对一些过分夸大自己独特性的人来说都是难以承受的。因此当他们把自己估算得一文不值的时候，成功和失败、优越和低微的概念类别对他们来说都不存在了；通过放大他们的痛苦，迷失于痛苦或者无用的感觉中，令人愤怒的经历就会失去些许现实意义，特别痛苦的刺痛即得以缓解和变得麻木。这个过程中发挥作用的原则是辩证原则，它包含着哲学真相，那就是达到某一点之后，数量就会转变成质量。具体来说，它就意味着尽管经受折磨是痛苦的，但是放任自己而沉沦于过度受难中就可能获得类似于鸦片止痛的效果。"[1]

以这些方式获得的满足感包含着在一些事情里放任自己和迷失自己。我不知道它是否还可进一步分析，但如果我们可以将此谜团与类似的经历相联系，比如说性放纵、宗教狂热、迷失于一些伟大的情感中，等等，不管它是否由自然、音乐或者事业的热情所导致，我们都可以揭示其神秘性。尼采称之为狂欢

---

[1] 卡伦·霍妮《我们时代的神经症人格》第十四章。

倾向，并认为它是人类获得满足感的基本可能性之一。鲁思·本尼迪克特[1]和其他人类学家曾指出它运作于很多文化模式里。受虐癖者由于其基本性格结构，倾向于以完全自我抛弃而依赖他人、痛苦和自我贬低的形式呈现它，这就阻挠了其他获得满足的途径。

回到我们最初提出的问题上，受虐是否是性追求的一种特殊形式，它是否可定义为普遍性地对满足感的追求，或者特殊性地通过受苦对满足感进行追求——我得出的结论是：所有这些追求都只代表这种现象的某些方面，而不是其核心部分。核心部分是胆小和孤立的个人通过依赖和使自己在人群中默默无闻来应对生活和生活中的危险。这些基本追求铸就了性格结构，性格结构决定了愿望以何种方式被坚持、敌意以何种方式被表达、失败以何种方式被合理化、其他并存的神经症追求以何种方式被处理，同时，它还决定了个人寻求何种满足感以及以何种途径找到了这种满足感，受虐狂的变态行为和幻想中的特殊性欲满足同样也是由它来决定的。该问题的争议在于，受虐狂的变态行为并没有解释受虐狂性格，而这种性格却解释了性变态。受虐癖者也像他人一样不愿意承受哪怕一点点的痛苦，他们的受苦是由自己的性格结构所导致的。他们偶尔在受难以外找到的满足感，却是源自对沉迷痛苦的狂喜和自我贬低。

因此在治疗任务中，我们需要揭示基本受虐性格趋向，跟进它所有的分支细节，并发掘这些衍生分支与其对立趋向之间的冲突。

---

[1] 鲁思·本尼迪克特《文化模式》（1931年）。

第十六章　精神分析疗法

　　迄今为止，精神分析疗法既不是凭直觉也不是以常识为导向的，而是受到理论概念的影响。在很大程度上，这些概念决定了哪些是应观察的因素，哪些因素对于产生、维持和治疗神经症极其重要，同时还决定了治疗的目标是什么。理论的新方法肯定会决定治疗的新方法，我在很多章节本应有更为详细的阐述，但由于本书篇幅与结构的限制，我只能省略很多相关的问题，对此我表示遗憾，而对于本章来说更是如此。我将要讨论的问题或多或少与分析治疗工作、治疗因素、治疗目标、病人与分析师所面临的困境、引领病人克服障碍的心理因素等有关。

　　为了理解这些因素，让我们简短地总结一下神经症在本质上包括什么。很多不利的环境因素[1]综合在一起，导致孩子与自己、与他人的关系出现障碍。最直接的影响就是导致了我称之为"基本焦虑"的现象，它是一个集合性概念，即面对这个被认为有着潜在敌意和危险的世界时，人们产生的内部脆弱和无助的情绪感受。基本焦虑促使人们寻求安全应对生活的方法，人们选择的方法都是那些在既定环境下可以使用的。这些方法也就是我所说的"神经症趋向"，它们具备了一种强迫性特征，因为个人觉得只有死板地遵循它们才能在生活中坚持自我并躲避潜在危险。神经症趋向是个人获得满足和安全的唯一途径，因此愈发强化了神经症趋向对个人的控制，而其他获取满足的可能途径由于充斥着焦虑而关上了大门。此外，神经症趋向是人们对这个世界怀有的憎恨的一种表达。

　　尽管神经症趋向因此具备了对个人有用的确切价值，但它们总会对人们的进一步发展产生深远广泛的不利影响。

　　它们提供的安全感总是不可靠的，一旦它们运作不正常，个人便会轻易地臣服于焦虑。它们让病人变得刻板僵化，而这一情况会愈演愈烈，因为病人总

---

[1] 我不讨论体质因素的影响，一部分原因是它们与精神分析治疗不相关，但主要原因是我们对其知之甚少。

需要建立进一步的保护手段来缓解新的焦虑。病人总是纠结于矛盾对立的追求之中，以及在初期即可产生的现象，或者某一方的僵化驱力会激发出相反一方的驱力，或者一种神经症趋向可能自身就带有冲突。[1]这种不能兼容的追求促成了焦虑产生的极大可能性，因为这种不协调意味着它们中一方攻击另一方的危险。因此，总的来说，神经症趋向会导致个人感到更加不安。

另外，神经症趋向促使个人与自我的疏离，这种情况和他们结构的刻板僵化一起从根本上阻碍了他们的生产力。他们可能去上班，但他们真正的自发性自我中鲜活的创造力源泉必将被阻断。同时，他们会变得不满，因为他们获得满足感的可能性受限，而满足感本身通常也仅是临时的和零星的。

最后，尽管神经症趋向的功能是提供一种基础，在此基础上病人可与他人打交道，但它同时也会更进一步地损害人际关系。造成这个问题的主要原因是它们促使个人依赖于他人，并激发了各种各样的敌对反应。

由此发展起来的性格结构是神经症的核心。抛开无穷无尽的变数不说，它总是包含一定的普遍特征：强迫性追求、冲突趋向、产生显性焦虑的倾向、伤害自己与自己或他人的关系、明显存在于潜力和实际成就之间的落差。

所谓的神经症症状通常被视为它们的分类标准，并不是本质要素，比如恐惧症、抑郁、疲惫等神经症症状可能都不会产生。但如果它们出现的话，即为神经症性格结构的产物，我们也只有在此基础上才能理解它。实际上，"症状"和神经症性格困难的唯一区别是，后者很明显地与人格结构有关联，而前者与性格的关联不是那么紧密，表面上更像是外部领域的产物。神经症患者的胆怯是他们性格趋向的显著产物，而他们的恐高症却不是。尽管如此，后者也不过是对前者的表达方式而已，因为在恐高症中，他们的各种恐惧仅仅是被转移并聚焦在某一特定的因素上。

根据对神经症的解读，有两种治疗方案都是错误的。其中一个是试图直接理解症状特征，而不是先对特定的性格结构进行全局上的理解。通过与实际冲突的联系，有时我们能直接解决在单一境遇性神经症中产生的症状，但在慢性神经症中，我们本就对其知之甚少，更不要说症状特征了，因为它是由所有现存的神经症纠结导致的最终结果。比如，我们不知道为什么一个病人会患上梅毒恐惧症，而另外一个病人会患上食欲亢进，第三个则是疑病性恐惧。分析师应当知道，不能直接去理解这些症状，也要知道为什么不能这么做。通常，结

---

[1] 第一类的典型例子是：神经症野心发展的同时伴随着神经症情感需求；第二类的例子是：谦逊低调的受虐倾向引起自我膨胀倾向；第三类的例子是：顺从与反抗之间的冲突倾向，它们是完美形象需求的根源。

果证明，任何试图对此症状进行即刻解读的行为都失败了，或者至少意味着浪费时间。最好是先将它们置之不理，待理解性格倾向后再回来考虑。

通常病人会因此对这个过程不很满意。他们其实很自然地希望马上就能得到对此症状的一种解释，当他们觉得这是没必要的拖延时，他们就会感到恼怒，其实他们恼怒的深层原因是他们不想被任何人撞见自己人格中的秘密。分析师会尽最大努力向病人坦诚地解释这种过程，并分析病人对此的反应。

另一种错误方法是将病人的实际怪癖与某些童年经历直接联系在一起，由此迅速在两组因素之间建立了随意的因果联系。弗洛伊德在治疗中的主要兴趣是从本能源头和早期经历开始追溯现存实际困境的来源，这个过程与他在心理学中的本能论和发生论的特征是一致的。

根据该原则，弗洛伊德在治疗中有两种目标。如果——如有任何不准确的地方敬请谅解——我们将弗洛伊德所说的本能驱力和"超我"等同于我所说的神经症趋向，那么弗洛伊德的第一个目标就是承认神经症趋向的存在。比如，他可从"自责"和"自我强加限制"中总结出病人有一个严苛的"超我"（需要表现完美）的结论。他的下一个目标是将这些趋向与幼儿期来源相联系，并在此基础上进行分析。对于"超我"，他的主要兴趣在于认识父母颁布禁令的类型——这些禁令仍在病人身上发挥作用，并揭开俄狄浦斯情结的关系（性纽带、敌意、认同），他认为这些是对此现象的最终回答。

根据我对神经症的理解，主要神经症障碍都是神经症趋向的结果。因此在认识神经症趋向之后，我在治疗中的主要目标就是发掘它们详细的功能，以及它们在病人人格和生活中产生的影响。在此，我将再以完美形象需求为例，我的主要兴趣在于这种倾向对个人来说到底达成了什么（减少与他人的冲突，让病人觉得比他人更优越），还在于该趋向是如何影响病人的个性和生活的。对后者的调查可以让我们理解，个人是如何急迫地想要迎合他人的期待值和标准，以至于变得像个机器人，但又会给予它颠覆性的否认；这种双面性是如何致使个人变得萎靡不振和懒惰的，他们是怎样为自己显著的独立性而感到骄傲的，却又实际上完全依赖于他人的期待和观点；他们是怎样憎恨对他们的一切期待，却又感到如果没有他人的期待来引导他们，就会完全迷失自我；他们是怎样害怕别人发现，他们的道德追求其实是浅薄而表里不一的，而他们的生活中却随处可见这些浮夸脆弱、口是心非的现象；这些反过来又是怎样促使他们离群索居，并对批评极为敏感的。

我与弗洛伊德的观点不一样，经过对神经症趋向的理解，他主要研究它们的起源，而我主要研究它们的实际功能和它们导致的结果。这两种进程的目的都是一样的：尽量减少神经症趋向对个人的控制。弗洛伊德认为，经过对神经症趋向的幼年期本质的认识，病人会自动认识到这些倾向与他们的成年人人格不相符，进而能对它们进行控制。正如之前讨论过的，该论点的根源是不正确的。我相信所有弗洛伊德认为的导致治疗方案失败的障碍——例如无意识内疚感的深度、自恋的不可获得性、生理驱力的不可变，等等，实际上都来自其治疗所基于的错误前提。

我的观点是：通过研究这种结果，病人的焦虑大大减少了，他们与自己、与他人的关系得到了明显的改善，他们已经可以摆脱神经症趋向，它们的发展是由儿童时期对这个世界的敌意以及不安的态度造成的。分析这种结果也就是分析实际神经症结构，可帮助个人对他人表现出不同程度的友善，而不是无区别地对所有人产生敌意。如果他们的焦虑在很大程度上被消除了，如果他们获得了内在力量和内在活力，他们就不再需要安全机制来保驾护航，即可根据他们自己的判断来应对生活中的各种难题。

建议病人从儿童时期寻找病因的也不总是分析师，病人自己常常也能自发地提供根源性资料。只要他们提供的资料与他们这种倾向的发展相关联，即可认为它是有建设性的。但如果他们只是无意识地利用这些资料随意而迅速地建立一种因果联系，那么这种倾向就是具有逃避性质的。实际上，他们希望借此托辞来回避他现有的问题趋向。病人更倾向于不去认识此类倾向的不协调性或者回避他们为此付出的代价，这是可以理解的：即使在分析治疗过程中，他们的安全感和对满足感的期待都还仰赖于这些追求。他们更喜欢抱有一些依旧稀里糊涂的希望——比如说他们的驱力并不像看起来的那么迫切或不协调，他们的鱼和熊掌可以兼得，所以他们不需要改变任何事情。因此当分析师坚持研究实际病因时，他们就总有适当的理由来反抗拒绝。

当病人自己可以意识到，正是他们的努力把他们引向了死胡同时，我们最好对他们进行积极干预，并向病人指出，就算他们回忆起的童年经历与当下的趋向有所联系，他们也不能解释为什么这种趋向一直持续到今天；分析师应该向病人解释，通常先不要把好奇心放在因果联系上，而应该先研究这些特定趋向给他们的性格和生活带来了哪些影响。

我着重于分析实际性格结构并不代表儿童时期的相关资料就不重要，实际上，我先前描述的过程——一个中止人为再现的过程——甚至能引导我们更好地理解儿童时期的问题。根据我的经验，不管我是用老办法研究，还是用改进后的新思维研究，相对来说那些被完全遗忘的记忆是很难再追回的。而更常见的是，失真的记忆却能得到矫正，从而令那些不相干的事件联系在一起，并赋予其重要性。病人因此借助这种综合理解而逐渐获悉整个病因发生的特别过程，进而帮助他们恢复自己。此外，通过对自己的了解，他们变得更能体谅自己的父母或他们的记忆；他们理解到，父母当时也陷入了冲突，他们也无法控制自己不去进行伤害。更重要的是，当他们不再因为曾经受到过的伤害而痛苦万分时，或者至少获得了一个可以去克服该困难的方法时，那些原有的憎恨就会有所减轻。

在这一过程中，分析师运用的工具很大一部分是那些弗洛伊德已经教会我们使用的工具：自由联想和解释可以将无意识过程带入有意识状态中；通过对病人和分析师关系的详细研究，来认识病人与他人关系的本质。在这方面，我与弗洛伊德的不同之处基本在于两组因素。

一个是给定的解析。解析的特征依赖于那些我们认定为本质的因素。[1]我在本书中已经阐述过这方面的区别，在此仅点到为止。

另一组关注的因素不太确定，因此就更加难以定义。它们暗暗影响着分析师所采用的处理方法：他们是主动的还是被动的，他们对病人的态度，他们是否做出价值判断，他们对病人的哪些态度进行鼓励、哪些态度又不鼓励。有些观点我们已经讨论过，其他的观点在前面的章节也有所涉及。那些没有考虑到的问题在此简短概述一下。

根据弗洛伊德的观点，分析师应该扮演相对来说被动的角色。弗洛伊德建议分析师应该以"均匀悬浮注意"来听取病人的自由联想，避免有意地侧重某些细节，避免自己有意识地做出努力。[2]

当然，就连弗洛伊德也认为分析师不可能始终都处于被动状态，分析师通过做出解析来对病人的自由联想施加积极的影响。比如，当分析师试图对过往进行重现时，病人会暗暗受到影响从而追溯过往的记忆。同时，一旦发现病人固执地回避某种话题时，分析师就会进行积极干预。然而，弗洛伊德认为最好是让分析师由病人引导，当发现需要进行干预的时候，他们才应对病人提供的材料做出解析。在这个过程中，他们也会影响病人，这种效果尽管是我们想要的，却只能得到勉强的承认。

另一方面，我认为分析师应有意地去引导分析过程。但是，这种陈述就

---

[1] 参见费·B. 卡普夫《动态关系治疗》，《社会工作技巧》（1937年）。

[2] "……他必须像接受器官一样使自己的无意识臣服于病人正在产生的无意识，就像电话听筒收录唱片的声音一样。正如听筒把声波引起的电子振动重新转换为声波，医生的无意识思想也能重构病人的无意识思想，而这种无意识思想将病人的联想从由联想产生的交流中引导出来。"［西格蒙德·弗洛伊德《就精神分析治疗法对医生的建议》，《论文集》第二卷（1924年）］

像弗洛伊德对被动的强调一样，需要有所保留，因为一般总是由病人通过自由联想展示内心中最重要的问题来引领治疗的整体方向。同时，根据我的想法，分析师应在相当长的时间里只做解析。解析可能会暗示很多事情：明确病人之前尚未意识到的问题，这些问题都比较复杂并经过伪装；指出现有的矛盾；基于已经获得的有关病人性格结构的认识，对病人的问题提出可行的解决方法。在治疗中这样安排时间，才是真正地指引病人走上获益的道路。但是，一旦我认为病人正往一条死胡同走去，我就会果断地积极干预并建议他们使用其他方法，尽管我还是会分析，为什么他们喜欢选择以特定的方式行进，也会向他们解释，为什么我倾向于让他们寻求另一种方向。

我们可以举个例子来说明：一位病人已经意识到，他总是强迫性地必须做到正确。他已经充分意识到了，并开始琢磨为什么这一点对他而言是如此重要。我会刻意向病人指出，直接寻求原因不会解决多少问题，而首先认识到这种态度给他带来的所有后果，并理解它所起到的作用才更有用。如果分析师采用这种方法，当然会冒更大的风险，负更多的责任。但是根据我的经验，分析师需要负的责任，做出错误建议而错失良机的风险，远远比不进行干预的风险要小得多。当我感到为病人提出的建议不那么肯定的时候，我会指出这只是尝试性的建议。如果我的建议还是没能切中要害，病人也会感到我正在寻找解决方式，这样一来就会激发病人主动积极配合，以便纠正或优化我的建议。

分析师不仅应该刻意地影响病人自由联想的方向，还应该着重影响那些最终帮助病人克服神经症的精神力量。病人必须完成的任务是最艰辛也是最痛苦的，这意味着，病人必须放弃或大幅度调整迄今为止占据主导地位的、为获得安全感和满足感而做出的努力追求。这意味着病人必须放弃对自己的错误幻觉，而在他眼中正是这些幻觉让他认为自己是举足轻重的。这意味着他将把自己与他人、与自己的所有关系都建立在另一个基础之上。是什么驱使病人去完成这项艰巨的任务呢？病人来找分析师看病是完全出于不同的动机和期待的，最常见的是他们希望能摆脱明显的神经症障碍。有时候他们希望能更好地处理特定的情况，有时候他们在成长的道路上举步维艰，希望能逃出这一死穴，很少人是冲着幸福快乐的心愿来的。这些动机的力量和建设性价值在每个病人身上的体现都不相同，但它们都有利于治疗。

但我们必须意识到，所有这些驱力并不是它们表面上看起来的那样。[1]

病人希望能按照他们自己的想法来达到治疗效果，他们希望能从痛苦中解

---

[1] 参见H. 南伯格《论治疗的期望》，《国际精神分析期刊》（1925年）。

脱出来，但又不会触及他们的人格结构。病人希望获得更高的效率，或者使他们的才能得到更好的发展，这些愿望几乎总是在很大程度上取决于他们对分析师的期望，期望他们能帮助自己很好地维护自身的完美和优越形象。尽管在所有的动机中，他们对快乐的要求本身是最有效的，但是也不能仅仅看到这种追求的表面价值，因为病人内心的快乐在暗地里要求实现所有相互冲突的神经症意愿。但在分析过程中，所有这些动机都被强化了。在一个非常成功的分析过程中，即使没有分析师的特别关注，这种情况也会发生。但由于它们的强化或者应该说它们的激活对治疗效果具有重要意义，分析师理应了解这是由什么因素导致的，并以此种方法来进行分析，就可促使这些因素发挥作用。

在分析中，病人强烈地希望能够摆脱痛苦，这会帮助病人增添力量，因为尽管病人的症状在减轻，他们还是会逐渐地意识到无形的痛苦有多少，以及他们的神经症所带来的障碍有多少。将所有神经症倾向带来的后果再一次向病人完备地阐述，可帮助他们认识到这些结果，并使他们对自己产生不满，而这种不满对他们来说是具有建设性的。

同时，他们渴望改进自己人格的愿望可被建立在更坚实的基础上，只要他们抛开虚伪的面具。例如，完美主义驱力可以被真实的愿望所取代——不管你的真实愿望是与特殊天赋相关，还是只是人类普遍的能力，比如亲善友爱的能力、努力工作并享受工作的能力。

最重要的是，对快乐的需求变得更加强烈。很多病人只知道那些受到他们焦虑限制的可获得的部分满足，他们从未体验过真正的快乐，或者说他们不敢跳出局限去寻求快乐。造成这种现象的原因之一是，神经症患者全身心地投入到了对安全感的追求之中，当他们能从挥之不去的焦虑、抑郁和偏头疼中摆脱出来，他们就已经感到满足了。同时，在很多情况下，他们还觉得必须在自己和他人眼里保持被曲解的"无私"形象；因此就算他们实际上以自我为中心，他们也不会表露出为自己考虑的愿望。或者说，可能他们对快乐期许就像对肆意洒落在自己身上的阳光一样，觉得不需要自己的积极贡献就可以无条件获得。比这些原因更为深刻的，也许是它们的终极原因，即个人一直都像一个不停胀大的气球、一个牵线木偶、一位成功的猎人、一个偷渡者，却从来不是他自己。看起来，快乐的前提是将重心放在个人自身内部。

在分析治疗中，有几种方式强化了对快乐的渴望。通过消除病人的焦虑，分析解放病人的能量和愿望，病人开始期待生活中更加积极的事物，而不再只是追求一种没有危险的安全。同时，它还揭开了因害怕和渴望荣誉而努力维系的"无私"的伪装。这部分关于表象的分析应该受到特别关注，因为正是因此，追求快乐的愿望才能被解放出来。此外，分析可帮助病人逐渐意识到，他们期待从外界获得快乐其实一直都是一条错误的路径，享受快乐其实是一种从内心获得的能力。如果我们仅仅告诉病人这些，只会收效甚微，因为他们知道这是一个经久不衰的不争的事实，还因为它是个没有现实基础的抽象的概念。它获得生活基础和现实感的途径，需要通过精神分析工具达成。例如，渴望通过爱情和陪伴而获得快乐的病人们，在精神分析中会意识到，对于他们来说，"爱情"只是无意识地象征着一种关系，在这种关系中，他们能从伴侣那里获得任何想要的东西，他们可以随心所欲地支配伴侣，当他们紧闭心门且只关心自己的时候，他们期待得到"无条件的爱"。通过意识到他们所持的这种需求的本质，以及意识到实现这些需求的不可能性，特别是意识到这些需求以及他们对挫败的反应所带来的一些后果，是如何真实地影响着他们的人际关系后，他们才能最终认识到，他们不需要对"从爱中获得幸福"感到绝望，只要他们能充分努力，想方设法地重新找到自己的内在活力，就可以获得爱了。最后，病人越能摆脱神经症倾向，就越能成为自然率真的自己，那么我们就能相信，他们一定能规划好自己对快乐的追求。

还有一种方法可以激发和强化病人对改变的渴望。尽管他们似乎对精神分析很熟悉，但他们还是会抱有一种误解，认为分析就意味着能够认识到自己身上特定的不愉快的东西，特别是那些隐藏于过去的，而且这种认识就好像有魔法一样，能令他们与世界和平相处。如果考虑到分析的目标是改变自己的人格，他们就会期待这种改变自动发生。我不应该从思考哲学问题的角度来看待这两者之间的关系，即对于不良趋向的洞察和改变这些趋向的意愿之间的关系。不管怎样，由于为人们所理解的主观原因，病人在不知不觉地对意识和改变两者进行区分。原则上他们也承认认识被抑制趋向的必要性——尽管细细说来，在这条路上他们每迈出一步都如同作战——但是他们拒绝承认改变的必要性。这一切对他来说都是毫无头绪的，当分析师对他们说明彻底改变的必要性时，他们也许会十分惊讶。

尽管一些分析师会向病人指出这种必要性，但另一些分析师则是在某种意义上与病人持相同的态度。我在督导同事分析治疗时发生的一件事情，也许能作为一个对该问题的说明。病人斥责我的同事想改造他，想要改变他，我的同事却反驳说，这不是他的意图，他只是想揭示病人的某些心理事实而已。我问这位同事，他是否能被自己的答案说服，他便承认，他的这个回答不是那么真实，但他觉得希望病人改变是不对的。

这个问题看似自相矛盾。每个分析师在听说病人因他的治疗而发生了巨大改变时都会感到骄傲，但他不会坚定地向病人承认或者表示，他是有意希望病人的人格会发生变化的。分析师更倾向于说，他们做到的或者希望做到的只是将无意识过程带入到意识中去，至于病人在更好地了解自己后会做出什么反应，那是病人自己的事情。这种矛盾是由理论原因造成的：首先，分析师被普遍认为是科学家，他们的任务就仅仅是去观察、收集和呈现这些资料，然后就是关于"自我"的有限功能的理论学说。"自我"最多会被赋予一个合成功能，[1]该功能自动运行，但它本身有着一种意志力量，因为所有的能量都被认为是来自本能。从理论上来说，分析师不相信我们能靠意志行事，因为如果我们想做成某件事，我们的判断会告诉我们什么是对的，或告诉我们理智的事情，因此分析师会刻意避免朝着积极的建设性方向去有意地动员病人的意志力。[2]

　　尽管如此，如果说弗洛伊德完全没有认识到病人的意志力在治疗中扮演的角色，那也是不正确的。当弗洛伊德主张以判断替代抑制，或用病人的智力推进工作进展时，这意味着利用病人的智力判断来激活他们想要改变的冲动，也间接地说明弗洛伊德认识到了这个问题。每一位分析师的确都依赖于这种在病人身上发挥作用的冲动。比如，当分析师能向病人解释，其身上存在的类似于贪婪或者固执的幼儿期趋向及其有害意义时，他们其实是在激活病人克服该倾向的意志冲动。那么，问题就仅是：有意识并且刻意地去这样做是否要略胜一筹。

　　激活意志力的精神分析方法，是通过让病人充分意识到一定的联想或动机，从而促使他们自己做出判断和决定。这个结果的程度如何，取决于病人所获得的洞察深度几许。在精神分析文献中，在"纯"理性病识感和情绪化病识感之间存在区别。弗洛伊德明确地陈述道：理性病识感太微弱，无法促使病人做出任何决定。[3]诚然，当病人仅仅总结出早期经历，当他们能在情感上对其有所感觉，当病人仅仅谈到死亡愿望，以及当他们真切地体验着死亡意愿时，两者在价值上的确是存在差别的。但是，当这种区别带来好处时，却对理性的病识感来说有失公正，在此语境中，"理性"无意间就具备了"肤浅"的

---

[1] 参见H. 南伯格《自我的合成功能》，《国际精神分析期刊》（1930年）。

[2] 奥托·兰克在他的《意志疗法》（1936年）中，中肯地批评了对精神分析中这种能力的忽视。但是，意志力是太过形式化的一个原理，以至于无法形成治疗的理论基础。基本点在于：能量是从什么束缚当中释放的，释放的目的又是什么。

[3] "如果病人要与分析中揭示的与抑制对抗的常规冲突做斗争，那么他需要强大的动力来促进他做出合理的决定，一个可以引导他康复的决定。否则，他也许会决定重复前面的问题，而那些已经整合进意识的因素会再次退回到抑制之中。这个冲突的决定性因素不是取决于他的理性洞察力——要取得这样的成就，它既不够强大也不够自由，而仅仅取决于他与医生的关系。"［西格蒙德·弗洛伊德《精神分析引论》（1920年）］。

含义。

如果理性病识感能够提供充分的证据，那么它就能变成强大的发动机。我认为，病识感的品质是可以借助一个每一位分析师都曾经体验过的经历来说明的。一位病人有时会意识到自己身上的某种倾向，比如施虐倾向，还能真正地感受到它的存在，但是几周后，这对他来说又像是全新的发现一样。为什么会这样呢？这并不是缺乏情绪性品质。我们可以说，这种对施虐倾向的病识感根本没有任何用处，因为它依旧是孤立的。为了将其整合起来，我们必须遵循以下步骤：理解施虐倾向隐藏于哪些伪装的表象之后，理解激发施虐倾向的环境以及它所导致的后果，比如焦虑、抑制、负疚感、与他人关系障碍，等等。只有当病识感达到了这样的范围和精度，我们才能让它促进病人调动所有的有效能量，进而下定决心来进行改造。

分析师通过激发病人进行改造的愿望而达成的效果，与医生通过告诉糖尿病病人为了康复必须遵循一些饮食习惯所达成的效果，在某种程度上是一样的。医生让病人知悉无节制饮食造成的后果，也让他认清自己的身体会变成什么样子，这样才能激发病人的能量。与之不同的是，分析师的任务相对来说更加困难，且没有可比性。内科医生能够精确地判断病人患病的原因，知道要治疗病人应该做什么和不应该做什么。但分析师和病人都不知道是哪些倾向导致了哪些障碍；两人除了要与病人的恐惧和敏感不断斗争之外，他们还必须在令人困惑的合理化脉络中、在似是而非的奇怪的情绪反应中蜿蜒前行，只是为了最终能够掌握一些联系，以照亮前行的路。

虽然下定决心去改变具有不可估量的价值，但这并不等同于有这样的能力来执行。为了让病人有能力放弃自己的神经症倾向，我们必须找到他们性格结构中导致神经症趋向的那些因素。因此，运用这些最新激活的能量这一精神分析法可以将我们导向更深层次的分析。

在治疗中，病人可能会自发地向前推进一步。比如，他们将对一些情况进行更准确的观察，观察那些激发施虐冲动的条件，并迫切地对它们进行分析。但是，其他那些仍然被迫去消除每一个不愉快的病人，他们会立即竭力去控制施虐冲动，然而一旦失败，他们就会十分失望。在这种情况下，我将会对病人解释，他们这种控制施虐倾向的行为并不能实现，因为他们的内心依旧感到脆弱、压抑，轻易就觉得被羞辱，只要他们还有这种想法，他们势必会感到自己必须复仇性地打败他人，因此如果想要攻克施虐倾向，病人就必须分析产生这种倾向的心理缘由。分析师越是认识到还有很多进一步的工作需要完成，他们就越能排解病人做无用功的失望感，就越能引导病人走向受益的方向。

　　弗洛伊德的观点是，道德问题或者价值判断都超出了精神分析的兴趣和能力范围。在治疗中，运用此观点就意味着分析师必须努力培养出容忍能力。这种态度与精神分析与自己是一门科学的说法相一致，同时它还反映了自由主义时代特定阶段的自由放任原则。实际上，避免价值判断，不敢对做出的判断承担责任，这也是现代崇尚自由主义的人普遍存在的特征之一。[1]分析师的冷静的宽容被视为不可或缺的条件，这样才能使病人意识到并最终表达受到抑制的冲动和反应。

　　那么在此条件下产生的第一个问题是，分析师是否能够做到这种宽容。分析师是否能像一面镜子一样，排除自我的价值观而仅仅做出客观的反应？我们在讨论神经症的文化意义时看到，这在现实中是无法实现的理想化概念。因为神经症牵涉到人类行为和人类动机等诸多问题，所以社会和传统价值观在无形中就决定了如何解决这些问题，并引导着目标的走向。弗洛伊德自己并没有严格遵守他的理想，他让病人对他在某些问题上的地位深信不疑，比如说，当今社会流行的性欲道德价值观，或者他的 "对他人真诚是一个非常有价值的目标" 这一信念。实际上，当弗洛伊德把精神分析称为再教育时，他就开始跟自己的理想自相矛盾了，因为他屈从于一个幻觉——就算没有隐含的道德衡量标准和目标，教育也能成为可能。

　　因为分析师始终都持有价值判断——尽管他们可能并没有意识到这一点，所以他们的专业化包容是无法说服病人的；就算没有明显地陈述出来，病人也能察觉到分析师的真正态度。他们可以从分析师的表达方式中观察到，也可以从分析师将什么视为优良品质、什么视为不良品质中知觉到。比如，当分析师主张应该分析关于手淫的内疚感时，这意味着分析师并不认为手淫是一种 "恶劣" 的行为，因此它不应该促成内疚感的产生。当一位分析师称病人的倾向为 "寄食" 而不是 "接受" 时，这在暗地里就将分析师自己的判断传递给了病人。

　　因此宽容是理想化的，只能尽量达到却不能完全实现。分析师越是小心他们的措辞，他们就越能做到更好。但是如果从避免价值判断的角度来说，宽容真的应该作为一个大家努力寻求的理想标准吗？这个回答归根结底还是跟个人哲学观和个人决定有关。我个人认为，回避价值判断这样的理想是不可能培养起来的，还不如直接摒弃的好。尽管我有无限的热忱去理解，那些迫使神经

---

[1] 宽容在精神分析里的概念，其社会基础是由艾瑞克·弗洛姆提出的，载于《精神分析疗法的社会制约》，《社会研究期刊》（1935年）。

症患者发展并维护其道德伪装、寄生欲望和渴望权力的驱力等心理现象的内心必然性，但是我依然认为这些态度具有负面的价值，并干扰人们获得真正的快乐。我更愿意认为，正是因为我坚信这些态度是需要被克服的，我才有动机想去彻底地理解它们。

对于这些理想主义标准在治疗中的价值，我实在质疑它是否能达成对它的期待。[1]这种期待就是分析师的宽容将会缓解病人对责备的恐惧，从而让他们的想法和表述获得更多的自由。

尽管从表面上看，这种期待非常可行，但实际上它是无效的，因为它没有考虑病人对谴责感到的恐惧的真正本质。病人并不害怕自身令人厌恶的趋向会被认为是卑劣的，而是害怕因这种趋向而使其整个人格都受到斥责。他还害怕别人残忍无情地谴责自己，并且是在完全没有考虑造成这种趋向原因的情况下。此外，他既害怕别人责备他的各种特殊人格特征，又根本搞不清楚自己在害怕什么。他会预测自己所做的任何事情都会被厌恶，部分原因是他特别怕人，还有部分原因是他的价值系统不平衡，他不仅对自己真正的价值不了解，也不了解自己真正的不足。前者会通过他脑海中那些完美和独一无二的幻想而呈现出来，而后者则受到抑制。因此，他完全没有安全感，不知道自己将会因为什么而受到谴责。同时，他也不知道，于他而言什么是合理正当的愿望，他可不可以有批评的态度、能不能产生性幻想。反观这种现象，根据神经症病人的恐惧的特征，毫无疑问，分析师伪装出来的客观性不仅不能缓解病人的恐惧，相反还势必会加剧这种恐惧。当病人完全不能明确感受到分析师的态度时，而且当他们偶尔感到不被认可但是分析师却不承认时，他们对潜在谴责的恐惧就会更加严重。

如果想消除这种恐惧，就必然要对其进行分析。可以缓解这种恐惧的是病人的认识——尽管分析师认为病人的某些品质不是那么优良，但并不会从整体上对他进行全盘谴责。相对于宽容来说，或者说相对于虚假的宽容，分析师至少应该表现出有建设性的友善态度，承认病人的某些不足之处，也钦慕病人的优秀品质和潜能。在治疗当中，这并不意味着只是拍拍病人的背给他们安慰，而是要心甘情愿地去欣赏病人任何好的品质，或者他们的倾向中一切美好而真实的因素，同时又要指出其可疑的方面。这是相当重要的，比如说，明确区分一位病人的优良批评能力及其对这种能力的破坏性使用方法，区分他的自尊和自大，区分他真诚的友谊——如果有的话，和他充满爱心和慷慨的伪装。

---

[1] 参见艾瑞克·弗洛姆《精神分析疗法的社会制约》，《社会研究期刊》（1935年）。

　　可能会有人反对，认为这些都不算什么，因为病人看分析师仅仅是通过在既定时间中他所产生的情绪这个透镜来审视的。但不要忘了，病人将分析师看成是危险的怪兽或超凡卓越的人，这仅仅是他的一方面。当然，这种感觉只是偶尔涌现并占据主导地位，而另一部分感觉总是存在的，尽管不总是那么明显，但它保存着对现实的清晰感受。在分析后期，病人可能会明显地意识到他们对分析师产生了两种感觉，比如他们会说"你喜欢我是肯定的，但我感觉你好像也憎恨我"。因此病人与分析师的熟识度十分重要，这不仅是因为它能缓解病人对受谴责的恐惧，还可以使其认识到自己的投射作用。

　　精神病学史表明，早在古埃及或古希腊时代，就有着两种精神病障碍的概念：一种是医药科学的，另一种是道德的。如果我们从宽泛的角度来看，道德概念通常比较盛行。这也是弗洛伊德及其同辈们的功劳，他们在医学概念上取得了如此伟大的成就——对于我来说，它将永不磨灭。

　　尽管如此，我们虽然已经认识到了精神疾病中的因与果，但也不能无视它所牵涉到的道德问题。神经症病人常常发展出特别优良的品质，比如说对他人受难的同情、理解他们的冲突、不理会传统标准、对美学观念和道德价值的敏感细致，同时他们还拥有某种怀疑性的价值体系。恐惧、敌意、虚弱感，这都是神经症过程的基础，而它们又因神经症而加强，这些情绪所导致的后果，使得病人无可避免地变得有些不真诚、虚伪、怯懦，以自我为中心。虽然他们没有意识到这些倾向，但这并不能阻止它们的存在，也不能使病人自己——这也是治疗师看重的问题——逃离痛苦。

　　我们现有的态度与在精神分析之前盛行的态度的区别，在于我们如今会从另外一个角度来看待这些问题。我们过去学会的是，神经症病人天生就比较懒散、虚伪、贪婪、自负，与其他人一样，他们童年时的不利因素迫使他们建立起一套精密的防御体系和满足感体系，这就导致了某种不利趋向的发展，因此我们不能认为他们应对所有这些趋向负责。换句话说，精神障碍的医学概念和道德概念之间的矛盾，并不像看上去的那么不可调和：道德问题是疾病不可拆分的一部分。因此，我们还应帮助病人将这些问题分门别类，这是我们医疗任务应该具备的一个功能。

　　在精神分析中，这些问题在神经症中实际扮演的角色不是十分清晰，这主要是由某些暗含在力比多理论和"超我"概念中的理论假设所导致的。

　　通常，实际呈现出的道德问题都是关乎虚假道德，因为它们属于病人对自己眼中的完美形象和优越感的需求，因此，首要任务就是揭开伪装的道德并认识到它们对病人的真正作用是什么。

　　另一方面，病人急于隐藏的，是他们真正的道德问题。毫不夸张地说，他们对于道德问题的隐藏，要比隐藏其他事情迫切得多。完美主义表象和自恋表象之所以必不可少，是因为它们如屏风一样掩盖了这些真相。但病人必须能够清晰地看到这些问题的本质，否则他无法从这种痛苦的双重性中摆脱，也不能从焦虑和压抑中解脱出来。鉴于此，分析师应坦诚地对待道德问题，就像坦诚地对待性变态一样。病人只有勇敢地直面它们，才会有自己的立场。

　　弗洛伊德意识到，基本的神经症冲突最终必须由病人的决定来解决。那么，还是存在这样的问题：我们是否不应该刻意地去鼓励这一过程。很多病人在意识到某些问题后，发自内心地采取了自己的立场。比如有一位病人，当他认识到正是因为自己古怪的骄傲，才会有这么多不幸，他也许就会自发地称之为他的错误骄傲。但是，也有很多人由于过多地陷入冲突之中，以致无法做出这样的判断。在这种情况下，对做出决定的终极必要性给予适当的阐释就显得十分有用。比如说，如果病人连续一个小时都在描述对他人的倾慕，对那种不择手段获取成功的人的倾慕，却又会再花一个小时来表达自己的主张，说自己根本就不关心是否成功，他仅仅对自己的工作内容感兴趣。在这种情况下，分析师不仅要指出其中暗含的矛盾，也应该告诉病人，最终他还是要想清楚自己想要的到底是什么。但是，我不会赞成他所做出的任何草率、肤浅的决定；重点在于，要激励病人去分析究竟是哪些因素在两个方向驱使着他，而在每种情况下，他应获得什么，又该放弃什么。

　　如果分析师在治疗中想要采取这些态度，根本前提是他对病人必须是发自内心的友善，并且他们也已弄清自己的问题。如果说分析师自己还隐藏着某些伪装的东西，他们就必定也会帮助病人隐藏这些假象。分析师不仅要使自己的"说教式分析"宽泛而透彻，他们自己也要坚持不懈地进行自我分析。如果说分析师最主要的任务是解决病人的实际问题，那么分析师的自我分析，则是他们分析他人时更加不可或缺的前提条件。

　　下面我将思考所提出的新方法是否与分析的长度有关，我希望能以此对上述关于精神分析治疗的言论做一个总结。

　　一次分析的长度（和成功的几率）取决于各种因素的综合作用，比如说产生焦虑的程度、破坏性趋向的程度、病人活在幻想之中的程度、顺从的范围和深度，等等。为了形成对可能长度的初步估计，我们可以采用各种标准。在这种情况下，我最关注的是过去和现在可有效运用的能量总额、关于生活的积极而现实的愿望程度、上层建筑的强度。如果后面这些因素是有用的，那么在积极且直接地解决现实问题的过程中，它们就会提供很大的帮助。我想说的是，这类不需要经过系统分析便可获得帮助的人，其数量会比我们所预测的还要多。

至于慢性神经症，我已经从总体上说明了解决它所需要的工作程度和种类。没有深入分析到更多的细节，就不可能揭示出它的复杂程度。这种工作的总量和难度决定了其不能被快速完成，因此弗洛伊德反复强调的言论是对的：对神经症快速治疗的可能性与疾病的严重程度是成比例的。

有很多缩短流程的建议，比如说设定一个多少有些武断的节点来结束分析，或者间断地进行分析。尽管此类尝试有时能起到作用，但因为他们没有考虑到实际应该完成的工作量，所以这些尝试没有也不可能达到期待值。因此，我认为只有一种理智的方法可以缩短分析时间：避免浪费时间。

我相信要达成这个目的是没有什么捷径可走的。当我们询问技工，他们怎样才能快速检测出隐藏的机器故障，技工告诉我们，他们对机械的全方面认识使他们可以通过观察实际故障来得出结论，从而找到故障的根源，这样他们就不会在错误的方向上浪费时间。我们必须意识到，尽管我们过去几十年一直在研究，但相对一个熟知机械的技师来说，我们对于人类灵魂的知识还是知之甚少的，可能永远都不会这么精确。但是，我自身的分析经验，以及我指导分析的经验告诉我，我们对心理问题越是了解，得出解决办法需要花费的时间就越少。因此，我们有理由期待，随着我们认知的加强，我们将不仅能够拓宽精神分析所触及问题的范围，同时还会有能力在合理的时间内解决这些问题。

分析应该在何时结束呢？再次提出警告，如果仅仅依赖外显迹象或孤立标准，例如总体特征的消失、拥有享受性愉悦的能力、梦的结构的改变，等等，并把它们作为解决问题的捷径，一定是错误的。

这个问题从根本上再一次触及了个人生活哲学。我们的目标是否是拿出一个一劳永逸完美解决所有问题的成品？如果我们认为这是可能的，那么我们是否也认为这是可取的呢？或者，我们是否把生命当成一种不到结束那一刻就不会停止，也不应该停止的进程呢？就像我在本书中阐述的，我认为神经症会通过僵化一个人的追求和反应而将他的发展完全束缚住，它使病人深陷于他自己无法解决的各种冲突中。因此，我认为分析治疗的目标不是让生活中的危险和冲突全无，而是使个人最终具备解决自我问题的能力。

但病人何时才有能力掌握自己的发展呢？这个问题与精神分析治疗的最终目标这一问题是相同的。据我的判断，将病人从焦虑中解放出来仅仅是迈向目标终点的一种手段，而真正的目标是，我们要帮助他去重新获得他的自发性，去找到一个衡量自己价值的标准，简而言之，鼓励他去成为他自己。

SELF ANALYSIS

自我分析

（1942）

林萱素　乔花娜⊙译

前　言

严格地说，精神分析是一种治疗方法，最初是从医学领域发展起来的。弗洛伊德[1]认为，一些组织器官功能紊乱，例如歇斯底里的抽搐、恐惧、抑郁、药物调整、胃肠功能不适等，可以通过调理深层的潜意识得到治愈。后来，人们把这种组织器官功能紊乱的疾病称为神经症。

最近三十年以来，精神病学家认为：神经症病人所承受的痛苦，既有显性症状，也有隐性症状。他们认为：很多患有人格障碍的人，并不会表现出神经症的显性症状。也就是说，神经症或显或隐，但人格障碍却一直存在，而且这种情况也变得越来越明显。因此，精神病学家可以得出这样的结论：这些让人泥足深陷的不明确困扰是引发神经症的根本原因。

在精神分析的发展中，这一事实起着至关重要的作用，不仅能提高它的功效，而且也扩大了它的范围。显性人格障碍的神经症病人有这样一些特征，诸如强迫性选择困难、在选择爱人或朋友的问题上重蹈覆辙、对工作态度冷漠等。精神分析师可以根据病人的临床症状来进行精神分析。然而，精神分析师关注的焦点并非人格和最优发展，最终目的是理解人性的明确困扰，并且在这种困扰中寻求一份宁静。他们分析神经症病人的人格，这是他们治疗神经症的必经之路。如果这项工作能让一个人的整体发展走上更妥善的道路，那就很好了。

无论是在当下，还是在未来，精神分析都可以作为一种治疗特定神经症的方法。虽然这种方法可以帮助大多数人重塑人格，但同时也增加了自身的负担。越来越多的人求助于精神分析，并不仅是他们承受着诸如抑郁、恐惧或类

---

[1] 西格蒙德·弗洛伊德（Sigmund Freud，1856—1939），奥地利精神病医生、心理学家、精神分析派创始人。19世纪90年代，弗洛伊德在临床工作的基础上，开发了"自由联想"等治疗技术，创建了自我分析。1900年，弗洛伊德发表了《梦的解析》（*The Interpretation of Dreams*），对潜意识心理进行了探讨，这一书被认为是弗洛伊德最重要的著作。1923年，弗洛伊德发表了《自我和本我》（*The Ego and the Id*），提出了由本我、自我和超我构成的心理结构模型。此外，弗洛伊德还具有极高的文学素养，精通古典文学，在诗歌、雕塑、绘画、建筑、音乐等方面均有造诣，1930年以其文学才能获得歌德奖。

似精神障碍的疾病，而是他们发现自己无法应对生活，或认为某些内因他们束缚了自身的发展，或损害了人际关系。

最初，基于精神分析的新前景，人们总是会高估它的价值，精神分析也是如此。那时，人们认为精神分析是促进人格发展的唯一途径，现在，这一观点仍广为流传。毋庸置疑，事实并非如此，促进我们发展最有效的助力和我们肩负的苦难都源于生活。背井离乡、疾病困苦、孤独岁月，以及它赐予我们的礼物——一份弥足珍贵的友情，几个肝胆相照的挚友，一些值得深交的朋友，一个相互协作的团队，所有这些因素都在帮助我们挖掘自身的潜力。不幸的是，生活之中的帮助也存在一些弊端。我们需要的时候，有利因素并不一定会如期而至，而挫折磨难则不仅挑战着我们的活力和勇气，甚至可能超过我们的承受能力，将我们完全压垮；最终，我们会在困扰中泥足深陷，而忽视了生活给予我们的帮助。虽然精神分析有局限性，但它并没有这些不利因素。在精神病学领域，精神分析治疗方法发挥了一定的作用。因此，我们可以把精神分析作为一种塑造人物性格的合法途径。

我们生活在文明社会之中，其环境错综复杂、困难重重。考虑到这一点，任何与之相关的帮助都显得倍加重要。然而，即使专业的精神分析能治疗更多的人，它也不可能真正适用于每一个神经症病人，因此，自我分析才有特殊的意义。人们一直认为，在"自我认识"方面，自我分析不但非常重要，而且切实可行，同时精神分析的种种发现将极大推动这一尝试。另一方面，正是这些发现，为我们揭示了比以往所知更多的、自我分析所包含的内在困难。因此，在自我分析的过程中，需要保持健康，并且建立信任。

我之所以写这本书是为了严肃地提出这个问题，并全面考虑其中的困难。关于具体的工作阶段，我会尝试提出一些基本的注意事项。但由于这一领域可供参考的病例甚少，所以我将自己的主要目标确定为提出问题、鼓励积极地尝试进行自我分析，而不是提供任何明确的答案。

首先，对个体而言，合理的尝试自我分析很重要，这种尝试将给神经症病人提供一个自我觉醒的机会。在此，我指的不仅是一直以来遭到压制、无法运用的特殊天赋和潜力，它能让一个人摆脱那些会造成严重后果的强迫意向，从而成长为一个精力充沛、全面发展的人。不仅如此，自我分析还涉及一个更深层的问题。当今，我们都在为民主理想而奋斗，而实现这一目标必不可少的一条信念就是个体——并且是尽可能多的个体——应该让自己全面发展。尽管帮助个体进行这种自我分析并不能解决世界存在的种种问题，但它至少可以帮助我们分辨一些冲突、误解、憎恨、畏惧、伤害以及缺陷等，这些既是问题形成的根源，又是问题引发的后果。

　　在早期出版的两本书[1]中，我曾提出一种关于神经症的理论，在这本书中，我将对其进行详尽阐述。至于那些新观点、新构想，我很想避而不谈，但是，如果连那些可能对自省有用的建议也一起摒弃，则显然是不明智的。所以，我会努力试着在不偏离主旨的情况下，尽可能简洁地阐明这些观点。神经症非常复杂，这是一个既不可能也绝对无法掩盖的事实。我充分认识到了这一点。

　　在此，我要感谢栽培我的祖国，感谢我的母校，感谢所有帮助过我的家人、领导、老师和挚友。

---

　　[1] 本书首次出版是1942年，在此之前，霍妮出版了两部著作，即1937年出版的《我们时代的神经症人格》（*The Neurotic Personality of Our Time*）和1939年出版的《精神分析的新方法》（*New Ways in Psychoanalysis*）。

第一章　自我分析的可能性与可行性

　　每一位精神分析师都知道，精神分析进行得越迅速越有效，病人就越"配合"。在谈到配合的时候，我所指的即不是病人要礼貌、体贴地接受精神分析师提出的任何建议；也不意味着病人就必须自觉自愿地提供自己的相关信息。大多数寻求治疗的病人都得面对并接受真实的自己，或早或晚而已。在创作的过程中，音乐家会不由自主地把自己的情感融入音乐中，同样，神经症病人也很难有意识地控制自己的行为方式。如果内在因素让音乐家难以抒发情感，那么他就无法工作，也创作不出任何作品。同样，神经症病人在分析的过程中一旦遇到一种内在的阻碍，那么，即使他想有合作的最良好的意愿，他的努力也不会有成果。但是，如果病人越来越能够合理地控制自己的情绪，那么他就越有能力处理自己的问题，而精神分析师和病人双方的沟通和治疗也会更有意义。

　　自我分析就像一趟艰难的登山，精神分析师只在其中担任向导一职，他只是为我们指出哪条路更合适，哪条路则应该避开。为了表述得更准确，还需要补充一点：精神分析师对病人的人生之路并不非常确定。尽管他有爬山的经验，但他并没有翻越过他们那座独特的山。基于这一事实，病人的心理活动和创作思维就更重要了。自我分析的时间长度和效果取决于精神分析师的能力和病人的层次。

　　如果病人一直处于情绪低落的状态，自我分析就必然会因为或这或那的阻碍而终结。在自我分析的过程中，病人的心态就显得尤为重要了。

　　尽管精神分析师和病人不会对此满意，但是经过千锤百炼之后，他们却有可能惊喜地发现，病人取得了相当大的、稳定的进步。如果经过仔细检查并发现神经症病人的病情有所改善，那么我们就可以说这是分析治疗的一种滞后效应。然而，这种滞后效应并不容易说明，能够促成这一结果的因素多种多样。比如，先前的自我分析可能已经让病人做出了准确的自我反省。比起以前，他更加确信自己内心缺乏一种宁静致远、豁达淳朴的心态，甚至可能会发现自己内心潜藏的阴暗。他也可能把精神分析师的所有建议都当成了一种外部干扰，一旦这种干扰不存在了，那些建议就又以新的形式重新出现，于是这一次他很容易就领悟了。或者，如果神经症病人有这样一种症状，他们迫切地想超过甚至挫败他人，那么，他们就不太可能会让精神分析师顺利工作并从中得到满足，只有精神分析师从这个病例中完全退出，变得全然不相干，病人才可能恢复正常。最后，我们必须记住，滞后效应还会发生在很多其他的情况下，例如，在交谈中，我们可能要花很长时间才能领会一个笑话或一句话的真正含义。

尽管上述种种解释虽然各不相同，但却都指向同一个方向：它们说明病人内心经历了一种无意识到的心理活动，或至少他无意识地进行过此种努力。这样的心理活动，甚至有些有意义的指向性活动，确实会在我们意识不到的情况下发生。例如，那些意味深长的梦，有时工作毫无头绪，一觉醒来问题却迎刃而解；有时前一天还令人困惑的决定，一觉醒来之后变得清晰明了，这种情况也并不罕见。此外，显意识无法表露的喜乐悲苦，潜意识都一一铭记下来。

实际上，每一位精神分析师都要观察病人的心理活动，来对病人进行分析。这一活动隐藏着一种理念：如果困扰得以解决，那么精神分析师的工作就能顺利进行。同时，我还想强调一下这件事的积极方面：一个人渴求得以救治的动机越强烈，他所受到的阻力就越弱，他也将富有创作思维。但是，不论我们强调的是消极的，还是积极的，其基本原则都是相同的。通过困扰得以解决或诱发充分的动机，挖掘出病人的潜力，从而引导他进行更深刻的思考。

本书的主旨是：我们是否可以更进一步。如果精神分析师观察病人无意识心理活动，而病人又有独立解决问题的能力，那么，我们能否用一种更加慎重的方式运用这种能力？病人能否利用他自身的批判性思维，彻底检查其自我反省的结果或联想？人们普遍认为，精神分析师和病人扮演着不同的角色。大体而言，病人将自己的思想、情感以及冲动表露出来，而精神分析师则运用自己的批判性思维来分辨病人的用意。他把表面看上去毫无联系的材料组合在一起，质疑病人陈述的有效性，根据推测出来的意思，给出建议。我之所以这么说是因为精神分析师也会利用自己的直觉，病人也可以自己将材料组织起来。但是，总体来说，精神分析的过程中存在不同工种的劳动分工职能，它们各占优势。它能让病人放松，清楚地表达自己心中所想。

然而，两次精神分析间隔期，我们应该怎么办呢？各种原因造成的长时间中断又该怎么办呢？为什么要把希望寄托在偶然因素上，指望某些病症会在不经意间不治而愈呢？不但不鼓励病人进行慎重的、准确的自我反省，而且还鼓励其运用自己的推理能力获得一种自我认知，这不可行吗？也许，这项工作布满荆棘。自我分析有一定的局限性——这一点我们稍后再讨论——所有的困扰都指向这个问题：自我分析是否可行？

在精神病学领域，这个问题由来已久：人能认识自己吗？令人鼓舞的是，人们虽然知道认识自己不易，却一直将其视为切实可行的。然而，这种鼓舞并不能持续多久。因为古人的观点和我们的看法大相径庭。我们知道，特别是自弗洛伊德提出精神分析的基础理论[1]以来，这个问题的复杂、困难程度远非古人所能想象——实际上，它是如此困难，以至于人们仅仅是严肃地提出这个问题，就已经像是进行了一次探索未知的冒险活动。

最近，一些书陆续出版。这些书指导读者处理人际关系。其中有一些只是针对如何处理个人和社会的问题，或多或少提出了一些普遍适用的建议，对于自我认识，即使谈到了，也是浮光掠影，比如戴尔·卡耐基的《如何赢得朋友及影响他人》。但是还有一些，则明确地指向了自我分析，就像大卫·西伯里所著的《回归自我》。如果，我认为有必要就这个主题另写一本书，那我确定，在这些作家中，即使是像西伯里这样最优秀的人，也没能透彻地理解弗洛伊德开创的自我分析，因而无法给出足够的指导。[2]此外，就像《简易自我分析》这样的书名所清楚表明的那样，他们并没有认识到这个问题的复杂程度。这类书表现出的此种趋势，也含蓄地隐匿于一些研究人格的神经症治疗的尝试之中。

这些尝试都给了我们这种暗示：自我认识是一件很容易的事情。然而，这是一种错觉，一种一厢情愿的看法，一种对自我认识断然有害的错误观点。抱有这种观点的人，要么摆出一副虚假的自命不凡的架势，以为对自身已了如指掌；要么在首次遇到较大挫折的时候就心灰意冷，将探寻自我的真相视为一份糟糕的工作，而意欲放弃。如果我们能明白，自我分析的过程费时费力，而且不时就让人陷入痛苦、挫折，需要我们全力以赴，那么，上述两种结果就不会轻易发生了。

经验丰富的精神分析师永远不会被这种乐观主义所迷惑，因为，对于病人在有能力直面问题之前所要经历的那种艰苦卓绝，有时甚至堪称困兽之斗的抗

---

[1] 指的是弗洛伊德的潜意识学说和性本能理论。1900年，弗洛伊德发表《梦的解析》，论述了梦的形成机制以及梦境生活问题等，并探讨了潜意识的结构、内容和作用方式，对心理学贡献极大。1905年，他发表了《性学三论》，全面阐述幼儿性作用，1913年发表《图腾与禁忌》进一步强调乱伦、弑亲等行为的本质，引起广泛关注。

[2] 拉斯韦尔（Harold D.Lasswell, 1902—1977）在其作品《经由公意的民主》（*Democracy Through Public Opinion*）第四章"认识你自己（Know Thyself）"中，指出了自由联想在自我认识中的价值，但是，由于这本书探讨的是另一个主题，所以他的讨论并未涉及自我分析这个问题的具体方面。

争，他非常熟悉。精神分析师宁愿选择相反的极端，即彻底否认自我分析的可能性。他之所以会有这种倾向，不仅有其经验基础，还有理论依据。例如，他提出这样的论据：病人只有在再次体验到自己孩提时代的欲望、畏惧，并且对精神分析师产生依赖时，才能让自己从困境中得以救治出来；如果任由病人自行其是，他充其量也就只能得到一些毫无效用的"纯理智的"自我认知而已。像这样的论据，如果详细审查——在此，我们省略这一步——它们最终会归结到这种怀疑：病人的动机是否强大到单纯依靠自己的力量，就能克服充斥于通往自我认识道路上的所有障碍。

　　我强调这一点有充分的理由，在每一次的精神分析中，病人想要实现一个目标的动机都是一个重要因素。我们可以肯定地说，如果病人自己不愿意，精神分析师无法进一步治愈他。不过，在分析的过程中，病人却能得到精神分析师的帮助，得到其鼓舞和指导，关于精神分析师的这些价值，我们将在另一章讨论。如果病人只能依靠自身的资源，那么他的动机就成了决定性因素。确实是决定性的，自我分析的可行性就取决于这种动机的强烈程度。

　　毫无疑问，弗洛伊德认为，某些不具体的障碍让神经症病人泥足深陷，这种动机就在于此。但是，实际上，如果严重的痛苦从未存在，或在治疗期间消失了，他便会感到困惑，不知如何应对这种动机。他认为，病人对精神分析师的"爱"可以成为另外一种动机——如果这种"爱"不是以具体的性欲满足为目的，而是甘愿接受精神分析师的帮助。这听起来似乎很有道理，但是，我们一定不能忘了，在每一例神经症中，病人爱的能力都受到了严重损伤，而这种情况的出现，很大程度上意味着病人对情感的需求不正常。确实，有些病人——而且我认为弗洛伊德已经考虑到这类人了——相当乐意取悦精神分析师。比如，他们多少都愿意不加鉴别地接受精神分析师的解释，并试图表现出分析已经取得了进展的样子。然而，这种结果并不是因为对精神分析师的爱才产生的，它只是病人用来减轻其潜在的对他人恐惧的方法，从更广泛的意义上说，这是他应对生活的方式，因为，以一种更加独立的方式处理问题，会让他发现自己的无助，这样，想要取得良好成效的动机就完全取决于精神分析师和病人的关系。如果病人发现遭到了拒绝或批评——这种情况极易发生——他就不顾自己的切身利益，而精神分析过程也就成了病人发泄怨恨、进行报复的战场。比这种动机的不可靠性更重要的是，精神分析师必须遏制此动机。因为，对病人而言，行事一味依从别人的要求，却丝毫不在乎自己的意愿，也就造成了其主要的烦恼，因而，这种动机只能分析不能利用。因此，弗洛伊德认为，唯一有效的动机是这种意愿，它可以帮助病人摆脱明确的困扰，而且，正如弗洛伊德的断言，这种动机必定会随着症状的减轻，以精确的比率相应地减弱，因而不会持续很久。

尽管如此，如果以消除症状为分析的唯一目标，那么这种动机还是可以满足需求的。但是，这样就足够了吗？对这些目标的看法，弗洛伊德从未明确表达过，只说一名病人应该具备工作和享乐的能力，却没有对这两种能力进行定性描述，这是毫无意义的。是具备了持续工作的能力，还是进行创作思维工作的能力？是享受性爱的能力，还是过正常生活的能力？同样，认为分析等同于一种再教育的观点，也是含糊不清的，并没有给出一个答案。再教育的目的是什么？也许，弗洛伊德并没有过多思考这个问题，因为，他的著作从第一本到最后一本都可以看出，他的主要目标在于治疗神经症；他关心人格的每一个变化，只有它能确保永久治愈那些病状。

因此，从根本上说，弗洛伊德的目标可以定义为一种消极的方式：让病人"免受苦痛"。然而，这一思想的其他发起者，包括我自己，则愿意用积极的态度来确定分析的目标：让病人摆脱内在束缚，挖掘他的潜力。这听起来似乎只是侧重点不同，然而，即便如此，不同的重心也足以彻底改变动机问题。

只要病人内心怀有动机，只要这种动机足够强烈，就能够提升他所具有的任何能力，能够挖掘他既有的潜力，能够让他在必须承受间或的深切苦痛时也不放弃自己。简而言之，只要他有前进的动机，那么，用积极的方式设立目标，就具有现实意义。

讲清楚这个问题之后，事情就变得清晰明了，侧重点的不同并不是此中涉及的唯一问题，因为，弗洛伊德已经断然否定了这种意愿的存在，他甚至嘲笑这一意愿，认为它是凭空想象的，只是一个空洞的理想主义。弗洛伊德认为自我发展的强烈欲望属于"水仙花综合征"，即自恋。也就是说，这种欲望表现出来的，只是一种自我膨胀和排挤他人的趋势。单纯从理论角度考虑就提出一种假设，这并非弗洛伊德的本意。从根本上说，弗洛伊德的洞察力很强，他非常擅于观察事物的本质。在本例中，这种观察所得就是，各种自我扩张的趋势有时是自我发展意愿中一个强有力的因素，弗洛伊德认为这种"自恋"并非只有一种原因。如果对自我膨胀进行精神分析并将其抛弃，我们就会发现要求发展的意愿依然存在，甚至比以往任何时候都要清晰、强烈。那些"自恋"因素，在促进意愿发展的同时，也限制了意愿的实现。引用一位病人的话："'自恋'的欲望指向的是潜意识自我的发展。"而潜意识自我的发展总是以牺牲真实自我为代价，令其受到鄙视，纵不至于此，也会让真实自我遭受冷遇。我的经验是，对潜意识自我的关注越少，对真实自我的投入才会越多，而动机也才能摆脱内部束缚，更加自由地展露发展起来，只有这样，真实自我才能在现有境况允许的条件下，尽可能地得到充实、有所期望。在我看来，追求个人能力发展的意愿，属于抗拒进一步分析抗拒中的一种。

　　从理论方面来看，弗洛伊德对自我发展意愿的怀疑，跟他的假设有关："自我"是单一的，它在本能的驱使力、外界的要求以及严峻道德心的拷问之间沉浮。然而，从根本上说，我认为这两种关于分析目标的构想，表达了对于人性中不同的哲学理念。用麦克斯·奥托的话而言："一个人哲学思想的渊源在于他对人类的信任。如果某人对人类有信心，并且认为人类可以实现一些美好的事情，那么，他就会树立起和自己的信心一致的人生观、世界观。如果他对人类缺乏信心，那么，他的世界观也便如此。"值得一提的是，弗洛伊德在他对梦进行解析的那本书中，含蓄地发表了自己的观点，他认为自我分析在某种程度上是可行的，因为在书中，他的确对自己的梦进行了分析。考虑到他的整个哲学思想都在否认自我分析的可能，这一点就显得颇为有趣。

　　但是，即使我们承认，进行自我分析的动机足够充分，我们也仍然面临着这样一个问题：一个不具备必要的知识、培训和经验的门外汉是否有能力承担起精神分析师的重任？人们甚至可能会对此心存疑虑：这本书中第三四章阐述的观点是否足以替代一名专家所具备的专业技能？当然，我并没有掌握任何可能替代的技能，甚至从未寻求过任何一种大体相当的替代技能。这样看来，我们似乎是陷入了绝境，但是，事实果真如此吗？通常，一个极端原则的实用性即使看上去有理，也揭开了一种谬误。关于这个问题——尽管我对专业化在文化发展中所扮演的角色尊敬之至——人们应该记住，对专业化敬畏过甚，会导致主动性无法正常发挥。我们都倾向于认为，只有政治家才理解政治，只有机修工才会修车，只有受过训练的园艺师才可以修剪树木。确实，一个受过训练的人比一个没有受训的人，工作起来更快更有效，甚至，在很多实例中，后者都是全然无法从事相应的工作。实际上，受过训练的人和未受训练的人之间的差距，也常被夸大。高度专业化可能会导致资源分配不均衡的现象，加大贫富差距，因此，合理分配资源就显得尤为重要了。

　　这种一般性的考虑虽然令人振奋，但是，为了对自我分析技能方面的可行性进行一个恰当的评估，我们还必须将构成一个专业精神分析师知识素养的具体细节形象化。首先，对他人进行分析需要具备渊博的心理学知识，这包括潜意识的本质、它们的表现形式、产生的原因、造成的影响、解决的办法。其次，这种分析要求具备熟练的技能——经过严格训练并在实践中千锤百炼才发展起来的技能，包括：精神分析师必须明白，应该如何对病人进行治疗；医生面对材料迷宫中各种错综复杂的因素，他们必须相当清楚，哪些应该立即解决，哪些可以暂且搁置；精神分析师必须具备高超的能力，可以"触及病人内心"——这是某种近乎直觉的、对心灵潜在感情的考察。最后，对他人进行分析，还要求精神分析师对自己有一个全面的认识。在治疗病人时，精神分析师必须置身于一个理想的国度，而又回溯到一个依法治国、标准严苛的世界。此外，还存在一种相当大的风险，即，精神分析师会曲解、误导病人，甚至可能令病人受到实质性的伤害，这并不是因为精神分析师居心叵测，而是他们经验不足。因此，精神分析师既要全面地理解精神分析的方法，又要熟练地使用它。同等重要的是，他必须明白他与自己、与他人的关系。既然这三点要求都是不可或缺的，因此，只有具备这些专业素养的精神分析师，才有资格用这种方法治疗精神症病人。

但是，这些要求也不能不假思索地就用于自我分析，因为，在一些基本点上，自我分析跟分析他人是不同的。在此，与之相关的最大差异是：我们每个人所代表的个人世界对我们自己而言并不陌生，实际上，这是唯一一个我们真正了解的世界。当然，有一点不可否认，一个神经症病人会主动疏离其个人世界的大部分，并且强烈拒绝看到其中的一部分。而且，他在认识、了解自己的过程中，总会存在这种危险趋势：他把一些意味深远的因素看得太过理所当然，而将其忽略。但是，有一点事实是不会改变的：这是他的世界，关于这个世界的全部知识都以一种方式存在于那里，他只需对其进行观察，并利用观察所得做出评估即可。如果他有志于探索自己困境产生的根源，如果他能克服那些在认清困难根源过程中遇到的阻碍，那么，在一些方面，他就可以比一个旁观者更好地观察自己，毕竟，他是每时每刻都跟自己在一起的。他进行自我反省的机会，常被拿来与一个聪慧的护士做对比——后者有大量的时间与病人相处；然而，一个精神分析师每天见到病人的时间，最多只有一个小时。精神分析师有更好的观察方法，有更清晰的观察、推论视角，而护士则可以进行更细致的观察。

这一事实是自我分析的显著优点。实际上，它不但降低了对专业精神分析师的第一个要求，更使得第二个要求失去了存在的意义：进行自我分析对心理学知识的要求没有分析他人的要求高，而且，进行自我分析完全不需要那种在处理与任何他人关系时所要求的战略技巧。决定自我分析的关键，不在于这些方面，而在于那些让我们看不到潜意识的情感因素。自我分析的主要困难在于情感而非理智，这一点已为如下事实所确认：精神分析师在进行自我分析的时候，并不是我们想象的那样，拥有远超过门外汉的巨大优势。

因此，从理论方面讲，我找不到任何有说服力的理由，可以批驳自我分析的可行性。就算很多人在个人问题中泥足深陷，无法进行自我分析；就算自我分析永远也达不到专业精神分析的进度和确诊度；就算某些阻碍只有借助外力才能克服——即便如此，这一切都不能成为自我分析无法在原则上实现的证据。

然而，在理论的基础上，我并不敢冒昧地提出自我分析这个问题。提出这个问题的勇气，以及严肃对待它的力量，来自那些能够证明自我分析可行性的诸多经验。这些经验，有的是我的亲身经历，有的是同事们经历并告诉我的，有的是我的病人们所经历的——我鼓励他们在接受我的精神分析的间隔期进行自我分析。这些成功的尝试，并不仅仅关注表面的困难。实际上，这其中有些问题处理起来相当棘手——即使是在精神分析师的帮助下，这些问题一般也是难以克服的。不过，这种成功是在一种有利条件下实现的：所有敢于进行自我分析的人，之前已经接受过精神分析师的治疗，这意味着，他们熟悉治疗的方法，自身经验告诉他们，在治疗过程中，那种面对现实的坦率可以暖人心扉。如果没有经验，那么自我分析是否可行，以及要达到什么程度才可行，就是一个未解之题了。然而，还有一个令人鼓舞的事实是：很多人在寻求治疗之前，已经对自己的问题有一种准确的自我认知。诚然，这些自我认知是不足的，但是我们也不能忽略这一事实：在此之前，这些人并没有精神分析的经历。

一个人倘若完全有能力进行自我分析——这一点我们稍后再议——那么，他可能会进行自我分析的情况，可以简略地概括如下：病人可以在两次治疗之间较长时间的间隔期进行自我分析，这种间隔期在大多精神分析治疗中都存在，比如节假日、因故离开所在城市、工作或个人原因缺席治疗等情况；只有少数城市有优秀的精神分析师，那些不住在这些城市的人，只能偶尔去见一次精神分析师，接受治疗，这样，分析的主要工作就要依靠自己。同样的事情也会发生在这种情况下：有的人与精神分析师住在同一个城市，却没有良好的经济条件来支付定期治疗的费用；还有可能，一个人贸然结束了治疗，而单独进行自我分析。最终，在没有外界治疗帮助的情况下，自我分析是否可行，仍要打上一个问号。

但是，这里还存在另一个问题，即使自我分析在限制条件内是可行的，那这又是否可取？如果神经症病人无法定期到医院就诊，自我分析会不会太过危险而不宜运用？我们都知道，一次失败的手术会让人失去性命，精神分析运用不当虽不至于产生如此严重的后果，但弗洛伊德不还是把精神分析拿来跟外科手术做比较吗？

如果一个人一直处于莫名的焦虑当中，那么他永远也不会有什么助益，还是让我们试着详细检视一下，自我分析可能存在哪些危险。首先，很多人认为，自我分析会加重心理负担。人们把这一理由当作抗拒任何形式的自我分析，以前就有人提起过，现在仍然有人在提。但是，我之所以想就此问题重新展开讨论，是因为我确定，在自我分析没有或仅有微乎其微的专业指导时，会让病人心生抗拒。

自我分析可能会让人进行更深刻的自省，因此而产生的忧惧引起了人们的抗拒，而这种抗拒的声音，似乎是从一种人生观中得出的——这种人生观在《波士顿故事》[1]中有很好的体现——它不承认个体存在的地位，不承认个体的情感和奋斗。持这种观点的人认为这一点至关重要：个体要融入环境，要服务于社会，而且要履行自己的职责。因此，无论个体有什么畏惧或欲望，都应该加以控制，只有自律，才是至高美德。而如果对自身考虑过多，无论是以何种方式，就都是自私放纵，是"利己主义"。然而，自我分析中那些最卓越的代表，不仅强调对他人的责任，也重视对自身的责任。因此，他们不仅不会忽略，反而会强调个体对幸福的追求是一种不可剥夺的权利，这也包括了个体重视其身心自由的意识。

至于这两种人生观的价值如何，则必须要求每位个体自主判断。如果一个人倾向于前者，那么，再与之讨论自我分析的问题就没有多少意义了，因为他必定认为，给予自身及其存在问题如此多的考虑是不合时宜的。而我们也只能这样劝解他：经过精神分析之后，个体通常不会像以前那样自私自利，也更加重视人际关系。即使做乐观的估计，他可能也只会承认，自省也许是取得良好结果的一种有争议的手段。

如果某人的信念与后一种人生观相符，那么，他可能不会认同自省本身就应该受谴责这种观点。因为对他而言，认可自我与认可环境中其他因素同等重要，探索自我的真相与探索人生其他领域的真相具有相同的价值。他唯一关心的问题是，自省是有益的，还是毫无效用的？我可以肯定地说，如果是为实现成为更优秀、更有涵养、更健康的人这一意愿服务，也就是说，以自我认识和改变为首要目标，并为之努力奋斗，那么，自省就是可行的。如果自省本身就是目标，即，如果追求自省仅仅是因为对某种心理学流派感兴趣——为艺术而艺术——那么，自省很容易就成为休斯顿·彼得森（Houston Peterson）所说的"狂躁症（Mania Psychologic）"。而且，如果自省只是沉浸于自我欣赏或自怜

---

[1] 美国作家马昆德（John Phillips Marquand）1937年创作的小说，讽刺了波士顿上层阶级，于1938年获得普利策小说奖。

自艾、对自身无穷无尽的冥思苦想、空洞贫乏的自责内疚中，那么它也就相当于是无用的。

在此，我们找出了核心问题：自我分析难道不会很容易就堕落为那类漫无目的的沉思？根据我的临床经验，我认为这种危险并不像人们想象的那样普遍。人们完全可以认为，只有那些在自我分析时常会陷入困顿的人，才会遇到这种危险。如果人们失去了指导，那么他们就会在无意义的精神错乱中忘记自我。尽管他们的自我分析注定要失败，但也绝不会产生危害。因为，导致他们陷入沉思的，并不是自我分析。他们要么因自己所遭受的而委屈，要么因外貌不佳而伤感，要么因他们做错的事情而懊悔，要么因社会不公正的现象而哀伤。在接触分析之前，他们就已经反复阐述过漫无目的的"精神分析"，他们利用——或说是滥用——分析来为自己继续原有的轨迹辩解：分析给他们造成了一种错觉，让他们以为重复同样的事情就是诚实的自我探究。因此，我们应该把这些尝试看作是限制自我分析的因素，而不是危害自我分析的因素。

我们考虑一下自我分析可能带来的危险因素，其本质问题在于：它是否包含对个体造成明确的困扰。在试图单枪匹马冒此风险时，个体是否会挖掘其内在的潜力？如果他认为一种具有决定性作用的潜意识存在某种冲突，却又一时找不到解决方法，这是否会唤起他内心深处的焦虑、无助、忧郁，在负面情绪中泥足深陷，甚至考虑自杀？

基于这种情况，我们必须将暂时性伤害和长期性伤害区分开来。暂时性伤害在每一次分析中都是不可避免的，因为任何触及压抑在内心深处的情感或事情的行为都必然激起焦虑，而这些焦虑在以前是由人本身的自我防御机制加以缓和的。同样，恼怒和愤懑的影响也必然会突显出来——它们原本是被隔绝于意识之外的。这种冲击效应如此强烈，并不是分析会引导个体意识到一种无法容忍的恶劣或恶毒的心理趋势，而是它动摇了一种平衡，这种平衡虽然不稳定，却能保护个体避免沦陷于多有分歧的内驱使力所造成的混乱。既然我们稍后要讨论这些短时困扰的性质，那么，在此只陈述一下它们发生的事实就足够了。

如果一名病人在精神分析的过程中遇到这种困扰，他可能只是会感到深深的焦虑，或出现旧症复发的情况，自然也会因此而感到气馁。不过，他通常只需经过一段短暂的时间，就能克服这些挫折。只要适应了新的自我认知，这些挫折就会消失，而有理有据、积极主动的情感则会占据其位置。这些挫折象征着，在对生活重新定位时，震动和伤痛是不可避免的，它们隐藏在所有建设性的过程中。

在这段时期，病人特别需要精神分析师伸出援助之手。如果整个过程能得到足够的帮助，自然会更轻松顺利，我们也视之为理所当然的。然而，在这里，我们应该担忧的是下面这种情况：个体也许会因为无法独自克服这些困难，而长期受到伤害。或者，在发现自己的思想基础发生动摇时，他可能会铤而走险，例如，亡命驾驶、疯狂赌博、损害自身利益，甚至会试图自杀。

在我观察过的自我分析病例中，从未发生过这种不幸的意外。但是，这些观察结果仍然有极大的局限，根本无法提供任何有说服力的统计学证据。例如，我不能说，这种概率只有百分之一，它所引发的结果可能令人遗憾。然而，我们却有充分的理由认为，这种危险极其罕见，少到了可以忽略不计的程度。对每一次自我分析的观察所得表明，病人完全有能力保护自己免受其尚不具备的自我认知的伤害。如果一种解释表现出对其安全的巨大威胁，病人可能有意识地拒绝它，也有可能会选择忘记，也有可能会切断自身与它的关联性，也有可能据理力争说服对方，也有可能视其为不公的批评仅仅感到愤怒而已。

我们可以确切地认为，这些自我保护的力量，同样也能运用在自我分析上。一个试图对自己进行分析的人，也许会轻易败在自我反省上，因为后者可能会导向其自身尚且无法忍受的种种自我认知。这时，他可以用别的方式来解释这些自我认知，以避其锋芒；或者，他仅仅将一个自以为错误的看法，迅速而粗略地加以修正，并因此而闭门造车。因而，在自我分析中，真正的危险可能比在专业分析中的要少，病人凭直觉就知道需要避开什么。即使一名精神分析师的思维再敏锐，他也有可能犯错，以至于给病人提供了一个不成熟的解决方案。此外，神经症病人逃避问题，而不是积极解决；危险便不再具有伤害性了。

如果有人确实想办法克服困扰，那么我认为，这其中有几点注意事项可供参考：其一，一个偶然发现的真相不仅有令人烦恼的一面，同时，它也能挖掘人们内在的潜力，这种潜力是所有真相先天固有的。如果人们爆发出自己的潜力，那么焦虑就可以得到舒缓，如此一来，人们的内心就会静下来。但是，即便充满重重阻碍，关于自身某一真相的发现仍然意味着曙光已经出现。即使还看不清楚，我们也能凭直觉感受到，并能因此获得继续前进的勇气。

需要注意的次要因素是，即使某一真相令人深感恐惧，其中也会含有一些对人有益的东西。举例而言，如果一个人意识到自己一直在走向自我毁灭，那么他对这种驱使力的清醒认识，比让他安静地工作安全得多。这种认识是令人恐惧的，但只要有一丝生存的意愿，它就能调动起具有抗拒作用的自我保护力量。而如果没有足够的生存意愿，无论是否进行自我分析，这个人最终都会走向毁灭。用一种更加积极的方式来表达相同的思想，那就是：如果某人有足够的勇气去探索一个关于自己的不愉快的真相，我们完全可以认为，他胆气十足，能够助其走出困境。他在认知自我的道路上前行了这么远，这一事实就能表明，他不放弃自己的意愿非常强大，完全能够保护自己免遭压垮。但是，在自我分析中，从开始着手处理问题到解决并整合问题，可能会是一个持续很久的时期。

最后，我们绝不应该忘记，在分析中真正使人惊慌的神经症人格障碍，会仅仅因为在当时无法恰当领会某个解释而发生的情况，是很罕见的。更常见的是，那种令人不安的发展状态的真正根源在于这一事实：分析中的解释或整个分析的情境，会引起直指精神分析师的敌意。如果神经症病人把这种敌意隔绝于意识之外而不加以表达，他们就会萌生自杀倾向，这样，自杀就成了病人报复精神分析师的一种手段。

如果有人在独自一人的情况下，遭遇一种令人苦恼的自我认知，那么他别无选择，只能完全依靠自己与之战斗。他需要小心谨慎，不受诱惑，以免将责任推卸给他人，自己却躲开此自我认知。这种慎重是有根据的，因为，无论何时，让他人为自己的缺点负责的趋向都是非常强烈的。如果某人还没有为自己负责的能力，那么即使是在自我分析的过程中，一旦认识到自己的一个缺点，他也可能会突然发怒。

因此，我认为自我分析是在可能性的范围内进行的，它会造成的实质性伤害相对而言是非常小的。诚然，它也有诸多弊端。从本质上说，它或多或少都弊大于利。简单而言，治疗一例失败的神经症需要花费很长的时间，才能找到核心问题并予以解决。但是，毫无疑问，除了这些弊端，还有很多因素让自我分析变得可取。首先，很显然，前面已经提到过很多外部因素，对于那些因为经济、时间或地理位置等原因，无法接受定期治疗的人而言，自我分析是普遍的。即使是那些有条件接受治疗的人，在治疗的间隔期，如果神经病人受到鼓励，积极主动地进行自我分析，也能显著缩短疗程。

即使抛开这些理由，对那些有能力进行自我分析的人而言，自我分析也是大有裨益的，这些益处更多是精神上的，不可触摸却真实存在。这些益处既可以是稳固的潜意识，也可以是坚定的自信心，每一例成功的自我分析都会提升自信。此外，完全依靠自己的首创精神、勇气和毅力克服障碍、开疆辟土，还能获得一种额外的收获。分析的这种效果，与生活中其他领域的情况是相同的。例如，跟选择一条别人指给自己的路相比，全凭一己之力找到一条出路，能够获得更加强烈的优越感，尽管两条路需耗费的艰辛相同、最终的结果也相同。这不仅会使人产生成就感，而且让人树立信心从而告诫自己：即使独自面对困难，也不会忘记自己的使命。

第二章　神经症的驱使力

　　如前所述，精神分析作为一种神经症的治疗方法，不仅具有临床价值，而且具有人性价值，它拥有帮助人们进一步发展其最优秀品质的作用。这两个目标通过其他方式也能实现，而精神分析的特殊之处在于，它是凭借人的理解力实现的——不仅利用同情、忍耐、对彼此联系的直觉把握，这是人类任何一种理解力都必不可少的品质，此外，更重要的是，它能够通过努力获得对整体人格的精确描绘。这是通过揭露诸多潜意识因素所特有的技能手段来实现的，因为弗洛伊德已经清楚指明，如果无法认识到潜意识的作用，我们就不可能获得这样的形象描绘。从弗洛伊德的话中，我们可以得知，这会让我们产生一些不正常的行动、情感、心理反应，它们跟我们有意识要求的是不同的，甚至可能破坏我们和周围世界的和谐关系。

　　当然，每个人都有这些潜意识动机，而且，它们也绝不会总是导致各种神经症。只有在神经症存在的时候，发现并识别种种潜意识因素才是重要的。因为，不管是什么潜意识驱使我们描绘、书写，只要能够合理、充分地用绘画或创作表达自己，我们就绝不会费心费力去思考；不管是什么潜意识动机引导我们走向爱和奉献，只要这爱和奉献能给我们的人生带来有益的内容，我们就不会对其感兴趣。但是，如果我们在创作思维工作或建立良好人际关系方面取得了表面上的成功——我们曾经不顾所有想要取得的成功——但实际上，我们却只感到空虚渺茫和快快不乐；或者，如果已经竭尽心力，还是屡战屡败，我们也隐约发现，不能把失败全部归因于外部环境；这时，我们就确实需要思考一下种种潜意识因素。简而言之，如果有迹象表明某些阻碍牵制了我们，束缚了我们的追求，我们就需要检查一下自己的潜意识动机了。

　　自弗洛伊德以来，潜意识动机已作为人类心理学的基本事实为人们所接受，特别是考虑到每个人都可以通过各种各样的渠道来扩展知识，增加对潜意识动机的了解。所以，关于这个问题，在这里就不需要详细阐述了。首先，弗洛伊德的著作就是很好的学习材料，例如《精神分析导论》《日常生活的精神病理学》《梦的解析》等；还有那些对他的理论进行概括、总结的作品，例如艾夫斯·亨德里克的《精神分析的理论与病例》。同样值得参考的还有那些努力发展弗洛伊德基本发现的作品，例如H.S.沙利文的《现代精神病学概论》，爱德华·A.斯特雷克的《探索临床神经症》，埃里希·弗洛姆的《逃避自由》，或我本人的《我们时代的神经症人格》和《精神分析的新方法》。还有，A.H.马斯洛和贝拉·米特尔曼合著的《变态心理学原理》，以及弗里茨·昆克尔的作品——比如《性格成长与教育》，都能给我们提供很多有价值的线索。哲学类书籍，特别是爱默生[1]、尼采[2]和叔本华[3]的著作，对那些思想开放、愿意以容纳百川的心态来阅读的人而言，无异于打开了心理学宝藏的大门，就像某些关于生活艺术的作品——例如查尔斯·艾伦·斯马特的《野雁的角逐》——所具有的效果一样。此外，莎士比亚[4]、巴尔扎克[5]、陀思妥耶夫斯基[6]、易卜生[7]等人的作品，都是我们汲取心理学知识永不枯竭的源泉。而且，还有很重要的一点是，通过观察周围的世界，我们也可以学到很多心理学知识。

在精神病学领域，精神分析的这些动机与潜意识因素有关。是一种有益的引导，特别是这些知识并不仅仅作为口头建议，而是认真运用的时候。甚至，这些知识还是一件有效的工具，能够不定期的精神分析或某些因果关系。然而，如果我们要进行更加系统的精神分析，则必须对阻碍发展的潜意识因素有一个更为具体的了解。

在任何试图了解人格的努力中，找出其潜在的驱动力是绝对必要的。在试图了解一种失常的人格时，找出对此状态负责的驱动力也是绝对必要的。

---

[1] 拉尔夫·沃尔多·爱默生（Ralph Waldo Emerson, 1803—1882），美国思想家、文学家、诗人，美国文化精神的代表人物，代表作品《论自然》。

[2] 弗里德里希·威廉·尼采（Friedrich Wilhelm Nietzsche, 1844—1900），德国哲学家、文化批评家、诗人、文学家、音乐家、思想家，我们把他当作西方现代哲学的开创者。主要思想有"超人""上帝已死""阿波罗和酒神"等，主要著作有《权力意志》《悲剧的诞生》《不合时宜的考察》《查拉图斯特拉如是说》《希腊悲剧时代的哲学》等。

[3] 亚瑟·叔本华（Arthur Schopenhauer, 1788—1860），德国哲学家，以作品《作为意志和表象的世界》闻名，其主要哲学思想有"哲学悲观""充足理性原则""刺猬困境"等。

[4] 威廉·莎士比亚（William Shakespeare, 1564—1616），英国剧作家、诗人、演员，被誉为最伟大的英语语言作家和最杰出的剧作家。代表作品《罗密欧与朱丽叶》《哈姆雷特》《李尔王》《麦克白》《奥赛罗》《威尼斯商人》《驯悍记》等。

[5] 奥诺雷·德·巴尔扎克（Honoré de Balzac, 1799—1850），法国小说家、剧作家，欧洲现实主义文学创始人之一，代表作品《人间喜剧》《朱安党人》《驴皮记》等。

[6] 费奥多尔·米哈伊洛维奇·陀思妥耶夫斯基（1821—1881），俄国作家，代表作《罪与罚》《卡拉马佐夫兄弟》《白痴》等。

[7] 亨利克·易卜生（Henrik Ibsen, 1828—1906），挪威剧作家、戏剧导演、诗人，现代主义戏剧创始人之一，代表作《埃斯特罗的英格夫人》《彼尔·金特》《玩偶之家》等。

　　在这一点上，我们的立论就更有争议了。弗洛伊德认为，环境因素和受压抑的本能冲动之间的矛盾是产生神经症的原因。阿德勒[1]则比弗洛伊德更崇尚理性，也更别具一格，他认为神经症是人们用来表明自己高人一等的方法和手段。与弗洛伊德相比，荣格[2]更富有神秘色彩。他认为集体潜意识幻想充满创作思维的可能性，但是它具有严重的破坏性，因为由它们所催生的潜意识斗争跟有意识心智的努力是完全相反的。我自己的答案是，种种潜意识努力居于神经症的中心位置，它们的发展是为了让病人能在畏惧、无助和孤独的时候也能应对生活，我把它们称为"神经症人格"。我的答案和弗洛伊德、荣格的一样，离最终答案还有很远的距离，但是，每一位走进未知领域的探险者，都会看到一些他期望发现之物的幻觉，不过，这些观点是否正确，他无法保证。然而，虽然存在幻觉，但探索真理的过程总是必要的，这对于我们当前心理学知识的不确定性而言，也算是一种安慰。

　　那么，神经症人格倾向是什么？它们的起源、功能、特征，以及它们对我们生活有怎样的影响？我们应该再次强调，神经症人格倾向的基本要素是潜意识。也许有人意识到了它们的影响，尽管在那种情况下，他可能只会将其视为自己的一些值得赞美的性格特征：例如，如果他对情感有一种神经症人格的需求，认为自己需求的是一种美好而忠诚的性格；或者，如果他是一个神经性的完美主义者，认为自己天生比别人有条理、更精确。甚至，他可能瞥见一些产生这种影响的潜意识，或在其引起自己注意的时候，认出了它们：例如，他可能意识到，自己有一种情感需求或追求完美的需求。但是，他永远也不会知道自己受这些潜意识的控制有多深、自己的生活在多大程度上受其决定，他更不可能知道的是，为什么它们会对自己拥有如此大的支配力。

　　神经症人格的突出特征在于它们的强迫性，这一特性主要表现在两个方面：第一个方面，它们对目标的选择是随意而不加区别的。如果某人有强迫性情感需求，那么他就必须得到它，不管是从朋友身上还是从敌人身上，不管是从雇主那里抑或是从擦鞋匠那里。一个人如果有强迫性追求完美的需求，他的判断力就会大打折扣。对他而言，把办公桌整理得井然有序，是可以跟准备一场完美的重要报告相提并论的。此外，神经症人格对目标的追求是完全忽视真实情况和实际利益的。例如，一名有神经症人格的女人，如果她依附于一名男

---

　　[1] 阿尔弗雷德·阿德勒（Alfred Adler，1870—1937），奥地利精神病学家、心理治疗师，认为自卑感在人格发展中发挥着重要作用，将自己的心理学理论称为"个人心理学"。

　　[2] 卡尔·古斯塔夫·荣格（Carl Gustav Jung，1875—1961），瑞士心理学家、自我分析家，创立了"分析心理学"。

人，就会把自己人生的全部责任都移交给这个男人，至于这名男人是否是一个可以依靠的人，自己跟他在一起是否真的幸福快乐，而自己又是不是喜欢他、尊敬他，所有这些对这个病人而言，都是完全可以置之度外的。然而，如果某人具有强迫性独立的需求，那么不管他的生活遭到多么严重的破坏，他都不会想要依附任何人或事；不管他多么需要帮助，他也绝不会要求或接受帮助。通常，缺少这种判断力的人是当局者迷旁观者清。然而，一般说来，只有这些独特的趋势给自己造成了麻烦，或与自己所认识的方式不同时，旁观者才会注意到它们。例如，他注意到强迫性的抗拒，却可能意识不到强迫性的顺从。

神经症人格的强迫性特征的第二个方面表现在焦虑反应，这种神经症人格是受到挫折而产生的。这一特征的意义相当重大，因为它显示出了神经症人格的特点。一个有强迫性追求的人，当他的追求没有效果时，不管是什么原因——内部的还是外部的，他都会觉得受到了致命的威胁。如果一个人有强迫性完美主义性格，不论他犯下了何种过错，都会感到惶惑不安。如果某人对无限自由有强迫性需求，只要他一想到任何一种束缚都会感到惊恐，不论那是一纸婚约，还是一份房屋租赁合同。这种恐惧反应有一个很好的实例，那就是巴尔扎克的《驴皮记》。有人让这部小说的主人公认为，只要他许下了一个愿望，他的寿命就会缩短，因此他总是焦虑不安，时时谨慎，避免做出这种事情。但是有一次，他一时疏忽，许下了一个愿望，尽管这个愿望本身无足轻重，他却因此而惶惶不可终日。这个例子对一个神经症病人的安全受到威胁时所感受到的恐惧进行了解释说明：如果他没有达到完美、完全独立，或任何神经症人格驱动需求所要求的标准，他就会觉得失去了所有，而要对神经症人格的强迫性负首要责任的，正是这种安全性。

如果我们关注一下这些趋势的起源，就能对它们所起的作用有一个更好的了解。这些趋势产生于生命早期，是在先天性格和外在环境的共同作用下发展起来的。在父母的威压之下，一个孩子会变得顺从还是叛逆，不仅取决于父母的压制，还取决于孩子本身的品质，例如他的活跃度如何，他的本性更倾向于温和还是冷酷。如果我们对环境的了解比我们对性格的了解更充分，而后者又是唯一一种多变的因素，我们将只对环境因素进行阐述。

不管生活在什么样的条件下，孩子都会受到周围环境的影响。重要的是，这种影响对孩子成长所发挥的作用是阻碍还是促进，而到底会起到什么作用，则很大程度上取决于孩子与父母或身边其他人——包括这个家庭里其他孩子——会建立起何种关系。如果家庭氛围温馨，家庭成员之间彼此尊重、相亲相爱，孩子就会顺利成长。

　　不幸的是，我们这个社会存在很多对孩子成长不利的环境和因素。有的父母可能怀着最美好的意愿，结果对孩子施加了太多压力，以至于让孩子缺乏主见。有的父母对孩子的爱是宠溺与威吓、专横与赞扬的结合。有的父母可能对孩子耳提面命：家门之外，危机四伏。有的父母可能强迫孩子跟自己站在同一战线，来抗拒别人。有的父母可能在与孩子的关系上拿不定主意，摇摆于快乐的朋友关系和绝对的独裁主义之间。尤为重要的是，孩子可能会因此而产生这样的认知：自己存在的意义只是为了实现父母的期望——符合孩子对自己定下的目标而努力，提高父母的声誉，盲目崇拜父母；也就是说，孩子可能受到阻碍，意识不到自己是一个拥有自主权利和自我责任的个体。通常，上述影响都很狡猾、带有隐蔽性，因而，它们所产生的效果一般也不会减弱。此外，普遍地说，不利因素不会只有一个，而是数个相结合。

　　这种生活环境导致的后果是，孩子会缺乏应该有的自尊，变得疑神疑鬼、忧心忡忡、孤僻离群、愤世嫉俗。起初，他对周围的这些因素感到无能为力，但渐渐地，凭借直觉和经验，找到了一些应对环境、保护自己的方法。在如何处理与他人的关系方面，他则发展出了一种谨慎的敏感性。

　　孩子所发展出的这些特定的应对技能，取决于他所在的整个环境群集。一个孩子意识到，通过坚定的抗拒和偶尔的大发脾气，他可以抵挡环境的干扰。因此，他拒绝别人进入自己的生活，就像独自居住在一个与世隔绝的孤岛上，在那里，他是主人，他对施加于自己身上的所有要求都感到不满，任何建议或期待在他看来，都是对自己隐私的危险侵犯。对另一个孩子而言，他唯一可以选择的道路是抹杀自己、消除自己的情感，盲目地服从，这样他只能抓住所有机会，竭力挤出一点可以自由支配的空间。这些空间可能是简单的、粗糙的，也可能是庄严的、雄伟的，它们的范围从封闭盥洗室里的手淫到自然领域、书籍、幻想等不一而足。相比之下，第三个孩子不会压制自己的情感，他反而会以一种不顾所有的献身精神，紧紧依靠父母的强大力量。对父母的喜好厌恶、生活方式、人生哲学等，他都会不加选择地全盘接受。在这种意向下，他可能会受到伤害，感到痛苦，然而，同时，他也可能会产生一种向往独立的强烈渴望。

　　因此，这奠定了神经症人格倾向的基础，这些基础指的是一种被不利环境扭曲的生活方式。生活在这种环境里的孩子，为了存活下来，就必须让自己的忧虑、畏惧、孤独地发展起来。但是，这些有害因素无意中也带给孩子这种认知：他必须紧紧沿着已经制定好的路线前行，才能避免被任何对自己有威胁的危险打垮。

我认为，只要对童年里那些有重大意义的因素有了充分的详细的了解，人们就能理解，为什么孩子会发展出一套独特的特征。在这里，想要证明这一论断是不可能的，因为要这样做，就必须事无巨细地记录下很多孩子的成长史。不过，这种证明也没有必要。因为，每一个与孩子有充分相处经验的人，或参与过促进儿童早期发展的人，都可以用自己的经验对其进行检验。

这种初期发展一旦出现，就必然会进行下去吗？如果既定环境让孩子养成了百依百顺，或目中无人，或畏首畏尾的特征，那么他就必然会一直这样吗？答案是：尽管孩子不必非要保留自己的防御技能，但如果他舍弃了这些技能，则有可能遭遇严重危险。不过，如果能在早期从根本上改变环境，就可以完全根除这些技能，或能将其进行改进。甚至是经过了很长的一段时间，经历了很多偶发事件后，可能要好。例如遇到一名理解自己的老师、爱人、同事、朋友，找到了一份适合自己人格和能力的充满乐趣的工作，等等，这些都是很好的。但是，如果缺乏强有力的抗拒因素，发生危险的可能性还是相当大的。

想要了解这种持续状态，我们就必须充分认识到，这些倾向并不仅是一种纯粹的策略——用作有效地抵御难以相处的父母，而且，一般地，从内部发展出来的所有因素来看，它们还是孩子应对生活的唯一可行的方法。物竞天择适者生存，因此在遇到危险时候，野兔的条件反射是迅速逃跑。同样，在困难环境下成长起来的孩子，会发展出一套应对生活的独特态度，从根本上讲，这就是神经症人格。对于这些倾向，他也不能随心所欲地改变，而不可避免地要坚持下去。然而，这种拿野兔做类比的方法并不一定贴切，因为，野兔天性如此，并没有其他可以应对危险的方法。如果人类智力正常或身心健全，那么他们必须有别的方法应对危险。患有神经症人格倾向的孩子，必须坚持其特定的态度，这不受到自身本性的限制，而在于这一事实：他的畏惧、压抑、弱点、错误的目标、对于这个世界虚幻的信念，等等，所有这一切，限制了他只能选择一些方法，而必须将其他方法排除在外，也就是说，所有的这一切形成了他独特的性格和思维方式。

要阐明这一点，有一种方法是，对比一下，面对同样难以相处的人，孩子和成年人分别如何应对。我们必须记住，下面的比较只有解说性的价值，不能用来处理这两种情境中包含的所有因素。首先说孩子克莱尔——在此，我回忆起了一名真实的病人，稍后我将再对这个病人进行分析——这个病人有一位自以为是的母亲，这位母亲要求孩子赞美自己，并且只能对自己忠诚。而与之对比的成年人是名雇员，他的心理健康，有一位跟上面提及的母亲品性相似的老板。母亲和老板都极度自我崇拜、独断专行、偏私偏爱，如果他们没有受人尊重，或者受到了别人的批评，那么他们就会心生敌意。

在这样的工作环境里，如果这名雇员有迫不得已的原因，必须从事这份工作，那么他或多或少都会有意识地发展出一种技能来应对自己的老板。他可以克制自己，不要发表批评性的言论；他特别注意老板的所有优秀品质，并明确表达出欣赏；他提醒自己，不要赞美老板的对手；他赞同老板的所有规划，而抹杀自己的想法；即使老板采用了自己的方案，他也会闷不吭声。这种策略对他的人格会有什么样的影响呢？他对这种差别对待感到愤愤不平，他厌恶说谎。但是，因为他是一个有自尊心的人，所以他认为这种情境影响的是老板的声誉，而不是自己的。同样，他采取的行动并不会让自己成为一个表里不一、阿谀奉承的人。他的策略只是针对那位老板。如果换一个工作环境，他就会采取不同的策略。

对神经症人格的理解很大程度上取决于能否辨别出它们和这种特定策略的不同，否则，我们是无法正确估计它们的力度和广度的，就可能低估其能力，这种误判跟阿德勒的过度单纯化、合理化相似。这样，我们也可能对治疗所需要的工作估计不足。

克莱尔的情况跟这位雇员相差无几，因为这个病人母亲的性格跟那位老板相似，但是，关于克莱尔还有很多方面值得详细探讨。克莱尔是一个多余的孩子，没人想要她。她父母的婚姻很不幸，母亲生下一个男孩后，便不想再要孩子，于是多次尝试人工流产，但没有成功，克莱尔就是在这种情况下诞生的。克莱尔并没有受到任何一般意义上的虐待或忽视：她接受教育的学校跟哥哥的一样好，收到的礼物和哥哥的一样多，和哥哥跟同一位老师学习音乐，在所有物质方面，她享受的待遇都和哥哥一样。但是在不那么切实有形的事情方面，克莱尔得到的就少于自己的哥哥：更少的温情，对其学习成绩没有那么关心，对其每天发生的无数琐碎小事也不放在心上，她生病了得不到同样的关心，对她的牵挂较少，并不乐意把她视为知心朋友，对她的相貌和才能不会给予那么多赞美。母亲和哥哥结成了一个联系紧密的共同体，尽管对一个孩子而言，这很难理解，但她却能感觉他们排挤自己。对于这一情况，父亲给不了任何帮助，身为一名乡村医生，他大部分时间都不在家。克莱尔做过一些可怜的努力，试图接近父亲，但他对两个孩子都提不起兴趣。父亲的全部感情都化为一种毫无用处的赞美，投注到了母亲身上，最终，因为遭到母亲的公开鄙视，父亲在这个家毫无地位。而母亲的八面玲珑、魅力无限，则毋庸置疑让自己成了这个家的主宰。母亲对丈夫不加掩饰的敌意和蔑视，甚至公然诅咒丈夫。这并非人类的恶行，而是负面情绪失控所引发的惨剧。虽然克莱尔面临悲惨的境遇，但这并没有削弱克莱尔生命意志。

这种情况导致的后果就是，克莱尔永远也得不到良好的机会来发展自信心。不公的待遇还没有多到能够激起持久抗拒的程度，但是克莱尔已深受其害，变得不满、痛苦、充满抱怨。她始终认为自己是一个苦命的人，并因此而遭到了耻笑、戏弄。不管母亲还是哥哥都意识到了，克莱尔确实是受到了不公正的待遇，但是，他们却理所当然地认为，克莱尔的态度就是其丑陋性格的证明，她是罪有应该得。而一向没有安全感的克莱尔，却轻易就接受了多数人对自己的评价，也开始认为这一切都是自己的错。母亲的美貌、聪慧令每个人赞叹，哥哥的性情开朗、理解力强，跟这两个人相比，克莱尔认为自己就是一只丑小鸭。尽管克莱尔认为自己并不讨人喜欢，但她相信是金子总会发光的。

我们很快就看到，从本质上真实有据的受人指责，到本质上不真实的、没有根据的自我谴责，这种转变的影响极其深远。克莱尔的这种转变，不仅意味着她必须要接受多数人对自己的评价，还意味着她要压制对母亲的全部不满。如果一切都是她的错，那么她就失去了对母亲不满的理由，从这样压制愤怒到加入那些赞美母亲的人的行列，只有一步之遥。在进一步屈从于大多数人观点的过程中，母亲敌视所有对自己缺乏全心全意赞美的人的做法，这强烈地刺激了克莱尔，让她从自己身上找出不足之处，比从母亲身上寻找缺点要安全得多。如果克莱尔也赞美母亲，那么她就再也不会感到孤独、不会受到排挤，非但如此，她甚至可以得到一些喜爱，或至少会被接受。对情感的渴望没有实现，但是，克莱尔却收到了一份难以判定价值的礼物。和所有喜欢听人恭维的人一样，母亲也会毫不吝啬地将赞美回馈给那些爱慕自己的人。这样，克莱尔不再是那个无人理会的丑小鸭，她成了一位好母亲的乖女儿。那颗惨遭蹂躏支离破碎的自信心，也为一种虚假的自豪感所取代，这种自豪感以外界的称赞为基础。

通过这种从真实抗拒到虚假赞美的转变，克莱尔彻底失去了自己那微弱的残存的自信心。概而言之，克莱尔忘记了自己。在赞美她实际上厌恶的人和事的时候，这个病人也背离了自己的真实情感。这个病人不再清楚，自己究竟喜欢什么，或渴望什么，或畏惧什么，或反感什么。这个病人失去了努力去爱的全部能力，甚至不再心存任何愿望。尽管表面上这个病人显得骄傲自满，但在内心深处，这个病人认为自己很讨人嫌的信念却进一步加深了。因此，如果克莱尔遇到了爱她的人，她不会按照表面意义来看待这份感情。相反，她会想尽办法将其舍弃。有时，她认为这个人眼中的自己并不是真正的自己；有时，克莱尔认为这种爱只是一种谢意——别人对克莱尔的帮助心存感激，而这种不信任，则极大地扰乱了她的每一种人际关系。另外，克莱尔缺乏批判性判断力，从此以后只是按照下面这条潜意识准则行事：赞美别人比批评别人更安全。这种态度束缚了克莱尔卓越的智力，也是她以为自己愚蠢的重要原因。

所有这些因素导致的后果是三种神经症人格逐渐形成、发展起来，其中一种是对自己欲望和要求的强迫性压制。它让克莱尔把自己置于次要地位，迫使她更多地为别人考虑而不是为自己，在发生歧义的时候，克莱尔也一定会认为别人正确而自己错误。但是，即使是在这个受限制的范围内，她也感到不安。除非有人可以让她依靠——这个人会保护克莱尔，让她免受伤害，会给她提出建议，支持她，认可她，会为她负责，给予她想要的任何东西。所有这些这个病人都需要，因为克莱尔已经失去了把握自己人生的能力。因此，这个病人想要找到一个"伙伴"——丈夫、伴侣、朋友等任何一个可以依靠的人——这种强迫性需求就发展起来了。克莱尔让自己服从于这个人，就像她当初对自己母亲所做的那样。同时，这个人可以通过对克莱尔全心全意的奉献，将她破碎的自尊复原如初。第二种神经症人格——超过别人并战胜别人的强迫性需求——同样也是以恢复自尊为目标。此外，还要消除伤害和羞耻累积起来的全部负面情绪。

让我们继续之前的对比，并对这其中想要说明的东西进行一下总结。雇员和孩子都找到了策略，用以应对各自所面临的情境；两者采用的技能是一样的：他们将自己置身于生活背景之中。因此，他们的反应看上去大体相似，但实际上，他们完全不同。雇员并没有失去自尊，没有放弃自己的批判性判断，没有压抑自己的不满。然而，孩子却丧失了自尊，必须压制自己的负面情绪，摒弃自己的判断力，变得谦卑低下。简单地说，那位成年人仅仅是调整了自己的行为以适应该环境，而孩子却改变了自己的人格。

神经症人格的顽固性、无孔不入的弥漫性，对精神治疗而言意义重大。病人经常会有这种想法：只要他们认识到自身的强迫性需求，就能将其清除，因此，如果支配他们的这些趋势持续存在，几乎看不出其强度有丝毫减轻，那么病人就会感到失望。不过，病人的这种想法并不完全是异想天开，精神病学家们认为：一些病人患上不严重的神经症以后，确实可以治愈。在《偶尔的自我分析》一章中，我们会引用一个实例来讨论这一点。但是，对所有那些更加复杂的神经症而言，这种观点就完全没有任何效果。因为在短期以内，无法彻底根除失业等公众论题。在每一个实例中，不论社会的还是个人的研究——如果可能的话——影响那些产生破坏性倾向，并导致其长期存留的力量，才是重要的。

　　我已经强调了神经症人格倾向的复杂性，综上所述，这一属性说明了神经症人格倾向具有强迫性的原因。但是，这些倾向在让病人产生满足感，或产生追求满足的期望方面所发挥的作用，却不应该低估。尽管其迫切程度一直在变化，但这种情感或期望却永远都不会消失。在一些神经症人格倾向中，例如强迫性完美需求，或强迫性谦卑，防御方面占据主导地位。而在另一些神经症人格倾向中，通过奋斗实现成功而得到——或认为得到——的满足感，非常强烈，以至于这种奋斗能够将所有激情全部耗尽。例如，患有心理依赖需求的人，通常会强烈渴望与一人相处的幸福，甚至期望自己的人生能为其掌控。如果一种神经症人格倾向得到满足，或有望得到满足，那么这种倾向会更难治疗。

　　神经症人格倾向的分类方法有很多种，那些有强迫性与他人亲密需求倾向的，可以跟那些力求离群索居与他人保持距离的倾向相对照。那些有或这或那强迫性依赖倾向的可以归结到一起，跟那些追求独立的倾向做比较。那些有自大狂倾向的，可以跟那些自轻自贱、妄自菲薄的相映衬。强调个人独特性的倾向，可以跟那些以适应该他人或抹杀个体自我为目标的倾向做对比。那些自我夸耀的倾向，可以跟有强迫性自我贬低的倾向对照。但是，因为各种类别之间会出现部分重叠，所以进行这样的分类并不能让神经症人格这幅画像更清晰，因此，我将只列举那些在目前较为突出的、作为可描述的实体的倾向。我很肯定，这份清单既不完整也不明确，还需要补充进去其他一些倾向，而一个本以为是有自主权的实体，也许只是另一个倾向的变体。详细描述各种倾向，阐述这其中的知识是很吸引人的，但是，那已经超出了本章的范围。它们中有一些，在以前出版的书中已经详尽描述过了，在这里，把它们列举出来，大致点明其主要特征也就足够了。

　　1. 对情感和认同的神经质需求（见《我们时代的神经症人格》，第六章"关于情感需求"）：

　　不加选择地取悦他人，并渴望得到他人认可和喜欢的需求；

　　潜意识地满足他人的期望；

　　重心放在他人身上，而非自身，将他人的意愿和主张视为唯一重要的事情；

　　畏惧自我主张；

　　畏惧他人的或自身内部的敌意。

　　2. 对掌控自己生活的"同伴"的神经质需求（见《精神分析的新方法》，第十五章"关于性受虐狂"；弗洛姆的《逃避自由》，第五章"关于独裁主义"；还有随后第八章引用的病例）：

"同伴"身上承载着病人的全部重心，他要实现病人对人生的所有期望，他要对病人的善、恶负责，他对病人所有事情的成功操作就是最主要的任务；

认为"爱"能解决所有问题，结果过高估计了"爱"的作用；

畏惧遭到抛弃；

畏惧孤身一人。

3. 将自己的生活限制在狭窄范围内的神经质需求：

强迫性地对生活要求很低，只需一星半点儿就能得到满足，限制自己对物质享受的渴望和追求；

强迫性地保持低调，不引人注目，并始终处于次要位置；

轻视自身当前的能力和潜力，以谦卑为最高价值；

厉行节约，克制消费；

畏惧提出任何要求；

畏惧产生或表达很大的愿望。

正如人们预料的那样，上述三种趋势因为都表现出了自甘软弱的必然性，并试图以此为基础来规划生活，所以它们经常同时出现。与那些神经症的依靠自己的力量或对自己负责的趋势相对照，它们刚好站在其对立面。然而，这三者并不相同，因为在另外两种不扮演重要角色的情况下，第三种趋势也会存在。

4. 对"权力"的神经质需求（见《我们时代的神经症人格》，第十章"对于权力、威望和占有的需求"）：

为了控制别人而控制别人；

献身于事业、职责、责任，并发挥了一定的作用，但其驱使力并非对事业的忠诚，而是满足自己的权力欲；

对别人缺乏基本的尊重，漠视其个性、尊严、情感，唯一关心的是对方是否处于附属地位；

根据对方所具有的破坏性因素的程度，区别对待；

不分青红皂白崇拜强者、蔑视弱者；

畏惧无法控制的局面；

畏惧孤立无援的状态。

（1）想要借助理性和预见能力，来掌控自己和他人的神经质需求（第四种趋势的种类之一，针对那些太过拘谨，而无法直接、公开行使权力的人）：

认为智力和理性是万能的；

蔑视情感，否定情感的力量；

赋予预见和预言超乎寻常的价值；

在与预见能力有关的方面，具有高人一等的优越感；

蔑视所有在智力优越性方面徒有其表的人或事；

不敢正视理性力量的客观局限；

畏惧"愚蠢"和错误判断。

（2）认可意志的神经质需求（用有些模棱两可的话说，这是第四种趋势中一个内向型的种类，发生在重度离群索居的人身上，对他们而言，直接行使权力就意味着与他人接触过多）：

对意志力的信仰不疑是坚忍不拔情感的来源（就像拥有一个许愿戒指）；

任何意愿的落空，都会带来一种凄凉感；

因为惧怕"失败"而放弃或约束意愿，并舍弃兴趣的趋势；

害怕认识到纯粹意志的任何局限性。

5.压榨他人，不择手段挫败他人的神经质需求：

对别人的评价主要取决于对方是否可以榨取、是否有利用价值；

聚焦于各种可榨取点——金钱（讨价还价成性）、构思、性欲、情感；

以拥有榨取技能为荣；

畏惧被榨取，因而也畏惧被人当成"傻瓜"。

6.对社会认可或声望的神经质需求（也许可以跟权力欲相结合，也许不可以）：

万事万物——无生命的物体、财富、人、自身的品质、行为以及情感——都只能依据其声望价值来评价；

自我评价完全由公众的接受程度决定；

区别使用传统或抗拒的方法，以获取他人的羡慕或赞美；

不管是因为外部环境还是个人因素，都害怕失去社会地位（"耻辱"）。

7.自我欣赏的神经质需求：

高估自己（自恋）；

因为想象的自我——而非因为在公众眼中所具有或展现出的自我——得到赞美的需求；

害怕失去他人的赞美（"丢脸"）。

8.对个人成就的神经质追求：

通过自己的行为，而非自身在社会中的地位或自身素质，来战胜他人的需求；

认证自我评估的标准，立志成为最优秀的人——爱人、运动员、作家、工人——特别是在自己心中。不过，得到别人的承认也是至关重要的，如果得不到别人的认可，他就会心生不满；

从来不缺各种混合的破坏性趋向（以击败他人为目标），只是强度不同而已；

尽管伴有弥漫性焦虑，仍坚持不懈地鞭策自己，以取得更大成就；

害怕失败（"羞辱"）。

趋势6、7、8的共同点是，它们或多或少都公开表现出一种无条件超越他人的竞争性动力。尽管这些趋势之间有重叠部分，也可能相互结合，但它们却都是独立存在的。例如，自我欣赏的需求可能伴随着对社会声望的无视。

9. 自给自足和独立自主的神经质需求：

绝不需要任何人，或绝不屈服于任何权势，或绝不受任何东西束缚，不接近任何有受奴役危险的东西；

距离是安全的唯一保证；

害怕有求于人、害怕人际关系、害怕与人亲密、害怕爱。

10. 对尽善尽美和无懈可击的神经质需求（见《精神分析的新方法》，第十三章"关于超我"；《逃避自由》，第五章"主动从众[1]"）：

坚持不懈追求完美；

对可能存在的瑕疵反复思考、不断自责；

因自认为完美，而认为高人一等；

害怕发现自己的缺点，或畏惧犯错；

害怕受到批评或责备。

重新审视这些趋势，我们发现了一个引人注目的现象：这些趋势所隐含的抗拒和态度，就其本身而言，并无"异常"之处，或者并不缺乏人的价值。对我们大多数人而言，情感、自我控制、谦虚、为别人着想等都是值得欣赏和追求的。而将自己人生的期望寄托在另一个人身上，至少对一名女人而言，是"正常的"，甚至可以说是有德行的，这其中有一些倾向，我们还会毫不犹豫地给予高度评价。至于自给自足、独立自主以及理性判断等，则更是普遍被人们视为有价值的目标。

基于上述事实，我们就不可避免地要反复提出下面这些问题：为什么要把

---

[1] 主动从众（Automaton Conformity），由弗洛姆于《逃避自由》一书的第五章《三个精神逃避机制》中提出，指的是人类群体中存在的一种为求生存而强迫自己融入社会环境的状态，这种行为要求放弃自我、顺从所处社会的规则，以降低被团体孤立的寂寞感并让自身得以立足。

这些倾向称为神经症？它们到底存在什么问题？如果某些神经症倾向在一些人中占主导地位，甚至具有一定程度的心理定式，而截然不同的另一些倾向则决定了另一些人的行为，那么，对秉持不同价值体系、不同生活态度的人而言，这些种类繁多的追求，难道只是既有差别的表达吗？例如，一个心地温和的人会珍视情感，而一个心性强硬的人则看重独立自主和领导能力，这难道不是很自然吗？

提出这些问题，是很有帮助的。因为，将这些基本的人性中的正常现象和与之极为相似的神经症人格辨别清楚，不仅具有理论意义，而且具有显著的实践价值。这两类奋斗的目标相同，但它们的基础和用意却完全不同。这种不同几乎跟"+7"和"-7"之间的差距一样大：在两种情况中，都有一个数字7，这就跟我们都使用相同的语言、情感、理性、才艺一样，但是前缀却改变了其特点和价值。这种以表面相似性为基础的对比，早在对雇员和孩子克莱尔做比较时就已经触及了，但是，对正常人性和神经症人格之间的差异应该进行更广泛更深入的阐述。

只有在愿意为他人付出情感，并感到双方之间存在一些共同之处时，得到他人情感的意愿才是有意义的。因此，重点不仅在于自己感受到了友善，更在于具备为别人付出积极情感，并将其表达出来的能力。但是，神经质情感需求却缺乏这种互惠价值。因为，对神经症病人而言，其自身的情感已经少到了不能再少的程度，就好像他被一群怪异而危险的野兽重重包围住了，脑中一片空白。准确地说，他甚至并不真正需要别人的情感，他只是敏锐而紧张地关注着，提防自己受到攻击。隐含在相互理解、宽容、关心、同情中的非凡情感，在这样的关系中是找不到位置的。

同样，让我们的天赋得以彰显，我们就必须全力以赴。如果我们所有人的这种奋斗意志都足够强大而且持久，那么我们居住的这个世界无疑也会更加美好。但是，神经症的完美需求——尽管它也可以用完全相同的词语表达——已经失去了这种重要价值，因为它表现出来的是一种不可改变的完美的或者看上去完美的企图。而且，它也不存在任何提升的可能性，因为对神经症病人而言，寻找自身内部需要改进之处的想法是令人恐惧的，所以需要竭力避免。他唯一真正关心的是，能否有一种可以驱逐所有缺点的办法，让自身免遭攻击，并且保持自己情感的高洁，以获得高人一等的优越感。正如神经症情感需求的状况，病人本身缺乏主动参与的精神，或者说病人的参与精神是有缺陷的。这种趋势是对一种虚幻现状的静态固守，而不是积极进取。

让我们来做最后一个对比：我们所有人都对意志力评价很高，如果把它用来为本身就很重要的事业服务，那它更是一种意义非凡的力量。但是，神经症人格却认为意志是虚幻的，因为它完全无视意志的种种局限，而这些局限能让意志最坚定的努力也落空。例如，再多的意志力，也不能把我们从星期天下午的交通堵塞中解救出来。此外，如果意志力的有效性是用来证明它自身，那么它的价值也就不存在了。对暂时性冲动的任何抗拒，都会让患有此种神经症人格的人做出盲目而疯狂的举动——不论他是否真的想实现这些的目标。实际上，情况竟是完全颠倒的：不是病人掌握意志力，而是意志力支配了病人。

这些病例应该足以说明，神经质的种种追求，不过是一种对人的价值——两者具有相似性的拙劣模仿而已。它们缺乏自由度、自发性，也没有价值。大多情况下，它们拥有的只是虚幻的元素。它们的价值仅仅是主观的，体现在这一事实：无论问题多么棘手，办法总比困难多。

我们还应该强调一点：神经症人格不仅缺乏它们所模仿的人的价值，甚至也不能代表病人的需要。例如，如果一名病人耗尽毕生心血追求社会声望或权力，他可能会认为自己确实想要实现这些目标。然而，实际上，正如我们所看到的，他只是在幻觉中泥足深陷。这就像病人认为自己正在驾驶飞机，然而事实是飞机是由遥控装置操作的。

还有一点需要大致了解：神经症人格是如何决定病人的性格，并影响其生活，以及这种决定和影响会达到何种程度。首先，这些追求会让病人认为，培养一些辅助的态度、情感和诸多类型的行为是有必要的。如果病人的神经症指向的是无条件的独立，那么他就想成为离群索居的隐士，提防任何干扰自己独居生活的事情，练就种种拒他人于一段距离之外的技巧。如果病人倾向于将生活压缩，克制种种欲望要求，那么他就显得谦卑、随和，且时刻准备着向任何比自己更有侵犯性的人屈服。

此外，神经症人格同样在很大程度上决定着病人的现有形象和应该有形象。所有神经症病人在自我评价方面，都具有显著的易变性，在妄自尊大和妄自菲薄之间摇摆不定。当我们诊断出一种神经症人格倾向时，就有可能明白，为什么某些病人会发现别人对自己的一些评价，而把另一些评价压到潜意识里，为什么在没有明显可察的客观原因的情况下，他自觉不自觉地对自己的一些态度或品质感到非常自豪，而对另一些则予以鄙视。

例如，假设A建立起了一套保护性防御性机制，那么，他不仅会过高估计一般而言能够理性地完成任务，而且，对于自己的推理能力、判断能力、预言能力，他都会感到特别骄傲。因此，他认为自己高人一等的想法，主要来自这种信念：他认为自己具有卓越的智力。假设B发现自己无法独立，必须要依靠一个"伙伴"来充实、指导他的人生，那么，他必定不仅会高估爱的能力，而且还会高估自己的爱的能力。他错把自己依附他人的需求，当成是一种特别强大的爱的能力，而且会为这种虚幻的能力深感自豪。最后，假设C的神经症人格是依靠努力将所有情况都掌握在自己的手中，不惜任何代价实现自给自足，那么，他就会为自己拥有如此能力感到分外自豪，为自己能够独立自主、从不需要任何人而感到格外骄傲。

与他们的神经症人格倾向一样，病人对这些信念的坚持也具有强迫性，例如，A对自己卓越推理能力的信念，B对自己爱的天性的信念，C对完全依靠自身能力处理个人事务的能力的信念。但是，我有正当理由可以断言：由这些品质所生发出来的自豪感，都是敏感而脆弱的。因为，这种自豪感的基础完全不可靠，可以说，它建立在过于狭窄的基础上，又包含了太多的虚假因素。实际上，这种自豪感源于为神经症人格服务的强迫性品性，而非实际存在的品性。实际上，B爱的能力微乎其微，但他对此种信仰却是必不可少的，若不如此，他就得承认自己追求的虚伪性。如果他对自己爱的天性心存哪怕微乎其微的怀疑，他就必须承认，实际上，他不是要找一个人去爱，而是要找一个会一心一意爱自己、会把一生都献给自己的人，而且，他并不能回馈给对方很多。这就意味着，他的安全面临着一种致命的威胁，所以，任何针对此真相的批评都必定会激起他强烈的反应，一种既惧且恨——以其中一种为主——的反应。同样，任何针对其优秀判断能力的怀疑，都会引起A极端的恼怒。另一方面，C由于其自豪感源于自己的遗世独立、万事不求人，因此，任何隐含他不借助别人的帮助和建议就无法成功的暗示，都会让他感到异常恼怒。这种因自己所珍惜的形象受到冒犯而产生的焦虑和敌意，会进一步损害病人和他人的关系，并因此迫使病人更加坚定地固守自己的防护手段。

不仅病人的自我评价深受神经症人格倾向的影响，就连病人对他人的评价亦是如此。追求声望的人在评价他人时，唯一依据的就是对方享有的声望：对于声望高于自己的人，他就把对方看得比自己更重要。相反，他就看不起对方，至于对方所具有的真实价值如何，他毫不在意。具有强迫性服从倾向的人，会对在他看来有"力量"的人或事表现出盲目崇拜，即使这种力量不过是古怪的或无节操的行为。具有强迫性压榨他人倾向的人，可能会对甘受压榨的人产生好感，但同时也会鄙视对方，因为，他认为这种具有强迫性谦卑倾向的人，要么是愚蠢，要么是虚伪。而患有强迫性依赖倾向的人，则会对强迫性自给自足的人充满嫉妒，认为对方自由自在、无拘无束，尽管实际上后者只是患有另一种不同的神经症人格而已。

在此，还有最后一个重要问题需要讨论，那就是由神经症人格导致的抑制。一方面，这些抑制可能是限制性的，也就是说，它们只跟具体的行为、发现或情感有关，例如，性欲或打电话的欲望受到压制等。也有可能，它们是弥漫性的，会影响到生活的各个领域，例如，自我主张、自发行为、提出要求、与人接近，等等。一般说来，具体的抑制处于意识层面。而弥漫的抑制尽管更加重要，却也更无迹可寻。如果它们变得非常强烈，病人可能会隐约意识到自己受到了抑制，然而却无法诊断出具体是哪方面受到了抑制。另一方面，这些抑制是如此隐秘而难以捉摸，病人甚至意识不到它们的存在及其所产生的效能。病人对抑制的认识可能会受到诸多因素的干扰，其中最常见的一种就是文饰作用：一个在交流方面受抑制的人，在社交聚会中，可能会意识到自己在这一方面受到了抑制，但也有可能，他单纯地将其归结为自己不喜欢聚会，认为聚会上的人令自己心烦，然后找出一堆正当的理由来拒绝此类邀请。

由神经症人格倾向引起的这些抑制，主要是弥漫性的。为了清楚说明受神经症人格倾向困扰的病人的处境，我们用走钢丝的演员来做一个比对。后者为了顺利抵达钢丝的另一端而不坠落，必须避免左顾右盼，并将注意力全部集中在钢丝上。在此，我们不谈论对左顾右盼的抑制，因为走钢丝的演员对其中存在的危险有着清楚的认识，所以他有意识地避开那种危险。一个患有神经症人格的人，想要避免偏离规定路线的那种急切、不安是相同的，但是，他的情况跟走钢丝演员有一个重要区别，那就是对他而言，这一过程是潜意识的：阻止他在为自己制定好的路线上摇摆的，是强烈的抑制。

因此，如果一个人对同伴有心理依赖倾向，那么他就会在独立自主方面受到抑制；如果一个人在生活方面受到局限，那么他就会在萌生某些意愿时都受到抑制，从而难以坚持自己的主张了；一个患有神经症依靠理性掌控自己和他人倾向的人，会在感受任何强烈情感的方面受到抑制；一个患有神经症强迫性声望需求的人，既不会在当众跳舞或公开演讲，也不会允许别人侵害他声望。而实际上，他可能已经丧失了所有的学习能力，因为对他而言，即使最初举步为艰，他也应该坚持到底。这些抑制尽管迥然有别，却都有一个共同的特性：在情感、思想以及行动等所有自发性行为方面，它们都表现出了一种阻碍作用。对我们而言，走钢丝不过是一件有计划的自发行为，而对一名神经症病人而言，如果某事超出了他的承受力，那么他会比一名失足坠落的走钢丝演员更恐惧。

因此，每一种神经症人格倾向生成的，不仅是一种特定的焦虑，更是特定类型的行为、特定的自我形象和他人形象、特定的自豪感、特定种类的弱点以及特定的抑制。

目前为止，我们都是在将问题简化的情况下进行探讨的，也就是说，我们的推论都是基于这一假设：任何人都只有一种神经症人格，或者是类似倾向的结合体。前面已经指出，把自己的人生委托给一名富有神经症人格倾向的伙伴，通常跟对情感的一般需求和把自己的生活需求压缩在狭窄范围内的倾向结合在一起；对权力的追求常常伴随着对声望的追求，以至于我们会把这两种倾向看作是同一倾向的两个方面；坚持绝对独立和自给自足，经常会与生活可以通过理性和预见把握的信念交织在一起。在这些例子中，多种倾向共存基本上不会让局面变复杂。虽然不同倾向有时可能发生冲突——例如，受到赞美的需求可能跟占据优势的需求相抵触——但是，它们的目标并不会相差太远。而当这些倾向相似时，通过压抑、回避等类似方法，冲突又会很容易就得到控制——尽管个体要付出很大的代价。

如果某人具有几种不同的神经症倾向，那么情况就会发生根本性变化。这时，这一病人的处境就跟一名有两个主人的仆人的情况相似，两位主人给出了互相矛盾的指令，却都要求仆人无条件服从。而对这一病人而言，共存于他身上的服从性趋势和绝对独立趋势都具有强迫性，因此，他就始终处在一种不可能得到彻底解决的冲突之中。他摸索前行，试图找到折中之法，但是冲突却不可避免，一种需求必定会不断干扰处于其对立面的另一种需求。而当一种支配他人的强迫性需求，以一种独断专行的方式与一种力求依赖他人的需求相结合；或者，一种压榨他人的需求，和要求他人赞美自己卓越的、保护性天赋的需求发生碰撞，而这两者又具有同样的强烈程度，那么，相同的绝境就再次出现。实际上，无论什么时候，只要存在相互矛盾的趋势共存的情况，这种局面就会发生。

诸如恐惧障碍、忧郁、酗酒等神经症病症，基本上都是这些神经症人格之间的冲突导致的。我们越是彻底地认清这一事实，才越不会受到诱惑，想要直接解释这些症状。如果这些症状是冲突性趋势的结果，那么，在对其基础构造没有事先进行了解的情况下，就想弄清楚它们，这实际上就是白费力气。

现在，我们应该清楚了，"神经症"的本质是神经症人格的结构，这一结构的核心就是神经症人格。而每一种神经症人格又是一种人格内部结构的核心，每一个这样的下层结构，又在很多方面与其他的下层结构相互关联。认识这种性格结构的性质和复杂度，不仅具有理论意义，而且具有突出的实践价值。甚至是精神病学家都易于低估现代人本性的复杂程度，更不用说外行了。

神经症人格倾向的结构或多或少都有些僵硬顽固，但由于它存在的诸多缺陷——虚伪、自欺、错觉，使得它也具有不确定性和脆弱性。显而易见，神经症人格倾向结构无法发挥作用的点——这些点的性质因人而异——不可胜数。病人自己深刻意识到，一个东西从根本上出了问题，然而他并不知道究竟是哪里不对。他也许会精力充沛地认为，自己一切都好，只是有点头疼，或有点暴饮暴食，但实际上，他已经流露出自己并不好的情绪。

他不仅对问题的根源一无所知，而且还非常乐意继续保持这种不知情，原因正如前面所强调过的，病人的神经症人格倾向对其本人具有明确的主观价值。在这种情况下，病人可以选择两种方法：其一，他可以不顾自己神经症人格倾向的主观价值，对其生成缺点所具有的性质和原因进行审查；其二，他可以否认有东西出了问题或需要改变。

在分析中，这两条路都会采用，只不过在不同的时期，占据主导地位的是哪一种方法并不确定。神经症人格倾向对病人而言越是必不可少，它们的实际价值就越值得怀疑，而病人却会更加激烈而固执地捍卫这些倾向，为它们辩护。这种情况跟一个组织为自己的行为辩护、保卫自己行为的合理性需求相差无几。组织的行为越是有争议，它就越不能容忍批评，反而更要坚持自己的主张。这些自我辩护构成了我所说的二级防御，他们的目标不仅是为辩护一两个存在问题的真实情况，并且还要维护整体神经症结构。它们就像分布在神经症周围的雷区，为其安全保驾护航。尽管它们的细节看似不同，却拥有共同的特性。从本质上说，存在的就是合理的。

为了从整体的角度阐述这一问题，我们就必须根据辅助防御所采用的态度，和其包含的作用进行总结。例如，一个用伪善的盔甲把自己武装起来的人，不仅会为自己神经症人格的内驱使力辩护，将其视为正常的、合理的、理由正当的，而且，也不会承认自己的所作所为——尽管可能毫无价值——是错误的、可疑的。二级防御非常隐蔽，只有在进行自我分析阶段，才有可能为人所发觉，它们也可能构成可观察到的人格图画的一个显著特征。例如，人们很容易察觉神经症病人不正常的行为。二级防御并非一定要表现为一种性格特征，也可能表现为道德的或科学的信念。因此，过分强调本质因素往往体现了一个人的信念：他认为自己的"本性"一贯如此，所以一切都不可改变。此外，这些防御的强度和硬度的变化也是相当多的。例如，在克莱尔这个病例中——我们对这个病人的自我分析将贯穿本书——防御几乎没有发挥任何作用。而在其他病例中，防御功能非常强大，以至于精神分析师的任何努力都只是徒劳。一个人维持现状的决心越坚定，他的防御也就越顽固。但是，虽然在透明度、强度和表现形式方面富于变化，相比于神经症人格结构自身各种各样的细微差别和变化，二级防御表现出来的只是"正当""合理""不可改变"等主题——以不同方式结合——的单调重复。

　　现在，我想回到我在本章开头提出的主张，即神经症人格是阻碍病人的根源。当然，我的这种观点并不意味着，病人感受最大的障碍就是神经症人格。如前所述，病人通常意识不到，这些神经症障碍就是他生活的驱使力。我的主张也不意味着，所有精神问题的最终根源就是神经症倾向。我认为，神经症倾向就是整个神经结构的关键。在人际交往的过程中，这些神经症倾向因困惑和冲突而生。更确切地说，我认为神经症病人患病的根本原因在于：在现实生活中，他们无法协调各种角色之间的矛盾。这些神经症人格倾向为人生最初的诸多不幸事件提供了一条出路，并向病人做出这样的承诺：尽管对自身与他人的关系已陷入混乱，但生活还是可以继续下去的。但是，它们还生成了种类繁多的新的困扰：对于世界以及自身的种种幻想、诸多脆弱点、诸多抑制、诸多冲突，它们既是人生初期种种困难的解决方法，也是以后种种障碍的产生根源。

第三章　精神分析的认识阶段

掌握了有关神经症人格及其含义方面的知识，我们对精神分析需要解决的问题，也有了一个粗略的概念。但是，在精神分析的认识阶段，还是有必要弄清楚的。我们要用一种杂乱无章的方式处理问题呢？还是，我们要从这里或那里一点儿一点儿地获得些零碎的自我认知，直到最终收集齐全所有的碎片，拼成一幅可以理解的图画？又或者，是否存在一些行为准则，可以指导我们走出材料的迷宫——这迷宫是材料自主形成的？

对这个问题，弗洛伊德给出的答案看上去相当简单。弗洛伊德认为，病人在分析过程中，首先呈现的形象跟他在日常生活中最重要的一面相同，接着，他那些遭到压抑的追求，会按照受抑制程度从弱到强的顺序逐渐显露出来。如果我们鸟瞰整个分析过程，这个答案仍然没有问题。而且，如果考察分析得出的结果是一条直线，而我们又必须沿着这条线蜿蜒前行、继续深入，那么，即使是作为行动指南，弗洛伊德提供的这一总原则也是足够优秀的。但是，如果我们假设情况果真如此，假设只要继续分析显露出来的任何材料，我们就能一步一步深入到那个受抑制的区域，那么，我们很容易就会发现自己陷入了一种混乱的状态——这种状态确实很常见。

前一章阐述的神经症理论，为我们提供了更明确的线索，让我们有理由认为，神经症人格是由神经症人格倾向以及神经症人格倾向的结构造成的——这一结构是围绕每一个神经症人格建立起来的，而神经症人格又存在数个中心点。简单地说，因此推导出来的治疗阶段是：我们必须尊重每一个患者，理解他们的神经症人格，而且宽容相待。更具体地说，每一种神经症人格的种种含义，都受到了不同程度的抑制。那些受抑制较浅的含义，较早为我们所提及，而那些受抑制较深的含义，则暴露得较晚。关于自我分析更全面的病例会呈现在第八章，届时我们再详细说明这一点。

同一原则也适用于解决诸多神经症人格之间的顺序问题。以三名病人为例，第一名病人首先表现出来的，是他对无条件独立自主和高人一等的需求，只有在经过很长一段时间之后，我们才会理解他的顺从需求或情感需求的迹象，才可能着手处理。第二名病人将从公开展现自己渴望爱和赞美的需求开始，如果他有控制别人的倾向。那么他最初就会表现出神经症人格倾向。而第三名病人则从最初就显示出了一种高度发展的驱使力，首先出现的趋势，并不意味着它相对重要或不重要，一开始就显露出来的神经症人格不一定就是最强烈的，也不一定就是对人格影响最大的。确切地说，最符合病人意识或半意识的自我形象的，才是首先具体化、明朗化的趋势。如果种种二级防御——自我辩解的手段——高度发展，那么，它们可能在一开始就完全控制了整个局势。在这种情况下，只有经过一段时间之后，神经症人格才能明显可见、才能为我们所触及。

我想用病人克莱尔——在前一章，我们已经对这个病人儿童时代的经历进行了简略的概述——的病例，来说明精神分析的认识阶段。既然我们的目标已经确定，那么自然就要对整个精神分析的过程，进行大刀阔斧的简化和系统化整理。我不仅必须省略诸多细节以及衍生问题，还必须要忽略掉精神分析过程期间遭遇的所有困难。而且，总而言之，我还要让各个阶段看起来比它们的实际情形更清晰、轮廓更鲜明：例如，在报告中属于第一阶段的因素，在当时，实际上仅仅隐约显现，只是随着分析的推进才渐渐清晰起来。然而，我认为，从本质上说，这些不精确之处不会减损报告所呈现的原则是正确的。

三十岁时，克莱尔才因种种原因来寻求精神分析。她说自己很容易就为一种疲劳所击倒，进而发现全身乏力，这让她的工作和社会生活都受到了干扰。同时，她还抱怨说自己的自信心少得可怜。克莱尔是一家杂志的编辑，尽管她的职业生涯和目前的职位都很令人满意，但她想要进行剧本创作和故事创作的渴望，总是受到无法克服的抑制的压制。她可以从事日常工作，却无法进行创作思维的工作，尽管这个病人倾向于用自己能力不足来为后者的不利找理由，但实际情况并非如此。二十三岁的时候，克莱尔结过一次婚，仅仅过了三年，丈夫就去世了。那次婚姻之后，克莱尔又结交了另一名男人，这段关系在精神分析阶段仍在继续。根据她一开始的陈述，这两段关系无论在性生活方面还是其他方面，都很美满。

克莱尔的精神分析很长，达四年半之久。她先是接受了一年半的专业精神分析，之后的两年，她停止了专业治疗，转而进行了大量的精神分析，随后的一年，她又接受了不定期的专业治疗。

克莱尔的精神分析大体可以分为三个阶段：阶段一，发现其强迫性谦卑；阶段二，发现其对伙伴的强迫性依赖；阶段三，发现其另一种强迫性需求，即这个病人对迫使他人承认自己高人一等的强迫性需求。这些趋势，无论对她自己还是对别人而言，都不是清晰可见的。

　　我把在第一阶段中能让人联想到强迫性因素的材料列举如下：首先，克莱尔往往极度轻视自我价值和能力。她不仅不认可自身的优点和长处，而且固执地否认自己具有这些优点，她坚持认为自己缺乏才智、没有魅力或天赋，倾向于舍弃自己拥有这些资质的证据。其次，她认为别人比自己优秀。如果遇到意见不合的情况，克莱尔不自觉地就认为别人是正确的。她回忆道，在她发现自己的丈夫和别的女人发生了婚外情的时候，她没有做出任何事情来表示抗议，尽管这段经历带给她极大的痛苦；相反，她想办法为丈夫辩护：那名女人更有吸引力、更可爱，所以丈夫才会更喜欢那个人。此外，想要让克莱尔为自己花钱几乎是不可能的。当和别人结伴旅行时，即使要自己支付费用，她也愿意入住昂贵的酒店，但是，只要是自己一个人，她就不会把钱花在旅行、服装、娱乐、书籍等方面。最后，她尽管身居管理岗位，却几乎无法发布命令。如果必须下达命令，她就用一种表达歉意的方式提出。

　　根据以上材料，我们可以得出这样的结论：克莱尔已经发展出了一种强迫性谦卑，她认为把生活限制在狭窄的范围内是理所当然的，她习惯于始终退居次要位置。只有在这种趋势为我们所察觉，而它那可追溯到童年的根源也为我们所发现的时候，我们才可以有系统地开始探索它的临床表现和结果。那么，这一倾向在克莱尔的生活中，到底扮演了什么角色？

　　在任何情况下，克莱尔都不能坚持自己的主张。进行讨论的时候，她轻易就为他人的观点所影响。尽管她很擅长评判别人，却无法对任何人或事采取批判性的态度，除非是编辑工作需要。例如，她曾因为没有意识到一位同事暗中使坏、损害她的地位，而陷入了极其困难的境地；在其他人都清楚地看穿了这一情况的时候，她还把那位同事当朋友看待。这个病人那甘居次要地位的强迫性在体育比赛中表现得尤为明显，例如，打网球的时候，她常常会受到太大的抑制而打得很差劲。有时，她也会打得很好，而这时，一旦意识到自己可能会赢，她就开始打得糟糕起来。她认为别人的意愿比自己的重要得多，因此，她满足于把假期安排在别人最不需要自己的时候，如果别人对工作量不满，她很乐意承担起比所需工作更多的任务。

　　最重要的是，她常常压抑自己的情感和意愿。她对有关扩张性计划的抑制——她视之为特别的"现实主义"——表明她从未要求过无法得到的东西。实际上，她的不讲究"现实主义"，跟一个对生活期望过高的人是一样的，只不过，她把自己的意愿降到了可实现的程度之下。在社交、经济、职业、精神等生活的各个方面，她都不切实际地处于应该有水平的下方。而正如她以后的生活所显示的那样，这些对她而言，都是可以实现的：这个病人有能力得到很多人的喜欢，有能力让自己魅力十足，有能力创作出有价值、有独创性的东西。

这种倾向影响的后果是：克莱尔的自信心不断减弱，对生活也产生了弥漫性的不满。对于后者，克莱尔毫无察觉，而且对她而言，只要一切"足够好"，她就察觉不到任何问题，此外，她也无法清晰地意识到自己怀有一些意愿，也察觉不到这些没有实现的意愿。克莱尔应对生活中这种弥漫性不满唯一的发泄口在琐碎小事上，她不时就突然哭泣叫喊，只是她本人完全无法理解自己的这种行为。

在很长的一段时间里，克莱尔只是零碎地意识到这些现象所隐含的真相；对于那些重要的问题，她则保持沉默，要么认为我高估了她的能力，要么认为我把鼓励她当成了一种有效的治疗方法。然而，最后，通过一种非常戏剧性的方式，她终于意识到了自己谦卑的外表之下，潜藏着真实而强烈的焦虑。事情的转机发生在她准备向杂志社提出改进建议的时候。克莱尔知道自己的方案很优秀，不会遇到太多的抗拒意见，最终会得到每个人的赏识。但是，在提出方案前夕，她却陷入了一种完全无法解释的强烈的恐慌中。讨论已经开始了，她仍觉得惶惶不安，甚至因为突然腹泻而必须暂时离开会议室。但是，随着讨论对她越来越有利，恐慌也逐渐减弱、消退。方案最终被采纳，克莱尔也得到了广泛的认可，她才觉得心安。当克莱尔解开自己的心结后，她开始变得豁达淳朴。

我对这个病人说，这是颇为可取的，她的心中具有坚定的信念。当然，克莱尔为自己能得到他人的认可而高兴，但这种认可又潜藏着巨大的危险。此后，足足经过两年多的时间，克莱尔才可以着手处理这段经历中所涉及的其他因素，类似于抱负、畏惧失败、成功等因素。那时，她的全部情感——正如她的自由联想所表达的那样——都集中在了强迫性谦卑这个问题上。她认为，提出一项新方案供大家讨论，这是自以为是。她告诫自己：你要接受并记住真实的自己！但是，渐渐地，她认为这种态度是基于如下事实：对她而言，提出一种不同的方案，就意味着要冒险走出那段狭窄的人为的界限，而这一界限是她一直以来小心翼翼守护着的。只有在她看到观察所得的真实情况之后，她才会真的以为，自己的谦卑只是为了安全起见而维持的一种假象。自我分析的第一阶段工作的成果是认知自我，她有勇气发现并坚守自己的意愿和主张。

在精神分析的第二个治疗阶段，有一个主要问题，这个问题就是摆脱克莱尔对"同伙"的心理依赖。这其中涉及的大多数问题，都是克莱尔独立解决的，关于这一点我们稍后再详细叙述。克莱尔的这种依赖性尽管具有压倒一切的力量，但它受到的抑制却比之前的倾向更严重。克莱尔从未想过他们的关系存在问题，相反，她认为自己的两性关系特别融洽。只是，解铃还须系铃人。

我们可以从三个方面找到这种强迫性依赖的暗示。首先是当一段关系结束，或跟一个对这个病人来说很重要的人暂时分开时，克莱尔就感到极度彷徨迷茫，就像一个在森林中迷路的小孩。她首次经历这种情况是在二十岁离开家的时候，那时，克莱尔觉得自己就像一片在空中飘浮的羽毛，在天地间飘荡无依，她竭尽全力地给母亲写信，认为如果没有母亲，自己就活不下去。直到她参加工作、结婚，步入日常生活，她的疾病才痊愈。她喜欢上了一位成功的作家，那个人关心克莱尔的工作，还帮助过她。当然，考虑到她青年时期的个人经历，克莱尔在首次经历这种独处时，产生的怅然若失的感觉，是可以理解的。从本质上说，后来她在再次独处时的种种反应也都与首次相同，这就跟克莱尔在事业上非凡的成就形成了一种鲜明的对照。因为她取得成就的时候，也遇到了前面提到的种种困难。

其次，是在这些关系中，克莱尔关心的只有自己依赖的人。此外，周围世界的一切她都视若无睹。

克莱尔的全部思想和情感都围着他的来电、来信或来访打转，没有他在身边，她就空虚无聊，一心只期盼着他的到来。在此期间，她反复琢磨他对自己的态度，而且最重要的是，对于两个人之间发生的小摩擦，她感到痛苦万分，发现自己完全被忽略了，或受到了羞辱性的拒绝。这时，对她而言，其他的人际关系、工作以及其他的兴趣爱好，就全部失去了意义。

第三是她对某位男性的幻想。克莱尔认为自己的意志完全受其控制，而反过来，这位男性也会给予她想要的一切。不仅有丰富的物质财富，而且有足够的精神需求，甚至这个男人成为一名一流作家。

随着这些方面的含义逐渐为我们所认识，依赖"伙伴"的强迫性需求显露出来了，它的特性和后果也清晰了。这种需求的主要特征是一种彻底受抑制的寄生心态，一种依赖伙伴的潜意识意愿，认为伙伴能满足自己的生活所需，为自己负责，解决自己遇到的所有困难，并且能让自己不需付出努力就能成为一个了不起的人。这种倾向不仅会让他人疏远她，而且还会让克莱尔的伙伴也疏远她。因为，如果她对伙伴抱有太高的期望，那么她一定会因此而感到失望。这种失望累积起来就在心底发展成一种很深的恼怒，这些恼怒的大部分都因为畏惧失去伙伴而压制了下来，但是有一些也会在偶尔的情绪爆发中显露出来。如此一来，她的期望就成了一把双刃剑，一方面令自己失望，另一方面伤害了伙伴。对伙伴的强迫性需求的另一个后果是，任何事情如果无法与自己的伙伴共享，她就感受不到丝毫乐趣。而这种倾向影响最深远的后果在于，克莱尔对伙伴的心理依赖只会让她感到更不安，让她更加被动，而且会导致自卑的产生。

这一倾向与前一种倾向的相互关系是双重的。一方面，克莱尔的强迫性需求是导致她对伙伴需求的原因之一。由于她无法依靠自身力量实现自己的意愿，所以必须求助于他人；由于她不知如何保护自己，所以需要寻求他人的庇护；因为她看不到自我价值，所以需要得到他人的肯定。另一方面，克莱尔的强迫性谦卑和对伙伴的高度期待之间存在意识冲突，它使得她在每次期望落空、感到失望的时候，都必须曲解这一情况。在这些情境中，她认为自己是遭受了极度严酷虐待的受害者，因此感觉非常痛苦且充满仇恨。因为害怕遭到抛弃，所以这些敌意大部分都为她所压制，但它们是一直存在的，并且在暗中蚕食着她和伙伴的关系，最终把她的期望变成了报复性的要求。因此导致的心烦意乱，跟她的疲乏感以及创作思维工作受到抑制有很大关系，这一点已经得到了证实。

这个阶段精神分析过程的成果是，克莱尔克服了自己的内心深处的无助，能够进行较大的自主性活动。她的疲乏感不再是持续性的，只是偶尔才会出现。尽管仍然必须面对种种强大的阻碍，但她已经能够从事创作。尽管远非出于自发性，但她跟周围人的关系变得更加融洽。尽管实际上她仍感觉非常自卑，但她给人留下的印象却是高傲骄矜的。有一个梦体现了克莱尔身上的这种全面改变，在梦中，她和朋友在一个异国开车兜风，她突然产生了一个念头：自己也要申请驾照。实际上，克莱尔不但有驾照，而且驾驶技术和她朋友的一样好。这个梦代表克莱尔渴望像正常人一样生活，她意识到无论自己是否享有正常人的权利，她都可以为社会做贡献。

自我分析的第三个阶段，也就是最后一个阶段，需要解决的问题是受压抑的雄心壮志。克莱尔的人生中曾有过一段时期，被自己激昂的抱负困扰得心神不安。这种困扰从她初级中学的后期一直延续到大学二年级，而这之后，似乎就消失了。我们只能推测，它仍在潜意识里发挥作用。以下事实可以提供佐证：任何褒奖都能让她兴奋不已，任何失败都会让她心生畏惧，独立尝试任何工作都会让她焦虑不安。

其实，这一倾向比另外两种更加复杂。跟前两种倾向相反，这种倾向试图主动掌控人生、积极抗拒负面力量。它之所以能够持续存在，其中的一个原因是：克莱尔发现自己的雄心里包含着一种积极力量，屡次祈愿觉得能够重新找回这种力量。克莱尔培养这一雄心的另一个理由，在于重建自己失去的自尊的必要性。而第三个理由则是出于报复心：成功意味着打败所有那些曾经羞辱过自己的人，而失败则意味着丢脸出丑、名誉扫地。想要理解这种雄心的特性，我们必须追本溯源，从克莱尔的经历中寻找种种变化。

这一倾向所包含的意志，在克莱尔年幼的时期就显露出来了，实际上，它比另外两种倾向发生得都要早。在这一分析阶段，克莱尔想起了童年时期的恶作剧，那些敌视、反叛、好斗的根源其实源。正如我们所知，在争取对自己有利境遇的斗争中，因为双方强弱相差悬殊，克莱尔失败了。接着，克莱尔经历了一系列不愉快的遭遇，在十一岁那年，她的这种意志以力争最优成绩的形式再次苏醒。然而，现在，这种精神却为受抑制的敌意所充斥，它全神贯注于那堆积如山的恨意，那些因为自己受到不公平的待遇以及自尊受到蹂躏而引起的恨意。至此，克莱尔的这种意志已经具备了上面提到的三种理由中的两个：通过取得成功，她可以重新找回已经失去的自信；通过击败他人，她可以为自己所受的伤害复仇。不过，克莱尔在初级中学的这种雄心，尽管也含有种种强迫性以及破坏性要素，但跟后来的种种发展相比，却是实事求是的，因为它是凭借自身的努力、凭借真实的成绩来超越别人的。在高中期间，克莱尔仍然凭借着优异的成绩，毫无疑问地占据榜首。但是进入大学以后，克莱尔遇到了更强大的竞争者，在这种情况下，如果想要继续保持领先，她就必须付出更多的努力。但是，与此相反，克莱尔出人意料地完全放弃了自己的雄心。为什么克莱尔不愿意鼓起勇气做出努力，我认为主要有三种原因：其一，因为她的强迫性谦卑，她必须持续地跟那种对自己才智的顽固怀疑作斗争。其二，因为判断力受到压抑，克莱尔自如运用自己才智的能力，受到了实际性的损伤。最后，因为超越他人的强迫性需求非常强大，克莱尔无法承受失败的风险。

然而，克莱尔虽然放弃了明显的雄心，但她战胜他人的欲望并没有减弱，为此，她必须找到一种折中之法。新找到的方法跟以前的雄心壮志相反，并改变了克莱尔的性格，她变得更含蓄了。总之，克莱尔不付吹灰之力地战胜他人。她试图通过三种方法实现不可能的壮举，而这三种方法都是完全不受意识控制的。一种方法是，克莱尔将自己在生活中得到的任何一种好运都视为对他人的一次胜利。这个范围可以从有意识地选择一个好天气去远足，延伸到潜意识得知一个"敌人"生病或死亡。相反，坏运气在克莱尔眼中也不单纯是运气不佳，而是成了一种不光彩的挫败。克莱尔的这种态度意味着她对不可控因素的依赖，因而会进一步增强她对生活的畏惧。第二种方法是，将对胜利的需求转变为爱情关系。克莱尔认为，拥有一位丈夫或情人就是胜利，而单身则是一种可耻的失败。第三种无须努力就能成功的方法是，克莱尔要求别人把自己塑造成为了不起的人物，并且不需要她付出任何努力。这一点也许可以通过给予她机会，让她分享对方所取得的成功来实现。克莱尔把希望寄托在伙伴的肩上，而忽视了自身的努力。因此她的人际关系变得非常微妙。同时，也加强了她对伙伴的需求。

如果克莱尔认为自己对生活、工作、他人以及本身的态度都受到这一倾向的影响，她就能够着手解决，克服这一倾向导致的阻碍。这一阶段分析的显著成果是，克莱尔对工作的抑制减弱了。

接下来，我们要明白这一倾向和另两种倾向的相互关系。一方面，它们之间存在不可调和的矛盾，另一方面，它们之间也互相强化，因此，克莱尔的神经症人格倾向结构非常复杂难解。矛盾既存在于强迫性地表现出谦卑态度和强迫性战胜他人之间，也存在于出人头地的欲望和寄生式的依赖之间，这两类驱使力必然会发生冲突，其结果要么引起焦虑，要么令双方都无法发挥作用，而后一种影响，正是克莱尔发现疲乏以及工作受到抑制最深层的根源之一。然而，这些倾向相互强化的方式也同样重要。保持谦虚、将自己置于卑下的位置至关重要，因为这同样也是成功需求的一种掩饰。伙伴——正如我们所提到的那样——更是至关重要，因为它还要以一种迂回的方式，满足克莱尔对胜利的需求。此外，克莱尔因为情感和心理能力受到压抑、因为对伙伴的依赖而产生的耻辱的感觉，会持续唤起新的恶毒情感，因而也会让获得成功的需求一直存在并不断增强。

在这种情况下，精神分析过程的重点就在于，一步一步消解正在运作的恶性循环。克莱尔的强迫性谦卑已经为某种程度的自我主张所替代，这一事实对我们的精神分析过程帮助很大，因为，这一进展还潜意识地减少了对成功的需求。同样，部分解决了心理依赖，让克莱尔的心性更加坚定，也消除了诸多耻辱感，使其对成功的需求也没有那么强烈了。因此，最终，在克莱尔开始着手解决自己的仇恨情绪——这让她受到了极大冲击——时，她就可以用增强了的潜意识，来应对已经不那么严重的问题。如果在一开始就处理这个问题，很可能是行不通的，原因有两个：首先，那时候，我们对这个问题尚不了解，其次，克莱尔那时的心理能力还没有强大到能够承受此问题的程度。

最后这个阶段让克莱尔突破自己，在一个更加稳固的基础上，克莱尔回归自我。而且，现在，她没有严重的强迫性和破坏性倾向，它强调的重点，从对成功的关注转移到了对主旨的关注。克莱尔的人际关系在第二阶段之后就已经得到了改善，现在，那种由虚伪的谦逊和自我防御性的傲慢混合作用而产生的紧张也消失了。

前面已经提过，为了更好地解读自我分析的各阶段，我们对分析过程进行了简化，并在所有适当保留的基础上，对克莱尔的治疗进行了汇报。依据我的经验，这份报告阐明了一例自我分析的典型过程，或者，更慎重地说，是一例自我分析的理想过程。克莱尔的分析疗程可以分为三个阶段，这一情况只是偶然的，其他病例也可能分成了两个阶段或五个阶段。不过，克莱尔的分析阶段都经历了三个阶段，这一点却是与众不同的。这三步为：（1）了解神经症人格倾向；（2）探索其起因、临床症状以及神经症病人的行为；（3）探索它和人格的其他方面的相互关系，特别是和其他神经症人格的关系。克莱尔的分析中涉及的每一种神经症人格都必须经历这三步，每完成一个阶段，神经症结构的一部分就变得清晰，如此坚持，直到最后，整个神经症结构才会变得完全透明。这三个阶段不必完全遵循上述顺序进行，更精确地说，在一种倾向为我们所诊断出来之前，对它的临床表现进行一些了解，是很有必要的。关于这一点，在克莱尔的自我分析中已经进行了详细的阐述，我们将在第八章再进行说明。克莱尔在意识到自己有依赖性这一事实，意识到存在强大的推动力将自己逼入一种依赖关系中之前，已经诊断出了自己身上许多重要的心理依赖的暗示。

上述每个阶段都有其独特的治疗价值。首要阶段，即诊断出一种神经症人格倾向，意味着理解神经症人格倾向的驱使力，而这种识别本身也具有一定的心理治疗价值。以前，在诸多隐性因素的支配下，病人会觉得有心无力。而现在，即使只诊断出其中的一种，就不仅意味着自我认知方面的综合获益，而且消除了一些令人不知所措的无助感。基于某种明确困扰的了解，我们认为，面对这些困扰我们并非束手无策，而是有机会对此做些什么。我们可以用一个简单的例子来言明。一位农民想种果树，但他的果树长势堪忧，他精心照料，用尽了自己知道的所有方法来挽救，却还是无济于事。一段时间之后，他便心灰意冷了。最终，他却发现这些树得了一种特殊的病，或土壤里缺少一种特殊的元素。一旦知道了真正的原因，即使此刻这些果树还没有任何改善，他对此事的态度以及他对此的心情，却立刻就改变了。然而，一个良好的外在环境可以帮助神经症病人重塑人格。也就是说，这可以让他有更明确的目标，在复杂的情况下做出理性的行为。

有时，精神分析师仅仅是诊断出一种神经症人格倾向，就足以治愈一例精神分裂症。例如，一名才能出众的管理人员，近来因为自己下属不合作的态度，深受困扰。这些员工原本一直很有奉献精神，现在却因为某些不可控原因而发生了改变。员工们没有用一种友善的方式来解决分歧，反而提出种种带有挑衅意味的、过分的要求。尽管处理大多数问题的时候，他都是一个足智多谋、随机应该变的人，但是现在，他完全没有能力来处理这一新情况，他在愤恨、不满，绝望之下，甚至考虑过辞职。在这个病例中，这名管理人员只要认识到自己存在很严重的、要求下属奉献的强迫性需求，就足以挽救当前的局面。

然而，通常，仅仅诊断出一种神经症人格倾向，并不能带来任何彻底的改变。原因有二，首先，由这种倾向的发现而产生的改变意愿是模棱两可的，因而也缺乏足够强大的力量。其次，改变的意愿，即使实际上算得上是一种明确、清晰的意愿，也还不是改变的能力。只有经过一段时间之后，这种能力才可能发展起来。

尽管神经症人格的最初往往呈现出某些狂躁的倾向，但一般而言，它只是一种宣泄负面情绪的方式。这种神经症人格具有一种主观的价值，而这一价值又是病人本人不愿意放弃的。当克服一种特定强迫性需求的认知出现时，那些想要保持这一需求的力量同时也被调动起来了。也就是说，在克服神经症人格的首要效果发生作用不久，病人就陷入了一种矛盾之中：他既想改变，又想保持原样。这种矛盾通常处于潜意识状态，因为病人不愿承认自己想要固守一些违背理性、有损自身利益的东西。

如果因为某些原因而选择维持原状，那么，由发现神经症人格倾向也就成了一种稍纵即逝的安慰，随后他会感到更难过。以前面那位农民为例，如果他知道自己得不到想要的治疗，那么人格改变就不会持续很久。

幸好，这些消极反应并不太常见，更普遍的情况是，改变的意愿和维持现状的意愿达成妥协。病人坚定了要改变的决心，却认为改变得越少越好。他可能认为，自己只要做到下面这些就足够了：比如，发现了这一倾向在童年的根源，或他仅仅下定了要改变的决心。或者，也有可能他会产生某种错觉：只要了解这种倾向，所有都会立刻改变。

然而，在精神分析第二个阶段，随着对神经症人格倾向含义了解的加深，病人也会越来越深刻地意识到它的不幸后果，意识到它对自己生活方方面面的阻碍已经到了何种程度。例如，假定一个人患有神经症的绝对独立需求，在了解这一倾向的根源之后，他将必须经历很长的一段时间才会明白：为什么只有这种方法才能让自己恢复信心，以及这种方法的有效性是如何在他的日常生活中得到证明的。他必须仔细观察，这种需求是如何通过他对周围环境的态度表现出来的，也有可能，它会采取一些形式展露自己，例如讨厌视野受到遮挡，或坐在一排座位的中间位置会感到焦虑。他必须知道，它是如何影响自己对着装的态度，这一点可以从他对腰带、鞋子、领带或其他任何可能令人发现束缚的东西的敏感态度中得到证实。他必须理解出这一倾向对工作的影响，这一点可能表现在对例行公事、义务职责、期望建议等的抗拒中，表现在对规定时限的挑战、对上级的不服从中。他必须了解它对爱情生活的影响，并观察这样一些因素：自己无法接受任何亲密的关系，或倾向于认为，对另一个人产生任何一点好感都意味着受到奴役。因此，一项对各种因素的评估渐渐成型：这些因素在不同程度上都引起了强迫性情感，迫使病人提高警惕。仅仅认为自己具有寻求独立的强烈意愿是远远不够的，只有在病人意识到神经症人格无所不包的强制力和抗拒性，他才会产生想要改变的严肃动机。

因此，第二个阶段的治疗价值首先就在于，它能够增强病人的意愿，帮助其克服干扰驱使力。因此，病人开始意识到，改变是完全必要的，而他那相当模棱两可的克服干扰的意愿，也转变成了清晰明确的与之进行严肃斗争的决心。

这一决心一定会产生一种强大的力量，而这种力量是富有价值的。但是，如果没有能力坚持到底，即使拥有最坚定的决心，也几乎发挥不了任何作用。而这种能力，是随着种种神经症人格倾向——显现出来、清晰可见，才逐渐发展强大起来的。在病人致力于探求神经症人格倾向所隐含的意义时，他的错觉、畏惧、弱点以及抑制都会逐渐从其防御体系中挣脱出来。这样，他不再那么缺乏安全感、不再那么孤独、不再那么满怀敌意，而他和别人、和自我的关系也必然会有所改善，这反过来又会减弱神经症人格倾向的强迫性，提高病人解决这一问题的能力。

这个阶段的治疗还有一个作用，即它能成为一种诱因，刺激病人正视那些阻碍自己进行更深入、更彻底改变的因素。因此，迄今为止调动起来的所有力量都有助于消解特定倾向的驱使力，从而也带来了一些改善。但是，几乎可以肯定，这种倾向本身及其诸种含义，是与其他驱使力紧密联系的，当然，这种联系也有可能是对立的。因此，如果病人只围绕、依靠各特定倾向发展起来的子结构进行精神分析过程，那么，他是不可能彻底解决自己的问题的。以克莱尔为例，通过对这个病人的强迫性谦卑倾向的分析，我们在一定程度上解决了这个病人此方面的问题，但是，在当时，这一倾向的某些含义我们并没有触及，原因是，这些含义跟克莱尔的过度依赖倾向交织在一起，只有精神分析师理清思路，才能彻底治愈克莱尔的强迫性谦卑。

在精神分析的第三个阶段，即认识并了解不同神经症人格之间的相互关系，能让我们掌控这些倾向最深层的冲突。这意味着，病人将理解为寻求解决之法所做的诸多努力，理解这些努力是想要让我们的精神分析过程推进得越来越深入。在开始这部分工作之前，病人可能已经对一种冲突的组成部分有了深入的自我认知，但仍暗自坚持这种观点：它们有可能达成和解。例如，他可能已经深深认为，自己具有专制性驱使力的本性，也具有强迫性需求他人赞美自己优秀智慧的本性。但是，他偶尔会承认专制性驱使力的存在，却毫无改变它的意图，并试图通过这种简单的方法让这些趋势和平共处。他暗自期望，只要承认专制趋势的存在，自己就能得到允许，继续保留这一趋势，同时，又能赢得他人对自己表现出来的自我认知的认可。另外一名病人，他追求远超常人的平静，但同时又为恶意的冲动所驱使，他想象着，一年中的大部分时间，自己可以宁静地度过，但又可以分出一段"休假"时间，让他可以纵情沉溺于自身的负面情绪中。显然，只要病人仍在偷偷坚持这种解决之道，那么他的困境就不可能发生根本性的变化。随着第三阶段精神分析过程的逐渐推进完成，我们就能让病人认识到这些解决方法的临时性了。

这一阶段的治疗价值也就在于如下事实：通过这一阶段，我们就有可能解除在各种神经症人格之间运作的恶性循环。它增强了各种神经症人格之间的联系，这就意味着，病人终将了解所谓的症状，说得更精确些，病人最终会认清自己身上严重的病理学临床表现，例如焦虑、恐惧、抑制以及所有强迫倾向的侵袭。

我们经常听到这样的说法：在心理治疗中真正重要的是看到冲突。此类说法跟下面这种论点具有同样的价值：真正重要的是认清神经症的弱点，或心理定式，或对自身优越感的追求等。实际上，最重要的是，准确地看清神经症的整体结构。有时候，当前的冲突可能在精神分析早期就已经为我们所识别。然而，如果我们没有彻底了解这些冲突的种种构成要素，没有有效减弱其强度，那么这是没有效用的。也就是说，只有做到了解其组成、减弱其强度，我们才能触及这些冲突本身。

下面，让我们探寻一下本章及前一章知识的实际价值，并以此结束我们的讨论。在进行精神分析的道路上，这些知识为我们指明了确切的、详尽的方向吗？答案是：即使再多的知识也无法实现这样的期望。原因之一在于：人与人之间的差异非常大，大到想要找到任何一条可供参照的既定分析路线都是不可能的。即使我们可以认为，在现实生活中存在的神经症人格倾向是数量有限的、可以识别的，比如十五种，这些倾向之间可能的排列方式也几乎是无穷的。另一个原因是：在自我分析的过程中，我们看到的不是一种倾向与另一倾向截然分开，而是所有的神经症人格倾向都纠缠在一起。因此，我们必须采用一种灵活的、富有创作思维的技巧，才能逐渐揭开真理的帷幔。第三个原因在于：普遍地说，各种神经症人格倾向所显现出来的结果，都是受到抑制的，并非其真实状态，这就给我们的神经症人格识别工作带来了很大的困难。最后，精神分析描绘的既是一种人际关系，也是一次共同的探索。有人认为，精神分析是一次探索之旅，这段旅程吸引了两名同事或朋友，这两个人都对观察和认识感兴趣，也都对整合观察资料和推导结论感兴趣，我们必须说，这种观点只是一种片面的比较。在精神分析过程中，病人的独特性和神经症——更不用说精神分析师的了——都是极其重要的因素。病人对情感的需求、他的自豪感、他的脆弱点，都会随着具体情境的改变而呈现出不同的形态、发挥不同的作用，此外，精神分析过程本身不可避免地会引起焦虑、敌意以及对自我认知的抵抗——这些自我认知会威胁到病人的安全系统，或威胁到他已经发展起来的自豪感。虽然所有这些反应都是有益的——假如我们了解它们，然而，它们也会让分析过程变得更复杂、让类化更难。

在很大程度上，每一例精神分析都必然会产生其独有的处理问题的次序，这一断言可能会吓退那些忧虑的灵魂，特别是那些需要得到下面这样保证的人：自己做的永远都是对的。然而，为了让自己安心，他们应该牢记这一点：这种次序不是由精神分析师的人为操纵，而是自然而然发生的，因为它是由问题的本性决定的，即，只有在一个问题得到解决之后，我们才可能接触到另一个问题。换言之，通常，一名病人进行自我分析的时候，他只能遵循素材呈现出来的规律，采取上面描述的阶段。当然，有时候也会发生这种情况：病人提及一些问题，而这些问题在当时是无法得到答案的。在这种情况下，经验丰富的精神分析师会意识到，这一特别的问题已经超出了病人的理解范围，因此，最好是将其暂且搁置。例如，让我们设想一下这种情况：一名病人在仍深深沉浸于自己绝对优越于他人的信念中的时候，突然面临一些信息，这些信息暗示他害怕自己不为他人所接受。这时，精神分析师会认为，现在就治疗病人的恐惧症还为时过早，因为病人认为，对自己这样一个出众的人而言，具有这种恐惧是不可思议的。在其他很多时候，精神分析师只有在回顾以往病例的时候，才会诊断出，在某个特定的时间点，一个问题是不可触及的，也只有在回想的时候才会明白这其中的缘由。也就是说，在进行自我精神分析过程的时候，精神分析师也只能摸索前行，也难免会犯错误。

在自我分析的过程中，甚至可能发生这种情况：病人会本能地逃避一个他当时尚且没有能力应对的问题。因此，过早地处理一个因素，对他而言，并没有多少诱惑。但是，如果他确实注意到了，并经过一段时间的努力，对一个问题的解决方法仍丝毫没有进展，那么，他就应该明白，自己还没有做好准备来处理这个问题，最好是将其暂且搁置。如果进行自我分析的过程中发生了这种变化，病人也不需要沮丧，因为一次不成熟的解决问题的经历，为进一步工作提供有意义的线索的情况，非常常见。然而，我们几乎不需要强调，一种解决方法不为人们所接受的原因还有很多，病人不应该急着得出这一方法不够成熟的结论。

　　我提供的这类资料对自我精神分析过程是很有裨益的，它不仅可以帮助病人预防那些不必要的令人沮丧的事情的发生，而且还具有实际意义，因为它可以帮助我们完善、理解神经症人格各部分的特点，否则，这些特点就仍是一堆杂乱无章的观察资料。例如，一名病人可能意识到，自己很难开口向别人提出任何要求，从驾车旅行时询问正确的路线到向医生咨询疾病皆是如此。然而，他认为自己应该有能力完全依靠自身力量解决自己的问题，并且将寻求精神分析看作是一种不光彩的、可鄙的行径，所以会选择隐瞒此事。如果有人对他表示同情或提出建议，他就会恼怒生气；如果他必须接受帮助，他就会为此感到羞耻。如果他具备一定的神经症人格倾向方面的知识，他就有可能意识到，所有这些反应都来源于强迫性自信倾向。当然，我们无法保证这一推测是正确的。普遍地说，这一病人对人类充满了厌倦情绪，这一假设也许可以解释他的一些反应，不过却无法解释他在一些时候产生的那种自尊心受伤的感觉。病人所做的任何推测，如果没有充足的证据来证明它是正确的，那就必须将其暂时搁置。即使如此，他还是必须反复求证、再三确认，自己所做的假设是否真的彻底弄清了一个问题，还是只有一部分有效。既然他绝不能指望一种神经症人格倾向就能解释所有的问题，那么他就必须记住，逆流始终存在。当然，他绝不会期待自己可以用某种倾向把所有的事情阐释清楚，他一定知道有相反的情况。他推断，人生中存在一种强制性力量，它的表现形式一定与他所推测的反应方式一致。

　　在诊断出一种神经症人格倾向之后，病人的知识仍会提供实际的帮助。如果病人明白，发现一种神经症人格倾向的种种临床表现及其后果，具有重要的治疗价值，那么，他就会有意识地将注意力集中到这些上，而不会倾注在对神经症人格倾向驱使力产生原因的疯狂探寻中，后者大部分只有在分析的后期，我们才能够理解。这种认识，对于引导病人的思想逐渐认可探索神经症人格倾向所要付出的代价，尤为宝贵。

　　就种种冲突而言，心理学知识的实际价值存在于这一事实：它能解决个体的犹豫不决，阻止其只是在毫无联系的态度之间摇摆不定。例如，克莱尔进行自我分析的时候，就在把所有责任都推到别人身上还是都归咎到自己身上，这两种倾向之间踌躇不决，耗费了大量的时间。她也因此而感到困惑不解，因为她本来想要解决的问题是：这两种倾向中她到底具有的是哪一种，或至少要弄清楚哪一种倾向是占主导地位的。实际上，这两种倾向在她身上都存在，而且它们也源自两种相互矛盾的神经症人格倾向，归咎于己和畏避归咎于人的倾向，都是克莱尔强迫性谦卑倾向导致的结果。归咎于人的倾向则是由她的强迫性高人一等的需求引发的，这种强迫性倾向让她无法容忍自己身上存在任何缺点。如果在这时，克莱尔能够想到可能存在两种相互矛盾的倾向，而这两种倾向又具有相互冲突的根源，那么，她对分析过程的了解可能就提前很多。

目前为止，我们已经对神经症人格倾向的结构进行了简要的考察，也对处理潜意识的一般方法进行了探讨，以求逐步了解神经症人格倾向的整体结构。只是，探索这些潜意识的具体方法，我们还没有谈到。在接下来的两章，我们将探讨这个问题：为了治疗神经症病人的精神疾病，精神分析师和病人必须要承担何种任务。

第四章　　在精神分析阶段，
神经症病人的配合

　　自我分析需要精神分析师的治疗和病人配合，因此，讨论精神分析过程中每一位参与者的任务就非常必要了。不过，我们应该谨记在心：这一分析过程不仅是精神分析师和病人工作的总和，更是一种人际关系。精神分析师用这种方法来治疗病人，对双方的工作都有相当大的影响。

　　病人需要承担的工作主要有三种：其一，展现自我，而且要尽可能的彻底、坦率。其二，去感知自己的潜意识动机，了解它们对自己生活的影响。其三，发展能力，改变那些妨碍病人与自我与周围人建立良好关系的态度。

　　全面的自我表露的实现，是通过自由联想的方式达到的。迄今，自由联想只是用于心理学实验，弗洛伊德提出把它运用在精神分析法上。进行自由联想对病人而言意味着毫无保留地表达自己，意味着按其呈现的顺序，将进入自己脑中的所有东西都陈述出来，不论它是否是或看上去是琐碎无价值的，还是与讨论问题无关的、不符合逻辑的、荒诞不经的、粗鲁不堪的、使人尴尬的、令人蒙羞的，总之都要一一展露。在此，有必要补充一句："所有东西"应该按字面意思理解，它不仅包括那些短暂的、弥漫性的想法，还包括具体的观念和记忆——从病人上一次接受自我分析以来发生的种种事情，关于人生每个阶段所经历事情的记忆，对自己和他人的想法，对精神分析师或分析情境的反应，对宗教、道德、政治、艺术的信念，对未来的期望和计划，对过去和当前的想象，当然，还有梦。尤为重要的是，病人表现出来的每一种情感，例如喜爱、认同、满足、宽慰、怀疑、害怕，还有每一种琐碎的想法所呈现的反应。当然，因为种种原因，病人会拒绝说出一些事情，但是他应该将自己抗拒的理由说出来，而不是用这些理由来隐藏自己特别的思想或情感。

　　自由联想与我们普通的思考或说话方式不同，这种不同不仅在于它的坦率和毫无保留，而且还在于它表面的毫无目标。在谈论一个问题、讨论周末计划、向一名顾客解释商品价值的时候，我们都习惯于紧扣主题。我们倾向于从划过脑海的形形色色的意识流中，选择那些与眼前情况相关的因素来表达。甚至在跟最亲密的朋友交谈的时候，对该说什么不该说什么，我们也会加以选择，即使我们并没有意识到这一点。然而，在自由联想中，我们要努力表达出浮现在我们脑海中的一切，不论它们会导向哪里。

正如人类很多其他的行为一样，自由联想既可以用作建设性的目的，又可以用作妨碍性的目的。如果病人有明确的决心，要坦率地向精神分析师表露自己，那么他的自由联想就富有意义和启发性。如果病人因为切身利益相关，无法面对一些潜意识因素，那么，他的自由联想就只会徒劳无果。这些利益在病人的心中占据了非常重要的位置，以至于自由联想的优秀价值也变得毫无意义。如此一来，病人得到的就只是一些天马行空的无意义的想法，与进行联想真正的目的形合神离。因此，自由联想的价值完全取决于病人本人的态度。如果病人的态度是尽最大可能地公开、坦白，是下定决心面对自身的问题，而且倾向于给另一个人敞开心扉，那么，自由联想的过程就能达到预期的目的。

概括地讲，目的就是让精神分析师和病人都了解后者的内心是如何活动的，并因此最终弄清楚其精神症人格倾向结构。此外，自由联想还能解决一些具体的问题，比如，一次焦虑的侵袭、一种突如其来的疲乏感、一种幻想或一个梦等所有这些的意义，还有，为什么在面对某个问题时，病人的头脑会一片空白，为什么他会突然涌起一股对精神分析师的不满，为什么昨晚在餐厅会感到恶心，为什么跟妻子在一起会阳痿，或为什么参与讨论时会结结巴巴。这样，病人在思考某一特定问题的时候，就会努力弄清楚自己刚刚回忆起了什么。

为了阐明上述观点，下面我举一个例子。一名女病人做过一个梦，梦中的一个情节是，她因为一个贵重物品遭窃而感到悲伤。我问她，梦里这个特殊的片段能让她想到什么与此相关的事情。她脑海中出现的第一个联想是，曾雇佣过一个女仆，后者在长达两年多的时间里，一直偷家里的东西；她也曾隐约怀疑过那名女仆，而且她还清楚地记得在最终确认之前，自己那种深深的紧张焦虑。病人的第二个联想是童年时的一段记忆，那时她因为吉普赛人偷拐儿童的事情而畏惧害怕。接下来的联想是一个神秘故事，故事中一位梦中人王冠上的宝石失窃了。然后，她想起来无意中听别人说过，精神分析师不靠谱。最终，她的潜意识让这个病人回忆起了精神分析师的诊所。

毫无疑问，这些联想表明她的梦跟精神分析的内容有关联。精神分析师不靠谱的言论，同时也暗示了病人对治疗费用的担忧。不过这个方向是错误的，这已经得到了证明，她一直认为自己的治疗费用公平合理而且物有所值。

那么，这个梦是对前一个精神分析阶段的反馈吗？病人也否认了这一推测，因为上次这个病人离开诊所的时候，焦虑明显减轻，还带有感激之情。前一个精神分析阶段，精神分析师诊断她患有周期性的倦怠和惰性其实是一种破坏性抑郁症。此病症以前从来没有以这种方式在她身上出现，而其他人也没有发现，因为她从没有感到情绪低落。其实，尽管这个病人受到很深的伤害，但她仍然坚强地生活；尽管她常常有自己受伤的情绪，但她仍然可以坚强勇敢地面对一切。当这个病人意识到如何在现实和梦境中进行转换，那么她就可以得到救治。然而，这种得以救治感并没有持续多久。至少，她现在突然发现，那段精神分析阶段过后，自己一直相当狂躁，而且还患上了轻度胃病，也无法入睡。

对于她的那些联想，我不再详细复述。结果证明，最重要的线索藏在那个有关神秘故事的联想里：我从她的头发上偷走了一个宝石饰品。她想给自己和他人一种自己拥有卓越才能的印象，她的努力确实是一种负担，但也无可否认，这种努力同时帮助了她的康复。它给予她一种自豪感，只要她真实的自信心还不稳固，她就非常需要这种自豪感。而且，这种努力还是她最有力的防御手段，它能够帮助她看清自己的缺点，并加以改正，因此，她正在扮演的角色对自己至关重要。通过自我分析，我们可以解开这样一个真相：她自以为的强者身份只是她的一个角色而已，如果她的其他角色与她的神经症人格形成了角色的冲突，那么这就会激起她的愤怒。

自由联想完全不适用于天文计算，也不适用于分析政治局势，这些工作要求的是清晰而简要的推理论证。但是，自由联想却是了解潜意识情感和追求的存在、价值以及意义的一种非常适合的方法，而且根据我们现有的知识水平，这也是唯一的方法。

关于自由联想在自我认识上的价值，我还要再补充一句：它并不是无中生有。如果有人期望，只要解除了理性控制，我们所害怕、所鄙视的一切就都会展露出来，那是不可能的。我们可以完全肯定地说，没有任何超过我们容忍度的东西会以这种方式出现。出现的只有受抑制情感或原始驱使力的衍生物，而且像在梦中一样，它们是以扭曲的形式或象征性的表达方式出现的。因此，在上面提到的一系列联想中，那位梦中人就是病人潜意识的一种表达。当然，有时出人意料的因素也会以一种戏剧性的方式出现，但只有在对相同的问题进行了大量的早期工作，将这些因素推到了接近暴露的程度，这种情况才会发生。就像那一系列联想已经描述过的一样，受抑制的情感可能会以一种貌似久远记忆的方式出现。但是，病人因为自己伤害了他人而对我产生的愤怒，并不是以这种方式出现。一旦神经症病人在某种困扰中泥足深陷，那么他就应该这一及时停止这种毫无作用的自由联想，回溯到法制健全、标准严苛的现实世界。

虽然自由联想并不能创造奇迹，但是如果以正确的态度来实行，它们的确会将头脑运作的方式展现出来，就像X光一样。而自由联想所运用的，是一种或多或少带有神秘色彩的语言。

对任何人而言，自由联想并不容易。自由联想不仅跟我们的交流习惯、传统礼教截然相反，而且它必然会进一步给每位病人带来不同的麻烦，这些麻烦尽管难免会发生重叠，但总体而言，它们可以分门别类。

如果病人一开始就沉浸在自我联想之中，就会因畏惧而抑制自己的人格。因为他们认为，如果每一种情感和思想都要走脑子，那么就会加重大脑的负荷。至于具体会激发起哪些特定的畏惧，从根本上讲，是由病人当前的神经症人格倾向决定的。我可以举几个例子，来言明一下这个问题。

有一位病人，整日忧虑疑惧，他从早年就一直生活在无法预测的危险可能带来的威胁之中，他总是下意识地规避各种风险。他坚持这种虚构的信念：通过将自己的预见能力发挥到最大程度，他就可以掌控人生。因此，如果不能预测到结果，他就不会采取任何行动。杜绝出乎意料、措手不及，是他的最高法则。对于这样的人而言，自由联想就意味着极度的鲁莽草率。因为自由联想这一过程的意图，正是在无法提前预知将要发生什么，也不知道发生的事情会导致什么结果的情况下，让所有事物呈现出来。

对于一个高度独立的人而言，他面临的困难则是另一种类型，他只有在伪装自我的时候，才会感到安全。他潜意识地挡住任何想要闯入他的个人生活的人或物，因此，这样的人就像生活在象牙塔中，任何试图改变他的行为都会让他感到威胁。对他而言，自由联想意味着不能容忍的入侵，是对他的独立的一种威胁。

第三个人缺乏道德自主性，不敢做出自己的判断。他不习惯主动地思考、感受、行动，但是，就像一只昆虫会伸出自己的触须探查外界情况一样，他也会不自觉地调查周围环境，看看环境对自己有什么要求。对他而言，有人支持的时候，他的想法就是好的、正确的，而如果没有人支持，那就是坏的、错误的。同样，将自己脑海中的一切都表达出来，也会让他感到威胁，但他感受威胁的方式跟前两者完全不同：他只知道如何做出反应，却不知道如何自然地把自己的意思表达出来，他为此而感到不知所措。精神分析师对他的期望是什么？他只要不停地讲话就可以了吗？精神分析师对他的梦感兴趣吗？还是对他的性生活感兴趣？精神分析师认为自己爱上这个病人吗？还有，精神分析师喜欢什么、不喜欢什么？对这名病人而言，单单坦率而自然表露自我这一概念，就能让他联想到上面所有那些令人不安的、无把握的事情，而且，他所坦露的事情还有可能遭到抗拒、非难，让他感到恐惧。

最后一个例子，这个人深陷于个人的角色冲突之中，变得迟钝呆滞，甚至，失去了原始驱使力。只有在受到来自外界的推力时，他才会尝试前行。虽然他非常愿意回答问题，但如果要求他自己找出问题，那他就会感到不知所措，因为他进行自发性活动的能力受到了抑制，所以他无法进行自由联想。这种自由联想的无能，可能会激发他心里的一种恐慌，如果他是一个具有在所有事物上都要取得成功的强迫性需求的人，那么他就很有可能把自己的这种抑制视为一种"失败"。

这些病例说明了，对某些神经症病人人而言，自由联想的整个过程会引起畏惧或抑制，即便是那些有能力接受这一过程的人，他们心里也有一处地方，一旦触碰，就会引起焦虑。例如，在克莱尔这个病例中——她基本上能够进行自由联想——在她精神分析的初期，任何接近她压抑的对生活需求方面的事物，都会引起她的焦虑。

另一个困难在于如下事实：将所有情感和想法毫无保留地表达出来，就难免会使病人感到难为情，或者呈现出难以言表的性格品质。正如在有关神经症人格那一章中提到过的，那些让人觉得耻辱的性格之间的差距是很大的。当一群穷奢极欲的人，遇见崇尚简朴的人，双方就会重新审视自己的价值观。如果某些人金玉其外败絮其中，那么当别人揭穿他们的伪装，他们就会感到羞耻。

很多病人在表达自己思想和情感方面的困难，都跟精神分析师有关。因为不能进行自由联想的人——不管是自由联想会威胁到他的自我防御系统，还是他太缺乏主动精神——很可能会把自己对自由联想过程的厌恶，或因为失败而引起的懊恼转移到精神分析师身上，反映出来就是一种潜意识的挑衅、不合作，而他自身的发展、他的幸福，则危如累卵，几乎被遗忘了。此外，即使自由联想的过程并没有引起病人对精神分析师的敌意，还存在另一个事实，即，病人因为在乎精神分析师的态度而产生的种种畏惧，在某种程度上始终存在。例如，病人会有如下担心：他（精神分析师）能理解我吗？他会谴责我吗？他会看不起我，还是会敌视我？他是真的关心我，想让我得到最好的发展，还是他只是想把我塑造成他的样子？如果我对他本人进行评论，他会感到伤害吗？如果我不接受他的建议，他会失去耐心吗？

这种担忧和障碍的无限多样性，正因如此，人们视其为一项非常困难的工作。这样，病人不可避免地就会采取推托策略，会故意略去一些事情不提。在精神分析阶段，一些因素永远也不会为病人所想起。一些情感也不会为病人所表达出来，因为它们转瞬即逝。一些细节会被省略，因为病人认为它们过于琐碎。"估计"将取代思想的自由流动，病人会坚持围绕日常事件进行冗长烦絮的讲述。他会有意无意地努力逃避进行自由联想的要求，而且他能想出的推托策略层出不穷。

因此，把自己所有的想法都讲述出来，这听上去似乎是一件简单的工作，但实际上，它面临的困难是如此巨大，我们只能尽可能地达到目的。病人在自由联想这条路上遇到的障碍越大，他所做的工作就越没有价值。但是，病人越是配合医生的治疗，精神分析师就越能治愈他的精神疾病。

在精神分析的第二个阶段，精神分析师让神经症病人诚实地面对自己的问题——诊断出迄今为止仍处于潜意识层面的因素，获得对它们的自我认知。然而，就像"认知"这个词所暗示的，这项工作并不仅是一个发挥智力的过程。正如自费伦茨[1]和兰克[2]开始，在有关精神分析的著作中所强调的那样，直面自我既是一次智力的体验，也是一次情感的体验。如果我可以用一句话来表达，那就是：正视病情，配合治疗。

自我认知也许是对一个完全受抑制的因素的认识，例如一个具有强迫性谦卑倾向或者品行仁善，实际上蔑视别人，也许，这是一种潜意识层面的原始驱使力，具有我们永远都想象不到的程度、强度和品质。例如，一个人也许知道自己有野心，但他以前从没有料想到，自己的野心会吞噬所有的激情，这不但决定了他人生的方向，而且还包含了一种对他人的恶意攻击。或者，自我认知也可能是一种发现：一些看上去没有联系的因素，却关系密切。一个人可能已经知道自己的人生意义和成就，他怀有一些宏伟的志向，但他也意识到了，自己前景堪忧。他隐约有一种不祥的预感：在短期内，他将难以摆脱困境。他认为自己的这两种态度各代表一个问题，两者之间没有联系，但他从来没有怀疑过真实情况是否确实如此。在这种情况下，他的自我认知会向他揭示，他认为自己的独特价值得到他人赞美的愿望非常强烈，以至于此愿望没有实现会让他非常愤怒，也因此让他贬低了生命本身的价值。如果一个贵族的等级观念根深蒂固，那么无论他的生活境遇如何，他内心的信念都不会动摇。

我们无法用普通的专业术语来说明，对一名病人而言，获得对自身问题的一种自我认知意味着什么，就像我们无法说清楚，对一个人而言，在阳光下赤

---

[1] 桑多尔·费伦茨（Sander Ferenczi，1873—1933），匈牙利自我分析家、医生，1924与兰克合著《自我分析的发展》。

[2] 奥托·兰克（Otto Rank，1884—1939），奥地利心理学家，受弗洛伊德影响走上心理学研究之路，曾是弗洛伊德忠实的追随者，后因理念不同而分道扬镳。

身裸体意味着什么一样。

　　对于一名病人而言，我们无法用词汇来说清楚什么问题困扰着他，就像我们无法说清楚现实中的这个人具体是怎么样的一样。

　　现实也许会扼杀他，也许会拯救他，也许会让他疲惫不堪，也许会让他精神焕发。现实具体会产生何种作用，既取决于现实的强度，也取决于这个人本身的情况。同样，自我认知可能会非常令人不快，也可能会迅速缓解痛苦。在此，我们所处的境况跟我们在讨论分析不同阶段的治疗价值时所谈到的境况非常相似，但此处背景稍有不同，我们再简要说明一下那些评论并没有害处。

　　为什么会起到缓解痛苦的作用存在数个理由。从最不重要的原因说起，通常说来，仅仅是弄清楚一些迄今仍不理解的事情，就是一次令人愉悦的智力经历；单纯地认清真相就像得到了一种宽慰，这在人生的任何时候都是如此。这一原因不仅适用于阐明当前的种种特质，而且适用于回忆迄今已经遗忘的童年经历——如果这样的回忆能够帮助一个人精确地理解，在人生的开始阶段是什么因素影响了他的发展。

　　这个事实更重要：通过向病人展示他以前态度的虚伪性，自我认知能帮助他揭露出自己内心真实的情感。在他可以自由地表达出自己的愤怒、苦恼、轻蔑、畏惧、或任何目前为止一直受到压抑的情感的时候，积极的、活跃的情感就会取代令人倍感无力的抑制，病人在发现自我的道路上也就前进了一步。在取得这样的发现时，经常会听到不经意的笑声，这表明病人获得了解放的感觉。即使这种感觉本身并不令人愉快，这一点也同样适用。例如，病人会认为终其一生，自己仅仅是想办法"过得去"或试图伤害、支配他人，这一点也同样适用。除了促进自我发现、活跃度、能动性等方面的提升之外，这种自我认知还能消除紧张感，这些紧张感是因病人以前压抑自己的真实情感而产生的。紧张感消除之后，原来用在压抑上的力量就得到了释放，而有效能的数量也因此得到了增加。

　　最后，敞开心扉重建信任，用行动来表达比用言语更有力。只要有一种行动或情感受到压抑，人就会困在死胡同里。例如，如果一个人完全意识不到自己对他人心存敌意，而只知道自己在跟别人相处时感到局促不安，那么他就难以理解自己心里的这种敌意；他就不可能了解这种敌意产生的原因，不可能知道这种敌意是什么时候出现的，他也没有办法减弱或消除这种敌意。但是，如果抑制解除了，他就能感到所有的敌意。那时，也只有在那时，他才能好好地看一看它，而且可以继续检查，寻找自己身上导致这种敌意产生的种种脆弱之处，而之前他对这些脆弱之处一无所知，就跟这种敌意本身一样。这样，最终，通过给人提供一种改变一些令人不安的因素的可能性之后，这种自我认知很有可能就带给人相当大的宽慰。即使立即改变比较困难，但放眼未来，我们还是能够看到走出困境的希望。即使最初的反应可能是伤害或惊恐，这一点也仍然有效。克莱尔深刻理解这一事实：这个病人曾对自己有过分的期望和要求，起初，洞察引起了这个病人的恐慌，因为它动摇了这个病人的强迫性谦卑，而这种谦卑却是支持她的安全感的支柱之一。但是，一旦这种强烈的焦虑逐渐减弱平息，这种洞察就给克莱尔带来了宽慰，因为它代表克莱尔可以从过去的阴影中走出来，回归健康的生活。

但是，对自我认知的第一反应可能是痛苦的，而非宽慰人心的。正如前面有一节讨论过的，病人对自我认知存在两类主要的消极反应。其一，病人意识到自我认识是危险的，另一种反应则是沮丧和绝望，尽管它们看上去不同，但这两种反应在本质上只有表现程度的差异。它们都是由这一事实决定的：病人不能也不愿，或还不能还不愿，放弃对生活的一些基本要求。当然，这些要求究竟是什么，是由病人的神经症人格倾向决定的。

正是由于这些倾向的强迫性本质，这些要求才会如此死板、如此难以放弃。例如，一个一门心思热切渴求权力的人，可以没有舒适、快乐、女人、朋友等等通常人生所希冀的所有美好的东西，却唯独不能没有权力。如果他为这种倾向所支配，决心不放弃对权力的要求，那么任何对此要求价值的质疑都只会激起他的愤怒或惊恐。他这些可怕的反应，不仅可以证明他的独特追求是不可行的自我认知引发，而且可以由那些具有揭露作用的自我认知引发，这些自我认知会向他揭示，他的追求会阻止他去实现其他的目标——那些对他同样重要的目标，或阻止他克服那些令人烦恼的缺陷和苦楚。或者，另外一些例子也可以说明这一点，一名病人因为自己的孤立状态和与他人的尴尬关系深受其苦。但是，从根本上说，他仍然不愿意离开自己的象牙塔，对于任何向他展示下面这种情况的自我认知：如果不放弃一个目标——他的象牙塔，那么他就不可能获得另一个目标——孤立状态的缓解，他都必然会感到焦虑。总的说来，如果一个人拒绝放弃自己的强迫性信念，认为自己可以凭借绝对的意志力来掌握人生，那么，任何揭示出他这一信念虚构性的自我认知，都必定会引起他的焦虑，因为这让他质疑自己所奠定的理论基础。

这时，自我反省带来的是恐惧，而不是自由。

由这些自我认知所引发的焦虑是病人对一种展露曙光的景象的反应，这一景象就是：如果想得到自由，他终究必须针对自己的基础做出一些改变。但是，必须要改变的种种因素依然根深蒂固，而且作为处理与自我、与他人关系的方法，它们对病人而言仍然极其重要。因此，病人害怕改变，而这种自我认知带来的也不是宽慰，而是恐慌。

而且，如果病人从内心深处发现，这种改变尽管对他的解放必不可少，但自己却是完全办不到的，那么他对此的反应与其说是惊恐，不如说是绝望。在他的意识里，这样的情感经常被一种对精神分析师的深重的愤怒所掩盖。他认为，在进行自我认知的过程中，精神分析师会把病人拉回到现实世界。然而，不论用何种方法，他都对这些自我认知无能为力。这种反应是可以理解的，因为如果我们可以肯定这些自我认知最终无法发挥作用，那么就不会有人愿意忍受伤害和苦楚去获取它们。

在这个问题上，对一种自我认知的消极反应并非必然就是定论。实际上，有时，消极反应持续的时间相对较短，而且很快就转变为给人带来宽慰。通过进一步的自我分析，一个人对一种特定自我认知的态度是否可以改变，这其中的决定因素有哪些，在这里，我不需要详细阐述，只要尽力让他们去做一些力所能及的事就可以了。

但是，就这样依据自我认知所产生的作用是宽慰，还是畏惧，或是绝望，对它们进行分类，我们还是无法完全理解这些对我们自身感觉的反应。不论自我认知激起的是什么样的即时反应，它始终都意味着对现有平衡的挑战。一个为种种强迫性需求所驱使的人无法有效地生活、工作，为了追求一些目标，他付出了昂贵的代价，却舍弃了自己真实的意愿。他在很多方面都受到了抑制，在诸多广泛的、弥漫的领域都容易受到攻击。他必须跟受抑制的畏惧和敌意进行斗争，而这消耗了他的精力，他疏远了自我，也疏远了别人。但是，尽管他的神经系统内部存在所有这些缺点，在他体内运行的种种力量仍然构成了一个有机结构，在这个结构内部，每个因素都与其他因素相互关联。这样，想要不影响整个有机体就改变这些因素，是不可能的。严格说来，所谓孤立的自我认知并不存在。自然，一个人在这个或那个点上停下来的情况也时有发生，他可能满足已取得的成果，也可能感到心灰意冷，也可能非常抗拒继续前进。但是，从原则上说，每一种自我认知的获得——无论其本身如何微不足道——都会揭露出新的问题，这是因为自我认知所改变的那一处跟其他的精神因素是紧密联系的，只要一处遭到了破坏，整体的平衡就会动摇。神经系统越是死板僵硬，改变就越是无法容忍。此外，自我认知越是接近神经系统的核心，它引起的焦虑就越严重。抗力，正如我在稍后将详细阐述的那样，从根本上讲是来自保持现状。

治疗神经症病人第三个阶段是改变其内心阻碍他发展的因素，这并不仅仅意味着行为或举止方面的大规模改变，例如，获得或重新获得公开表现的能力、进行创造性工作的能力、合作的能力、性交的能力，等等，或去除恐惧症、抑郁症倾向。经过一次成功的精神分析，这些变化会自然而然就发生。然而，这些并不是主要的变化，它们只是由人格内部那些不那么明显的改变造成的，例如对自己采取更现实的态度，而不是在自我扩张和自我贬低之间摇摆；获得了能动性、主见性和勇气，不再迟钝、畏惧；能够制订计划，不再随波逐流；找到了自己内在的重心，不再怀着过度的期望和过度的指责而依赖于他人；对人更加友善更加理解，不再怀着防御的、弥漫的敌意。如果病人表现出这些改变，具有明显活动或症状的外部变化一定会随之发生，而且会达到相应的程度。

人格内部发生的这些变化，并不算是一个特殊的问题。如果一种自我认知就是一次真实的情感经历，那么这种自我认知本身就相当于一种改变。也许会有人说，虽然我们对迄今为止一直受到压抑的一种敌意获得了一种自我认知，但是任何改变都没有发生：敌意仍然存在于那里，只不过我们对它的意识不同了而已。这种说法理论上说是正确的，实际上，如果一个人以前只知道自己言行生硬、身心疲惫或有弥漫性恼怒，而现在，他诊断出了产生这些障碍的具体的敌意——凭借其特有的抑制作用，那么，这两种情形之间的差距是巨大的。正如已经讨论过的，在得知真相的时刻，他可能会感觉自己重焕新生。而且，除非他立刻想办法舍弃这一认知，否则它必定会影响他与别人的关系。这一认知会引发他对自己的惊奇感，生成一种诱因，刺激他去调查这一敌意的含义，在面对陌生事物的时候，消除他的无助感，让他探索人生的意义。

作为一种自我认知的间接结果自然发生的，还有另外一些变化。焦虑的任何一种根源一旦缩小，病人的强迫性需求就随之减弱。受到压抑的耻辱感一旦为我们所看到、了解，一种更强的友善之情自然就会产生，尽管这种友善是否有利还属未知。如果精神分析师诊断出病人害怕失败，病人自然而然就会变得更加积极主动，并且承担起此前他一直潜意识规避的某些风险。

至此为止，自我认知和变化看上去极为相似，因而，将这两个过程分成两项工作，似乎没有必要。但在分析的过程中，还存在其他情况——正如生活本身——即，尽管会获得一种自我认知，我们可能还是会拼命抗拒改变。这其中有一些情况我们已经讨论过了，可以概括如下：在一名病人认为必须放弃或改变自己对生活的强迫性需求的时候，如果想要自己的能力自由地为自身的适当发展服务，他就要准备开始一场艰苦的战斗了，在这场战斗中，他要拼尽全力，来证明改变的必要性或可能性是虚假的。

　　另一种自我认知和变化可能差异很大的情形，发生在下面这种时候：精神分析引导病人直面自己的一种冲突，而他必须对此冲突做出决定。当然，并非精神分析揭露的所有冲突都具有这种性质。例如，如果精神分析师诊断出神经症病人的驱使力存在矛盾，存在于强迫性控制他人和强迫性顺从自己的期望之间，那么，病人就不需要在这两种倾向之间做出选择。这两种倾向都必定需要进行分析，而当病人经过分析，在与自我、与他人之间建立起了更加和谐的关系，那么这两种倾向便都会消失，或得到极大改善。然而，如果是物欲的利己主义和理想之间存在的一种潜意识冲突，而且这种冲突一直存在，那么问题就不同了。这个问题在多个方面都让人为难：愤世嫉俗的态度也许可以感知到，而理想则受到压抑，或如果有时理想显露了出来，它们就会遭到有意识地否认；或者，追求物质利益（金钱、显赫）的意愿可能受到抑制，而理想则仍在有意识地严格坚持；或者，对于追求理想的方式，应该是玩世不恭还是严肃认真，无法决定，不停变更。但是，当这种冲突显露出来，仅仅是看到它、了解它的种种分支是不够的。在彻底解决了所有的问题之后，病人最终必须表明立场。他必须做出决定，自己是否要坚持理想，如果答案是肯定的，那么他又需要选择以何种程度的严肃来对待自己的理想，他又要给物质利益留出多大的空间。因此，病人在从获得自我认知向改变态度转变的这个犹豫期，是他实现理想的一个契机。

　　然而，毫无疑问地，病人面临的这三项工作是紧密联系的。他彻底的自我表露为种种自我认知的获得铺平了道路，而种种自我认知又带来了转变，或为转变做好了准备，每一项工作都影响着另外两项。在获得每一个自我认知的过程中，病人越是退缩，他的自由联想受到的阻碍就越大。他抵抗某个改变的决心越大，他同某个自我认知发生斗争的可能性就越大，不过，目标却改变了。我们给自我认识赋予很高的价值，并不是为了自我认知本身，而是因为自我认知能成为改变、修正、控制情感，体现追求程度和态度的方式。

　　病人对待改变的态度，通常会经历多个不同的阶段。通常，病人在开始接受治疗的时候，会怀着种种他自己不愿承认的、对神奇治疗方法的期待，这些期待一般意味着下面这种认知：他不必做出任何改变，甚至不必主动进行自我分析，他的所有障碍就消失。因此，精神分析师的治疗方法就是接受对方。然后，当他意识到自己的这种认为不可能实现时，他就会完全收回之前的"信任"。他这样为自己辩护：如果精神分析师只是普通人，那么他又能给予自己什么帮助呢？更糟糕的是，他会发现无法主动行事，绝望感油然而生。只有在他的才能得到解放，能积极主动地配合医生治疗的时候，他才会知道自理，病人才会摆脱对精神分析师的依赖而成为一个独立自主的人。

在精神分析阶段，病人既面临困难重重，又受益良多。一个人想要做到彻底的坦率是很困难的，但这同时也是一件好事，获得自我认知和改变的情况同样也是如此。因此，精神分析是促进自身发展的可能的方法之一，但远非一条捷径，它要求病人具备非常坚定的决心、自律以及积极抗争的精神。就这一点而言，它与生活中其他能够帮助人发展的情况，并没有什么不同。通过克服成长道路上遇到的种种磨难，我们会变得越来越强大。

第五章　在精神分析阶段，
精神分析师的诊治

精神分析师总的任务是帮助病人认知自我，并尽可能依据病人自己的需求帮助其重新定位生活方向。为了更详细地将精神分析师要达到这一目的需进行工作的效果表达出来，就有必要把他的工作内容进行分类，并分别讨论。从大体上说，精神分析师的工作主要可以分成五部分：观察、了解、解释、抗拒反应、普通人的协作。

从某种程度上说，精神分析师的观察和其他所有观察者的观察是一样的，只是他们多少还具有一种特殊的角色。跟其他人一样，精神分析师会从病人的态度——例如冷漠、热情、严厉、自然、蔑视、温顺、怀疑、信任、自信、胆怯、无情、敏感——中观察其一般品质。仅仅是通过倾听，不需要做出直接的努力，精神分析师就能获得很多关于病人的整体印象：他是放松的还是紧张不安的；他说话的方式是系统的有节制的，还是散乱的神经质的；他所表达的内容是抽象的概括，还是具体的细节；他的陈述是详细描述还是切中要害；他是自发地讲述，还是把主动权交给了精神分析师；他是循规蹈矩，还是坦率地将自己的所思所想表达出来。

精神分析师对病人更具体的观察，首先来自病人对自己过去和现在的经历，病人与自我和他人的关系，自己的计划、意愿、畏惧、想法等等的表达。其次来自病人在诊所中的行为表现，因为每一名病人对治疗费用、时间、躺卧以及其他有关精神分析的客观方面的安排，都会做出不同的反应。而且，针对自己正在被分析的事实，每一位病人的反应也各不相同。有的病人把精神分析当作是一次有趣的智力体验过程，但是拒绝承认自己确实需要接受自我分析；有的病人把精神分析当作一个令人蒙羞的秘密；而有的病人却以此为傲，认为精神分析是一种特权。而且，不同的病人对同一名精神分析师，也会表现出变化无穷的态度，这其中个体差异之多，跟现实中人际关系的复杂程度并无二致。最后，病人在各自的反应中也表现出了无数既微妙又明显的犹豫不决，而这些犹豫本身就具有启迪作用。这两种信息源——病人所讲述的有关他本人的信息和精神分析师对病人实际行为的观察——相得益彰，就像在任何关系中的情形一样。即便我们非常了解一个人的历史，了解他现在对待朋友、女人、事业、政治的所有方式，如果没有直接跟这个人面对面交谈，没有亲眼看到他的所作所为，想要描绘出关于他的清晰、完整的图画也还是远远不够的。这两种根源都是不可或缺的，具有同等的重要性。

跟其他任何观察一样，精神分析师对病人的观察也受到精神分析师视角的影响。一名女售货员对一位顾客的关注点，跟一名社会服务人员对一位寻求帮助人员的关注点是不同的。一位雇主对候选员工进行面试时，他把关注点放在对方的主动性、适应该性、可靠性等方面；而一位牧师在与教区居民交谈时，他对道德行为和宗教信仰更感兴趣。精神分析师的兴趣并非集中在精神症病人身上的各个部分，甚至不在病人受到精神困扰的那部分，而是必然关注着病人的整个人格。既然精神分析师想要了解病人人格的完整结构，既然精神分析师不可能随随便便就知道病人人格结构中的哪部分更重要，哪部分比较次要，那么他的注意力就必须尽可能多地吸收、掌握更多的因素。

认识、了解病人的潜意识动机是精神分析师的目的，而这一目的又是精神分析师进行特定分析观察的缘由，这是精神分析师的观察和其他普通的观察的主要区别。在普通的观察中，我们也能觉察到一些潜在的影响，但是，这些影响仍然多少带有不确定性，甚至无法系统阐述；而且，一般说来，我们也不需去区分它们是由我们自己的精神因素决定的，还是由被观察者的精神因素决定的。然而，精神分析师的种种特定观察却是分析过程中一个不可缺少的部分。病人在自由联想过程中所揭露出来的种种潜意识，要依靠它们来进行系统研究。对于病人联想中的这些潜意识因素，精神分析师会专心倾听，小心谨慎地把自己的注意力均等地分配到每一个细节上，避免草率地选取出其中任何一个。

精神分析师的一些观察所得，很快就会条理化、系统化。就像我们在浓雾笼罩的风景中也能看到一栋房子或一棵树大概的轮廓，精神分析师想要迅速诊断出某种普通性格品质毫无困难。但是，他观察所得的大部分，却像是一座由诸多看上去似乎没有联系的条目构成的迷宫。那么，精神分析师要怎么做，才能实现对这一性格品质的了解呢？

在某些方面，精神分析师的工作可以拿来跟推理故事中的侦探做比较。然而，有必要强调，侦探要做的是收集证据，找出犯罪分子。精神分析师要做的，却不是关注病人的缺点，而是指导神经症病人正视现实。此外，精神分析师要面对的也不是所有有犯罪嫌疑的人，而是一个人身上众多的驱使力，我们只是质疑这些驱使力的阻抗作用，而并不认为它们不好。通过对每一个细节进行专注的、理智的观察，精神分析师能收集到所需要的线索，不时地看到一个可能的联系，并且描绘出一幅暂时性的图画。但是，精神分析师不会仓促确定自己的解决方案，而是会一遍遍反复检查，确认自己是否真的没有遗漏任何一个因素。在推理故事中，会有一些人和侦探一起工作，他们中有些人只是表面如此，暗地里却在阻碍侦探的工作，有些人则明确地想隐藏起来，而且一旦发现受到威胁，就变得具有攻击性。同样，在分析过程中，神经症病人一部分愿意与精神分析师合作——这是一个必不可少的条件——还有一部分神经症病人认为精神分析师能够承担所有的工作，甚至还有一部分则会竭尽全力躲避或误导精神分析师，并且在面临着被发现的危险时，会惊慌失措、充满敌意。

正如前一章所描述的，精神分析师主要是从病人的自由联想中获得对其潜意识行为和反应的了解。普遍地说，病人意识不到自由联想所呈现出的事物的含义。因此，为了将病人展露在自己面前的、大量的、有差异的因素，组成一幅清晰的图画，精神分析师不仅必须倾听病人所讲述的那些明显的内容，还要努力了解病人真正想要表达的内容，他要想办法抓住贯穿于这堆看上去似乎毫无规则材料之中的那条红线。有时，如果这其中牵涉的未知因素数量过多，精神分析师的这种努力也会失败。下面，我们举几个简单的例子。

一名病人告诉我，他一个晚上都没有睡好，而且感觉比以前更郁闷。他的秘书患上了流感，这不仅打乱了他的工作安排，而且还让他因为害怕被感染而心烦意乱。然后，他又谈到欧洲小国受到的可怕的不公正待遇。接着，他想到一位医生，这位医生没有告诉他关于某种药物成分的详细信息，这让他恼怒不已。接下来，他脑海中浮现出来的是一位裁缝，这个人未能按约交付一件外套。其实，他所担心的问题都属于公众论题。

上面这个病例说明，不顺心的事情给人带来的烦恼。这位病人在讲述了秘书的疾病之后，又举出了裁缝不可靠的事例，体现的是他以自我为中心的本性，在这一病人眼中，这两种行为都是针对他的人身攻击。秘书的流感引起了他对传染的畏惧这一事实，并没有让这一病人想到自己应该克服这种畏惧。相反，他却期望世界将一切安排好，不再引起他的畏惧，世界应该满足他的需要。此时，不公平的主题出现了：别人不满足他的期望，那就是不公平。既然他害怕传染，那么，他周围的所有人就不应该生病。这样，别人就应该对他所处的困境负责了。对于这些影响，他感到非常无助，就像欧洲小国无力抵抗侵略一样（实际上，他无法协调各种角色之间的矛盾）。在这个病例中，有关医生的联想也具有特殊的意义，这一联想也暗示了没有实现的期望。此外，它还涉及了对我的不满，因为我没有为他的问题提供一个明确的解决方法，而是四处摸索，还期望得到他的配合。

另举一个简单的病例。一个年轻女孩告诉我，购物的时候，她感觉自己心跳得厉害。虽然她心律不齐，但她不明白，既然自己可以连续跳几个小时的舞也不会感到异样，为什么购物会影响到它，她也找不到任何心理原因，可以用来解释这种心跳。她买了一件质地优良的漂亮上衣，送给自己的姐姐作为生日礼物，而她也为此感到高兴。她兴奋地想象着，姐姐会多么喜欢这件上衣，会如何赞美这件礼物。实际上，她为了买这件礼物倾尽了所有积蓄。她经济拮据，因为她刚刚偿还了所有的债务，或者，不管怎样，她都必须做好安排，在未来几个月内还清所有债务。她谈到这一点的时候，带着明显的自我赞赏。那件上衣是如此漂亮，她自己也想拥有它。然后，她似乎是改变了话题，大量对姐姐的不满、牢骚出现了。她痛苦地抱怨姐姐是如何干涉自己的生活，如何毫无意义地责骂她。这些不满和一些贬义性的话语掺杂在一起，让姐姐看起来比她低劣很多。

明眼人一看就能明白，这些潜意识的情感片段昭示着病人对姐姐的矛盾感情：一方面这个病人想赢得姐姐的爱，而另一方面这个病人又对姐姐充满了怨恨和不满，在购物的时候，这一矛盾表现得尤为突出。爱的一方面表现在坚持购买礼物方面，而恨则因为此时受到了压抑，所以拼命抗拒想要争取自己的地位，导致的结果就是心跳加速。这样相互矛盾的对立情感之间的冲突，并非一定会引起焦虑。通常，对立情感中的一种会受到压抑，或两者都退让，找到折中解决办法。在此，就像病人的自由联想所显示的，两种对立的情感没有哪一种是一直受到压抑的。爱和恨，都处于意识层面，就像跷跷板的两头，一种情感上升起来，为病人所察觉，另一种也就平息了下去。

仔细审查，这些自由联想还揭露了更多细节。自我赞赏的主题在自由联想的第一个片段中表现得很露骨，而在第二个片段中则是含蓄地重现。她对姐姐的贬低性话语不仅表现出了她弥漫的敌意，而且还有助于张扬自己的光彩，让姐姐相形见绌。让自己优越于姐姐的倾向，很显然贯穿于整个自由联想的过程中，实际上，病人一直在不停地——尽管并非故意——拿自己的慷慨大方和无私奉献的爱跟姐姐的恶劣行径做对比。自我赞美和抗拒姐姐之间的紧密联系，暗示了这种可能性："胜过姐姐"的需要，是发展、维护自我赞美的一个必要因素。这一设想也让在商店里发生的冲突更为清楚，购买昂贵上衣的冲动表现的不仅是某种程度上的、一个为了解决冲突而做出的高尚决定，而且还是一种建立自己超过姐姐的优势地位的意愿。为了赢得姐姐的称赞，她更富爱心，更乐于奉献，更宽以待人。另外，通过送给姐姐一件比自己的上衣更漂亮的上衣，这个病人实际上就是把自己放在了一个"优越"的位置上。为了理解这一点的重要性，应该注意的是：谁的着装更好这个问题在抗拒斗争中扮演着重要角色，例如，病人过去经常穿姐姐的衣服。

相对而言，认识这几个病例的精神分析过程都比较简单，但清楚地告诉我们，任何一个观察结果都不可以轻视。就像病人应该毫无保留地将进入自己脑海的所有事情都表达出来一样，精神分析师也应该把每一个细节都看作是潜在的具有重要意义的线索。精神分析师不能随便舍弃任何一个他认为是不相关的观察，而应该毫无例外地严肃对待每一个观察结果。

此外，精神分析师还应该不断地追问自己：病人的这一特定情感或想法，为什么刚好在这时出现？在这一具体的背景中，它有什么含义？例如，病人对精神分析师表露出来的友好情感，在一种背景下，可能意味着病人对精神分析师给予自己的帮助和理解的真诚感谢；在另一种背景下，可能暗示了病人的情感需求增强了，因为在前一个精神分析阶段，一个新问题的解决引发了病人的焦虑；在第三种背景下，可能是病人想要从身体和灵魂两方面占有精神分析师的欲望的表达，因为精神分析师发现了病人的一种冲突，而他认为可以用"爱"来解决这一问题。在前一章引用的一个病例中，精神分析师被病人比作盗贼或骗子，不是因为病人对精神分析师怀有难以化解的怨恨，而是出自这一特殊的原因：在上一次的精神分析阶段，病人的自尊心受到了伤害。在另一个背景下，欧洲国家非正义的联想可能就有不同的含义——例如，对受压迫者的同情。只有把病人对秘书生病的苦恼和其他联想联系起来观察，我们才会明白，他的话语揭示的是：如果期望没有实现，他感受到的不公是多么强烈。如果精神分析师没有观察到，一种联想与前后联想以及与病人之前的经历之间的确切联系，那么，不仅可能导致错误的理解，而且还有可能让他失去一种机会，这种机会能让他了解到病人对某一特定事件的反应。

梳理一段关系的自由联想，并不需要很长的时间。有时，只包含两条话语的联想链也能开辟出一条通往理解的道路，当然，前提是这条联想链不是出于计划、思想，而是自发生成的。例如，一名前来寻求自我分析的病人，总是感觉疲惫而且心神不安，他的首次自由联想没有收到任何效果。前一天晚上，他一直在喝酒，我问他是否宿醉，他否认了。他的最近一次分析收获很大，因为我们发现了这一事实：他害怕可能的失败，所以畏惧承担责任。于是，我问他，对于已经取得的成就，他是不是感到很满足。听到这句话，他脑中浮现出母亲拉着他参观多家博物馆的记忆，以及他对这段经历的厌恶和苦恼。这次分析只有一条联想，但它揭露了真相，它部分地回答了我关于他是否满足于既得成就的问题。在此，我就跟他的母亲一样可恶，把他从一个难题推向了另一个难题（这个反应很能说明他的个性特征，因为他对任何类似于强迫的事情都极度敏感，尽管同时，他处理问题的主动性也会受到压抑）。在他意识到自己对我的气恼，意识到自己那种强烈的抗拒情绪仍然存在之后，他发现可以自由地感受、表达另一种情绪了。这种情绪的重点是：自我分析比博物馆的经历更糟糕，因为它意味着必须面对接二连三的失败。随着这次联想，他无意之中又拾起了前一次分析的线索，也就是揭露他对失败高度敏感的线索。这引起了对前一次发现的进一步发挥，因为这件事表明，对这名病人而言，他个性中的任何因素，只要妨碍他顺利、有效地行动的，就都意味着"失败"。因此，他认识到这阻碍了精神分析师的治疗。

同一名病人在另一个时间再次来到诊所时，情绪非常低落。前一天晚上，他遇到一位朋友，对方跟他讲述了攀爬瑞士帕鲁峰的经历。这番话唤起了他对一段时光的记忆，那时他也是在瑞士，但是在他可以自由支配的那段时间里，帕鲁峰始终笼罩着浓雾，所以他没能爬成那座山。那段时间，他一直狂躁不安，而前一天晚上，他当时感到愤怒又燃烧了起来。他躺在床上数个小时，一直在制订种种计划，谋划着自己应该如何坚持意愿，应该如何克服诸如战争、金钱、时间等所有困难。甚至在入睡之后，他的思想仍然在跟阻碍自己计划的诸多障碍进行斗争，醒来之后，他感到非常沮丧。在这次分析阶段，他的脑海中出现了一幅看上去似乎不相关的图画，画面上是一个美国中西部城镇的郊区，对他而言，那个地方就是单调、乏味和荒芜、凄凉的象征。这幅心智图像表现出了，在那时他对人生的感触。但是，这之间又有什么联系呢？如果没有攀爬过帕鲁峰，他的人生就是荒凉的吗？在瑞士的时候，他热切渴望去爬帕鲁峰，事实也确实如此，但是，这一特定意愿的受挫，根本不能解释他现在的抑郁。登山不是他的爱好，而帕鲁峰的那个插曲又发生在多年以前，从那以后他就已经忘了此事。因此，实际上困扰他的并不是帕鲁峰。平静下来以后，他意识到，自己现在甚至根本不想去爬那座山。瑞士经历的再次出现，意味着一些深刻得多的东西，它打破了一个虚幻的信念：只要他确立了要实现一事的意愿，他就能够做到。任何无法克服的障碍对他而言，都意味着自己意愿的挫败，即使那一障碍就像山上的大雾，远非他能控制。关于美国中西部城镇荒凉郊区的联想，表明他将极其重要的意义加在了自己的纯意志力信念上，这意味着，如果他必须放弃这一信念，人生也就失去了活下去的理由。

　　在病人提供的信息中，那些重复的主题或连续发生的事情，对于精神分析师的理解帮助尤大。如果病人的自由联想总是以一种含蓄的迹象结束，而这些迹象又都证明了病人具备出众的智力或理性，或证明了病人在各方面都是一个优秀的人，那么，精神分析师就把这种情况理解为：病人的信念是，他认为自己拥有上述那些优秀品质，而这种信念对他而言具有至高的情感价值。一名不放过任何机会来证明分析对自己造成了伤害的病人，跟一名利用一切时机强调自己的症状得到改善的病人，会把精神分析师引向不同的推测方向。在前一种情况下，如果病人遭到伤害的证明，与他受到不公正待遇、受到伤害或欺骗的重复言论相同，那么精神分析师就会开始留意病人内心的这些因素：这些因素能够解释为什么病人经历的大部分人生都完全采用这种方式，而且也说明了这种态度所引起的结果。重复的主题既然能够揭露一些典型的反应，那么，它们也能提供一条线索，帮助我们了解为什么病人的诸多经历常常遵循某一固定的模式；例如，为什么病人经常满腔热情地开始一项计划，却很快就放弃了；或者，为什么病人经常因为同样的原因，对朋友或爱人感到失望。

　　即使是病人的抵触性话语，精神分析师也能从中发现有价值的线索，而且，病人的神经症结构中存在多少抵触，就必定会显露出来多少。这一点同样也适用于病人言辞中浮夸的部分，例如病人表现出的暴力、感激、羞辱、怀疑等种种反应，实际上跟他所受到的刺激因素是不相符的。无论何时，这种反应过剩都意味着病人内心存在一个潜在的问题，它会引导精神分析师去探寻刺激因素对病人的情感价值。

　　作为一种了解病人神经症人格的方式，梦和幻想也具有突出的重要性。由于它们是潜意识情感和追求的相对直接的表达，所以梦和幻想能够为我们开辟出一条了解之路，而这条路原本是很难找到的。实际上，有些梦非常容易理解，但是它们通常会使用一种含义莫名的语言来表达自己，这种语言只能依靠对自由联想的分析，才能为我们所理解。

　　病人从配合转向或这或那防御策略的那个特定点，为我们了解病人病况提供了另一种帮助。随着对这些防御产生原因的逐步探明，精神分析师对病人的独特性也获得了越来越多的了解。有时，病人的敷衍或抵抗，以及他这么做的直接原因，都是显而易见的。更多的时候，精神分析师需要敏锐的观察，才能发现存在的某种阻力，精神分析师必须要依靠病人自由联想的帮助，才能去了解这种阻力，找到它存在的原因。如果精神分析师成功地了解这种阻力，他就能更深入地认识伤害或威胁病人的确切因素，认识这些因素所引起的反应的确切性质。

　　病人省略的，或刚一谈及就放弃了的那些主题，也同样具有启发性。例如，一名病人原本对任何事情都吹毛求疵，但是他却严格避免说出一些对精神分析师的批判性想法，这时，精神分析师就可以从中得到一条重要线索。再举一个类似的病例，一名病人在前一天经历了一件事情，他为此而心烦意乱，但是他并没有把这一具体的事情说出来。

　　在所有这些线索的帮助下，精神分析师逐渐获得了一幅关于病人过去和现在人生的清晰图画，也获得了一幅支配病人人格运转的种种驱使力的图画。而且，它们有助于了解在病人与精神分析师、与分析情境之间的关系中运作的那些因素。出于一些原因，尽可能准确地了解这种关系，是非常重要的。首先，例如，如果病人心中隐藏着一种未被察觉的对精神分析师的愤恨情绪，那么，它就会抗拒分析，导致分析完全无法进行。如果病人心中怀着对倾诉对象的无法释怀的怨恨，那么，即使怀着最美好的愿望，他也不可能自由、自然地表露自己。其次，由于病人对精神分析师的发现、反应的方式，不可能跟他对其他人的方式不同，所以，他在其他关系中表现出来的荒谬的情感因素、不理性的追求和反应，同样也会出现在分析的过程中。因此，精神分析师和病人一起对这些因素进行合作研究，能让精神分析师了解病人在其普通人际关系中的神经症，而正如我们已经看到的，这些神经症是研究整个神经症的关键所在。

　　实际上，可以帮助精神分析师逐渐了解病人的神经症结构的线索，几乎是无穷的。但是，有很重要的一点需要提及：精神分析师利用线索的时候，不仅通过精确的推理方式，而且在一定程度上还凭借直觉。换言之，对于自己是如何得出试验性的推测的，精神分析师不可能每次都做出精确的解释。例如，在我自己的工作中，有时会通过自己的自由联想获得一种了解，在倾听病人讲述的时候，病人很久以前告诉过我的一件事情可能会浮现在我脑海中，当时我毫无准备，并不知道它会对眼前的情境造成什么影响。或者，也有可能，关于另一名病人的一种感觉会突然涌现在我心头。我已经学会了绝不摒弃这些联想，而且经过认真的检查，常常会证明它们的价值。

　　当精神分析师已经诊断出了一种可能的联系，当他已经获得了在一定范围内发挥作用的某些潜意识因素的印象，就会把自己的理解告诉病人——如果他认为这样做合适的话。由于我们并不是要讨论自我分析的技巧，而且，在自我分析中，时机掌握的技能和给予解释的技能是不相关的，所以，在此，只将精神分析师认为病人可以接受、可以利用的解释提供出来，也就足够了。

　　解释是对于一些可能的含义的建议或意见，就其本质而言，解释多少都带有试验性，而病人对它们的反应也各不相同。如果一个解释在本质上是正确的，那么它可能就会切中要害，而且能刺激到联想，揭示出更深一层的含义。或者，病人可能会对它进行彻底的检验，逐渐修正，使其符合自己的标准。一个解释即使只有部分正确，假如病人合作，它也能因此而引发出新的思想趋势。但是，解释也可能会引发焦虑或防御性反应。此处这个问题，跟前一章有关病人对自我认知反应的讨论密切相关。无论病人的反应如何，精神分析师的任务就是了解这些反应，并从中获得有用的信息。

　　自我分析在本质上是一项合作性工作，精神分析师和病人都要下定决心了解病人的障碍。病人尽己所能向精神分析师敞开心胸，而正如我们已经看到的，精神分析师则需认真观察、努力了解，并且在恰当的时候向病人做出解释。然后，精神分析师会就这其中可能的含义给出自己的意见，双方共同努力，对这些意见的正确性进行彻底的检验。例如，他们会识别一种解释是只在当前情境中才正确，还是具有普遍价值；一种解释是任何时候都适用，还是只在一些情境中才正确。只要这种合作精神为精神分析师和病人双方所接受，精神分析师想要了解病人、将自己的发现传达给病人，就变得相对容易些。

　　用专业术语来说，真正的困难会出现在病人产生抗拒的时候，这时，病人就会想方设法地拒绝配合。对于约定的精神分析，他要么迟到，要么故意忽视。他想要暂停分析几天或几周。他对与精神分析师的协同工作失去了兴趣，只想得到精神分析师的喜欢和友情。他的自由联想变得浅薄、无效，而且避实就虚。对于精神分析师所提的建议，他不仅不愿意检验，反而对其充满了厌恶，他发现自己受到了指责、伤害、误解、羞辱。怀着一种顽固的绝望感和徒劳感，他可能会拒绝任何帮助。从根本上讲，这种绝境产生的原因在于，病人无法接受一些自我认知，因为它们太令人痛苦、太令人惊恐，而且这些自我认知会逐渐削弱病人所珍重的、无法放弃的那些幻想。因此，病人会用尽方法，极力摆脱这些自我认知，尽管他并不知道自己努力避开的，是那些令人痛苦的自我认知，他所知道的，或他自以为知道的，仅仅是自己不被理解，或蒙受了羞辱，或自己所做的工作徒劳无果。

　　目前为止，从整体的角度来讲，精神分析师基本上都是跟随着病人的脚步。当然，精神分析师提出的每一个建议，都可能带有引导性质，都隐含着一定的指导作用，例如，通过解释引出一种新的观点、提出一个问题、表达出一种怀疑，等等。但是，大部分时间，主动权都掌握在病人手中。然而，在一种抗拒发展起来之后，解释性的工作和含蓄性的引导可能都无法满足需求，这时，精神分析师就必须果断地担负起引导的工作。在此期间，精神分析师的任务首先是诊断出抗拒本身，其次是帮助病人诊断出这种抗拒。而且，精神分析师不仅必须帮助病人看清其自身正陷于一场防御性战斗的现状，而且还要帮助病人找出——无论有没有病人的帮助——他正在逃避的是什么。精神分析师做到上述工作的方法如下：通过回忆前几次精神分析阶段的情况，努力找出在抗拒产生的这个精神分析阶段之前，病人受到了什么打击。

这一点有时很容易做到，但有时也可能非常困难。抗拒产生的初期，可能是不易察觉的，精神分析师可能还没有觉察到病人的弱点。但是，如果精神分析师能诊断出一种抗拒的存在，并且能成功地说服病人，让他认为自己的精神里有一种阻碍在对他施加影响，那么，通过协同合作，共同探索，常常就有可能发现抗拒的根源。这一发现带来的直接收获是：进行下一步工作的障碍清除了。此外，对一种抗拒根源的了解，还为精神分析师提供了有关病人想要隐藏的因素的重要信息。

在病人已经获得了某种具有深远意义的自我认知的时候——例如，在他成功地发现了一种神经症人格倾向，并且诊断出了它的一种至关重要的原始驱使力的时候——精神分析师的积极引导很可能就特别必要。这可能是一个收获的时刻，很多以前的发现理出了头绪，神经症人格倾向下一层的分支也变得清晰起来。然而，更常见的情况是，正是在这一时刻，病人产生了一种抗拒，这其中的原因我们已经在第三章讲过了。他可以用各种各样的方法做到这一点。他可能会潜意识地寻找、表达一个现成的解释。或者，他可以用一种多少有些狡猾的方式，贬低上述发现的重要性。他可以下定决心，依靠纯粹的意志来控制这一趋势，尽管这种方法让人想到往地狱的方向铺路。最后，他可能会贸然提出问题：为什么他会被这种趋势所控制，他追根溯源，探究自己的童年，充其量只找到一些有助于了解这一趋势根源的相关资料，因为实际上，他是把追溯过去当作是一种手段，用来逃避去认识所发现的这一趋势对他的实际生活意味着什么。

我们可以理解神经症病人为了避免某种自我认知而做的这些努力，毕竟，对任何人而言，要面对下面这一事实都是非常困难的：自己把全部的精力都耗费在了对一种幻影的追求上。更重要的是，这种自我认知会逼迫他去面对彻底改变自己的必要性。对于这种打破自己整体平衡的必要性，病人想要闭上眼睛逃避此事，这是最自然的反应。但是，事实是，病人仓促地躲避，妨碍了自我认知的继续"深入"，也因此，他享受不到自我认知可能带来的种种利益。在此，精神分析师能够提供的帮助是，把握领导权，发挥引导作用，向病人揭示他的畏缩策略，让病人看清自己行为的本质，同时鼓励病人详细探究这一趋势对自己的生活所造成的所有结果。正如前面提到的，任何一种趋势，只有在病人能够完全、彻底地面对它的程度、强度以及各种含义的时候，它才能为病人所处理、应对。

　　病人原始驱使力和学习驱使力的冲突之中时，就会潜意识地逃避正当识别，一种抗拒不可避免因此产生，这时，精神分析师需要进行主动引导的另一个点就出现了。此时，病人想要保持现状的趋势可能会再一次阻碍一切发展。他的自由联想可能会仅仅表现为一种往复运动，毫无效用地在冲突的两个方面之间来回移动。他可能会通过赚取同情的方式来谈论自己的需求，迫使别人帮助自己，但在转眼之间，他的自尊心又会阻止他接受任何帮助。精神分析师一开始评论冲突的一方面，他就转移到冲突的另一方面。病人的这种潜意识策略可能很难识别，因为他在实行这种策略的时候，随时都有可能展露出有价值的信息。然而，精神分析师的任务就是诊断出这些逃避性的策略，将病人的行为引向对现存冲突的正当识别上。

　　在精神分析的后期，应对病人的某种抗拒时，精神分析师有时也必须发挥引导作用。精神分析师意识到，尽管做了大量的工作，病人也获得了不少的自我认知，但其神经症病症却没有丝毫改善，这时，精神分析师可能会受到打击。在这种情况下，精神分析师必须放弃自己解释者的角色，开诚布公地面对病人，将自我认知和改变之间存在的矛盾告诉病人，也许他还要向病人提出问题，以确定病人是否为了保护自己免受任何自我认知的真正触及，而在潜意识中做出了保留。

　　目前为止，精神分析师的工作都具有智力特征：他用自己的知识来为病人服务。但是，即使精神分析师没有意识到，自己提供给病人的远比自己的专业技能要多，而实际上，精神分析师给予病人的帮助，已经延伸到了他的专项能力所能提供的范围之外。

　　首先，正是由于精神分析师的存在，病人才能得到这个独一无二的机会，能够意识到自己对他人的态度。在其他的人际关系中，病人很可能会把自己的思想主要集中在对方的独特性上，集中在他们的不公正、自私、违抗性、歧视、不可靠、敌意等上；即使病人意识到了自己的反应，他也会倾向于认为这些反应都是由别人引起的。然而，在精神分析中，这种因人而异的复杂情况几乎完全不存在，不仅因为精神分析师已经对自己做过自我分析，而且仍在继续进行自我分析，还因为精神分析师的生活没有和病人的纠缠在一起。精神分析师和病人这种毫无瓜葛的关系，将病人的种种特性，从平时包围着它们的、使它们难以辨认的环境中分离了出来。

　　其次，出于友好的兴趣，精神分析师给予了病人大量的我们所说的一般人性援助。从某种程度上讲，这种援助跟知识帮助是不可分离的。因此，精神分析师想要了解病人这一简单的事实，就暗示了精神分析师很重视病人。这件事本身就是一种头等重要的感情支持，特别是在以下这些境况中：在病人受到畏惧和怀疑的折磨的时候，在病人的弱点暴露出来、自尊心受到攻击、幻想受到破坏的时候，因为病人常常离自我太远，所以无法认真对待自己。这种情况听上去可能难以置信，因为大多数神经症病人都把自己看得过分重要，无论在他们的独特潜力方面，还是在他们的独特需求方面。但是，把自己看得重于一切，和重视自己完全不同。前一种态度源于膨胀的自我，而后一种则源于真实的自我，跟真我的发展有关。神经症病人经常用"慷慨无私"来为自己的缺乏严肃找理由，或把自己的所作所为合理化成这种论点：过多地考虑自己是可笑的，或是自以为是。这种对自己的根深蒂固的漠视，是自我分析的最大障碍之一，相反，专业性分析的最大优势之一在于这一事实：专业分析意味着与他人协同工作，对方的态度能够激发起病人的勇气，使其善待自己。

病人的焦虑受到控制的时候，医患双方的协作就显得至关重要了。在这种情境中，精神分析师极少会直接安慰病人。但是，不管精神分析师解释的内容是什么，单单是自己的焦虑被当作一个特定问题来处理，而且最终能够得到解决这一事实，就能够缓解病人对未知的恐惧。同样，在神经症病人感到沮丧气馁、想要放弃努力的时候，精神分析师为他做的，也远远不止解释，精神分析师会尝试着将病人的这种态度理解为某种冲突的结果。只是精神分析师的这种尝试，就是对病人的极大支持，比如拍拍肩膀或努力地说一些励志的话。

还有另外一些情况，精神分析师的人性援助也很重要。比如下面这种情况：病人赖以建立起自尊心的虚构基础产生了动摇，而病人也开始怀疑自己。原本，病人失去了有关自己的有害的幻想是一件有益的事情。但是，我们一定不能忘记，在所有的神经症中，坚定的自信都受到了极大的损害。取而代之的，是虚构的高人一等的观念。然而，深陷于自身战斗中的病人，无法将这两者区分开来。对病人而言，他膨胀的想法遭到破坏，就意味着他的自信心受到了损毁。因此，病人会意识到，他并不是自己所以为的那样神圣、仁爱、强大、独立，他不能接受一个失去了荣誉的自己。这时，即使他已经不相信自己了，他也仍然需要一个信任他的人。

简而言说，精神分析师给予病人的人性援助，类似于朋友之间相互给予的那种感情：情感支持、鼓励、关心对方的幸福。这可能是病人首次体验人与人之间理解的可能性，可能是首次有另一个人不惮其烦，了解到他并非仅仅是一个居心不良、猜忌多疑、愤世嫉俗、强人所难、虚张声势的人，并且，即使清楚地认识到他有这些倾向，仍然喜欢他、尊重他，把他当作一个努力奋斗、积极进取的人。而且，如果得到证明，精神分析师是一位可以信赖的朋友，那么这段美好的经历可能还会帮助病人重新拾起对他人的信心。

既然我们在此关注的是自我分析的可能性，那么，回顾一下精神分析师的这些功能，细看一下，它们在何种程度上可以为病人独立工作时所采用，是很有必要的。

毫无疑问，一个受过训练的旁观者对我们的观察，比我们自己对自身的观察要精确得多，特别是考虑到在与己相关的情况下，我们对自身的观察远远做不到不偏不倚。然而，基于已经讨论过的事实，我们对自己的观察还具有一项优势，即，比起外人，我们自己对自身更加熟悉。我们从自我分析中已经获得的经验，确凿无疑地表明：如果某个精神症病人倾向于了解自身的问题，那么他就能发展起来一种令人惊奇的、敏锐的自我反省能力。

在自我分析中，了解和解释是一个过程。精神分析师由于具有工作经验，所以比起独立进行分析的病人，他能够更快地抓住观察资料中蕴含的可能的含义和重要性，这就像一名优秀的机修工能迅速地找出一辆汽车的故障一样。一般说来，精神分析师的了解也更全面，因为他能抓住更多的隐含意义，能更容易地诊断出已经获取的种种因素之间的相互联系。在这个方面，病人的心理学知识，尽管肯定无法替代日复一日致力于心理问题研究所获得的经验，但是，它还是能够给予一定的帮助。不过，就像在第八章将要论证的事例，病人想要抓住自己观察数据含义的意图是完全有可能实现的。无可否认，病人的进展可能会更缓慢，也达不到精神分析师的那种精准度，但我们应该牢记，决定精神分析进度的，主要也是病人接受自我认知的能力，而非精神分析师的理解能力。在此，我们应该记住弗洛伊德对刚开始接诊病人的年轻精神分析师的寄语。弗洛伊德认为，年轻的精神分析师不应该太过担心自己评价自由联想的能力，因为自我分析中真正的困难不在于智力理解，而在于如何处理病人的抗拒。我认为，这一点对自我分析而言也同样适用。

病人能够自行克服自己的抗拒吗？自我分析是否具有可行性，就依赖于这个问题的答案。尽管如此，跟凭自己的力量重新振作相比较——这是必定会发生的——自我分析看上去似乎无法保证，因为自我的一部分是独立行动的。当然，自我分析是否可行，不仅取决于抗拒的强烈程度，还跟病人克服这些抗拒的动机的强度有关。但是，真正重要的是——这个问题我会在后面的章节中再回答——它能够达到什么程度，而不是它究竟是否可行。

还存在另一个事实：精神分析师并不仅是一个解释的声音，他还是一个人，而且他和病人之间的关系是治疗过程中的一个重要因素。对于这一关系，我们已经指出了两个方面的优点：其一，通过与精神分析师一起观察自己的行为，它为病人提供了一个独一无二的特殊机会，让病人可以研究自己对其他普通人的典型态度。如果病人学会了在平素的人际关系中观察自己，那么这一优点就可以完全被取代。病人在与精神分析师协同工作时所展现出来的种种期望、畏惧、弱点以及抑制等，跟他在与朋友、爱人、妻子、孩子、雇主、同事或仆人的关系中所展现出来的，并没有根本性的不同。如果他想认真识别自己的特性进入所有这些人际关系的方式，仅凭他是一个社会人的事实，就能获得充足的自我探究的机会。

但是，病人是否会充分利用这些信息资源，自然就是另一个问题了。毫无疑问，当病人试图估计在自己和他人的紧张关系中自己所应该承担的份额时，面临的将会是一项艰巨的任务，比他在分析情境中所承担的任务要艰巨得多。因为在分析情境中，精神分析师的个人因素是可以忽略不计的，所以病人很容易就能看到由自己所引起的障碍。而在普通的人际关系中，其他人身上都充满了其自身的独特性，即使病人怀着最诚挚的意图，想要客观地观察自己，也会很容易就把彼此关系中出现的不和与冲突归咎到他人身上，而把自己视为无辜的受害者，或至多，他自己只是对他人的蛮不讲理做出了一种合理反应。在后一种情况下，病人不一定会愚钝到放肆地公开指责他人，他可能会以一种看上去合理的方式承认，自己易怒、阴郁、不正直，甚至不讲信用。但在背地里，他却把这些态度当成是回应他人对自己的冒犯行径的合理而恰当的反应。病人越是不能容忍、正视自己的缺点，并且由他人所带来的障碍因素越是严重，他失去从识别自己的障碍中获得益处的危险就越大。而如果他想通过美化别人、诋毁自己，向相反的方向夸大，具有完全相同性质的危险也会产生。

病人与精神分析师的关系中还有另外一个因素，比起病人与他人的关系，更能让他很容易地看到自己的特性。病人的种种妨碍性品质——他的缺乏自信、依赖性、傲慢、恶毒，最微不足道的伤害也能让他噤若寒蝉，想要逃离现实，或诸如此类任何可能的情况——总是和他的最佳自我利益背道而驰，不仅因为它们使得他和别人的关系不尽如人意，而且还因为它们让他对自己也产生了不满。然而，在病人和他人的日常关系中，这一事实往往模糊不清。病人发现，依赖他人、实施报复、打败别人能给自己的心灵带来安慰，因此，他不愿意去确认自己正在做的是什么事情。在精神分析过程中，相同的特点会表现得非常明显，即使患者想要蒙骗医生，精神分析师也能准确无误地治疗。

不过，病人想要克服在研究自己对他人行为时遇到的情感障碍，这一意愿虽然存在困难，却完全是在可行的范围内。正如我们将在第八章举出的自我分析病例中所呈现的那样，克莱尔通过仔细检查自己和爱人的关系，进行自我分析，从而摆脱心理依赖。在克莱尔身上，上述两种障碍都达到了相当严重的程度。克莱尔的爱人也有神经病人格障碍，而且至少和她本人的一样严重；另一方面，她既心生忧虑，又报以期待。可以肯定的是，从克莱尔的角度来看，她承认自己的爱实际上是一种心理依赖。对她而言，这些精神症引发的焦虑和期待至关重要。

　　病人与精神分析师关系的另一层意义在于，精神分析师能给予病人或外显或内隐的人情关怀。在自我分析中，精神分析师提供的其他援助或多或少都可以替代，而人情关怀则相反，从定义上就能看出，人情关怀在自我分析中是完全缺失的。如果进行自我分析的精神症病人足够幸运，能够和一位善解人意的朋友一起讨论自己的发现，或能够不时地跟一位精神分析师分享自由联想，那么，在精神分析的阶段，他就不会感到孤独。但是，这两种情况都只是权宜之计，都不能完全代替医患双方协作时，所创造的隐形价值。如果在精神分析的过程中缺乏人情关怀，那么就会加大精神分析的难度。

第六章　不定期的自我分析

　　不定期地进行自我分析比较容易，有时还会产生立竿见影的效果。从本质上说，这是每一个真诚的人在试图对自己的感情或行为背后的真正动机做出解释的时候，都会做的事情。偶尔的自我分析，并不需要对自我分析有很深的了解。一个男人爱上一个特别有魅力或特别富有的女人，可能会问自己这样的问题：虚荣或金钱是否在自己的情感中产生了一定的影响。一名在争论中忽视自己优秀的判断力，而向自己的妻子或同事让步的男人，可能会扪心自问：自己的屈服是认为所争论的问题无足轻重，还是自己害怕若不屈服便会引来争吵？我认为，人们常常用这种方式反躬自问，而且这样做的人很多，否则他们就会彻底拒绝精神分析。

　　不定期自我分析的主要范围，不在于神经症人格结构的种种复杂情况，而在于严重的症状。通常，精神病确定让人感到病苦，要么引起我们的好奇心，要么吸引我们的即时关注。所以，本章讲述的事例涉及一例功能性头痛，一例急性发作的焦虑，一例律师在公众场合怯场，一例急性功能性肠胃不适。但是，一个令人吃惊的梦，忘记了的一个约会，或对出租车司机微不足道的欺骗行为过度恼怒，也有可能引起想要了解自己的意愿——或者，更精确地说，将追溯某一特殊结果的根源。

　　后一种区分看上去可能过分吹毛求疵，但实际上，它表现了不定期解决一个问题和系统自我分析之间的重要差异。偶尔自我分析的目的是，诊断出那些引起每一个具体神经症的因素，并将其消除。广义的激励，即让自己得到更好的训练，以有能力应对日常生活的意愿，在此可能也发挥了作用，但是，即使它产生了一定的效果，也是仅限于力求减少由一些畏惧、头痛或其他麻烦所造成的障碍的意愿上。这与把人的能力发展到最佳状态的，那种深刻得多、积极得多的愿望形成了对照。

　　正如这些病例将要说明的，引发病人进行检查尝试的那些神经症，可能是急性的，也可能是慢性的，它们可能主要来自某一情境固有的实际困难，也可能是一种慢性神经症。这些神经症能否通过捷径解决，还需要通过更深入更具体的工作才能解决，要取决于我们稍后将要讨论的内容。

与系统自我分析的前提条件相比，不定期自我分析的前提要求较低。后者只需要少许心理学知识就足够了，而且，这种知识不必是书本知识，也可以是从日常经验中获得的常识。唯有某一个前提条件是不可缺少的——病的潜意识中蕴含着某种朦胧的力量，这股力量非常强大足以让他们人格失常。消极地讲，轻易满足于对某种障碍随意的解释是不可行的。例如，如果一个人因为被出租车司机骗走了一角钱而极度心烦意乱，那么，他就不应该满足于用"毕竟没人愿意受骗"来安抚自己。如果一个人患严重的抑郁症，对于他的病状是由现实环境引发的这样的解释，精神分析师必须持怀疑态度。习惯性忘记约会的人，仅仅用太忙而记不住这样的借口是无法为自己开脱的。

那些特征不明显的神经症病症，例如头痛、肠胃不适或疲乏，特别容易为我们所忽视。实际上，对于这些神经症，我们可以观察到两种截然相反的处置态度，两种态度都同样极端、同样片面。一种态度是，不自觉地把头痛归因于天气状况，把疲乏归因于过度劳累，把肠胃功能紊乱归因于变质食物或胃溃疡，甚至从未想过这其中也有精神因素影响的可能性。这种态度可以解释为纯粹的无知，但对于那些无法容忍任何评价自己不公平或有缺陷的观点的人而言，这就是一种独特的神经症人格倾向。另一种极端态度是，认为每一种病症情绪紊乱都源自精神。他们绝不可能因为工作过度而感觉疲惫，也绝不可能因为暴露在容易感染的环境中而患上感冒。他不能忍受这样的观点：任何外部因素都有可能对他施加影响。如果他患上了一种神经症病症，那也是他本人造成的，如果每一个症状都起源于精神方面，他也完全有能力将其消除。

毋庸置疑，上述两种态度都是强迫性的，最具有建设性的态度是居于两者之间的。我们可能会真诚地对现实环境感到担忧，尽管这种担忧应该让我们有所作为，而不是引发抑郁。我们可能会因为过度劳累、睡眠不足而感觉疲乏，我们可能会因为视力状况不佳或脑肿瘤，而感觉头痛。但可以肯定的是，在进行彻底的调查研究、给出明确的医学解释之前，我们不应该把任何一种身体症状归因于精神因素。特别需要指出的是，在充分关注那些貌似有理的解释的同时，我们也应该认真审视一下自己的情感生活。即使我们面对的困难是一例流感，在给予它恰当的医疗诊治之后，考虑一下这其中是否存在一些潜意识精神因素，这些因素是否发挥了作用，使得传染的概率增加，或妨碍了病况痊愈，对我们而言也是很有裨益的。

如果考虑这些普通的因素，那么我认为，下面这些病例将足以描述不定期的自我分析所涉及的种种问题。

　　约翰是一位商人，他生性温厚，结婚五年，婚后生活看上去很幸福，他患有弥漫性抑制和"自卑心理"疾病，最近几年，他偶尔感到头痛，并且没有检查出任何器质性病变。此前，他从未接受过自我分析，但他对自我分析的思维方式非常熟悉。后来，他来到诊所，要求我对他的一种相当复杂的性格神经症进行分析。他曾进行过自我分析，这一经历是让他认为自我分析可能具有一些价值的原因之一。

　　约翰开始对自己的头痛进行分析的时候，并非有意为之。当时，他和自己的妻子以及两个朋友一起去看一场音乐剧，在观看音乐剧的过程中，他的头毫无征兆地痛了起来。这次头痛发作得非常古怪，因为在进剧院之前，他并没有感到丝毫的不舒服。起初，带着一丝恼怒，他把自己的头痛归因于这一事实：这出音乐剧很糟糕，一个晚上的时间都浪费了，但他很快就意识到，一个人不管怎样都不会因为一出糟糕的音乐剧而头痛。他既然回忆起了这一点，随后就发现，这出音乐剧归根结底也没那么糟糕。但是毫无疑问，如果跟萧伯纳的戏剧相比，它就一无是处，而他原本更愿意去看萧伯纳的戏剧。"原本更愿意"这几个词在他脑中回响，就在此时，他发现心头闪过一丝愤怒，随即发现了这其中的联系。之前，他们在讨论这两出戏剧，想要做出一个选择的时候，他的意见遭到了否决。其实那甚至算不上是讨论，他认为自己应该做一个有风度的人，还安慰自己：看哪一出戏剧并没有太大关系。然而，实际上，他很在乎这件事，而且，他因为被迫同意观看自己并不喜欢的戏剧而深感愤怒。取得了这一认知之后，他的头痛便不治而愈。此外，他还认为，这并不是头痛首次以这种方式发作。例如，有很多桥牌聚会，他并不想参与，但最终却被说服，这种时候也会让他头痛。

　　发现被抑制的愤怒和头痛之间的这种联系时，他大吃一惊，不过他并没有继续深入思考此事。然而，几天之后的一个早晨，他醒得很早，头再次痛得要裂开一般。此前一晚，他参加了一场部门会议，会后大家又去喝酒。起初，他安慰自己，可能是饮酒过多才引起的头痛。这样的解释之后，他本想翻身入睡，却辗转难眠。一只苍蝇在他耳边嗡嗡地叫，让他极为恼怒。起初，这种恼怒几乎不易察觉，但它很快就发酵膨胀变得气势汹汹起来。此外，他还回想起一个梦，或者一个梦的片段：在梦里，他曾用一张吸墨纸压扁了两只臭虫。那张吸墨纸上有很多破洞，实际上，他记住那张纸上布满了破洞，而所有的洞又构成了一幅有规律的图案。

　　这让他回忆起了一件童年往事，那时他曾折过一张薄纸，并在上面裁剪出了一些图案，那些图案非常美丽，让他为之着迷。接下来他想到的事情是，他把自己的剪纸拿给母亲看，期望得到称赞，母亲却心不在焉、敷衍了事。然后，吸墨纸让他想起了工作会议。在会上，他因为漫无目的地在纸上乱涂乱画。不，他并不仅是胡写乱画；他画的是一些讽刺会议主席和自己对手的小漫画。"对手"这个词让他大为震惊，因为他从未有意识地把那个人视为自己的对手。会议上要对一个提议进行表决，对此，他隐隐感到不安，却又找不到明确的理由来抗拒它，所以，他提出的抗拒意见实际上完全没有切中要害。他的意见没有说服力，并没有产生什么效果。直到此刻，他才意识到，自己被会议上那些人欺骗了，接受那项决议就意味着他要承担大量的令人厌烦的工作。他们采用的方法非常巧妙，以至于他当时受到了蒙蔽。想到这一点，他突然大笑起来，因为他明白臭虫的含义了。他的对手和会议主席都是剥削者，他们像臭虫一样讨厌。还有，他害怕臭虫，就像害怕那些剥削者一样。不过，他已经报复了那些人——至少在梦里是如此。这样，他的头痛再度缓解。

在随后的三个场合中，只要头痛一发作，他就寻找隐藏的愤怒，而愤怒一旦找到，头痛也就消除了。从此以后，他的头痛就彻底消失了。

回顾这段经历，我们首先会感到惊讶，跟获得的成果相比，付出的劳动是微不足道。但在自我分析中，发生奇迹的概率就跟在其他地方一样低。一种症状能否轻易消除，取决于它在整个神经症结构中发挥的作用。在这个病例中，头痛并没有起到更重要的作用，例如，阻止约翰去做那些他害怕或厌恶做的事情；或充当一种手段，向别人证明对方冒犯了自己或对自己造成了伤害；或作为要求特殊照顾的理由。如果头痛或任何其他症状具有上述种种重要功能，那么，要治疗它们就需要长期的、深入的工作。当时，我们对符合这些症状的所有需求都进行分析，而且，只有等到精神分析过程完全结束，它们才会消失。在这个病例中，约翰之所以感到头痛，是因为他愤怒的情绪受到了抵制，从而导致精神紧张的症状。

约翰在进行头痛的自我分析中所取得的成功，由于另一个原因而大打折扣。消除了头痛确实是一种收获，但在我看来，我们倾向于过高估计这类明显的、具体的症状的重要性，而低估了那些不那么有形的精神障碍的重要性，例如，在这个病例中，约翰对自己意愿和观点的漠视、对自我主张的压抑，这些障碍，虽然以后将证明它们对约翰的生活和发展具有重大意义，但此时，它们并没有因为约翰的分析而发生任何改变。约翰身上发生的全部改变只在于这一点：他更加注意自己心里升起的怒火，还有，他的症状消失了。

实际上，约翰分析过的每一件事，碰巧都能引出比他所得更多的自我认知。例如，他对自己在观看音乐剧期间所产生的愤怒的分析，就有为数众多的问题没有触及。他和妻子的关系真实情况如何？他引以为傲的夫妻和睦，是不是仅仅因为他的妥协呢？他的妻子是一个喜欢支配他人的人吗？或者，他是单纯地对任何类似于强制的事情都精神紧张？还有，他为什么要压抑自己的愤怒？难道他对情感具有一种强迫性需求？他担心受到妻子的指责吗？他必须掩饰自己并不庸人自扰，维护自己的形象吗？如果必须要为实现自己的意愿而奋斗，他会感到畏惧吗？最后，他真的只要遭到别人的批驳就会感到气愤吗？还是，他主要是在生自己的气，因为自己是如此软弱而必须妥协？

分析一下约翰在随后的工作会议上产生的愤怒，同样也能揭露出很多更深层的问题。在自己的利益受到损害的时候，他为什么没有更警觉一点？还有，这个问题再次出现：他害怕为保卫自己的利益而进行抗争吗？或者，他的愤怒已经达到了能把臭虫压扁的程度，所以将其完全压制下来才比较安全？还是，他是否太过顺从，使得自己任人剥削？或者，他自以为遭受剥削的那些经历，实际上仅仅是同事想要跟他合作的合理期待？此外，他想要给别人留下深刻印象的意愿——期待得到母亲称赞的记忆——又说明了什么？他没能引起同事的注意这一点，是激起他的愤怒的一个主要因素吗？如果他因自卑而心生愤怒，那么他的神经病到底严重到什么程度呢？这些问题都没有触及。在发现压抑对他人的愤怒所产生的影响之后，约翰就听任事情自由发展了。

第二个病例是让我首次思考自我分析的可行性的一段经历。哈里是一位内科医生，他因为深受恐慌的折磨而来找我寻求精神分析，他曾尝试用吗啡和可卡因来缓解病情，此外，他偶尔还喜欢炫耀。毫无疑问，他患有严重的神经症。经过几个月的治疗，在哈里外出度假时，他对自己遭受的一次焦虑进行了自我分析。

这就跟约翰那个病例一样，这次的自我分析也是出于偶然。这是一次非常严重的焦虑症，从表面上看，它是由一次真正的危险引发的。当时，哈里正和爱人登山，这次攀登虽然有些艰苦，但只要看得清路，就安全。但是，暴风雪突然降临，浓雾笼罩，他们陷入险境。接着，哈里感到呼吸困难、心跳加速，整个人随之变得恐慌起来，最后必须躺下来休息。对于这次事件，哈里并没有想太多，只是笼统地将其归因为自己的疲惫和实际的危险。顺便说一下，这是一个典型的例子，它说明了"只要我们愿意"，我们就很容易做出错误的解释，因为实际情况可能是，哈里体格健壮，面对紧急情况的时候也临危不惧，勇于攀登。

他们沿着在山体岩壁上开凿出来的一条狭窄小路行走，看着走在前面的爱人，哈里心头突然闪过一丝念头或者冲动，想要把爱人推下悬崖，意识到这一点时，他的心脏又剧烈地跳动起来。不用说，这件事让哈里大吃一惊，而实际上，他对爱人非常专情。他首先回忆起了德莱塞[1]的小说《美国的悲剧》，在书中，男孩为了摆脱自己的女朋友而将其溺死。然后，他回忆起了前一天恐慌发作的经历，他隐约记起，当时自己也曾有过相同的冲动。那只是一闪之念，而且在其产生之初，他就将其遏制住了。然而，他清楚地记得，在那次发作之前，他对爱人的恼火一直在增长，还发展成了一股雷霆之怒，只是他将其压制了下去而已。

因此，哈里的焦虑发作意味着，对爱人突然萌生的恨意和真诚的爱意之间的冲突，引发了一次暴力冲动。明白了这一点，哈里如释重负，同时也因为自己分析了首次焦虑发作，并预防了第二次发作而感到自豪。

相比之下，哈里比约翰更进了一步，因为他在意识到自己对心上人有过恨意和谋杀的冲动时，他产生了警觉。继续登山的时候，他提出了一个问题：为什么自己会想要杀死她？想到这里，前一天早上和爱人的那场谈话立刻浮现在脑海中。当时，爱人称赞了他的一位同事，因为那个人擅长交际，而且颇具魅力地主持了一场聚会。谈话的内容就这些，显然，这不可能激起他那么大的敌意。然而，在思考这个问题的时候，他火冒三丈。他是在妒忌吗？这解释不通，尽管那位同事比他高，是非犹太裔（他对这两点都非常敏感），还比他能说会道，但他根本就不存在失去爱人的危险。在他回顾这一切时，他忘记了自己对爱人的愤怒，而把注意力集中在了与同事的对比上。接着，他脑中浮现出了一个场景，在他四五岁的时候，他想要爬树，却爬不上去。他的哥哥却轻而易举就爬了上去，而且还在树上嘲笑他。然后，另一个场景生动地浮现在眼前：母亲表扬了哥哥却冷落了他，哥哥事事都超过他。昨天，一定是相似的事情激怒了他。至今，他仍然无法容忍任何人当着他的面赞美别人。从此以后，哈里的紧张感消失了，能够轻松地爬山了，而且，又能温柔地对待爱人了。

跟第一个病例相比，第二个病例在一个方面成效更加显著，在另一个方面却收获较少。一方面，尽管约翰的自我分析比较肤浅，但他确实超越了哈里。在对某一特定情境做出解释之后，约翰并没有满足，他意识到还存在这种可能性：自己所有的头痛可能都是由受压抑的愤怒引起的。然而，哈里的分析却没有超出一种特定情境的范围，他从未想过，自己的发现是否跟其他的焦虑症也有关系。另一个方面，哈里的自我认知比约翰的要深刻得多。对哈里而言，谋

---

[1] 西奥多·德莱塞（Theodore Dreiser，1871—1945），美国小说家，1930年被提名参选诺贝尔文学奖，代表作品《嘉莉妹妹》《珍妮姑娘》《金融家》《美国的悲剧》。

杀冲动是一次真实的经历，至少，他发现了自己的敌意产生原因的一种迹象，而且，他还意识到自己陷入了一场冲突之中。

在第二个事件中，我们同样为有如此多的问题没有触及而感到惊讶。即使哈里因为他人受到称赞而发怒，那么这样强烈的反应又是从何而来呢？如果那种称赞是他心生敌意的唯一来源，那么他又为什么会感到威胁，以至于引起了暴力冲动？虚荣心不仅非常强大，而且非常脆弱。他之所以产生暴力冲动，是因为他受到了虚荣心的操纵吗？如果是，那么他到底具有什么缺陷，需要如此着力掩饰？他和哥哥的抗拒自然是一个重要的历史因素，但只有这一条解释显然是不够的。冲突的另一方面，也就是他对爱人的专情的性质，则完全没有提及。他对女友的需要，主要是为了得到她的赞美吗？他的爱情里掺杂了多少心理依赖？他对爱人的敌意还有其他的原因吗？

第三个例子，是对一种怯场情况的分析。比尔是一位成功的律师，他健康、强壮、睿智，他因为恐高而来向我咨询。他经常会做同一个噩梦，在梦里他被人从桥上或塔上推了下去。他坐在剧场楼厅第一排，或从高处的窗户往下看的时候，就感觉晕眩。还有，在必须出庭之前或跟重要客户见面之前，他有时也会感觉惊惶不安。他是依靠努力，逐步从艰苦的环境中发展到现在的，对于已经获得的优越地位，他一直担心不能维持下去。他经常会在不知不觉中产生这种感觉：自己就是一只虚张声势的纸老虎，迟早会被揭穿。他无法解释这种恐惧，因为他认为自己和同事一样聪慧。而且，他还是一名优秀的辩论家，他的辩论通常都很令人信服。

由于他开诚相见、无所隐瞒，几次会谈之后，我们就想办法绘制出了一种冲突的轮廓，这种冲突的一方是雄心、自信、驾驭他人的欲望，另一方则是维持自己乐观、直率、不谋私利的形象的需求。这一冲突的两个方面都没有受到很深的压抑，他只是没有理解冲突的力量和本质。他一旦将注意力放在这两方面上，就能明确地意识到，自己实际上确实是在虚张声势。然后，他自发地就把这种出于无意识的欺骗行为和晕眩联系在一起。他意识到自己渴望获得较高的社会地位，而同时，又不敢表现出自己的野心。他害怕，别人一旦发现自己的野心就会转而敌视他、攻击他。因此，他必须以一副令人愉悦的良善面孔示人，表现得对金钱和声望都不感兴趣。尽管如此，作为一个本性诚实的人，他隐约发现自己有些虚张声势，这又让他担心别人揭穿自己。弄清楚了这一点，就足以消除他的晕眩了，因为这种晕眩正是由他的畏惧转化而成的生理症状。

后来，他要离城外出。我们还没有谈到，他在面对公众时的恐惧，以及跟一些客户会谈时的畏惧，我建议他观察一下，在什么情况下，他的"怯场"

是严重的；在什么情况下，他的"怯场"是严重的；在什么情况下，他的"怯场"是轻度的。

一段时间之后，我收到了如下反馈。他最初认为，在呈递案件或使用的论证有争议的时候，他会产生恐惧。尽管他清楚地知道，自己的判断并非完全错误，但是，沿着这个方向探求，他却并没有更多的发现。随后，他的精神遭受了沉重打击，然而，事后却证明，这一次的精神波动对他获取了解自身病症的努力极为有益。事情是，他在准备一个棘手的辩护状时，因为知道法官不是一个严苛的人，就没有非常用心，他将其呈交法庭的时候也只是稍微有点担忧。但后来，他得知之前的那位法官生病了，现任法官不但要求严格，而且性情固执。他试图用心理暗示的方法来安慰自己：不管怎么样，现任法官也远远谈不上恶毒或奸诈。但是，这一安慰并没有缓解他的焦虑，他的焦虑症反而更严重了。当时，我建议他描绘脑海中浮现的画面。

首先浮现在他脑海中的，是他小时候的模样，他从头到脚都涂满了巧克力蛋糕。起初，他对这幅图像感到迷惑不解，但很快，他就想起来自己要为此受到惩罚，但因为自己的"聪明"，母亲只好一笑了之，他最后"逃脱"了。"侥幸过关"的主题仍在他的自由联想中继续。几段回忆浮现在脑海中：有很多次，他的功课准备不足，但都逃脱了惩罚。接着，他回忆起了自己讨厌的一位历史老师，至今，他对这位老师仍然恨意未消。那堂课，老师要求全班同学写一篇关于法国大革命的论文。批改过的论文发下来之后，老师批评了他，说他的文章通篇都在夸夸其谈，缺乏扎实的专业知识；老师引述了其中的一段，引得其他同学哄堂大笑，当时，比尔感觉蒙受了奇耻大辱。英语老师经常称赞他的文采，但历史老师似乎无视他的才华。"无视他的才华"这句话让他吃了一惊，因为他原本想说"无视他的文采"。想到这里，他忍俊不禁，因为"才华"这个词表达了他的真实想法。毫无疑问，现任的法官就像那位历史老师，无视他的才华或口才。就是这样。他习惯了依靠自己的才华和口才"侥幸过关"，而不是进行充分的准备。结果，无论何时，在他设想的情境中，当这一手段发挥不了作用时，他就变得恐慌起来。比尔并没有深陷在他的神经症人格中，所以，他能推断出这一自我认知的实际意义：坐下来，仔仔细细地处理诉讼工作。

甚至，比尔进行了更深入的自我分析认为，自己在与朋友、女人的人际交往中，他的才华可以让他们着迷。因而忽略了这一事实：在任何一种关系中，他都没有付出很多。他把这一发现和我们的讨论联系起来，最后，他领悟颇深，告诫自己必须做一个正直的人。

实际上，比尔已经能在很大程度上做到这一点了。目前为止，那段经历已经过去了六年，他的恐惧也几乎消失了。这和约翰缓解头痛症的情形如出一辙，但是，这两者的意义是不同的。正如我们之前所指出的那样，约翰的头痛是一种边缘症状。之所以这样定义，是基于下面这两个事实：约翰的头痛很少发作，即使发作也不严重，不会从根本上对他造成困扰；而且，我们认为这些头痛并不会发挥任何二次作用。正如后来的一次分析所揭示的，约翰真正的神经症在另一个不同的方向。然而，比尔之所以感到恐惧，是因为某种尖锐的矛盾。比尔的恐惧并没有对他不利，但却对他生活中诸多至关重要的领域的重要活动造成了干扰。约翰的头痛消失，并没有改变他的人格，唯一的改变是，他稍微能够敏锐地意识到自己的愤怒。比尔的恐惧消失，他诊断出自己的恐惧源于自己人格里一些矛盾的倾向，更重要的原因在于，他能够改变这些倾向。

在此，就跟约翰的病例一样，比尔这个病例看上去也显示出了收获的成果比付出的努力多的情况。但是，再仔细检查一下，就能发现，这种收获和付出的不相称并没有那么大。确实，比尔只做了比较少的精神分析过程，就不但消除了他的神经症——从长远看这些神经症会严重到足以损害他的事业的程度，而且还发现了些许与他自己有关的重要事实。比尔看到：无论对自己还是对他人，他都表现出一定程度的虚伪；他比起对自己承认的，要有野心得多；他想要通过机智和魅力来实现自己的远大抱负，而不是通过踏踏实实的工作。但是，在评价这一成功的时候，我们一定不能忘了，比尔跟约翰和哈里不同，在本质上，他是一个心理健康的人，只有轻度的神经症人格。他的野心和"侥幸过关"需求并没有受到深度的压抑，而且他的强迫性性格也并不顽固。他的人格结构系统有序，这使得他可以在一诊断出其中的神经症时，就能大刀阔斧地对其进行矫正。如果不从科学的角度去了解比尔的困难，我们可能会简单地把他视为这样一个人：他想要安逸的生活，但当他意识到自己的这种想法行不通时，他就转而努力奋斗、做得更好。

要消除一些明显的恐惧，比尔现有的自我认知已经足够了，但是，即使是这条捷径卓有成效，也还是有很多问题尚未解决。例如，那个被人从桥上推下去的梦，它的确切含义是什么？

比尔有鹤立鸡群的强迫性需求吗？比尔因为无法容忍任何竞争，所以想打压别人？还是他因此害怕别人对自己做出同样的事情？他对高处的恐惧，仅仅是害怕失去已经得到的地位，还是也害怕从虚构的优越地位上掉下来——正如此类恐惧症常见的情况那样？此外，为什么他不付出与自己的能力和野心相当的努力？这种怠惰仅仅来自他对自己雄心的压抑，还是他认为，如果自己付出足够的努力，会有损于自己的优越性——他认为只有普通人才必须工作？还有，为什么在与别人交往的过程中，他付出得那么少？他是对自己关注过多——或也可能是过于鄙视他人——以至于体验不到多少自然的情感吗？

从治疗的角度来看，探寻上述所有追加问题的答案是否必要，则要另当别论。很可能，在比尔那个病例中，他所做的精神分析过程，达到的效果远不止消除明显恐惧这么少。这很可能形成良性循环，承认了自己的野心、投入更多的精力到工作中之后，他可以把自己的野心建筑在更现实更可靠的基础上。因此，他更有安全感，变得更坚强了。卸下自己的伪装以后，他受到了更少的束缚，恐惧也随之消失了。所有这些因素，都会极大地促进他和别人的关系，而这种改善又会进一步增强他的安全感。即使精神分析过程并不全面，这种良性循环也有可能运转起来。如果精神分析过程找到了引发所有症状的根源，几乎可以达到治疗的效果。

最后一个例子，更不像一例真正的神经症，它涉及一种治疗某些情绪的精神分析，这些情绪是在现实情况中产生的。汤姆是一位有名的临床医学家的医疗助理，他对自己的工作怀有浓厚的兴趣，也很得导师的赏识。他们之间建立起了真诚的友谊，两个人还经常共进午餐。在一次和导师共进午餐之后，汤姆发现肠胃稍有不适，他认为是食物有问题，并没有太在意。但在接下来两个人的那顿午餐中，他感觉恶心头晕，比首次严重得多。他去做了胃部检查，却没有发现任何问题。然而，这种不适又第三次发作，并且还伴随着令人痛苦的嗅觉过敏。正是这第三次午餐之后，他才意识到，他之所以感到胃肠不适，是因为他和导师一起进餐。

实际上，他近来跟导师在一起的时候，总感觉局促不安，有时甚至无话可说。而这其中的原因，他很清楚。他的研究工作引导他走上了一条跟导师的理念相反的道路，最近几周，他更加坚信自己的判断。他一直想跟导师谈一谈，但不知何故，总也抽不出时间来。他也意识到了自己的拖延，但是年长的导师在学术方面相当死板，毫无疑问地，不能容忍任何意见分歧。汤姆曾把自己关心的问题暂且搁置，暗暗安慰自己：一次良好的交谈就能解决所有问题。他推测，如果自己的肠胃不适确实跟畏惧有关，那么他的畏惧一定比他认为的要严重得多。

汤姆认为情况就是这样，同时还举出了两个证据。其一，他的这些想法一产生，就立刻就感觉不舒服，正跟他和导师的那几次午餐后的感觉一样。另一个证据是，他同样突然意识到了自己的反应是由什么引起的。在他首次感到肠胃不适的那次午餐上，导师斥责了他的前几任助理。导师愤怒地说，那些年轻人从自己这里学到了很多东西，但离开之后，甚至在学术方面都不跟他保持联系。那一刻，汤姆意识到的所有感觉，都是对导师的同情。他压抑了自己的学术观点，他之所以这么做，是因为前几任助理独立以后，导师难以容忍学术上的分歧。

因此，汤姆意识到，对于眼前的危险，他选择了视而不见，而且他还评估了自己恐惧的程度。他的研究工作正在切实危害他和导师的友好关系，而且也因此对他的工作构成了威胁。导师确实有可能转而敌视他，一想到这一点，他就感觉有些心慌。他想知道，如果再审视一遍自己的发现，或者干脆忘了它们，对他而言会不会更好。这个转瞬即逝的想法，让他意识到学术与事业前程强烈需求之间存在冲突。汤姆压制了自己的恐惧，采取了逃避策略，以逃避必须要做出的决定。认识到这一点之后，汤姆感觉如释重负，终于松了一口气。他知道这是一个艰难的决定，但他坚定个人立场。

我讲述这个故事，不是要举一个自我分析的例子，而是为了说明——有时，引诱我们欺骗自己的力量是多么强大。汤姆是我的朋友，他非常理智。他尽管也有可能具有一些潜在的神经症人格，例如，否认自己具有任何恐惧的强迫性需求，但是，仅凭这些是无法证明他是一名神经症病人的。也许有人会提出反对意见，认为汤姆潜意识地逃避做出决定的事实，就是一种深度神经症病态的表现。但是，可以肯定的是，正常人和精神病人之间的界线并不清晰，所以我们最好把这个问题看作是：因侧重点不同而得出的不同结论，而在实际上，把汤姆当作是一个正常人更合适。话说回来，汤姆的这段经历表现的是一种情境性神经症。也就是说，一种神经症功能紊乱，主要是由某一个特定环境中的矛盾引起的。当病人有意识地面对并解决这一矛盾时，这种不适也就消失了。

我们尽管已经对每一个事例取得的成果都进行了批判性的评估，但是综合来看，它们可能会让我们对偶尔自我分析的潜力产生一种过度乐观的感觉，会让我们认为，自己很容易就能获得一种自我认知，捡到一种珍贵之物。为了传达给大家一个更准确的概念，除了这四个多少都算是成功的尝试，我们还应该补充一件事：在迅速掌握一些神经症障碍的含义方面，我们曾有过二十多个失败的例子。明确地表达出这种谨慎保留是很有必要的，因为一个深陷于自己神经症复杂情况的人，在感到无能为力的时候，很可能会寄望于奇迹的发生。我们应该清楚地认识到这一点：想要治愈严重的神经症或它的任何主要部分，仅仅依靠不定期的自我分析是不可能的。其原因正如格式塔心理学家[1]所表达的那样，神经症人格并不是一个由种种错乱因素组成的混合物，它有自己的结构，在这个结构中，每一个部分都跟其他部分有着复杂的关联。通过不定期的自我分析，我们有可能把琐碎的素材整合起来。了解跟一种神经症人格发作直接相关的因素，并消除一个边缘症状。但是，想要从根本上改变神经症人格，就必须想办法克服它的整个结构，也就是说，需要进行系统自我分析。

因此，不定期的自我分析就其本质而言，对全面自我认知的贡献极为有限。正如前三个例子所表明的，原因在于病人并没有采取进一步行动，以获得所有的自我认知。实际上，每一个问题解决之后，都会自动引出一个新的问题。如果病人无法理清这些线索，那么先前获得的自我认知必然处于孤立状态。

作为一种治疗方法，不定期的自我分析完全能够胜任治疗情境性神经症的任务。对于轻度神经症，它也能产生令人极为满意的效果。但是，对于那些更为复杂的神经症，它就跟冒险没有差别。在最好的情况下，它能做的也仅限于缓解一种紧张，或者分析神经症患者精神紊乱的病症。

---

[1] 格式塔心理学是柏林实验心理学派的一种心灵哲学，这一哲学认为，人的思想形成一种感知或"格式塔"（德语中格式塔为"形状、形式"之意）时，整体就成了独立于各部分的存在。

第七章　系统自我分析：准备步骤

从表面上看，系统自我分析与不定期自我分析的区别可能只在于下面这一事实：系统自我分析要求更频繁的工作。在开展工作的初期，系统自我分析也存在特定的、想要克服的困难，但跟不定期自我分析不同的是，它需要反复进行这一过程，而不是满足于每个孤立障碍的解决。不过，从形式主义的角度看，这一陈述是正确的，它并没有说明二者本质的区别。一个人可以不断地对自己进行分析，然而，如果一些条件没有得到满足，那么精神分析就只能一直停留在不定期的自我分析的阶段。

工作频率更高是系统自我分析有别于不定期自我分析的一个显著特征，但并不是唯一特征。二者之间更重要的区别因素在于系统自我分析的连续性特质，它会持续解决新出现的问题。不定期自我分析在这一方面的缺乏，我们在前一章的事例中已经强调过了。要做到这一点，要求的绝不仅是小心谨慎地找出那些自行出现的线索并对其详细阐述。在前面引用的事例中，病人对取得的成果是满意的，但是如果完全抱着肤浅、随便的态度，这样的成果是绝对无法获得的。精神分析过程如果继续深入，拓展到唾手可得的自我认知的范围之外，那就必然意味着遭遇阻碍，意味着承受各种令人痛苦的不确定因素和伤害，意味着要与那些抗拒因素作斗争。而这要求的，是一种与进行不定期自我分析不一样的精神。不定期自我分析的动机在于，一种明显神经症的压力以及解决它的意愿。在这一点上，系统自我分析的工作尽管也是在相似的压力下开展的，但它的根本驱使力却来自病人不屈不挠跟自己的病症进行斗争的坚定意愿。这是一种不断发展壮大的意愿，是一种不克服所有抗拒因素就不罢休的意愿。这是一种对自己既残忍又坦率的精神，只有全面地认识自己，病人才能正视自己的神经症。

当然，想要坦诚的意愿和实现坦诚的能力，这两者之间是存在差异的。可能有无数次，一个人无法实现自己的目标，但是，如果他能始终对自己坦诚，那么，分析也就没有必要了。此外，如果他继续保持一种坚定不移的态度，那么他对精神分析师就会更加坦诚。每克服一种障碍，就意味着他增进了理性。

因此，面对未来的问题，他可能需要更理性的处理。

在进行自我分析的时候，尽管神经症病人小心谨慎，但是仍可能因为不知道进行分析，而感到不知所措，因而会带有几分匹夫之勇。例如，他可能会下定决心，从现在开始就对自己所有的梦进行分析。据弗洛伊德的观点，梦是通往潜意识世界最佳道路，这一点在此处也同样适用。但不幸的是，病人如果对梦没有全面了解的话，就很容易迷路。任何一个人，如果在对自身内部运作因素缺乏一定程度了解的时候，就试图对自己的梦进行解释，都无异于在做一场随意而任性的游戏。如此一来，即使梦本身的意义看上去显而易见，精神分析师也可能理性地解析梦境。

即使一个简单的梦，也存在多种解释的可能。例如，如果丈夫梦见自己的妻子亡故，这个梦可能表达了一种深层的潜意识敌意。但是，它也可能意味着，丈夫想和妻子分开，却又发现自己没有能力迈出这一步，因此，妻子的死亡就成了唯一一种可能的解决方法，在这种情况下，这个梦首先要表达的，就不是一种敌意。最后，还有可能，这个梦只是因一时的愤怒而引起的对妻子的死亡诅咒，这是一种短暂的情绪，它在现实中受到了抵制，却在梦里得到了宣泄。这三种解释所揭露的问题是各不相同的。第一种解释揭露的问题，也许是敌意及其受压制的原因。第二种解释揭露的问题，也许是做梦者为什么找不到一种更恰当的解决方法。第三种解释揭露的问题，也许是一种特定情况下的真实的令人恼火的事件。

另一个例子是克莱尔的一个梦，做这个梦的时候，克莱尔正试图解决自己对朋友彼得的心理依赖问题。这个病人梦到，另一个男人用胳膊环抱着自己，还说他爱自己。克莱尔认为这个男人很有魅力，而且自己也感觉很幸福。此时，彼得在房间里，眼望着窗外。这个梦给人的第一印象可能是克莱尔的移情别恋，这个病人抛弃了彼得，表达了一种矛盾的情感。或者，它也有可能表达了一种意愿，即克莱尔认为彼得能够像那名男人一样把自己的感情表露出来。或者，也有可能，它表现了克莱尔的这种观点：将自己对彼得的心理依赖转移到另一个人身上，就能解决自己的过度依赖问题；这种情况也就相当于，克莱尔试图逃避真正地解决问题。或者，还有可能，它表达了克莱尔的一种意愿，即她认为自己还有机会维持和彼得的关系——实际上，这种可能行之所以不存在，是因为克莱尔对彼得有心理依赖。

如果病人在了解自己的神经症人格方面已经取得了一定的进展，那么，一个梦就可能进一步论证某一假说。它可能会填补他某个领域的知识空白，还可能为他提供一条新的、意想不到的线索。但是，如果病人的神经症人格倾向模糊不清，那么一个梦也不大可能会澄清任何问题。它可能会做到这一点，但也有可能跟那些未被诊断出的诸多倾向混杂在一起，因此，这些更复杂的问题难以解释。

这些告诫，当然不应该阻止一个人尝试对自己的梦进行自我分析。对梦的解析有助于一个人了解自己的情感，这是肯定的，约翰那个关于臭虫的梦就是一个很典型例子。应该避免的误区是，在进行自我分析的过程中，把所有的注意力片面地集中在梦上，却把其他具有同等价值的观察材料排除在外。此外，负面的告诫也同样重要：我们经常会有充足的理由敷衍地对待一个梦，同时，由于梦的非常怪诞、夸张，我们很可能会忽略它的含义。例如，在后一章，我们解析的第一个梦就是与克莱尔有关。实际上就运用了一种不同寻常的语言，讲述了克莱尔和爱人之间的复杂关系，但是克莱尔却视若无睹。克莱尔之所以这么做，是因为她不想受这个梦所隐含的暗示的影响。然而，这并非一例个案。

梦是信息的一个重要来源，但也只是信息的多个来源之一。除了在事例中，我将不再进行梦的解析。考虑到这一点，我再啰唆几句，提两条很有用的原则，请读者牢记。原则一，梦所提供的，并不是一幅有关情感或观点的照片般的、静止的图画，而主要是种种性格趋势的一种表达。诚然，比起我们清醒时的生活，梦可能会更清晰地向我们揭示出我们的真实情感：爱、恨、怀疑或悲伤这些原本受到压抑的情感，可能会毫无拘束地在梦中感受到。但是，正如弗洛伊德所说，梦最重要的特征是：梦由妄想所掌控。这并不一定就意味着梦代表着一种有意识的意愿，或梦直接象征着我们需要的一些东西。这些"妄想"更有可能存在于意图之中，而非某些显而易见的内容里。也就是说，梦既表达了我们的意愿，又隐含了我们的需求，还反映了对当时困扰我们的矛盾。梦是种种情感因素上演的一出戏剧，而不是对诸多事实的陈述。如果两种强大的意愿相互冲突，那么人们做梦时也会感到焦虑。

因此，如果一个在意识层面一直受到我们喜欢或尊敬的人，在梦中变得令人厌恶、荒唐可笑，那么我们就应该找出让自己做出折损此人形象的那种强迫性需求，而不是武断地得出结论，认为这个梦揭露了我们对此人的看法。如果一名病人梦到自己变成了一栋千疮百孔、无法修复的房屋，无可否认，这表达了他的绝望心境。但问题的关键在于，采用这种方式表现自己，于他而言有何好处。这种悲观的态度，是他本着两害相权取其轻的原则做出的有利选择吗？它表达的是一种报复性的责难吗？他的自嘲是否流露了这种情感，原本有些事他应该早做，现在却为时已晚？

在此，需要提及的第二个原则是，在我们把梦跟刺激梦产生的实际原因联系起来之前，我们是无法了解梦的。例如，仅仅诊断出一个梦大体上是贬义趋势或报复性冲动是不够的，我们必须始终问自己这样一个问题：刺激这个梦产生的实际原因是什么？如果能够发现二者之间的联系，我们就能了解到大量的跟这个梦有关的经历的准确情况，因此，这段经历会向我们指出一种威胁或过错，以及它所引起的潜意识反应。

比起片面地将注意力集中在梦上，进行自我分析的另一种方法真实得多，但在某种程度上，这种方法并不完善。一般说来，让一个人公正地面对自己的动机来自这种认识：自己的幸福或能力受到某一种特定神经症的阻碍，比如反复出现的压抑、长期的疲乏、慢性机能性便秘、普通的胆怯、失眠、工作中的抑制等等，而他也许会尝试着对这种神经症发起一场正面进攻，一场类似于闪电战的突然袭击。换言之，虽然他可能并不了解神经症人格倾向，但是他想方设法地分析造成自己困境的潜意识因素。即使做最乐观的估计，他也只能提出了一些表面问题。例如，如果他的特定神经症是一种对工作中纷扰情绪的抑制，那么，他就可能会问自己：是否野心过大？是否真的对所从事的工作感兴趣？是不是把工作当成了责任，而在心底深处却是抗拒的？如此发展，他很快就会陷入僵局，并做出这样的判断：自我分析无法给自己提供任何帮助。但是，事情发展到这一步，完全是他咎由自取，并不能把责任推到自我分析上。在心理学方面，闪电战绝不是一个好方法，毫无准备的闪电战对任何倾向都是不利。他之所以在战争中处于劣势地位，是因为他完全忽略了所有预先的侦察。这种情况产生的原因部分在于对心理问题的无知，不但依然强大而且广泛存在，以至于任何人都会想要尝试一下这条捷径。但是，这条捷径是行不通的。有种神经症病人的症状非常复杂，例如斗争、畏惧、防御、幻想等等，最终所有因素导致他无法专心地工作。然而，他认为神经症患者的直接行动可以彻底根除这些纷扰情绪，它就像关上电灯开关那样简单。从某种程度上说，他的这种期望是基于一种一厢情愿的想法：他想要迅速消除困扰自己的那种障碍；他愿意相信除了这一未解决的神经症，其他所有都正常。他不愿意面对这一事实：这种明显的障碍只是一种迹象，暗示了他与自己与别人的关系存在根本性的问题。

对病人而言，缓解自己严重的神经症是非常重要的。的确，病人既不应该无视自己的神经症，也不应该掩饰这些纷扰情绪，相反，他应该在思想的隐蔽之处安置它们，这些隐蔽之处的含义是探索的领域。在可以隐约感知到自己具体障碍的性质之前，病人必须对自己有深刻的了解。如果他对自己的感觉的含义保持警觉，那么随着他这方面知识的不断积累，他就能逐步把包含在神经症中的种种因素整合起来。

不过，从某种程度上说，这些神经症是可以直接研究的，因为通过观察波动的情绪，我们可以了解很多相关信息。这些长期性障碍没有一种会始终保持同等强度，它们对病人的支配也是时强时弱。起初，病人对情绪波动的原因一无所知，他甚至认为这其中并不存在什么潜在原因。他认为，神经症的"本质"中隐藏着情绪波动。一般说来，病人的这种信念就是一种谬见。如果精神分析师仔细观察，就可以诊断出一种因素，正是这一因素让神经症病人的病情时好时坏，情绪起伏不定。病人一旦发现这些要素所起的作用，他就可以提高深入观察的能力，因此，他也会逐渐描绘出一幅草图，它呈现了影响自身障碍相关条件。

上述种种考虑的要点在于这一人尽皆知的真理：如果想要进行自我分析，就不能只分析那些显著的、突出的部分，你必须抓住每一个机会，去分析熟人或陌生人。顺便提一句，这种说法并不夸张，因为大多数人都对自己知之甚少，只是逐渐地才意识到自己在很大程度上生活在无知之中。如果你想了解纽约，只观察帝国大厦是不够的，你不仅应该去下东区看看，而且应该在中心公园散散步，还应该乘着船绕曼哈顿一周，在第五号大街坐一回巴士，等等。这些活动可以让你更全面地了解纽约。假定你真正想要了解某些神经症患者，那么熟悉各种机会，并在机遇出现时主动把握它们。这样，你会惊讶地发现，有时候你会莫名其妙地发火，有时候你无法做出决定，有时候你无意中冒犯别人，有时候你毫无缘由地就没有胃口，有时候你的食欲非常好，有时候你无法静心回信，有时候独处的你会突然对周围的噪音感到恐惧，有时候你会做噩梦，有时候你会感到了受伤或羞愧，有时候你不敢提出加薪或表达批评意见。这些观察表明，即使对自己，你也知之甚少。你开始怀疑——在此，怀疑所有的基础知识——并且通过自由联想的方式，来认识情绪波动对神经症的影响。

观察、自由联想以及由此而引发的诸多问题，都是原始材料。与所有精神分析一样，分析原始素材也需要花时间。在专业的自我分析中，精神分析师每天或每隔一天都会留出确定的一小时来进行分析。这种安排算是权宜之计，但是它也具有一些内在价值。患有轻度神经症人格的那些病人，他们的生活一般不会受到病症的严重干扰，所以他们只有在病情发作，想治疗神经症人格障碍的时候，才会去见精神分析师。然而，如果一个人的神经症人格较为严重，精神分析师就建议他在真正想要来的时候再来。然而，如果一个人患有非常严重的神经症，那么他很有可能有充足的理由不就诊，无论何时，他总能逃避精神分析——即对他而言，"抗力"随时存在。这意味着，在他实际上最需要帮助、最适合开展建设性工作的时候，他选择了逃避。神经症病人定期接受精神分析的另一个原因在于，在一定程度上保持治疗的连续性，这是系统精神分析的本质。

要求定期的两个原因——抗拒的复杂性和保持连续性是必要的——当然，这也适用于自我分析。但是，在此，我认为一个小时定期的观察不一定适用于自我分析。专业分析和自我分析之间的差异不应该低估，对病人而言，遵守跟精神分析师的约定比遵守跟自己的约定要容易，因为在前一种情况下，有更多的切身利益推动病人去践行约定：他不想失礼，他不想因阻碍而浪费时间，他不想失去这一小时可能会创造的价值，他不想付钱预约了时间又没有好好利用。然而，这些压力在自我分析中都不存在，许许多多表面上或实际上不容拖延的事情，都会与病人所预约的治疗时间重复。

在精神分析的阶段，预约时间定期地进行精神分析是无法实施的。还存在一些内因——这些原因跟抗拒这个问题完全无关。一个人可能喜欢在晚饭前空闲的半个小时里思考一下自己的问题，却厌恶在上班前预留出时间来做自我分析。也有可能，他在白天的时候抽不出时间来进行自我分析，但在晚上散步或入睡前，却更容易获得最有启发性的联想。在这个方面，即使是跟精神分析师的定期预约，也会存在一些缺陷。一方面，当神经症病人非常迫切地想见精神分析师时，精神分析师却没有及时出现。另一方面，即使表达自己的热情消失了，他也必须在安排的时间去见精神分析师。由于种种外部环境的限制，这一不利条件几乎无法消除，但是我们也没有正当理由把这种不利条件投射到自我分析中，因为在自我分析中，这些外部情况根本不存在。

在精神分析阶段，严格遵守预约时间的另一个不足之处在于将自我分析视为一种"责任"。因为责任所包含的"必须"的含义会剥夺精神分析的自觉性，而这一性质是精神分析中最宝贵、最不可缺少的要素。一个人在不想进行日常锻炼的时候，强迫自己进行练习，并不会造成太大的危害。但是，如果某人强行做自我分析，他必定会心不在焉、漏洞百出，在这种情况下精神分析过程也不会产生效果。然而，专业分析虽然也会存在这种危险，但是凭借精神分析师对病人的关心以及精神分析师和病人协同合作的事实，这一困难是能够克服的。在精神分析的阶段，因外界压力而产生的倦怠，非常难以处理，它可能让整个精神分析过程逐渐瘫痪甚至失败。

在精神分析的阶段，定期的精神分析过程并不是目标本身，更确切地说，这两个目标，揭示了它的价值——其一，保持精神分析的系统性；其二，预防精神分析中的神经症人格倾向。长期以来，虽然病人总是按时到精神分析师办公室就诊，但他的障碍并没有消除，他的赴诊只是为了让精神分析师帮助他了解那些发挥作用的因素。坚持进行定期的系统自我分析，既不能保证他不会从一个问题转向另一个问题上，也不能保护他可以全面地认识自我，这些保证只对普通的工作才有效。在精神分析的阶段，这些要求也是必不可少的，在后一章里，我会再详细论述它们的意义。在此，最重要的是，它们不强求一个人严格地遵守时间表进行自我分析。如果某人因为一次爽约而错过了一个问题，那么在以后的精神分析过程中，他还会再次遇到这个问题。除非病人想要着手处理这个问题，否则，把这个问题抛诸脑后才是明智的选择，即使这要以浪费时间为代价。精神分析师应该始终是一个值得依赖的好朋友，而不应该是一名天天督促我们取得好成绩的教师。毋庸置疑，抗拒强迫性严守时间的告诫并不意味着病人可以松懈懒散。如果我们想要让友情成为自己生活中一个有意义的因素，我们就必须呵护它，同样，只有我们严肃对待精神分析过程，它才会有利于病人的神经症，帮助他们早日康复。

最后，不管一个人多么真诚地把自我分析当作自我发展的一种助力，而不是一种快速见效的灵丹妙药，他那份从现在一直到死亡始终从事这份工作的决心也发挥不了任何作用。实际上，在精神分析的一些阶段，他认真地解决问题，比如后一章要论述的问题。但是，还有另外一些时期，他的工作不那么重要。他仍然会观察某些显著的反应，并试图了解它们，从而继续自我认识的进程，但它们的强烈程度会明显地减弱。他可能专注于个人工作或集体行动；他可能忙于跟外界的困境作斗争，他可能全神贯注于建构人际关系，他可能只是不再因自己的心境障碍而感到烦恼。在这些时期，生活本身比精神分析重要得多，而且生活还以自己的方式来治疗他的神经症。

进行自我分析的方法和同精神分析师一起工作的方法相同，它们采用的都是自由联想。这一技术的具体阶段我们已经在第四章详细论述过了，一些跟自我分析有关的特别的方面，我们将在第九章再补充说明。在进行精神分析时，病人会告诉精神分析师自由联想的内容。在独立工作时，病人应该把自由联想记录下来。至于病人选择只将它们记在心里，还是记在笔记本里，都只是个人喜好而已。有些人在书写时精神更为集中，有些人却觉得书写会分散自己的注意力。在第八章引用的大量病例里，有些联想是当时记录下来的，有些则受到了关注，过后才记录了下来的。

毋庸置疑，把自由联想记下来是非常有利的。首先，几乎每名病人都会发现，如果大家都习惯把联想内容记录下来，那么几乎所有人的思想就不会轻易偏离主题。至少，如果出现跑题，自己能够更快地注意到。还有一种可能的情况是，把联想写在纸上时，病人想要略过一个他认为不重要的想法或情感的诱惑。不过，记录的最大优点是，它可以帮助病人回忆自由联想的内容。一般而言，我们会忽略一种联系的重要意义，但是过后仔细查看记录时就会注意到。我们经常遗忘那些悬而未决的问题，但是当我们重新翻阅笔记时，我们就能回想起来。或者，病人可以从不同的视角去观察曾经的发现。或者，病人也许会感觉自己并没有取得明显的进展，仍然停滞在几个月以前的水平。这后两条原因向我们揭示了，简略记录种种发现和取得这些发现的主要方法是非常明智的，即使这些结果已经在没有做记录的情况下得到了。写笔记的主要困难在于思考比记录更敏捷，但是，我们可以通过记录关键词来提高效率。

如果把大量精神分析过程都记录下来，那么把这种记录跟日记相比较就几乎不可避免。另一方面，详尽阐述这种对比可能也有利于强调精神分析过程的一些特征。对自我分析的这种记录和日记的相似之处自不待言，特别是如果日记记录的并不仅是实际事件，还有对自身情感经历和动机的诚实描述，这时两者就更是如出一辙。但是，两者之间也存在很大的差异。一本日记真实地记录了意识情感、自由联想以及动机，它涉及了不为外界所知的情感经历，而非不为作者本人所知的经历。在《忏悔录》中，卢梭非常真实地记录了自己受虐的经历。在本书中，他并未揭露出任何他自己不知道的事实，他只是讲述了一些隐密的事情。而且，如果想在一本日记里寻找动机，能找到的无外乎一个无足轻重的不严谨的猜测——如果这样的猜测真有什么分量的话。一般而言，我们不会做出什么尝试，以深入意识层面之下去探究。在《一个男人古怪的生活》中，主人公卡波特森坦白地描述了对妻子的恼怒和怨恨，但却没有就理由给出任何可能的线索。上述这些评论并没有批评日记或自传，虽然它们也有自己的价值，但是它们跟探究自我具有本质的区别，没有人可以一边描述自我，一边进行自由联想。

对精神分析过程的记录和日记之间还有一个不同点，这一点在实践中很重要，所以有必要提及：日记通常会留出一部分注意力放在未来的读者身上，不论这读者是将来的作家，还是一个广泛的读者群。然而，这种对后世的任何细微的关注，都必然会减损原本的真实性。这样，作者在写日记时不免会有意无意地进行一些修改润饰。他会完全略去一些因素，会尽量减少自己的缺点，或干脆把它们推诿给别人，他保护一些人使其不为公众所知。如果病人存有哪怕一丁点儿在乎读者赞美的心思，或存有任何一点想要创作出一部具有独特价值杰作的想法，那么，同样的事情也会发生在病人记录自由联想的过程中。那时，病人就会犯下上述所有那些过错，而这些过错会逐渐削弱他自由联想的价值。无论病人要在纸上记录下什么内容，他的目的都应该只有一个，那就是认识自己。

第八章 一例心理依赖患者的 系统自我分析病例

无论我们的描述多么丰富、多么详细，也无法做出恰如其分的表达。在了解自我的过程中，我想谈谈自己在精神病学领域的见闻。因此，我准备详细地讲解一个病例。这个病例是一位心理依赖患者的系统自我分析，这个病例记录了一位对男人有心理依赖的女人。在现实生活中，这些情况非常普遍。

如果我们只把它看作是普通的女性问题，那这也是非常有趣的。但是，它远远超出了女性领域。众所周知，这些情况普遍存在。无论是一个人潜意识层面，还是更深层的依赖，它都是毫无根据的。在不同的人生阶段，许多人都有心理依赖。在克莱尔接受精神分析之前，我们通常很少意识到这些问题，相反，我们还会用"爱"或"忠诚"等词来加以掩饰。这种心理依赖如此常见，它为轻而易举地消除了我们的烦恼。然而，在我们成熟、坚强、独立的道路上，这种心理依赖存在巨大的障碍；人们所期待的幸福，大多数是虚假的。因此，对某些人而言，以独立自主、重视建构良好人际关系为理想目标，探究无意识的心理依赖大有裨益，系统自我分析让他们受益匪浅。

一直以来，克莱尔独立解决这些问题，她非常善解人意，允许我公开发表精神分析过程。这个病人的背景情况和精神分析过程的发展状态前面已经概述过了，因此我就可以省去很多解释。然而，在其他情况下，这些解释是必不可少的。

但是，我之所以选择这一病例，是因为它清楚地展现了这一过程。在这个过程中，我们逐步熟悉并处理问题，既不在于问题的内在价值，也不在于我们对当事人的熟知。这个病例的成功并不在于其系统的精神分析，相反，我们选择这个病例的原因就在于它的全部错误和缺陷。即使是那些错误和缺点，也是非常清晰的，足以成为我们讨论的材料；同时，它们又非常具有代表性，能让我们从中吸取经验教训。这一病例所阐明的自我分析的过程几乎不必解释，从本质上说，这个病例跟其他任何一例神经症人格倾向的精神分析都是相同的。

如果按照原来的写法，这些内容就无法发表。因为它主要是用流行语书写的，所以一方面我们引用时必须展开详尽说明，另一方面，我们又必须对其进行删减。简明起见，我已经省略了那些完全重复的部分。同时，我只选取了这个病例的一部分，它不仅与心理依赖紧密相联，而且与心理依赖有直接关系。此外，在这些关系中，它阻碍了早期的努力，所以在此我会将其略去。虽然揣测这些无效意图也很有趣，但是这样做没有必要。而且，我只简要地记录了病人中抗拒时期的情况。也就是说，我们所总结的只是这个病例的关键。

总结之后，我们就分别讨论精神分析的各个方面。在随后的这些讨论中，有几个问题特别需要注意：这些发现的意义是什么？当时，哪些因素克莱尔并不理解？她为什么不理解这些因素？

尽管克莱尔接受了几个月精神分析，但却收效甚微。一个星期天的早晨，克莱尔醒来以后大怒。她在一家杂志担任编辑，这次，撰稿人的爽约，已经是那人第二次为难她了。她认为这个人非常不靠谱，这实在让人无法容忍。

此后，克莱尔意识到自己的愤怒有些不合情理，这件事根本不足以让她在清晨五点醒来。如果她理解愤怒和刺激之间的差异，就可以意识到自己愤怒的真正原因。虽然这些原因仍然跟不靠谱的作者有关，但是她愤怒的原因更倾向于她爱人的失约。她的爱人彼得因公出城，却没有遵守承诺回来度周末。准确地说，彼得并没有明确地承诺，他只是说自己有可能在周六回来。克莱尔安慰自己：他从未确定过任何事，他总是给她期望，然后又让她失望。前一天晚上，她感到很疲乏。当时，她认为自己之所以感到疲乏是因为工作太辛苦。后来，她才明白自己疲乏的原因是她对彼得的失约而感到的失望。为了和彼得共度良宵，克莱尔推拒了一个晚餐邀请。但是，彼得并没有如期赴约，她便去看了一场电影。她从来无法做出任何预约，因为彼得讨厌提前定下确切的日期。结果，克莱尔尽可能多地空出晚上的时间，却不断地为同一个问题烦恼着：这个人是否会如期而至？

想到这一情境，克莱尔的脑海中就会同时浮现起两段记忆。克莱尔的第一段记忆是数年前从她的朋友艾琳那儿听说的，艾琳跟一名男人有过一段关系，这段关系热烈却相当不幸的。在他们交往期间，艾琳得了很严重的肺炎。高烧退后，艾琳惊讶地发现自己对那名男人的感情消失了。这名男人试图挽回两个人的感情，但对艾琳而言，他不再具有任何意义。克莱尔的另一段记忆，跟一部小说中的一个特殊场景有关，在青少年时期，主人公的某个场景给她留下了深刻的印象。小说女主人公的第一任丈夫从战场返回，期望看到妻子欣喜若狂地迎接他。实际上，因为种种矛盾，他们的这段婚姻已经破裂。在丈夫离开的这段时间，他的妻子已经变心。她并不盼望丈夫回来，女主人公觉得丈夫已经与自己形同陌路。其实，因为这是这个病人受到了负面情绪的干扰。他是如此渴望被爱，以至于他内心希望得到关怀——好像这对夫妇情感丝毫都不重要。克莱尔认为，这两段回忆都指向了一种意愿，即她想与彼得分手，克莱尔认为这一意愿跟自己那短暂的愤怒有关。但是，克莱尔的另一个心声：我永远也不会这么做，因为我太爱他了。带着这种想法，克莱尔再次入睡。

克莱尔理解自己之所以会感到愤怒，是因为彼得失约，而不是因为那位撰稿者，因此，她对自己的愤怒做出了合理的解释。此外，她对两段记忆的解释也是正确的。然而，从某种程度上，这种解释缺乏深度。当时，克莱尔并没有把自己的愤怒与彼得的失约联系起来。可以说，她只是把这次爆发的愤怒视为一次短暂的不满，因此，她轻易地打消了与彼得分手的顾虑。分析这个病例时，我们可以清楚地明白，那时，克莱尔对彼得的心理依赖非常严重，以至于她既不敢承认自己对彼得不满，也不敢提出与彼得分手。但是，对于自己的心理依赖，克莱尔却没有一丝察觉。她压抑愤怒以后，情绪得以缓和。她的情绪之所以平静，是因为她"爱"彼得。这是一个很典型的例子，它说明了一个人能够从自己的联想中获得的认知，不可能超过她当时所能忍受的程度，正如这个例子所显示的，即使联想用的是一种几乎不会理解错的语言，结果也不会有什么不同。

克莱尔对自己联想的含义基本上采取抵抗态度，这就解释了为什么她没有提出这些联想所暗示的一些问题。例如，值得注意的是，虽然这两种联想通常某种意愿的中断，但它们表明了一种非常特殊的终结方式：在两个联想中，女人的感情都消失了，而男人却仍不放弃。正如我们稍后将要看到的，这是克莱尔可以设想的唯一一种结束痛苦关系的方法。对克莱尔而言，要她主动跟彼得分手，这是无法想象的，因为她对彼得的依赖很深。尽管有充分的理由可以推断出，克莱尔在内心深处发现了彼得并不是真的想要和自己在一起，只是自己缠着对方，但仅仅是想到彼得有可能会离开自己，克莱尔就感到非常恐慌。克莱尔对这一真相的焦虑是如此深重，以至于她花费了很长的时间才认清一个简单的事实：她很害怕。这种焦虑如此严重，即使在她发现自己对被抛弃的畏惧之后，她仍对彼得想要分手这一非常明显的事实视而不见。在克莱尔的自由联想的两件事，女性都处于抛弃男性的位置上，这种情况不仅流露了克莱尔追求自由，而且揭露了她想要报复的意愿，这两方面都隐藏得很深，都与未被诊断出的束缚本身有关。

克莱尔没有提出的另外两个问题是，为什么在经过了整整一晚上以后，她对彼得的愤怒才进入到了意识层面，又为什么首先在撰稿者身上发泄愤怒，来隐藏发火的根源呢？克莱尔压抑了自己愤怒的情绪，在她发现自己对彼得的失望时，变得非常明显。此外，在这种情况下，愤恨确实是一种自然反应，但是，绝不允许自己向任何人发火并不符合克莱尔的性格，她经常冲别人发火，不过她的特点却是把自己的不满从真正的起因迁怒到无关紧要的琐事上。但是，提出这个问题——尽管这看上去只是一个普通问题——就意味着提出了另一个问题：她和彼得的关系为什么如此不稳定，以至于她必须将任何阻碍隐藏在意识之外？

克莱尔想办法将整个问题从意识中排除，再次入睡并做了一个梦。在梦中，她身处一个陌生城市，那里的人说着一种她听不懂的语言；她迷了路，而且她脑中的路线图却非常清晰；她把所有的钱都放在了行李箱里，行李箱则寄存在车站。然后，她出现在一个市集，虽然这个市集很不真实，但她还是看见了几个赌场和一个畸形人演出；她正骑在一只旋转木马上，木马转得越来越快，她感到害怕，但又不能跳下来。接着，她又在海上随波漂流。当她醒来时，恐慌的感觉和焦虑的情绪交织在一起。

这个梦的第一部分，让克莱尔回忆起了自己青少年时期的一段经历。在梦里，她去了一个陌生的城市，忘记了旅馆的名字。同时，她也迷路了。她还想到前一天晚上，看完电影回家的时候，也有过与迷路类似的感觉。

赌场和畸形人演出让她联想到先前，彼得做出承诺却又违背诺言。这样的地方也充斥着虚伪的诺言，在那里，人们经常上当受骗。此外，克莱尔把畸形人演出看作是自己对彼得愤怒的情绪。她认为彼得是畸形的。

在梦里，真正让克莱尔感到震惊的，是那种在迷路时非常无助的感觉。然而，她认为自己之所以会产生这些愤怒情绪，和迷路的感觉，是因为梦境夸大了她的失望情绪。不管怎样，梦都只是用一种荒谬形式表达情感的，这样，她就忽视了自己感到愤怒的真正原因。

虽然这个梦用荒谬的方式表达克莱尔的问题，但是它并没有夸大克莱尔情感的强度。而且，即使它造成了明显的夸张，那也不足以因此达到让克莱尔将其完全摒弃的程度。尽管存在夸张，我们也必须对其进行检查。引发夸大反应的原因是什么？难道它实际上并非夸张，而是对一种情感经历的恰当回应？但是这种情感的含义和强度都超出了意识范围，这一经历是否在意识层面和非意识层面分别有着不同的含义？

从克莱尔以后的发展判断，后面那个问题才跟这个病例有关。实际上，克莱尔的感觉就跟在梦里以及早期的联想所暗示的一样，尽管陷入痛苦、迷惘、愤怒的负面情绪之中，但是，由于她仍紧抓住那种亲密爱情关系的想法不放，所以，她无法接受这一认识。出于同样的原因，克莱尔忽略了梦中的这个部分：她把所有的钱都放在了行李箱里，又把行李箱寄存在车站。这部分很可能是一种情感的简要表达：她把自己的全部都献给了彼得。车站象征着彼得，同时还隐含着暂时性和冷漠性的意味，这跟家的永久性和安全性是相冲突的。此外，在克莱尔不愿费心来解释梦的结尾，她便也无视了另一种显而易见的情感因素。她也从来没有做出任何努力，要把这个梦当作一个整体来解析。她满足于对这个或那个因素做出一些简单的解释，因此，无论如何，她能从中学到的，不会多于她已经知道的。如果她能探索得更深入，她可能就会发现这个梦的主题：我感觉孤立无助，且不知所措；彼得实在太令人失望了；我的人生就像一只旋转木马，而且我不能跳下来；我找不到解决方法，只能随波逐流，但随波逐流是危险的。

然而，我们却不能像抛弃跟情感无关的想法那样轻易地抛弃情感经历。也很有可能，克莱尔愤怒与强烈的迷路的感觉——尽管她在了解这些经历方面的失败非常明显———一直徘徊在她的脑海中，对她随后进行的精神分析过程起到了一定的帮助。

在精神分析的下一个阶段，仍然要归到抗拒的题目之下。第二天，当克莱尔重新回顾自由联想时，她回忆起了跟梦中的"陌生城市"有关的另一段记忆。克莱尔有一次在一个陌生城市迷了路，由于不懂当地的语言，所以她无法问路，结果误了火车。事后，每当克莱尔想起此事，她就感觉自己非常愚蠢。她本可以买一本双语词典，或她还可以走进任何一家大型旅馆，询问那里的服务人员。但是很明显，她太畏怯太缺乏经验了，根本开不了口。接着，她脑中突然冒出这样的念头：正是这种畏怯，在她对彼得的失望中也起到了部分作用。克莱尔没有把自己想要彼得回来度周末的意愿表达出来，实际上，她反而鼓励他去乡下看望一位朋友，这样他就能休息一下。

克莱尔想起了幼时的一段记忆，这段记忆跟她最喜欢的玩具娃娃埃米莉有关。埃米莉只有一个缺点：她的头发是廉价的假发。克莱尔非常想给埃米莉换上真正的头发，这样她就可以为娃娃梳头发、编辫子。克莱尔经常站在玩具商店的橱窗前，盯着那些真发玩具娃娃看。有一天，母亲带她走进了玩具店。在送礼物方面，母亲向来非常大方，她问克莱尔是否想要一个真发玩具娃娃，但是克莱尔拒绝了。真发玩具娃娃价格不菲，而克莱尔知道母亲手头拮据。从此，克莱尔与真发玩具娃娃擦肩而过，再无交集。然而，直到现在，这段记忆仍然能让她潸然泪下。

　　克莱尔失望地认为，尽管在精神分析阶段，她对自己在表达意愿方面的障碍做了大量工作，但仍没有克服这个问题。不过，她同时也感到了极大的宽慰：这仍然存在的胆怯，看上去就是解决她前些天烦恼的方法。这个病人只需要更坦诚地对待彼得，让他知道自己的意愿就可以了。

　　克莱尔对问题的理解方式说明了，只有部分准确的精神分析可能会以一种方式让我们遗漏掉核心问题，而且会让我们看不清与之相关的问题。同时，它也不能证明自我分析是可行的。在这个病例中，克莱尔的忽略了这一事实：通过偶然发现一个假的解决方法，克莱尔暂时成功而巧妙地避开了决定性的问题。如果她不是在潜意识里下定决心要找一种简单的方法，来治疗自己的神经症，克莱尔可能会将更多的注意力放在自由联想上。

　　这段记忆不仅暗示克莱尔缺乏自信，它还清楚地表明了克莱尔的一种强迫性倾向，即她要求自己以母亲的需要为重，以避免成为母亲怨恨的对象。此外，她也可以用同样的倾向来解释当前的情况。可以肯定的是，克莱尔非常胆怯，不敢表达自己的意愿，但是，这种压抑更多的是由潜意识的意向引起的，而非胆怯。根据我了解的情况来看，她的爱人性格孤僻，对于任何加诸于自己身上的要求都非常敏感。那时，克莱尔并没有完全意识到这一事实，但她却清楚地知道，自己压抑的愤怒与彼得的时间安排有关，就像她经常想到结婚的可能性，但却克制自己绝不提及此事一样。克莱尔如果要求彼得回来度周末，彼得也会答应，但会心怀不满。然而，如果对彼得内在的局限性没有一个清醒的认识，克莱尔是不可能认清这一事实的，而这一点对她而言至今仍是不可能的。她更愿意看到在这件事中应该主要由自己承担责任的那部分，看到她认为有信心克服的那部分。这也是值得记住的一点：把所有的责任都揽到自己身上，是克莱尔维持一段艰难关系的旧有模式。与母亲相处时，克莱尔也是这样。

　　克莱尔把所有的痛苦都归因于自己过于胆怯，这样做的结果，她不再对彼得感到愤恨，至少在意识层面是如此；而且，她还期望着再次见到他。这种情况发生在第二天晚上，但是，很快又发生了一件新的令她失望的事情。彼得不仅约会迟到，而且看上去颇为厌烦，他看到克莱尔也没有流露出一丝发自内心的喜悦，结果，克莱尔变得不安起来。彼得很快就注意到了她情绪的低沉，而且按照他惯用的手法采取了主动，询问克莱尔是否因为自己没有回来度周末而生气。克莱尔否认了，但是，在更深层的精神压力下，她又承认自己确实对此不满。她不能告诉彼得，自己曾做过可悲的努力，想要说服自己不要因此事而心生罅隙。彼得斥责她孩子气，责骂她只考虑自己的意愿，克莱尔感到非常痛苦。

　　早报上一条关于海难的公告，让克莱尔陷入沉思。现在，我可以好好解析一下这个梦。她的脑海中随即浮现出的自由联想。第一个联想是她梦中的一场海难，她因遇难而在海上漂泊。在她快要溺亡的时候，一个体格健壮的男人伸手抱住了她，救了她一命。在这名男人身上，克莱尔找到了一种归属感，一种会被永远保护的感觉：这名男人会一直把她抱在怀里，永远也不会离开她。第二个联想跟一部小说有关，小说结尾的风格跟上一个联想相似。一个有过多段悲惨情感经历的女孩，最终遇到了值得这个女孩爱，并且对这个女孩忠诚、能让这个女孩依靠的男人。

　　然后，克莱尔回忆起了梦中的另一个片段。那时候，她和布鲁斯很熟，这位老作家委婉地承诺，可以做她的良师益友。在那个梦里，她和布鲁斯手挽着手散步，他就像一位英雄，或一位神仙眷侣般的伟人，而她，则完全沉浸在幸福中。能得到这样一个男人的青睐，简直是得到了上天的恩惠。回想这个梦的时候，克莱尔笑了，因为她以前盲目地高估了布鲁斯的才华，只是到了后来，她才看清了他狭隘而死板的种种顾忌。

　　这段记忆让她回想起了另一个联想，或者说，她常做的一个白日梦。这个白日梦发生在她迷恋布鲁斯那段时间之前，对她的大学生活曾发挥过重要作用，然而她几乎快要把它忘记了。这个白日梦是围绕着一个伟人的形象展开的，此人天生具备非凡的智慧、悟性过人、德高望重、家财万贯。他想方想办法接近克莱尔，向她献殷勤，因为他发现在她平凡的外貌下隐藏着巨大的潜力。他知道，只要给克莱尔一个好的契机，她就会在事业上也能取得令人瞩目的成就。他把自己所有的时间和精力都投入到了克莱尔的身上，以促进她的发展。他并不像别的男人那样肤浅，送漂亮衣服或房子；他认为与其用珠宝打扮克莱尔，不如用知识充实她。克莱尔必须在他的指导下努力工作，不仅要成为一名出色的作家，还要具备高尚的情操和优雅的仪态，这样，他把克莱尔从一只丑小鸭变成了美丽的天鹅。这是皮革马列翁[1]效应，它是依据青春期少女对自己的发展设想出来的。除了完成自身的蜕变，她还需要和自己的伴侣携手走向未来。

　　对这一系列联想，克莱尔的第一个解释是，它们渴望一种永恒之爱。克莱尔认为，所有女人都想得到永恒的爱。然而，她还认为，这一意愿之所以在现

---

　　[1] 皮格马利翁是希腊神话中的塞浦路斯国王，爱上了自己雕刻的一座少女像，爱神被她打动，赐予雕像生命，让两人结为夫妻。

在变得强烈，是因为彼得没有给她安全感，没有给她永恒的爱。

联想到这些，说明克莱尔其实已经理解了问题的本质，只是她自己还没有意识到而已。直到后来，克莱尔才察觉自己渴望这种永恒之爱。否则，克莱尔应该这一承认彼得并没有给她希望的爱和守护。偶然，这一点呈现了出来。当时，克莱尔似乎始终都知道自己对这段关系的非常不满。实际上，这是克莱尔首次真正意识到。

我们有理由猜测，这一表面上意外的认知可能是前段时间精神分析过程的结果，当然，最近的两次失望也起到了重要的作用。但是，克莱尔先前也有过类似的失望，只是她当时并没有意识到这种自我反省。而在达到这一点之前的精神分析过程中，克莱尔在意识层面错过了所有的主要因素，这一事实并不能证明上述猜测是错误的，因为尽管存在这些错失，还是有两件事发生了。首先，在那个梦里，她在陌生城市的迷路了。接下来，她的脑海中浮现出一些画面。首先，她有过一段很深刻的情感经历。其次，虽然她的联想没有清楚地认识到这些，但是它们却都在围绕着关键问题，而且这个问题的范畴也日益狭窄，这说明克莱尔的神经症人格倾向已经非常明显了。通常，这种情况只有自我反省的时候才会出现。也许，我们会质疑，在这段时间里，克莱尔的病情与她的想法和情感相关。如果我们把这些因素考虑在内，那么即使它们仍处于意识层面以下，我们也可以分析出核心问题。这一猜测的前提是：我们不仅要有意识地正视这些问题，而且我们迈出的每一步都要朝着这个目标前进。

不过，在随后的几天里，克莱尔在检查前面提到的最后几个联想时，注意到了更多的细节。她发现，在这个系列的前两个自由联想中，男性都扮演了救世主的角色。一名男人在她快要溺亡的时候救了这个病人；另一名男人，也就是小说中的男人守护了女孩，使这个女孩免受凌辱和虐待。布鲁斯和她白日梦里的伟人，虽然没有把她从任何危难中解救出来，却也同样扮演了保护者的角色。克莱尔在观察拯救、守护、保护这一重复出现的主题时，她意识到自己渴望的不仅是"爱"更是保护。她还意识到，对自己而言，彼得的价值之一就是，他愿意而且也有能力给予她建议，能在她感到悲伤的时候给予她安慰。在这一背景下，克莱尔回忆起了一件事，她认为这件事情已经有很长一段时间了，即，在受到攻击或承受压力的时候，她毫无防御能力。我们已经讨论了这一点，这是克莱尔对他人产生心理依赖的原因之一。现在，克莱尔意识到，这件事反过来让自己产生了一种渴求他人保护的需求。最后，克莱尔在生活中遇到的困难越多，她对爱情或婚姻的渴望就会越强烈。

克莱尔认为，在爱情生活中，保护需求是一项基本要素。理解到这一点以后，克莱尔的精神分析过程向前迈进了一大步。这一需求个看似无妨，却包含了诸多要求，而且发挥着重要作用。在很长一段时间之后，这一切才变得清晰起来。克莱尔认为，同一个问题的第一个自我认知和最后一个自我认知，两者相比颇为有趣。这一自我认知涉及她的"个人信仰"。这一对比揭示了精神分析过程中常见的一种情况，我们看一个问题，首先看到的是它的表象，而忽视其本质，我们对它并没有深刻的自我认知。过段时间，回顾看同样的问题，我们却能更深刻地理解它的含义。在这种情况下，如果我们后来没有增进理解，而是旧瓶装新酒，那么这样的理解并没有什么意义。其实，在意识层面，我们并不了解它。然而，现在，增进理解还为时不晚。

尽管克莱尔的第一个自我认知有些肤浅，但是仍然给她的心理依赖带来了最初的打击。当时，克莱尔想受到保护，她还认识不到它的本质。因此，她也无法得出这一结论，这一需求是阻碍她的基本要素之一。此外，克莱尔还忽略了某些信息，它们与一个白日梦有关，这个白日梦，又与伟人有关。那些信息表明，克莱尔对这个男人的期望，并不仅是保护，她还期望这个男人承担更多的责任。

在六周之后，我们讨论这个病例的第二部分。在这几周里，克莱尔做的笔记并没有提供任何新的精神分析素材，但是它们包含一些简要的自我反省，这些反省跟她的独立密切相关。以前，克莱尔总是避免独处，所以她从未意识到这种抑制。现在，克莱尔发现，在只有自己独处的时候，自己就变得焦虑，或感到疲惫。那些她原本很享受的事情，在她独自一人的时候，就失去了意义。尽管工作的内容相同，她在办公室里、在有同事相伴的时候，比在家里独处时，完成得更出色。

在这段时间里，克莱尔既没有试着去了解这些观察所得，也没有做出任何努力以进一步查探自己的最新发现。考虑到这一发现的非常重要，克莱尔没有进一步探索这一问题的举动自然就显得引人注目。如果我们把克莱尔对彼得受到压抑的愤怒情绪联系起来，我们有理由推测，在这个发现之后，克莱尔更清楚地认识到了自己对彼得的心理依赖。然而，这一认识超出了她当时能够忍受的限度，所以她暂停了自己的精神分析治疗。

在克莱尔和彼得共处的一个晚上，她的情绪异常波动，这让克莱尔重新开始自己精神分析治疗。那晚，彼得送给她一件礼物，那是一条漂亮的围巾，这让克莱尔喜出望外。但后来，她突然感到厌恶，整个人也变得冷漠下来。在克莱尔开始暑假计划之后，就萌生了这种情绪，它受到了抑制。克莱尔对计划很热心，彼得却一副无精打采的样子。彼得解释说，"在任何情况下，我都不愿意制订计划。"次日清晨，克莱尔记起梦中的一个片段。她看到一只硕大的鸟儿，那只鸟颜色漂亮，动作优雅，但是它飞走了。克莱尔看着它越飞越远，身影越来越小，直到完全消失，然后，她从焦虑中醒来，仍能感到怅然若失。在她还没有完全清醒的时候，"这只鸟儿飞走了"这句话触动了她，克莱尔立刻意识到这句话表达了自己害怕失去彼得。后来，克莱尔的这一解释是凭直觉获得的，她的联想更深刻地证明：曾有人把彼得比作一只永远不休息的鸟；彼得外貌出众，还是一名优秀的舞蹈家，彼得就像这只异常美丽的鸟儿；还有一段关于布鲁斯的记忆，克莱尔曾认为布鲁斯身上具有一些他实际上并不具备的品质；克莱尔反躬自省，是否也曾这样美化过彼得；有首歌的传唱的那样，"有人向耶稣祈求，请庇护自己的孩子。"

就这样，克莱尔通过两种方式将自己对失去彼得的恐惧表达了出来：其一，鸟儿飞走了，其二是一种幻想。鸟儿曾把她庇护在自己的羽翼下，后来又抛弃了她。后一种想法，不仅能从那首歌中找到暗示，而且还能在她醒过来以后，那种失落感中得到证实。在耶稣庇护的孩子们这个象征里，保护需求这个主题再次出现。从后面的发展来看，这一象征所具有的宗教意义绝不是偶然出现的。

对于美化彼得的暗示，克莱尔并没有继续深入研究。但是，她发现了这种可能性，这一事实本身就值得注意。一段时间之后，克莱尔敢于审视彼得，这件事也许为此铺平了道路。

然而，在克莱尔看来，以害怕失去彼得的恐惧感的为主题，不仅是因梦而得的结论，而且她还能深切地感受到它的真实性和重要性。这既是一次情感经历，也是对一个关键因素的理性认知。这些，在下面的事实中表现得非常明显：目前为止，克莱尔一直没有理解的很多反应突然变得清晰明了。首先，克莱尔意识到，前一天晚上，她感到失望的不仅是彼得不愿意谈论假期的计划，实际上，彼得的冷漠引起了她的恐惧，她害怕被彼得抛弃，这种恐惧又进一步导致了她的疲乏和冷漠，并让克莱尔做与之相关的梦。在其他类似的情况下，同样的解释也适用于很多。各种各样的事情涌上心头，那些让她以为受到伤害、失望、恼怒的事情，或像前一天那样，她毫无缘由地就感到疲惫、抑郁。克莱尔觉得，不管这其中是否还可能包含着其他什么因素，所有这些反应都如出一辙。假如彼得迟到了，假如他没有打电话过来，假如他专注于其他事情而忽略了她，假如他想离开她，假如他神经紧张或容易发怒，假如他对跟她的性事不感兴趣——所有这些都是由克莱尔那种对被抛弃的恐惧激起的。此外，克莱尔还明白了，有时自己和彼得在一起时爆发的一些愤怒，不是因为琐碎的争吵，也不是因为彼得对她的指责，只是出于同样的恐惧。克莱尔的愤怒是通过一些琐碎小事表达出来的，例如，对一部电影持有不同的意见、对于必须等待彼得而心生恼怒等诸如此类的事情，但实际上，她之所以愤怒，是因为她害怕失去彼得。相反，在收到一件来自彼得的意外之礼时，克莱尔就喜出望外，在很大程度上，它意味着克莱尔的恐惧得以缓解。

最后，克莱尔把自己对被抛弃的恐惧和独处时的孤独寂寞联系在了一起，但是，她并没有因此得出定论。她害怕独处，才会如此强烈地怕被抛弃吗？或者，对她而言，独处就意味着被人抛弃吗？

精神分析的这一阶段阐明的事实，让人感到震惊。虽然，这种恐惧日益缓解，但是她也可能毫无察觉。现在，克莱尔不仅知道自己的恐惧，而且还明白它会阻碍自己和彼得的关系。这是一个明显的进步，这一自我认知和她先前与保护需求有关的自我认知之间，存在某些关联。这两种自我认知都表明：这种恐惧已经深远地影响了她和彼得的关系。此外，更明确的一点是，在某种程度上，对被抛弃的恐惧也是保护需求的一种结果。如果克莱尔希望彼得懂得保护自己，让自己免受生活之苦，那么她可能就承受不起失去彼得的痛苦。

对于被抛弃的恐惧的本质，克莱尔的理解还不够透彻。克莱尔还没有意识到，自己炽热的爱，只不过是一种心理依赖。因此，她绝不会明白恐惧之感源自于心理依赖。在这种情况下，克莱尔突然想到某些问题，实际上，这些问题比她的自我认知更重要，我们稍后会理解这一点。可是，不仅这个问题含义模糊，而且存在太多的未知因素，因此，克莱尔无法得出定论。

就目前的情况而言，在收到围巾时，克莱尔感到非常快乐，她的自我分析是准确的。毫无疑问，她的兴奋感中的一个重要因素是，这一友好的行为暂时缓和了她的恐惧。克莱尔没有考虑到这其中涉及的其他因素，这一点绝不能归咎于一种抗拒。那时，克莱尔正在进行自我分析，专注于害怕被抛弃的问题。因此她只看到了跟这一问题有关的特定的那个方面。

大约一周之后，克莱尔意识到，在收到礼物时，她的快乐里还隐含着其他的因素。通常，克莱尔不喜欢在看电影的时候落泪，但是在那晚，当她看到电影中一个处境悲惨的女孩得到了意想不到的帮助和友情时，她忍不住热泪盈眶。她嘲笑自己，竟如此多愁善感，但这样的自嘲并没能止住眼泪，后来，她认为应该分析自己泪流满面的原因。她首先回忆起了这种可能性：她自己潜意识里的一种不幸，通过对电影中的人物表示伤感的形式发泄了出来。而且，毫无疑问，她确实找到了让自己不幸的原因。但是，顺着这一想法进行的自由联想并没有收到任何结果。不过，到了第二天早上，她突然意识到了问题所在：

自己并不是在电影中的女孩生活困难的时候落泪的，而是在这个女孩的境况发生了出乎意料的好转的时候落泪的。此外，她还意识到了自己前一天忽略了的事情，即，自己总是会在那样的时刻落泪。

接下来，克莱尔的自由联想也证实了这一点。她记起来，在童年时期，每次听到仙女把许许多多的礼物送给灰姑娘时，她总是会哭起来，然后，她收到围巾时的喜悦之情再次涌上心头。下一个记忆跟发生在克莱尔婚姻里的一件事情有关。一般来说，克莱尔的丈夫只在圣诞节或生日这种应该当送礼物的节日才会送她礼物，但是有一次，丈夫的一位重要的商业伙伴来到镇上，他们陪她到一家裁缝店，帮她挑选一件礼服。克莱尔同时看上了两件衣服，但是她不知应该选择哪一件。当时，她的丈夫非常慷慨地建议克莱尔把两件衣服都买下来。尽管克莱尔知道，丈夫之所以这么做并不完全是为了自己，而是想给生意伙伴留下一个好的印象，然而，克莱尔还是非常高兴，并且，跟其他衣服比起来，她更珍视这两件特别的衣服。最后，克莱尔回忆起了跟那位伟人有关的白日梦中的两个情景。一个情景是，完全出乎克莱尔的意料，那名卓越的男人对她青睐有加，他对她格外偏爱。另一个情景与他送给她的所有礼物有关，克莱尔不厌其烦地给自己一一介绍这些礼物：他建议的旅行、他挑选的旅馆、他带回家送给自己的睡衣、他们去豪华餐馆用餐。他对克莱尔的照顾面面俱到，而他从来不会提出任何要求。

想到这里，克莱尔意外地发现：这就是自己所谓的"爱"！克莱尔想起一位朋友，这位朋友公开表示自己奉行单身主义，他认为女人的爱只是用来剥削男人的借口而已。克莱尔还回忆起了一位朋友，她的名字叫作苏珊，她曾说过，那些甜言蜜语都令她作呕，这话让克莱尔极为震惊。苏珊说，爱情只不过是一种交易，在这场交易里，双方各尽其责，创造良好的同伴关系。克莱尔对此极为震惊，她认为苏珊的想法是偏激的，她竟否定了感情的存在及其价值。但是，克莱尔认为自己把某种期待错当成了爱情。也就是说，她期望别人把各种礼物盛放在一个银盘子里，赠送给自己。事实上，她和其他患有心理依赖的患者一样。

毋庸置疑，这种自我认知完全出人意料。虽然克莱尔因此感到痛苦和惊讶，但是她很快又深感宽慰。实际上，她已经理解了，在爱情关系处于艰难时，自己应该付的那份责任。而且，克莱尔认为自己的想法是正确的。

然而，她忘了它的起因，也就是说，她彻底忘了自己在电影院落泪的起因。不过，她第二天就想起这件事了。眼泪表达了一种无法克制的慌乱，一想到最隐秘最热切的愿望突然实现了、穷其一生的愿望得到了满足、从不敢奢求的美梦成真了，她就不由自主地慌乱起来。

在接下来的几周里，克莱尔从几个方面采取行动，自我认知进一步加强。在回顾自己最近一系列联想的时候，克莱尔发现几乎所有的事情都涉及意料之外的帮助或礼物，这一点让她很吃惊。针对这一情况，克莱尔发现最后一则记录里至少应该隐藏着一条线索，那则记录跟她的白日梦有关。在那个梦里，她从来不需要开口要求任何东西。她之所以进入了自己熟悉的领域，是因为她以前接受过精神分析的治疗。因为克莱尔以前有压抑自己愿望的倾向，而且现在，她仍会在某种程度上抑制自己在表达方面的意愿，所以，她需要一些人来帮助自己表达意愿，或等待某些理解自己的人，这样，她就不必事必躬亲了。

克莱尔探索的另一个方向，跟她的反面态度有关。克莱尔意识到，自己的付出很少。例如，她认为彼得永远把自己的烦恼和利益放在心上，但她却从未主动为彼得分担过。她认为彼得对自己温柔、充满深情，但她却极少表露过自己的感情。她只会做出回应，却把主动权交给了彼得。

另一天，克莱尔再次翻阅自己的笔记，查看那晚的记录。她的心情由兴奋转向抑郁，她发现了跟自己的疲乏可能另一个因素有关。克莱尔认为，这种疲乏感不仅跟自身产生的焦虑有关，还跟自己压抑了因为愿望没有实现而萌生愤怒情绪有关。果真如此的话，克莱尔的愿望就不是如她以为的那样无害了，在那种情况下，这些愿望必然包含了一定分量的要求，即克莱尔要求它们得到实现，克莱尔把这个问题搁置了。

在精神分析的这一阶段，对克莱尔和彼得的关系产生了立竿见影的有利影响。克莱尔变得比以前主动多了，她积极分享自己的兴趣爱好，考虑自己的愿望，而且她不再只是被动地接受。此外，克莱尔突然发怒的情况也完全消失了。尽管有理由认为，她和彼得的关系得以缓和，但我们仍然很难确定，她会理解彼得的不合情理。

这一次，克莱尔的精神分析如此全面，我们几乎没有什么需要补充的了。不过，还有一点值得注意：六周以前，也就是有关伟人的白日梦首次出现的时候，同样的信息就已经出现了。当时，克莱尔非常想抓住那份虚构的"爱"。然而，她能做的，只不过是承认自己的爱，带有保护需求的色彩。即使是克莱尔承认这一事实，她可能也会觉得，这种保护需求只是用来增强自己的"爱"的一个因素而已。尽管如此，如前所述，很早以前的自我认知仍然对她的心理依赖造成了首创。第二个创伤便是她的在爱中，存在一定分量的恐惧，是克莱尔的精神分析过程取得的第二个进步。下一个进展是，克莱尔提出了这个问题：自己是否过高估计了彼得——尽管这个问题尚未得到解答。只有在穿过这重重迷雾之后，克莱尔才最终发现，自己的爱并不纯粹。也只有到了这个阶段，克莱尔才能承受住幻灭的打击，认为自己把名目繁多的期望和要求错当成了爱。她还没有走到最后一步，还没有认为自己的心理依赖是由自己的种种期望导致的，否则，这一分析片段无论如何都将成为一个范例，告诉人们抓住一种自我认知进一步探求会得到什么。克莱尔注意到，自己对他人的期望，主要是由于她自己的意愿或为自己做事的行为受到了压抑而造成的。克莱尔意识到，自己的心理依赖削弱了她回馈别人的能力。克莱尔还诊断出了自己的一种倾向，即如果她的期望遭到拒绝或受到挫折，她就感觉受到了冒犯。

　　实际上，克莱尔所期望的的东西无法企及。尽管表面上有反驳这一点的确凿证据，但在本质上，克莱尔并不是一个贪婪的人。我甚至可以说，克莱尔只是期待接收礼物。克莱尔希望自己得到这样的关爱：她可以不必做出决定，判断孰对孰错；她不必采取主动，她不必去解决外界的困境。

　　几周过去了，在这段时间里，克莱尔和彼得的关系大体上比以前和谐了很多，最终，他们制订了一个共同出游的计划。由于彼得长时间的犹豫不决，克莱尔原本的兴奋几乎都被破坏殆尽，不过，所有问题都解决了之后，克莱尔又对这个假期充满了期望。但是，在他们就要出发的前几天，彼得告诉克莱尔，他的生意刚好这段时间很不稳定，他一刻也不能离城外出。克莱尔先是勃然大怒，继而又绝望抗争，而彼得则指责她蛮不讲理。克莱尔试着接受彼得的责备，并努力说服自己，让自己认为彼得是正确的。冷静下来之后，克莱尔提议，她独自去一个离城只有三小时车程的度假地，这样彼得就可以随时在他时间允许的时候来和她见面。彼得没有明确拒绝这一安排，但是，在支支吾吾了几句之后，他说，假如克莱尔能更理智地处理问题，他原本会很乐意接受这一提议，但是考虑到克莱尔在每一次感到失望时的反应都极其狂躁，而他又无法掌控自己的时间，他预料两个人会起争执。因此，他建议克莱尔在制订计划的时候，别把他考虑在内。彼得的这番话再一次让克莱尔的希望再度落空，那晚，彼得一直在安慰克莱尔，他承诺假期的最后十天会陪她一起度过。彼得答应了克莱尔，她的心才平静了下来。克莱尔同意彼得的安排，她决心要沉住气，不再轻易发火，要满足于彼得给予她的东西。

　　第二天，在试图对自己的最初的愤怒反应进行分析时，克莱尔产生了三个联想。第一段回忆是她小时候曾因为扮演过悲苦的角色而遭到嘲笑，这段记忆经常会浮现在她的脑海中，但是现在，在克莱尔眼中，它却呈现出了一种新的意义。以前，克莱尔从未想过这个问题：别人用这种方式取笑自己是否是错的。以前，她只是把它当作一个事实接受了。现在，克莱尔开始明白，这件事是其他人不对，她明白自己实际上是遭到了歧视；他们对她的戏弄不但伤害了她，还羞辱了她。

接着，克莱尔的脑海之中浮现起另一段记忆。那时，她才五六岁，她经常和哥哥以及伙伴们玩耍。有一天，他们告诉她，在离他们玩耍地方的不远处有一片草地，那里有一个隐蔽的洞穴，里面住着一伙强盗。克莱尔毫不怀疑地相信了这件事，而且每次走近那片草地的时候都会吓得发抖。后来有一天，他们嘲笑她，竟然真的相信他们的谎言。

最后，克莱尔的脑海之中回忆起了那个陌生城市的梦，她看到了畸形人演出和赌场。现在，克莱尔意识到，这些象征物表达了她所抑制的愤怒。克莱尔首次意识到，彼得虚假的一面，以及他对自己的欺骗。虽然彼得并没有故意欺骗克莱尔，但是他不由自主地扮演这种角色：自己永远都是对的、永远高人一等、永远慷慨大方，而且，他身上还存在致命的弱点。彼得很擅长隐藏自己的不足，在他向克莱尔的愿望做出让步时，并不是出于爱和宽容，而是因为他自身的软弱，后来，他对克莱尔还冷酷无情。

直到此刻，克莱尔才知道，自己前一晚的反应主要不是由失望引起的，而是因为彼得漠视她的情感，对她的痛苦麻木不仁。他告诉克莱尔自己不能如期赴约时，并没有流露出丝毫同情。他的态度冷漠，既不感到遗憾，也不心生怜悯，只是在那晚快结束的时候，克莱尔失声痛哭，彼得才表现出了一点柔情。在这期间，彼得就让克莱尔忍受着痛苦的折磨。他给克莱尔留下了这样的印象：一切都是她的错。实际上，彼得的做法，跟克莱尔的母亲和哥哥在她童年时一样的，都是先践踏她的感情，然后再让她感觉内疚。顺便提一点，在此，克莱尔鼓起勇气抗拒，而让一个联想片段的含义变得更加清晰；克莱尔陈述过去的经历，让现在的她的思维逻辑变得更加清晰，这是很有意思的。

然后，克莱尔回忆起很多事情，彼得曾或含蓄或直白地做出过承诺，但却没有遵守。此外，她还认为，彼得的这种行为还有一些更重要、更无形的表现方式。例如，克莱尔发现，彼得让她感觉自己是深情的，还营造了永恒之爱的假象。然而，他却急于抽身离去。从表面上看，彼得和克莱尔都沉醉在爱情之中。从本质上看，彼得欺骗了克莱尔，就像小时候的那些小伙伴欺骗克莱尔一样。

最后，克莱尔回想起，在早期那个梦以前的联想。她回忆起了自己的朋友艾琳，在她生病期间，艾琳的爱日益消减；她还回忆起了那部小说，女主人公认为丈夫和自己的关系疏离。现在，克莱尔认为，这比她之前的想法具有更重要的隐含意义，她非常想与彼得分手。尽管对这一自我认知感觉不快，克莱尔还是感到了宽慰。

在进一步探究自我认知时，克莱尔产生了这样的疑问：为什么她花了这么长时间才看清彼得？一旦意识到了彼得的这些个性特征，克莱尔便觉得它们看上去非常明显，想要忽略是很难的。然后，克莱尔意识到，自己想忽视它们的欲望非常强烈：任何东西都不应该阻碍她，她要看到彼得成为她白日梦中的那个男人。同时，克莱尔还首次以相似的方式来尊崇这一系列人物形象。这个人物系列是从她的母亲开始的，她把母亲当成了榜样。随后是布鲁斯，这是一个在很多方面跟彼得相似的典型人物。接着是白日梦里的男人，还有很多其他人。现在，她梦里的那只鸟，很明显是她美化彼得的一个具体化象征。克莱尔总是好高骛远，她才在很长的时间里，看不清彼得。

在此，我们可能始终不解：克莱尔的这一发现根本算不上发现，她难道不是很久以前就发现了彼得极少兑现自己的承诺？是的，在数月之前，克莱尔就已经知道这一情况，但是她当时既没有严肃对待这件事，也没有发现彼得的如此不靠谱，那时，她主要在分析自己对彼得的愤怒。现在，她的思想更具体化，形成了一种观点、一种判断。此外，那时，克莱尔也没有发现，彼得正直、慷慨的外表之下，还隐藏着性虐待的倾向。只要克莱尔还盲目地期盼着彼得实现她所有的需求，她的洞察力就不可能如此清晰。现在，克莱尔认为，自己的种种期望都是不切实际的，她想要把两个人的关系建立在公平合理的基础上。这种认知，让克莱尔变得比以前更坚强，她现在敢正视彼得的缺点，也敢审视这段关系的基础。

在进行自我分析时，克莱尔采用的方法，有一个值得学习的特点：她首先会在自己身上寻找造成自身障碍的根源，而且，只有在这一步工作完成之后，她才会继续探究彼得应该负的责任。起初，克莱尔的自省是想要找到一条比较容易的线索，以便按图索骥地解决她和彼得关系中的种种问题，但这一举动最终却引导克莱尔更深刻地认知自我。进行自我分析的每个人，不仅学会了解自己，还要学会了解他人，因为其他人也是其生活的一部分，但是，从了解自己开始要稳妥得多。如果陷入自身的种种矛盾冲突之中，他就不能看清别人的真面目。

在整个精神分析过程进程中，根据克莱尔所收集的有关彼得的素材，我推断，她对彼得人格的分析基本上是正确的。不过，克莱尔仍然遗漏了一点，而这一点非常重要：无论彼得本人是出于什么原因，他都已经决定要离开克莱尔了。当然，彼得表面上不断许下的爱的诺言，必然干扰了克莱尔的判断。另一方面，这一解释并不完全充分，因为它还留下了两个没有解决的问题：克莱尔想要获得有关彼得清晰图画的努力为什么在当时中止了？在并没有付诸行动的情况下，克莱尔为什么能够设想，自己很向往离开彼得，同时却又对彼得想要摆脱她的可能性视而不见？

既然还有两个问题遗留了下来，那么显然，克莱尔想要分手的愿望就不可能保持很长时间。一离开彼得，克莱尔就会快快不乐；而只要跟彼得在一起，她就会屈服于他的魅力。此外，一想到孤身一人的境况，克莱尔还是会无法忍受，因此，这段关系仍然维持着。克莱尔对彼得的期望减少了，她本人也更加温顺了，但是她的生活仍然以彼得为中心。

三周以后，克莱尔喃喃地叫着玛格丽特·布鲁克斯这个名字从睡梦中醒来。她不确定自己是否梦到了这个人，但她立刻就领会到了这个名字的含义。玛格丽特已婚，她是克莱尔的一位朋友，她们已经很多年没有见面了。尽管玛格丽特的丈夫对她很冷漠，会无情地践踏她的尊严，但玛格丽特仍然可怜兮兮地依赖着他。他从不把玛格丽特放在眼里，而且会当着别人的面挖苦玛格丽特；他有好几个情妇，甚至把其中一个带回了家。在那些痛苦的日子里，玛格丽特经常会向克莱尔抱怨。但她最终总是会妥协，跟丈夫重归于好，而且玛格丽特相信会成为最好的丈夫。玛格丽特的这种依赖，克莱尔感到很吃惊，克莱尔也很鄙视玛格丽特缺乏自尊的行为。然而，她给玛格丽特的建议却是一心一意留住丈夫，或想尽办法把丈夫的心赢回来。她和朋友一样，怀着这样的想法：最后一切都会好起来的。克莱尔清楚，那个男人不值得玛格丽特这么做，但是既然玛格丽特这么爱他，这似乎就成了最好的办法了。现在，克莱尔认为当时的自己非常愚蠢，克莱尔本应该鼓励玛格丽特离开她的丈夫。

但是，现在让克莱尔心烦的，并不是她以前对待朋友处境的那种态度。让克莱尔吃惊的是，她和玛格丽特之间的相似之处，这一点在她醒过来的时候突然涌现在心头。她从未想过自己身上也存在心理依赖。此刻，克莱尔的头脑异常清晰，她意识到，自己现在面临着和玛格丽特同样的处境。她紧抓着一个男人不放，这个男人并非真的爱她，而她甚至怀疑这个男人的价值，这样，她也丧失了尊严。克莱尔认为，彼得与自己的关系紧密相联。如果克莱尔失去了彼得，那么她的生活就失去了意义。如果克莱尔失去了彼得，那么她的人际交往、音乐、工作、事业、感情等一切都变得不重要了。她心情的好坏取决于彼得，她的时间和精力都用在了对他的思念上。就像人们常说的，不管离家多远，猫最终都会回家一样，不管彼得如何对待克莱尔，她总是会回到他的身边。在接下来的日子里，克莱尔一直都活得非常迷惘。这一自我认知并没有起到任何宽慰作用，它只是让克莱尔清楚地认识到，施加在自己身上的枷锁，从而感到更加痛苦。

冷静之后，克莱尔领悟到了其中的一些含义。她更深刻地理解了恐惧的含义，她害怕自己遭到彼得的抛弃：因为对她而言，她所承受的种种束缚是必不可少的，所以解除束缚就让她感到非常恐惧，而只要存在心理依赖，就存在这种恐惧。克莱尔认为，自己不仅把母亲、布鲁斯和丈夫当作英雄来崇拜，而且还很依赖他们，就像她依赖彼得一样。克莱尔意识到，自己永远也不能保持任何体面的自尊，因为在克莱尔的意识里，跟失去彼得的恐惧相比，她的自尊心是否受伤根本无足轻重。最后，克莱尔认为，对彼得而言，这种心理依赖也一定是一种威胁、一种负担，而这后一种自我认知让她对彼得的敌意日益消解。

认识到心理依赖会严重地破坏自己的人际关系，克莱尔采取了明确的态度，要克制这种心理依赖。这一次，她实际上并没有通过分手的方法解决这一难题。首先，克莱尔知道自己做不到。此外，克莱尔认为，既然自己已经明白了问题的症结，她就能够在维持与彼得的关系的时解决问题。克莱尔让自己确信这一点：这段关系毕竟还有价值，因此就应该维系下去。克莱尔认为，自己完全有能力将这段关系建立在一个更加稳固的基础之上。因此，在之后的一个月里，除了精神分析治疗，克莱尔付出了很大的努力，尊重彼得保持距离的要求，而且克莱尔还用更加独立的方式来处理自己的事情。

毫无疑问，在分析的这一阶段，克莱尔取得了重大进展。甚至，克莱尔还独自发现了自己的第二种神经症人格倾向——第一种是她的强迫性谦卑——而且，她认为这一倾向是存在的。克莱尔认清了这一倾向的强迫性，还认清了它对自己爱情生活的危害。然而，克莱尔还没有看到这一倾向是如何妨碍她的日常生活的，她也远没有意识到它具有多么可怕的力量。如此一来，克莱尔便过高估计了自己获得的自由。在此，克莱尔自欺欺人地告诉自己：认清了一个问题，也就是解决了这一问题。把与彼得的关系继续维持下去的解决方法，实际上只是一种妥协。对于这一倾向，克莱尔愿意做出一定程度的改变，但她还不愿意放弃。尽管克莱尔已经深刻地了解彼得，但她还是忽视了彼得的缺点。正如我们不久后将要看到的，彼得的缺点比克莱尔认为的要严重、顽固得多。同样被克莱尔低估的，还有彼得想要离开她的意愿。克莱尔觉察到了这一点，却认为能够通过自己对他态度的转变，重新赢回彼得的心。

数周后，克莱尔听说，有人在散布谣言中伤自己，她并没有受到干扰，但却因此做了一个梦。在梦里，克莱尔看到了一座塔，这座塔矗立在一片宽广无垠的沙漠中；塔的顶部是一个简陋的阳台，阳台四周没有任何护栏，克莱尔一个人站在阳台边。她醒来时，感到了轻度的焦虑。

　　沙漠给克莱尔的印象是荒凉、危险，它让克莱尔回忆起了一个带有焦虑性质的梦。在梦里，她走在一座桥上，那座桥的中部已经断了。对克莱尔而言，塔顶的人象征的只是孤独，实际上，她确实感觉如此，因为彼得已经离开好几周了。接着，"孤岛二人行"这句话突然浮现在她脑中，这让克莱尔想到自己偶尔会浮想的一个场景：她和心上人在山里或海边的一幢小木屋里生活。因此，这个梦对克莱尔而言，最初只意味着是她思念彼得，以及彼得不在身边她感到的孤独寂寞。克莱尔还发现，这种感觉受到前一天她听到的消息的影响，变得强烈了。克莱尔意识到，那些诽谤之眼一定让她心生忧虑，并且加重了自己的保护需求。

　　在重新审视自己的联想时，克莱尔产生了一个疑问：当时，为什么她丝毫没有注意到梦中的那个塔，这时，她的脑海中突然浮现出一段影像——这段影像偶尔会出现——影像中，她站在沼泽中央的一根柱子上，无数的手臂和触须从沼泽中伸出来，向她抓去，好像要把她拖进沼泽里一样。在这个梦中，只有这一段影像，此外并没有发生其他事情。对此，克莱尔从未给予更多的关注，她只是理解了其中最明显的含义：她害怕深陷泥淖。这个沼泽既肮脏，又污秽，那些谣言一定是唤起了她的恐惧。但是现在，克莱尔突然看到了这段影像的另一面，即把自己置于众人之上，和塔有关的那个梦也表达了这种意思。世界荒凉孤寂，她却凌驾其上，世界所有的危险都无法伤害她。

　　因此，克莱尔这样解释这个梦的含义：那些谣言让她感到羞耻，于是她采取了一种非常傲慢的态度来保护自己；然而，她把自己置于这般高处不胜寒的位置，其实心里却是惊恐的，因为她感到非常不安，根本承受不了；站在这样的高度，她势必需要别人的扶持，然而她又没有人可以依靠，所以便感到恐慌起来。克莱尔几乎立刻意识到了这一发现所隐含的更广泛的含义。目前为止，她看到的情况都是：她需要有人支持她、保护她，因为她自己毫无防御能力，也没有信心。现在，她意识到了自己偶尔会走向另一个极端——傲慢，即使在这样的情况下，她也必须要有一个保护者，就像她在感觉自卑时所需要的那样。克莱尔得到了极大的宽慰，因为她已经分析了一种新的情况，让自己摆脱对彼得的心理依赖。因此，她也看到了摆脱心理依赖的新可能性。

　　在这一解释中，克莱尔实际上确实诊断出，需要情感帮助的另一个原因。她此前从未注意到问题的这个方面，是有很多合理的原因。她个性中由傲慢自大、蔑视他人、胜过他人的需求以及获得胜利的需求所构成的这整个区域，仍然受到很深的压抑，所以到那时为止，也只有在一种转瞬即逝的自我认知的启迪下，克莱尔才能有所发现。甚至在开始自己的精神分析过程之前，克莱尔已经偶尔会认为自己有鄙视他人的强迫性需求、认为自己对任何成功都会欣喜若狂、认识到野心在自己的白日梦中所扮演的角色。但是，这整个问题仍然藏匿得很深，它的表现形式几乎无法为人所察觉。它就像通往深处的一个竖井，突然被照亮，但很快又被黑暗所吞噬。因此，这一系列联想的另一面隐含意义，还仍然无法为人所理解。沙漠中那座塔所展现出一幅非常孤独的画面，指的不仅是彼得不在时克莱尔感到的孤独感，还有她在各个方面受到的孤立。那种破坏性的傲慢是造成这种孤独的因素之一，同时又是这种孤独所导致的结果。让自己依赖另一个人——"孤岛二人行"——是摆脱这种孤独的一种方法，而且这种方法还不需要梳理她和众人的关系。

　　克莱尔认为，自己现在可以用一种更好的方法来处理她和彼得之间的问题。但不久之后，一次双重打击降临，将克莱尔的问题推向了顶点。首先是，克莱尔间接得知，彼得正在或者说已经跟另一个女人产生了暧昧关系。接着，她收到了彼得的信，信中说，如果他们分开，会对彼此都好。而此时，克莱尔还没有从上一个打击中恢复过来。克莱尔的第一反应是谢天谢地，还好这件事没有在之前发生。克莱尔认为，自己现在承受得了这种打击。

　　克莱尔的第一反应有真实的成分，但也夹杂着自我欺骗的成分。其实，数月之前，克莱尔可能还无法在保护自己不受到严重伤害的前提下承受重压；在接下来的几个月里，这个病人不仅证明了自己可以承受压力，而且还向整个问题的解决方法前进了一步。但是，实际上，克莱尔这种平淡的第一反应还跟下面这一事实有关：她没有任由这一打击攻破自己的防御体系。在这次打击攻破她的防御体系之后的那几天，克莱尔陷入了疯狂而绝望的混乱之中。

　　克莱尔心烦意乱，根本无法对自己的反应进行分析，这一点是可以理解的。这就像房子失火时，我们首先想到的不是探究火灾的前因后果，而是尽力跑出去。两周后，克莱尔做了如下记录：一连数天，脑中一直徘徊着自杀的念头，不过它从未表现出严肃倾向的特征。克莱尔很快就意识到了这一事实：她只是在拿自杀这个想法开玩笑而已。然后，她要求自己严肃对待这个问题：自己到底想死还是想活？克莱尔当然想活着。但是，如果她不想活得像一朵枯萎的花，她就不仅必须摆脱自己对彼得的依赖，摆脱失去彼得自己的生活就会全面崩溃这种想法，而且还要彻底摆脱她强迫性心理依赖。

　　克莱尔刚弄清楚了这个问题，就发生了一场意料之外的剧烈冲突，直到此刻，克莱尔才发现自己并没有摆脱心理依赖。克莱尔严肃地告诉自己，这种需求就是"爱"。她认为，这种需求就像一种药物依赖。克莱尔看得非常清楚，自己只有两种选择：屈从于这种依赖，再找另一个"伙伴"，或者彻底摆脱这种心理依赖。但是，她能摆脱这种心理依赖吗？而且，如果克莱尔摆脱了对彼得的心理依赖，她还值得活下去吗？克莱尔疯狂而可怜地努力劝说自己：毕竟生活还提供给了自己很多美好的东西。自己不是还有一个温暖的家吗？难道自己不能从工作中得到满足感吗？自己不是还有朋友吗？难道自己不能享受音乐和大自然吗？然而，这些都不管用。所有这一切看上去就像音乐会的中场休息一样，枯燥乏味且毫无意义。当然，这也是令人愉悦的，在中场休息的这段时间里，人们可以尽情欢愉，直到音乐会重新开始，但是没有人会只为了中场休息而去音乐会。一个念头从她脑中一闪而过：这个推理完全站不住脚。不过，她脑中占优势的意识是：她没有力量进行任何真正的改变。

最后，她突然想到一句话，这句话虽然非常简单，却引导了事情向着好的方向转变。那是一句古老的格言：通常，"我不能"就是"我不愿意"。很可能，她只是不想把自己的生活建筑在不同的基础之上。就像一个孩子，要是得不到苹果派，就拒绝吃其他任何东西，也许，她是主动拒绝把自己的注意力转向生活中的其他方面。自从意识到心理依赖以来，她明白自己和彼得的关系受到了束缚，而这耗费了她的精力，她再也抽不出一丝精力去关心其他的人或事。现在，克莱尔认为，这不仅是疏导兴趣的问题。除了跟"爱人"在一起时所做的事情，克莱尔会排斥并且会贬低自己独自或与别人在一起时做的事情的价值。因此，克莱尔首次渐渐明白，自己已深深地陷入了一个圈子里：她贬低自己和爱人这一关系之外的任何人、事的重要性，必然会让这一关系中的伙伴重于所有，而这种独一无二的重要性反过来又会让自己跟自我、跟别人的关系更加疏远。这一具有启发性的自我认知是正确的，稍后将得到证明，而此时，它让克莱尔深受震惊，但也鼓舞了她。如果阻碍她摆脱束缚走向自由的是她自身内部运作的一些力量，那么，很可能，她就可以采取行动摆脱这一束缚。

就这样，克莱尔这一阶段的内心混乱，以她的生命获得了新的活力，以及她处理这一障碍的工作获得了新的动力而结束。但是，在这里，仍然产生了很多问题。如果克莱尔失去彼得，她仍然会感到非常烦扰，那么，之前的精神分析过程的价值何在？影响这个问题的因素有两方面。

其一，之前的精神分析过程存在不足。克莱尔已经承认了这一事实：自己有强迫性依赖，而且她也看到了这一障碍的一些隐含意义。但是，她离真正理解这个问题还有很大的距离。我们如果怀疑已经完成的工作的价值，那么我们就会重蹈覆辙，低估了那一特定神经症人格倾向的意义，因而期望可以马上得以缓解。

其二，总的来看，克莱尔最后那次情绪剧变本身也具有建设性。它意味着一系列发展的高潮：从完全忽视这其中所包含的问题，到在潜意识层面做出最顽强的努力，从试图否认它的存在，到最终充分认知它的严重性。这一高潮让克莱尔深刻认识到，她的心理依赖就像是在扩散的癌细胞，不可能控制，如果无法根除，就会威胁到她的生命。在强烈痛苦的压力之下，克莱尔成功地将此前从未意识到的一个冲突带入到敏锐的意识中心。此前，她从未发现，自己一直受到这两方面的影响。想要摆脱对另一个人的心理依赖和想要维持这种心理依赖的思想，她对彼得妥协的解决方法掩盖了矛盾。现在，她已经正视这个问题，而且能够采取明确的立场，朝着自己想要的方向前进。就这一点而言，她现在正在经历的这个阶段，说明了前一章提到的一个情况：在分析的一些阶段，病人必须表明立场、做出决定。而且，如果精神分析过程让矛盾更加明朗，那么克莱尔就可以表态，我们也必须认为这是一个成就。当然，在克莱尔这个病例中，争论点在于她是否应该立即努力寻求一根新的支柱，来代替已经失去的那一根。

　　毋庸置疑，用这种强硬的方法应对问题会让人心烦意乱。在这种情况下，另一个问题出现了：自我精神分析过程的经历是否让克莱尔产生自杀倾向？以前，在考虑这个问题的时候，很重要的一点是，克莱尔会曾多次产生自杀的想法。而且，她根本不可能像现在这样，做到果断地终止这些想法。以前，如果没有一件"美好"的事情发生，自杀的念头是不会完全从头脑中退出去的。现在，怀着一种建设性的精神，克莱尔可以主动地有意识地打消自杀的念头。此外，如上所述，克莱尔对彼得提出分手的第一反应，即感谢上帝她没有在早期提出，从某些方面来讲，是一种真诚的情感，她现在的确更有能力应对彼得的离弃。因此，我们似乎可以可靠地设想，如果克莱尔未曾接受过精神分析治疗，她的自杀倾向不仅会更强，而且持续的时间会更久。

　　最后一个问题，如果没有彼得提出分手所施加的外部压力，克莱尔是否能充分认识到问题的严重性？在于自己和彼得那种纠缠不清的关系。有人可能会觉得，经历了分手前所发生的那些事情，克莱尔不可能一直妥协，她迟早会和彼得分手。然而，事情还有另一可能，阻碍克莱尔获得最终自由的力量非常强大，她可能仍然会花费很长一段时间去达成进一步的妥协。如果没有涉及一种在精神分析师和病人身上都不罕见的对待精神分析的态度——这种态度是一种臆断，认为只靠精神分析就能解决所有问题——这就是一种无意义的猜测，根本不值一提。但是，人们在进行精神分析这种万能功效的时候忘记了，生活本身才是最好的精神分析师。精神分析师所能做的，就是让我们能够接受生活提供的帮助，并从中获益。在克莱尔的病例中，这一点得到了确切的贯彻实行。

如果没有已经完成的精神分析过程，克莱尔可能会尽快找到一个新的伙伴，从而又继续相同的经历模式。问题的关键不在于她能否在没有外部帮助的情况下解放自己，而在于当帮助出现的时候，她能否把它转变成一次有建设性的经历，在这一点上，克莱尔做到了。

关于克莱尔在这一阶段所发现的信息，最重要的一条是她在自己身上发现了一种主动的反对，反对自己的生活方式、感受、思考、计划等，简而言之，抗拒自我、抗拒找寻内在的重心。跟她的其他发现相比，这一发现只是一种情感自我认知。克莱尔的这一发现并不是通过自由联想的方式获得的，也没有任何事实可以证实这一发现。对于这些抗拒力量的性质，克莱尔并没有任何概念，她只是发现了它们的存在。回顾前情，我们就能明白，为什么克莱尔在这一点上几乎没有取得任何进展。她的情况可以拿来跟这一个人的情况做比较：这个人被从自己的家园中驱赶了出去，他得在新的基础上构建生活。在对待自我的态度以及与别人的关系上，克莱尔必须做出彻底的改变。自然，她对这一前景的复杂性感到不知所措。但是造成这一障碍的主要原因在于，尽管她已下定决心解决自己的心理依赖问题，但仍然存在诸多强大的潜意识，阻止她最终解决问题。可以说，克莱尔在两种生活方式之间犹豫不决，既没有准备好放弃原来的生活，也没有准备好迎接新的生活。

结果，在接下来的几周里，克莱尔的情绪表现出了一系列的起伏波动。她在两种境况之间摇摆不定，一种是她与彼得一起经历的时光以及他们经历的一切，克莱尔将之视为遥远过去的一部分；另一种是她思念彼得，想要不顾一切地挽回他。那时，克莱尔发现孤独成了施加在自己身上酷刑，这种酷刑永无止境。

在这段时间的后期，有一天，克莱尔听完一场音乐会后独自回家，她发现自己产生了这种想法：每个人都比自己幸福。但是，她脑中另一个声音抗议道："别人也很孤独。""是的，但他们喜欢孤独。""但是，发生了意外的那些人的情况更糟。""是的，不过他们在医院得到了照顾。""那失业的人又如何呢？""是的，虽然他们的生活很拮据，但是他们结婚了。"这时，克莱尔突然意识到，自己的这种辩论方式实在可笑。毕竟，不是所有失业的人都拥有幸福的婚姻，而且，即使他们婚姻幸福，婚姻也并不是解决所有问题的方法。克莱尔意识到，有一个因素让自己夸大陷入的悲惨境遇，不幸的阴云一扫而空，克莱尔感觉松了一口气。

在开始分析这件事的时候，克莱尔回忆起了学校一首歌的旋律，但是歌词她却想不起来了，接着出现在脑中的是她必须接受一场紧急阑尾炎手术的场景，接着是圣诞节时公布的"助贫"名单。接着是一幅图画，画面上是一个冰川上有一道巨大的裂缝。接着是一部电影，就是在这部电影里她看到了那个冰川，有人掉进了裂缝，但在最后一刻被拉了上来。接着是一段记忆，那时候她大约八岁。她在床上哭泣，她感到不可思议的是，母亲没有过来安慰自己。她不记得此前自己是否与母亲发生过争执，她所能回忆起来的只有当时坚定不移的信念：母亲会关心克莱尔。实际上，母亲并不在乎，而克莱尔在哭泣中睡着了。

　　不久，克莱尔记起了学校那首曲子的歌词。歌词唱道，不论我们的悲伤有多么沉重，只要我们向上帝祈祷，他就会帮助我们。克莱尔突然发现了一条线索，这条线索通向她的其他联想和在它们之前的苦难。她心中怀着一种期望，认为沉重的悲痛能够给自己带来帮助。由于这一潜意识，克莱尔陷入了比实际情况更悲惨的境况。这简直是愚蠢到了极点，然而她不但这么做了，还经常这么做。在她哭泣的时候——它们会毫无征兆地完全消失——克莱尔的所作所为正是如此。克莱尔记得，曾有很多时候，她认为自己是众人中遭遇最悲惨的；然而一段时间之后，她却意识到自己把事情想得比实际情况更糟糕。然而，当克莱尔沉浸在不幸中，那些让她悲伤的理由不但看上去很真实，甚至在感觉上亦是如此。

　　在这些时刻，她经常会打电话给彼得，而他一般都会同情她、帮助她。在这件事上，她总是可以依靠他；在这方面，比起其他人，彼得很少让她失望。也许，比起她认为的，这是将她束缚在彼得身上的一条更重要的联系。但是，彼得有时不会按克莱尔所说的那种严重性去对待她的不幸，反而会以此来取笑她，就像童年时她的母亲和哥哥对她所做的那样。那时，克莱尔会发现自己受到了严重的冒犯，因而会对彼得大发雷霆。

　　是的，这其中存在一个清晰的、反复出现的模式——夸大不幸，同时期望从她的母亲、上帝、她的丈夫、彼得身上得到帮助、安慰和鼓励。克莱尔扮演的角色长期受苦，除了其他所有原因，必定也包括了一种想得到帮助的潜意识诉求。

　　这样，克莱尔发现自己的心理依赖的另一条重要线索就很接近了。但是，大约一天之后，克莱尔又开始从两个方面来否定自己的发现。其一，不管怎么说，在处境艰难的时候想要得到朋友的关心，算不上是异常之事，否则，友情的价值何在！在你快乐、心满意足的时候，每个人对你都很和善；但在悲伤的时候，你能求助的就只有朋友。克莱尔反驳自己的发现的另一条理由是：她不能肯定这一发现是否适用于取得发现的那晚的悲惨境况。她夸大了自己的不幸，这毫无疑问，但当时她身边并没有任何人可以倾诉，而且她也不会给彼得打电话。她还不可能荒谬到会认为：仅仅只因为她以为自己是这个世界上最不幸的人，帮助就会到来。然而，有时，在她以为伤心难受的时候，好的事情确实会发生。比如，会有人给她打电话，或邀请她外出；她收到了一封信，她的工作受到了表扬；收音机播放的音乐让她兴奋了起来。

克莱尔没有马上注意到，自己在论证两种相互矛盾的观点：一种观点认为，期望着发现痛苦之后帮助立刻就会到来，这是荒谬的；另一种观点则认为，这种期望是合理的。但是几天之后，克莱尔在重读自己的笔记时，看到了这种矛盾，因此，她得出了唯一一个合理的结论：她这么做一定是试图说服自己放弃某些东西。

发现自己竟荒谬到会期望得到未知的帮助，克莱尔感觉整个人都很不舒服，在此基础上，她意识到自己所做的某些事情是如此不理智，从而无法获得真正的援助。但是，这一尝试并未让她满意。顺道提一下，这一线索非常关键。如果某人既有理性的一面，又有非理性的一面，我们可以发现，在这种非理性的后面，隐匿着某些重要的东西。通常，为抵抗荒谬性而进行的斗争，实际上是一场抗拒揭露其隐藏情况的斗争。但是，即使不知道这样的推理，克莱尔不久之后也认识到了，真正的障碍并不是荒谬本身，而是她不愿意面对自己感受的那种抗拒心态。克莱尔认为自己为这种信念所牢牢控制：自己可以凭借痛苦得到帮助。

在随后的几个月里，克莱尔越来越清晰、详细地意识到这一信念在自己身上施加的影响。她看到，对于生活中遇到的每一个困难，她的潜意识都会倾向于夸大灾难，整个人都失去了控制，完全陷入了一种彷徨无助的境地。结果，尽管克莱尔表面上做出了几分勇敢、独立的样子，但她对生活主要的态度还是一种面对巨大困难般的茫然无力。克莱尔坚信，帮助终究会到来，这已经成了一种个人信仰，它完全与真正的宗教信念相似，也让克莱尔自信满满。

克莱尔还获得了一个深层的自我认知：用对别人的心理依赖取代独立自主，这中间的变化幅度极大。如果总是有人教导她、激励她、劝解她、帮助她、保护她，肯定她的价值，那么，她就没有任何理由要将自己的生活掌握在自己手中，从而也不需要做出任何努力来缓解焦虑。这样，这种依赖关系就完全实现了它自身的功能：让她不必独立就可应对生活。它让克莱尔失去了放弃小女孩姿态的所有动机，因为这种孩子气的态度在强迫性谦卑中是必须的。实际上，这种依赖性不仅扼杀了克莱尔想要变得更加独立的动机，让她的软弱永远保存了下来，而且它实际上还造成了一种利害关系，让克莱尔必须保持着茫然无助。也就是说，如果克莱尔保持着谦卑、恭顺，那么她就会拥有所有幸福，变得心满意足。而任何想要变得更加自立、更加自主的意图，都必然会损害这些人间天堂般的期望。偶然地，这一发现会清楚地展现出这种恐慌：她在想要坚持自己的观点、意愿时所发现的恐慌。强迫性谦卑不仅为她提供了难以察觉的掩饰借口，而且还是她对"爱"的种种期望的不可缺少的基础。

克莱尔明白，这纯粹是逻辑的结论：她认为伙伴的帮助至关重要——用埃里希·弗罗姆的一句话来说——赢得他的爱和关心，就也就成了唯一重要的事情。彼得乐于助人的品质，很适合扮演这种角色。对克莱尔而言，他不仅是一个朋友，一个在任何危难时刻会施以援手的朋友。对她而言，彼得之所以重要，是因为他可以满足克莱尔随心所欲的要求。

基于这些自我认知，克莱尔比以往任何时候都更自由。以前，她对彼得的渴望会强烈到无法自拔，而现在这种情感开始消退。更重要的是，这一自我认知真正改变了她的人生目标。过去，她一直想独立，但是，实际情况却让这一愿望落空，一遇到任何困难，她立刻就寻求帮助。现在，她已经能够妥善地安排自己的生活，从而达成主动的、切实可行的目标。

对于尔这一阶段克莱的精神分析治疗，我想指出的唯一不足之处是：它忽略了那一特定时刻所涉及的具体问题，即克莱尔尚无能力独立。因为我不想错过任何一个机会，来展示如何探索某个问题的，所以我将做出如下讨论，来谈一谈这一问题的两种解决之道。然而，这两种解决之道稍有不同。

克莱尔本可以从思考下面这件事开始分析：在最近一年里，她已经不再频繁地感到痛苦。也许，克莱尔已经开始思考，她本人能够更积极地应对内忧外患。这种思考方式将会引发这一问题：为什么克莱尔要用以前的办法来解决这一问题。如果克莱尔只是感到不快乐，为什么孤独会让她得痛苦难以自拔。因此，她必须马上进行精神分析治疗？而且，如果孤独令她如此痛苦，为什么她不主动地缓解痛苦呢？

克莱尔还可以通过观察自己的实际行为，来进行自我分析。在独处的时候，克莱尔会感到痛苦，但在交友或建立新的人际关系方面，她几乎没有做出任何努力；相反，她离群索居，自我封闭，期望得到他人的帮助。尽管克莱尔在其他方面有着敏锐的自我反省能力，在这一点上，克莱尔却完全没有注意到自己的实际行为多么荒谬。这个缺点非常明显，通常都暗示了一个具有巨大潜力的因素，它让受抑制的因素暴露无遗。

不过，正如我在前一章说过的，我们遗漏的问题终究会再次出现。数周之后，克莱尔又遇到了这个问题。当时，她采取的解决方法跟我所建议的两条都稍有不同——这一情况可以解释为条条大路通罗马，这一谚语对心理学方面也同样适用。因为克莱尔的这一部分的精神分析治疗，并没有留下书面记录，所以我将只简要地说明，克莱尔在这一阶段逐渐获得新的自我认知。

第一步是，克莱尔认为，她只能通过别人的评论来认识自己。克莱尔意识到，她对自己的评价完全取决于别人对她的评价。克莱尔已经忘记了自己是如何获得自我认知的，她只记得自己深受自我认知的剧烈冲击，她差点儿晕过去。

有一首童谣能精确地解释自我认知的含义，我忍不住要引述它：

我曾听人说，
有位老婆婆，
想去赶集市，
要去卖鸡蛋。
等到市集日，
她去赶集市，
岂料睡着了，
躺卧马路边。

小贩叫矮胖，
恰好从此过，
剪掉长裙子，
剪去一大圈。
剪掉长裙子，
遮到膝盖上，
可怜老婆婆，
冷得快冻僵。

可怜老婆婆，
冻得醒过来，
开始打哆嗦，
然后浑身颤。
满脸带狐疑，
接着大声喊：

"上帝可怜我，
这可不是我。"

"按照我所想，
如若这是我，
我家有小狗，
它会认得我。
如若这是我，
它会摇尾巴，
如若不是我，
它会吠吠叫。"

婆婆回到家，
四周黑黢黢，
小狗跳出来，
开始吠吠叫。
小狗叫吠吠，
婆婆声声喊：
"上帝可怜我，
这可不是我。"

在两周之后，克莱尔的自我认知进展到了第二步，这一阶段与她对孤独的抗拒有着更直接的关系。自从分析"个人信仰"以来，克莱尔对这个问题的态度就发生了变化。跟以前一样，克莱尔仍然会因独处而感到痛苦，但是，她不再任自己在痛苦之中挣扎，而是想方设法避免独处。她寻求其他人的陪伴，并会享受这种关系。但是，大约有两周的时间，一个想法就在她心中纠结，克莱尔必须有一个关系特别好的闺蜜。她想要问遍自己遇到的每一个人：理发师、裁缝师、秘书、已婚朋友……她想确认他们是否真的不认识一个适合自己的男人。对每一个已婚的，或有亲密朋友的人，她都怀着最热切的羡慕之情。最终，这些想法占据了她大量的时间和精力的事实震惊了她，克莱尔意识到，所有的这一切不仅很可悲，而且肯定具有强迫性。

直到那时，克莱尔才意识到，在她和彼得相处的那段时间里，她无法忍受独处的痛苦，而这种痛苦在两人分手之后达到了顶点。克莱尔还发现，如果是独处是自己选择的，那么孤独是可以忍受的。只有在被迫独处的时候，孤独才会让她感到痛苦，那时，她感到羞耻、遭到排斥、受人驱逐。因此，克莱尔认为，自己的问题是因为一种遭到排斥的敏感，而不是普通的缺乏独自生活的能力。

把这一发现和她的认识——即，她的自我评价完全取决于别人的评价——联系起来，克莱尔明白了：对她而言，仅仅是没有获得别人的注意就意味着自己遭到了抛弃。这种对遭到排斥的敏感，跟她是否喜欢排斥她的人完全无关，只跟她本人的自尊有关，这一点是克莱尔从大学时的一段记忆中发现的。大学时，一帮很势利的女孩拉帮结派，一起排斥克莱尔。对那些女孩，克莱尔既不关心也不喜欢，但是有时，她还会把自己的东西送给她们。在这一背景下，克莱尔还回忆起了自己也受到母亲和哥哥的排斥，克莱尔认为，在他们眼里，自己只是一个讨厌鬼。

克莱尔意识到，她现在感觉到的这种反应，实际上，在她不再因歧视而受伤。直到那时，她仍然坚信自己和其他人一样优秀，她也不愿意低人一等地生活。但是，正如在第二章所述，由她的抵抗造成的孤独不可避免，最终，她难以忍受。为了让别人接受自己，她屈服了，接受了这一潜意识：她低人一等。同时，她开始敬仰别人，视其为高等人。在巨大困难的压力下，克莱尔的自尊首次遭到了打击。

因此，克莱尔明白了，在她心理依赖仍然很强的时候，与彼得分手不仅让她陷入孤独之中，而且还让她认为自己毫无价值，这两种因素给克莱尔带来了重创。这种毫无价值的感觉，让克莱尔深感孤独。这种感觉先是驱使着克莱尔寻求一种有魔力的补救方法，然后又让克莱尔产生了寻找一个闺蜜的强迫性需求，妄图以此来恢复她原有的价值。这一自我认知带来了一种即时性的改变：寻找一个男朋友的愿望不再具有强迫性，克莱尔独处的时候也不再感到心神不宁，有时，她甚至很享受独处的时光。

克莱尔还发现，在她和彼得这段不幸的关系里，自己对遭受排斥的反应是如何施加影响的。回顾往事，克莱尔认为，在这段爱情最初的激情过去不久，彼得就开始使用种种微妙的手段来拒绝自己。通过对克莱尔所表现出的种种回避手段以及烦躁情绪，彼得已经表明，他对克莱尔的排斥与日俱增。无可否认，彼得的这种拒绝利用了他，同时给予克莱尔的爱情誓言做伪装，但这种伪装之所以如此有效，是因为克莱尔对他想要离开自己的证据视而不见。克莱尔怀着一种急切的需求，想要重新找回自尊，这种需求驱使着她不断努力以留住彼得，这也让她没有发现自己本应该明白的事情。现在，克莱尔明白了，正是这些摆脱羞辱的努力，对自尊造成了其他任何事情都无可比拟的严重伤害。

　　这些努力不仅包含了克莱尔对彼得一味妥协，还在潜意识层面夸大了她对彼得的情感，所以，它们造成的伤害特别严重。克莱尔认为，自己对彼得的实际情感越少，要建构的虚假情感也就越多，因此，她更深地陷入束缚当中。她对构成这种"爱"的需求的深刻理解，减缓了情感膨胀的倾向，直到那时，克莱尔的感情才快速回归到实际层面。简单地说，克莱尔发现自己对彼得已经没有什么感情了。认识到这一点以后，克莱尔内心感到宁静。她已经很长时间，没有这种感觉了。现在，克莱尔可以镇定从容地对待彼得。她不在两种情感之间纠结——渴望得到和报复彼得。她仍然欣赏彼得的优良品质，但她清楚，自己再也不能跟彼得非常亲密地交往了。

　　关于克莱尔的最后发现，我们可以用一种崭新的视角来处理心理依赖问题。目前为止，克莱尔接受的精神分析治疗可以概括为一个逐步了解的过程，即她的心理依赖是由于她对伙伴的巨大期望产生的。她已经逐步了解这些期望的性质，而对"个人信仰"进行分析就是这一工作的最终目的。现在，她还意识到了，缺乏自信，极大地加重了她的心理依赖。在这一点上，这一发现起了决定性作用，克莱尔对自己的评价完全由别人的评价决定。这也跟这一自我认知的重要性——它让克莱尔受到了沉重的打击——这一重击让克莱尔险些昏过去。克莱尔对这一倾向的认识，相当于一次情感经历，这次经历是如此深刻，克莱尔在那短暂的瞬间几乎被压倒。这一自我认知本身并没有解决克莱尔的问题，但是，它是克莱尔认为自己情感的膨胀，以及"排斥"对她的深远意义的基础。

　　这一阶段的精神分析工作还为克莱尔以后的生活铺平了道路，让她了解自己的情感受到了抑制。它让克莱尔领悟了为别人所接受，是重拾自尊的一种方法，而通过另一种方法，即超过他人的雄心，也能实现这一目的。

　　在完成了这里所记录的工作之后，没过几个月，克莱尔返回诊所接受专业的精神分析治疗。有些问题她想和我详细讨论，其中一个原因在于在克莱尔的自我分析中的记录是经过筛选的，另一个原因在于她记录时，仍然抑制着情感。正如在第三章提到的，我们利用这段时间解决了克莱尔的战胜他人的强迫性需求。简而言之，即她那受到抑制的攻击性和报复性倾向。虽然这可能会花费更长的时间，但是我坚信克莱尔可以摆脱她对彼得的心理依赖。对受抑制的攻击性倾向进行分析，反过来也有助于克莱尔更好地了解自己的心理依赖问题。此外，在变得更加自信之后，她再次陷入另一段心理依赖关系中的危险也就不存在了。还有，这种强迫性需求影响了她的心理依赖。从本质上说，这与她的自我分析有关。其中，系统自我分析的精神实质至关重要。

第九章 系统自我分析的
精神实质和规则

因为我们在很早之前就已经从几个角度探讨精神分析工作，我们根据一个具体的例子，讲解了自我分析的步骤，所以我们就不必再具体讨论精神分析工作步骤了。如下文所述，在精神分析工作中，许多问题已经在其他背景中提到过了。因此，我们只对应该重视的某些问题加以考察。

正如我们已经看到的，坦率直白的自我表述是整个精神分析阶段的起点，自由联想的过程是持续进行精神分析的基础。但是，要实现这一点绝不容易。也许，有人认为独自进行自我分析更简单，因为如果只有病人自己，就没有人能曲解、批评、打扰或报复病人；而且，一个人向自己陈述那些可能会令人感觉难为情的事情，也不会感到那么羞耻。对于神经症患者而言，旁观者的倾听，既可以鼓舞当事人，又可以激励他们。但是，从某种程度上讲，上述观点确实是正确的。毋庸置疑，无论是独自工作者，还是依赖精神分析师的神经症患者。一般而言，自由联想的最大障碍在于神经症患者的内心。进行精神分析的时候，如果一个人想要维护自身形象，那么殷切的期望往往会让他略过一些因素。因此，无论他是否进行自我分析，他都只能期望尽量接近自由联想的理想状态。考虑到这些困难，神经症患者应该时刻提醒自己，在进行自我分析时，如果他把萦绕在脑海中的想法遗忘，或忽视了内在的情感，那么他就在损害自身的利益。同时，他还应该牢记，他必须对自我分析全权负责。因为除了自己，没有人知道他遗漏了哪一个环节，或要从何处着手处理。

在情感表达方面，这种责任心特别重要。因此，神经症患者应该谨记两条规则：其一，病人应该尽力表达出自己的真实感受，而不是依据传统习惯或本人的行为准则来表达。病人起码应该意识到这一点：真实情感和矫揉造作之间存在一条鸿沟，它不仅非常宽广，而且意义重大。病人应该不时地追问自己——不是在进行自我联想的过程中，而是在这之后——对于这件事，自己的真实感受是什么。其二，病人应该尽可能给自己的情感以最大限度的自由。同样地，这一规则也是知易行难。如果某人因蒙受轻微的羞辱而深感苦恼，那么这就非常荒谬了。如果某人对怀疑亲近自己的人，甚至充满仇恨，那就可能会让人困惑，惹人讨厌。病人也许愿意接受别人发火，但是如果自己真的处于这一恼怒波及的范围之内，便会感到非常可怕。然而，病人必须记住，就外部结果而言，没有任何一种情况比分析一次真实的情感表达的危险更小。在精神分析过程中，只有内部结果才是重要的，也就是要对一种情感的全部强度都有所了解。在心理学方面，这一点至关重要。因为，我们不能只着眼于遇到的首要问题，而忽略其他的问题。

当然，对于那些受到压抑的情感，没有人可以强行令其显露出来。对于超出能力范围的事情，所有人都无能为力。在进行精神分析的初期，尽管克莱尔怀着世界最美好的意愿，但她对彼得的不满，仍然超出她当时所感。不过，随着精神分析过程的推进，克莱尔对彼得越来越不满，逐渐可以客观地评价自己现在的情感状况。从某种角度来看，我们可以把克莱尔进行精神分析的整个过程，描述为她真实可感的情感历程。

关于自由联想的技巧，我想再补充一句：在进行自由联想的过程中，切忌推理。在精神分析过程中，推理占有一席之地，也有充足的可以发挥的机会——在自由联想完成之后。但是，正如我已经强调过的，自由联想的精髓是自发性，因此，正在尝试进行自由联想的病人，不应该试图通过推理的方法来获取答案。例如，假设你感觉非常疲倦、浑身无力，很想要躺到床上，认为自己生病了。这时，你从二楼的窗户朝外看，发现自己萌生了跳楼的想法：如果从这里跳下去，最多也只是摔折了胳膊。这个念头让你自己大吃一惊，因为你从未意识到自己陷入了绝望之中，甚至绝望到想要自杀。接着，你听到楼上有人打开了收音机，你控制着自己的怒火，心里想着应该枪毙那个开收音机的家伙。你得出了正确的结论：在你感觉不舒服这件事背后，一定还隐藏着愤怒和绝望。到目前为止，你的分析是毫无问题的。你已经感觉没有那么疲惫了，因为你知道，如果你对一事感到愤怒，就可能在其中找到诸多原因。但是现在，你却开始了一场疯狂的有意识的寻找之旅，想要找到激怒的缘由，对在你感觉疲乏之前发生的所有事情，你都进行了仔细检查。有可能，你会偶然地发现激怒自己的原因，但更大的可能性是，你所有有意识的寻找最终一无所获——而半个小时之后，在你感到失望，想要放弃的时候，才会幡然醒悟。

如果某人试图通过推理来了解真相，那么即使他展开自由联想，也无法得出结论。他之所以无法得出结论，是因为他的某些行为，这些行为是强制的。不管他这么做的原因是什么，不管他这么做是基于殷切的期盼，还是基于出人头地的想法，或畏惧自己会在思想层面放纵，在情感方面妥协，自由联想必不可少的松懈都会受到理智的干扰。确实，一个人可能会自然而然地领悟到一个联想的含义。克莱尔那个以宗教歌曲的歌词结束了她的自由联想，这是一个很典型的例子。在这一系列自由联想里，尽管克莱尔并没有竭力进行有意识的了解，但是克莱尔的自由联想却越来越清晰。也就是说，自我表露和了解，这两种方式有时可能完全一致。然而，就克莱尔自由联想的努力程度而言，它们应该保持严格的分离状态。

如果我们明确了自由联想和了解的界线，那么我们应该在什么时候停止自由联想，并且努力了解呢？幸运的是，这个问题不存在任何规则，只要人们仍在进行自由联想，就没有必要加以遏止。有朝一日，某些更强的东西会中断这些思想。也许，在进行自由联想时，神经症病人或者他的心弦突然触动，理解了一件令他烦恼的事情；或者，神经症患者可以轻易地扭转自己的思想，这可能是抗拒的一个标志；或者，他可以在有限的时间内，详细地阐述这一问题。

人们对联想的了解，不仅没有非常明确的主题，而且没有相应该的构成模式。因此，在精神分析的各个过程中，种种要素的含义也各不相同，也就不可能有任何固定的规则可以遵循。对于一些基本原则，我们已经在第五章论述过了。第五章讲述的是"在精神分析阶段，精神分析师的诊治"。然而，个人的机智、警惕以及专注等必定也会产生重要影响。因此，我只稍微扩展先前论述过的内容，补充说明我们应该秉承的态度。

如果某人停止自由联想，为了解它们而回忆自由联想的线索，那么他的工作方法就必须改变。无论发生什么事，他都不会完全被动地接受，他会变得更加主动，这时，他初绽理智的光辉。但是，我更愿意用否定的方式来表达：他不再排斥理智。即使是现在，他也并非只利用理智。对于他在试图了解一系列联想的含义时所应该采取的态度，我们很难用任何程度的准确性来描述。可以肯定的是，这一过程不应该变成一种纯粹的理智。如果他想这么做，那么他最好去下国际象棋，或预测国际政治走势，或做填字游戏。一个人用理智推测出种种极其全面的解释，没有遗漏任何可能的含义，这只能证明他的头脑非常卓越，能满足他的虚荣心，但是对他真正地了解自己却几乎没有任何帮助。这种努力甚至还存在一种危险，因为它会让人认为自己无所不知，进而妨碍了精神分析过程的进展。然而，实际上，他所做的只是划分种类，并把所有的事情记录下来。

另一个极端则具有更重要的意义，即纯粹感性的自我认知。不过，如果没有更深层详尽说明的话，纯粹感性自我认知也不会很理想，因为某些不明确的重要线索会消失。然而，正如我们已经从克莱尔的精神分析过程中得到的，这种自我认知可能会动人心弦。在精神分析过程的初期，克莱尔曾产生过一种非常强烈的遗忘感，这种感觉和她陌生城市的梦有关。当时，我们就提过，尽管无法证明这一情感经历是否对更深层的精神分析产生了影响，但是这种情感令人不安，克莱尔反对某些禁忌——即禁止触碰任何一种将她与彼得紧紧束缚在一起。另一个例子出现在克莱尔与自己的心理依赖作最后斗争的时候，当时，克莱尔把生活掌握在自己手中。那时，虽然克莱尔并没有理智地掌握这种感性自我认知的含义，但是这种感性的自我认知却帮她摆脱了冷漠的状态。

如果某人进行自我分析，那么他不应该心系科学杰作，而应该让自己在兴趣之海中遨游。如果病人要进行自我分析，那么他要做的很简单：追随那些他关注的、那些唤起他好奇心的、那些扣紧他心弦的事情。如果他能随机应该变，任由自己本能的兴趣引导自己，那么他就完全有理由坚信自己能凭直觉挑选出那些在当时最容易为自己所了解的题材，或跟他正在探索的问题相同的题材。

我认为这一建议肯定会引起一些疑虑。例如：难道不应施予宽容最大的主张吗？难道病人的兴趣无法引导他理解自己熟悉的问题吗？难道这些行为就意味着病人屈服于抗力吗？我将在另一章里论述这一问题：如何处理抗力，现在，只点到此为止。确实，任由兴趣引导的自我分析，就意味着选择了一种抗力最小的方法。然而，抗力最小并不等于没有抗力，实质上，这一原则意味着探究某些问题。目前，这些问题之中的抑制因素依然困扰人心。在进行说明时，这正是精神分析师所解释的原理。正如先前已经强调过的，在精神分析师解释时，他会选择病人可以完全理解的因素。同时，避免选择某些问题的抑制因素，这些问题仍然让人深受压抑。

克莱尔的整个自我分析，证实了这种方法是有效的。对于任何一个无法吸引自己注意的问题，克莱尔都毫不在意。虽然某些问题已经迫在眉睫，但是她仍然从未想去处理。克莱尔对兴趣引导原则一无所知，她只是在兴趣的指引下，把它融入到精神分析过程中，而这一原则显著地促进了克莱尔的成功。或许，有一个例子很典型。克莱尔有一系列的自由联想，这都是关于伟人的自由联想。在那一系列自由联想里，克莱尔只是理解了自己在人际关系中所扮演的角色。虽然她对男性其他期望的暗示是白日梦中非常重要的一部分，但是克莱尔依然完全舍弃了它们，克莱尔不假思索的选择就是她采取的最好方法。然而，克莱尔绝不是只在熟悉的领域进行精神分析过程，保护需求是克莱尔"爱"的一个重要的部分。但是，直到那时，克莱尔都不清楚这一感觉的抑制因素。此外，她也会马上想起，这一感觉首次打击了克莱尔所想象的"爱"，就其本身而言，这一步不仅令人痛苦不堪，而且刻骨铭心。除非她用一种简单的方法处理自己对男性的心理依赖，否则，如果同时处理这一令人恼火的问题，必定会引发更严重的问题。这就引出了最后一个核心问题：想要同时掌握超过一个的重要自我认知，是不可能的。如果一定要逆势而行，那么就会给它们带来毁灭性的灾难。无论病人得到怎样的感悟，只要这些感悟足够深入人心，给人留下的印象非常深刻，那么病人就一定得付出相应时间和精力。

正如前面所论述的，想要了解一个系列的自由联想，不仅要能随机应该变调整工作方向，而且还要有能够灵活运用处理问题的方法。换言之，在选择问题时，我们既要顺从本能的情感喜好的引导，又要接受理智的指导。此外，在分析问题时，我们一定要摒弃慎重的思考，凭直觉理解其中的关联。或许，后者跟绘画技巧相似：构图、配色以及拟定绘画风格，等等，并且我们还会思考这幅画给我们带来的情感反应。在处理病人的自由联想时，这与精神分析师所采取的态度相同。在倾听病人讲述时，我有时会冥思苦想他的潜在意图，而有时我只凭直觉地去领会病人的话语，并因此得出一个推测。无论如何，如果我们想要验证一个发现，那么我们就一定要足够理性。

当然，在一系列的自由联想之中，某位病人可能会发现没有任何东西能引起他的特别关注；他只发现了一个或另一个可能性，但没有从中得到启迪，他要么对事实只有一知半解，要么走向了另一个极端。或许，他会惊奇地发现，在深入研究某一自由联想的时候，某些其他因素使之成为典型的问题。在这两种情况下，病人最好暂时抛开问题。也许，对他而言，纯理论可能性让他受益匪浅。或者，他能够更深入地剖析先前搁置的问题。

需要提及的还有最后一个易犯之错：永远不要相信某些不靠谱的人，不要接受某些不受认可的物。对定期的精神分析而言，这一错误的威胁最大，如果病人倾向于服从权威说法，那么危害就更大了。不过，对于进行自我分析的人，它也可能产生影响。例如，病人可能会必须要接受出现的所有跟自己有关的"坏"事，如果他心生犹豫，不愿接受，那么他就会感到一种"抗力"。但是，如果他只是单纯地把自己的解释当作是假设，而并没有证明这个解释是否正确，那么，他的处境可能就安全得多。精神分析的精髓在于实事求是，这也应该是他解释时依据的准则。

如果这种解释欠妥，或者毫无效用，那么危险就会接踵而至。虽然我们永远也无法避免危险，但是我们不应该为这种危险所吓倒。只要精神病学家们不退缩，用正确的心态继续进行精神分析，那么他们迟早会探索出一种更有效的治疗方法。如若不然，即使他们陷入了死胡同，他们也可以从这段经历中获益。例如，在开始分析克莱尔的心理依赖之前，她曾耗费数月探究自己的生活方式。根据克莱尔的精神分析，我们能够理解她是如何对彼得产生心理依赖的。彼得经常责备她，说她专横，这是她进行早期那段精神分析过程的首要原因。然而，她告诉我，在进行精神分析的时候，她从未确信这一感觉，它与某段时期她所经历的情感相似。这就证明了我们在上面提到的两点：顺从神经症患者兴趣的必要性；不接受任何没有十足把握的事的重要性。但是，尽管克莱尔早期的探索浪费了时间，却并没有造成危害，它逐渐消失了，也没有妨碍克莱尔的下一阶段的精神分析治疗。

　　克莱尔的精神分析是有效的，这不仅归功于她基本正确的解释，还要归功于这一事实：她在这一阶段的分析展现出了一种连续性。克莱尔并没有在一个问题上集中精力——有很长一段时间，她甚至并不知道自己面对的是什么问题——但是，在克莱尔进行精神分析的过程中，她配合精神分析师治疗自己的心理依赖。克莱尔在这个问题上，如此坚定不移，她的精力如此专注，因此，克莱尔必须从各个新角度剖析这一问题。虽然很多人研究过这个问题，但是很少有人能够达到与她相同的水平。我们可以用克莱尔的病例来说明其中的原因，在那段时间里，阴霾沉沉，克莱尔生活在重压之下——直到后来，她才完全适应这种强大的压力，所以，她无意识地解决了这一问题。这种情况是具有强迫性的，绝不会是人造的。然而，在一个问题上投入的精力越多，就越能全神贯注地思考。

　　克莱尔的自我分析非常恰当地解释了第三章阐述的三个阶段：诊断出一种神经症人格，了解它的种种含义，揭示它和其他神经症人格之间的相互关系。正如常见的自我分析病例，在某种程度上，在克莱尔的自我分析中，这些阶段互相重叠：克莱尔了解这一倾向本身之前，就已经明白它的各种含义了。因此，在克莱尔的自我分析过程中，她既不竭力遮掩某些明确的病症，也不刻意分析自己的心理依赖和强迫性谨慎两者之间的关联，而是接受神经症倾向的事实。同样，随着精神分析过程的进行，两种倾向之间的联系几乎是自动地变得越来越清晰。换言之，克莱尔并没有选择这些问题——至少没有刻意地选择——然而，这些问题却接踵而至。在这些问题在显露出来的时候，展现出了一种系统的连续性。

　　此外，在克莱尔的自我分析过程中，还有另一种更重要的连续性：认知神经症倾向的含义，揭示它与其他神经症倾向的关联。克莱尔取得的进展，不是诸多自我认知的叠加，而是一种结构模式。在自我分析过程中，如果她的自我认知是毫不相关的，那么即使每一个自我认知都是正确的，她的自我分析也不会行之有效。

这样，克莱尔认为自己可以凭借痛苦获得帮助，所以她才任自己沉浸在痛苦之中。之后，克莱尔本可以仅仅追溯到这一特性在她童年时期的根源，并将其认作是一种执着的儿童信念。这样做可能会有一定的帮助，因为没有人真的愿意无缘无故便陷入痛苦；而在下一次，在克莱尔感到痛苦时，她也许控制这种情绪。但是，即使做最乐观的估计，克莱尔这种处理自我认知的方法，也只能让她减少负面情绪发作频率罢了。然而，这并不能体现其最关键的特征。或者，克莱尔最多只能再前进一步，即把她的发现和她这一事实联系起来，这一事实即她缺乏自我决断的主张，她对神秘帮助的信念取代了积极解决生活中的困难。尽管做到这些仍然不够，但却起到了相当大的帮助作用，因为它提供了一条新的动机，让克莱尔彻底不再感到无助。但是，如果克莱尔没有把神秘帮助的信念和自己的心理依赖联系在一起，没有看到前者是后者主要的组成部分，那么她是不可能彻底征服这一信念的。因为克莱尔始终想建构一种无意识的限制：如果克莱尔找到了永恒的"爱"，她就可以轻而易举地获得帮助。只有她找到其中的关联，她找出了这种期望中的谬误，她付出了极大代价，这一自我认知才能完全发挥作用。

因此，基于一种人格特征，如果某人想探究一种人格特质是如何植根到自己的人格特质之中的，探究其多方面的根源和多种多样的影响，这绝不是一个只有理论层面的问题，它还具有巨大的治疗价值。这一要求可以用我们熟悉的动力学说来表达：要想改变一种特性，我们必须先了解它的动机。不过，它就像一枚硬币，在长期的使用过程中变得有些陈旧、磨损。此外，我们还会由它联想到驱使力的概念，在此，不论它们存在于童年时代，还是现在，我们应该寻找这样的驱使力。在这种情况下，动机这个概念可能容易混淆，因为，与一种人格特征相比，它在性格方面的局限因素同样重要。

我们所意识到的结构上种种联系的必要性，绝不仅仅存在于心理学问题中。例如，我强调过的种种注意事项，器质性病等问题也同样重要。任何一位优秀的医生都不会把心脏病当作是一个独立的病症来治疗，他还会考虑其他器官，例如肾、肺等其他器官如何影响心脏。此外，他还必须要清楚，心脏状况反过来又会如何影响身体的其他系统，例如，它如何影响血液循环或肝脏功能。他对这些类影响的了解，将帮助他诊断心脏病的轻重程度。

在精神分析过程过程中，假如一定要重视零散的细节，那么，我们又如何实现理想的连续性呢？从理论方面讲，答案就隐藏在前文中。一名病人如果已经进行了相关的观察，或取得了对自身的各种自我认知，那么，他就应该仔细检查一下，所揭露出的特质在各个方面有什么表现，会产生什么结果，它是由他人格中的哪些因素引起的？但是，我这样论述可能会让人感觉过于抽象，因此，我将尝试着用一个虚构的例子来加以说明。但是，我们必须谨记，任何简要的事例都必然给人一种简单、浅易的感觉，而这样的例子在现实中是不存在的。而且，此类事例只是想要展现需要识别的因素的多样化，并不能表明病人在对自己进行分析时所体验的情感经历，因此，它描绘出的是一幅片面的、过于理性的图画。

　　让我们记住这些保留意见，先来做如下假设。一个人观察到自己在一些情况下想参加讨论，却因为害怕可能受到批评而开不了口。他如果让这一观察结果在自己心里扎下根，那么他就会对这其中所涉及的畏惧情绪产生怀疑，因为不存在任何真正的危险会引起这种畏惧。他想知道，为什么这种畏惧如此强大，以至于自己会受其阻碍，不但无法表达自己的想法，也无法冷静思考。她想知道，这种畏惧是否比他的抱负还要强大，他想知道，这种畏惧是否比任何一种权宜之计都强大，从他的职业利益考虑，这些权宜之计能让他给人留下好的印象，因而是可取的。

　　因此，他对自己的问题产生了兴趣，他试图去探究自己生活的其他领域，以弄清楚这些领域是否也有类似的障碍在施加影响，如果有，它们采用的是什么方式。他审视自己和女性的关系，他是否会因为女性可能会挑剔他而感到胆怯，以至于不敢接近她们？他是否曾因为没有从一次失败中恢复过来，而一度患上了暂时性阳痿？他是不是不愿意参加聚会？他愿意去购物吗？他会不会因为担心可能被售货员认为是过于节俭而购买一瓶昂贵的威士忌？他会不会因为担心可能被服务员看不起而付了一大笔小费？而且，他对批评的接受程度到底脆弱到了何种地步？事情发展到什么程度会让他感觉难堪，或让他受到伤害？只有在他的妻子公然批评他的领带的时候，他才会感觉受到伤害，还是妻子仅仅是赞赏吉米的领带和袜子总是搭配得体，就能让他感觉不舒服？

　　诸如此类的考虑，会让他对自身障碍的广度、强度及其多种多样的表现形式有一定的了解。接着，他就想要了解，这种障碍是如何影响他的生活的。他已经知道了，它让自己在很多领域都受到了抑制，他无法坚持自己的主张；对于别人对自己的要求，他过于顺从，因此，他永远不能做真实的自己，而只能潜意识地扮演着一个角色。这让他对别人心生怨恨，因为在他眼中别人想要支配他控制他，而这会伤害他的自尊。

　　最后，他留意寻找那些造成这种障碍的因素。是什么让他如此害怕受到批评？他可能会想起父母管束他的那些非常严格的标准，也可能回忆起很多让他遭受指责或让他发现自己不够好的事情。但是，他还必须考虑自己真实个性中的所有弱点，正是他的全部弱点造成了他对别人的依赖，并因此让他发现别人对他的看法具有强迫性的重要性。如果他可以找到所有这些问题的答案，那么他对自己害怕遭受批评的认知，就不再是一个孤立的自我认知，他将看到这一特质和他整个人格结构的关系。

有人很可能会产生这样的疑问：我举这个例子是不是想要说明，一名发现了一种新因素的病人，就应该用前文所指出的种种方法慎重地思索自己的经历和情感？当然不是，因为这具有前面讨论过的单纯运用智力进行分析所具有的同样的危险。但是，他应该留出一段时间，让自己沉心思考？他应该采用与考古学家同样的方法思索自己的发现———名考古学家发现了一座被埋藏的、受损严重的雕像，他会从各个角度检查自己的珍宝，直到弄清楚雕像最初的种种特征。病人诊断出的任何一个新因素，都像是一盏探照灯，投射到他生活的一些领域，照亮了到那时为止仍是漆黑一团的地方。只要他对认识自己怀有强烈的兴趣，就几乎必然会看到这些被照亮的地方。在这些地方，专家的指导特别有益。在这种时候，精神分析师会主动帮助病人，去认清病人的感觉所具有的重要性，提出它所暗示的问题，将它跟以前的种种感觉联系起来。在无法获得这样的外部帮助时，最好的做法是，控制住自己想要进行分析的急切心情，提醒自己，一个新的自我认知意味着征服了新的领域，要通过巩固取得的成果，尽量让自己从这一征服中获益。在《不定期的自我分析》那一章中，对于每一个例子，我都提到了获得的自我认知可能暗示的问题。我们可以很肯定地说，牵涉其中的病人之所以没有发现这些问题，纯粹是他们的兴趣随着即时障碍的消除而消失了。

如果有人问克莱尔，她是如何在自我分析中取得如此出色的连续性的，很有可能，她给出的答案跟厨师回答烹饪秘诀答案完全相同。通常，厨师的答案归结起来就是这一事实：跟着感觉走。虽然这个答案用在指导煎鸡蛋上差强人意，但是用在精神分析过程中，却绝非如此。没有人可以借用克莱尔的感觉，但是每个人都有他自己的感觉可以依循。而这让我们想到前文在讨论对种种联想进行解释时所应该注意的一个要点：对自己的探索具备一定的知识是有帮助的，但指导探索的是病人本人的直觉和兴趣。我们应该接受这一事实：我们都是由需求和兴趣驱动的活生生的人，我们应该摒弃这一错觉：我们的心如同一台上好了润滑油的机器一般完美运转。在分析的过程中，就跟在其他很多过程中一样，彻底地洞察一个含义比全面掌握所有含义，要有价值得多。错过的种种含义在以后的某个时间会再次出现，而那时，病人也许更有把握理解它们。

　　工作的连续性也可能受到本人无法控制的外部原因的干扰而中断，人并不是生活在实验的封闭状态中，所以就必须对中断情况的发生做好心理准备。许多日常经历会侵占人的思想，这其中有些还会引起要求立刻得到解释的情感反应。例如，假设克莱尔在处理自己的心理依赖时失业了，或接受了一个新的职位，这一职位对主动性、自信心以及领导能力都有更高的要求，那么，无论在哪一种情况下，其他问题都比她的心理依赖更重要。在这种境况下，每个人所能做的就是把这些打断自己精神分析过程的事情纳入到整体进展中，尽自己最大努力解决所产生的这些问题。不过，也有可能恰好发生了一些事情，能帮助我们处理手头的问题。例如，彼得提出断绝关系的要求，无疑对克莱尔进一步进行自我分析的问题起到了促进作用。

　　总而言之，对于外部干扰之事，我们无须过分担心。在治疗神经症病人期间，我发现，即使是具有决定性作用的外部事件，也只能在短时间内让病人偏离分析方向。病人会非常迅速地，甚至是在其自身都没有意识到的情况下，便返回他当时正在分析的问题，有时，他恰好就在中断的那一点上重新开始。我们无须为这种情况寻求任何神秘解释，例如，做出这样的假设：比起外部世界发生的种种事情，病人正在分析的那个问题对他具有更强的吸引力。很有可能，由于病人经历的大多数事情都能引起若干反应，而与他手头正在处理的问题最接近的那件事情，对病人的触动最深，因而会引导病人重新拾起他原本打算要放弃的线索。

　　这些论述强调的都是主观因素，而不是给出种种明确的指导，这一点可能会让我们想起有人对自我分析提出的批评：自我分析更像是一门艺术技巧，而非一种科学方法。由于这其中牵涉到对种种专门术语的哲学阐述，所以我们就不对这一争议进行讨论了，以免离题太远。在此，重要的是一种现实的考量。如果把自我分析称作一项艺术活动，会让很多人产生这种暗示：一个人必须特别有天赋才能从事此项工作。自然，我们每个人的才能各有不同，就像有的人特别擅长机械问题，或对政治具备特别敏锐的洞察力，有的人则在心理学思维方面天赋过人。然而，真正重要的并不是神秘的艺术天赋，而是一种完全可以定义的因素——一个人的兴趣或动机。这仍然是一个主观因素，但是，对于我们做的大多数事情，难道它不是决定性因素吗？最重要的因素是精神实质，而非规则。

第十章 处理抗力

精神分析利用或强调的是自我内部的种种力量，它分属两组利益迥异的因素，其中一组的利益在于维持由神经症结构所产生的幻觉和安全感不变，另一组的利益在于通过瓦解神经症结构，获得一定程度的内在觉醒和力量。由于这个原因——正如我们已经着重强调过的——从根本上讲，分析并不是一个超然的智力探索过程。理智是一个机会主义者，为在当时具有最大利益的一方服务。那些抗力解放、力求保持现状的力量，会受到每一个有能力破坏神经症结构的自我认知的挑战，而且在受到这些挑战的时候，它们会用或这或那的方法竭力阻碍获取自我认知的进程。它表现为精神分析过程的种种阻碍，弗洛伊德运用"抗力"这一术语恰如其分地指称所有从内在牵制精神分析过程的因素。

抗力绝不是只产生于分析的情境中，除非我们生活在特殊的环境中，否则，生活本身对神经症结构造成的挑战，至少具有跟精神分析师同等的程度。一个人对生活种种秘而不宣的要求，由于其绝对性和刻板性，必然会屡遭挫败。他对自己的种种幻想，别人是无法分享的，这就导致别人对这些幻想产生怀疑或蔑视，以致伤害了他。他煞费苦心构建的安全措施并不稳固，种种侵袭仍无法避免。这些挑战也许具有建设性的影响，但是，它们在他身上引起的反应——正如他在精神分析过程中的反应——可能首先还是焦虑和害怕（两者中有一个占主导地位），之后，他便会强化自己的种种神经症人格倾向，他变得更加孤僻、更加专横、更具有依赖性，等等，具体怎样视情况而定。

在某种程度上，精神分析师与神经症病的关系所带来的情感和反应，和他与别人的关系所产生的情感和反应是相同的。但是，由于分析对神经症结构的攻击是外显的，所以它所展现出的挑战也更大。

在大部分精神分析的文献中，都有一条或含蓄或明显的定律：对于我们自身的障碍，我们是无能为力的，也就是说，如果没有专家的帮助，我们不可能克服自身的抗力。这一坚定的信念，就成了障碍自我分析概念的最有力的论据。不仅对精神分析师，而且对每一名曾经接受自我分析的病人而言，这都是一条极有分量的论据，因为对于在接近危险领域时所遇到的顽固而阴险的阻碍，精神分析师和神经症病人都非常清楚。但是，诉诸经验永远也无法得到确凿的论据，因为经验本身是由主流思想和风俗的整个复合体决定的，是由我们的思想决定的。更为特殊的是，分析经验是由这一事实决定的：病人没有得到独自处理自身抗力的机会。

更紧要的是，对弗活伊德所有人本哲学的明确认识是精神分析师产生此信念的理论前提。这一论题非常艰涩，不适合在此深入研究，我们只需知道以下这些就足够了：人如果为种种本能所驱使，而在这些本能中一种具有破坏性的本能扮演了一个重要的角色——正如弗洛伊德的观点——那么，人性中为各种具有建设性的力量留下的成长和发展的空间就极为有限了（如果有的话）。然而，正是这些建设性力量构成了对产生阻碍的那些力量的有力抵抗。否定这些建设性力量，就让人产生一种失败主义态度，拒绝认为自己可以凭借自身努力克服阻碍。对于弗洛伊德哲学思想的这一部分，我并不赞同，但我不否认，抗拒问题仍是一个需要严肃考虑的问题。跟所有分析一样，自我分析的结果很大程度上取决抵抗力量的强度和本我处理抗力的能力。

实际情况中，一个人面对抗力时的无助程度，不仅取决抗力的明显程度，还取决抗力的隐藏力量——换言之，取决抗力要达到何种程度才能为人所识别。诚然，在公开的抗力中，它们可能为人所发现并遭到打击；例如，一名病人可能会充分意识到自己对接受精神分析怀有抵抗，他甚至有可能意识到自己极力抗拒放弃一种神经症人格倾向，正如克莱尔在她最后那次是保卫还是消除自己的心理依赖而进行斗争时所做的那样。更多时候，抗拒会以各种伪装形式接近病人，而病人却识别不出它们的真面目。在这种情况下，病人并不知道阻碍力量正在对自己施加影响，他只看到自己徒劳无功，或感觉无精打采、疲惫不堪、灰心丧气。此时，面对着一名不仅看不见，而且就他所知甚至并不存在的敌人，他自然会感到迷茫无措。

一个人识别不出一种抗力的存在，其重要的原因之一在于这一事实：不仅在他直接面对与抗力有关的问题时——即，在他内心深处对生活的要求揭露出来、他的种种幻想遭受质疑、他的安全措施受到损害的时候——而且在他离抗力这片区域还很远，仅能隐约望其项背的时候，他的防御机制就调动起来了。他越是想保持这些原封不动，他对每一次靠近防御的行为就越是敏感，即使它们离得很远。他就像一个害怕雷暴雨的人，不仅对雷鸣电闪感到惊恐，甚至在看到远方地平线出现的一片云时，都会忧惧不安。这些长距离反应之所以能如此轻易就为病人所忽视，是因为它们是随着一个主题出现而产生的，而这一主题看上去是无害的，是不大可能激起任何一种强烈的情感的。

　　想要诊断出种种抗拒，就要对它们的起源和表现有确切的了解。因此，将我们已经论述过的散布于本书各处的——这些论述一般都没有明确提到抗力这个词——与此主题有关的内容归纳总结起来，并补充一些对自我分析特别重要的内容，似乎就非常必要了。

　　抗力的起源，是一个人想要维持现状所具有的种种利益的总和，这些利益并不——而且绝对不——等同维持生病状态的意愿。每个人都想摆脱种种障碍和苦难，怀着这样的意愿，每一个人都完全赞同改变，而且都认为改变应该尽快发生。病人想要维持的不是"神经症"，而是神经症中那些已得到证明能够给他带来极大主观价值的方面，是那些能让他从心底认为未来的安全和满足可以得到保障的方面。简而言之，任何一名病人都丝毫不愿意改变的那些基本因素，是涉及以下诸方面的因素：他对生活秘而不宣的要求，他对"爱"的要求，对权力、独立等的要求，他对自己的幻想，他可以相对轻松地生活的安全区域。这些因素的确切性质，是由病人的神经症人格的性质决定的。由于已经描述过种种神经症人格倾向的特性和动力，在此我就不需再进行深入阐述了。

　　在专业的精神分析中，绝大部分病例的抗拒都是由发生在精神分析本身当中的某件事引发的。病人如果已经构筑了强劲的二次防御，那么只要精神分析师一开始质疑这些防御是否正确，也就是说，只要精神分析师对病人人格中任何因素的准确性、优越性或不变性产生了任何一点怀疑，首次抗拒就产生了。因此，如果一名病人的二次防御主要在于将所有跟自己有关的事物（包括缺点），都视为是卓越且独一无二的，那么，一旦他的任何一个动机遭到质疑，他就会立刻感到绝望。另一名病人则一旦发现，或精神分析师一向他指出，他自身内在的任何一丝不合理的迹象，他就会表现出烦躁且沮丧的反应，这与二次防御的功能——保护已经形成的整个神经症系统——相同，会引发这些自我防御反应的情况，不仅发生在一种特殊的、受到抑制的因素面临被揭露的危险的时候，还发生在所有事物无论其详情如何，都遭受质疑的时候。

　　但是，如果二次防御并不具备这样重要的力量，或病人已经揭露并且勇敢面对了这些防御，那么，在极大程度上，抗力就只是对遭受攻击的特定的受压抑因素的一种反应。一旦分析接近了（无论远近）特定病人禁忌的任何一处范围，他就会表现出畏惧或害怕的情绪，会潜意识地采取防御措施，以阻止进一步的入侵。对病人禁忌的这种侵犯，并不需要是某一具体的攻击，仅仅是精神分析师的一般行为也有可能造成这种结果。任何他做过或没做的事情，说过或没说的话，都有可能伤害病人的一个脆弱点，招致有意或无意的不满，而这会暂时阻碍他和病人之间的合作。

不过，对精神分析过程的抗力，也可能是由分析情境之外的因素引起的。在精神分析阶段，如果外部环境发生变化，朝着有利于神经症人格顺利运行的方向发展，甚至使神经症人格变得对病人确实有益，那么激发抗拒的因素就会大大增强，其原因当然是抗拒改变的力量得到了增强。但是，抗拒也可能由日常生活中的不利事件引起。例如，如果一名病人发现自己受到了所在圈子里一个人的不公正对待，他可能会极其愤怒，拒绝进行任何精神分析。他不但不会寻找自己感觉受到伤害或侮辱的真正原因，反而会把全部精力都集中在报仇上。也就是说，如果一个受到压抑的因素遭到触碰，无论这种触碰是明确的还是笼统的，某种抗力都会因此产生，而其诱因既可能是外部事件，也可能是分析情境的内部因素。

从原则上讲，自我分析中激发抗力产生的原因与此相同。不过，在自我分析中，诱发某种抗力的，不是精神分析师的解释，而是病人本人对某个令人痛苦的自我认知或暗示的接近。此外，由于精神分析师的行为所带来的诱因，在自我分析中也是不存在的。在某种程度上，这是自我分析的一个优势，不过我们也不应该忘记，如果对这些诱因进行正确分析，它们会证明自己具有极大的助益。最后，日常生活经历似乎在自我分析中造成了极大的阻力。这一点很容易理解：在专业的自我分析中，由于精神分析师在其中扮演了重要角色，病人的情感大都集中在精神分析师身上，但是，在精神分析过程由病人独自承担的情况下，这种情感集中自然就不存在了。

在专业分析中，抗拒表现自己的方式可以大致分为三类：第一，公然抗争问题；第二，防御性的情感反应；第三，防御性抑制或逃避性策略。尽管形式各异，但从根本上讲，这些不同的表现方式只是坦率程度不同而已。

为方便说明，我们假设一名病人有谋求绝对"独立"的强迫性需求，精神分析师从他的人际交往障碍入手进行精神分析过程。病人认为，精神分析师的这种行为是对自己超然离群状态的间接攻击，因而也是对自己独立性的攻击。在这一点上，病人是正确的，因为，任何针对他与别人交际困难的工作，只要最终目标是改善他的人际关系、帮助他用更加友善、更加融洽的发现与人相处，就都是有意义的。精神分析师甚至可能并没有有意识地想到这些目标，他可能只是想了解病人的胆怯、了解病人的挑衅性行为、了解病人与女性相处的窘况，病人却意识到了逐渐逼近的危险。这时，他的抗力也许会采取公开拒绝的方式来应对上面提到的困难，他公开声明，无论如何他都不认为有人会来干扰自己。或者，他可能会表现出对精神分析师的不信任，怀疑精神分析师想把自己的标准强加到他身上。例如，他可能会觉得精神分析师想把一种令人厌恶的合群性强加给他，或者他可能只是简单地对精神分析过程表现得无精打采：他不按时赴约，认为一切都好，转移话题，认为没有做过梦，或用各种含义晦涩的梦给精神分析师制造麻烦。

第一类抗力，即公然抗争，我们都非常清楚、熟悉，无须再做详细阐述。第三类抗拒，即防御性抑制或逃避性策略，将在不久后论述的它和自我分析的关联性中加以讨论。而第二类抗拒，即防御性情感反应，在专业分析中特别重要，因为这种反应可能是针对精神分析师的。

在与精神分析师有关的情感反应方面，抗力有多种表现方式。在刚刚提到的那个病子里，病人的反应是：他怀疑自己受到了误导。在其他病例中，病人的反应可能是一种强烈却又莫名的害怕被精神分析师所伤害的恐惧。或者，反应可能只是一种弥漫性恼怒，或病人认为精神分析师太愚蠢无法了解自己或提供帮助，因而对其产生的蔑视情绪。或者，反应可能采取一种弥漫性焦虑的形式，而病人会试图通过寻求精神分析师的友情或爱的方式来缓解焦虑。

这些反应有时具有惊人的强烈程度，其原因部分在于病人发现自己构建的结构中一个重要部分受到了威胁，还有部分原因是这些反应本身具有重要价值。这些反应有助于将精神分析过程的重点从寻找因果这一基本工作，转移到安全得多的与精神分析师之间的情感状态上。病人没有仔细探索自身的问题，而是集中精力去说服精神分析师，赢得精神分析师对自己的支持，证明他是错的，挫败他的努力，惩罚他侵入自己禁忌领域的行为。随着重点的转移，病人要么会因为自身的种种困境而责备精神分析师，他让自己认为，精神分析师对自己了解甚少，又待自己极为不公，同这样一个人合作，自己是不可能取得进步的；要么病人会把精神分析过程的所有责任都推到精神分析师身上，自己则萎靡不振、反应迟钝。不用说，这些情感较量也许会在暗中进行，精神分析师需要进行大量的精神分析过程，才能让病人意识到它们。如果它们就这样被压抑了下来，那么病人就只有在它们已经造成了严重的心境障碍时候才会意识到它们的存在。

在自我分析中，抗力同样也是用这三种方式表现自己的，不过必然会有所差异。在克莱尔的自我分析中，公开而直接的抗力只出现过一次，但是针对精神分析过程的各种各样的抑制却非常多，逃避策略也很多。偶尔地，克莱尔还会对自己的分析发现产生有意识的情感反应——例如，在发现自己对男性的心理依赖时，她很震惊——不过，这样的反应并没有阻止她继续进行精神分析过程。我认为，这是一幅抗力在自我分析中运作方式的相当典型的图画。在任何情况下，这都是我们可以合理期待的一幅图画。对于自己获得的发现，病人必然会产生情感反应：他对在自己身上发现的事物感到惶惑、羞耻、内疚或恼怒。不过，这些反应在自我分析中占据的比例，跟在专业的分析中是不同的。原因之一是，在自我分析中，病人的防御战并没有精神分析师的参与，或者说病人无法把责任推给精神分析师，他只能依靠自己。另一个原因是，一般来说，病人在处理自身问题的时候，比精神分析师更加谨慎：他对危险的觉察非常敏锐，远远领先于精神分析师，他几乎会潜意识地避开与危险的直接接触，转而求助于一个或另一个方法，以逃避眼前的问题。

　　这就把我们带到了如下问题上：抗力可能采用的表现自己的防御性抑制和逃避性策略。妨碍分析的这些方式，就像因人而异的个性，多到不可胜数，而且它们可能发生在分析过程中的任何时刻。只要指出它们可能在哪些关键点上阻碍分析进程，我们就能很轻松地讨论它们在自我分析中的表现形式。简要概括，它们可能会阻止一名病人着手分析一个问题；它们可能会损害他自由联想的价值，它们可能会妨碍他的理解，它们可能会让他的感觉站不住脚。

　　妨碍病人着手分析问题的抗力也许很难辨别，因为，通常，独自工作的病人无论如何都不会进行定期的自我分析。他不应该让自己关注那些他认为无须进行分析的时期，尽管在这些时间段里，抗力也会发挥作用。但是他应该对如下这些时期非常谨慎：他感到非常的痛苦、不满、疲惫、恼怒、犹豫、惶惑，然而却还是会克制任何试图脱离这种状态的想法的时期。在那些时期，他可能会意识到自己并不情愿进行自我分析，尽管他完全明白，自我分析至少可以给自己一个摆脱这些痛苦的机会，能让自己从中有所领悟。要不然，他可能会找很多借口为自己不进行分析的行为辩解——他太忙、太累、没有时间。这种形式的抗拒，在自我分析中很可能比在专业分析中更常见，因为在专业分析中，尽管病人可能会偶尔忘记或取消一次与精神分析师的约定，但是常规、礼貌以及金钱会产生足够的压力，阻止他频繁地毁约。

　　在自由联想的过程中，防御性抑制和逃避手段运作的方式非常迂回曲折，它们可能会让病人一事无成。它们可能会引导病人去"理解"，而不是让他的思想自由流转。它们可能会让病人的思想离开正题，或者，更确切地说，它们让病人产生了倦怠感，以致忘记了要关注自由联想的发展。

　　抗力会在一些因素上制造盲点，对病人的理解造成干扰，即使病人完全有这方面的能力，他也可能会注意不到这些因素，或没有把握住它们的含义或重要性。在克莱尔的分析中，就有多个这方面的例子。另外，病人可能会非常蔑视显露出来的情感或想法，正如克莱尔起初就极大地低估了自己对与彼得关系的不满和不幸。而且，抗力可能会把病人的探索引到错误的方向。在这个方面，较之完全凭借想象做出解释，即为自由联想加入实际上并不具备的含义，不考虑因素出现的背景，便选择一个现有因素，并因此错误地将其融合，后一种做法的危害更大，克莱尔的脑海中浮现起关于玩具妹妹埃米莉的回忆。

最后，在病人确实取得了一个真正的感觉的时候，以抑制或逃避的方式运作的抗拒可能会用很多方法来破坏它的建设性价值。也许，病人会否认自己所获感觉的意义。或者，他不会耐心地探索这一感觉，而是草率地断定，需要做的唯一一件事就是集中精力克服特定困难。或者，他可能会控制自己不采取进一步行动去巩固自己感觉的效果，因为他"忘记"了，不"想"继续下去，或出于某个原因，或直截了当地说自己抽不出时间来做这件事。而在他必须要鲜明地确定自己的立场的时候，他可能会——有意识地做出真诚的样子——采取一个又一个妥协的方法，因此自欺欺人地接受自己所取得的结果。然后，他就觉得——正如克莱尔多次所做的那样——他已经解决了一个问题，但实际上他离问题的解决还有很远的距离。

那么，我们应该如何应对抗力呢？首先，对于那些不明显的抗拒，任何人都会束手无策，因此应对抗力首要也是最重要的要求就是诊断出在运作的抗拒。一般情况下，大多数抗力都会为病人所忽略。而且，无论我们如何警惕，或如何专注于识别抗拒，必然会有一些抗拒形式逃开我们的注意，这其中最重要的就是盲点和极度低估的情感。这些抗拒所造成的障碍的严重程度，取决于它们分布的范围和顽固程度，以及支持它们的力量。通常，它们只是表明了一个事实：病人尚且无法正视这些因素。例如，克莱尔起初就不可能看出自己对彼得不满的强烈程度，或自己深受这一关系所害的程度，甚至是精神分析师也几乎无法帮助这个病人看到这一点，更确切地说是帮助这个病人了解这一点。在能够处理这些因素之前，克莱尔有大量的工作要做。这种考虑是令人鼓舞的，它暗示了，只要精神分析过程继续下去，盲点通常都会为病人所清除。

对在错误方向上的探索，这种考虑几乎同样适用。用这种形式表现出来的抗拒也很难为病人所察觉，而且它还会浪费时间。但是，在一段时间之后如果病人发现精神分析过程毫无进展，或他发现尽管自己已经分析了相关问题，却只是在原地转圈。跟其他所有分析一样，不要对已经取得的进展抱有幻想，对自我分析而言也很重要。如果这种幻想能暂时得以缓解，那么它就能轻易地阻止病人发现更深层的阻力。在自我分析中，病人有可能对种种感觉进行错误整合，这就是我们说的偶尔寻求精神分析师的帮助，对自我精神分析过程进行检查是非常值得的原因之一。

考虑到其他种类的抗力可能具有令人生畏的强烈程度，它们就更容易为病人所注意到。如果病人的情况如上面所描述的那样，那么他肯定会注意到自己对精神分析过程产生的抗力。在自由联想的过程中，他意识到自己是在推测，而不是自发地思考；他注意到自己的想法脱离了正题，然后，他要么往回追溯，恢复原来的联想次序，要么至少重新回到离题的那个点上。他如果改天查看自己的笔记，就可能找到自己思考中的错误，就像克莱尔在期望神秘帮助那个联想中所做的一样。如果他发现自己的感觉带有明显的规律性，是对自己的高度赞美，或极度贬损，那么他就可以怀疑有因素在阻碍分析的进展。他甚至可以怀疑，沮丧反应是抗拒的一种形式，不过，如果他为沮丧情感所控制，想要做到这一点是很困难的；在这种情况下，他应该做的事情是，将沮丧本身视为分析引起的一种反应，而不是按其表面价值对待它们。

　　病人在意识到当前的工作受到抗力的时候，他应该放下手头的精神分析过程——无论这工作是什么，把遇到的抗拒当作最迫切的问题来解决。如果不顾抗拒，强迫自己继续下去，精神分析过程是不会取得任何进展的，用弗洛伊德举的例子来说，这种行为就是一次又一次试图打开一盏坏掉的电灯；而想要让电灯重新亮起来，必须首先找出哪里出故障，是在电灯泡、电线还是开关里。

　　解决抗力的技巧在于，尽力围绕抗拒展开联想。但是，在进行自由联想之前，审阅一下遇到抗拒之前的笔记，对解决发生在精神分析过程期间的所有抗拒都是有益的。因为，解开抗拒的线索很有可能就隐藏在一个至少曾触碰过的问题里。而且，浏览笔记的时候，发生偏离的那一点也许会变得明显起来。此外，病人有时会没有能力立刻着手处理抗力：他可能会非常不情愿或发现心神不安，不想这么做。这时，明智的做法是，不要强迫自己，仅仅做一个笔记，记下在这个或那个点上，自己突然感觉不舒服或疲倦，第二天在自己可以用一种新的观点来看待事情的时候，再重新开始分析这一问题。

　　我主张病人"针对抗力展开自由联想"的意思是：病人应该考虑抗拒特殊的表现形式，让自己的思想沿着这个方向自由流动。因此，如果病人注意到，不管自己思考什么问题，其解释总是归于一点——自己是最优秀的，那么，他就应该试着把这一感觉当作下一步联想的出发点。如果对一种感觉感到沮丧，他就应该提醒自己：这一感觉可能触及了一些他尚且没有能力或不愿改变的因素，他应该尝试着在心中围绕这一可能性展开自由联想。如果他的困难在于着手处理分析这方面，那么，即使他觉得需要进行自省，他也应该提醒自己：之前的一部分分析或一个外部事件可能已经造成了一种障碍。

　　由外部因素引起的这些阻碍在自我分析中尤为常见，其原因上文已经论述过了。受神经症人格倾向控制的人——或者说，在这件事上，几乎所有的人——很有可能会发现受到了冒犯或受到了一个特定的人的不公正待遇，或笼统地认为命运对自己不公，而且会按表面意思来对待自己的痛苦反应或不满反应。在这种情境下，需要做大量的澄清工作，才能将真正的冒犯和虚构的冒犯区分开来。而且，即使冒犯是真实的，也没有必要做出这样的反应：如果不是自身感情脆弱，容易为别人对自己的作为所伤害，那么，对于很多冒犯行为，他完全可以对冒犯者回之以怜悯或指责，或公然抗争，而不是只感觉受到伤害或怨恨。比起仔细检查自身的哪个脆弱点受到了攻击，单纯认为自己有权利愤怒自然要容易很多。但是，为了自己的切身利益，即使他非常肯定，别人曾令他痛苦、对他不公，或完全不体谅他，他也应该采用前一种方法。

假设一位妻子得知自己的丈夫与别的女人发生过一段短暂的婚外情，她深为焦虑。尽管她知道这件事已经过去了，尽管她的丈夫竭尽全力去修复夫妻关系，但是，数月之后，她仍然无法对此释怀。她让自己和丈夫都深陷痛苦之中，而且不时地羞辱丈夫。除了丈夫辜负了她的信任，让她受到真正的伤害，还有很多原因可以解释她的这些感受和做法。例如：除了她，丈夫也会喜欢上别人，这一事实可能伤害了她的自尊。丈夫脱离了她的掌控和支配，这让她无法容忍。这件事可能引起了她对被抛弃的恐惧，正如它可能在克莱尔这类人身上所能激起的反应一样。她可能因为一些自己没有意识到的原因，对自己的婚姻心存不满。她可能是利用这一引人注目的事件做借口，来发泄自己所有受到压抑的愤懑，因此她的所作所为只是一场潜意识的报复行为。这个妻子可能倾心于另一个男人，因而对丈夫享受了她不允许自己享受的自由感到愤恨。如果她检查一下这些可能性，她也许不仅能极大地改善当前的处境，而且还会对自己有一个更加清楚的认识。但是，只要她固执地强调自己有愤怒的权利，那么，这两种结果都不可能实现。尽管在那种情况下，她要察觉出自身对自省的抗拒非常困难，但是，如果这个妻子控制住自己的愤怒，她的处境也会与上述两种结果基本相同。

关于处理抗拒的态度，有一种言论较为恰当。知道自身存在抗拒，我们很容易就恼怒发火，就好像它暗示了一种令人不快的愚蠢行径或固执行为。这种态度是可以理解的，因为我们在追求自身最大利益的道路上遇到了自己制造的障碍，这确实是令人不快，甚至令人恼怒的。然而，一个人因为自身的抗力而斥责自己，这是不合理的，甚至没有任何意义。他不应该因为那些支持抗拒力量的壮大而受到指责，而且，此外，这些抗力努力保护的神经症人格，曾在其他所有方法都无法帮他应对生活的时候，为他提供了帮助。对他而言，明智的做法是，把这些对立力量看作是既有因素。我更倾向于这样表述：他应该把这些抗力当作自身的一部分，并予以相应该的尊重——尊重它们指的不是认可它们、纵容它们，而是承认它们是自身发展不可分割的一部分。这种态度不仅能让他更公正地看待自己，还给他提供了一个更好的处理抗拒的准则。他如果怀着一种敌意的、想要粉碎这些抗力的决心去接近它们，那他将很难具备了解它们所必需的耐心和意愿。

　　如果按这样的方法、态度来处理抗力，神经症病人了解并克服它们的可能性就会大大提高。当然，这里有一个前提条件：这些抗力要没有病人的建设性意愿强大。而那些相比而言更强大的抗力造成的困难，即使做最乐观的估计，也只能依靠精神分析师的帮助才有可能克服。

第十一章　自我分析的限制因素

抗力和限制的区别，只在于程度的不同。任何抗力，只要它足够强大，就能转变成一种真实的限制因素。任何因素，如果会让病人认真对待自身的动力降低或丧失，那么，它就有可能成为自我分析的限制因素。这些因素尽管并不是独立的实体，但是除了分别加以讨论，我找不到任何其他的方法将其展现出来。因此，在下面的篇幅里，我有时会从多个角度对同一个因素展开探讨。

首先，根深蒂固的放弃态度对自我分析而言，是一种严重的限制因素。病人可能对摆脱自身精神障碍感到无望，因而除了半信半疑地尝试着解决自身问题，他再也没有更大的动力继续下去。在每一例严重的神经症中，都存在一定程度的绝望，这种绝望是否会对治疗构成严重障碍，取决于仍然活跃的或有待恢复的建设性因素的数量。尽管这些建设性因素似乎已经不存在了，但它们还是经常会显露出来。但是，有时，病人在幼年时期就已经完全精神崩溃，或深陷于这类无法解决的矛盾之中，以至于他在很早的时候就已经放弃了期待和抗争。

这种放弃态度也许完全是有意识的。他之所以表现出放弃的态度，因为他感觉生活毫无意义。通常，这种放弃态度会因病人自满于自己属于没有忽视这一"事实"的少数人而得到强化。在有些病人身上，并没有发生这种有意识的精心炮制；他们只是被动地以一种坚韧的方式忍受着生活，不再对任何更有意义的生活前景做出回应。

这种放弃态度也有可能隐藏在一种对生活的厌倦感中，就像易卜生的作品《海达·高布乐》[1]。她对生活毫无期望。生活本应该不时地给人带来心旷神怡的感觉，给人带来欢愉或激动或兴奋，但是海达却不希冀任何具有积极意义的东西。这种态度通常伴随着——与海达的情况一致——一种深度的愤世嫉俗，而这种愤世嫉俗则是怀疑人生的所有价值，不认同追求的所有目标的结

---

[1] 《海达·高布乐》是易卜生于1890年出版的一部四幕剧。海达贵为高布乐将军的女儿，嫁给了自己眼中平庸无趣的学者泰斯曼，她怀念从前恋人的才华和不羁，却选择将其毁灭，最终失去所有生活希望而自杀。

果。但是，深度的绝望也可能存在于认同生活的价值、目标的人身上，这种人只是表面上给人一种有能力享受生活的印象。他们可能很好相处，会享受食物、酒水、性关系。他们在青春期时也许对生活充满了期待，心怀真正的兴趣和真诚的情感。但是，由于某种原因，他们变得狭隘，失去了自己所追求的目标；失去了对工作的兴趣，变得敷衍塞责；他们和人们的关系变得随便，产生得容易，结束得也容易。简而言之，他们不再追求有意义的生活，而是把注意力放在了生活中无关紧要的部分。

如果一种神经症人格倾向非常成功——如果我们可以这样不大准确地说的话——那么，一种全然不同的对自我分析的限制也就形成了。例如，一名患有渴求权力神经症人格障碍的病人，如果他的需求得到一定程度的满足，那么，即使他对自己人生的满足实际上是建立在流沙上的，他也会对给予自己的所有分析建议嘲弄不已。这同样也适用于下面这种情况：一名病人的心理依赖会在一种婚姻关系中——例如，一名患有这一神经症人格障碍的病人和一名具有支配需求的病人之间的婚姻——得到满足，或因隶属于一个群体而得到满足。同样，一名成功地躲进象牙塔中的病人，会因为处于自己的神经症需求得到满足的范围内而感到相当自在。

神经症人格倾向表现得自信，是由内部条件和外部条件共同作用造成的。从内部条件而言，一种"成功"的神经症人格绝对不能跟其他的强迫性需求发生过于尖锐的冲突。实际上，一个人不可能只被一种强迫性需求完全控制，而没有任何其他的强迫性需求：没有人能把自己简化成一台精简的机器，只朝着一个方向运行。不过，我们却可以无限接近这种专注度，而外部条件必然就是实现这一专注度的促进因素。外部条件和内部条件孰轻孰重，是可以不断变化的。在现实生活中，一个经济独立的人可以很轻松地退缩回自己的象牙塔里；但是，一个生活拮据的人，只要他把自己的其他需求压缩到最低水平，也可以从这个世界隐退。一个人在一种可以肆意炫耀声望或权势的环境中长大，而另一个人则是白手起家，但是他不懈努力，利用外部条件，最终实现了和前一种人相同的目标。

不过，无论神经症人格倾向的这种自信张扬是如何实现的，其结果多少都会给通过精神分析而实现的发展造成全面障碍。首先，这种成功的神经症人格价值极大，以至于病人根本不会甘愿接受任何对它的质疑。其次，进行自我分析的目标是追求和谐发展，追求与自我与他人的良好关系，而这一目标对此类病人没有多大吸引力，因为在他们身上，能回应这种吸引力的力量非常微弱。

精神分析过程的第三种限制因素，无论它们主要是与他人有关，还是与病人自身有关，我们都应该理解局限精神分析过程的第三种因素，应该强调这种倾向所具有的破坏性不必按其字面意思理解，例如，自杀的强烈欲望的意思，更多的时候，是采用敌意或蔑视或一种普通的对立态度等形式来表现的。这些破坏性的冲动，在每一例严重的神经症中都会存在。它们都处于每一例神经症发展状态的底层，只是程度有所不同，它们通过病人死板而自私的要求、幻想与外部世界之间的冲突而得到强化。任何一例严重的神经症都像一副严密的盔甲，阻止病人享受与他人的充实而活跃的生活。这必然会让病人对人生产生怨恨，尼采把这种因为被排除在外而产生的深切怨恨描述为"生之嫉妒（Lebensneid）"。出于诸多原因，敌意和蔑视——无论是对自身还是对他人——可能会达到相当强烈的程度，以至于自我崩溃看上去就成了一种很有吸引力的报复手段。对生活提供的一切说"不"，是剩下的唯一一种自我主张的方式。易卜生描写的海达·高布乐——这个人物我们在讨论放弃因素的时候提到过——就是一个典型的例子，在她身上，针对别人和自身的破坏性就是一种显著的倾向。

通常，这种破坏性对自我发展的抑制程度，取决于破坏性的严重程度。例如，病人如果认为，战胜别人比为自己的生活做任何有建设性的事情都重要得多，那么，他就不大可能从精神分析过程中获得多少益处。在一个人的心中，如果享受、幸福和情感，或与任何亲密的人际交往都变成了可鄙的软弱或平庸的标志，那么无论是他本人还是其他任何人，想要穿透他那坚硬的盔甲都是不可能的。

第四种限制因素包含的范围更广，也更难定义，因为它涉及"自我"这一难以表述的概念。在此，用威廉·詹姆斯[1]的"真实自我"的概念来表达我的意思也许最确切，因为这一概念恰当地将物质自我和社会自我区分了开来。简单地说，"真我"跟"我"真正的所思、"我"真正的所想、"我"真正所需、"我"真正坚信的以及真正决定的。它是，或者说应该是精神生活中最活跃的中心，而精神中心正是精神分析过程诉求的对象。在每一例神经症中，真实自我的范围和活跃性都受到了压制，因为坦率的自尊、天生的尊严、主动精神、对自己人生负责以及促进自我发展的类似因素，一直都在受到打压。此外，种种神经症人格本身也侵占了真实自我的大量精力，因为——再用一个前文用过的比喻——它们把一个人变成了一架遥控飞机。

---

[1] 威廉·詹姆斯（William James，1842—1910），美国心理学家、哲学家、第一位在美国提供心理学课程的教育家，有"美国心理学之父"之称。

　　在大多数情况下，病人重拾自我、发展自我的可能性的力量在初期是难以估计的，但这些可能性的数量却是充足的。不过，病人的真实自我如果遭到相当严重的伤害，那么他就失去了自己生活的重心，只能听从来自内部或外部的其他因素的引导。他在让自己适应所处环境方面的做法可能就过犹不及，成了一个机器人。他可能会发现，自己存在的唯一权利就是帮助别人，并因此也有益于社会——尽管他内在所有重心的缺乏不可避免地会降低他的效率。他可能会失去所有内在的方向感，要么随波逐流，要么就像我们在讨论"过于成功的"神经症人格倾向时所提到的那样，完全听从一种神经症人格倾向的掌控。他的情感、思想以及行为可能几乎完全由一种膨胀的意象所决定，以这种意象为基础，他构建了自身的形象：他表现出同情心，但没有真的体会到这种情感，同情只是他形象的组成部分；他有特定的"朋友"或"兴趣"，因为这是他的形象所要求的。

　　我们要论及的最后一个限制因素，是由极其完善的二次防御造成的。病人如果怀着自身的一切都是正确的、优秀的或不可更改的这样死板而坚定的信念，而他的整个神经症也是由这样的信念保护着，那么，他就很难产生想要改变任何事物的动机。

　　每一个为了将自己从神经症的束缚中解放出来而进行斗争的人，都知道或意识到了，这些束缚因素中有一部分是在自身内部运作的，而对那些不熟悉自我分析的人而言，把这些限制因素一一列举出来可能会产生一种抗力效果，令其对自我分析畏而却步。然而，我们必须记住，这些因素中没有任何一种受到了绝对意义上的抑制。我们可以毅然决然地认为，在现代，没有飞机，战争就没有丝毫取胜的可能。但是，如果一种无能为力的感觉，或一种对他人弥漫性的怨恨会阻止每一个想要对自己进行分析的人，那么这绝对是荒谬的。病人进行建设性自我分析的可能性，在很大程度上是由"我可以"和"我不能"或"我愿意"和"我不愿意"之间的力量对比决定的，而后者又是由损害自我发展的那些态度在病人内部的扎根深度决定的。一个人虽然一直随波逐流，找不到任何人生意义，却仍然隐约地寻找着什么，而另一个则像海达·高布乐那样，心怀一种痛苦而不可更改的顺从，放弃了生活，这样的两个人之间的差别是相当大的。就像下面这两种人的差别：一种人极度愤世嫉俗，把每一个完美典范都贬损为虚伪；另一种人看上去同样愤世嫉俗，然而对每一个真正践行自己理想的人，他却表现出了一种赞同的尊重和喜爱。或像是如下两种人的差别：一种人对他人普遍地心怀蔑视，极易发怒，却会对别人的友好做出回应；另一种人就像海达·高布乐，不论对朋友还是对敌人，都满怀恶意，特别是对那些触及他内心残存的柔软情感的人，他甚至会产生将其毁灭的想法。

在分析的过程中，如果阻碍自我发展的诸多障碍确实无法克服，那么，导致这些障碍产生的因素肯定不止一个，而是多个因素的结合体。例如，深度的绝望只有与一种强化的神经症人格倾向、一副自以为是的盔甲，或一种无处不在的毁灭性结合起来，才会成为一种绝对的障碍。全面的自我异化，如果没有一种类似根深蒂固心理依赖这样强化了的倾向伴随，是不可能具有抑制性的。也就是说，真正的限制因素只存在于严重而复杂的神经症中，但是，即使是在这些神经症中也可能仍然有建设性力量存在，只要病人能发现并利用它，就有可能克服限制因素。

正如上面所讨论过的那些，种种阻遏性的精神力量所具有的强迫性力量，如果没有强大到能够彻底抑制，那么它们影响自我分析努力的方式就会有很多。一方面原因是，它们能让自我分析在只有部分诚实的精神的指导下开展，进而可能会在不知不觉间毁掉整个分析。在这种情况下，在每一例分析的初期才会出现的涉及诸多领域、范围相当广泛的片面性和盲点，会贯穿整个自我分析的，而且不会像正常情况那样，在范围和强度上逐渐降低。而不在这些范围内的因素，则有可能直接为病人所面对。但是，因为在自我内部没有任何一处领域是与其他领域孤立开来的，所以，如果不与整个结构联系起来，就不可能真正理解各个领域，甚至，那些已经为病人所看到的因素，也只能停留在表面了解的程度上。

尽管卢梭的《忏悔录》只触及一点精神分析的皮毛，但是或许也能充当阐述这种可能性的一个例子。表面上看来，这本书的作者想诚实地为自己描绘一幅自画像，但他在实际创作的时候却有所保留。在整部书中，他留下了很多盲点，在此我们只提两个突出的因素——有关他的虚荣和他没有能力去爱的盲点，这两点非常明显，即使我们现在看来，都会产生古怪的感觉。他坦率地承认自己对别人的要求以及接受别人的帮助，但他却将因此而导致的心理依赖解释成"爱"。他承认自己的弱点，但却将此与自己的"心的发现"联系在一起。他承认自己无法释怀，但又总能证明自己的种种敌意都有正当理由。他看到了自己的失败，却总能找出理由把责任推到别人身上。

诚然，卢梭的忏悔并不是自我分析。然而，最近几年，我在重读这本书的时候，常常会想到一些朋友、病人，他们在精神分析中所做的努力跟这一书作者所做的，并没有太大差别，因此，这本书确实值得我们进行谨慎的、批判性的研读。在自我分析中进行的努力，尽管经验更丰富、技巧更高明，却仍有可能轻易地就沦入相同的命运。一个具备更丰富的心理学知识的人，可能只是在试图为自己的行为和动机辩护、掩饰的时候，能够做到更加巧妙而已。

然而，卢梭在有一点上是坦率的，那就是他的性怪癖。这种坦率必定要受到赞赏，但是，他在性问题上的坦率，实际上却让他忽略了自己的其他问题。在这一点上，我们从卢梭身上吸取的教训也值得一提。在我们的生活中，性是一个重要的领域，因此，像对其他任何领域一样，诚实到几乎无情地对待性，是很重要的。但是，如果像弗洛伊德那样片面地强调性因素，则可能会怂恿很多人将其挑选出来，置于其他因素之上，卢梭的作为正是如此。在性问题上坦率是必要的，但是，只对性问题坦率却是远远不够的。另一种片面性是一种一直存在的趋势：把当前某一特定的障碍视为幼儿期某一特定经历的一个静态复制品。一个人在想要了解自己的时候，弄清楚那些在他的发展历程中起到重要作用的因素毫无疑问是非常重要的，而弗洛伊德最重要的发现，就是认为早期经历对人格形成所产生的影响。但是，在塑造当下人格结构中发挥作用的，始终是我们所有早期经历的总和。因此，只揭露出当前每个障碍与以前每个影响之间的孤立联系，是没有效用的。只有把当前的种种奇怪特性，看作是在当前人格中运作的种种因素的全部的相互作用的一种表现，我们才能了解这些特性。例如，克莱尔和她母亲的关系中所产生的那种特殊的发展状态，就肯定影响到了她对男性的心理依赖。但是，克莱尔如果只看到了新旧模式之间的相似之处，那么她就不可能诊断出强迫她保持这种模式的主要驱使力。她可能已经看到了：她像服从母亲一样服从彼得，她像崇拜母亲一样崇拜彼得，她像期待母亲的帮助一样，认为彼得能在她痛苦的时候保护她、帮助她；她像怨恨母亲对自己的不公平待遇一样，怨恨彼得对自己的拒绝。意识到这些联系之后，她单凭发现一个复杂模式的运行方式，可能就在一定程度上缩短了她和自己的实际问题的距离。但是，实际上，她对彼得的依赖并不表示彼得象征着母亲的形象，而是她已经丧失了自尊，也几乎丧失了对自己的身份认同，后者则是由她的强迫性谦卑和受压抑的自大和抱负造成的。因此，她胆怯、拘谨、无助而且孤僻，她被迫去寻求庇护和自我修复，而她采取的方法却注定失败，只会让她更深地陷入由她的种种抑制和恐惧所结成的网中。只有充分认清事物之间相互作用的这些方式，她才能最终把自己从不幸的童年阴影中解救出来。

还有一种片面性是这种倾向：病人总是针对"坏的"方面或人们视之为坏的方面喋喋不休，这时，忏悔和谴责就取代了理解。这部分是依循着一种敌对的自责态度，此外还有一种隐秘的信念，即认为只要依靠忏悔就足以让自我分析取得进展。

当然，无论上面讨论过的那些限制因素是否存在，在自我分析的任意一次努力中，我们都可能发现这些盲点和片面性。在某种程度上，产生限制因素的原因可能在于精神分析先入为主的错误观点。在这种情况下，如果病人更全面地去了解自我分析，那么这些盲点和片面性是可以得到纠正的。但是，我在这里要强调的一点是，它们也可能只是代表了逃避主要问题的一种方法。在这种情况下，它们归根结底都是由抵制发展的阻碍引起的，而且如果这些阻碍足够强大，也就是说，如果这些阻碍发展成我所描述过的限制因素，那么那些盲点和片面性可能就构成了对分析成功的确切的阻碍。

　　精神分析师会因为上文所述的自我分析限制因素而中断治疗，从来影响自我分析的效果。在此，我指的是一些事例：在这些例子中，自我分析进展到任一点——此前的工作在一定程度上都是有益的——都无法继续下去，因为病人不愿解决自身内部那些阻碍他进一步发展的因素。这种情况可能发生在病人已经解决了那些最令人烦恼的因素，不再有一种强烈的对自己进行分析的需求之后——虽然还有很多弥漫性障碍遗留了下来。如果生活进展顺利，所做的努力也没有遇到特别大的挑战，那么这种想要松懈的诱惑就特别巨大。不用说，在这种情况下，我们没有人会想要迫切地进行全面的自我认识。问题最终归结到了我们每个人的人生观上，我们对自身建设性的不满越是重视，我们在进一步成长发展的方向上走得才会越远。不过，明智的做法是我们对自己的价值体系进行一个明确的了解，并采取相应该的行动。我们如果仅仅在意识层面坚持成长的理想，实际上却并没有做出努力去实现这一理想，甚至用一种自鸣得意的自我满足感粉碎了自己的努力，那么这会造成对自我真实的根本缺失。

　　但是，病人也可能因为完全相反的原因中断了他在自我分析上所做的努力：对于自身的种种障碍，他已经获得了多方面相关的自我认知，却没有发生任何改变，由于看不到具体的成果，他感到非常沮丧。实际上，正如前文提到过的，这种沮丧本身就是一个问题，同样需要处理。但是，如果这种沮丧是由多种严重的神经症人格障碍所导致的，例如，来自上文所描述的那种绝望的放弃态度，那么病人可能就无法独自解决这个问题。不过，这并不意味着他在此前所做的种种努力就是无用的，通常，他能够取得的成就虽然会受到种种局限，但他已经成功地摆脱了自己神经症障碍的一个严重症状。

　　固有的限制因素导致自我分析提前终止的方式，还有另外一种：病人调整自己的生活，使其与自己的神经症相同，这样，他找到的解决方法也许就是虚假的，而这样的解决方法，生活本身也能帮病人。病人可能会突然进入这种环境：这一环境为他的权力欲提供了一个发泄途径，或提供给他一种无须显达、居于从属地位的生活，让他不必坚持自己的权力。他可能抓住了婚姻这个机会，满足了个人的心理依赖需求。或者，他可能或多或少有意识地做出决断：他在人际关系方面的种种困难——这其中有些困难已经为他所察觉、了解——消耗了他太多的精力，过上平和生活或解救他的创造力的唯一方法就是离群索居，因此，他可能会把自己对他人对物质的需求限制降到最低程度，在这种情况下，他的生活还凑合。诚然，这些解决方法并不理想，但病人却能在较之以往更高的层次上达到一种心理上的平静。在一些非常严重的神经症障碍的情况下，此类虚假的解决方法却也许是能够实现的最好方法。

从原则上讲，建设性工作中的这些限制因素，既会在专业的自我分析中出现，也会在自我分析中出现。实际上，正如前面提到的，阻遏性力量如果足够强大，想要进行分析的意图就会遭到彻底排斥。而且，即使没有遭到排斥——病人所承受的限制如果沉重到一定程度，他就会寻求精神分析——精神分析师也不能用无中生有的方式召唤回遭到彻底压制的力量。总之，自我分析中的限制因素相对而言要严重得多。在多数情况下，精神分析师都能向病人指出具体的问题，指出可以取得的解决方法。相反，如果病人是独立工作，那么在面对那些难以辨认的、看上去无法解决的障碍时，他就会觉得非常茫然，就不可能鼓起足够的勇气去尽力解决自己的难题。此外，在精神分析阶段，病人内在的各种各样的精神力量的相对强度是可能改变的，因为其中没有任何一种是被永远地赋予了一定的数量。引导着病人走近真实的自己、走近别人的每一步，都会减轻他的绝望和孤独，并因此增加他对生活的积极的兴趣，也包括他对自身发展的兴趣。所以，在与精神分析师共同工作了一段时间之后，即使是那些原本神经症障碍非常严重的病人，在一些情况下，也能够独立地继续进行自我分析——如果必要的话。

虽然无论何时，只要涉及复杂的弥漫性障碍，自我分析和专业精神分析相比较，基本上都是专业精神分析占优势，但是，我们也应该关注自我分析的限制因素。把自我分析和它不可避免的种种缺陷拿来跟一次理想的精神分析做比较，这并不公平。我认识几个人，精神治疗对他们几乎没有效果，但后来，他们依靠自己成功地治愈了自己。对于这两种方法，我们都应该谨慎小心；对于在没有专家帮助的情况下，这两种治疗方法能够达到什么效果这个问题，我们既不能低估也不能高估。

这就把我们带回了本书开篇提出的一个问题：在什么样的具体条件下，一个人能够进行自我分析。如果他已经接受过一些精神分析，而且如果条件有利，我认为——正如我一直在本书中所强调的——他可以独自继续分析下去，且有望取得效果深远的成绩。克莱尔的病例以及其他很多未在此列出的病例，都清楚地表明了，取得了先前的分析经验之后，神经症病人完全有可能独立处理那些很严重很复杂的问题。我们似乎有理由期望，精神分析师和病人都能进一步意识到这种可能性，从而进行更多的尝试。我们也认为，精神分析师能逐渐确立起一些准则，这些准则将帮助他们做出判断，决定什么时候可以合理地鼓励病人独立继续进行自我分析。

在这一背景下，我想要强调一个注意事项，尽管它跟自我分析并没有直接关系。精神分析师如果不摆出一副权威的态度来对待病人，而是一开始就清楚地说明，自我分析是一项需要精神分析师和病人双方配合的、需要向着共同的目标积极努力的工作，那么病人就能在一个更高的层面挖掘自身的资源。病人不会再有那种无能为力的感觉，不会有那种或轻或重的茫然感，不会觉得全部责任都应该由精神分析师来承担，会学着主动地、机智地做出回应。一般说来，自我分析已经经历了这样的发展历程：从精神分析师和病人都比较被动的情况，到精神分析师更主动的情况，最终到参与双方都扮演主动角色的情况。后一种情况越是盛行，我们实现目标所需要的时间就越短。在此，我提到这一情况的原因，不是要指出缩短精神分析的可能性——尽管这一点既可取也重要——而是要指出合作态度对自我分析发展前景的巨大贡献。

对那些之前没有分析经验的人而言，自我分析是否具有可行性，这个问题很难给出明确的答案。这个问题大半——即使不是全部——取决于神经症障碍的严重程度。我并不怀疑，严重的神经症属于专家研究的领域：任何一名患有严重神经症障碍的人，在开始进行自我分析之前，都应该向专家咨询。但是，在考虑自我分析的可能性时，首先从严重神经症的角度去考虑，这是错误的。毫无疑问，轻度神经症的数量比严重神经症要多得多，而各种各样的神经症问题主要是由特定情境中的种种困难引起的。患有这些轻度神经症的病人很少会引起精神分析师的注意，但是，他们的困难却不应该为我们所轻视。他们的病症不仅会造成痛苦和障碍，而且还会导致珍贵精力的浪费，因为这些病症束缚了病人的发展，令其无法将自己的人性能力发展到最佳状态。

关于这些困难，我认为，在《不定期的自我分析》那一章里记录的此类经验是令人鼓舞的。在那一章所记录的几个事例中，其中的病人几乎没有精神分析的经历。诚然，他们在自省方面的努力并没有获得足够的成效。但是，我们似乎没有正当理由去怀疑，具备了有关神经症的更广泛的一般知识以及处理神经症的方法之后，这种尝试可以走得更远——当然，这始终有一个前提，即神经症没有严重到抑制的程度。较之严重的神经症障碍，轻度神经症障碍的人格结构没有那么顽固，因此，即使是并不非常深入的尝试也能有很大的帮助。在治疗的阶段，如果某位病人患有严重的神经症，那么精神分析师必须对他进行大量的精神分析。如果某位病人患有轻度神经症，那么精神分析师必须指导他克服潜意识层面的阻碍。

　　但是，即使我们承认，有很多的人可以从自我分析中获益，那么他们就能完成这项工作吗？会不会始终有未能解决的问题，甚至根本未提及的问题遗留下来？我的答案是：所谓彻底的分析根本不存在。这个答案并不是在放弃精神的引导下给出的，当然，分析进行得越彻底，我们可以获得的自由就越多，对我们自身也越有利。但是，完美的分析这种概念不仅看上去自以为是，而且在我看来，甚至缺乏任何令人信服的吸引力。生活就是抗争和奋斗、发展和成长，而分析则是推动这一过程的一种途径。它的建设性技能当然很重要，但奋斗本身也具有内在价值。正如歌德在《浮士德》中所说：

　　"每一个人在救赎自我时，也能为他人摆渡。"

OUR INNER CONFLICTS

我们内心的冲突

一种更具建设性的神经症理论

（1945）

缪文荣⊙译

前　言

　　本书致力于促进精神分析的发展，书中的内容源于我对患者及自身进行分析的过程中所积累的经验。尽管书中所呈现出的理论经历了若干年的演化，但直到我为美国精神分析研究所主办的一系列讲座进行准备时，我的一些想法才最后成形。此系列的第一讲以该主题的技术方面为中心，题目是《精神分析技术问题》（1943年）。第二讲是在1944年进行的，涉及本书所解决的问题，题目为《人格整合》。选中的题材——"精神分析疗法中的人格整合""孤单心理学"和"施虐倾向的意义"——已经在医学院和精神分析促进协会上进行过宣讲。

　　我希望本书对于那些为改善我们的理论和疗法有着浓厚兴趣的精神分析学家会有所帮助，我同时希望他们不仅能够将本书提及的思想用于他们的患者，也能将其应用在他们自己身上。将我们自己及我们自身的困难都纳入进来，只有通过这一艰难的方式，才能取得精神分析的进展。如果安于现状并抗拒改变，我们的理论注定会变得贫瘠且僵化。

　　然而，我相信任何一本内容超越了仅仅探讨技术问题或抽象的心理学理论范畴的书籍都会让那些想要了解自己，并从未放弃为自己的成长而不懈努力的人们受益。生活在这个复杂的文明社会中的大多数人都会陷入本书提及的冲突，并且需要竭尽所能地得到一切帮助。尽管严重的神经官能症需要专家进行干预，我仍然相信经过不懈的努力，我们自己在解决自身内心冲突之路上能走得更远。

　　我首要感谢的是我的患者们，在我们一起工作期间，他们使我对神经症有了更好的理解。我同样感谢那些兴趣相投并对我的工作表示理解和鼓励的同事们，我所指的不仅是那些年长的同事，也包括在我们研究所接受培训的年轻同事们，他们思辨性的讨论充满启发，让人受益颇多。

　　我还要感谢三位非精神分析领域的专家，他们通过自己独特的方式在我工作推进的过程中提供了支持。在经典弗洛伊德分析理论被公认为唯一的分析理论和实践学派时，正是阿尔文·约翰逊博士为我在社会研究新学院发表自己的观点提供了机会。我尤其要感谢社会研究新学院哲学与人文学院院长克拉拉·梅耶，多年来，她持续的个人兴趣一直鼓励我将从分析实践中积累的所有发现予以分享并加以讨论。接下来是我的出版商W.W.诺顿，他提出的行之有效的建议，使得本书品质大大提升。最后，我要向密勒·库恩表达我的谢意，他在更好地组织材料以及更清晰地表述观点方面为我提供了很多帮助。

卡伦·霍妮

导　论

　　无论是怎样的出发点，抑或道路如何曲折，我们最终一定会认识到人格的紊乱是精神疾病的根源。几乎所有心理学发现都会得出这一结论：这真的算不上一个新发现。各个时期的诗人和哲学家都知道那些沉着冷静、内心平衡的人从来不是精神障碍的受害者，但饱受内心冲突折磨的人是。用现代术语来说，无论症状如何表现，每一种神经症都是性格神经症。因此，我们在理论和疗法方面的努力必须致力于对神经性格结构更好的理解。

　　事实上，弗洛伊德伟大的开拓性理论不断地向这一概念靠拢——尽管他的发生论没有将其清楚地表达出来。不过，其他对弗洛伊德的研究进行继承和发展的专家——尤其是弗朗兹·亚历山大、奥拓·兰克、威尔逊·莱克以及哈罗德·舒尔兹-亨克——对这一概念进行了更加清晰的定义。然而，对于性格结构的准确性质和发生原因，他们并没有达成一致的观点。

　　我本人的出发点完全不同。弗洛伊德有关女性心理学的假设引起我对文化因素作用的思考。很明显，这些因素影响我们对男性或女性特质构成的看法，而且对我来说，显然弗洛伊德得出某些错误的结论，正是由于他没有将这些因素考虑在内。我对这个问题的兴趣在15年的过程中不断加深，而我与埃里克·弗洛姆的合作在某种程度上使这一兴趣得到了深化。埃里克·弗洛姆通过其社会学和精神分析领域广博的知识让我更清楚地明白了社会因素的意义不仅仅局限于女性心理学领域的应用，当1932年我来到美国时，这些感受得到了证实。当时我发现，美国人在态度和神经症方面，与我在欧洲国家观察过的人们相比有所不同，并且只有文明之间的差异才能对此进行解释。我最终在《我们时代的神经症人格》一书中发表了我的观点，其主要观点是神经症是由文化因素引起的——更加确切地说，人际关系的紊乱导致了神经症。

　　在我撰写《我们时代的神经症人格》之前的几年里，我在另一条研究道路上也进行过摸索，它有逻辑地遵循了早期的一些假说，该研究以神经症的内驱力是什么这个问题为中心。弗洛伊德最先提出强迫性内驱力的观点，他将这些驱力视为天然的本能，旨在获得满足，不甘挫折。因此，他相信，这些驱力不仅仅局限于神经症患者，而是会作用于所有人的身上。然而，如果神经症是人际关系紊乱的副产物，这个假设将可能无法成立。简单说，我在这一点上得出的结论就是这样。强迫性内驱力确切地说就是神经症，它们来源于孤独、无助、恐惧和敌对的感受，并且代表着尽管有这些感受却要应对世界的方式；它们主要的目标是安全感而并非满足感，它们的强迫性特点是由于潜伏在其背后的焦虑。其中两种内驱力——对情感和权力的病态渴望——首先鲜明地脱颖而出，并在《我们时代的神经症人格》一书中得到了详细的阐述。

尽管保留了我所认为的弗洛伊德学说的基础，那时我意识到为了获得更好的理解，我的研究已经带领我走向了与弗氏理论不同的方向。如果诸多被弗洛伊德视为本能的因素都受到文化的影响，如果诸多被弗洛伊德视为"力比多"的特质是对情感的病态需要，由焦虑引发并以与他人相处的安全感为目标，那么力比多理论就站不住脚了。童年经历仍然非常重要，但是它对我们生活产生的影响出现了新的观点，其他的理论差异不可避免地随之出现。因此，在我的脑海中构想出我的观点与弗氏理论的异同是很有必要的，而澄清的结果就是《精神分析新方法》一书的诞生。

与此同时，我继续对神经症的内驱力进行探寻。我将强迫性内驱力称为神经症趋向，并在随后出版的论著中对其中的10种趋向进行了描述。那时，我也认识到神经症性格结构是具有核心意义的。那时，我将其视为一种由许多相互作用的小世界组成的大宇宙，每个世界的核心都是一种神经症趋向，这种神经症理论有实际的应用。假如精神分析的主要工作并非是将我们目前的困难与我们过去的经历联系起来，而是依赖于理解存在于我们人格中各种驱力的相互作用，那么借助少量甚至不借助专家的帮助来认识并改变我们自身是完全可行的。在对精神分析疗法有着广泛需求而可提供的帮助又极为有限的状况下，自我分析似乎为填补这一迫切需要带来了希望。鉴于那本书的大部分内容涉及自我分析的可能性、局限性和方法，我将其命名为《自我分析》。

但是，我对各个独特趋向的描述并不完全满意。这些趋向本身得到了精确的描述，但是一直萦绕在我心头的感受是，如此简单的列举会让它们看起来彼此孤立。我看到了对于情感的病态需要、强迫性的谦卑和对"同伴"的需要都属于同一类。我没有看到的是，它们融合在一起后，代表了对于他人和自身的基本态度和一种特别的生命哲学，这些趋向是我目前已经结合在一起称为"亲近他人"的核心。我也看到对权力、名望和病态的野心的强迫性渴望有着共同之处，它们大体成为我称之为"抗拒他人"类型的组成因素。但是，对赞美的需要和完美主义的驱动，尽管都带有神经症趋向并影响神经症患者与他人的关系，却似乎主要涉及患者与自身的关系。而且，与对情感和权力的需要比起来，对利用他人的需要似乎并非基本需求，也没有那么全面，好像这一需要不是一个独立的实体，而是从更大的整体中提取的一部分。

因此，我的质疑经证实是有道理的。在随后的几年中，我的兴趣焦点转向神经症中冲突的作用。在《我们时代的神经症人格》一书中我曾经提到神经症是不同神经症趋向相互碰撞而产生的结果。在《自我分析》一书中，我也提到神经症趋向不仅会相互增强，同时也会产生冲突。但是，冲突一直被视为是次要问题。弗洛伊德已经逐渐地意识到内心冲突的重要性；不过，他将内心冲突视为压抑与被压抑两种力量的博弈。我着手研究的冲突与之完全不同，它们发生在矛盾的神经症倾向组合之间，而且尽管这些冲突最初只涉及患者对待他人的矛盾态度，经过一段时间之后它们还包括患者对自身的矛盾态度、矛盾品质及矛盾的价值观。

逐渐深入的观察，我明白了这类冲突的重要性。最开始，让我很惊讶的是，患者对于自身内在明显的矛盾的忽视。而当我向他们指出这一点时，他们开始逃避，似乎毫无兴趣。有过多次这种经历之后，我意识到这种逃避正表达出他们对处理这种矛盾深深的厌恶。最终，他们在突然意识到冲突后而表现出惶惶不安的反应使我明白我正在从事一项极具危险性的工作。患者有充分的理由来回避这些冲突：他们担心自己的力量会将自己撕成碎片。

然后，我开始认识到病人将惊人的精力与智慧近乎不惜一切地投入到"解决"[1]冲突的努力，更确切地说，去否认冲突的存在并创造和谐假象。我观察到患者用以解决问题时的四种主要尝试，并按其出现的顺序在书中进行了说明。最初的尝试是削弱部分冲突，并提升其对立面占据主导地位。第二种尝试是"疏远他人"。目前，对神经症性疏离的功能我们有了新的认识。疏离是基本冲突的一部分——也就是，对待他人原始的矛盾态度之一；但是，它也代表了寻求解决方案的尝试，因为在自身和他人之间维持一种情感距离使得冲突无法发生作用。第三种尝试在类别上完全不同。与疏远他人不同，神经症患者抗拒自己。对于他而言，整个实际的自我反而显得不真实，于是他创造了一个理想化的自我形象来取代真实的自我，在这个过程中，冲突的各部分改头换面以至于它们看起来不再是冲突，而是丰富人格的构成部分。这个概念有助于澄清许多神经症问题，而这些问题至今仍超越我们理解的范畴，因而超越了

---

　　[1] 在文章通篇我将使用"解决"一词来描述神经症患者试图去除其冲突。鉴于他无意识地否认冲突的存在，严格地说他并没有尝试去"消释"这些冲突，他无意识的努力以"解决"自身问题为导向。

疗法的范畴，它也将两种之前无法整合的神经症趋向放置在恰当的位置。这样一来，对完美的需要可以视为力图去符合其理想化形象；对赞美的渴望可以被视为患者对获得外界肯定的需要，即他就是他理想中的样子。而这种形象离现实越远，对赞美的需要自然也越是无法满足。在所有试图解决冲突的尝试中，理想化形象也许是最重要的，因为它对整个人格有着深远的影响，然而，反过来它又产生出新的内心裂缝，并因此需要进一步的缝合弥补。第四种解决问题的尝试主要是寻求消除这种裂缝，尽管它也有助于消除其他所有的冲突。通过我所谓的外化作用，患者经历的内在活动如同发生在自身之外。如果理想化的形象意味着逐渐脱离真实的自我，那么外化作用就意味着更加彻底的改变。外化作用也会产生新的冲突，或大大地加剧了原有的冲突——自我与外在世界的冲突。

我将上述称为试图获得解决办法的四种主要尝试，部分由于它们似乎经常在各种神经症中发挥作用——尽管程度会有所不同，部分由于它们导致人格的深刻的变化。不过尝试并非仅限于此，也存在其他尝试，只是相比之下普遍重要性较弱，比如武断地自认正确，其主要功能是平息所有的内在疑问；严格的自我控制，其功能是完全通过意志力量把已经分裂的个体强凑在一起；以及犬儒主义，在蔑视一切价值观的同时，消除与理想相关的冲突。

与此同时，所有这些未解决冲突的后果于我而言变得愈发清晰，我看到了由此产生的各种恐惧、精力的浪费、道德节操的损害、因感受到无法解脱的纠缠而导致的深深的绝望。

仅仅在我理解了神经症性绝望的重要性之后，施虐趋向的含义才最终成形。现在我明白了，这些代表了当患者对成为自己感到绝望时，试图通过代偿性生活求得补偿，在施虐趋向患者身上经常可以观察到的倾尽一切的激情源于患者对报复性的胜利贪得无厌的需求。我已经清楚地明白对破坏性利用的需求事实上不是独立的神经症趋向，而是对更加全面的整体最好的表达，由于缺乏一个更好的术语，我们将其称为虐待狂。

因此，一种神经症理论演化而成，其动力核心是"亲近他人""抗拒他人"和"疏远他人"三种态度之间的基本冲突。由于一方面害怕分裂，而另一方面又需要维持统一体的功能，神经症患者们拼命地试图寻找解决方案。尽管他可以成功地创造一种人为的平衡，但新的冲突持续地产生，并不断需要进一步的补救措施来抹平这些冲突。追求统一的每一步都会使神经症患者更加敌对、无助、恐惧、疏远自己和他人，结果是冲突引起的困难变得愈发严重，而真正消除这些冲突的办法更加难以实现。患者最终会变得绝望，企图在施虐中获得补偿，而这样反过来增加了他的绝望，并制造了新的冲突。

那么，这就是神经症的发展和其导致的性格结构非常令人难过的画面。但是，我为何认为这套理论更具建设性呢？首先，这个理论结束了那种认为我们能够通过非常简单的手段"治愈"各种神经症的不切实际的乐观主义。不过，这个理论并没有包括同样不切实际的悲观主义。我将其称为具有建设意义的理论主要是因为它首次使我们能够探讨并解决神经症绝望，我将其称为建构主义理论，更重要的原因是，尽管这一理论认识到了神经症困扰的严重性，它仍然允许我们不仅能够缓和潜在的冲突，还能够实际解决这些冲突，进而使我们实现真正的人格整合。仅凭理性决定无法真正解决神经症冲突，神经症患者探寻解决方案的尝试起不到什么作用，反而会有害处，不过，这些冲突可以通过改变人格中促其形成的条件而得到解决。分析工作每一部分的圆满完成，都会改变这些条件，从而缓解患者的无助、恐惧、敌对，减少与自己、与他人疏远的程度。

弗洛伊德之所以对神经症和其治疗方法持悲观态度是因为他对人性善良和人的发展深深的不信任。他认为，人类注定要遭受折磨、毁灭，驱使人的本能只能被控制，或至多"被升华"。我的信念是，人类有能力也有意愿去发展其自身的潜能并成为一个得体的人，而如果他与其他人进而与自己的关系持续地受到干扰，这些潜能就只会衰退。我相信人只要活着，就能够改变并会不断地发生变化。随着理解的不断深入，这一观点也不断成熟。

第一篇

神经症冲突及尝试
的解决方案

第一章　强烈的神经症冲突

　　首先我得强调一下：内心有冲突并非等同于患上了神经症。我们的愿望、兴趣和信仰或多或少都会与旁人发生碰撞。因此，如同易与周遭环境发生这类冲突一样，我们内心的冲突也是人类生活不可或缺的一部分。

　　动物的行为很大程度上取决于本能，它们的交配、育幼、觅食和防卫等多少都受制于本能，而非由个体意志决定。相反，人类可以做出选择，也必须事事有所决断，这既是人类的特权，也是人类的负担。有时我们必须在两种对立的愿望之间做出取舍，举例来说，我们既希望独处，又想与友人相伴；我们既想学医，又想学音乐。或者我们的愿望和义务之间也存在冲突：比方说，有人身陷困境急需我们帮助，但此时我们却只想与恋人约会。我们可能会陷入两难，既想赞同他人，又觉得需要提出反对观点，最后，我们还可能会在两种价值观之间犹疑不决。例如，战争期间，我们坚信理应不惧危险，入伍杀敌，但又认为陪伴家人是我们的责任。

　　这些冲突的种类、范围和强度主要取决于我们所处的文明。如果文明稳定，恪守传统，那么可供人们选择的种类则极其有限，可能出现的个体冲突的范围也很小。但即便如此，冲突也始终存在。比如说，某种忠诚可能会与另一种相抵触，个人愿望可能会与对集体的义务相矛盾。但如果文明正处于快速转变的过渡期，高度矛盾的价值观和截然不同的生活方式并存，此时，人们面临的选择各式各样，难以抉择。一个人可以循规蹈矩，与旁人保持一致，也可以我行我素，做个人主义者；可以依附于集体，也可以独自隐居；可以尊崇成功，也可以对此嗤之以鼻；可以对孩童严加管教，也可以不过多干预，听之任之；可以认为男人和女人应该遵循不同的道德标准，也可以认为二者应当一视同仁；可以将性关系视作感情亲密的表现，也可以认为它与感情毫无瓜葛；可以有种族歧视，也可以坚信人的价值与肤色或鼻形无关。如此等等，不胜枚举。

　　诚然，生活在当今的文明中，我们必须常常做出诸如此类的选择，产生冲突也就不足为奇了。但出乎意料的是，绝大多数人并未意识到冲突的存在，所以也没有提出明确的措施加以解决。他们通常都摇摆不定，任自己随事件摆布。他们不清楚自己所处的境况，一味做了妥协，却蒙在鼓里；卷入了矛盾，却毫不知情。此处我所提及的都是没有患上神经症的正常人。

因此，要意识到矛盾的存在并在此基础上做出决策，必须要有先决条件。这些条件相当复杂，我们必须先清楚自己的愿望是什么，更重要的是，知晓自己的情感。我们是真心喜欢某人，还是认为应该喜欢他，就真以为自己喜欢他了？如果父母去世，我们是真的悲伤难抑，还是只依常理做做样子？我们是真的希望成为律师、医生，还是仅仅因为这类职业备受尊敬，收入颇丰？我们是真心希望儿女幸福、独立，还是只是表面文章，心口不一？大多数人都会发现，这些问题看似简单，实则难以回答。也就是说，我们根本不明白自己的感受，也不清楚自己究竟想要什么。

由于冲突与信仰、信念和道德观息息相关，因此只有当我们建立了自己的价值观，才能正确认识这些冲突。那些从别处习得且并未真正内化的信念，不足以引发冲突，也难以指导我们做出决策。当出现新的影响因素时，这些信念很快就会被取而代之。如果我们一味接纳旁人珍视的价值观为己所用，那么关乎自身利益时本该出现的冲突便不再出现了。举例来说，如果一个儿子从未质疑过思想狭隘的父亲的想法，那么当父亲要求他从事他不喜欢的职业时，他心中也不会出现冲突了。如果一名已婚男子爱上另一个女人，他便已然卷入了冲突之中。但当他未能建立对婚姻的信念时，他将得过且过，选择阻力最小的途径，而不是正视冲突做出决断。

即便认识到了这种冲突，我们也必须情愿且能够放弃相互矛盾的二者之一。但是能够头脑清醒、果断取舍的人少之又少，因为我们的情感与信念往往混作一团，又或许归根结底，大多数人因为缺少足够的安全感和幸福感，不能舍弃任何东西。

最后，只有我们心甘情愿且能够为决策负责，才能做出决定。当然决策者也必须冒着决断错误的风险，并且愿意承担后果而不苛责他人。他应当这样想："这是我自己的选择，是我自己的事。"先决条件是他必须具备更强大的内在力量和独立能力，而现今大多数人都无法做到。

尽管我们没有意识到，但很多人深受冲突的禁锢，所以我们喜欢嫉妒和羡慕那些看起来悠闲自在、不受冲突影响的人。这种羡慕也情有可原，那些人很可能立场坚定，早已建立自己的价值观体系，或者随着时间的沉淀，冲突已然失去势不可当的威力，也再无需作任何决策，因而他们变得从容不迫，安静闲适，但很多时候我们看到的外在表现可能具有迷惑性。我们羡慕的人只是因为缺乏热情、人云亦云或投机取巧，而无法真正面对冲突，或依靠自己的信念去彻底解决冲突，所以他们只能任由摆布，随波逐流，屈服于眼前的利益。

有意地去体验冲突，虽然可能会痛苦万分，但却也是无价之宝。我们越能勇敢正视自己的冲突，并积极探寻解决途径，就越能获得内心的自由和力量。我们只有愿意去承受压力，才有可能实现主宰自己人生的理想。扎根于内心愚钝的虚假宁静不值得羡慕，它势必会使我们变得虚弱不堪，任何打击都能轻易击垮。

如果冲突是围绕生活的基本问题时，那么要想正确认识和妥善解决就难上加难了。但只要我们活下去，原则上我们就没有理由回避。教育可以帮助我们更清楚地了解自身，发展自己的信念。当我们明白了与选择相关的众多因素的意义时，便能够确立奋斗的目标和生活的方向。[1]

当一个人患上神经症时，识别和解决冲突固有的困难就无限地增大了。不得不说，神经症一直以来都是一个程度问题——而当我提到"一位神经症患者"，我一定指的是一个"在某种程度上患有神经症的人"。对他来说，感受和欲望的意识在逐渐衰退。通常，唯一有意识地并清晰地体验到的感受就是当被击中弱点时表现出的恐惧和愤怒的反应。而即使是这些反应也可能被压抑下去，诸如此类真实存在的病例受强制性标准的深远影响，以至于他们被剥夺了决定方向的力量。在这些强迫性趋向的支配下，舍弃的能力都几乎丧失了，更不用说对自己负责的能力完全丧失了。[2]

神经症冲突也可以与困扰正常人的普遍性问题有关。但是，它们在类别上有所不同，那么用同一术语指代两种不同种类的事物是否恰当便成为一个问题。我认为这没有什么不妥，但是我们必须明白两者的区别。那么，神经症冲突的特点是什么呢？

举一个简单的例子来说：一位工程师与他人合作共同进行机械研究，他经常会有阵发性的疲倦感和烦躁感。这些感受的某一次发作是由于这样一件事，在讨论某些技术问题时，他的观点没有像其同事的观点一样被接受。不久之后，在他缺席时大家又达成一个决定，而后他也没有机会来提出自己的建议。在这种情况下，他可能会认为这个程序不公平并提出异议，或者他也可能非常优雅地接受大多数人的决议。任何一种反应都是一致性反应，但是，他一种都

---

[1] 对于因环境压力而变得愚钝的正常人来说，阅读哈利·爱默生·福斯迪克（Harry Emerson Fosdick）的《做一个真实的人》（*On Being a Real Person*）将获益匪浅。

[2] 参看第十章《人格困厄》。

没选。尽管他深深地感到被人轻视，他没有反抗，他只是清楚自己的愤怒，他内心无法抑制的怒火只出现在其梦中。这种被压抑的愤怒——混合了他对其他人的恼怒及对自身软弱的恼怒——导致了他的疲倦感。

他无法做出一致性反应是由很多因素决定的，他为自己树立了需要通过他人敬重来支撑的伟大形象。当时这一切都是毫无意识的：他只是依据在他的专业领域内他的智慧和能力无人可比的前提来行事，任何的一点轻视都可能危及这个前提并激起愤怒。而且，他还有无意识的施虐冲动来贬低和鄙视他人——他也感到厌恶的一种态度，于是他用过度的友好来掩饰。一种无意识的利用他人的内驱力被加入到这种冲动，迫使其在他人面前保持优雅。对认可和喜爱的强迫性需要，融合了其一如平常的顺从、妥协和避免发生冲突的态度，加剧了他对别人的依赖。因此，冲突产生了：一方面是破坏性的攻击行为——愤怒反应和施虐倾向；另一方面是对喜爱及认可的需要，以及自己眼中显得公正、理性的渴望。结果就是其内心动荡未被觉察，而其表现在外的疲惫使其所有行动陷入瘫痪。

看到冲突所涉及的各个因素，我们首先会注意到它们绝对的不相容性。的确，很难想象比傲慢地要求别人尊重又要讨好顺从别人更加极端对立的例子了。其次，整个冲突都是无意识的。其中发生作用的矛盾趋向并没有被发现，而是被深深地压抑在内心，内心的激战只在表面激起一丝涟漪。情感因素被合理化：这是不公平的，这是一种轻视，我的想法才是更好的。再次，冲突两端的趋向都是强迫性的。即使他对自己的过分需求或其依赖性的存在和属性有一些理智的感知，他也无法自发地改变这些因素，改变这些因素能力的得来需要大量的分析工作。他被两方面的强制力驱使，毫无控制的能力：他无法舍弃因内心迫切需要而获得的任何一种需要。然而，没有一种需要代表了他自身真正想要得到或寻求的东西。他既不想去利用他人，也不想就此屈服；事实上，他鄙视这些趋向。但是，如此的一种态势对于理解神经症冲突有着深远的重要意义，它意味着任何决定都不可行。

进一步的示例也呈现了相似的画面。一位自由撰稿的设计师正从好友那里窃取数额不多的现金。这种偷窃行为是外界因素无法解释的，他需要钱，但是这位朋友本来也会高兴地像过去一样慷慨解囊。他诉诸偷窃的行为方式让人吃惊，尤为令人吃惊的是，他是一个珍重友谊且注重体面的人。

下面的冲突才是根源。这个人对喜爱有着病态的渴求，尤其渴望在所有实际问题中得到照顾。尽管这其中掺杂着一种无意识驱动来利用他人，他的做法是试图表现出既亲密无间，又居于主导。这些倾向本身会使他愿意并渴望接受帮助和支持。不过，他也会形成一种无意识的极度的傲慢，相应地也是脆弱的骄傲。别人应该以为他提供服务而感到荣幸；而对于他来说寻求帮助是一种耻辱。他对独立和自给自足的强烈渴求不断地强化了他对提出请求的厌恶，这使得他无法忍受去承认需要什么，或将自己置于义务之中。因此，他只会索取，却不能接受。

这个冲突涉及的内容与第一个例子有所不同，但基本特征是一致的，并且任何其他有关神经症冲突的例子都会显示出一种冲突内驱力与其无意识的强迫性本性的类似不兼容的状况，这总是会导致无法在所涉及的矛盾问题之间做出决定。

如果允许有条模糊的分界线，那么正常人和神经症患者的内心冲突之间的根本区别就在于一个事实：与神经症患者相比，正常人的冲突问题对立面之间的差别并不那么悬殊。正常人是必须在两种行为方式之间做出选择，任何一种选择统一在完整的人格框架中都是可行的。形象地来说，正常人冲突的两端偏离的角度在90度甚至更小，而神经症患者面临的角度可能达到180度。

两者在意识程度上也有差异。正如克尔凯郭尔[1]所说："真实的生活太过千差万别，不是仅仅通过展示诸如完全无意识和完全有意识的绝望这类的抽象对比就能够描绘出来的。"但是，我们可以说：正常的冲突可以完全是有意识的，而神经症冲突的所有基本元素总是无意识的。即使一个正常人可能对其内心冲突一无所知，不过一点点帮助就可以让他认识到这种冲突，而造成神经症冲突的基本趋向被深深地压抑住，并要克服巨大的阻力才能将其解放出来。

正常的冲突关注的是两种可能性间的实际选择，而他会发现这两种可能性都是其所渴求的，或是在他认为均有价值的两种信念之间的选择。因此，他有可能做出一个可行的决定，即使对他来说有些艰难并要有所取舍。被内心冲突吞没的神经症患者无法自由选择，他同时被相反方向的强迫力驱使，而任何一种都不是他想要的，因此，他不可能做出通常意义上的决定。他被困住，找不到出路。这种冲突只能通过处理所涉及的神经症趋向，进而改变他与他人、与自己的关系来解决，最终他才能完全摆脱那些趋向。

这些特征解释了神经症冲突的强烈，这些冲突不仅让人难以发现，使人感到绝望，且它们还具有令神经症患者感到恐惧的破坏性力量。除非我们了解这些特征并将其牢记于心，否则我们将无法理解神经症患者为寻求解决方案而不顾一切的尝试，而这些尝试正是构成神经症的主要内容。

---

[1] 索伦·克尔凯郭尔：《致死的疾病》，普林斯顿大学出版社，1941。

第二章　基本冲突

　　在神经症中，内心冲突所起的作用之大，超乎寻常，但是，想要发现这些冲突并非易事———部分是由于它们基本都是无意识的，更多是因为神经症患者都否认它们的存在。那么，我们可以依据哪些信号来对判断出潜在的冲突呢？从前一章中的例子可以看出，有两个非常明显的因素表明了冲突的存在。其中之一是冲突导致的症状——第一个例子中是倦怠，第二个例子中是偷窃。事实是，每一种神经症症状都会指向一种潜在的冲突；也就是，每一种症状几乎都是某种冲突的直接结果。我们将会逐渐看到未解决的内心冲突对人类有哪些影响，它们是如何制造焦虑、压抑、迟疑、惰性和孤立等状态的。对这一因果关系的理解有助于我们将注意力从显而易见的困扰转向其根源——尽管这些根源的确切本质无法被揭示。

　　显示内心冲突发生作用的另一个信号是一致性缺失。在第一个例子中，我们看到一个坚信程序错误、自己遭受不公平待遇，却没有采取抗议行动的人。而第二个例子中，一个非常珍惜友谊的人反而去偷窃朋友的钱财。有时，患者自己对这种不一致性是有所觉察的，但更多的情况下他们会忽视这些矛盾，即便这些矛盾在毫无经验的观察者看来已经非常明显。

　　一致性缺失是内心冲突出现的确切标志，就如同体温升高意味着机体内部发生了紊乱。举几个常见的例子：一个姑娘一心只想结婚，却因害怕而躲避任何男性的追求；一位对孩子过分关心的母亲却经常忘记孩子的生日；一个对他人总是慷慨大方的人对自己却极为吝啬；一个渴望独处的人却无法做到孑身一人；对大部分人原谅宽容的人却对自己过于苛刻和严厉。

　　但与这些症状不同的是，一致性的缺失常常为我们对潜在冲突的性质做出试探性假设提供了可能。例如，重度抑郁仅仅能够揭示一个事实：患者正陷入进退维谷的境地。但是，如果一位母亲明明很疼爱自己的孩子，却忘记了孩子的生日，我们有理由认为这位母亲更多地关注于当一位好母亲的理想之中，而非孩子身上，我们也可以相信她的理想有可能与想要让孩子受到挫折的无意识施虐倾向发生碰撞。

　　有时候，冲突会浮现于表面——也就是说，会被有意识地体验到。这似乎与我声称的神经症冲突都是无意识的观点相矛盾，但实际上，浮现的只是真实冲突的扭曲和变形。因而，当一个人发现自己面临必须要做某一重大决定时，尽管他使用了逃避技巧，他仍会被一种有意识的冲突撕裂，除非这些技巧很好地发挥了作用。他现在无法决定究竟是与这个还是那个女人结婚，或是到底要不要结婚；究竟应该从事哪项工作，是否要保持或解除与别人的合作关系。那么，他将经历最大的折磨，辗转于两个对立面之间，完全无法做出任何决定。身处困境的他也许会求助于精神分析师，期待其能帮他理清面临的问题。然而，他注定会失望，因为目前的冲突仅仅是内在冲突的炸药最终爆炸的那一刻所浮现出来的。当前困扰着他的具体问题是无法得到解决的，除非经历长期而痛苦的道路来识别潜在其下的冲突。

　　在其他的例子中，当患者自身和其所处的环境之间不兼容时，他内心的冲突可能开始外化并能被其有意识地觉察到。抑或是当患者发现那些看似与其愿望相抵触的莫名其妙的害怕和压抑时，他也许会意识到其内部分歧是来自更深层次的原因。

　　对一个人的认识越是充分，我们越能更好地通过各种各样的矛盾辨认出导致上述症状、不一致性和表面冲突的矛盾因素——而且，我们必须补充的一点是这也愈发令人困惑。因此，我们自然要问：是否有可能存在一种潜藏在所有特别冲突之下的基本冲突，并从根源上解释所有冲突？我们能否借用一段不融洽的婚姻来描绘出冲突的结构？在这段婚姻中存在着各种各样且无穷无尽的分歧与争论，涉及朋友、孩子、经济、一日三餐、佣人，它们表面看似毫不相关，但都指向这段婚姻关系自身的某种基本的不和谐。

　　关于人格内部存在着基本冲突的观念由来已久，并在各种宗教和哲学中扮演了重要的角色，光明与黑暗、上帝与魔鬼及善良与邪恶的力量都是表达这一观念的某些方式。在现代心理学中，和其他许多研究一样，弗洛伊德在这一点上进行了很多开创性的工作。他的第一个假设是基本冲突介于我们的本能性驱力之间——盲目地追求欲望的满足与约束性环境如家庭和社会之间形成的冲突。这种令人生畏的环境在幼年时便被内化，并从那时起作为可怕的超我出现。

　　这一假设值得严肃对待，但在此我们难以对其进行恰当的讨论，因为那势必要对所有反对力比多理论的争论进行梳理。我们倒不如去理解这个概念本身的意义，即使我们摒弃了弗洛伊德的理论前提。那么，保留下来的就是一个争论，即原始的以自我为中心的驱动力与我们严苛的良心之间的对立，这就是我们各种冲突的基本来源。如下所述，我也认为这种对立——或在我眼中大致与之相当的事物，在神经症结构中占有重要地位，但我所争论的是其基本性质。我相信尽管这是一个主要冲突，但它在神经症形成的过程中必然会出现，只是居于次要位置。

这一辩驳的原因后续我将详细说明。在此我只想说一点：我不认为欲望和恐惧之间的任何冲突能够解释一位神经症患者自身分裂的程度，也不认为这些冲突的结果真的能够危及人的一生。诸如弗洛伊德描述的心理状态可能意味着神经症患者仍具有全身心去追求某种事物的能力，但他只不过是因为恐惧的阻碍作用而遭到了挫折。在我看来，冲突的本质涉及神经症患者愿意全身心投入到任何事情上的能力的丧失，因为他的愿望本身已经分裂了，并走向对立。[1]的确，这构成一个比弗洛伊德所描述的更加严峻的状况。

尽管我所认为的基本冲突的实际情况比弗洛伊德所说的更具破坏性，不过我对最终解决冲突的可能性的观点比他的更加积极。弗洛伊德认为，基本冲突是普遍的，而且原则上无法解决：我们所能做的只不过是达成更好的妥协、更好的控制。在我看来，神经症的基本冲突不一定最先出现，即便真的出现也有解决的可能——假设患者愿意承受所涉及的巨大努力和艰辛。这一区别并非乐观主义或悲观主义的问题，而完全是由于我们的理论前提的不同。

弗洛伊德后期对基本冲突问题的回答从哲学角度来看是非常有吸引力的。我们再次将其思想主线的各种暗示搁置在一旁，他的有关"生命"与"死亡"本能的理论可以归结为人类的建设性力量与毁灭性力量之间的冲突。弗洛伊德本身对将这个概念与冲突联系起来并不感兴趣，他更多关注如何将这两种力量融合。他看到了这种融合的可能性，例如，他把受虐狂和施虐狂趋向就解释为是因为性本能与破坏本能之间的融合。

将这一概念应用到冲突研究中，势必需要引入道德观。但是，在弗洛伊德看来，道德观只是科学领域内的非法入侵者。按照他自己的理念，他力图去发展一门不涉及道德观的心理学。我认为，这种追求自然科学意义上的"科学"的尝试，正是导致其理论及建立在这些理论之上的疗法被局限在过于狭窄范围内的原因之一，这一解释更加令人信服。更具体地说，这似乎也导致了他未能认识到在神经症中冲突所发挥的作用，尽管他在这个领域进行了大量的工作。

荣格也非常强调人类相互对立的趋向。的确，他在工作中对个体矛盾的

---

[1] 参见弗朗兹·亚历山大：《结构性和本能的冲突之间的关系》，《精神分析季刊》11卷，第二期，1933年4月。

印象太过深刻，以至于他将任何元素的出现必然暗示着其对立面的出现视为一条普遍规律。外表的阴柔暗示着内在的阳刚，表面的外倾性隐藏着内倾性；外在注重思维和理性，内在倾向感性，等等，至此可以看出荣格将冲突视为神经症患者的基本特点。但是，他进一步说明，这些对立面并不冲突，而是相互补充——目标是对两者兼收并蓄，并因此接近理想中的人格完整。对于他而言，神经症患者都被困在片面发展之中。荣格在其所谓的补充法则中对这些概念进行了阐述。现在，我也认识到相反的趋向中包含着互补元素，两者在完整人格中缺一不可。但是，我认为这些相反趋向已经是神经症冲突的自然结果，并且它们如此顽固地附着在患者身上，是因其代表了寻求解决方案的尝试。例如，当我们将一种内省的、孤僻的、与关注他人相比更关注于自身感受、思想或想象的趋向，视为真正的趋向——也就是本质上已确定并被经历所强化的趋向，那么荣格的推理就是正确的。有效的治疗过程将向患者展示其潜藏的"外倾性"趋向，指出任一趋向的片面性发展的危害，进而鼓励他接受并实现这两种趋向的共同发展。但是，如果将"内倾性"（而我更愿意称之为神经症孤立）看作是回避与他人密切联系中产生的冲突的手段，我们所需要做的就不是去鼓励患者更加外向，而是要分析潜藏在外表之下的冲突。只有在解决这些问题之后，人格健全的目标才能实现。

至此，我将阐述我的观点，我发现，在神经症患者面对他人时产生基本的矛盾态度中，存在着神经症的基本冲突。在详细说明之前，请允许我回顾一下小说《化身博士》中杰基尔博士和海德尔先生之间戏剧化的矛盾故事。一方面，我们看到他体贴、敏感、富于同情、乐于助人，而另一方面却粗鲁、无情和自私。当然，我并不是想说神经症分裂总是准确地遵循这个故事发生的脉络，只不过是想说明，基本矛盾会在患者对待他人的态度中清晰地表现出来。

为了从根源上解决这个问题，我们必须回到之前所说的基本焦虑，[1]它是指在一个潜藏着敌意的世界中儿童会产生的孤独和绝望的感受。环境中大范围的不利因素能带给孩子这种不安全感，比如：直接或间接的控制、漠视、反复无常的行为、缺少对孩子个性需求的尊重、缺少真正的指导、轻蔑的态度、过度或缺乏赞扬、缺少可靠的温暖、在父母的不和中不得不采取立场、过多或过少的责任、过度保护、与其他孩子隔绝、不公平、歧视、未履行的承诺、敌意的氛围，等等。

我唯一想要特别关注的因素就是关于孩子对周遭潜伏着的虚伪的感觉：他

---

[1] 卡伦·霍妮：《我们时代的神经症人格》，诺顿出版社，1937。

会觉得父母的爱、宗教的慈善活动、诚实、慷慨等也许仅仅是假装的。在这一点上，孩子的所感中一部分的确是虚伪的，但是有一些也许仅仅是他对于在父母行为中所感受到的所有矛盾的下意识反应。但是，通常限制因素会组合在一起，这些因素也许会显而易见或深藏不露，以至于通过分析我们只能逐渐认识到它们对孩子发展的影响。

因为这些令人困扰的情况而感到倦怠，孩子会摸索继续生活的道路和应付这个险恶世界的方式。尽管他软弱、恐惧，他却无意识地形成了自己的策略来应对在其周遭发挥作用的特别力量。这样，他不仅发展出相应的策略，还形成了成为其人格一部分的持续的性格趋向，我将这些称为"神经症趋向"。

若想要知道这些冲突是如何形成的，我们一定不能只关注个体趋向，而要对在这种情况下孩子所能采取的行动以及采取的行动的主要方向进行全方位的审视。尽管我们一度丧失了对细节的观察，但我们将对儿童在努力应付环境时所采取的基本行动获得更加清晰的观察。起初，呈现出来的可能是一幅相当混乱的画面，但到了一定的时候主线就变得逐渐清晰：孩子可能亲近他人、抗拒他人或回避他人。

当亲近他人时，他会正视自己的无助，不管他对他人的隔阂与恐惧，设法去获得他人的喜爱并依赖他人。只有通过这种方式，他才有安全感。如果家人发生争执，他会站在最强有力的成员或群体一边。通过与强势的一方保持一致，他获得了归属感和支撑感，这使他感到不再那样软弱和孤立无助。

当他抗拒他人时，他相信并想当然地认为周围充满敌意，并且有意识或无意识地决定去斗争。他内心不相信他人对自己的感受和意图，他人的任何善意他都反感。他想要变得更加强壮并击败他们，一部分是出于自我防卫，一部分是为了报复。

当他回避他人时，他既不想寻找归属感，也不想对抗，而是保持距离。他认为自己与别人没有太多共同点，无论如何人们也不会理解他。他建立了一个属于自己的世界———一个由大自然、玩具、书籍和梦想组成的世界。

在三者中的每一种趋向中，基本焦虑所包含的元素之一被过分强调：第一种趋向中是无助，第二种趋向中是敌意，第三种趋向中是孤立。然而事实是，这三种趋向中的任何一种都无法整个占据小孩的心灵，因为在这些倾向形成的情境中，这三种趋向都必定会出现，我们从全景中可以看出的只是占优势的那种。

如果我们现在探讨神经症的充分发展这个话题，上述情况将更加显而易见。我们都知道，我们上述描述的趋向之一在某些成年人身上很突出。不过，我们也能发现他的其他趋向并没有停止发生作用。在一个依赖与服从主导型的人身上，我们可以观察到攻击的倾向和某种独处的需要。一个敌意主导型的人也有服从的倾向和独处的需要，而一个孤立人格的人也会怀有敌意或对友爱的渴望。

但是，占主导地位的趋向正是最大程度控制实际行为的那一个，它代表着特定患者处理和他人关系的最熟悉的方式和手段。因而，一个孤立的人自然而然地会想方设法与他人保持一个安全距离，因为他觉得任何一种需要和他人有紧密联系的情况都使其感到迷茫。此外，处于主导地位的态度经常但不一定总是最能被患者的意识所接受。

这并不是说，不太显著的倾向就没有那么大的影响力。例如，通常很难去说，对于一个看似具有依赖、服从性格的人，是否支配他人的意愿相比对情感的需要会强度更弱，他表达强势冲动的方式仅仅会更加间接。被掩盖的次要趋向可能是巨大的，这一点已经被许多例子证明，在这些例子中与主导趋向一致的态度被逆转了。我们可以在孩子身上看到这样的逆转，但是它也会发生在成年以后。威廉·萨默塞特·毛姆的小说《月亮和六便士》中的人物斯特里克兰德就是典型的例子，女性的病史也显示出这种变化。一位之前像野小子、雄心勃勃、叛逆的女孩，当她坠入爱河时可能会变成一个顺从、依赖的女性，显然不再拥有野心。或者在经历重大变故的压力下，一个孤立的人可能会病态地依赖他人。

应该补充的是，像这样的变化或许可以解释我们经常遇到的这些问题：成人后的经验是否毫无意义，抑或童年的情形是否彻底地将我们定型并受限于此。相比起普遍的看法，从冲突的观点看待神经症的发展能够提供一个更加充分的答案。比如这些可能性：如果儿童时代的自然成长并没有受到严厉的限制，那么后期的经历，尤其是在青春期，会起到定型的作用。但是，如果早期经验的影响强大到使儿童定型于某种僵化的模式，那么任何新的经历都无法使之突破了。这部分是由于他的死板无法使其开放地接受新鲜经历。比如，他的孤立性格太过强大以至于不允许任何人接近他，或者他的依赖性格根深蒂固以至于他总是被迫扮演一个附属的角色并招致利用。另一部分原因是他会用既定模式的语言去解读新的经历。例如，攻击类型的人遇到友谊会将其视为愚蠢的表现或认为企图对他加以利用，新的经历只会强化旧的模式。当一位神经症患者采取了一种不同的趋向，这看起来似乎后期经历已经引起了人格上的某种变化。然而，这种变化并不像它表现出来的那样激烈。事实上，是内在和外在压力的结合迫使他放弃了其占主导的支持另一极端的趋向，并走向另一个极端——但是如果一开始没有冲突的存在，这种变化就不会发生。

从正常人的角度来看，这三种趋向间竟然相互排斥是毫无道理的。一个人应该能够屈服于他人，对抗他人，以及回避他人。三者相辅相成，和谐统一。如果某一趋向占据主导，这不过是表明在一个方向上发展过度了。

但是，在神经症中，有好几个理由可以说明这些趋向为何不能协调。神经症患者无法灵活应对外部世界，他被驱使着或屈从或斗争或逃避，无论这个行为在特定的情境中是否恰当，而且如果他不这样表现就会陷入恐惧之中。因此，当这三种趋向中任何一种达到强烈的程度，他都注定会陷入严重的冲突之中。

另外一个因素，极大地扩大了冲突范围，那就是这些趋向并不保持和局限于人际关系的领域，而是逐渐地波及整个人格，就像是恶性肿瘤蔓延到所有的器官组织。最终不仅包括患者与他人的关系，就连他与自身以及他与现实生活的关系都被波及。如果我们没有充分理解这种包罗万象的特点，思考那些在分类上产生的冲突会让人痛苦万分，例如爱与恨、屈从与反抗、驯服与支配等等。但是，这会误导我们，就像因在某个问题上的对立特征而区分法西斯主义和民主主义，例如他们对待宗教或权力的不同方式。这些当然是区别，但是只强调这些会模糊一个事实：民主主义和法西斯主义截然不同，并且代表了两种完全相反的人生哲学。

冲突始于我们与他人的关系并最终影响整个人格，这绝非偶然。人际关系如此重要，它们注定会影响我们形成的品质、我们为自己设定的目标和我们信仰的价值观。反过来，所有这一切都会对我们和他人的关系发生作用，而它们又相互交织在一起，难解难分。[1]

我的观点是，源自相互矛盾趋向的冲突组成了神经症的核心，因此应该被称为基本冲突。补充一点，我使用核心这个词汇不仅是比喻它的重要性，更是强调一个事实：它是神经症发源的动力中心。这个观点是神经症新理论的核心，它的内涵后面会详细说明。从广义上讲，这个理论可以被看作是对我的前期观点的详细阐述，即神经症是人际关系紊乱的表现。[2]

---

[1] 与他人的关系或者对自己的态度，两者中总有一种在理论与实践中都是最重要因素的观点，偶尔可见于精神病学刊物，既然与他人的关系和对自身的态度不可相互分离，那么这一观点就站不住脚了。

[2] 该观点首先出现在《我们时代的神经症人格》，并在《精神分析新概念》和《自我分析》中进行过详细论述。

第三章　亲近他人

仅仅通过展现基本冲突在诸多个体身上发生作用来表达基本冲突是不切实际的。由于基本冲突毁灭性的力量，神经症患者在它周围建立了一道防线，不仅可以将其挡在视线之外，并且将其深深地埋藏在那里，以至于无法单纯地将其分离出来，结果呈现出来的表象更多的是解决问题的各种尝试，而非冲突本身。因此，仅仅注意病例的细节并不会充分缓解其所有的影响和缩小细微差别，而情况介绍势必过于详细并呈现出一幅不透明的图像。

此外，前面章节简述的纲要还需要补充。为了理解基本冲突中所包含的全部内容，我们必须从分别研究每个对立元素开始。如果我们观察个人的类型，在这些人中某一种元素占据了主要地位，并且对于他们来说，这一元素代表了更加可以接受的自我，我们就可以成功地做到这一点。为了简明扼要，我将会把这些类型分为顺从型、攻击型和分离型人格。[1]我们将在每个病例中关注患者更加容易接受的态度，至于隐藏在这种态度背后的可能的冲突，我们不去考虑。在每一种类型中，我们都会发现对待他人的基本态度创造了或至少培养了某些需要、品质、敏感、压抑、焦虑，以及一系列特定价值观的成长。

这种进行方式会有一定的弊端，不过它也有一些优点。通过在一系列态度、反应、信念等相对明显的类型中首先对它们的功能和结构进行调查，就会更加容易地在那些看起来有些模糊和令人困惑的病例中辨认出相似的组合。而且，观察没有掺杂其他表现的病状，有利于缓解三种趋向的内在矛盾。回到我们对民主主义和法西斯主义的比较：如果我们想要指出民主主义和法西斯意识形态的基本不同，就不会从展示一个有着民主主义理想信仰却又暗中偏爱法西斯主义方式的人着手。我们倾向于首先尝试从纳粹党人的作品和表现中对法西斯思想有一个初步的了解，然后再将这些与民主生活最具有代表性的表现进行

---

[1] "类型"这一术语在此处只是对拥有独特性格的人们的一种简化。当然，我并不打算在这一章节和接下来的两个章节建立一个新的类型学。诚然，建立一种新的类型学是我想要的，不过它必须建立在一个更加广泛的基础之上。

比较。这将会让我们清晰地认识到两套信仰之间的对比，并由此帮助我们去理解那些试图在两者之间寻求妥协的人们和群体。

第一组，顺从型，表现出与"亲近他人"一致的所有特性。他表现出对情感和赞许的明显需求，以及对"伙伴"的特别需要——也就是，一位朋友、情人、丈夫或妻子，"他能够实现生命所有的期待，并对善与恶负责，他成功的操纵行为成为首要的任务。"[1]这些需要符合所有神经症趋向的共同特征，也就是说，它们具有强迫性、盲目性，并会在受到挫折时产生焦虑和悲观情绪。它们的作用发挥几乎是独立于所讨论的"他人"的内在价值之外，也独立于患者亲近他人的真实感受。尽管这些需求在表现方式上会有所不同，但它们都以对人与人之间亲密关系的渴望、对归属感的渴望为中心。由于其需要的盲目性本质，顺从型人格的患者将倾向于对他与周围人们能合群并有着相同的兴趣进行过高的估计，并忽视与之不同的方面。[2]他判断别人的错误方式不是由于无知、愚蠢或没有观察能力，而是由其强迫性的需要决定的。他感到——正如一位患者的绘画所描述的——就像是一个婴儿被陌生和令人感到恐惧的动物包围。婴儿站在图画的中间，瘦小而无助，围绕他的，是一只巨大的准备蜇他的蜜蜂、一只能够撕咬他的狗、一只即将扑向他的猫，以及一头能够撞伤他的公牛。那么，显然，除去越具有攻击性的人越是令人生畏之外，他人存在的真正意义不是别的，而是患者最需要的"情感"。总之，这种类型的人需要别人的喜欢、需要、渴望和爱，得感受到别人的接纳、欢迎、肯定和欣赏，得有被需要感、对他人来说很重要，尤其是对某个特别的人，得受到帮助、保护、照顾和指导。

在向患者揭示这些需求的强迫性特征的分析过程中，他将很有可能断言所有这些渴求都是"自然的"。当然，在这一点上患者有辩护的余地。除了那些整个身心都陷入虐待狂趋向（在后面的章节将会涉及）以至于其情感需求功能无法运行的患者，可以说每个人都想要感受到被人喜欢、有归属感和获得帮助等。患者的错误就在于声称他对情感和赞同不顾一切的渴望都是真诚的，而事实上真诚的部分深深地笼罩在其想要获得安全感的贪得无厌的冲动之中。

满足这种要求的需要如此难以抗拒，以至于他做的每一件事都是以实现这个目标为方向的。在这个过程中，他形成了某些塑造其性格的品质和态度。

---

[1] 引自卡伦·霍妮《自我分析》一书，诺顿出版公司1942年版。

[2] 参见《我们时代的神经症人格》第二、第五章有关情感需要的段落，以及《自我分析》第八章关于病态依附现象的讨论。

这类品质和态度中，有一些可以被称为是让人喜欢的：他对别人的需要变得敏感——在他能够从情感上理解的框架之中。例如，尽管他可能会忽视一位孤立性格的人对独处的需要，但是他对另一个人想要获得同情、帮助、赞许等的需要却非常敏感。他不经思索地努力不辜负别人的期待，抑或是他所认为的别人的期待，经常达到忽视自己感受的程度。他变得"无私"、自我牺牲、毫无要求——除了他对于情感的极大需要。他变得顺从和过分周到——在他力所能及的范围内——过度赞赏、过度感激和慷慨大方。他漠视了一个事实，在他内心深处并不怎么关心他人，并且倾向于将他们视为虚伪和自私。但是——如果我可以用有意识的词汇来描述无意识发生的一切——他说服自己相信他喜欢每个人，所有人都"善良"并值得信任。这是一个谬论，它不仅会令人伤心失望，还加重了患者普遍的不安全感。

这些品质并没有他本人所认为的那么宝贵，尤其是他没有顾及自己的感受和判断，而是盲目地给予他人他想要从他们那里获得的事物——因为如果他没有得到回报就会深受困扰。

伴随着这些属性并与它们重叠的是另一个特性，以回避别人的不满、争吵和竞争为目标。他倾向于从属于他人，居于次要地位并把众人瞩目的位置留给他人；他总是息事宁人、委曲求全，并——至少有意识地——不存芥蒂。任何报复和成功的希望都被如此深深地压抑下去，以至于连他自己都经常感到奇怪，为何如此轻易地释怀并从不对什么耿耿于怀。在这种情形中他自觉承担责怪的趋向是很重要的。再次忽略其真实的感受——即他是否真正感到内疚——他都会谴责自己而非他人，并在面对明显毫无根据的批评或早有预谋的攻击时倾向于做自我反省或道歉。

从这些态度过渡到压抑的过程是令人毫无觉察的。因为任何一种攻击性的行为都是令人忌讳的，此处我们发现了与断言、批评、苛求、发号施令、让人眼前一亮和为雄心壮志奋斗有关的抑制作用。而且，因为他的生活完全以他人为导向，他内心的压抑经常阻止他为自己而活或自己享受生活。这也许会发展到一定程度，任何没有与他人分享的体验——无论是吃饭、看演出、听音乐和欣赏大自然——都变得毫无意义。不用说，对于快乐如此严格的限制不仅使生活越来越乏味，而且使患者越来越依赖于他人。

除了对上述品质的理想化[1]，这种类型的人对自己也有某些特定的态度，其中之一是他认为自己很脆弱且无助的普遍性感受——一种"自怜自艾"的感

---

[1] 参见第六章《理想化意象》。

受。当孤身一人时，他会感到迷茫，就像一只小船离开了泊地，或灰姑娘失去了她的仙女。这种无助一部分是真实的，而在任何情况下都无法抗争或者竞争的感受加强了实际的脆弱，而且，他坦白地承认对自己和他人的无可奈何。这一切在他的梦中也会戏剧性地被强调，他经常诉诸无助并将其作为求得同情或防卫的一种方式："你必须要爱护我、保护我、原谅我，不要抛弃我，因为我是如此的脆弱和无助。"

第二个特征来源于他顺从别人的倾向。他想当然地认为所有人都优于自己，而且其他人更加有吸引力、更智慧、更有学问，比他更有价值。这种感受是有事实根据的，因为他所缺乏的自信和坚定削弱了他的能力；但即便是在他完全有能力的领域中，其自卑感也会导致他信任其他比自己更有能力的人——无论他有何优点。在具有攻击性或傲慢的人们面前，他对自我价值的感受会进一步收缩。但是，即使是独自一人，他也倾向于自我贬低，不仅贬低自己的品质、天赋和能力，还包括他的物质财产。

第三个典型特征是他对其他人普遍依赖性的那部分，也就是他会无意识地倾向于通过别人对他的看法来评价自己。随着他人的赞许或反对、他人的喜爱或漠视，他的自尊也是起起伏伏，因此，任何拒绝对于他来说实际上都是一场灾难。如果某人没有回复一个邀请，那么他也许有意识地理性看待这件事，但是根据他所处的内心世界独有的逻辑，其自尊的晴雨表会跌至零度。换言之，任何批评、排斥或抛弃都是令人恐惧的危险，而他会卑微地以最大的努力来赢回那个使他感到威胁的人的关注。他把另一半脸凑上去，这不是由某种神秘的"受虐狂"倾向所引起的，而是他依据内心所能做出的唯一符合逻辑的行为。

所有这些组成了亲近他人类型的患者特殊的价值体系。自然，根据其整体成熟程度的不同，这些价值本身的清晰度和坚定性也有所不同。它们主要是以善良、同情、爱、慷慨、无私和谦卑为方向，而自私、野心、无情、狂妄和运用权力是被厌恶的——尽管这些特性同时也被暗暗地向往，因为它们是"力量"的象征。

那么，以上这些就是涉及"亲近他人"型神经症患者的组成元素。现在，显然使用任何一个诸如唯命是从或是依赖他人的术语来描述这些元素是多么的不够恰当，因为这些元素中暗含着一整套的思维、感受和行为方式——一整套的生活方式。

我承诺过不会探讨对立的因素。但是，除非我们能够了解对相反趋向的抑制能在多大程度上强化占据主导地位的趋向，否则我们将无法完全理解所有的态度和信念是如何牢固地附着在患者身上的。因此，让我们简单地看一下这幅画面的反面。当分析顺从类型时，我们发现各种攻击性的趋向都被强烈地抑制了。与明显的过度关心形成鲜明对比，我们看到的是对他人缺乏兴趣的冷漠和蔑视的态度、毫无意识的寄生或利用的倾向、控制和操纵他人的倾向，以及对取胜或享受报复性胜利的不断需要。这些被压抑的内驱力在种类和强度上自然是有所不同的，它们一部分是源于患者对早期与他人相处时不幸经历的反应。例如，病史经常显示患者在5～8岁期间表现出来的爱发脾气会逐渐消失，进而被普遍的顺从所替代。但是，攻击性的倾向也会因后期的经历强化和发展，因为敌对的倾向会持续从许多源头产生。它将导致我们根本无法去在这一点上对所有这些倾向进行研究，可以说谦逊和"善良"为被踩踏和利用敞开了大门；而且，对他人的依赖导致患者格外的脆弱，而这种脆弱反过来也导致了当对情感和赞许的巨大需求无法实现时产生的被忽视、被拒绝和被羞辱的感受。

当我将所有这些感受、内在驱动力和态度描述为"被压抑"时，我使用了弗洛伊德意义上的术语，这意味着个体不仅对它们毫不知情，而且对于了解它们也毫无兴趣以至于患者会忧虑地保持警戒，无法自拔，以防会在自己和他人面前露出什么马脚。因此每一种压抑都会给我们提出这样的问题：个体压抑那些作用在他身上的特定力量能得到什么好处呢？在顺从型的案例中，我们可以找到一些答案，而只有在我们后期开始讨论理想化的形象和虐待狂的趋向时，我们才能对其中的大部分答案理解清楚。此刻，我们已经可以明白的是，敌对的感受或表现会危及个体喜欢他人和被人喜欢的需要，除此以外，任何攻击性或甚至是独断专行的行为在他看来都是自私的表现。患者自身会谴责这种行为，并因此觉得其他人也会进行谴责。而且他无法冒险去承受这些谴责，因为他的自尊已经完全地依赖于他人的认同。

所有武断、报复和充满野心的感受和冲动还具有另外一种功能，它是神经症患者为去除内心冲突，进而创造出一种统一、团结和完整的替代感受而所做出的许多尝试之一。我们内心对获得统一的渴望并非是什么神秘的欲望，而是由其在生活功能中的实际必要性——人不可能持续被相反方向驱使——和实际上是对分裂的极度恐惧的结果所促成的。将所有不一致元素置于某一趋向的主导之下，这是用以组成人格而进行的无意识尝试，它也是患者为解决神经症冲突而进行的主要尝试之一。

因此，我们已经发现了严格抑制所有攻击性冲动的两个好处：这种冲动会危及患者的整个生活方式，破坏他虚假的和谐统一。而且攻击性的趋向越是具有毁灭性，去除它们的必要性就越是迫切。个体将走向相反的极端，永远也不会表现出想要为自己争取什么，永远不会拒绝别人的请求，对他人总是充满喜爱，并且总是处于不显眼的位置，等等。换言之，这种顺从且妥协的趋向被强化，它们变得愈发强势并难以辨别。[1]

自然而然地，所有这些无意识的努力并没有阻止那些被压抑的冲动发生作用或彰显自己，但是它们以与结构融为一体的方式来采取行动，患者会以"因为他是如此悲伤"为由有所需求或者将会秘密地在"爱"的伪装下占据主导地位。累积的被压抑的敌意也可能会出现在激烈程度不同的爆发中，从偶尔的易怒到经常发脾气。尽管这些爆发并没有融入和善温柔的画面中，但出现在个体身上是完全合乎情理的。而且依据他的预设，他是非常正确的。患者并不知道他对别人的要求有些过分并以自我为中心，故而他禁不住有时会感受到他被如此不公平的对待，以至于他真的再也无法忍受了。最后，如果被压抑的敌对趋向呈现出盲目愤怒的力量，它可能会导致各种各样的功能性紊乱，如头疼或胃部疾病。

因此，顺从型患者的大部分特点都具有双重动机。例如，当患者将自己附属于他人时，目的是为了避免发生摩擦，并以此与他人实现和谐的关系，但这也可能是根除其需要占据上风的迹象的一种方式。当患者让他人利用自己时，这是一种顺从和"善良"的表现，但这也可能是一种对其想要利用他人欲望的回避。要克服神经症的顺从趋向，必须以恰当的顺序解决冲突的两个方面。从保守的精神分析出版物中，我们有时会获得这样的印象，"攻击性倾向的释放"是精神分析疗法的精髓。这一方法并没有神经症结构的复杂性及其特殊变化，它仅仅在我们所讨论的特定类型中才有效，甚至在此处的效度也是有限的。攻击性内驱力的剥离暴露就是一种释放，但是如果攻击性的"释放"被视为它本身的终结，那么它对个人的发展无疑是有害的。如果想要最终实现人格完整，那么我们必须继续对冲突进行研究。

我们还需要将注意力转移到爱和性在顺从类型中所起的作用。在患者看来，爱经常是唯一值得他为之奋斗和以此为生的目标。没有爱的生活显得平庸、琐碎和空洞，引用弗里茨·维特尔斯用来描述强迫性追求的一句话[2]，爱是一种错觉，人们为了追求爱可以忽略掉一切。人类、自然、工作或任何一种娱乐或兴致都会变得毫无意义，除非这其中存在某种爱情关系为它们增添风味和情趣。事实是，在我们的文明的条件下，这种痴迷在女性中比在男性中更加常见和明显，并且导致了一种观念，即这是女性独有的一种渴望。事实上，这

---

[1] 参见第十二章《施虐趋向》。

[2] 弗里茨·维特尔斯：《神经症患者的无意识幻影》，《精神分析季刊》第八卷，第二部分，1939。

与性别毫无关系，而是一个神经症现象，在这一现象中对爱的痴迷是一种不理性的强迫性驱动。

如果理解顺从类型的结构，我们可以看出为什么爱对于患者来说如此重要，为什么会存在那些"疯狂的方法"。鉴于其相互矛盾的强迫性趋向，事实上这是他的所有神经症需要都能得到满足的唯一方式。它既能满足患者被人喜爱的需要，也能满足其占据主导地位（通过爱）的需要；既能满足其居于次要地位的需要，又能满足其胜过他人（通过伴侣全心全意的关注）的需要。这可以使他在一个合理、纯真甚至是值得表扬的基础上表现出其所有的攻击性倾向，同时也允许他表现出其已经获得的所有惹人喜爱的品质。而且，既然他对自己的缺陷和来自自身冲突的困扰问题一无所知，爱可以治愈所有这些问题：只要他能找到一个爱他的人，一切问题就都迎刃而解了。我们可以轻易地发现这种希望是错误的，但是我们也必须理解其不同程度的无意识推理的逻辑关系。他认为："我很脆弱和无助，只要我在这个充满敌意的世界孤身一人，我的无助就会是一种危险和威胁。但是，如果我找到了一个爱我胜过其他人的对象，我就不再处于危险之中，因为他（她）会保护我。和他（她）在一起，我不必再为自己声称什么，因为他（她）会懂得并给我想要的一切，而根本不需要我去索取或解释。事实上，我的弱点将成为一个优点，因为他（她）爱我的无助，而我可以依靠他（她）的力量。如果意味着为他（她）做些什么，或甚至做一些他（她）想让我做的事情，我仅仅为了自己的事无法激发的主动性将会喷薄而出。"

上述构想出的推理过程，这其中有些是经过仔细思考的，有些只是一种感觉，而有些完全是无意识的，再次根据这种推理进行再现，患者会想："对我来说，独处是一种折磨。不仅仅是我无法从不能分享的事情中找到快乐，更严重的是，我会感到迷茫和焦虑。当然，我可以独自去看电影或在一个周六的夜晚读一本书，但是那会让我感到羞辱，因为这表明没有人需要我。故而在这一方面我必须认真规划，在周六的夜晚或其他时间从不孑身一人。但是，如果我找到了一个完美恋人，他会将我从这种折磨中解救出来，我永远就不会孤独；那些现在看似毫无意义的事情，无论是准备早餐还是工作抑或是看日落，都将成为一种快乐。"

而且他认为："我没有自信，我总是感到其他人比自己更有能力、更有魅力、更有才华。即便那些我成功做到的事情也不重要，因为我无法真正地将这些成就归于自己。我也许只是虚张声势，或这只是走了好运，我真的不确定自己是否还能再次获得这样的成功。而且，如果人们真的了解我，我对于他们来说将一无是处。但是，如果我找到一个喜爱我真实面目的人，且对他来说我是最重要的，我的重要性就提高了。"那么，难怪爱情拥有海市蜃楼中的一切诱惑，难怪被牢牢地抓住的是爱情，而不是从内在进行改变的艰苦过程。

同样，性交——除了其生理功能之外，也具有证明自己被人需要的价值。顺从类型越是倾向于分离——即恐惧卷入情感，或者越是对被爱感到绝望，性行为本身就越有可能取代爱情。到那时，它将是人类亲密关系的唯一途径，并像爱情那样被夸大，认为它能够解决所有问题。

如果我们细心地避免这两种极端——将患者对爱的过分强调视为"仅仅是自然本性"和将其归为"神经症"——我们会看到顺从类型的患者在这个方向上的预期是来自于其生活哲学的合理结论。因其常常在神经症现象中出现——还是一直如此？——我们发现患者有意识或无意识的推理是没有瑕疵的，但却建立在错误的前提下。错误的前提是他误解了他的情感需要，以及所有与之相关的真正去爱的能力，还完全地忽略了自己与情感趋向相当的攻击性甚至是毁灭性趋向。换句话说，他忽略了整个神经症冲突。他所期待的是除去这些未解决冲突的有害后果，而不对冲突本身进行任何改变——这是每一种寻求神经症解决的尝试都具有的态度，这就是为什么这些尝试不可避免地注定会失败。但是，对于将爱作为一种解决方案，我们必须得这样说。如果顺从型的人幸运地找到了一位既有力量又善良的伴侣，或这位伴侣的神经症恰好与其相适应，他遭受的痛苦会被极大地减弱，而且他还会体会到一定程度的快乐。不过，一般来说，他所期待的人间天堂般的关系只会将其带入更大的不幸。他极有可能将他的冲突带入这段关系中，并由此将其摧毁，甚至最乐观的也只是缓解实际的悲伤；除非他内心的冲突被解决，否则他的发展将仍然受到阻碍。

第四章　抗拒他人

在谈论基本冲突的第二个方面——"抗拒"他人的倾向时，我们将和前一章一样，对攻击性趋向占主导地位的这一类型患者进行研究。

正如顺从型的人坚定地认为人都是"善良的"，而且不断对出现的相反看法的证据感到困惑一样，攻击型的人想当然地认为每一个人都充满敌意，并且拒绝去承认相反的观点。对于他来说，生活就是一场处处充满对抗的斗争，而落后的人就要倒霉。他只是非常勉强并有所保留地承认会存在一些例外，他的态度有时非常明确，但大多时候这种态度被粉饰过的温和有礼、公平心和友好所掩盖。这种"外表"就像是谋权政治家为了权宜之计而做出让步，但是，一般来说，它也是由伪装、真诚的感受和神经症需要所构成的混合体。神经症患者让他人相信自己是好人的想法是与一些真实的爱心结合在一起的，只要任何人都相信他自己是处于支配地位的。这些可能是对于情感和认可的神经症需要的因素，但却是为了攻击性的目标服务。对于顺从型的患者来说，这样的"外表"并不重要，因为他的价值观与社会规范和宗教所认可的美德恰好一致。

为了更好地理解攻击性类型的需要和顺从类型的需要都是带有强迫性的这一事实，我们必须要认识到这些需要同样都是由他的基本焦虑引起的。必须要强调一下这一点，因为顺从型患者表现出的恐惧如此明显，而我们现在讨论的攻击型患者永远也不会承认或表现出这种恐惧。对他来说，一切都会或变成或至少显得强硬。

他的需要基本上来源于他的感受，即从达尔文的理论来说，世界是一个适者生存、弱肉强食的竞技场。生存与否主要取决于这个人生活所在的文明制度；但是无论怎样，对自我利益的不懈追求是至高法则。因此，他的主要需求便是要成为控制他人的人。控制方式的变化是无穷无尽的。可能是直接行使权力，也可能是通过过度的热心或向人施以恩惠的方式进行间接的操纵。他也许更愿意成为幕后的权威。通过智力因素，可以控制用逻辑推理来隐秘灌输一种信念或者预知任何事情。他特别的控制形式一部分依赖于其先天禀赋，一部分代表了冲突趋向的融合。例如，如果一个人与此同时也倾向于独处，他将会回避任何一种直接的控制，因为这会让他与别人发生过于紧密的联系。如果潜藏着大量情感需要，他也会更倾向于选择间接的方式。如果他想要在幕后的使用权力，那么其虐待狂的趋向就显而易见了，因为这意味着利用他人来达到自己的目的。[1]

同时，他需要超越别人，获得成功、声望或任何一种形式的褒奖。朝着这个方向努力一部分是以权力为目标，因为在一个充满竞争的社会中成功和名望会带来权力。不过，它们也会通过外界的肯定、赞扬和至高无上的事实，引起一种对于力量的主观感受。此处与顺从类型一样，中心落在了个人自身之外，只是想从他人那里获得肯定有所不同。事实上，这两种类型所需的肯定都是无关紧要的。当人们迷惑为什么成功没有给他们带来想要的安全感，他们只是表现了自己对心理学的无知，不过，他们这样做的事实也表明成功和名望通常在一定程度上被视为衡量标尺。

想要利用他人、智胜他人和利用他人为己所用的强烈需要只是攻击型人格的一部分，任何一种情况或者关系都是从"我能从中获得什么"的立场——无论它是与金钱、名望、联系还是理念有关来审视的。患者本身有意识或半有意识地坚信大家都是这样的，因此重要的是要比其他人做得更加有效。他形成的性格与顺从类型的人几乎完全相反，他变得倔强坚韧，或表现出这种外表形象。他将所有的感受，他自己的也包括别人的，视为"感情用事"。对于他来说，爱情是微不足道的。这并不是说他从未"恋爱"过，或从未与异性发生过关系或结婚，而是说他首要关心的是拥有一个能够激起其欲望的伴侣，并通过伴侣的魅力、社会声望或财富，他能够提升自己的社会地位。他找不到关注其他方面的理由，"我为什么要在乎——让他们自己照顾自己吧。"当被问及一个老生常谈的伦理问题：一只木筏上的两个人，只有一人可以存活下去该怎么办时，他会说当然是努力去保住自己的性命，否则的话将是愚蠢和虚伪的。他不愿承认任何形式的恐惧，并会找到极端的方式来控制它们。例如，他可能会强迫自己待在一个空房子里，尽管他害怕破门而入的盗贼；他也许会坚持骑马直到他克服了对马的恐惧；他也许会故意徒步穿过公认有蛇潜伏的沼泽，目的就是为了摆脱对蛇的恐惧。

顺从类型的人倾向于让步以求得和解，而攻击类型的人所做的一切都是为了成为更好的斗士。他在争论中表现得警觉和敏锐，并且会费尽心思地去展开一次争论来证明自己是对的。当他被逼到除了斗争没有退路时，他的全部能力

---

[1] 参看第十二章《施虐趋向》。

就会被激发出来。与害怕取胜的顺从类型的人形成强烈反差，攻击类型的人是输不起的，并且从不否认想要获得胜利。顺从型的人总是随时准备所有责任由自己承担，而攻击型的人随时准备去责怪他人。在两种情况中，人们都没有感到内疚。当顺从型人格认错时，他内心并不承认真的是有错，而是被驱使去平息矛盾。同样，攻击型人格也不认为另一个人有错；他只是认为自己是对的，因为他需要以这种主观确定性为基础，就像是军队需要一个安全的据点并以此来发动攻击。对于攻击型的人来说，在完全没有必要时来承认错误，如果不是因为极度愚蠢，那就是不可原谅的懦弱表现。

为了与其不得不和一个充满恶意的世界对抗的态度保持一致，攻击型的人会培养一种敏锐的现实感，他将永远不会"幼稚"到忽略他人身上的野心、贪婪、愚昧或任何有可能妨碍其自身目标的表现。因为在一个充满竞争的文化里，诸如此类的表现被认为比高雅体面更加常见，他理所当然地认为自己只不过是现实主义者。当然，事实上他和顺从型一样都具有片面性，其现实主义的另一个方面是他对于计划和远见的看重。和所有出色的谋略家一样，他会在所有情况下对自己的机会、对手的力量和可能的陷阱仔细地进行估量。

因为他总是被驱使声称自己是最强大的、敏锐的，或者受到欢迎的，他努力去培养成为这种人所必需的效率和智慧，他投入到工作中的热情和智慧也许会使他成为一位受人敬重的雇员或使其在自己的事业上取得成功。但是，他所呈现出的对待工作全情投入的印象在某种意义上来说是一种误导，因为对于他来说，工作只不过是一种达到目的的手段。他对于自己的工作没有热爱，并且也没有从中得到真正的快乐——这个事实与他努力将情感排斥在其所有生活之外是相一致的。这种切断所有情感的行为有着双重作用：一方面，从成功的立场来看，它无疑只是一个权宜之计，因为这种行为能够让他像一台运转良好的机器不知疲惫地生产商品那样履行职责，这能够给他带来更大的权力和名望。在此过程中情感可能会造成干扰，它们会导致他进入一种机会主义者优点展现较少的工作状态；可能会使得他避开通往成功之路上经常被应用的技巧；也可能会引诱他远离工作，去享受自然或艺术，或朋友的陪伴，而不是只和那些对实现其目标有利用价值的人待在一起。另一方面，扼杀感情所导致的情感空虚也会对其工作的质量有所影响；当然，这注定会削弱他的创造性。

攻击型的人看起来像是一个非常不羁的人，他会坚持自己的主张，他会发号施令、表达愤怒并为自己辩护。但是，事实上与顺从型人格相比，他的顾虑也不少。这很大程度上并不是由于我们所处的文明，导致他的特殊顾虑没有即刻地让我们感受到。这些顾虑潜藏在情绪之中，并且涉及他在交友、爱恋、感情、同情理解和无私享受方面的能力，而对于最后提到的无私享受在他看来只不过是浪费时间。

他对自己的感受是他很强壮、诚实和现实，如果从他的角度来看，这些都是对的。依据他的前提，他对自己的评价是非常合乎逻辑的，因为对于他来说无情就是力量，不考虑他人即为诚实，只顾追求自己的目标即为现实主义。他自认为诚实一部分是因为他敏锐地揭穿了当前的伪善，他认为对事业的热情、博爱的情怀等都完全是伪装的，并且对他来说揭露社会意识和宗教美德经常出现的伪善也并不困难。他的价值观以丛林法则为基础，权力即真理。让仁爱与怜悯都见鬼去吧，人对人是狼。这里，我们提到的价值观与我们所熟悉的纳粹价值观区别不大。

在攻击型人群的倾向中，存在着一种主观逻辑，不仅拒绝真正的同情和友好，而且还包括它们产生的伪装表现：顺从和讨好。但是，认为攻击型的人无法判断两者差异的想法是错误的。当攻击型的人遇到一种与力量相结合的真正的友好精神，他也能够很好地看到并尊重这一点，关键是他相信如果在尊重方面拥有过多的识别能力会损害他自己的利益。在生存的这场斗争中，这两种态度都会成为他的负累。

但是，为什么他用如此的暴力来拒绝更加温和的人类情感呢？为什么在看到他人身上的亲密行为时他总是感到厌恶呢？为什么当别人在他认为是不恰当的时刻表达怜悯时，他会感到鄙视呢？他就像是一个将乞丐赶出门外的人，因为他不忍看到乞丐的惨状。的确，他可能真的对乞丐有所侮辱，他也许会带着异常的愤怒来拒绝最简单的请求。这些反应对他来说再正常不过，并且会被轻而易举地观察到，尤其是当攻击性的趋向在分析中不再那么死板时。事实上，攻击性的人对他人身上的"温柔"的情感是复杂的。诚然，他看不起这种温柔，但是也对其表示欢迎，因为这种温柔使他拥有充分的自由来追求自己的目标。那么为什么攻击性的人还经常被顺从型的人所吸引——就像后者也经常被攻击性的人所吸引一样呢？攻击性人的反应之所以如此极端，是因为这种反应是由其与自身的所有柔情做斗争的需要所导致的。关于这些动力尼采给我们做了一个很好的说明，他让其内心的超人将所有形式的同情都看成类似第五纵队——一种从内部发挥作用的敌人。对于这类人来说，"温柔"不仅仅意味着真正的喜爱和同情等，而且还意味着在顺从型人的需要、感受和标准中所蕴藏的一切。例如，在乞丐这个例子中，攻击型患者内心真的会萌生怜悯，想要去顺从这一请求，并出现他应该去助人的感受。但是，还有一股更大的需要将这一切从其身边驱散，结果是攻击型患者不仅拒绝帮助，反而恶语中伤。

顺从型的人希望将其不同的内驱力都融入爱中，而攻击型的人则希望将这一切都融入别人的认可之中。获得认可不仅可以带来他所要求的对自己的肯定，而且抵制了额外的诱惑——获得他人的喜爱，并能反过来也去喜爱他人。这样，既然认可似乎为其内在的冲突提供了解决方案，它也成为攻击型患者苦苦追求的救命稻草。

原则上，攻击型患者奋力挣扎的内在逻辑与顺从型患者案例中所呈现出的逻辑是一致的，因此在这里只做简要说明。对于攻击型患者，任何同情的感受，或者成为"好人"的责任，又或者顺从的态度将会与其已经建立起的整个生活结构发生冲突并动摇这种生活结构的基础。而且，这些相反趋向的出现将使他直面自己基本的冲突，并由此摧毁他精心培植的组织体系——实现人格统一的组织体系。后果是对温柔倾向的压抑将会增强攻击型的趋向，使得它更具强迫性。

现在，如果我们讨论过的两种类型在我们的脑海中已经变得形象生动，我们可以看出它们代表着两个极端。一类人的喜好，对于另一类来说却令人厌恶。一类人不得不去喜爱所有人，而另一类人却将所有人都视为潜在的敌人。一类人不惜一切代价来避免发生对抗，而另一类人却将对抗视为其天性。一类人紧紧抓住恐惧和无助不放手，而另一类人却用尽全力将其摒弃。从神经症的角度，一类人追求仁爱的理念，而另一类人谨遵丛林法则。但是，自始至终这两种模式都不是自由选择的：它们都是强迫性的、顽固的，并由内在的必要性来决定的，它们之间没有中间地带。

综上所述，对患者类型的阐述将引导我们更进一步，而这一步我们已经进行了一些讨论。我们着手去发现基本冲突究竟包含哪些内容，到目前为止，我们看到了它的两个方面在两种不同类型的患者身上作为主导趋向发挥着作用。我们现在要做的是去描绘一个在其身上这两种对立的态度和价值体系同等发挥着作用的人。目前还不清楚，这样一个被驱向于完全相反的两个方向的人究竟是否功能正常？事实是，他将会被分裂，且所有行动的能力都会陷入瘫痪。正是其消除其中之一的努力使得他落入我们所描述的两种类型中的另一个，这是他试图解决其内心冲突的方式之一。

在这种情况下，谈及如荣格所说的单方面发展显然是完全不恰当的，这充其量也就是一种形式上正确的论述。但是，因为它是建立在对动力错误理解的基础之上，其含义是不正确的。当荣格从单方面发展的概念入手，一再声称在治疗中必须帮助患者接受其对立面时，我们说：那怎么可能呢？患者是无法接受其对立面的，他只能识别它。如果荣格期待这一步将使患者成为完人，我们的答案是这个步骤对于最终的整合当然是必要的，但就其本身而言这个步骤仅仅意味着去使患者直面他迄今为止一直回避的内心冲突。荣格没有进行恰当评估的是神经症趋向的强迫性本质，亲近他人和抗拒他人这两种类型之间不单单是像弱点和强项之间的区别——或者，像荣格所说，女性和男性之间的区别。我们都有顺从型和攻击型的潜能，如果一个人没有被迫努力地去斗争，他是可以达到某种程度的整合的。但是，当这两种模式近乎病态，它们对我们的成长都是有害处的。两个不受欢迎的趋向叠加在一起不会构成一个受欢迎的整体，两个矛盾的趋向也不会构成一个和谐的整体。

第五章　疏远他人

　　基本冲突的第三种类型就是对独处的需要，即"疏远"他人。在独处需要成为主导趋向的那类人身上对其进行研究之前，我们必要理解神经症孤立的含义。当然，这种类型的人不仅仅是偶尔需要独处一下，任何严肃对待自己和生活的人都会偶尔有独处的需要。我们所处的文化让生活的表象完全将我们吞没，导致我们对这种需要一无所知，但是这种需要对于个人实现的可能性却已经被所有时代的哲学和宗教不断强调。对于有意义的独处的需要绝不是神经症，相反，大多数的神经症患者面对自己的内心深处会有所退缩，而对有意义孤独的无能本身就是神经症的迹象。只有当与他人交往是无法忍受的负担，并且独处成为避免其发生的主要手段时，希望独自一人的想法才是神经症孤立的一种迹象。

　　高度分离患者的某些怪癖特点如此鲜明，精神病学家倾向于将它们视为专属于疏远类型，其中最明显的是对他人的普遍性疏远。在他身上，这一点引起了我们的关注，因为他尤其强调这种疏远，但事实上他的疏远倾向不比其他神经症患者更严重。例如，我们所讨论过的两种类型都无法对这种状况给出一般性描述，因其疏远趋向更为严重。我们只能说这种性格特点在顺从型患者身上被掩盖了，而且当他发现这种趋向时会感到惊奇和恐惧，因为他对紧密的热烈需要使得他迫切地去相信自己和他人之间不存在任何隔阂。毕竟，疏远他人只是人际关系发生紊乱的一种迹象，但所有神经症都是如此。疏远的程度更多地取决于紊乱的严重程度，而不是神经症呈现出来的特殊形式。

　　疏远型患者另一个经常被视为独有的特点是疏远自己，即对于情感体验的麻木，对人的身份、喜好、厌恶、欲望、希望、恐惧、憎恶、信仰的不确定性。这样的自我疏远对于所有神经症患者来说也是常见的。对于达到了神经症程度的患者而言，他们每个人都像是一架接受遥控指挥的飞机，注定会与自己失去联系。脱离群体的人可能更像是海地神话中的僵尸——死去了，但被巫术复活了：他们可以像正常人一样去工作和活动，却没有生命，而其他人可以过着一个情感相对丰富的生活。因为有这种变体的存在，我们也不能将自我疏远看作是疏远类型所独有的。所有疏远型患者共有的特点是与之不相同的，他们有能力带着某种客观的兴趣来看待自己，就像是一个人在欣赏一件艺术品。也许对其最好的描述方式就是：他们对自己也持有和对待生活一样的"旁观者"态度。因此，他们也许会经常很好地观察发生在自身内部的过程，最恰当的一个例子就是对他们经常表现出的梦境象征的不可思议的理解。

他们内在需要的关键就是在自己和他人之间设置一定的情感距离。更加准确地说，这种需要就是无论在爱情、争斗、合作或竞争中，都不想被卷入与其他人的情感纠葛的有意识或无意识的决心。他们在自己周围画了一个任何人都无法进入的魔法圈，表面来看，这就是为什么他们可能与别人"相处"的原因。当世界打扰到他们时，这种需要的强迫性特点就会在他们的焦虑反应中显示出来。

疏远型患者获取的所有需要和品质都集中指向这种不被打扰的需要。其中，最显著的就是对自给自足的需要，这种需要更加积极的一种表达是足智多谋。攻击型患者也有让自己变得机智的倾向——但是两者的内在精神不同。对于攻击型患者来说，足智多谋是在充满敌意的世界里奋斗前进和想在斗争中打败他人的一个先决条件。在疏远型患者身上，这种精神更像是《鲁滨孙漂流记》里的精神：为了存活，他必须变得足智多谋——这是他补偿自己与世隔绝的唯一方式。

一种更加不保险的维持自给自足的方式就是去有意识或无意识地限制自己的需要。我们将能够更好地理解这一方式指导下的各种行动，只要我们记住此处潜在的原则是永远不要和任何人或任何事太过紧密，以至于此人或此事变得不可或缺，那将会对超然的态度造成损害。最好是对什么都毫不在乎，例如，疏远型患者可以享受真正的快乐，但如果这种快乐在任何方面依赖于他人，那么他宁愿放弃它。他可以偶尔在某个晚上和一群朋友找找乐子，但是却讨厌通常所说的社交。同样，他回避竞争、功名和成功。他喜欢限制自己的吃喝和生活习惯，并将它们限制在不要求他自己需要花费很多的时间和精力去赚钱才能负担得起的程度上。他极其讨厌疾病，并将生病视为一种耻辱，因为生病时他被迫要去依赖他人。他还坚持对任何学科都获得第一手的知识：例如，他不会接受别人发表的或撰写的关于俄罗斯的演讲或文章，或者如果对这个国家来说他是一个外国人的话，他更愿意亲眼所见、亲耳所闻。如果没有达到荒谬的程度，例如在一个陌生的小镇里拒绝问路，这种态度会带来出色的内心独立性。

另一个明显的需要是对个人隐私的需要。疏远型患者就像是那些很少将"请勿打扰"的牌子从宾馆房门移走的人，即使书籍有时也被视为来自外界的入侵者。向他提出的任何有关个人生活的问题都会让他感到震惊；他喜欢给自己蒙上神秘的面纱。一位患者曾经告诉我，在45岁的时候他仍然对上帝无所不知的说法耿耿于怀，如同他的母亲曾经告诉他上帝能够透过百叶窗看到他正在啃指甲时的厌恶一样，这位患者就是一位对生活中最细枝末节的事都极为谨慎的人。疏远型的患者如果发现他人对自己想当然时就会非常愤怒——这让他感觉自己受到了侵犯。通常，他更喜欢独自工作、睡觉和吃饭。与顺从型患者形成鲜明对比的是，他不喜欢与别人分享经验——倾听者可能会打扰他。甚至当他听音乐，与别人散步或聊天，他真正的快乐来自于之后的回味。

　　自给自足和隐私都满足了其最突出的需要——对于绝对独立的需要。他本人将自己的独立看作是具有积极价值的，这种独立无疑是有一定的价值的。因为无论他有哪些缺点，疏远型的患者绝不是顺应一切的机器人。他拒绝盲目附和他人，对竞争性斗争的超然态度的确给他带来了某种人格完整。但错误的是，他将独立看成是目标本身，并且忽略了独立的价值最终取决于他如何去利用它。他的独立只是疏远型患者整个不合群现象的一部分，并且具有消极的定位，它以不被影响、逼迫、联系和负有责任为目标。

　　和其他任何一种神经症趋向一样，对于独立的需要是带有强迫性和任意性的，这种强迫性和任意性表现在对于任何带有强迫、影响和承担义务等事物的过度敏感。敏感度是衡量疏远强度非常好的一个标准。人们感受到的限制因人而异，来自于诸如衣领、领带、腰带和鞋袜的束缚也可能造成身体上的压力。对视线的任何阻挡都会带来被困住的感受，置身于隧道或煤矿都可能导致焦虑。这方面的敏感无法充分地解释幽闭恐惧症，但至少是它的背景因素。如果有可能，疏远型患者会逃避长期的义务，比如签合同、签署超过一年的租约，或者结婚对他来说都是很艰难的。在任何情况下，婚姻对于疏远型人格来说当然是危险的议题，因为婚姻包含着人类的亲密关系——尽管对于保护的需要，或对伴侣一定会完全地适应他拥有的怪癖的信念会使这种风险有所降低。通常，在获得美满的婚姻之前会出现一阵恐慌。时间的无情多半会让他感受到强迫力，于是他可能依赖于上班迟到5分钟的习惯来维持拥有自由的错觉。时间表对他来说就是一种威胁，疏远型的患者喜欢听的故事是一个人从不关注时刻表，随心所欲地来到车站，宁愿在那里等待下一列火车。别人期待他去做某些事情，或以某种模式行事，他都会感到不安和叛逆，无论这种期待真的被表达出来还是仅仅自己认为它存在。例如，他在普通的日子会送别人礼物，但是却会忘记生日礼物和圣诞礼物，因为这些都是别人期待他去做的。对于他来说，与普遍接受的行为准则或传统的价值体系保持一致是难以容忍的。为了避免摩擦，他表面上会保持一致，但在他自己的思维意识中，他固执地拒绝所有传统的规则和标准。最终，别人的建议都让他感到被控制，并努力抵抗，即使这个建议和他的意愿完全一致，在这种情况下进行的反抗也会和有意识或无意识地与使对方受挫的愿望联系在一起。

对于优越感的需要，尽管是所有的神经症患者都有的，但因其与孤立的内在联系还是要在此加以强调。"象牙塔"和"遗世独立"之类的表达证明，即便在通俗一点的说法中，孤立和优越感几乎也是不可避免地联系在一起的。除了要么特别强大和智慧，要么自我优越感十足，恐怕没有人能够忍受隔绝，这一点由临床经验得以证实。当疏远型患者的优越感暂时被打破，无论是经历了一次具体的失败还是内心冲突的增加而导致的，他都会无法再忍受孤独，并且会疯狂地接触外界寻找关爱和保护。这种震荡会经常地出现在他的生活经历中，在他的青少年时期或二十出头的年纪，他可能拥有过一些不冷不热的友谊，但大体上却过着一种完全离群的生活，相对地感到安逸。他会编织对未来的幻想，那时的他会做出非凡的大事。但是，后来这些梦想被现实的礁石撞得粉碎。尽管在中学阶段他是毫无争议的第一名，在大学他遭遇了激烈的竞争并畏缩不前，他第一次的恋爱经历以失败告终。或者随着他的成长，他意识到自己的梦想是不现实的，于是，超然就变得无法承受，他就被对于人类亲密关系、性爱关系和婚姻的强迫性内驱力所耗尽。他愿意接受任何的无礼举动，只要他能够获得关爱。当这样的患者来接受分析治疗时，尽管他的孤立趋向仍然十分明显，却无法得到处置。起初，他所需要的一切都是有助于找到某种形式的爱。只有当他感到极为强大时，他才会无比欣慰地发现他宁愿"独自生活并享受其中"，而这种效果对他只不过是回到了之前的孤立的状态。不过事实上，目前这是他第一次依据充分的理由来承认这个问题——即使对于他自己而言——那种与世隔绝就是他所期待的，而这正是对其疏远趋向进行研究的大好时机。

就疏远型患者而言，其优越感具有某些具体特征。憎恶竞争性斗争的同时，他实际上也不想通过不断的努力来超越他人。他的确切感受是自身内在的天赋和才能应该不需要通过他的任何努力就可以被人发现，他内在的伟大应该不需要他采取任何行动就可以被感受到。例如，在他的梦想中会拥有一个隐藏在某个偏僻村庄的宝库，而来自远方的鉴定家们会不辞辛劳地来到这里欣赏。正如所有有关优越感的概念一样，这一梦想也包含了现实的元素，隐藏的宝藏象征着他在魔法圈中所捍卫的智慧和情感生活。

他表达优越感的另一种方式体现在他认为自己独一无二，这是他想要与他人分开进而区别开来的自然结果。他也许会把自己比作独自矗立在山顶的一棵树，而山下森林里的树木的成长会受到其周围树木的阻碍。当顺从型患者看着他的伙伴默默地自问"他会喜欢我"、攻击型患者想要知道"这个对手有多强大"或者"他有利用的价值吗"时，疏远型的人首先关心的是"他是否会干扰到我，他是否想要对我施加影响，还是不加任何干涉"。培尔·金特看到纽扣铸造机的场景就是一个完美的象征，体现了疏远型患者在被置于人群之中后所感受到的恐惧。他置身地狱感觉尚好，但被投入到一个熔炉，并被塑造或调整成其他的形态，这简直是一个令人恐惧的想法。他觉得自己就像是一片珍贵的东方地毯，样式和颜色的搭配较为独特，永远也不会被改变。他对自己拥有的不受环境影响的自由感到无比骄傲，并决心要坚持下去。在珍惜他的一成不变时，他也将所有神经症固有的心理定势上升到神圣原则的高度。疏远型患者想要并渴望去详细地阐述他自己的模式，并使这种模式更加纯洁和清晰，他坚持拒绝任何外在因素的介入。正如培尔·金特的格言简单却不太充分地描述道："做你自己就够了。"

　　疏远型患者的情感生活不会像所描述的其他类型患者那样遵循非常严格的模式。在这种病例中，会出现更多的个体差异，主要是因为与另外两种主导趋向直接指向积极目标的类型———一种以温情、亲密和爱为主导，另一种以生存、支配和成功等为主导———相比，疏远型患者的目标是消极的：他不想卷入和他人的关系，他不需要任何人，也不允许其他人侵犯或对他造成影响。因此，这一情绪化的画面将取决于在这种消极框架内形成和允许存在的特殊欲望，而且仅仅只有少数像疏远型患者内在的倾向之流才能被展现出来。

　　患者普遍会有一种去压抑所有感情的趋向，甚至去否认它们的存在。此处，我想引用诗人安娜·玛利亚·阿密未发表的小说中的一段话，因为这段话不仅简洁地表达了这种趋向，还展现了疏远型患者其他的一些典型态度。故事的主角正在追忆他的青春时代，说道："我可以看到一种强烈的血缘联系（就如同我和父亲之间的关系），和一种强烈的精神联系（就像我和自己崇拜的英雄之间的关系），但是我却看不出其中情感的来源和方式，它们简直就是不存在的——人们在说谎，就像他们经常也对许多其他事情说谎一样。B女士感到恐惧，而她却说：'但是你又如何解释自我牺牲呢？'有好一会儿我对她言论中的真相感到震惊，然后我确定自我牺牲不过是另一种谎言，而如果它不是谎言，那就是生理或心理的行为了。那时，我就梦想着独自生活，永不结婚，不说太多而变得更加强大与平和，不去寻求帮助。我想要独立工作，获得越来越多的自由，为了看得更清楚、活得更明白而放弃梦想。我原以为道德是毫无意义的，只要是完全真实的，那么成为好人或者坏人是毫无区别。最大的罪是寻求同情或期待帮助，灵魂于我就是需要去捍卫的神庙，在这个神庙中总是发生着奇怪的仪式，只有庙里的牧师和保卫者才会知道。"

对感情的拒绝主要是与对他人的感受有关，并且同时适用于爱与恨。这是与他人保持情感距离的一个必然后果，因为强烈的爱或恨，在人有意识地经历时，会使人要么接近他人，要么与他人发生冲突。H. S.沙利文的术语——距离装置，用在这里倒很恰当，它不必遵循下面的说法：感情会被抑制在人际关系领域以外，而在书籍、动物、自然、艺术、食物等领域里变得活跃。不过这样会带来很大的危险，对于一个情感深厚丰富的人来说，在不同时将所有情感完全抑制的情况下，不可能只对其情感的某一部分进行抑制——而且还是最重要的部分。这是一种投机性的推理，但是下面所述的内容的确是真实的。疏远类型的艺术家，在他们经实践证明的充满创造能力的时期，不仅有着深刻的感受，还能将其感受表达出来，但他们也经历过一些情感完全麻木或强烈否定所有情感的时期，尤其是在青春期——正如前面引文中所描述的那样。在经历了一些试图获得亲密关系的不幸尝试之后，创造期似乎发生在当他们或故意或自发地让自己适应孤独的生活之时——也就是说，那时他们已经有意识或无意识地决定与他人保持距离，或者他们已经进入一种隔绝的生活。与他人保持安全的距离的情况下，他们可以释放和表达很多并非直接与人际关系相关的情感，上述事实使得成长早期对所有情感的否认对于孤立的实现是必要的这一解释得以成立。

情感压抑会超越人际关系范围的另一个原因已经在我们对自给自足的讨论中提到过。任何一种可能让疏远型患者对他人产生依赖的欲望、兴趣或快乐都被看作是来自内在的背叛，并且会因为这个缘故被抑制。在情感可以被充分的流露之前，似乎从可能失去自由的立场来看每一种情形都要得到仔细的检验。任何对依赖的威胁都会使他在情感上畏缩不前，当他找到了一个自己看来非常安全的情况，他就会完全地享受其中。梭罗的《瓦尔登湖》就是对这些情况下可能蕴涵的深层情感经验的一个很好的说明。他或默默地害怕太过依赖一种快乐，或害怕这种快乐会间接侵害他的自由，于是他几乎成为一个禁欲主义者。不过，这种禁欲主义很特别——不以自我否定或自我折磨为导向。我们更应该将其称为自律，如果接受这些前提——这种禁欲并不缺乏智慧。

对于保持心理平衡，拥有一些能够接触到自发情感体验的区域是非常重要的。例如，创造力可能是某种救赎手段。如果这种能力先是受到抑制，然后通过分析或一些其他的经验得到解放，那么它们对疏远型患者产生的有益影响是如此强大，以至于看起来像是一种神奇的疗法。在对这种疗法进行评估时也要小心谨慎，把取得的良好的治疗效果普遍化是错误的：对于一位疏远型患者有效的疗法在另一位患者身上不一定会产生同样的疗效。[1]甚至对于那个患者本身而言，从神经症基本原理彻底改变的意义上说，这种效果严格地讲也无法称之为"治愈"，它只是让患者拥有了更加满意和更少困扰的生活方式。

　　情感被抑制地越严重，重点将越有可能被放置在智力方面。那么，预期就是仅凭纯粹推理的力量，一切问题都可以得到解决，好像仅仅对个人自身问题的了解就足以去治愈它们，或者好像仅仅推理就可以解决世界上所有的麻烦！

　　基于我们对疏远型患者的人际关系所进行的讨论，我们可以清晰地看到：任何亲密持久的关系都注定会损害他的孤立，并因此导致极坏的后果——除非他的伴侣也同样具有疏远趋向并愿意尊重其保持距离的需要，或者他的伴侣出于其他原因能够并愿意去适应他的这些需求。一片痴情耐心等待培尔·金特归来的索尔维格就是这样一位理想的伴侣，索尔维格对他没有任何要求。来自她的期许将会给培尔带来恐惧，正如他会因为失去对自己情感的控制力而感到害怕。主要是他没有意识到自己给予的是多么少，并且他相信已经把对于自己来说非常珍贵的没有表达出来的和忘却不愉快经历的感情给了伴侣。假设情感的距离得到了足够的保证，他也许就能够保持很大程度上的持久的忠诚。他也许能够拥有强烈而短暂的交往，他出现在这段交往中而后又消失了。这种交往关系非常脆弱，任何一种因素都可能加快他的退缩。

　　性关系之于疏远型患者，在很大程度上相当于与他人联系的桥梁。如果这种关系是短暂的，且不会干涉到他的生活，他将会享受其中。在某种程度上，它们还要被限制在专门为这类事情留出的区域内。另一方面，疏远型患者也许已经在很大程度上养成了冷漠的态度，而不允许擅自入侵的行为，那么，完全虚构的关系也许就会替代真实的关系。

　　我们讨论过的所有古怪行为都在这个分析过程出现了。孤立的人自然会对分析感到愤怒，因为这对于他的私人生活来讲可能确实是最严重的侵犯。但是，他也对观察自我感兴趣，也许还会沉迷于因在其内心进行的复杂过程的揭示所带来的更大远景。他可能会被梦想的艺术性，或者自己不经意联想的倾向感到好奇。他在探寻证实自己的假设时所获得的快乐与科学家的快乐是相似的，他感激精神分析医生的关注和在各个方面的指点，但却厌恶被催促

---

[1] 参见丹尼尔·施耐德《神经症类型的转变对创造性才能和性能力的扭曲》，1943年5月26日于医学研究院宣读的论文。

或"强迫"走向一个自己没有预见到的方向。他经常会提到分析当中暗示的
危险——尽管相对于其他两种类型的患者，事实上对他进行分析所产生的危险
要少得多，因为他已经全副武装来对抗"影响"了。疏远型患者为了捍卫自己
的立场，不仅不会采取理性的方式对分析医师的建议进行彻底的检验，反而会
像往常一样，倾向于采取尽管间接委婉但盲目地拒绝所有与他对于自己和日常
生活的理念不相符合的建议，他认为尤其可恶的是分析医师竟然指望他无论如
何做出改变。他当然想要摆脱困扰他的症状，但是这一定不能涉及其性格的变
化。他几乎总是对观察乐此不疲，同时又不自觉地下定决心保持原状。他对所
有影响的反抗只是解释其态度的原因之一，还不是最深层的原因；我们将在后
面对其他原因进行深入了解。疏远型患者自然而然地在自己和精神分析医师之
间设置了很大的距离，在很长的一段时间内，分析医师的建议只是一种噪音。
在梦境中，用于分析的情景可能表现为两个身处不同大洲的通信员在进行长途
通话。乍一看，这样的梦看似是想表达他所感受到与分析医师及分析过程的遥
远——仅仅是对有意识存在的一种态度的准确呈现。不过，既然梦境是对解决
方案的探寻，而不仅仅是对已有感受的单纯描述，这种梦境的深层含义是希望
远离分析医师和整个分析过程——不让这种分析以任何方式触及自己。

　　疏远型患者在分析过程中和分析之外都可以被观察到的最后一个特点是：
在孤立状态受到攻击而进行抵抗时所释放的巨大活力。这个特点同样也适用于
所有的神经症患者。不过，在这类案例中的争斗似乎更加顽固，几乎成了一场
生死较量，而所有的资源都要被动用起来为之奋斗。在疏远型患者受到攻击很
久以前，这场战斗就已经悄悄地以颠覆性的方式展开了，拒绝分析医师的干扰
只是其中的一个阶段。如果分析医师努力让患者信服他们之间存在着某种关
系，并且在这一方面某些事情可能在患者的脑海中继续产生影响，那么分析医
师就会遇到有点儿煞费苦心、彬彬有礼的拒绝，最好的结果也就是患者将会表
达一些他对于这个分析医师的理性看法。如果出现自发的情感反应，他也不会
任其进一步深入。除此之外，患者对于与加以分析的人际关系有关的任何事
情，也经常存在着根深蒂固的抗拒。患者与他人的关系如此模糊，以至于精神
分析医师很难对它们获得清晰的印象，而这种勉强是可以理解的。疏远型患
者已经与他人保持了安全距离，讨论这个问题只能证明烦扰和苦恼，反复地
尝试去探索这个话题也许会使患者感到公开的质疑。分析医师是想要使患者
变得合群吗（对于患者来说，这简直不屑一顾）？如果后期分析医师成功地
向患者展示出孤立的一些明确的缺点，患者就会感到恐惧和愤怒。这时他也
许就会考虑退出治疗。如果这是在分析之外，他的反应可能会更加强烈。如

果他们的超然或独立受到威胁，这些通常安静而理性的人们也许会因愤怒而僵硬，或者发生辱骂行为。一想到必须实际参与而不仅仅是缴纳一定会费的活动或专业团体，患者就会感到真实的恐惧。即使真的参与其中，他们也会摸索着努力挣扎摆脱出来，和受到生命威胁的人相比，他们更加擅长寻找逃脱的方法。正如一位患者曾经所说，如果要在爱与独立之间进行选择，他们会毫不犹豫地选择独立。这又引起了另外一个话题，他们不仅愿意采用每一种有效手段来捍卫自己的孤立，又不愿意牺牲太大。外在的优势和内在的价值同样将被抛弃——通过有意识地清除一切可能对独立产生干扰的欲望，或通过无意识地自动屏蔽。

任何一种被强力捍卫的事物一定会拥有压倒一切的主观价值。只有意识到这一点，我们才有望去理解疏远的功能，并最终在疗效上对患者有所帮助。正如我们已经看到的，对待他人的每一种基本态度都有其正面价值。在亲近他人的过程中，人们努力为自己和世界创造一种友好的关系。在抗拒他人的过程中，人们武装自己以在充满竞争的社会里生存下来。在疏远他人的过程中，人们希望可以达到一定的完整与平静。事实上，所有这三种态度都不是令人称心如意的，不过它们对于人类的发展却是必要的。只有当它们出现并在神经症的框架中发生作用时，这些态度才会变得强迫、僵化、任性和相互排斥。这就在很大程度上贬损了它们的价值，不过没有完全摧毁这些价值。

从孤立中获取的收获也的确是很大的。重要的是，在所有的东方哲学中，孤立被作为更高精神发展的基础来进行探寻，当然，我们无法将这样的强烈愿望与神经症疏远患者的愿望相比较。这类患者自愿地选择孤立作为自我满足的最佳途径，那些想要过上与众不同生活的人也会选择孤立；另一方面，神经症疏远别无选择，是来自内心的强迫，认为这是唯一可能的生活方式。但是，人们也会从神经症疏远中获得同样的益处——尽管好处的程度将取决于整个神经症过程的严重程度。尽管神经症患者具有破坏力，疏远型患者还是会达成一定程度的人格完整。在人际关系普遍友好和诚实的社会中，这几乎将不会成为一种因素。但是，在一个充满虚伪、欺诈、嫉妒、残忍和贪婪的社会中，不够强大的人就很容易遭受不幸，与他人保持距离有助于保持这种完整性。而且，神经症通常会剥夺一个人内心的平静，孤立可以提供获得平静的途径，而获得平静的程度因其能够做出的牺牲大小会有所不同。除此之外，如果在他的魔法圈中情感生活没有一起湮灭，孤立可以允许他获得某种程度的原始思考与感受。最后，所有这些因素和其对世界的沉思，以及注意力分散的相对缺失对患者尚存的创造力的发展和表达具有很大的贡献作用。我的意思并非说神经症疏远是创造力的先决条件，而是在神经症的压力下，疏远可以为创造力的存在提供最佳的表现途径。

　　尽管益处可能很多，但这些益处并不是自我孤立被如此坚决捍卫的主要原因。事实上，如果因为某种原因益处很少，或者益处被同时发生的紊乱所遮蔽了，这种捍卫也会是同样坚决的。这种观察将我们引向了深入，如果让疏远型患者与他人进行紧密接触，他也许很容易就会分裂，或用时下流行的术语来说叫神经崩溃。我在此经过考虑使用这个词汇，因为它包含了范围广泛的紊乱——功能性紊乱、酗酒、自杀企图、抑郁、无工作能力和精神病发作。患者本身，有时还包括精神病医生，也倾向于将这种紊乱与就在"崩溃"之前发生的一些不幸遭遇联系在一起。长官不公平的歧视、丈夫出轨并隐瞒真相、妻子神经质的行为、同性恋经历、在学校不受欢迎、告别养尊处优生活后对谋生的需要等都会成为被责备的原因。的确，所有这些问题都与之有关，治疗医生应该认真对待这些因素，并努力去弄清楚每一种困难究竟导致了患者的哪些问题。但是，做到这些还远远不够，因为有些尚未解决的问题，比如某个困境大体来说并不比普通的挫折或痛苦更为严重，但为什么患者会受到如此严重的影响？为什么能危及他的心理平衡呢？换句话说，即便分析医师理解了患者对某一特定困难的反应，他仍然需要去弄明白为什么在刺激和其效果之间会存在如此明显的不均衡。

　　在回答这个问题时，我们可以明确一个事实：和其他神经症趋向一样，涉及孤立的神经症趋向在发生作用时会给患者带来安全感，相反，当这些趋向无法运行时，患者就会感到十分焦虑。只要疏远型患者可以与人保持距离，他就会感到相对的安全；如果因为某种原因这个魔法圈被闯入，他的安全感就受到了威胁。这种考虑可以让我们更进一步理解到，为什么如果疏远型患者不再能够保护他与别人之间的情感距离，他就会惊慌失措——我们需要补充的是他的恐惧如此强烈的原因是他没有应对生活的技能，他只能如原来一样，保持疏远并回避生活。在此，疏远的消极特性再一次描绘出与其他神经症趋向不同的一面。更加具体地说，在某个艰难的环境中，疏远型患者既不会缓和也不会斗争，既不选择合作也不发号施令，既不爱也不恨。他像一只仅有一种应付危险方式——即逃避和躲藏的动物一样毫无防卫能力。恰当的描绘和类比在患者的联想或梦境中出现：他就像是斯里兰卡的侏儒族人，只要躲藏起来就不可战胜，但是一旦出现就很容易被打败。他就像是一座只有一道城墙保护的中世纪城池——如果城墙被攻破，这座城池对敌人将毫无自卫能力。这样的状态可以充分地解释他对生活普遍表现出来的焦虑态度，这有助于我们理解患者把其孤立当作对那些他必须牢牢地抓住并且不惜一切代价来捍卫的东西的全方位保护。所有神经症趋向说到底都是防卫行为，只不过其他的类型还组成了某种以积极的方法去应对生活的尝试。当孤立成为主导趋向时，它使得患者在实际应对生活时感到如此绝望，以至于最后其防御特性占据上风。

　　但是，对于患者坚决捍卫自我孤立的现象还有更深层次的解释。对自我孤立的威胁，"围墙的粉碎"，经常不仅仅意味着暂时的恐惧，后果还可能包括表现为精神病症状的人格分裂。如果在分析中，自我孤立开始瓦解，患者的忧虑不仅会泛化，而且会直接或间接地表达明确的恐惧。例如，被淹没在毫无定型的巨大人流中可能产生某种恐惧，这种恐惧主要是害怕失去个性。另外一种恐惧是遭受攻击性人格的强迫和利用的无助——这是他完全没有反抗能力的结果。不过，也存在着第三个恐惧，对精神病的恐惧，它的出现可能极其强烈以至于患者想要确保这种可能性不会成为现实。在此，患上精神病并不意味着发疯，也不是对出现的不负责任愿望的反应，它只是直接地表达了对人格分裂的特别畏惧，经常表现在梦境和联想中。这表明放弃自我孤立将使得患者直面其内心的冲突，如果失去自我孤立，他将无法生存下去，而会像一个被雷电击中的大树，劈成两半，试想这一画面发生在患者身上，这个假设得到了其他观察结果的支持。高度疏远的人一想到内心冲突就会有种几乎难以克服的厌恶，后来，他们会告诉分析医师，说到内心冲突他真的不知道要说些什么。无论何时分析医师顺利地向患者展示出正发生在其内心的冲突，患者们都会不自觉地以令人惊讶的下意识的技巧避开这个话题。如果在做好承认内心冲突存在的准备之前，他们瞬间发现了这些冲突，就会被强烈的恐惧牢牢抓住。当后来他们在更加安全的基础上开始对冲突有所认识时，会有一大波的自我孤立紧随其后。

　　由此，我们可以得出一个乍一看来有些令人迷惑的结论，自我孤立是基本冲突的固有组成部分，但也是对抗冲突的保护手段。但是，如果我们说得再具体些，这个谜题就可以自行解开了。自我孤立是对抗基本冲突中另外两种更为活跃趋向的保护手段。在此我们必须再次重申，基本态度中的一种趋向占据主导并不会阻止其相反趋向的存在和发生作用。我们可以看到，在疏远型人格中这种力量的展示比我们之前描述的在其他两组患者中表现得更加明显。首先，这些矛盾的斗争经常会出现在生命历程中。在其清晰地接受自己的孤立之前，疏远型患者经常会经历顺从和依赖的时期，以及攻击和无情背叛的时期。与其他两种倾向明确定义的价值观形成鲜明对比的是，疏远型患者的价值观是矛盾的。除了他对视为自由和独立之物一贯的至高评价，他有时会在分析过程中表现出对人类善良、同情、慷慨和谦卑牺牲的极度欣赏，有时又转向赞赏完全以自我利益为中心的铁石心肠的丛林法则。他自己也会对这些矛盾产生困惑，但是通过某种合理化或其他方式，他会否认这些矛盾的冲突特征。如果分析医生没有对整体结构有个清晰的判断，那么他将很容易感到困惑。他也许会选择一条或另一条道路，但都不会在两个方向上深入其中，因为疏远型患者会一再地从自我孤立中寻求庇护，因此，他会关上所有的门，就像关上轮船上的防水隔舱一样。

　　潜藏在疏远型患者特殊"抵抗"之下的是一个完美而简单的逻辑，他不想与分析医师有任何关系，也不想将自己作为一个人来认知，他其实根本不想分析自己的人际关系，他不想面对内心的冲突。如果我们理解他的前提，我们就会明白这类患者甚至不可能会对分析其中任何一个因素感兴趣。他的前提是有意识地相信：只要他与别人保持安全距离就不需要为与他人的关系而烦扰；只要他远离别人，人际关系中的烦扰就不会使其难过；即使分析医师指出的冲突也可以并应该置之不理，因为这只会让他苦恼；没有必要去澄清什么，因为他也不会对自我孤立改变立场。正如我们所述，这种无意识的推理在逻辑上是正确的——至少某种程度上。疏远型患者忽视且在相当一段时间内拒绝承认的是，他不可能在真空里成长和发展。

　　于是，神经症疏远最重要的功能是阻止主要冲突发生作用，这是对付冲突最根本和有效的防御手段。作为创造和谐假象的诸多神经症方式之一，这种方式是通过回避来解决问题。但这并不是一个真正的解决方法，因为对于亲密和攻击性主导的强迫性渴望、利用和超越别人的强迫性趋向仍然存在着，而且不消除它们的载体，这些趋向还会继续进行骚扰。最后，只要价值观中的矛盾继续存在，患者就不可能达到内心真正的平静与自由。

第六章　理想化意象

对神经症患者对于他人基本态度进行的探讨，使我们了解到患者努力去解决其内心冲突，或更准确地说是处理其内心冲突的两种主要途径。其中一种途径在于抑制人格中的某些方面，并使其在相反的方面发挥重要作用；另一种途径是在自己和同伴间设置距离，以避免冲突的发生。这两种过程都会产生一种能使患者功能正常的统一感，即使对他来说付出的代价相当大。[1]

接下来我们要介绍的进一步的尝试，就是创造出一个神经症患者认同的意象，他认为自己就是这样，或他认为自己可以或应该成为这样。无论是出于有意识还是无意识，尽管这种意象对患者生活的影响的确是非常真实的，但它总是在很大程度上与现实相差甚远。而且，这种意象还总是带有讨好的特质，正如《纽约客》漫画里刻画的一位肥胖的中年女人在镜子中看到的是一个苗条的年轻女郎。这种意象的特殊之处因人而异，并且由人格结构所决定：超凡脱俗的可以是美貌，或权力、智慧、天才、圣洁、诚实，或是随便你想要的什么。当这种意象接近不真实的程度，它就容易使人变得傲慢自大，这里说的傲慢自大就是其本意，因为尽管傲慢自大和高傲通常作为同义词来使用，但这里的意思是妄称自己所没有的品质，或是自己只有潜能但并没有实际具备的品质。而且，这种意象越不真实，患者就越容易受到伤害，并渴求外界的肯定和认可。对于自己确定的品质，我们不需要得到别人的证明，但是当错误的断言被质疑，我们就会变得非常敏感。

我们可以在精神病患者明目张胆的沾沾自喜的见解中观察到这个理想化的意象，但是，原则上它的这些特点对于神经症患者是相通的。在此，它没有那么异想天开，但对于患者来说正如现实。如果将与现实的分离程度作为划分精神病和神经症的标准，我们也许会将理想化的意象视为掺杂了少许精神病症状的实质上的神经症。

---

[1] 赫尔门·朗伯格对这种追求统一的问题在其论文《自我的合成功能》中进行过讨论，该论文发表在《国际精神分析杂志》，1930年。

从根本上说，理想化的意象是一种无意识现象。尽管其自我膨胀可能相当明显，即便是未经培训的观察者都如此认为，但神经症患者并没有意识到他正在将自己理想化，也不知道人物角色的混合物有多么奇怪。他也许会模糊地意识到，他正在对自己提出很高的要求，但是错把这些完美主义的要求当作真正的理想，而从来不去质疑它们的真实性，并且沾沾自喜。

这种创造是如何影响他对自身的态度是因人而异的，并且很大程度上取决于兴趣的焦点。如果神经症患者的兴趣在于说服自己相信他就是理想中的那样，他就会相信自己事实上就是一位大师，人中龙凤，连他的过错也变得神圣。[1]如果兴趣焦点在于将真实的自我与理想化的意象进行对比，并发现真实的自我原来如此的令人厌恶，那么自我贬低就会突显出来。既然这种蔑视带来的自我形象和理想化的形象一样，都与现实相距甚远，它可以被恰当地称为贬低的形象。最后，如果关注点在于理想化形象和真实自我之间的矛盾，那么他所了解以及我们所观察到的一切，都是他不停地尝试去缩小差距，并迫使自己接近完美。在这种状态中，他会以难以想象的频率反复重申一个词"应该"。他不断告诉我们，他应该感受到什么、思考到什么和做些什么。他和一个天真的"自我崇拜"的人一样，从心底相信自己天生的完美。他的这种状态从其信念中暴露了出来，认为只要对自己更加严格、更具有自控力、更加警觉和谨慎，他自己可以变得更好。

与真实理想形成对比的是，理想化的意象具有静止的特点。这并非是一个他所要去追求的目标，而是他所尊崇的一种固定的想法。理想具有能动性，它们会激起人们努力实现理想的动机，对于成长和发展来说，理想是不可或缺且极具价值的动力。理想化意象是成长的明显阻碍，因为它要么否认缺点，要么仅仅是对缺点进行谴责。真实的理想使人谦逊，理想化意象使人自大。

这种现象——无论如何定义，都早已被识别出来。在各个时期的哲学著作中，这个现象都被提到过。弗洛伊德将其引入神经症理论，通过各种不同的叫法对其命名：理想自我、自恋、超我。这一现象是阿德勒心理学的核心要点，被描述为对优越感的追求。若要详细地列举出这些概念和我所主张的概念之间的异同，那么就说远了。[2]简言之，所有这些概念都只是与理想化意象的一个或某个方面相关，并没有将这个现象从整体上来看待。因此，不仅仅是弗

---

[1] 参见安娜·帕利希：《跪拜》，花园城市出版公司，1939。

[2] 参见对弗洛伊德自恋、超我、罪感等的批判性检验，卡伦·霍妮《精神分析新途径》，诺顿出版社1938年版；参见埃利希·弗洛姆的《自私与自爱》，《精神病学论文集》，1939年。

洛伊德和阿德勒，还有许多其他作者也进行了相关的评论和争辩——包括弗朗兹·亚历山大、鲍尔·弗登、伯纳德·格鲁克和恩斯特·琼斯，但这种现象的完整意义和其功能还是没有被认识清楚。那么，它的功能是什么呢？显然，这种现象满足了非常重要的需要。无论各位作者如何从理论上对这种现象进行解释，他们都一致同意一个观点，那就是：这种现象是神经症的难以撼动甚至无法削弱的基础。其中弗洛伊德认为，根深蒂固的"自恋"态度是对治疗最严重的阻碍。

首先，理想化意象最基本的功能也许就是代替了现实的自信和自尊。因为早期遭遇的不幸经历，一个最终发展为神经症的人几乎没有机会来建立最初的自信。而他也许会获得这种自信，但在其神经症恶化的过程中被进一步削弱，因为形成自信不可或缺的条件很容易被摧毁。一言半语很难将这些条件介绍清楚，其中，最重要的因素是一个人情感能量的活力和可及性，一个人自身真实目标的发展，和成为其自身生活的活跃工具的能力。无论一位神经症患者如何发展，仅仅是以上这些方面很容易受到伤害。神经症趋向削弱了自我决定，因为他是被驱动的，并非是由自己驱动。而且，神经症或者决定自己道路的能力也不断地被他对别人的依赖所减弱，无论这种依赖以何种形式出现——盲目的反抗、盲目地渴望超越别人和疏远他人的盲目需要都是依赖的表现。而且，通过抑制情感能量的重要部分，神经症患者使它们完全无法发挥作用，所有这些因素使神经症患者几乎没有可能去发展自己的目标。最后也最重要的是，基本冲突使神经症患者自身发生分裂。就这样被剥夺了坚实的基础，神经症患者必将对自身重要性和力量的感受膨胀放大，这就是为什么对自己无所不能的信仰成为理想化意象不可或缺的组成要素。

第二个功能与第一个功能紧密联系在一起。在一个真空的世界，神经症患者不会感到脆弱，但在一个充满了随时准备欺骗、羞辱、奴役和打败他的敌人的世界就不好说了。因此，他必须不断地衡量自己并和他人比较，这都是出于残酷的必要性而非为了名利或任性的原因。而且因为他发自心底地感受到脆弱和卑微——我们在后面进行讨论，他必须寻找一些能使其觉得自己比他人更好、更有价值的东西。无论它是以更加圣洁或无情、更加博爱或刻薄的感受形式出现，神经症患者必须在自己的内心感受到在某个方面的优越感——无论是哪种想要超越他人的特殊内驱力。大多数情况下，这种需要包括想要战胜他人的元素，因为无论其神经症的内在结构如何，他总是会很脆弱并随时会感受到被歧视和羞辱。将报复性胜利作为对被羞辱感受的解药的需要也许会发生作用，或者主要存在于神经症患者的思维中；这可以是有意识或无意识的，但它是神经症患者对优越感需要中的内驱力之一，并赋予其特殊的色彩。[1]这种文明的竞争精神不仅通过它所导致的人际关系的紊乱促进了神经症的发生，而且还特别培养了对卓越地位的需要。

我们已经清楚地看到理想化的意象是如何代替真实的自信和自尊，不过还有另外一种方式它也起着替代品的作用。既然神经症患者的理想是矛盾的，它们不可能具有任何责任道德的力量；这些理想保持黯淡和模糊，对患者没有任何指导意义。因此，要不是神经症患者尝试成为自我创造的偶像的努力给他的生命带来某种意义的话，他会感到生命毫无目标。这在分析的过程中变得尤为明显，其理想化意象的削弱一度给他带来非常迷茫的感受。而只有在那时他才意识到自己对于理想这个问题的困惑，也只有在那时这种感觉袭上心头使其不悦。之前，无论他口头上答应得多好，他对这个问题并不理解也毫无兴趣；现在他第一次认识到理想是有意义的，并且想要发现自己的理想到底是什么。可以说，这种经历证实了理想化意象代替真正理想的存在，理解理想化意象的这一功能对于治疗有着重要意义。分析医师也许可以在更早些时候指出其价值观内部的矛盾，但是，他无法期待患者对这个话题有任何建设性的兴趣，因此，直到理想化意象变得可有可无时，他才能展开对内部矛盾的解决。

相比起其他功能，理想化意象的一个特定功能能在更大程度上对这种意象的心理定式进行解释。如果我们从个人的角度将自己视为美德或智慧的典范，甚至连我们明显的过失和障碍都将消失，或者被染上富有吸引力的色彩——就像在一幅出色的画卷中，一堵残垣断壁也不再是一道腐烂而破旧的墙，而是棕色、灰色和红色等颜色意义的优美混合。

对于这个防卫性的功能，我们可以获得一个更深的理解，如果我们提出下面这个简单的问题：什么会被一个人视为自己的过失或缺点？乍一看，诸如此类的问题似乎不会有统一的答案，因为人们会思考出无限的可能性。但是，此处却有一个非常具体的答案。一个人将什么看作是自己的过失或缺点取决于他拒绝或接受自己内在的哪些方面。然而，在相似的文化条件下，那是由基本冲突的哪个方面占据主导地位来决定的。例如，顺从型人格不会将自己的恐惧或无助看作是缺点；而攻击型人格会将任何这种感受都视为耻辱，应该掩藏起来不被自己和他人看到。顺从型人格认为怀有敌意的攻击是有罪的；攻击型人格瞧不起自己的软弱，认为那是让人鄙视的弱点。除此之外，每一种类型的人都被驱动去拒绝承认：所有这些只不过是其更容易被接受的自我的那部分的假

---

[1] 参见第十二章《施虐倾向》。

象。例如，顺从型人格一定会否认一个事实：他根本不是真正博爱和慷慨的人；疏远型人格不愿看到的事实是：疏远不是他的自由选择，他之所以远离别人是因为他无法处理与他人的关系，等等。一般说来，两种类型的患者都会否认施虐趋向（即将在后面的章节讨论）。因此，我们得出了一个结论：那些被视为缺点并被否认的东西，是与其对待他人的占据主导地位的态度所创设的一贯形象不相协调的方面。我们可以说，理想化意象的防卫性功能是去否认冲突的存在，这就是为什么它必须保持坚定不移。在我认识到这个问题之前，我经常困惑：为什么患者无法接受自己并非那么重要和卓越的事实？但是，从这个角度看来，问题就变得清晰了。他必须寸步不让，因为对于某些缺点的认识会让他不得不面对内心的冲突，这样就危害到他建立起来的和谐假象。因此，我们可以得出冲突强度和理想化意象的刻板是呈现正相关的：一个极为复杂和刻板的意象就会让我们推断出极具分裂性的冲突。

除了上面已经提到的四种功能，理想化意象还有第五个功能，也同样与基本冲突有关。这种意象不仅仅掩饰冲突无法令人接受的部分，它还有更加积极的用处。这种功能代表了一种艺术创造，在创造中对立面会趋于和谐，或者它们在个体内部至少不再作为冲突而出现，我将举例说明这个过程。为了避免长篇大论，我将只提到出现的冲突，并且展示它们是怎样出现在理想化意象中的。

患者X的内心冲突中占据主导地位的是顺从趋向——对于温情、赞许、被照料、富有同情心、慷慨大方、体贴周到和博爱的重度需求。处于次要地位的是疏远趋向，厌恶加入群体、强调独立、畏惧联系和对压迫的敏感。这种疏远趋向经常与对亲密人际关系的需要发生碰撞，并对他与女性的关系不断造成扰乱。攻击性内驱力也非常明显，表现为在任何情况下总要争当第一、间接地支配他人、偶尔地利用他人和无法忍受干预。自然，这些倾向很大程度上损害了他追求爱与友谊的能力，并且也与他的疏远趋向发生冲突。在对这些内驱力一无所知的情况下，患者臆想了一种由三种角色构成的理想化意象。他是出色的爱人和朋友——不相信任何女人会爱其他男人比爱他更多，没有人像他一样友好和善良。他是自己所处时代最出色的领袖，令人敬畏的政治领袖，并且最终他成为伟大的哲学家，富有智慧的人，鲜有的对生活的意义和最终的徒劳具有深远洞察力的人。

这种意象并非完全不切实际，患者在所有这些方向都具有丰富的潜能。但是，这些潜能被升高到已实现的事实的水平，变成辉煌而绝无仅有的成就。而且，这些内驱力的强迫性质已经被掩盖，并且被对固有品质和天赋的信念所取代。他用假想的爱的能力代替了神经症对温情和赞许的需要，用假想的优秀的天赋代替了超越他人的内驱力，用独立和智慧代替了对疏远的需要。最后，最重要的一点是，内心冲突通过以下方式被去除。现实生活中相互干扰，并阻止患者发挥任何潜力的驱动力被提升至抽象完美的领域，作为丰富人格的几个相互兼容的方面出现，而它们所代表的基本冲突的三个方面从三个角色中脱离出来，组成其理想化的意象。

通过另外一个例子，我们能够更清楚地看到将冲突因素分离的重要性。[1]患者Y的主导趋向为疏远型，而且自我孤立非常严重，具备我们在前面章节描述过的所有含义。因为顺从趋向与其获得独立的欲望相抵触，尽管患者Y自己有意识地将其压制，但他内心中这种趋向还是非常明显，为了变得极其善良的努力偶尔会挣脱压抑的外壳。对于人类亲密关系的渴望是有意识的，并且不断地与其疏远的趋向发生碰撞。他只会在自己的想象中变得冷酷无情、充满攻击力：他任凭自己沉溺于对大规模毁灭的幻想，并且非常明确地希望可以杀死所有干涉其生活的人；他公开承认相信丛林哲学——权力即真理，并且对个人利益的冷酷追求就是唯一明智且不虚伪的生活方式。但是，在实际生活中，他却极为胆怯，只在某些条件下才会爆发出一定的暴力倾向。

他的理想化意象就是下列所述的奇怪组合。大多数时间，他是生活在山顶的隐士，到达了拥有无限智慧和宁静的境界。偶尔，他会变成一个狼人，完全丧失人类的情感，醉心杀戮。而且似乎这两种相互对立的角色还不够，他也是理想的朋友和爱人。

我们在此处看到了对神经症趋向同样的否认、同样的自我膨胀和同样的将潜力误认为现实。然而，在这个案例中，没有对缓解这些冲突做出任何的努力和尝试，矛盾仍然存在。但是——与现实生活形成对比的是——这些趋向显得简单而纯粹。因为这些趋向彼此分离，因而不会彼此影响，而这看起来才是最重要的，在这样的情况下冲突也已经消失了。

最后一个更加统一的理想化意象的例子是：在患者Z的实际行为中，攻击型趋向的主导地位非常突出，并伴有施虐趋向。他专横跋扈并倾向于去利用别人，被征服一切的野心所驱使，他冷酷无情地向前推进。他会计划、组织、战斗，并且有意识地完全遵循丛林哲学。他也极度不合群，不过他的攻击性内驱

[1] 在对双重人格进行解释的经典著作，罗伯特·路易斯·斯蒂文森的《化身博士》中，中心思想就是围绕着将人类的冲突因素分离的可能性建立起来的。在认识到自己身上的善与恶彻底分裂之后，杰基尔博士说道："很久以来……我已经学会了生活在快乐之中，就像是在一个钟爱的白日梦中，思考着这些因素的分离。我告诉自己，如果每一种元素可以寓于不同的身份中，生活中一切无法承受之物都将消失。"

力总是让他卷入人群之中，他根本无法维持孤立的状态。不过，他非常警觉，不会卷入任何一种人际关系，也不会让自己迷恋任何一种由他人带来的快乐。他在这方面做得非常出色，因为对他人积极的情感都被压制住了，对人类亲密关系的渴望主要通过性的渠道表现出来。然而，一种特别的顺从趋向，连同阻碍他追求权力的对认可的需要却在此处出现，并且还潜藏着清教徒的标准，主要用来牵制他人——不过他也会不由自主地将这些标准运用于自己身上——这与其信仰的丛林哲学明显冲突。

在他理想化的意象中，自己是身着闪亮盔甲的骑士，是眼界宽广、独到的战士，一直在追求真理。当他成为一位睿智的领导人，他与别人不再有任何的私人接触，而是实行严厉却公平的纪律。他诚实且不虚伪，女人们都喜爱他，他会成为一个很好的伴侣，却从不与任何女性联系在一起。和在其他案例中一样，此处达成了同样的目标：基本冲突的元素被混合在了一起。

因此，理想化意象是对试图解决基本冲突的尝试，一种与我之前描述的努力至少同样重要的尝试。它就像是黏合剂一样有着巨大的主观价值，将分裂的人格重新结为一体。而且尽管理想化意象仅仅存在于患者的脑海中，它对患者与他人的关系有着决定性的作用。

理想化的意象也可以被称为虚构或假想的自我，不过，这也只说对了一半，因此是带有误导性的。在创造理想化意象的过程中主观臆想作用的发挥必然是显著的，尤其是当它发生在那些并不以事实为根据的患者身上时，但这也并不会导致理想化意象完全虚假。它是一种与现实因素交织在一起，并由这些因素决定的想象力的创造，这个意象通常会包含患者真正理想的踪迹。尽管辉煌的成就不过是幻想，但这些成就下潜藏的潜力通常是真实的。更重要的是，理想化意象恰恰来自真正的内在需要，它正好发挥了真实的功能，而且对其创造者有着非常真实的影响。创造过程受到这种规律的影响，对理想化意象具体特征的了解可以让我们进行准确的推断，就像对待某个人真正的性格结构一样。

但是，无论多少幻想被编织进理想化意象，对于神经症患者自身来说，这种意象是具有现实意义的。这种意象建立得越是坚实，患者越有可能成为理想化的样子，而其真正的自我也会相应地消失。由于理想化意象功能运行的特质，患者的实际形象必然会发生逆转。每一种意象都是为了抹去真实的人格，并将焦点转移到理想化意象上。回顾许多患者的病史，使我们相信理想化意象的建立确实经常起到了拯救生命的作用，而这也解释了为什么当这种意象受到攻击时，患者发起的奋力抵抗是完全有道理的，或者至少是合乎逻辑的。只要对他来说自己的形象仍然真实且完好无损，他能感受到重要性、优越感以及和谐的氛围，而不管这些感受是不是真实的。基于他自己假定的优越感，他认为自己有权利提出任何要求和主张。然而，一旦他允许别人削弱其理想化的意象，他立即会感受到即将面对所有弱点、无权提出具体要求、自己是无名小卒，甚至在他自己眼中都微不足道的威胁。更加恐怖的是，他还要面对自己的冲突和对精神分裂的可怕的恐惧。让他有机会变成一个更好的人、一个比理想化意象还要散发光辉的人物，这是他的福音，不过从长期来看这对他来讲毫无意义，这正是令他害怕的冒险举动。

　　鉴于对理想化意象的肯定有如此巨大的主观价值，要不是由于其自身不可去除的缺点，这种意象的地位本来是不可撼动的。由于包含着虚构的元素，理想化意象的大厦在一开始就是摇晃不定的，就像一座装满了炸药的藏宝库，理想化意象让个体非常脆弱。任何来自外界的质疑和批评，任何对自己无法实现理想化意象的觉醒，以及任何对自身内部发生作用的力量的洞察都会将其引爆，使之坍塌。患者必须限制自己的生活，以防自己面对这样的危险。他必须回避一些情况，在这些情形中他无法获得羡慕和认可。他必须回避自己没把握完成的任务，他甚至会对任何形式的努力形成一种强烈的厌恶。对于他来说，自己天资聪颖，仅仅想象自己描绘一幅图画就已经是杰作了。普通人只有通过努力才能小有成就，对他而言，把自己当成汤姆、迪克、哈里之类普通人无异于承认自己并不优秀，这是一种侮辱。事实上，任何的成就都需要努力地付出，他通过自己对事物的态度打败了他被驱使去实现的目标，而他理想化的意象和真实自我之间的差距也越来越大。

　　他依赖于不断来自他人的肯定，以赞许、崇拜和吹捧的形式呈现——但是，所有这一切给他带来的不过是暂时的安慰。他会无意识地憎恶所有飞扬跋扈的人，和在某一方面比他优秀的人——更加坚定自信、更加均衡发展、更加见多识广——这些都会威胁并削弱他对自己的评价。患者越是坚定地认为他就是自己理想中的样子，这种憎恶就愈加强烈。或者，如果他的傲慢自大被压制，他就会盲目地羡慕那些公开承认自己重要地位并通过傲慢行为表现出来的人。他爱这些人身上体现的他自己的形象，并且早晚当他意识到他如此敬畏的神只对他们自己感兴趣，并且只关心他在他们的祭坛里烧了多少香火时，他将不可避免地陷入无尽的失望之中。

　　或许理想化意象最大的缺点就是随之而来的对自己的疏远。我们无法压抑或去除自己最本质的部分，而不疏远自己。神经症过程逐渐产生的变化之一是不可观测的，无论其基本性质如何。患者完全忘却了他自己的真实感受、喜好、排斥和信仰——简而言之，忘记了真实的自我。在对此毫无意识的情况下，他会按照自己的理想化意象生活，J. M.巴尔利的小说《汤姆和格雷索》中的汤姆比任何临床的描述都更为形象地说明了这个过程。当然，患者的这种行为一定与自己无意识的假装和合理化作用的蜘蛛网交织在一起，这会导致不安全的生活。患者对生活失去了兴趣，因为生活着的人并不是真的他；他无法做出决定，因为他不知道自己真正想要的是什么；如果困难重重，他也许会充满着一种不现实感——对其长期不真实状态的着重表达。为了充分理解这样一种状态，我们必须意识到：覆盖在内心世界上面的一层不真实的面纱注定会延伸到个体外部。最近，一位患者对整体状态进行概括时，说道："要不是现实世界的干扰，我本来一切都好。"

最后，尽管理想化意象的建立是为了去除基本冲突，并且在有限的几个方面已经成功地做到了这一点，与此同时，却导致了几乎比原来的分裂更加危险的人格方面的分裂。大体来说，一个人之所以会为自己建立一个理想化的意象，是因为他无法忍受真实的自己。理想化的意象显然是用来抵消患者视为灾难的真实形象的，但是把自己奉为完人之后，他更加无法忍受真实的自我，并开始对其大发雷霆，鄙视自己，并且在无法达到自己要求的枷锁中焦躁不安。然后，他在自我崇拜和自我轻蔑之间、理想意象和贬低的形象间摇摆，找不到可以依靠的坚实的中间地带。

这样，在患者强迫性且相互矛盾的努力和某种由内心紊乱导致的内在独裁之间，产生了一种新的冲突，而他对这种内心独裁做出的反应就如同一个人对政治上的独裁所给出的回应相似：他会首先让自己认同这种独裁，即感觉自己真如内在独裁者告诉他的那样卓越和完美，或者他会踮起脚尖努力去满足其要求，或者他会反抗压迫并且拒绝认同强加于他的义务。如果他通过第一种方式做出回应，我们对他的印象是一个"自恋"的个体，不会接受他人的批评；那么，存在的裂缝就不会被有意识地感受到。在第二种情况中，我们看到了一个近乎完美的人，即弗洛伊德所说的超我。第三种情况里，患者似乎不为任何人及任何事情负责，他容易变得行为古怪、不负责任且否定一切。我故意谈到形象和外表，因为无论他的反应是什么，他从根本上都会继续焦躁不安。即使是平常相信自己是"自由"的攻击型患者也在努力争取推翻这些强制的执行标准，但他仍然处于理想化意象的控制之中的这个事实，可以从他用这些标准来牵制他人中体现出来。[1]有时，一个人会经历从一个极端到另一个极端的时

---

[1] 参见第十二章《施虐趋向》。

期。例如，他也许会一度表现得超级"善良"，但发现从中没有得到什么快乐，就转向其反面，强烈地反对这些标准。或者他也许会从明显毫无保留的自我崇拜者转向完美主义。大多情况下，我们会发现这些不同态度的组合。所有组合都指向一个事实——根据我们的理论可以理解，所有这些努力都不够令人满意，它们都注定会失败，我们必须将它们看作是为摆脱无法忍受的情形而进行的不顾一切的努力；和在任何其他令人无法忍受的情形中一样，各种不同的方法都要被尝试——如果一种失败了，就要试试另一种。

　　所有这些后果结合在一起，组成了一个阻碍真正发展的巨大障碍。患者无法从错误中学习，因为他没有发现错误。尽管他坚持声称自己会成长，事实上他注定会失去对自己成长的兴趣。当说到成长，他脑海中只会无意识地出现一个想法，即创造一个更加完美的理想化意象，一个没有任何缺点的意象。

　　因此，治疗的任务是让患者详细地意识到自己的理想化意象，帮助他逐渐理解这种意象的功能和主观价值，并向他展示它必然会带来的痛苦。那么，患者就会考虑这种代价是不是太高。但是，只有当创造这种意象的需要大大减少时，患者才能彻底放弃这种意象。

第七章　外化作用

我们已经看到，神经症患者为了缩小真正的自我和理想化意象之间的差距而借助的所有假象，到头来只不过是让这种差距变得更大了。不过，鉴于理想化意象有如此巨大的主观价值，他必须要不断地继续努力去接受它。患者对待意象的方式多种多样，我们将在下一章对其中的诸多方式进行讨论，在此，我们将只对其中一种人们不太知道的方式进行研究，它对神经症结构的影响尤为深刻。

我称之为外化的尝试，是对患者将内心过程体验为仿佛是发生在个体之外，并且一般来说认为这些外在因素要对个人遇到的困难负责的趋向进行定义。外化过程与理想化的意象都是为了远离真实的自我。但是，修饰和重塑真实的残存个性仍然像原来一样，是在自我的领域内，外化作用就意味着同时完全放弃了自我。简单来说，一个人可以通过理想化意象躲避其基本冲突；但是当真实自我和理想化意象之间的差异到了紧张到难以忍受的程度，他就再也无法借助任何内在的东西了，剩下的唯一方法就是完全地逃离自我，置身事外地看待它。

这里发生的一些现象属于术语投射的范围，意思是个人困难的具体化。[1]投射行为普遍适用于将主观上被拒绝而受到的斥责或责任转移到他人身上的趋向，或者以属于自己的趋向怀疑他人的特质，例如背叛、野心、控制、自以为是、温顺等等。从这个意义上说，这个词是完全可以令人接受的。但是，外化作用是一个更加综合的现象，责任的转移只是其中的一部分，不仅患者的过失会转嫁到他人身上，还在一定程度上包括个人感受。一位倾向于外化的患者也许会对弱小国家的死亡压迫深感不安，同时对自己感受到的压迫一无所知。他也许不会感受到自己的绝望，却会从他人身上体验到这种情感。在这种连接中，尤为重要的是，他不清楚自己对于自身的态度，例如，事实上当他对自己

---

[1] 该定义由爱德华·A.斯特莱克尔和肯尼思·E.阿贝尔提出，《发现我们自己》，麦克米伦出版社1943年版。

感到生气时，他会感到别人对自己的怒气。或者，他认为自己对别人的愤怒实际上是对自己的愤怒。而且，他不仅将自己的不安归因于外界因素，同时也将自己的好情绪和成就都归因于此。如果他的失败被视为命运的裁定，那么它的成功将是由于偶然的巧合，心情的好坏也归于天气的影响，等等。

当一个人感到自己生活的好坏由他人决定时，自然他头脑中充满着如何去改变他人、改造他人、惩罚他人和保护自己免受他人的干扰，或给他人留下深刻的印象。从这个意义来说，外化作用导致依赖他人——但是，这种依赖完全不同于神经症患者对温情需求的那种依赖。外化作用还导致了对外界环境的过分依赖，无论患者生活在城市或郊区，无论他保持哪种饮食习惯，就寝时间或早或晚，为哪个委员会服务，这些都呈现出过度的重要性，因此，患者获得了荣格称之为外倾性的特质。但是，尽管荣格将外倾性看作是一种先天倾向的片面发展，我却将其视为通过外化作用努力清除未解决冲突的结果。

外化作用另外一个不可避免的产物是一种令人痛苦的空虚和肤浅的感觉，这种感受再一次没有被恰当地分配好。患者没有感受到情感的空虚，相反，体验这种痛苦的人会觉得胃里空空，于是通过强迫性的饮食来清除这种空虚。或者他也许担心体重不足会使自己像一片羽毛一样摇摆不定——他感到，任何风暴都会将其卷走。他甚至可能会说，如果一切都被分解的话，他什么都不是，就是一副空壳。外化作用越是完全，神经症患者越是像幽灵一样，倾向于随波逐流。

上述就是外化作用过程蕴藏的诸多含义。接下来，让我们继续看看外化作用如何具体地帮助缓和自我与理想化意象之间的紧张关系。无论一个人怎样有意识地看待自己，自我和理想化意象之间的悬殊都会产生无意识的负面影响；而且，他越是成功地运用理想化意象来认同自我，这种反应本身越是毫无知觉的。通常，它是通过自卑、对自己发脾气，以及一种强迫感表达出来，这一切不仅使人感到非常的痛苦，而且还通过各种方式剥夺其生活的能力。

自卑的外化作用的呈现方式可能是鄙视他人，或者认为是其他人瞧不起自己。通常这两种形式都会出现，哪一种形式占据主要地位，或至少更有意识，由神经症性格结构的整体架构来决定。一个人越是具有攻击性，他就越是觉得自己完全正确、高人一等，他就会越容易瞧不起他人，而不大可能认为别人会瞧不起他。相反，一个人越是倾向于顺从他人，他就越是会因为没有实现理想化意象而自责，并会认为自己对他人来讲一无是处。后者产生的效果尤其具有破坏性，它会让人变得害羞、言谈生硬和孤僻。一旦向他表示任何的喜爱和感激，都会让他受宠若惊——实际是卑微的感激。与此同时，他甚至无法接受字面意思上的真诚的友谊，而是茫然地将其当作不应得的慈善。对于傲慢自大的人，他没有任何的抵御能力，因为他自身有一部分是认同他们的，而且他认为自己被轻视也是情理之中的。自然，这样的反应会滋生怨恨，这些怨恨不断被压抑和堆积，最终会积聚爆炸的力量。

尽管如此种种，通过外化作用的形式来经历自卑有着明显的主观价值。神经症患者感受到自己的自卑会将任何虚假的自信打碎，使其处于崩溃的边缘。被他人轻视已经是非常痛苦的，但还总是抱有希望地去转变他人的态度，或者带有以德报怨的期望，又或者内心保留认为他们不公的看法。当自我鄙视发生时，所有这一切都徒劳无功了，没有可以申诉之处，神经症患者无意识感受到的所有与自身有关的绝望都会凸显出来。他不仅会鄙视自己实际的弱点，而且会觉得自己完全卑劣可鄙。这样，即使他的优点也被拖入毫无价值感的深渊。换言之，他认为自己呈现出的就是自己被人看不起的那种形象，他会认为这是无计可施的、不可逆转的事实。这就指明了在治疗过程中不去触碰自卑是明智的，除非患者的绝望逐渐减少，理想化意象的控制大大放松。只有到了那时，患者才能直面自卑，并且认识到他的一无是处并非客观事实，而是一种来自其无情标准的主观感受。通过对自己采取一种宽容的态度，他会看到这种情形并非不可改变，他所厌恶的那些属性也并非真正令人鄙视，它们只不过是他可以最终克服的困难。

我们无法理解神经症患者对自己的愤怒，或者这种愤怒的严重程度，除非我们记住，对他来说，维持自己就是理想化意象中的样子的幻觉是多么至关重要。他不仅对自己无法达到理想化意象的无能感到绝望，还对自己明确地表示愤怒，这都是由于理想化意象恒定的万能属性。无论他在童年时期有着过多么坎坷的经历，他，一个无所不能的人，都本应该去克服这些困难。即使他理性地意识到了自身的神经症复杂程度非常巨大，他仍然对自己无法去除它们感到无济于事的狂怒。当他面对冲突的驱动，并意识到他甚至无力去实现与之相矛盾的目标时，这种愤怒会达到高潮，这就是对冲突的突然认知会将其置于强烈的恐慌状态之中的原因之一。

患者对自己的愤怒主要通过三种方式进行外化。当毫无限制地发泄不满时，愤怒就很容易发泄到外界环境。然后，这种怒气开始指向他人，要么表现为笼统的暴怒，要么表现为指向他人某个具体过失的愤怒，而患者其实憎恨的是自己也会有这种过失。举例可以描述得更清晰。一位患者抱怨其丈夫优柔寡断，由于她的丈夫都是在一些小事上犹豫不决，与她所表现出来的愤怒显然不成比例。了解到这位患者身上也存在优柔寡断的性格特点，我暗示她其实表现出的是对自己这种性格不留情面的谴责。于是，她突然感受到一种疯狂的怒火，一种想要将自己撕成碎片的冲动。在其理想化意象中，自己是中流砥柱的事实使她无法忍受自己的任何缺点。非常符合其性格特点的是，这种反应，尽管带有极具戏剧性的特点，在下一次的访谈中却被彻底遗忘了。她只在转瞬之间看到了这种外化作用，却还没有准备好与其彻底决裂。

外化作用的第二种方式表现为无休止的对于自己无法忍受的过失将会激怒他人的有意无意的恐惧及预期。患者确信自己的某些行为会引起深深的敌意，如果没有遭遇充满敌意的反应，他真的会不知所措。例如，一位患者的理想化意象是想要成为雨果《悲惨世界》中的主教一样善良的人，但她却非常惊奇地发现每当她立场强硬甚至表达愤怒时，人们会比她表现为一位圣徒时更加喜欢她。因为人们会从这种理想化的意象中猜到，患者内心占据主导的应该是顺从型趋向。从根源上，由其对亲近他人的需要而产生的顺从会因她对敌意回应的预期而大大强化。事实上，不断增强的顺从型趋向是这种外化作用的主要后果之一，并且还说明了神经症趋向是如何恶性循环地持续地相互增强。强迫性的顺从被加强，因为理想化的意象在配置中包含圣洁的组成部分，并驱使患者变得更加自我谦逊。然后，由此而生的敌意冲动引起了对自我的愤怒，而愤怒的外化作用，导致对他人更加恐惧，反过来强化了顺从的趋向。

愤怒外化的第三种方式聚焦于身体的紊乱。当患者并不知晓在对自己发怒时，就会明显产生非常严重的身体紧张状态，可以表现为肠道疾病、头痛、疲惫等等。一旦这种愤怒本身被意识感受到，所有症状就会闪电般消失，对这一过程的观察也是富有启发性的。人们也许不确定是否可以将这些身体上的表现称为外化作用，还是只是将它们视为被压抑的怒火的生理表现。但是，我们无法将这些表现与患者对它们的利用分离开来。通常，他们非常渴望将心理问题归结为身体疾病，而这些转而又被认为是由于外因引起的。他们总是热衷去证明，自己的心理没有问题；他们不过是由于吃坏了东西引发了肠疾，或加班导致的疲倦，或潮湿天气引发的风湿病，诸如此类等等。

至于神经症患者通过将愤怒外化可以实现的结果，其实是和自卑所达到的结果是一样的。但是，有必要补充一点，除非人们认识到与这些自我毁灭的冲动相关的真正的危险，否则是无法充分理解患者的病程的。第一个例子中的患者仅仅是一时冲动要把自己撕碎，真正的精神病患者会一直带有这个念头且有自残的倾向。[1]如果不是存在外化作用，本可能发生更多的自杀事件。可以理

---

[1] 更多案例可参考卡尔·门林格尔《人对抗自己》，哈考特·布拉斯出版社1938年版。但是，门林格尔完全从不同的角度来讨论这个主题，因为——遵从弗洛伊德的理论——他认为自我毁灭是一种本能。

解的是，弗洛伊德了解到自我毁灭冲动的力量，本应该假定存在一种自我毁灭的本能（死亡本能）——尽管通过这个概念，他封闭了通向真正理解自我毁灭的路，并因此无法实现有效的治疗。

内在压迫感的强度取决于人格受到理想化意象的权威控制束缚的程度。很难对这种压力进行过高的估计，这种压力比任何外在的压力都更具危险，因为外在压力作用下患者还可以保持内心的自由。大部分患者对这种感受并不知晓，但是他们可以在这种压力被清除时或在获得内心自由时体会到的解脱程度来对其所具有的力量进行评估。一方面，这种压力可以通过对他人施加压力来进行外化，这种做法可以实现与对控制权的病态渴望一样的外部效力。不过，尽管两者都会出现，它们还是有所不同：代表内在压力外化的压迫并不主要是对个人服从的需要。它主要在于将同样激怒自己的标准强加于他人身上——且同样对他们的幸福置之不理，清教徒的心理正是这一过程的典型例子。

对微弱的类似于胁迫感受的外化同样重要，这种内在强迫性的外化作用以对外界任何事物的极度敏感的方式出现。正如观察者们所知，这种超敏反应是具有普遍性的。并非所有的超敏反应都源于自我强加的压力，通常存在一种因素，在别人身上体验自己的力量驱动，并因此对其愤恨。在疏远型人格中，我们主要想到的是患者强迫性的坚持独立，他必然会对任何外界压力都极为敏感。对无意识的自我强加的束缚的外化作用是隐藏更深的病因，也经常被分析医生忽略。这是非常令人遗憾的，因为这种外化作用会在患者和分析医生的关系中构成一股颇具影响力的暗流。患者很可能拒绝接受分析医生给出的每一条建议，即使医生已经对其在这一方面表现敏感的明显原因做出了分析。这种情况中进行的颠覆性战斗更为严重，因为分析医生事实上想要去帮助患者进行改变。他诚实地告诉患者他要做的不过是帮助患者恢复自我，而其生命的内在源泉没有丝毫用处。患者也许不会屈服于一些不经意间实施的影响吧？事实是，因为他不"真正"了解自己，他不太可能做出选择去接受什么或拒绝什么，而且分析医生再怎么谨慎地避免向患者强加一些个人观念，也无济于事。因为患者并不知道自己屈从于一种内在的压力，而这种压力已经使他处于一定的模式，他只能不加区别地反抗一切试图改变他的外在因素。更不用说，这种无效的斗争不仅出现于分析当中，而且注定会在某种程度上发生在任何亲密关系中，正是对这种内在过程的分析才能最终击败压力这个鬼魂。

使问题变得更加复杂的是，一个人越是倾向于顺从理想化意象提出的严苛要求，他就越是会将这种顺从进行外化。他会非常渴望实现分析医生——或者任何其他人，在这个问题上——对他的期望，或者他所认为的他们对他的期望。他可能表现得顺从甚至容易受骗上当，但与此同时，他又不断堆积着对这种"压迫"默默的愤恨，结果也许会是他认为每个人都处于支配地位，进而愤恨周遭的一切。

那么，通过将内在束缚外化，患者会有什么收获呢？只要患者相信这种束缚来源于外界，他就能进行反抗，即使只是通过内心有所保留的方式。同样，外部施加的限制也可以被避免，从而可以维持一种自由的幻觉。不过，更重要的是上面引用过的关键：承认内在压力对患者而言就意味着承认他不是理想中的自己，并会承担所有的后果。

这种内心压迫的张力是否及在多大程度上通过身体症状表现出来，是一个有趣的问题。我自己的印象是它与哮喘、高血压和便秘都有所关联，但我在这方面的经验其少。

我们继续讨论与患者的理想化意象形成鲜明对比的各种特点的外化作用。总体来讲，这受到了简单投射作用的影响——即，在他人身上体验这种特点，或将具有这种属性归结为他人的责任，这两个过程不必同时出现。在下面的例子中，我们将不得不重复一些前面已经提到的事情，以及一些众所周知的事情，但是这些例子将帮助我们达成对投射意义的深层理解。

一位酒徒患者A抱怨他的妻子不够体贴。在我看来，这种抱怨并不成立，或者至少没有到他所说的那种程度。患者A本人正经历着外人一看便知的冲突，他一方面顺从别人、和善大方，另一方面又盛气凌人、无比苛刻、傲慢无礼，那么，此处是一种攻击性趋向的投射。但是，什么使得这种投射成为必要呢？在其理想化的意象中，攻击性趋向只不过是强硬人格的自然要素。但是，最突出的特点是善良——自圣·弗兰西斯以来，没有人比他更善良，并且还从未有过像他这样理想的朋友。那么，这种投射展现了理想化的意象吗？当然是！但是，这种投身行为也允许患者毫无意识地实现自己的攻击性趋向，从而避免直面自己的冲突。此处患者会陷入一种无法解决的两难境地：他无法割舍自己的攻击性趋向，因为它们具有强制性；他也无法放弃自己的理想化意象，因为这是使其保持完整的必需品。投射作用便是摆脱两难境地的出路，它因此代表了一种无意识的表里不一：他能够让患者坚持其所有的傲慢需求，同时成为一个理想的朋友。

患者还会怀疑妻子的不忠。这种怀疑是毫无根据的——她对他的付出如母亲般一样。事实是他自己惯于朝三暮四，只是秘而不宣。人们可能认为这是由于他以己度人而产生的报复性的恐惧，当然，也包含为自己辩护的需要。对可能出现的同性恋倾向的投射的考虑，对弄清这种情况也不会有丝毫的帮助，问题的线索在于患者对自己不忠行为的特殊态度。他的私通行为不是被遗忘了，而是故意驱除在回忆之外，这些行为不再是活生生的经历。另一方面，所谓的妻子的不忠倒是历历在目的样子，那么，此处出现的就是经历体验的外化过程。它的功能与前面出现的例子里的功能是一样的：外化过程允许患者保持理想化的意象，又可以随心所欲。

政治和职业团体之间所表现出的强权政治，也许可以作为另外一个例子。通常，如此的舞权弄术的动机是有意识地削弱竞争对手，并增强个人地位。但是，它也可能源于类似上面介绍过的那种无意识的两难境地。如果是那样的话，就是无意识的表里不一的体现。它可以使患者在攻击中运用阴谋诡计，又不玷污理想化的意象，与此同时还提供一种完美的方式来将对自己所有的怒气和蔑视都一股脑儿地倾泻到他人身上——更好的是，倾泻到患者最想击败的对手身上。

我将指出一种常见的方式，并以此进行总结。这种方式使责任转移到他人的头上，但并没有给予他们患者遭遇的困难。许多患者，一旦经过治疗意识到自己的某些问题，就会立刻将话题转移到他们的童年，并将一切归咎于那时的经历。他们会说，自己对压迫极为敏感，因为他们有个专横的母亲；他们很容易感到羞辱，因为他们在童年时期经常遭受羞辱；他们的报复心是由于童年时受到过伤害；他们孤僻，是因为小时候没有人理解他们；他们对性的抑制是由于其清教徒式的成长环境；等等。在此，我所指的并不是那种分析医生和患者都非常严肃地致力于理解早期影响的访谈，而是指代对探索童年经历的过度热切，但这只会导致无休止的重复，并伴随着对当前病人内部发生作用的力量的探索缺乏相应的兴趣。

由于这种态度得到了弗洛伊德对起源的过分强调的支持，我们来认真检查一下这种态度在多大程度上基于真理，而在多大程度上基于谬论。诚然，患者的神经症发展始于童年时期，且他所提供的所有数据都与对已经发生的某种具体发展的理解相关，而且，患者的确不应该为其神经症的产生负责。情境的影响如此巨大，以至于他无法阻止自己变成现在的样子。对于目前即将讨论的诸多原因，分析医生必须要将这点弄清楚。

这种态度的谬误在于患者对基于童年经历在其内心逐渐建立起来的所有力量缺乏兴趣。但是，这些力量现在正在他内心发挥着作用，并隐藏在当前出现的困难背后。例如，孩童时期他见多了周遭的伪善，这会在其变得愤世嫉俗的过程中起到一定作用。但是，如果只是将愤世嫉俗归结于早期的经历，他就忽略了自己当前对愤世嫉俗态度的需要——这种需要源于他正被不同的理想所分割，因此不得不将所有的价值观抛弃来试图解决冲突。而且，他倾向于去承担其无力担负的责任，却在应该承担责任时选择逃避。他不断地提到童年经历，来换得自己的安心，相信自己的某些失败是不可避免的，同时他也感受到自己应该完好无损地从其早期灾难中走出来——就像一朵出淤泥而不染的莲花。对于这一点，他的理想化意象应该受到一部分的谴责，因为这种意象不允许患者接受不完美的自己，以及过去或目前存在内在冲突的自己。不过更重要的是，他对于童年经历的反复述说是一种特别的自我逃避，可以允许他维持一种渴望自省的幻觉。因为患者将这些问题外化了，他就没有体会到这些力量在其体内发挥作用，而且他无法将自己设想成生活的主动者，已经停止向前推进。患者将自己视为一个圆球，一旦从山上推下，就一定要不停地滚动；或者将自己看作是实验用的豚鼠，一旦被限制，就永远被决定了。

患者对于童年的片面强调明确地表达了其外化趋向，以至于每当遇到这种态度，我都预料到会碰到一位完全与自我疏远且会持续地被驱使远离自己的患者——目前我的这种预期还没有失误过。

外化的趋向也会出现在梦境中。如果分析医生在患者的梦境中是一位狱卒，如果患者的丈夫在梦境中关闭了她想走入的门，如果发生了事故或者遇到阻碍干扰了患者到达其渴望已久的终点，这种梦境就构成了否认内在冲突的尝试，并试图将内在冲突归结为外在因素。

带有普遍外化趋向的患者给分析带来了特殊的困难。他找到分析医生就像是去看牙医，期待分析医生进行一项并不真正与自己相关的工作。他对自己妻子、朋友、兄弟的神经症更感兴趣，对自己的神经症却毫不关心。他可以谈论自己生活的艰难环境，却不愿检视其中自己分担的部分。若不是他的妻子有神经症或他的工作如此令人烦恼，他本来一切相当正常。在相当长的一段时间内，他没有意识到情感力量可能正作用于他的内心；他恐惧鬼魂、强盗、雷暴，恐惧周围怀有恶意的人们，恐惧政治环境，但却从来不恐惧自己。他对自己的问题产生兴趣，充其量是为了获得其中给他带来的思维和艺术的乐趣。然而，可以说只要他精神上不存在了，他就无法将可能得到的任何见解运用于自己的实际生活，因此，尽管他对自己非常了解，却无法做出太多的改变。

因此，外化作用实质上是一个自我消除的积极过程，它之所以具有可行性在于疏远自己是神经症过程所固有的。随着将自我消除，自然内在冲突也应该从意识中驱除。但是，通过将患者变得更加充满责备、怀有报复之心及畏惧他人，外化作用以外在冲突取代了内在冲突。更具体地说，它在很大程度上加重了最初启动整个神经症过程的冲突：个人与外部世界之间的冲突。

第八章　和谐假象及辅助方法

　　通常，一个谎言会导致另一个谎言，进而需要第三个来圆谎，以此类推直到某一个谎言在错综复杂的关系网中被戳穿。无论是个人或是群体生活，在任何情况下，当缺少探索事件根源的决心时，这类事情注定会发生。或许，补缀会发挥些作用，但是它也同样会产生新的问题，反过来需要新的替代品。这个道理同样适用于神经症患者努力解决基本冲突的尝试，在此，与前面的情形一样，它不会发生真的效用，但会让产生原始困难的环境发生巨变。相反，神经症患者所做的是——或者情不自禁地要去做的是，将伪解一个一个地堆叠起来。正如我们所看到的，他也许会尝试去使冲突的一个侧面占据主导地位，他的分裂状态却没有丝毫缓解。他可能会采取严厉的措施来将自己与他人完全隔离开来，但是，尽管冲突不会发挥作用，患者的整个生活却建立在不稳定的基础之上。他建立了一个理想化的自我，在这个意象中他扬扬得意，人格也得到统一，与此同时却创造了一个新的分裂。患者试图从冲突斗争的战场将内心的自我清除以去除这种分裂，结果却只会发现自己处于一种更加令人无法忍受的困境。

　　如此不稳定的平衡需要采取进一步的措施来支持其存在。于是，患者转而求助于诸多无意识策略的任何一种，这些策略可以归类为盲点作用、分隔作用、合理化作用、严格的自我控制、武断的正确主义、捉摸不定和犬儒主义。在此，我们不对这些策略本身讨论——那将是一项高强度的任务，而仅仅是展示一下如何运用这些策略与冲突产生联系。

　　神经症患者的事实行为和其对自己理想化意象之间的矛盾如此明显，让人们都觉得奇怪：怎么神经症患者自己就无法看到这一点呢！不仅如此，神经症患者甚至对直面自己的矛盾也一无所知。鉴于盲点作用是最明显的矛盾，它首先让我注意到我所描述的那些冲突的存在以及相互间的相关关系。例如，一位患者具有顺从型人格的所有特点，并认为自己是像耶稣一样的人，不过他却无意间告诉我：在员工大会上，他经常想要拇指一挥把同事一个一个地枪毙掉。没错，在那一刻，导致这些象征性杀戮的毁灭性欲望是毫无意识的，但重点是他戏称为"游戏"的射杀一点也没有使他如耶稣般的理想化意象受到干扰。

　　另一位患者是一位科学家，他认为自己认真地投入到工作当中，并将自己视为所在领域的改革者。当选择发表内容时，他完全受到机会主义动机的牵引，并且只会介绍那些他认为会引起最大反响的论文，不存在任何试图掩饰——只是对于所涉及的矛盾同样一无所知。同样地，一个在自己的理想化意象中善良而直率的男人绝不会想到从一个姑娘身上获取钱财，却花在另一个姑娘身上有什么不妥。

　　显然，在每一个案例中，盲点作用使潜藏的冲突排斥在意识之外。令人吃惊的是，这种现象发生的概率之大，况且所谈论的这些患者都不仅有文化，而且具有一定心理学知识。如果只是说我们都倾向于回避自己不关心的事物，这种解释显然不够充分。我们不得不补充一点，我们忽视事物的程度取决于我们这样做的兴趣大小。总之，诸如此类人为的盲点通过一种极为简单的方式证明了我们是多么厌恶去承认冲突。但是，真正的问题是我们如何才能设法将那些与之前引用过的矛盾一样明显的矛盾忽略掉。事实是，存在一些特殊的条件，如果没有这些条件的话，这的确是不可能的，其中的一个条件是对我们自身情感体验的极端麻木，而另一个条件是由斯特莱克尔[1]已经提出的隔离性生活现象。斯特莱克尔也对盲点作用进行了说明，也提到了这种逻辑严密的分隔和隔离生活。这种生活由若干部分组成，分为留给朋友、敌人、家人、外人、工作、私人生活、对等地位的人和下属等各个部分。因此，对于神经症患者来说，发生在一个隔离部分的事情似乎与另一个部分的事情毫无冲突。只有当一个人由于内心冲突失去统一感时，他才会通过这种方式生活。因此，分隔式生活在很大程度上是患者被其内心冲突分裂的结果，以此来防止承认它们。这个过程与所描述过的一种理想化意象的案例极为相似：矛盾仍然存在，冲突却被意念清除了。很难说，是否这种理想化的意向是分隔式生活产生的原因，或者刚好相反。然而，事实很可能是分隔式生活更为根本，并且它可能对所创造出的那种意象进行解释。

　　为了更好地理解这个现象，我们必须把文化因素考虑在内。人类已经在很大程度上变成了复杂社会体系中的一个小螺钉，以至于对自我的疏远几乎成为普遍现象，而人类的自我价值也在下降。由于我们所处的文明中有着不计其数的显著矛盾，于是形成了对道德认知的普遍麻木。道德标准被如此随意地视为诅咒，没有人会感到惊讶，比如，看到一位前一天还是虔诚的基督徒或一位无私奉献的父亲，却在第二天做起事来像是一个匪徒。[2]我们周围鲜有全心全意、人格统一的人来与我们自身的分散性形成鲜明对比。在精神分析情形中，弗洛伊德对于道德价值的丢弃——这是其将心理学视为一门自然科学的结果，

---

[1] 斯特莱克尔，前面已引用。

[2] 林语堂《啼笑皆非》，约翰·戴依出版社1943年版。

导致分析医生和患者一样对于这种矛盾视而不见。分析医生认为拥有自己的道德价值或关注患者的道德价值是"不科学的"，事实上，在许多理论公式中，对于矛盾的接受似乎并不必然局限于道德范畴。

合理化作用可以定义为通过推理进行自我欺骗。人们通常认为的使用合理化过程主要用来自圆其说，或将一个人的动机和行动与普遍接受的意识形态保持一致的说法只不过在一定程度上有效；言外之意是生活在同一文化中的人们都会沿着同一脉络进行推理，而事实上在推理的过程和所采用的方法中存在着范围广泛的个体差异。只有我们将合理化过程视为一种支持神经症患者创造和谐假象的尝试的方法，这一切才会显得自然一些。在围绕基本冲突建立的防御工事的每一个木板上，都可以看到这种合理化过程正在发生作用。占据主导地位的态度通过推理得到加强——将冲突带入视野的因素要么被缩小，要么被改造以适应冲突。当我们把顺从型人格与攻击型人格进行对比时，这种自我欺骗的推理如何辅助人格的流水线就显现出来了。前者把助人的欲望归结于自己的同情感，即使出现了强烈的支配倾向；而且如果这些倾向非常明显，他就将它们合理化为对他人的热切关心。后者，当他想要去帮助别人时，会坚决否认自己的同情心，并且将其行为完全地归结为方便自己。理想化的意象总是要求进行大量的合理化来对其进行支持：真实自我和理想化意象之间的矛盾必须通过推理去除。在外化作用中，合理化对证明外界环境之间的关联产生影响，或者显示那些个体自身无法接受的特性只不过是对他人行为的"自然"反应。

患者过度自我控制的倾向会非常强烈，以至于我曾经一度将其视为原始的神经症倾向[1]之一。其功能就像是一座大坝，抵御矛盾的情感泛滥成灾。尽管起初，过度的自我控制通常是有意识的意志力的行为，不过它迟早都会变成不同程度的自动化行为。运用这种控制的人不会允许自己着迷于热情、性欲、自怜或愤怒。在分析中，他们很难做到自由联想；他们不允许自己借酒助兴，并且经常宁愿忍受疼痛也不接受麻醉。简而言之，他们试图去压制一切自发行为。这个特点在那些冲突尤为明显的患者，以及那些没有采取任何常用的措施来帮助淹没内心冲突的患者身上发展得尤为强烈；态度中的冲突倾向没有一方占据明显的主导地位，也没有形成足够的疏远来阻止冲突发生作用。这样的人仅仅是被其理想化意象结合在一起，而且在没有任何对于建立内在统一的主要尝试的帮助下，它的结合力显然是远远不够的。当这种理想化意象作为各种矛盾要素的一个混合物出现时，它就显得尤为不足了。那么无论是有意识还是无

---

[1] 卡伦·霍妮《自我分析》，前面已引用。

意识的，我们需要运用意志力来保证矛盾冲动处于控制之下。既然，最具破坏力的冲动是由愤怒导致的暴力，我们就要投入最多的精力来控制愤怒。此处会产生一个恶性循环：由于愤怒被压抑，就会积聚爆炸性的力量，反过来会需要更多的自我控制来将其遏制住。如果患者认识到自己过度的自我控制，他就会通过指出自我控制对于任何文明个体的功效和必要性来合理化它的存在。患者所忽视的是其控制的强迫性本质，患者禁不住以最严格的方式来进行自我控制，并且会在因为任何原因导致自我控制无法发挥作用时感到恐惧。这种恐惧也许表现为对精神失常的恐惧，这显然说明控制的功能就是防止精神分裂的危险。

绝对正确具有双重功能：消除来自内部的怀疑和来自外部的影响。怀疑和犹豫不决会与未解决的冲突一直相伴，并且会达到一个足够的强度以至于破坏所有的行为。在这样一个情况下，一个人自然容易受到影响。当我们拥有真正的信念时，将不会轻易地动摇；但是，如果一生中我们都站在十字路口，对于方向犹豫不决，外在因素就会轻易地成为决定因素，即便这些因素只是暂时的。而且，犹豫不决不仅适用于可能的行为过程，还包括对自己、自身权力和自身价值的怀疑。

所有这些不确定性都减损了我们应对生活的能力。但是，显然它们并非对于所有人都是不可忍耐的。一个人越是将生活看作是无情的战斗，他就越会将怀疑视为一个危险的弱点；越是与外界隔绝并坚持独立，他对外来影响就会越敏感，而这些影响会成为他恼怒的原因。我所有的观察都指向了一个事实：将主导的攻击型趋向与疏远型趋向相结合，就会为严格的自以为是倾向的形成提供肥沃的土壤，攻击性越是趋于表面，这种严厉表现得越是激进。这构成了一种一劳永逸地解决冲突的尝试，通过武断教条地声称某人永远是正确的。在一个如此受理性支配的体系中，情感是来自内在的叛徒，且必须被坚定不移的控制压抑下去。这样可以实现平和，但它也是平和的坟墓。正如预料的那样，这样的患者厌恶分析的想法，因为分析会给他带来威胁，扰乱这和谐的画面。

几乎与绝对正确完全相反，但同样是阻止认识冲突的一种有效手段就是捉摸不定。倾向于这种防御方式的患者经常与神话故事中的角色尤为相像，当被追赶时，他就会变成一条鱼；如果这种伪装还不够安全，他们就会继续变成鹿；如果猎人追赶上了他们，他们就会变成鸟儿飞走。你永远也无法将他们固定在任何的陈述中，他们会否认说过什么，或向你保证他们并非此意，他们具有令人困惑的能力来蒙蔽问题本身。通常，他们不可能就任何事情给出一个具体的报告；如果他们真的这样做了，听众最终也不会确定究竟发生了什么。

同样的困惑也占据着他们的生活。他们在这一刻邪恶无比，下一刻又充满同情心；此时过度体贴，彼时又冷酷无情；某些方面表现得盛气凌人，另外一些方面又谦卑谨慎。他们想要一位控制欲强的伙伴，仅仅变成一块人人踩踏的"门垫"，然后又恢复以前的样子。在恶意对待一个人之后，他们会充满悔恨，并试图弥补，然后又像是一个"吸盘"继续虐待周遭的所有人。对于他们来讲，没有真实的东西。

分析医生也会感到困惑和气馁，感到无计可施。他这样想是不对的，这些只不过是一些无法顺利完成惯用的人格统一程序的患者：他们不仅无法抑制部分的内在冲突，而且也没有建立明确的理想化意象，可以说他们在某种程度上证明了这些尝试的价值。因为无论这些后果是多么令人烦恼，我们之前提到的那些进行了人格统一的患者会有更好的组织，也不会像这些捉摸不定的人一样如此迷茫。另一方面，如果分析医生相信这些冲突清晰可见，并不需要深入挖掘，进而认为这只是一项简单的工作，那么他同样又错了。但是，分析医生会发现自己面临着患者厌恶将冲突明朗化的问题，这会出现使他沮丧的趋向，除非医生自己明白这是患者回避任何一种真实洞察力的手段。

最后一种抵御冲突认知的方式就是犬儒主义，对道德价值的否认和蔑视。无论患者如何教条地遵循其所接受的标准的特定方面，关于道德价值根深蒂固的不确定性注定会出现在每个神经症患者的身上。尽管犬儒主义的根源不尽相同，其功能却不约而同地否认道德价值的存在，因此使神经症患者弄清自己究竟相信什么对将其从中解救出来很有必要。

犬儒主义可以是有意识的，之后成为马基雅维利式传统中的一个原则而得到捍卫。最重要的是表象，你可以为所欲为，只要不被捉到现行。只要不是傻子，大家都是伪君子。无论在何种语境下，这种类型的患者对于分析医生用到的道德词汇都极为敏感，就像弗洛伊德时期人们对性话题的敏感是一样的。但是，犬儒主义也可能是毫无意识的，并且被患者对流行意识形态的空口的应酬话所掩盖。虽然患者可能对自己的犬儒主义一无所知，他生活的方式和他谈论其生活的方式会显示出他正在遵循犬儒主义的原则。或者他会不知不觉地将自己卷入矛盾，就像是那位确信自己信仰诚实和正直的患者却羡慕那些沉溺于使用不正当手段的人，并对自己在这方面的不擅长感到愤怒。在理疗过程中，在恰当的时候让患者完全地认识自己的犬儒主义，并帮助他理解这一点是非常重要的。另外，向患者解释为什么他应该建立自己的道德价值体系也是很有必要的。

此前提到的都是围绕神经症患者的基本冲突内核建立起来的防御机制。简单地讲，我可以将整个防御系统称之为保护机制。每一位神经症患者身上都会发展出一套防御组合，通常，尽管活跃程度有所不同，各种防御体制都会出现。

第二篇

冲突未解决的后果

第九章　恐惧

在寻求任何一个神经症问题的更深层含义的过程中，我们很容易在错综复杂的迷宫里迷失方向。这完全不足为怪，因为我们若想要真正理解神经症，就必须面对它的复杂性。我们需要时不时地从中抽离出来，重新找回我们的观点。

我们已经一步一步地跟踪了保护性结构的发展过程。我们也看到了（心理）防御如何一个接一个地搭建着，直到建立起一个比较稳定的组织。在这一切之中让我们印象最为深刻的要素是投入到这个过程中的无限劳动力，这个惊人的劳动力让我们又一次地去探求它到底是什么，怎么能驱使着一个人沿着如此艰险的道路走下去，又如此消耗自己。我们常常问自己，是什么力量使这个结构如此精确并难以变更。这一切过程的动力仅仅只是源自对基本冲突的破坏性潜能的恐惧吗？一个类比也许能够帮助我们扫清障碍找到答案。和其他类比一样，它不能做到完全精准的对仗，所以我们只能将其运用在广义范围之中。我们假设一个有着不光彩往事经历的人通过改头换面得以进入一个社区生活，他肯定会害怕之前的形迹败露，因此惶惶不可终日。然而，随着时间流逝，他的状态有了进展，他结交了朋友，找到了工作，组建了家庭，他十分珍惜这个崭新的状态，于是他又有了新的恐惧——害怕失去现在所拥有的一切。他体面的身份地位帮助他与之前的老底儿划清了界线，并且，他还慷慨捐助慈善事业，甚至还资助到那些"老相识们"，希望能够将过往一笔勾销。与此同时，这些变化已经悄然在他的性格中发挥着作用，发展出了新的冲突，结果便是当下美好生活所基于的错误根基如今只是他障碍中的一股暗流了。

因此，在这个组织之中已经存在神经症问题，基本冲突依旧在，只是发生了质变。它在某些方面有所缓和，但在另外一些方面又有所增强。然而，这个过程中固有的恶性循环使得随后发生的冲突更加紧急。加剧这些冲突最重要的因素是每一个新的心理防御都会更进一步地破坏着他与自己、与他人的关系——而正如我们所看到的，这正是冲突赖以生存的土壤。此外，当一些新的元素，即便是包裹在幻觉中——爱或者成功，已达成的疏远或已建立的意象——在他生活中起着重要的作用时，一种不同形式的恐惧应运而生——害怕遭遇任何不测而造成他现有财产的损失。于是，他与他自己之间日益增长的疏离渐渐剥夺了他帮助自己排忧解难的能力，继而，惰性阻拦了他的定向成长。

由于保护性结构中的心理定式是非常脆弱易瓦解的，它本身也会引发一些新的恐惧。其中之一就是对于心理平衡被扰乱的恐惧。尽管这种结构能增加一些均衡感，但是这些均衡感很容易被打乱。然而，个体本身并不能有意识且清晰地觉察到这个威胁，但是他又不得不通过各种各样的途径感受到它。过往的经验告诉他，他可以被毫无理由地抛出正轨；告诉他，当他对其抱有最小的预期和向往时，他会变得愤怒、兴高采烈、疲劳，抑或是压抑。同时，这种经验的汇集也给予了他一种不确定感，让他觉得自己靠不住。这感觉好似他正战战兢兢，如履薄冰。他的失衡感还会从他的一举一动中透露出来，或使他不能胜任任何需要身体平衡的活动。

这种恐惧最具象的表达即对精神错乱的恐惧。当达到显著的程度时，这种恐惧会成为最主要的症状，迫使人们去寻求精神病治疗方面的救助。在这些例子中，恐惧是由被压抑的、想要去做一切"疯狂"事物的冲动所决定的。这些被压抑的冲动大多有着破坏性本质，但并未视为是其出现的原因。但是，对精神错乱的恐惧并不能作为判断一个人是否真的已经患有精神病的指标，通常它只是非常短暂的，且发生于紧急突发痛苦的情境中。它所带来的最严重的影响，即为对理想化意象的突然一击，或者那些多由无名之火引发的渐增的紧张感，导致了人们在危险境地中过分地克己。比如，当一位自认为温和且勇敢的女性处于危险境地时，她会因为感到无助、忧惧和暴怒而陷入巨大的恐慌之中。她的理想自我形象，原本支撑着她使她坚固而完整，结果却瞬间崩塌使她陷入了一切将支离破碎的恐惧中。我们已经讨论过当一个离群性格的人被拖出他的避风港去亲近人群时——比如参军或者与亲戚同住，恐慌就会找上他。这种恐惧，同样可能表现为对于精神错乱的恐惧，在这一事例中，可能会出现间歇性精神失常。在分析过程中，当病人竭尽全力去构建一种虚幻的和谐却又蓦然发现自己已经分裂了的时候，同样的恐惧就会应运而生。

在分析中已论证，人们对精神错乱的恐惧最常由无意识怒火引发。当这种恐惧逐渐平息后，它的余韵会以一种担忧的形式而存在——担心在无法自控时，自己会侮辱、殴打甚至杀害他人，人们同样恐惧自己会在睡梦中、醉酒状态下、神经麻痹时、性兴奋时实施暴力行为。这种愤怒本身可能是有意识的，或者它以一种对暴力的强迫性冲动出现在意识中，与任何情感因素都无关。另一方面，它也有可能是完全无意识的，在这种情况下，人们会突然感到一阵难以名状的惊慌，同时伴有出汗、眩晕、害怕晕倒的症状。这预示着一种潜在的恐惧——担心控制不住暴力冲动。当无意识恐惧外化之后，人们可能会害怕雷雨、幽灵、窃贼、蛇等事物——也就是任何他们自身以外的潜在破坏性力量。

　　不过，毕竟对精神错乱的恐惧相对少见，它只是害怕失去均衡的一种最明显的表现。然而通常情况下，恐惧常常以一些隐蔽的方式呈现。它的呈现形式模糊不清，而且可以被生活日常中的任何变化而引发。当受制于它的人想要旅行、搬家、换工作或者换家政工等的时候，他们会深切地感到被扰乱了，于是他们想方设法地避免改变。恐惧情绪对于稳定性的威胁阻碍了病人的分析治疗，尤其是当他们已经找到了一种让自己的生活良好运行的方式时。每当讨论到精神分析是否可取时，他们会考虑那些乍一看非常合理的问题——分析疗法会破坏他们的婚姻吗？会使他们暂时无法工作吗？会让他们变得易怒吗？会干涉他们的宗教信仰吗？从中我们可以看出，这些问题某种程度上是由病人的绝望情绪决定的，他觉得不值得去冒任何险。但是，还有一个忧惧隐藏于他的担心背后：他需要确定分析治疗不会干扰他的均衡。我们可以安全地假定，在这些案例中，均衡极不牢靠，分析治疗会很艰难。

　　那么，分析师能够给予病人想要的安全感吗？当然不能，每一位分析师都必然会给其带来一些暂时的混乱。分析师能够做的，是对这些问题刨根问底，向病人解释他们到底在怕些什么，同时还要告诉病人尽管分析治疗会扰乱他们当下的心理均衡，但是将给他们机会去获得具有更坚实基础的均衡。

　　另外一个源于保护性结构的恐惧是对暴露的恐惧，其根源在于许多已经参与该结构的发展和维护之中的虚假伪装，这些将通过它们与未解决冲突所导致的对节操的损害之间的联系得以描述。我们当下的目的是需要指出一位神经症病人想要向自己和他人展现出与其真实情况不相符的样子——更加和谐、更加理智、更加慷慨或强大或无情。很难说患者更害怕向自己还是向他人暴露自我，患者更有意识地在乎他人，当其恐惧外化程度越高，患者就越焦虑不安，并希望他人不要察觉。在那种情况下；患者可能会说他对自己的看法不重要，他可以从容越过自己对自身过失的察觉，只要他人被蒙在鼓里。实际上并不如此，但这是病人有意识感觉到的，而且这也可以表明外化作用的程度。害怕暴露可能表现为，隐隐觉得自己在虚张声势，或者这个人喜欢一些与让自己真正烦恼的毫不相关的人格特质。一个人可能担心自己不如他人认为的那样聪明、有能力、受过良好教育、有吸引力，因此将恐惧转移到那些自己性格中所没有的品质上。一位患者回忆说，在他的青春期早期，他一直对自己在班上名列前茅而感到恐惧，这一切都归咎于他觉得自己在虚张声势。每一次他转学都是因为他觉得自己会被拆穿，这种恐惧其至会一直持续到他再次高居榜首。他的感受让他疑惑，当他始终不明白其中缘由。他不能看透自己的问题，因为他步入了思考误区：他对暴露的恐惧与他的智力毫无关系，只是恐惧被转移到了这个领域中。事实上，这个恐惧关乎于他无意识地伪装成一个不在乎成绩的热忱伙伴，然而事实是他在一个希望战胜他人的破坏性需求中无法自拔。这一例证可以得出一个概论：害怕当一个虚张声势的人通常与一些客观的因素有关，但通常不是患者自认为的那个因素。从症状上而言，最突出的一点就是脸红或者害怕脸红。既然它是一个无意识伪装，那么在精神分析中患者的恐惧就会被发现。但是分析师可能会犯一个严重的错误，在没有发现患者的恐惧事项之后，分析师会寻找某些经历，判定后者羞于启齿或者隐瞒着什么，然而病人可能没有隐瞒任何事情。如此一来，患者可能会越来越恐惧，觉得一定有什么不好的事情在自己身上，然而自己却无意识地拒绝去发觉。这一情境会促使患者对自己进行自我谴责的审查，而不是建设性的工作，患者可能会更进一步地详细探究间歇性冲动或者破坏性冲动。只要分析师没能认识到患者受困于冲突之中，也没有意识到他只是致力于其中一个方面，那么病人对暴露的恐惧就依然存在。

对暴露的恐惧可以被任何情境激发，这对于神经症患者而言是在经受考验。开始新工作、结交新朋友、进入新学校、考试、社交集会，甚至是任何的表演，哪怕只是参与讨论，都会让病人的恐惧表露无遗。这常常会被认作为对失败的恐惧，实则是对暴露的恐惧，因此这种恐惧不会因成功而减轻，患者只会觉得"挺过了"这一次，那么下一次怎么办呢？如果这次失败了，患者只会更加确信自己一如既往是个虚张声势的人，这一次终于让他现了原形。这样会带来一个后果——害羞，特别是在任何新的情境中时，另外一个后果是当被喜欢或者被欣赏时会格外谨慎。人们会想，有意识或者无意识地："他们现在喜欢我，但是当他们真正了解我的时候就不会喜欢我了。"很自然地，这种恐惧在分析治疗中很重要，它的明确目的即为"揭发"。

每一种新的恐惧都需要一套新的防御，那些用以对抗暴露恐惧而建立的防御陷入了对立的分类并且取决于整个性格结构。一方面，人们会有一种避免任何形式的考验处境的倾向，如果不能避免，则会有所保留、自控，戴着厚实的面具；另一方面，人们会无意识想要变成一个无比完美的吹嘘者，因此也不时要担心暴露。后一个态度并不单单是防御的，带有攻击性的人们也会用"一个卓越的吹嘘者"作为手段去给那些他们想要利用的人留下深刻印象，他们会对任何想要质疑他们的人予以狡猾的回击。我在这里想要提及那些公然的施虐癖患者，我们之后会提及这个特质是如何与整个结构相吻合的。

　　我们要明白对暴露的恐惧，当我们回答这两个问题时：人们到底害怕什么被揭开？他们害怕万一被暴露的是什么？第一个问题我们已经回答过了，为了回答第二个问题，我们必须先处理源自保护性结构的另外一种恐惧——对被忽视、羞辱和戏弄的恐惧。这种结构的不稳固导致了紊乱的均衡，同时，其中一种无意识的欺骗性滋养了暴露恐惧，羞辱恐惧来源于受损的自尊，我们在其他关联部分已经提及了这个问题。创造理想化意象和外化作用过程都是想要修复受损自尊而做出的努力，然而我们也看到了，这两者反而伤它更深。

　　如果我们来鸟瞰在神经症发展的过程中自尊经受了什么，我们会看到两组跷跷板。当现实自尊程度下降时，不切实际的骄傲上升，这种骄傲来源于做得特别好了、特别有攻击性、特别独一无二、无所不能或者无所不知。在另外一个跷跷板中，我们发现神经症患者实际的自我被贬低而相应地拔高他人的形象至巨人的模样。经过压迫或者抑制、理想化和外化作用后，患者的自我极为缺失，个体会失去对自我的认识，会觉得自己是否从来没有真切地生活过，就像一片没有重量和实质的阴影，与此同时，患者对于他人的需要和恐惧会使他人对他来说更加可怕也更为必要。因此，患者的重心会依赖他人多过依靠自己，其让渡给他人的特权恰恰是患者自己的。这样的做法会使他人对患者的评价有着过分的重要性，然而他自己对的评价却失去了重要性。这让他人的观点有着压倒性力量。

　　以上整个过程合起来可以解释神经症病人在面对忽视、羞辱和戏弄时的极度脆弱，而且这一过程差不多是每一个神经症的一部分状况，过敏症在这一方面极为常见。如果能够认识到对忽视的恐惧的各种来源，我们就可以明白将它移除或消灭是一项不简单的任务。当整个神经症有所缓和时，这种恐惧也会减弱。

　　通常而言，这个恐惧的后果是将神经症患者与他人疏远，并且使其对他人充满敌意。但是，更重要的是，它的力量很大程度上制约着那些受它折磨的人。他们不敢向他人期待任何东西或者为自己定很高的目标，他们无论如何不敢接触那些看起来高他们一等的人，他们不敢去发表观点尽管他们可能会做出真正的贡献，他们不敢去施展他们的创造力就算他们真正拥有，他们不敢让自己变得有吸引力，试着让人印象深刻，去谋求一个更好的职位，等等。当他们想要向这些方向迈出一步时，被嘲弄的可怕预期让他们踟蹰不前，最后只好回到他们的避风港里保护着自己和自尊。

　　比我们所描述的恐惧更为不易觉察的是那些凝结在一起的，和其他恐惧一样出现在神经症发展之中的恐惧，这是一种对自身任何变化的恐惧。患者针对变化会采取两种极端的态度：他们要么就让整个事情模糊不清，觉得在将来某个不确定的时间点，改变将随着一些奇迹而来，或者他们想要在知之甚少的情况下极速地改变。在第一种情况下他们隐瞒的内心保留是认为扫一眼问题或者承认一下弱点就足够了，为了实现自我，他们必须切实地改变自己的态度和内驱力的想法，对于他们来说是一种震惊，并会让他们觉得不适。他们禁不住去看那些命题的有效性，但同时他们会无意识地拒绝它。而与之相反的情形会导致一种无意识的虚假改变，在某种意义上是一种痴心妄想，源于患者无法容忍自身任何的不完美。但它同时也是无意识的全能感所决定的——仅仅只是期望困难马上消失就足够能驱散它了。

在恐惧改变的背后是对越变越糟的担忧——人们将失去理想自我形象，转变为抗拒的自我，成为像其他人一样的人，或者被分析治疗弄得只剩下一副空壳；对未知的恐惧，不得不放弃当下已经获得的一些安全机制和满足感，尤其是其追逐的那些给人以解决冲突的希望的泡影；最后，是一种对于无力改变的恐惧，这种恐惧等到我们讲神经症患者的绝望感时会更好理解。

这一切的恐惧全都起源于未解决的冲突，然而，如果想要最终得到整合，我们就必须向它们袒露自身，它们也是我们在面对自我时的障碍。但它们只是暂时的苦难，事实上，在我们获得救赎之前，我们必须进行这场拉锯战。

第十章　人格困厄

　　去考虑那些未解决冲突所导致的后果，就像是进入了一个看上去无边界且未经开拓的疆域。想要了解它，我们或许可以先着手讨论一些失调症状，例如忧郁、酗酒、癫痫，或者精神分裂症，希望以此能够对一些特定障碍有更好的了解。然而，我倾向于从一个更普遍有利的观点来审查它并且提出问题：那些未解决冲突如何影响着我们的精力、人格完整和幸福？我采取这个方法是因为，我坚信，如果我们不理解它的根本的人格基础，就不可能抓住任何失调症状的要点。现代精神病学倾向于寻得一个便利的理论公式去解释既有的综合症状，但就临床医生的需求而言，他们需要去解决那些病症，因此这一倾向是不自然的。然而这样做的可行性也很小，更不用说科学性了，就像是建筑工程师想在打下地基之前就搭建房屋的顶层。

　　问题中的一些元素已经被提及过了，我们现在要做的只是对它们进行详尽的解释。另外一些元素隐含于我们之前的讨论中，还有一些则需要我们去补充。我们的目标不是让读者模糊地认为未解决冲突具有伤害性，而是向读者清晰全面地描绘出它们会对人格造成何种严重的破坏。

　　带着未解决的冲突生活主要会造成人类精力的毁灭性浪费，这些浪费不只是冲突本身所造成的，还是因为那些想要消灭冲突所做的错误努力导致的。如果一个人本质上是分裂的，那么他就无法全身心地投入到任何事情之中，而是想要追求两个或多个不能兼容的目标，这就意味着要么分散他的精力，要么使他的努力徒劳。前者对于那些如培尔·金特般有着理想化意象的人完全适用，让他们相信自己在任何事情上都可以做到卓越。比如一位女士，想做一位完美的妈妈、厨师和女主人，想要打扮得光鲜，想在社交与政治领域都有一席之地，想做一位无私奉献的妻子并在婚姻之外还有些风流韵事，除此之外还想做一些自己的生产性工作。毫无疑问，这是不可能完成的，她必然会在上述所有追求中都失败，而且就算她再怎么天赋异禀，她的精力都会被浪费。

　　更为普遍的联系是单一追求中各种相斥的动机相互阻挠所带来的挫折。一个男人很想做一个好的朋友，但是他盛气凌人、过于苛求，所以在这个方向上他并未能充分发挥其潜力。他还希望他的孩子在世界上有所成就，但是他对于个人权力的内驱力和长期的苛刻干扰了他愿望的达成。有人希望能写一本书，但是无论何时，只要他未能及时组织好语言书写出他的想法，他就会头痛欲裂或者身心俱疲。这种情况依旧是理想化意象所导致的：既然他是聪明人，难道他不应该文思如泉涌，就像是魔术师帽子里蹦出的兔子一样吗？可一旦事实并不如此时，他就会对自己产生暴怒。还有人也许有个具有实际价值的想法，想要出席一个会议，但是他不仅想要给他人留下深刻印象，使他人黯然失色，同时他还想被大家喜欢并且无人反对，此外因为他外化后的自我轻视他还预估了一些嘲弄出糗的情况。如此一来的结果就是他毫无头绪，而他本可以付诸实践的重要想法永远不可能变为成果了。还有人也许可以成为一个好的组织者，但是他的施虐趋向会在他周围树敌颇多。我们在此不需要再举例了，因为当我们每个人省察自己以及与己相关事项的时候，我们可以找到足够多的例子。

关于清晰方向的缺乏还有一个很明显的例外。有时候一位神经症患者也会表现出一种古怪的一根筋地追求着一个目标：男人可能为了他们的野心不惜一切代价，哪怕是自己的自尊；女人们可能只为爱而生，除此以外别无所求；父母可能倾注他们的一切心血到孩子们身上，这类人给人留下可以全心全意只为一件事情的印象。然而，我们曾经说过，他们实际上是在追求一种海市蜃楼式的方法，看似提供了一种解决他们自身冲突的方法，这种表面上的全心全意是绝望境地之一而非人格的整合。

并不单单是冲突需求与冲动在消耗和浪费着精力，保护性结构中的其他因素也起着同样的作用。整个人格领域中存在的侵蚀地带应该归咎于对基本冲突部分的压抑。这个被侵蚀的部分依旧足够活跃地干扰着患者，但是起不到什么建设性作用，因此这个过程导致了精力的丧失，这些精力本可以用在自我主张、合作或者建立良好人际关系之上。在此涉及另外一个因素，个人与自身的疏离会夺走其动力。患者依旧可以做一个非常好的工人，甚至在外部压力下依旧可以付出相当大的努力，但是当他只剩下自身资源时就会轰然崩溃。这不仅仅意味着患者在其休闲时光中不能做出任何有建设性或者让人愉悦的事情，还意味着他全部的创造力可能被白白浪费了。

最重要的是，各种各样的因素连接在一起创造了一个大范围的扩散性抑制。为了理解并最终解决一个单独的抑制，我们必须一次又一次地转向它，从我们讨论过的所有角度去处理它。

精力浪费或者精力误导起源于三种障碍，都是未解决冲突症状。其中之一就是一般性的优柔寡断，这可能泛化在每一件事情上，从琐事到最重大的个人事件。他可能一直犹豫不决于到底吃这个菜还是吃那个菜，买这个箱子还是买那个箱子，看电影还是听收音机。他可能也无法决定做什么职业或者怎么走职业生涯中的任何一步，无法在两个女人之间做出选择，纠结于到底离不离婚，到底是生存还是死亡。必须做决定而且一旦决定就不能反悔对于这个人来说着实是一种折磨，并会使他饱受惊恐，精疲力竭。

尽管这些人的优柔寡断非常明显，但是他们常常意识不到这一点，因为他们在无意识地努力去避免做决定。他们拖延，他们只是"还没开始考虑做这事儿"，他们听天由命或者让他人帮助做决定。他们还可能在一定程度上掩盖问题，而没有留下任何赖以做决定的基础。伴随这一切而来的无目的性对于患者自身来说也并不明显，很多无意识机制被启用，以此来掩盖无处不在的优柔寡断，因此，分析师听到的有关此问题的抱怨相对稀少，但它着实是个常见的紊乱失调。

另外一种精力分裂的典型表现是一种普遍的无效感，在此我想不到任何在特定表现中的不擅长是由于对该主题缺乏训练或者缺乏兴趣所导致的。它也不是一个关于未开发精力的问题，正如威廉·詹姆斯在其最有趣的一篇论文[1]中所说的，当一个人没有屈服于最初的疲劳信号，以及外部环境施加的巨大压力时，精力的蓄水池就有效运转了。由此而论，无效状态是由于个人内部矛盾而无法尽全力所导致的，就像是当他正在开车的时候踩着刹车，因此车速无可避免地慢了下来。有时候，这在字面上完全可行。这个人想做的每一件事情完成起来都花了更长时间，依据他的能力以及任务难度的需要，本不需要这么久。并不是他不够努力，恰恰相反，他做任何一件事情都必须付出过度的努力。比如说，他可能要花上数小时去写一个简单的报告或者掌控一项简单的机械设备。妨碍他的原因有很多，他可能无意识地反抗着自己所感受到的高压，他可能被驱使着将每一个细节都要做到完美，他可能对自己大发雷霆——正如上文的一个例子——因为他没有在首次尝试时就表现优异。无效状态不仅表现为迟钝，还可能表现为笨拙和健忘。如果一位女佣或者家庭主妇因为觉得自己很有才华，却要做如此卑微的事情而暗自感到不公平时，她是不会将她的工作做好的。她的无效感不只局限于特定的活动中，还会遍及她所做的每一件事中。从主观角度而言，这意味着她在紧张中工作，而且不可避免地会很容易筋疲力尽，且需要更多的睡眠。在此情况下的任何一种工作都势必会耗尽这个人，就像是驾驶一辆刹车已经抱死的车，会造成它极大的损耗。

---

[1] 威廉·詹姆斯《记忆与研究》，朗曼出版社1934年版。

内部的紧张焦虑——与无效状态一样，不仅体现在工作中，同时也显著地体现在与人相处的时候。如果这个人想表现得比较友善，但是与此同时又憎恶自己的这种念头，觉得这样是在逢迎他人，就会表现得很不自然；如果这个人想要寻求什么东西，但同时又觉得应该下命令得到它，就会表现得缺乏教养；如果这个人想要坚持己见但又想顺从他人，就会表现得犹犹豫豫；如果这个人想要联系某人但是又觉得会被拒绝，就会很害羞；如果这个人想要发生性关系，但又想使伴侣受挫，就会变得冷淡；等等。这种矛盾的倾向越普遍，生活中的紧张焦虑就会越严重。

有一些人对这些内部的紧张感有察觉，但更常见的是只有在特殊情况下紧张感激增时，他们才会意识到它的存在；有时候，只有与那些极少数让他们可以放松、安心、自然的情形做对比时，他们才会发现它。对于那些引发的疲劳，他们总是会归咎于其他的因素——体质太弱、超负荷工作、缺乏睡眠。这些因素中的任何一个都是对的，可能也的确起到了一些作用，但是它们远没有人们想象的那么重要。

在此，第三个相关的障碍症状是一种普遍的惰性。饱受惰性折磨的患者常常谴责自己偷懒，但实际上他们无法懒惰并安心享受。他们可能有意识地讨厌任何一种形式的努力，同时还将其合理化，声称"我有这个想法就已经够了"，剩下的轮到其他人来落实细节问题——也就是去工作。对努力的厌恶还可以表现为害怕所做出的努力会对他们自己造成伤害，这种恐惧是可以理解的，就事实来看，他们知道自己很容易累，而当医生只看到他们疲累的表象而没有深究其根源就建议他们休息时，他们对努力的厌恶会得到加强。

神经症惰性是一种主动性和行动的麻痹，通常而言，它是由对自己的强烈疏离和缺乏目标方向所带来的后果。长时间的紧张焦虑和差强人意的努力让神经症患者有着高度泛化的精神萎靡状态——尽管生活中也穿插着阶段性令人振奋的活动。在所有单独起作用的因素之中，最具影响力的是理想化意象和施虐趋向。事实上对于神经症患者而言，需要持续不断的努力对于他们而言是一种羞辱，证明了他们与自己的理想化形象完全不符；然而预感到只能做一些平庸的事情则会完全地吓退他们，于是他们宁愿什么也不做，然后在他们的幻想中有着叹为观止的表现。总是产生于理想化意象的令人痛苦的自我轻视，夺走了他们觉得自己能够做到任何值得去做的事情的信心，因此将所有活动的动机与快乐都深埋于流沙之中。施虐趋向，特别是它们受压抑的形式（逆转施暴狂），使人们矫枉过正，过于敏感于任何像是攻击的行为，因此可能或多或少会带来使人们精神失常的后果。一般性的惰性特别重要，因为它不仅涵盖行为，还涉及感受，由于未解决的神经症冲突的缘故所浪费的精力总额是不可估量的。因为神经症终究是一种特定文明的产物，这种对人类天赋和品质的阻碍像是在对所讨论的文化进行严重的控诉。

带着未解决的冲突生活不仅导致了精力的分散，还分裂了道德本质——也就是，在道德原则以及有关个体与他人的人际关系中体现出的所有的感受、态度、行为，并且影响了其自身的成长。正如精力分散会导致浪费一样，在道德问题上会导致道德的完全性的损失，或者换一句话说，会损害一个人的节操，这些损害是由假定的矛盾立场以及想要掩盖其矛盾本质而做出的努力所带来的。

不兼容的几组道德价值观念会出现在基本冲突之中。尽管人们做出努力想要使它们和谐共处，它们依旧还是我行我素，各显神通。然而这就意味着，没有也不可能有任何一方可以被认真对待。而理想化意象，尽管它包含了真实理想的元素，本质上依旧是虚伪的，而对于患者本人和那些未经训练的观察者来说，要将它与真实的事情区分开来，就像是辨别钞票真伪一样困难。

正如我们所见，神经症患者可能会诚心诚意地相信，他在追随理想的过程中可能会对自己的任何失误予以严苛批评，这样一来，会在追求自己的标准时给人留下过分谨小慎微的印象，或者他会沉迷于思考和谈论价值观和理想。我认为"他们并没有把自己的理想当作一回事"的意思是"它们对他的生活并没有强制性的力量"。当这些理想对他来说很容易达成或者很有用的时候，他就会应用它们；然而在其他时候，他就把它们随手抛在一边。我们可以在我们关于盲点和区域化的讨论中看到这些例子——而在那些对待自己的理想非常严肃认真的那类人身上，这些例子是不可能发生的。同样，如果这些理想是真正的理想，它们也不可能被轻而易举就抛弃了——举例来说，就像一个人声称对一项事业有着赤胆忠心，然而当他受到诱惑时，却叛变了。

总的来说，节操障碍的特征表现为真诚度的降低和自我中心性的增加。有意思的是，在禅宗佛教作品中，真诚等同于全神贯注，这一观点也指向了我们在临床观察基础之上所得到的结论——换句话说，如果一个人内在是分裂的，他就不可能做到完全真诚。

僧人：我知道，当狮子想要抓到它的对手时会竭尽全力，不论对手是一只野兔还是一头大象。请禅师指教这是一种什么力量？

禅师：本着诚心（字面含义，不欺哄的力量）。

真诚即是不欺骗，意味着"展现出一个人的全部"，严格来说是"全身心地投入到行动中去"，如此，则毫无保留、毫无矫饰、毫无浪费。据说当一个人这样生活的时候，他就会变成一头金毛狮，就是阳刚、真诚、全神贯注的象征，就是圣洁有神性的人。[1]

以自我为中心是一个道德问题，它意味着让其他人屈从于自己的需求。他人仅仅是达成目的的手段，而不是被当作拥有应得权利的人来看待。为了减轻自己的焦虑感，他人必须被安抚或者被喜欢；为了使自己的自尊感上升，他人必须被深深打动；因为自己无法独自承担责任，他人则会被责备；为了满足自己胜利的欲望，他人必须被打败，等等。

这些道德障碍呈现出来的特定形式因人而异。它们当中的大多数已经在其他很多相关概念中被讨论过了，我们只需要系统地回顾一下即可，我在此不做赘述。如果我们还没有讨论过施虐趋向的话，讨论这些会有些困难，而且我们必须稍后再做讨论，因为这种趋向被认为是神经症发展的最后一个阶段。由最突出的一个谈起，无论神经症沿着哪条路发展，无意识伪装总会是其中一个因素。显著的表现有以下几种：

以爱之名。各种各样的感情和努力都可以披上爱的外衣，或是使人在主观上感受到如此，这是让人很吃惊的。当这个人感觉自己的人生特别不堪一击或者没有意义的时候，它会包装一个人对依恋共生的期待。[2]在一种更具有攻击性的形式中，它可以粉饰其想要通过利用他的伙伴来获得成功、名望、权力的欲望。它还会表现为想要征服并战胜某人，或者想要与某个伙伴融合并借由这个人生活，而且可能是以一种施虐的方式。它还可能意味着一种被他人仰慕的需要，以此来确认自己的理想化意象。正是由于"爱"在我们的文化中很少是一种真挚的感情，常常充满着虐待和背叛。因此在我们的印象中，爱变成了蔑视、厌恶或者冷漠。但是爱并不会这么容易就转向，事实上，那些感情和努力所激发出来的虚情假意最终会浮出水面。无须多言，这种伪装在亲子关系、朋友关系和两性关系中都存在。

假装善良、无私和有同情心。这一类与以爱之名的伪装非常类似，它是顺从的那一类患者的特征，通过一种特定的理想化意象和想要清除攻击性冲动的需要得以加强。

假装有兴趣、有知识。在那些疏离了自己的情感的人中，这一点尤为明显。他们认为只要有智慧就可以掌控生活，他们必须假装自己知道一切并对一切都感兴趣。然而，它还有可能以一种更为隐秘的形式表现在某些人身上。这

---

[1] D.T. 铃木：《禅宗佛教及它对日本文化的影响》，东方佛教会（京都）1938年版。

[2] 参见卡伦·霍妮《自我分析》，第八章中关于病态依附现象的讨论。

类人似乎是要献身于某种特别的召唤，但是他们并没有意识到这一点，并利用这种兴趣当作是获取成功、权力或者物质优势的垫脚石。

假装诚实、公正。在那些攻击性人群中，特别是当患者有着明显的施虐趋向时，这一特征最常见。患者看穿了那些假装有爱和良善的人的把戏，认为自己并不支持这类常见的伪善——假装大度、爱国、虔诚等等，因此觉得自己尤为诚实坦率。事实上，他有着自己的虚伪，只不过是不同形式的。他当前没有偏见也许只是一种盲目的、消极主义的对任何传统价值观的抗议，他敢于说不也许并不是因为占据优势，而只是想要挫败他人。他的率直可能只是想要去嘲弄和羞辱他人，他承认自己在正当地利己只是为剥削他人而打的幌子。

假装受难。这一点需要我们尤为详细的讨论，因为一些让人疑惑的观点在它周围丛生。那些严格坚持弗洛伊德理论的分析师们与门外汉们分享这样一种信念，认为神经症患者想要感受到虐待、想要忧虑并需要受到惩罚。支持"神经症患者想要遭受痛苦"这一观念的数据资料众所周知，然而，"想要"这个词语事实上涵盖了各种各样的智力上的罪过。提出这个理论的作者们未能理解神经症患者所受的折磨远比他自己所知道的要多，并且通常只有当患者开始康复的时候才会开始意识到他所受的痛苦。更相关的是，他们似乎并不知道由未解决冲突所导致的这些痛苦折磨是不可避免且完全独立于他们的个人愿望的。如果神经症患者任由自己分崩离析，他当然不会是因为他想要对自己造成这样的伤害而这么做，而是因为内心必然性迫使他如此行事。如果他自我谦卑并容忍着不反抗，他——至少是无意识地——会讨厌这么做，并且因此而鄙视自己；他会对自己的攻击性感到害怕，因此他必须走向另一个极端，以某种方式让自己受到虐待。

另一种有助于受难癖好的特质是倾向于将任何苦难夸张化或者戏剧化。痛苦折磨的确会因为一些隐秘不明的动机而被感受到并展现出来，它可能是对关注和宽恕的一种恳求，可能被无意识地用于利用他人，可能是受抑制的报复心的一种表现形式，然后被用作实施制裁的一种方法。但是鉴于内心感情丛生，这些也只不过是神经症患者为了达到某些目的的必由之路。同样地，他确实经常将其遭受的苦难归结于一些错误的原因，进而给人以无缘无故地沉溺于苦难的印象。因此神经症患者可能会郁郁寡欢并将此归咎于他有罪，然而事实上，他是因为没有达成自己内心的理想化意象才备受煎熬。或者，当他与深爱的人分离时他会恍然若失，尽管他将这种感觉归咎于自己深切的爱，但实际上只是他内心的撕裂——他只是无法忍受独自生活而已。最终，他可能会歪曲自己的感情，在他怒气满满的时候却自以为是在经受痛苦。举例来说，一位女士，当她的爱人没有在约定的时间里写信给她时，会觉得自己在受折磨，但实际上她是感到愤怒，因为她希望一切事情都准确地按照自己的预期进行，或是因为缺乏关注而感觉到丢脸。在这种情况中，受难是无意识地不想去承认自己的愤怒，神经症驱力是其缘由。同时，忍受折磨还被着重强调了，因为它还帮助她掩盖着她在这段关系中的心口不一。然而，以上所有例子，无一可以推断出神经症患者真的想要经受折磨，"患者所表达出来的是一种对受折磨的无意识伪装"。

更进一步具体的障碍是无意识傲慢的发展。我在此重申，这类病人以自己没有的品质或者程度不如自己想象中那么高的品质而倨傲，因此无意识地觉得自己对他人苛求且贬损都是理所当然的。所有的神经症性傲慢都是无意识的，因为他们对于那些错误的要求都毫无察觉。这里的差别不是在于有意识傲慢和无意识傲慢之间，而是在于一种傲慢是显而易见的，而另外一种傲慢则是隐藏在过分谦虚和抱有歉意的行为之后的。这个区别在于对可找到的攻击性的测量评估，而不在于对已有的傲慢的测量评估。在一种情境中，患者会公开提出要求拥有特权，在另外一种情境中，如果这些特权并不是自动给他的，他就会觉得很受伤。他在这两件事情中都缺乏的东西我们可以称之为"真实的谦卑"，这意味着一种承认——不仅是言语上的，而且还带着感情上的诚挚——承认人类有着普遍的局限性和不完美，个人有着特殊的缺点和短处。就我个人经历而言，每一个患者都不愿意思考或听到任何关于自己的局限性。这一点在那些有着隐秘傲慢的患者身上尤为明显，他们宁愿因为忽略了某些事情而无情地责骂自己，也不愿去承认——就像圣·保罗所说的——"我们知道的太少了"。他们宁愿训斥自己粗心大意或者懒惰无为，也不愿意承认没有任何人可以每时每刻都保持一样的高效率。隐性傲慢最为明显的特征即为一种矛盾——严苛无情的自我批评，并伴有抱歉的态度，但内心却对外界的任何批评和忽视感到愤怒。分析师们通过近距离观察才能发现这些受伤的情绪，因为那些过分谦卑的患者常常压抑着它们。但事实上，他们和那些公开表露傲慢的人一样要求过高，他们对于他人的批评同样非常严厉，只不过表面上表现出一种谦逊的敬仰态度。然而，暗地里他们就像期待自己一样也期待他人是完美的，这意味着他们缺乏对他人独特个性真正的尊重。

另外一个道德问题是没有采取确定立场的能力，以及随之而来的不可靠性。神经症患者很少根据一个人物、主意或者一个事件的客观是非曲直来选择立场，而是全凭自己的情绪需求。因为这些需求是相互矛盾的，所以一个立场很容易就会轻而易举地被另外一个立场代替。因此很多神经症患者做好了随时切换的准备——就像是无意识地受到更多的感情、声望、认可、权力或者"自由"的诱惑而被收买了。这适用于患者所有的人际关系之中，不论是个人的抑或是作为族群中的一员，他们无法坚持自己对于他人的感觉或者意见。一些未经证实的流言蜚语就能左右他们的看法，一些失望、怠慢，或者其他类似的感觉，就足以成为他们舍弃一个"挚友"的理由。他们所经历的一些困难就会使他们的热情消散，从而变得萎靡不振。因为某些个人的依恋和愤恨，他们会改变他们的宗教信仰、政治立场或者科学理念。他们在私人谈话中有着立场，但是当任何权威人士或者群体施加哪怕一点点压力的时候，他们就会让步——他们通常根本不知道为什么自己会改变看法，即便他们已经这样做了。

　　神经症患者可能通过起初不下决心，"骑墙观望"，留下所有的可能性，无意识地避免明显的犹豫不决。他可能会通过指出所处情境的复杂性的方式，将这种态度合理化，或者他可能受制于一种强迫性公平。毋庸置疑地，真正想要做到公平的努力是颇具价值的。同样地，想要做到公正、不昧良心会让人在很多情境中更难选择一个明确的立场。然而，公正可以构成理想化意象里中必备的一部分，其功能就是让选择立场变得不那么重要，同时还让他觉得自己是涂油仪式的"受膏者"，可以超越对偏见的挣扎。在这种情况下，人们倾向于去一视同仁地看待两种对立的立场，并且认为它们并不是真的那么相互矛盾，或者是认为争吵的双方都是正确的。这是一种虚假的客观性，阻拦了一个人去识别任何事情的根本问题。

　　出于此理由，各种各样不同的神经症之间有着很大的差异。那些真正离众的人有着最高的整合性，他们可以避开神经症性竞争与神经症性依恋的旋涡，也不会轻易被"爱"或者野心收买。同时，他们对生活冷眼旁观，所以他们在做判断的时候有着相当高的客观性。但也不是每一个离众的人都能选择立场，他也许极不情愿去争吵或者去承认在他自己的心中也并没有非常清晰的立场，然而无论是一团混沌的或者是泾渭分明的，无论是正当有效的或者是站不住脚的，这些都不会成为他的信条。

　　虽然我断言了神经症患者一般而言会很难选择立场，然而在另一方面，具有攻击性的一类患者则似乎是这一论断的反例。特别是当他们正直到死板的地步时，会有着不同寻常的表明确切观点的能力，并维护和坚持这些观点。但这一表象是具有欺骗性的，他们如此坚决往往只是因为固执己见，而非真的有着明确的信念。因为这些观点同时也起着遏制患者自身内部一切疑问的作用，所以它们还可能具有武断的甚至是狂热的特征。此外，此类患者还会被权力或者成功的前景收买，他对于立场的坚守完全受制于其对于掌控局势或者赞誉名望的内心驱力。

神经症患者对于责任的态度是非常让人疑惑的。在某种程度上是因为"责任"这个词语本身有着各种各样的含义，它可以指凭着良心办事，履行应尽的职责和义务。依照此定义，神经症患者是否有责任感完全取决于其特殊的人格结构，并不是每一位神经症患者在这一点上都是一样的。对他人负责意味着对自己所做出的会影响到别人的行为感到问心无愧，然而也可能是想要主导他人的一种委婉的说法。当负责任意味着要承担过失的时候，它仅仅是一种对于自己未能达成理想化形象的愤怒表达而已，在这种意义上实则与责任毫无关系。

如果我们都能清晰地了解责任对于我们自己来说意味着什么，就将明白这对于神经症患者来说，如果有可能的话，是很难去承担的。这意味着首先他们必须实事求是地对自己和他人承认如此这般的所有事情都是他们自己的意向、他们的言行，并且愿意去承担所导致的一切后果，这同说谎以及归咎于他人是截然相反的事情。在这种意义之上的承担责任对于神经症患者来说是很难完成的，因为通常来说他不知道自己正在做什么，也不知道为什么要这样做，而且其主观上根本没有兴趣想要知道。这就是为什么他总是尝试着通过否认、遗忘、贬低、无意地提供其他动机、感到被误解或者感到困惑来逃避。因为他总是想要去使自己置身事外或者免除责任，他会认为所引发的一切难题都是妻子、商业伙伴或分析师的责任。还有另外一个常常导致患者无力承担自己行为后果的原因，甚至视这些后果为一种隐秘的全能的感觉，在此基础之上他期待自己能够为所欲为或者侥幸逃脱，然而去承认不能逃避的后果会粉碎这种感觉。在此最后一个相关因素乍一看也许是智力上的欠缺，无法去根据因果关系来思考问题。神经症病人常常给人感觉他们天生只能从犯错和惩罚这个角度来思考问题，几乎每一位患者都感觉分析师在责怪他们，然而事实上分析师只是在让他们去面对困难和后果。在分析治疗情境之外，患者会觉得自己像是一个备受怀疑和攻击的罪犯，因此常常处于一种防御的状态。实际上，这仅仅只是其内心活动过程的一种外化表现。正如我们看到的，这些怀疑和攻击的来源是患者自己的理想化意象而已。这是他内心的故障探测和心理防御过程，再加上其外化作用，使他自己完全不可能从一种因果关系的角度去思考他自己的顾虑之所在。然而，当不涉及他自身的难题时，他可以像其他人一样的实事求是。如果因为下雨而导致街道潮湿，他就不会去问这是谁的责任，并会接受这种因果联系。

当我们说对自己负责任的时候，我们说的是为我们相信是正确的事情而挺身拥护，并且当我们的言行、决策被证实是错误的时候，甘愿去承担。然而，当一个人因内部冲突而分裂的时候，是很难做到这一点的。他应该或者说能够去维护内心的各种冲突倾向中的哪一个呢？它们之中没有任何一个是患者真正想要的或真正相信的，他真正能够坚持拥护的仅仅是自己的理想化意象。然而，理想化意象根本不允许任何出差池的可能性。因此，一旦患者的行为和决定出现了问题，他必须去歪曲事实，并将一切不利后果都归咎于其他人。

　　用一个相对简单的例子可以来说明这个问题。一个组织中的领导者渴望着无限的权力与名望，希望离了他，任何事情、任何决定都不能做。他无法做到放权委派其他人去处理某些事物，尽管那些人经过专项训练可能会更好地处理某些事物。在他心中，所有的事情都是他知道得最清楚，懂得最多。此外，他不希望其他人自认为重要，或者真的变得重要，他期望自己只会因为时间和精力的限制而无法完成任务。然而，这个男人不仅仅想要掌控一切，还非常和善好说话，想要成为超乎常人的好人。由于他内心没有解决的冲突，他有着我们所描述过的一切特征——惰性和需要睡眠，无决策力和拖延症，因此他很难安排好他的时间。他觉得守时是一个无法忍受的专制，他暗暗享受着让他人等待的感觉。此外，他还做一些无关紧要的小事，因为它们可以取悦他的虚荣心。最后，他强烈地希望成为一个顾家的好男人，消耗了他太多的时间与思考。因此，理所当然地，单位中的所有事情都没能很好地运作，但是他毫不觉得自己难辞其咎，而是去责怪他人，或者归咎于那些麻烦的环境。

　　让我们再次问这个问题，他能够为自己人格中的哪一部分负责呢？是他处于支配地位的那个趋向，还是顺从、安抚或者迎合自己的那个趋向？然而，他原本都没有注意到其中任何一个。就算他意识到了它们的存在，他也做不到坚持其中一个而放弃另一个的，因为两者都是强迫性的。此外，他的理想化意象使他只能看到理想中的美德和无限的能力，除此之外，根本无法看清真实的自己。因此，他的内心冲突运行所导致的无法避免的后果，他根本无法对其承担责任，他这样做会让自己得以解脱，不再去急于想要对自己隐瞒。

　　通常来说，神经症患者无意识地特别不愿意去对自己行为的后果承担责任，他甚至对自己所犯的那些显而易见的错误视而不见。因为无法消除掉他的冲突，他无意识地坚持认为像他这样如此有能力的人，应该是能够妥善处理这些问题的。他相信，别人会尝到那些苦果，然而它们在他这里是不存在的，因此他必须继续躲避对因果联系法则的承认。一旦他正视这些事物中的因果联系，它们就会给他好好上一课。它们可以轻而易举地证明他的生活系统根本不能好好运转，证明他的那些无意识的狡猾和诡诈根本不可能撼动在我们精神生活中运作的那些规则，它们和生理层面上的一些规则一样是必然存在的。[1]

事实上，这整个关于责任的主题对他而言没有什么吸引力。他只能看到或者只能隐约感觉到它消极的方面。而他所没有看到的，而且只能慢慢学着去欣赏的，是他每次的转身回避责任挫败了其为了独立而做出的巨大努力。他希望通过排斥一切的承诺来获得独立，但在现实生活中，对自己负责和承担自己该负的责任是获得真正内心自由的必不可少的条件。

神经症患者为了不去承认自己的问题和所受的苦厄都是源自于他内心的困难，他会借由三种机制来帮助自己，通常三种全都会被用上。在这一点上，外化作用可能会被最大限度地运用。任何事物，食物、气候、父母、妻子或者命运都可以因为某些灾难事件而被埋怨，或者他会抱有这样的态度——既然他全然无咎，那么任何不幸降临在他身上的话都是不公平的。他会生病、变老、死去、婚姻不幸、生下有问题的孩子或者工作还没有得到认可，这一切都不公平。这种思维，无论是有意识还是无意识的，实则是错上加错，不仅排除了他在自己的困难中应该承担的那一部分，还消除了那些对他的生活有影响却又不受他支配的一切因素。尽管如此，这种思维有着自己的逻辑，它是孤立的人的典型思维，他单单以自己为中心，而且这种自我中心性使他不可能将自己视为只是巨大锁链之中小小的一环。他只是想当然地认为他必须在一个特定的社会系统当中，在一个特定的时间点获得一切生活中的益处，但是不想和其他人有什么瓜葛，不论好坏。因此，他看不清自己为什么要在与己完全无关的任何事物上遭受痛苦。

第三个机制与患者拒绝承认因果联系有关，结果在他心中只是孤立事件，和他自己或他的困难没有任何联系。比如抑郁症或者恐惧症，似乎是出乎意料地降落在他身上。这很显然是因为心理上的忽视或者观察的缺失。然而在精神分析过程中，我们可以看到患者顽强地抵抗对任何无形联系的认知。他可能对它们保持怀疑或者遗忘它们，或者他会觉得自己是为了解决障碍才来找分析师的，但是分析师只是一味地责怪他而机灵地保全自己的脸面，而不是迅速帮他解决令人困扰的各种障碍。因此患者可能会对与自己的惰性相关的因素熟悉，但却不接受显而易见的事实，那就是自己的惰性不仅仅拖慢了心理分析治疗的进程，还使他所做的其他一切事情都慢了下来。或者另外一些患者逐渐意识到自己对他人的攻击——贬损行为，但不能理解为什么自己总是会和他人起争执

---

[1] 参见林语堂，《啼笑皆非》，前文所引述过的。在有关"业"的章节中，作者表达了他的震惊——居然对西方文明中的精神法则如此缺乏理解。

或者不受他人喜欢。事实上，他的内部困难是一码事，而他的日常问题是另外一码事，患者的内心烦恼及对其生活影响之间的分裂是整个区域化趋势的主要原因之一。

　　拒绝对神经症态度和内驱力所导致结果的认知常常会被掩盖，因此可能会很容易地就被分析师们忽略，因为在分析师看来这些关联实在太显而易见了。这很令人遗憾，因为除非患者自己意识到他使自己对那些后果视而不见，并且意识到他如此做的原因，否则他将无法知道自己对自己的生活造成了多大的干扰。意识到后果在分析治疗中是疗效最为显著的因素，因为这让患者知道只有通过改变自己的某些事情，他才能获得真正的自由。

　　然而，如果患者无法为自己的虚伪、傲慢、自我中心、逃避责任负责，我们能从道德的角度来谴责他们吗？这个观点将会被提出，作为内科医生，我们只需要关心病人的疾病与治疗，至于他的道德问题，那在我们的职权之外。在此我们需要指出，颠覆了"道德"态度算是弗洛伊德的大功一件，而我却对此另有看法。

　　这种论述被认为是科学的，但是它们站得住脚吗？我们真的能像判断是非那样在有关人类行为判断的问题上进行排除吗？如果分析师决定哪些分析治疗检测，而哪些不需要，他们真的会在他们有意识拒绝的判断的基础上进行吗？然而，这里存在着一种危险，在一些隐藏的评判之中：它们很可能是在太主观或者太传统的基础上产生的。因此分析师可能会认为某位男士玩弄女性是不需要被分析的，但是某位女士却需要被仔细盘问。或者如果分析师认为人们生活作风放荡是出于性驱力，那么他可能会忠实地认为无论男女，都需要加以分析。事实上，进行判断所依赖的基础应该是每一位特定患者的神经症，而需要确定的问题是患者所采取的态度是否对他的发展和人际关系产生不利影响。如果有，那么它就是错误的，是需要被解决的。分析师需要将其做出结论的原因清晰地陈述给患者，以此帮助患者自己能对这件事情有所了解。最后，以上论点难道不是存在着和患者思维当中一样的谬论吗？——即，道德只是判断问题，而不是与后果相结合的主要事实之一。让我们用神经症性傲慢来举例，它的存在并不以患者是否对它负有责任为转移。分析师认为傲慢对于患者来说是一个需要承认并最终克服的问题，分析师是因为自己在主日学校里学到的"傲慢是罪而谦卑是美德"才会秉持这种决定性态度吗？或者分析师所做出的这种判断的依据是傲慢是不现实的并且会导致一些不利的后果，这些都势必会成为患者的负担——同样地，无论是不是其职责之所在。这种后果即是，傲慢会妨碍患者真正地认识自己，因此阻碍了他的发展。同样地，这位傲慢的患者常常不公地对待他人，而这也有着它的后果——不仅使他偶尔会陷入与他人的冲突之中，还会使他常常疏离他人，然而，这只会推着他朝着神经症的深渊更进一步。正是因为患者的道德品质在某种程度上是由其神经症带来的，而在某种程度上还会帮助神经症的维系，所以分析师必须对道德问题兴趣盎然，除此之外别无选择。

第十一章　绝望

尽管神经症患者内心存在着冲突，但他偶尔还是可以感到满足的，并且能享受那些他认为与之合拍的事物。然而，若想让他常常感到快乐，实在需要依赖太多条件了。他在任何事情中都得不到快乐，除非任其独处，或者与他人分享快乐，或者他是那个情境中的主导因素，又或者受到方方面面的一致认可。能让他感受到幸福快乐的很多条件还是相互矛盾的，这使他获得幸福感的概率更小了。他可能很喜欢由人带领，但是与此同时又非常厌恶这种感觉。一位女士可能非常享受她丈夫的成功，但是她又可能因此而妒忌他。她可能会非常热衷于举办聚会，但是又因为她对其中的一切事情追求完美而在聚会开始之前就感到精疲力竭。当神经症患者真的找到了一丝转瞬即逝的欢愉时，这种欢愉又会因他自身各式各样的脆弱与恐惧而被轻而易举地搅扰。

此外，在每天的生活中，此类煎熬在他的心中占据着过大的比例。任何一点小小的失败就可能会使他陷入抑郁中，因为这证明了他普遍的无价值感——就算是这些失败是由他不能掌控的因素所导致的。任何非恶意的批评言论都可能使他们愁烦或者忧思，诸如此类。因此，他的不快乐与不满足可能会比由情境所致的要多得多。

这种情境，按照实际情况来说已经糟糕透顶了，而更深层次的考虑使其加重了。只要还有一线希望，人类似乎就可以承受住巨大的痛苦；然而神经症纠葛总是会带来一定程度的绝望，而且纠葛越是严重，绝望越是深重。它还可能被深深地掩埋了：表面上，神经症患者可能会全神贯注于会让事情越来越好的想象中或者计划中的条件。只要他结婚了，只要有了更大的房子，只要换一个领班、换一个妻子，只要她是一个男人，更成熟或者更青春，更高挑或者不这么高——那么一切事情都会好的。诚然，很多时候清除掉那些不和谐因素的确是带来了很大的帮助，然而更多的时候，这些愿望只是外化了内心的困难而已，注定还是要走向失望。神经症患者期待一个由外界变化而带来的美好世界，但这不可避免地将他和他的神经症带进了每一个新的境地。

依赖外界因素的希望很自然地在年轻人之中更为普遍，这就是为什么对一位年轻患者的分析过程不比他所期待的要简单的原因之一。

随着人们年岁的增长，一个又一个的希望逐渐消失，他们便想要去更好地审视自身，看看会不会是他们自己导致了这些不幸。

就算是一种普遍的绝望感觉是无意识的，它的存在和它的力量也可以通过各种各样的迹象表现出来。生活的长河中总有一些片段表现出人们对于失望的反应相较于他们所受的刺激而言，其强度和持续性完全不成比例。因此，一个人可能会因在青春期付出了爱却没有得到任何回应、因为朋友的背叛、有失公正地被解雇、考试失败而陷入完全绝望之中。很自然地，患者会先试着去彻底了解到底是什么特殊原因导致了这一如此意义深远的反应。但是除了一些特殊的原因，通常人们发现一些不幸的经历会挖下一口幽深而绝望的井。同样地，满脑子的死亡和自我了断的想法——无论是否关乎情感，都会直指肆意弥漫的绝望，就算是这个人呈现出一种乐观的表象也无济于事。一种普遍的玩世不恭，拒绝对任何事情严肃认真——不论是在精神分析治疗情境中还是在其他的情境中，是另外一种迹象，就像是在困难面前会轻易地气馁一样，弗洛伊德定义过的在治疗中的很多负面的反应都属于此类。一种全新的见解，就算它可能带来痛苦，但是可以提供一条出路，然而它也许只激发出患者的灰心丧气和无意挺过难关，那么这就又出现了新的需要解决的问题。有时候，这看起来是患者不相信自己可以克服这些困难，然而实际上这表达出他缺乏希望，他从未在怀揣希望中有过任何收获。在这些情况之下，患者只会顺理成章地去抱怨一些特定的见解伤害或者惊吓到他，而且讨厌总是被分析师弄得很沮丧，总是专注于预见或预言未来同样也是绝望的表现。虽然这表面上是一种很惯常的对生活的焦虑，关于陷入出乎意料的麻烦、犯错误的焦虑，这些情形在一些案例中可以被观察到，其中患者的展望总是被染上了悲观的底色。就像是卡桑德拉一样，很多神经症患者总是预见有大量的不幸，鲜有好事。总是关注于生活的阴暗面而不去思考美好光明的一面会使人们有着深切的个人性的绝望，不论这种绝望被合理化得多么明智。最终，这会导致一种长期的抑郁状态，这种抑郁状态隐秘而微妙，它将不会如抑郁症一样攻击人。饱受它折磨的人常常可以将生活经营得很好，他们可以心情愉悦，享受美好时光，但是他们也会需要在早晨花数小时自我唤醒，恢复生气，像从前一样去承受生活波澜。生活真是一个永久的负担，他们很难去感受它本身，也从不去抱怨它，但是他们的精神永远处于一种低潮状态。

绝望的来源常常都是无意识的，但这种感觉本身是有意识的。患者也许能感受到生活中弥漫着命定的厄运之感，或者，他已经对生活束手就擒，不再期待会有任何好事情的发生，只是觉得本就该忍受这样的生活。又或者，他也许会以一种很哲学的术语表达生活，诉说着生活本质上就是悲剧性的，只有傻瓜才自我蒙蔽，看不清这无法扭转的命运。

在最初的访谈之中，分析师就已经可以感受到患者的绝望了，他连最小的牺牲都不愿意做出，不愿经受任何的不便，也不愿承担哪怕最轻微的风险。他表面上表现出十足的自我放纵，然而实际上当他完全不期待从付出中收到任何回报时，他也没有任何理由去做出牺牲。在分析治疗之外患者的这种态度也很常见。人们所处的这种完全不满意的状态其实只需要付出一点点努力和主动就能得以改进，但是患者已经被自己的绝望感弄得完全瘫痪了，以至于对他而言，就算是很小的困难也成了艰难险阻，难以逾越。

有时候一句偶然的言辞就会让这种状态表面化。当分析师只是简单地说这个问题尚未解决并需要做出更多的努力时，患者可能会以这样的问题回应："你难道不觉得这事儿很绝望吗？"而当他已经意识到了他的绝望时，他通常不能对其做出解释。他可能会倾向于将它归因为各种各样的外界因素，从他的工作、婚姻到当下的政治局势。然而实际上，却没有任何一个原因是具体的、与当时的情况相关的。他对于生活中的所有事情都感到绝望，就算是做一些感到开心或者自由的事情也依旧难平绝望之情，他觉得自己已经被那些可以使他的生活充满意义的事情永远地拒之门外了。

可能索伦·克尔凯郭尔已经给出了最意义深远的答案。在《致死的疾病》[1]一书中，他说所有的绝望本质上都是对成为我们自己而感到绝望。哲学家们成天都是在强调着做我们自己的核心重要性和因无法达成这一点而与之俱来的绝望，这也是禅宗佛教作品的中心教义。在现代作者之中，我只引用约翰·麦克马雷[2]的话："我们存在的意义，就是充分和完全地成为我们自己，除此之外还有什么呢？"

绝望是未解决的冲突的最终产物，它深深扎根于从未全心全意、毫无分裂地成为自己的绝望之中，日积月累的神经症问题导致了这一状况。陷入冲突的最基本的感觉就是像一只鸟被一张网束缚了，然而却看不到任何能使自己解脱的可能性，紧接着就会导致所有为寻求解决方法而做出的努力不仅会徒劳无功，而且会渐渐地使个体与自己疏离。此类重复的经历会导致绝望的程度越来越强——所有的天资都不能发展成为成就，这可能是因为能量被一次又一次地

---

[1] 索伦·克尔凯郭尔，见前文引述条目。

[2] 约翰·麦克马雷：《理智与情感》，阿普尔顿世纪出版社1938年版。

分散了在了各种各样的方向之上，又或者是因为在任何的创造性过程中碰到的难题足以拦阻人们去做出更进一步的追求。这种情况也适用于经历过一次又一次支离破碎的爱情、婚姻、友情。这些重复的失败和实验室中小老鼠的经历一样沮丧——小老鼠们被操控着跳向一个特定的出口去寻求食物，然而一次又一次地起跳后结果却发现它被拦住了。

此外，想要达到理想化形象会导致的绝望的企图心。很难说，这是不是最强有力的导致绝望的因素。然而，毫无疑问地，在分析治疗中，当患者意识到他离着自己想象中的独一无二的完美人设十万八千里远的时候，他会如释重负，绝望尽消。在这样一段时间他感到绝望不只是因为他绝望于不能达到那些梦幻的高度，而且更是因为他以深切的自我鄙夷来回应这个现实，这一点深深伤害了他，使他对于"获得"不抱期待，无论是在感情中还是在工作中。

最后，所有导致患者将其重心转移出自身的过程也是导致绝望的因素，这些过程使他在生活中停滞不前，不再积极活跃地向前推进。这样一来，他会对自己丧失信心，会对自己作为一个人的发展丧失信心；他想要放弃——这是一种态度，尽管它可能被遗漏了，但是它会导致极为严重的后果，被称为心灵上的死亡。正如克尔凯郭尔[1]所言："然而，尽管（他绝望）……他也许……完全可以继续活着，做个男子汉，用临时性事务让自己忙碌，结婚生子、赢得尊荣——也许没有人会注意到，其实在更深层次的意义上，他根本就找不到自己。"像这样一件事在这世上并不是什么小题大做的事情，因为"自己"是这世上最不会去探寻的一件事，然而所有事情中最危险的一件事就是一个人让其他人注意到了他居然找到了自己。而最大的危险，就是失去了自我，也许是悄然停止就像从没有过一样；而其他的所有的失去，比如说一只手臂、一条腿、五美元、一位妻子等等，都一定会被注意到。

从我的监督工作的经历中我发现了有关绝望的问题常常没有被分析师们清楚地正视，因此也没有得到正确的处理。我的很多同事都因为患者的绝望而倍感压力——他们认识到了但没有将其视作一个问题——患者因为自己而绝望。这种态度对于分析师来说是致命的，不论治疗手段多么高明，付出努力时多么英勇，但是患者还是会觉得分析师已经放弃他了。这种情况在分析治疗情境之外也同样适用，不相信同伴有可能帮助自己充分实现自己潜能的人，不可能会成为益友或者佳偶。

有时候，同事们也会犯一些相反的错误，没有能足够认真地对待患者的绝

---

[1] 索伦·克尔凯郭尔，见前文引述条目。

望。他们觉得患者需要鼓励，便给予鼓励——这是完全值得推荐的，但是相当不够。当这一切发生时，就算患者十分感谢分析师的好意，但同时也完全有理由对分析师生气，因为在内心深处，患者知道他的绝望并不只是一种心情，不可能仅靠一些出于好意的鼓励就完全消解。

　　为了能够直击要害，正面解决这个问题，首先需要充分认识间接的迹象，诸如前文所述的患者感到绝望的迹象，以及他感觉到的绝望的程度。接着，还需要理解的是，患者的绝望完全是由他内心的纠结而导致的。分析师必须清楚地认识并且明确地告知患者，只要现状一直持续，并被认为是不可改变的，那么他就会处在绝望中。简而言之，整个问题可以由契诃夫的《樱桃园》中的一幕解释清楚。一家人正面临破产危机，并绝望地想到全家人就要离开他们的宅子和心爱的樱桃园了。一位经验丰富的人向他们提出了一个合理的建议，劝他们可以在地产中建一些小房子用来收取租金。然而由于他们一家人的思维定式，他们不可能认同这项计划，而且因为也没有别的出路，他们终日都沉浸在绝望之中。他们无助地求问，好像他们没有听到过那个建议，也没有人给他们建议或者伸出援手了。如果他们的督导是个非常好的分析师，那么他会说：“诚然，这个情况是很艰难，但恰恰是你们对此事的态度使这一切变得绝望了。如果你们考虑转变你们对于生活的要求，你们又何须感到如此绝望！”

　　患者可以做出改变，这个信念本质上意味着患者可以解决掉自己的冲突，这个信念也决定了治疗师是否敢于处理这个问题以及是否能够把握住合适的成功的机会去处理它，我和弗洛伊德的分歧也正在于此。弗洛伊德的心理学和其哲学基础本质上是悲观的，这一点在他对于人类未来的展望[1]和他对待治疗的态度[2]中得以明确体现。在其理论前提的基础之上，他除了悲观还是悲观。受到本能驱使的人们最多只能通过“升华”而得以改进，变得更好。他对于满足的本能驱力最终会不可避免地被社会阻挠、挫败。他的“自我”在本能驱力和“超我”之间无助地翻来覆去，而其本身却不能做出任何改进。超我主要是颁布禁令的、有着破坏力的，真实的理想化典范根本就不存在，人们想要“自我实现”的愿望实则是自恋。人类本质上是充满破坏欲的，并且受“死亡本能”的驱动要么毁灭他人，要么就折磨自己。所有这些理论都没有为做出改变的积极态度留有余地，而且也限制了弗洛伊德首创的治疗方法本该有的辉煌潜能。

---

　　[1] 西格蒙德·弗洛伊德：《文明与缺憾》，国际精神分析文库，第十七卷，莱昂纳多和弗吉尼亚·伍尔夫出版公司1930年。

　　[2] 西格蒙德·弗洛伊德：《可终止与不可终止的分析》，《国际精神分析期刊》1937年。

与之相反，我则认为神经症中的强迫性趋势不是本能的而是源自于紊乱的人际关系，所以当这些关系得以改进时，神经症强迫性趋势就可以被改变，源于此的冲突也将会真正迎刃而解。这并不是意味着我所宣扬的以这原则为基础的治疗方法没有局限，在我们能够完全清楚地确定这些局限之前，还有很多工作需要我们去完成，但这着实意味着我们有着充足的理由去相信巨变是完全可能发生的。

　　那么，为什么认识并处理患者的绝望是如此重要呢？首先，这种方法在解决像抑郁症和自杀倾向等特殊问题时有着重要的价值。我们的确能够仅仅通过揭示出使患者受困的特定冲突而使其抑郁情绪得以缓解，并不触及他的惯常的绝望情绪。然而，如果希望能够预防抑郁的复发，我们就必须解决这种绝望，因为这是导致抑郁产生的更深层次的来源。除非我们能确定抑郁的根源问题，否则潜伏的慢性抑郁症则不能被很好地对付。

　　对于自杀状态也是如此。我们知道一些因素，比如极度的绝望、反抗以及怀恨都会导致自杀冲动，而且通常在自杀冲动变得明显之后再阻止自杀行为，这其实已经为时已晚了。通过稍微注意一下那些关于绝望的平淡迹象，或者通过在合适的时间与患者开始着手处理这个问题，很多的自杀行为很有可能是可以避免的。

　　然而，更为普遍的重要性是因为患者的绝望对于任何严重的神经症的治愈都构成了障碍。弗洛伊德倾向于将所有阻碍患者进步的事物都称为"阻抗"，然而，我们并不能用这种见解来理解绝望。在分析中，我们需要通过阻抗和激励去处理延迟的反击和前进的力量。阻抗是一个集合性术语，指的是患者内部的所有参与运作以维护现有状态的力量。他的激励，从另一方面说，是由建设性能量产生的，这促使着他去追求内心的自由。这就是动机的力量，通过它我们可以工作，然而没有它我们就什么也不能做，正是这些力量帮助患者去战胜"阻抗"。它帮助患者的联想能够富有成效，因此能够让分析师有机会更好地去理解。同时，它还为患者提供内部力量去承受在成熟的过程中无可避免的痛楚，也使他愿意去承担那些抛去过往态度的风险，尽管那些态度给他带来了安全感，这些力量也使他进行了一次飞跃，去培养那些对自己、对他人的未知的新态度。分析师不能拖着患者勉强地完成这种过程，必须是患者自己想这么做，正是这种非常宝贵的力量被绝望状态所麻痹了。如果分析师没能认识并且处理它，那么在这场与患者的神经症的对决中，分析师将会自断自己最强大的联盟。

　　患者的绝望并不是一个能被任何单一的解读而解决的问题。如果他不再被厄运之感笼罩，也不再坚持认为一切已无可挽回，而是认识到这只是最终会被解决的问题，那么就已经有了实质性的收获了，这一步已经让他解放并足够让他向前迈进了。当然，起起伏伏还是依旧会存在的。当病人获得了一些有帮助的见解时，他可能会感到很乐观，甚至过于乐观；然而当他一接触到一些更为丧气的见解时，他又会向绝望臣服，每一次问题都必须重新处理一遍。然而，对于这一切患者依旧会放松，因为他认识到自己真的是可以做出改变，他的激励会水涨船高。在分析治疗的最初，这可能会有些限制，尤其当患者的愿望只是想要摆脱掉他们最为恼人的一些症状时。然而，当患者日渐意识到自己的枷锁，以及尝到自由的美好滋味时，他的力量就增强了。

第十二章　施虐趋向

　　那些被神经症绝望紧紧抓住的人们想尽办法找了一条又一条的路希望能够"继续走下去"。如果他们的创造能力还没有被其神经症破坏得太严重，他们还是可以使自己安于个人生活现状，并且专注地工作于某个他们可以有所建树的领域之中。他们可能会沉浸在某些社会运动或者宗教活动之中，或者效力于某个组织。他们的工作也许很有帮助，他们的忘我工作盖过了他们缺乏热情的这一事实。

　　其他人在调节自己以适应自己特殊的生活框架的过程中，可能会停止对它的追问，但也不会赋予它任何的意义，仅仅是在尽自己的义务而已。约翰·马康在《时光那样短暂》中对这一类生活进行了描述，我认为，这种状态就是埃里克·弗洛姆[1]所说的一种"缺陷"状态，与神经症正好相反。然而，我依旧把它理解成为神经症过程的结果。

　　他们可能，另一方面，放弃了所有的严肃认真、充满希望的追求，进而退到了生活的边缘，想要尽力攫取其中的一些快乐，希望通过业余爱好或者偶尔发生的乐子——比如大快朵颐、举杯畅饮、鱼水之欢——发现自己的兴趣之所在。或者他们会随波逐流或者日渐恶化，由着自己支离破碎。因为不能坚持做任何持续性的事情，他们转而沉溺于酗酒、赌博、嫖娼，查尔斯·杰克逊在《失去的周末》一书中所描述的酒鬼形象就足以代表了这种状态的结局。在这一关联中，我们可以进行一个有意思的检测，查看无意识地任由自己崩溃的决定是否可能会为诸如肺结核或癌症等慢性病提供强有力的心理贡献。

　　最后，绝望的人可能会变得具有破坏性，但与此同时，他们还尝试着想要通过替代性生活而得以恢复。就我看来，这就是施虐趋向的意义之所在。

　　因为弗洛伊德认为施虐趋向是本能的，因此精神分析对此的兴趣全都集中在所谓的施虐变态行为上。在日常关系中，施虐模式虽然没有被完全忽视，但是并没有被严格定义过，任何独断的或者攻击性行为都可以被考虑是本能施

―――――――――――――
　　[1] 埃里克·弗洛姆：《神经症的个人性与社会性根源》，《美国社会学纵览》第九卷，第四篇，1994年。

虐趋向的矫正或者升华。例如，弗洛伊德就把争取权力视为这样一种升华，的确，努力想要拥有权力是具有施虐癖的，然而，当一个人把生活看作是一场所有人对所有人的战争时，这种努力仅仅代表着为生存而做出的挣扎。事实上，它可能跟神经症毫无关系。对这些情况缺乏辨别会导致我们既没有对施虐态度可能会出现的形式有一个全面的把握，又缺乏精确标准来定义什么是施虐癖，这就纵容了个人用直觉去决定什么可以被正当地称之为施虐癖而什么可能不是——这种情形对分析师进行彻底的观察毫无益处。

　　仅就伤害他人的行为本身而言，这并不是施虐趋势的迹象。如果一个人陷入了一场人性的挣扎或者普遍性的挣扎之中，他在过程中不得不去伤害自己的对手，甚至对自己的同盟也不能手软。对待他人的敌意也可能仅仅是一种反应而已，当一个人觉得受到伤害或者感到害怕而用力回击时，尽管他的回击相对于客观刺激而言有些过激，但主观上而言却是合情合理的。所以，这个人就可以轻而易举地如此自欺：当实际上是施虐趋向正在运作时，时常被称为是一种合乎常理的反应。然而，区别这两者的困难并不意味着敌意反应是不存在的，最后，攻击性类型的患者会觉得自己是为了生存而战，才做出所有的冒犯策略举措。我不会认为其中任何一种攻击行为都是施虐的，的确，他人是会在这个过程中受到伤害，但这些伤害和损毁只是不可避免的副产品而已，绝非是患者的初衷。简而言之，我们可以说尽管我们所提及的这类行为是攻击性的甚至是充满敌意的，但是它们并不出自于一个邪恶的灵魂，患者并不会从这种伤害他人的行为中获得有意识或者无意识的满足感。

　　与之相反，让我们来思考一些典型的施虐态度。我们可以在完全没有被抑制的人身上获得最好的观察，探究他们是如何向他人表达出他们的施虐趋向的，无论他们本身是否意识到了自己具有这些趋向。接下来我所说的施虐癖者，意指的是那些对待他人的态度是由施虐倾向主导的人。

　　这一类人通常想要奴役他人或者特别是想要奴役伴侣。患者的"受害人"必须是一个超于常人的奴役，是一个既没有意愿、感受、自己的主动性，又对主人没有任何要求的生物。这种倾向表现为塑造或者教育受害人的形式，就像是《卖花女》中的希金斯教授塑造伊莱莎一样。最理想不过的情况，就是由此会导致一些有建设性的方面，正如父母与孩子或者老师与学生一样。偶尔，这些方面在性关系中也能获得，特别是当施虐癖伴侣更为成熟的时候。这种情况在一位年长男性与一位年轻男性的同性恋关系中有时也很明显。然而，当奴隶有任何迹象想要去走自己的路、想要有自己的朋友或者兴趣的时候，魔鬼的獠牙就会自我显露出来。常常看到的是，虽然并不总是如此，但主人会被一种强烈占有欲的嫉妒所萦绕，并将其运用成为一种折磨人的手段。对于这类施虐关系很奇特的一点是，一直控制着受害者的更多是在吸引人的兴趣而不是个人本身的生活。他们宁可忽略掉自己的职业，放弃愉悦或者见其他人的益处，也不给予伴侣任何的独立性。

伴侣受到奴役的方式有其特点，它们仅仅只是在相对局限的一个范围中变化，并且建立在关系双方的人格结构之上。施虐方会给予伴侣足够的东西去使得这段关系看上去是值得的，施虐方当然会满足伴侣的一部分需求——虽然很少会超过伴侣的基本生活所需，从精神上而言，然后他会让伴侣认识到他所给予的东西有着独一无二的品质。施虐者会告诉他的伴侣，除他之外没有任何人会给予他如此的理解、支持、性满足或者如此多的利益，也没有任何人可以这样忍受他。他还会用"更好的时光"来诱惑伴侣——不动声色地或者大张旗鼓地，他会向伴侣许诺爱与婚姻，或者更好的经济状况和更好的待遇。有时候，他会强调对伴侣的需要，并且在此基础上要求于他。当施虐者表现出非常强烈的占有欲和轻蔑态度并使伴侣与其他人完全疏离时，这一切的策略会更为有效。如果后者产生了足够的依赖，施虐者最终可能会威胁要离开其伴侣。而进一步的恐吓威胁手段会被利用上，但是这些与施虐者自己的生活更为相关，所以我们会在另外一个情境中单独讨论这个问题。我们自然不可能在不理解伴侣的性格特质的情况下就弄明白在这样一段关系中到底发生了什么。通常，伴侣都是顺从类型的人，并且极度害怕被抛弃，或者他是那种完全压抑住了自己的施虐驱力并由此而感到无助的人——然而这之后也会被呈现出来。

由这种情形而积累起来的这种相互依赖不仅会激起被奴役者的憎恨，同时也会激发奴役者的憎恨。如果后者的疏离需求极为显著，他会对伴侣吸收了太多他的想法和能量而倍感愤恨。由于没有意识到是自己的原因才导致了这种紧密的联系，他可能会斥责伴侣太过于贪婪和黏人。他想要挣脱这种关系的想法同样也是一种恐惧的表现形式，并且他将憎恶当作是一种恐吓的手段。

并不是所有的施虐渴望都以奴役为目标，另一类人将玩弄他人感情作为一种工具而在其中找到了满足感。在索伦·克尔凯郭尔的小说《诱惑者日记》中，他展现了一个对自己的生活不抱任何期望的男人，是如何完全潜心于这个游戏本身的，他对何时表现得兴趣盎然与何时表现出冷漠疏远了如指掌。他对女孩们对他的反应的预判和观察上高度敏感，他知道如何能够激发或是抑制女孩儿的性欲。但是他的敏感仅限于施虐游戏的条件之中：他完全不关心这样的经历对于女孩儿的人生会有怎样的意义。而克尔凯郭尔的小说中呈现的是有意识的精明的算计，更多时候是在无意识地继续进行着。然而这同样也是一个关于吸引和厌弃、迷人与失望、捧上天与摔下地、让人喜又让人忧的游戏。

　　第三种特质是对伴侣的利用。利用并不一定是一种施虐机制，它可能仅仅在想要获得的时候才被使用。在施虐性利用之中也是一样，获得是其中的一种考虑，但通常它仅仅只是虚幻的，而且是与在追求获得的过程中所付出的感情完全不成比例的。对于施虐者来说，利用本身就成为一种独立的狂热嗜好，其中至关重要的就是体验打败他人的胜利。它特殊的施虐底色表现在用于开发利用的方法中，伴侣是直接或者间接地服从于施虐者与日俱增的各种要求的，并且在没有达成这些要求的时候会使其感到内疚或者羞耻。施虐者常常可以找到一些正当理由去感到不满或是觉得没有受到公平对待，并因为这个缘故而要求更多。易卜生在《海达·高布乐》中描述了就算是满足了这样的要求也永远不会得到感谢，以及这类要求本身常常是因想要伤害他人并使他安分的欲望所引起的。它们可能关乎物质的东西，或者性需求，或者协助开展一项事业，它们可能是对特殊的考虑、独有的奉献、无尽的忍耐的需要。在它们目录中没有什么特别的施虐性质的内容：真正表现出施虐性的，是期望伴侣不管用什么方法都能予取予求，将情感上一片空白的生活填满。剧中也以海达·高布乐持续不断地抱怨着无聊并渴望寻求刺激、找找乐子，来充分地说明了这一点。正如吸血鬼一样，需要依赖吸食他人的情感活力常常是完全无意识的。然而，这可能归根结底是渴望去利用，并且，这也是那些表达出来的需求所赖以生存的土壤。

　　当我们意识到还同时存在一种想要挫败他人的倾向时，利用伴侣行为的性质就更为清晰了。如果说施虐者从未想要给予，这是一种误解，在某些特定条件下他也许会变得慷慨大方。从克制的意义上说，施虐狂的典型特点并不是吝啬，而是更为活跃地挫败他人的冲动——扼杀他人的乐趣，使他人的期待落空，虽然这种冲动是无意识的。伴侣任何的满足和轻松愉悦都几乎不可遏制地驱使施虐者想要通过某种方式将其夺走，如果伴侣期待看到他，他则会愠怒。如果伴侣想要发生性关系，他则会性冷淡或者阳痿。他也许并不是非要做，或者无法做一些积极的事情。通过简单地释放出阴郁，他就像是镇静剂一样。引用奥尔德斯·赫胥黎[1]的话就是："他不必要做任何事情：他只要存在就足矣，他们只不过因为被传染而枯萎变黑了。"稍后，"渴望权力的意志是多么精致文雅啊！多么优雅的残忍啊！那具有传染性的阴郁是多么奇妙的恩赐啊，它甚至可以使最崇高的灵魂都衰败，将每一丝快乐的可能性都扼杀。"

---

[1] 奥尔德斯·赫胥黎：《时间须停止》，哈珀兄弟出版社1944年版。

　　和这些东西同等重要的是施虐者具有的蔑视和羞辱他人的倾向，他惊人地热衷去寻查他人的缺点、发觉他人的软肋并将其指出。他凭着直觉就能感受到他人哪里敏感脆弱，能造成伤害。他常常用自己的直觉毫不留情地对他人进行贬损批评，这种行为会被合理化为诚实或是想要提供帮助的愿望；他可能也相信自己真的会因为那些对他人能力和诚实的质疑而碰上麻烦——但是当人们质问他怀疑的真诚度时，他将会陷入恐慌之中，这也可能表现为一种单纯的疑心。患者可能会说："我要是能相信那个人就好了！"然而在他的梦中诠释了关乎那个人的一切——所有事物都是令人作呕的，从蟑螂到老鼠，这样的话他怎么可能做到相信那人呢！换句话说，疑心可能仅仅只是在患者自己脑海中蔑视他人而产生的结果。如果施虐者并没有意识到自己的轻蔑态度，他可能只会对这种态度导致的疑心有意识。因此，与其说只是一种倾向，不如说是热衷于挑错来得更为合适。他不仅聚焦于那些实际存在的错误，还非常擅长于将自己的错误外化，并以此设置某种情境来对抗他人。举例来说，如果患者使某人因为他的行为而感到沮丧，他将会马上对他人的不稳定情绪表现出关心甚至是蔑视。如果伴侣在被威胁后，并没有完全地坦诚相待，他将会马上斥责伴侣的秘而不宣和谎话连篇。当他已经尽其所能地使伴侣依赖他后，他又会斥责伴侣对他太过于依赖。他所做的这些潜移默化的侵蚀不仅仅表现在言辞上，同时还伴随着各种各样的轻蔑行为，羞辱的和可耻的性行为就是其中的表现之一。

　　当这些内驱力中的任何一个被挫败后，或者格局完全反转，施虐癖者开始被统治、利用或者蔑视，他可能会像中了魔咒一般暴怒到发疯。接着，在他的想象中，任何的折磨都不足以给那些冒犯他的人以打击：他可能会踢打冒犯者，甚至恨不得将冒犯者一刀一刀地凌迟。这些施虐性暴怒的魔咒会转而被抑制，并会导致一种极度的恐慌状态或者是某些功能性的肉体上的障碍，表明施虐者内心紧张的陡增。

　　那么，这些趋向的意义是什么呢？迫使一个人去表现出如此残忍的内在必然性究竟是什么？有一个假设认为施虐趋向是变态性驱力的表达，然而这个假设实际上并没有任何理论基础。诚然，它们可以通过一些性行为表达出来。在这一方面，我们的性格态度势必会在有关性的领域中显现出来，这是个一般规则——如同它们在我们的工作方式、步伐仪态、书写笔迹中表现的那样，施虐趋向也不例外。同样，许多施虐性追求在实施的过程中，伴有某种兴奋或是某种引人入胜的激情，就像我一再重申过的。然而，结论是这些令人激动或兴奋的情感本质上都是关乎性的，就算是不能被如此地感受到，但依旧是仰赖于"每一个令人兴奋的事物本身都是关于性的"这一前提条件之上。然而，这里没有任何证据可以证明这个前提。从现象学上来说，施虐性刺激和性放任这两种感觉，本质上是完全不同的。

有断言称施虐冲动是一直持续的幼儿期趋向，这种看法可以解释在幼童中，他们常常对小动物或者更小的孩子们表现得很残忍，而且很明显地可以从中感到兴奋。鉴于这些表面上的共同之处，有人可能会说儿童的这种初步的残忍只是被修饰改善了。

然而事实上，这不仅仅是被精致化了：成年人的施虐癖在性质上就已然不同了。正如我们所见，它有着明显的差别，它缺乏儿童的那种直接坦率的残忍。儿童的残忍相较而言似乎是对于感到压抑或受到羞辱时的一种简单回应，儿童通过在比他弱小的人身上实施报复来坚持维护自己的权利。特别的是，施虐趋向更为复杂，而且是从更为复杂的根源中滋生出来的。此外，就像人们为了解释成年之后的怪癖，而将其与早期童年经历直接联系起来而做出的每一次努力一样，这也给人们遗留下了一个尚未解答的首要问题：哪些因素导致了这种残忍的持续和不断细化？

以上的每一条假设都只把握住了施虐癖的单一方面———一个案例中是性，另一个案例中是残忍，而且甚至都没能够对这些特质进行解释。同样，这还可以用来说明埃里克·弗洛姆所给出的一个解释[1]，虽然它比其他的更加接近本质。弗洛姆指出，施虐癖者并不想毁灭自己所依附的人，只是因为他无法过自己的生活，所以只好利用同伴达成一种依恋共生的状态。这很显然是正确的，但是它并没能充分地解释为什么一个人强迫性地被驱使着去玩弄他人的人生，或者为什么这种玩弄以它特有的形式呈现出来？

如果我们将施虐癖视作一种神经症症状，那么一如既往地，我们不应该开始就去试着解释症状，而是应该试图了解发展出这种症状的人格结构。当从这个角度去着手处理问题的时候，我们就会认识到，每一个发展出施虐趋向的人都认为自己的生活具有一种无价值感。早在我们能够借助着细致的临床探查来挖掘出这一点以前，诗人们从直觉上就感受到了这种潜在的情形。在《海达·高布乐》和《诱惑者日记》的案例中，他们自发地或是为自己的生活创造一些事物的可能性差不多只是一个已经封闭的议题。如果在这样的情形下，一个人不能找到一条路去顺从，那么他必然会变得完完全全地充满愤恨。他就会觉得永远地被排斥了，也永远地被打败了。

因此，施虐癖者便开始讨厌生活以及生活当中所有的积极的事情，然

---

[1] 埃里克·弗洛姆：《逃避自由》，法勒和莱因哈特出版社1941版。

而，他会妒火中烧地憎恶那些能够忍住不去做他所热切渴望去做的事情的人。这对于一个感到生活总是与自己擦肩而过的人来说，是一种苦涩的妒忌。"Lebensneid"，即生活在妒忌之中，尼采这样称呼它。同时，他也不会觉得他人也有他们自己的悲伤：当他感到饥肠辘辘时，"他们"已坐在餐桌前；"他们"在爱、富有创造力、享受、感到健康而且轻松自在，有归属感。他人的幸福快乐以及他们对欢愉喜乐的"幼稚"期望激怒了他，如果他不能感到快乐和自由，那么为什么他们能这样呢？陀思妥耶夫斯基在他的作品《白痴》中写到，他不能原谅他们的快乐，他必须要践踏蹂躏他人的快乐。他的态度可以以一位被肺结核折磨的老师的故事来说明，这位老师向他学生的三明治上吐唾沫，并且因为利用自己的权力欺压学生而感到扬扬自得，这是一个有意识的报复性嫉妒举措。在施虐癖者心中，他想要去挫伤和欺压他人灵魂的倾向往往是深刻的无意识的。但是，其目的和这位老师的一样，都是非常阴险歹毒的：想要将自己所受的痛苦折磨也传递给别人，如果其他人也和他一样被打败或者受贬低，他自己的痛苦就会有所缓解，因为他不再觉得受折磨的只有他自己一个人。

施虐癖者减轻自己痛苦的妒忌的另外一个途径就是"酸葡萄"策略，他对这种策略的纯熟运用常常使那些受过训练的观察者们都被轻易欺骗。实际上，他的妒忌被掩埋得如此之深，以至于他自己都会对任何显示妒忌存在的轻微迹象报以嘲弄。他将目光集中于生活的痛苦、负累或者丑恶的一面，这不只是他心怀痛苦的一种表现，更是显示出他想要醉心于向他自己证明自己并没有错失任何事情。他一直在吹毛求疵，一直在贬低，这些行为在某种程度上来说起源于此。举例来说，他会注意到一位美丽女士的身体上不那么完美的一部分。在进入一间房子的时候，他的注意力只会定格在与其他部分不太吻合的某种颜色或者某件家具之上。对于一个相当不错的演讲，他只会挑出有瑕疵的那一处。同样地，他人的生活、性格或者其可能的动机当中出现的任何错误的地方都会在他的脑海中无限放大。如果他足够成熟世故，他会将这种态度归因于他对于不完美太过于敏感。然而，事实上却是他的探照灯只会打在那些不完美的地方，而把其他的一切都留在黑暗之中，视而不见。

尽管他能够成功地缓和自己的嫉妒、释放自己的愤恨，他总是贬低一切的态度反而让他渐渐有了一种失望感和不满足感。例如，如果他有孩子，他首先会想到的是因孩子而产生的负担和义务；如果他没有孩子，他会觉得他错失了最重要的人类体验。如果他没有性关系，他会有一种被剥夺的感觉，并且会担忧一直节欲的危害；如果他有性关系，又会因此而感到耻辱或者羞愧。如果他有机会去旅行，他会为其中的不便之处而恼火；如果他不能去旅行，他又会觉得只能待在家里是一件很不体面的事情。因为他不知道这些长期不满情绪的来源其实是在他自身内部，所以他觉得自己有权要求他人牢牢记住他们是如何亏待了他，并且对于那些做什么都永远无法使他感到满意的人，他还会不断提出更高的要求。

这种苦涩的嫉妒，这种贬低的倾向，以及所导致的不满情绪，在一定程度上对某些施虐趋向进行了说明。我们能够知道为什么施虐癖者总是被迫去挫败他人，去使他人遭受痛苦，去挑毛病，去提出不能满足的要求。但在我们体察出他的绝望是如何影响他与自己的关系之前，我们既不能鉴别出他的破坏性的程度，也不能领会出他高傲的自以为是。

当他违反了某些关乎于人类尊严的最基本的要求时，他同时还对自己怀抱有一种理想化意象，这种理想化意象有着特别高和特别严苛的道德标准。他就是那种（我们之前说起过的）绝望于自己从来没能达到过那种标准的人之一，自觉或不自觉地下定决心去成为一个尽可能"坏"的人。他可能成功地成为一个"坏"人，并且带着一种绝望的快乐沉湎于其中。然而，他这样做了之后，他的理想化意象和真实自我之间的差距会愈发悬殊，无法逾越。他自己也感觉到无法补救，无法宽恕。他的绝望会越来越深，他会变得行事完全不计后果以至于失无所失。只要这样的情况一直存在着，那么事实上对他而言就不可能抱着一种建设性的态度去面对生活。任何想要使他自己变得有建设性的直接尝试都变得徒劳，并使他忽略自己的真实境况。

他的自我憎恨达到了一定程度，以至于他无法认真审视自己。他必须通过强化一种既存的正直盔甲来坚固自己以对抗这种自我憎恨。轻微的批评、忽视或者特异性识别的缺乏都会激发出他的自我轻视感，因此一定是被当作是不公平的而被拒绝了。于是，他被迫将他的自我轻视外化，变成批评、斥责、羞辱他人。然而，这样的做法使他置身于一个恶性循环的圈套之中。他越是讨厌他人，越是无法意识到自己的自我轻视——而自我轻视越是猛烈和无情，他就越是在绝望之中难以自拔。对他人进行打击则是他的一种自我保护的方式，我们可以用之前引述过的一个病人的例子来详细解释这一过程。这位患者控诉她的丈夫优柔寡断、犹豫不决，然而当她意识到她是对自己无决断能力而恼火的时候，恨不得将自己碎尸万段。

就此而论，我们可以开始去理解为什么对于施虐癖者来说蔑视厌恶他人是不可避免的。而我们现在也能看到，他的强迫性的内在逻辑，以及时常狂热地想要改造他人，或者至少是想要改造伴侣。既然他自己不能达到自己的理想化意象，那么他的伴侣就必须达到；他若对自己产生了无情的怒火，当伴侣在同样的事情上有任何的失败时，他就会把怒火发泄到伴侣身上。他有时候也会扪心自问："为什么我不孑然一身算了呢？"然而很显然，只要他内部的斗争还在持续并且不断外化，这样的理性考量就是徒劳，他总是将他施予伴侣的压力合理化为"爱"或者是热心于伴侣的"成长发展"。毋庸置疑，这并不是爱，但是同样地，这也不是对伴侣自身的发展有真正的兴趣，并不是想成全伴侣遵循其内部规律走自己的路。事实上，施虐癖者只是想要强迫伴侣完成一个不可能的任务——实现施虐癖者自己的理想化意象。他为了对抗自我轻视而必须发展出来的作为防护盾牌的正直感导致他自以为是地确信自己这样做是对的。

对于这种内心挣扎的理解，让我们对于施虐癖症状内在的、其他更为普遍的因素有了更好的见解：这种复仇性恶意就像是毒药一样侵蚀着施虐癖者人格的每一个细胞。他是而且必须是满怀恶意仇恨的，因为他将对自己的暴力性轻视全都转向朝外了，因为他的自以为是使他完全不能看到自己在任何难题中应该承担的那份责任，他总是觉得自己是被虐待和被牺牲的那一个。因为他不能看到其所有绝望的根源都来自于他自身，所以他让他人为这一切负责。他们毁灭了他的生活，他们必须做出补偿——他们必须承担将会发生在他们身上的一切后果。正是这种仇恨恶毒，超乎其他所有因素，将他内心的同情与怜悯全都杀死了。为什么他要对那些毁坏他的生活的人怀有同情之心呢——而且那些人明明状况还更好些。在每一个独立案例中，想要复仇的欲望可能都是有意识的，他可能是意识到了这一切的，比如说有关于父母的复仇。但他没有意识到的是，这是一种有着弥散性影响的性格趋向。

施虐癖者，正如我们目前所看到的，因为他感觉遭到了排挤和失败，因此杀气腾腾地横冲直撞，盲目的仇恨让他将怒气撒到他人身上。正如我们现在所知道的，通过让他人感到痛苦万分，他试图缓解自己的痛苦。但是，这远远不是完整的解释，单单只有破坏性部分永远不能解释如此多的施虐性追求所特有的引人入胜的激情。这里一定存在更多的积极的收益，一些对于施虐癖者而言至关重要的收益。这一论述看上去似乎与"施虐癖是绝望的副产物"这个假设相矛盾，一个绝望的人怎么可能对某事怀抱期望，去追求它，并且还要付出如此多的精力呢？然而，事实上，从一个主观的立场来看，还是有相当可观的收益的。在贬低他人的时候，他不仅减轻了自己不能忍受的自我轻视，同时还给予了自己一种优越感。当他在塑造他人的人生时，他不仅获得了一种施加权力在他人身上的刺激感，同时还为自己的人生找到了一种代偿性的意义。当他在情感上利用他人的时候，他为自己提供了一种替代性情感生活，减少了自己生活的贫瘠感。当他打败他人的时候，他赢得了一种胜利的兴高采烈之感，模糊了他自己的绝望的失败，而这种对于复仇性胜利的渴求应该是他最强烈的动机力量了。

所有这些追求都是为了满足他对于激动与兴奋的饥渴。一个健康的、平衡的人并不需要这种激动，越是成熟的人，越少去关注它们。但是施虐癖者的情感生活是一片空白，除了愤怒感和胜利感之外，其他所有的感情都被阻拦了。他是如此的没有生气，以至于需要一些尖锐的刺激来让他觉得自己还活着。

最后但同样至关重要的，他与他人相处时的施虐性方法带给他一种力量感和骄傲感，而这些感觉强化了他无意识的无所不能之感。在精神分析过程中，一位患者对于他自己的施虐趋向的态度有了意义深远的改变。当他第一次开始意识到它们的时候，他倾向于持有一种批判的态度。然而，他的这种隐含的拒绝态度并不是全心全意的，这更像是针对当前标准的口头上的承认。他可能有着间歇性的自我厌恶，然而，在之后的一个阶段，当他快要放弃他的施虐生活方式时，他会突然觉得自己马上就要失去一些非常珍贵的东西。在那时，他可能会第一次有意识地经历到一种快乐，这是由于他能够如他所愿地随意与他人相处了。他可能会表达出一种顾虑，唯恐分析治疗会将他变成遭人轻视的弱者。此外，在精神分析中，患者的顾虑常常在主观上的确是有根据的：当他丧失了迫使他人为自己的情感需求服务的权力之后，他觉得自己非常可怜而且全然无助。适时地，他会意识到他通过施虐趋向获得的一些力量和骄傲其实只是一些劣质的替代品而已。只是因为他无法获得真正的力量和真正的骄傲，这些替代品才显得弥足珍贵。

当我们意识到这些收益的本质之后，就会看到在这一陈述之中并没有什么矛盾之处——绝望的人可能正在发疯似的寻找着什么。但是，他期待找到的并不是更多的自由或者更大的自我实现：所有构成他的绝望的东西都没有改变，他其实也并不指望能够有什么改变，他一直追求的就是替代品而已。

情感上的收益全都靠替代性生活而达成。成为施虐癖意味着通过他人而攻击性地生活着，并具有极大程度上的破坏性。然而，这只是完全被打败的那类人可以生活的方式。

他在追求目标时的不计后果完全是出于他的绝望。当他一无所有、失无所失的时候，无论怎样他都只会有所收益。在这一意义之上，施虐追求就有了一个非常积极的目标，并且会被视作一种为了想要恢复而做出的尝试。为什么会如此激情满满地去追求这个目标呢？原因在于，通过战胜其他人，施虐癖者能够消除自己对于被打败的绝望之情。

　　然而，这些努力追求中所固有的破坏性元素也一定会对个人自身产生反作用。我们已经指出了这会加剧自我轻视的程度，同样重要的反作用还有焦虑的普遍化。这在某种程度上是一种对于报复的恐惧：他害怕他人将会以眼还眼，以牙还牙。他会理所当然地觉得如果可以，他人会"还之以不公平的对待"，而有意识地，这种恐惧并不只是简单地表现出为此而担忧——而是，他必须常常处于一种准备攻击的状态才可以防止这种情况。他必须非常警觉地预测且预防可能发生的任何进攻，因此他就可以在任何实际情况下都是不容侵犯的。他无意识地坚信自己的不容侵犯，而这一坚定的信念有着相当大的作用。它给予了他一种高傲的安全感：他绝不会被伤害、被揭露、发生意外、感染疾病，他甚至永远不会死。尽管如此他还是受到了伤害，不论这些伤害是来自于环境还是来自于他人，他的假性安全感就会分崩离析，他也会陷入一种极度恐慌之中。

　　某种程度之上，他的焦虑是一种对于他自身内部爆发性、毁灭性元素的恐惧，这让他觉得像是在其周围有人拿着一个一触即发的炸弹，因此，他必须通过过度的自我控制和连续不断的警觉来随时监视控制这些危险因素。当他喝了酒，处于微醉状态下，不再因为过于害怕而无法放松，这些危险因素可能就会显露出来，这样一来，他就可能会变得具有极端的破坏力。在一些对他而言意味着诱惑的特殊情况下，他的这些冲动可能会更接近于意识，因此，在左拉的《人面兽心》之中，当施虐癖者被一个女孩儿吸引时，他感到了惊慌失措，因为这激发了他想要去杀掉女孩儿的冲动。见证了一场意外灾祸或者任何残忍暴行都会让施虐癖者突然陷入一场恐惧之中，因为这些会唤醒他自身的毁灭冲动。

　　这两种因素——自我轻视和焦虑，在很大程度上导致了对施虐冲动的压抑，这种压抑的完全性和深度是因人而异的。通常，破坏性冲动仅仅存在于意识之外。总的来说，让人吃惊的是施虐行为完全可以在个人全然不知的情况下存在。他只有在某些时候是有意识的，比如偶尔想要虐待一个较为弱小的人，或者是当他读到某些肆虐行为的时候感到很兴奋，又或者是有着一些很明显的施虐幻想。然而，这些不定时发生的琐碎事情仍然是孤立的，他日常所作所为的主要部分在很大程度上依旧是无意识的。他对于自己和他人的感觉的麻木是导致这个问题模糊不清的原因之一，除非这种感觉被消除，否则他就始终无法从情感上感受到自己到底做了什么，那些为了掩盖施虐趋向而施加的合理化借口相当狡黠，不仅欺骗了施虐者自己，还糊弄了那些受到施虐癖者影响的其他人。我们一定不要忘记了施虐癖是一种严重神经症的最终阶段，因此，患者所运用这种合理化理由将依赖于某种特殊的神经症结构，这种结构正是施虐趋向的根源所在。例如，顺从类型的人会用一种无意识的伪装的爱来奴役自己的伴侣，他的要求将归因于他的需求。正是因为他太过于无助，太过于恐惧，太过于病态，所以他的伴侣必须为他做一些事情。因为他不能独自生活，所以他的伴侣需要一直陪伴在左右。通过无意识地展示他人是如何让他受苦受难的，他的斥责得以间接地表述出来。

然而，攻击性类型的人表达施虐趋向时是毫不掩饰的——然而，这并不意味着他对于自己的施虐行为更有意识。他毫不犹豫地就表现出自己的不满、轻蔑，自己的需求，但除了被完全合理化以外，他会觉得自己只是出于坦诚。他还会外化自己对他人尊重的缺乏，以及对他人加以利用的事实，而且他还会通过振振有词地控诉他人是如何虐待他的来恐吓他人。

而疏离类型的人在表达施虐趋向时让人非常不易察觉。他会用一种很安静的方式来使他人感到挫败，他会随时准备抽身离开以使他人感到非常不安全，他会传递出他人在束缚或者打扰他的印象，还会在让他人出洋相或自取其辱之中感到隐秘的快感。

然而，施虐冲动可能会被压抑得更深，然后会导致产生一种被称之为"逆转性施虐癖"的状况。此时会出现的情况就是患者会对自己的冲动无比恐惧，以至于矫枉过正，竭力避免这些冲动被自己或者他人发现。他会避免任何类似于主张、攻击或者敌意的东西，因此会将所有的冲动深刻而且广泛地抑制住。

一个简单的大纲就会大致描绘出这个过程到底蕴涵了些什么。为了不奴役他人而矫枉过正即会无法下达任何命令，更不用说处在一个承担责任或者领导者的位置了。这使得人们在施予影响或者提出建议的时候，会表现得过于谨慎，它甚至还包含了对那些最为合理的嫉妒情绪的抑制。而一个好的观察者也只会观察到，当事情没有按照某人的意愿进行时，他会突然头痛、肚子不舒服或者有其他什么别的症状。

对于利用他人的矫枉过正会导致避免引人注意的明显的自谦倾向，这一倾向表现为不敢去表达任何的愿望——甚至不敢去有愿望，不敢去反抗虐待或者甚至不敢去感觉自己受到了虐待，倾向于认为他人的期望和需求比自己的更为合理或者更加重要，更喜欢被他人利用而不是去维护自己的利益。这样的人其实处于"深海和恶魔"之间——即在两个相同危险的事物之间做选择。他会害怕自己的这些想要利用他人的冲动，但也鄙视自己的优柔寡断、唯唯诺诺，他觉得这是一种懦弱的表现。然而，当他处于被利用的状态时——这常常自然而然就发生了，他常会被困在一种不能解决的两难境地之中，可能在反应时还伴有抑郁或者某些功能性的症状。

　　同样，与挫败他人相反，他还会表现出过度焦虑地不想去使他人失望，想要表现得体贴而慷慨。他将会不遗余力地去避免任何想象得到的会伤害他人情感或者羞辱他人的事情，他会直觉性地找到一些"美好"的事情去说——举例说，一些能够增强他人自信心的赞扬性的言论。他会不假思索地倾向于自责，并不住地道歉。如果他必须做出一种批评，他会尽可能地将其修饰成为最温和的形式。甚至当他人粗暴直接地虐待了他，他也会表现出什么事都没有并且"表示理解"。然而，与此同时，他对于羞辱极为敏感，并且因此受到非常严重的折磨。

　　施虐癖者还会玩弄利用个人感情。当被深深地压抑时，他的个人感情会让位于一种感觉——他无力去吸引任何人。因此一个人可能会很诚实地坚信——通常尽管有着非常良好的证据证明并不如此——他对于异性来说没有什么吸引力，他只能用一些碎屑来自我满足。既然如此，对无论施虐癖者意识到什么，还是仅仅对他的自我轻视进行表达的方式，说起他的这种自卑感，都是对这些的另外一种说法。然而，事实上，与之相关联的，是这种关于缺乏吸引力的见解可能只是对于开始征服和拒绝的刺激游戏的诱惑的无意识的退缩。在分析治疗中，这一点渐渐变得清晰了，患者无意识地篡改了他的爱情关系的全部画面。一种古怪的变化将发生："丑小鸭"慢慢意识到了自己的欲望以及自己吸引人的能力，然而一旦他人严肃地对待他的进步，他就会转而去用一种愤怒和轻视来与他人对立。

　　这种随之发生的人格画面是具有欺骗性的，也是难以去评估的，它与顺从类型有着显著的相似性。而事实上，明显的施虐癖者通常是属于攻击类型的，而逆转性施虐癖通常是始于占支配地位的顺从趋向的发展，这种可能性的出现是因为在童年时期经历过特别严重的打击或者被碾压得不得不屈从。逆转性施虐癖者可能会篡改自己的感受，去爱压迫者，而不是对其加以反抗。当他长大一些——大概处在青春期的时候，这种冲突会变得特别难以承受，以至于他会在离众当中找到自己的避难所。然而，当他面对这些失败的时候，他无法再站在自己孤立的象牙塔中，于是他可能会返回到之前的那种依赖状态，然而也会有一点不同：他对情感变得极度渴望，以至于为了不孤身一人，他愿意付出任何代价。然而，与此同时他寻求到爱的机会已经减少了，因为他的离众需要——这种需要仍然存在，并一直持续妨碍着他想要依恋他人的渴望。因为被这种挣扎弄得疲惫不堪，他常常变得绝望并且发展出了施虐趋向。然而，他对于人的需求是那么迫切，以至于他不仅要压抑住自己的施虐趋向，还要竭尽全力去隐藏它们。

在这种情形中，与他人在一起就变成了一种压力——尽管他可能没有意识到这一点。他可能会不自然并且害羞，他必须一直扮演着一个与他的施虐冲动相反的角色。自然而然地，他会觉得自己非常喜欢他人；然而当分析治疗让他意识到其实他对于他人根本没有一点儿感觉，或者至少相当不确定他的感受到底是什么时，他会感到非常震惊。在这一点上，他倾向于将这种明显的缺乏归咎为一种无法改变的事实。然而，事实上他只是处于一种慢慢放弃他伪装出来的积极感受的过程之中，而且在不知不觉中更乐于没有任何感觉而不是面对自己的施虐冲动。当他认出自己的那些冲动并且开始着手去克服它们时，他才能开始发展出一种对于他人的积极感觉。

然而，在这个画面中还存在某些元素，它们对于受过训练的观察者而言，表明了施虐趋向的存在。一开始，总有一些狡猾的方式为他所用，被看作是在恐吓、利用和挫伤他人。这里总是会有一种可以明显感觉到的但是毫无意识的对于他人的轻视，被肤浅地归咎于他们低下的道德水平。此外，还有很多的不一致直指施虐癖者。举例而言，他有时候可能会以明显的无限耐心来忍受着那些对他本人的施虐行为，然而在另外一些时候，却对极为轻微的控制、利用或者羞辱表现得过度敏感。最后，他会给人以一种"受虐癖者"的印象——换句话说，沉迷在自己是受害者的感觉中。然而，因为这背后的术语和概念所带来的误导，我们最好偏离它们转而去描述其中包含的一些元素。由于其自我主张受到了广泛性的抑制，逆转性施虐癖者在任何情境下都做好了被虐待的准备。然而，因为他会为自己的虚弱而感到愤怒，他常常确实被一些公开的施虐癖者吸引，立即就会倾慕他们，而且憎恶他们——如同后者一样，感到他乐意做牺牲者，也为其所吸引，因此，他将自己置于利用、挫伤、羞辱的道路上。然而，他深受这种虐待的折磨，绝非享受于其中。这些所带给他，无非是给予了自己一个机会，让自己内部的那些施虐冲动通过其他人实施出来，而不用去面对自己的施虐癖。因此，他可以感到自己是无辜的，而且在道德上义愤填膺——与此同时，他还期望着有一天他会从自己的施虐癖伴侣身上获益更多，并且战胜伴侣。

弗洛伊德对于以上我描述的那些场景有着很好的观察，但是他却用无根据的泛化概括将其破坏了。为了能将它们塞进他自己的哲学理论框架，他将它们当作是证据，以此证明不论一个人在表面上看来是多么好，其本质都是具有破坏性的。事实上，这种情形完全是一种特定神经症的特定产物。

有些观点称施虐癖者为性变态，或者用精心制作的术语来描述那些卑鄙而恶毒的人，我们已经摆脱这些观点，并取得了很大的进展。性变态是相当少见的，当它们出现时，它们只不过是对待他人的基本态度的一种表达方式而已。破坏性趋向的确是不可否认的，但是当我们在理解它们的时候，我们看到的是在明显的毫无人性的行为背后其实是一个正在饱受痛苦的人。带着这样的认识，我们需要通过治疗打开更多可能性的大门，来接触到这样的"背后的人"。我们发现他只是绝望的人，曾经被生活打败过，但他只是在竭力想要恢复自己的生活。

结论　　神经症冲突的解决方法

　　我们越是理解神经症冲突会带给人格无限的危害，真正地去解决它们的需要就显得越是迫切。然而，因为我们现在知道，这是不可能通过理性的决策、逃避或者意志力的运用来完成的，那么它们怎样才能被解决呢？只有一条路可行：人格中的一些条件导致了这些冲突的产生，只有通过改变这些条件，冲突才能被解决。

　　这是一个非常彻底的方法，同时也是一个非常艰难的方法。考虑到我们自身在发生任何变化时所涉及的困难，我们应该寻找捷径，这是完全可以理解的。这可能就是为什么患者——同时也是其他人——常常询问的问题：一个人看到自己的基本冲突是不是就够了呢？答案一目了然——不够。

　　甚至很多时候分析师——很早就在分析治疗中辨识出患者是如何分裂的，能够帮助患者认识到这种分裂，这样的洞察力其实是没有什么直接好处的。它可能会带来某些宽慰，致使患者开始看到了是什么切实原因导致了自己的烦恼，而不是仅仅迷失在神秘的阴霾之中，但是患者并不能将其运用到生活中去。就算对患者分裂的部分是如何运作并且干扰其他部分有一个认知，但患者依旧还是分裂的。他听到这些事实的时候，就像是一个人听到了一些很奇怪的信息；它似乎是很有道理的，但是患者自己并不能在自己身上实现这些应用，他势必会通过多重无意识的内心的保留来推翻这些信息。无意识地，他会坚持认为分析师在夸大他内心冲突的强度；如果不是因为外在环境，他可以是完全没问题的，爱和成功可以帮助他摆脱掉这些痛苦与不幸；当他远离人群的时候他便可以逃避自己的内心冲突，就算平常人不能脚踩两只船，但是他可以通过自己无限的意志力与智慧做到这一点。或者患者可能会感觉到——也是无意识地，分析师就是个江湖骗子或者是个有心无力的傻瓜，装模作样地取得了一些专业上的欢愉；分析师其实早就知道患者已经病入膏肓、无药可医了——这就意味着患者在对分析师的建议做出回应时，已经带有了患者自己的绝望之感。

　　这些内心所持的保留表明了患者要么是在死守着自己独特的解决方式——这些方式要比冲突本身对于其来说更为真切——要么就是他从根本上就对康复

已经绝望了，所有这些他所做的尝试及其所带来的后果必须在基本冲突被有效解决之前就得进行疏解。

寻求捷径还会导致另外一个问题，赞同弗洛伊德对于发生论的着重强调：将这些相互冲突的内驱力———旦它们被认识到之后，就与它们的根源及早先童年时期的临床表现联系在一起就够了吗？同样地，答案依旧是"不够"——还是同样地，在很大程度上，依旧是出于同一个原因。就算是对于患者早期经历的最准确详尽的回忆也只会造成病人对自己的更加仁慈而宽恕的态度，这是完全无益于解决病人当下冲突的。

对于早期环境影响和改变是如何作用于儿童人格的全面认知，尽管它有着很少的直接治疗价值，但它的确有助于我们探寻追问"神经症是在何种条件下发展出来的"。[1]毕竟，在最初，的确是人们与自己、与他关系的变化导致了这些冲突，我在之前发表的作品中[2]以及在本书之前的章节中都已经描述过这一发展过程。简而言之，一个孩子可能会发现自己处于一种情境之中，而这种情境正在威胁他内心的自由、自发性、安全感、自信——总之就是在威胁其心理存在的核心部分。这个孩子感到孤立无助，因此他为了能与他人产生连接而做出的最初尝试并不是由他的真实感受决定的，而是出于策略性需要。他不能单纯地选择喜欢或者不喜欢，相信或者不相信，表达自己的愿望或者对他人的要求提出抗议，而是自动地设计出一些方法去应对他人，并以对自己最小的伤害来操控他人。在这种方法之中逐步形成的根本特质可以被概括为个人与自己、与他人的疏离，一种无助感，一种渗透到方方面面的疑惧，以及在他的所有人际关系中带有敌意的紧张感，这种紧张感的范围从普通的谨慎小心到确切的憎恨。

只要这些情况一直存在，那么神经症患者就不可能放弃自身的任何冲突性内驱力。与之相反的是，它们生长所源于的内在必然性会在神经症发展进程当中表现得更为迫切。实际上，这些虚假的解决方法加剧了患者与自己、与他人关系中的障碍，这就意味着真正的解决方法变得越来越不可能获得。

因此，治疗的目的只能是改变这些情境条件本身。神经症患者必须被施加帮助去找回他自己，去逐渐认识到自己的真实感受和需求，去发展形成他自己的价值体系，并基于他自己的感受和信念将自己与他人进行连接。如果我们能

---

[1] 正如人们一般所认识到的，这方面的知识同样也有着很大的预防作用。如果我们知道什么样的环境因素有助于一个孩子的成长，什么样的会限制其发展，就可以找到一个方法以防止那些神经症在后代中肆意递增。

[2] 参见卡伦·霍妮《精神分析新方法》，见前文所引述的篇目，第八章，以及《自我分析》，参见前文所引述的篇目，第二章。

够通过一些魔法来达成这些目标，这些冲突就会在还没有被触及的时候就被消除了。然而魔法是完全不存在的，所以我们必须知道为了达到我们想要的这些改变我们需要进行哪些步骤。

　　既然每一种神经症——无论这些症状是多么戏剧化或者看上去似乎非常非人类，都是一种性格失调，那么治疗的任务就是去分析整个神经症性格结构。因此，我们越是能够清晰地定义出这种结构和它独特的变化，那么我们越是能够精确地罗列出我们应该做的工作。如果我们将神经症设想为在基本冲突周围建立起的一座宏伟的防护建筑，那么分析工作大体上就可以被分成两个部分。第一个部分就是去仔细检查特定患者为了找到解决方法所做出的所有无意识的尝试，同时也要注意这些尝试对于他的整个人格有着何种影响。这包含着要研究他的主要态度中的所有含义，他的理想化意象，他的外化作用，等等，而不去考虑它们与潜在冲突的特殊关系。它将会被误导着去假设一个人在其冲突受到关注之前，是不可能明白并且解决这些因素的，因为尽管它们是由想要调和冲突的需求生长出来的，它们有着自己的生命，承担着自己的重量并且发挥着自己的力量。

　　另外一个部分包含着对冲突本身产生的影响，这就意味着不仅要让患者意识到自己的大致轮廓，还要帮助他看清楚它们运作的细节——这也就是，他的互不相容的驱力和由此产生出的态度是如何在每一个特殊的例子中互相干扰的。比如说，一个想要使自己居于人下的需求，受到了逆转性施虐癖的强化，阻止了患者在游戏中取得胜利或者在一项竞争性工作中表现超群，然而与此同时，患者想要战胜他人的内驱力使得胜利变成了一个强迫性的必需品；抑或是，由各种源头发展出来的禁欲主义，干扰着对于同情、喜爱、自我放纵的需要，我们必须要向患者展现出他是如何在这两种极端之间穿梭摇摆。举例来说，他在对自己过于严苛和姑息迁就两者之间不断切换；或者他外化了的对于自己的需求，可能由于施虐驱力而被强化了，又是如何与他对于全知全能、原谅一切的需求相抵触；以及因此他是如何对于他人所做的每一件事一会谴责、一会宽恕，踟蹰摇摆；或者他是如何在认为自己掌控一切大权与觉得自己毫无权力之间变个不停。

　　此外，这一部分的分析工作应该涵盖对于患者可能会试着做出的所有的难以忍受的融合与妥协的解析，比如说试着去将自我中心与慷慨大方合并在一起，征服与喜爱合并在一起，控制与牺牲合并在一起。这部分的工作会帮助患者去准确理解自己的理想化意象、外化作用，以及其他诸如此类的东西是如何被用于赶走他的内心冲突的，它们又是如何自我伪装并减轻自己的干扰力量的。总而言之，这部分工作旨在帮助患者对自己的内心冲突有一个全面而彻底的理解——这些冲突对其人格的一般作用，以及这些冲突是如何导致了他的症状。

就整体上而言，患者会在治疗工作的每一个部分都做出不同类型的阻抗。当他为寻找解决方案而做出的尝试被分析时，他就一心想要去为自己态度和趋向中内在固有的主观价值而进行辩护，因此他会抨击任何关于它们真正本质的见解。在对他的冲突进行分析时，他的兴趣主要在于想要去证明他的冲突压根就不是什么冲突，以此来将他的特定内驱力之间确实不相容的事实完全模糊或者最小化。

当我们谈论到处理这些主题时应该遵循的顺序时，弗洛伊德的建议有着而且可能一直会有最首要的重要性。精神分析原则的运用在药物治疗中也有效，他着重强调了在处理患者问题时所采用的任何方法的两个注意事项：解析应该是有益的，解析是不能有危害的。换言之，任何分析师需要在脑海中思考的两个问题是：患者在这个时候能够承受住某个特殊的见解吗？是否有某种解释可能对患者有意义并使其以一种具有建设性的方式思考问题？关于患者所能确切承受的事物的切实标准，以及什么可以有助于激发出建设性见解，关于这两点的知识我们依旧缺乏。不同患者之间的结构性差异实在是太大了，以至于不能允许任何只关乎解析时间节点的教条性处方，然而我们可以将这个原则当作是一个指导，只有在患者的态度发生了特定改变之后，某些问题才能够得以良好解决，既使患者有所获益，又不会带来不必要的风险。在这个基础之上，我们可以指出一些通用的测量指标：

只要患者还是一心想要去追求那些对于他而言意味着拯救的幻影，那么让他去面对任何主要冲突都是徒劳无功的。他首先必须看到这些追求是无效的，而且干扰到了他自己的生活。用高度凝练的术语来说就是，对患者为寻求解决方案所做努力的分析要在对冲突分析之前进行。我并不是指任何提及冲突的话题都应该被极力避免，应该如何谨慎地运用这个方法需要取决于整个神经症结构的脆弱程度。当患者的冲突被人贸然地向他们指出来时，一些患者可能会突然陷入一片惊慌失措之中，而其他一些患者会认为这并没有任何意义，会一晃而过，对此留不下任何印象。然而从逻辑上讲，只要患者一直死守着他自己特定的解决办法不放手，并且无意识地仅仅指望依靠这些办法"过得去就行"，那么分析师就不能期待患者对他自己的内心冲突有什么重大的兴趣。

另外一个被小心谨慎地提出的主题就是"理想化意象"，它将带领我们走得太远以至于无法在此讨论在何种条件下它的某些方面可以在一个相当早的阶段就被处理掉。小心谨慎都是极为可取的，然而，因为理想化意象通常对于患者自己而言是唯一真实的那一部分。此外，它可能是唯一带给患者的某种自尊感，并防止他陷入自我轻视的元素。患者在能够忍受任何对于其理想化意象的损毁之前，必须获得了某种程度的现实力量。

在分析治疗的早期阶段就处理施虐趋向必定是毫无益处的。某种程度上，其原因是这些施虐趋向与患者的理想化意象之间存在着极度的反差。甚至就算是在稍后的阶段，患者对这些趋向的觉察都会使他满怀恐惧与厌恶。然而，这里还有一个更加确切的原因支持推迟对这部分进行分析，直至变得不那么绝望并且拥有更多资源之后：当患者依旧还是无意识地坚信替代性生活是唯一留给他的活路时，患者是不可能会对克服自身施虐趋向感兴趣的。

当它独立的应用依赖于特定的性格结构之上时，对于解析时机相同的引导也可以被应用。举例来说，当一位患者自身的攻击趋向占主导地位时——这个人会鄙视所有有关虚弱的感觉并且称赞每一件让外表看上去强健有力的事物，这样的态度以及它所有的含义都需要首先予以解决。优先考虑患者对于人际亲密需要的任何方面都会是一个错误，不论这个需要在分析师看来是多么的显而易见。患者会觉得任何此类的进展都是对他的安全感的威胁，因此非常厌恶它们。患者觉得自己必须提防分析师想要使他变得"伪善"的愿望。只有当患者更加强大时，他才能够容忍自己的顺服倾向和自我谦逊的倾向。面对这样一位患者，分析师将同样需要避开其某些时段的绝望问题，因为患者会坚持否认任何类似的感受。绝望对于他而言与令人讨厌的自怨自艾有着一样的内涵，它意味着一种极不体面的对于失败的承认。相反地，如果顺从趋向占主导地位，在所有控制或者复仇趋向能够被解决之前，所有涉及"亲近"他人的因素必须先被彻底地解决。同样地，如果一个人将自己视为伟大的天才或者极好的爱人，那么分析师若去处理他对于被轻视或者被拒绝的恐惧就是在浪费时间，去解决他的自我轻视问题更是属于白花力气。

有时候，最初能解决的问题的范围是非常有限的，特别是当一个高度的外化作用与一种僵化的理想化意象结合起来时——这是一个不允许任何缺点的特别状态。如果某些迹象向分析师表明了这一状态的存在，分析师会通过避免所有的解析来节省下来许多时间，哪怕这种解析只是轻微地暗示了"患者问题的根源来自于其自身"。然而，在这一时间段，分析师去触及患者理想化自我意象的某些特定方面可能是一种可行的手段，比如说患者对自己提出的过分需求。

对于神经症性格结构动力因素的熟悉也可以帮助分析师去更快并且更精

简地领会患者通过自由联想到底想表达出什么东西，以及因此在这一时刻应该着手处理些什么。分析师将能够从看上去似乎无关紧要的迹象中构想出并预测出患者人格的一个完整的方面，并因此能够指导其关注那些应该注意的元素。分析师的位置应该就像是内科医生一样，当他听到病人咳嗽、夜间流汗、傍晚疲乏无力之后，就会考虑病人得肺结核的可能性，并按照其检查来做出治疗方案。

举例来说，如果患者对自己的行为感到抱歉，情愿仰慕分析师，而且在其自由联想中发现了自我谦逊的倾向，分析师将会把所有这些因素视为涉及了"亲近"他人，分析师就会检测所有致使患者产生这种占主导地位的态度的可能性；如果分析师还发现了进一步的证据，他将会试着从每一个可能的角度去处理它们。同样地，如果一位患者反复地讲述着他的那些让他觉得蒙羞的经历，并且暗示出他也在从这个角度看待分析疗法，那么分析师就会知道他必须处理患者对于蒙羞的恐惧，同时他还会选择在那个时刻最易获得的恐惧的来源来进行解析。举例来说，患者需要一些对于他的理想化意象的肯定，倘若这种意象的某些部分已经进入了患者的意识，那么分析师恰好可能将这些恐惧源头与患者的这种需要联系起来。同样地，如果患者在分析情境中表现出惰性，并且谈论到觉得一切早已注定了，分析师则要在当下可能性的范围内去处理患者的绝望问题。如果这种情形应该在最初阶段就发生，分析师可能只能够指出它的意义——换句话说，患者自己放弃自己了。然后，分析师可能会试着传达这个信息给病人——病人的绝望并不是由一个真实存在的绝望情境而来，而是构成了一个能被理解并且最终会被解决的问题。如果绝望在稍后的阶段出现，分析师可能能够将它更具体地与"患者丧失了从其冲突中找到出路，或者甚至是达到其理想化意象标准的信心"联系起来。

所建议的这些措施依旧给予了分析师足够的空间以便他运用自己的直觉以及他对于"患者身上正发生着什么"的敏感度。这些依旧很有价值，甚至是分析师应该尽全力去努力开发的不可或缺的工具。然而，运用直觉的事实并不意味着这些过程仅仅是属于"艺术"领域的产物，也不意味着仅仅运用些常识就够了。有关于神经症性格结构的知识使基于其上的推论过程具有严谨的科学性，并且使分析师能够去以一种精确而负责任的方式来进行分析治疗。

尽管如此，由于结构中存在着无限的个体差异，分析师有时候仅仅只能依靠尝试错误法来推进分析。当我说错误的时候，我所指的并不是那些重大错误，诸如那些与患者毫不相关的动机或者是没有领会患者最基本的神经症驱力。我脑海中所想的是一些非常常见的解析错误，而那些解析患者还没有准备好去吸收同化。显而易见的错误是可以避免的，而那些做出不成熟解析之类的错误则总是不可避免的。然而，如果我们保持高度的警醒，去注意患者对解析做出反应的方式，以及相对应的被引导的方式，我们就可以更为迅速地觉察到这类错误。对于我而言，太多的重点被放在了患者的"阻抗"之上——患者对于一种解析的接受或者拒绝却鲜去重视他的这些反应究竟意味着什么。这是很令人遗憾的，因为正是这类反应的所有细节暗示了在患者准备好去处理分析师指出的问题之前，到底需要先解决什么问题。

　　接下来的例子可以作为对上述观点的一个详尽解释。患者意识到在他的个人关系中，他对于伴侣向他提出的任何要求都报以极大的恼怒。哪怕只是最正当合理的要求，他都会将其视作是一种强迫行为，而哪怕是最理所当然的批评，在他看来也都是侮辱。与此同时，他肆意要求着伴侣的全心投入，并且相当直白地表达他的批评。他意识到，换言之，他在赋予自己所有特权的同时否认了伴侣本应该有的每一项权利。他渐渐清楚地知道了，他的这种态度就算不毁灭也势必会损伤他的友谊与婚姻。到此为止，他在分析工作中还在非常积极配合，而且富有成效。然而，在他意识到自己的态度所带来的后果之后的一段分析治疗则是一片死寂，因为这位患者开始有些轻微的抑郁和焦虑。一些确实出现过的联想表明了患者的强烈的退缩的倾向，这与他在之前数小时与一位女士建立良好关系时表现出来的热情有着明显的反差。他的退缩冲动表现出有关相互关系的预期对于他而言是多么不可容忍：他在理论上接受权利平等的理念，然而在实践中他却是拒绝的。他发现自己正处于一种不能解决的两难处境之中，他的抑郁正是对此发现的一种反应，想要退缩的这一倾向意味着他正在探索解决办法。当他意识到自己的退缩是徒劳的而且除了改变他自己的态度别无他路之后，他又开始对"为什么对他而言相互关系如此不可接受"的问题感兴趣了，此后立即出现的自由联想显示出他从情感上看到的只有这种取舍：拥有一切权力或者不论怎么样都没有权力。他吐露了自己的忧虑，害怕如果他让渡了任何权力之后，他将再也不能做他想做的事情了，而只能总是去顺从于他人的意愿。反过来，这就引发出了他的顺从与自谦趋向的整个领域，尽管它们目前已经被触及，但是却从没有了解到它们的深度和重要性。由于许多的原因，患者的顺从与依赖实在是太强烈以至于他必须建立起一种虚假的防御，以霸占所有的权力为自己所独有。当他的顺从还有着迫切的内在必然性时，在这个时候将这种防御弃置意味着把他自己当作一个个体而淹没。在他能够考虑进行某种改变以解决他的专制之前，他的顺从趋向就必须被解决。

　　贯穿整本书的始末，我已经很清晰地说明了一个人不可能只用单一的方法就消除某个问题。我们必须从不同的角度一次又一次地回顾这个问题。这样做的原因是任何一种单一的态度都是由多种多样的源头而来的，并且这种态度在神经症发展轨迹中有着新的功能。因此，举例来说，总是"怀柔安抚"的态度或者"忍受"太多最初是对情感的神经症需要的重要部分，若这种神经症需要还在的话，这种态度必须先予以解决。当理想化意象处于讨论中的时候，对它的审视也必须继续。从那个角度来看，抚慰态度将被视作患者认为自己是一个圣人的一种表达。在谈及患者的疏离需要时，那种涉及避免与人产生摩擦的需要也将会得到理解。同样地，当患者对于他人的恐惧和他竭力避免其施虐冲动的需要被纳入视线时，这种态度的强迫性本质就将变得更加清晰。在另外的例子中，患者对于高压强迫的敏感度一开始会被视为是由其疏离需要而来的防御性态度，而后会被视为他自己渴望权力的一种投射，再之后可能会被视为是外化作用、内部高压或者其他趋向的一种表达。

　　任何在分析治疗中具象化了的神经症态度或者冲突必须从全局上理解它与人格的关系，这就是所谓的"解决"。它包含了以下步骤：将所有的或明显或隐藏的有关特定神经症趋向或者内心冲突的临床表现都引入到患者的意识中去，帮助患者认识到其强迫性本质，并能够使他获得对于它的主观价值和不利影响的鉴别。

　　当患者发现了一个神经症怪癖，并通过立即提问而避免去检查"它是怎么产生的？"不论患者对自己如此行为有没有意识，他都是在希望能够通过求助于特定问题的历史根源以将其解决。分析师需要稳住他不要逃回过去，并鼓励他先去检查这其中包含了什么——换言之，去熟悉这个怪癖本身。他必须知道这个怪癖呈现自己的特定方式，他惯用的掩盖这个怪癖的方法，以及他对于这个怪癖秉持着什么样的态度。举例来说，如果患者对于变得顺从的恐惧越来越清晰，他必须看清他对其憎恶和恐惧的程度，以及他以任何自谦的形式轻视自己。他还必须承认他无意识制订出了哪些检查以消除他生活中可能发生的所有顺从或者任何包含顺从倾向的事物，接着，他将会理解那些明显相异的态度是怎样服务于同样一个目标的；在觉察他人的感觉、欲望、反应这一点上，他是如何使自己对于他人的感觉麻木的，这又是如何让他变得特别不体贴的；他是如何扼制住了所有对于他人的喜爱之感，又是如何抑制了所有想要被他人喜欢的欲望的；他是如何蔑视诋毁他人温柔的感觉以及美好良善的，他是如何自动地就拒绝要求的；他在人际关系中是如何觉得自己理所当然就可以情绪化、爱挑剔以及难取悦，却否认伴侣任何的特权的；或者，如果正是患者的这种认为自己全能的感觉成为焦点，那么就算他认识到了自己有这种感觉，也是不够的，患者还必须清楚地看到他从早到晚是如何为自己布置着不可能完成的任务的；比如说，他是怎样认为自己应该能在短时间内就一个非常复杂的主题写出一篇优秀的论文，又是怎么在期待自己尽管精疲力竭，但是依旧具有自发性而又才华横溢，而在分析中，他是怎么期待着自己只要看一眼问题就能解决这个问题的。

接着，患者必须认识到他被驱动着去按照特定的趋向来行动，无论——通常是与之相反的，他自己的欲望或者最大的兴趣究竟是什么。他必须认识到，强迫性在无差别地运作着，通常完全没有考虑到真实的情况是什么。比如说，他必须看到他对待朋友和敌人都有着一样的吹毛求疵的态度；不论伴侣如何表现，他都一样会去责骂伴侣；如果伴侣表现得和蔼可亲，他就会怀疑伴侣是不是在什么事情上心怀愧疚；如果伴侣坚决要求自己的权利，这是盛气凌人；如果伴侣屈服，则是懦夫的表现；如果伴侣想和他在一起，这是太容易到手了；如果伴侣拒绝任何事情，这是吝啬；等等。或者，如果这些被讨论的态度是因为患者不确定自己是否被需要或者受欢迎，他就必须认识到尽管所有这些证据都恰恰相反，这个态度还是会持续。理解某种趋向的强迫性本质同样包含着认识到对于它的挫伤的反应，举例而言，如果产生的这个趋向涉及了患者对于感情的需求，他将需要看到，当出现任何有关拒绝或者亲密减弱的迹象时，他会感到迷茫且害怕，不论这些迹象是多么细微或者无论他人对他来说是多么不重要。

这些步骤中的第一步展现了患者的特定问题的程度，第二步则是让他知道藏在问题背后的力量的强度，两者都激发出了对于进一步审查的兴趣。

当要检查一个特定趋向的主观价值时，患者自身常常热衷于主动提供信息。他常常会指出他对于权威或者类似高压制约之类事物的反叛和挑战是完全必要的，而且确实是活命用的，因为如果他不这样做，他就会被喜欢控制的父母所控制；有关优越感的自我概念曾经帮助并且依旧帮助他来面对他缺乏自我尊重这一问题，他的疏离或者"无所谓"的态度保护着他免受伤害。诚然，这类自由联想的出现是本着防御精神，然而它们同样也有着启迪作用。它们告诉我们一些事情，这些事情关乎为什么特定的态度会首先被获得，从而展现给我们它的历史价值，并且使我们对于患者的成长发展能有更好的理解。然而，超越这些之上，它们引导出一条路——去理解这些趋向的现有功能。从治疗的立场来看，这些是有着首要兴趣的功能。没有任何神经症或者内心冲突仅仅是过往的一副遗骸——就好像是一个习惯，一旦形成了就会一直持续。我们可以很肯定地说，它是由现有的性格结构中的迫切必然性所导致的，而有关为什么一种神经症怪癖会发展的纯粹的知识最初只有次级价值，因此我们必须改变的是当下正在运作中的力量。

在极大程度上，任何神经症状况的主观价值都存在于它使其他神经症趋向的平衡之中。因此，对于这些价值的一个透彻理解可以提供一种迹象——在任何一个特定例子中它们是如何进展的。举例来说，如果我们意识到了一个患者不能放弃他认为自己全能的感觉，因为这种感觉纵容他误解自己实际生活中的潜能、他对于真实成就的一些美好计划，我们应该知道我们必须检查他在何种程度之上活在自己的想象之中。如果他让我们看见他这样生活是为了确保自己免于失败，我们就应该将注意力转至一些引导他的因素，这些因素不仅使他预感要失败，还使他总是处于对失败的恐惧之中。

最重要的治疗步骤是带着患者去看到奖章的背面：他的神经症趋向和内心冲突的无所作为。这些工作中的一些部分将会被前述的一些步骤所涵盖，但是这一步骤是必不可少的，画作完成于其所有细节。只有在这个时候患者才会真正地感到需要做出改变。由于每一个神经症都被驱使着必须维持现状，一个足够强大且能够超过所有迟滞力量的动机是十分必要的。然而，这样的一个动机只可能源自于患者对于内在自由、快乐、成长的渴望，源自于患者认识到了每一种神经症困难都阻碍着这种渴望的完成。因此，如果患者倾向于贬损的自我批评，他就必须看到这种做法如何浪费着他的自尊并让他毫无希望；他就必须看到它如何让他觉得自己不被需要并迫使自己去承受虐待，这反过来还导致他变得满怀仇恨；他就必须看到它是如何麻痹了他的动机和工作的能力；他就必须看到为了防止自己坠入自我轻视的深渊，他被迫进入一种防御态度，诸如自我膨胀、自我疏离、对自己没有真实感，以此来保持着他的神经症。

同样，当一个特定的冲突在分析过程中变得很显著，患者必须被引导着去意识到冲突对他的生活的影响。自谦倾向和获胜需求有着冲突，在这一情况下，所有的逆转性施虐癖内在的束缚抑制都必须被理解。患者需要看清楚他是如何对每一个自谦行为以自我轻视作为回应，对他奉承的人实则抱有怒气，以及在另一方面，当每次他试图战胜他人时，他会怎样带着对自己的害怕以及对报复的恐惧来回应自己的这种意愿和行为。

有时候，即便当一位患者开始意识到全部的不利影响时，他也可能并没有任何兴趣去克服特定的神经症态度。相反，这个问题似乎也从全局中慢慢淡出了。非常不易觉察地，他将问题推到一边，并且没有任何收获。鉴于他已经看到了所有的由自己造成的对自己的伤害，他的缺乏回应是极为显著的。然而，除非分析师能够极为机敏地识别此类反应，否则患者的兴趣可能就会被忽视而一笔带过了。患者会开始另外一个话题，然后分析师跟随他，直到他们再次回到一个相似的僵局之中。直到很长一段时间之后，分析师才开始意识到患者身上发生的变化与所完成的工作量不相称。

如果分析师明确知道这类的反应偶尔是会发生的，他们就会自问是患者内部的哪些正在发生作用的因素导致他拒绝接受这一事实——特定的态度会带来一系列有害后果，所以必须改变它。通常这样的因素有很多，而且它们只能被一点一点地处理掉。患者可能依旧因为绝望到麻木而无法考虑任何变化的可能性，他想要战胜和挫败分析师以及让分析师出洋相的驱力要远远强于他的自身利益。他想要外化的倾向可能依旧过于显著以至于就算他意识到了这样的后果，他也无法将这些洞察力应用到自己身上。他需要觉得自己是无所不能的，这种需求太过于强烈以至于尽管他知道很多后果是不能避免的，他还是在内心有所保留地认为自己可以解决它们。他的理想化意象可能还是特别僵化，导致他不能接受自己有任何的神经症态度或者内心冲突。他只是对自己生气，并觉得自己应该能够轻易就掌控特定的困难，因为他已经觉察到它了。意识到以上这些可能性是非常重要的，因为这些因素阻碍了患者想要改变的动机，如果忽视这些因素，那么分析很轻易地就会退化成为休斯顿·彼得逊所说的"狂热心理（mania psychologica）"，为了心理学的心理学。在这些情况下，使患者去接受他自己会有明显的收获。尽管冲突本身没有发生任何变化，患者依旧可以获得一种深刻的宽慰之感，并且会开始表现出想要从束缚住他的网中挣脱出来的迹象。一旦这种有利于分析工作的情形形成，变化很快就随之而来了。

无须赘述，以上所展示的并不意味着是一篇有关于分析技术的论文。我并没有试图去涵盖所有作用于分析过程中的导致恶化的因素，也没有想去涉及所有有疗效的因素。例如，我并不是在讨论当患者将他所有的防御性和冒犯性怪癖带到与分析师的关系中时——尽管这是一个非常重要的元素，由这种连接而产生出来的任何困难或者益处。我所描述的步骤仅仅只是构建出一些基本的过程，每当新的趋向或者冲突变得明显时，这些过程都是必须实施的。通常这些步骤不能按指定的顺序进行，因为就算一个问题已经成为明显的焦点，但是这个问题可能对于患者来说还是难以见到。就像我们之前提及的有关霸占所有权力的那个例子，一个问题可能仅仅只是揭露出另外一个需要首先被分析的问题，其实只要最终所有的步骤都被涵盖，顺序问题只是一个次要问题。

由分析工作所导致的特定的症状的改变自然而然地会因为所处理的主题不一样而有差别。当患者认识到自己无意识的于事无补的狂怒及其产生的背景之后，惊慌的状态就会平息。当患者看到他所陷入的两难之地时，抑郁就会有所疏解。然而，每一次成功的分析都会致使患者在对待他人和对待自己的态度上发生某些普遍性的改变，无论是解决了哪一种特定问题，改变都会发生。如果我们要解决几个不同的问题，比如对性的过分重视、坚信现实会按照一个人的愿望而发展、对高压的过度敏感，我们将会发现，对于这三者的分析治疗对人格的影响差不多是相同的。不论这些困难中的哪一个被分析，敌意、无助感、恐惧、对于他人和自我的疏离感都会减轻。让我们这样考虑一下，举例来说，在这些例子当中，对于自我的疏离感是如何被减轻的。一个过分看重性的人只有在性体验和性幻想中才觉得自己是活着的，他的胜利和失败仅仅局限于性的领域之中，他唯一看的自身优点就是他的性吸引力。只有当他看清楚了这一情况之后，他才开始去对生活中的其他方面产生兴趣，从而找回他自己。对于另一个认为现实是由他想象中的项目和计划所决定的人来说，这样的人实则是忘记了自己是一个正常运转的人类，他既没能看到自己的局限又没能认清自己实际的优点。通过分析工作，他停止了对自己的成就和潜能的误解；他不仅能够面对真实的自己，并且能感受到真实的自己。第三个人对于高压强制特别敏感，渐渐地他开始不注意自己的欲望和信念，并感觉到总是他人在主导并且施压于他。但当这种情况被分析时，他开始知道他真正想要的是什么，因此能够去努力追求他自己的目标。

在每一个分析中，受到压抑的敌意，不论它的种类或者源头，都会浮出水面，并且让患者暂时变得更加易怒。然而，每一次某种神经症态度被丢弃时，不理智的敌意都将减轻。当患者看清楚了每一个苦难中自己应该承担的那一部分而不是去进行外化时，当他越来越没有那么脆弱、害怕、依赖、挑剔等时，他的敌意就会减轻。

敌意的减轻主要是来自于无助感的降低。一个人变得越强大，他越不会觉得自己在受到别人的威胁，力量的自然增长来自于许多的源头。患者的重心，之前被放在他人身上，现在慢慢地回转到自己内部；他会感到更加积极活跃，并且开始建立自己的一套价值观。他会渐渐地拥有更多可用的能量，那些曾经被他自身压抑的能量现在也得以释放；他也越来越不被恐惧、自我轻视和绝望所麻痹、抑制。他不再盲目地顺从、对抗或者发泄自己的施虐冲动，而是能够在一个理智的基础上做出让步，因而变得更加坚定。

最后，尽管消除已经建立起来的防御机制会暂时性地激起患者的焦虑感，然而每一步都是获益的，必然会使焦虑消失，因为患者变得越来越不害怕他人和自己。

这些变化带来的最普遍的结果就是患者与他人、与自己的关系得以改善。

患者会变得越来越不孤立，当在一定程度上他变得强大并且不那么怀有敌意时，他人会渐渐不再是一种需要去对抗、操纵或者避免的威胁，他可以对他人产生友好的感觉。随着外化作用的放弃，以及自我轻视的消失，他与自己的关系也得以改善。

　　如果我们检测那些在分析治疗过程中发生的改变，就可以看到它们可以适用于引起原始冲突的那些条件。然而，在神经症发展的过程中，所有的压力变得越来越激烈，而治疗则是一条相反的路。那些必要的为了应对这个世界中的无助、恐惧、敌意和孤独而产生的态度变得越来越没有意义，因此也可以慢慢地被抛弃了。确实，为什么每一个人必须为了所讨厌的人而抹杀或者牺牲自己呢？如果一个人可以以一个平等的地位面对他人，他为什么要为了践踏自己的人而抹杀或者牺牲自我呢？如果一个人发自内心地感到安全，可以与他人共同生活或竞争，并且没有持续的对于被埋没的恐惧，那又为什么应该有着对于权力和赞誉的贪得无厌的欲望呢？如果一个人能够去爱且并不害怕争吵，那为什么他又急于避免卷入他人之中呢？

　　做这一项工作需要时间，一个人越是陷入纠结、频频受阻，越是需要更多时间去进行分析治疗。因此，我们完全可以理解人们对于简短的分析治疗的渴望。我们将乐意看见越来越多的人从分析的一切贡献中获益，以及我们应该认识到有一些帮助总比什么收益也没有要好。诚然，各种神经症的严重程度各不相同，并且轻度的神经症可以在相对较短的时间内得以改善。尽管一些关于简易心理疗法的实验也是非常有希望的，但非常不幸的是，其中很多都是基于一厢情愿的想法或者是忽视了运作于神经症中强大的力量而进行的。在严重神经症的情况下，我相信若要缩短分析过程，唯一的办法就是提高我们对于神经症性格结构的认知，这样一来，就会少浪费一些时间在对于各种解析的摸索之上。

　　幸运的是分析并不只是唯一能够解决内心冲突的办法，生活本身就是一位非常有效的治疗师。有过这些神经症种类之中任何一种的体验就足以去告诉他人它会导致人格上的改变，这可能是一个真正伟大人物的鼓舞人心的例子，也可能是一个普通的悲剧，试图通过让神经症患者与他人亲密接触而让他摆脱自我中心的孤立状态，还可能是与他人的交往过于意气相投以至于使操控或者避免它们变得不那么必要。在另一些例子当中，神经症行为所带来的后果如此激烈或者频繁发生以至于它们自己让自己在神经症患者的脑海里印象深刻，并且使他较少地感到害怕或者死板僵化。

　　然而，由生活本身所影响的治疗并不在个人的掌控之中，困苦、友谊或者宗教体验都不可能经由人为安排而满足特定个人的需要。生活作为治疗师是相当无情的，一些情境可能是一位神经症患者的蜜糖，却是另外一位患者的砒霜。同时，正如我们之前看到的，神经症患者认识到自己的神经症行为所带来的后果的能力以及从中学习的能力是高度受限的，我们可以这样说，如果患者具有了能够从他的经历之中学习到一些东西的能力——比如说，他能够检查在所遇到的难题中他自己应该承担的责任，理解它们并将它们运用到自己的生活中去，那么这项分析治疗就能够安全地终止了。

关于冲突在神经症中所扮演的角色以及认识到它们是可以被解决的知识，使得我们有必要去重新定义分析治疗的目标。虽然很多神经症障碍属于医学领域，但用医学术语来定义这些目标是不可行的。既然身心失调的疾病本质上都是人格内部冲突的终极表达，治疗的目标需要从人格的角度来定义。

因此，我们可以看到它们包含了许多的目的。患者必须获得亲自承担责任的能力，也就意味着要感受到自己生活中积极的、可靠的力量，有能力去做决策并且承担后果。带着这一点，他要承担对他人的责任，乐意去认识到他所相信的价值中的义务，不论这些价值是关乎他的孩子、父母、朋友、雇员、同事、社区或是国家。

与之紧密联系的是达成内在独立性的目标——一个人尽可能地远离对于他人观点和信念的简单的蔑视或是对于它们的简单的接受。这就意味着首先要使患者能够建立起他自己的价值层级，并且能将它运用到他真实的生活之中。当涉及他人的时候，它可以引起对他们的个性化和权利的尊重，并因此可以为真实的相互关系打下基础，它与真正的民主理想是一致的。

我们可以从感受的自发性，即感受的意识和活力的角度来定义这些目标，无论它们是关乎爱或恨、快乐或悲伤、恐惧或欲望。这将会包含着表达的能力，同时也包含着自主控制的能力。因为关于爱与友谊的能力特别关键，所以在此要特别提及；爱并不是寄生性依赖，也不是施虐性控制，而是正如麦克马雷所说[1]："一段关系……并不存在超乎它本身的目的；在此之中我们彼此联系，因为对于人类来说，去分享彼此的经验、去理解他人、在共同生活中找寻快乐和满足、去向他人表达或者展现自己，都是很正常的事情。"

关于治疗目标的最为广泛的表达式即为对全心全意的努力追求：丢掉一切的伪装，展现真挚的情感，能够将全部的自己投入到自己的感受、工作、信仰之中，而这一切只有在达到解决冲突的程度后才能不断努力接近。

---

[1] 约翰·麦克马雷，见前文引述篇目。

　　这些目标并不是完全武断的，也不是治疗的有效目的，仅仅因为它们与古今中外的贤哲人士所追求的理想境界是一致的。然而，这种一致性并不是偶然的，而是因为这些是心理健康所依赖的元素。我们有充分的理由确立这些目标，因为它们在逻辑上以神经症致病因素的相关知识为依据。

　　我们之所以能大胆地制定出这么高的目标是因为我们相信人类的人格是可以被改变的，这不仅限于那些可塑性强的幼童。只要我们活着，我们所有人都有着改变的能力，甚至是做出最基本改变的能力，这个信念得到了经验的支持。分析是带来巨大变化的有效的手段之一，我们越是能够更好地理解运作于神经症的力量，就越是能有机会去获得我们想要的改变。

　　分析师和患者都不可能完全地达到这些目标，但这是我们为之奋斗的理想，它们的实践价值在于它们在治疗和生活中给予我们方向。如果我们对理想的意义并不清楚，我们可能会冒着用一种新的理想化意象替代旧的理想化意象的风险。我们也必须意识到，将患者变成一个毫无缺点的人并不在分析师的能力范围内。分析师只能帮助患者自由地为接近这些理想而不断奋斗，这也意味着给予患者一个契机，去成熟，去成长。

NEUROSIS AND HUMAN GROWTH

神经症与人的成长

——自我实现的挣扎

（1950）

邹一祎⊙译

引言　演进的道德规范

　　神经症的过程是人类发展的特殊形式，并且——由于它涉及到建设性能量的浪费——是一个特别不幸的过程。神经症的过程不仅与健康的个人成长在性质上有所不同，而且在我们所能意识到的更大程度上，它与健康的个人成长在许多方面是截然对立的。在适宜的条件下，人的能量会投入到他自身潜能的实现上。这种发展并非是统一的。根据他特定的气质、能力、习性以及早期和后期的生活环境，他可能变得更温柔或者更强硬；更谨慎或者更饱有信任；更自立或者更缺乏自立；更沉思或者更外向；以及他可能发展出他特殊的天赋。但是不论他的行动方向带他去到哪里，那都是他所发展的自己的既定潜能。

　　然而，在内在的压力下，一个人可能会疏离真实的自我。然后，他会将大部分的能量转移到塑造自己的任务上，通过一个严格的内在指令系统，将自己塑造成一个绝对完美的人。因为要完全像神一样完美，才能满足他的理想化自我的形象，满足他（自己认为的）已经拥有、能够拥有或应该拥有的尊贵品质所带给他的自负。

　　这种神经症的发展趋势（在本书里会详细介绍）引起我们的关注，这种关注超过了临床或理论上对病理现象的兴趣。因为它涉及到一个基本的道德问题，即人想要实现完美的欲望、驱动力、或者宗教义务。当自负是推动的力量，没有一个真正关心个体发展的学者会怀疑自负、傲慢，或者追求完美的不可取。但是，一个为保证道德行为、充满纪律的内在控制系统，它的可取性和必要性存在大量的意见分歧。就算这些内在指令对于人的自发性有束缚影响，难道我们不应该按照基督教的强制令（"你们是完美的……"）去为完美而奋斗吗？摒弃这样的指令，难道对于人类的道德和社会生活来说就不危险，真的没有破坏性吗？

　　在整个人类历史上这个问题以诸多方式被提出、被解答，这里并不是讨论它的地方，而且我也没有准备这样做。我只想指出这个答案所依赖的一个必要因素，那就是我们对人性抱有的信念，其性质是什么。

　　总体而言，基于对人性本质的不同解释，道德规范的目标存在三种主要观念。对于有些人——不论在任何方面——相信人天生有罪或者被原初本能所驱使（如弗洛伊德），重复的制约和控制是不能够被放弃的。那么，道德规范的目标必须是控制或克服了自然状态，而非它本然的发展。

对于那些相信人性固有地存在本质上"善的"部分，也存在本质上"恶的"、有罪的，或破坏性部分的人而言，道德规范的目标必然是不一样的。它的重心会放在通过诸如信仰、理性、意志或者恩宠这些因素来精炼、引导或强化内在的"善"，以确保它获得最终的胜利。这一点与特定的主要宗教或伦理观念是一致的。在这里，由于也有积极的方案存在，重点并不会完全放在打击和压抑恶上面。然而，积极的方案要么基于某些超自然的助力，要么基于理智或意志奋发实现的理想目标，而后者本身就意味着使用禁止性和约束性的内在指令。

最后，当我们相信人类天生具有进化的建设性力量，这种力量促使他实现被赋予的潜能，那么道德规范的问题又会不一样。这种信念并不意味着人类的本质是善——这种假设需要基于既定的何为善、何为恶的知识前提。这种信念意味着人类会依据他的本性，追求自我实现，并且在这样的奋斗中形成一套自己的价值观。比如说，显然，他不可能充分发展他的个人潜能，除非他真实地面对自己；除非他积极并且富有成效；除非他本着相互依存的精神与他人交往。显然，如果他沉溺于"盲目地自我崇拜中"（如诗人雪莱），并且不断地将自己的缺点归咎于别人的不足，他不可能成长。只有他对自己负起责任，他才能在真正意义上成长。

因此，我们得出了演进的道德规范，根据它我们对于在自身培养什么或拒绝什么的标准落在这样一个问题上：某一特殊的态度或者驱力会促进还是阻碍个人的成长？正如频繁出现的神经症所显示，各种压力都能够轻易地将我们的建设性能量引向非建设性或破坏性的通道。但是，带着这样一个自主地、朝向自我实现奋斗的信念，我们既不需要内在的束缚去禁锢我们的自发性，也不需要内在指令的鞭策去驱使我们达到完美。毫无疑问，这种纪律性的方法可以成功地抑制不良因素，但是也毫无疑问，它们对于我们的成长有害。我们不需要这些纪律性的方法，因为我们看到了应对自身破坏性力量的一种更好的可能性：那就是在实际上超越它们的成长。实现这个目标的方法是不断地增强对于自我的觉察和了解。总之，自我认识的本身并不是目的，而是解放自发的成长力量的方式。

在这个意义上，对我们自己进行工作不仅变成首要的道德义务，而且与此同时，在真正的意义上也是首要的道德特权。在一定程度上，我们认真对待自身的成长，是因为我们渴望这样去做。并且，当我们不再有对自我的神经症困扰，当我们使自己自由成长，我们也会自由地去爱，去关心他人。那时，我们会想要在他们年少时，提供给他们不受阻碍的成长机会；当他们的发展受阻时，以任何可能的方式帮助他们找到并且实现自我。总而言之，不论是对于我们自己还是他人，理想的目标都是解放以及培养那些通往自我实现的力量。

　　我希望这本书，通过更清楚地对阻碍性因素的阐述，用它自己的方式帮助迈向这样的解放。

卡伦·霍妮

第一章 对荣誉的追求

　　无论儿童在什么样的环境下成长，如果他没有智力上的缺陷，他会用这样或那样的方式去学习如何与他人相处，并且很可能他会获得一些技能。但是，他同样存在一些自身不能获得的，甚至无法通过学习发展的力量。你不需要，事实上也不可能教会一颗橡籽长成橡树。但是当给予橡籽一个机会，它内在的潜能就会得到发展（长成一棵橡树）。同样地，当个体被给予机会，他往往也会发展出特定的个人潜能。那时，他会发展出独特的真实自我的活力：他自己清晰而深刻的情感、想法、愿望和兴趣；挖掘自身资源的能力；意志力的强韧；可能拥有的特殊才能或天赋；表达自己的能力；带着自发情感与他人交往的能力。所有的这些迟早能够让他找到他的价值观和生活目的。总的来说，他会极大地**朝向自我实现**的方向不偏移地成长。这就是为什么我在这里以及整本书中，将**真实自我**作为核心的内在力量来讲述的原因。这种力量是所有人类都拥有的，而在每个个体中，又是独特的，它是成长的深层根源。[1]

　　只有个体自己能够发展出他的既定潜能。但是，如同其他存在的生物，人类个体需要适宜成长的条件从而使"橡籽长成橡树"。他需要温暖的氛围，提供给他内在安全感和内在自由，让他能够拥有自己的感受、想法，去表达自己。他需要别人的善意，不仅仅是帮助他满足自身的许多需要，而且引导和鼓励他长成成熟、完整的个体。他也需要与他人的愿望和意志发生正常的摩擦。如果他能够如此与他人在爱和摩擦中共同成长，他也会与真实自我保持一致的成长。

　　但是由于各种不利的影响，儿童可能不被允许按照他个体的需要和可能性成长。这种不利的条件多到不胜枚举。但是，当总结起来，它们都可以归结为一个事实，在这种环境中的人们都太过沉溺于自己的神经症，以至于无法爱自己的孩子，甚至不能够将孩子看作是一个独特的个体。他们对待孩子的态度取

---

　　[1] 后面篇章中提到"成长"时，均指这里所表达的意思——与个体普遍和独特性格的潜能相一致，自由、健康的发展。

决于他们自己神经症的需要和反应。[1]简单地说，他们可能是支配性的、过度保护的、恐吓威胁的、易怒的、过度严苛的、过度放纵的、反复无常的、偏爱其他兄弟姐妹的、伪善的、冷漠的，等等。它从来不是单独一个因素的问题，而一直是整个因素群对孩子的成长所施加的不利影响。

结果，儿童没有发展出归属感，无法感受到"我们"，相反，他发展出强烈的不安全感和模糊的忧虑，我把它称作**基本焦虑**（basic anxiety）。它是处在被构想出的潜在敌意的世界里，人的孤立感和无助感。来自这种基本焦虑的制约的压力阻碍了儿童带着真实情感的自发性与他人交往，并且迫使他找到应对基本焦虑的方法。他必然（潜意识地）使用那些不会引起或者增强，而是会减轻他基本焦虑的方式来处理。这些由潜意识策略性的需要所形成的特殊态度，同时取决于儿童既定的气质和环境中的偶然事件。简单地说，他可能试图依附于他身边最有权力的人；他可能试图反抗和战斗；他可能试图对他人关闭自己的内心世界，情感上与他们隔离。基本上，这意味着他可能会亲近他人、反抗他人或远离他人。

在健康的人际关系中，亲近、反抗或者远离他人并非相互排斥。渴望爱与给予爱的能力、屈服让步的能力、战斗的能力和自处的能力，这些都是为了好的人际关系所需要的互补的能力。但是，由于基本焦虑，儿童感到自己处在不稳固的根基上，他们的这些举动会变得极端和僵化。比如，爱变成了依附；顺从变成了让步。同样地，在特定的情况下，他被迫使反抗或是保持置身事外，不提自己的真实感受，不顾及自己态度的不得体。他的这种态度，其盲目和僵化的程度与潜伏在他自身的基本焦虑的强度是成比例的。

因为在这些条件下，儿童不只是在其中的一个方向上，而是所有方向上被驱使，所以他从根本上发展出对他人相互矛盾的态度。因此，亲近、反抗和远离他人这三种举动构成了**一个冲突**——他和他人之间的基本冲突。经过一段时间之后，他通过使其中一种举动持续性地做主导，来试图解决这个基本冲突。即试图让顺从、攻击或置身事外中的一种成为他的主要态度。

解决神经症冲突的最初尝试并非是表面化的。相反，它对于神经症进一步发展所采取的行动方向有决定性的影响。它并不仅仅和对待他人的态度有关，而是不可避免地引起整体人格的某些变化。根据儿童的主要发展方向，他也会发展某些恰当的需要、敏感性、禁忌和道德价值的启蒙。比如，一个以顺从为主导的儿童往往不只是屈从别人、依赖别人，而是试图做到不自私和良善。同

[1] 本书第十二章总结的在人际关系中的所有神经症困扰都可能起作用。

样地，一个以攻击为主导的儿童会开始重视力量的价值，重视忍耐和战斗的能力。

然而，最初解决方案的整合效果并不像后面我们将要讨论的神经症的解决方案一样牢固或全面。比如，在一个女孩身上，顺从的倾向已经成为主导。它们表现为对某些权威形象的盲目崇拜、取悦和让步的趋势、表达自己愿望的羞怯，以及偶尔试图牺牲。在她八岁的时候，她把一些玩具放到大街上，为了让更穷的孩子找到，她没有告诉任何人她这样做。在她十一岁，她尝试用她孩子气的方式在祷告中寻求神秘的臣服。她幻想被她所迷恋的老师惩罚。但是，直到她十九岁，她同样可以轻易地参与进他人发起的报复某个老师的计划中。尽管大部分的时候，她像一只小绵羊，但是她确实偶尔会在学校造反的活动中带头。并且，当她对教堂里的牧师失望时，她会从表面上对宗教的虔诚态度转变为暂时的愤世嫉俗。

这种所达到的整合，其松散的原因——上述的例证是典型的——部分地存在于成长中个体的不成熟性，部分地存在于一个事实，即早期解决方案的目标主要在与他人关系的统一上。因此存在空间，事实上是一个需要，为实现更牢固的整合的需要。

目前为止，所描述的这种成长并不是规范统一的。在每个案例中，不利的环境条件的具体情况都各不相同，就像神经症发展所采取的行动方向和结果各不相同一样。但是，它总是损坏个体的内在力量和一致性，因此总会产生某些基本的生存需要以弥补造成的缺陷。虽然这些需要紧密地交织在一起，但是我们能够区分出以下方面：

尽管个体早期的尝试放在解决与他人的冲突上，但他仍然是分裂的，并且需要一个更牢固、更全面的**整合**。

由于许多原因，个体没有获得发展真正自信的机会：他的内在力量被许多原因所消耗，比如他不得不处于防御状态、他分裂的状态、他的早期"解决方案"所开启的片面的发展方式，由此造成他大部分的人格不能够发挥建设性的作用。所以，他极其地需要自信，或一个自信的替代物。

他一个人的时候不会感到软弱，但是相比其他人，他感到特别缺少重要性，缺少对生活的准备。如果他具备归属感，他不如别人的感受就不会是非常严重的障碍。但是生活在一个竞争性的社会，在心里感到——就像他的确感到的——孤立和敌意，他只能发展出一种**抬高自己至他人之上**的迫切需要。

甚至比这些因素更为基本的是，他开始疏离自我。这不仅阻碍了真实自我的正常成长，而且他需要发展应对他人人为的、策略性的方式，这迫使他忽略自己真实的情感、愿望和想法。在一定程度上，安全变得至高无上，他内心深处的情感和想法逐渐降低了重要性。事实上，内心深处的情感和想法不得不被压制，变得模糊。（他感受到什么不重要，只要他是安全的。）这样，他的情感和愿望不再是决定性因素。可以说，他不再是一个主动行动的人，而成为一个被迫行动的人。并且，他自身分裂的部分不仅从整体上削弱了他，而且通过增加困惑这一因素强化他的自我疏离。他不再知道他的立场，以及他是"谁"。

这种最初的自我疏离更为基本，因为它使其他的损伤加剧了伤害的强度。想象一下，假设没有与自我的活力中心相疏离，其他的发展过程会发生什么，如果能想象出，我们就能更清楚地理解这一点。在这种情况下，个体会有冲突，但是不会被它们左右。他的自信（self-confidence）——正如这个词所显示的，它需要一个自我（self）让自信（confidence）放置其上——会被削弱，但不会被根除。他与别人的关系会受到干扰，但内在与他人的连接仍存在。因此，最重要的是，自我疏离的个体需要某种能够给他支撑的东西，**一种认同感**。把他称作真实自我的"替代物"是荒唐的，因为并不存在这样的替代物。尽管他的人格结构中存在弱点，但认同感能够让他对自己具有意义，带给自己力量感和重要性。

假如他的内在条件没有改变（由于幸运的生活环境），从而他能够摒弃掉我所列出的这些需要。只有一种方式使他似乎能够实现它们，并且似乎可以一下子实现所有的需要——通过想象。想象力逐渐地、潜意识地开始工作，并在他的头脑中创造出一个自我的**理想化形象**。在这个过程中，他赋予自己无限的权力和尊贵的才能。他变成了一个英雄，一个天才，一个至上的爱人，一个圣徒，一个上帝。

自我理想化总是导致普遍的自我美化，由此带给个体他非常需要的重要性和超越他人的优越感。但是这绝不是盲目的自我夸大。每个人都用素材构建自己的理想化形象，这些素材来自他自身特殊的经验、早年的幻想、特定需要和被赋予的才能。如果这个理想化形象不符合个人的特征形象，他就不能够获得认同感和统一感。首先，他理想化了他的基本冲突的特定"解决方案"：顺从变成了善良，爱和神圣；攻击性变成了力量、领导力、英雄主义、全知全能；置身事外变成了智慧、自我满足、独立。根据他特定的解决方案，看起来是缺点或瑕疵的地方总会变得模糊或者被修饰。

他可能会用三种方式中的一种去处理他的矛盾倾向。它们可能也会被美化，但是仍然处在幕后。比如说，一个攻击性的人把爱看作不被允许的软弱之物，他可能只有在精神分析的过程中才会发现，在他理想化的形象里他不仅是个穿着闪亮盔甲的骑士，而且是个伟大的爱人。

其次，这些矛盾倾向除了被美化之外，它们可能在人们的头脑中是孤立的，以至于它们不再构成令人困扰的冲突。在一位患者的理想化形象中，他是人类的恩人；是已达到自在清净的智者；是不带疑虑勇往杀敌的人。这些方面（都是意识中的），对他来说不仅不矛盾，甚至更不冲突。在文学上，这种通过隔离来消除冲突的方式在斯蒂文森的小说《化身博士》中出现过。

最后，这些矛盾倾向可能被美化成积极的才能或成就，从而它们变成了丰富人格中相融共存的方面。我在别处引用过一个例子，一个有天赋的人将他的顺从倾向看作如基督般的美德，将他的进攻倾向看作政治领袖的独特才能，将他的超然态度看作哲学家的智慧。于是，他基本冲突的三个方面被同时美化，而且彼此和解了。在他自己的头脑中，他变成了一种现代的文艺复兴人。[1]

最终，个体可能会将自己与他理想化的、整合的形象等同起来。然后，它不再是个体暗自怀有的幻想形象，他在不知不觉中变成了这个形象——理想化的形象变成了**理想化的自我**。并且，这个理想化的自我比他的真实自我对他来说更真实，主要原因并不是理想化自我更具有吸引力，而是它能够满足个体所有严格的需要。这种重心的转变完全是内在的过程，在他身上不存在可观察到的或者引人注意的外在变化。这种变化在他存在的核心处，在他感受自己的情感中。它是一个充满好奇的、人类专属的过程。它很难发生在一只可卡狗身上——认为自己"真的"是一只爱尔兰长毛猎犬。并且，这种转变会发生在个体身上，只是因为他真实的自我在之前已经变得模糊不清。虽然在这一发展阶段，或者说**任何**发展阶段，健康的行动方向都应该是朝向真实自我的，但是现在，他开始为了理想化自我明确地放弃真实自我。理想化自我开始向他展示"真正的"他是什么样子，或者潜在的他是什么样子——他能够是以及应该是的样子。这变成了他看待自己的视角，衡量自己的标尺。

自我理想化的各个方面，我建议称它为**全面性的神经症的解决方案**——换言之，它不仅是一个针对特定冲突的解决方案，而且绝对保证满足个体在特定时间内所产生的所有内在需要的解决方案。另外，它不仅保证摆脱痛苦和无法忍受的情感（感到迷失、焦虑、自卑、分裂），而且最终神奇地满足了他的自我和他的生活。那么，难怪当他相信自己找到了这种解决方案，他会为了他亲

---

[1] 1860年，瑞士历史学家雅各·布克哈特在《意大利文艺复兴时期的文化》一书中提出了一个万能人（Uomo universale）的概念，现代意义上文艺复兴人的概念源于此。文艺复兴人指的是面面俱到，均衡圆满，通晓各学科的全才。——译者注

爱的生活依附于它。难怪——用一个准确的精神病学术语——它变得**具有强迫性**。[1]自我理想化在神经症中固定地出现，这是由于神经症倾向的环境滋生的强迫性需要会固定地出现。

我们可以从两个主要的观点来看待自我理想化：它是符合早期发展的逻辑产物；它也是一个新的发展阶段的开端。它势必会对进一步的发展产生深远的影响，因为根本不再有比放弃真实自我更为意义重大的一步。但是，起到革命性效果的主要原因在于这一步的另一层含义。**驱使他朝向自我实现的方向努力的能量转移到了实现理想化自我的目标上。**这个转向完全意味着个体整个人生方向和发展方向的改变。

通过这本书我们将看到，这种方向的转变以各种各样的方式对整体人格的塑造造成的影响。它更直接的影响是阻止自我理想化停留在一个纯粹的内在过程里，并且迫使它进入到个体生活的整个循环中。这个人想要——或者不如说是被迫去——表现自己。并且，现在这意味着他想要表现理想化的自我，想要在行动中证明。这渗透到他的志向、他的目标、他生活的行为举止，以及他和他人的关系中。由于这个原因，自我理想化不可避免地成长为一种更为全面的驱动力，我建议给这种驱动力一个符合它本质和范围的名称：**对荣誉的追求**。自我理想化仍然是它的核心部分。其中，其他因素是对完美的需要、对神经症雄心的需要和对报复性胜利的需要，所有这些因素都始终存在，尽管它们在每个个体案例中的强度和被意识到的程度不同。

在实现理想化自我的驱动力中，**对于完美的需要**是最根本的。它的目标完全是将整体人格塑造成理想化自我。就像萧伯纳的作品《卖花女》中，这种神经症的目标不仅是修饰自己，而且是将自己按其理想化形象的特殊特征改造成所设定的完美样子。他尝试通过一个"应该"和"禁忌"的复杂系统来达到这一目标。因为这一过程既关键又复杂，我们将把关于它的讨论放在一个单独的章节。[2]

在追求荣誉的因素中，最明显和最外向的是**神经症的雄心**，即朝向外在成功的驱动力。尽管在实际情况中，追求卓越的驱力是普遍的，而且倾向于对每一件事都力求卓越，但是通常它会最强烈地作用于特定个体在特定时间最可能达到卓越的那些事情上。因此，雄心的内容在一生中可能会发生许多次变化。在学校的时候，一个人可能因为在班级中没有取得最好的成绩而感到无法容忍的丢脸。之后，他可能强迫性地迫使自己和最受欢迎的女生进行最多次的约

---

[1] 当我们对这种解决方案的某些进一步的步骤有更完整的认识之后，我们会讨论"强迫性"这个词准确的含义。

[2] 参见第三章"暴政的'应该'"。

会。再之后，他也许会着迷于挣最多的钱，或者在政治上成为最杰出的人。这种改变很容易带来某种自我欺骗。一个人在某一个时期狂热地决定成为一名最伟大的运动英雄，或者战斗英雄，可能会在另一个时期同样地想要成为一位最伟大的圣徒。那时，他可能相信他已经"失去"他的雄心。或者他可能认为获得运动或战斗中的卓越并不是他"真正"想要的。所以，他可能不会意识到他仍然在雄心的小船上航行，只不过改变了航线而已。当然，个体也必须要具体分析是什么让他在特定时间改变了方向。我强调这些改变是因为它们指向了一个事实，被雄心控制的人和他们所做事情的**内容**几乎没有关系。重要的是卓越本身。如果个体没有认识到这种无关联性，许多改变会是难以理解的。

为了便于讨论，我们几乎不关注具体的雄心所指向的特定活动领域。雄心的特征是相同的，不论问题他考虑做一名社团的领袖；成为最出色的交谈者；像音乐家或探险家一样拥有最伟大的声誉；在"社会中"发挥作用；著有最好的书；或者成为一位最会着装的人。不管怎样，根据所渴望的成功的性质不同，情况会在许多方面有所不同。大致上，它可能更多地属于权力的范畴（直接的权力、王权背后的权力、影响力、操控力），或更多地属于声望的范畴（声誉、称赞、受欢迎度、钦佩、特殊的关注）。

相对而言，这些雄心的驱力是扩张型驱力中最实际的。至少，从人们投入实际的工作去追求卓越的目标上来说，它确实如此。另外，这些驱力看起来更为实际的原因是，如果足够幸运，拥有这些驱力的人可能的确会获得梦寐以求的魅力、荣誉、影响力。但是，从另一方面，当他们确实获得更多的金钱、更多卓越的成就、更大的权力时，他们也开始感到这种无意义的追求的整体影响。他们没有得到更多的内心平静、内在安全感或生活的快乐。他们为了消除内在的痛苦而开始追求虚幻的荣誉，内在的痛苦却仍然和从前一样多。因为这些并不是发生在这个或那个个体身上偶然的结果，而是不可阻挡势地必然发生的事情。人们可以肯定地说，对于成功的全部追求本质上都是不现实的。

因为我们生活在一个竞争的文化中，这些言论可能听起来奇怪或天真。在我们所有人心里都如此根深蒂固地认为，每个人都想要超过别人，以及超过他自己，以至于我们认为这种倾向是"自然的"。但是，仅在竞争文化中产生追求成功的强迫性驱力，这一事实并没有使这些驱力减少神经质。即便在竞争的文化中，有许多人追求其他价值——比如，尤其是作为人的成长的价值——它比充满竞争地胜过他人更为重要。

最后一个追求荣誉的因素是**追求报复性胜利**的驱力，它比其他因素更有具破坏性。它可能与追求实际成就、实际成功的驱动力紧密相关，但是，它的主要目的是通过自己十足的成功羞辱他人或打败他人；或者通过越来越高的地位获得权力，让他人遭受苦难——大部分情况是以羞辱的方式。从另一方面，追求卓越的驱动力可能会退居为幻想，然后，报复性胜利的需要常常不可抗拒地，大部分以潜意识的冲动表现在人际关系中，如让他人受挫、以智取胜或者打败他人。我把这种驱动力称作"报复性的"，因为这股推动力源于对童年遭受的屈辱所采取的报复性冲动，而这种冲动在之后的神经症发展中被强化了。这些日后堆积的冲动很可能是造成这种方式——报复性胜利的需要最终变成追求荣誉中的固定因素——的原因。它本身的强度和人们意识到它的程度在很大范围是不同的。大部分人要么完全没有意识到这种需要，要么只在短暂的时刻觉察到它。但有时，它会公开地暴露出来（不再是什么秘密），进而几乎伪装成生活的主要部分。在近代历史的人物中，希特勒是一个好例子，他经历过被羞辱，而后将一生投放在一个极端的欲望中，即战胜日益壮大的人民。在他的例子中，持续增强的需要的恶性循环是清晰可见的。导致恶性循环的其中一个原因来自这一事实：他只能在胜利和失败的分类中思维。因此，对于失败的恐惧总是进一步增强了对胜利的需要。另外，伴随每一次胜利而增加的伟大感，使他越来越无法容忍任何人甚至任何国家不承认他的伟大。

许多个案史在较小的规模上与希特勒的例子是相似的。我只举一个最近文学作品中的例子，它是《看着火车经过的人》[1]。作品中有一个勤勉认真的办事员，他在家里和办公室中都是顺从的，除了尽到他该尽的责任，显然他从不思考别的任何事情。由于发现他的老板用欺诈性的手段导致公司破产，他的价值标尺崩塌了。他对于上等人和下等人的人为划分破碎了。这个划分具体而言是：上等人做任何事都是被允许的；而像他一样的下等人只有一条正确行为的狭窄路径是被允许的。他意识到他也可以是"伟大"和"自由"的。他可以拥有一个情人，甚至是老板的那位极富魅力的情人。他的自负到目前为止如此膨胀，以至于当他真正接近她而被她拒绝时，他掐死了她。在警察的抓捕过程中，他有时会害怕，但是他的主要动机是大获全胜地打败警察。甚至在他有自杀企图的时候，这仍是主要的推动力。

更为经常的是，这种追求报复性胜利的驱动力是隐藏的。的确，由于它的破坏性本质，它是追寻荣誉中最隐蔽的因素。可能显而易见的仅仅是狂热的雄心。只有在分析中我们能够明白，它背后的驱力是通过凌驾于他人之上而后打败和羞辱他人的需要。可以说，对优越感的不那么有害的需要，能够消减更多破坏性

---

[1] 乔治·西默农的《看着火车经过的人》。

的强制力。这使个体将他的需要付诸于行动，而且还感到这种行动是正直的。

当然，认识在追求荣誉中的个体倾向的具体特征是重要的，因为总有一个特定的集群因素必须被分析。但是，除非我们将这些特征视为一个统一存在体的各部分，否则我们既无法了解这些倾向的性质，也无法了解它们的影响。阿尔弗雷德·阿德勒是第一位把它看作一个全面性现象的精神分析学家，并且指出了它在神经症中的关键意义。[1]

有各种可靠的证据表明，追求荣誉是一个全面的、统一的存在体。首先，上文描述的所有个体倾向常常会在一个人身上共同出现。当然，这个或那个因素可能占据极大的主导，使得我们粗略地称一个人是有雄心抱负的人，或是是个空想家。但是，其中一种因素占主导并不意味着其他因素不存在。有雄心的人也需要有关自己的浮夸形象，空想家也想要现实的霸权，即使后一种因素可能只在他的自负被别人的成功冒犯时才出现。[2]

而且，所有的个体倾向都如此紧密地联系在一起，以至于在同一个人身上，占优势的倾向可能在人生过程中会改变。他可能从富有魅力的白日梦中转变成想要做一个完美的父亲和雇主，又转变到要成为有史以来最伟大的爱人。

最后，他们共同具备**两个普遍特征**，从整个现象的源起和功能来看这两个特征都是可以被理解的：它们的强迫性本质和它们充满想象力的特点。这两个特征都已经提到过，但是值得对它们的含义有一个更完整、更简明的描述。

它们的**强迫性本质**源自一个事实，自我的理想化（以及整个追求荣誉的发展过程作为它的延续）是神经症的解决方案。当我们称一个驱动力是强迫性的，我们的意思是它是自发的愿望或自发的努力奋斗的对立面。后者是真实自我的表达；前者取决于神经症结构的内在必要性。个体一定会遵从它们，而不顾自己的真实愿望、情感或兴趣，以免遭受焦虑、感到被冲突撕扯、被罪恶感压迫、被他人拒绝等等。换句话说，自发性与强迫性的不同在于"我想要"和"为了避免某些危险，我必须"之间的区别。虽然个体可能会意识到自己的雄心，或者他**想要**达到的完美标准，但实际上，他是**被迫**要达到它。对荣誉的需要把他控制在其中。因为他自己没有意识到"想要"和"被迫"两者的区别，我们必须建立标准来区分这两者。最有决定性的一点是被迫走在追求荣誉道路

[1] 见本书第十五章中与阿德勒和弗洛伊德的概念做出的比较。

[2] 因为人格经常根据占据优势的倾向而看起来不同，所以将这些倾向看作是一个个分离的存在体的诱惑是很大的。弗洛伊德认为这些现象大致上类似于是一个个分离的具备不同来源、不同特性的分离的本能驱动力。当我第一次试图列举神经症中的强迫性驱动力时，它们对我来说也是一个个分离的"神经症倾向"。

上的人，会完全地**忽略他自己和他最大的利益**。（比如说，我记得有一个十岁的雄心勃勃的女孩，她认为倘若不能取得全班第一，她宁可失明。）我们有理由好奇——从字面意义上或者象征意义上来说——是否相比其他任何原因，更多的人牺牲在了荣誉的祭坛上。当约翰·盖勃吕尔·博克曼[1]开始怀疑实现他浮夸使命的有效性和可能性时，他就去世了。在这里，一个真正的悲剧性因素进入到了情境中。如果我们为了一项事业牺牲掉自己，而我们以及大多数健康人都能够实事求是地找到牺牲对人类价值的建设性，那这种牺牲必然是悲剧性的，但也是有意义的。如果我们因为自己不知道的原因，消耗着我们被虚幻的荣誉奴役的生命，这呈现出无法弥补的悲剧性浪费。这些生命的潜在价值越高，这种浪费越大。

对于追求荣誉的驱动力，其另一个强迫性本质的标准——如同任何其他的强迫性驱动力——是它的**不加选择性**。因为在人们的追求中真正的兴趣并不重要，重要的是他**必须**是关注的焦点，**必须**是最具有吸引力的、最聪明的、最富有原创性的人，不论环境是否这样要求；不论他既定的品质是否**可以**让他成为第一。他**必须**在任何争论中获得胜利，不论真理在何处。在这件事情上，他的想法和苏格拉底的完全相反——"……当然，我们现在不是简单地为了我的或者你的观点可能胜出而争论，而是我以为我们两个都应该为真理而战。"神经症患者对于不加选择的霸权的需要，其强迫性使他无视真理，不论是关于他本人、他人或者事实。

另外，就像任何其他的强迫性驱力一样，追求荣誉有**不知足**的性质。只要（对他而言）这种未知的力量在驱使他，这种不知足性就一定会起作用。他可能会因为完成某项工作所得到的好评、因为赢得的一次胜利、因为任何被认可或被钦佩的迹象而洋洋得意，但是这不会持续很久。在最初成功的感受可能很难被体会，或者至少很快就被继而的沮丧和恐惧所代替。无论如何，无休止地追求更多的声望、更多的金钱、更多的女人、更多的胜利和征服会一直持续，伴随着几乎不存在的满足感和停歇。

最后，这种驱动力的强迫性本质表现在**对挫折的反应上**。它的主观重要性越强，实现目标的需要就越迫切，因此对于挫折的反应就越强烈。这些构成了我们能够测量驱动力强度的方法之一。虽然它并不总是显而易见的，但是对荣誉的追求是最强大的驱动力。它就像一种着魔似的强迫观念，几乎像一个——要吞噬掉那个创造它的人的——怪兽。所以对于挫折的反应一定会很强烈。它

---

[1] 德国易卜生的晚期戏剧《约翰·盖勃吕尔·博克曼》的主人公。

们被暗示为对厄运和耻辱的恐惧，对许多人来说，这来自对失败的诅咒。被构想出的"失败"的反应——惊恐、抑郁、绝望、对自己和他人恼怒——是经常发生的，并且与事件的实际重要性是完全不相称的。恐高症是害怕从虚幻的伟大高度跌落的一个常见的表现。细想一个恐高症患者的梦：这个梦出现在他已经开始怀疑他所建立起的有关毫无争议的优越感信念的时候。在梦中他站在山顶，但是处于坠落的危险中，他拼命地抓住山顶部的山脊。"我不能到达比现在更高的高度了，"他说，"所以我在一生中所有要做的就是抓住它。"在他的意识中，他指的是他的社会地位，但是在更深的意义中，这个"我不能到达更高"也适用于他对自己的幻想。他不能高过（在他的头脑中）拥有神一样的全知全能，以及在时间或空间上无限延伸的重要性！

在追求荣誉的所有因素中固有的第二个特性，是**想象力**在其中起到的重要并且特有的功能。在自我理想化的过程中，它起到工具性的作用。而这个极其关键的因素必然使整个追求荣誉的过程弥漫着幻想的元素。不论一个人对自己的讲求实际有多么骄傲，不论他在迈向成功、胜利和完美时究竟有多现实，他的想象力陪伴着他，让他误把海市蜃楼当作真实之物。一个人绝不可能对自己不切实际，却在其他方面完全实事求是。当一个沙漠中的漂泊者，处于疲劳和口渴的逼迫下看到了海市蜃楼，他可能会做出真实的努力，伸手去够它。但是这个本该终结他痛苦的海市蜃楼——即荣誉——本身是想象力的产物。

实际上，想象力在健康人身上也渗透着所有精神和智力的功能。当我们感到朋友的悲伤或者快乐时，是我们的想象力能够让我们做到的。当我们产生意愿、希望、恐惧、相信和计划时，是我们的想象力显示给我们这些可能性。但是想象力可能是富有成效或没有成效的：它能够带我们更接近真实的自我——就像它经常在梦中所做的——或者带我们远离真实的自我。它能够使我们实际的经验更丰富或者更贫乏。这些差异可以大致上区分为神经症的想象力和健康人的想象力。

当我们想到许多的神经症患者所逐步形成的浮夸计划，或者他们的自我美化和他们的要求中的幻想本质，我们可能会倾向于相信他们要比其他人更富有想象力这一高贵的天赋。并且，正是这个原因，想象力在他们身上更容易误入歧途。这个观点不是由我的经验证实而来。神经症患者的天赋各不相同，就像在较为健康的群体里一样不同。但是我没有找到证据证明神经症患者本质上天生比其他人更富有想象力。

不管怎样，这个观点是基于准确的观察而得出的错误结论。想象力确实在神经症中起到更大的作用。然而，造成这种状况的原因并不是构成上的因素，而是功能上的因素。想象力在神经症患者身上起到作用，就如同在健康人身上一样，但是另外，它接手了正常情况下它不具备的功能。它在为神经症的需要服务。这在追求荣誉的例子中特别明显，如我们所知，追求荣誉是由强烈的需要所产生的全面影响所导致。在精神病学的文献中，对现实的想象扭曲被称为"愿望的思维"（wishful thinking）。到目前为之，它已是被大家接受的术语，但是仍然不准确。它的含义太狭窄：一个准确的术语不仅应当包含"思维"（thinking），而且要有"愿望的"（wishful）观察、相信，特别是情感。另外，它不是被我们的**愿望**所决定，而是被我们的**需要**所决定的思维，或者说情感。这些需要的全面影响使想象力在神经症中增添了顽固性和力量，它们使想象力变得丰富，但没有建设性。

在追求荣誉的过程中，想象力起到的作用可能毫无疑问并且直接地出现在白日梦中。在十几岁的时候，他们可能有显而易见的浮夸性格。比如，一个大学男孩虽然胆小与畏缩，但是却拥有成为最伟大的运动员、或者天才、或者唐璜的白日梦。也有在后期像包法利夫人一样的人，几乎总是沉浸在罗曼蒂克的体验、神秘的完美或者玄妙圣洁的白日梦中。有时，它们以虚构的对话形式出现——在对话中给他人留下印象或者让他人感到羞愧。另一些神经症结构更为复杂的人，他们通过想象暴露在残酷和恶化的状况里，应对那些令人羞愧或者高尚的痛苦。通常，白日梦不是精心编织的故事，而相反，它们是对日常例行的公事充满幻想的伴奏。比如，一个女人当她在照看孩子、弹钢琴，或者梳头发的时候，她可能会同时把自己看成一个温柔的母亲、一个狂热的钢琴家，或者一个可能出现在电影中的迷人女子。在某些例子中，这些白日梦清楚地显示了一个人就像詹姆斯·瑟伯的小说《沃尔特·米蒂的秘密生活》中的沃尔特·米蒂一样，可能总是生活在两个世界中。不过，在其他同样置身于追求荣誉的例子中，白日梦是如此稀缺和失败的，以至于人们可能会主观上诚实地说他们没有幻想的生活。不用说，他们是错误的。即便他们只是担心可能的不幸会降临到自己身上，这归根结底是他们的想象力使这些偶然事件浮现在大脑中。

虽然白日梦的出现是重要的、发人深省的，但是它们并不是想象力中最具伤害性的部分。因为一个人通常会意识到这个事实：他在做白日梦。换句话说，他在想象一些还没有发生，或者不可能按照他幻想中经验的方式而发生的事情。至少，他不难意识到白日梦的存在和它不切实际的特征。想象力中更有危害的部分是关于对现实微妙的、全面性的扭曲，而个体对于这样的编造毫无觉察。理想化自我不是在一次单一的创造行动中完成的：理想化自我一旦产生，它需要持久的关注。为了它的实现，个体必须通过扭曲现实的方式，持续不断地工作。他必须把他的需要变成美德或者更为合理的期望。他必须把他的诚实或体贴的意图变成诚实或体贴的事实。他用来写论文的聪明点子使他成为伟大的学者。他的潜能变成实际的成就。对"正确"的道德价值的了解使他成为一个品德高尚的人——通常，确实还是一个道德天才。当然，他的想象力必须加班加点地工作以消除所有与之相反的、令人困扰的迹象。

想象力在改变神经症患者的信念方面也起到作用。他需要相信别人是美好的，或者邪恶的——看！他们就在善良或危险的人群队列中。想象力也改变着他的情感。他需要感到不受伤害——看！他的想象力有足够的力量刷洗掉他的疼痛和苦难。他需要拥有深层的情感，比如信心、同情、爱、痛苦，从而他的同情感、痛苦感和其他情感都会被放大。

想象力在服务于追求荣誉中所带来的对内在和外在现实扭曲的知觉，给我们留下一个令人担忧的问题。神经症患者的想象力会飞向何处而止？毕竟他没有完全失去他的现实感。那么，神经症患者与精神病的分界线在哪里？如果有任何关于想象力功绩的分界线，它无疑是模糊的。我们只能说，精神病倾向于将他头脑中的过程完全地视为唯一的现实，而神经症（不论由于什么原因）仍然对外部世界和他在其中的位置存在相当大的兴趣，因此他们在其中具有一个粗略的定向。[1]然而，尽管他稳固地站在地面上，在某种程度上功能没有受到明显干扰，但他的想象力所能飞到地高度是没有限制的。事实上，在追求荣誉中最显著的特征是，它能进入幻想、进入**无限可能**的领域。

所有追求荣誉的驱动力有共同点，就是要获得更多的人类被赋予的知识、智慧、美德或权力。它们全部以**绝对**、无限、无止境为目标。除了绝对的无畏、掌控或者圣洁，没有什么能够吸引沉溺于追求荣誉中的神经症患者。因此他是和真正宗教信徒对立的。对教徒而言，只有上帝是万能的，而在神经症患者的世界：对**我**来说没有什么是不可能的。他的意志力应该有魔力的部分；他的推理万无一失；他有毫无瑕疵的先见之明；他的知识包罗万象。将贯穿于本书的魔鬼契约主题开始出现了。神经症就是浮士德——他不满足于知道得很多，而是必须要无所不知。

这种进入无限领域的翱翔取决于在追求荣誉背后的需要，其产生的力量。对于**绝对和极端**的需要是非常严格的，以至于它们无视那些通常阻碍我们的想象力脱离现实的制约。为了实现完善，人既需要具备可能性的视野、无限的角

---

[1] 形成这种差别的原因是复杂的。是否差异的关键在于部分精神病会更彻底地放弃真实自我，（以及更彻底地转向理想化自我），这是值得研究的。

度，**又**需要认识到局限性、必然性和具体的事物。如果一个人的思想和情感主要聚焦在无限的事物和可能性的视野上，他会失去对具体之物，对此时此地的感受。他丧失了活在这一刻的能力。他不再能够遵从他自身的必然性，屈从于"可能被称作人的局限的东西"。他看不到对于实现某件事情实际需要的是什么。"每一个微小的可能性甚至都需要时间得以实现。"他的思考可能变得太抽象。他的知识可能变成"一种没有人情味儿的认知，这是人类的自我被浪费的产物，就像人类被浪费在建造金字塔这件事情上。"他对于他人的情感可能挥发成为"对人性抽象的多愁善感"。从另一方面，如果人的眼界不能超越具体之物、必然性和有限之物的狭窄范围，他会变得"思想偏狭与心胸狭窄"。如果要成长，那么这个问题就不是二选一的问题，而是**两者**都要存在。认识到局限性、法则和必然性会提供一种制约，避免被带进无限以及完全"挣扎在可能性之中"

在追求荣誉中，**对想象力的制约失去了功效**。这并不意味着普遍上不能看到必然性、不能接受它们。在神经症进一步的发展中，一个特殊的方向可能使许多人感到限制自己的生活会更安全，继而他们可能倾向于把进入幻想的可能性看作是需要避免的危险。他们可能对于任何在他们看起来不切实际的事物关闭了思想；反感抽象思维；过于焦虑地依附在那些可见、有形、具体或者立即可用的事物上。虽然每个神经症患者对这些事的意识态度不同，但是说到底他们都不愿意承认他对自己期待的局限性，和他所相信的可实现之物的局限性。他对于实现理想化形象的需要是如此迫切，以至于他必须将制约放置一边，视作不相关或不存在。

他非理性的想象力越是占据上风，他越可能真切地害怕任何真实的、明确的、具体或决定性的事物。他往往痛恨时间，因为它是明确的；痛恨金钱，因为它是具体的；痛恨死亡，因为它是不可改变的。但他也可能痛恨拥有明确的愿望或观点，从而他避免做出明确的承诺或决定。举个例子，有个患者怀着一个念头，自己是月光下跳舞的鬼火，她可能在照镜子的时候变得害怕，不是因为他看见了可能的不完美，而是镜子迫使她意识到她有明确的轮廓，她是一个实体，她"被具体的身体形态固定住"。这让她感觉自己像是一只翅膀被钉在木板上的小鸟。并且，每当这些感受进入意识中，她就有打破镜子的冲动。

当然，神经症的发展不总是这么极端。但是，即使每一个神经症患者他表面是健康的，当他出现关于自己的特定幻想时，他是不愿意去验证的。而且他一定会如此，因为如果他去检验，他会崩溃掉。他对于外部法则和规定的态度不同，但是他往往总会否认法则在自己身上的作用，拒绝看到精神问题的因果必然性，或者拒绝看到一个因素来自另一个因素或者强化了另一个因素的必然性。

　　他有无数的方法用来忽视他不想看到的证据。他忘记了；它不算数；它是偶然的；它是环境导致的，或者是他人诱发他做的；他无能为力，因为事情是"自然发生的（大自然决定的）"。就像一个不诚实的记账员，他竭尽全力地保持复式账目。但是与记账员不同，他只计入有利的账目，而且公开表示忽略另一个。我还没有见过一位患者在坦然反抗现实的过程中，没有引发熟悉的共鸣。就像在《哈维》书中描述的（"二十年来，我一直在和现实做斗争，而且我最终战胜了它。"）或者，再一次引用一位患者的经典表述："如果不是为了现实，我完全会很好。"

　　追求荣誉和健康人的努力奋斗之间的不同，仍然需要更清晰地分辨。表面上，它们可能看起来具有欺骗性的相似，以至于差异好像只是程度的不同而已。神经症患者似乎只是比健康人更有雄心，更关心权力、声望和成功；仿佛他只是比普通人的道德标准更高、更僵化；仿佛他只是比通常人所表现得更自负，或者认为自己比其他人更重要。确实，谁会冒险画一条清晰的线，然后说："这是分界线——健康人的终点，神经症的开端"？

　　健康的努力奋斗与神经症的驱力之间存在相似性，因为它们共同的根源来自具体的人类潜能。通过智力才能，人有能力超越自己。和其他动物相比，人能够想象和做计划。在许多方面，人可以逐渐扩展他的能力，如同历史显示的那样，人类实际上已经做到了如此。个人的生活也同样是这样。对于他能够从生活中获得什么、他能够发展的特质或能力是什么、他能够创造出什么，都不存在严格固定的限制。考虑到这些事实，人对自己局限的不确定看起来是不可避免的。因此人很容易把目标设置得过低或过高。这种现有的不确定性是基础，没有它，对荣誉的追求是不可能得到发展的。

　　健康的努力奋斗和神经症追求荣誉的驱力之间的基本区别在于，推动它们的作用力是不同的。健康的努力奋斗来源与人类固有的、以发展既定潜能的习性。相信固有的成长的强烈欲望一直都是我们的理论上、治疗方法上的基本信条。[1]并且，这一信念随着新经验的增加而不断发展。唯一的变化是朝向了更为确切的表达。我现在要说（如我在本书最初几页指出的）真实自我的生命力驱使个体走向自我实现。

　　另一方面，追求荣誉来自于实现理想化自我的需要。这个差异是根本的，因为所有其他的不同之处都来自这一点。因为自我的理想化其本身是一种神经症的解决方案，并且由于它的强迫性特点，所有来自它的驱动力也必然具有强

---

[1] "我们的"，指的是整个精神分析促进协会使用的方法。

迫性。因为，只要神经症患者坚持于他对自己的幻想，无法认识到局限性，他对荣誉的追求就会进入无限的领域。因为他的主要目标是获得荣誉，他对于循序渐进地学习、做事、收获的过程不感兴趣。实际上，他往往还会蔑视这个过程。他不想爬山，他想要站在山顶。因此，尽管他可能会探讨演进或成长，但是他失去了对它们意义的理解。因为创造出理想化自我可能只是以牺牲自我的真实性为代价，最终，实现它要求进一步对真实的扭曲，而想象力甘愿为这一目的而服务。因此，他或多或少丧失了在此过程中对真实的兴趣，丧失了对什么是真的、什么不是真的的意识。其中，这种丧失导致他难以区分自己和他人身上真实的情感、信念、努力以及虚假的情感、信念、努力（潜意识的伪装）。重点从真实存在转移到表面上看起来的样子。

那么，健康的努力奋斗和神经症患者追求荣誉的驱动力之间的区别就在于自发性和强迫性之间的不同；承认局限和否认局限之间的不同；关注荣誉的最终产物和关注演化过程的感受之间的不同；是表象与存在，幻想与真实之间的不同。所以，这里所说的不同并不等同于相对健康的人和神经症患者之间的差异。前者不可能全心全意地投入到实现真实的自我中，后者也不可能被彻底驱使实现理想化的自我。自我实现的倾向也在神经症患者身上起作用。如果神经症患者还没有开启这种努力奋斗的部分，我们不可能在治疗中对于他的成长给予任何的帮助。但是，虽然健康人和神经症患者之间在这方面的差异只是程度不同，真实的努力奋斗和强迫性的驱动力之间的差异存在在性质上，而非数量上，尽管它们表面相似。[1]

在我看来，对于追求荣誉所引发的神经症的过程，最为恰当的象征就是魔鬼契约这个故事的概念化内容。魔鬼，或者其他邪恶的化身，通过提供无限的权力，引诱倍感精神或物质困惑的人。但是人只有在出卖灵魂或去往地狱的条件下，才能够获得这些权力。这种诱惑可能发生在任何人身上，不论他精神上富足或贫穷，因为它指向两种强有力的欲望：渴望无限、渴望捷径。按照宗教传统，人类最伟大的精神领袖，佛陀和耶稣都经历过这样的诱惑。但是，因为他们牢固地以自己为基础，所以认识到那是诱惑而且拒绝了它。另外，这个契约规定的条件恰当地呈现了神经症的发展过程需要付出的代价。用这些象征性的术语来说，通往无限荣誉的捷径，它必然也是通往自我蔑视与自我折磨的内心地狱之路。走上这条路，个体实际上在失去他的灵魂——他的真实自我。

---

[1] 在这本书中，我所说的"神经症患者"是指那些自身的神经症驱力胜过了健康的努力奋斗的人。

第二章　神经症的要求

在追求荣誉中，神经症患者迷失在不切实际、无止境、无限可能性的领域里。从所有外部的表现看，他可能就像家庭和社区的成员一样，过着"正常"的生活，去上班以及参与娱乐活动。他没有认识到，或者至少没有在某种程度上认识到，他生活在两个世界里——隐秘的私人世界和他冠冕堂皇的世界。而且，这两个世界并不一致，重复上一章所引用的一位患者的表述："生活真可怕，它被现实填满！"

不论神经症患者有多不喜欢检验事实，现实都不可避免地以两种方式闯入其中。他可能有很高的天赋，但是他在本质上仍然像任何其他人一样——带着一般人类的局限性，再者，带着相当大的个人困境。他实际的存在与他像神一般的形象并不相符。现实中除他以外的人也没有把他像神一样地对待。对他来说一样，一个小时有六十分钟；他必须像其他任何人一样排队等待；出租车司机或者老板可能把他当作普通人一样对待。

一位患者回忆中发生在童年的一件小事很好地象征了这个人所暴露出来的羞辱感。患者那时三岁，做着成为精灵女王的白日梦，一次她的叔叔抱起她并且开玩笑地说："我的天，多脏的脸蛋儿！"她永远忘不了自己的无能和怒气冲冲。就这样，这种人几乎总要面对令人困惑的和痛苦的矛盾。对此他能做些什么呢？他要如何解释它们？如何对它们做出反应？或者尝试远离它们？只要他的自我夸大是绝对必要的，以至于无法触碰，他只能得出这样的结论，这个世界出了问题。世界本该是不一样的。因此，他并没有去处理他的错觉，而是向外部世界提出了要求。他有权利要求他人或命运按照他对自己浮夸的观念来对待他。每个人都应当满足他的幻想。除此之外的事情都是不公平的。他有权利得到更好的待遇。

神经症患者感到有权利得到他人的特殊关注、关心和尊重。这些对尊重的要求是可以被足够理解的，而且有时足够明显。但是它们只是更为全面性的要求的一部分——来自他的抑制、他的恐惧、他的冲突和他的解决方案的所有需要都应当被满足，或者得到充分的尊重。另外，不论他所感、所思或者所为，都不该带来任何不良的后果。事实上，这就意味着一个要求——心理法则不应该应用于他。因此，他不需要认识，或至少不需要改变他的困境。于是，对于自身的问题，不再取决于他要做些什么，而是取决于他人要明白不要打扰他。

德国精神分析学家哈拉尔德·舒尔茨·亨克是现代精神分析学家中第一个看到神经症患者怀有这种要求的人。他把它们称作**巨大的要求**（Riessenansprueche），并且认为这种要求在神经症中起到关键的作用。尽管我同意他对于它们的重要性的看法，但是我的观点在许多方面和他不同。我不认为"巨大的要求"这个词是恰当的。它有误导性，因为它暗示着这个要求在内容上是过分的。没错，在许多例子中它们不仅过分，而且显然是不切实际的。然而，在另一些例子中它们又显得十分合理。而且，聚焦在这些要求其内容的过分性上，会更难分辨自己和他人的那些看似合理的要求。

举个例子，一个商人因为火车不是在方便他的时刻发车而被激怒。他的一个朋友知晓他在这个"关键时刻"并没有什么重要的事情要做，有可能指出他的反应真的太苛刻了。我们的这位商人会用另外一股愤怒来回应。这位朋友并不知道他在说些什么。他是一个大忙人，他期待火车在合适的时刻发车是合理的。

当然，他的愿望是合理的。谁不想要火车按照方便自己安排的时刻表运行？但是，我们没有**权利**这么做。这一点带给我们这个现象的本质：**愿望或需要，其本身是相当可以被理解的，但它们变成了要求。**然后，要求没有得到满足，会被认为是一种不公平的挫败，是我们有权利感到愤慨的一种冒犯。

需要和要求之间的不同是界限分明的。尽管如此，如果心理的暗流把一种变为另一种，神经症患者不仅意识不到差别，而且他的确不愿意看到这个差别。他说出的一个可以理解的或者自然的愿望，这时他实际上指的是一个要求。并且，他认为有权利得到许多东西——通过一点清晰的思考他就能知道这些东西并不必然是属于他的。比如，我想到了一些患者，当他们收到违章停车[1]的罚单时会无比愤慨。同样，希望"侥幸通过"是完全可以理解的，但是他们没有权利要求豁免。并不是他们不懂法律，而是他们会争论（如果他们竟然能够想到的话）其他人侥幸通过了，因此他们被抓是不公平的。

由于这些原因，简单地称它们是不合理的或神经症的要求似乎是明智的。它们是神经症的需要，被个体不知不觉地变成了要求。而且，它们是不合理的，因为他们假定了现实中不存在的一项权利、一种资格。换句话说，它们没

---

[1] 原文使用的是double parking，在路边并排停车的意思，属于一种交通违规。——译者注

有被简单地视为神经症的需要，而是被视为要求——正是这一事实，使得它们是过分的。根据特定的神经症结构，这些要求的特殊内容在细节上有所不同。然而，总的来说，患者感到有权利得到对他重要的一切，以满足他所有特定的神经症需要。

当谈到一个苛刻的人，我们通常想到的是他施加于别人身上的要求。人际关系确实是产生神经症要求的一个重要领域。但是，如果我们因此限制在人际关系上，我们会大大低估神经症要求所覆盖的范围。它们同样指向人为的制度，甚至超越制度，指向生活本身。

在人际关系方面，一位患者充分表现出全面的要求，而他的外显行为却偏向十分胆小与畏缩的一面。他并不知道他遭受着普遍的惰性带给他的痛苦，他受到抑制而无法挖掘自身的资源。"世界应该为我服务，"他说："我不应该被打扰。"

一个在心底害怕对自己产生怀疑的女人，怀有同样的全面的要求。她认为有权利使她的所有需要得到满足。"这是难以想象的，"她说："一个我想要和他相爱的男人不应该这样对我。"她的要求最初是以宗教的表述方式出现："一切我所祈祷都将赐予我。"在她的情况中，这一要求有相反的一面。因为，如果愿望没有被满足，这会是难以想象的挫败，从而为了不再冒"失败"的风险，她会限制大部分的需要。

那些认为自己的需要总是**正确**的人，他会认为有权利永远不被批评、怀疑或者质问。那些被权力缠身的人，他会认为有权利得到盲目的服从。对另一些人而言，生活变得是一场巧妙操控他人的游戏，他们会认为有权利欺骗任何人，而另一方面，有权利永远不被欺骗。那些害怕面对自身冲突的人，他会认为有权利"侥幸通过"、"绕过"自己的问题。一个大肆剥削和恐吓他人以使得他们为己所用的人，如果他人坚持要求公平的待遇，他会怨恨这不公平。一个人傲慢又具有报复性，被驱使冒犯他人却还需要他人的认可，他认为自己有权利得到"豁免"。不论他对他人犯下什么罪行，他认为有权利拥有所有人对此的不介意。这一相同要求的另一个说法是"理解"。不论一个人多阴郁或者多烦躁，他有权利得到别人的理解。一个把"爱"视为全面的解决方案的人，他把自己的需要变成对专一和无条件忠诚的要求。一个超然的人，看起来相当随和，却坚决秉持一个要求：不要被打扰。一个人认为自己不想要从他人那里得到任何东西，因此他有权利不被干涉，不论在关键时刻发生了什么。"不被打扰"通常暗示着被免除批评、期待或者努力——即使后两者是对自己有利的。

　　这可能足以作为神经症的要求在人际关系中起作用的典型样例。在更多与个人无关或与制度有关的情况，消极内容的要求也占据上风。比如，从法律或规则中获得的好处被视为是理所当然的，而当它们变得不利时，人们会感到不公平。

　　我仍然会感激发生在上一次战争期间的一件事，因为它让我睁开双眼，看到我怀有的潜意识要求，从它们进入，我看到了他人潜意识的要求。那是我从墨西哥访问回来，由于遵从优先秩序的原因，我在科珀斯克里斯蒂延误了航班。虽然我认为这个制度从原则上讲完全合理，但是我注意到当它发生在我身上，我是无比的愤慨。我设想要坐三天火车去往纽约而变得疲惫不堪，真的感到十分冒火。这些全部的烦恼终结在一个我安慰自己的想法上——这可能是老天的特殊赐予，因为那架飞机可能会出事。

　　在那一刻我突然看到了自己愚蠢的反应。并且，我开始思考它们，我看到了我的要求：第一，要成为例外；第二，要被老天特殊照顾。从那开始，我对于乘坐火车的整个态度改变了。在拥挤的火车车厢从早到晚地坐着，我仍旧觉得不太舒服。但是我不再感到疲惫，甚至开始享受这趟旅程。

　　我相信，通过观察自己或他人，任何人都能容易地复制和延伸这种经验。比如说，许多人有遵守交通规则的困难——作为行人或作为司机——常常潜意识对规则的反抗所导致。**他们**不应该要受到这些规则的管制。还有一些人，他们愤恨银行"无理地"把他们的注意力转向他们透支帐户的这一事实。另有，许多人害怕考试或者没有能力去准备考试，是来自对豁免的要求。同样地，他们愤慨于观看了一场糟糕的演出，可能来自认为自己享有欣赏一流娱乐节目的权利。

　　这种要成为例外的要求，同样发生在心理或身体有关的自然法则方面。不可思议地是，一些原本理解力很强的患者，当他们看到心理方面的因果必然性变得如此迟钝。我想到了这些不言而喻的因果联系，比如：如果我们想要获得成就，必须投入工作；如果我们想要变得独立，必须努力奋斗承担起对自己的责任。或者，只要我们是傲慢的，我们就会容易受到攻击；只要我们不爱自己，我们不可能相信别人会爱我们，而且我们必然会怀疑任何爱的主张。向患者呈现这些因果联系的序列时，他们可能开始争论，开始变得困惑或者回避。

　　许多因素涉及其中，导致了这种奇怪的迟钝。[1]我们必须首先认识到掌握这种因果联系，意味着让患者面对内在改变的必要性。当然，改变任何的神经

---

　　[1] 参见第七章的"精神碎裂的过程"和第十一章的"放弃类型的人对任何改变的反感"。

症因素总是困难的。但是除此之外，如我们已经看到的，许多患者潜意识强烈地反感认识到他们应该遵从的**任何**必然性。单单是"规则"、"必然性"、"限制"这些词语，就可能使他们感到颤栗——如果他们洞悉到它们的意思。在他们私人的世界里，任何事对他们来说都是有可能的。因此，认识到作用于他们的任何必然性，事实上会将他们从高高在上的世界拉回到现实，在这里他们要像其他人一样遵从相同的自然法则。因此，他们需要将这种必然性排除在生活之外，从而变成了一种要求。它在精神分析中的表现是，他们认为有权利超越改变的必要性。因此，他们潜意识地拒绝看到——如果他们想要变得独立或不易被伤害，或者想要能够相信被爱，他们必须改变自身的态度。

最难以置信的是某些关于一般生活的隐秘要求。在这一方面，任何对要求的非理性特点的质疑都势必会消失。自然地，当个体面对这个事实——对他来说生活也是有局限和不安稳的，他像神一样的感受会破碎。命运随时可能用事故、坏运气、疾病或者死亡来打击他——轰炸他的全能感。因为（重申一个古老的真理）我们几乎无法改变这一切。现今，我们能够避免某些死亡的危险，保护我们自己免受和死亡相关的财产损失，但是我们不能避免死亡。作为一个不能够面对不安稳生活的人，神经症患者发展出不可侵犯的要求；成为神的宠儿的要求；一直被幸运眷顾的要求；生活容易且毫无痛苦的要求。

与作用在人际关系上的要求相反，那些有关一般生活的要求无法有效地被坚持。拥有这些要求的神经症患者可能做两件事。他可能在大脑中否认任何能够发生在他身上的事。在这种情况下，他往往是不计后果的——他会发着烧在大冷天出门，不对可能发生的传染采取预防措施，也不对性生活采取预防措施。他会如同永远不会变老或死去一样的生活。所以，如果某个不幸发生在他身上，那会是毁灭性的体验并可能置他于惊恐之中。尽管这个经验可能微不足道的，但它会击碎他不可侵犯的高高在上的信念。他可能转向另一个极端，变得对生活过分谨慎。如果他不能够依靠他受到尊重的不可侵犯的要求，那么任何事都可能发生，他什么都不可能依靠。这并不意味着他放弃了他的要求。相反，这意味着他不想让自己暴露于另一个徒劳的实现中。

另外一些关于生活和命运的态度看起来更合乎情理，只要我们没有意识到它们背后的要求。许多患者直接或者间接地表达这样一种看法，他们所遭受的来自特殊困境的痛苦是不公平的。当谈论到他们的朋友时，他们会指出，尽管他们的朋友同样也存在神经症，但是这个人在社会环境中更自在；那个人更受到女人欢迎；另一个人更有进取心，或者更充分地享受生活。这样绕来绕去，尽管徒劳，但似乎是可以理解的。毕竟，每一个人都遭受着个人困境的痛苦，因此会更渴望不再有特殊的困难烦扰他。但是这个患者把自己和他"嫉妒"的人相提并论的反应，指向了一个更严重的过程。他可能突然间变得冷漠或沮丧。沿着这些反应，我们发现问题的根源是一个僵化的要求——他不应该有任何困难。他有权利比其他人被赋予更好的天资。而且，他不仅有权利得到一个没有任何个人麻烦的生活，而且有权拥有那些他亲自认识的人、荧幕上出现的人物所兼具的优点：像查尔斯·卓别林一样谦逊又智慧；像斯宾塞·特雷西一样仁慈又勇敢；像克拉克·盖博一样有充满胜利的阳刚之气。"我不应该是我"的这个要求，像这样被提出来显然是不合理的。它表现为以气愤又嫉妒的方式指向任何比他在发展过程中拥有更好的天赋或更幸运的人；表现为模仿或者崇拜他们；表现为直接地要求精神分析师给予他所有他渴望的又常常相互矛盾的完美之处。

这种要求赋予至高无上的品质，它可能引发的后果是相当严重的。它不仅造成了长期积压的嫉妒和不满，而且它构成了精神分析工作中的一个真实的障碍。如果患者一开始就认为有任何的神经症困难都是不公平的，那期待他去解决自己的问题必然是加倍的不公平。相反，他认为有权利要求他的困难被消除，而不必通过耗时费力的改变过程。

对神经症要求的种类的概述是不完整的。因为任何神经症的需要都能够转化为一种要求，我们不得不讨论每一种单一要求，以便给出详尽的描述。但即便是一个简短的概述，也让我们感受到这些要求的特殊性质。现在我们要尝试将它们的共同特征加以凸显。

首先，从两方面来说它们是**不现实的**。一个人仅在他的头脑中建立一种资质，他几乎没有考虑满足他的要求的可能性。这一点在显然不切实际的要求——免除疾病、衰老和死亡——中是明显的。但是这一点对于其他的要求也同样如此。一个女人认为她所有发出的邀请都应该被接受，她会在被别人拒绝时感到被冒犯，不论拒绝的理由有多紧急。一位学者坚持认为所有事情对他而言都应该轻而易举的，他会怨恨要投入到论文或实验中的工作，不管这个工作有多必要，尽管他通常有意识到不经历痛苦的过程不能够完成这项工作。一个酗酒的人认为有权利得到所有人对他经济困境的帮助，如果帮助不是及时和情愿的，那就是不公平的，不论别人是否有能力这样做。

这些例证暗含地指向了神经症要求的第二个特征：它们的**自我中心化**。这一点常常是极其明显的，以至于观察者认为这是"天真"使然，使他想起被娇惯的孩子有相似的态度。这些印象有助于理论上的结论：所有这些要求正是那些未能长大的人们（至少，在这一点上）"孩子气"的特征。事实上，这个论点是错误的。小孩子也会自我中心，但只是因为他尚未发展出与他人连接的感受。他们仅仅是不知道别人有需要，也有局限，比如妈妈有睡觉的需要，或者妈妈没有买玩具的钱。神经症患者的自我中心化是建立在完全不同的，并且更为复杂的基础上。他沉迷于自我之中，因为他被自己的心理需要驱使，被他的冲突折磨，以及被迫坚持他特殊的解决方案。然后，这就是两种现象看起来相似但是却不同的地方。由此可见，告诉患者他的要求是孩子气的，对治疗是极其徒劳的。对他而言，这只不过意味它们是不合理的（精神分析师可以用更好的方式展现给他这个事实），充其量让他思考。没有更多进一步的工作，它将不会带来任何改变。

这种差异就谈到这里。神经症要求的自我中心化可以在我们自身所揭示的经验中得到体现：战争时期的优先权是没问题的，但是我自己的需要应该具有绝对的优先性。如果神经症患者生病或者想完成某事，每个人都应该放下其他事，赶来帮助他。精神分析师有礼貌地向他告知没有时间对他做咨询，这常常会遭到愤怒或侮辱性的回复，或者简单得充耳不闻。如果患者需要咨询，精神分析师就应该有时间。神经症患者与他周围世界的联系越少，他就越少意识到其他人以及其他人的情感。正如一位对现实抱有傲慢不屑态度的患者曾经说的："我是一颗孤独的彗星，穿梭在太空中。这意味着我的需要是真实的，他人的需要是不真实的。"

神经症要求的第三个特征在于他期待**不需要付出足够多的努力**，事情就可以顺利发生。他不承认，如果他寂寞他可以打电话给某人，他认为某人应该打电话给他。如果他想要减轻体重，很简单的道理是他必须要少吃东西，这常常遭到内心强烈的反对，以至于他一直持续在吃，却仍然认为他不像其他人一样苗条是不公平的。另一个人可能要求他应该被给予一份荣誉的工作、一个更好的职位、薪水上的提升，而无须做任何特殊的事情得到这一待遇，甚至无须对它提出要求。他甚至不应该在头脑中必须弄清楚自己想要什么。他应该处于一种**能拒绝一切或获取一切**的地位。

通常，个体可能用最为貌似合理且感人的语言表达他多么想要获得幸福。但是过一段时间之后，他的家人或朋友会发现要让他幸福是极为困难的。所以他们可能告诉他，一定是在他心里有某些不满阻碍了他获得幸福。然后，他可能去找精神分析师。

分析师会重视患者追求幸福的愿望，把它看作是前来分析的良好动机。但是分析师也可能会自问，为什么一个渴望幸福的患者不觉得幸福。他拥有许多大部分人会享受的东西：一个舒适的家、一个好妻子、经济上的保障。但是他什么事情都不做；他没有任何强烈的兴趣。在描述中存在大量的被动状态和自我放纵。在第一次会谈，精神分析师印象最深的是患者并不谈论他的困境，相反他有些任性地提出了他的愿望图表。接下来的一小时印证了这个第一印象。在分析工作中患者的惰性被证明是第一障碍。所以，情况就变得更清楚了。有一个被绑住手脚的人，不能够挖掘自己的资源，而且充满了根深蒂固的要求。他要求生活中所有美好的事物，包括心灵的满足都应该发生在他身上。

　　另一个要求获得帮助而不需要自己努力的例子进一步揭示了神经症要求的本质。一位患者被上一次精神分析中出现的某个问题困扰，他已经暂停了一周的治疗。在那次分析中，他表达了想要在结束前解决这个问题——一个完全合理的愿望。所以我竭尽全力寻找这个特殊问题的根源。然而，过了一段时间，我注意到他几乎没有做出任何合作的努力。就好像是我不得不拖着他走一样。随着时间的推移，我感觉到他越来越焦躁。我直接问他，他回答他当然烦躁，确认了我的观察。他不想要带着他的困难离开，面对接下来的一整周。我仍然没有说出任何话缓解他的焦躁。我指出他的愿望当然是合乎情理的，但是显然它变成了要求就说不通了。我们是否能够进一步解决这个特殊问题，这取决于在这个关键时刻的可实现性，以及他和我可能具有怎样的成效。而且，就他而言，一定存在着什么原因阻碍他朝渴望的目标努力。在经过大量一来一往的交流之后（我在这里省略掉），他不禁看到了我所说的事实。他的焦躁不安消失了；他的不合理要求和他的紧迫感也消失了。并且，他补充了一个揭开真相的因素：他感到是我造成的这个问题，所以应该由我来改正它。在他的头脑中，我怎样为这个问题负责呢？他并没有说我犯了一个错，在过去的一个小时中他仅仅意识到他仍旧没有克服他的报复性——这一点他几乎刚刚觉察到。事实上，在那时他甚至不想要摆脱它，只是想摆脱某些伴随而来的烦恼。由于我没有使他的要求立即从中得到解脱，他认为有权利提出报复性的要求以惩罚我。在这些解释中，他指出了他的要求的根源：他的内心拒绝为自己承担责任，以及他缺乏建设性的私心。这使他瘫痪，阻止他为自己做任何事情，然后产生了一个需要——别人应该为他承担所有责任以及解决所有问题的需要（在这里是精神分析师）。并且这个需要也变成了要求。

　　这个例子指向了神经症要求的第四个特征：它们的本质是**报复性的**。一个人可能感到被错怪，并且强调报应。这种情况会发生在于它自身的陈旧认识。这在创伤性神经症、某些偏执的病症中尤其明显。在文学作品中有许多这一特征的描述，其中《威尼斯商人》里面的夏洛克坚持要得到他的一磅肉，和《海达·加布勒》中的海达·加布勒得知她的丈夫可能得不到他们一直以来希望的教授职位时，她索要了昂贵的奢侈品。

我想要在这里提出的问题是，是否报复性是神经症要求中经常出现的（如果不是固有的）因素？很自然，个体对它们的意识程度不同。在夏洛克的例子中，它们是被意识到的；在我的患者对我生气的例子中，它们处在即将被意识到的门槛上；在大部分的例子中，它们是潜意识的。根据我的经验，我怀疑报复性要求的普遍性。但是我发现它们极其频繁的出现，以至于我把它当成规则总要留意它们。正如我在探讨报复性胜利的需要时提到的，我们发现在大多数神经症中隐藏的报复性的含量是相当大的。报复性的因素必然在这些状况中起作用：当提出的要求与过去的挫折或痛苦有关；当它们以好斗的方式提出；当要求的实现被视为胜利，要求受到挫败被视为失败。

人们是如何**意识到**他们的要求呢？个体对于自己和周围世界的看法越取决于他的想象，他就越有可能仅仅按照他的需要去理解他和他的一般生活。然后，在他的头脑中就没有空间看见他的任何需要或任何要求，而且仅仅是提到他有可能具备要求时，他就可能感到被冒犯。人们根本**不会**让他等。他根本**不会**有任何意外事故，甚至不会变老。当他去远足时，天气**一定**要好。事情**一定**按照他的方式进行，他**一定**得到一切。

其他神经症患者好像能够意识到他们的要求，因为他们明显地、公然地为自己要求特殊的权利。但是对观察者来说显而易见的，对他自己并不明显。观察者所见与被观察者所感是两件事情，应该被清晰地区别。一个人挑衅地提出他的要求，可能最多能意识到要求的某些表现或含义，比如说他感到不耐烦，或者不能忍受分歧。他可能知道他不喜欢提出请求，不喜欢说谢谢。然而，这种觉察不同于认识到他认为自己有权利让其他人去做他想让他们做的事。他可能意识到他有时不计后果，但是他常常将这种不计后果美化为自信或勇敢。比如，他可能在没有任何下一份具体工作时，把一份相当好的工作辞掉，并且将这一举动视作自信的表现。实际上可能是这样的，但是不计后果也可能来自于他认为自己有权利得到运气和命运的眷顾。他可能知道在他心灵的某个隐蔽之处，他暗自相信他是一个不会死的人。但是即便如此，他仍然没有意识到这是认为自己有超越生物局限性的权利。

在其他例子中，对于怀有这些要求的个体和未受训的观察者来说，这些要求是隐蔽的。观察者会接受任何为这些要求进行辩解的理由。通常他这样做，不是因为对心理学缺乏了解，而是因为他自身神经症的原因。比如说，他可能发现有时他妻子或者情人提出了占据他时间的要求，他感到不方便，但是他被奉承的虚荣心会认为自己对对方是不可缺少的。或者，一个女人可能基于无助和痛苦而提出强烈的要求。她自己仅仅感到她的需要。她甚至可能有意识地过于谨慎，不将自己的需要强加给别人。然而其他人可能要么因为抱有保护者和帮助者的角色，要么因为他们自己内心隐秘的准则——如果没有达到这个女人的期望，他们会感到"有罪"。

然而，即使一个人意识到他有某些要求，他永远不会意识到他的要求是无根据或者非理性的。实际上，对这些要求其正当性的任何怀疑都意味着朝向削弱它们迈出了第一步。因此，只要这些要求对患者来说是极其重要的，他一定会在头脑中建立起一个无懈可击的理由使它们看起来完全合理。他必然完全相信它们的公平和公正。在精神分析中，患者花很长的时间去证明他只是期望他应该得到的东西。相反，为了治疗，重要的是既要认识到特殊要求的存在，也要认识到它存在理由的性质。因为这些要求能否成立基于它被安置的基础，这个基础本身变成了一个战略性的位置。比如说，如果一个人因为功劳而认为有权利得到各种各样的服务，他必须不自觉地夸大这些功劳，以至于在这些服务没有来临的时候，他能够理直气壮地感到被虐。

要求常常是基于文化背景而被认为是合理的。因为我是一个女人；因为我是一个男人；因为我是你的母亲；因为我是你的雇主……事实上，这些貌似合理和正当的理由没有一个有权利提出这些要求，这些理由的重要性必然被过分强调了。比如，在一个国家中，没有严格的文化准则说洗碗冒犯了男士的尊严。所以，如果有免除这类低技术含量的工作的要求，作为男人或者打工者的尊严一定是被夸大了。

总是出现的基础是个体的优越感。在这一方面的共同点是：因为我有某些地方格外特殊，我有权利要求……这种生硬的形式，大多数情况是潜意识的。但是个体可能会把重点放在一些特殊的重要性上——他的时间、他的工作、他的计划，他永远是正确的。

那些相信"爱"可以解决一切，"爱"有权利得到一切的人们，必须要夸大爱的深度或价值——不是以有意识伪装的方式，而是他确实感受到比原本更多的爱。这种夸大的必要性常常有不良影响，它可能促成了一个恶性循环。这对基于无助和痛苦而提出的要求尤其如此。比如说，许多人太过胆怯而无法电话咨询事情。如果这个要求被提出来，别人替他咨询了，那么为了证实他的禁忌，这个人会感到他的禁忌比实际情况更严重。如果一个女人感到过于沮丧或者无助而无法做家务，她会让自己感到比实际情况更多的无助或者沮丧——实际上这会让他们更痛苦。

然而，人们不应该草率地做出这样的结论：环境中的其他人不答应神经症患者的要求是可取的。不论答应还是拒绝都可能让状况变得更糟，也就是说，这两种情况都可能使要求变得更坚决。通常拒绝只会帮助那些已经开始或者正在开始为自己承担责任的神经症患者。

或许，神经症的要求中最有意思的基础是它的"公正"。因为我信上帝，或因为我总是工作，或因为我一直以来都是好公民，所以任何不利的事情都不应该发生在我身上，这是公正的；事情应该按照我的想法进行，这是公正的。做到**善良**和虔诚就应该得到人间的利益。相反的证据（美德并**不必然**带来回报的证据）都被抛弃了。如果这种趋势在患者身上出现，他通常会指出，他的正义感也会延伸到其他人身上，如果其他人遭遇不公正的待遇，他同样感到愤慨。在某种程度上，这是真的，但是这只意味着他自身需要将要求放置在公正的基础上，它被概括成一种"哲学"。

另外，强调公正有其相反的一面，就是让其他人为他们所遭遇的任何不幸负责。一个人是否将这一面应用在自己身上，取决于他意识中它的正确性程度。如果它是僵化的，他会——至少有意识地——将每一次他的不幸遭遇体验为不公正的。但是他更容易倾向于将"报应性公正"的法则应用在其他人身上：或许一个失业的人，不是"真的"想要工作；或许犹太人在某些方面对所遭受的迫害负有责任。

在更多个人的事务中，这种人会认为有权利获得价值投入的回报。如果不是因为他忽视了两个因素，这可能是正确的。第一个，他个人积极的价值在他头脑中的比例被放大（比如，善意是其中之一），而忽略了他带入到关系中的问题。第二个，把价值放在天平上衡量是不合适的。比如说，一个接受分析的患者可能会把他合作的意愿、摆脱令他困扰的症状的愿望、有规律地前来分析与支付费用放到天平倾向他的一边。在精神分析师的那边是使病人康复的义务。不幸的是，天平的两边是不平衡的。患者能够康复，只有当他愿意并且能够对自己进行工作以及做出改变。所以，如果患者良好的意图并没有和有效的努力结合，没有什么大的变化会发生。困扰会持续地重复出现，患者会越来越焦躁，感到自己被骗；他会用责备或者抱怨的方式支付费用，并且认为对这位分析师越来越不信任是完全合理的。

过分强调公正可能但不必然是报复性的伪装。当个体提出要求主要是因为和生活做"交易"，通常他自己的功劳会被强调。要求越具有报复性，就越会强调所遭受的伤害。这里，所遭受的伤害必须被夸大，受伤害的感受逐渐加强，直到大到使"受害者"认为有权利要求任何确切的牺牲，或者给予任何惩罚。

因为这些要求对于神经症的维持是关键的，所以**坚持**它们当然是重要的。这只是针对那些对人提出的要求，因为不用说，命运和生活有办法嘲弄任何针对它们的要求。我们将会在许多情境中再回到这个问题。在这里说这一点就够了：大体上神经症患者试图让别人接受他们的要求，这是和这些要求被放置的基础紧密联系的。简单地说，他能够尝试用他独特的重要性给他人留下印象；他能够取悦、吸引、承诺他人；他能够让他人承担义务，并且试图通过唤起对方的公平感或内疚感来得到好处；他能够通过强调他的痛苦来唤起他人的同情和负罪感；他能够通过强调对他人的爱来唤起对方对爱或虚荣的渴望；他能够借由易怒和郁郁寡欢来恐吓他人。一个可能由于无法被满足的要求而摧毁他人的报复性的人，试图通过强有力的指控强迫他人顺从。

考虑到所有用来证明要求的合理性和坚持它们所投入的能量，我们完全能够预期**它们被挫败的反应**是强烈的。有恐惧的暗流，但是占上风的反应是愤怒，甚至是恼怒。这种生气是一种特殊的形式。因为这些要求被主观感受为公平和公正的，挫败被经验为不公平和不公正的。因此，随后产生的愤怒就会有理直气壮、义愤填膺的特点。换句话说，个体会感到不仅仅愤怒，而且有权利愤怒——在精神分析中，这种感受得到了患者强烈的辩护。

在更深入地挖掘这种愤慨的各种表现之前，我想先简单谈一个理论——具体是由约翰·多拉德和其他人提出的关于我们对任何挫折都怀有敌意的反应——挫折攻击理论：事实上，敌意本质上是对挫折的反应。[1]实际上，只要简单的观察就会发现这个论点是没有根据的。相反，人类可以承受大量的挫折，而不具备敌意。只有在挫折是不公平的时候，或者基于神经症的要求而认为是不公平的情况下，敌意才会产生。而且那时敌意具有愤慨或感到被虐的具体特征。然后，所遭受的不幸或伤害有时似乎被放大到荒唐可笑的程度。如果一个人感到被另一个人虐待，那个人立刻就变得不可靠、令人讨厌、残忍、卑劣——也就是说，这种愤慨强烈地影响了我们对他人的判断。这是神经症猜疑的一个根源。这也是许多神经症患者对他人的评价感到不安全的一个重要原因，是他们的态度轻而易举从积极友好转向完全谴责的一个重要原因。

如果我可以过于简化它，生气甚至恼怒的急性反应可能采取三种不同的走向。它可能被压抑，不论出于什么原因，然后可能——像任何被压抑的敌意——出现心身症状：疲劳、偏头痛、胃部不适，等等。另一方面，它可能被

---

[1] 这个假设的提出基于弗洛伊德的本能论，其导致的论点是每一种敌意都是对受挫的本能冲动或其衍生物的反应。对于那些接受弗洛伊德死本能理论的分析师，敌意也从破坏的本能需要中汲取其能量。

自由地表达，或者至少被充分地感受。在这种情况下，生气越是在事实上缺少根据，这个人就越不得不夸大他遭受的不公正。然后，这个人会不经意地建构看起来逻辑严谨的理由反对冒犯者。一个人不论由于什么原因，越是公然地具有攻击性，他越倾向于采取报复行动。他越是公然地傲慢，他越是确定这样的报复行动是一种公正的补偿。第三种反应是陷入痛苦和自怜。然后，个体感到极其的受伤害、受虐待，并且可能变得沮丧。他想"他们怎么能这么对我！"在这些情况下，痛苦变成表达责难的方式。

这些反应在别人身上要比在自己身上更容易被观察到，其原因是个体坚信自己的正直，这阻碍了自我审视。然而，当我们完全沉浸在自己遭受的不公正中；或者当我们开始琢磨某个人令人讨厌的品质时；或者当我们有冲动对他人实施报复时，检视我们自己的反应是对我们真正有益的。那么，我们必然要仔细检查一个问题，我们的反应相对于所遭受的不公正是否是合理的。并且，如果经过真实的检查，我们发现反应是不合理的，我们一定会寻找隐蔽的要求。假如我们愿意并且能够为了特殊的权利放弃一些我们的需要；假如我们熟悉了被压抑的敌意可能会采取的特殊形式，那么，识别个人受挫的急性反应，以及去发现其背后的特殊要求就不会很困难。然而，能够看到一两个例子中的这些要求，并不意味我们完全摆脱了它们。通常，我们只是克服了那些特别显眼和荒唐的要求。这个过程让人联想到绦虫的治疗——部分绦虫在治疗中被排出。但是它会再生，并且持续消耗我们的体力直到绦虫的头节被去除。这意味着，只有当我们在某种程度上克服了对荣誉的整体追求及其包含的全部时，我们才能够放弃我们的要求。然而，不同于绦虫的治疗，在我们回到自我的过程中，每一步都是有价值的。

普遍性的要求对人格和生活的**影响**是多方面的。它们可能在其身上发展出一种弥漫的挫败感和不满情绪，它们无处不在以至于被含糊地看作是性格特征。虽然有其他因素促成这种长期的不满情绪，但是在这些根源中，普遍性的要求是显著的。这种不满表现为在任何生活环境中都聚焦在缺失了什么或者困难是什么的一种倾向，从而变成对整个环境都不满意。比如说，一个男人投身于一份非常令人满意的工作，并且拥有很大程度上建设性的家庭生活，但是他没有足够的时间弹钢琴，而这对他很重要，或者可能他其中一个女儿没有很顺利，这些因素在他的头脑中挥之不去，以至于他不能注意到他所拥有的部分。或者，考虑这样一个人，他愉快的一天被某个没有及时送达的订购商品毁掉；或者一个人在一次美好的远足或者旅途中体验到的只是不便利之处。这些态度如此普遍以至于几乎所有人都遇到过。抱持这种态度的人有时也想知道为什么他们总是看到事物阴暗的那一面。或者，他们通过称自己是"悲观者"而不再理会这整件事情。这既不能给予任何解释，还将个人完全不能容忍不幸这件事放置在一个伪哲学的基础上。

经由这种态度，人们使自己在生活的许多方面更加艰难。任何困难，如果我们认为它是不公平的，那么艰难会放大十倍。我在火车上的经历就是对此的一个好例证。只要我感到处在被强加的不公平之中，它似乎就超出了我能承受的范围。然后，在我发现了它背后的要求之后——虽然椅子仍然是硬的，花费的时间仍然很长——这个相同的环境变得令人愉快了。这一点同样地作用于工作。如果我们在工作中带着处于不公平的破坏性的感受，或者带着工作应该是容易的这一隐秘要求，我们做任何工作都势必感到繁重和疲劳。换句话说，通过神经症的要求，我们丧失了部分生活的艺术，其中包括从容地应对事情。当然存在那些严重到把人摧毁的经验。但是它们是罕见的。对神经症患者来说，一次小事件都会变成巨大的灾难，生活会变成一系列的烦恼。相反，神经症患者可能会聚焦在他人生活的光明面：这个人获得成功；那个人拥有孩子；另一个人有更多的闲暇时间，或者可以用闲暇时间做更多的事情；别人的房子更好；他们的牧场青草更绿。

虽然描述这种情况十分简单，但是认识到它是困难的，尤其在我们自己身上。这件我们没有的、别人拥有的至关重要的事，看起来如此真实、如此实际。从而，拿记账打比方，两方面的账目都是扭曲的：关于自己和他人。大多数人都被告知不要将自己的生活和他人的闪光点做比较，而要与他人生活的整体做比较。但即便他们认识到这个建议的正确性，但是他们无法遵从它。因为他们的视野被扭曲了。这不是由于疏忽或者知识上的无知，相反，是由于情感上的盲目——也就是说，一种由内在潜意识的必要性所导致的盲目。

结果是对于他人的嫉妒和麻木的混合物。这种嫉妒具备尼采所称作的"生活在嫉妒之中"（Lebensneid）的性质，这种嫉妒并不是与这个或那个具体事物有关，而是与一般生活有关。它伴随着一种感受，他是唯一一个被排除在外的人，唯一一个担忧的、孤独的、惊慌的、被束缚的人。麻木也不必然意味着他是一个完全冷酷无情的人。麻木来自普遍性的要求，而后得到了其自身的功能：证明了这个人的自我中心是合理的。为什么那些境况比他好的人要期待从他身上得到东西？他比周围任何人有更多的需要，他比其他人遭受更多的漠视或忽略，为什么他不应该有权利只考虑自己的利益！因此，这些要求变得更加根深蒂固。

另一个结果是一种普遍的关于权利的不确定感。这是一个复杂的现象，普遍性的要求不过是其中的决定性因素之一。神经症患者认为自己有权利要求任何事情的这个私人世界是极其不现实的，以至于他在实际世界中开始怀疑他的权利。一方面他被放肆的要求填满，另一方面当他实际上能够要求并且应该要求时，他可能因为过于胆怯而无法感到或无法坚持他的权利。比如，患者在一方面认为整个世界都应该为他服务，另一方面会胆怯于向我提出更改时间的要求，或者借支铅笔做点记录的要求。另一位患者高度敏感于他的神经症要求——尊重——没有得到满足，但他却能够忍受某些朋友对他明目张胆的过分行径。总之，感到没有权利可能是患者遭受痛苦的原因，而且这可能成为他主诉的重点，然而他并不关心的那些非理性要求才是问题的根源，或者"至少是一个相关的促进原因"。[1]

最后，怀有广泛的要求是促成惰性的相关因素之一，其公开或者隐蔽的形式或许是最常见的神经症困扰。惰性和闲散不同，闲散可能是自愿的、令人愉快的，惰性是心理能量的瘫痪。惰性不仅涉及到做事情，而且也涉及到思考和感受。从定义上来看，所有的要求取代了神经症患者积极地对自身问题做工作，因此他的成长遭到瘫痪。在许多例子中，这些要求助长了他们对一切努力更全面的反感。那么，潜意识的要求仅仅就成了意图——应该足以带来成就、找到工作、获得快乐、克服困难。他有权利获得所有这些，不需要任何能量的输出。有时，这意味着其他人应该做实际的工作——比如，让乔治去做。如果这没有发生，他有理由不满。因此，他常常单单是想到一些额外的工作，比如搬家或者购物，他就会感到累。在精神分析中，有时患者的疲劳可以快速消除。比如，一位患者在旅途之前有许多工作要做，甚至在开始做之前他就感到疲劳。我建议他可以把如何完成每一件事当作对他聪明才智的挑战，以此来处理这个问题。这个建议对他具有吸引力，他的疲劳感消失了，并且他能够完成这一切而不感到匆忙或疲倦。但是，虽然他由此体验到他有积极的能力，并且这么做充满乐趣，但是他自己做出努力的冲动不久就消退了，因为他潜意识的要求仍然太过根深蒂固。

要求越是具有报复性，惰性程度看起来就越强。总之，潜意识的争辩就这样进行：别人造成了我的烦恼，所以我有权利得到补偿。如果我要付出努力，这算是哪种补偿！自然地，只有当一个人丧失了对生活的建设性兴趣，他才能用这样的方式争辩。不再取决于他为自己的生活做些什么，而是取决于"别人"，或者取决于命运。

---

[1] 参见第九章"自谦型的解决方案"。

患者坚持他的要求并且在精神分析中为它们辩护的这份**固执**，指出了这些要求必然带给他极大的主观价值。他不只有一条，而是有许多条防御线，并且重复地转换它们。首先，他认为他完全没有这些要求，他不知道精神分析师在说什么；接下来，他会说要求都是合理的；然后，他会继续捍卫它们作为正当理由的主观基础。当最后他意识到他确实有要求，并且它们在现实中是没有根据的，他好像对它们丧失了兴趣：它们是不重要的或者至少是无害的。然而，他迟早不得不看到这些要求对他产生各种各样并且严重的后果，比如，它们使他变得烦躁和不满；如果他自己更为积极而不总是期待天上掉馅饼，他会变得更好；的确，他的要求使他的心理能量瘫痪了。同样，他无法不接受一个事实，即他从他的要求中得到的实际好处是微不足道的。的确，通过向别人施加压力，有时他能够迫使他人满足他所表达或未表达的要求。但是，即便如此，谁从中得到了更多的快乐？就他对生活的一般要求而言，这些要求不管怎样都是徒劳的。不论他是否感到有权利获得例外，心理或者生物的法则都作用于他。他想要兼具别人优点的要求没有让他有一丁点儿的改变。

认识到这些要求的不利后果和要求本身的徒劳，这不会真正消减掉要求，它无法令患者信服。精神分析师希望这些洞见能够根除那些常常未被满足的要求。通常，经过分析工作，它们的强度会减弱，但它们并没有被根除，而是被秘密地驱动着。进一步，我们洞察到患者潜意识非理性想象的深处。尽管他理智上认识到要求的徒劳，但他在潜意识中坚持着这一信念——对他神奇的意志力而言，没有什么是不可能的。如果他的愿望足够强烈，他所愿望的就会实现。如果他足够努力地坚持事情按照他的方式发展，它们就会按照他的方式发展。如果它尚未实现，原因并不在于他够向不可能之处——这如同精神分析师想要他相信的——而是在于他的意志没有足够坚强。

这个信念给整个现象增添了稍微不同的复杂性。我们已经看到，从妄称他具有并不存在的资格以获得各种特权来说，患者的要求是不现实的。而且，我们已经了解到，某些要求明显是异想天开的。现在，我们认识到所有的要求都充满了神奇的期待。并且只有现在，我们才了解到这些要求的整个范围是实现理想化自我不可或缺的手段。他们并不是通过用成就或成功证明他的卓越，以此代表理想化自我的实现，而是提供给自己必要的证据和托辞。并且，如果他一次又一次看到别人没有答应他的要求，看到法则一样适用于他，看到他并没有超越普遍的麻烦和失败——所有这些都不能成为反对他无限可能性的证据。它只证明了**到现在为止**他做了一个不公平的交易。但是只要他坚持他的要求，某一天它们就会实现。**这些要求是他未来荣誉的保证。**

　　我们现在明白了为什么患者看到他的要求给自己的实际生活带来破坏性的影响而反应冷淡。他没有质疑造成的破坏，但是鉴于美好未来的前景现在是可以忽略的。他就像是一个相信自己有继承遗产的正当要求的人，他不是在生活中建设性地付出努力，而是把所有的能量投入在更为有效地坚持他的要求上。与此同时，他失去对实际生活的兴趣；他变得贫穷；他忽视了所有使生活值得过下去的事情。因此，对未来可能性的希望越发成为他生活下去唯一的事情。

　　实际上，神经症要比假想自己将继承遗产的人情况更为糟糕。因为他有一种潜在的感受，如果他开始变得对自己以及自己的成长感兴趣，他就会失去资格获得未来的满足。基于他自己的前提这是符合逻辑的——因为，在这种情况下，他理想化自我的实现的确会变得毫无意义。只要他被目标的诱惑占据着，作为替代的方式就是积极地遏制。这意味着他看待自己就像看待其他凡人一样，被困难侵扰；这意味着他承担起对自己的责任，并且认识到是取决于他来克服他的困难，取决于他来发展他具备的任何潜能。这是遏制，是因为这会让他感到他似乎要丧失一切。只有当他足够强大到放弃自我理想化的解决方案的程度，他才能够考虑这条替代的路——也是通往健康的路。

　　只要我们把神经症患者在自身所感受到的，连带对自我的美化，仅看作是"天真"的表现；或者把他要求他人满足自己的许多强迫性需要看作是可以理解的欲望，我们就不能够充分理解神经症要求的固执。神经症患者的固执在于对任何态度的坚持，这是一个明确的表现，态度满足了他的神经症框架下必要的功能。我们已经看到了神经症的要求看起来为他解决了许多问题。它们全部的功能就是使他永葆对自己的幻觉，并且将责任转移到他以外的因素上。通过将自己的需要上升到庄严的要求，他否认了自己的困境并把对自己的责任放置到别人、环境或命运之处。他有任何的困难，首先就是不公平的，并且他有权利安排不被打扰的生活。比如，他被请求贷款或者募捐。他感到不耐烦并在他的头脑中对要求他这样做的人大发脾气。实际上，他愤怒的原因是来自他不被打扰的要求。是什么让他的要求如此必要？这个请求实际上让他面对了自己的冲突，冲突存在于他需要服从和他需要挫败他人之间。但是只要他太害怕或者太不愿意面对这个冲突——不论什么原因——他一定会保持住他的要求。他把这称作是不想被打扰，但是更为确切地说，他要求这个世界应该以不调动（并且让他意识到）他的冲突的方式来行事。我们将会在之后了解到为什么摆脱责任对他来说如此重要。但是我们已经能够看到，实际上这些要求阻碍了他处理他的困难，并且由此他永久保留着他的神经症。

第三章　暴政的"应该"

　　目前为止，我们主要讨论了神经症患者如何尝试从**外部世界**实现理想化的自我：在成就中，在成功、权力或胜利的荣誉中。神经症的要求也与自己以外的世界有关：他试图在任何时候，以任何方式维护因其独特性而获得例外的权利。他认为他有权利超越必然性和法则以使自己生活在一个虚构的世界里，就好像他真的超越它们之上。并且，每当他的理想化自我在明显没有实现的时候，他的要求能够让他自身之外的因素为这样的"失败"负责。

　　现在我们要讨论在第一章中简要提到的实现自我理想化的一个方面，它聚焦在**个体自身**。不同于皮格马利翁试图让另外一个造物满足他对于美好概念的想象，神经症患者把工作放在塑造自己身上——把自己创造成至高无上的人。他在自己的灵魂面前坚持他的完美形象，并且在潜意识中告诉自己："忘记你实际上**是**丢人显眼的造物；这是你**应该**成为的人；成为理想化的自我是最重要的事。你应该能够承受一切，理解一切，喜欢每一个人，一直富有成效"——这里只提到了内在指令的其中几个。因为它们是不容动摇的，我称它们为暴政的"应该"。

　　内在指令包含所有神经症患者应该能做的、应该能成为的、应该能感受的、应该能知道的，以及他不应该如何做与不应该做什么的禁忌。为了简要地概述，我要脱离上下文，先列举其中几个例子。（当我们讨论"应该"的特征时，会列举更详细的例子。）

　　他应该是极致的诚实、慷慨、体贴、公正、有尊严、勇敢、无私。他应该是完美的爱人、完美的丈夫、完美的老师。他应该能忍受一切，应该喜欢每一个人，应该爱他的父母、他的妻子、他的国家。或者，他不应该依恋任何事物、任何人。任何事对他都应该不重要。他应该永远不被伤害。他应该永远是平静与处乱不惊的。他应该总是享受生活的。或者，他应该超越了愉快和享乐。他应该是自发性的。他应该总能控制他的情感。他应该知道、理解，以及预知每一件事。他应该能够在很短的时间内解决自己或者别人的每一个问题。他应该一看到困难就立即克服掉它。他应该永远不会累，不会生病。他应该总能找到工作。他应该能够在一小时内完成原本只可能两三个小时完成的工作。

这个概述大致上表明了内在指令的范围，留给我们的印象是：尽管这些对自我的要求是可以理解的，但是总体上太过困难与严苛。如果我们告诉一位患者，他对自己的期待太高，他经常会不假思索地承认这一点，甚至他可能已经觉察到这一点。通常他会明确地或者含蓄地补充，对自己期待过高要好过对自己期待过低。但是谈论对自己的过高要求，这并不能揭示**内在指令的特殊特征**。在进一步的检视中，这些特征会清晰可见。它们是重叠的，因为它们都来自个体想要成为理想化自我的需要，来自他对于能够做到这一点的信心。

首先我们注意到的是同样的对于**可行性的忽略**，这贯穿在整个追求理想化自我的实现过程。许多要求是属于无人能够满足的那一种。它们完全是不切实际的，虽然个体自身没有意识到这一点。然而，当他的期待一旦暴露在批判性思维的明光下，他会忍不住承认这一点。可是，这种理性的认识如果能改变状况，通常也不会改变太多。让我们举一位医生的例子，他可能清楚地意识到，除了九小时的业务和广泛的社交生活之外，他不可能再完成高强度的科研工作。然而，当砍掉一个或另一个活动的尝试失败之后，他继续按照原来的节奏生活。他对自己提出的要求——不应该存在时间和精力的限制——比理智更强烈。或者做一个更细致的说明。在一次精神分析中，有一位患者的情绪很低落。在此以前，她曾和朋友讨论后者复杂的婚姻问题。我的这位患者只是在社交场合见过她朋友的丈夫。虽然她接受了多年的精神分析，并且对两性关系所涉及的心理学方面的复杂性具有足够的了解，能够更好地认识这个问题，然而，她却认为她应该有能力告诉这位朋友她的婚姻是否还能维系。

我告诉她，她期待自己做出的这件事，对任何人来说都是不可能做到的，并且我指出在一个人能够开始对情况中起作用的因素拥有略微清晰的看法之前，大量的问题要被澄清。结果是她在那时已经意识到我指出的大多数困难。但是她仍然感到她**应该拥有一种第六感**来看穿这一切。

其他关于自我的要求可能其本身并非不切实际，但是它们显示出一种对于所需要的**实现条件的完全忽略**。因此，许多患者觉得他们很聪明，所以期待马上结束他们的精神分析工作。但是聪明对于精神分析的进展几乎没有什么作用。事实上，人们拥有的理性力量可能会阻碍分析的进程。有价值的是作用在患者身上的情感力量，是他们的坦诚和为自己承担责任的能力。

对于轻轻松松就能成功的期待，不仅对于整个精神分析的长度有影响，而且同样作用于个体所获得的领悟。比如，对他们而言，认识到自己的神经症要求就等同于克服了这些要求。精神分析是需要耐心的工作，只要情感上拥有它们的必要性没有改变，要求就会持续下去——患者会忽略所有这一切。他们相信他们的聪明才智应该成为至高无上的推动力量。于是，接下来的失望和沮丧自然是不可避免的。以类似的方式，一位教师可能期待凭借她长期的教书经验，她应该很容易写出一篇教学主题的论文。如果她落笔却写不出，她会十分厌恶自己。她忽略或者抛弃了这样一些相关问题，如同：她有什么要说的吗？她的经验可以凝结成一些有用的模型吗？即便答案是肯定的，写论文仍然意味着是一项将想法加以构思和表达的枯燥工作。

内在指令完全就像集权国家的政治暴政，其统治全然**忽视了人自身的心理状况**——他当前能够感受或能够做的是什么。比如说，其中一个常见的"应该"，是人应该永远不受伤害。因为是绝对之物（它被暗示在"永远"之中），任何人都会认为这极其难以实现。有多少人曾经或者现在感到自己如此有安全感，如此平静，就像永远不会受伤？这顶多算是我们努力奋斗的理想。要认真对待这项工程，必然意味着高强度和富有耐心地对我们用来防御的潜意识要求做工作，对我们虚假的自负做工作，或者简而言之，对我们人格中每一个使我们脆弱的因素做工作。但是这个感到永远不应该受伤害的人，在他的头脑中并没有非常具体的计划安排。他仅仅是对自己发出一个绝对的命令，否认或者推翻他存在的脆弱性的事实。

让我们思考另一个要求：我应该总是理解他人的、有同情心的以及对他人有帮助的。我应该能够融化一颗罪犯的心。同样，这并不完全是不切实际的。但很少人会像维克多·雨果的《悲惨世界》里的神父一样，达到过这种精神上的力量。我有过一位患者，她将这位神父的形象视作重要的象征，她认为她应该像神父一样。但是在那个时候，她并不具备神父在面对罪犯时表现出的任何态度或品质。她有时能够行善，因为她认为她**应该**是仁慈的，但是她没有**感到**仁慈之心。事实上，她对任何人都没有任何太多的感受。她持续地担心别人从她身上得到好处。不论任何时候当她找不到一个物件时，她就认为东西被偷了。她没有意识到这一点，她的神经症已然把她变得自我中心并一心只想自己的利益——所有这一切都被盖上了一层强迫性的谦卑和善良。她在那时有愿望看到自身的这些问题吗，想要对它们进行工作吗？当然不。这里也一样，这是盲目地发号施令，它只会导致自我欺骗或者不公平的自我批评。

在试图解释这些"应该"其令人吃惊的盲目性时，我们不得不再一次留下许多未能解决的问题。然而，大部分的问题是可以从两个方面被理解的。其一，它们的根源——对荣誉的追求；其二，它们的功能——让自己成为理想化的自我。**它们起作用的前提是，对自己来说任何事都"应该是"或者"都是"**

可能的。如果是这样的，那么现有的条件不需要被检验是符合逻辑的。

这个倾向在和过去有关的要求的应用中最为明显。就神经症患者的童年来说，它不仅对于阐明诱发他神经症的影响因素是重要的，而且对于认识他当下对待过去不幸的态度也是重要的。这些态度并不取决于发生在他身上好的或者不好的事情，而是取决于他当下的需要。比如说，如果他发展出一切都是甜美和光明的这一普遍需要，他将会把童年时光笼罩上一层金色的薄雾。如果他迫使自己的感情被束缚，他可能感到他确实爱他的父母因为他应该要爱他们。如果他在整体上拒绝对自己的生活负责，他可能会因为所遭遇的所有困境责备他的父母。伴随着这种把责任推卸给他人的态度，报复性可能会公然显现或者被压抑下去。

他可能最后走到相反的极端，并且似乎为自己承担了一个巨大而荒谬的责任。在这种情况下，他可能已经意识到恐吓与约束的早期影响所带来的全面冲击。他在意识上的态度是相当客观与貌似合理的。比如，他可能指出他的父母不得已用那样的方式对他。有时患者也会好奇自己为什么没有感到任何的怨恨。在意识中没有怨恨的其中一个原因是追溯性的"**应该**"。这一点激起了我们的兴趣。尽管他意识到发生在他身上的悲惨遭遇足够击垮任何一个人，但是**他**应该从中走出来而不受伤害。他应该具备内在的力量和坚忍，不被这些因素影响。所以，既然这些因素影响到了他，这说明他从一开始就是差劲的。换句话说，在一定程度上他是实事求是的。他会说："当然，这是个伪善而残忍的污水坑。"但是这时他的视线会变模糊："虽然我无助地被置于这种环境中，但是我应该从中走出来，如同一朵出淤泥而不染的百合花。"

如果他能够实事求是地为自己的生活负责，而不是这样虚构出一个责任，他的想法会不同。他会承认早期的影响可能会以一种不利的方式塑造他。并且，他能够看到不论他的困境其根源是什么，它们确实困扰到他现在和未来的生活。因为这个原因，他最好把他的能量集中起来以克服这些困难。相反，他把整个问题完全留在不切实际和徒劳的层面，即他要求不应该被影响。当同一位患者在之后转变他的立场，反而称赞自己没有被早期事件完全击垮时，这是治疗有进展的标志。

对童年的态度不是——追溯性的"应该"以虚假的伪装责任和继而徒劳的结果共同起作用的——唯一的领域。一个人会坚持他应该通过坦率的批评帮助他的朋友；另一个人会坚持他应该抚养他的孩子避免成为神经症。很自然，我们都会遗憾没有做到这方面或那方面。但是我们可以检视我们失败的原因，并且从中汲取教训。我们也必须认识到，鉴于在"失败"的那个时期存在神经症困难，我们可能实际上已经尽了最大的努力。但是，对神经症患者而言，已经尽了最大的努力并不足够。他应该用某些不可思议的方式做得更好。

同样地，被专制的"应该"所困扰的人，让他认识到目前的任何缺陷都是无法忍受的。不论是什么困难，它都必须被快速地去除。如何实现这种去除，是因人而异的。一个人越是生活在想象力中，他越有可能简单、神奇地就把问题消除了。因此，一位患者发现她自身有追求王权背后的权力的巨大驱力，并且看到了这一驱力如何在她的生活中起作用，然而隔一天她就确信这股驱力现在已经完全是过去的事了。她不应该被权力缠身，所以她不再那样。在这种"改善"频繁发生之后，我们意识到追求实际的控制与实际的影响力只是她想象力拥有"魔力"的一种表现。

另外一些人试图完全凭借意志力消除他们意识到的困难。在这一方面，人们可能会采取所有非凡的手段。比如说，我想到两个小女孩，她们认为自己应该永远不害怕任何东西。其中一个孩子害怕盗贼，她逼迫自己睡在一个空房子里直到她的恐惧消失。另一个孩子害怕在不清澈的水中游泳，因为她觉得可能会被蛇或者鱼咬伤。她逼迫自己游泳穿越一个鲨鱼出没的海湾。这两个女孩都以这样的方式击垮她们的恐惧。于是，这两件事似乎对认为精神分析是新奇的无稽之谈的人来说是可利用的证据。难道这些例子不是在显示最需要做的就是让人振作起来吗？但是实际上，对盗贼或者蛇的恐惧只是最明显的表现，它来自一种普遍的、隐藏更深的恐惧。靠接受这种特殊"挑战"的方式仍然无法触及普遍性焦虑的暗流。通过处理一个症状而不触及真正的病因，这只会将其掩盖，使其隐藏得更深。

在精神分析中，我们能够观察到患者一旦觉察到自己的缺点，意志力的发动机是如何以确定的形式立即被开启。他们下决心并且尝试保持收支平衡，尝试与人交际，尝试变得更自信或者更宽容。如果他们表现出同等的兴趣去了解自身困扰的含义和根源，这就是好的。不幸的是，这种兴趣是缺乏的。正是这第一步——看到这一特定困扰的整体程度，就会违背他们惯常的想法。的确，这与他们极度渴望让困扰消失是完全相反的。而且，由于他们应该强大到通过意识上的控制来战胜困扰，所以仔细地疏解困扰的过程就等于承认了他们的软弱和失败。当然，这些人为的努力势必迟早会失效，那时最好的情况是他们的困难稍微被控制住。可以肯定的是，它被隐藏在潜意识中，并且以更多伪装的形式持续起作用。精神分析师当然不应该鼓励这种努力，而应该对它们进行分析。

大多数神经症困扰会抗拒控制它们的努力，甚至最顽强的努力也会被抵御。有意识的努力对于克服抑郁症，克服对工作根深蒂固的抑制，或者克服沉溺于白日梦完全是徒劳的。人们会认为，这一点对任何在精神分析过程中了解一些心理学知识的人都是清楚的。但是，他们清晰的想法并没有看穿"我应该能够控制它"。结果是他在抑郁症等处境中，遭受更强烈的痛苦，因为除了无论如何都存在的痛苦之外，它变成了一个他失去全知全能的可见信号。有时候精神分析师能够捕捉到这个过程的最初，并且把它消灭在萌芽中。因此，例如一位揭开她白日梦程度的患者，当详细地呈现她的白日梦是如何渗透在大部分的活动中，她开始意识到白日梦的伤害——至少在某种程度上理解了它如何消耗自己的能量。下一次治疗时，她会有一点内疚和抱歉，因为白日梦没有消除。了解了她对自己的要求，我给出了我的意见，人为地去阻止它们既不可能也不明智，因为我们能够确定它们满足了她生活中一些重要的功能——我们不得不逐渐地理解这一点。她感到非常解脱，并且此时告诉我她已经决定不再做白日梦了。但是因为她还没能做到，她认为我会厌恶她。她对自己的期待被投射到了我这里。

在精神分析过程中出现的许多沮丧、易怒情绪，或者恐惧的反应较少是因为患者发现了自己的困扰（由于分析师倾向于这样假设），而是来自他感到无法立即去除这些困扰的无能感。

因此，虽然内在指令对于维持理想化形象比其他方法更激进一些，但是像其他方法一样，它们的目的不是真正的改变，而是立刻达到绝对的完美。它们目的是让不完美消失，或者让其看起来**如同**达到了特定的完美。就像在上一个例子中内在的要求被外化，这一点会变得特别清楚。那么，这个人实际上是什么样的，甚至他遭遇了什么痛苦，都变得不重要。只有那些能被他人看到的，比如在社交场合手抖、脸红、尴尬，才会让人产生强烈的担忧。

所以，这些"应该"**缺乏真实理想目标的道德严肃性**。比如说，被"应该"掌控的人们，不是朝着接近更大程度的诚实而努力奋斗，而是被驱使达到绝对的诚实——它总是即将来临（永远实现不了），或者在想象中获得。

他们充其量实现行为主义上的完美，比如赛珍珠在《庭院里的女人》中描绘的吴太太的特征。她是一个所做、所感、所思似乎总是正确的女人形象。不必说，这种人表面的形象是最具有欺骗性的。当他们貌似出乎意料地出现街道恐怖症或者功能性心脏病，他们自己都会不知所措。他们会问，怎么可能呢。他们一直都是完美地经营着生活；是班级里的领袖；是组织者；是模范婚姻伴侣或者模范父母。最终，一个无法用通常的方式去处理的状况必然会发生。并且，没有任何其他方式能够应对它，他们的平衡被打破了。当精神分析师开始了解他们以及他们承受的巨大紧张时，会相当吃惊——如果他们没有遭到严重的困扰，他们会一直持续这样的方式生活。

我们越多了解"应该"的本质，我们越会清楚地看到它们和真正道德标准或者理想之间的不同，这种差异不在于数量上而在于质量上。这是弗洛伊德最严重的错误之一（他把内在指令的一些特征表述为超我），他认为内在指令构成了一般的道德规范。首先，内心指令与道德问题之间的联系不是太密切。确实，道德完美的要求在"应该"中占据一个显著的位置，理由很简单，道德问题在我们的生活中都是重要的。但是，我们不能把这些特定的"应该"和其余的分开，就像被潜意识的傲慢所决定的坚持，比如"我应该能够避开周日下午的堵车"，或者"我不用付出辛苦的培训和练习，就应该能够画画。"我们还必须记住许多显而易见的要求，它们甚至缺乏道德的伪装，其中"我应该能够侥幸躲过任何惩罚"，"我应该总是胜过别人"，以及"我应该总能够报复别人"。只有聚焦于全貌，我们才能够对于道德完美的要求有一个正确的看法。就像其他的"应该"，它们渗透着傲慢的精神，目的在增强神经症的荣誉以及把自己神化。从这个意义上讲，它们是正常道德追求的神经症的伪造品。当补充上所有这些，潜意识中参与的欺骗必然让瑕疵消失，人们认为这是不道德的现象，而非道德的现象。为了让患者最终能够从虚构的世界转向真正理想的发展道路，弄清楚这些差异是必要的。

这些"应该"有更深层的性质，它区别了"应该"和真正的标准。这在之前的论述中曾经暗示过，但是由于它自身极其重要，以至于要单独而明确地来阐述。那就是它们的**强制性特点**。理想对我们的生活也有强制的力量。比如，如果我们认为履行责任是**其中的**信念，我们会尽全力去做，即便它可能很难。履行这些责任是我们自己最终想要做的，或者我们认为是正确的事。这是我们自己的意愿、判断和决定。因为我们和自己是一致的，因此这种努力给予我们自由和力量。相反，遵守这些"应该"，就像"自愿"的贡献或者在独裁制度中的欢呼，几乎是同样的毫无自由。在这两个例子中，如果我们没有达到期待，很快就会受到惩罚。就内在指令而言，这意味着对于未被满足而产生的强烈的情感反应——这些反应贯穿了焦虑、绝望、自我谴责和自我毁灭的冲动的整个范围。对局外人来说，这些反应看起来和刺激完全不成比例。但是从刺激对当事人的意义来说，刺激与反应完全成比例。

让我再举另一个内在指令强制性特点的例子。在一个女人不可违抗的"应该"中，其中之一是她要预见所有的偶然事件。她非常骄傲于她有预测的天赋，以及通过她的先知和谨慎来保护她的家人远离危险。有一次她做出精心的计划去说服她的儿子接受精神分析。但是，她没有考虑到她儿子的一个反精神分析的朋友会带来的影响。当她意识到之前没有把这位朋友列入考虑之中，她产生了一个躯体上的震惊反应，感觉像是她踩的地面塌陷了。实际上，更令人怀疑的是这位朋友是否像她以为的那样具备影响力，以及是否她能够在任何情况下找他提供帮助。震惊和崩溃的反应完全由于她突然意识到她**应该**想到他。同样地，一位女士是个出色的驾驶员，她轻微地撞到了她前方的车而被警察叫住。虽然事故很小，并且只要她认为自己是正确的，她就不用害怕警察，但是她会产生突然的不真实感。

焦虑的反应常常避开了人们的注意，因为对焦虑的习惯性防御会即刻被开启。于是，一个认为自己应该像圣人般对待朋友的男人，当他意识到他本该提供帮助的时候，却严苛地对待了一位朋友，他开始严重酗酒。另一个例子，一位认为自己应该一直是令人愉快的、讨人喜欢的女士，由于没有邀请另一个朋友去参见聚会，而被她的一位朋友稍许批评了。她感到一阵袭来的焦虑，片刻间身体近乎晕倒，对于这种状况的反应增加了她的情感需要——这是她制约焦虑的方式。一个男人在未被满足的"应该"的逼迫下，发展出强烈的和女人发生性关系的欲望。对他来说，性行为是让他感到被需要以及重新建立被瓦解的自尊的一种手段。

鉴于这样的惩罚，怪不得这些"应该"有强制性的力量。一个人只要按照他的内在指令生活，他的生活和工作可能相当顺利。但是，如果他卡在两个矛盾的"应该"之间，他可能就被抛置到问题中。比如说，一个男人认为他应该是理想的医生，并且要把他所有的时间都给他的病人。但是他也应该是个理想丈夫，要把尽可能多的时间给需要的妻子，让她快乐。当他意识到他不能够两边都做到时，轻微的焦虑产生了。焦虑仍然是轻度的，因为他立即试图快刀斩乱麻地解决这个棘手的问题：他决定定居到乡下。这意味着他放弃了进一步深造的可能，因此危及到他整个的职业前途。

通过精神分析，这个两难处境最终被满意地解决。但是，它显示出冲突的内在指令可以产生多大的绝望。一个女人因为无法同时成为理想的母亲和理想的妻子，她几乎要崩溃掉。而成为理想的妻子对她意味着要一直忍耐着一位酗酒的丈夫。

很自然，要在这种相互矛盾的"应该"之间做出理性的决定，如果不是完全不可能，那也是困难的。因为相互对立的两个要求具有同等的强制性。一位患者因为不能决定是否应该和妻子一起去度假还是留在办公室工作，他好几个晚上睡不着觉。他应该满足妻子的期待还是雇主的期待？关于**他自己最想要**什么的问题根本没有进入他的头脑。并且，在"应该"的基础上，这件事完全不能被决定。

一个人永远意识不到内心暴政的本质的全部影响。但是，**在对待这种暴政的态度和体验它们的方式上是存在很大的个体差异**。它们的范围在顺从和反抗的两极之间。虽然这些不同态度的元素都会作用在我们身上，但是通常其中的一个或者另一个会占据上风。为了预测之后的差异，对待内在指令的态度和体验它们的方式主要取决于个体生活中最有吸引力的方面：掌控，爱，还是自由。因为这些不同在之后会讨论[1]，在这里我只简要地指出它们对于"应该"和"禁忌"是如何起作用的。

对于扩张类型——认为掌控生活是关键的人来说，他往往有意识地或者潜意识地认同他的内在指令，并且为他的标准感到骄傲。他不会质疑它们的正当性，而且尽力用一种或另一种方式实现它们。他可能试图在他实际的行为上与它们一致。他应该是所有人的一切；他应该比其他任何人都更了解一切；他应该永远不犯错误；他应该在他尝试的所有事上永远不失败——总的来说，不论他特殊的"应该"是什么，都要实现它。并且在他的头脑中，他确实符合他至高无上的标准。他的傲慢可能严重到甚至不考虑失败的可能性，如果失败发生了，就抛开它而已。他武断的正确性如此僵化，以至于在他的头脑中他根本永远不会犯错。

他越是沉浸在他的想象力中，他越是不需要付出实际的努力。那么，不论他如何被恐惧困扰或是他实际上有多么不诚实，在他的头脑中，他是极度无畏或诚实的，这就足够了。对他而言，"我应该"和"我是"两者的边界线是模糊的——在这一点上，很可能我们每个人都不太明确。德国诗人克里斯蒂安·摩根斯坦在他的一首诗中简要地表达过这一点。一位男子在被卡车撞倒后，腿断了躺在医院。他了解到在交通事故发生的那条特殊的街道，卡车是不允许驾驶的。所以，他做出了一个结论，这整个经历只是一场梦。因为他的观点"锋利如刀"，他总结为不应该发生的事就不会发生。一个人的想象力越是超过他的理性，两者之间的分界线就越容易消失，他**是**模范丈夫、模范父亲、模范公民，不论他应该是什么，他都是。

对于自谦类型——认为爱似乎可以解决所有问题的人来说，同样感到他的"应该"构成了不被质疑的法则。但是，当他急切地试图使自己符合他的"应该"时，他感到大部分时候是遗憾的，他未能履行它们。在他的意识经验中，

---

[1] 参见第八章、第九章、第十章、第十一章。

因此最重要的元素是自我批评，一种因为**没有**成为至高无上的人而产生的负罪感。

当引向极端，这两种关于内在指令的态度会让个体很难进行自我分析。朝向自以为是的极端可能会阻止他看见自己身上的错误。朝向另一个太容易产生负罪感的极端，会导致对自身缺点的洞察所带来的破坏性而非解放效果的危险。

最后，对于放弃类型——认为"自由"的概念比任何其他事物更具有吸引力的人来说，是这三种类型之中最趋近于反抗内在暴政的。因为自由——或者是他解读的自由——对他特殊的重要性，他对于任何强制都高度敏感。他可能用某种消极的方式反抗。然后，他认为应该做的每一件事，不论是一项工作、读一本书或者和妻子建立性关系，在他的头脑中都会转变成一种强制，引起他意识上和潜意识的愤怒，造成的结果是使他无精打采。如果要做的事情竟然都做到了，那一定是在内心抗拒的紧张状态下做到的。

他可能用更积极的方式反抗他的"应该"。他可能试图抛掉所有这些"应该"，而有时又到达相反的极端——坚持在他高兴的时候只做他喜欢做的事。反抗可能采取暴力的形式，然后常常是一种绝望的反抗。如果他不能做到极致的虔诚、贞洁、诚挚，那么他就要彻底得"坏"，滥交、说谎、侮辱他人。

有时，一个通常顺从这些"应该"的人，可能经历一个反抗的阶段。那个时候反抗常常是针对外部的限制。美国作家约翰·菲利普斯·马宽德用一种巧妙的方式描述过这种暂时的反抗。他向我们显示了，由于限制性的外部标准在内在指令中存在强有力的盟友，这些反抗有多么容易被镇压。于是，这个人后来变得迟钝而又无精打采。

最后，其他人可能交替经历这两个阶段——自我谴责的"善良"阶段和极度反抗任何标准的阶段。在善于观察的朋友看来，这种人可能显示出一个未解的难题。有时候他们在性或者财务的事情上不负责任得令人讨厌，在另一些时候他们显示出高度发展的道德敏感性。所以，一位刚刚因为他们的礼仪感而绝望的朋友，会因为他们毕竟还算是好人而得到释怀，不料很快又会再一次陷入怀疑。在其他人身上，可能在"我应该"和"不，我不要"之间存在一个持续的穿梭。"我应该还债。不，我为什么要还？""我应该节食。不，我不要。"这些人常常给人自发性的印象，并且常常把对于"应该"相互矛盾的态度误认为是"自由"。

不论占优势的态度是什么，大量的过程总是被外化了。它被体验为发生在自己和他人之间。在这一方面的变化形式与被外化的特定方面和外化的方式有关。大致上，一个人可能主要地把自己的标准强加于他人，以及对于**他们的完美形象**提出没完没了的要求。他越是觉得自己是一切的衡量标准，他越会坚持——不是对于整体上的完美，而是要和他特定的标准相一致。别人没有做到的话，会激起他的蔑视或愤怒。更加不合理的是，他在任何时刻和所有情况下，由于没有做到应该成为的样子而对自己恼火，继而转向外界。于是，比如说，当他不是完美的爱人，或者当他说谎被发现时，他可能把愤怒转向给使他失败的人，并且提出理由反对他们。

再者，他可能主要体验到他对自己的期待来自别人。而且，不论他人是否确实对他有期待，或者只是他以为别人对他有期待，这些期待都变成了要被满足的要求。在精神分析中，他认为精神分析师从他这里期待不可能的事。他把自己的感受归结为分析师的感受，包括他的治疗应该总是有收获的；他应该总是有汇报的梦；他应该总是谈论他认为分析师想要他谈论的内容；他应该总是感激分析师的帮助，并且通过变得越来越好来证明。

如果他以这种方式相信别人在期待或者要求他做一些事情，同样，他可能用两种不同的方式回应。他可能尝试预测或者猜想他们的期待是什么，并且渴望符合他们的期待。在这种情况下，他通常也会预测到如果他没有做到，他们会立即谴责他或者放弃他。如果他高度敏感于强制，他会认为他们在强加于他、干涉他的事务、给他施压或者强迫他。那么，他会很介意，甚至公开地反抗他们。他可能因为自己被期待送圣诞节礼物，所以反对送圣诞节礼物。他会在到达办公室或者赴约任何活动时都比预定时间迟到一小会儿。他会忘记纪念日、信件，或者任何被要求的帮助。他可能只是因为妈妈要求他拜访亲戚，他便忘记了去，虽然他喜欢这些亲戚并且想去探望他们。他对于任何别人对他的请求会过度反应。之后他不再害怕来自他人的批评，取而代之的是他会感到愤怒。他强烈与不公正的自我批评也被顽固地外化了。于是，他感到别人对他不公正的评价或者别人总是怀疑他有不可告人的动机。另外，如果他的反抗有更强的攻击性，他会炫耀他的反抗行为并且认为自己丝毫不在乎别人怎么想他。

对于别人提出要求的过度反应是一个认识内在要求的好途径。那些引起我们注意的过度反应，可能对自我分析会格外有帮助。而且，接下来这个局部自我分析的例证可能对于呈现我们在自我观察中做出的某些错误结论也有帮助。它关于我偶尔会见到的一位忙碌的行政官员。他在电话中被问询是否能去码头接一位来自欧洲的难民作家。他一直以来都欣赏这位作家，并且在他访问欧洲时在社交场合见过这位作家。因为他的时间被会议和其他工作沾满，实际上答应这个请求是不可行的，尤其因为可能要在码头上等候几个小时。当之后他意识到这些，他原本可以有两种合理的方式来回应。他可以说他再想一想，看看他是否能去。或者，他可以带着遗憾地拒绝，并且问一问是否还有其他可以为这位作家做的事情。但是相反，他的反应是即刻间愤怒，并且不客气地说他太忙，绝对不会去码头接任何人。

这件事过去不久他就后悔他做出的反应，并且之后竭尽全力想查找这位作家的住处，以便如果作家需要，他可以提供帮助。他不只是后悔这件事，而且他感到困惑。难道这位作家没有他原本以为的那么重要吗？他认为他确定这位作家是重要的。难道他没有自己认为得那么友好和乐于助人吗？如果是这样，那么他愤怒是因为他陷入难堪——被要求证明他的友善和乐于助人吗？

他这是在一个好的思路上。仅仅是他能够质疑自己慷慨的真实性，这对他而言就是迈出了一大步。因为，在他的理想化形象中，他是人类的恩惠者。但是在这个关键时刻，他没办法消化掉这些疑问。他拒绝了这样的可能性，因为他回忆起事后他渴望提供和给予帮助。但是虽然他关闭了大脑中的一条路径，突然间他发现了另一个线索。每当他**提供**帮助时，主动性是来自他本人，但这是第一次他被**要求**去做一些事情。于是，他意识到他认为这个请求是不公正的过分要求。假设他了解到这位作家将要抵达这里，他一定会自己考虑去船上迎接他的可能。现在他想到许多类似的事件，当他被请求提供帮助时，他的反应都是烦躁的，并且他意识到他显然对于许多实际上只是请求或建议的事情，会认为是过分或被强迫的要求。他也想到了他对于不同的意见或批评的易怒情绪。他做出的结论是，他是一个小霸王，并且想要控制别人。我在这里提到这一点，因为这种反应会容易被误解是控制的倾向。他自己看到了自身对于胁迫和批评的高度敏感。他不能忍受被强迫是因为他不管怎样都感到被束缚。并且，他不能忍受批评是因为他是自己最糟糕的批评者。在这种情况下，我们也可以拾起当他质疑自己友善时所抛弃的那条思路。在很大的程度上，他乐于助人是因为他**应该**乐于助人，而不是他对于人类抽象的爱。他对于具体不同的人的态度要比他以为的有分别得多。因此，任何请求都会使他陷入内在的冲突：他应该答应这个请求，应该非常慷慨，同时他不应该允许任何人逼迫他。易怒情绪是他感到陷入两难境地的表达，这个两难境地在那一刻是没办法解决的。

这些"应该"对一个人人格和生活的**影响**，在某种程度上是根据这个人对它们的反应方式或体验它们的方式而有所不同。但是某些影响是不可避免并且有规律地出现，虽然程度上或大或小。这些"应该"总是产生一种压力感，这种压力感越大，这个人越会试图在他的行为中实现他的"应该"。他可能感到自己总是足尖站立，而且可能被长期的疲惫不堪所折磨。或者他可能模糊地感到被约束，感觉紧张或者被裹挟。如果他的"应该"与文化对他期待的态度相吻合，他可能仅仅感到几乎不被察觉的压力。可是，感觉也可能足够强烈到促使一个积极的人产生不参与活动和不履行义务的渴望。

另外，因为这些"应该"被外化了，它们总是引发一种或者另一种**人际关系上的困扰**。在这方面最普遍的困扰是对于批评的高度敏感。他对自己是冷酷无情的，所以他不能忍受来自他人的任何批评——不论是实际的或者仅仅是他预测的，不论是友善的还是不友善的——它们都如同他对自己的谴责。当我们意识到由于他落后于自我强加的标准，因而有多憎恨自己时，我们会更好地理解这种敏感性的强烈程度。[1]在其他情况下，人际关系上的各种困扰取决于普遍被外化的方面。它们可能使他过于批判和苛责他人，或者过于忧虑，过于挑衅，过于顺从。

最重要的是，这些"应该"进一步使情感、愿望、想法和信念的**自发性受到损害**，即感知和表达他们自己的情感、愿望、想法和信念的能力。那么，这个人最好能"自发的强迫"（引用一位患者的话），以及"自由"地表达他**应该**感受的、愿望的、思考的或者相信的东西。我们习惯于认为我们不能控制情感，只能控制行为。在与他人打交道的时候，我们可以强迫他们干活，但是我们不能强迫任何人热爱他的工作。正是如此，我们习惯于认为我们可以迫使自己表现地好像我们没有怀疑，但是我们不能迫使自己感受到信心。这一点基本上是真实的。而且，如果我们需要一个新的证据，精神分析能够提供它。但是如果这些"应该"发出有关情感的命令，想象力挥动它的魔杖，我们**应该**感到的与我们**实际**感到的分界线消失了。那么，我们意识上相信或感到的就像我们应该相信或感到的一样。

当虚假情感的虚假的确定性在精神分析中被动摇时，那时患者会经历一段令人困惑的不确定时期，这个阶段是痛苦的但是具有建设性。比如说，一位患者相信她喜欢每一个人是因为她应该这么做，她可能会问："我真的喜欢我的丈夫、我的学生、我的病人吗？或者我真的喜欢任何人吗？"在那一刻，这些问题是无法回答的。因为只有现在，一直阻碍着积极情感自由流动并且还被"应该"所掩盖的一切恐惧、怀疑和憎恨才得以处理。我称这个时期具有建设性，因为它代表着追求真实的开始。

自发性的愿望能够被内在指令击碎的程度是令人吃惊的。引用一位患者在她发现她暴政的"应该"之后写在信里的话：

---

[1] 参见第五章的"自我憎恨与自我蔑视"。

我看到我完全不能**渴望**任何事情，甚至死都不行！当然更没有"生"。一直以来，我认为我的问题只是我不能够去**做**事情；不能去放弃我的梦想；不能整理我自己的事务；不能接受或者控制我的易怒情绪；不能让我自己更具人情味，不论全凭意志力、耐心或者痛苦，都无法做到。

现在，我第一次看到——我简直不能够**感受**任何东西。（是的，由于我出了名的超级敏感！）我了解我有多么痛苦——在过去的六年里一次又一次，我的每一个毛孔都被向内的愤怒、自怜、自我蔑视和绝望塞满！然而，我现在看见——所有这些都是消极的、被动的、强迫性的，一切都是被不存在之物强加的，在我的内心，完全不存在属于我自己的东西。[1]

在那些理想化形象是善良、爱和圣洁的人们身上，被创造的虚假情感是最显著的。他们应该是体贴的、充满感激的、富有同情心的、慷慨的、充满爱的，所以他们在自己的头脑中**拥有**所有这些品质。他们的谈话和举止**就如同**他们真的那般善良和充满爱心。并且，因为他们自己对此深信不疑，他们甚至能够短暂地让别人也确信如此。但是，这些虚假的情感当然没有深度也没有持久的力量。它们可能在有利的情况下表现得相当一致，那时它们自然不会被质疑。《庭院里的女人》中的吴太太只有当她的家庭出现问题，并且遇到一位对自己的情感生活坦率且诚实的男人时，她才开始质疑自己情感的真实性。

这种定制化情感的肤浅性经常以另外一些方式表现出来。它们可能轻易地就消失了。当自负或者虚荣受到伤害，爱容易为冷漠、愤怒和蔑视让路。在这些例子中，人们通常不会问他们自己："这是怎么发生的，我的情感和看法怎么会如此轻易地发生变化？"他们只是感到这是另一个人使他们对人性的信任失望了，或者他们从来没有"真的"相信过这个人。这一切并非意味着他们没有拥有强烈而鲜活情感的潜在才能，但是表现在意识层面的时常是带有极少真实性的巨大伪装。从长远看，他们给人某种缺乏实质、难以捉摸的印象，或者用一句恰当的俚语——他们是两面三刀的欺骗者。对他们而言，一阵爆发式的愤怒往往是唯一真实的合理情感。

在另一个极端，麻木和无情的感受也可能被放大。在一些神经症患者身上，对温柔、同情心和信心的禁忌与在另一些神经症患者身上对敌意和报复的禁忌是一样的强烈。这些人认为他们应该能够在没有任何亲近的私人关系的情况下生活，所以他们认为自己不需要亲近的关系。他们不应该享受任何事情，

---

[1] 摘自"寻找真实的自我"，《美国精神分析杂志》，1949年，一封由卡伦·霍妮撰写前言的书信。

所以他们相信自己不在意这些。然后，他们的情感生活与其说被扭曲，不如说是完全的贫瘠。

自然地，由内在的命令所形成的对情感的描述并不总是简化为极端的这两类。发出的指令可能是相互矛盾的。你应该极为富有同情心，以至于你不会躲避任何牺牲，但是你也应该是极为冷血的，以至于你可以实施任何报复行动。结果，这个人有时候相信自己是麻木的，另一些时候相信自己是极为仁慈的。在其他人身上，这样的情感和愿望被制约，随之而来的是一种普遍的情感死亡。比如说，可能有一种禁忌是阻止自己渴望任何事物，这个禁忌盖住了所有活跃的愿望而且产生了一种为自己做任何事情的普遍性限制。然后，部分是因为这些限制，他们发展了普遍性的要求，原因是他们认为有权利不费力气地拥有生活的一切。那时，当这种要求遭受挫折而产生了愤怒情绪，愤怒可能会被内在指令抑制——他们应该忍受生活。

相比较普遍性的"应该"对其他方面的伤害，我们较少意识到它们对于我们的情感造成的伤害。然而实际上，这是我们把自己塑造成完美之身而付出的最沉重的代价。情感是我们最活跃的部分，如果情感被置于独裁的统治下，我们的基本存在就会产生一种深刻的不确定感，这种不确定感必然会对我们与内在和外在的一切事物的关系产生不利的影响。

我们不会高估了内在指令所带来的影响**强度**。实现理想化自我的驱动力在个体身上越显著，那些"应该"就越发变成唯一的动力推动他、驱使他、鞭策他做出行动。一位仍旧离真实自我保持疏远的患者，当他发现他的"应该"中的一些约束性影响，他可能完全无法考虑放弃它们，因为没有了它们，他感觉自己不会也不能够做任何事。有时他可能用信念来表达这个问题，那就是除了用武力逼迫，一个人不可能让别人做"正确"的事，这是他内在经验的外化表现。那么，这些"应该"为患者获得了主观价值，只有当患者体会到自身其他自发性力量的存在时，才能够摒弃掉这种主观价值。

当我们意识到这些"应该"具备强大的强制性力量时，我们必然提出一个问题，答案我们会在第五章讨论：当一个人意识到他不能履行他的内在指令，这会对他有什么影响？简单地猜想一下答案：那时，他开始憎恨以及鄙视自己。事实上，我们不能够理解这些"应该"的全部影响，除非我们看到它们和自我憎恨交织在一起的程度。这是惩罚性自我憎恨的威胁，它隐藏在后面，它使这些"应该"真正地成为了恐怖的统治方式。

第四章　神经症的自负

　　尽管神经症患者付出艰辛的努力追求完美，尽管他追求完美的信念实现了，他并没有得到他最为迫切的需要：自信和自我尊重。即使在他的想象中他是如同神一样的存在，他仍然缺乏简单的牧人所拥有的朴实的自信。他可能达到的伟大地位、他可能获得的名气，这都使他变得傲慢，而又不会带给他内在的安全感。他的骨子里仍然感到不被需要，感到容易受伤，并且需要持续不断地确认他的价值。只有他行使着权力和影响力，以及得到赞赏和尊重的支持，他才可能感到强大和重要。但是当在陌生环境中，这些支持不存在的时候；当他遭受失败的时候；当他独自一人的时候，所有这些得意的感受很容易被瓦解。他的"天国"没有经得起外界的各种姿态。

　　让我们描述一下在神经症的发展进程中，自信都遭遇了什么。显然，要发展自信心，孩子需要来自外界的帮助。他需要温暖、受欢迎、照顾、保护、信任的氛围、在活动中受到鼓励、有建设性的纪律。当这些因素被给予，他会发展出"基本的信心"（basic confidence），这是借用玛丽·瑞西使用的一个恰当的术语，它同时包括对他人和对自己的信心。

　　相反，有害的影响组合在一起会阻碍孩子的健康成长。我们在第一章中已经讨论过这些因素以及它们的整体影响。在这里，我想要补充一些其他的原因，这些原因使得个体特别地难于做出正确的自我评价。盲目的钟爱可能会提升他的重要感。他可能感到被渴望、被喜欢和被赏识的原因并不是因为他本身，而仅仅是他满足了父母对于崇拜、声望或者权力的需要。当没有履行这些要求时，一套严格的完美主义的管理标准会唤起他的自卑感。在学校中品行不端或者低分数可能会遭到严厉的斥责，然而好的行为或者好分数就是理所应当。趋向于自主或者独立的举动可能被嘲笑。除了总体上缺乏真实的温暖和兴趣，所有这些因素带给他不被爱和没有价值的感受，或者至少他感到自己什么都不值得，除非他成为自己不是的那个人。

　　另外，被早期不利的集群因素开启的神经症的发展，削弱他的核心存在。他变得和自己疏远并且分裂。他的自我理想化通过在头脑中把自己抬高到超越实际现实中的自己和他人，企图弥补造成的伤害。并且，就像在魔鬼契约的故事中，他得到了来自想象、偶尔来自现实的所有荣誉。但是，他并非得到实实在在的自信，而是一个"闪光的礼物"，它充满了最令人质疑的价值：神经症的自负。自信和自负，这两者的感受和表现都如此相像，以至于大部分人对它们的差异产生困惑是可以理解的。比如说，在旧版的韦伯斯特字典中，自负的定义是自尊——基于真实或者想象的价值。真实和想象的价值之间是有区别的，但是它们都被称为"自尊"，就好像这个区别并没有很重要。

这种困惑也来自一个事实：大部分的患者把自信看作是一种神秘的品质，它不知道来自哪里，但是是他们最渴望拥有的东西。那么，他们期待精神分析师用这样或那样的方式将自信注入他们之中，这是符合逻辑的。这总会让我想到一个动画片，一只兔子和一只老鼠打了一针"勇敢"，然后他们的体格比原先变大了五倍，它们变得大胆并且充满了不屈服的战斗精神。患者并不知道——确实也是极为不想意识到的是——在现有的个人优点与自信感受之间存在严格的因果关系。这种关系就像一个人的财务状况取决于他的财产、他的存款或者他挣钱的能力一样的明确。如果这些因素是令人满意的，一个人会拥有经济上的安全感。或者，举另外一个例子，一个渔夫的信心来自这些具体的因素，比如他的船完好无损、他的渔网被修补好、他对天气和水势条件的具备知识以及他的肌肉力量。

我们认为的个人优点在某种程度上随着我们生活的环境而变化。对于西方文明来说，它们包括这样的品质或者特性：有自主的信念并对它们付诸行动；源于所挖掘的自身资源而拥有的自立；为自己承担责任；实事求是地评价自己的优点、缺点和局限；拥有情感的力量和直率；有建立和培养好的人际关系的才能。这些因素的良好运行会显示出主观上的自信感。在某种程度上，当它们受损，自信心都会被动摇。

健康的自尊同样是基于实质的特性。它可能是对特殊成就正当的高度尊重，比如为道义上的英勇行为或者一份出色的工作感到骄傲。或者它可能是一种更全面的自我价值感，一种平静的尊严感。

当考虑到神经症的自负对伤害的极度敏感性，我们会倾向认为它是健康自尊的过度发展的结果。但是，就如我们之前经常发现的真相，它们本质的差异不在于数量而在于质量。相比之下，神经症的自负并非实质性的，它基于完全不同的因素，所有这些因素都属于那个被美化的自我，或者支撑着被美化的自我。它们可能是外部的资产，比如声望价值，或者它们可能包括个人妄称自己所拥有的品质和才能。

在各种神经症的自负中，对声望价值的自负看起来是最为正常的。在我们的文明中，拥有这些会骄傲是正常的反应，比如有一个具备吸引力的女朋友；出身于受尊敬的家庭；是土生土长的美国南部的人、或者美国新英格兰人；归属于一个政治或者专业团体，享受它的声望；与重要的人结交；出名；有好车或者好住处。

这种自负在神经症患者中是不具有典型性的。对许多有严重神经症困难的患者，这些事情对他们的意义都要小过其对健康人的意义。对许多其他神经症患者，它们的意义明显更小，如果确实还存在影响的话。但是，有一些患者会在这些声望价值上对神经症的自负有一笔巨大的投资，对这些患者而言，它们是极其关键的，以至于他们的生活就围绕这些运转，并且常常在为它们的服务中消耗了其最宝贵的能量。对于这些人来说，参与能带来声望的团体，加入著名的组织是绝对必要的。当然，所有这些忙碌的活动被真实的兴趣或者想要成功的正当愿望合理化了。任何增加声望的事情，都可能激发真实的兴奋。这个团体任何一次提升个人声望的失败，或者这个团体自身声望的任何减损，都会引发所有伤害自负的反应，我们不久就会讨论它。比如说，某个人的一位家庭成员没有"获得成功"，或者精神出了问题，这可能对他的自负是沉重的打击，但是这种打击通常会隐藏在对这一亲戚表面关心的背后。同样，许多女士在没有男士陪同的情况下，宁愿回避去餐厅或剧院，也不愿意单独前往。

所有这些看起来很像人类学家告诉我们的某些所谓的原始人的行为：原始人中的个体是，并且感受到自己是群体的一部分。于是，自负没有被赋予在个人的事情上，而是赋予在组织和群体行为中。虽然这些过程好像是相似的，但是它们本质上是不同的。最主要的区别在于神经症根本上是与群体无关的。他没有感到是其中的一部分，没有归属感，但是相反，他利用群体提高个人的声望。

虽然一个人可能被一直所想的和追求的声望消耗，虽然在他的头脑中他随着自身的声望起起伏伏，这通常并没有很明确地被看作是需要接受精神分析的神经症问题——要么因为这是一个常见的现象，要么因为它看起来是一种文化模式，要么因为精神分析师自己也没有摆脱这种病。这是一种病，而且是一种破坏性的疾病，因为它让人变得机会主义，而且用这种方式破坏了人们的完整性。它并非接近于正常的状态，反而表明了严重的困扰。的确，它只发生在那些极度疏离自我的患者身上，以至于他们的自负甚至大部分都寄托在了自己之外的事物上。

另外，神经症的自负依赖于个体在他的想象力中妄称自己有的那些特性，依赖于所有属于特定理想化形象的特性。这里，神经症自负的特殊本质能够清晰可见。神经症患者不因为实际的自己而感到骄傲。了解到他对自己错误的看法，我们就不会对他用自负抹平困难和局限而感到惊讶。但是，事情还要更进一步。通常他甚至不为自己现有的优点感到骄傲。他可能只是模模糊糊地意识到它们，他可能事实上否认它们。但是，即使他认识到它们，它们对他也毫不重要。比如说，如果精神分析师让他注意到他对于工作极大的才能；或者在他取得成就的过程中实际呈现的韧劲；或者指出尽管他处于困境中，但是他确实写下一本好书；患者可能直接或者象征性地耸耸肩，带着明显不在乎的态度，轻易地跳过这些称赞。他尤其不欣赏所有"仅仅是"努力奋斗而没有成就的事情。比如说，虽然他表现出一次又一次认真尝试接受精神分析或自我分析，但是他不愿意付出真实的努力挖掘自身问题的根源。

《培尔·金特》可能是文学作品中的一个著名的例证。主人公不重视他现有的优点：极高的智慧、冒险精神、活力。但是他为一件自己并没有的东西感到骄傲——"做自己"。事实上，在他的头脑中他并不是他自己，而是有着无限"自由"和无限权力的理想化自我。（他用他自己的格言"保持自己的真面目"，把他无限的自我中心提升到了人生哲学的尊严上。这句格言，如易卜生指出的，是"充分做自己"的美化。）

在我们的患者中有许多的培尔·金特，他们急切地想要维持着自己作为圣徒、才子、拥有绝对的沉着等诸如此类的幻想。并且，如果他们稍微改变一点点对自己的评价，他们就好像会失去自己的"个性"。想象力本身可能就有至高无上的价值，不管用它做什么，因为想象力能使人轻蔑地看待那些关心真实的单调乏味的人。患者当然不会用"真实"，而是用"现实"这样含糊的词。比如说，一位患者他的要求浮夸到期待全世界为他服务，起初他对这一要求采取了清晰的立场，认为它是荒谬的，甚至是丢脸的。但是第二天，他又恢复了他的自负：这个要求现在是一个"伟大的精神产物"。非理性要求的真正含义被掩盖了，想象力中的自负得到了胜利。

更经常地，自负不是特别地依附在想象力上，而是和所有的精神过程都有关：思维能力、理智和意志力。神经症患者归结他自身的无限力量终究都是心智力量。那么就难怪他对心智力量着迷并且引以为傲。理想化的形象是他想象力的产物。但是，这不是一晚上就创造出来的。思维能力和想象力在持续不断地工作，这些活动大部分存在于潜意识中，通过合理化、正当化、外化、调和不相容的部分来维持个体虚构的世界。这个过程简单说，就是通过找到各种方式，让事情看起来不同于它本来的样子。一个人越疏离他的自我，他的思想就越会变成至高无上的现实。（"脱离了我的想法，人就不存在；脱离了我的想法，我就不存在。"）就像经典的诗歌《夏洛特女士》中的主人公，她无法直接看到现实，而必须通过一面镜子。更为确切的是，她在镜子中看到的只是她有关这个世界和自己的**想法**。这就是为什么思维上的自负或者更确切地说是高级心智的自负，并不局限于那些致力于追求才智的人们，而是在所有的神经症患者中都经常出现的原因。

自负也会被赋予在神经症患者认为自己有权得到的才能和特权上。所以，他可能为自己虚幻的坚不可摧的形象感到骄傲，这在身体层面意味着永远不会遭遇疾病或者任何物理伤害，在精神层面意味着永远不会受伤。另一个人可能会对于好运气、作为"神的宠儿"感到骄傲。于是，在疟疾盛行的地区没有生病、在赌博中赢钱、或者在远足时有好天气，这些都是骄傲的事情。

对所有神经症患者来说，有效地坚持他的要求的确是一件值得自负的事。那些认为有权利不付出就有回报的人，如果他们能够操控别人借钱给他、替他们执行任务、给予他们免费的医护治疗，他们会感到骄傲。另一些认为有权利管控别人生活的人，如果他们保护的人没有立即听从他的建议，或者如果这个人自己主动做了一件事没有事先征询他们的建议，这会令他们感到是对自负的打击。还有一些人认为只要他们表达他们处于痛苦中，他们就有权免除痛苦。于是，如果他们能够引发别人的同情心和宽恕，他们会感到骄傲，同时如果别人仍然批评他们，他们会感到被冒犯。

由于履行了内在指令而获得的神经症自负，可能表面看起来是更加显著的，但是事实上它和其他种类的自负一样不稳固，因为它不可避免地要和伪装交织在一起。为自己是完美的母亲感到骄傲的人，通常完美只在她的想象中。一个为自己独特的诚实感到骄傲的人，可能不会说明显的谎言，但是通常会被潜意识中和半意识状态中的不诚实占据。那些为他们的无私而感到骄傲的人，可能不会公开地提出要求，但是除了会对有益的自我主见抱有禁忌，而且错误地把这种禁忌当作谦虚的美德，他们还会通过无助和痛苦强人所难。另外，这些"应该"本身可能仅仅在为神经症患者提供目标这方面具有主观的价值，但是并没有客观价值。因此，比如，神经症患者可能会因为不寻求也不接受帮助而感到骄傲，尽管去寻求和接受帮助是更明智的——对社工工作而言，不这么做会带来众所周知的麻烦。一些人可能为自己做出艰难的讨价还价而感到骄傲，另一些人从来都不去讨价还价，这些取决于他们是否必须永远在赢的一边或者永远不力图争取自己的利益。

最后，它可能仅仅是承载着自负的一套非常崇高与严格的强迫性标准。

了解"善"与"恶"这一事实让他们像神一样，就像蛇向亚当和夏娃做出的承诺。神经症患者的极高标准让他感到自己是一个值得骄傲的道德奇迹，不论他实际上是怎样和实际上做了什么。在精神分析中他可能认识到他对声望破坏性的渴求、他贫乏的真实感和他的报复性，但是所有这些没有让他更谦逊，也没有让他对自己是高尚的道德之人的感受有任何消减。对他来说，这些实际的不足都不算数。他的自负不来自他是道德的，而来自他了解他应该怎样做。即使他暂时可能会认为他的自我责备是徒劳的，甚至有时候会被别人的恶行吓到，但是他仍然不会放宽对自己的要求。毕竟，如果他受苦，那又有什么关系？难道他痛苦不是高尚道德情感的另一种证明吗？因此，维持这种自负好像是值得付出代价的。

当我们从这些普遍的观点再到个别神经症的具体情况，乍一看情形是令人困惑的。完全没有任何事是不可以承载着自负的。同一件事，一个人认为是闪闪发光的优点，另一个人认为是让人丢脸的缺陷。一个人为自己的粗鲁待人而骄傲；另一个人对任何被解释为粗鲁的事感到羞耻，并且骄傲于自己对他人的敏感。一个人为自己用招摇撞骗的能力来生活而感到骄傲，仍然会有另一个人羞耻于任何欺骗的行径。这里有一个由于相信他人而感到骄傲的人，那里就同样会有一个由于怀疑他人而感到骄傲的人，如此等等。

但是，只有在我们脱离了整个人格背景去看待特殊类型的自负时，这种差异才会令人困惑不解。只要我们从一个人整体的性格结构的角度看待每一种自负，一个有序的原则就出现了：他需要为自己感到骄傲，这个需要本身是迫切必要的，以至于他不能容忍这种想法被盲目的需要所控制。所以，他利用他的想象力将这些需要变成美德，转变成那些他能够为之骄傲的优点。但是只有那些驱动他实现理想化自我的强迫性需要经历了这个转变的过程。相反地，他往往压抑、否认、蔑视那些阻碍这种驱动力的需要。

他的这种潜意识的颠倒价值的能力是完全令人吃惊的。最好的呈现它的媒介是动画片。动画片可以最为生动地展示人们是如何被不受欢迎地个性折磨，与此同时拿起画笔，给这一性格涂抹美丽的色彩，然后对于他们的优势画像呈现出巨大的骄傲。于是，不一致就变成了无限的自由；盲目反抗现有的道德准则就变成了超越世俗的偏见；禁止为自己做任何事情变成了圣洁的无私；一个让步的需要变成了完全的善良；依赖变成了爱；剥削他人变成了精明。坚持自我中心这一要求的能力看起来如同力量，报复性如同公正，挫败他人的技能如同最智慧的武器，反感工作如同"成功地抵抗了工作这一致命的习惯"，等等。

这些潜意识的过程常常提醒我易卜生的作品《培尔·金特》中的山妖，对它们来说，"黑的看上去是白的，丑的看上去是美的，大的看上去是小的，脏的看上去是净的。"最有趣的是，易卜生用一种和我们类似的方式解释这种价值颠倒。易卜生说，只要你像培尔·金特那样生活在自给自足的梦境世界，你就不可能对自己真实。在这两者之间，没有桥梁。它们在原则上太不一样，从而无法达成任何的妥协方案。而且，如果你对自己不真实，但是过着想象中伟大的自我中心的生活，那么你也会把你的价值观当儿戏。你的价值标尺就会像山妖那样颠倒。这的确是我们在本章中所讨论的一切的要旨。一旦我们追求荣誉，我们就不再关心自我的真实性了。**各种形式的神经症自负，都是虚假的自负。**

只有那些服务于实现理想化自我的倾向承载着自负，一旦抓住了这个原则，精神分析师就要警惕地查找顽固依附在任何地方的隐藏的自负。性格中的主观价值和其中的神经症自负之间的关联好像是固定的。发现了这两个因素的其中之一，分析师就能够有把握地做出结论，很可能另外一个也在那里。有时是这一个，有时是另一个最先呈现出来。于是，在分析工作的开始，患者可能在他的愤世嫉俗中或者令别人受挫的权力中显示出自负。而且，虽然在那个时候，分析师并不理解对患者而言所呈现的因素其意义到底是什么，但他可以合理地确信，这个因素在特定的神经症中起着重要的作用。

精神分析师逐渐对每个患者身上起作用的特定类型的自负获得清晰的认识，对于治疗来说是必要的。自然地，只要患者潜意识中或者意识中为一种驱动力、一种态度或一个反应感到骄傲，他就无法把它看作要解决的问题。比如说，一位患者可能已经意识到他需要在智力上胜过他人。因为分析师考虑的是患者的真实自我的利益，所以他可能认为这是一个不证自明的问题倾向，这是需要被解决并且最终要被克服的。分析师意识到这种倾向的强迫性特征，它在人际关系中造成的困扰，以及耗费的能量，这些能量本可以用于建设性的目的。而另一方面，患者没有意识到这一点，他可能认为就是这种以智取胜的才能让他成为优秀的人，而且他会暗自为此感到骄傲。所以，精神分析师在分析工作中感兴趣的不是以智取胜的倾向，而是在患者身上干扰他以智取胜到达完美程度的因素。只要评估中的差异被掩盖，分析师和患者就会进入不同的层面并在彼此的误解中进行分析。

神经症的自负依托在这种不可靠的基础之上，像纸牌做的房子一样脆弱，一阵风就把它吹倒了。在主观经验方面，神经症的自负使人**容易受伤害**，其程度完全与个体被自负所困扰的程度一致。神经症的自负很容易受到来自内部和外部的伤害。自负受到伤害的两种典型的反应是感到羞愧和羞辱。如果我们所做、所思或者所感违背了我们的自负，我们会感到羞愧。如果其他人做出伤害我们自负的事，或者未能做到我们的自负要求他们做的事，我们会感到羞辱。在任何看起来不合时宜的或不成比例的羞愧或者羞辱的反应中，我们必须回答这两个问题：在这个特殊的情况中，是什么引发了这一反应？以及它伤害了哪一种特殊的潜在的自负？这两个问题是紧密相关的，没有任何一个问题能被快速地给出答案。比如说，精神分析师可能知道手淫会引发某个人过度的羞愧，而这个人一般来说对手淫问题的态度是理性和明智的，而且不反对他人手淫。至少在这个例子中，引发羞愧的因素似乎是清楚的。但是是这样吗？针对不同的人，手淫的意义可能是不同的，而且分析师不可能立刻就知道在手淫所涉及的诸多因素里，哪一个和引发羞愧有关。是否因为手淫和爱分离了，这个特定患者认为这是受到羞辱的性活动？是否因为手淫过程达到的满足感要大过性交，由此困扰了他只倾心于爱情的形象？它是关于伴随出现的幻想的问题吗？手淫意味着承认自己有需要吗？对一个禁欲的人而言，这是否是过多的自我放纵？这是否意味缺乏自控？只有分析师在某种程度上掌握了病人的相关因素，他才能提出第二个问题，手淫到底伤害了哪一种自负？

　　我还有另外一个例证说明有必要准确地找到引发羞愧或羞辱的因素。虽然许多的未婚女性在自己有意识的思考中，自己是不遵循传统的，但是她们对于有情人感到深深的羞愧。在这种女性的案例中，首先重要的是确定是否她的自负被某个特定的情人伤害了。如果是，那羞愧是否和对方没有足够的魅力或忠诚有关？是否和她允许情人恶劣地对待她有关？是否和她依赖这个情人有关？或者不管这个情人的社会地位和人格是怎样的，羞愧是和有情人这个事实本身有关？如果是，结婚对她来说是不是有关声望的事？是否有情人但仍然单身的境况，是她没有价值和吸引力的证明？或者是否她应该超越性欲，像贞洁的处女一般？

　　通常，同一件事情可能引发羞愧或者羞辱这两种反应之一，也就是说，是羞愧或者羞辱占据上风。一位男士被一个女孩拒绝，他可能因为这个女儿而感到羞辱，并且回击"她以为她是谁？"，或者因为他的魅力或者男子气概似乎没有绝对的吸引力而感到羞愧。讨论中发表的评论未达到预期效果，他可能因为"这些该死的傻瓜不懂我"而感到羞辱，或者因为他自己的笨拙而感到羞愧。有人占他的便宜，他可能因为这个剥削者而感到羞辱，或者因为没有维护住自己的利益而感到羞愧。一个人的孩子不聪明或者不受欢迎，他可能因为这个事实而感到羞辱，并且把气出在孩子身上，或者他可能感到羞愧，因为在这方面或那方面他辜负了孩子。

这些观察指向了重新定向我们思维的必要性。我们倾向于过度强调实际情况，并且倾向于认为它决定了我们的反应。比如说，如果一个人在说谎时被揭穿，我们倾向于认为他感到**羞愧**是"自然的"。但是另一方面，换一个人完全没有这样的感觉，相反，他因为那个揭穿他的人而感到羞辱，并且与他反目。于是，我们的反应并不仅仅取决于发生的状况，而更多是来自我们自身的神经症需要。

更具体地说，就像在价值转换中起作用的原则一样，这一原则也作用在羞愧或者羞辱的反应中。对于进攻的扩张类型的人，羞愧的反应可能明显不存在。甚至在最初用精神分析的探照灯仔细检查的情况下也没能发现任何痕迹。这些人要么是极度地活在他们的想象中——在他们的头脑中他们没有任何瑕疵，要么是用好斗的正义保护层把自己遮盖住——他们做的一切，**依照其本身**（eo ipso）就是正确的。他们的自负所受到的伤害只能来自外界。任何对其动机的质疑，任何对其缺陷的揭穿都让他们感到是羞辱。他们只能怀疑对他们做出这件事的人的用心险恶。

在自谦类型的人中，羞辱的反应要大大地被羞愧感掩盖。表面上看，他们是默不作声的，而且一心扑在实现他们的"应该"的迫切关注中。但是他们会尤其将注意力放在没有被实现的终极完美之处（原因之后会讨论），因此他们很容易感到羞愧。所以，精神分析师能够从一种或另一种反应的普遍程度做出有关潜在结构相关倾向的初步结论。

到目前为止，自负和自负受到伤害的反应之间的关联是简单直接的。而且，因为关联是典型的，这对精神分析师或者对自我分析的人来说，从一方推论出另一方似乎是容易的。认识神经症自负的特殊类型，个体能够警惕那种容易产生羞愧或羞辱的挑衅。而且反之亦然，这些反应的出现会刺激他发现潜在的自负，以及去检查它具体的性质。把事情变复杂的是，这些反应可能被一些因素弄得模糊不清。一个人的自负可能极其脆弱，但是他没有在意识上表达出任何被伤害的感受。如我们已经提到过的自以为是，它就能够抑制羞愧感。另外，承载着刀枪不入的自负可能禁止他对自己承认他感到受伤。上帝可能对人类的不完美表现出愤怒，但是他恰恰不会被一个老板或者出租车司机伤害；他应该足够宽宏大量从而忽略伤害，并且足够强大到可以不费力地解决一切问题。因此，"侮辱"是以双重的方式伤害他：由于他人而感到羞辱，由于自己被伤害的事实而感到羞愧。这种人几乎永远处于一种两难境地：他脆弱到荒谬的程度，但是他的自负又不允许他有丝毫的脆弱。这种内心状态极大地导致了弥漫性的易怒情绪。

这个问题模糊不清，还可能是因为自负被伤害的直接反应自动被转化成羞愧或羞辱之外的其他感受。如果一位丈夫或者爱人对另一个女人感兴趣，或者他没有记住我们的愿望，或者他一心扑在工作或者爱好上，这可能严重伤害我们的自负。但是所有我们可能意识到的感受就是对于单恋的悲伤。被轻慢可能仅仅被感受为失望。在我们的意识中，羞愧感可能表现为模糊的不安、尴尬，或者更具体一些，表现为负罪感。这最后的变形特别重要，因为它能让人很快地理解某些罪恶感。比如说，如果一个充满普遍性的潜意识伪装的人，对一个相对无害并且无关紧要的谎言感到负罪和不安，我们可能有把握地认为他比起诚实更关心表面看起来的样子；他的自负受到伤害是因为他没能维持住终极和绝对诚实的假象。或者，如果一个自我中心的人因为一些考虑不周而感到负罪感，我们不得不问是否这种负罪感并不是因为玷污了良善的光环而感到羞愧，而是来自真实的遗憾——他没有做到像他想要成为的那样体贴别人。

另外，不论这些反应是直接的或是变形后的，它们可能都无法被有意识地感受到。我们可能仅仅会意识到我们对于这些反应的反应。这种"继发性的"反应中最突出的是愤怒和恐惧。我们的自负所受到的任何伤害都可能激发报复性的敌意，这是众所周知的。这种敌意从不喜欢到憎恨，从易怒到愤怒到盲目的、充满杀气的暴怒。有时候，对于观察者来说，发怒和自负之间的关联是很容易被建立起来的。比如，一个人因为感到老板对他的傲慢而愤怒，或者因为出租车司机欺骗了他而愤怒——这些事件最多被解释成烦恼。这个人自身只会意识到由于他人的恶劣行为所造成的有理由的愤怒。观察者（在这里如同精神分析师）将会看到这些事件伤害了他的自负，会看到他感到羞辱然后做出愤怒的反应。患者可能把这种解释看作是过度反应最有可能的原因，或者他可能坚持自己的反应一点儿也不过分，他的愤怒是对于别人的邪恶或愚蠢的合理反应。

当然，并非所有的非理性敌意都是因为受伤害的自负，但是通常它要比我们以为的具有更大的作用。精神分析师一直应该警惕这个可能性，特别是要关注患者对自己的反应，对解释的反应，对整个分析状况的反应。如果敌意中包含贬损的成份、蔑视的成份或者羞辱的意图，那它与受伤害的自负的关联会更容易被看清。这里起作用的是直接的报复法则。患者并不知道这一点，他感到被羞辱并且以相同的方式实施报复。在这样的事件发生之后，谈论患者的敌意是完全在浪费时间。精神分析师必须通过直接提问——记录在患者头脑中的羞辱是什么——来切入关键点。有时候，在精神分析的一开始，在分析师触及到任何痛点之前，患者就会有羞辱分析师的冲动，或者认为精神分析不会有任何的效果。在这种情况下，很可能患者在潜意识中对于接受分析感受到羞辱，而分析师的工作就要把这种关联弄清楚。

自然地，在精神分析中发生的事情也会在精神分析之外发生。并且，如果我们更经常地想到这种可能性——冒犯行为可能来自受伤的自负，我们会帮助自己度过许多痛苦甚至令人心碎的困境。因此，当朋友或者亲戚在我们的慷慨相助之后表现出令人不快的举止，我们不应该因为他的忘恩负义而烦恼，而是想一想接受帮助这件事可能多严重地伤害了他的自负。而且，根据具体情况，我们可以跟他讨论这一点，或者尽力用保全面子的方式帮助他。同样地，当一个人普遍以轻蔑的态度对待他人时，仅仅怨恨他的傲慢是不够的，我们也必须认识到他因为自负而处处容易受伤，是带着伤痕过日子的人。

鲜少被人知道的是，如果我们冒犯了自己的自负，相同的敌意、憎恨或者蔑视可能会指向自己。强烈的自我责备不是这种对自己愤怒的唯一形式。报复性的自我憎恨有许多深远的含义，如果我们现在把它放在自负受到伤害的反应中进行讨论，我们的确会失去头绪。因此我们会在后面的章节去讨论它。

恐惧、焦虑、恐慌既可能是预测中被羞辱的反应，又或者是羞辱已经发生了的反应。预测的恐惧可能关于考试、公开表演、社交聚会，或者约会。在这种情况下，他们通常被描述为"怯场"。如果我们用它类比任何公开或私人演出之前的非理性的恐惧，这是一个足够恰当的描述。它涵盖的状况要么是我们想要给人留下好印象，比如，面对新的亲戚，某位重要的名人，或许是饭店的服务生领班；要么是我们开始的新活动，比如开始一份新工作，开始画画，参加一个公开的演讲课。遭受这种恐惧的人常常把它们看作是对失败、丢脸和被嘲笑的恐惧。这好像确实是他们害怕的。然而，这种说法是有误导性的，因为它暗示了一种对现实性失败的合理恐惧。这遗漏了一个事实，那就是构成某个人失败的因素是主观的。它可能包含了所有未能达到荣誉和完美的地方，并且对这种可能性的预测恰好是轻度怯场的本质。一个人害怕没有像他严格的"应该"要求他表现得那么出色，所以害怕他的自负会被伤害。有一种更为有害的怯场形式，我们会在之后了解它，在这种情况中，潜意识的力量会作用在其身上，阻碍他才能的施展。于是，怯场是一种恐惧：通过个体的自我毁灭倾向，他将处于可笑的尴尬之中、忘记台词、说不出话，从而没有获得荣誉和胜利，而是感到丢脸。

另一类预测中的恐惧无关于个人的表现好坏，而有关于即将要做一些会伤害他特殊自负的事情，比如请求加薪或者帮助、提交一份申请或者接近一位女士，因为这导致被拒绝的可能性。如果性行为对他意味着受到羞辱，恐惧可能发生在性行为之前。

　　恐惧的反应也可能因为"侮辱"。许多人由于他人表现的缺乏尊重或者傲慢行为而出现颤抖、摇晃、出汗，或者一些其他的恐惧反应。这些反应是愤怒和恐惧的混合物，这种恐惧一部分来自对自己暴力的恐惧。相似的恐惧反应可能来自羞愧感，虽然羞愧感本身没有被体验到。如果一个人处于尴尬、胆怯，或者被冒犯的状况中，他可能突然被不确定感，甚至被恐慌压倒。比如说，有一位女士开车上山，在山路尽头有一条小路通向山顶。尽管这条小路相当陡峭，但如果不是泥泞湿滑，还是容易行走的。另外，她没有合适地着装：她穿了一身新套装、高跟鞋，而且没有手杖。尽管如此，她尝试了，但是在滑倒数次之后，她放弃了。在休息的时候，她看见更远处有一只大狗在朝路人狂吠，她因为这只狗感到恐惧。这种恐惧让她吃了一惊，因为她通常不害怕狗，也因为她意识到没有理由害怕——很明显狗的主人就在旁边。所以她开始思考这一点，在她青少年时期发生过一件事让她极其得羞愧。然后她意识到，在当下这种状况——她爬到山顶"失败"了，她事实上感到了同样的羞愧。"但是"，她对自己说，"强迫执行这件事真的是不明智的。"接下来她的想法是，"但是我**应该**能够解决它。"这提供给她线索：她认识到这是一个"愚蠢的自负"，如她所说的，她的自负被伤害了并且使她对于一个可能的攻击感到无助。像我们之后会了解到，她无奈地将攻击指向了自己，并且把这种危险外化了。尽管这部分的自我分析不是十分完整，但它是有效的：她的恐惧消失了。

　　相比较恐惧的反应，我们对于愤怒的反应有更直接的理解。但是在最后一次精神分析中，它们是相互关联的，并且我们不能脱离一种去理解另一种。两种反应的出现都是因为我们的自负被伤害，这构成了可怕的危险。问题的原因一部分在于自负替代了自信，这一点我们在之前讨论过。然而，这不是全部的答案。如我们会在后面看到的，神经症患者生活在自负和自我蔑视这两种选择之间，以至于伤害了自负就会把他推向自我蔑视的深渊。这是为了理解许多焦虑发作所要牢记的最重要的关联。

　　尽管在我们的头脑中，愤怒的反应和恐惧的反应可能都和自负没有关系，不过它们可能作为路标指向了自负的方向。如果连这些继发性反应都没有显现，不论由于什么原因它们可能被压抑了，那么整个问题就会更深地被蒙蔽。在这种情况下，它们可能导致或者促成了某些症状，比如精神病发作、抑郁、酗酒、心身障碍。或者，对于保持愤怒和恐惧的情感需要可能是帮助情绪整体平稳的因素之一。不只是愤怒和恐惧的情感，而是所有的情感都有变弱变缓的倾向。

神经症自负的有害特征在于它对个体的重要性和与此同时它使个体极其的脆弱。因为这种情况发生的频率和强度而造成的紧张是如此难以承受，以至于它们需要补救的措施：**当自负受到伤害，自动化地努力恢复；当自负处于危险，自动化地努力避免它被伤害。**

保全面子的需要是迫切的，并且实现它的方式不止一种。事实上，有非常多的显而易见和不易觉察的方式存在，以至于我必须把我的陈述限制在更经常出现和更重要的方法上。最突出的，而且几乎无处不在的一种方式和由于感到羞辱而采取的报复冲动交织在一起。我们讨论过它，把它作为是在受伤害的自负中对于痛苦和危险的敌对反应。但是此外，报复性可能是一种自我辩护的手段。它涉及到一个信念，就是通过报复冒犯者，他们自己的自负会得到修复。这种信念是基于认为冒犯者通过特殊权力伤害我们的自负，使他凌驾于我们之上，打败我们。通过采取报复以及比他伤害我们的程度更重地伤害他，情况就会逆转。我们会胜利，以及会打败他。神经症的报复行为其目的不是"扯平"，而是通过更重地反击而获得胜利。只有胜利**可以**修复自负所赋予他幻想中的伟大。正是这种修复自负的才能，使神经症的报复性变得难以置信的顽固，这也解释了它的强迫性特征。

由于报复性会在之后详细讨论[1]，当下我只简要地呈现一些基本因素。因为报复的能力对于自负的复原是极其有价值的，这种能力本身就承载着自负。对于某些神经症类型，在患者的头脑中这种能力等同于力量，而且常常是他们知道的唯一力量。相反地，没有反击的能力通常被认为是软弱，不论是外在或者内在的因素阻碍了报复的举动。于是，当这种人感到被羞辱，不管是环境还是他自身的因素未能允许他采取报复，他会遭受双重的伤害：原本的"侮辱"和未实现报复性胜利的"失败"。

如之前所陈述的，对于报复性胜利的需要是一种在追求荣誉中常见的因素。如果它是生活中主要的推动力，它会使一个最难摆脱的恶性循环开始运转。那时，以一切可能的方式凌驾于他人之上的决心会是巨大的，以至于它强化了对荣誉的整体需要，并且加剧了神经症的自负。膨胀的自负反过来增强了报复性，从而使胜利的需要也变大了。

在修复自负的方法中，其次重要的是对于以某种方式伤害到自负的所有情形或人丧失兴趣。许多人放弃了他们的兴趣，比如对体育、政治、智力追求

---

[1] 参见第八章"扩张型的解决方案"。

等等，因为他们对于优秀或者做出一份完美工作的迫切需要没有被满足。而后，这种情形可能对他们而言极其无法忍受，以至于放弃。他们不知道发生了什么；他们仅仅是变得失去兴趣，并且可能取而代之转向一个实际上低于他们潜在能力的活动。一个人可能曾经是一个好老师，但是分配到一项他不能立刻掌握或者感觉有辱人格的任务，他对于教书的兴趣就减弱了。这种态度的改变也与学习的过程有关。一个有天赋的人可能带着热情开始学习戏剧表演或者绘画。他的老师或者朋友发现他是有前途的，并且鼓励他。但是尽管他有天赋，他不会一夜成为演员巴里穆尔或者画家雷诺阿。他意识到他不是班里唯一有天赋的人。在最初的努力中，他自然会表现得笨拙。所有这些都伤害了他的自负，而且他可能突然地"意识到"绘画或者戏剧表演不是他的专长，他从来没有"真正"对这一追求感兴趣。他丧失了他的热忱，他逃课，不久他就彻底放弃了。他开始学习其他的东西，却只是重复相同的循环。他常常因为经济原因或者自身的惰性而有可能停留在一个特殊的活动中，但是处于无精打采的状态，以至于他不能汲取他原本可能获得的东西。

同样的过程可能发生在和别人的关系中。当然，我们可能有不再喜欢某人的好理由：我们可能在最初高估了这个人，或者我们的关系发展可能走向了不同的方向。但是无论如何，是值得检视我们为什么从喜欢变为漠不关心的，而不是简单地归咎于缺乏时间或者最初的决定是错误的。实际上的情况可能是在这段关系中一些事伤害了我们的自负。可能是与另一半比较，他占据优势。可能他不像以前那样尊敬我们了。可能我们意识到我们辜负了他，因此感到有愧于他。所有这些都可能在婚姻中或者恋爱关系中起到关键的作用，而我们那时倾向于让它停留在"我不再爱他"的总结上。

所有这些退缩都会带来极大的能量浪费，而且常常导致大量的痛苦。但是它们最具毁灭性的方面是我们失去对真实自我的兴趣，因为我们并不为它感到骄傲，这个话题我们会留到后面来讨论。

有更多不同的方法来修复自负，这些方法是众所周知的，但是很少放在这种情境下被人们理解。比如说，我们可能说了一些话之后看起来很愚蠢——跑题、不体贴、太傲慢或者太卑躬屈膝——我们可能忘记它，否认我们说过它，或者争辩它意味着其他截然不同的含义。类似于这样的否认是对事件的扭曲——把我们的责任最小化、省略掉某些因素、强调其他因素、向着对我们有利的方面解释它们——从而在最后我们被粉饰了，并且我们的自负没有受到伤害。这个令人困窘的事件可能还是留在我们的头脑中未能改变，但是被借口和托辞抹掉了。有人承认他造成了一个令人讨厌的局面，但是那是因为他已经三个晚上没有睡觉，或者因为是别人惹到了他。他伤害了某人的情感，他的言行是鲁莽的或者不体贴的，但是他的意图是好的。他辜负了一个需要他的朋友，但是是因为他缺乏时间。所有这些借口可能部分或者全部是真的，但是在这个人的头脑中，它们并不作为过错情有可原的理由，而是要彻底抹掉这个过错。类似地，许多人认为他们对于某件事说一句非常抱歉就把一切都弥补了。

所有这些手段的共同之处是拒绝对自己承担责任。不论是我们忘记那件我们不感到骄傲的事，或者粉饰它，或者责备其他人，我们都是想要通过不承认不足而得以保全面子。不承担自己的责任还可能隐藏在一个伪客观性的背后。一位患者可能对他自己有敏锐的观察，而且对于自己不喜欢自己的地方给出相当准确的陈述。在表面上，虽然他看上去是有感知力的，而且诚实地面对自己。但是"他"可能仅仅是一个聪明的观察者，观察着那个被压抑的、充满恐惧的、充满傲慢要求的家伙。所以，由于他不对那个他所观察的家伙负责，他的自负受到的冲击就缓和了，因为他的自负像手电筒一样聚焦在他敏锐的客观观察的才能上，所以他的自负受到的冲击就更加被缓和了。

其他人不在意他们对自己是客观的，甚至不在意他们对自己是真实的。尽管这种态度会带来普遍的逃避性，但是当这种情况出现的时候，这种人确实会对某些神经症倾向变得有意识，但是他可能在"他"和他的"神经症"（或者他的"潜意识"）之间做出清晰的区分。他的"神经症"是某种神秘的东西，它与"他"没有任何的关系。这听起来令人吃惊。实际上对他而言这不仅是保全面子，而且是救命，或者至少是保全精神正常的措施。他的自负的脆弱性到达了如此极端的程度，以至于当承认他的困扰他会在精神上崩溃。

在这里要提的最后一个保全面子的方法是幽默感的使用。当患者能够正视自己的困境，并且带着一丝幽默感，这自然是内在解放的标志。但是一些患者在精神分析的开始持续不断地开自己玩笑，或者用戏剧性的方式夸大他们的困境以便让自己看起来有趣，然而与此同时他们对任何批评敏感到荒唐的程度。在这些例子中，幽默感是用来使不能忍受的羞愧变得容易接受一些。

当自负受到伤害，用来修复它的方法就讨论到这里。但是自负是如此脆弱又是如此珍贵的，从而它**在未来**也必然会被保护。神经症患者可能怀着避免自负**在未来被伤害**的希望，建立了一个精细的**回避系统**。这也是一个自动运行的过程。他没有意识到他想要避免一项活动，因为这项活动可能伤害他的自负。他只是避免它，他甚至常常没有意识到自己这样做。这个过程涉及活动、和他人的关系，而且这可能对他实际的奋斗和努力加以制约。如果它波及范围广，它实际能够让一个人的生活瘫痪。他无法认真地追求任何与他的天赋相匹配的工作，以免没有取得辉煌的成功。他想要写作或者绘画，他不敢开始。他不敢接近女孩，以免她们拒绝他。他可能甚至不敢旅行，以免他在与酒店经理或者行李员接触时尴尬。或者他可能只会去他被人熟知的地方，因为他觉得自己在陌生人面前是无足轻重的人。他退出社交活动，以免他觉得不自然。所以，根据他的经济状况，他要么什么值得的事情都不做，要么坚持做一份平凡的工作，以及严格限制他的花销。他用着不止一种方法，使自己过着低于他财务能力的生活。从长期来看，这必然让他更加远离其他人，因为他不能面对自己比同龄人落后的事实，因此避免比较、避免别人问及他的工作。为了忍受生活，他现在必须更加牢固地把自己置于私人的幻想世界中保护起来。但是，因为所有这些措施对他的自负而言更像是伪装，而不是补救方法，他可能开始培养他的神经症，因为神经症那时就变成他没能取得成就的宝贵托辞。

这些是极端的发展事态，不必说，自负不是唯一作用于它们的因素，虽然它是必要的因素之一。更经常的是，回避会限定在某些方面。一个人可能在他最不受限制的追求中，以及在为荣誉服务的追求中十分地积极并且有成效。比如说，他可能努力工作，并且在他的领域是成功的，但是他回避社交生活。相反地，他可能在社交活动中或者在扮演唐璜式的角色中感到安全，但是他不敢冒险从事任何检验他潜在能力的严肃工作。他可能作为组织者的角色是感到安全的，但是他会避免任何私人的关系，因为他在私人关系中感到脆弱。在害怕与他人有情感连接的许多情况中（神经症的超然态度），害怕自负被伤害常常扮演了重要的角色。同样，因为许多原因，一个人可能特别害怕对于异性没有魅力。以男士来说，在他的潜意识中会假设当接近女士或者与其建立性关系时，他的自负会受到伤害。那么女人对他的自负来说就是潜在的威胁。这种恐惧可以强大到抑制甚至击碎她们对他的吸引力，因此导致他避免与异性的接触。于是，虽然产生的这种抑制不是唯一解释他变为同性恋的原因，但是它确实是一个使其偏爱同性的因素之一。自负在许多不同的方式下，是爱的敌人。

回避可能涉及许多不同的具体事务。因此，一个人可能回避公开演讲，回避参加体育运动，回避打电话。如果有人在周围可以去打电话、做决定、或者和房东交涉，他会把问题交给他。在这些具体的活动中，他极有可能意识到他在逃避某种责任，然而在更大的方面，问题常常被"我不能"或者"我不在意"的态度搞得更加困惑不清。

当检视这些回避的方法，我们看到在操作中有两个原则决定了它们的特点。一个原则，简单说就是通过限制个人的生活来获得安全。相比较冒险把自己的自负暴露出来被伤害，更安全的做法是脱离、退缩或者放弃。在许多例子中，为了对自负有利，人们自愿把他们的生活限制在经常被约束的程度。或许没有什么能够如此深刻地证明自负压倒一切的重要性。另一个原则是：比尝试后失败更安全的是不去尝试。这一条格言使回避具有了终结性的烙印，因为不论个体遭遇的困难是什么，它剥夺了这个人逐渐克服困难的机会。这条原则甚至基于神经症的前提也是不切实际的，因为这个人不仅要对于过度限制自己的生活付出代价，而且从长期来看，他的退缩会更深地伤害他的自负。但是当然，他没有想这么远。他关心的是即刻的——尝试与错误——的危险。如果他完全没尝试，那就不会影响到他。他能够找到某种托辞。至少在他自己的头脑中，他有令人安慰的想法——如果他尝试，他能够通过考试、找到更好的工作、赢得一个女人。通常想法会更为异想天开："如果我投身于作曲或者写作，我会比肖邦或巴尔扎克还伟大。"

在许多例子中，回避会延伸到我们情感中那些渴望之物上：总之，它们可能包含我们的愿望。我提到过，人们对于未能获得的他们想要拥有的东西，认为是丢脸的失败。那么，仅仅是愿望就会导致巨大的危险。然而，这种对愿望的约束意味着把我们的活力用盖子盖住。有时候人们也会避免任何可能伤害他们自负的想法。在这方面，最重要的回避就是避开死亡的想法，因为不得不像其他人一样变老和死去的想法是无法忍受的。奥斯卡·王尔德的《道林·格雷的画像》就是一部永葆青春自负的艺术呈现。

自负的发展是以追求荣誉这个过程为起点的符合逻辑的结果、巅峰和巩固。个体可能最初把自己描绘成某个充满魅力的角色，这是一个相对无害的幻想。他继而在头脑中创造出一个理想化的形象，关于他"真正"是什么样子，能够是什么样子，应该是什么样子。然后进入最具决定性的一步：他的真实自我淡出了，使用于自我实现的能量转移到理想化自我的实现上。他的要求是企图维护他在世界中的位置，这个位置对于理想化自我的意义以及支持理想化自我来说是足够的。凭借他的"应该"，他驱使自己实现完美的理想化自我。而且，最后他必须发展出个人的价值体系，像乔治·奥威尔在小说《1984》中的"真理部"，决定他喜欢并且接受自己什么、他赞美什么、因什么而骄傲。但是这个价值体系必然也决定了他拒绝什么、厌恶什么、羞愧于什么、鄙视什么、憎恨什么。它不能够实施一方而不实施另一方。自负和自我憎恨是在一起不可分割的，它们是同一过程的两种表现。

第五章　　自我憎恨与自我蔑视

到现在为止，我们追溯了神经症的发展：它开始于自我理想化，并伴随着不可阻挡的逻辑一步一步演化，使价值观转化成神经症自负的现象。事实上，这种发展过程比我目前为止呈现的更为复杂。它被另一个同时起作用的过程加剧了程度，也被复杂化了。这个过程表面上是相反的，尽管它也始于自我理想化。

简而言之，当一个人把重心转移到理想化自我上，他不仅会抬高他自己，而且势必从一个错误的角度看待实际的自我——在一个既定时间里的他自己，如身体、思想、健康的、神经症的。被美化的自我不仅变成被追求的**幻影**，它也变成了衡量实际自我的测量尺。并且，当从神一样完美的视角看待实际的自我，看到的是如此尴尬的景象，以至于他会不由地心生鄙夷。另外，动态中更重要的是，人类实际的样子一直会显著地干扰他追求荣誉的过程，因此他势必会憎恨他实际的样子、憎恨他自己。并且，因为自负和自我憎恨事实上是一个共同体，我建议把所涉及的因素总和用一个共同的名字称呼：**自负系统**。然而，伴随着自我憎恨，我们完全从这个过程的一个全新的角度进行思考，它极大地改变了我们看待这个过程的思维方式。我们有经过考虑先把自我憎恨的问题搁置一旁，直到现在提到它，这是为了在最初对于直白地追求理想化自我的实现过程有一个清晰的画面。但是我们现在必须要把情况补充完整。

不论我们的皮格马利翁有多么疯狂地试图把自己塑造成一个辉煌的人，他的驱力是注定要失败的。他可能最多能够在意识中去除一些令人困扰的差异，但是它们会继续存在。事实仍然是他必须和自己生活在一起，不论吃饭、睡觉、上厕所，不论他工作还是做爱，他自己一直都在。有时候他认为一切都会好起来，只要他和妻子离婚，换另一份工作，搬去另一间公寓，或者去旅行。但是事实上他总会带着他自己一起。即使他像一台运行良好的机器，仍然会存在能量、时间、力量、耐力的局限性，即人的局限性。

最好的描述这种状况的方式是借用两个人。一个是与众不同的、理想化的人；一个是无处不在的陌生人（实际的自我），他总是干涉、打扰、令人难堪。用"他和陌生人"来描述这种冲突看起来是恰当的，因为这接近于个体所感受的。另外，即使他可能抛弃掉实际的神经症困扰，把它视为与自己无关或者无联系的，但是他永远不能为了不让困扰"留下记录"[1]而逃离他自己。虽然他可能是成功的，可能表现极好，甚至被着迷在独特成就的浮夸幻觉中，但是他仍然感到自卑或者不安全。他可能会痛苦地感到自己是个虚张声势的人、一个劣质品、一个怪胎——他不能解释这种感受。他对自己内在的了解会明明白白出现在他的梦中，在做梦的时候他会接近现实中的自己。

通常，现实的自己会痛苦地、明白无误地侵扰他。在他的想象中他是神一样的存在，然而在社交中他却是笨拙的。他想要给人留下难忘的印象，然而他却会手抖、结巴或者脸红。他感到自己是独一无二的爱人，然而他可能突然性无能了。在他的想象中他像男子汉一样和老板讲话，然而现实中他只露出个傻笑。能够一劳永逸地解决争论的精湛话语，只有在第二天才会出现。因为他会强迫性地吃很多，渴望的窈窕细长的身材永远都无法实现。实际的、经验的自我变成了与理想化自我捆绑在一起的无理的陌生人，而且理想化自我用憎恨和轻蔑对抗这个陌生人。实际的自我成为了骄傲的理想化自我的受害者。

自我憎恨使人格中的裂痕显现出来，这种裂痕始于理想化自我的形成。它意味着有一场战争开始了。而且这的确是每一种神经症的本质特征：他在和他自己作战。事实上，它为两种不同的冲突提供了基础。其中之一是自负系统本身。正如我们会在之后详尽地阐述，它是扩张型驱力和自谦型驱力之间潜在的冲突。另一种是整个自负系统与真实自我之间更深的冲突。尽管由于自负攀升至至高无上的地位，这种更深的冲突被隐藏至幕后并且被压抑了，但它仍然具备很大的潜在力量，并且在适当的情况下，可能获得充足的效力。我们会在下一章讨论这一种冲突的特征和它的发展阶段。

第二种更深的冲突在精神分析的最初并不明显。但是随着自负系统摇摇欲坠，以及病人变得接近自己，当他开始感受到自己的情感、了解自己的愿望、赢得了选择的自由、为自己做决定和承担责任的时候，那些对抗的力量就排成了队。越来越清楚的是，现在战斗存在于自负系统和真实自我之间。现在自我憎恨并不是指向实际自我的局限和不足，而是指向真实自我正在形成的建设性力量。这是更大规模的冲突，大过目前为止我讨论过的任何神经症的冲突。我建议叫它**核心的内在冲突**[2]。

---

[1] 参见《我们时代的神经症人格》，我使用"留下记录"这个词表示这一事实：在我们的内心和骨骼中会感受到发生在我们身上的事情，但它没有到达意识层面。

[2] 根据缪丽尔・艾维米医生的建议。

　　我想要在这里插入一段理论性的评述，因为这有助于更清楚地理解这种冲突。之前在我的其他著书中，我使用过"神经症的冲突"这个词，我所指的是在两种矛盾的、强迫性驱力之间作用的冲突。然而，核心的内在冲突是存在于健康的力量和神经症的力量之间，建设性的力量和破坏性的力量之间。因此，我们将不得不扩大我们的定义，阐明神经症的冲突可以作用于两种神经症的力量之间，或者健康的力量和神经症的力量之间。这个区别是重要的，超越了术语上的澄清。在自负系统和真实自我之间的冲突具备比其他冲突更大的使我们分裂的力量，原因有两个。第一个原因是部分卷入与整体卷入的差异。用国家来类比，这是个别利益集团的冲突与整个国家卷入内战之间的差异。另一个原因存在于一个事实，即我们存在的核心、我们的真实自我伴随着成长的能力在为自己的生存而战。

　　对真实自我的憎恨比对实际自我局限性的憎恨更不容易被意识到，但是它形成了永远不会消失的自我憎恨的背景——或者永远提供主要能量的暗流，即使对于实际自我局限性的憎恨可能处于最显著的位置。因此，对真实自我的憎恨可能几乎以纯粹的形式出现，然而对实际自我的憎恨总是一个混合现象。比如说，如果我们的自我憎恨因为"自私"——即为自己的利益做任何事——而采取了无情地自我谴责的形式，这可能并且极有可能，既是对未能实现**绝对**的圣洁而产生的憎恨，**又是**一种粉碎我们真实自我的方法。

　　德国诗人克里斯提安·摩根施坦在他的诗《成长的烦恼》中简洁地表达了自我憎恨的本质：

　　我将死去，被我自己毁灭

　　我是两个人，我能成为的人和我现在是的人

　　而最终一个将会摧毁另一个

　　我能成为的人如同阔步的骏马

　　我现在是的人被马尾束缚

　　如同车轮，我被困其中

　　如同复仇女神，手指缠绕

　　抓向牺牲者的发中，似一只吸血鬼

　　坐在他的胸膛，吮吸，吮吸

　　这样，诗人用几行字表达了这个过程。他说我们可能带着使人乏力的、倍感折么的仇恨憎恨我们自己——一种极其破坏性的仇恨，以至于我们无力反抗，以至于它可能在精神上毁灭我们。而且，他说我们憎恨自己，不是因为我们无价值，而是因为我们被迫超越我们自己。他说这种仇恨来自我要成为谁和我是谁之间的差距。这个差距不仅是一个断裂，而且是一场残忍又血腥的战争。

自我憎恨的力量和顽固性是令人吃惊的，甚至对于熟悉它运行方式的精神分析师亦是如此。当尝试解释它的深度，我们必须意识到自负的自我因为实际的自我而感到被羞辱的愤怒，以及每走一步被其拖累的愤怒。我们也必须考虑到这种愤怒最终是不起作用的。因为尽管神经症患者可能试图认为自己是脱离躯体的灵魂，为了存在以及为了实现荣誉，他还是要**依赖**实际的自我。如果他要杀掉憎恨的自我，他一定同时杀掉了辉煌的自我，就像道林·格雷在用刀捅碎呈现他丑态的画像时所做的。从一方面，这种依赖通常防止了自杀。如果不是因为这样的依赖，自杀将是自我憎恨符合逻辑的结果。事实上，自杀鲜少发生，而且自杀是诸多因素共同作用的结果，自我憎恨只是其中一个因素。从另一方面，这种依赖使得自我憎恨更加残酷无情，就像任何无能为力的愤怒状况一样。

此外，自我憎恨不只是自我美化的结果，而且也起到维持自我美化的作用。更准确地说，它提供了实现理想化自我的驱动力，并且通过去除冲突的元素，在崇高的层面实现完全的整合。对不完美的谴责恰恰印证了个体认同自己是神一样的标准。在精神分析中，我们能够观察到自我憎恨的功能。当我们揭开患者自我憎恨的这一点，我们可能天真地期待他会渴望摆脱它。有时候这种健康的回应确实会出现。更为普遍的是他的反应是分裂的。他不得不承认自我憎恨带来的难以应付的负担和危险，但是他可能认为反抗这种枷锁甚至更加危险。他可能用貌似最合理的言辞去争辩高标准的正当性，以及如果给自己更大的宽容会变得松懈的危险。或者他可能逐渐显示出他的信念，他完全应受到他对自己的蔑视，这表明他还不能接受自己的情况低于他自大的标准。

导致自我憎恨是如此残酷无情的力量的第三个因素我们曾经暗示过。它是与自我的疏离。用更简单的话说，神经症患者对自己没有情感。在人认识到自己被打败之前，必须首先对遭遇痛苦的自己有一些同情，对这份痛苦有一些体验，才能够启动建设性的举措。或者，从另一方面，在认识到自我挫败感开始给他带来不安甚至引起他的关注之前，必须首先承认他的愿望的存在。

意识到自我憎恨的情况又是如何呢？在《哈姆雷特》《理查三世》或者本书引用的诗歌中，表达的内容并不局限于诗人对于人类灵魂痛苦的洞见。在或长或短的时间段里，许多人**经验过**自我憎恨或者自我蔑视其本身。他们可能曾有一闪而过的"我恨自己"或者"我鄙视自己"的感受，他们可能对自己大发雷霆。但是这种生动的体验自我憎恨的感受只有在痛苦时才会出现，当痛苦消退了，这种感受也会被忘记。一般来说，这种感受或者想法只是对于一次"失败"、一件"蠢事"、感到做错事或者意识到某种心灵障碍的暂时反应，除此之外，这个问题不会出现。所以，自我憎恨的破坏性和持续作用是没有被意识到的。

关于采用自我指责表达自我憎恨的形式，在意识中的差异范围太宽泛，以至于无法得到任何一般性的陈述。那些把自己保护在自以为是的外壳下的神经症患者，他们压抑住所有的自我指责，以至于什么也无法被意识到。和他们相反的是自谦类型，自谦类型坦诚地表达自我责备和负罪感，或者通过他们公然地道歉或者防御行为而出卖这种情感的存在。这种意识中的个体差异确实是有意义的。我们会在之后讨论它们的意义以及它们是如何产生的。但是，它们并不能合理地得出结论，即自谦类型能意识到自我憎恨，因为即使那些能够意识到自我谴责的神经症患者，他们也意识不到它的严重程度和毁灭性的本质。同样，他们没有意识到自我谴责的内在无用性，而且往往将其视为他们具备高道德敏感性的证明。他们不会质疑自我谴责的正当性，而事实上只要他们以神一样完美的视角评价自己，他们就不可能去质疑。

然而，几乎所有的神经症患者都能意识到自我憎恨的**结果**：感到内疚、自卑、受限制、受折磨。可是他们丝毫没有意识到这些痛苦的感受和自我评价是来自他们自己。而且甚至是他们可能拥有的一点觉察，也被神经症的自负搞得模糊不清。他们并没有因为感到受限制而痛苦，反而他们因为"无私、禁欲、自我牺牲、责任的奴隶"而感到骄傲。这些词可能掩盖了大量他们对自己犯下的罪过。

从这些观察中我们得出的结论是，自我憎恨在本质上是个潜意识的过程。在上一次分析中，患者**没有**意识到自我憎恨的冲击力是由于存在生存的利害关系。这是大部分过程通常被外化（externalized）的最终原因，外化的意思是并非把自我憎恨体验为个体自己的运行过程，而是体验为存在于他和外部世界之间的运行过程。我们能够大致上区分自我憎恨的主动外化和被动外化。前者是试图将自我憎恨指向外部，包括生活、命运、制度或者人类。后者是仍然将憎恨指向自己，但是是从外部被感知或被体验。在这两种方式中，来自内心冲突的紧张感都会通过转变为人际关系冲突而得到释放。我们会在之后讨论这种过程可能采取的特殊形式，以及它对人际关系的影响。我之所以在这里介绍它，是因为自我憎恨的许多不同种类能够以外化的形式最好地被观察和描述。

自我憎恨的表现与人际关系中的憎恨是完全一样的。举一个记忆犹新的历史事例来说明人际关系中的憎恨——希特勒对犹太人的憎恨，我们看到他恶意地恐吓与谴责他们；他羞辱他们；他在公开场合使他们蒙羞；他以各种形式、形态和方法剥夺他们、挫败他们；他毁灭他们对于未来的希望；以及在最后有计划地折磨和杀害他们。我们能够观察到在日常生活中、家庭中或者竞争者之间，大部分憎恨的表达是以更为文明和隐藏的形式出现。

我们现在将要审视**自我憎恨的主要表现**以及它们对个人的直接影响。伟大的作家观测到所有这些表现。大部分的个体数据也从弗洛伊德开始被记录在精神病学文献中，它们被描述为自我指责、自我贬低、自卑感、缺乏享受事物的能力、直接的自我毁灭行为、性受虐倾向。但是，除了弗洛伊德的死本能概念，以及弗朗兹·亚历山大和卡尔·门宁格尔对这个概念的详细阐述之外，没有全面的理论被提出以解释所有这些现象。然而，尽管弗洛伊德的理论讨论了类似的临床资料，但它是基于如此不同的理论假设，以至于对问题的理解和治疗方法的理解完全改变了。我们会在之后的章节中讨论这些差异。

为了不迷失在细节里，让我们辨别一下自我憎恨的六种**运作模式**或表现形式，同时要牢记在心它们是彼此重叠的。大致上它们是：无休止的自我要求、无情的自我指责、自我蔑视、自我挫败、自我折磨和自我毁灭。

在之前的章节中当我们讨论对自我的要求时，我们认为它们是神经症个体使其改造成理想化自我的手段。然而，我们也指出了那些内在指令构成的一个强制的系统、一个暴君，以及当人们没能满足它们时，可能出现的震惊和恐慌反应。我们现在能够更加充分地理解是什么导致了强制性，是什么使得顺从这些指令的企图如此狂热，以及人们为什么对于"失败"的反应如此强烈。那些"应该"很大程度上取决于自我憎恨，就像它们很大程度上取决于自负。当"应该"没有被满足，来自自我憎恨的怒火就会喷射出来。那些"应该"可以被比作持枪抢劫，一个持枪劫匪拿着枪对准一个人，说："要么你把所有的东西都给我，**否则我就开枪**。"持枪劫匪的抢劫可能比满足"应该"更仁慈一些。被威胁的人通过顺从就可能解救自己，而那些"应该"是无法被平息的。而且，因为死亡的终结性，被枪杀似乎要比在自我憎恨中度过一生的痛苦少一些残忍。引用一位患者在信中的话："他的真实自我被神经症扼杀，就像弗兰肯斯坦[1]的怪兽最初为保护创造者而生，最终毁灭了它的创造者。而且，不论你生活在一个集权的国家还是生活在个人的神经症中，这几乎是没有差别的。任何一种都很容易最终把你送进一个"集中营"，在那里一切的重点就是尽可

---

[1] 弗兰肯斯坦来自玛丽·雪莱的长篇小说《弗兰肯斯坦》，其他译名《科学怪人》《人造人的故事》等。——译者注

能痛苦地毁灭自己。"

　　事实上，"应该"的本质是自我毁灭。但是到目前为止，我们只看到它毁灭性的其中一方面：它们束缚住个体，剥夺了他内心的自由。即使他成功把自己塑造成行为上完美的人，他也只是以牺牲他的自发性和情感与信念的真实性为代价才做到的。实际上"应该"的目的就像任何一位政治暴君一样，在于泯灭个性。它们创造了一种氛围，类似于司汤达的作品《红与黑》中描述的神学院（或者乔治·奥威尔的《1984》），在这样的氛围中，任何个体的思想和感受都是可疑的。它们要求无条件的服从，这甚至没有被认为是服从。

　　此外，许多"应该"在它们的内容中就表现出自我毁灭的特点。作为例证，我想要指出三种"应该"，它们都在病态依赖的条件下起作用，在相关段落我会详细阐述，即：我应该足够心胸宽广到丝毫不介意发生在我身上的任何事；我应该能够让她爱我；我应该为了"爱"彻底牺牲一切！的确，这三种"应该"的组合势必使病态依赖的折磨持续下去。另外一种常见的"应该"是要求一个人为他的亲戚、朋友、学生、雇员等等承担全部的责任。他应该能够解决每个人的问题并使他们每个人立即感到满足。这暗示了**任何事情**出了问题都是他的错。如果一个朋友或者亲戚因为某个原因而不安、抱怨、指责、感到不满意，或者想要一件东西，这个人会被迫成为无助的受害者，他必然感到内疚、必然要把每件事做对。引用一位患者的话，他就像夏日酒店里疲倦的经理：顾客永远是对的。不论任何不幸的事是否是他的错，事实上都不重要。

　　这个过程在最近一本法文书《目击者》中被很好地描述。主人公和他的兄弟外出划船。船漏水，暴风雨来了，他们的船翻了。因为他兄弟的一条腿有重伤，不能在波涛汹涌的水中游水。他注定要被淹死。这位英雄主人公试图支撑着他的兄弟游到岸上，但是不一会儿他意识到他做不到。可能的选择是他们一起淹死或者是主人公独自活下来。很清楚，当他意识到这一点，他决定救自己。但是他感到自己就像一个凶手，并且这种感受对他如此真实，以至于他也确信其他人会视他为凶手。只要他行事的前提是他**应该**为**任何**情况负责，他的理智就是无效的，也不可能有作用。可以确定的是，这是一个极端的情况。但是英雄主人公的情感反应恰恰说明了当人们被特定的"应该"驱使时，他们的感受是怎样的。

　　一个人也可能把对自己整个人有害的任务强加到自己身上。在陀思妥耶夫斯基的《罪与罚》中可以找到属于这种"应该"的经典例子。拉斯科尔尼科夫为了证明他满足拿破仑式的特质，他认为他应该能杀人。如同陀思妥耶夫斯基用清楚明白的话语展现给我们的，尽管拉斯科尔尼科夫对于世界有各种怨恨，但对于他敏感的灵魂来说，没有什么比杀人更让他反感。他不得不竭力劝说自己做这件事。他真实的感受出现在他的梦中，在梦中他看见一只骨瘦如柴、饿着肚子的小母马被喝醉的农夫逼迫着试图拉一辆不可能拉动的满载货车。它被残忍、无情地鞭打，最后被打死。拉斯科尔尼科夫涌现出一股深深的怜悯，冲到了小母马身边。

这个梦出现在当拉斯科尔尼科夫陷入剧烈的内心挣扎的时候。他感到他**应该杀人**，同时杀人这件事太过令人反感，以至于他完全做不到。在这个梦里，他意识到他无知的残忍在迫使自己**做**不可能的事，就像让小母马拉满载的货车一样。从他的更深层涌现出他对于逼迫自己做事情的深切怜悯。所以，在这个梦之后，他经验到自己真实的感受，他感到和自己更统一了，并且决定了不去杀人。但是他的拿破仑式的自我在不久之后又占据上风，因为在那一刻他的真实自我无力对抗，就像饿着肚子的小母马无力对抗残忍的农夫一样。

第三个因素是当我们违反"应该"时，自我憎恨会指向我们自己。这使得这些"应该"具有自我毁灭性而且相比其他因素更能解释"应该"的强制性。有时候，这种联系相当清楚，或者很容易被建立。一个人没有做到他认为自己"应该"的那般无所不知或者有求必应，就像《目击者》的故事中一样，他会被充斥着缺乏理性的自我责备。通常他没有意识到他违反了他的"应该"，但是表面上看起来会出人意料的低落、不安、疲惫、焦虑或者易怒。让我们回忆一下那个没有爬到山顶而突然被狗吓到的女人的例子。在这里事件的顺序是这样的：首先，她把放弃登山这个合乎情理的决定体验为失败，这个失败是基于一个指令，告诉她她应该做成一切事情，这些存在于潜意识中。接下来她产生了自我蔑视，这同样存在于潜意识中。继而，是她对自我斥责的反应，以无助和害怕的形式表现，这是第一个到达意识层面的情感过程。如果她没有分析她自己，对狗的害怕将仍然是一件令人费解的事，令人费解的原因是它与之前发生的所有事都没有联系。在其他的例子中，一个人在意识层面经验的都只是他自动化地保护自己免于自我憎恨的特殊方式，比如他缓解焦虑的特殊方式（暴食、酗酒、或者疯狂购物等），他感到被别人伤害（被动外化），或者对别人不耐烦（主动外化）。我们将会有大量的机会从各种视角看到这些自我保护的尝试是如何起作用的。在这里，我想要讨论另一种类似的尝试，因为它很容易被忽视，并且会导致治疗上的僵局。

当一个人潜意识地接近于意识到他不可能满足他特定的"应该"时，这种自我保护的尝试就会开启。然后，这位在其他情况下表现得理智并且合作的患者可能变得焦虑不安，并且疯狂地认为每个人、每件事都在侵犯他：他的亲戚剥削他；他的老板不公平地对待他；他的牙医把他的牙弄糟；精神分析对他没有帮助，等等。他可能十分粗鲁地对待分析师，可能在家的时候脾气暴躁。

　　在试图理解他的烦恼时，第一个引起我们注意的因素是他对于特殊照顾提出的持续要求。依据特定的情境，他可能坚持要在工作中得到更多帮助；坚持他的妻子或者母亲不要来烦他；坚持要他的精神分析师给他更多的时间；或者坚持在他的学校得到对自身有利的特殊优待。那时，我们的第一印象是他的这些疯狂要求和当这些要求受挫时他感到被虐待。但是，当这些要求进入到他的注意中，患者的疯狂程度增加了。他可能更加公然地表达敌意。如果我们仔细倾听，我们会在他的谩骂言辞中找到一个贯穿的主题。就像他在说："你这个蠢货，难道你没有意识到我真的需要这件东西吗？"如果我们现在回想起要求源于神经症的需要，我们就能够明白要求的突然增加意味着相当迫切的需要在突然增加。依照这个线索，我们有机会理解患者的痛苦。于是，痛苦可能是他在自己不知道的情况下认识到他没能满足他的某些必要的"应该"。比如说，他可能感到他完全没办法成功地经营重要的情感关系；或者他已经超负荷地工作，即便在极限的压力状态下，他还是不能搞定；或者他可能意识到在精神分析中冒出来的某个问题确实让他感到低落，甚至超出他的承受能力；或者别人嘲笑他完全凭借意志力消除问题。因为他认为他**应该**能够克服所有的困难，所以这些大部分是潜意识的认识，会使他惊慌失措。继而，在这种情况下出现两种选择。一种是认识到他对自己的要求是虚幻的。另一种是疯狂地要求改变他的生活状况以至于他不用再面对他的"失败"。在他的焦虑不安中，他选择了第二条路，而治疗的任务就是指给他第一条路。

　　当患者意识到他的"应该"没有被满足会导致其疯狂的要求——对于治疗来说，认识到这种可能性是极其重要的。因为这些要求可能造成最难应付的、焦虑不安的状况。而这种认识在理论上是同样重要的。它帮助我们更好地理解了许多要求具有的迫切性。而且它有力地论证了患者迫切地想要实现他的"应该"。

　　最后，即便是模糊地认识到实现那些"应该"会失败，或者接近于失败，这都会令人产生发疯的绝望，那么就会有一种迫切的内在需要去阻止这种认识。我们已经看到，神经症患者会避免这种认识的方式之一是在想象力中实现这些"应该"。（"我**应该**能够通过某种方式成为这样的人或者这样做事，所以我**是**能够成为这样的人，或者这样做事。"）我们现在更好地理解了这种看起来华而不实又虚有其表地避免真相的方式，这实际上来自于潜藏的直面事实的恐惧——他无法实现他内在的指令。因此，这是第一章所提出的论点的一个例证，即想象力为神经症的需要提供服务。

因此，许多潜意识的自我欺骗的方法是有必要的，在这里我只描述其中的两个，因为这两个方法具备基本的重要意义。其中一个是降低自我觉知的水平。有时候一个能够敏感观察别人的神经症患者，他可能完全没有意识到自己的情感、想法或者行为。即使在精神分析中，当某个问题进入到他的注意中，他会用"我没有意识到它"或者"我没有感觉到它"来避免进一步的讨论。另一个要在这里提及的潜意识的方式，是绝大多数神经症患者的一个共性特点，即他们体验自己只是一个反应体。它的作用要比责怪他人更为深入。它相当于在潜意识中否认他自己的"应该"。然后，生活被体验为一系列来自外界的推拉作用力。换句话说，那些"应该"本身被外化了。

用更概括性的话来总结：任何遭受专制政权的人都会采取措施避免专制政权的指令。在被外部暴政的情况下，他会被迫表里不一，这可能完全是有意识的行为。在被内部暴政的情况下，这本身存在在潜意识中，继而的表里不一只是带有潜意识自我欺骗的伪装特点。

所有这些措施都能防止自我憎恨的爆发，否则自我憎恨将在意识到"失败"之后发生。因此它们有极大的主观价值。但是它们也造成对真实感弥漫性地破坏。因此，这些措施事实上同时造成了自我的疏离[1]和自负系统显著的自主权。

于是，这些对自我的要求在神经症的结构中占据关键的地位。它们构成了个体实现理想化形象的尝试。这些对自我的要求从两方面增加个体的自我疏离感：通过迫使他篡改自发的情感和信念；通过使他产生潜意识弥漫的不诚实。这些对自我的要求也是被自我憎恨决定的，并且最终当他意识到不能够遵从这些要求，他会开启自我憎恨。在某种程度上，所有自我憎恨的形式都是未实现"应该"的惩罚，这仅仅是另一种方式的表达——如果他真的能成为超人般的存在，他就不会感到自我憎恨。

惩罚性的**自我指责**是自我憎恨的另一种表达方式。大部分的自我指责遵从我们核心前提所产生的无情逻辑。如果个体没能达到**绝对的**无畏、**绝对的**慷慨、**绝对的**镇定、**绝对的**意志力等，他的自负会做出"有罪"的判决。

一些自我指责是针对当前的内在困境。因此它们可能看上去貌似是合理的。无论如何，个体自己会感到它们完全是有根据的。毕竟，自我指责是符合高标准的，难道这样的严格不该得到赞许吗？事实上，他思考这些困境时脱离

---

[1] 参见第六章"与自我疏离"。

了情境，并且向它们抛掷了充满愤怒的道德谴责。不管患者对这些困境负有什么责任，它们都被留存下来。不论他以任何方式拥有了不同的感受、想法、行为，甚至不论他是否意识到它们，这一点都不重要。因此，一个需要被检视和进行处理的神经症问题变成了可怕的污点，给患者贴上无法被救赎的标签。比如说，他可能没有能力为他的利益和观点辩护。他注意到当他本应该为自己的不同观点发声或者保护自己不被利用时，他却让步了。事实上，直接地观察到这一点不仅值得赞扬，而且可能是他逐渐认识到什么力量迫使他让步而没有坚持自己所迈出的第一步。相反，在毁灭性的自我责备的控制下，他会打击自己，认为自己没有"胆量"，认为自己是令人厌恶的胆小鬼，或者感到周围的人因为他是懦夫而瞧不起他。因此，他自我觉察的整体效果就是让他感到"有罪"或者自卑，带来的结果是他的自尊被贬低，这使他更难以在下一次类似的状况中发表自己的意见。

　　类似地，某个明显害怕蛇或者驾驶的人可能被告知这样的事实：这种害怕源于他没办法控制的潜意识力量。他的理性告诉他针对"怯懦"的道德谴责是没有道理的。他甚至可能来来回回地跟自己辩论，他是"有罪的"还是"无罪的"。但是他可能没办法做出任何结论，因为这个辩论涉及了他的不同层面。作为人他能够允许自己遭受害怕。但是作为像神一样的人，他应该具备绝对无畏的品质，对于任何他感到的害怕，他只能憎恨和瞧不起自己。另一个例子，一位作家因为他自身的许多原因使写作成为煎熬，这限制了他创作性的工作。因此，他的创作进展缓慢，他虚度着时间或者做一些不相关的事情。他没有对自己的痛苦遭遇表示同情和检视它的发生，而是称自己是一个游手好闲的人或者是一个并非对写作真正感兴趣的骗子。

　　关于"自己虚张声势或者自己是个骗子"的自我指责是最为常见的。自我指责并不总是因为某件具体的事情而直接刺向自己。更经常的是神经症患者感到这方面模糊的焦虑不安——这些疑虑没有依附在任何事物上，并且有时是潜伏的，有时在意识上感到折磨。有时患者仅仅意识到他对自我指责的恐惧反应，这种存在的恐惧揭示了：如果人们更了解他，他们就会看到他并不好。在下一次的活动中他的无能就会显露出来。人们会认识到他只是设法想要炫耀自己，在他的"外表"之下并没有扎实的学识。同样，在进一步接触或者任何测试的情境中究竟会发现什么，仍然是模糊不清的。然而，自我责备也不是凭空而来的。它是有关于现有的潜意识伪装的总和——伪装的爱、伪装的公正、伪装的兴趣、伪装的知识、伪装的谦虚。并且，这种特定的自我指责的频率与每位神经症患者伪装的频率是一致的。自我指责的毁灭性本质也在这里表现出来：事实上它只产生了负罪感和恐惧，而没有促进建设性地寻找存在的潜意识的伪装。

　　其他的自我指责较少抨击当前的困难，而是指向做某事的动机。这些自我指责可能就像是良心的自省。而且只有完整的情境能够显示出是否这个人真的想要弄清楚他自己，是否他只是在挑剔，或者是否两种驱力都在起作用。这一过程更加具有欺骗性，因为事实上我们的动机很少是"纯金"的，它们通常与不那么贵重的"金属"混合而成。不过，如果主要的成分是黄金，我们仍然可以称它为黄金。如果在给朋友建议的时候，主要的动机是提供友善的建设性帮助，我们就可能感到满足。但是被挑剔所控制的人不会如此。他会说："是的，我给了他建议，甚至可能是良好的建议。但是我并不乐意这样做。部分的我是厌恶被打扰的。"或者，他会说："可能我这么做只是享受感觉自己比他优越，或者因为他没有更好地处理特定的状况而想要刺激他一下。"恰恰因为这种推理有一点道理，所以它具有欺骗性。有时一个略带智慧的局外人或许能够驱散掉这个魔咒。这位更加智慧的人可能回应道："按照你所说的这些因素，实际上你给予朋友充分的时间和关注以便真正地帮助到他，这难道不更应该被赞扬吗？"自我憎恨的受害者永远不会用这种方式看待事情。当他目光狭窄地盯着自己的缺点，他是看不见整体的，看不见由树木组成的森林。此外，即便是牧师、朋友或者精神分析师呈现给他正确的观点，他可能也不会被说服。他可能礼貌地承认显而易见的真理，但是精神上有所保留，他认为这些话是为了鼓励他、安慰他才这么说。

　　像这样的反应是值得关注的，因为它们显示了使神经症患者摆脱他的自我憎恨有多困难。他在判断整体情况上的错误是清晰可见的。他可能看到他过分聚焦在某些方面而忽略了其他方面。尽管如此，他还是坚持他的结论。原因是神经症和健康人的逻辑运行是基于不同的假设。因为他给的建议不是**绝对的**有帮助，整个行为在道德上是难以接受的，所以他开始打击自己并且拒绝使自己摆脱自我指责。有时，这些观察驳斥了精神病学家提出的假设：自我责备仅仅是用来得到安慰或者逃避指责和惩罚的一种聪明的策略。当然，它确实会发生。就儿童或者成人来说，在面对令人畏惧的权威时，它可能实际上只是一种策略。即便如此，我们必须要小心地做出我们的判断，并且应该检查是否需要这么多的安慰。把这些例子一般化并且认为自我指责仅仅作为策略性目的之用，这意味着完全没有领会到自我指责的毁灭性力量。

　　此外，自我指责可能聚焦在个人控制范围之外的灾祸上。它们在精神病人中最明显，比如他们可能因为读书读到了谋杀而指责自己；因为认为对六百英里之外美国中西部的洪水负有责任而指责自己。看起来荒谬的自我指责常常是抑郁状态的人的显著症状。虽然神经症患者的自我指责少了一些荒诞离奇，但是可能仍然是不现实的。作为例证，我举一位颇有才智的母亲的例子。她的孩子在和邻居家的小朋友玩耍时，从邻居家的门廊跌落下来。这个孩子有点轻微的脑震荡，除此之外，这个事故没有造成其他伤害。在之后的若干年，这位母亲一直严厉地斥责自己的粗心。她认为这都是她的错。如果她当时在场，孩子就不会爬到栏杆上，也就不会摔下来。这位母亲承认过度保护孩子是不可取的。她当然知道即便是一位过度保护孩子的母亲也不能总是在孩子身边。然而她却坚持着对自己的判决。

类似地，一位年轻的演员因为事业上的暂时失败而严厉斥责自己。他完全知道他面对的困难超出了他的控制。在与朋友们谈论这一状况时，他会指出这些不利的因素，但是他采取防御的方式，就好像是为了缓解他的负罪感和坚持自己是无辜的。如果朋友们问他，他原本能有什么不同的做法，他没能说出任何具体的方法。任何审视、任何安慰、任何鼓励都无法消减他的自我斥责。

这种自我指责可能激起我们的好奇心，因为更经常发生的是与之相反的情况。通常神经症患者为了免除自己的责任，会渴望抓住环境造成的困难或者不幸：他做了所有他能做的；简而言之，他简直太了不起了。但是其他人、整体环境或者意外的事故把一切毁掉了。虽然这两种态度表面上看起来是对立的，但是奇怪的是，它们的共同之处要大过它们的不同。这两种态度都把注意力从主观因素上移开而聚焦在外部因素上。外部因素被归为是幸福和成功的决定性影响。它在两种态度中的作用都是抵挡——没能成为理想化自我的——自我谴责的攻击。在提到的例子中，其他的神经症因素也干扰当事人成为理想的母亲或者拥有出色事业的演员。那位女士在那个时候太过沉溺在自己的问题中，而不能成为始终如一的好母亲；那位演员存在某些限制而阻碍了她不能做出必要的联系以及进行工作的竞争。在某种程度上，她们两位都意识到了这些困境，但是她们要么偶然提起、要么忘记、要么微妙地粉饰它们。这在一个无忧无虑的人身上发生，我们不会感到吃惊。但是在我们的两个例子中——它们在这一点上是典型的——存在一个完全令人吃惊的不一致，一方面她们小心翼翼地对待自身的不足，另一方面她们对于外部不受她们控制的事情充满了无情和没有道理的自我指责。但凡我们没有意识到这种不一致的重要性，我们就很容易在观察中忽略它们。实际上，它们包含了理解自我谴责的动力的重要线索。这种不一致表明了个体对于自身不足的自我斥责如此严厉，以至于他必须诉诸于自我保护的措施。他们使用了两种措施：小心翼翼地对待自己，以及把责任转移到环境中。

问题仍然存在——为什么他们采取后一种措施而没有成功地摆脱自我指责，至少在他们的意识头脑中没有？答案仅仅是他们没有认为外部因素在他们的控制范围之外。或者，更准确地说：它们"**不应该**"在他的控制范围之外。因此，任何事情出现问题都会反映在他们身上，并且暴露了他们不光彩的局限性。

虽然目前为止提到的自我指责都聚焦在某些具体事物上——如存在的内在困境、动机、外部因素——但是其他的自我指责是模糊的、难以描述的。一个人可能被负罪感萦绕着，却无法关联到具体的事情上。在他不顾一切地寻找原因的过程中，他可能最终会诉诸到一个观念上，即或许这和某个前世的负罪有关。即便如此，有时会冒出一个更为具体的自我指责，他会相信现在他找到了憎恨自己的原因。让我们假设，比如说他认识到他对别人不感兴趣，他为他们做的并不够。他试图努力改变这种态度，并且希望通过这样做来摆脱掉他的自我憎恨。但是，如果他真的指向他自己——尽管这样做值得被称赞——这种努力不会使他摆脱危害，因为他把因果关系弄颠倒了。**不是因为他的自我责备的部分是有根据的，所以他憎恨自己，而是因为他憎恨自己，所以他指责自己。**而且一个自我指责会承接着另一个自我指责。他没有采取报复，所以他是个懦弱的人。他具有报复性，所以他是个粗野的人。他乐于助人，所以他是个笨蛋。他不乐于助人，所以他是个自私鬼，如此等等。

如果他外化了这些自我指责，他可能感到他做的每件事都被所有人赋予了别有用心的动机。就像我们之前提到的，这一点可能对他是特别真实的，致使他怨恨他人不公平。为了保护自己，他可能带上一个僵硬的面具，从而没有人能够从他的表情、语调、或者他的姿势猜出他心里在想什么。或者，他甚至可能没有意识到这样的外化表现。于是，在他的意识头脑中，每个人都非常友善。而只有在精神分析的过程中，他会意识到实际上他一直感到被怀疑。就像希腊神话中的达摩克利斯，他可能生活在恐惧中，唯恐严厉的指责之剑随时掉落他身上。

我不认为任何精神病学著书对于这种无形的自我指责的描述比得过卡夫卡在《审判》中呈现得深刻。就像主人公K先生一样，神经症患者可能把最好的精力都放在与未知的、不公平的审判者进行的徒劳的防御斗争中，并且在这个过程中变得越来越无望。在这里，指责同样是以K先生真实的失败为基础的。就像艾里希·弗洛姆在分析《审判》时有力地论证了自我指责是指向K先生乏味的一生、他的漂泊不定、他缺乏自主和成长——所有这些弗洛姆用了一个恰当的词组，称之"他没有收获的一生"。弗洛姆指出，任何人用这种方式生活必然感到负罪，而且有充分的理由：因为他**确实**有罪。他总是留意着寻找别人为他解决问题，而不是求助自己和自己的**资源**。在这一分析中，存在着深刻的智慧，我当然同意其中所用的概念。但是我认为它还不完整。它并没有考虑进自我指责的徒劳，以及它们仅仅具有惩罚性的特点。换句话说，它遗漏了一点，K先生对自己的负罪态度反过来是没有建设性的，因为他是以自我憎恨的精神来对待负罪态度的。这同样存在于潜意识中，他没有感到自己无情地指责自己。整个过程都被外化了。

最后，一个人可能因为某些行为或态度指责自己，而客观地看，它们似乎是无害的、合理的，甚至是可取的。他可能把细心照顾自己污名为娇惯；把享受美食污名为贪吃；把考虑自己的愿望而不是盲目顺从污名为缺乏情感的自私；把考虑接受精神分析治疗——他需要并且能够负担——污名为自我放纵；把坚持观点污名为自以为是。在这里，我们也不得不提出疑问，我们的追求冒犯了哪一种内在指令或者哪一种自负。只有以苦行主义为傲的人会指责自己"贪吃"，只有以自我谦逊为傲的人会将坚定自信的举动污名为自我主义。但是这类自我指责最重要的部分是，它们通常与所浮现出来的真实自我的对抗有关。它们大多数出现在，或者更准确地说，是显著地出现在精神分析的后期阶段，它们是企图抹黑和阻碍那些朝向健康成长的行动。

自我指责之凶残（就像任何形式的自我憎恨）需要自我保护的措施。我们能够在精神分析的情景中清楚地观察到。一旦患者面对他的困境，他可能就处于防御状态。他的反应可能是义愤填膺的，感到被误解，或者变得好争辩。他会指出在过去这确实是事实，但是现在已经好多了；如果他的妻子没有按照他的方式行为，问题就不会存在；如果他的父母是不同的，问题在最初就不会产生。他也可能反击和查找精神分析师的过错，通常用威胁的方式，或者相反，他变得让步和迎合。换句话说，他的反应好像我们向他投掷了严厉的指控，这吓到了他以至于不能平静地对指控进行检验。他可能根据他掌握的方式盲目对抗：通过摆脱它，通过把过失推给别人，通过认罪，通过继续采取攻势。我们在这里得到精神分析治疗中的一个主要阻碍因素。但是同样，除了精神分析，它也是阻碍人们客观对待自己问题的主要原因。避免任何自我指责的需要会抑制建设性自我批评的能力，因此也就破坏了从错误中汲取教训的可能性。

我想要把神经症的自我指责和健康的良心进行对比，做出总结。健康的良心警觉地守卫着我们真实自我的最高利益。用艾里希·弗洛姆精辟的话来说，它代表着"人类对自己的提醒"。它是我们的真实自我对整体人格的正常运行或功能失常的反应。另一方面，自我指责源于神经症的自负，它表现为个体未能实现自负的要求所产生的对自负自我的不满。它们不是为了**支持**真实的自我，而是为了**反对**它，并且打算击碎它。

来自我们良心的不安或者自责，可以非常地有建设性，因为它能够对于一个特定的行为或者反应，甚至是我们整个生活方式哪里出了问题开启建设性的检查。当我们的良心不安时会发生的事与神经症的过程从一开始就不同。我们试图直接面对引起我们注意的做错的事或错误的态度，不会放大它或缩小它。我们试图从自己身上找到我们对它负有的责任，并且用任何可用的方式最终努力克服它。相反，自我指责是通过对整体人格的否定来做出处罚的裁决。并且，做出这个裁决之后，它们就停下来了。停止发生在当一个积极的行为能够开启之时，这造成了自我指责的本质是徒劳的。用最概括性的话语来说，我们的良心是服务我们成长的道德的力量，然而自我指责在根源上不属于道德的范畴，并且它的效果是不道德的，因为它们阻止个体冷静地检查自己存在的困难，由此干扰了个人的成长。

弗洛姆对比健康的良心和"权力主义"的良心，他定义后者为"内化的对权力的恐惧"。事实上，在通常的用法中，"良心"一词隐含着三种完全不同的意思：内心未觉察的对外在权力的屈服，并且伴随着对被发现和被惩罚的恐惧；惩罚性的自我指责；建设性的对自己的不满。在我看来，"良心"这个词应该只保留最后一种含义，我会仅用它表达这种意思。

第三，自我憎恨表现为**自我蔑视**。我用自我蔑视作为各种破坏自信的方式的整体表述，包括：自我轻视、自我贬低、自我怀疑、自我诋毁、自我嘲讽。它与自我指责之间有着不小的区别。当然，或许不会总能指出一个人是因为自责而感到内疚还是因为贬低自己而感到自卑、无价值，或卑劣。在这种情况里，我们只能确定地指出这些是不同的打击自己的方式。然而，这两种自我憎恨起作用的方式存在可辨识的区别。自我蔑视主要是反对任何追求进步或者成就的努力。人们对于这一点的认识程度存在很大差异，我们会在之后理解这种差异的原因。它可能隐藏在理直气壮的傲慢的冷静外表之下。然而，它也可能被直接地感受和表达。比如说，一个漂亮女孩想要在公共场合扑粉补妆，发现自己心里在说："多可笑！丑小鸭，想让自己变漂亮！"另一个例子，一个有才智的男人被一个心理学主题迷住了，并且考虑进行这个主题的习作，却对自己说："你这个自命不凡的蠢货，是什么让你认为你能写论文！"即便如此，如果以为这些对自己敞开冷言冷语的人通常意识到它们的全部意义，这是错误的。其他一些看起来坦率的评论可能较少地具有公然的恶意，它们可能的确是风趣幽默的。像我之前说的，这些更加难于评估。它们可能是来自徒劳无用的自负的更自由的表达，但它们也可能仅仅是潜意识保全面子的手段。说得更明确一些：它们可能是保护自负，使个体免于向他的自我蔑视屈服。

自我诋毁的态度能够很容易被发现，虽然它们可能被别人夸奖为"谦虚"，并且个体本人也这么感觉。于是，一个人在悉心照顾一位生病的亲戚之后，可能会想或者会说："这是最起码我能做的事情了。"另一个很会讲故事的人可能会折损别人对他的夸奖，他会想："我讲故事只是为给别人留下印象。"一位医生可能把一次治愈归因为运气好或者病人的生命力。但是相反，如果病人没有好转，他会认为这是**他的**失败。另外，虽然自我蔑视可能不会被认识到，但是某些因而产生的恐惧通常是相当明显的——对别人来说。于是，许多见多识广的人不会在讨论中发言，因为他们害怕看起来可笑。很自然，这种对优点和成就的否认或者怀疑对于自信的发展或恢复都是有害的。

最后，自我蔑视以不易觉察和显而易见的方式显示在整个行为中。人们可能对于他们的时间、他们已做或者将要做的工作、他们的愿望、观点、信念给予了不足的评价。同样，他们似乎失去了认真对待自己所做、所说、所感的能力，并且如果别人认真对待了，他们会惊讶。他们发展出对自己愤世嫉俗的态度，这种态度可能继而扩展到对整个世界。更引人注意的是，自我蔑视在怯懦、谄媚或者歉意的行为中表现得很明显。

就像其他形式的自我憎恨，自我斥责可能出现在梦里。当它距离做梦者的意识头脑仍然很远的时候，它可能表现在梦中。他可能梦到一些象征物来呈现自己，比如污水坑、一些令人讨厌的生物、匪徒、可笑的小丑。他可能梦到外观浮华的房子，但是里面像猪圈一样肮脏；梦到无法修补的残破旧屋；梦到他和低下、卑鄙的人发生性关系；梦到某人当众愚弄自己，等等。

为了对问题的尖锐性获得更全面的了解，我们将在这里考虑四种自我蔑视的后果。第一种是某些神经症类型**把自己**与每一个他们接触的人**做比较**的强迫性需要，并且使自己处于不利的位置。比如，自己之外的那个人更令人印象深刻、更见多识广、更有趣、更有吸引力、穿着更得体；他有年龄或者年轻的优势、有更好地位的优势、更大重要性的优势。但是，即便这样的比较可能对神经症患者本人是严重失衡的，他没有把它们想清楚；或者，如果他想到了，对比之后的自卑感仍然存在。这种比较不仅对他自己不公平，它们通常没有任何意义。为什么一位能够为自己的成就感到骄傲的老人，应该和一位跳舞好的年轻舞者比跳舞？或者，为什么某个从来对音乐不感兴趣的人要认为自己不如音乐家？

然而，当我们想起来神经症患者潜意识中要求他在**每一个**方面都优于别人，这种通常的做法就讲得通了。我们必须在这里补充，神经症的自负也要求他**应该**优于每一个人和每一件事。那么当然，别人任何"优越的"技能或者品质一定会令他不安，并且必然引起一个自我毁灭的斥责。有时候这种联系是反向操作的：神经症患者已经存在在一个自我斥责的思维架构中，当他遇到别人的时候，他用别人"闪光"的品质强化和巩固他严厉的自我批评。用两个人来说明：这就像一个具有野心和施虐行为的母亲，她用吉米朋友的更高的分数或者更干净的指甲让吉米感到羞愧。如果把这些过程简单地描述为避开竞争并不充分。在这些例子中，避开竞争只是自我贬低的结果。

自我蔑视的第二个后果是在人际关系中**脆弱性**。自我蔑视使得神经症患者对于批评和拒绝高度敏感。在极小的挑逗或者没有挑逗的情况下，他都感到别人看不起他，没有认真对待他，没有在意他的陪伴，以及事实上是轻视他。他的自我蔑视极大地加剧了他对自己显著的不确定感，因此必然使他极其不确定别人对他的态度。如果他不能接受自己本来的样子，他不可能相信当别人了解他所有的缺点还能以友好和欣赏的态度接受他。

他在更深的层面所感受到的更为激烈，而且可能发展成不可动摇的信念，那就是别人明显看不起他。虽然他在意识中没有觉察到一丝的自我蔑视，但是这种信念可能活在他的身上。这两种因素——盲目的假定别人看不起他，以及相对或者完全意识到他的自我蔑视——都指向了他大部分的自我蔑视被外化的事实。这一点可能导致一种不易觉察地对于他全部的人际关系的破坏。他可能变得不能够相信别人表现出来的积极情感。在他的头脑中，一句赞美的话可能被视作一句讥讽的评语；同情的表达被视为屈尊的怜悯。如果有人想要见他，那是因为这个人想要从他这里得到一些东西。其他人表达对他的喜欢，那只可能因为他们还没有很好地了解他，因为他们自己是没有价值或"神经质的"，或者因为他曾经或现在能够对他们有用。同样地，事实上没有敌意的事情被解释为存在蔑视的证据。某个人没有在街上或剧院里向他问候，没有接受他的邀请，或者没有立刻回复他，这可能都是一种轻蔑。某人跟他开了一个善意的玩笑，这显然是想要羞辱他。反对或者批评他的建议或者他的举动，并不是对这一特定举动等等的坦诚批评，而是别人鄙视他的证据。

如我们在精神分析中看到的，这个人自身要么没有意识到他是这样经验他和别人的关系，要么他没有意识到涉及其中的扭曲。在后一种情况中，他可能想当然地认为别人对他的态度真的是那样，他甚至为自己的"现实主义"而骄傲。在精神分析治疗的关系中，我们能够观察到患者在多大程度上认为别人看不起他。在进行了大部分的分析工作之后，患者明显地和他的精神分析师相处变融洽，他可能漫不经心、相当自然地提到精神分析师看不起他，而这对他而言是显而易见的，以至于他不认为有必要提及这一点或者给予它任何延伸的想法。

因为他人的态度的确对许多种解释是开放的，特别是当剥离掉情境之后，所以所有这些人际关系中扭曲的看法都是可以理解的，与此同时外化的自我蔑视会感到不可否认的真实。此外，这种责任转移的自我保护特点也是显而易见的。如果存在一直生活在清醒的、尖锐的自我蔑视中的可能，它大概是难以忍受的。从这个角度来看，神经症患者会潜意识地倾向把别人看作冒犯者。虽然这对他是痛苦的，就像这对于任何人来说一样，但是感受被轻视和被拒绝要比直接面对他的自我蔑视好一些。了解别人既不会伤害你的自尊，也不会建立你的自尊，这对任何人来说都是漫长而困难的功课。

由于自我蔑视导致的人际关系的脆弱性与神经症自负带来的脆弱性结合在了一起。一个人感到被羞辱是因为某件事伤害了他的自负还是因为他外化了他的自我蔑视，通常很难说清楚。它们是如此不可分割地交织在一起，以至于我们不得不从这两个角度来应对这样的反应。当然，在既定的时间里，这两种状况中的一种会更容易被观察或者更容易接近。如果一个人对表面上的不尊重的反应是报复性的傲慢，在这种情况中受伤害的自负是关键。如果是同样的挑逗，结果使他变得怯懦以及试图迎合自己，自我蔑视就显得更为突出。但是应该记在心里的是，在任何一种情况中相反的方面也在起作用。

自我蔑视的第三个后果是处于自我蔑视控制中的人经常**遭到他人过多的虐待**。不论是羞辱或者剥削，他可能甚至没有认识到这是明目张胆的虐待。即使感到愤慨的朋友们提醒他注意，他往往会弱化冒犯者的行为，或者证明冒犯者的行为是合理的。这种情况只在某些条件下发生，比如在病态的依赖中，而且它是复杂的内在集群因素的共同结果。但是在造成这种情况的因素中，关键是他的无力设防，这来自个体认为他不值得被更好地对待的信念。比如，一个女人的丈夫夸耀他和其他女人发生关系，这个女人可能没有能力抱怨，甚至没有感到有意识的怨恨，因为她感到自己是不讨人喜欢的，并且认为大部分的女人都比她有吸引力。

最后要提到的后果是**通过他人的关注、尊敬、欣赏、钦佩或者爱来缓解或平衡自我轻蔑的需要**。由于想要摆脱受自我轻蔑摆布的强烈需要，这种对于关注的追求是强迫性的。这种追求也取决于胜利的需要，并且可能发展成为耗费精力的人生目标。后果就是对于自我的评价完全地取决于他人：自我评价会随着他人对他的态度而提升或降低。

沿着更宽阔的理论思路来思考，这些观察帮助我们更好地理解为什么神经症患者固执地依附在被美化的自我上。他必须保持这样，因为他认为唯一的替代就是向恐怖的自我蔑视屈服。于是，在自负和自我蔑视之间存在着恶性循环，一方总会强化另一方。只有在某种程度上他对真实的自我产生兴趣，这个循环才会改变。但是同样，自我蔑视使得他很难找到自我。只要他把被贬低的自我形象当作是真的，他的自我看起来就是卑劣的。

　　究竟是什么让神经症患者看不起自己？ 有时候是一切：他的个人局限性；他的身体、外表和功能；他的思维能力，推理、记忆、批判性思维、计划性、特殊的技能或者天赋；任何活动，从简单的私人行为到公开的表现。虽然遭受贬低的倾向可能或多或少是普遍存在的，但是它通常更尖锐地集中表现在某个领域（相比其他领域），这取决于在主要的神经症的解决方案中哪种态度、能力或者品质具备重要性。比如说，进攻—报复类型会在他视为"软弱"的事情上最看不起自己。这可能包括他对别人的积极情感，任何对他人报复的失败，任何顺从（包括合理的让步），任何对自己或者他人的失控。在这本书的架构中，不可能对所有可能性给出完整的概述。而且，也并不需要如此，因为起作用的原则一直都是相同的。作为例证，我将只讨论自我蔑视经常出现的两种表现形式——它们有关吸引力和智力。

　　在容貌和外表方面，我们发现自我蔑视的整个范围是从一个人感到没有吸引力到感到令人厌恶。乍看起来，这种倾向发生在吸引力超过平均水平的女性身上是令人吃惊的。但是我们必然不会忘记，重要的不是客观事实或者来自他人的观点，而是这个女人感受到的在理想化形象和实际的自我之间的差距。因此，即使她可能普遍被称赞是美女，她仍然不是**绝对的**美女，比如从未有过的和永远不会有的绝世美颜。所以，她可能把注意力放在她的不完美之处——如一个伤疤，一只不够纤细的手腕，或者不是自然卷的头发——她在这一点上贬低自己，有时甚至到憎恨照镜子的程度。或者，她令别人感到厌恶的恐惧会很容易被唤起，比如，看电影时坐在她身边的人换了座位就会引起她的恐惧。

　　依据人格中的其他因素，对外表的蔑视态度可能导致用过度的努力来对抗暴力的自我斥责，或者导致一种"不在乎"的态度。在第一种情况中，豪无节制的大量的时间、金钱和想法会花在头发、皮肤、穿着、帽子等上面。如果这种贬低聚焦在特殊的方面，像鼻子、胸或者超重的状况，这可能导致极端的"疗法"，像手术或者强迫减重。在第二种情况中，即便是合理的关注皮肤、姿态或者穿着，也会受到自负的干涉。然后，一个女人可能深信自己是丑的或者令人厌恶的，以至于任何改善外表的尝试似乎都是可笑的。

　　对外貌方面的自我斥责变得更加尖锐时，个体也会意识到这种自我斥责来自更深的根源。这两个问题——"我有吸引力吗？"和"我讨人喜欢吗？"——是分不开的。在这里我们触及到一个人类心理学的关键问题，而且将再一次不得不留下悬念，因为讨人喜欢的问题最好在另一个段落进行讨论。这两个问题在多个方面是互相联系的，但是它们是不一样的。其中一个的意思是：我的外表是否足够漂亮，吸引人爱？另一个是：我有让人喜欢我的品质吗？虽然第一个问题是重要的，特别是在年轻的时候，但是第二个问题深入到我们存在的核心，并且是与在爱的生活中获得幸福有关。然而，讨人喜欢的品质必须和人格有关，而且只要神经症患者是远离他自己的，他的人格就会过于模糊而无法吸引他自己。另外，虽然在实际的目的中，吸引力的不完美之处通常可以忽略不计，但是由于许多原因，所有神经症患者的讨人喜欢的特征在实际中都有受损。然而，足以令人奇怪的是，精神分析师听到很多对第一个问题的关注，却极少听到对第二个问题的关注，如果尚且还有的话。这难道不是在神经症患者的诸多颠倒主次的其中之一吗？从真正关乎我们自我实现的事物转移到闪光的表面之物？难道这个过程不是和追求魅力相一致吗？拥有和发展讨人喜欢的品质是没有魅力的，但是拥有刚刚好的身材或刚刚好的穿着可能就是有魅力的。在这种情况下，所有关于外表的问题都不可避免地被赋予超负荷的重要性。自我贬低会集中在这些方面是可以理解的。

有关智力的自我贬低，伴随着由此产生的愚蠢感受，与理性的全能所带来的自负是相对应的。是否自负或者自我蔑视在这一方面处于显著的地位，它取决于整体的结构。实际上在大多数的神经症中都存在一些困扰，它们构成了心智功能令人不满意的合理原因。害怕具有进攻性可能阻碍了批判性思维。普遍地不愿承担义务可能使得自己的观点难以达成。看起来无所不知的强烈需要可能干扰学习的能力。蒙蔽个人问题的整体倾向可能也使思维的清晰度受到困惑，就像人们视而不见他们内在的冲突，他们可能也不会注意到别人身上类似的矛盾。他们可能太过着迷于要实现的荣誉，而不能够对他们正在做的工作充满足够的兴趣。

我记得有一段时间，我认为这种实际的困难能充分解释这种愚蠢的感受，我希望说这样的话能帮助到他："你的智力完全没有问题，但是你的兴趣和勇气怎么样？所有要投入到工作中的能力怎么样？"当然，对所有这些因素进行工作是有必要的。但是，患者对于解放自己以便在他的生活中使用他的智慧并不感兴趣，他感兴趣的是"大师头脑"的**绝对**智慧。在那时我没有意识到自我贬值的力量，它有时会达到剧烈的程度。甚至已经获得真正的才智成就的人们，他们都可能倾向于坚持认为自己是愚蠢的，而不会公开地承认他们的抱负，因为无论如何他们必须避免被嘲笑的危险。并且，他们在平静的绝望中接受这种裁决，拒绝一切与之相反的证据和保证。

　　自我轻视的过程会在不同程度上妨碍对任何兴趣的主动追求。这种影响可能表现在活动之前、之中或者之后。一个屈服于自我蔑视的神经症患者可能感到极其灰心，以至于他不认为他能够换轮胎，能够说一门外语，或者在公众场合讲话。或者，他可能开始某项活动，但是在最初遇到困难时便放弃了。又或者，他可能在当众表演之前或者过程中感到害怕（怯场）。同样，就脆弱性而言，自负和自我蔑视都会对这些抑制和恐惧起作用。总而言之，它们产生自一个两难困境，这个两难困境来自一方面是广泛赞扬的需要，另一方面是主动的自我蒙羞或自我打击的力量。

　　尽管遇到所有这些困难，但是当有一份工作完成了，并且做得出色，得到了好评时，自我贬低却没有停止。"任何人都可以通过非常多的工作来实现同样的目标"；在钢琴独奏会上，一个没有完美呈现的段落会被赫然放大；"这一次我通过了，但是下一次将是惨败。"在另一方面，一次失败会唤起自我蔑视的全部力量，而且令人沮丧的程度要远远超过失败的实际意义。

　　在我们讨论第四个自我憎恨的方面——**自我挫败**之前，我们必须首先缩小这个主题至一个适当的范围，通过把它和一个看起来相似或者有相似影响的现象区分开。我们必须从一开始就把它和**健康的自律**加以区分。一个有条理的人会放弃某些活动或者满足感。但是，他这么做是因为其他目标对他更为重要，因此在他的价值等级中需要排在优先的位置。于是，一对年轻的夫妇由于宁愿为自己攒钱买房而可能剥夺了自己的乐趣。一位投身于工作的学者或者艺术家会限制自己的社交生活，因为安静和专注对他而言有更大的价值。这种纪律的先决条件是认识到时间、精力和金钱的局限性（很可惜在神经症患者身上缺乏这种认识）。它同样存在另一个先决条件，那就是了解自己的真实愿望，并且有能力为更重要的愿望放弃不那么重要的愿望。这对神经症患者来说是困难的，因为他的"愿望"大部分是强迫性的需要。并且这存在于它们的本质中，即它们在重要性上的排名是等同的，因此没有能放弃的。那么，在精神分析治疗中健康的自律更倾向是一个接近的目标，而非现实。倘若我没有从经验中知晓神经症患者不知道主动放弃和挫败之间的区别，我完全不会在这里提到这一点。

　　我们必须还考虑到在某种程度上神经症患者实际上是个遭受挫败的人，虽然他可能没有意识到。他的强迫性驱力、他的冲突、他对于这些冲突的伪解决方案以及他的自我疏离都阻止他实现既定的潜能。另外，他常常感到挫败，因为他对于无限权力的要求一直没有被满足。

　　然而，这些挫败——真实的或者想象的——并不来自**自我挫败的意图**。比如，对于情感和赞同的需要实际上会使得真实自我遭到挫败、真实自我的自发情感遭到挫败。神经症患者发展这样的需要是因为尽管他存在基本焦虑，但是他必须应对他人。即使自我剥夺很关键，但在这种情况下它是过程中不幸的副产品。在自我憎恨的背景下，此处我们感兴趣的是主动的自我挫败，它是由迄今为止讨论的各种自我憎恨的表现所造成的。暴政的"应该"实际上令自由选择遭到挫败。自我指责和自我蔑视令自我尊重遭到挫败。另外在其他方面，由自我憎恨而产生的主动令人挫败的特征甚至更为明显。它们是对于乐趣的禁忌和希望与抱负的破碎。

对乐趣的禁忌破坏了我们单纯地想要或者去做任何我们真正感兴趣，并且由此丰富我们人生的事情。一般来说，患者开始更多地意识到自我，他会更加清楚地体会到这些内在的禁忌。他想要去旅行，内心的声音会说："你不配。"或者在其他的情况下内心的声音是："你没有权利去休息、去看电影、去买衣服。"或者，更为普遍的意思是："好东西都不是给你的。"他想要分析他自己的易怒情绪，他怀疑它并不合理，他感到"好像有一只铁手关上了一扇厚重的门。"所以他累了，他停止了精神分析的工作——他知道这可能对他有益。有时候他具备关于这个主题的内在对话。在完成一整天的工作后，他感到疲惫想要休息。这个声音说道："你只是懒。""不，我真的是累。""哦，不，那完全是自我放纵，这样下去你永远都不会有所成就。"在这样一来一往的对话之后，他要么带着负罪的良心去休息，要么逼自己继续工作，这两种方式都无法让他获得任何益处。

一个人会如何在追求乐趣时打击自己，这通常会出现在他的梦中。比如，一个女人梦见自己在一个果园里，到处是甘美的水果。只要她想摘果子，或者成功地摘到果子，有人就会从她手中把果子打掉。或者一个绝望中的人梦到他试图打开一扇厚重的门，但是他做不到。或者他跑着追赶一辆火车，但是火车刚刚离开。他想要亲吻一个女孩，但是女孩消失了并且他听到一阵嘲笑声。

对乐趣的禁忌可能隐藏在社会意识的表层背后："只要其他人居住在贫民窟，我就不应该拥有好的公寓……只要一些人在饱受饥饿，我就不应该在食物上花费任何时间和金钱……"当然，在这些例子中人们必须去检视这样的异议是否来自真正深层的社会责任感，或者仅仅是掩盖着对于享乐的禁忌。通常一个简单的问题能够弄清这个状况，并且揭开虚假的光环：这个人实际上会把没有花在自己身上的钱放在包裹里寄去欧洲帮助别人吗？

我们还可以从产生的抑制行为推断这种禁忌的存在。比如，某种类型的人只有当与别人共同享受时才能感到乐趣。的确，对许多人来说分享的愉悦是双份的愉悦。但是他们可能强迫性地坚持别人和他们一起听唱片，不论别人喜欢与否，而且当他们自己一个人的时候，他们可能相当没有能力享受任何事情。另一些人可能对于花在自己身上的开销特别的吝啬，以至于甚至连他们自己都完全不能给予合理的解释。有一点尤其引人注意，就是与此同时他们会在提升自己声誉的事情上大手笔地花钱，比如以显而易见的方式做慈善、举办聚会，或者购买对他们没有任何意义的古玩。他们的行为就像被一个法则所统治，它使得他们被荣誉奴役，但是禁止任何"仅仅"增添了他们舒适、快乐或者成长的事情。

就像其他任何的禁忌一样，打破这些禁忌所遭受的处罚是焦虑或者等同于焦虑的结果。一位患者为自己准备了一顿丰盛的早餐，而并非仅是大口喝完一杯咖啡，当我强烈地认同这个行为，认为这是一个好的迹象时，她完全大吃一惊。她原本预期我会责备她的这种"自私"。尽管搬去一个更好的公寓可能在每一方面都是明智的，却可能引起许多恐惧。享受一个派对可能紧接着感到的是恐慌。一个内在的声音在这种情况下可能会说："你要为此买单。"一位患者买了一些新家具，发现自己在说："你不会活到去享受它"，这在她特殊的状况中意味着对于当下身患癌症的恐惧在这一刻涌上心头。

破碎的希望可以在精神分析的场景中被清楚地观察到。"永不"这个词带着令人生畏的终结性可能会反复出现。尽管存在实际的好转，但是有个声音会说："你永远不会摆脱你的依赖性，以及你的恐慌；你永远不会获得自由。"患者的反应可能是恐惧，以及拼命地要医生保证他能够被治愈，保证别人曾经获得过救助，等等。即使患者有时候不得不承认他的好转，他可能会说："是的，精神分析帮助了我很多，但是它不能更进一步给我提供帮助，所以它好的地方是什么呢？"当破碎的希望具有普遍性时，会产生一种毁灭的感觉。人们有时会想起但丁的《神曲地狱篇》中在入口处的题字——"且入此门，断绝希望"。病情不可否认会好转，通常像可以预知一样会有规律地发生。一位患者感觉好多了，已经能够忘记他的恐怖症，已经看见了重要的因果联系，这指引给他一条出路，然后他又折返了，带着极度的灰心和沮丧。另一位患者本质上放弃了生活，每一次当他意识到自己身上的资本时他就会产生严重的恐慌，逼近自杀的边缘。如果这种使自己失望的潜意识决定是根深蒂固的，患者可能会用讥讽的话拒绝任何安慰。在一些例子中，我们可以追踪导致复发的过程。当患者看到某种态度是可取的，比如放弃不合理的要求，他会感到他已经改变了，并且在他的想象中飙升到了**绝对**自由的高度。然后，他由于没有做到这些而憎恨自己，他对自己说："你不行，你永远不会取得任何成就。"

最后一种也是隐藏最深的自我挫败是**对任何抱负的禁忌**——不仅针对任何伟大的幻想，而且针对任何的努力奋斗，这些努力奋斗意味着使用自己的资源或者变成更好、更强的人。在这里，自我挫败和自我贬低之间的界限特别模糊。"你是谁还想要演戏、唱歌、结婚？你终究将会一事无成。"

在一个男人的过往中出现过这些因素中的一部分，他后来变得极其富有成效并且在自己的领域取得了一些成就。大约在他的事业发生好转的一年之前——外界因素没有任何变化——他曾经和一位老太太聊天，被问到在他的一生中想做些什么，他愿望或者期待实现什么。他发现尽管他聪明、足智多谋又勤奋，他从没未考虑过他的未来。他全部的回答都是："哦，我猜我总能赚钱养活自己。"尽管他一直被认为是有前途的，但是他想要做任何重要事情的想法都完全被扼杀掉了。在外界刺激和一些自我分析的帮助下，后来他变得越发富有成效。但是他的工作成果并没有被他意识到是有意义的。他甚至没有体验到他取得了任何成绩。因此，这并没有增加他的自信心。他可能忘记了他的成果，然后很偶然地再次发现它们。最终当他前来进行精神分析，主要原因是工作中存留的禁忌——不允许为自己争取任何东西、不允许有所追求，或者不允许实现他特殊的天赋——这些禁忌仍然是令人生畏的。很明显，他拥有的天赋以及隐藏的雄心驱使他追求成就的程度太过强烈而无法完全被抑制。所以他完成了一些事情，即使是在痛苦下完成，但是他必须不让自己意识到这个事实，而且无法拥有它和享受它。在其他的例子中，结果要更为不利。他们放弃，不敢冒险尝试任何新的事物，对于生活毫无期待，把他们的目标定得极低，因此他们过着低于他们能力和精神财富的生活。

就像自我憎恨的其他方面一样，自我挫败可能表现为外化的形式。一个人抱怨如果不是由于他的妻子、他的老板、他的金钱不足、天气或者政治形势的原因，他会是这个世上最幸福的人。不用说，我们不应该走向另一个极端，认为所有这些因素都是无关紧要的。它们当然可能影响我们的幸福。但是在对它们的评估中，我们应该仔细审视它们的实际影响到底有多大，多大程度上我们把内在原因转移到了它们上面。通常，一个人感到平静和满足是因为他和自己更好地相处，尽管事实上外界的困难没有发生改变。

在某种程度上，**自我折磨**是自我憎恨不可避免的副产品。不论神经症患者是试图迫使自己成为不可能达到的完美之人，对自己进行指责，还是贬低或挫败自己，他事实上都在折磨自己。让自我折磨在自我憎恨的表现形式中作为一个单独的分类，涉及到这样一个论点，那就是存在或者可能存在一个自我折磨的**意图**。当然，在任何神经症痛苦的例子中，我们必须考虑到所有的可能性。比如，考虑到自我怀疑。它们可能来自内在的冲突，并且可能在无尽的、毫无结果的内心对话中表现出来，在这些对话中个体试图保护自己不遭受自我的指

责；它们可能是一种自我憎恨的表达，目的在于破坏一个人的立足点。事实上
这些自我怀疑可能是最令人痛苦的。就像哈姆雷特，甚至比他的情况还糟糕，
人们可以被自我怀疑所吞噬。当然，我们必须分析它们运作的所有原因，但是
它们是否也形成了潜意识中自我折磨的**意图**？

　　另一个同类型的例子是拖延。如我们所知，许多因素都可能对于延迟的
决定或行动负有责任，比如一般的惰性或者普遍地不具备表明立场的能力。拖
延者自己知道事情延期通常会令结果越来越严重，在实际情况中他可能承受极
大的痛苦。在此处，我们有时一眼就看穿了这些不确定的问题。当由于他的拖
延，他的确陷入到不愉快或者感到威胁的状况中，他可能会带着一丝确定无疑
的得意对自己说："你是罪有应得。"这并不意味着他因为被迫折磨自己而拖
延，但是它的确暗示着一种**幸灾乐祸**（Schadenfreude）——对自己造成的痛苦
而产生的报复性的满足感。迄今为止没有证据证明存在主动的折磨，然而存在
一种幸灾乐祸的态度，就像旁观者观看着受害者的苦恼和不安。

　　如果没有更多的其他观察显示存在主动自我折磨的驱动力，所有这些都
是不确定的。比如，在某些对自己吝啬的方式中，患者观察到他吝啬地节省不
仅是一种"抑制"，而且会奇怪地令人满足，有时它几乎成了一种热衷的爱
好。因此，某些有疑病症倾向的患者不仅存在他们真实的恐惧，而且他们好像
在以一种相当残忍的方式吓唬自己。有一点喉咙痛变成了肺结核；肠胃不适变
成了癌症；肌肉酸痛变成了小儿麻痹症；头疼变成脑瘤；一阵焦虑变成了精神
失常。一位这样的患者经历了她称之为"中毒的过程"。在最初不安或失眠的
轻微迹象中，她会对自己说现在她处于新的一轮恐慌循环里。此后的每一个晚
上情况越来越糟，直到到达难以忍受的程度。如果把最初的恐惧比作一个小雪
球，她就像是不断地把它滚大，直到它成为一场雪崩，在最后把自己埋葬。那
时，在她写下的一首诗中她提到："甜蜜的自我折磨是我所有的快乐。"在这
些疑病症的例子中，有一个使自我折磨开始出现的因素能够被分离出来。他们
认为自己应该拥有**绝对的**健康、镇定和无畏。任何相反的小迹象都会使他们无
情地折磨自己。

　　另外，当对于具备施虐幻想和冲动的患者进行精神分析时，我们认识到
它们可能根源于指向自己的施虐冲动。某些患者有时会有折磨他人的强迫性欲
望或幻想。这些欲望或幻想似乎大部分聚焦在孩子或无助的人身上。在一个例
子中，它们和一个驼背的女仆安妮有关。安妮在这位患者居住的供膳宿舍里工
作。患者部分的烦恼来自施虐冲动之强烈，部分的烦恼来自他被这些冲动搞得
困惑不解。安妮是个足够令人愉快的人，而且从来没有伤害过他的感情。在施

虐幻想开始出现之前，他对于安妮身体的畸形感到厌恶和同情。他认识到这两种情感都是源于他把自己和这个女孩等同起来。虽然他的身体是强壮健康的，但是当他由于精神上的纠结感到无望和被鄙夷时，他会认为自己是个残疾人。当他第一次注意到安妮过度热心地做服务并且有成为受气包的倾向时，施虐的冲动和幻想开始出现。很有可能安妮一直以来就是这样的方式。然而，当他自谦的倾向接近意识层面，并且在此基础上的自我憎恨的怨言变得能被听到时，他的观察停止了。因此，折磨安妮的强迫性欲望被解释为折磨自己的冲动的主动外化，此外，这种外化带给他优越于弱小生物令人兴奋的力量感。然后，这种主动的欲望逐渐减弱至施虐的幻想，并且当他的自谦倾向和他对它们的厌恶变成更加清晰的**焦点**时，这些施虐的幻想也消失了。

我不相信所有对他人的施虐冲动或者行为都是以自我憎恨为唯一的根源。但是我认为很可能自我折磨的驱力的外化形式一直是一个促进因素。不论如何这种联系出现得足够频繁，致使我们要对于它的可能性保持警惕。

在其他患者中，在没有任何外界挑衅的情况下，他们会表现出对折磨的恐惧。这些恐惧有时也会随着增强的自我憎恨而产生，并且表现为对自我折磨的驱力的被动外化形式的恐惧反应。

最后，存在受虐的性行为和性幻想。我想到手淫的幻想从被贬低延伸到被残酷的折磨；手淫的活动伴随着抓痕、掌掴自己、扯掉头发、穿小鞋行走、采取疼痛的扭曲姿势；在性活动中，人必须被骂、被打、被捆绑，被迫进行卑贱或令人厌恶的任务，他才可能达到性满足。这些实践的条理性相当复杂。我认为我们必须至少区分出两种不同的类型。其中一种是个体从折磨自己中体验到报复性的愉悦，另一种是他认同了被贬低的自己，我们之后会讨论其原因，他只能以这种方式获得性满足。然而，有理由相信这种区分只对于有意识的体验是有效的——事实上他一直都既是折磨者又是被折磨的对象，他获得的满足既来自遭受屈辱又来自屈辱自己。

精神分析治疗产生的结果之一是在所有自我折磨的实际例子中，寻找自我折磨的隐秘**意图**。另一个结果是警惕自我折磨的倾向被外化的可能性。不论什么时候当一个自我折磨的意图看起来清晰合理，我们必须仔细检视内心的状况，并且问询自己是否（以及因为什么原因）自我憎恨在那时加剧了。

最终自我憎恨会达到纯粹而直接的**自我毁灭的冲动和行动**。它们可能是急性的或者慢性的，公然剧烈的或者暗中滋生缓慢消磨的，有意识的或者潜意识的，付诸行动的或者只在想象力中呈现的。它们可能关乎微小或者重大的问题。它们最终的目标是在躯体上、心理上以及精神上毁灭自己。当一个人考虑到所有这些可能性，自杀就不再是一个孤立的谜题。有许多方式可以让我们杀死对我们生命至关重要的事物。实际上躯体的自杀只是自我毁灭中最极端和最终的表达。

针对身体的自我毁灭的驱力是最容易被观察到的。而实际上针对自己采取躯体暴力或多或少地局限在精神病患者中。在神经症患者中，我们发现了轻微的自我毁灭的活动，它们大部分作为"坏习惯"出现，比如咬指甲、抓自己、挑破疹子、扯头发。但是也存在突然的暴力冲动，与精神病患者不同的是它们存在于想象中。这些暴力冲动似乎只发生在那些活在想象中的人们身上，他们通过想象力到达了蔑视生活的程度，当然蔑视也包括现实中的自己。这些暴力冲动通常出现在一闪而过的洞察之后，整个过程都以闪电的速度进行，以至于我们只能在精神分析的场景中才能够抓住这个序列：突然地洞察到一些不完美，一下子怒火中烧又很快平静，伴随而来的是同样突然的暴力冲动——挖出别人的眼睛，割掉别人的喉咙，将一把刀戳进别人的胃中，以及把内脏切成小块。这种类型的人可能有时也会有自杀的冲动，比如从阳台或者悬崖往下跳，冲动在类似的情况下会产生，它们就像来自晴朗的天空。自杀的冲动可能很快就会消失，以至于几乎没有机会去实施。另一方面，从高处跳下的冲动可能十分强烈，以至于这个人不得不抓住些什么以便不要屈服地跳下去。或者它可能导致一个实际的自杀企图。即便如此，这种类型的患者没有对死亡终结的现实概念。他十分想从二十层楼跳下去，然后起身回家。这种企图是否会成功通常取决于偶然的因素。如果我可以允许这个反常的现象发生，那么没有人会比他自己更吃惊于他已经死了。

对于许多更严重的自杀企图而言，要牢记的是患者强烈的自我疏离。然而，相比那些有计划性并且认真尝试自杀的人，他们对于死亡的非现实态度通常更具有自杀冲动或自杀未遂的特点。当然总有许多原因会导致这样的行动，自我毁灭的倾向只是其中最常见的一个。

自我毁灭的冲动可能其本身存在于潜意识中，可是会通过鲁莽驾驶、游泳、爬山或者轻率地不顾身体伤残的行为来实现。我们明白这些活动可能对他本人并不显得鲁莽，因为他怀有一个不受侵犯的要求（"我不会出事"）。在许多例子中，这是主要的因素。但是我们应该始终意识到自我毁灭驱力在起作用的可能性，尤其是在极大程度上不顾及实际危险的时候。

最后，存在一些人他们潜意识地但是按部就班地通过喝酒或者使用药物毁掉他们的健康，尽管这里也存在其他因素，比如因为毒瘾的持续需要在起作用。我们可以从斯蒂芬·茨威格对巴尔扎克的描述中看到一位天才的悲剧。巴尔扎克被渴望获得魅力的可怜欲望所驱使，在实际中过度的工作，忽视睡眠，以及滥用咖啡而毁掉了健康。可以确定的是，巴尔扎克对于魅力的需要使他负债累累，以至于他的过度工作在某种程度上成为错误生活方式的后果。但是提出这个问题必然是有道理的——就像在其他类似的例子中——是否自我毁灭的驱力也在起作用，导致他最终过早的死亡。

在其他例子中身体上的伤害是意外发生的。我们都知道在"坏心情"里，我们更可能割伤自己、走路跌倒、夹到手指。但是如果我们在过马路的时候不注意车辆或者驾驶时不注意交规，那可能是致命的。

最后，还存在一个悬而未决的问题——自我毁灭的驱力在机体疾病中无声地起作用。虽然目前为止身心的关联更加为人所知，但是充分准确地分离出自我毁灭倾向的特殊作用是困难的。当然每一个好医生都知道在严重的病情中，患者是"希望"恢复健康生存下去还是死掉，这是关键的。但是，可用的精神力量是指向这一方向还是另一方向，这是由许多因素决定的。我们现在能够表述的是，当考虑到身体和灵魂的统一，自我毁灭性在无声地起作用的可能性不仅存在在恢复阶段，而且存在在发病或者病情加重的阶段，这必须被认真地加以考虑。

指向其他生活价值的自我毁灭性可能以不适宜的事故的形式出现。有一个例子是易卜生作品《海达·高布勒》中艾勒特·洛夫伯格丢失了他珍贵的手稿。易卜生展现给我们在洛夫伯格身上有愈演愈烈的自我毁灭的反应和行为。首先，他没有根据地怀疑他忠实的朋友埃尔维斯特特夫人，他试图通过狂饮作乐破坏他们之间的关系。当他喝醉后，他弄丢了他的手稿，然后开枪打死自己——而且是在妓女的家里。其他轻微程度的例子包括考试的时候忘带东西，或者参加重要的面试时迟到或喝醉。

通常，精神价值的毁灭通过它的重复发生引起我们的注意。当一个人看起来刚取得一些进展，他便放弃了他的追求。我们可能承认他所声称的这不是他"真正"想要的。但是当类似的的过程发生了三次、四次、五次时，我们开始寻找更深层的决定因素。自我毁灭常常是其中最突出的因素，尽管它比其他因素埋藏得更深。他丝毫没有意识到这一点，而仅仅是不得已毁掉自己的每一次机会。这也适用于当他一次又一次失业或辞职，或者一段又一段的关系濒于破裂。在后两个例子中，通常他看上去好像总是恶劣行径的受害者，对别人而言他却是忘恩负义的。实际上他做的事就是通过对人际关系持续不断地小题大做，"邀请"他极为害怕的结局的发生。简言之，他常常逼迫他的雇主或者朋友到达临界点——他们真的无法再继续容忍他。

当我们看到他在精神分析中和分析师的关系是如何运作的，我们可能会理解这种重复的发生。他可能在例行的手续上是配合的；他可能常常试图在各方面帮助分析师（分析师并不想要这样）；然而，在所有的关键点上，他的冒犯行为是极其挑衅的，以至于可能激发出分析师对于此前反对这位患者的人们的同情。总之，这位患者确实已经尝试，并且在持续尝试让别人成为他自我毁灭意图的刽子手。

主动的自我毁灭倾向在多大程度上会逐渐毁灭一个人的深刻和正直？在或大或小的程度上，以显而易见或不易觉察的方式，一个人的正直会受到损害，这作为神经症发展的**结果**。自我疏离、不可避免的潜意识的伪装、以及由于未解决的冲突而产生不可避免的潜意识妥协、自我蔑视——所有这些因素导致道德素养的削弱，它的核心是被减损的对自己诚实的能力。另外，问题在于是否一个人可能无声却主动地配合以实现自己的道德败坏。某些观察迫使我们对这个问题做出肯定的回答。

我们能够观察到一些慢性或者急性的状况，它们可以被最恰当地描述为精神面貌的损伤。一个人忽视他的外表，他让自己变得不整洁、凌乱和肥胖；他饮酒过量，睡眠很少；他不注意自己的健康，比如不去看牙医；他吃太多或者太少，不去散步；他忽视工作或者其他他真正感兴趣的事物，然后变得懒散。他可能变得放荡，至少是喜欢和浅薄或堕落的人相伴。他可能在金钱事务上变得不可靠，他可能打他的妻子和孩子，他可能开始说谎或者偷窃。这个过程在严重的嗜酒者身上最为明显，就像在《失去的周末》中所描写的那样。但是它也可以以非常隐蔽和不易觉察的方式起作用。在显而易见的例子中，甚至是未经训练的观察者也能够看出这些人"让自己崩溃掉"。在精神分析中，我们认识到这种描述是不充分的。这种情况发生在当人们充斥着极其强烈的自我蔑视和无望感，以至于他们建设性的力量无法再抵消自我毁灭的驱力影响。那时，自我毁灭的驱力会自由挥洒和表达自己，大部分是通过潜意识的决定来达到主动使自己的意志变消沉。这种主动的、有计划的使意志消沉的意图，其外化表现被描写在乔治·奥威尔的《1984》中，每一位有经验的精神分析师都会从神经症患者的呈现中认识到他对待自己的真实情况。梦也会表明他可能主动地把自己扔进了贫贱的生活里。

神经症患者对于这种内在过程的反应是不同的。可能是高兴；可能是自怜；可能是害怕。这些反应在他有意识的头脑中通常与自我意志消沉的过程是分离的。

有一位患者在做完接下来的梦之后，她的自怜反应特别强烈。这位做梦的患者在过去的时间里因为漂泊浪费了大量的时间，她放弃了理想而变得愤世嫉俗。尽管在她做梦的那个时候，在努力地改变自己，但她还不能够认真地对待自己，也无法对她的生活做出任何建设性的事情。她梦见一个代表着所有的美好和可爱的女人即将进入一个宗教团体，女人被指控对这个团体有某些罪行。女人被谴责，被公然暴露在丢脸的游行中。虽然做梦的人相信女人本质上是无辜的，但是她也加入了游行。另一方面，她尝试替女人向神父求情。神父虽然表示同情，但是无法为被告做任何事情。后来被告呆在了农场里，她不仅一贫如洗，而且变得迟钝弱智。做梦的人仍然在梦中对这个受害者感到心碎般得怜悯，在醒过来之后，她哭了若干个小时。除去细节，做梦的人在这里对自己说：我身上有一些美好和可爱的东西；由于我的自我谴责和自我毁灭，我可能实际上在破坏我的人格；我采用的对抗这种驱力的举措是无效的；尽管我想拯救我自己，但我还是在避免真正的抗争，在某种程度上，我在和我的毁灭性驱力合作。

在梦里我们更接近现实的自己。尤其这个梦似乎是来自内心深处，并且对做梦者特定的自我毁灭性所带来的危险呈现出深刻和明显的洞察。在这个例子中，就像在许多其他的例子中一样，自怜的反应在当下是没有建设性的：它没有促使她为帮助自己做任何事情。只有当无望和自我蔑视的程度减弱了，非建设性的自怜才能够转化为对自己建设性的同情。对于任何被自我憎恨控制的人来说，这的确是向前迈出了具有重要意义的一步。它伴随着对真实的自我开始有感受，对内心的救赎开始有愿望。

对退化过程的反应也可能是赤裸裸的恐惧。考虑到自我毁灭的可怕危险，只要一个人继续认为自己是这些无情力量的无助受害者，这种反应就是完全恰当的。在梦中和自由联想中，它们可能以一些简明的象征出现，比如嗜杀成性的疯子、吸血僵尸、怪物、白鲸或者鬼魂。这种恐惧是许多种恐惧的核心，否则它们是解释不通的，比如对未知的恐惧，对危险深海的恐惧；对鬼魂的恐惧；对任何神秘事物的恐惧；对身体内部的破坏过程的恐惧，比如毒药、肠虫、癌症。许多患者的一部分恐惧是针对存在在潜意识中的事物，因此是神秘的。它可能是没有明显原因的恐慌的核心。如果这种恐惧一直出现并且保持活跃，任何人都不可能和它生活在一起。人必须并且确实要找到缓解它的方法。有一些方法已经被提到过；其他的方法我们会在随后的章节中讨论。

在论述自我憎恨和自我憎恨的毁灭力量时，我们不得不看到一场重大的悲剧，或许是人类的头脑中最大的悲剧。人在追求"无限"和"绝对"的过程中，也同时开始毁灭他们自己。当他和魔鬼达成契约，魔鬼许诺他得到荣誉的时候，他就不得不走进地狱——走进他自身的地狱。

第六章　与自我疏离

　　这本书从强调真实自我的重要性开始。我们说的真实自我是充满活力的、与众不同的、我们的个人中心；是唯一能够、唯一想要成长的部分。我们看到了那些从最开始就阻碍真实自我顺利成长的不利条件。从那时候起，我们的兴趣就集中在个人的力量上，这些力量侵占了真实自我的能量并且导致了自负系统的形成。自负系统是自主运行的，它发挥了专制和破坏性的力量。

　　在这本书中，关注点从真实自我转移到理想化自我和它的发展过程，这完全复制了神经症患者的关注点从真实自我转移到理想化自我的过程。但是，不像神经症患者，我们仍然对于真实自我的重要性有清楚的认识。因此，我们将把它带回到我们关注的焦点中，并且用比之前更系统的方式思考它被抛弃的原因，以及失去真实自我对人格的意义。

　　根据魔鬼契约，放弃自我相当于出卖灵魂。在精神病学的术语中，我们称它为"与自我疏离"。这个词主要适用于那些失去认同感的人们的极端状况，比如失忆和人格解体等等。这些状况总会引起普遍的好奇。一个不在睡眠中且没有器质性大脑疾病的人，他不知道他是谁、他在哪、他做了什么或者他一直在做什么，这是奇怪的甚至是令人吃惊的。

　　然而，如果我们不把它们看成是孤立发生的，而是看到它们与不太明显的自我疏离的形式有关，这些情况就没那么令人困惑了。在这些形式中，认同感和定向感没有明显的丧失，但是意识体验的整体能力是受损的。比如有很多神经症患者，他们好像生活在迷雾中。对他们而言，没有什么是清晰的。他们不仅对他们自己的思想和情感感到模糊，对他人以及环境可能产生的结果也感到模糊。在不太严重的情况中，这种模糊不清会限制在内心的过程中。我想到一些人，他们可能是相当机敏的观察者，能够清晰地估计一种形势或者思潮，然而关于与他人、与自然等的一切体验都无法进入他们的情感，他们的内在经验也无法进入他们的觉知。这种心智状态与明显的健康人的心智状态不是毫无关联的，健康人偶尔遭遇暂时性的局部失忆，或者遭遇某些内在或外在体验的盲点。

　　所有这些自我疏离的形式也可能和"物质自我"[1]有关——身体和所有物。一位神经症患者可能对自己的身体几乎没有什么感受。甚至他对身体的感觉可能是麻木的。比如当被问到脚是否是冷的，他可能不得不通过一个思考的过程来达到对冷的感受的觉知。当他从穿衣镜中意外地看到自己时，他可能没有认出他自己。同样地，他可能并不感觉他的家是他的家——对他而言如同没有个人情感色彩的酒店房间。还有的人并不感觉他们拥有的钱是他们的钱，尽管这可能是通过他们的努力工作赚来的。

　　这些只是我们可以恰当地称之为与实际自我疏离的一些变化形式。所有关于一个人究竟是怎样的人或者拥有什么，甚至包括他现在的生活和过去的联系，他生命的连续感，这些都可能被抹去或者变得模糊不清。这一过程的某一部分在每一位神经症患者中都是固有的。有时候患者可能意识到这方面的神经症困扰，如在一位患者的病例中他描述自己是一个在顶端有脑袋的灯柱。虽然它的涉及面可能相当广泛，但是更经常的情况是人们并没有意识到它，它可能只在精神分析中逐渐显露出来。

　　与实际自我疏离的核心是一种不那么显而易见的现象，虽然它更为关键。它是神经症患者远离他自己的情感、愿望、信念和能量。它是感受自己作为自身生活的积极的决定性力量的丧失。它是感受自己作为一个有机整体的丧失。这些现象反过来表明我们与自己最具活力的中心疏离，这个中心我们称之为**真实自我**。借用威廉·詹姆斯的话来更全面地呈现它的特征倾向：它提供了"跳动的内心生活"；它导致了情感的自发性，不论它们是快乐、向往、爱、生气、害怕还是绝望；它也是自发的兴趣和能量的根源；是"发出意志力命令的努力和注意力的根源"；是表达愿望和意志力的才能；它是我们自己的一部分，这部分想要发展、成长和实现它自己。真实自我会对我们的情感或者思想产生"自发性的反应"，"欢迎还是反对，据为己有还是否认和自己有关，努力争取还是努力抵抗，说'是'还是'否'。"所有这一切都表明当我们的真实自我是强大和主动的，它能够使我们做决定并且为决定负责。因此，它带来真正的整合以及健康的整体感和统一感。不仅仅是身体和心智，行为、思想或情感的和谐一致，而且它们的运行中没有严重的内在冲突。当真实自我被削弱时，那些人为地把自我结合在一起的手段就变得重要起来，与这些人为的手段相比，真正的整合极少或者完全不存在紧张感。

---

　　[1] 在这里，如同许多其他的评论，我大致遵循威廉·詹姆斯的《心理学原理》（纽约亨利霍尔特出版公司出版）中"自我的意识"这一章节，段落中的引述也引自这一章节。

　　哲学史显示了我们能够从许多有利的方面应对自我的问题。可是好像每一个人对待这个主题的描述都很难超越他对待自己的特殊经验和兴趣的描述。从临床用途的角度，我将一方面把实际的或者经验的自我[1]与理想化的自我进行区分，另一方面把实际的或经验的自我与真实的自我进行区分。实际的自我是一个包含一切的术语——人在特定时间内的所有：身体和心灵，健康的部分和神经症的部分。当我们谈到想要认识自己时，我们头脑中想到的是实际的自我。换句话说，我们想要了解我们呈现出的样子。理想化的自我是我们在非理性想象中的样子，或者根据神经症自负的指令要求我们应该成为的样子。我已经多次定义真实的自我，它是朝向自我成长和自我实现的"原始"力量，带着这股力量，我们就可能在摆脱神经症对身体的严重束缚时，再一次获得充分的认同感。因此，当我们谈到想要找到自我时，我们指的是真实的自我。从这个意义上讲，对所有神经症患者来说真实的自我也是**可能的**自我，与理想化自我相反，理想化自我是**不可能**达到的。从这个角度看，真实自我好像是这几个概念中最具备推测性的。一个人看见一位能把麦子和谷壳分开的神经症患者，会说：这是他可能的自我。虽然神经症患者的真实自我或者可能的自我在某种程度上是抽象的概念，然而它还是能够**被感觉到**，我们可以说，每一次瞥见它时都感到它比其他任何事物更真实、更明确、更肯定。当经历某些深刻的领悟之后，当从一些强迫性需要的控制中解脱出来，我们能够从自己身上或者我们的患者身上观察到这种特性。

　　虽然人不可能一直清楚地区分自己是与实际的自我疏离还是与真实的自我疏离，但是在接下来的讨论中我们将以与真实自我的疏离作为关注的焦点。克尔凯郭尔谈到失去的自我时，说它是"致死的疾病"；是绝望的——绝望于没有意识到拥有自我，或者绝望于不愿意成为自己。但是这种绝望（仍然按照克尔凯郭尔的说法）不喧闹也不窘迫。人们继续生活，就像他们仍然和这个活力中心保持直接的联系。任何其他的失去——比如说，失去一份工作、失去一条腿——都会引起更强烈的关注。克尔凯郭尔的陈述和临床的观察是一致的。除了之前提到的显著的病理性的状况之外，真实自我的丧失并不会直接且有力地引起我们的注意。来咨询的患者主诉包括头疼，性困扰，工作中的抑制，或者其他症状，他们通常不会诉说自己和自身精神存在的核心失去了联系。

　　现在，我们不讨论细节，而是对于造成自我疏离的力量进行全面的描述。它一部分是整个神经症发展的结果，特别是**神经症中所有强迫性的部分**。所有这些都暗含着"我是被迫的，我不是控制者"。在这个背景下特殊的强迫性因

---

　　[1]　"经验的自我"一词的使用来自威廉·詹姆斯。

素是什么并不重要——不论它们是和他人相关（如顺从、报复、分离等等）而起作用或者和自我相关（如在自我理想化的过程中）而起作用。这些驱力的强迫性特点不可避免地剥夺了个体全部的自主性和自发性。比如，一旦他强迫性地需要被每个人喜欢，他情感的真实性就会削弱，他的辨别力也会削弱。一旦他为了荣誉而被迫做一份工作，他对这份工作本身自发的兴趣就会降低。另外，相互冲突的强迫性驱力会有损个体的整合，有损他做决定和给出发展方向的能力。最后但并非不重要的是，强迫症的伪解决方案[1]尽管代表了整合的尝试，但是它们也剥夺了个体的自主性，因为它们变成了一种强迫性的生活方式。

　　其次，与自我疏离也会通过强迫性的过程进一步增进，这个过程被描述为**主动远离真实自我的行动**。追求荣誉的整个驱力就是这种行动，特别是通过神经症的决心来将自己塑造成他不是的样子。他感受他**应该**感受的，愿望他**应该愿望**的，喜欢他**应该**喜欢的。换句话说，暴政的"应该"驱使他拼命地成为和他"原本是"或者"可能是"不同的样子。在他的想象中，他**是**不同的——的确是极其的不同，以至于他的真实自我逐渐消失，变得苍白暗淡。就自我而言，神经症的要求意味着放弃储存自发性的能量。比如，关于人际关系，神经症患者坚持别人应该做出调整来适应自己，而自己不用付出努力。他认为他有要求一切工作都为他安排好的权利，而不用自己投入到工作中。他坚持别人应该为他负责，而自己不用为自己做决定。因此他的建设性能量还在潜伏着，他实际上越来越**不是**自己生活的决定因素。

　　神经症的自负使他更进一步地远离自己。现在他因为自己实际的样子（他的情感、资源和活动）而感到羞愧，他主动地收回了对自己的兴趣。整个的外化过程也是在主动地远离实际的自我和真实的自我。顺便提一句，这个过程和克尔凯郭尔所说的"绝望于不想成为自己"令人吃惊得相像。

　　最后，在自我憎恨的表现中，存在**主动远离**真实自我的行动。在被驱逐的真实自我中，可以说一个人被宣判有罪，被鄙视，被毁灭性地威胁。做自己的这个想法甚至变得令人憎恨与恐惧。有时候这种恐惧会不加掩饰地出现，就像当一位患者想到"这就是我"的时候所感受到的恐惧。当她的"我"与"我的神经症"之间明显的区别开始瓦解时，这种恐惧就会出现。作为一种抵御这种恐惧的保护，神经症患者"让自己消失"。他有一个潜意识的倾向，就是不要对自己有清楚的知觉——他倾向让自己如同变聋、变哑和变瞎。他不仅令关于自己的真相变得模糊不清，而且他因为这么做而获得了好处——这个过程削弱

---

[1] 参见《我们内心的冲突》以及本书中后面的章节。

了他对于内在和外在什么是真、什么是假的敏感性。他有兴趣保持这种模糊，虽然他可能在意识上遭受来自它的痛苦。比如，一位患者在他的联想中通常会使用贝奥武甫传说中从夜间的湖里出现的怪物来象征他的自我憎恨。他曾经说过："如果有雾，怪物不能够看见我。"

　　所有这些行动的结果就是和自我疏离。当我们使用这个词的时候，我们必须要意识到它只聚焦在这个现象的其中一方面。它准确表达的部分是神经症患者远离自己的主观感受。他可能认识到在精神分析中，他所描述的所有有关自己聪明的部分在现实中是和自己以及自己的生活相分离的，它们是有关于一个和自己没什么关系的家伙，这个家伙的研究结果是有趣的但是不适用于他的生活。

　　事实上，这种精神分析的经验直接把我们带进问题的核心。因为我们必须牢记患者并没有谈论天气或者电视：他谈论的是他最私人的个人生活经历。可是它们都失去了针对他个人的意义。而且，就像他可以不把自己"放入其中"地谈论他自己，所以他可能在工作中、和朋友在一起、散步或者和女人睡觉时也都没有把自己放在其中。**他和自己的关系变得没有个人色彩**，他和整个生活的关系亦是如此。如果"人格解体"这个词不是已经具备明确的精神病学含义，它会是一个恰当描述自我疏离本质含义的术语：它是一个人格解体的过程，因此是一个失去生命力的过程。

　　我已经说过自我疏离并不像它的意义所暗示的那样直接而赤裸裸地显露出来，除了（只对神经症而言）在人格解体、缺乏现实感或者失忆的情况中。虽然这些情况是暂时性的，但是不管怎样它们只可能发生在那些疏离自我的人身上。引发非现实感的因素通常是自负被严重伤害，连同急剧增强的自我蔑视，超过这个特定个体能够忍受的程度。反过来，当这些急性的症状在被治疗或未被治疗的情况下消退了，他的自我疏离并没有因此在本质上改变。它只是再一次被限制在这样的范围内，在这个范围内他可以功能良好，没有明显的迷失方向。否则，经过训练的观察者将能够察觉到某些存在的自我疏离的一般症状，比如眼神呆滞、非人格化的预兆、机器人般的行为。像加缪、马昆德、萨特这些作家已经极好地描述过这种症状。一个人在自我的核心没有参与的情况下，能够功能如此良好，这对精神分析师来说是无限令人惊讶的。

　　那么，与自我疏离对于个体的人格以及他的生活的**影响**是什么？为了获得清晰而全面的描述，我们将依次讨论自我疏离对他的情感生活、他的能量、他的人生定向的能力、为自己承担责任以及他的整合能力的影响。

　　即刻而言，好像很难说出符合所有神经症患者**感受能力**和**情感觉知**的描述。一些患者过度情绪化地表达他们的喜悦、热情或者痛苦；其他人看起来冷淡或者冷淡隐藏在平静的外表之下；另一些人的情感好像失去了它们的强度，它们迟钝且平缓。尽管这些表现有无尽的变化，然而有一个特征好像和各种程度的神经症患者都有关。自负系统主要决定了情感的觉知、情感的强度和情感的种类。它抑制或者削弱了对自我的真实情感，有时令其达到消失的程度。简而言之，**自负统治着情感**。

神经症患者容易轻描淡写那些违背他特定自负的情感，以及过于强调那些加强他自负的情感。如果他在傲慢中——认为自己极大优于他人，他不能允许自己感受嫉妒。他苦行主义的自负可能会掩盖他享乐的情感。如果他因为自己的报复性感到骄傲，报复性的愤怒就可能被强烈地感受到。然而，如果他的报复性被美化以及被合理化为"正义"，他就不会体验到这样的报复性的愤怒，虽然它被极为自由地表达以至于没有任何人对此产生怀疑。**绝对忍耐**的自负可能阻止任何痛苦的感受。但是，如果遭受痛苦在自负系统中扮演重要的角色——作为表达怨恨的媒介和表达神经症要求的基础——痛苦就不仅在他人面前会被强调，而且实际上也会更深地被感受到。如果怜悯心被视为软弱，它可能会被抑制，但是如果它被认为是像神一样的品质，它可能被充分地体验。如果自负主要聚焦在自给自足上，从不需要任何事或任何人的意义上来说，承认任何情感或需要就像是"无法忍受弯下腰穿过一扇狭窄的门。……如果我喜欢某个人，他就能够控制我。……如果我喜欢任何事物，我可能会依赖它。"

在精神分析中，有时候我们可以直接观察到自负是怎样干扰真实情感的。X以自发的友好方式回应Z善意的亲近，虽然X通常对Z是感到愤怒的，这主要基于他受伤的自负。一分钟之后他内心在说："你是一个被友善欺骗的傻瓜。"因此，友好的情感就被丢弃了。或者一个人可能被一幅画唤起温暖洋溢的热情。但是当他想到自己，内心在说："没有任何人能像你一样欣赏这幅画作"，他的自负便毁掉了他的热情。

到目前为止，自负担任着几分审查官的角色，鼓励或者禁止情感进入意识。但是它也可能用更基本的方式来统治情感。一个人的自负越是占据上风，他越可能根据自负对生活做出情感上的反应。就好像他把真实的自我关在一个隔音间，他只能够听见自负的声音。然后，他感觉满意还是不满意、沮丧还是兴奋、他喜欢别人还是不喜欢别人，这些主要都是自负的反应。同样地，他意识上感受的痛苦主要是他自负的痛苦。这在表面上是不明显的。对他来说，他遭受的痛苦来自失败，负罪感、孤独、暗恋，这些都是令他相信的真实存在的。而且他的确是痛苦的。但问题是：谁在痛苦？在精神分析中，显示的结果是主要遭受痛苦的是他自负的自我。他痛苦是因为他感到没有获得至上的成功，没有做到极致的完美，没有拥有无法抵挡的吸引力使得永远被追求，没有让每一个人都爱他。或者他痛苦是因为他认为有权获得成功、知名度等，而它们却不是唾手可得的。

　　只有当自负系统被大幅度地削弱，他才开始感受到真实的痛苦。只有那个时候，他才能对于遭受痛苦的自我感到同情，同情可以促使他为自己做一些建设性的事情。他之前感受的自怜只是自负的自我受到侵犯时表现出的痛楚。一个没有体验过这种差异的人可能耸耸肩，认为这是不相关的——痛苦就是痛苦。但是只有真正的痛苦，它才具有拓宽和加深我们情感范围的能力，有向遭受痛苦的他人打开我们内心的能力。在《深渊书简》中，奥斯卡·王尔德描写到当他开始体验到真正的痛苦，而不是因为受伤的虚荣心而痛苦时，他感受到解脱。

　　有时，神经症患者甚至只能通过别人感受他的自负反应。他可能不会因为一个朋友的傲慢或者对他的忽视而**感到**被羞辱，但是他会因为想到他的兄弟或同事认为这是耻辱而感到羞愧。

　　当然，自负统治情感的程度是不同的。甚至一位情感严重受损的神经症患者，可能拥有某种强烈而真实的情感，比如对大自然或者音乐的情感。那么，这些方面是没有被他的神经症所触及的。一个人可能会说他的真实自我只允许他拥有这么多自由。或者，即使他的自负决定他喜欢什么、不喜欢什么，真实的成分也可能会出现。尽管如此，这些倾向造成的结果是，神经症患者普遍存在情感生活的贫瘠，表现为真诚度、自发性和情感深度都被削弱了，或至少在限制范围内的可能的情感是被削弱的。

　　人们对于这种困扰的有意识的态度是不同的。他可能丝毫不认为他的情感匮乏是困扰，反而为此感到骄傲。他可能严肃地看待加剧的情感麻木。比如他可能认识到他的情感越来越仅仅具有反应性的特点。当他没有对友善或敌意做出反应，他的情感就仍然处于没有运转的安静状态。他的心不会主动地对树木或画作的美丽抒发情感，所以它们对他是毫无意义的。他可能对于一个朋友抱怨的窘迫有回应，但是他不会主动地设想别人的生活处境。或者他可能惊讶地意识到甚至连他的反应性的情感都是迟钝的。"如果他至少能够在自己身上发现微不足道的情感，尽管它们是少量的，但是是真实的、活跃的……"这是让-保罗·萨特在他的《理性时代》中对一个人物的描写。最后，他可能意识不到任何的情感贫瘠。只有在他的梦中，那时他会把自己呈现为一个傀儡、一块大理石雕像、一个平面的纸板形象或者一个把嘴唇拉伸以至于好像是在微笑的尸体。在后面的这些例子中，自我欺骗是可以理解的，因为表面上存在的贫瘠可能被这三种方式中的任意一种所掩饰。

　　一些神经症患者可能呈现出闪烁的活力和虚假的自发性。他们可能很容易充满热情或者感到气馁，很容易被煽动地感到爱或者愤怒。但是这些情感不是从任何内心深处而来；它们不存在在那里。他们生活在自己想象力的世界里，会表浅地回应任何引发他们幻想或者伤害他们自负的事情。通常最重要的是需要给他人留下印象。他们与自我的疏离使他们有可能根据环境的要求而改变个性。像变色龙一样，他们总是在生活中扮演着某个角色，自己却并不知道他们在这样做，就像好的演员会根据角色产生匹配的情感。所以他们可能像是真实的，不论他们是扮演一个饱经世故的轻浮的人，一个对音乐或政治有严肃兴趣的人，或者一个乐于助人的朋友。这对精神分析师也是具有欺骗性的，因为在精神分析中这样的人适时地扮演渴望了解自己并且渴望改变的病人角色。在这里要解决的问题是他们很容易进入一个角色，然后换另一个角色——容易地就像一个人可以穿上一套衣服然后再换另外一套。

其他人误把兴奋地参与活动，比如鲁莽驾驶、密谋或者性逃亡当作他们追求的情感力量。但是相反，对于刺激和兴奋的需要有力地表明了内在空虚的痛苦。只有来自不寻常的锋利刺激才能引起这种人迟钝的情感反应。

最后，另一些人好像对情感有相当的把握。他们似乎知道他们感受的是什么，并且他们对环境的感受是充分的。但是，不仅仅他们的情感范围受到了限制，而且这些情感都处在"低音"状态，就好像它们从整体上被"降了音调"。更多深入的了解显示，这些人根据他们的内在指令自动地感受他们**应该**感受的。或者他们只是按照别人对他们的期待做出情感反应。当个人的"应该"和文化的"应该"一致时，这种表现就更具有欺骗性。不管怎样，我们能够通过考虑一个人整体的情感状况来避免做出错误的结论。从我们的存在核心产生的情感是具有自发性、深度和真诚度的，如果其中的一种特质缺失了，我们最好检查深层的动力机制。

神经症患者的**能量的有效性**有不同水平的差异，从普遍的惰性到偶尔、非持久的努力，到持续的甚至被夸大的能量输出。我们无法说神经症本身使得神经症患者比健康人拥有更多或者更少的能量。但是只要我们不考虑动机和目的，而仅以定量的方式思考能量，是可以得到这个总结的。如我们已普遍陈述并特殊说明过的，神经症患者的主要特征之一是把用于发展真实自我中既定潜能的能量转移去发展理想化自我中的虚构潜能。当我们对这个过程的意义理解得越充分，我们会对所看到的能量输出中的不一致感到越少的困惑。我只在这里陈述两种含义。

在服务于自负系统的过程中，被吸收的能量越多，可用于自我实现的建设性驱力就越少。用一个常见的例子来说明：被雄心驱使的人为了达到卓越、力量和魅力，可以展现出惊人的能量，可是另一方面，他却没有时间、兴趣和精力投入到个人的生活和作为人的发展中。事实上，这对于他的个人生活和自我成长不仅仅是"没有剩余能量"的问题。纵使他有剩余的能量，他会潜意识地拒绝为真实自我的名义而使用它们。这么做将会与自我憎恨的意图相悖，自我憎恨的意图是压制真实的自我。

另一种含义是事实上神经症患者不**承认**他的能量（感到他的能量不是他自己的）。他有一种感受，他不是自己生活的推动者。在不同种类的神经症人格中，造成这种缺失的因素可能是不同的。比如，当一个人感到他必须做别人期待他做的每一件事，他实际上是由别人的推力和拉力来做出行动，或者他会这样解释——当没有外力，仅剩下他和他的资源时，他可能就像一辆耗尽电量的汽车一样停滞不前。或者，如果某人对自己的自负感到害怕，并且禁止了自己的雄心，他必须否认——对自己否认——他对所做的事情负有主动的责任。哪怕他在世界上为自己占据了一席之地，他却无法感受到这一点。他主要的感受是"事情刚巧发生了"。但是，除了这些起作用的因素之外，他感觉不是自己生活的推动者在深层的意义上是符合事实的。因为他确实不是首要被自己的愿望和雄心所推动，而是被来自自负系统的需要所推动。

自然地，我们生活的航线部分地取决于我们作用范围之外的因素。但是我们能够拥有目标感。我们能够知道我们想要从生活中得到什么。我们能够有理想，为了接近理想而努力奋斗，并且基于理想的基础做道德的决定。这种目标感在许多神经症患者中是明显不存在的，他的**定向能力**的削弱和自我疏离的程度成正比。这些人的改变是不存在计划或目的的，任凭幻想把他们带去任何地方。徒劳的白日梦代替了有目的的活动；完全的机会主义代替了踏实的努力奋斗；愤世嫉俗扼杀了理想。优柔寡断达到了禁止任何有目的性的活动的程度。

更为广泛与更难识别的是这种**隐藏的**神经症困扰。一个人可能看起来是有条理的，事实上也是高效的，因为他被追求完美或胜利的神经症目标所驱使。在这种情况下，定向性的控制被强迫性的标准接管。那时产生的指令的虚假性只有在他发现自己陷入矛盾的"应该"时才可能出现。在这种情况下所产生的焦虑是巨大的，因为他没有其他的指令去遵照。他的真实自我就好像被关在一个地牢里；他不能跟它商量，由此他成了矛盾拉力之间无助的牺牲品。这对于其他的神经症冲突也适用。对于冲突的无助和面对它们的恐惧程度不仅指出冲突的强烈，而且更加表明了他与自我的疏离。

缺乏内心的目标可能看起来也并非如此，因为一个人的生活已经在传统的轨道上行进，他是有可能避免个人的计划和决定的。拖延可能掩盖了优柔寡断。

人们可能只有在不得已由自己单独做决定的时候才意识到他们的优柔寡断。那么，这种情况可能是对最糟指令的考验。但是即便如此，他们通常认识不到这种神经症困扰的普遍性质，并且把痛苦归咎于做这个特殊决定的难度上。

最后，不足的目标感可能隐藏在顺从的态度背后。然后，人们去做他们认为别人期待他们做的事情；他们成为他们认为别人渴望他们成为的人。他们可能发展出对别人的需要或者期待极强的敏锐性。通常他们会以次要的方式把这种技能美化为敏感性或者体贴。当他们开始意识到这种"顺从"的强迫性特征，并且试图分析它时，他们通常会聚焦在和人际关系有关的因素上，比如讨好的需要或者避免他人的敌意。然而，他们在这些因素不适用的情况下也"顺从"，比如像是在精神分析的情景中。他们把主动权留给分析师，并且想知道或者去猜测分析师期待他们处理的问题是什么。他们这么做和从分析师的角度明确地鼓励其追随自己的利益是相悖的。在这里，"顺从"的背景变得清晰了。他们绝没有意识到，他们被迫把自己的生活方向留给了别人，而没有把它掌握在自己的手里。当他们自己想办法时，他们会感到迷失。在梦里这种象征会出现，如在一艘没有舵的船上，丢失了指南针，身处陌生和危险的地方没有向导。缺乏内在定向的能力是人们"顺从"的必要因素，在后期患者开始为内在的自主权奋斗时，这一点也会变得明显。在这个过程中出现的焦虑与在不敢相信自己的情况下，不得不放弃通常的帮助有关。

虽然定向能力的受损或丧失可能被隐藏，但是有另外一种匮乏总是可以被清楚地识别，至少对于受训的观察者来说，那就是**为自己承担责任的能力**。"责任"一词可能包含三种不同的意思。在这里我指的不是从履行义务或遵守承诺的意义上所说的可靠，也不是替别人承担责任。在这方面，神经症患者的态度差异是巨大的，从而无法为所有神经症患者选出一个不变的特征。神经症患者可能是完全可靠的，或者他可能为他人承担了过多或过少的责任。

我们也不想在这里讨论道德责任的哲学复杂性。神经症患者的强迫性因素是非常显著的，以至于他们的选择自由度几乎可以忽略不计。实际上，我们理所当然地认为，一般来说，患者只能像他实际中发展的样子去发展；具体来说，他会根据所做、所感、所思去行为、去感受、去思考。然而，这个观点并没有得到患者的共识。他对于所有一切的高度漠视意味着法则和必然性也已经延伸到了他身上。事实上他考虑到了一切，却没有考虑到他只能在某些方向上有所发展。某个驱动力或者态度是否是有意识的还是潜意识的并不重要。然而，当遇到他不得不去抗争的难以克服的困难时，他**应该**以无穷的力量、勇气和镇静来面对它。如果他没有这么做，那就证明他不行。相反，在自我保护中他可能严格地拒绝任何罪责，宣称自己是没有错误的，并把过去或现在的一切困难都归咎于他人。

在这里，就像在其他的功能中，自负把责任接管了下来，并且当他没有做到不可能做到的事时，自负会喋喋不休地对他进行谴责性的指控。那么，这使得他近乎不可能承担仅有的重要责任。说到底，这不过是他对于自己和他的生活所表现的朴实、简单的诚实。它通过三种方式起作用：公正地认识他自己，不贬低也不夸大；愿意为他的行为和决定等后果承担责任，而不试图"侥幸通过"或者把罪责归咎于他人；认识到要由自己为他的困难做些什么，而不是坚持由别人、命运或者时间来替他解决。这并不排斥接受帮助，正相反，这暗示了他会尽可能接受所有的帮助。但是，如果他自身没有为建设性的改变付出努力，即使得到外界最好的帮助也无济于事。

举一个实际上是许多类似情况的综合例证：一个年轻的已婚男人虽然会定期从父亲那里得到经济上的帮助，但他花钱总是超出他的负担水平。他对自己和其他人给予了充足的解释：这是他父母的过错，他们从来没有训练他如何对待金钱；这是他父亲的过错，父亲给他的补贴太少。这种状况依旧持续，因为他太胆小而不敢问父亲索要更多；因为他妻子不节俭或因为他的孩子需要玩具；因为他要付税款和看病的账单——况且，不是每个人都有权偶尔享受一点娱乐吗？

所有这些原因对精神分析师来说都是相关的数据。它们显示了患者的要求和他感到受虐待的倾向。对患者来说，这些原因不仅彻底地、令人满意地解释了他的两难困境，而且直接指出了关键点——他把它们当作魔术棒来驱散掉这个简单的事实，即不论是什么原因他的确花了太多钱。这种事实的陈述、这种直言不讳对于陷入自负与自我谴责作用力中的神经症患者来说，通常近乎是不可能的。当然，结果还是会产生：他的银行账户透支；他陷入债务中。他对礼貌通知他账户状况的银行职员勃然大怒，对不借给他钱的朋友勃然大怒。当窘迫的困境足够严重，他会把这个既定事实呈现给他的父亲或朋友，或多或少地逼迫他们来解救他。他无法面对这个简单的因果联系，即困境是他自己无纪律地花钱的后果。他对于未来做出了一些决定，但它们不可能是有份量的，因为他太过急于为自己辩解以及责备他人，以至于无法执行他的计划。他没有看透、没有清醒地认识到他的问题是缺乏纪律，实际上缺乏纪律使他的生活变得艰难，因此是取决于他为此做些什么。

再举一个神经症患者如何顽固地被自己的问题或行为的后果所蒙蔽的例证：一个人有潜意识的信念——他自己不受制于普通的因果关系，他可能认识到他的傲慢和报复性。但是他根本看不到别人对它产生的愤怒后果。如果别人反对他，这将是一个没有预期的打击；他感到受虐待，而且他时常会十分敏锐地指出他们愤怒的神经症因素（是别人的神经症因素！）。他轻易地抛掉所有呈现给他的证据。他认为这是别人为摆脱自己的罪责和责任合理化的企图。

尽管这些例证是典型的，它们无法概括逃避自我责任的所有方式。我们在之前讨论对抗自我憎恨的攻击而采用保全面子的手段和保护性的措施时，讨论过大部分的方式。我们已经看到神经症患者如何把责任放置到除了他自己之外的所有人和所有事物上；他如何使自己成为一个超然的自我观察的人；他如何巧妙地区分他自己和他的神经症。结果，他的真实自我变得越发脆弱或更加遥远。比如，如果他否认潜意识的力量是他整体人格的一部分，它们就可能变成使他惊吓到失去理智的神秘力量。借由这种潜意识的回避，他与真实自我的联系越发微弱，他越发成为潜意识力量的受害者，实际上他也越来越害怕它们。另一方面，他为这个复杂状况而迈出的承担责任的每一步，是他自己在令自己变强。

另外，逃避对自己的责任使患者更难以面对和克服自己的问题。如果我们在精神分析的最开始能够处理这个主题，它将大量地减少工作的时间和难度。然而，一旦患者**成为**他理想化的形象，他甚至无法去怀疑他的真实性。如果来自自我谴责的压力很显著，他可能会对为自己负责的想法产生全然恐惧的反应，并无法从中得到任何收获。而且我们必须牢记无法为自己承担责任只是整体自我疏离的表现形式之一。因此，在患者获得一些来自自己和对待自己的情感之前，处理这个问题是徒劳的。

最后，当真实自我被"关在门外"或者被驱逐，一个人的**整合能力**也将衰退。一个健康的整合是做自己的结果，而且只能在此基础上实现。如果我们足够地成为自己，拥有自发的情感，做自己的决定以及为它们负责，那么我们会在坚实的基础上拥有统一感。这是一位诗人用喜悦的腔调表达找到自我时的字句：

　　现在，一切融合，适得其所

　　从愿望到行动，从语言到沉默

　　我的工作，我的爱人，我的时间，我的面庞

　　聚集成一股强烈力量

　　像植物成长的姿态[1]

我们通常把缺乏自发的整合性认为是神经症冲突的直接后果。这是对的，但是除非我们考虑进正在运行的恶性循环，否则我们无法很好地理解这种解体力量的强度。如果由于许多因素，我们失去了自我，那么我们将不具备坚实的

---

[1] 引自梅·萨尔顿的《现在我变成了自己》。

摆脱内在冲突的立足点。我们任凭内在冲突的摆布，成为它们的解体力量的无助受害者，我们必须抓住任何可用的方式来解决这些冲突。这是我们所谓的神经症解决方案的企图，从这个有利的角度来看，神经症就是一系列这样的企图。但是在这些企图中，我们越来越多地失去自我，冲突所带来的解体力量的影响在增强。所以我们需要人为的方式让自我结合在一起。"应该"——作为自负的工具和自我憎恨的工具——获得了新的功能：保护我们避免混乱。虽然它们用"铁拳"统治人，但是像政治暴君一样，它们确实创建和保持了一些表面的秩序。通过意志力和推理的严格控制是另一种试图把人格中分离的部分结合在一起的费力方式。我们将在下一章中讨论它和其他释放内在紧张的措施。

这些神经症困扰对于患者生活的一般意义是相当明显的。他不是自己生活中主动的决定性因素，这带给他深层的不确定感，不论这种不确定感多大程度被强迫性的僵化所覆盖。他无法感觉到他的情感使他不具备活力，不论他表面上有多活泼。他无法为自己承担责任，这剥夺了他真正的内在独立性。另外，他静止的真实自我对于神经症的进程有重大的影响。正是这个事实极其清楚地展现了与自我疏离的"恶性循环"。它本身是神经症过程的结果，也是神经症进一步发展的原因。因为神经症患者越是与自我疏离，越会成为自负系统"阴谋诡计"的无助受害者。他用以抵抗的活力也越来越少。

在一些例子中是否这个最有活力的能量源泉没有完全枯竭或者永久地静止了，这可能引发严重的怀疑。以我的经验，更智慧的方式是延迟做判断。通常，从精神分析师的角度来说，有足够的耐心和技术就能令被驱逐的真实自我回归或者"苏醒"。比如，尽管能量不能为自己的生活产生效用，但是它们可以投入到对他人建设性的努力中，这是一个给人希望的征兆。不用说，整合良好的人能够并做出过这种努力。但是那些在此处引起我们关注的人在对待他人和对待自己方面存在惊人的差异——在服务于他人方面似乎投入了无限的能量，而对自己的生活却缺乏建设性的兴趣和关心。甚至当他们在进行精神分析时，他们的亲戚、朋友或者学生往往从精神分析的工作中得到比他们更多的益处。尽管如此，作为治疗师，我们坚持这个事实：他们对于成长的兴趣是存在的，即使它被严格地外化了。然而，把他们对自己的兴趣归还给自己，这可能不是件容易的事。不仅有难以克服的力量阻止他们自身的建设性改变，而且他们也没有太渴望地想要考虑这种改变，因为他们朝向外在的努力创造了一种平衡感，也给予了他们价值感。

当我们把真实的自我和弗洛伊德的"自我"（ego）概念做比较时，真实自我的角色就变得更清楚了。尽管我开始于完全不同的假设，而且沿着完全不同的道路，我似乎得出了和弗洛伊德相同的结论，即他关于"自我"弱点的假设。尽管我们的结论是相似的，但理论上有明显的不同。对弗洛伊德来说，"自我"就像是一个雇员，他有职责，但是没有主动权也没有执行权。对我来说，真实自我是情感力量的源泉；是建设性能量的源泉；是定向能力和审判能力的源泉。但是，就算真实自我拥有所有这些潜能，就算它们实际上在健康人身上发挥作用，对神经症患者来说，我的立场和弗洛伊德的立场之间的巨大差异是什么？一方面自我被神经症的过程所削弱、陷入瘫痪或者"被赶出视线"，另一方面自我**本质上**就不是建设性的力量，这实际上不是一回事吗？

在我们观察到大部分精神分析的开始阶段，我们就必然对这个问题给出肯定的回答。在那时，微乎其微的真实自我在发挥作用。我们看到某些情感或信念可能是真实的。我们能够推测患者在发展自我的驱力中除了更明显的浮夸因素外，还包含着真实的元素。他对自己的真实状况感兴趣，这远远超越了他对智力精通的需要，诸如此类——但是这仍然只是推测。

然而，在精神分析的过程中，这幅景象会根本地发生改变。当自负系统被破坏，患者不是自动地处于防御状态，而是的确对自己的真实状况变得感兴趣。从以下描述的意义上来说，他确实开始对自己承担责任：做决定、感受他的情感以及发展他**自己的**信念。像我们看到的，被自负系统接管的所有功能回到了真实自我的掌控中，它们逐渐重新获得了自发性。许多因素被重新分配。在这个过程中真实自我伴随着建设性的力量，被证实是更强的一方。

我们会在后面讨论这个治疗过程中所需要的个别步骤。我仅在这里指出它会发生的事实；否则，这个关于与自我疏离的讨论将留给我们对真实自我过于消极的印象——一个幻影，值得重新获得但是永远难以把握。只有当我们了解了精神分析后面的阶段，我们才能认识到它潜在力量的**论点**不是推测得来的。在有利的条件下，比如建设性的分析工作，真实自我就能够再次变成活跃的力量。

只是因为这是一种实际的可能性，我们的治疗工作才能超越消除症状，而希望帮助到人的成长。只有看到这种实际的可能性，我们才能理解虚假自我和真实自我之间的关系是两种竞争力量之间的冲突，如在前一章中所暗示的。只有当真实的自我再一次变得足够积极并使人敢于为此冒险时，这一冲突才能够转化为公开的较量。在这一刻到来之前，这个人只能做一件事：通过寻找伪解决方案来保护自己避免冲突带来的破坏性力量。我们会在接下来的章节中讨论这些。

第七章　消除紧张的一般措施

迄今为止，描述的所有神经症过程都会带来一种内在状态：充满破坏性的冲突、难以忍受的紧张和潜在的恐惧。在这种情况下，没有人能够功能良好，或甚至正常生活。个体必须做出，并且确实做出自动解决这些问题的尝试，尝试去除冲突、缓解紧张以及避免恐惧。同样的整合力量开始工作，就像在自我理想化的过程中一样，自我理想化本身就是最大胆、最激进的神经症解决方案的尝试：通过让自己超越所有的冲突和由此产生的困境来消除所有的冲突和困境。但是这种尝试和当前要描述的尝试是不同的。我们无法恰当地定义它们的区别，因为差异不在于"质"，而在于"量"上的"较多"或"较少"。追求荣誉虽然同样是强迫性的内在需要，但它更像是一个创造性的过程。虽然它的后果是破坏性的，然而它源于人类最美好的渴望——扩展自己，超越狭窄的限制。在上一次精神分析中，是巨大的自我中心将追求荣誉与健康的努力奋斗做出区分。至于这种解决方案和接下来其他解决方案的差异，并不是由于想象力的枯竭所导致。想象力继续工作，但是会有损内在状况。这种内在状况在这个人最初凭借想象力飞向太阳时就已经不稳固了：到现在（由于冲突和紧张所产生的撕裂的影响）心理上遭到破坏的危险迫在眉睫。

在介绍新的解决方案的尝试之前，我们必须熟悉一些一直起作用的、致力于缓解紧张的措施。[1]简单地列举出这些措施就足够了，因为它们在本书以及之前的出版物中已经被讨论过，并且在接下来的章节中会继续讨论。

从这一方面看，**与自我疏离**是这些措施中的其中一个，而且有可能是排名第一重要的。我们已经讨论了引发和强化自我疏离的原因。再重申一下，在某种程度上，它仅仅是神经症患者被强迫性力量驱使的结果；在某种程度上，它来自主动远离真实自我、反对真实自我的行为。在这里我们不得不补充，为了避免内在斗争以及使内在紧张保持在最小值，患者也会有明显的兴趣否认真

---

[1] 若不是在内容上，就是在原则上，它们与我在《我们内心的冲突》中所称的"人为和谐的辅助方法"相一致。

实的自我。[1]所涉及的原则和所有为解决内在冲突而采取的尝试的原则是一样的。如果其中一方被抑制并且另一方占据主导，任何冲突（不论内在的还是外在的）都会从视线中消失，并且实际上是人为的被削弱。[2]对于具有冲突的需要和冲突的兴趣的两个人或者两组人来说，当其中一个人或其中一组人被压制，公然的冲突就消失了。在一个飞扬跋扈的父亲和一个被制服的孩子之间，没有可见的冲突。这对于内在冲突来说是一样的。在我们对他人的敌意和我们被人喜欢的需要之间，我们可能具有剧烈的冲突。但是如果我们压抑住敌意，或者压抑住被喜欢的需要，我们的人际关系就会趋向于简化。同样地，如果我们驱逐了真实自我，真实自我和虚假自我之间的冲突不仅会从意识中消失，而且力量的分布也会发生极大的改变，致使冲突实际上减少了。当然，这种缓解紧张的方式只有在以增加自负系统的自主权为代价的情况下才得以实现。

否认真实自我是被自我保护的利益所支配的这一事实，在精神分析的最后阶段会格外明显。正如我已经表明的，当真实自我变得更强大，我们实际上能够观察到内心的斗争会更激烈。任何经历过这种激烈的内心斗争的人，不论在自己身上经历还是在他人身上看到，都能够理解早期使真实自我撤离作战领域是被生存的需要所支配，被避免分裂的渴望所支配。

这种自我保护的过程主要表现在患者会有兴趣把问题蒙蔽住。不论他表面上看起来多么协调一致，他实际上是一个困惑的人。他不仅有惊人的使问题模糊化的能力，而且他很难被劝阻不这样做。这种倾向一定会起作用，而且事实上它运作的方式和任何欺骗者意识层面的运作是一样的：间谍必须隐藏他的身份；伪君子必须展示诚实的一面；罪犯必须编造虚假的托辞。神经症患者自己不知道，他的确过着双重的生活，他一定会同样地、**潜意识地**搞不清他是谁、他想要什么、他感觉到什么、他相信的真相是什么。而且所有的自我欺骗都来自一个基本的自欺。将它的动力机制带入清晰的焦点：他不仅是智能上对自由、独立、爱、善良、力量的意义感到困惑，而且只要他没有准备好处理他自己的问题，他对于保持困惑就有强烈的主观兴趣，反过来，他可能用他"洞悉一切的头脑"的虚假自负把困惑掩盖起来。

其次重要的是**内在经验的外化**（externalization）。再重申一下，它的意思是内心的过程并没有被经验为此，而是被认为或者被感到是发生在自我和外部世界之间。这是缓解内在系统紧张的一种相当激进的方法，而且它一直以内心的贫乏和人际关系中增加的困扰为代价。我最初所描述的外化是一种保持理

---

[1] 这种兴趣构成了强化自我疏离的另一个因素，它属于远离真实自我的行动范畴。

[2] 参见卡伦·霍妮的《我们内心的冲突》，第二章"基本冲突"。

想化形象的方法，它通过把不符合自己特定形象的所有缺点或弊病都归咎于其他人身上而得以实现。[1]后来，我把它看作是否认或者缓和自我毁灭性力量之间的内心斗争的企图。而且我区分了主动的外化和被动的外化。前者是："我做任何事都不是为自己，而是为他人，而且理应如此"**相对于**后者："我对他人没有敌意，他们对我怀有敌意。"而现在，我终于对理解外化又向前迈进一步。我描述过的内在过程几乎没有一个是没被外化的。比如说，当一位神经症患者完全不能够感受到对自己的怜悯时，他可能感受到对他人的怜悯。他可能强烈地否认自己内心被救赎的渴望，但是会把它表现为能够机敏地发现别人在成长中受阻，并且有时会以惊人的能力去帮助他们。他对于内在指令的强制性的反抗可能表现为对公约、法律和权势的蔑视。他没有意识到自己专横的自负，但他可能憎恨别人的自负，或者被别人的自负吸引。当他看到自己在专政的自负系统面前的退缩表现在他人身上时，他可能表现出鄙视。他不知道他在缓和他冷酷无情的自我憎恨，他可能排除掉一切的苦难、残酷甚至死亡，而后发展出对于一般生活盲目乐观的态度。

另一种一般措施是神经症患者倾向用零碎的方式来经验自己，就好像我们是很多分离部分的总和。这在精神病学的文献中被称作**分隔化**（compartmentalization），或者**精神碎裂**（psychic fragmentation），而且它好像仅仅在重申一个事实：他没有感觉到自己是一个——每一部分连接着整体以及部分与部分之间相互作用的——有机整体。当然只有被疏离、被分裂的个体**可能缺乏这种整体感**。然而，我想要在这里强调的是神经症患者主动地倾向于切断连接。当一个连接出现在他面前，他可能在智力层面了解它。但是这个连接对他来说是个意外，他的洞察力只是表面的，而且不久就会消失。

比如说，他有一种潜意识地看不到因果联系的倾向：一种精神因素来自另一种或者强化了另一种；必须坚持一种态度的原因是它保护了一些重要的幻想；任何强迫性的倾向对他的人际关系或者一般生活都有影响。他甚至可能看不到最简单的因果联系。他的不满和他的要求有什么关系，这始终令他感到奇怪；或者不论任何神经症的原因，他对他人的过度需要使他对他人有依赖，这也令他感到奇怪。他睡得晚和他上床的时间晚有关，这对他而言是个惊人的发现。

他可能也有一种强烈地觉察不到自己身上同时存在的**矛盾价值观**的倾向。毫不夸张地说，他可能完全看不到他容忍甚至怀有两套价值观，这两套价值观都是存在于意识之上，是彼此互斥的。比如，他既看重圣洁的价值，又看重相反

---

[1] 参见卡伦·霍妮的《我们的内心冲突》的第七章"外化"。

的价值——使别人对自己卑躬屈膝，这并不令他感到困扰。还有，他的诚实与他热衷于"侥幸通过"并不相符，这也不会令他感到困扰。甚至当他试图检视自己的时候，他只是得到一幅静止的画面，就像他看到拼图玩具被分离的小部分：胆怯、对他人的蔑视、雄心、受虐的幻想、被喜欢的需要，等等。单独的每一部分可能看起来都是正确的，但是因为它们是在脱离情境的背景下被观察，无法感觉到它们之间的相互连接、过程或动力机制，所以一切都不会改变。

虽然精神碎裂本质上是一个解体的过程，但是它的功能是为了保持**现状**，保护神经症的平衡，以免崩溃。通过拒绝遭受内心矛盾的困惑，神经症患者使自己避免面对潜在的冲突，由此使内心的紧张处于低潮的状态。他甚至对于冲突没有基本的兴趣，因此冲突一直存在于他的意识之外。

当然，通过切断因果联系会达到相同的结果。切断原因和结果的联系会阻止他意识到某些内在力量的强度和相关性。举一个重要而常见的例子：这个人有时候可能体验到一阵报复性的全面的冲击力。但可能他最大的困难是去理解，甚至理性地去理解受伤害的自负和恢复它的需要是推动力量。而且，即使当他清楚地看到这个事实，这种联系对他仍然是毫无意义的。另外，他可能对于严厉的自我斥责有相当清晰的印象。他可能看到在很多具体的例子中，这种压迫性自我蔑视的表现都出现在没有履行来自自负的不切实际的指令之后。但是同样，他的头脑会不知不觉地扰乱这种连接。因此，自负的强度和自负对自我蔑视的影响充其量只是模糊的理论思考，这种理论思考使他摆脱了处理他的自负的必要性。自负仍然掌权，紧张感保持在较低的水平，因为没有冲突出现，所以他能够维持一种欺骗的统一感。

目前为止所描述的三种维持表面看起来内心平静的尝试，它们的共同特征是排除潜在的扰乱神经症结构的因素：去除真实的自我、去除各种各样的内在经验、去除那些（一旦实现）就会扰乱平衡的联系。另外一种措施是**自动控制**，它在某种程度上遵循着相同的趋势。它的主要作用是抑制情感。在濒临解体的结构中，情感是危险的根源，因为它们就像我们内心中未被驯服的基础力量。我在这里说的不是有意识的自我控制，如果我们选择这样做，我们可以借用有意识的自我控制抑制冲动的行为、爆发的愤怒或热情。自动控制系统抑制的不只是冲动的行为或情感的表达，而且抑制了冲动和情感本身。它的运行就像自动防盗器或者火警报警器，当不想要的情感出现时即刻发出报警信号（比如恐惧）。

但是，相比其他的尝试，就像它的名字所暗示的，它也是一个控制系统。如果由于与自我疏离和精神碎裂而使得有机的整体感缺失了，某个人为的控制系统就需要把我们不统一的部分结合在一起。

　　这种自动控制系统能够包含所有恐惧、受伤、愤怒、开心、喜爱、热情的冲动和感受。与广泛的控制系统相对应的躯体表达是肌肉紧绷，表现为便秘、步态、姿势、面部僵硬和呼吸困难，等等。人们对控制本身的有意识的态度是不同的。有些人仍然可以充分地注意到他们对控制的恼怒，至少有时候他们极其希望自己能够放开自己，能够真心地大笑，能够坠入爱河，或者能够被某些热情冲昏头脑。另一些人会以不同方式表现出或多或少公然的自负来巩固住这种控制。他们可能称之为尊严、镇定、坚忍、戴有面具、表现一张扑克脸、"合乎现实的""不动情感的""不喜形于色的"。

　　在其他类型的神经症中，这种控制会以一种更具选择性的方式运行。然后，某些情感会免受惩罚甚至将被鼓励。因此，比如有强烈自谦倾向的人往往放大爱的感受或痛苦的感受。这里制约的主要是敌对情感的整体范围：怀疑、愤怒、蔑视和报复。

　　当然，由于许多其他的因素，其中包括与自我疏离、令人生畏的自负和自我挫败，个体的情感可能变得平淡或者被压抑。但是充满警惕的控制系统会超越这些因素而发挥作用，在许多例子中当它仅仅预测到减弱控制的前景，人就会出现惊吓反应，例如害怕入睡、害怕麻醉或被酒精作用、害怕在精神分析中躺在躺椅上做自由联想、害怕高山滑雪。不论是怜悯、恐惧或者暴力的情感，一旦穿过控制系统它就可能引起恐慌。这种恐慌可能来自个体的恐惧和对这些情感的拒绝，因为它们危机到神经症结构中某些明确的部分。但是他也可能只是因为意识到他的控制系统不起作用而变得恐慌。如果这一点被分析出来，恐慌会缓解，只有那个时候特定的情感和患者对它们的态度才能够进入分析工作。

　　在这里要讨论的最后一种一般措施是神经症患者对于**心智至上**的信念。虽然情感——由于难以驾驭——它们就像要被管制的嫌疑犯一样，但是心智——想象和理智——如同瓶中飘出的精灵一样向外扩散。于是，事实上另一种二元论就产生了。它不再是心智和情感，而是心智**相对于**情感；不再是心智和身体，而是心智**相对于**身体；不再是心智和自我，而是心智**相对于**自我。但是，就像其他的碎裂一样，这也作用于缓解紧张、掩盖冲突和建立表面的统一。它可以通过三种方法来实现。

　　心智可以变成自我的旁观者。就像铃木所说："智力毕竟是个旁观者，当它工作的时候，就像一个雇员，得到更好或者更糟的结果。"对神经症患者而言，心智从来就不是友好的、关切的旁观者，它可能是或多或少充满兴趣的、施虐性的旁观者，但它总是超然的——就像在看一个曾经偶然遇见过的陌生人。有时候这种自我观察可能十分机械和表面。那时，患者将会就事件、活动和症状的增加或减少给出多多少少准确的报告，却不会触及这些事件对他的意义或者他对事件的反应。在精神分析的过程中，他也可能或变得对自己的心理过程产生强烈的兴趣。但是他对它们的兴趣只不过是他对自己敏锐的观察力或它们的作用机制感兴趣，这非常类似于昆虫学家着迷于昆虫的功能。同样，精神分析师可能会感到欣喜，把患者的渴望误解为他对自我的真实兴趣。只要过一阵子，分析师就会发现患者对于他自己所发现的生活的意义完全不感兴趣。

这种超然的兴趣也可能是公然地挑剔、欣喜和施虐。在这些例子中，它通常以主动和被动的方式被外化了。他就像是背对着自己，以相同的超然和不相关的方式极其敏锐地观察他人和他人的问题。或者他可能感到自己处于他人充满憎恨和欣喜的观察下——这种感受在妄想的症状中最显著，但是绝不仅限于此。

不论他作为自己的旁观者的质量如何，他都不再是内在斗争的参与者，他把自己从内在问题中移除了。"他"是他的观察心智，就此而论，他有了统一感。然后，他的大脑便成了他唯一感到活跃的部分。

心智也像**协调者**一样工作。这个功能我们已经熟悉。我们看到过想象力在创造理想化形象时是如何工作的，在自负无休止地劳作时是如何工作的，比如掩盖这一点，突出那一点，把需要变成美德，把潜能变成现实。同样，在合理化的过程中，理智能够屈从于自负：那时任何事可能看起来或者感觉上都是明智的、貌似合理的、符合理性的——从神经症起作用的潜意识前提来说，它的确是合理的。

协调的功能也对消除任何的自我怀疑起作用。这种功能越被需要，整体结构就越不牢靠。于是，引用一位病人的描述，存在一种"狂热的逻辑"，这个逻辑通常伴随着不可动摇的信念，坚信自己是没有过失的。"我的逻辑获胜，因为它是唯一的逻辑……如果别人不同意，他们就是傻瓜。"在和他人的关系中，这种态度显示出傲慢的正确性。它向内在的问题关闭了建设性探究的大门，但同时通过建立毫无结果的确定性来缓解紧张感。就像在其他神经症的情况中，它常常也是如此，它相反的极端——普遍性的自我怀疑——也将导致缓解紧张的相同结果。如果任何事物都不像它看起来的那样，为什么要被困扰呢？在许多患者中，这种对一切怀疑的态度可能相当隐蔽。表面上，他们欣然接受一切，但是无声地持保留意见，结果就是他们自己的发现和分析师的建议都会丧失在危险的困境中。

最后，心智是神奇的**统治者**，就像上帝一样，一切都有可能。关于对内在问题的认识不再是迈向改变的一步，而是认识**就是**改变。患者在基于这个前提运作，但他们并没有意识到这一点，他们通常会感到困惑的原因是自己已经认识了很多问题的动力机制，这一种或那一种神经症困扰还是没有消失。分析师可能指出一定还存在他们不知道的关键因素——这通常是正确的。但是即使当其他相关因素都进入视线，一切还是没有改变。患者会再一次感到困惑和沮丧。因此，他们可能会无止境地想要寻求更多的认识，认识本身是有价值的，但是只要患者坚持认为知识的光芒应该驱散他生活中的每一片乌云，而他无需做出实际的改变，那么认识本身注定徒劳。

他越是试图用纯粹的智力来经营他全部的生活，他越会觉得承认他自身潜意识因素的存在是难以忍受的。如果这些因素不可避免地闯进来，它们可能引起巨大的恐惧，或者在其他人身上会遭到否认和合理地驱赶。这一点对于第一次看到自身神经症冲突甚至还看得不太清晰的患者来说尤其重要。他会瞬间意识到即使他有理智或者想象力，他不能使不协调的事物变得和谐一致。他感到落入陷阱，他的反应可能是恐惧。然后，他可能集合他所有的精神能量逃避面对这个冲突。他怎么能绕过去呢？[1]他怎么能侥幸通过？陷阱中可以让他逃跑的洞口在哪里？简单和狡猾不会共存，那么，他能否在一些情况中简单，在另一些情况中狡猾？或者如果他被迫报复，并且为之感到骄傲，然而让步的想法又对他影响很深，他就会被这样一种观念吸引，即实现平静的报复、度过没有波澜的生活，就像他不顾灌木丛的阻挡一般，消灭掉对抗他自负的冒犯者。这种使自己侥幸通过的需要能够发展成真正的热情。于是，所有使冲突显露出来的工作都变得无效，但是内在的"平静"却被重新建立了。

所有这些措施用不同的方法缓解了内在紧张。在某种程度上，我们能够称它们为解决方案的尝试，因为在所有这些措施中，整合的力量都在起作用。比如，通过分隔化，患者切断冲突的倾向，由此不再把冲突经验为冲突。如果一个人把自己经验为自己的旁观者，他会由此发展出一种统一感。但是我们还不能通过称一个人是自己的观察者来满意地描述这个人。这完全取决于当他观察自己时他观察到了什么，以及他这么做基于的精神是什么。同样地，外化过程只涉及到神经症结构的一个方面，即使我们知道他外化了什么以及他是如何做到的。换句话说，所有这些措施都只是部分的解决方案。我将更愿意讨论神经症的解决方案，只有它们具有我在第一章中所描述的涵盖一切的特征。它们给整体人格提供了形态和方向。它们决定了获得满足的种类，要避免的因素，价值观等级，以及和别人的关系。它们也决定了采用的一般整合措施。总之，它们是一种**权宜之计**，是一种生活方式。

---

[1] 参考易卜生的《培尔·金特》中和妖王在一起的那一幕。

第八章　扩张型的解决方案：
掌控的吸引力

　　在所有神经症的发展中，与自我疏离都是内核问题；在所有的神经症发展中，我们发现了对荣誉的追求、"应该"、神经症的要求、自我憎恨和各种各样的缓解紧张的措施。但是我们尚未描述，这些因素是如何在一个**特定的**神经症结构中起作用。这个描述取决于个体所采取的应对内心冲突的解决方案的类型。然而，在我们能够充分描述这些解决方案之前，我们必须弄清楚由自负系统产生的内在集群因素和其中包含的冲突。我们明白在自负系统和真实自我之间存在冲突。但是，如同我已经指出的，主要的冲突也会产生自自负系统本身。事实上，一旦我们只思考这两种完全对立的自我形象，我们就会认识到矛盾而互补的自我评价，但是我们并没有意识到冲突的驱力。当我们从不同的角度看待它，并且聚焦于这一问题："我们是如何经验我们自己的？"，这种情况会改变。

　　内在的集群因素会对身份认同感产生基本的不确定性。我是谁？我是令人骄傲的超级人类吗，或者我是被抑制的、有罪的、相当可鄙的生物？除非他是诗人或者哲学家，个体通常不会有意识地提出这种问题。但是存在性的困惑确实会出现在梦中。在许多方面，身份认同的丧失能够被直接地、简洁地表达。做梦的人可能丢失了护照，或者在被要求证明身份时，他无法做到。或者他的一位老朋友在他的梦中看起来和他记忆中的样子相当不同。或者他可能看着一幅肖像，但是画框中间是空白的帆布。

　　更经常的情况是，做梦的人没有对身份认同的问题感到明显得困惑，但是他会以不同的象征来呈现自己：不同的人、动物、植物，或者无生命的物体。他可能以亚瑟王的圆桌骑士之一—加拉哈德和一个充满威胁的怪兽身份来代表自己，他们同时出现在同一个梦中。他可能是被绑架的受害者和绑匪；是囚犯和监狱的看守；是法官和被告；是拷打者和受刑者；是受惊的孩子和响尾蛇。这种戏剧化的自我表现显露出一个人身上起作用的不同力量，而且对自我表现的解释能够极大地帮助我们认识他们。比如，做梦者的放弃倾向可能在梦中表现为一个扮演放弃者的角色；他的自我蔑视表现为厨房地板上的蟑螂。但是这并不是戏剧化自我表现的全部意义。正是它存在的事实本身（在这里提及它的原因）也表明了我们有能力体验我们自己作为不同的自我。相同的能力也表现在人们常常经验到日常生活的自己和梦中的自己有明显的差别。在他的意识头脑中，他可能是智囊，是人类的救世主，是一个不可能没有成就的人；然而与此同时在他的梦中，他可能是个怪人，是个语无伦次的傻瓜，或者是一个躺在阴沟里的废物。最后，即使在他有意识地经验自己的方式中，神经症患者可能往返在傲慢的全能感和世俗的糟粕感之间。这一点在酗酒者（但不限于酗酒者）身上尤其明显，在某一时刻他们可能在云端，做出伟大的姿态和浮夸的承诺，在下一刻就变得悲惨绝望、卑躬屈膝。

　　这些多种多样经验自我的方式和现有的内在结构是相符的。撇开更多复杂的可能性不说，神经症患者可能感觉自己是被美化的自我、被鄙视的自我，以及有时（虽然大多数情况被排除在外）是真实的自我。因此，事实上他必然不确定自己的身份。而且只要内在的集群因素存在，"我是谁"的问题就的确无法回答。在这个关键时刻，更吸引我们的是这些不同的自我体验必然是冲突的。更确切地说，冲突必然会发生，因为神经症患者**完全**认同自己是优越的、令人骄傲的自我和被鄙视的自我。如果他经验自己是一个优越的人，他往往对于自己的努力和他能够达到目标的信念是夸大的；他往往或多或少是公然傲慢的、有雄心的、进攻的和苛刻的；他感到自给自足；他蔑视其他人；他需要得到赞美或盲目的服从。相反，如果在他的头脑中他是被抑制的自我，他往往感到无助，他是顺从的、让步的，他依赖他人，渴望他人的情感。换句话说，**完全**认同一种或者另一种自我将不仅导致相反的自我评价，而且导致相反的对他人的态度、相反的行为类型、相反的价值观、相反的驱力和相反的满足感。

　　如果这两种经验自我的方式在同一时间起作用，他必然感觉就像有两个人把他朝相反的方向牵拉。这实际上是**完全**认同两个存在的自我的意义所在。它不仅存在冲突，而且冲突的冲击力足以把他撕裂。如果他没有成功地缓解由此产生的紧张，焦虑就必然发生。那时，如果有其他原因使他倾向于这样做，他可能借酗酒来缓解焦虑。

　　但是，通常在任何剧烈的冲突下，解决方案的尝试会自行启动。解决这种冲突的方法主要有三种。其中之一出现在文学作品《化身博士》中。杰基尔博士认识到他存在持续对抗的两面（大致表现为罪人和圣人，这两面都不是他自己）。"我告诉我自己，如果每一面都可以安置在不同的身份中，生活会从一切无法忍受之中解脱出来。"他合成了一种药，凭借它把两个自我分离开。如果这个故事脱去荒诞的外衣，它相当于用**分隔化**的尝试解决这个冲突。许多患者都偏转至这个方向。他们相继经验自己是极其的自谦以及浮夸和膨胀，却没有由于矛盾而感到不安，因为在他们的头脑中这两个自我是切断联系的。

但是，如同《化身博士》的作者斯蒂文森在故事中表现的，这个尝试不可能成功。就像我在上一章中提到的，这是过于部分的解决方案。更激进的人会遵循**精简化**的模式，这在许多神经症患者中很典型。那就是尝试永久且严格地压抑其中一个自我从而完全成为另一个自我。第三种方式是通过撤回对内在斗争的兴趣，**放弃**积极的精神生活来解决冲突。

那么，再简要回顾一下，自负系统所带来的两种主要的内心冲突：核心的内在冲突和自负的自我与被鄙视的自我之间的冲突。然而，在接受精神分析或者刚开始接受精神分析的患者身上，它们并没有表现为两种分离的冲突。某种程度上，这是因为真实自我是潜在的力量，但还不是实际的力量。然而，也因为患者倾向于概括性地蔑视一切没有被赋予自负的事物，包括他真实的自我。由于这些原因，这两种冲突看起来合并成一种，它是扩张者和自谦者之间的冲突。只有经过大量的精神分析工作之后，核心的内在冲突才会作为独立的冲突出现。

就目前的认识情况来说，针对内心冲突的神经症的主要解决方案看起来是最适合作为区分神经症类型的基础。虽然我们必须牢记我们渴望清楚的分类是为了满足我们对于秩序和指导的需要，这并非真的恰到好处地论述了人类生活的多样性。说到人的类型，或者就像我们在这里谈的神经症的类型，毕竟只是从某些观点看待人格的一种方法。我们用来作为标准的是那些在特定心理系统的框架中显得至关重要的因素。从局限的意义上来说，每一次建构分类的尝试都具有某些优点，也存在明确的局限。在我的心理学理论的框架中，神经症的特征结构是核心。所以我对于"类型"的标准不可能是这个或那个症状的描述，以及这个或那个个体的倾向。它只能是整个神经症结构的特殊性。反过来，这些在很大程度上取决于个体应对内在冲突所采取的主要的解决方案。

虽然这个标准比许多在类型学中使用的标准更全面，但是它的可用性也是有局限的——因为我们必须做出许多保留和限定条件。首先，虽然倾向于采用相同的主要解决方案的人有相似的特征，但是他们可能在人的品质、天赋或者成就上有很大的差异。另外，我们所称的"类型"实际上是人格的横截面，是神经症的过程发展到相当极端情况下的显著特征。但是总会存在中间结构的模糊范围"取笑"任何明确的分类。由于精神碎裂的过程，即使在极端的例子中通常也会有多于一种主要的解决方案，这个事实进一步增强了分类的复杂性。

"大多数的案例都是混合的案例"，威廉·詹姆斯说过，"而且我们不应该过分遵从我们的分类。"或许称它为"发展的方向"要比"类型"更接近准确。

在头脑中记住这些限定条件，我们就能够从本书所呈现的问题方面，区分三种主要的解决方案：扩张型的解决方案、自谦型的解决方案和放弃型的解决方案。在**扩张型的解决方案**中，个体主要把自己认同为被美化的自我。当他说到"他自己"的时候，就像培尔·金特一样，他指的是他非常浮夸的自我。或者，像一位患者指出的，"我只作为优越的人而存在。"这种解决方案中的优越感不一定是有意识的，但是不论是否是有意识的，它都会极大地决定了对一般生活的行为、努力和态度。生活的吸引力在于对生活的掌控。这主要使他有意识或者潜意识地具备了克服——自身或自身之外的——障碍的决心以及相信他应该能够，而且事实上的确**能够**这样去做。他应该能够掌控命运的不幸、处境中的难题、错综复杂的智力问题、他人的阻力和他自身的冲突。掌控的必要性的反面是他对于任何隐含着无助感的事物的恐惧，这是他最剧烈的恐惧。

当从表面看这些扩张类型的人，我们得到的画面是这些人以精简的方式致力于自我美化、雄心勃勃的追求、报复性的胜利中，通过智力和意志力来掌控生活，并以此作为实现他们理想化自我的手段。而且，除了基于对假设、个别概念还有术语上的不同，这就是弗洛伊德和阿德勒看待这些人的方式（被自恋的自我扩张的需要和处于优势的需要所驱动）。然而，当我们在精神分析中对这些患者了解得足够深刻，我们会发现他们所有人都具备自谦的倾向——这种倾向不仅被压抑了，而且被他们憎恨和厌恶。我们首先得到的是对他们的一个侧面描述，为了营造主观的统一感，他们会假装这个侧面就是整个人。他们顽固地坚持着扩张的倾向，这不仅由于这些倾向的强迫性特征[1]，而且因为从意识中去除所有的自谦倾向、自我指控、自我怀疑、自我蔑视的痕迹的必要性。只有这样，他们才能够保持主观上对优越和掌控的确信。

这方面的危险之处是患者认识到未被满足的"应该"，因为这会引发负罪感和无价值感。由于没有人能够在实际中符合他的那些"应该"，所以这样的人不可避免地采取所有可用的方法向自己否认他的"失败"。借助想象力、强调"好的"品质、掩盖其他品质、实现行为主义上的完美、外化的方式，他必须试图在他的头脑中保留住他令人骄傲的画面。可以说，他必须树立起潜意识虚张声势的态度，在生活中假装他无所不知、慷慨大方、公平公正等等。在任何情况下，他都决不能让自己意识到通过与被美化的自我相比较，他存在致命

---

[1] 如同在本书第一章中描述的。

的弱点。在和别人的关系中，两种感受中的一种可能占据上风。他可能有意识或者潜意识地对于他愚弄所有人的能力感到极其得骄傲，并且在他的傲慢和对他人的蔑视中，他相信实际上他成功地做到了这一点。相反，他最害怕自己被愚弄，而且如果他被愚弄了，他可能感到这是严重的羞辱。或者，他可能由于自己只是个虚张声势的人而感到持续的、潜在的恐惧，这种恐惧比其他神经症类型的恐惧更为强烈。比如，即便他可能通过正当的工作获得了成功或荣誉，他仍然会感到他是通过占别人便宜才获得的这些。这使他对于批评和失败，或仅是失败的可能性，或他的"虚张声势"被批评都过度的敏感。

这个群体依次包含了许多不同的类型，任何人都能够通过对患者、朋友或者文学作品中的人物进行简要的调查来得以证实。在个体的差异中，最关键的因素是关于享受生活的能力和对他人产生积极情感的能力。比如培尔·金特和海达·加布勒都是他们被夸大的自我的版本，但是他们的情感氛围是多么的不同！其他相关的差异取决于每种类型为了消除意识中所认识到的"不完美"而采取的方式。另外，他们所提出要求的性质、他们辩解的理由和他们坚持的方式也各不相同。我们必须考虑至少三种"扩张类型"的分支：自恋型、完美主义型和傲慢—报复型。因为前两种类型已经在精神病学文献中被充分地论述，我将简要介绍它们，而详细地介绍最后一种类型。

我带有一些犹豫地使用"自恋"这个词，因为在经典弗洛伊德学说的文献中，它不加区别地包括了每一种自我膨胀、自我中心、对自我福利的迫切关注和对他人的回避。[1]我在这里采用它原始的描述性意义，即"爱上自我理想化的形象"。[2]更准确地说：这个人是他理想化的自我，而且似乎他爱慕他理想化的自我。这个基本态度带给他其他群体完全不具备的乐观开朗或心理弹性。它带给他表面上丰富的自信，这对于所有在自我怀疑中受苦的人似乎是值得羡慕的。他在意识上没有怀疑；他就是救世主；是命运的使者；是预言家；是伟大的给予者；是人类的恩人。所有这一切都有一丝道理。他经常拥有超越常人的天赋，他在早年很容易取得荣誉，他有时候是受优待、被赞美的孩子。

---

[1] 参见在《精神分析新法》中对于这一概念的讨论。当前的概念和《新法》中所提供的区别如下：在《新法》中我强调的是自我膨胀，我将自恋归于与他人的疏离、自我的丧失和被破坏的自信。所有这些都是真实的，但是我现在看到的导致自恋的过程更为复杂。我现在会倾向于区分自我理想化和自恋，用后者表达感到与理想化的自我相一致。自我理想化发生在所有神经症患者中，并且相当于是解决早期内在冲突的尝试。而另一方面，自恋是针对扩张型驱力与自谦型驱力之间的冲突而采取的多种解决方案中的一种。

[2] 西格蒙德·弗洛伊德的《论自恋：导论》，论文集第四卷。同时参见伯纳德·格卢克的"神或耶和华情结"，《医学杂志》，纽约，1915年。

他毫无异议地相信自己的伟大和独特，这是理解他的关键。他的乐观开朗和永葆青春来自这个原因。还有他迷人的魅力也来自这里。然而很清楚地是，尽管他有天赋，他的立足点是不牢靠的。他可能不间断地谈论他的功绩和他的卓越品质，并且需要从钦佩和忠诚的方式中无止境地确认他对自己的评价。他的掌控感存在于他坚信没有什么是他做不到的，没有什么人是他赢不了的。他通常确实是迷人的，尤其是当有新人进入他的生活圈子时。不论他们实际上对他有多重要，他都**必须**给他们留下印象。他给自己和别人留下的印象是他"爱"他人。他可能是慷慨的，表现为热情洋溢、奉承别人、给人恩惠和帮助——以期待赞美或者作为忠诚的回报。他赋予他的家庭、朋友、工作和计划耀眼的属性。他可能相当宽容，不期待别人完美；他甚至能够忍受关于自己的玩笑，只要这些玩笑只是在强调他和蔼可亲的特性；但是他决不能被严肃地质疑。

在分析工作中所呈现的他的"应该"和神经症的其他形式中的"应该"一样来势汹汹。但是他的特点是使用魔法棒来应对它们。他忽视缺点或把缺点变成美德的能力好像是无限的。一个冷静的旁观者常常称他们是无良的，或至少是不可靠的。他似乎不介意违背诺言、不忠诚、负债和欺骗（思考一下约翰·盖勃吕尔·博克曼）。然而，他不是一个诡计多端的剥削者。他只是感到他的需要和任务都极其重要，以至于它们赋予他得到一切的特权。他毫不质疑他的权利，并且期待其他人"无条件地爱"他，不管他实际上在多大程度上侵犯了他们的权利。

他的困难同时出现在他的人际关系和工作中。他骨子里和其他人是没有连接的，这必然显示在他亲近的关系中。其他人会有自己的愿望和看法，他们可能批判地看待他或对他的不足持有异议，他们可能对他有所期待——所有这些简单的事实都会被他感受为恶意的羞辱，而且会令他怒火中烧。然后，他可能会突然爆发一阵愤怒，转而去投靠其他更"理解"他的人。因为这个过程在他的大部分关系中都发生过，他常常是孤独的。

他在工作中的困难是多方面的。他的计划通常太过夸大。他并没有考虑限制因素。他过高估计了他的才能。他的追求可能非常多样化，因此很容易失败。在一定程度上，他的心理弹性赋予他反弹的能力，但是另一方面，在事业或者人际关系上的屡次失败——被拒绝——可能也会把他完全压垮。另外，被成功搁置在一旁的自我憎恨和自我蔑视，那个时候可能会火力全开地发挥作用。他可能陷入抑郁、精神病发作，甚至自杀，或者（更为经常地）通过自我毁灭的欲望招致意外事故或者患病身亡。[1]

最后再谈一谈他对一般生活的感受。表面上，他是一个相当乐观，关注外部生活，想要快乐和幸福的人。但是存在沮丧和悲观的暗流。他用无限和实现虚幻幸福的标尺来做比照，他禁不住感受到他生活中痛苦的差距。只要他还处于得意中，他不可能承认他的失败，尤其是在掌控生活方面。这种差距不在他身上，而是在生活本身。于是他可能看到生活的悲剧性，这种悲剧性在生活中并不存在，而是他所带来的。

第二种分支类型是向**完美主义**的方向发展，他认同自己就是他的标准。这种类型的人因为他道德和智力的高标准而感到优越，并且基于此看不起其他人。可是，他对别人的傲慢蔑视是隐藏的——他自己也不知道——它隐藏在有教养的友善背后，因为他的标准禁止了这种"不合规范"的情感。

他掩盖没有被实现的"应该"的方式是双重的。与自恋类型相反，他确实做出极大的努力来满足他的"应该"，通过履行职责和义务，通过礼貌和有序的举止，通过不说明显的谎话，等等。当我们谈到完美主义的人，我们通常仅仅指这样一些人：保持一丝不苟的秩序，过于谨小慎微和严苛守时，必须斟酌用词，或者必须穿戴得体、戴领带或帽子。但是这些只是他们需要达到最高水平的卓越的肤浅外表。真正重要的不是那些琐碎的细节，而是整体生命行为毫无瑕疵的卓越。但是，因为他能够实现的一切都是行为主义的完美，于是需要另外一种策略。这就是把他头脑中的标准和实际情况等同起来——**了解**道德价值和**成为**一个好人。其中涉及的自我欺骗愈加对自己隐藏起来，因为在提到别人的时候，他可能坚持让别人在实际中符合自己的完美标准，并且当他们没有做到的时候会鄙视他们。他的自我谴责因此被外化了。

由于要确认他对自己的看法，他需要来自他人的尊敬，而不是热情洋溢的赞美（他往往不屑于后者）。因此，与其说他的要求是基于对他伟大的"天真"信念，不如说是（如我们在第二章"神经症的要求"中所描述的）基于他暗自和生活做的一笔"交易"。因为他是公平的、正直的、尽职的，他有权获得来自他人和一般生活的公平对待。他相信这种绝对可靠的公平在生活中起作用，这个信念带给他掌控感。因此，他自身的完美不只是优越的手段，而且它是控制生活的手段。他对于"不应得的财富"的观念是陌生的，不论这种获得是好是坏。因此，与其说他获得的成功、财富或健康是用来享受的，不如说是

---

[1] 英国小说家、剧作家詹姆斯·贝洛在他的作品《汤米和格丽泽尔》中描述过这样的结局。由查尔斯·斯克里布纳之子出版社于1900年出版。同时参见美国剧作家阿瑟·米勒的《推销员之死》，兰登书屋，1949年。

他美德的证明。相反，任何降临在他身上的不幸，比如失去孩子、意外事故、妻子的不忠、失去工作，都可能把这个看起来神志健全的人带到崩溃的边缘。他不只憎恨厄运对他的不公平，而且远超于此的是，他被厄运撼动了精神存在的基础。厄运使他整体的记账系统失效，并使他联想出可怕的无助前景。

我们在讨论暴政的"应该"时提到过他的另一个破裂点：他认识到自己造成的错误或失败，他发现他自己陷入矛盾的"应该"之中。就像不幸卷走了他立足的基础，他认识到他自己的错误也等同于此。至今为止，成功被抑制的自谦倾向和纯粹的自我憎恨，这时可能会涌现出来。

第三种类型是向**傲慢的报复**方向发展，这种类型的人认同他的自负。他主要的生活动力是报复性胜利的需要。就像哈罗德·凯尔曼在谈到创伤性神经症时指出：这里的报复性变成了一种生活方式。

在任何追求荣誉的过程中，对报复性胜利的需要是常见的成份。因此，我们的兴趣并不过多地放在这种需要的存在，而是在于它压倒一切的强度。胜利的想法如何能让一个人如此紧抓不放，以至于花费一生的时间去追求？当然，它一定由种种强有力的原因所导致。但是单单了解这些原因并不足以解释它巨大的力量。为了达到更全面的理解，我们必须从另一个有利的角度来探讨这个问题。即使在其他人身上，由于报复和胜利的需要而导致的影响也可能是痛苦的，但是它通常被三个因素限制在一定的范围内：爱、恐惧和自我保护。只有这些限制因素暂时性或者永久性地失去作用，报复性才可能占据整个人格——由此变成一种整合力量，就像希腊神话中的美狄亚——并且将它完全倾斜至报复和胜利这个方向。在将要讨论的这种类型中，它是强有力的冲动和不足的限制这两个过程的组合，这解释了报复性的剧烈程度。伟大的作家直觉性地理解了这个组合，并且以一种相比精神病学家希望能做到的方式，更加令人印象深刻地呈现出来。比如说，我想到了《白鲸》中的亚哈船长、《呼啸山庄》中的希斯克里夫和《红与黑》中的于连。

我们首先来看报复性是如何表现在人际关系中。一种迫切的获得胜利的需要使这一类型极其具有竞争性。事实上，他不能容忍任何人所知道的或者所成就的比他多，拥有的权力比他多，或者以任何方式质疑他的优越性。他会强迫性地把他的对手拖垮或者击败他。即使为了事业他把自己放在次要的位置，他也会谋划着最终的胜利。他不会被忠诚感约束，他可能很容易背信弃义。通常他不知疲倦的工作，而获得的实际成就取决于他的天赋。但尽管他有计划和谋略，他常常是一事无成，这不仅因为他是没有成效的，而且由于他太过自我毁灭，如我们不久将会看到的。

他的报复性最显著的表现是突然的暴怒。这一阵阵报复性的勃然大怒可能极其可怕，以至于他自己可能都害怕万一失去控制会做出什么不可弥补的事情。比如，患者可能实际上会害怕在酒精的作用下，换句话说，当他们平时的控制不起作用时，他会杀人。报复性行为的冲动可能强烈到足以压制通常支配其行为的谨慎态度。当人被报复性愤怒控制，他们可能确实会令他们的生活、安全、工作和社会地位陷入危险境地。举一个斯汤达的文学作品《红与黑》中的例子，在德·瑞纳夫人读完恶意中伤于连的信件后；于连开枪打死了她。我们之后会理解这种不计后果的鲁莽行为。

毕竟，报复性愤怒的爆发是鲜少发生的，比它们更重要的是这种类型的人对他人所抱有的持久的报复态度。他相信每一个人在根本上都是恶意的、不诚实的；友好的姿态都是伪善的；唯一的智慧是认为所有人都是不可信的，除非这个人被证明是诚实的。但即使存在这样的证据，只要有丝毫的刺激，他也会很容易又转向怀疑。在对待别人的行为中，他是公然的傲慢，通常粗鲁又冒犯，虽然有时这会被一层伪装的世俗客套所遮盖。不论他是否意识到，他会以不易觉察和显而易见的方式羞辱和剥削其他人。他可能使用女人来满足他的性需要，而彻底不顾她们的感受。他以看似"天真"的自我中心态度，使用人作为达到目的的手段。他经常与他人建立和保持联系，仅仅基于他们服务于他对胜利的需要：在事业中可以用作垫脚石的人；他可以攻克和征服的有权势的女人；盲目认可和增强他权力的追随者。

他是使别人受挫的高手——挫败他们大大小小的希望；挫败他们对于关注、安慰、时间、陪伴和乐趣的需要。[1]当别人抗议这种待遇，他会认为这是他们神经症的敏感性使他们这样反应。

当这些倾向在精神分析中清晰地呈现出来，他可能把它们看作是在一切斗争的合理武器。如果他不采取防备，不聚集能量用于防御的战斗，那他就是一个傻瓜。他必须随时准备好反击。他必须永远并且在所有的情况下都是不可动摇的局势掌控者。

他对他人的报复性最重要的表现是他所提出的要求和他坚持这些要求的方式。他可能不会公开要求，而且他丝毫没有意识到他具有或提出的任何要求，

---

[1] 大部分报复性的表达曾经被其他人以及被我描述为施虐的倾向。"施虐"这个词聚焦在使他人遭受痛苦或侮辱的权力获得了满足。满足——兴奋、快感、高兴——毋庸置疑地可以出现在和性有关的、和性无关的情况下，而且对于这些情况，"施虐"一词看起来是有充分的意义。我的建议是在一般的使用中用"报复性"替换"施虐"一词，这是基于在所有所谓的施虐倾向中，报复需要是关键的动力。参见卡伦·霍妮的《我们内心的冲突》，第十二章节"施虐的倾向"。

但是事实上，他认为他有权利要求神经症的需要得到绝对的尊重，也有权利完全不顾及他人的需要或愿望。比如，他认为自己拥有完整表达令人不快的评论和批评的权利，但他同样感到有权利永远不被别人批评。他有权利决定多高的频率或者多低的频率去会见一次朋友，以及会见时在一起做什么。相反地，他也有权利不让其他人在这一方面表达任何期望或异议。

不论是什么导致了这种要求的内在必要性，这些要求一定会表现出对他人的轻蔑。当要求没有被满足，继而会产生惩罚性的报复，经历的整个历程从烦躁到生闷气，到让他人感到内疚，再到公开发怒。在某种程度上，这些是他感到挫败的愤怒反应。但是这些情感浓烈的表达，通过威胁他人使其顺从让步，也作为他坚持要求的措施。反过来，当他没有坚决要求他的"权利"或当他没有去惩罚他人的时候，他会对自己大发雷霆并且斥责自己"变得弱软"。在精神分析中，他抱怨自己的抑制或者"顺从"，在某种程度上他想要传递的是对这些技巧的不完美之处感到不满，然而他自己并不知道这一点。改进这些技巧是他暗自期待从精神分析中得到的收获之一。换句话说，他并不想克服他的敌意，相反他想更少地抑制或者更有技巧地表达。那时，他将会如此令人敬畏，以至于每个人都会急于实现他的要求。这两种因素都会助长他的不满足。他确实是一个长期感到不满的人。在他的头脑中，他有理由这样做，所以他当然有兴趣让人知道他的不满——所有一切包括他不满的事实，可能都是潜意识的。

在某种程度上，他通过优秀的品质证明他的要求是合理的，在他的头脑中这些品质是他拥有更好的知识、更好的"智慧"和远见。更具体地说，他的要求是对造成的伤害进行报复。为了巩固这种要求的基础，可以说他必须珍藏并延续着受到的伤害，不论它们是以往的或是近期的。他可能把自己比作永远不会遗忘的大象。他没有意识到不去忘记这些怠慢是符合他切身利益的，因为在他的想象中它们是他呈现给世界的账单。需要证明他的要求是合理的与他对挫折的反应就像恶性循环一样，为他的报复性提供持久的燃料。

所以，普遍的报复性自然也会进入精神分析的治疗关系中，并且以许多种方式表现出来。这是所谓的消极治疗反应的一部分[1]，我们指的消极治疗反应是说，在一段建设性的进展之后，情况会急剧恶化。朝向人际或朝向一般生活的任何进展事实上都会危及到他的要求和他报复性需要所带来的状况。只要后者是主观上必不可缺的，他一定会在精神分析中捍卫它。只有最小部分的防御

---

[1] 西格蒙德·弗洛伊德的《自我与本我》，精神分析研究所和霍加斯出版社，伦敦，1927年。卡伦·霍妮的"消极治疗反应的问题"，《精神分析季刊》，1936年。穆里尔·艾维米的"消极治疗反应"，《美国精神分析杂志》，第八卷，1948年。

是明显而直接的。当它发生的时候，患者可能坦言他决定不放弃他的报复性。"你不要把它带走；你想要让我成为善于伪装的人；它给予我刺激；它让我感到我是活着的；它是力量"，等等。大部分的防御被掩盖在微妙与间接的表达中。对于精神分析师而言，了解这种防御可能采取的形式是最大的临床重要性，因为它不仅可能延缓精神分析的进程，而且可能完全将分析工作毁掉。

　　它可以通过两种主要的方式实现。它能够极大地影响（如果不说操控）精神分析的治疗关系。那么，打败精神分析师可能看起来要比精神分析的进展更重要。而且（很少被知道的是）它能够决定哪些问题是患者感兴趣处理的。再举一个极端的例子，患者对所有在最终能实现更大、更好的报复的事情充满兴趣。这种报复更为立即有效，并且不以损失自己为代价，带着优越的镇定和平静。这一选择的过程不是来自有意识的推理，而是借助直觉的方向感，这种直觉的方向感带着一贯的确定性在运行。比如，他对克服顺从的倾向或建立权利感有强烈的兴趣。他对克服他的自我憎恨也有兴趣，因为在与世界的斗争中自我憎恨削弱了他的力量。另一方面，他对削弱自己的傲慢要求或削弱他人对自己造成的虐待感并不感兴趣。他可能带着奇怪的顽固性坚持着自己的外化方式。的确，他可能完全不想要分析他的人际关系，他会强调在人际关系这方面他所有的需要就是不被打扰。于是，整个分析过程可能很容易令分析师感到困惑，直到他抓住这一选择过程的可怕逻辑。

　　这种报复性的根源是什么？它的强度是从何而来？就像所有其他神经症的发展，报复性也开始于童年——伴随着极其糟糕的人生经历并且几乎没有任何弥补因素的存在。野蛮的暴行、羞辱、嘲弄、忽视以及公然的虚伪，所有这些都会猛烈地攻击到特别敏感的孩子。那些在集中营里忍受多年的人告诉我们，他们只有靠扼杀掉自己柔软的情感，尤其包括对自己和他人的怜悯，他才能够活下来。在我看来，在上述情况中的孩子，为了生存下来同样要经历这样一个坚硬化的过程。他可能为了赢得同情、利益或者爱而做过一些可怜的、不成功的尝试，但是他最终放弃了所有对温柔的需要。他逐渐"认定"真实的情感不仅对他而言是无法得到的，而且它根本不存在。他最终不再需要真实的情感，甚至对它嗤之以鼻。然而，这是造成严重后果的一步，因为对情感的需要、对人与人之间温暖和亲密的需要是发展我们讨人喜欢的品质的强大动机。感到被爱，甚至进一步，感到自己讨人喜爱可能是生命中最大的价值之一。相反，如我们将在下一章中讨论的，不具备讨人喜欢的感受可能是极其痛苦的根源。报复性类型尝试用简单且激进的方式摆脱这种痛苦；他说服自己他只是不讨人喜欢，他并不在意。所以，他不再渴望取悦他人，而是能够——至少在他的头脑中——允许他充足的怨恨自由地存在。

　　这就是我们之后所看到的充分发展的全貌的最初：报复性的表达可能出于谨慎行事或权宜之计的考虑而被抑制，但是它们极少被同情心、喜爱或者感激而抵消。为了理解为什么在日后当人们可能需要友情、爱情的时候，这种击碎积极情感的过程仍然会持续，我们不得不看一看个体的第二种生存手段：他的想象力和他对未来的幻想。他是并且将会是比"他们"无限美好的人。他将会变得伟大，并且使他们蒙羞。他会显示给他们，他们如何错误地判断和冤枉了他。他会变成伟大的英雄（在于连的例子中是拿破仑）、迫害者、领导者、获得不朽声望的科学家。可以理解的需要：为自己辩护、报仇和胜利驱动着这些想法，它们便不是无意义的幻想。它们决定了他的人生道路。在大大小小的事件中，他被驱使着从一个胜利迈向另一个胜利，他为"最终的审判日"而活。

　　胜利的需要和否认积极情感的需要都来自不幸的童年环境，于是，从一开始它们就紧密地交织在一起。因为彼此强化，所以它们一直存在紧密的联系。情感的坚硬化最初是为了生存的需要，它却使得胜利地掌控生活的驱力得到不受阻碍地成长。但是最终这种驱力伴随着无法满足的自负变成了一个怪物，它越来越多地吞噬所有的情感。爱、怜悯、体贴——所有的人类纽带——都被视为是通往不祥的荣誉之路的限制。这一类型的人应该一直是离群和超然的。

　　在西蒙·芬尼莫尔[1]的性格中，毛姆把这种蓄意粉碎人类的欲望描述为一个有意识的过程。为了成为集权国家"正义"的独裁头领，西蒙逼迫自己拒绝并毁灭爱情、友情以及一切能够使生活变得愉快的东西。任何自己或他人身上的鼓舞人心之处都不能感动他。为了获得报复性的胜利，他牺牲掉真实的自我。这是一位艺术家关于在傲慢—报复类型的人身上会逐渐地、潜意识地发生什么的准确想象。承认任何人类的需要都变成可鄙的软弱迹象。在进行多次分析工作之后，情感浮现出来，这使他感到厌恶和害怕。他感到他"变得软弱"，然后要么他加倍放大他阴沉的施虐态度，要么将急性的自杀冲动转向自己。

　　目前为止，我们主要跟随着他人际关系的发展。通过这种方式，大部分的报复性和冷漠是可以被理解的。但是我们仍然留下许多开放的问题——关于主观价值和报复性的强度，关于他冷酷无情的要求，等等。如果我们现在聚焦在内心的因素上，并且考虑它们对人际关系特点的影响，我们会得到更充分的理解。

---

[1] 威廉·萨默塞特·毛姆的《圣诞假日》，双日·多兰出版公司，1939年。

这方面主要的推动力是他为自己辩护的需要。他感觉像一个被社会遗弃的人，他必须向自己证明自身的价值。他只有妄称他具有非凡的品质，他才对自己的价值感到满意，这种特殊的品质来自他特殊的需要。对于一个像他这样孤立且充满敌意的个体来说，不需要其他人当然是重要的。从而，他发展出了一种显著的自负——像神一样的自给自足。他变得非常高傲，以至于不向别人寻求任何帮助，也无法友善地接受任何帮助。作为接受的一方，这对他来说是极大的羞辱，以至于它会扼杀任何感激之情。由于压抑了积极情感，他只能够依赖他的智力来掌控生活。因此，他对自己才智能力的自负达到了超乎寻常的程度：对于警惕性的自负、以智战胜所有人的自负、有远见的自负、做规划的自负。此外，从最开始生活对他而言就是对抗一切的无情斗争。因此，拥有不可战胜的力量和使自己不可侵犯，在他看来必然是明智的，而且是必不可少的。实际上，随着他的自负变得强烈，他的脆弱性也到了无法忍受的程度。但是他永远不允许自己**感受**任何伤害，因为他的自负阻止了它。因此，起初需要保护真实情感的坚硬化过程，现在必须为了保护他的自负而汇聚力量。那时，他的自负就在于他超越了伤害和痛苦。没有任何事、任何人，从蚊子到意外事故再到人，能够伤害他。然而，这种措施具有两面性。他无法有意识地感到痛苦，这使得他不需要带着持续的剧痛生活。除此之外，这一点是值得怀疑的：是否对疼痛削弱的意识也没有在实际中抑制报复性的冲动？换句话说，是否如果对疼痛的意识没有被削弱，他会更加残暴、更具有破坏性？当然，对报复性的意识同样有被削弱。在他的头脑中，它转变成对做错事而产生的正当愤怒和惩罚犯错者的权利。然而，如果伤害确实穿透他刀枪不入的保护层，那么痛苦就变得无法忍受。除了自负受到伤害以外——例如，因为得不到认可——他也遭受了来自"允许"某事或某人伤害他的羞辱性的打击。这种情况能够激起一个在其他方面坚忍之人的情感危机。

与他不可侵犯或刀枪不入的信念和自负极其相似，而且的确对其进行了补充的是他的豁免权和不受惩罚性。这种完全存在于潜意识中的信念来自于一个要求——他有权对他人为所欲为，有权令所有人不介意或者不向他反击。换句话说，"没有人可以伤害我而不受到惩罚，但是我可以不受惩罚地伤害任何人。"为了理解这种要求的必要性，我们必须重新考虑他对待他人的态度。我们已经看到由于他好战的正义性、傲慢的惩罚态度，以及他宁可公开使用它们作为达到目的的手段，他会很容易冒犯别人。但是他没有把他感受到的全部敌意表达出来，事实上，他大幅度地缓和了敌意的程度。就像司汤达在《红与黑》中描写的于连，除非被无法控制的报复性愤怒冲昏了头，他都是相当地过度控制、谨慎和警惕的。因此，我们对于这种类型的人有奇怪的印象，在他与人打交道时，他既是鲁莽的，又是谨慎的。这种印象准确地反映了在他身上起作用的力量。他确实必须在让他人感到他的义愤和抑制他的愤怒之间保持平衡。驱使他表达义愤的不仅是巨大的报复性冲动，而且更是恐吓别人的需要和让别人对他的武力拳头保持敬畏的需要。因为他看不到与他人友好相处的可能性，因为这是坚持他的要求的手段，而且更普遍地讲，因为在一切战争中最好的防御是进攻，所以反过来这也是极其必要的。

　　另一方面，他需要缓和他的进攻性冲动是由于恐惧所决定的。尽管他太过傲慢而无法承认任何人能够恐吓他或以任何方式影响他，但是事实上他是害怕人的。许多原因结合在一起导致了这种恐惧。他害怕别人可能会对他犯下的罪过实施反击。他害怕如果他"做得太过分"，他们可能干涉他做出的有关他们的任何计划。他害怕他们，因为他们确实具备伤害他自负的能力。他害怕他们，因为为了证明自己的敌意是合理的，他必须在头脑中放大别人的敌意。然而，否认对他而言的这些恐惧并不足以消除它们。他需要一些更有力的保证。他无法通过不去表达他的报复性敌意来应对这种恐惧——而且他必须在没有意识到恐惧的情况下表达它。对豁免权的要求会变成一种虚幻的具有豁免权的信念，这似乎解决了这个两难困境。

　　将要提到的最后一种自负是他对于他的诚实、公平和公正的自负。不用说，他既不诚实、公平，也不公正，他也不可能如此。相反，如果任何人决心——在潜意识层面——吹嘘自己而不顾真理，那就是他。但是如果我们考虑他的前提，我们就能够理解他为什么相信自己拥有这些极高的品质。回击或最好是主动出击似乎对他来说（逻辑上！）是必不可少地对抗他周围充满欺诈和敌意的世界的武器。这不过是明智的、合理的私心。而且，如果不质疑他的要求的正当性，他的愤怒以及愤怒的表达必然在看他来是完全正当和"坦诚的"。

　　还有另外一个因素极大地促进了他相信自己是一个特别诚实的人，这一点对于其他原因也有提及的必要。他看到他周围许多顺从的人，他们假装比他们实际中更富有爱、更富有同情心、更慷慨。在这方面，他确实更诚实。他没有假装自己是个友善的人，事实上他鄙视这样做。如果他能够停留在"至少我不假装"的水平，他将会处于安全的基础之上。但是他需要证明自己冷漠的合理性，这迫使他向前迈了一步。他往往否认助人的愿望或者友善的举动是真实的。他不会在抽象层面争论友谊的存在，但是当出现在具体的人身上，他往往不加分辨地视为伪善。然后，这一举动又把他置于高处。这使他看起来是一个超越了普遍伪善的人。

他无法容忍伪装的爱，这除了因为他对自我辩护的需要之外，还有更深的原因。只有在经过了大量的分析工作之后，他才会像每一个扩张类型的人一样也出现自谦的倾向。由于他已经把自己变为实现最终胜利的工具，所以隐藏自谦倾向的必要性甚至要比其他扩张类型的人更为严峻。接下来的一段时间，他会感到自己完全是卑劣和无助的，而且往往为了被爱而使自己屈服。我们现在理解了他不仅鄙视其他人身上伪装的爱，也鄙视他们的顺从、他们的自我贬低和他们对爱的无助渴望。总之，他鄙视他们身上的自谦倾向，正是他憎恨和鄙视自己身上的自谦倾向。

现在所出现的自我憎恨和自我蔑视达到了可怕的程度。自我憎恨总是残酷而无情的。但是它的强度或者它的有效性取决于两组因素。一组是个体受他的自负支配的程度。另一组是建设性力量抵消自我憎恨的程度，比如生活中积极价值的信念、生活中建设性目标的存在、对于自己的一些温暖或者感激之情的存在。因为所有这些因素对于进攻—报复类型都是不利的，所以他的自我憎恨要比通常情况更具有有害性。即使在精神分析的环境之外，人们也能够观察到他在某种程度上是自己残忍的"监工"、使自己受挫——他把挫折美化为苦行主义。

这样的自我憎恨需要严格的自我保护措施。它的外化表现似乎完全是自我防卫。如同所有扩张型的解决方案，它首先是一种积极的方法。他憎恨和鄙视别人身上一切在自己身上被压抑和憎恨的东西：他们的自发性、他们生活的欢乐、他们退让的倾向、他们的顺从、他们的伪善、他们的"愚蠢"。他把自己的标准强加给别人，当他们没有符合标准时惩罚他们。在某种程度上，他令别人受挫是自我挫败冲动的外化。因此，他对别人的惩罚态度，看起来完全是报复性的，这相反是一个复杂的现象。它某种程度上是报复性的表达。另外，它也是对自己谴责性的惩罚倾向的外化。最后，它是通过恐吓别人来坚持自己的要求的手段。在精神分析中，这三个原因都必须依次被处理。

在这里，如同在其他任何地方一样，保护自己不遭到自我憎恨的伤害的重点是有必要避开任何这种认识的出现：他并不是依据他的自负指令"应该"成为的那个人。除了他的外化表现，他在这方面主要的防御是自以为是的盔甲，这个盔甲是极其厚实和刀枪不入的，以至于它常常使个体无法做到理智。在可能发生的争论中，他似乎并不关心任何被他视为敌意攻击的陈述实情，而只是自动化地用反击来回应——就像一只被触发的豪猪。他完全无法承受任何可能对他的正确性产生质疑的思考，哪怕是略微地思考。

　　　保护自己避免由于认识到任何缺点而遭到伤害的第三种方法在于他对别人的要求。在讨论这些时，我们已经强调过，在他妄称自己全部的权利和否认他人的任何权利中所涉及的报复性因素。但是尽管他具有报复性，如果不是强烈需要保护自己免于遭受自我憎恨的攻击，他可能对他人的要求会更合理。从这个角度看，他的要求是他人应该以这样的方式行动：不引起他的任何负罪感或任何的自我怀疑。如果他能够确信他有权利剥削或者挫败其他人，而不受到他们的抱怨、批判或者怨恨，那么他就意识不到自己剥削或者挫败别人的倾向。如果他有权利让别人**不**期待得到温柔、感激或者体贴的对待，那么他们失望的就是自己的不走运，而并不会反映出他没有给到他们公平的待遇。任何他可能允许出现的怀疑——关于他人际关系上的缺陷和其他人有理由愤恨他的态度——都会像堤坝上的洞，自我谴责的洪水将穿过这个洞打破与冲走他全部的虚假自信。

　　　当我们认识到自负和自我憎恨在这种类型的人身上的作用，我们不仅会更准确地理解在他身上发挥作用的力量，而且也可能改变我们对他的整体观点。只要我们重点聚焦在他如何经营他的人际关系，我们就可能把他描述为是傲慢的、无情的、自我中心的、施虐的——或者可能是其他出现在我们面前表示敌对攻击的词语。而且它们中的任何一个都会是准确的。但是当我们认识到他在自负系统的机制中陷入多深；当我们认识到他必须付出努力才能不被自我憎恨压垮，我们就会把他看作是一个为了生存而奋斗的疲惫不堪的人。这幅画面和第一幅画面一样准确。

　　　从这两个不同的角度看到的两个不同方面，是否一个比另外一个更基本、更重要？这是一个很难回答，或许是无法回答的问题。但是当他不愿意检视他与他人的交往困难，以及当这些困难的确离他很遥远的时候，精神分析能够对他的内在斗争发挥作用。在某种程度上，他在这方面是更容易接近的，因为他的人际关系极其的不稳固，以至于他相当迫切地避免接触人际关系的问题。但是在治疗中首先处理内心因素也存在客观原因。我们已经在许多方面看到它们促进了他显著的倾向——傲慢的报复性。事实上，我们无法在不考虑他的自负和自负的脆弱性的情况下，去理解他傲慢的程度，或者在尚未认识到他需要保护自己免受自我憎恨的伤害，去理解报复性的强度，等等。但是，向前迈进一步：这些不仅是强化因素；它们使他的敌对—进攻倾向具有**强迫性**。这是一个决定性的原因，即直接地处理敌意是并且一定是无效的，确实也是徒劳的。只要是导致敌意倾向具有强迫性的因素仍然存在（简单地说，只要他无论如何都不会对此做出改变），患者就不可能发展出任何兴趣注意到它，更不会去检视它。

　　比如，他对于报复性胜利的需要必然是一种敌对—进攻的倾向。但是它具有强迫性的原因是他需要在自己眼中证明自己是正确的。这种渴望原本并不是神经症的。他一开始处于人类价值阶梯很低的位置，以至于很简单，他必须证明他存在的合理性，证明他自身的价值。但是那个时候，恢复自负的需要和保护他避免遭受潜在的自我蔑视的需要，使他的渴望变得迫切。同样，由于有必要阻止任何的自我怀疑和自我责备出现，他对于自己是正确的需要和由此产生的傲慢要求（尽管它们是好斗的和进攻性的），都变得具有强迫性。最后，他对他人大量的挑剔、惩罚和谴责的态度，或者至少是使这些态度具有强迫性的因素，都来自他迫切地需要外化他的自我憎恨。

　　另外，如同我们在开始时指出的，如果通常抑制报复性的力量不能正常运行，报复性就可能出现极大的增长。而且内心的因素再一次构成了这些约束不起作用的主要原因。从童年期开始便切段了温柔的情感，并且这被描述为坚硬化的过程，这个过程由于他人的行为和态度而成为有必要的，它保护他免受他人的伤害。自负的脆弱性极大地强化了他对痛苦的迟钝，而刀枪不入的自负使他对痛苦的迟钝到达了顶峰。他对于人间温暖和爱的愿望（既包括给予也包括接受），起初被环境阻挠，然后为了胜利的需要做出牺牲，最终冻结在自我憎恨对他做出的不讨人喜爱的结论上。于是，在与别人的对抗中，他没有任何宝贵的可以失去的东西。他潜意识中采用了罗马皇帝的格言：**只要他们害怕我，就让他们去恨吧**（oderint dum metuant）。换句话说：“他们应该爱我是不可能的，他们无论如何都会恨我，所以他们至少应该害怕我。”另外，由于他完全忽视个人的福祉，在其他方面会限制报复性冲动的健康私心被保持在最小的范围内。甚至连他对别人的恐惧，尽管在某种程度上是起作用的，但也被他刀枪不入和拥有豁免权的自负压制了。

　　在这种缺乏限制的背景下，有一个因素值得被特别地提到。他几乎不存在对别人的同情心。这种同情心的缺失有许多原因，它们存在于他对别人的敌意和对自己缺乏同情。但是或许促成他对待他人冷酷无情的最大因素是他嫉妒别人。这是一种痛苦的嫉妒——不是为了这个或那个特定的优势，而是普遍性的——来自于他感到自己被排除在一般生活之外。[1]这是真的，由于他的纠结，他事实上是被排除在一切使生活有价值的事物之外——排除在欢乐、幸

---

　　[1] 参见费里德里希·尼采所说的“生活在嫉妒当中”和马克斯·舍勒的《道德建构中的怨恨》，新精神出版社，莱比锡，1919年。

福、爱、创造力和成长之外。如果不由得按照这一整齐的线路想下去，我们会在这里说：难道不是他自己背弃了生活吗？难道他不为自己苦行般的别无所取、别无所求而感到骄傲吗？他不是一直抵触各种积极的感受吗？所以为什么他要嫉妒别人？但是事实上，他确实嫉妒。很自然，如果没有精神分析的工作，他的傲慢不会允许他用直白的语言承认这一点。但是随着精神分析的进程，他可能会大概说一些当然每个人都过得比他好的话语。或者他可能意识到被某人激怒，并不是因为其他的原因，而是这个人一直是快乐的或者这个人对某件事有强烈的兴趣。他自己间接地做出了解释。他感到这样的人想要通过在他面前炫耀幸福来恶毒地羞辱他。这样经验事物的方式不仅会引发他想要扼杀快乐的报复性冲动，而且会通过阻止自己对他人的痛苦遭遇感到同情，从而产生一种奇怪的冷酷无情（易卜生的海达·加布勒为这种报复性的冷酷无情提供了一个很好的例子）。到目前为，他的嫉妒使我们想到在马槽里的狗的态度。任何人能够得到他得不到的东西时，不论这个东西他想要或者不想要，这都会伤害他的自负。

但是这种解释还不够深刻。在精神分析中，会逐渐出现生命的葡萄，尽管他声称葡萄是酸的，但是仍然是值得拥有的。我们决不能忘记，他与生活作对不是他的自愿之举，他用来交换的生活是一个低劣的替代品。换句话说，他对生活的热情是被压抑的，但是没有被熄灭。在精神分析的开始，这只是一个充满希望的信念，但是它在许多例子中被证明是正确的，而不只是通常的假设。它的有效性取决于治疗的支持。如果他自身不具备想要生活得更充实的因素，我们又怎样能帮助到他呢？

这种认识也和精神分析师对待这种患者的态度有关。大多数人对这种类型的人的反应，要么被恐吓至顺从，要么完全地拒绝他。这两种态度都不适合分析师。自然地，当接受他作为患者，分析师是想要帮助他的。但是如果分析师被恐吓到，他会不敢有效地处理患者的问题。如果分析师在内心中拒绝他，他也不可能使自己的分析工作富有成效。然而，当分析师认识到这位患者也是一个痛苦而挣扎的人时，尽管患者矢口否认这一点，分析师会具备必要的同情和尊重的理解。

回顾这三种扩张型的解决方案，我们看到它们都是以掌控生活为目的。这是他们战胜恐惧和焦虑的方法，这给他们的生活带来意义，并且赋予他们某种生活的热情。他们尝试以不同的方式获得这种掌控：通过自我赞美和发挥魅力；通过他们的高标准强制命运；通过使自己成为不可战胜的，以及本着报复性胜利的精神征服生活。

相应的，他们在情感氛围方面存在很大的差异——从偶尔的炽热温暖和生活乐趣，到平静，到最后的冷淡。特定的氛围主要取决于他们对待自己积极情感的态度。自恋类型在某些情况下可以是友善和慷慨的，这由于情感的丰富，尽管它的产生部分建立在虚假的基础上。完美主义类型能够表现得友善，因为他**应该**是友善的。傲慢—报复类型往往破坏友善的情感并且蔑视它们。在所有这些人中，都存在大量的敌意，但是在自恋类型中，敌意可以被大方地推翻；在完美主义类型中，因为不**应该**有敌意，所以敌意被抑制了；在傲慢—报复类型中，敌意是更为公开的，而且由于已经讨论过的原因，它更具有潜在的破坏性。他们对别人的期待从忠诚和钦佩的需要，到尊重的需要，再到服从的需要。他们对于生活的要求，其潜意识的基础从一个"天真"的信念——相信自己是伟大的，到谨小慎微地和生活做"交易"，再到感受有权利对受到的伤害进行报复。

我们可能预期治疗的可能性根据这个等级而降低。但是在这里，我们也必须牢记在心，这些分类只是表示神经症发展的方向。治疗的可能性事实上取决于许多因素。在这方面最相关的问题是：这些倾向被多深地根植于心？想要成长至超越这些问题的动机，或者说潜在的动机有多大？

第九章 自谦型的解决方案：
爱的吸引力

我们现在要讨论针对内在冲突的第二种主要的解决方案，即自谦型的解决方案。它的所有要点相当于与扩张型的解决方案完全相反。事实上，当我们进行这样的比较，自谦型解决方案的显著特征会立即清楚地显现出来。因此，我们将简要地回顾扩张型解决方案的一些突出特征，聚焦于这些问题：他在自己身上美化了什么？他憎恨和鄙视的是什么？他在自己身上培养了什么？他压抑了什么？

他在自己身上美化和培养的是一切意味着掌控力的东西。对他人的掌控在某种程度上导致了对优秀和优越的需要。他往往是操控或支配他人的，以及使他人依赖他。这种倾向也反映在他所期待的别人对他的态度上。不论他决心要获得崇拜、尊重或认可，他关注的都是别人要服从他和仰视他。他所痛恨的想法是：自己是顺从的、让步的或者依赖他人的。

另外，他为自己有能力应对任何突发事件而感到骄傲，并且他确信他拥有这项能力。并不存在或者不应该存在任何事情是他无法完成的。不知何故他必须是，而且他感觉他就是——自己命运的主人。无助的状态可能令他感到恐慌，而且他憎恨自己身上任何无助的痕迹。

对自己的掌控意味着他**是**理想化的自负的自我。通过意志力和理智，他是他灵魂的船长。只有在极其勉强的情况下，他才能认识到那些在潜意识中的力量，也可以说是不受意识控制的力量。认识到他自身的冲突，或者认识到当下他不能解决（或者控制）的任何问题，这都会极度地困扰他。遭受痛苦被认为是需要隐藏的羞辱。对他而言这是典型的情况，在精神分析中认识到他的自负不会特别的困难，但是他并不愿意看见他的"应该"，不论如何这一方面暗示着他在被这些"应该"摆布。他不应该被任何事情摆布。只要有可能，他一直保留这个错觉，即他可以为自己制定法则，并且执行它们。他痛恨由于自身的因素而感到无助，这就像痛恨由于任何外部因素而感到无助一样，甚至更加强烈。

在自谦型解决方案这种调转方向的类型中，我们发现了相反的重点。他一定**不能**有意识地感到优越于其他人，而且**不能**在他的行为中表现出任何这样的情感。相反，他往往会屈从于他人，依赖他人，对他人做出让步。最显著的特征是自谦类型看待无助和痛苦表现出与扩张类型截然相反的态度。他不但不痛恨这些状况，反而会培养并且不经意地放大它们。因此，他人把他置于优越位置的态度，就像钦佩或认可，这会令他不安。他渴望得到的是帮助、保护和爱。

这些特点在他对自己的态度上也占了上风。与扩张类型形成鲜明的对比，他生活在一种弥漫的失败感中（为了履行他的"应该"），因此他往往感到内疚、自卑或者可鄙。被这种失败感引发的自我憎恨和自我蔑视以被动的方式外化出来：别人在指责或者看不起他。相反地，他往往否认和消除关于自己扩张的情感，比如自我美化、自负和傲慢。不论是关于什么的自负，都被置于严格的、广泛的禁忌中。因此，自负不会被有意识地感受到，它被否认或被认为是和自己不相关的。他是**他的被抑制的自我**，是没有任何权利的偷渡者。依照这种态度，他也会倾向于压抑自己身上任何隐含的雄心、报复心、胜利和谋求私利的地方。总之，他通过压抑所有扩张的态度和驱力以及使自我克制的倾向占主导，来解决自己内在的冲突。只有在精神分析的过程中，这些冲突的驱力才会涌现出来。

迫切地回避自负、胜利或者优越感表现在许多方面。典型且容易观察到的是在游戏中对胜利的恐惧。比如，一位具备一切病态依赖特征的患者，她有时能够打一场精彩的网球或国际象棋比赛。只要她没有觉察到她的有利局势，一切都会顺利。但是一旦她意识到她领先于对手，她会突然失掉一球，或者（在下棋中）忽略掉最明显的、会确保胜利的步法。甚至在精神分析前，她就能很好地觉察到她的原因不在于她不想赢，而是她不敢赢。虽然她会由于战败而对自己生气，但是这个过程是如此自动化地运转，以至于她感到无力阻止。

在其他情况中，也有完全相同的态度存在。这一类型的特点就是意识不到自己处于更强的位置，也不能够利用它。在他的头脑中，特权变成了不利条件。他常常意识不到他的博学，在关键时刻也无法展现出来。在任何他的权利没有被清晰定义的情况中，比如有关家务或者秘书提供的帮助方面，他会感到困惑。即使当他提出完全合理的要求，他也感觉自己好像在过度地利用别人。他要么避免提要求，要么带着"负罪的"良心抱歉地提出要求。他可能甚至对于实际上依赖他的人感到无助，并且当他们以侮辱性的方式对待他时，他无法为自己辩护。因此，难怪他很容易成为想要利用他的人的猎物。他是不设防的，经常在很久之后才意识到自己被利用，那时他可能对自己和剥削者有强烈的愤怒反应。

相比较游戏中获胜的恐惧，他对于胜利的恐惧也在更严肃的事情中表现出来，比如获得成功、赞扬、公众的关注。他不仅害怕任何公开表演，而且当他在某项追求中获得成功，他也无法给予自己嘉许。他要么感到害怕，尽可能缩小这个成功，要么把它归于好运气。在后一种情况中，他不是感到"我做到了"，而是仅仅认为"它发生了"。在成功和内在安全感之间通常是成反比的。在他的领域中，重复的成就没有令他感到更安全，反而令他更焦虑。这有可能会达到令人恐慌的程度，例如一位音乐家或演员有时会拒绝掉有前景的提案。

另外，他必须避免任何"自以为是"的想法、情感或者姿态。在他潜意识的但系统的自我贬低的过程里，他矫枉过正地避免任何他认为傲慢的、自负的或者自以为是的事情。他忘记了他知道的事情、他所取得的成就、他所做的好事。他认为这样想是自负的，比如：他能够管理自己的事务，当他邀请别人的时候他们会想要前往，有魅力的女孩会喜欢他。"不论我想做什么事，这都是自大的。"如果他确实有所作为，那就是靠好运气或者虚张声势。他可能已经认为有自己的看法或信念就是自以为是的，因此他很容易对任何强烈的建议让步，甚至不询问自己的看法。因此，就像风向标一样，他也可能受到对立面的影响。对他来说，最合理的自我主张看起来也是自以为是，比如遭受不公正的斥责时大胆地说出来，点餐，要求加薪，订立合同时浏览他的权利，或者追求一位称心如意的异性。

他可能间接地认识到自己存在的优点或成就，但他无法在情感上体验到它们。"我的病人好像认为我是个好医生。""我的朋友说我是个很擅长讲故事的人。""男性说过我是有吸引力的。"有时，甚至是他人真实的积极评价也会被否认它和自己有关："我的老师们认为我很聪明，但是他们搞错了。"相同的态度在金融资产方面也是可见的。这种人可能感觉不到他拥有的钱是通过自己的工作挣来的。如果他在经济上宽裕，他仍然感到自己是穷人。任何普通的观察或者自我观察都会揭开这种过度谦虚背后的恐惧。只要他抬起头，这种恐惧就会出现。不论是什么设置了这个自我贬低的过程在运行，它是通过强有力的禁忌而维持下去的——不得侵犯他自己的狭窄限制。他应该对稀少的拥有感到知足。他不应该希望或者争取更多的东西。任何愿望、任何努力、任何更多的追求在看他来都像是对于命运的危险或鲁莽的挑战。他不应该想要通过节食或者做运动来改善体型，或者通过打扮来改善外表。最后但同样重要的，他不应该通过精神分析来使自己进步。当他在别人的胁迫下可能会这样做。但除此之外，他根本不会为了对自己进行分析而留出时间。我在这里指的并不是个体对于解决特殊问题的恐惧。超出了这些普遍的困难之外，有一个因素在阻碍他做这件事。和有意识地相信——自我分析是有价值的——完全相反，通常在他看来自我分析是"自私地"将"太多时间浪费"在自己身上。

　　他鄙视为"自私"的东西几乎和对他来说"自以为是"的东西一样广泛。在他看来，自私包括一切只为自己做的事。他常常有能力享受许多事物，但是一个人享受它们就是"自私的"。他常常没有意识到自己在这样的禁忌下运作，而仅仅认为想要分享快乐是"自然的"。实际上，分享快乐是绝对必要的事。不论是食物、音乐或者大自然，如果不与其他人分享，它会失去滋味和意义。他不能为自己花钱。他对于个人开支的吝啬可能达到荒谬的程度，相比较他常常慷慨地为别人花钱，这一点会尤其地明显。当他越过禁忌，确实在自己身上花钱的时候，即使花的钱可能是客观合理的，他也会感到恐慌。对于时间和精力的使用也是如此。他常常无法在他空闲的时间进行阅读，除非这对他的工作是有用的。他可能无法给予自己时间写一封私人的信件，而是私下在两个约会的中间挤出时间来做这件事。他通常不能整理和保持私人物品的整洁有序，除非为了某个会欣赏他这样做的人。同样，他可能忽视自己的外表，除非他有约会、职业或社交应酬，也就是说，同样是除非为了别人。相反，他可能在为别人争取某件事时表现出相当充足的精力和技能，比如帮助他们建立有用的人脉关系或者找一份工作。但是相同一件事变成为自己而做时，他就像被捆住了手脚。

　　虽然他产生了很多敌意，但是除了情绪不安的时候，他无法表达这些敌意。除此之外，有一些原因导致他害怕吵架，甚至害怕摩擦。一部分原因是一个如此"剪断了翅膀"的人不是也不可能是一个好的战斗者。一部分原因是他惧怕万一有人对他怀有敌意，从而他宁愿让步、"理解"和原谅。当我们讨论他的人际关系时，我们会更好地理解这种恐惧。但是，与其他禁忌相一致，并且实际上也隐含在那些禁忌中的是对于"攻击性"的禁忌。他无法忍受自己对一个人、一个想法、一个理由产生厌恶——以及在必要的时候与之对抗。他无法有意识地保持持久的敌意，也不能心怀怨恨。因此，报复性的驱动力存在在潜意识中，而且只能变相地间接表达。他不能公然地提要求，也不能斥责别人。对他来说最困难的事莫过于去批评、责骂或者指控别人，即便这看起来是正当的。他甚至不能在开玩笑时说几句尖锐、滑稽和讽刺的话。

　　把一切概括起来，我们可以说他们对于所有自以为是的、自私的和攻击性的事情存在禁忌。如果我们认识到这些禁忌具体覆盖的范围，我们会发现它们严重地限制了个人的发展、他的战斗力、防御力、个人的利益——任何可以归于他的成长或自尊的事情。禁忌和自我贬低形成了一个**畏缩过程**，这个过程人为地降低了他的地位，使他感觉就像在一个患者的梦中——由于一些无情的惩罚，一个人缩小至自己身体的一半，变得一贫如洗和低能。

　　那么，自谦类型在不违背禁忌的情况下，他无法做出任何自信的、具有攻击性的、扩张的举动。当违背了禁忌，他们会产生自我谴责和自我蔑视。他的反应要么是没有特殊内容的普遍的恐慌感，要么是负罪感。如果自我蔑视在前，他可能感到被嘲笑的恐惧。在他的自我感受中，自己如此渺小和微不足道，任何超出他狭窄限制的事情都会容易引发被嘲笑的恐惧。如果这种恐惧竟然被意识到，它通常会被外化。那就是，如果他在讨论中发言、竞选职务或者对写作有雄心抱负，其他人将认为他是可笑的。然而，大部分的恐惧仍然处在潜意识中。至少他似乎从未意识到这种恐惧对自己的可怕影响。不管怎样，这是一个贬低自己的相关因素。对被嘲笑的恐惧特别地指向了自谦倾向。这对扩张类型来说是陌生的。扩张型的人可能是极其得自以为是，甚至没有意识到他可能是可笑的或者其他人可能这样认为。

　　虽然他被限制了为自己争取任何事，但是他能够自由地为他人做事情，不仅如此，根据他内在的指令，他应该是极端的乐于助人、慷慨、体贴、理解他人、富有同情心、充满爱和奉献的。事实上，在他的头脑中爱和奉献是紧密交织的：他为了爱应该奉献一切——爱**就是**奉献。

　　到目前为止，禁忌和"应该"有显著的一致性。但是迟早，矛盾的趋势就会出现。我们可能天真地期待这种类型的人会相当厌恶具有攻击性、傲慢或者报复特点的人。但是实际上他们的态度是分裂的。他确实厌恶这些特点，但是也暗自或公开地崇拜它们，而且盲目而为之——不去辨别真实自信和虚假自大之间的区别、真正的力量和自我中心的残暴之间的区别。我们很容易理解，由于被迫谦虚而造成的恼火，他崇拜别人身上他缺乏或无法拥有的攻击性的品质。但是我们逐渐认识到，这不是完整的解释。我们看到了隐藏更深的一套价值观，它和刚刚描述的完全相反，它也作用在他身上。为了他自身的整合，他羡慕进攻类型的扩张驱力，但他必须极深地抑制住它们。这种一方面否定自己的自负和攻击性，另一方面羡慕别人身上的这些特征，对他的病态依赖起到重要的作用，我们会在下一章讨论这种可能性。

　　当患者变得强大到足以面对他的冲突，他的扩张驱力就会更加凸显出来。他也应该拥有**绝对的**无畏；他也应该为了他的利益全力以赴地争取；他应该能够回击任何冒犯他的人。从而，他在本质上看不起自己的任何"怯懦"、无能和顺从的迹象。于是，他处于持续不断的两面夹击中。如果他确实做了什么，他是可恶的，如果没有做，他也是可恶的。如果他拒绝借款或拒绝任何帮助的请求，他感到自己是令人厌恶和可怕的生物；如果他答应了这样的请求，他感到自己是个"傻瓜"。如果他惩罚那个无礼的人，他会感到害怕而且认为自己完全不讨人喜欢。

只要他不能面对这一冲突并且处理它，抑制攻击性暗流的需要就愈发令他有必要坚持依附在自谦的模式上，由此增强自谦模式的僵化程度。

目前为止，所呈现的主要画面是一个为了避免扩张的举动而压制自己到贬损声望的程度。另外，如之前所述以及之后会详细说明的，他感到被一种随时准备指责和鄙视自己的状态限制；他也感到很容易害怕，就像我们将要看到的，他花费大量的精力缓解这些痛苦的情感。在进一步讨论他的基本情况的细节和含义之前，让我们通过思考那些驱使他走向这一方向的因素，来理解这种情况的发展。

在日后倾向自谦型解决方案的人通常是通过"亲近"他人解决的他们早期与他人的冲突。[1]在典型的例子中，他们早年的成长环境和扩张型的成长环境有典型得不同。后者要么得到早期的赞赏，在严格标准的压力下成长；要么被严厉地对待，比如被剥削和被羞辱。相反，自谦类型是在某人的**阴影笼罩下**成长：一个更被喜爱的兄弟姐妹、（被外界）普遍崇拜的父母、一个美丽的母亲或者一个仁慈的专制父亲。这是个容易引起恐惧的不稳固形势。被喜爱是可以实现的，但是要"高价兑换"——自我屈从的奉献。比如，可能有一位长期受苦的母亲，她会在每一次孩子没有给到她完全的照顾和关注时，使孩子感到内疚。或许可能有一位母亲或者父亲只有在受到盲目地崇拜时才可能表现得友善或慷慨，或者有一位专横的兄长，只有通过取悦他和向他让步才能够得到他的喜爱和保护。[2]所以在孩子心中反抗的愿望和爱的需要斗争了许多年，然后他抑制了他的敌意，放弃了抗争精神，爱的需要胜出了。暴怒的脾气不再有了，他变得顺从，学会爱每一个人以及无助的钦佩、依靠那些他最畏惧的人。他变得对敌意的紧张情绪高度敏感，他必须缓和局面、平息事态。因为赢得别人的好感至关重要，他尝试培养自己令人接纳和讨人喜欢的品质。有时在青春期存在另一个叛逆阶段，伴随狂热和强迫性的雄心。但是他再一次为了得到爱和保

---

[1] 参见卡伦·霍妮的《我们时代的神经症人格》，第六章至第八章关于"对爱的病态需要"，以及卡伦·霍妮的《我们内心的冲突》，第三章"亲近人"。

[2] 参见卡伦·霍妮的《自我分析》，第八章"对病态依赖的系统自我分析"。（在这方面克莱尔的童年具有典型性。）

护的好处，他放弃了这些扩张的驱力，有时是发生在他第一次坠入爱河的时候。进一步的发展很大程度上取决于反抗和雄心被压抑的程度，或者它在多大程度上转向了屈从、情感或爱。

就像所有其他的神经症患者，自谦类型也是通过自我理想化来解决在早期发展中产生的需要。但是他只能用一种方式来实现。他的理想化形象主要是各种"讨人喜欢"的品质的组合，比如无私、善良、慷慨、谦虚、圣洁、高贵、富有同情心。无助、痛苦和殉难也是其次被美化的。相比较傲慢—报复类型，自谦型的人重视情感——快乐或痛苦的情感，不只是对个别人的情感，而且包含对人类、艺术、自然、各种价值的情感。拥有深厚的情感是他们形象的一部分。只有当他加强自我克制的倾向——来自他解决和他人的基本冲突的方法，他才能够履行他的内在指令。因此，他必然发展出对自身自负的矛盾态度。因为来自虚假自我的圣洁和讨人喜欢的品质是他拥有的全部价值，他忍不住为它们感到骄傲。一位患者在她康复之后谈到自己："我把谦逊的道德优越感视为理所当然的。"虽然他不承认他的自负，虽然自负并没有表现在他的行为中，它就像神经症的自负通常所表现的那样，以许多间接的形式出现——比如，他的刀枪不入、保全面子的策略、回避行为，等等。另一方面，他的圣洁与讨人喜欢的形象阻止了任何**有意识的**自负的感受。他必须矫枉过正地根除任何自负的痕迹。于是便开启了使他处于渺小和无助的畏缩过程。对他来说，把自己认同是他自负的、美化的自我，这是不可能的。他只可能体验自己是被压抑、被迫害的自我。他感到自己不仅是渺小和无助的，而且是内疚的、不被需要的、不被爱的、愚蠢和无能的。他是个失败者，而且容易把自己和其他受压迫的人等同起来。因此，把自负排除在意识之外属于他解决内在冲突的方法。

据我们所知，这种解决方案的弱点存在于两个因素。一个是畏缩过程，另一个是对扩张型表现的禁忌使他成为了自我憎恨的无助受害者。在许多自谦型患者最初接受精神分析时，我们可以从他们对任何自责的反应都是赤裸裸的恐惧中观察到这一点。这种类型通常无法意识到自我责备和恐惧之间的联系，他们仅仅经验到处于害怕或者恐慌的事实。他通常意识到他倾向责备自己，但是他并没有多想，他将它视为对自己负责且诚实的标志。

他也可能意识到他太容易接受别人的指责，而且只有在之后才意识到这些指责可能事实上是没有根据的，并且对他来说，宣布自己有罪过要比指责别人容易得多。事实上，当他被批评时，他对于承认罪过或错误的反应是如此快速与自动，以至于他的理智没有时间做出干预。但是他没有意识到他在明确地侮辱自己，更无法意识到他侮辱自己的程度。他的梦充满了自我蔑视和自我谴责的象征。后者的典型象征是执行处决的梦：他被判处死刑；他不知道原因，但是接受了处决；没有人对他表现出任何的怜悯甚至关心。或者他会梦见或想象自己在受折磨。受折磨的恐惧可能出现在疑病症患者的恐惧中：头疼变成脑瘤；喉咙痛变成肺结核；胃不适变成癌症。

随着精神分析的进程，他的自我指责和自我折磨的强度开始凸显出来。所讨论的他的任何困境都可能被用来打击自己。他逐渐认识到自身的敌意，这可能使他感到自己像一个潜在的杀手。发现他对别人有那么多期待，使他变成了一个掠夺成性的剥削者。意识到他对于时间和金钱的混乱无序可能会引发他"恶化"的恐惧。焦虑的存在可能使他感到自己像是一个完全失衡的人，处于精神失常的边缘。假设这些反应都是公开的，那么最初的精神分析可能看起来加重了病情。

因此，我们可能最初的印象是他的自我憎恨或者自我蔑视比其他类型的神经症更严重、更具有危害性。但是当我们更加了解他，以及把他的情况和其他临床经验做比较，我们会放弃这一可能性，并且认识到他只是对于自己的自我憎恨更为无助。大多数扩张型的人所使用的有效抵挡自我憎恨的方式，对他是不适用的。尽管他确实尝试遵守他特殊的"应该"和禁忌，就像每一位神经症患者一样，他的推理和想象力帮助他掩盖和修饰了这幅画面。

但是他不能通过自以为是来避开自我指责，因为这样做就违背了他对于傲慢和自负的禁忌。他也不能有效地憎恨或鄙视别人身上具有的他自己拒绝的东西，因为他必须"理解"和原谅他人。因为他对于攻击性的禁忌，对他人的指责或产生的任何敌意事实上都会吓到他（而非安慰到他）。而且，正如我们不久会看到的，他如此需要别人以至于他必须因为这个原因而避免摩擦。最后，由于这些因素，他显然不是一个好的战斗者，这不仅存在于他和别人的关系方面，也存在于他对自己的攻击方面。换句话说，他对待自己的自我指责、自我蔑视和自我折磨等等是毫不设防的，就像他无力对抗别人的攻击一样。他对一切都不做反抗。他接受了来自内在暴政的裁决——这反过来又增加了他对自己已经削弱的情感。

不过，他当然需要自我保护，并且确实发展出适合自己的防御措施。只有当他的特殊防御不能正常工作时，事实上他对于自我憎恨的袭击所产生的恐惧反应才可能出现。自我贬低的过程不仅是避免扩张态度，使自己保持在禁忌设定的限制范围的一种方法，而且是平息自我憎恨的一种手段。我能够通过自谦类型的人感受到攻击时的典型表现来恰当地描述这一过程。他试图平息和缓解对方的指责，比如通过过于急切地承认错误："你说得很对……总之我不好……这都是我的错。"他试图通过道歉和表达懊悔与自责来唤起同情的安慰。他也可能通过强调他的孤弱无助来恳求宽恕。以同样平息事态的方式，他摆脱了他的自我指责。他在头脑中放大了他的内疚感、他的无助、他在每一方面都如此糟糕——总之，他强调了他的痛苦。

被动外化是一个不同的释放他内心紧张的方式。这表现在他感到被别人指责、被怀疑、被忽视、被压制、被轻蔑地对待、被虐待、被剥削或者被绝对残忍地对待。然而，虽然这种被动外化减轻了焦虑，它看起来不像主动外化那样是有效消除自我指责的方法。除此之外（像所有外化形式），它扰乱了他和别人的关系——由于许多原因，他对这种扰乱特别敏感。

然而，所有这些防御措施仍然使他处在一个不稳固的内在状态中。他仍然需要更有力的保证。即使当他的自我憎恨保持在适当范围之内，他也感到自己所做的一切或为自己所做的一切都是毫无意义的——他的自我贬低等等，这使他深感不安。所以，按照他旧有的模式，他会"伸向"他人那里，通过使他感到被接纳、被认可、被需要、被渴望、被喜欢、被爱、被欣赏，从而增强他内在的地位。**他的救赎取决于他人。**因此，他对他人的需要不仅被极大地强化了，而且这种需要常常具有疯狂的特点。我们开始理解，爱对于这一类型的吸引力。我用"爱"作为各种积极情感的统称，不论它们是同情心、温柔、喜爱、感激、性爱，或者被需要和被欣赏的情感。我们将留出单独一章讨论，在更狭义的概念上这种对爱的吸引力如何影响个人的爱情生活。这里我们会讨论它对一般的人际关系是如何起作用的。

扩张类型的人需要别人来确认他的力量和他的虚假价值。他也需要他们作为他自我憎恨的安全阀。但是，由于他更容易利用自身的资源，并且拥有来自自负的更强大的支持，他对别人的需要不像自谦类型的人那样迫切，也没有那样广泛。这些需要的本质和程度解释了自谦类型的人**对他人的预期**的基本特征。傲慢—报复型的人主要的预期是恶，除非他们有相反的证据；真正超然的人（我们在后面会讨论），他们既不预期善也不预期恶；自谦类型的人一直预期善。从表面上看，这好像是他对于人类本质的善有着不可动摇的信念。的确，他对于别人身上讨人喜欢的品质更开放、更敏感。但是他对他人预期的强迫性，使他不可能做出分辨。他通常无法区分真正的友谊和友谊的"伪造品"。他太容易被任何温暖或者充满关心的表现所哄骗。另外，他的内在指令告诉他，他**应该**喜欢每一个人，他**不应该**疑神疑鬼。最终他对于敌意和可能发生斗争的恐惧使他对说谎、欺诈、剥削、残忍和背信弃义这些特征采取忽略、抹灭、最小化或者为之辩解的方式。

　　每当面对这种倾向的确凿证据时，他每一次都会感到吃惊。但即便如此，他仍然拒绝相信任何欺骗他、羞辱他，或者剥削他的意图。虽然他经常，而且越来越经常地感到被虐待，这也没能改变他的基本期待。即使根据他痛苦的个人经验，他可能知道某个特殊群体或个人是不会对他做什么好事，但是他仍然坚持有意识或者潜意识地这样期待。特别是一个在其他方面心理上反应机敏的人出现这种盲目性时，他的朋友或同事可能会尤为吃惊。但这仅仅表明情感的需要如此强烈以至于压制了证据。他越对别人有期待，他就越倾向于理想化他们。因此，他并没有对人类真正的信仰，他只是抱有盲目的乐观态度，这不可避免地带给他许多失望，并且使他感到与他人的相处更加不安全。

　　在这里简要地概述他对别人的期待是什么。首先，他必须感到被别人接纳。他需要这种接纳，不论以任何可以实现的形式：关注、认可、感激、喜爱、同情、爱、性。通过比较来弄清楚这一点：就像在我们的文明社会中，许多人感到他的价值取决于他"赚"的钱，自谦类型的人用爱的货币衡量他自身的价值。"爱"在这里是宽泛的概念，包括各种形式的接纳。他的价值等同于他被喜欢、被需要、被渴望或者被爱。

　　另外，因为他不能忍受任何一段时间的独处，他需要人的接触和陪伴。他很容易感到迷失，就像他和生活隔绝开了。这种感受是痛苦的，但只要他的自我指责保持在限制范围内，他就仍然能够忍受。然而，一旦他的自我指责或者自我蔑视变得剧烈，他的迷失感就可能变成一种不可名状的恐惧，就是在这一刻他对于他人的需要变得疯狂。

　　因为独自一人对他意味着是不被需要和不被喜欢的证据，继而这是丢脸的、需要保密的事情，所以他对陪伴的需要尤其强烈。独自一人去看电影或者去度假是丢脸的；当周末别人去社交，自己一个人呆着是丢脸的。这说明他的自信在何等程度上依赖于他人以某种方式对他的关心。无论他在做什么，他都需要别人赋予它意义和热情。这种自谦类型的人需要一个他为其缝补、做饭或者料理花园的人；需要一位老师，他能够为其弹奏钢琴；需要有依赖他的病人或者来访者。

　　然而，除了所有的情感支持外，他还需要帮助——大量的帮助。在他自己的头脑中，他需要的帮助保持在最合理的限度内，部分因为他对于帮助的需要大多数是潜意识的，部分因为他聚焦在某些对帮助的请求上，好像这些请求是独立的、特别的：帮助他找工作、与房东对话、陪他或者为他购物、借钱给他。另外，他所意识到的任何请求帮助的愿望，似乎对他来说都是特别合理的，因为背后的需要是如此强烈。但是当我们在精神分析中看到整体的情况，他对于帮助的需要实际上等同于这样的期待，即一切都要为他安排好。其他人应该提供主动性、替他完成工作、替他承担责任、赋予他生活的意义或者接管他的生活，以便他能够通过他们而活着。当认识到这些需要和期待的整体范围，爱的吸引力对于自谦类型的人所产生的力量就变得非常清楚了。它不仅是缓解焦虑的手段，倘若没有爱，他的生活就会没有价值和意义。**因此，爱是自谦型解决方案固有的一部分。**就这类人的个人情感来说，爱对他是不可或缺的，如同氧气对于呼吸一样。

自然地，他也会带着这些期待进入精神分析的治疗关系中。和大部分扩张型的人不同，他丝毫不羞于寻求帮助。相反，他可能夸张他的需要和他的孤立无助，而后乞求帮助。但是，当然他想要以自己的方式得到帮助。说到底，他期待通过"爱"来治疗。他可能十分愿意把精力投入到分析的工作中，但是如之后的结果所呈现的，他被极度渴望的期待所驱使，即救赎和补救必须并且只能来自外界的被接纳（这里来自精神分析师）。他期待分析师通过爱来消除掉他的负罪感，当分析师是异性时，这可能意味着通过性爱。大多数时候，它指的是更普遍的形式，比如通过友谊、特殊关注或者感兴趣的迹象。

正如在神经症患者身上一如既往发生的——需要会变成要求，这意味着他认为有权利使所有这些好事发生在自己身上。他对于爱、喜欢、理解、同情心或者帮助的需要会变成"我有权得到爱、喜欢、理解、同情。我有权要求别人为我把事情做好。我有权不去追求幸福，而要幸福落进我的怀抱。"几乎不用说，这些要求——作为神经症的要求——相比扩张类型的要求更加处于潜意识中。

这方面相关的问题是：自谦型的人，他的要求是基于什么，以及他是怎样坚持它们的？最有意识的，而且在某种程度上最现实的基础是他努力使自己讨人喜欢和对人有用。随着他的性情、他的神经症结构和具体情况的变化，他可能是有魅力的、顺从的、体贴的、对他人的愿望敏感的、有用的、乐于助人的、奉献的、理解别人的。这是自然的，但是他高估了在这方面或者那方面他为另一个人所做的事。他没有觉察的事实是，对方可能根本不喜欢这种关注或慷慨；他没有意识到他的给予是有附带条件的；他把自己身上所有令人不舒服的特点都排除在考虑之外。因此，在他看来这一切就像纯金般的友谊，由此他可以合理地期待回报。

他的要求所依据的另一个基础对他更具危害性，对别人更具强制性。因为他害怕独自一人，其他人就应该呆在家中；因为他不能够忍受噪音，每个人都应该踮起脚在房里走动。于是，神经症的需要和痛苦得到了附加值。痛苦潜意识地被用于帮助他坚持他的要求，这不仅抑制了想要克服痛苦的意图，而且无意地导致了痛苦被放大。这并非指他的痛苦仅仅为了表现的目的而"假装"表露出来。这种痛苦以更深层的方式影响着他，因为他必须首先向自己证明直至自己满意为止，即他有权实现他的需要。他必须感到他的痛苦极为不同寻常、极为严重，以至于他有权利得到帮助。换句话说，与没有获得这种痛苦的潜意识策略价值相比，这个过程实际上让一个人感受到更加强烈的痛苦。

第三个基础，仍然更加处于潜意识中而且更具有破坏性，那就是他感到被虐待并且感到有权让其他人弥补他受到的伤害。在梦里他可能以被毁灭到无法修补的形象出现，因此有权利要求他所有的需要都被满足。为了理解这些报复性元素，我们必须研究那些导致他感到受虐待的因素。

对典型自谦类型的人而言，感到受虐待几乎是他对生活的整体态度中持续存在的暗流。如果我们想要用三言两语直接、流畅地描述他的特点，我们会说他是一个大部分时间渴望爱而且感到受虐待的人。首先，如我之前提到的，其他人的确常常会利用他的毫不设防、过度渴望帮助别人或奉献自己。由于他感到自己没有价值，以及他没有能力维护自己，有时他无法有意识地认识到这种虐待。而且，由于他的畏缩过程以及其引发的一切，即使他人对他没有伤害的意图，他也经常感到走投无路。即使事实上他在某些方面比别人更幸运，他的禁忌不允许他认识到他的优势，以及他必须呈现给自己（因此体验他自己）比别人的情况更糟。

另外，当许多潜意识的要求没有被满足时，他会感到受虐待。比如，当其他人没有对他强迫性的付出——讨好、帮助、为他们做出牺牲——报以感激的回应。他对要求受挫败的典型反应不是正当的愤愤不平，而是感到遭遇不公平对待而产生的自怜。

也许比这些其他原因中的任何一个更加尖锐的是他强加在自己身上的虐待，通过自我贬低、自我责备、自我蔑视和自我折磨，所有这些都被外化呈现。自虐越严重，有利的外部条件战胜自虐的可能就越小。他会经常讲述他那令人心碎的凄惨故事，唤起同情并希望别人给予他更好的对待，没想到不久之后发现自己又处于相同的困境。事实上他可能不像他看上去的被非常不公地对待。无论如何，这种感受背后是他自虐的现实。突然爆发的自我指责和随后感到被虐待之间的联系并不难被发现。比如在精神分析中，一旦看到自己想法中的问题而引发了自我指责，他可能被立即带回到生活中真实地遭受恶劣对待的事件或时期中——不论它们是发生在童年期，发生在之前的医护治疗中，还是发生在上一份工作中。就像他之前常常做出的那样，他可能会夸张他遭受的不公，而且总是想着它。相同的模式可能出现在其他的人际关系中。比如，如果他隐约地意识到他没有为别人着想，他可能以闪电的速度切换到感觉被虐待。简言之，对做错事的恐惧完全迫使他感到自己是个受害者，即使在实际情况中他是辜负别人的人，或者他是那个把内在要求强加给别人的人。因为受害的感觉以这种方式阻挡了他的自我憎恨，它处于有力防御的战略性位置。自我指责越严重，他必然越发疯狂地证明和夸大发生在他身上的不公平——并且越深地体会那个"不公平"。这种需要可能极其具有说服力，以至于使他暂时没办法接受帮助。因为接受帮助，甚至是对自己承认有人提供了帮助，都会导致他完全处于受害者的防御地位崩塌掉。反过来，在任何突然感觉被虐待时去寻找可能增加的负罪感是有用的。我们在精神分析中能够经常观察到，一旦他认识到自己对特定情况负有责任，以及能够就事论事地看待它（而不是自我谴责），他受到的不公会缩减到合理的程度，或者确实不再是不公。

自我憎恨的被动外化可能超出了仅仅感觉被虐待。他可能刺激别人恶劣地对待他，从而把内心的场景转向外部。这种方式也让他变成了一个在可耻而残酷的世界中遭受痛苦的庄严受害者。

所有这些强有力的原因结合在一起导致了他感觉被虐待。但是更近的观察显示他不仅因为这个或那个原因感觉被虐，而且他身上的某种东西在欢迎这种感受，实际上可能热衷于抓住这种感受。这指出了一个事实，即感觉被虐待也必然有一些重要的功能。这个功能是允许他为被抑制的扩张驱力留一个出口——几乎是唯一他能忍受的方式——而且同时把它们覆盖住。这个功能允许他暗自地感到自己比别人优越（殉道之冠）；允许他对别人产生的敌意攻击具有合理的基础；最终，允许他掩饰住他敌意的攻击性，如我们将要看到的，因为大部分的敌意都被抑制了，并且以痛苦来表达。因此，感觉被虐待是患者看到并体验到他以自谦来解决内在冲突的最大的绊脚石。虽然对每一个个别因素进行分析会有助于削弱内在冲突的顽固性，但是在患者直面内在冲突之前，冲突不会消失。

只要这种被虐待的感觉一直存在——通常它并不是处于静止的，而是随着时间而增强——它会导致个体对他人报复性的愤怒逐渐增强。这种报复性敌意的大部分还是存在于潜意识中的。因为它危及到所有他赖以生存的主观价值，所以它必须被深深地抑制。它破坏了绝对善良、绝对宽宏大量的理想化形象；它使他感到不讨人喜爱，并且与所有他对别人的期待冲突；它违背了要理解一切和原谅一切的内在指令。因此，当他愤怒时，他不仅在针对别人，而且同时也针对他自己。所以，这种愤怒是自谦类型的人最高级别的破坏性因素。

尽管这种愤怒被普遍地抑制，但责备会偶尔以缓和的形式表现出来。只有当他感到被逼到绝望时，锁住的大门才会破裂而开，然后一股猛烈的指责爆发出来。尽管这些可能会准确地表达他内心深处的感受，他通常由于太过心烦意乱而无法说出他想要表达的东西，从而放弃了讲述它们。但是他最典型的方式是再一次通过痛苦来表达报复性的愤怒。愤怒可以被增强的痛苦吸收掉，这些痛苦不论是来自哪一种他患有的心身症状，或者来自感觉无能为力或抑郁。在精神分析中，如果一位患者的报复性被唤起，他不会直接生气，但是他的情况会受损。他会提出更多的抱怨，指出精神分析似乎使他变得更糟而不是更好。精神分析师可能知道在上一次治疗中是什么击中了患者，可能想要让患者意识到这一点。但是患者并没有兴趣了解可能会缓解他痛苦的因果关联。他只是重复强调他的抱怨，就好像他必须确保分析师充分知晓他的抑郁症有多严重。他并不知道，他是想要使分析师因为让他受到痛苦而感到内疚。这通常是家庭场景所发生状况的翻版。于是，痛苦获得了另一个功能：那就是吸收愤怒，以及令他人感到内疚，这是唯一报复他们有效的方式。

所有这些因素在他对别人的态度上增添了奇怪的矛盾心理：表面上是普遍的"天真"乐观的信任，潜在的情绪是不分青红皂白的怀疑和愤怒。

由于增强的报复性而产生的内在紧张感可能是巨大的。令人疑惑的通常**不是**来自这种或那种的情绪烦恼，而是他设法保持了一种相对的平衡。是否他能做到以及多长时间能做到这一点，部分取决于内在紧张的强度，部分取决于环境。由于他的无助和对他人的依赖，环境对他而言要比对其他神经症类型的人更重要。根据他的限制范围，不耗费他去做超越他能够做的事，以及根据他的神经症结构，提供他所需要的、他可以允许自己接受的满足感，这样的环境对他是有利的。假如他的神经症没有太严重，他就能够从为他人或事业献身的生活中获得满足感。在这种生活中他可以为了成为有用的、有帮助的人而失去自我，在这种生活中他感到被需要、被渴望和被喜欢。然而，即使在最好的内在和外在条件下，他的生活还是处在不稳固的基础上。它可能遭受外部环境变化的威胁。他照顾的人可能会死或者不再需要他。他从事的事业可能会失败，或者失去对他的意义。这种健康人能够经受住的失去可能会把他带到"崩溃"的边缘，所有的焦虑和无用感都会涌现出来。另一个危险主要来自内部。在他未公开承认的敌意中存在太多针对自己和他人的因素，它们可能造成加剧的内在紧张感，超出他能承受的范围。或者，换句话说，他感觉被伤害的机会太多了，以至于没有任何环境使他感到安全。

另一方面，普遍的情况甚至可能不包括我刚刚描述的部分有利因素。如果他的内心非常紧张，而且环境条件很不利，他可能不仅变得极度痛苦，而且他的平衡会被打破。无论是什么症状——恐慌、失眠、厌食（失去食欲）——它会导致并且典型地表现为敌意冲破堤防，溢满整个系统。所有他累积的对别人尖酸的指控都涌现出来；他的要求变成公然的报复和缺乏理智；他的自我憎恨变得有意识，并且达到可怕的程度。他处于毫无缓和的绝望之中。他可能有严重的恐慌和相当大的自杀危险。这与那个过于温柔，极其渴望讨好他人的人完全不同。然而，开始阶段和最后阶段都是这种神经症发展不可缺少的重要部分。认为最后阶段出现的**全部**破坏性要一直处于抑制中，这是个错误的结论。当然，在通情达理的表面之下，存在更多我们没有看见的紧张。但是只有大量增加的挫折和敌意才会致使最后一个阶段的出现。

因为自谦型解决方案的其他方面会在"病态依赖"的章节中讨论，我想要就神经症患者遭受的痛苦问题做一些论述，以此总结这种神经症结构的整体情况。每一种神经症都会引发真实的痛苦，通常要多过人们意识到的部分。自谦类型的人遭受的痛苦来自阻止他扩张的束缚，来自他的自虐，来自他对他人的矛盾态度。所有这些都是普通的痛苦，它不是为某个秘密的目的而服务，它不是以这种或那种方式装腔作势以给他人留下印象。但是除此之外，他的痛苦接管了某些功能。我建议把来自这一过程的痛苦称为**神经症的**或者**功能性的痛苦**。我已经提到过其中一些功能。痛苦变成了他的神经症要求的基础。它不仅恳求获得关注、关心和同情，而且它赋予他得到所有这些权利。痛苦有助于维护他的解决方案，因此它具备了整合的功能。痛苦也是他表达报复性的具体方式。事实上，这种例子频繁发生，比如婚姻中患有精神疾病的一方，用疾病作为对抗另一半的致命武器；或者由于孩子的一次独立行动而给他们灌满内疚感，以此来限制他们。

他是如何把自己与施加给他人如此多苦难的人对上号的？他是一个渴望不伤害任何人的情感的人。他可能或多或少模糊地意识到他是环境的拖累，但是他没有直接地面对它，因为他自己的痛苦使他免除了责任。简言之：**他用他的痛苦指责别人，原谅自己**！在他的头脑中，它为一切辩解——他的要求、他的易怒情绪、他对别人的精神控制。痛苦不仅缓解了自己的自我指责，[1]而且避免了可能来自他人的责备。另外，他对原谅的需要变成了要求。他的痛苦使

---

[1] 弗朗兹·亚历山大把这种现象描述为"受惩罚的需要"，并且用许多令人信服的例子来说明它。这意味着在理解内在心理过程上的明确进展。在亚历山大的观点和我的观点之间的不同是：我的观点中，通过痛苦的方式释放神经症的负罪感，不是对所有神经症患者都有效的过程，而是具体针对自谦类型的人适用。另外，以痛苦为代价释放负罪感不会使他感到可以再次犯下罪过。他专制的内在指令如此之多、如此僵化，以致他忍不住再次违背它们。

他获得"被理解"的权利。如果别人是挑剔的，**他们**便是无情的。不管他做什么，都应该引起别人的同情和帮助他的愿望。

痛苦以另一种方式让自谦类型的人免除了责任。他实际上既没有丰富多彩的生活，又没有实现雄心勃勃的目标，痛苦为这一切提供了充分的托辞。虽然正如我们看到的，他急于避开雄心抱负和胜利，但是取得成就和胜利的需要仍然在起作用。他的痛苦使他有意识或者潜意识地在头脑中保留这个可能性——如果他不是患有这些神秘的病症，他有获得卓越成就的可能——以此来保全他的面子。

最后，神经症的痛苦可能会导致他轻易就想到崩溃的念头，或者导致潜意识地去实现崩溃的决心。很自然，这么做的吸引力在他遭遇痛苦的时期更为强烈，而且那时可能是有意而为之。在这样的时期里，常常只有反应性的恐惧达到了意识层面，比如对精神、躯体或道德衰退的恐惧；对没有产出的恐惧；对衰老到不能做这件事或那件事的恐惧。这些恐惧表明这个人更健康的那部分想要完整的生活，并且对于决心使自己崩溃的另一部分表现出忧虑。这种倾向也可能在潜意识中起作用。这个人甚至可能没有意识到他的整体状况受到损害，比如，他变得缺乏做事的能力，变得更害怕人、更沮丧，直到有一天他突然意识到这个事实，即他处于走下坡路的危险中，而且驱使他走下坡路的是他自身的某种东西。

在遭受痛苦的时期，"沉沦"可能对他有强烈的吸引力。这似乎是他摆脱所有困境的出路：放弃对爱的无望挣扎，放弃履行矛盾"应该"的疯狂尝试，通过接受失败从而使自己摆脱自我指责的恐惧。并且，正是他非常的被动，这种方式对他具备吸引力。这不像自杀倾向那样富有主动性，在这种时候自杀很少发生。他只是停止挣扎，让自我毁灭的力量自然地发展。

最后，对他来说，在无情世界的攻击中崩溃是最终的胜利。它可能采取"死在罪犯的家门口"这样引人注目的方式。但是更为经常的是，它不是那种打算使他人感到羞愧，以及在此基础上提出要求的说明性的痛苦。它更加深层，因此也更加危险。这是主要存在在患者头脑中的胜利，甚至这可能是潜意识的。当我们在精神分析中揭开它，我们会发现一种对于弱点和痛苦的美化，它被混杂的半真半假的证据所支持。痛苦本身似乎是高贵的证明。一个敏感的人在可耻的世界中除了崩溃还能做什么呢！他是否应该战斗和坚持自己，从而卑躬屈膝到粗俗的程度？他只能够带着光荣殉道的加冕，宽恕而后死去。

所有这些神经症痛苦的功能说明了痛苦的顽固性和深度。它们来自整体结构的可怕的必然性，而且只有在这种背景下才能理解它的功能。把它放在治疗的角度：如果他整体的性格结构没有根本的改变，他无法摒弃这些功能。

为了理解自谦的解决方案，不可避免地要考虑整体的情况：历史发展的整体性和任何特定时间进程的整体性。在对这个主题进行简要地调查后，看起来它们的不足本质上来自对某些方面片面的关注。比如，可能是片面地聚焦在内心因素或者人际关系的因素。然而，我们不能单从任何一方面来理解这个动态机制，而是要把动态机制看作一个过程——人际关系冲突导致特殊的内心结构，内心结构反过来依赖并改变旧有的人际关系模式。这使得它们更具有强迫性和破坏性。

另外，像弗洛伊德和卡尔·门宁格尔的一些理论，会太过于聚焦在明显的病态现象上，比如"受虐狂式的"变态、对负罪感的沉溺，或者自我伤害的受难。他们遗漏了更接近健康人的倾向。可以肯定的是，赢过他人、接近他人和生活在安宁中的需要是由软弱和恐惧决定的，因此是难以区分，但是它们包含了健康人际态度的萌芽。这种类型的谦虚和使自己屈服的能力（就算在虚假的基础上）似乎更接近于正常人，比如与进攻—报复类型所夸耀的傲慢相比较。这些品质使自谦类型的人比许多其他的神经症患者更有"人性"。我不是在这里为其辩护。刚刚提及的倾向就是他与自我疏离的开始，并且引发进一步病态的发展。我只是想要说，不能把它们作为整体解决方案中固有的一部分去理解，这会不可避免地导致对整个过程的误解。

最后，有些理论聚焦在神经症的痛苦——这确实是个核心问题——但是却把它从整个背景中脱离出来。这不可避免地导致过度强调战略性的策略。因此，阿尔弗雷德·阿德勒把痛苦视为获取注意力、推卸责任以及获得不正当优越性的手段。西奥多·雷克强调表露在外的痛苦是作为得到爱和表达报复性的方法。如我们已经提到的，弗朗兹·亚历山大看重痛苦对于消减负罪感的功能。所有这些理论都基于有效的观察，但尽管如此，当这些理论没有充分地深入到整体结构时，它们就会把不恰当的、接近大众的信念带入进来，即自谦型的人只是简单地想要受苦，或者只会在痛苦时感到快乐。

全面地看到整个画面不仅对于理论的理解是重要的，而且对于精神分析师对待患者的态度方面也是重要的。通过他们隐藏的要求和来自神经症特殊的标志——不诚实，他们很容易产生怨恨，但他们或许比其他人更需要一种同情性的理解。

第十章　病态的依赖

　　在应对自负系统的内在冲突的三种主要的解决方案中，自谦的解决方案似乎是最不让人满意的。除了具备每一种神经症的解决方案都有的缺陷之外，它使得这一类型的人具备比其他人更强烈的主观不幸福感。自谦类型的真正痛苦可能并不比其他类型的神经症患者更剧烈，但是因为对他来说痛苦具备很多功能，所以主观上他比其他人更经常、更强烈地感到痛苦。

　　除此之外，他对别人的需要和期待使他过于依赖他们。而且，虽然每一种被迫的依赖都是痛苦的，但是由于他与别人的关系是分离的，所以这种依赖尤其得不幸。尽管如此，爱（仍然是广义的爱）是唯一给他生活带来积极内容的东西。爱，在性爱的特定意义上，在他的生活中扮演着极为特殊而重要的角色，因而值得用单独的章节来阐述。虽然这不可避免地造成某些重复，但是它也给了我们更好的机会更清楚地了解整体结构中的某些显著因素。

　　性爱作为最大的满足引诱着这一类型的人。爱，必然而且的确看起来像是通往天堂的门票，在那里所有的悲伤都会结束：不再孤独；不再感到迷失、内疚和无价值；不再需要为自己承担责任；不再需要在残酷的世界中为他感到无能为力的事情去争斗。相反，爱似乎承诺了保护、支持、喜爱、鼓励、同情、理解。爱给他的生活带来价值。爱给他的生活带来意义。爱是救赎和补救。那么，难怪对他来说划分富人和穷人不是通过金钱和社会地位，而是通过是否结婚或是否拥有等同于婚姻关系的伴侣。

　　到目前为止，爱的意义主要在于他所期待的"被爱"。因为精神病学的作家描述依赖者的爱时，片面地强调了这一方面，他们称这种爱是寄生的、索取的，或者"口欲的"。而且，这方面可能确实处于显著的位置。但是对于典型自谦的人（具有普遍的自谦倾向），爱别人和被人爱具有同样的吸引力。对他来说，爱别人意味着失去；意味着把自己淹没在或多或少的狂喜之中；意味着与另一个人在心灵上、肉身上合二为一，并在这个融合的过程中找到他无法从自己身上找到的统一。因此，他对爱的渴望有着深刻的、强有力的原因：渴望臣服和渴望统一。如果不考虑这些原因，我们就无法理解他的情感投入的深度。追求统一是人类最强烈的动力之一，它对于内在分裂的神经症患者甚至更为重要。渴望臣服于比我们强大的事物，这似乎在大部分的宗教形式中是必要的元素。虽然自谦类型的臣服是对健康向往的夸张表达，不过它具有同样的力量。它不仅表现在对爱的渴望上，而且也表现在许多其他方面。[1]这是他在各种感情中倾向于迷失自己的一个因素：迷失在"泪海"中；迷失在有关大自然的狂喜中；迷失在沉溺的负罪感中；迷失在渴望性高潮时忘却一切，或在睡眠中逐渐淡去；而且还经常迷失在死亡的渴望中，将其视为自我的最终消亡。

更深一步来理解：对他而言，爱的吸引力不仅寄托了他对于满足、安宁和统一的希望，而且爱是他实现理想化自我的唯一方式。在爱中，他能够充分发展理想化自我的讨人喜欢的品质；在被爱中，他得到了最重要的理想化自我的确认。

因为爱对他有独特的价值，所以**讨人喜欢**在他所有决定自我价值的因素中排名第一。我已经提过，培养讨人喜欢的品质在这一类型的人中，开始于早年对情感的需要。他人对于他的内心平静越是关键，讨人喜欢的品质就变得越重要；扩张的举动越是被抑制，讨人喜欢的品质所包含的范围就越广。讨人喜欢的品质是仅有的一种被赋予受抑制的自负的品质，在这方面受抑制的自负表现为他对于任何的批评或质疑都高度敏感。如果他对别人的需要所给予的慷慨和关注没有得到感激，甚至相反，它们惹怒了对方，他会感到被深深地伤害。因为这些讨人喜欢的品质是他认为自身唯一有价值的因素，当别人对它们有任何拒绝的表现，他会体验为对他整个自我的拒绝。因此，他对拒绝的恐惧是强烈的。拒绝对他来说意味着不仅失去了寄托在某个人身上的所有希望，而且留下了一份彻底的无价值感。

在精神分析中，我们能够更近距离地研究那些讨人喜欢的品质是如何通过严格的"应该"体系被强迫做到的。他不仅应该富有同情心，而且要达到**绝对的**理解他人。他应该永远不会感到任何针对个人的伤害，因为这方面的一切都应该被这种善解人意的品质排除在外。感到受伤害，除了使他感到痛苦，还会唤起对于小气和自私的自我谴责。尤其是他不应该被嫉妒的痛苦所伤害——对于一个很容易害怕被拒绝和被遗弃的人来说，这个指令完全是不可能实现的。他充其量只能坚持伪装"心胸开阔"。所产生的任何摩擦都是他的错。他本应该更沉着、更周到、更宽容。他感觉他的"应该"归属于自己的程度是不同的。通常，有一些被外化到伴侣身上。那时，他意识到的是一种要满足伴侣

---

[1] 参见卡伦·霍妮的《我们时代的神经症人格》中"受虐狂的问题"，诺顿出版社，1936年。在那本书中，我建议把自我消亡的渴望作为那时我还称之为"受虐狂现象"的基本解释原则。我现在认为这种渴望来自特殊的自谦结构的背景。

期望的焦虑。在这一方面，两个最相关的"应该"是：他应该能够将任何爱情发展成绝对的和谐状态，他应该能够让伴侣爱他。当他陷入在难以维系的关系中，并且有足够的理智明白结束这段感情对他是好的，他的自负却把这种解决方案看作是丢脸的失败，而且要求他应该使这段关系发展顺利。另一方面，只是因为讨人喜欢的品质——不论它们多么虚假——被赋予隐秘的自负，它们也成为了他的许多隐藏要求的基础。这些品质使他有权利得到专一的忠诚，有权利要求他的许多需要得到满足，这些我们在上一章有讨论过。他觉得自己有权利被爱，不仅因为他对别人的关怀，这可能是真的，他有权利被爱还因为他的软弱和无助，因为他的痛苦和自我牺牲。

他可能会无法摆脱地陷入这些"应该"和要求所产生的冲突的涌流之中。某一天他完全变成一个受虐待的无辜者，而且可能下决心要斥责他的伴侣。但随后，他的勇气吓到了他：他既在为自己提需求，还要指责对方。他也害怕未来会失去对方。因此钟摆摆向了另一个极端。他的"应该"和自我责备占据上风。他不应该对任何事感到愤怒，他应该是平静的，他应该有更多的爱和理解——无论如何这一切都是他的错。同样，他在评价伴侣时摇摆不定，有时伴侣看起来是强壮和可爱的，有时是难以置信、缺乏人性得残忍。于是，一切都在迷雾中，他无法做出任何决定。

虽然他进入爱情关系的内在条件总是不稳固的，但是这些内在条件并不必然导致灾难。倘若他不是太过具有破坏性，倘若他的伴侣要么相当健康，要么由于其自身神经症的原因，反而珍惜他的软弱和依赖的特点，他可以达到一定程度的幸福。虽然有时这样的伴侣可能感到他的依赖很沉重，但是这也由于作为保护者和所引发的极大的个人忠诚——或者是他设想的个人忠诚，使伴侣感到强大和安全。在这种环境下，神经症的解决方案可能被称为是成功的。被珍惜和被保护带给自谦类型的人最好的品质。然而，这样的情况不可避免地阻碍了他成长，而无法克服神经症的难题。

这种偶然情况多长时间发生一次不是精神分析师判定的领域。引起分析师关注的是那些不幸的关系，在这些关系中，伴侣们互相折磨，依赖的一方处于缓慢且痛苦地毁灭自己的危险之中。在这些例子中我们谈到病态的依赖。它的发生不限于两性关系。它的许多典型特征可能在无性的朋友关系中运行，包括亲子之间、师生之间、医患之间、领导者和追随者之间。但是它们在伴侣关系中最明显，而且一旦在伴侣关系中掌握了这些典型特征，人们会很容易在其他关系中——当它们可能被合理化为忠诚和义务从而被掩盖起来的时候——识别它们。

病态的依赖关系从不幸的伴侣选择开始。更准确地说，我们不应该称其选择。自谦类型的人实际上没有做选择，而是被某个类型的人"迷住"了。自然地，他会被一个更强大、更优秀的同性或异性吸引。在这里不考虑健康的伴侣，他可能很容易爱上一个超然类型的人，假如这个人具备一些来自财富、地位、声誉或者特殊天赋的魅力；他可能爱上一个和自己相似的充满活泼自信的外向自恋型的人；他可能爱上一个敢于公开提出要求，不在乎傲慢和无礼的傲慢—报复型的人。许多原因结合在一起使他容易迷恋上这些人格特征。他倾向于过高地评价他们，因为他们似乎都具备一些品质，这些品质不仅是他很痛苦自己缺乏的，而且他由此还看不起自己。这可能是独立性的问题、自给自足的问题、不可动摇地确保优越感的问题、大胆地炫耀傲慢和攻击性的问题。只有这些强大、优秀的人——如他看到的他们——能够满足他的需要，并把他接管过去。跟随一位女患者的幻想：只有强壮臂膀的男人才能把她从失火的房子、失事的船只或威胁她的窃贼手中解救出来。

　　但是，具体是什么导致他被吸引或者被迷住，换句话说具体是什么导致了对这种迷恋的强迫性因素？是对于扩张驱力的抑制。正如我们已经看到的，他必须竭尽全力地否认它们。不论他隐藏的自负和对掌控的驱力是什么，对他来说都是陌生的。然而相反地，他把他的自负系统中屈从和无助的部分体验为他自己的本质。但是另一方面，因为他遭受到自己的畏缩过程所带来的痛苦，所以似乎对他来说具有攻击性地、傲慢地掌控生活的能力才是最可取的。在他的潜意识中，甚至意识中——当他感到有足够的自由去表达它，他认为只要他能够像西班牙征服者一样自负和无情，他就能够获得世界在他脚下的"自由"。但是由于这种特质对他来说是遥不可及的，所以他会被别人身上的这一点所吸引。他外化了自己扩张的驱力并且羡慕别人身上的这种驱力。正是他们的自负和傲慢触动了他的核心。他不知道只有他自己能解决自身的冲突，他试图通过爱来解决。爱一个自负的人，与这个人合二为一，通过对方来代替自己生活，这会让他参与进生活的掌控中而无须向自己承认这一点。如果在关系的进程中，他发现他崇拜的人品格上有缺陷，他可能有时会失去兴趣，因为他不能再将他的自负转移到对方身上。

　　另一方面，对他来说，一个自谦倾向的人不会对他产生性的吸引力。他可能像朋友一样喜欢他，因为他发现在对方身上比其他人拥有更多的同情心、善解人意或者奉献的品质。但是当他开始与其建立更亲密的关系时，他可能甚至感到排斥。就像一面镜子，他在对方身上看到自己的弱点，而且为此鄙视对方，或者至少会因此感到恼怒。他也害怕这样的伴侣像抓住蔓藤似的依赖态度，因为仅仅是一个想法——他自己必须是两个人中更强的那个——就会令他害怕。于是，这些消极的情感反应不可能使他重视这样的伴侣身上存在的优点。

　　在具有明显自负的人之中，通常那些傲慢——报复型的人对依赖者具有最大的魅力。虽然就他真实的自我利益而言，依赖者有强烈的理由害怕他们。具有魅力的部分原因在于他们以最显而易见的方式表达他们的自负。但更为关键的是他们最有可能摧毁他自身的自负。这一关系的确可能开始于傲慢类型的一方做出的一些赤裸裸的冒犯行为。萨默塞特·毛姆在《人生的枷锁》里，在菲利普和米尔德里德的第一次见面中描述了这种情况。斯蒂芬·茨威格在《杀人狂》中也存在相似的例子。在这两个例子中，依赖者对于冒犯者的第一反应都是愤怒和实施报复的冲动——在这两个例子中冒犯者都是女人——但是几乎同时依赖者被冒犯者迷住了，以至于无可救药地、狂热地为她"倾倒"，从那之后他只有一个驱动的兴趣：赢得她的爱。由此，他毁掉了或者几乎毁掉了他自己。冒犯的行为经常会促成依赖性的关系。它不需要总像《人间的枷锁》和《杀人狂》那样充满戏剧性。它可能更为微妙和隐蔽。但是我想知道是否在这种关系中可以完全没有冒犯行为的存在。冒犯行为可能包含缺乏兴趣、清高孤傲、关注其他人、开玩笑或者说滑稽好笑的话、对于对方通常能给他人留下印象的那些优点无动于衷——比如名字、职业、知识和美貌。这些都是"冒犯"，因为他们感到被拒绝——就像我之前提到的——对于那些认为自负主要就是让每个人爱上自己的人来说，被拒绝就是冒犯。这种事情发生的频率使我们明白了超然型的人对他的吸引力。他们的冷漠和不可接近构成了冒犯性的拒绝。

　　像这样的事件似乎加剧了这一观念，即自谦型的人只是渴望痛苦，并且热衷于抓住冒犯的行为带给他的可能结果。事实上，没有什么比这个观念更加有碍于对病态依赖的真正理解。因为它包含了一丝真实性，所以它更具有误导性。我们知道，痛苦对他来说具有多种神经症的价值，冒犯行为对他也真的具有吸引力。这个错误在于假定了吸引力取决于遭受痛苦的可能结果，然后在两个事实之间太过简单地建立了因果联系。真正的原因在于两个其他的因素，这两个因素我们都分别提到过：他人的傲慢和攻击性对他产生的吸引力，以及他自身对于臣服的需要。我们现在能够看到这两个因素之间的联系比我们之前意识到的更为紧密。他渴望臣服于他的躯体和灵魂，但是只有当他的自负被屈服或被破坏的时候，他才能做到。换句话说，最初的冒犯具备的吸引力与其说是因为它造成了伤害，不如说是因为它开启了自我解脱和甘心屈从的可能性。用一位患者的话说："那个动摇我自负的人将我从傲慢和自负中释放出来。"或者："如果他能够冒犯我，那么我就只是一个普通人。"他可能会补充："只有那时候，我才能爱。"我们可能也会在这里想到比才的歌剧《卡门》中的主人公，只有当她不被爱的时候，她的激情才会燃烧。

毫无疑问，把放弃自尊作为向爱臣服的一个严格条件是病理性的，尤其是（像我们不久会看到的）因为明显的自谦类型的人只有在他感觉或者确实被贬低时才能够爱。但是如果我们想起对于健康的人来说，爱和**真正的**谦卑是并存的，这一现象就不再显得独特和神秘了。我们最初会以为这种现象与我们在扩张类型的人身上看到的存在极大的不同，但是情况并非如此。扩张类型的人对爱的恐惧主要取决于他潜意识的认识，即为了爱他将不得不放弃他大部分的神经症自负。简洁地说：**神经症的自负是爱的敌人。**在这里，扩张类型和自谦类型的区别是前者不以任何重要的方式需要爱，相反把爱看作危险而采取回避；而对后者来说，向爱臣服似乎是一切事情的解决之道，因此爱是至关重要的必需品。扩张类型的人也能够臣服，只要当他们的自负被打破，但那时他们可能变成充满激情的奴隶。司汤达在《红与黑》中描写骄傲的玛蒂尔德对于连的热情就展现了这一过程。这显示了傲慢的人对爱的恐惧是有根据的——对他来说。但是大多数情况下，他过于谨慎而不允许自己坠入爱河。

虽然我们能够在任何关系中研究病态依赖的特点，但是这些特点在自谦类型和傲慢—报复类型的人的两性关系中表现得最为明显。在这种关系中，由于双方伴侣自身的内在原因，通常他们的关系所维持的时间较长，所以产生的冲突更为强烈，而且能够发展得更充分。自恋型或者超然型的伴侣更容易由于对方向自己提出的隐性要求而感到厌烦，容易结束关系，[1]然而施虐狂的伴侣更倾向于绑紧他的受害者不放。相反，对于依赖者而言，他更难以摆脱和傲慢—报复型人的关系。因为他特殊的弱点，他对于被卷入这种关系中是无法适应的，就像一艘为了在平静海面航行而建造的船只，对于穿越波涛汹涌的海洋是毫无准备的。然后，它所缺乏的整体的坚固性和结构中的每一处弱点都会被自身感受到，可能意味着毁灭。同样，一个自谦的人可能在生活中的日常功能相当良好，但是当他被卷入进这种关系的冲突中，他身上每一个隐藏的神经症因素都会开始运作。在这里，我将主要从依赖者的角度描述这一过程。为了简化陈述，我将假定自谦型的伴侣是女性，进攻型的一方是男性。虽然在许多例子中显示，自谦跟女性气质毫无关系，以及进攻性的傲慢跟男子气概毫无关系，但实际上这种组合在我们的文化中似乎更为普遍。这两者都是异常的神经症现象。

第一个引起我们关注的特征是这样的女性会全身心地投入到这份关系中。

---

[1] 参见福楼拜的《包法利夫人》。她的两个情人都对她产生厌倦而分手。并参见卡伦·霍妮的《自我分析》中克莱尔的自我分析。

伴侣变成她存在的唯一中心。她的一切都围绕着对方。她的心情取决于伴侣对她的态度是更积极还是更消极。她不敢做任何计划，以免可能错过对方的电话或者错过晚上的共处。她的想法都集中在理解或者帮助对方上。她的努力都指向了履行那些她认为对方期待的事情。她只有一种恐惧，就是引起对方的反感而失去对方。相反，她的其他兴趣减退了。除非和伴侣有关联，否则她的工作变得毫无意义。甚至对于她原本心爱的专业工作，或曾经富有成效的工作可能都是如此。很显然，后一种情况受到的损失最大。

其他的人际关系会受到忽视。她可能忽略或者离开她的孩子、她的家庭。友情更多地只是填补伴侣不在的时间。一旦伴侣出现，预约的活动都立即被取消。其他关系的受损往往受到了伴侣的鼓励，因为男方反过来也想让她越来越多地依赖自己。另外，她开始通过伴侣的眼光看待她的亲戚或朋友。伴侣嘲笑她对人的信任，并把自己的怀疑态度灌输给她。所以她失去了根基，变得越来越贫乏。除此之外，她一直处于低潮的私心在继续下沉。她可能遭遇负债，威胁到她的名誉、健康和尊严。如果她在做精神分析或者使用自我分析，对自我认识的兴趣会让位于理解**对方**的动机和如何帮助**对方**。

问题可能在最初就全面地显露出来。但有时候事情会暂时看起来相当顺利。对于某些神经症的方式，这两个人似乎是彼此适合的。他需要做主人，她需要臣服。他公然提出要求，她顺从。只要她的自负被破坏，她就能够臣服，而由于许多他自身的原因，他会不停地这样去做。但是迟早在这两种本质上截然不同的性情之间——或者更准确地说，在两种神经症的结构之间——冲突必然会出现。主要的冲突出现在情感的问题、"爱"的问题上。她坚持爱、喜欢、亲密。他却极其害怕积极的情感。这些积极情感的表露似乎对他来说是不得体的。她的爱的保证似乎对他来说纯粹是虚伪的——的确，像我们知道的，这实际上更是她要失去自己并与对方结为一体的需要，而不是她对他个人的爱。他无法不去打击她的情感，因此一直在和她作对。这反过来使她感到被忽视或者被虐待，唤起了她的焦虑，并且强化了她的依赖态度。然后在这里，另一个碰撞发生了。虽然他会做任何事情来使女方依赖自己，但是她对他的依赖又会吓到和击退他。他害怕和鄙视自己身上的任何弱点，也会鄙视她身上的这些弱点。这对她意味着再一次地被拒绝，同时激发出更多的焦虑和更多的依赖。她隐性的要求被感受为胁迫，为了保持他的掌控感，他必须猛烈地加以抨击。她强迫性的帮助冒犯了他自给自足的自负。她坚持"理解"他，同时也伤害了他的自负。实际上，尽管她经常真诚的尝试，她并没有真正理解他——几乎不可能做到。此外，在她的"理解"中，由于她感觉**她的**一切态度都是善意而自然的，所以有太多原谅和宽恕的需要。转而，他感觉到她的道德优越感，并感到被激惹而想要撕去她伪装的参与。只有极小的可能性他们可以好好谈一谈这些事情，因为从根本上他们都认为自己是正确的。所以她开始把他看作一个衣冠禽兽，而他把她看作是道德的伪君子。如果以建设性的方式撕下她的伪装，可能会非常有帮助。但是由于大多数情况，它是以讽刺、贬损的方式进行的，这只会伤害她，而且使她更加不安全、更具有依赖性。

如果问：尽管存在这些冲突，是否他们两个人有可能对彼此有帮助？这是一个没有根据的推断。当然，他能忍受一些软弱，她能忍受一些强硬。但是大部分的时候，他们都太过深陷在他们特定的神经症的需要和反感中。这个恶性循环引发出双方最糟糕的部分持续运转，结果只能是他们彼此折磨。

她暴露出的挫折和局限与其说是性质上的不同，不如说是文明程度、强烈程度的不同。总有一些吸引和排斥、捆绑和撤退的猫和老鼠一般的游戏。令人满意的性关系可能伴随而来的就是残暴的冒犯行为；一个愉快的夜晚过后可能伴随而来的就是忘记了约会；探寻出秘密过后可能伴随而来的就是用它们反对她。女方可能尝试玩相同的游戏，但太被抑制而无法顺利进行。但是，因为男方的攻击会使她沮丧，并且他看似积极的情绪又会把她扔向错误的希望，即一切都会好起来，所以她一直是玩这个游戏的好工具。男方总是感觉有权利做很多事情，而不允许任何的质疑。他的要求可能涉及经济支持；给他和朋友或亲戚的礼物；要为他做的工作，比如做家务或打字；促进他的职业发展；严格考虑他的需要。例如，后面的几种要求可能有关时间上的安排；对他所追求的事情全身心且毫无批判的支持；要陪伴或者不要陪伴；当他生气或烦躁时对方要保持镇定，诸如此类。

不论他要求什么，都是不言而喻应有的权利。当他的愿望没有被满足时，他没有感激之情，而是有太多抱怨不完的易怒情绪。他感觉并且用十分确定的语言声称他根本没有要求，反而女方是小气的、懒散的、不关心人的、不懂得感激的——他不得不忍受各种各样的侮辱。另一方面，他能够机敏地指出女方的要求，他认为这些要求完全是神经症的。她对于情感、时间或者陪伴的需要就是占有欲强，她渴望性或美食就是过度放纵。所以当他挫败了女方的需要时，是他有自己的原因必须要这样做，在他的头脑中这完全不是挫败。最好是忽视她的需要，因为她应该对这些需要感到惭愧。实际上，他挫败对方的技巧是高度发展的。它们包括用闷闷不乐抑制开心；使她感到不受欢迎、不被渴望；躯体上或者精神上的撤离行为。对女方来说，最具伤害性而且最难以触及的是他普遍性的漠视和轻蔑态度。不论他对女方的哪一种才能或品质有实际的尊重，都很少会表达。另一方面，如我之前说过的，他确实鄙视女方的软弱、小心谨慎和间接。但是除此之外，由于他对于自我憎恨的主动外化的需要，他是挑剔的、贬损的。如果女方反过来敢于批评他，他会以专横的方式把她所有的话抛掷一边，或者证明她是在报复。

我们发现最大的不同是在性的问题上。性关系可能作为唯一令人满意的接触凸显出来。或者，假如他在享受性的方面受到抑制，他可能也会在这方面令女方挫败，由于他不够温柔，这会被女方更加敏感地感觉到，性可能对女方意味着唯一爱的保证。或者性可能作为一种贬低和羞辱她的手段。他可能会明确地说，对他而言，女方只是一个性对象而已。他可能会炫耀与其他女人的性关系，夹杂着她相比其他女人缺乏吸引力和反应性的贬损评论。性交的过程可能由于没有任何温柔可言或由于他使用施虐的技术而令女方感到有辱人格。

她对这种虐待的态度充满了矛盾。正如我们将要看到的，它不是一组静止的反应，而是一个会导致她越来越冲突的波动过程。首先，她只是无助，就像她面对进攻型的人一贯的表现。她绝对不能以任何有效的方式坚决地反对和回击他们。顺从对她来说一直是更容易的。而且，不管怎样她都会倾向于感到内疚，她宁愿同意男方的许多责备，尤其是因为这些责备中时常包含着一丝道理。

但是，她的顺从现在占据了更大的比例，而且从性质上改变了。这仍然是她需要取悦和让步的表现，但是除此之外，现在这还取决于她对完全臣服的渴望。正如我们所看到的，只有当她大部分的自负被打破时，她才能做到这一点。于是，部分的她暗自地欢迎男方的行为，而且非常主动地配合他。他很明显地——尽管是潜意识地——想要打击女方的自负；她隐秘地具有一种恭维和不可抗拒的冲动要牺牲掉她的自负。在性行为中，这种冲动可能会被充分地意识到。伴随着狂欢的欲望，她可能俯伏屈从，呈现羞辱的姿势，被他咬、被他打、被他侮辱。有时只有在这些条件下，她才能够达到完全的满足。通过自我贬低的方式来实现完全臣服的冲动，这似乎比其他解释更能说明受虐狂的变态心理。

这种贬低自己的强烈欲望，其坦率的表现证明了这种驱力所拥有的巨大力量。它也可能在幻想中出现——经常与手淫联系在一起——表现为有辱人格的性狂欢、被公开地裸露、强奸、捆绑、鞭打。最后，这种驱力可能表现在他的梦中，梦见自己穷困潦倒地躺在排水沟里，被伴侣扶起；梦见他像对待妓女一样地对待自己；梦见自己匍匐在他的脚下。

这种自我贬低的驱力可能被过度伪装而无法被清晰地看到。但是对于有经验的观察者来说，它表现在许多其他方面，比如她渴望——或者相当急迫地——为他粉饰并把对他过错的责备归于自己；或者卑躬屈膝地伺候他、遵从他。她没有意识到这一点，因为在她的头脑中，这样的顺从被认为是谦卑或爱，或者爱中的谦卑，因为通常俯伏屈从的冲动——除了在性的问题上——被深深地抑制了。然而冲动还在，并强制妥协，这会让有辱人格的事情发生，却又意识不到它的发生。这就解释了为什么很长一段时间她甚至没有注意到男方的冒犯行为，虽然这个行为对其他人来说是极其明显的。或者，如果她意识到了这个行为，她不会从情感上体验它，也不会真的介意它。有时一位朋友可能叫她注意这个行为。但是即使她可能相信这个冒犯行为是真的，也相信她的朋友是为了她的幸福考虑，这都可能会刺激到她。事实上，必然会如此，因为这太过接近她在这方面的冲突。甚至更能说明问题的是，她自己在企图努力摆脱这种处境。那时，她可能一次又一次地回忆起对方所有的冒犯和羞辱态度，希望这会帮助她反抗对方。只有在这种长期的、徒劳的尝试过后，她才会吃惊地意识到这些尝试没有任何份量。

她对完全臣服的需要也必然使她理想化她的伴侣。她把她的自负委托在一个人身上，因为只有和这个人在一起，她才能找到她的统一性，所以对方应该是骄傲的，她应该是屈从的。我已经提到过对方的傲慢对她最初的魅力。虽然这种有意识的魅力可能会平息，但是她对对方的美化以更多不易觉察的方式在持续着。她可能后来在许多细节上更清楚地看到对方，但只有当她在实际中和对方分开了，她才能对对方有一个整体的、清醒的认识——甚至那时美化都可能一直存在。比如，其间她会倾向于认为尽管他有他的问题，但是大部分时候他是对的，而且比其他人知道得更多。对理想化他和臣服于他的需要在这里共同起作用。她压制自我的程度到了用对方的眼光看待对方、看待他人、看待自己——这是另一个使她极其难以摆脱这段关系的因素。

到目前为止，她都是在迎合伴侣。但是当她的赌注没有实现时，会出现一个转折点，或者是一个持续很久的转折过程。毕竟她的自我贬低在很大程度上（虽然不是全部）是达到目的的手段：通过自我的臣服和与伴侣的结合找到内在的统一。为了实现她的这一目标，伴侣必须接受她的爱的臣服，并且用爱来回报她。但是恰恰在这决定性的一点上对方没有满足她——如我们所知，由于他自身的神经症，他势必无法满足。因此，虽然她并不介意——或者反而暗自地欢迎——对方的傲慢，但她极其恐惧和怨恨被拒绝，以及在爱的问题上隐性和显性的挫败。在这里既包含了她对于救赎的深层渴望，又包含了她一部分自负的要求——她应该能够让对方爱她，以及她应该能够处理好关系。此外，像大多数人一样，她不能很轻易地放弃一个她投入巨大的目标。因此她对于对方虐待行为的反应变得焦虑、沮丧、或者绝望，只是不久之后她又重新获得了希望，坚持相信——尽管证据与此相反——总有一天对方会爱上她。

正是在这个时刻，冲突开始出现。起初它是短暂的，而且很快就被解决了，但是逐渐地它在加深并且变成了持久的冲突。一方面，她极力地尝试改善关系。对她来说，这似乎是努力培养关系的一种值得称赞的方式；对男方来说，这似乎是加剧的依赖。他们在一定程度上都是对的，但是他们也遗漏了本质的问题，那就是对女方来说，她在为终极利益战斗。她比以往任何时候更为努力地讨好他、实现他的期待、检视自己的错误、忽略或者不怨恨他的任何粗鲁行为、理解他、平息事态。她没有意识到所有这些努力都在为根本的错误目标服务，她把这些努力评价为"改进"。同样，她典型地固守着通常的错误信念，认为男方也"改进"了。

另一方面，她开始憎恨对方。起初，因为这一点会摧毁她的希望，因此它完全被压抑了。然后，它可能被闪闪烁烁地意识到。她现在开始怨恨被男方无礼的对待，但她还是顾虑，不愿对自己承认这一点。在这个转折中，报复性的倾向涌现出来。他们会发生突然的激烈争吵，在争吵中她真实的怨恨会表现出来，但是她仍然自己都不知道这些怨恨有多真实。她变得更爱挑剔，更不愿意让自己被对方剥削。大部分的报复性会典型地以间接的方式出现，在抱怨、痛苦、牺牲、增加的依赖中出现。报复性的因素也会蔓延到她的目标中。这些因素一直以潜伏的形式存在，但是现在它们像癌细胞的生长一样扩散。尽管她坚持渴望对方爱她，但是这更加变成一件报复性胜利的事情。

从各方面来看，这对她都是不幸的。虽然这种报复性的因素仍然是潜意识的，但是在如此重要的问题上产生尖锐的分裂，这会造成真正的不快乐。另外，由于这种报复性在潜意识中，因为它带给女方另一种向"美好结局"努力的强烈动力，它会更加把两个人紧密捆绑在一起。即使最终她成功了，男方确实爱上了她——如果男方不是太僵化，女方不是太自我毁灭，男方是可能爱上女方的——她并不会获得好处。她对胜利的需要被满足了，并逐渐减弱下来，她的自负得到了其应得的东西，但是她不再对此感兴趣。她可能会感激，感激被给予的爱，但是她认为现在太迟了。实际上，当她的自负被满足，她就无法去爱了。

然而，如果她成倍的努力没有从本质上改变状况，她可能会转向对自己更激烈的对抗，从而她进入到两面夹击之中。因为臣服的想法逐渐失去了它的价值，从而她意识到她容忍了太多的侮辱，所以她感受到被剥削并为此憎恨自己。最后，她也开始意识到她的"爱"事实上是一种病态的依赖（不论她可能使用什么词汇）。这是一个健康的认识，但是起初她对此的反应是自我蔑视。另外，她会谴责自身报复性的倾向，她因为拥有它们而憎恨自己。最终，因为没有引发对方的爱，她无情地贬低自己。她意识到其中的一些自我憎恨，但是通常大部分的自我憎恨以被动的方式被外化，这是自谦类型的特点。这意味着她现在有一种强烈的、普遍的被男方虐待的感觉。她对对方的态度出现了新的分歧。这种被虐待的感觉引发了越来越多的怨恨，这驱使她离开。但是另外，正是这种自我憎恨要么由于极其得可怕以至于需要情感的保证，要么在纯粹自我毁灭的基础上增强她对虐待的接受性。然后，伴侣就变成她自我毁灭的执行者。因为她憎恨和鄙视自己，因此她被驱使遭受折磨和羞辱。

两位即将要摆脱一段依赖关系的患者，他们的自我观察可以说明自我憎恨在这个时期中的作用。第一位患者是一位男士，为了弄清楚他对于自己依赖的那个女人的真实情感是什么，他决定独自进行一次短暂的旅行。虽然这种尝试是可以理解的，但多半证明是徒劳的——部分因为强迫性的因素迷惑了问题，部分因为他通常并不是真的关心自己的问题和他们的关系，而只是想要凭空地"弄清楚"他是否爱另一个人。

在这个例子中，虽然他当然不可能得到问题的答案，但是他想要找到问题根源的决心的确有一些结果。情感确实出现了，事实上，他陷入情感的飓风中。首先，他沉浸在感受那个女人极其没有人性的残忍之中，以至于对她进行任何的惩罚都不为过。不久之后，他同样强烈地感到为了得到对方友善的举动，他愿意付出一切。这些极端的情感交替出现许多次，而且每一次出现的时候都非常真实，以至于他会忘记相反的情感。只有当他经历三次这样的过程，他才意识到他的感情是矛盾的。只有那时他才会发现这些极端的情感都不能代表他真实的情感，只有那时他才会看清这两者都是强迫性的。这个认识使他解脱了。他不再眼睁睁地从一种情感体验进入另一种对立的情感体验中，现在他能够开始把这两种情感都视为有待理解的问题。下面的这段分析导致他惊讶地认识到这两种情感根本和他的伴侣关系不大，反而是和他的内在过程有关。

有两个问题有助于澄清情感的突变：他为什么必须夸大对方的罪行直至其变成没有人性的怪物的程度？他为什么花了这么长时间才意识到他情绪波动的明显矛盾。第一个问题让我们看到以下的顺序：自我憎恨增强（由于许多原因），被这个女人虐待的感受增强，用对女人报复性的憎恨回应他外化的自我憎恨。在看到这个过程之后，第二个问题的答案就简单了。只有当他用表面上爱和恨的价值来看待他对这个女人情感时，他的情感才是矛盾的。事实上，他被"给对方任何惩罚都不足为过"的这个报复性表达的念头吓到了，为了使自己安心，他尝试通过对这个女人的渴望来减轻这种焦虑。

另一个例子是关于一位女患者，她在一段特殊的时期，摇摆在两种情感之间——要么感觉相当独立，要么感觉有一种几乎无法抵挡的冲动要给伴侣打电话。有一次，当她即将要伸手去拿电话时——她完全知道重新联系对她来说，只会把事情变得更糟——她想："我希望有人能把我像尤利西斯（希腊神话人物）一样绑在桅杆上……像尤利西斯？但是尤利西斯需要被捆绑是为了抵抗瑟茜（希腊神话的女巫）把男人变成猪的引诱！[1]所以，驱使我的是：一种贬低自我并被他羞辱的强烈冲动。"这种感觉是正确的，并且魔咒被打破了。在这个时候她能够分析自己，然后她问了自己一个重要的问题：刚刚是什么使得这种冲动如此强烈？于是她体验到了之前没有意识到的极大的自我憎恨和自我蔑视。她回想起之前几天发生的事情，它们导致她转而对抗自己。在这之后，她感到解脱了而且处在稳固的基础之上，因为在这段时间，她想要离开对方了，并且通过自我分析她的确抓住了仍然将他们捆绑在一起的一个线索。在下一次的分析治疗中，她以此来开场："我们必须对我的自我憎恨做更多的工作。"

于是，由于所有这些提及的因素：对于被满足所降低的希望、成倍的努力、浮现的憎恨与报复性以及它们带来的间接后果、对自我的暴力对抗，内在的混乱会日趋强烈。内心的状况变得越来越难以维持。实际上，她正处在一个下沉或者横渡的关键时刻。现在两个动作都启动了，完全取决于哪一方获胜。下沉的选项——如我们之前讨论过的——对于这一类型具有最终解决所有冲突的吸引力。她可能设想过自杀、拿它做威胁、尝试它、实施它。她可能患病，并因病而死。她可能在道德上变得草率，比如投身于无意义的事务中。她可能报复性地击打她的伴侣，通常受伤害更多的却是她自己。或者她并不知道这些，她可能只是失去了对生活的热情，变得懒惰，忽视她的外表、她的工作并且变胖。

另一个举动是朝向健康的方向，并且包括努力摆脱掉这种状况。有时候，正是意识到她实际上处在崩溃的危险中，这带给她必要的勇气。有时候这两个动作断断续续地进行。挣扎的过程是特别痛苦的。这么做的动机和力量既来自健康的根源，也来自神经症的根源。其中有觉醒的建设性的私心；也有越来越多对对方的怨恨，这不仅来自她实际遭受的侮辱，也来自她感觉自己"被欺骗"；还有一场徒劳之举之后受伤的自负。另一方面，她面临着极大的困难。她要切段自己和许多事、许多人的联系，她处于一个破碎的状态中，她被凭借自己的力量使自己遭到抛弃的想法吓坏了。另外，切段关系将意味着宣布自己被打败，另一种自负会反对这么做。通常会有起起伏伏——有些时候她感到她能够

---

[1] 这位患者把塞壬（Sirens，希腊神话人物）和瑟茜（Circe，希腊神话的女巫）的事件弄混了。当然，这不会影响她的发现的有效性。

离开对方，另外一些时候她宁愿遭受任何羞辱，也不愿意走出来。这主要像是一种自负和另一种自负之间的斗争，她惊恐地处于两者中间。结果取决于许多因素。其中的大多数原因都在她自身，但也有许多因素在她的整个生活环境中——并且，可以确定的是，朋友或者精神分析师的帮助可能是相当重要的。

假设她确实设法摆脱了卷入的关系，她行动的价值将取决于这些问题：她是否只是或早或晚、不择手段地从一段依赖关系中摆脱出来，而进入另一段依赖关系中？或者她是否变得极其警惕她的情感，以至于倾向抑制住所有的情感？那时候她可能看上去"正常"，但是实际上留下了终生的心理创伤。或者她发生了较为根本的变化，变成了一个真正更加强大的人？所有这些可能性都有可能发生。自然地，精神分析提供给她最好的机会成长，从而克服这些使她陷入痛苦和危险的神经症难题。但是，假如她能够在挣扎中充分调动建设性的力量，并通过真正的痛苦而成熟起来，完全真实地对待自我以及努力使自己自立，她就能更进一步地实现内在的自由。

病态的依赖是我们不得不应对的最复杂的现象之一。一旦我们否认人类心理的复杂性，并坚持用简单的公式解释一切，我们就不可能希望去了解它。我们不可能把整体的情况解释为各种性受虐狂的分支。如果性受虐狂竟然存在，它会是许多其他因素的**结果**，而并不是它们的根源。它也不是软弱和无望的人颠倒的施虐倾向。当我们聚焦在寄生或共生的方面，或者神经症失去自我的驱力方面，我们就无法掌握病态依赖的本质。虽然自我毁灭性具有强加给自己痛苦的冲动，但它自身不足以作为解释的原则。最后，我们也不能把整个状况看作仅仅是自负和自我憎恨的外化形式。当我们把一个或另一个因素看作整体现象**唯一**的深层根源时，我们就免不了得到了片面的图像，这幅图像无法包含所有的特殊性。另外，所有这些解释给出的都是过于静止的画面。病态的依赖并不是一个静止的状态，而是一个过程，其中所有这些因素或者大部分因素都在起作用——这些因素涌现出来，在重要性上被削弱，一个因素决定或强化另一个因素，又或者与之冲突。

最后，尽管所有这些提到的因素都和总体情况相关，但是它们都太过于消极，以至于无法解释情感中充满激情的特征。这是一种激情，不论它突然爆发，还是慢慢燃烧。但是如果对一些重要的满足没有了期待，那就不存在激情。这些期待是否在神经症的前提下产生也并无区别。这个因素不能被孤立地看待，只有在完整的自谦结构的框架中才可能被了解。它是完全臣服的驱力，并通过与伴侣的融合来找到统一性的渴望。

第十一章　放弃型的解决方案：
自由的吸引力

　　针对内在冲突的第三种主要的解决方案，本质上是神经症患者从内在的战场撤离，并宣称自己对其不感兴趣。如果他能够鼓起勇气并保持一种"不在乎"的态度，他会更少地被内在冲突打扰，并能够保持一副内心平静的样子。因为他只能通过放弃积极的生活来做到这一点，所以"放弃"似乎是这种解决方案合适的名称。它在某种程度上是所有解决方案中最彻底的，或许由于这个原因，在大多数情况下它能够产生使自己顺利运行的条件。而且，由于我们对什么是健康的认识普遍是迟钝的，放弃类型的人通常被当作"正常人"。

　　"放弃"可能具有建设性的意义。我们能够想到许多年长的人，他们认识到雄心抱负和成功本质上的徒劳；他们通过减少期待和要求而变得成熟；他们通过放弃不必要的事物而变得更智慧。在许多宗教或哲学的形式中，放弃不必要的事物是被提倡作为获得更大心灵成长和满足的前提条件：为了更接近神，放弃表达个人意志、性欲、对世俗商品的欲望。为了生命的永恒，放弃对短暂事物的渴望。为了获得人类的潜在心灵力量，放弃个人的奋斗和满足。

　　然而，针对我们在这里所讨论的神经症的解决方案，"放弃"意味着满足于一种仅仅是没有冲突的平静。在宗教的实践中，追求平静不包括放弃抗争和奋斗，反而是将其引向更高的目标。对神经症而言，它意味着放弃抗争和奋斗，并且满足于贫乏的状态。因此，他的"放弃"是一种畏缩、限制、抑制生活和成长的过程。

　　就像我们之后会看到的，健康的"放弃"和神经症的"放弃"之间的区别并不像我刚刚呈现的那样清晰分明。即使是后者，也有积极的价值。但是我们注意到的是这个过程所产生的某些消极特性。如果我们回想一下另外两种主要的解决方案，这一点就更清楚了。在他们身上我们看到了更混乱的画面——急切寻求某物、追逐某物、热情地投入某种追求——不论这是关于掌控还是爱。在他们身上，我们看见希望、愤怒和绝望。即便是傲慢—报复类型，虽然由于情感被遏制而显得冷漠，他仍然热切地想要——或者被驱使地想要——成功、权力和胜利。相反，放弃类型的情况是当他一贯地保持下去，他的生活就会一直处于低潮中——生活中没有痛苦或摩擦，但也没有热情。

于是，难怪区别神经症的"放弃"的**基本特征**是通过一种被限制的先兆，避免某事、**不渴望**或**不做**某事的先兆。每一位神经症患者都有一些"放弃"的倾向。我在这里要描述的是将"放弃"作为主要解决方案的那些人的典型情况。

神经症患者使自己摆脱内在战场的直接表现是成为**他和他生活的旁观者**。我曾经把这种态度描述为缓解内在紧张的一种一般措施。因为超然是他普遍存在并显著的态度，所以他也是其他人的观察者。他的生活就像坐在管弦乐队中，观察着舞台上演出的戏剧，而在那个位置看戏剧，大部分时间都不太令人兴奋。尽管他未必是好的观察者，但他可能是最精明的。即使在第一次咨询中，他可能在一些相关问题的帮助下，就产生出一幅丰富且坦率观察的自我画像。但他通常会补充，所有这些认识没有带来任何改变。它当然没有——因为他所有的发现都不是来自他的经验。作为自己的观察者只意味着：不积极参与生活，而且潜意识地拒绝这么做。在精神分析中，他试图保持同样的态度。他可能极大地感兴趣，可是这个兴趣只在令人着迷的娱乐层面停留一段时间——什么也没有改变。

然而，有一件事他甚至在思想上都回避，那就是看到任何的自身冲突的危险。如果他意料之外地发现自己误打误撞进入冲突之中，他可能会遭受严重的恐慌。但是大多数时候，他是过于防范的，从而任何事物都无法接触他。一旦他靠近冲突，他对于整个主题的兴趣就会逐渐消失。或者他可能和自己争论，证明这个冲突不是冲突。当精神分析师觉察到他的"回避"策略，并且告诉他时，"听我说，这是处于危险中的**你的**生活，"患者会不太明白分析师在说什么。对他来说，这不是他的生活，而是他观察到的生活，在其中他不具备主动的作用。

第二个特征与"不参与"密切相关，是**缺乏任何追求成就的行为，并对努力抱有反感**。我把这两种态度放在一起，因为它们的结合对放弃型的人是典型的。许多神经症患者会把他们的心放在实现某件事情上，并且会对阻止他们实现这件事的限制感到恼火。放弃型的人并不会这样。他潜意识中拒绝成就和努力。他最大限度地缩小或者断然否认他的优点，并满足于贫乏的状态。指出相反的证据并不能使他让步。他可能变得相当生气。精神分析师是想推动他拥有某种野心吗？想把他变成美国总统吗？如果最后他不得已意识到了自己某些天赋的存在，他可能会感到害怕。

另外，他可能在他的想象力中谱出优美的音乐，能够画画和写作，这是一种消除抱负和努力的替代方式。他可能实际上对于某一个主题有很好的、独创的见解，但是写一篇文章要求主动性以及把想法贯穿和组织起来的艰巨工作。所以这篇文章一直没有写。他可能有写一部小说或戏剧的模糊渴望，但是在等待灵感出现。那时故事情节就会清楚，一切都会从他的笔下流出。

此外，他最善于找到**不做事情**的理由。不得不付出艰辛劳动所写出的一本书将会有多好！难道枯燥乏味的书还不够多吗？专注于一种追求难道不会减少其他的兴趣，从而使他的眼界变窄吗？进入政界或者任何竞争领域难道不会毁掉人的品格吗？

这种对努力的反感可能延伸**至**所有的活动。然后它会导致完全的惰性，这一点我们将在之后讨论。那时，他可能做简单的事情会拖延，比如写信、读书、购物。或者他可能抵抗着内心的阻力，缓慢地、无精打采地、毫无效率地做着这些事。只要是预想一些不可避免的大项活动，比如搬家或者处理工作中累积的许多任务，都可能令他在开始行动之前就感到疲劳。

随之而来的是在大大小小的问题上缺乏**目标方向和计划性**。他的一生究竟想要做些什么？这个问题他从未想过，而且很容易被放在一边，就好像和他无关一样。在这方面，他与傲慢—报复类型的人存在显著的不同，后者对自己拥有长期的精心规划。

在精神分析中，他的目标是有限的，也是消极的。他认为的精神分析应该消除令他不安的症状，比如对陌生人的尴尬、对脸红或在街边昏厥的恐惧。又或许精神分析应该消除他这一方面或另一方面的惰性，比如他的阅读困难。他也可能有更宽阔的目标视野，用典型的模糊术语来说，他可能称为"安宁"。然而，这对他来说意味着没有任何麻烦、烦恼或不安。自然地，他希望的任何事都应该很容易发生，不用经历痛苦或压力。分析师应该做这项工作。毕竟，他不是专家吗？做精神分析应该像去牙医那里拔牙，或者去医生那里打针：他愿意耐心地等待分析师给出解决所有问题的线索。但如果患者不用说那么多，那就更好了。分析师应该有某种X射线，它会显示患者的想法。或许催眠会让事情更快地发生——也就是，患者不用付出任何努力。当一个新的难题出现时，他的第一反应可能是想到要做更多的工作而感到恼怒。如之前所指出的，他可能不介意观察自己身上发生的事情。他一直介意的是为了改变所需要付出的努力。

再深入一步我们便找到了"放弃"的本质：**对愿望的限制**。我们已经看到了其他类型的神经症，他们对愿望的制约。但另一方面，他们被限制的是某些类别的愿望，比如对人际亲密的限制或者对胜利的限制。我们对愿望的不确

定性也是熟悉的，这主要由于一个人的愿望取决于他"应该"愿望什么。所有
这些倾向在这里都发挥着作用。在这里，通常一方面也比另一方面受到更多的
影响。在这里，自发的愿望也被内在指令弄得模糊不清。但是除了这些，放弃
类型的人意识上或者潜意识中相信**最好**不要去愿望或期待任何事情。有时候，
这会伴随着对生活的一种有意识的悲观看法，感觉不管怎样都是徒劳的，没有
什么事是足够值得付出努力的。大多数时候，以一种模糊的、闲散的方式看待
事物，许多事情似乎是可取的，但是它们无法激发具体的、活跃的愿望。如果
一个愿望或者兴趣具有足够的热情穿透"不在乎"的态度，它也会很快淡去，
而"没有什么事是重要的"或者"没有什么事应该是重要的"这一平静的表象
又被重新建立起来。这种"无愿望的状态"可能既包括职业上，也包括个人生
活上——对不同的工作或者晋升的渴望；对婚姻、房子、汽车或其他财产的渴
望。实现这些愿望可能主要会被看作是一种负担，而且事实上会破坏他确实存
在的一个愿望——不被打扰。不再抱有愿望和前面提到的三个基本特征是密切
相关的。只有当他没有任何强烈的愿望时，他才能够成为他生活的旁观者。如
果他没有愿望的推动力量，他很难有抱负或明确的目标。最后，没有任何愿望
强烈到足以保证他付出努力。因此，两个显著的神经症的要求是：生活应该是
容易的、没有痛苦的和不需要努力的；他不应该被打扰。

　　他尤其渴望不对任何事物依赖到真的需要它的程度。对他来说，没有任何
事应该重要到离不开的程度。喜欢某个女人，喜欢乡村的某个地方或者某种饮
品，这都是没问题的，但是人不应该变得依赖它们。一旦他开始意识到一个地
方、一个人或者一群人对他如此重要，以至于失去会令他痛苦，他往往就会收
回他的情感。任何人都不应该感到自己对他是必需的，或者认为他们的关系是
理所当然的。如果他怀疑这两者中任何一种态度的存在，他往往就会撤离。

　　"不参与"的原则——表现为成为生活的观察者以及不抱有愿望——也
在他的人际关系中起作用。他们的特点是**超然**，换句话说，和别人保持情感距
离。他能够享受有距离的或者暂时的关系，但是他不应该在情感上被卷入进
去。他不应该变得如此依恋一个人，以至于需要对方的陪伴、帮助或者性关
系。和其他类型的神经症相比，这种超然态度是更容易维持的，因为他没有从
其他人身上期待很多（如果他有任何期待的话），不论好的还是坏的。即使在
紧急情况下，他可能也不会寻求帮助。另一方面，假如他没有被卷入情感，他
可能相当乐于帮助别人。他并不想要，甚至也不期待被感谢。[1]

---

　　[1] 关于"超然本质"的更多细节，参见卡伦·霍妮的《我们内心的冲突》，第五章"回避人"。

性的作用存在很大的不同。有时候性对他来说是和别人之间的唯一桥梁。那时，他可能有很多短暂的性关系，但或早或晚他会撤离。这些关系似乎不应该"退化"为爱情。他可能完全意识到他不要和任何人有情感卷入的需要。或者他可能用好奇心已得到满足为理由终止一段关系。那时，他会指出对一种新体验的好奇心驱使他追求这个或那个女人，而现在他已经拥有这种新体验，对方无法再激起他的兴趣。在这些例子中，他可能对女人的反应和对新的风景或新的社交圈子的反应是完全一样的。现在他了解了她们，她们不再引发他的好奇心，于是他转向了其他的东西。这只是他对超然态度的合理化。他要比其他人更有意识地、更一贯地坚持成为生活旁观者的态度，有时这一点可能带来他有生活热情的假象。

另一方面，在一些例子中他把和性有关的所有事情都排除在他的生活之外——扼杀这方面的一切愿望。那时，他可能甚至没有性幻想，或者如果他有，一些未遂的幻想可能就是他全部性生活的组成。他与别人实际的接触将停留在保持距离、友好关心的程度。

当他确实有持久的关系时，他必然也在关系中保持他的距离。在这方面，他和自谦类型的人是极端相反的，自谦型的人需要和伴侣融为一体。他们保持距离的方式存在很大差异。他可能排斥性行为，因为这对于长期关系过于亲密，反而他需要陌生人来满足他的性需求。反过来，他可能或多或少把关系仅限于性接触，而不与伴侣分享其他经历。[1]在婚姻中，他可能关心伴侣，但是他从不亲密地谈论他自己。他可能严格地坚持自己要有大量的时间，或者独自旅行。他可能把关系限制在偶尔共度周末或偶尔共同旅行上面。

我想在这里补充一段论述，我们会在之后明白这一点的重要性。害怕与他人有情感卷入和缺乏积极的情感是不一样的。相反，如果他对于温柔的情感存在普遍的制约，他就不必如此警惕。他可能自身拥有深厚的情感，但是它们应该保存在他的内心密室中。这些是他的私事，与其他任何人无关。在这方面他不同于傲慢—报复类型的人，后者虽然也是超脱的，但是在潜意识中他训练自己不具有积极的情感。另外，他在这方面也不同：他不想以任何方式卷入和别人的摩擦或愤怒中，然而傲慢—报复类型的人容易愤怒，而且在战斗中会找到自己天生的特质。

放弃类型的另一个特征是对于影响、压力、强制或者任何形式的束缚高度

---

[1] 弗洛伊德曾经观察过这种特定的现象，他认为这是只发生在男人的爱情生活中的一种奇怪特征，并试图基于一种对母亲的分裂态度来解释这一现象。

敏感。这也是他超然态度的一个相关因素。甚至在他进入私人关系或团体活动之前，对持续被束缚的恐惧就可能被唤起。关于如何能让自己脱身的问题可能在最开始就会出现。在结婚之前，这种害怕可能发展成恐慌。

准确地说，他认为自己被强制而由此感到愤怒的事情是各不相同的。它可能是任何的合约，比如签订租约或者任何长期契约。它可能是任何的物理压力，甚至来自领子、腰带和鞋子。它可能是一个被阻碍的视角。他可能对别人期待他或可能期待他做的任何事情感到愤怒——像圣诞礼物、写信或者在**特定的**时间支付账单。它可能延伸至制度、交通规则、公约和政府的干预行为。他不会为所有这一切去抗争，因为他不是一个好斗的人。但是他会在内心反抗，而且可能意识上或者潜意识中用他自己被动的方式，通过不回应或者遗忘来使他人受挫。

他对强制的敏感性与他的惰性和他拒绝抱有愿望有关。因为他不想做任何事，他可能把让他做任何事情的期待都视为强制，即使这件事显然符合他自身的利益。这一点与拒绝抱有愿望的关系更为复杂。他害怕并且有理由害怕具备强烈愿望的人可能容易凭借更大的决心强迫他并把他推向某件事。但是，也存在外化的方式在起作用。他如果没有体验到自己的愿望或偏好，当他实际上遵从了自己的偏好，他也很容易感觉他屈服于别人的愿望。举一个日常生活中简单的例子：一个人被邀请去一个派对，这个派对举办的那晚他已经约了一个女孩。然而，这并不是那时他体验到的情况。他去见了这个女孩，感觉他"顺从"了对方的愿望，并对于被施加的"强制"感到怨恨。一个非常有智慧的患者这样描述整个过程的特征："大自然厌恶真空。当你自己的愿望沉默时，其他人的愿望就会闯进来。"我们可以补充：要么是其他人存在的愿望，要么是他们声称的愿望，要么是他外化到他们身上的愿望。

在精神分析中，对强制的敏感性会构成真正的困难——如果患者不仅消极，而且还持抗拒态度，那么就会更困难。他可能怀有持久的怀疑：分析师想要影响他以预先设定的模式塑造他。患者的惰性越是阻止他检验分析师给予的任何建议（因为他被重复要求这么去做），这种怀疑就越难以被打破。基于分析师对他施加了过多的影响，他可能会反驳那些隐性或显性地击中了他神经症状况的问题、陈述或解释。导致这方面的进展更困难的是，由于他不喜欢摩擦，他会很长一段时间不表达他的怀疑。他可能只是觉得这一点或那一点是分析师个人的偏见或嗜好。因此他不需要感到烦恼，可以把它抛在一边忽略不计。比如，分析师可能建议患者的人际关系值得被检视。他会立刻警惕起来，同时暗自认为分析师想让他变得合群。

最后，**对改变的反感**、对任何新事物的反感会伴随着"放弃"。这一点在强度和形式上也各有差异。惰性越显著，他会越害怕任何改变带来的危险和要付出的努力。相比较改变，他宁愿忍受**现状**——不论是工作、住所、雇员或者婚姻伴侣。他也不认为他能够改善自己的情况。比如，他可以重新安置他的家具；安排更多的空闲时间；在妻子遇到困难时提供更多的帮助。这样的建议会遭到礼貌的漠视。除了惰性之外，还有两个因素参与进这种态度中。因为他对任何情况都不会期待太多，所以不管怎样他对于改变的动力是很小的。而且他倾向于认为事情是一成不变的。人就是这样：这是他们的构成。生活就是这样：这是命运。虽然他并不抱怨他的处境——这对于大多数人是难以忍受的，他忍耐事物的能力通常看起来像自谦型人的受难。但是这种相似仅存在于表面：它们来自不同的根源。

到目前为止，我所提到的反感改变的例子都是有关外部的事情。然而，这并不是我把反感改变列为"放弃"的基本特征的原因。在一些例子中，他们对改变环境中的某些事情会表现出明显的犹豫，但在其他放弃型的人身上相反的印象会占上风——烦躁不安。但是在所有例子中，他们都存在对**内在**改变明显的反感。这在某种程度上作用于所有的神经症，但是通常这种反感是针对处理和改变一些特殊的因素——大多数情况这些因素都与特定的主要解决方案有关。对放弃类型的人也同样如此，但是由于根植在他的解决方案本质中是静态的自我概念，因而他对于改变这个想法本身就感到反感。这种解决方案的实质就是撤离积极的生活；撤离积极的愿望、奋斗、计划；撤离努力和行动。他接受别人是不可改变的，这也反映了他对自我的看法，不论他可能在高谈阔论进化的概念——甚至理性上表现出对它的欣赏。在他的头脑中，精神分析应该是一次性的揭露，效果一旦被接收到，就会把一切事情妥善处理好。从一开始他就无法意识到精神分析是一个过程，在这个过程中我们从全新的角度处理问题，看见新的联系，发现新的意义，直到我们找到问题的根源，某些东西才能够从内部发生改变。

患者对于"放弃"的整体态度可能是有意识的，如果是这样的话，他会把它当作最智慧的部分。在我的经验中，更经常的是患者没有意识到它，但是了解这里所提到的某些方面——如我们不久会看到的，虽然他可能认为它们是其他的东西，因为他在用不同的见解看待它们。最常见的是他只意识到自己的超然态度和对强制的敏感性。但是，正如这些总会涉及到神经症的需要，我们便能够通过观察**什么时候**放弃型的人对挫折做出反应，**什么时候**他变得倦怠、疲劳、愤怒、恐慌或怨恨来认识放弃型人的需要的本质。

对于精神分析师来说，具备这些基本特征的知识会极大地帮助到快速评估患者的整体情况。当其中一个或另一个特征引起我们的注意时，我们必须寻找其他的特征，而且我们很有把握会找到它们。如我认真地指出过，它们不是一系列没有关联的特殊状态，而是紧密交织的结构。至少在基本的构成中，它是一幅和谐统一的画面，看起来就像被涂上同一种色调。

现在我们将试图了解这幅画面的动力机制、它的意义和历史。目前为止我们已经指出的是，"放弃"是通过撤离内在冲突的方式来作为其主要的解决方案。乍一看，我们得到的印象是放弃类型的人主要会放弃他的雄心。这方面是他经常强调的，而且往往被视为他整体发展的线索。但是他的历史似乎极少在证明这种印象，就他的雄心来说，他可能很明显地做出过改变。在青春期左右，他经常做一些凸显他非凡精力和天赋的事。他可能足智多谋、克服经济困难并且为自己创造一席之地。他可能在学校雄心勃勃，考班级第一，在辩论或某些进步的政治运动中胜出。至少通常会有一段时期，他是相当活跃的并且对许多事情感兴趣；他对传统进行反抗；他在这个阶段成长并想要在未来有所作为。

接下来，通常有一段痛苦的时期：焦虑、抑郁、关于某次失败的绝望或由于叛逆的个性而被卷入到某个不幸生活状况中的绝望。从那之后，他的生活曲线似乎变得平缓。人们说他"适应"并安定下来了。他们评价他曾经年轻气盛，向着太阳飞翔，而如今又回到了现实的地球上。他们说这是"正常"的过程。但是另一些更有头脑的人会为他担忧。因为他似乎同时失去了对生活的热情、对许多事情的兴趣，并且好像相比他的天赋或机遇能够担保他获得的生活水平，他太过降低了要求，并且满足于此。他发生了什么事？当然，一个人的翅膀可以通过一系列的灾难或剥夺而被折断。但是在我们头脑中的这些例子，情况并不足以糟糕到要为这个结果负全责。因此，某些精神的痛苦一定是决定性的因素。然而，这个回答也并不令人满意，因为我们能够想到其他人，他们同样经历内心混乱，但不同的是他们从其中走了出来。事实上，这种变化不是存在冲突的结果，也不是冲突太过强烈的结果，而是来自他与自己和平相处的方式。发生的事情是，他品尝到内在冲突的滋味并通过用撤离的方式解决了它们。他为什么试图用这种方式解决问题，他为什么能够用这种方式，这只和他过往的历史有关。我们之后会讨论这些。我们首先需要对撤离的本质有一个更清晰的认识。

让我们先看一看扩张型和自谦型驱力之间的主要内在冲突。在之前的三章中，我们讨论了这两种类型——两种驱力中的一种处于显著的位置，另一种受到抑制。但是如果放弃类型占上风，我们所得到的关于这种冲突的典型描述会是不同的。扩张或自谦倾向似乎都没有被抑制。假如我们熟悉它们的表现和含义，观察到它们并在一定程度上意识到它们并不困难。事实上，如果我们坚持将所有神经症按照扩张类型或自谦类型分类，我们将无法决定把放弃类型放置在哪一个类别中。我们只能表示通常这两种倾向非此即彼地占据上风，要么从更靠近意识层面来说，要么从更强烈的程度来说。整个群体中的个体差异在一定程度上取决于这种普遍性。然而，有时候似乎两种倾向处于均衡水平。

在放弃型的人身上，扩张倾向可能表现在他浮夸的幻想中，关于他能够成就伟大事业的幻想或关于他的普遍品质的幻想。此外，他常常有意识地感觉比其他人优越，并且可能在他的行为中通过夸张的尊严表现出这一点。在他对自我的感觉中，他可能倾向于认为自己是他那自负的自我。然而，相比较扩张型的人，令放弃型的人感到骄傲的品质都是服务于"放弃"的。他为他的超然态度、"禁欲主义"、自给自足、独立、厌恶强制和不屑于竞争而感到骄傲。他也可能相当清楚自己的要求，并能够有效地坚持它们。然而，这些要求的内容不同于扩张型倾向的要求，因为它们源自于保护他内心象牙塔的需要。他认为有权利要求其他人不侵犯他的隐私；有权利要求其他人不期待他做任何事，也不打扰他；有权利不用赚钱谋生，不用承担责任。最后，一些基本倾向是放弃型的人，他们的次要发展过程中可能表现出扩张的倾向，比如重视声望或者公然反抗。

但是这些扩张型倾向不再构成活力，因为从**放弃对任何宏伟目标的积极追求和放弃朝向它们积极奋斗**的意义上来说，他已经放弃了他的雄心。他下决心不需要它们，甚至不会去尝试实现它们。即使他能够做一些有成效的工作，他可能带着极大的不屑在做这件事，或者无视他周围的世界对这份工作是多么的需要或重视。这是反叛群体的特征。他也不想为了复仇或者报复性的胜利而做出任何积极或挑衅的事情；他已经放弃了对实际掌控的驱动力。的确，这在某种程度上和他的超然态度是一致的，这种念头——成为一个领导者、影响他人或操控他人——是他相当厌恶的。

另一方面，如果自谦倾向更为突出，放弃类型的人往往会低估自己。他们可能是胆小的，并且认为他们并不太重要。他们也可能表现出某些态度，如果我们不具备全面的自谦型解决方案的知识，我们几乎无法识别这些态度属于自谦倾向。他们经常对其他人的需要非常敏感，并且实际上可能花费生活中大量的时间去帮助别人或服务于一项事业。他们通常对于过分的要求和攻击是毫无防备的，并且宁愿责备自己也不指责别人。他们可能过于迫切地拒绝伤害其他人的情感。他们也倾向于顺从。然而，顺从的倾向并不像自谦类型的人那样取决于对情感的需要，而是来自避免摩擦的需要。并且，他们存在恐惧的暗流，这表明了他们害怕自谦倾向的潜在力量。比如，他们可能表达出一种惊慌的信念：如果不是因为他们的冷漠，别人会从他们身上碾过。

与我们所看到的扩张倾向是类似的，自谦倾向也更多表现在态度上，而非表现在积极、有力量的驱力上。对爱的吸引力给予自谦倾向热情的特征，但因为放弃类型的人决心不需要也不期待其他人做任何事，并决心不与其他人有情感上的卷入，所以爱对他们没有吸引力。

现在，我们理解了从扩张驱力和自谦驱力之间的内在冲突中撤离出来的意义。当两种驱力中的积极元素被消除，它们就不再是对立的力量，因此它们也不再构成冲突。对比这三种主要的尝试，放弃型的人希望通过尝试**消除**冲突的力量而达到整合，在放弃型的解决方案中他尝试把两种驱力都**固定住**。他能够这样做，是因为他已经放弃了对荣誉的积极追求。他仍旧必然是他的理想化自我，这意味着自负系统连带着那些"应该"在持续运行，但是他已经放弃了实现理想化自我的积极驱力。换句话说，在（"放弃的"）行动中实现他理想化的自我。

一种类似"固定住"的倾向也对他的真实自我起作用。他仍然想要做自己，但是由于被限制的主动性、努力、活跃的愿望和奋斗，他的自我实现的自然驱力也被限制了。对于他的理想化自我和真实自我，他都强调**存在**，而不是实现或成长。但是他仍然想要做自己的这一事实，使他在情感生活中保留了一些自发性，在这一方面他可能相比其他类型的神经症少一些自我疏离。他可能对宗教、艺术或自然——和人无关的事物——有强烈的个人情感。虽然他不允许自己和其他人有情感的卷入，但是通常他能够在情感上体验其他人以及他们的特殊需要。当我们把他和自谦类型的人对比时，这种被保留的能力会清晰地显现出来。自谦类型的人同样不会扼杀积极的情感，而相反，他们会培养它们。但这些情感会变得戏剧化和虚假，因为它们全部都投入到对爱的服务中，即对爱的臣服。他想要在他的情感中迷失自己，并最终在与他人的融合中找到统一。放弃型的人想要把他的情感严格地保留在内心深处。对于融为一体的想法令他感到厌恶。他想要"做自己"，虽然他对于"做自己"意味着什么只具备模糊的概念，由于事实上他并没有意识到这一点，因而他对此感到困惑。

正是这种"固定住"的过程给予了"放弃"消极或静止的特征。但是在这里我们必须提出一个重要的问题。这种具备消极特点的静止状态的印象会持续地被新进的观察所强化。然而，这对于整个现象的确是公平的吗？毕竟，没有人能够只靠消极活下去。我们在理解"放弃"的含义时难道没有遗漏掉什么？放弃类型的人不是也力图获得一些积极的东西吗？不惜一切代价获得平静？当然会，但那仍然是消极的性质。在其他的两种解决方案中，除了整合的需要之外还存在一种动力——对于给生活带来意义的积极事物的强大吸引力：在一种情况中是对掌控的吸引力，在另一种情况中是对爱的吸引力。难道在放弃类型的解决方案中没有可能存在对某个更为积极的目标同等的吸引力吗？

　　当在精神分析工作中出现这些问题时，通常注意倾听患者本人对此说的话会带来帮助。常常会存在一些事情，他告诉了我们，但我们没有足够认真地对待。让我们在这里做相同的事，并更加近距离地检视这种类型是如何看待自己的。我们已经看到，他会像其他人一样合理化并掩饰他的需要，从而它们看起来都是较好的态度。但在这一方面，我们必须做个区分。有时候他显然从需要中获得了美德，比如把缺乏奋斗呈现为超越了竞争，或者把惰性解释为对极度辛苦工作的不屑。随着精神分析的进程，这些美化的部分通常不再被过多谈论而逐渐褪去。但还有另外一些不容易被忽略的主题，因为很显然它们对患者有真正的意义。这些是关于他所谈论的独立和**自由**。事实上，我们从放弃的角度所看待的他大部分的基本特征，当从自由的角度来看待时也同样讲得通。任何较为强烈的依恋都将削弱他的自由。需要也会削弱他的自由。他会依赖这些需要，这些需要也会容易让他依赖其他人。如果他全身心地投入到一种追求中，他会失去做许多其他的他可能感兴趣的事情的自由。特别是他对强制的敏感呈现出新的见解。他想要自由，因此他无法承受压力。

　　因此，当在精神分析中这个问题冒出来有待讨论时，患者会对它进行有力的辩护。难道人类不是天生想要自由吗？难道不是任何人在压力状态下做事都无精打采吗？难道他的姨妈或朋友不是因为总在做别人期待她们做的事才变得无趣或没有生命力吗？分析师是想要驯化他，强迫他进入一种模式，以便使他变成像一排毫无差异的安置房中的其中一栋吗？他憎恨千篇一律。他从来不去动物园，因为他完全无法忍受看见动物在笼子里。他想在高兴的时候做高兴的事。

　　让我们看看他的其中一些论点，其他的论点留到以后讨论。我们从这些论点中得知自由对他意味着做他喜欢的事。分析师在这里观察到一个明显的漏洞。因为患者尽力冻结住他的愿望，他完全不知道他想要什么。因此他通常什么都不做，或者没有做过什么有成就的事。然而，这并没有困扰他，因为他似乎把自由主要看作不被其他东西干扰——不论是人还是制度。不论是什么使得这种态度如此重要，他都打算将自由捍卫到底。即使他对自由的想法又一次看起来是消极的——自由**来自哪里**，而不是自由**为了什么**——但自由的确对他是有吸引力的，这种程度的吸引力在其他两种解决方案中是不存在的。自谦类型的人相当害怕自由，因为他对于依恋和依赖的需要。扩张类型的人渴望着这种或那种的掌控，往往对自由的想法表示不屑。

我们要如何解释这种对自由的吸引力呢？它产生的内在需要是什么？它的意义是什么？为了达到一定程度的理解，我们必须回到那些日后采用"放弃"来解决问题的人的早期历史。他们小时候通常受到限制的影响，由于限制过于强大或者过于无形，他们不能公然反抗。家庭氛围可能非常紧张，情感捆绑的非常紧密以至于他没有任何的个人空间并感到有被压垮的危险。另一方面，他可能接收到爱，但是在某种程度上这更让他感到反感而非温暖。比如，可能存在这样的父母，他们太过自我中心以至于无法理解孩子的任何需要，可是却格外要求孩子理解自己或给予自己情感上的支持。或者，他可能有情绪波动不定的父母，一度热情洋溢地向他表露情感，一度在孩子不明白任何原因的愤怒中责骂或殴打他。总之，曾经存在一个对他提出显性和隐性要求的环境，要求他以这样或那样的方式适应，并且让他感到如果不充分考虑他的个体性，他有被吞没的危险，更不用说去鼓励他的个人成长了。

所以，有过或长或短的时间，一面是徒劳地想要得到爱和关心，另一面是怨恨周围对他的束缚，孩子在两者之间被撕扯。他通过远离他人解决了这种早期的冲突。通过在他和他人之间建立情感距离使得冲突无法运作。他不再想要得到别人的爱，也不想和别人斗争。因此他不再被矛盾的情感撕扯，并设法以相当平稳的状态和他们相处。另外，通过撤回到自己的世界中，他把自己的个体性从完全被约束、被吞没中解救出来。**于是，他早期的超然态度不仅服务于他自身的整合，而且有一个最重要的积极意义：保持他内在生活的完整。**摆脱束缚之后的自由给予他内在独立的可能性。但是除了约束自己对他人产生积极或消极的情感之外，他必然要做更多的事情。比如，他也必须收回需要由他人来实现的所有愿望和需要：他对于被理解、对于分享经历、对于得到爱、同情和保护的正常需要。然而，这具有深远的意义。这意味着他必须把他的快乐、痛苦、悲伤和恐惧藏在心里。比如，他常常为克服自己的恐惧——如害怕黑暗、害怕狗等——做出痛苦而绝望的努力，并且不让任何人知道。他自动化地训练自己不仅不表现出痛苦，而且不去感受它。他不想要同情或帮助，不仅因为他有理由怀疑它们的真实性，而且因为即使它们被暂时给予了，它们会变成遭受束缚威胁的警报。除了掩盖住这些需要，他认为不让任何人知道任何对他重要的事是更为安全的，以免他的愿望受挫或被用作使他依赖他人的手段。所以，对于全部愿望的整体撤回——"放弃"过程的显著特点，就这样开始了。他仍然知道他想要一件衣服、一只小猫或某个玩具，但是他不会这么说。然而逐渐地，就像他的恐惧一样，在这里他也会感到毫无愿望是更安全的。他实际中拥有越少的愿望，他在撤回愿望的时候就越安全，别人就越难控制他。

到目前为止，所产生的画面还不是"放弃"，但是它包含了可能发展成"放弃"的萌芽。即使这种状况保持不变，它也会给未来的成长带来危险。我们无法在不与其他人亲近以及产生摩擦的情况下凭空成长。况且，这种状况几乎不可能保持静止。除非有利的环境改善它，否则这个过程会以它自身的势头在恶性循环中发展，就像我们在其他神经症的发展中看到的。我们已经提到其中一个恶性循环。为了保持超然，个体需要抑制愿望、抑制努力奋斗。然而，收回愿望在效果上具有两面性。它确实使他更独立于他人，但是这样也会削弱他。它削弱了他的生命力并损害了他的目标感。他只有很少的东西来反抗别人的愿望和期待。他必须加倍警惕任何影响或干扰。用哈里·斯塔克·沙利文的一句恰当的表述，他必须"精心制造他的距离机器"。

早期发展的主要促进因素来自内在的过程。驱使他人追求荣誉的需要也在这里运作。如果他能够始终如一地采取早期的超然态度，它会消除掉他与其他人的冲突。但是这种解决方案的可靠性取决于对愿望的收回，而在早期这个过程中它是波动的，它还没有发展成熟到一个坚定的态度。他仍然想从生活中得到比内心平静更多的东西。比如，当充分被诱惑，他可能卷入进一段紧密的关系中。因此他的冲突很容易被调动起来，并且他需要更多的整合。但是，早期的发展留给他的不仅是分裂的状态，而且还使他与自我疏离，缺乏自信，感觉对实际的生活欠缺准备。他只有在安全的情感距离中才能处理好和他人的关系，当被置于更紧密的关系中，他除了会由于避免斗争而被妨碍，而且他会受到抑制。因此，他也被驱使在自我理想化中找到所有这些需要的答案。他可能试图在实际生活中实现雄心抱负，但是由于自身的许多原因，他往往在面对困难时放弃了追求。他的理想化形象主要是美化之后的这些发展而成的需要。它是这些的组合：自给自足、独立、自持的宁静、摆脱欲望与激情、坚忍克己、公平。对他来说"公平"不是报复性的美化（如进攻型的"正义"），而是不做任何承诺和不侵害任何人权利的理想化表现。

和理想化形象相一致的"应该"带给他新的危险。虽然原先他不得不保护内在自我不受到外部世界的影响，现在他必须保护内在自我不受到更可怕的内在专制的影响。这个结果取决于目前为止他所保护的内在活力的程度。如果内在活力是强的，并且似乎不管遇到什么困难他都潜意识地决定要保护它，他就仍然能够保持部分活力，虽然这只能以我们在一开始讨论过的加强限制为代价——只能以放弃积极的生活、限制自我实现的驱力为代价。

没有临床证据指出这里的内在指令比其他类型神经症的更为强烈。区别在于正是因为他对自由的需要，他会更容易被内在指令激怒。在某种程度上他试图通过外化内在指令来处理它们。由于他对攻击性的禁忌，他只能用被动的方式这样行为——这意味着别人的期待或他所认为的别人的期待，具备不容置疑地去遵从的特征。另外，他确信如果他没有遵从别人的期待，人们就会冷漠地对抗他。本质上这意味着他不仅外化了他的"应该"，而且也外化了他的自我憎恨。如果没有实现他的那些"应该"，别人就会像他对抗自己那样严厉地对抗他。因为这种对敌意的预测是外化的表现，它不能够通过相反的经验来纠正。比如，一位患者可能长期地体验到分析师的耐心和理解，然而在强迫之下，患者可能感觉一旦公开地反对他，分析师就会即刻终止他的咨询。

因此，他对外界压力的原有的敏感性被极大地强化了。我们现在理解为什么即使外部环境可能只是施加给他极小的压力，他却持续体验着来自外部的强制。另外，虽然他的"应该"经过外化之后会缓解内在的紧张，但是这带给他的生活一个新的冲突。他应该遵从别人的期待；他应该不伤害别人的情感；他必须安抚他们可预期的敌意——但是他也应该保持他的独立性。这种冲突反映在他回应别人的矛盾方式中。在许多的变化形式中，这是一种奇怪的顺从和反抗的混合状态。比如，他可能有礼貌地服从了一个要求，但是会把它忘记，或者会拖延这件事。遗忘可能达到令人不安的程度，以至于他只能通过记事本的帮助——记录下他的约会或要做的工作，他才能够在生活中保持正常的秩序。或者他可能做出遵从其他人愿望的样子，但是在精神上破坏它们，而自己丝毫没有觉察到他在这样做。比如，在精神分析中他可能遵从明显的规则，例如准时或说出自己的想法，但是极少吸收所讨论的内容，以至于造成分析工作是无效的。

这些冲突不可避免地导致了他与别人交往的压力。他可能有时候在意识中能感受到这种压力。但是，不论他是否意识到这一点，这的确强化了他撤离他人的倾向。

他用于反抗别人期待的被动抵抗对于那些没有被外化的"应该"也起作用。仅是感觉他**应该**做某件事，通常就足够令他无精打采。这种潜意识的"静坐罢工"如果限制在他根本不喜欢的活动上，比如参加社交聚会、写某些信件或支付账单，它就没有这么重要。但是他越加彻底地消除个人的愿望，他做的任何事情——好的、坏的或者无关紧要的——就越可能被认为是他**应该**做的事：刷牙、读报、散步、工作、吃饭或和女人发生性关系。然后，所有的事情都会遇到无声的抵抗，这导致一种普遍的惰性。因此，活动被限制在最小的范围，或者更经常的是，它们都在压力下执行。所以，他是毫无成效的，很容易累或患有慢性疲劳。

在精神分析中，当这个内在过程变得清晰，有两个倾向于使这个过程持续下去的因素会出现。只要患者没有求助于他的自发性能量，他可能完全意识到这种生活方式是浪费的、令人不满的，但是他看不到改变的可能性。因为——如他感觉到的——如果不是由于强迫自己，他完全不想做任何事。另一个因素存在在他的惰性所承担的重要功能中。在他的头脑中，精神麻痹可能变成无法改变的痛苦，他用精神麻痹来避免自我指责和自我蔑视。

因此，保持什么都不做的附加值也受到另一个原因的强化。正如他解决冲突的方式是固定住它们，所以他也试图让"应该"不起作用。他通过试图避免那些会开始侵扰到他的处境来做到这一点。然后，这也是他避免和他人接触、避免认真追求任何事情的另一个原因。他听从了潜意识的座右铭：只要他什么都不做，他就不会违背任何的"应该"和禁忌。有时候，他会借由任何追求都会侵犯别人权利的想法来使他的逃避合理化。

内心的过程以许多方式不断强化原有的超然的解决方案，并逐渐发展出"放弃"情形中的那些纠葛。如果不是为了自由感召下的积极因素，这种情况是难以治疗的，因为改变的动机很小。那些在自由的感召下积极因素占上风的患者，他们通常比其他人更直接地了解内在指令的有害特征。如果在有利的条件下，他们可能很快认识到内在指令实际上是枷锁，并且可能毫不含糊地反对它们。当然，这种有意识的态度本身并不能消除内在指令，但是这对于逐步克服它们有很大的帮助。

现在，从保持真诚的角度回顾"放弃"的整体结构，某些观察会落入一致并具备意义。首先，真正超然的人的真诚总会令警惕的观察者感到印象深刻。我一直有意识到这一点，但是我早前没有意识到这是结构中固有而核心的部分。超然的、放弃类型的人可能因为对于影响和紧密联系的戒心，他们会不切实际、有惰性、无效率、难以应对，但是他们或多或少地拥有一种本质的真诚、一种在内心深处的想法和情感中存在的天真，它们不会被权力、成功、奉承、"爱情"的诱惑所贿赂或腐蚀。

此外，我们在保持内在真诚的需要中认识到另一个基本特征的决定因素。我们首先看到了回避和限制被用于对整合的服务中。之后我们看到了它们也取决于对自由的需要，可是我们还不知道它的意义是什么。现在我们理解了，为了保持内在生活的完好和无瑕，他们需要脱离牵连、影响和压力以及雄心和竞争的束缚。

我们可能感到困惑，患者并没有谈论这个关键问题。事实上，他以许多间接的方式表明他想要保持"自我"；他害怕由于精神分析，他"失去个体性"；精神分析会使他像任何其他人一样；分析师可能不经意地按照分析师自己的模式来塑造他，等等。但是分析师通常没有充分领会这些话语的含义。这些话的背景暗示着患者要么想要保持他实际的神经症自我，要么想要保持他理想化的浮夸的自我。患者的意思的确是维护他的**现状**。但是他坚持做自己也表现出对于保持真实自我的完整性的迫切关心，虽然他还不能定义真实的自我是什么。只有通过分析工作，他才能学到一个古老的真理：为了找到自我（他的真实自我），他必须失去自我（他的被美化的、神经症的自我）。

从这个基本过程产生了三种很不同的生活形式。第一种是**持续的"放弃"**，"放弃"和"放弃"带来的后果都得到一致的贯彻。第二种由于对自由的吸引力，被动抵抗被转化为更主动的反抗，属于**反抗的组群**。第三种是衰退的过程起主导作用，并导致**肤浅的生活**。

第一个组群中的个体差异与扩张或自谦倾向的主导程度以及退出活动的程度有关。尽管他们与别人有充分的情感距离，有些人还是能够为他们的家人、朋友或通过工作建立联系的人做些事情。或许因为没有私心，他们通常给予的帮助都是有成效的。不同于扩张和自谦类型，他们不期待很多回报。与自谦类型相比，如果别人误解他们愿意提供帮助是由于私人情感，并且除了给予帮助之外想要获得更多，这反而会激怒他们。

尽管活动受到限制，这些人中有许多是能够做好日常工作的。尽管这通常被认为是压力，因为这些工作是在抵抗着内在惰性的不利条件下完成的。一旦工作堆积、需要主动性或涉及要为支持或反对的某件事而斗争的时候，惰性就会变得更为明显。做常规工作的动力通常是混合的。除了经济上的必要性和传统的"应该"之外，尽管他们自己处于"放弃"中，他们通常也有自己对他人是有用之人的需要。除此之外，当他们被置于面对自身资源时，会产生无用感，日常工作也是他们逃避这种无用感的手段。他们常常不知道如何利用他们的闲暇时间。与别人接触是过于紧张的压力，从而无法带来乐趣。他们喜欢单独行事，但他们是没有产出的。即使读一本书也可能遇到内在的抵抗。所以他们做梦、思考、听音乐或享受大自然，如果这些是不用付出努力就能实现的事。他们大多数时候没有意识到对无用的潜在恐惧，但是可能会自动地给自己安排工作，在某种程度上几乎没有什么空闲时间。

　　最后，惰性和对常规工作所伴随的反感可能占据上风。如果他们没有经济手段，他们可能做临时工，或沉沦于寄生的生活。又或者，如果有适度的手段，他们宁愿最大限度限制自己的需要，为了随心所欲做他们喜欢的事。然而，他们做的事情常常有业余爱好的特点。或者他们可能或多或少屈服于整体的惰性。这种后果以巧妙的方式呈现在伊凡·冈察洛夫的作品《奥勃洛莫夫》中，令人难忘的奥勃洛莫夫甚至对必须穿鞋子都感到怨恨。他的朋友邀请他去其他国家旅行，并为他非常详尽地准备好一切。奥勃洛莫夫在他的想象中看到巴黎、瑞士山脉上的自己。我们被置于悬念中：他到底去了还是没去？他当然打了退堂鼓。似乎对他来说，预期中充满动荡的走动和不断出现的新景象实在多到承受不了。

　　即使没有到达这样的极端，普遍的惰性也承担着其中衰退的危险，就像在奥勃洛莫夫和他的仆人后来的命运中所展现的。（这将是转向第三种肤浅生活的人的过渡。）这也是危险的，因为普遍的惰性可能从抵抗行动延伸至抵抗思想和情感。于是，思想和情感都可能变成纯粹反应性的。由于一段对话或者分析师的评论可能开启一连串的想法，但是因为没有能量把它调动起来，它随即慢慢消失了。由于一次拜访或者一封书信可能激发出一些积极或消极的情感，但是它同样很快就消失了。一封书信可能激起回复的冲动，但是如果没有立刻采取行动，它或许就被忘记了。思想的惰性能够在精神分析中被很好地观察到，这通常是分析工作中巨大的障碍。简单的思维运作变得困难起来。在一个小时内不论讨论了什么，都可能在之后被忘记——不是因为任何具体的"阻抗"，而是因为患者让讨论的内容像一个异物一样存在在大脑中。有时他在精神分析中、在阅读中或在讨论一些困难的事情中感到无助和困惑，因为连接大脑中的数据的压力太大。一位患者在梦中表达了这种漫无目的的困惑，他发现自己在全世界不同的地方。他并没有打算去其中的任何一处，他不知道他是如何去到那里，也不知道他将如何走下去。

　　惰性所覆盖的范围越广，它越可能影响到患者的情感。他将需要更强的刺激来做出反应。公园里的一片美丽的树木不再能唤起他的任何情感，他需要一个缤纷的落日。这种情感的惰性会导致悲剧性的因素。正如我们看到的，放弃类型的人为了保持真实情感的完好无损，他极大地限制了他的扩张性。但是如果走向极端，这个过程会阻断他原本打算保存的活力。因此，当他的情感生活瘫痪时，他所遭受的情感麻木的痛苦要比其他患者更多，并且这可能是唯一一件他的确想改变的事。随着精神分析的进程，他可能有时会经验到一旦他在整体上更为积极，他的情感也会更为活跃。即便如此，他不愿意意识到他的情感麻木只不过是他普遍惰性的一种表现，因此只有当普遍惰性减弱时它才能够改变。

如果维持着某些活动并且生活条件是相当适宜的，这种持续的放弃可能会保持不变。这是放弃类型的许多属性结合在一起所共同导致的：他对奋斗和期待的抑制、他对改变和内在斗争的反感、他对事情的忍耐能力。不管怎样，与所有这些对抗会影响到的一个令人不安的因素是——自由对他的吸引力。实际上放弃类型的人是一个被制服的反抗者。目前为止在我们的研究中，我们看到这种品质表现在应对内部和外部压力的被动抵抗中。但是它在任何时候都可能转变为**积极的反抗**。是否在实际中发生这种转变，取决于扩张和自谦倾向的相对强度，以及一个人设法保留的内在活力的程度。他的扩张倾向越强烈且越有活力，他就越容易对生活的限制感到不满。对外部环境的不满也许会占上风，这主要是"为了**反对**的反抗"。或者，如果他对自己的不满占上风，这主要是"为了**支持**的反抗"。

家庭、工作的环境状况可能变得如此令人不满，以至于这个人最终不再忍耐它并以这种或那种形式公开地反抗。他可能离开他的家或工作，并且变得好斗地攻击每一个和他有联系的人，攻击习俗和制度。他的态度是"我不在乎你们对我的期待或者看法。"这可能以或多或少彬彬有礼或冒犯的形式表达。从社会观点来看，这是引起巨大关注的发展。如果这种反抗主要指向外部，这本身就不是建设性的一步，并且可能驱使个体更加远离自我，虽然这释放了他的能量。

然而，这种反抗可能更多是向内的过程，而且主要指向内在专制。那么，在一定范围内它可以起到释放的作用。在后一种情况中，它更多是逐渐地发展而不是激烈地反抗，更多是演进而不是一场革命。那时，个体在他自身的约束下遭受到越来越多的痛苦。他意识到他是怎样被束缚；他有多么不喜欢他的生活方式；他做的多少事只不过是为了符合规则；因为周围人的生活标准或者道德标准，他实际上有多么不喜欢他们。他变得越来越热衷于"做自己"，正如我们之前所说的，这是一种奇怪的包含抗议、自负和真实元素的混合物。他的能量得到释放，并且能够以任何他具备天赋的方式变得富有成效。毛姆在他的《月亮与六便士》中，在画家斯特里克兰身上描写了这一过程。法国画家保罗·高更是斯特里克兰的人物原型。看起来高更和其他许多画家都经历过这样的演进。很自然，创造的价值取决于现有的天赋和技能。不用说，这不是唯一变得富有成效的方式。这是**一种**之前被扼杀的创造才能可以自由表达的方式。

尽管如此，在这些例子中的释放是有限的。那些获得释放的人们仍然具备许多"放弃"的标记。他们仍然必须小心保护他们的超然。他们对于世界的整体态度仍然是防御或好斗的。他们仍然对自己的个人生活极大的不关心,除了在与他们生产力有关的事情上;因此这些事可能具有狂热的特征。所有这些都指向了他们并没有解决自己的冲突,而是找到了一个可行的妥协方案。

这个过程也可能发生在精神分析中。因为毕竟它带来了切实的释放,一些分析师认为这是最令人满意的结果。[1]然而,我们决不能忘记这只是部分的解决方案。通过对整体的"放弃"结构进行工作,不仅创造性能量可能得到释放,而且整个人也可能找到与自己、与他人更好的关系。

从理论上来说,积极反抗的结果表明了对自由的吸引力在"放弃"结构中的关键意义,以及它与维护自主的内在生活的关系。相反,我们现在将看到当一个人变得越发疏离自我(根据他疏离自我的程度),自由对他会越发没有意义。从内在冲突中撤离出来,从积极的生活中撤离出来,从对自身成长的积极兴趣中撤离出来,个体也会遭受离开深层情感的危险。无用感——已经是持续的"放弃"具备的问题,那时它还会产生对空虚的恐惧,从而引发持续的注意力转移。限制奋斗和目标导向的行动会导致人失去方向,继而产生一个随波逐流的结果。坚持认为"生活是容易的,没有痛苦和摩擦"的这个想法可能变成一个腐蚀性的因素,尤其当他屈从于金钱、成功和声望的诱惑时。持续的"放弃"意味着一个受限制的生活,但是它不是无望的,人们仍然具备生活的意义。但是当他们忽视自己生活的深度和自主性时,"放弃"的消极属性还存在,然而积极价值却逐渐消失了。只有那时生活才变得无望。他们移动到生活的边缘。这就是最后一个组群——**肤浅生活**——的特征。

于是,个体以一种离心的方式远离自己,会失去他情感的深度和强度。他对人们的态度变得毫无区别。任何人都可以成为"非常好的朋友","如此好的人"或"如此美丽的姑娘"。但是当他们不在眼前时,心里便也不再记挂。他可能由于对方非常轻微的挑衅就对他们失去兴趣了,他甚至不会去检视究竟发生了什么问题。超然的态度衰退为毫无关联的态度。

同样,他的乐趣会变肤浅。性关系、进食、饮酒、说别人闲话、看戏或政治斗争构成了他生活中大部分的内容。他丧失了实质的意义。兴趣都流于表面。他不再形成自己的判断或信念,相反,他接管了当前的普遍看法。他通常会被"大家的"思考威慑住。尽管如此,他对自己、对他人、对任何价值都丧

---

[1] 参见丹尼尔·施耐德的"神经症模式的运动:它对创造力和性能力的扭曲",向纽约医学会宣读的论文,1943年。

失了信心。他变得愤世嫉俗。

我们可以区分三种形式的肤浅生活，它们之间的不同之处仅仅是在某些方面强调的重点不同。第一种形式，强调**乐趣**，强调玩得愉快。这可能表面上看起来像是对待生活的热情，与"放弃"的基本特征——什么也不想要——相反。但是，这里的动力不是追求乐趣，而是需要通过分散注意力的消遣来压制痛苦的无用感。下面这首题为《棕榈泉》的诗，是我在《哈泼斯杂志》[1]上发现的，它描述出这种有闲人士寻找乐趣的特征：

哦，给我一个家

百万富翁漫游的地方

亲爱的迷人姑娘在那里玩耍

那里却从未曾听到

任何一个智慧的词藻

我们只是整天聚拢钞票

然而，这种情况决不局限于有闲人士，而是覆盖到了只有微薄收入的社会阶层。毕竟，这只是一个金钱的问题：是否在昂贵的夜总会、鸡尾酒会、戏剧宴会上找"乐趣"，还是在家中聚在一起喝酒、打牌、聊天来找"乐趣"。它也可能更加局限在集邮、成为美食家或看电影上，如果它们不是生活中唯一真实的内容，所有这些都没有问题。它不必然是社会化的活动，但它可能包括阅读悬疑小说、听广播、看电视或做白日梦。如果乐趣是社会化的活动，有两件事是要被严格避免的：任何持续的独处和进行严肃的谈话。后者被认为是相当不礼貌的行为。这种愤世嫉俗的态度被"容忍"或"心胸宽广"轻微地遮掩起来。

肤浅生活的第二种形式是强调**声望或机会主义的成功**。对奋斗和努力的制约——"放弃"的典型特征——在这里并没有减弱。动机是混合的。其中，一部分是希望通过拥有金钱使生活变得更容易，一部分是对人为地提升自尊的需要，自尊在肤浅生活的整个组群中降至为零。然而，由于失去了内在的自主性，这只能通过提升自己在其他人眼中的评价来实现。一个人写书是因为它可能成为一本畅销书；一个人为了钱而结婚；一个人加入政党因为这可能给他带来好处。在社交生活中，他很少强调乐趣，更多强调归属于某个圈子或去过某些地方所带来的声望。唯一的道德准则是要聪明、要"侥幸通过"、要不被抓到。乔治·艾略特在他的作品《罗莫拉》中为我们出色地描绘了提托这个机会

---

[1] 摘自克利夫兰·艾默里的文章《棕榈泉：风、沙和星星》。

主义的人物形象。我们在他身上看到对冲突的逃避、坚持要过容易的生活、不做任何承诺和逐渐的道德衰退。道德衰退不是偶然，而是随着道德素养的日益下跌，必然会发生的情况。

肤浅生活的第三种形式是**"适应性良好"的机器**。在这里，真实思想和情感的丧失会导致整体上人格的平庸，马昆德在他的许多人物角色中巧妙地描绘了这种情况。这种人会适应别人，并且接管过来别人的规范和传统。他所感、所思、所为、所信都是别人期待的，或者是在他的环境中被认为是正确的。这里的情感麻木并不是更强，而是相比较其他两种生活形式更为明显。

艾里希·弗洛姆曾经恰当地描述过这种过度适应的能力，并且看到了它的社会意义。如果我们把其他两种形式的肤浅生活也包含进来，正如我们也必须这样去做，这种意义就更大了，因为这种生活方式出现的频率很高。弗洛姆准确地认识到这种情况不同于普通的神经症。在这里，人们不像神经症患者通常那样明显地被驱使，也没有明显地被冲突困扰。他们通常也没有像焦虑和抑郁的特定"症状"。简单说，他们给人的印象是没有遭受神经症困扰的痛苦，但是他们缺少一些东西。弗洛姆的结论是与其说他们是神经症，不如说是有些缺陷。他认为缺陷不是天生的，而是早年被权威压垮的结果。他说的缺陷和我说的肤浅生活好像只是用词的不同。但是正如在通常情况下，不同的用词都是由于对现象意义的理解存在显著的差异。实际上，弗洛姆的论点提出了两个有趣的问题：肤浅的生活与神经症无关吗，还是如我在这里所呈现的，它是神经症过程的一个结果？另外一个问题：沉溺于肤浅生活的人们实际上缺乏深度、道德素养和自主性吗？

这些问题是相互关联的。让我们看看精神分析的观察将如何发表对它们的看法。因为属于这一类的人可能去做精神分析，所以观察是可行的。如果肤浅生活的过程得到充分发展，当然就不存在治疗的动机。但是当尚未发展到后期，他们可能想要治疗，因为他们要么被心身障碍所困扰，要么被重复的失败、工作中的抑制和越来越严重的无用感所困扰。他们可能意识到自己在走下坡路并为此感到忧虑。在精神分析中，我们的最初印象已经从普遍好奇心的角度阐述过。他们停留在表面；似乎缺乏心理上的好奇心；随时准备巧舌如簧地解释；只对有关金钱或声望的外部事情感兴趣。所以这些让我们想到在他们的历史中，事情并不像最初看到的那样简单。正如之前所描述的，在"放弃"的整体发展过程中，他们会在青春期之前、之中或之后的一段时期积极奋斗并经历过一些情感痛苦。这不仅表明这个状况出现的时间比弗洛姆假设的要晚，而且指出了它是某个时间出现的某一明显神经症的结果。

随着精神分析的进程，在他们清醒的生活与梦境之间会出现令人困惑的差异。他们的梦清楚无误地显示出情感的深度与动荡。通常，这些梦只是揭示出被深埋的悲伤、自我憎恨、对他人的憎恨、自怜、绝望和焦虑。换句话说，在平静表面下**存在**一个冲突与激情的世界。我们尝试唤起他们在梦中所表现出的兴趣，但他们往往将其抛掷一边。他们似乎生活在两个完全没有联系的世界中。我们越来越意识到这里并没有一个既定的肤浅存在，而是他们迫切地需要远离自己的深度。他们匆匆一瞥便紧紧闭上双眼，就好像什么事情都没有发生。过一会儿，情感可能突然从被抛弃的深处浮现到清醒的生活中：一些记忆可能使他们哭泣，一些怀旧或宗教的情感可能出现，而后消失。后期的分析工作证实了这些观察结果，它与缺陷的说法是相矛盾的，并且它指向了他们逃离内在个人生活的决心。

把肤浅的生活看作是神经症过程的一个不幸结果，这带给我们在预防和治疗上较为乐观的前景。由于当前肤浅生活的频繁发生，把它视为神经症的困扰并阻止它的发展，这是极其可取的。预防肤浅生活和预防一般神经症的措施是一致的。在这方面，已经做了大量的工作，但还有更多的工作是有必要的，并且显然能够被做到，尤其是在学校中。

对于放弃型患者的任何治疗工作，第一个要求是认识到这种情况是神经症的困扰，而不要弃之不顾——认为它是体制上或文化上的特殊情况。归结为后面两种说法，这暗含着它是不可改变的，或者它不属于精神科医生处理问题的范围。到目前为止，它不如其他的神经症问题被人们广泛知晓。它引起的关注较少，很可能是由于这两个原因。一方面，在这个过程中出现了许多困扰，虽然它们可能限制人们的生活，但是相当不明显，因此并非紧急需要治疗。另一方面，人们尚未把由此可能产生的严重困扰与这个基本过程联系起来。在这其中，精神科医生唯一完全熟悉的因素就是超然的态度。但是"放弃"是一个涉及了更多东西的过程，在治疗中会呈现出具体的问题和具体的困难。只有充分了解它的动力机制和含义，才能成功地解决这些问题和困难。

第十二章　人际关系中的神经症困扰

　　虽然这本书一直把重点放在内心的过程上，但是我们无法在表述中将内心的过程与人际关系的过程分开。我们不能这么做，因为事实上这两者之间持续存在着相互作用。甚至在一开始，当介绍对荣誉的追求时，我们就看到了一些因素，像优越于他人或战胜他人的需要，这些都直接关乎着人际关系。神经症的要求虽然是从内在需要发展出来的，但它们主要指向他人。我们无法在脱离神经症自负的脆弱性对人际关系的影响的情况下谈论神经症的自负。我们已经看到每一个单独的内在因素都能够被外化，并看到了这个过程是如何从根本上改变我们对他人的态度。最后，我们在针对内在冲突的每一种主要的解决方案中，讨论了更具体的人际关系形式。在这一章节中，我想要从具体回到一般，对于自负系统如何从原则上影响我们的人际关系做一个简要、系统的概述。

　　首先，自负系统通过使神经症患者变得**自我中心**，从而使他离开其他人。为了避免误解，我所说的"自我中心"并不是指自私或利己——仅考虑自己个人的利益。神经症患者可能是无情自私的或者太过无私的——这方面并没有什么是所有神经症的特征。但是他属于总是一心扑在自己身上，这种意义上的自我中心。在表面上这种需要并不明显——他可能看起来是一个孤僻的人，或者为了别人及通过别人而活。然而，不管怎样他靠着个人的宗教（他的理想化形象）活着，遵从着自己的法则（他的"应该"），生活在用自负围成的铁丝网栅栏的范围之内，有自己的警卫保护他不受到内部和外部的威胁。结果，他不仅在情感上变得更加孤立，而且他更难把其他人看作具备着自身权利、不同于他的个体。他们都从属于他首要关注的：他自己。

　　到目前为止，他人的画像是模糊的但还没有扭曲。但是在自负系统中有其他因素在起作用，这甚至更彻底地阻止他看到其他人实际的样子，并对他们的画像产生积极的**扭曲**。我们不能够随口说——"我们对他人的概念当然模糊，就像我们对自己的概念模糊一样"——来消除这个问题。虽然大致上这是真的，但它仍然具有误导性，因为它暗示了在对他人扭曲的看法与对自己扭曲的看法之间是简单的并行关系。如果我们检视自负系统中造成这种扭曲看法的因素，我们能够获得更为正确、更为全面的对扭曲的认识。

在某种程度上，实际的扭曲会出现是因为神经症患者是**根据自负系统产生的需要来看待他人的**。这些需要可能直接指向他人或者间接影响他对他人的态度。他对被钦佩的需要把其他人变成钦佩他的观众。他对魔法般帮助的需要使其他人具有了神秘的魔法能力。他对正确的需要令其他人具有过失和容易犯错。他对胜利的需要把其他人变成追随者和诡计多端的对手。他对伤害他人而免于受惩罚的需要使其他人成为"神经症的"。他贬低自己的需要把其他人变成了巨人。

最后，**他根据自己的外化方式来看待其他人**。他没有体验理想化的自我，取而代之，他会理想化他人。他没有体验自己的专制，但其他人会变成暴君。最相关的外化方式是那些自我憎恨的外化。如果这种外化在普遍上是一个积极的趋势，他会倾向于看待别人是卑鄙的、应该受到指责的。如果任何事情出了问题，那都是别人的错。他们应该是完美的。但实际中，他们是不可信任的。他们应该被改变、被革新。因为他们是贫困的、会犯错的凡人，所以他必须像神一样为他们负责。假如被动的外化占上风，那么他人就会审判他，准备着挑他的错误并谴责他。他们使他失望，他们虐待他，他们威胁和恐吓他。他们不喜欢他，他们不需要他。他必须安抚他们并且实现他们的期待。

造成神经症患者对他人的扭曲看法的所有因素中，外化可能在效果上排名第一。并且，它们是最难在他身上识别的。因为，根据他自己的经验，其他人**就是**凭借他外化后看到的样子，并且他仅仅是按照他们存在的方式做出反应。他没有认识到的事实是，引起他做出反应的那些地方是他强加到他们身上的。

因为外化方式通常和他对别人的反应混合在一起，而他对别人的反应是基于他的需要或这些需要遭到挫败的程度，所以外化方式更难以被识别。比如，如果说所有对他人的易怒情绪根本上都是我们对自己愤怒的外化表现，这将是站不住脚的概括。只有对特定情况进行仔细的分析，才能使我们辨别出是否以及何等程度，一个人是真的对自己生气或者事实上是对他人生气，比如说，因为他的要求遭遇挫败。最后，当然他的易怒情绪可能来自这两个根源。当我们分析自己或他人时，我们必须始终要**中立地**关注这两种可能性，换句话说，我们不能完全倾向于一种或另一种解释。只有这样，我们才能逐渐看到它们影响我们与他人关系的方式和程度。

但是，即便我们意识到我们把一些不属于我们关系中的东西带进我们的关系中，这样的意识无法使外化的方式停止运行。我们只能"把它们收回到"自己的一方并且体验它们在自己身上的特殊过程，在这种程度上降低它们的影响。

我们可以大致地区分出三种通过外化来扭曲他人形象的方式。扭曲可能来自赋予他人其没有的特征，或者几乎不具备的特征。神经症患者可能看待别人是完全理想的人，被赋予了像神一样的完美和力量。他可能看待别人是可鄙和有罪的人。他可能把他人看成巨人或侏儒。

　　外化也可能使一个人对他人存在的优点或缺点视而不见。他可能将自己（不承认的）对剥削和说谎的禁忌转移到别人身上，因此他无法看到别人身上对剥削和欺骗哪怕是公然的意图。或者，由于他扼杀了自己的积极情感，他可能无法承认别人存在的友善或忠诚。然后，他会倾向于认为他们是伪君子，并且警惕不被这样的"花招"欺骗。

　　最后，他的外化可能使他敏锐地辨识出别人实际存在的某些倾向。因而，一位患者在他自己的头脑中独占了所有基督徒的美德，并对自身明显的掠夺倾向视而不见，他会很快发现别人的虚伪态度——尤其是伪装的善良和爱。另一位患者具有相当多不忠和背叛的秘密倾向，他对别人身上的这种倾向保持警惕。这种情况似乎与我所宣称的外化带来扭曲作用的言论相矛盾。或许更正确的说法是外化能够做这两件事——使人特别得盲目，或者使人特别得敏锐？我不相信如此。他可能获得的对于识别某些品质的洞察力，会被这些品质对其自身的个人意义所破坏掉。这使得它们如此强烈地凸显出来，以至于那个拥有它们的个体几乎失去了作为个体的存在，而变成了被外化的某个特定倾向或者某些特定倾向的符号。因此，他对于整体人格的洞察是极其片面的，它毫无疑问是扭曲的。因为患者可能一直认为自己的观察是正确的，并用这个"事实"来回避，所以自然最后的几种外化方式是最难被识别的。

　　所有这些被提到的因素——神经症的需要、他对别人的反应和他的外化方式——使别人难以和他相处，至少难以建立任何紧密的关系。神经症患者自身无法看到这一点。因为在他的眼中，他的需要或由此产生的要求，如果是有意识的，它们就都是合理的；因为他对别人的反应同样是正当的；因为他的外化仅仅是对别人身上既定态度的反应，所以通常他并无法意识到这种困难——他的确认为他是容易相处的。然而很容易理解，这是一种错觉。

　　家庭中的其他成员通常要努力地与家庭中最明显患有神经症的成员和平相处，只要他们自身的困难允许他们这样做。在这里神经症患者的外化再一次成为这种努力的最大障碍。正是因为外化本身的性质——与他人的实际行为几乎没有关系，所以家庭成员们感到无力对抗它们。比如，他们可能通过不反驳他或不批评他，通过如他所希望的照顾他的衣食起居等等来试图忍受一个好斗的、坚持正确性的人。但正是他们的努力可能会引起他的自我指责，并且他可能为了逃避自身的负罪感开始憎恨其他人，如《送冰人来了》中的希克斯先生。

由于所有这些扭曲，神经症患者所感到的对他人的**不安全感**被极大地强化了。虽然在他的头脑中，他可能确信他可以敏锐地观察其他人，确信他了解他们，确信他对别人的评价总是正确的，但是所有这些充其量只是部分正确。**若一个人实际中意识到他就是他自己，别人就是别人，他不会因为各种强迫性的需要动摇对别人的评价，观察力和批判力无法替代他内心对别人的确定感。**即便神经症患者对他人存在普遍的不确定感，他也可能能够对他们的行为做出相当正确的描述，如果他受过观察他人的思维训练，他甚至能给出一些神经症机制的描述。但是，如果他遭受到所有这些扭曲所引发的不安全感的管制，他在实际与其他人的交往中，存在的不安全感就必然会显露出来。那时，他凭借观察、总结和基于它们的评价而得出的描述，看起来是不具备持久性的。存在太多起作用的主观因素，它们可能很快改变他的态度。他可能轻易地转而反对他曾经高度重视的人，或者失去对他的兴趣，而其他某个人可能突然间在他的评价中地位上升。

在这种内在不确定感的许多种表现方式中，有两种表现似乎会相当规律地出现，并独立于特定的神经症结构。个体并不知道他对别人的立场以及别人对他的立场。他可能称一个人为"朋友"，但是这个词失去了它深层的含义。他对这个"朋友"说的话、做的事或疏忽之处而产生的任何争论、谣言和误解都可能引发他暂时的怀疑，不仅如此，还会动摇他们关系的基础。

第二种对他人相当普遍的不确定感是关于信心或信任的不确定。它不仅表现在对别人的过于信任或过于不信任，而且表现在他心里不知道别人的哪些方面值得信任以及哪些地方是其局限。如果这种不确定感越来越强烈，即便他可能和某个人多年来一直密切联系，他无法判断这个人可能会做，或者完全没有能力去做出正直的事或卑贱的事。

在他对别人基本的不确定感中，他通常会有意识或潜意识地倾向于期待最坏的结果，因为自负系统也在**加剧他对他人的恐惧**。他的不确定感与他的恐惧紧密交织在一起，因为即便其他人在实际中的确对他造成极大的威胁，如果他没有对他人的形象进行扭曲，无论如何他的恐惧不至于轻易地飙升。一般来说，我们对别人的恐惧取决于别人伤害我们的力量和我们自身的无助感。而这两个因素都被自负系统巨大地强化了。不论他多么威严自信可能都只是表面而已，自负系统在本质上会削弱人的力量。这主要由于他与自我的疏离，以及它产生的自我蔑视和内在冲突，这些使他分裂地对抗自己。造成这个结果的原因在于他的脆弱性在增强。他在许多问题上变得脆弱。很小的事情就会伤害他的自负或者引发他的负罪感或自我蔑视。由于他的要求本身的性质，它们必然会遭到挫败。他的心理平衡很不稳定，很容易受到干扰。最后，由他的外化方式和许多其他因素引起的他的外化表现和他针对他人的敌意，使其他人比实际中更可怕。所有这些恐惧解释了他对他人的主要态度是防卫的，不论它是以更具攻击性或更退让的形式表现。

在对迄今为止提到的所有因素进行考察时，我们会注意到它们与基本焦虑的构成是相似的。重述一下基本焦虑，它是对一个潜在充满敌意的世界所感到的孤立和无助。基本上，这的确是自负系统对人际关系的影响：**自负系统强化了基本焦虑**。我们在成年神经症患者身上识别的基本焦虑不是其原先的形态，而是被数年来的内心过程所积累的东西改变后的样子。它已经变成了对待他人的综合态度，这取决于更多复杂的因素，而不仅是最初涉及的因素。同样，由于基本焦虑，孩子不得不找到和他人相处的方法，所以成年神经症患者也必须找到这样的方法。他在我们所描述的主要的解决方案中找到了它们。虽然这些解决方案和早期的亲近、反抗或远离他人的方法有相似之处——在某种程度上延续了它们——但事实上，自谦型、扩张型和放弃型这些新的解决方案和旧有的方法在结构上是不同的。虽然这些解决方案也决定了人际关系的形式，但它们主要是针对内在冲突的方法。

完整地描述一下这个情况：自负系统强化了基本焦虑，与此同时自负系统所产生的需要把他人置于过度重要的位置。对于神经症患者而言，他人变得过度重要，或者在实际中必不可少是由于下述的方式：对于他妄称自己具备的虚假价值（钦佩、认可、爱），他需要别人给予直接的确认。他的神经症的负罪感和自我蔑视导致他为自我辩护的迫切需要。但正是产生这些需要的自我憎恨，使他几乎不可能用自己的眼睛看到他的无辜。他只能通过别人来做到。他必须向其他人证明他具备他认为重要的那些特殊价值。他必须向他们展示他是多么好、多么幸运、多么成功、多么有能力、多么智慧、多么强大以及他能为他们做的事。

此外，不论是为了积极追求荣誉或是为自己辩护，他需要并且确实从别人那里得到很多行动的动力。这在自谦类型中最为明显，他几乎不能自己做以及为自己做任何事。而一个倾向进攻类型的人如果不是为了给别人留下印象、和别人战斗或击败别人，他能有多积极且精力旺盛？即便是反抗类型，也仍然需要其他人作为反抗的对象，从而释放他的能量。

最后但同样重要的一点，神经症患者需要他人保护他不被自我憎恨伤害。事实上，他从别人那里得到的对理想化形象的确认和为自我辩护的可能性，也加强了他对自我憎恨的对抗。另外，以许多显而易见和不易觉察的方式，他需要别人缓解由于突然涌现的自我憎恨或自我蔑视而引发的焦虑。而且最相关的一点，如果不是因为别人，他不可能有效地利用他最强大的自我保护的方式：他的外化。

因此，自负体系带给他人际关系中基本的不一致：他感觉和其他人疏远，对他们极其不确定，害怕他们，对他们充满敌意，然而他又因为他们对他至关重要的方面而需要他们。

一般来说，所有干扰人际关系中的因素也会不可避免地在爱情关系中起作用，只要这段关系不是很短暂的存在。从我们的角度看，这个陈述是不言而喻的，但因为许多人都存在这样的错误认识——任何的爱情关系，只要伴侣之间有满意的性关系，这段关系就是好的，所以尽管如此，仍然需要说明。实际上，性关系可能有助于暂时地缓解紧张，或者如果本质上是基于神经症的基础，它甚至会延续一段关系，但是它不会让关系变得更健康。因此，讨论在婚姻或者等同于婚姻的关系中可能产生的神经症困难，不会给目前为止呈现的原则提供任何补充。但是**爱与性对神经症患者所承担的意义和功能**也会受到内心过程的特殊影响。我想通过呈现一些关于这种影响其本质的普遍观点来总结这一章。

爱对神经症患者的意义和重要性伴随他采取的解决方案类型呈现出了太大的不同，从而无法得出一般化的概括。但是有一个干扰因素会有规律地出现：他根深蒂固的不讨人喜欢的感觉。我在这里不是指他没有感觉被这个或那个特定的人爱，而是指他的信念，这可能意味着他潜意识地确信没有人爱他或不可能爱他。他可能相信别人因为他的长相、他的声音，他的帮助或他给予她们的性满足而爱他。但她们不是因为他自身而爱他，因为他完全是不讨人喜欢的。如果证据看起来与这种信念矛盾，他往往会以各种理由把证据抛到一边。或许那个特定的人感到孤独，或需要某人依靠，又或者有行善的倾向，等等。

但是，当他意识到了问题，他没有具体地处理它，而是以两种模糊的方式应对，并且没有注意到这两种方式是矛盾的。一方面，他倾向于坚持他的幻想，即使他并没有特别关心爱情，他仍然幻想某个时间、某个地点他会遇到那个爱上他的"对的人"。另一方面，他抱有对待自信同样的态度：他认为讨人喜欢的属性独立于现有的讨人喜欢的品质。因为他把讨人喜欢和个人的品质切段联系，他看不到在未来发展中改变它的任何可能性。因此，他往往抱有宿命的态度，认为他的不讨人喜欢是难以理解但不可改变的事实。

自谦类型的人最容易意识到他不相信自己是讨人喜欢的，如我们看到的，他是最努力培养自己具备讨人喜欢品质的类型，或至少是其表面的品质。但是即使他对爱情有浓厚的兴趣，他也不会自发地深入问题的根源：到底是什么使他给自己做出不讨人喜欢的定论？

这来自三个主要的根源。其中一个是神经症患者自身爱的能力的受损。借由我们在本章中讨论的所有因素：他太过沉溺于自我之中、他太脆弱、他太害怕他人，等等，他的爱的能力必然是受损的。虽然"感觉自己讨人喜欢"和"我们自己能够去爱"之间的关系通常能够被理智地认识，但是它只对极少数人具备深刻重要的意义。而事实上，如果我们爱的能力得到很好的发展；我们不会被我们是否讨人喜欢的问题困扰。那时，我们是否在实际中被人爱也并不是至关重要的了。

神经症患者感觉不讨人喜欢的第二个根源是他的自我憎恨和自我憎恨的外化。只要他不接纳自己——认为自己确实是值得憎恨或可鄙的——他不可能相信任何其他人会爱他。

这两个根源在神经症患者中既强大又普遍存在，它们解释了不讨人喜欢的感觉在治疗中并不容易消除的原因。我们可以在患者身上看到它的存在，并且检视它对其爱情生活造成的结果。但是不讨人喜欢的感觉只有当这些根源的作用在某种程度上变弱了，才可能被缓解。

第三个根源的贡献没有那么直接，但是由于其他原因它有必要被提到。它存在于神经症患者对爱的期待中，期待他被给予的爱超出爱能给予的程度（比如"完美的爱"），或期待他被给予的爱超出爱能给予的部分（比如，爱不能消除他的自我憎恨）。因为他得到的爱都无法满足他的期待，他往往认为他没有"真正"被爱。

对爱的特定期待的种类是不同的。一般来说，它是对许多神经症需要的满足，通常这些需要自身是矛盾的，或者就自谦类型来说，是对所有神经症需要的满足。把爱投入到服务于神经症需要的这个事实，使得爱不仅是可取的，而且是迫切需要的。因此，我们在爱情生活中发现的不一致性同样存在于一般的人际关系：需要的增加和满足需要的能力的降低。

把爱和性太过清晰地区分与把它们过于紧密地联系（如弗洛伊德），很可能都是不准确的。然而，由于神经症患者的性兴奋或性欲多半和爱的感觉分离，我想就**性行为**对神经症患者的作用做一些特殊的评论。性行为在神经症患者中保留着它自然的功能——身体上的满足和亲密人际接触的手段。另外，功能良好的性行为在许多方面增加了自信的感受。但是在神经症患者中，所有这些功能都被放大并被涂抹上不同的色彩。性活动不仅用来释放性紧张，而且用来释放各种非性因素造成的精神紧张。它们可能是将自我蔑视进行释放的媒介（在性受虐狂的行为中），或者是通过对他人的性侮辱或性折磨实现自我折磨的一种手段（在施虐狂的行为中）。它们成为缓解焦虑最常用的方式之一。个体本身并没有意识到这种联系。他们可能甚至没有意识到自己处于特定的紧张中，或拥有焦虑，而仅仅体验到所唤起的性兴奋或性欲。但是在精神分析中，我们能够准确地观察到这些联系。比如，患者可能更接近于体验到他的自我憎恨，并突然出现与某个女孩发生关系的计划或幻想。或者他可能在谈论身上被自己强烈鄙视的某些弱点，然后出现了折磨某个比他弱小的人的施虐幻想。

另外，通过性建立亲密人际接触的自然功能通常被放大了。对超然的人来说，性行为可能是通往他人的唯一桥梁，这是一个众所周知的事实，但这不仅表现在性行为成为人际亲密的明显的替代物。它也表现在他匆忙地急于与他人进入性关系，而都没有给他们机会去了解是否两个人有共同点，是否有培养共同爱好和互相理解的可能。当然，之后有可能会发生情感上的联系。但是多半情况它也没有发生，因为通常最初的冲动本身就是一种迹象，表明他们过于压抑而无法发展良好的人际关系。

最后，性行为与自信之间的正常关系变成了性行为与自负之间的关系。性功能的好坏、使自己具备吸引力或魅力、伴侣的选择、性经验的数量或多样性——一切都变成了与自负相关的事，而非与愿望和享受有关。在爱情关系中，个人的因素越弱而纯粹的性因素越强，潜意识中对讨人喜欢的关注就会越多地转移为意识上对吸引力的关注。[1]

性行为在神经症患者中承担的更多功能并不一定导致神经症患者相比健康人有更广泛的性活动。他们可能会这样做，但是他们也可能受到更大的抑制。无论如何，与健康人相比是困难的，因为即便在他们"正常"的范围内，对于性兴奋、性欲的强度和频率，或性的表达形式也有很大的不同。然而，存在一个显著的差异。在某种程度上，这与我们讨论过的想象力类似[2]——性行为用于服务神经症的需要。因为这个原因，它通常承担了**过度的**重要性，这是从性行为的重要性来自和性无关因素的意义上来说。此外，由于相同的原因，性功能可能很容易被干扰。存在恐惧，存在一大堆的限制，存在错综复杂的同性恋的问题[3]，存在性变态。最后，由于性活动（包括手淫和性幻想）以及其特定的形式取决于——或至少部分取决于——神经症的需要或禁忌，它们在本质上通常是强迫性的。所有这些因素都可能导致神经症患者拥有性关系不是因为他想要，而是因为他应该取悦他的伴侣；因为他必须有被渴望或被爱的迹象；因为他必须减轻一些焦虑；因为他必须证明自己的掌控和力量，等等。换句话说，性关系并不取决于他真实的愿望和情感，而是来自于满足某些强迫性需要的驱力。即使没有任何贬低伴侣的意图，对他来说伴侣也不再是一个人，而变成了性的"对象"（弗洛伊德）。[4]

---

[1] 参见第五章关于"自我蔑视"的讨论。

[2] 见第一章。

[3] 1973年，美国心理协会、美国精神医学会已将同性恋行为从疾病分类系统中去除；1990年，世界卫生组织将同性恋从精神疾病名单中去除。——译者注

[4] 参见英国哲学家约翰·麦克默里的《理智与情感》，费伯与费伯出版公司，伦敦，1935年。他从性道德的角度探讨了这个问题，认为情感的真挚是性关系价值的衡量标准。

神经症患者如何具体地处理这些问题，在很大范围内各不相同，我甚至无法在这里尝试把这些可能性加以概括。**对于爱和性存在的特殊困难毕竟只是他全部神经症困扰的表现之一**。其他的变化也是多方面的，因为在性质上它们不仅取决于个体的神经症性格结构，而且取决于他曾经在一起或现在在一起的特定伴侣。

这似乎看上去是多余的限定，因为我们通过精神分析的知识了解到，相比较过去的假设，目前更倾向于认为伴侣是潜意识的选择。这个说法的有效性的确可以一次又一次地被证明。但是，我们已经倾向于走到另一个极端，并假定每一个伴侣都是个体的选择。这样概括是不正确的。它需要两方面的限定。首先，我们必须提出问题，关于谁做的这个"选择"。确切地说，"选择"这个词意味着有挑选的能力和了解被选择的伴侣的能力。神经症患者的这两种能力都被剥夺了。只有当他对别人的想象没有被我们讨论的诸多因素扭曲时，他才有能力做选择。从严格意义上说，没有任何的选择匹配这个用词，或者至少是极少的选择能被称作"选择"。所谓"伴侣的选择"是指一个人被对方突出的神经症需要所吸引：他的自负、他的支配或剥削的需要、他的臣服的需要，等等。

但即使在这种限定的意义上，神经症患者也没有太多"选择"伴侣的机会。他可能会结婚，因为这是一件要做的事；他可能极其远离自我，也极其远离他人，以至于和一个碰巧了解多一些的人，或碰巧想要和他结婚的人就结婚了。由于他的自我蔑视，他对自己的评价很低，从而他完全不能接近那些——哪怕只是因为神经症的原因——吸引他的异性。事实上，他通常认识的有条件发展的人就很少，再加上这些心理上的限制，我们就能意识到偶然事件的概率还剩多少。

我没有在试图评价这些多方面的因素导致的无尽变化的性经验，我只是想指出在神经症患者对爱和性的态度中起作用的某些普遍倾向。**他可能倾向于把爱完全排除在他的生活之外**。他可能贬低或否认爱的意义，甚至否认爱的存在。那么，在他看来爱并不是可取的，反而是要回避的，或者作为自我欺骗的弱点是要被鄙视的。

这种排斥爱的倾向在放弃—超然类型中以平静而坚定的方式运作。这一类型的个体差异主要关于对待性行为的态度上。目前为止，他可能不仅把爱的实际可能性排除在个人生活之外，而且也排除了性的实际可能性，就好像它们不存在或者对他个人毫无意义。对于别人的性经验，他既不嫉妒也不反对，但如果别人遇到麻烦，他可能对他们深表理解。

其他人可能在他们年轻的时候有过一些性关系。但是这些并没有穿透他超然的盔甲，不具有太多意义，并且逐渐淡出了，没有留下进一步去经验的渴望。

对于另一种超然的人，性经验是重要的和令人享受的。他可能和许多不同的人发生性关系，但总是有意识或潜意识地保持警惕避免形成任何的依恋。这些短暂的性接触的本质取决于许多因素。在这些因素中，最普遍的是与扩张型或自谦型倾向有关。他对自己的评价越低，他就越有可能限制在与社会或文化层次比他低的人发生性接触，比如妓女。

再重述一遍，有些人可能会碰巧结婚了，甚至可能维持一段体面但有距离的关系，倘若他们的伴侣也同样是超然的。如果这个人和结婚的对象之间没有太多共同点，他可能会典型地忍受这种情况，并且试图履行他作为丈夫和父亲的职责。只有当他的伴侣太过具有攻击性、暴力或施虐狂的特征时，以至于超然的人无法撤回到内心中，他才可能试图摆脱这段关系，或因此而崩溃。

傲慢—报复类型会以更好斗和破坏性的方式把爱排除在生活之外。他对爱的一般态度通常是贬损、批判。关于他的性生活，似乎有两种主要的可能性。要么他的性生活是相当贫乏的，他可能只是偶尔有性接触，主要因为释放身体或精神紧张；要么性关系可能对他是重要的，倘若他能够给予他的施虐冲动自由空间。在这种情况下，他可能要么进行施虐的性活动（这可能带给他最大的兴奋和满足），他可能要么在性关系中是生硬且过度控制的，但仍然以一般的施虐形式对待对方。

另一种对爱和性的普遍倾向也指向了把爱（有时包括性）排除在实际生活之外，但是却**在想象中给予其重要的位置**。于是，爱变成了一种极其高贵、美妙的感受，以至于相比之下任何现实中的实现都显得肤浅而可鄙。霍夫曼在《霍夫曼故事集》中对这方面有过精湛的描述，他把爱称为"对无限的渴望，在那里我们与天堂融合"。这是一种植入我们灵魂的错觉，"通过人类世代相传的敌人——狡黠……然后通过爱、通过肉体的欢乐，就能够在人间实现只存在我们心里的天堂般的承诺。"因此，爱只能在幻想中实现。唐璜在解释他对女人的破坏性中写道："对所爱的新娘的每一次背叛，每一次对爱人的猛烈打击所破坏的欢愉，都相当于战胜了充满敌意的恶魔的崇高胜利，使引诱者永远地存在于我们狭窄的生活、自然界和造物主之上。

第三个也是最后一个要在这里提到的可能性是**在实际生活中过度强调爱和性**。于是，爱和性构成了生活的主要价值，并因此被美化。在这里，我们可以大致地区分征服的爱和臣服的爱。后者逻辑上是从自谦型解决方案中演化而来的，并且在相关章节中已做过描述。前者发生在自恋型身上，如果由于特定原因，他对掌控的驱力被集中放置在爱上。那时，他的自负就被赋予在成为理想情人和极具魅力的方面。容易接近的女人对他没有吸引力。他必须通过征服那些不论任何原因很难得到的人，从而证明他的掌控力。这种征服可能包括性行为的圆满，或者他可能目标在于获得情感上完全的臣服。当这些目标达到了，他的兴趣就会逐渐消失。

　　我不确定浓缩成这几页的简要陈述，是否表达出内心的过程对人际关系影响的范围和强度。当我们意识到它的全部影响时，我们必须对一些普遍的期待做出调整，即更好的人际关系能够对神经症患者产生有益的影响，或者广义上说，能够对人的发展产生有益的影响。这些期待包括预期的人际环境的改变、婚姻、性关系或参与任何团体活动（社区、宗教、专业团体，等等），它们都会帮助一个人战胜他的神经症难题。在精神分析的治疗中，这种期待表现在这样的信念中，即首要的治疗因素存在于患者与分析师建立良好关系的可能性。换句话说，如果能够建立良好的关系，童年期那些受伤的因素就不存在了。[1]这种信念的前提是，某些分析师认为神经症主要以及一直都是人际关系的困扰，因此它能够通过良好的人际关系来弥补。提到的其他期待并非基于如此明确的前提，而是基于一种认识——其本身是正确的——人际关系是我们生活中的关键因素。

　　所有这些期待对儿童和青少年来说都是合理的。即使他可能表现出明确的迹象：认为自己是伟大的，具备特殊特权的要求，容易感到被伤害，等等，他都可能足够灵活地对有利的人际环境做出反应。这样的环境可能使他降低忧虑、减少敌意、更信任别人，甚至可能将恶性循环的过程——驱动他进入深层的神经症——扭转过来。当然，我们必须补充"或多或少"的限定，这取决于个体神经症困扰的范围，取决于良好的人际影响的持续时间、质量和强度。

　　这种对个体内在成长的有益影响也可能发生在成人身上，倘若自负系统和它带来的结果不是太过根深蒂固——或者，积极地陈述它——倘若自我实现的想法（不管是什么样的）仍然具有某些意义和活力。比如，我们经常看到当婚姻中的一方在接受精神分析并变得越来越好时，另一方也可能大步地向前成长。在这种情况下，许多因素都在起作用。通常，被分析的一方会谈论他获得的洞察力，另一方可能会为自己获得一些有价值的信息。当亲眼看到改变在实际中是可能发生的，他也将被鼓励去为自己做一些事情。而且，看到一个更好

---

　　[1] 珍妮特·里奥克的"精神分析治疗中的移情现象"，《精神病学》，1943年。"在这个过程中，有疗效的是患者发现了自己早期经历中不得不被压抑的部分。他只能在与精神分析师的人际关系中才能够做到这一点，只有与分析师的关系适合重新发现。在分析师与患者的关系中，现实逐渐变得'不被扭曲'，自我被重新建立。"

的关系的可能性，他将会有动力战胜自己的烦恼。类似的改变也可能发生在没有精神分析作用的情况下——当神经症患者与相对健康的个体建立密切而持久的关系。同样地，可能有多种因素在激发这种成长：他价值观的重新定位；感到归属感和被接纳；外化被减轻的可能性以及由此使他直面自己的难题；接受并受益于严肃的建设性批评的可能性，等等。

但是这些可能性比通常假设的要有限得多。假设分析师的经验由于他主要看到的案例中这种希望并没有实现而受到限制，我敢说从理论上讲，这种机会太过有限从而无法以任何方式保证在他们身上树立盲目的信心。我们一再看到一个针对内在冲突建立了特定解决方案的人，当进入人际关系时，带着他僵化的要求和"应该"，带着他特定的正确性和脆弱，带着他的自我憎恨和外化方式，带着他对掌控、臣服或自由的需要。因此，人际关系并不是令两个人可以彼此享受、互相成长的媒介，它成了满足个人神经症需要的手段。这种关系对神经症的影响主要是降低或加强内在的紧张感，这依据他的需要被满足或被挫败的程度。比如，当扩张类型的人在控制某个局势或被仰慕他的门徒围绕时，他可能感觉好很多，日常功能也好很多。当自谦类型的人较少被孤立并感受被需要、被渴望时，他可能逐渐成长。任何了解神经症痛苦的人都必然会感激这种改善的主观价值。但是它们不一定是个体内在成长的标志。多半它们仅仅表明，一个适当的人际环境可能使他感到相对轻松，即使他的神经症根本没有改变。

同样的观点也适用于对制度、经济条件、政治体制形式的改变所产生的期待（一种与人无关的期待）。当然，集权体制能够成功地阻碍个体的成长，它的本质也必然是以抑制个体成长为目标的。毫无疑问，只有给予个体尽可能多的自由使其为自我实现而奋斗的政治体制，才值得我们去争取。但即便是外部环境中最好的改变，其本身也无法带来个体的成长。它们只是提供给人们一个更好的环境去成长。

所有这些期待中涉及的错误不是高估了人际关系的重要性，而是低估了内心因素的力量。虽然人际关系显示出重要性，但是如果一个人在他的交流中一直回避真实的自我，人际关系不具备力量去根除他身上根深蒂固的自负系统。在这个关键问题上，自负系统再一次被证明是我们成长的敌人。

自我实现并不是全部地、甚至不是主要地将目标放在发展个体的特殊天赋上。这个过程的核心是作为一个人的个体潜能的进化，因此在自我实现的核心位置，包括了发展良好人际关系的能力。

第十三章　工作中的神经症困扰

　　在我们工作中的神经症困扰可能来自许多原因。它们可能来自外部的条件，比如经济或政治压力、缺乏安静、孤独、时间，或者遇到的困难。举一个现代社会更常见的具体例子，一位作家必须学会用一门新的语言表达他自己。困难也可能来自文化条件，比如以我们城市的商人为例，公众舆论对男性的压力，可能驱使他提升赚钱的能力到达远超于他实际需要的水平。但是，这种态度对墨西哥的印第安人毫无影响。

　　在这一章中，我将不讨论外部困难，而是讨论被带入到工作中的神经症困扰。为了更进一步限制这个主题：许多工作中的神经症困扰与我们对他人、上级、下属和同辈的态度有关。虽然我们不能在实际中把这些与工作本身的困难清晰地分开，但是在这里我们将尽可能忽略它们，并聚焦在内心的因素对工作过程和个人工作态度的影响。最后，在任何一种常规工作中神经症困扰都是相当得微不足道。只有当工作到达需要个人主动性、远见、责任心、自立、足智多谋的程度时，神经症的困扰才会增加。因此，我将把我的论述限制在那些我们不得不挖掘个人资源的工作，从广义上说，即限制在创造性的工作上。从艺术工作或科学写作中得到的例证同样适用于教师、家庭主妇、母亲、商人、律师、医生、工会组织者的工作。

　　工作中神经症困扰的范围是很大的。正如我们将要看到的，不是所有的困扰都被有意识地感受到，相反，许多表现在所产出的工作质量或缺乏生产力方面。其他表现为和工作相关的各种精神痛苦，比如过度紧张、疲劳、耗竭；在受到抑制的情况下的害怕、惊恐、易怒或有意识的痛苦。在这方面只有少数普遍而相当明显的因素是各种神经症共同具备的。在一份特定的工作中，**超越**工作固有的困难之外而存在的困难，它们决不会缺席，即使它们可能并不明显。

　　自信可能是创造性工作最关键的先决条件，但不论个体的态度看起来多么自信或实际，它总是处在动摇的根基上。

　　对一项特定工作，很少就所需的条件做充分评估，相反，会低估或高估既定的困难。而且通常也不会对已完成工作的价值给出充分的评估。

工作条件大多是过于严苛的。他们的工作习惯比人们通常形成的工作习惯在性质上更特殊，在程度上更严格。

因为神经症患者的自我中心，他们与工作本身的内在联系是微弱的。关于如何完成或应该如何展示的问题，对他来说要比工作本身更令他关注。

在一份合意的工作中获得的快乐或满足通常会被这些因素削弱：工作太具有强迫性、太过充满冲突和恐惧、过于被贬低的主观价值。

但是我们一旦离开这样的概括，而具体思考神经症困扰在工作中的表现时，我们会更多地注意到不同类型神经症的区别，而不是相似之处。我已经提到过人对现有困难的意识水平和由此产生的痛苦是存在差异的。但是使工作能够被完成或不能被完成的特殊条件也各不相同。持续努力的能力、承担风险的能力、做规划的能力、接受帮助的能力、给他人委派工作的能力等，都是如此。这些差异主要由个体应对内在冲突而采取的主要的解决方案所决定。我们将分别讨论每个群体。

扩张类型的人，不管他们特殊的性格如何，他们往往会高估自己的能力或特殊天赋。而且，他们倾向于认为自己正在做的特定工作具有独特的重要性，并高估工作的质量。那些没有对他们的工作进行高度评价的人，在他看来，要么是不能理解他们（他们是在对牛弹琴），要么过于嫉妒而无法给他们应有的赞赏。任何批评，不论多么严肃或诚恳，**其本身**都被认为是充满敌意的攻击。而且，因为他们有必要中止对自己的任何怀疑，他们往往不去检验批评的正确与否，而是首先聚焦在以这样或那样的方式避开它。由于同样的原因，他们的工作需要各种形式的认可，这种需要是无止境的。他们往往感到有权利要求这种认可，如果没有得到，他们会感到愤愤不平。

与此同时，他们给予别人赞赏的能力极其有限，至少对同领域和同时代的人是这样。他们可能坦率地欣赏柏拉图或贝多芬，但是发现很难赏识当代的哲学家或作曲家；他们越欣赏别人，别人就越像是对于他们独特重要性的威胁。在他们面前，别人因为成就而得到夸奖，他们可能会极其敏感。

最后，这一群体的特征——对掌控的吸引力，意味着一种隐性的信念，即完全没有什么障碍是他们不能通过意志力或卓越的能力而克服的。我推断，在美国人的办公室里所发现的这些警句——"困难要立刻去解决，不可能之事要稍后去做"——最初一定是扩张型的人设计的。至少，他会是那个接受这句话的人。他需要去证明他的掌控，这通常使他足智多谋，并给予他动力去尝试那些别人不想要应付的任务。然而，这必然导致轻视困难的危险。完全没有他不能迅速达成的交易；没有他不能一眼诊断的疾病；没有他不能短时间内发表的论文或演讲；他的车没有他修理不好的问题，他比任何汽车修理工都厉害。

　　所有这些因素加起来——高估自己的能力和自己的工作质量、低估别人和既定的困难、对于批评相对的刀枪不入——解释了他为什么通常没有觉察到工作中存在的困扰。这些困扰会根据自恋、完美主义或傲慢—报复倾向的程度而有所不同。

　　自恋类型是最可能被想象力左右的，他们公然地彰显出上述所有的标准。假设人们的天赋大致接近，他会是扩张类型中最富有成效的。但是他可能遇到各种各样的困难。其中之一是它的兴趣和精力被分散至许多方向。比如，有一个女人她必须是一个完美的女主人、家庭主妇、母亲；她必须还是最会打扮的女人、是委员会中最活跃的、要插手政治的人；她必须还是一个伟大的作家。或者，有一个商人，他除了参与太多的企业活动，还追求广泛的政治和社会活动。当这种人终究意识到他一直无法抽出时间做某些事情时，他往往归结于自己天赋的多样性。伴随着无法掩饰的傲慢，他可能会对那些没有那么幸运的、只拥有一种天赋的人表现出嫉妒。实际上，能力的多样性可能是真的，但它不是问题的根源。根源是他坚决否认他能成就的事是有限的。因此，通过暂时限制他的活动来解决，通常没有持久的效果。他会不顾所有相反的证据，很快恢复他的信念，即其他人不可能做这么多事情，但是他能——而且能够做到尽善尽美。限制他的活动对他来说有失败的味道，是可鄙的弱点。想像自己像其他人一样存在，带着和别人一样的局限，这是有辱人格的，因此是无法忍受的。

　　其他自恋型的人可能并非被许多同时进行的活动分散精力，而是接连不断地开始和放弃一个又一个追求。对于有天赋的年轻人来说，这看起来好像只是他们需要时间和尝试，以便弄清楚他们最大的兴趣在哪里。只有更近地检视他们的整体人格，才能显示出这种简单的解释是否正确。比如，他们可能对舞台产生出浓烈的兴趣，尝试戏剧表演，展现出有希望的开始，然后在短时间内便放弃了。此后，他们可能在写诗或务农的事情上经历了同样的过程。再然后，他们可能喜欢上护理或医学研究，伴随从充满热情到失去兴趣相同的转折。

　　而完全相同的过程也可能发生在成年人身上。他们可能为一本巨著起草提纲、使一个组织运转起来、拥有大量的商业项目计划、从事发明工作——但是一次又一次地，在事情没有完成之前，他们的兴趣就消失了。他们用想象力绘制出很快会获得辉煌成就的闪耀景象。但是，他们在面对第一个真正的困难时就收回了兴趣。然而，他们的自负不允许自己承认这是逃避困难。因此，兴趣的丧失是一种保全面子的策略。

　　有两个因素促进了自恋型人的一般特征——强烈的左右摇摆。这两个因素是：对具体工作的反感，对持续努力的反感。前一个态度在神经症的学龄儿童中可能就已经凸显出来。比如，他们可能对一篇作文颇具创意的构思，但是却潜意识地坚决抵抗书写工整或拼写正确。在成年人中，这种相同的马虎可能会破坏工作质量。他们可能认为自己理应拥有才华横溢的想法或方案，而"具体工作"应该由普通人来完成。因此，如果能做到这一点，他们在委派给别人工作时没有任何困难。而且，假如他们有员工或同事能够把他们的想法付诸行动，结果可能会很好。如果他们不得不自己做这些工作，比如写论文、设计服装、起草法律文件，甚至在真正的**工作**——仔细地想清楚观点、检查、复查和把它们组织起来——开始之前，他们可能认为这项工作已经满意至极地完成了。同样的事情可能发生在接受精神分析的患者身上。在这里我们看到除了普遍的浮夸之外，存在的另一个决定因素：他们害怕具体详细地审视自己。

他们缺乏持续努力的能力来自相同的根源。他们自负的特殊标签在于"不需要努力的优越感"。戏剧化、不寻常的荣誉会令他们的想象力着迷，而日常生活中卑微的工作被视为是丢脸的事，令他们愤怒。相反，他们能够不定期地付出努力，比如，在紧急状况下精力充沛并且小心谨慎地举办一场盛大的宴会；突然能量爆发，写完了堆积几个月的信件，等等。这种不定期的努力会满足他的自负，但是持续的努力会有辱他的自负。每一个汤姆、迪克和哈里只要勤奋工作都能取得点儿进展！另外，只要没有付出努力，就一直存在一个保留，即如果他们付出真正的努力，他们会做成一些伟大的事情。对持续努力隐藏最深的反感在于它威胁到了对无限力量的幻想。让我们假设某个人想修建一座花园。不管他愿不愿意，他很快就会意识到花园不会一夜之间处处鲜花盛开。事情的进展完全与他付出努力的程度有关。当他持续进行报告或论文的写作时，当他进行宣传工作或教学时，他会得到同样冷静的体会。事实上，人的时间和精力都有限，在这些限制内能够实现什么也有限。只要自恋类型的人保持他无限精力和无限成就的幻想，他必然需要警惕将自己暴露在幻想破灭的经验中。或者，当他真的经验到幻想破灭，他必然感到恼火，就像处于有损尊严的束缚中一样的恼火。这种愤怒会反过来使他疲惫耗竭。

总之，我们可以说自恋类型的人尽管有好的资质，但是他实际的工作质量常常是令人失望的，因为依照他的神经症结构，他根本不知道如何工作。**完美主义类型**的困难在某些方面正好相反。他做事有条不紊并且过分关注细节。但是他对于应该做什么和应该如何做感到极其受限，从而不具备独创性和自发性的空间。因此，他是缓慢和无成效的。由于他对自己的苛刻要求，他很容易过度工作和精力耗竭（就像众所周知的那种完美主义的家庭主妇），结果也让他人受苦。而且，由于他对别人的要求和对自己一样苛刻，他对别人的影响常常是压制，尤其是当他处于执政的地位时。

傲慢—报复类型也有自己的优点和缺陷。在所有的神经症患者中，他是最非凡的工作者。如果说一个情感冷淡的人具有"激情"并没有特别不恰当的话，我们可以说，他对工作是充满激情的。由于他持久的雄心和工作之外相对空虚的生活，没有花在工作上的每一个小时都被视为损失。这并不意味着他享受工作——他大部分时候不能享受任何事情——但是工作并不会使他疲倦。事实上，他似乎不眠不休，就像一台灌满油的机器。尽管他足智多谋、富有效率，以及通常敏锐、具有批判性的智慧，他所做的工作很有可能是没有效果的。我在这里思考的不是这一类型中恶化的那一种——变成机会主义并只对成功、声望、胜利这些工作的外部结果感兴趣，不论他是在生产肥皂、画肖像或者写科学论文。但是，即使他对工作本身感兴趣，除了他的荣誉之外，他通常会停留在自己领域的边缘，而不进入问题的核心。比如，作为一名教师或社会工作者，他会对教学方法或社会工作感兴趣，而不是对孩子或客户感兴趣。他可能写评论，却不贡献自己的观点。他可能急于彻底地报道可能出现的所有问题，从而他具有这件事最后的发言权，然而他并没有补充任何自己的观点。总之，他关心的似乎是**掌握特定的主题，而不是丰富它**。

由于他的傲慢不允许他赞赏别人，并且由于他缺乏生产力，他可能很容易盗用别人的想法，虽然他没有意识到这一点。但是即便别人的想法落入他的手中，也会变得机械化且了无生趣。

相比大多数神经症患者，他有仔细和精确规划的能力，并且对于未来的发展有相当清晰的远见。在他的头脑中，他的预测总是准确的。因此，他可能是一个好的组织者。然而，有许多因素会减损他这项才能。他对于委派工作有困难。由于他对别人傲慢的蔑视，他确信他是唯一能够正确做事的人。而且，在组织过程中，他倾向于采用独裁的方式：去恐吓和剥削，而不是激励；去扼杀动机和快乐，而不是点燃它。

由于他有长远的规划，他能够较好地经受暂时的挫折。然而，在严峻的考验中，他可能变得恐慌。当一个人生活在几乎只有胜利或失败的类别里，一个可能的失败当然是令人恐惧的。但是由于他应该不屑于害怕，所以他会因为感到害怕而对自己极度愤怒。此外，在某些情况下（比如考试），他也会对那些假定要审判他的人感到极度愤怒。通常所有这些情绪都被压抑了，内在剧变的结果可能表现为这样的心身症状：头疼、肠痉挛、心悸等。

自谦类型的人工作中的困难几乎在每个点上都与扩张类型的人相反。他往往把自己的目标设置得过低，并且低估他的天赋以及工作的重要性和价值。他被怀疑和自我痛斥的批评所困扰。他完全不相信他能做那些他认为不可能的事，他往往很容易被"我不行"的感觉压垮。他的工作质量并不必然受到影响，但是他自身总是承受痛苦。

只要自谦类型的人在为别人工作，他们可能就感到相当轻松，并且实际上工作得很好，比如作为家庭主妇或管家、作为秘书、作为社工或教师、作为护士、作为学生（为他崇敬的老师"工作"）。在这种情况下，两种普遍被观察到的特殊性都可能指向存在的神经症困扰。首先，在他们独自工作和与别人一起工作之间可能存在明显的差异。例如，一位人类学的实地考察者能够极其机智地和当地人打交道，但是当他系统地阐述他的发现时，他完全不知所措；一位社工在和客户在一起或作为管理者时都是可以胜任的，但是当做报告或做评估时，他会变得恐慌；一个美术生可能在老师在场的时候绘画得相当出色，但是当他独自一人时就忘了所学的一切。其次，这一类型的实际工作水平可能处于他们既定的能力之下。而且，他们或许从未想过他们有可能隐藏了自己的天赋。

然而，由于种种原因，他们可能开始自己做一些事情。他们可能晋升到一个需要写作或公开演讲的职位；他们自己（未公开承认）的雄心可能把他们推向更为独立的工作；或者，最后但同样重要、最正常并且最不可抗拒的理由在于：他们现有的天赋可能最终会驱使他们充分表现自己。在这一点上，当他们试图超越在他们的结构中被"畏缩过程"设置的狭窄限制时，真正的麻烦才开始。

一方面，他们对完美的要求和扩张型的人一样高。但是，扩张型的人很容易沉醉在对所获成绩的沾沾自喜中，而自谦类型的人，他们不停的自我责备的倾向总在提醒他们工作中的缺陷。即使在表现良好的情况下（也许是举办派对或发表演讲），他们仍然会强调他们忘记这一点或那一点的事实；会强调他们没有把自己想要说的重点内容说清楚；会强调他们太过压抑或太无礼，等等。因此，他们被推入一场几乎没有希望的战斗中，在那里他们为完美而战，同时他们击败了自己。此外，对卓越的要求受到一个特殊原因的强化。他们对于雄心和自负的禁忌使他们在追求个人成就时感到"有罪"，而只有最终的成就才能弥补这种罪行。（"如果你不是完美的音乐家，你最好去擦地板"。）

另一方面，如果他们违反这些禁忌，或者至少是意识到他们在违反禁忌，他们便会转向自我毁灭。这个过程与我在竞争性游戏中描述的过程是相同的：这种类型的人一旦意识到将要获胜，他就不能再玩下去。因此，他总是处于两难的境地，在必须达到顶峰和必须压制自己的二者之间。

当扩张类型和自谦类型的两种驱力冲突接近于表面时，上述的两难境地是最明显的。比如，一位画家被某件物品的美所打动，在大脑中构思宏伟的作品。他开始作画。画布上最初的呈现看起来是杰出的。他感到很得意。但另一方面，无论这个开头是否太顺利（到达他所能承受的极限），或尚未达到他最初构思中的完美，他都会转而对抗自己。他尝试改进这种呈现。结果变得更糟。在这一点上他变得疯狂。他一直"改进"，但是颜色变得更加暗浊和死气沉沉。很快，这幅画就被毁了，他彻底绝望地放弃了。不久之后，他开始另一幅画作，不料只是经历同样令人苦恼的过程。

同样地，一位作家可能在一段时间流畅地写作，直到他意识到事情的确进展得很顺利。在这一刻——当然他并不知道他需要被满足的正是危险所在——他开始变得挑剔。或许他真的遇到了困难，比如主人公应该如何在特定情况下行动。然而，或许困难只是看上去很大，因为他已经被破坏性的自我蔑视束缚了。不管怎样，他变得无精打采，好几天都无法投入工作，并且在一度气愤之下把作品的最后几页撕成了碎片。他可能会做噩梦，在梦里他和一个想要杀了他的疯子被关在一间屋子里——单纯简单地表达了指向自己的残忍愤怒。

在这两个例子中（这样的例子有很多），我们看到两种不同的举动：向前的创造性情绪和自我毁灭的情绪。现在把注意力转向扩张型驱力被压抑而自谦型驱力占上风的人，他们身上明显向前的举动极其罕见，自我毁灭的举动没有那么暴力和戏剧性。冲突被更多地隐藏，工作中人的整个内在过程更持久、更复杂——这使得包含的因素更难被理顺。虽然在这些例子中，工作中的困扰可能是显著的抱怨，它们也可能无法被直接地理解。只有在整体结构松动之后，它们的本质才可能逐渐变清晰。

这个人自己注意到的是在他进行创造性工作时，他的注意力不够集中。他很容易失去思路或者头脑一片空白；他的思想游离在各种日常事务中。他变得烦躁、坐立不安、乱写乱画、玩纸牌、打一些消磨时间的电话、锉指甲、打哈欠。他感到厌恶自己，付出巨大的努力开始工作，但是过一阵子他疲惫不堪，而后不得不放弃。

他并没有意识到这一点，他面临两种慢性障碍：自我贬低和他在处理问题时的无效。据我们所知，他的自我贬低很大程度上由于他需要压制自己，为了不冒犯任何"专横"的禁忌。这是一种巧妙的削弱、斥责或怀疑，它消耗了能量，而他并没有意识到他对自己做了什么。（一位患者想象自己的双肩上站着两个又丑又邪恶的小矮人，不停地说着挑剔、贬损的评论。）他可能忘记他读过、观察过、思考过，甚至他自己之前写过某个主题的内容。他可能忘记他打算如何去写。所有搭建论文的素材都在那里，在进行大量搜索工作之后，它们就会重现，但是在他需要时却找不到它们。同样地，当被要求在讨论中发言时，他可能在开始时会有种突如其来说不出话的感觉，只有结束了才逐渐发现他有许多相关的评论可以贡献。

换句话说，他压抑自己的需要阻止他挖掘自己的资源。因此，他在工作时有无能和无意义的压迫感。然而对于扩张类型的人，他所做的一切都具有普遍的重要性，即使事情客观上可能是微不足道的；自谦类型的人对待他的工作是相当谦卑的，即使这份工作可能具有更大的客观重要性。依照他的特点，他只会说他"不得不"工作。在他的情况中，这并不是对强制过度敏感的表现，就像在放弃类型中会表现出的。但是如果他承认他有取得某些成就的愿望，他会感觉自己太专横、太富有野心。他甚至无法**感到**他想要做好一份工作——事实上，这不仅因为他对完美的渴求，还因为在他看来，承认这种意图像是对命运傲慢而鲁莽的挑战。

他处理事情的无效，主要原因是他对所有暗示着主张、进取、掌控的禁忌。一般来说，当我们谈到他对进取的禁忌时，我们想到的是他不要求、不操控、不支配他人。但同样的态度也表现在对无生命的物体或精神问题上。正如他可能对漏气的轮胎、卡住的拉链感到无助，他对自己的想法也感到无助。他的困难并不在于他不富有成效。好的创意想法可能会出现，但是他受到抑制从而无法把握、处理、解决、检查、塑造和组织它们。我们通常没有意识到这些头脑的运转是有主张、进取性的举动，虽然文字上会示意这一点，我们只有在进取性被普遍抑制下才可能意识到这个事实。不论何时，自谦类型可能压根儿就不缺乏表达观点的勇气，他完全能够拥有自己的观点。但是抑制作用通常开始得更早——使他不敢意识到自己已经得出结论，或有自己的观点。

他们自身的这些障碍导致了缓慢、浪费、无效的工作，或者完全无法做成任何事。在这方面，我们可能会想起爱默生说过，"因为我们贬低自己，我们什么都做不成。"但是，其中的折磨——其实，还有完成某件事的可能性——就会出现，因为这个人同时被极端完美的需要驱使。不仅工作质量应该满足他的苛刻要求，他的工作方法也应该是完美的。比如，一个音乐系的学生会被问到她是否在系统地练习。她会尴尬地回答："不知道"。对她来说，系统的练习意味着在钢琴前固定坐上八小时，一直专心练习，几乎无法抽时间吃午饭。因为她无法付出极端的全神贯注和持久的注意力，她转而反对自己并称自己是一个永远不会有所成就的半吊子选手。实际上，她很努力地学习每一段音乐、学习乐谱和左右手的动作。换句话说，她本应该对自己练习的认真程度完全满意。自谦的人头脑中有过多像这样的"应该"，我们能够很容易想象出由于通常无效的工作方法而造成自我蔑视的严重程度。最后，完整地描述他的困难：即使他工作得很好，或者已经有所成就，他都**不应该**意识到这一点。可以说，就像他的左手不应该知道他的右手在做什么一样。

当他开始做某种创造性工作时，他会尤其感到无助，比如开始写论文。对控制的反感阻止了他提前做出完整计划。因此他并不是先写提纲，或者在头脑中充分地组织材料，他完全动笔就写。实际上，这可能对其他人是可行的方式。比如，扩张类型的人或许可以毫无犹豫地这样做，并且初稿便可能极其精彩从而无需再做进一步的工作。但是自谦类型的人根本无法仅仅写下一篇在思想、风格和组织构思上都有无法避免不完善之处的初稿。他对于任何赘述、缺乏清晰度或连贯性的地方，等等，都能敏锐地觉察到。他的批评可能在内容上是中肯的，但是它们唤起的潜意识的自我蔑视是如此令人不安，从而他无法继续下去。他可能告诉自己："现在，看在上帝的份上，把它写下来，你可以之后再修改它"——但是这毫无用处。他可能重新开始，写下一两个句子，记下这个主题的零碎想法。只有到那时，在浪费了大量的工作和时间之后，他可能最终会问自己："现在你到底想写什么？"只有到那时，他才能列出一个大致的提纲，然后更具体地列出第二个、第三个、第四个，等等。每列出一个，来自他被压制的冲突所产生的焦虑都会缓解一点。但是当论文最后定型，准备交付或打印时，焦虑可能再次增加，因为现在论文应该是毫无瑕疵的。

在这个痛苦的过程中，两个相反的原因可能会引起急性的焦虑：当事情变得更困难时，他变得不安；当事情变得极度顺利时，他也会变得不安。在面对一个棘手的问题时，他可能出现休克反应、感到头晕恶心——或者感觉瘫痪了。另一方面，当他意识到进展顺利时，他可能开始相比平时更彻底地破坏他的工作。让我举一个例子来说明自我毁灭的严重影响：这是一位抑制作用已经开始减弱的患者。在他即将要完成一篇论文的时候，他注意到自己写下的一些段落很熟悉，并突然意识到他一定是之前写过这些段落。他扫了一眼书桌，他的确找到了就在一天前写下的这些段落的相当完美的草稿。他花了几乎两个小时构思他已经构思过的想法，但是毫无意识。他被这种"遗忘"吓了一跳，并且思考它的原因，他记起来他相当流畅地写下这些段落；他记起来他把这看作他现在克服了抑制作用并能在短时间内完成一篇特定论文的充满希望的迹象。虽然这些想法在现实中有可靠的基础，但却远远超出他能接受的范围，因此他做出自我破坏的反应。

当我们意识到他做这类工作会遇到的可怕困难时，他与工作的关系的几种特殊情况就变得清晰起来。其中之一是他在开始一项对他有困难的工作之前，他会变得忧虑甚至恐慌——鉴于这项工作中涉及的冲突，对他来说是无法实现的任务。比如，一位患者在不得不进行演讲或出席会议之前常规地会感冒；另一个人在登台演出之前会感到恶心；还有一个人在圣诞购物前会筋疲力尽。

我们也开始明白，为什么他通常只能分期地完成工作。他对于工作的内在紧张如此之大，而且当他工作时紧张感往往会急剧增加，以至于他无法长时间忍受。这不仅适用于脑力劳动，而且可能发生在任何他独自做的事情上。他可能只整理一个抽屉，把其他的抽屉留到日后整理。他可能在花园里除点草或者铲铲土，然后就不做了。他写作半小时或一小时，但是不得不停下来。然而，同样还是这个人，当他为别人或者与别人一起做这事时，可能会持续地工作。

最后，我们理解了他为什么这么容易从工作中分心。他经常指责自己对工作没有真正的兴趣，这是足够被人理解的，因为他常常表现地像一个在胁迫下工作的愤怒小男生。实际上他的兴趣可能完全是真诚且严肃的，但是工作的过程甚至比他意识到的更令人恼火。我已经提到过一些小的分心，比如打电话或者写信。另外，由于他需要取悦和赢得别人的喜爱，他太容易满足他的家人或朋友提出的任何要求。结果有时候，他的精力被分散到太多的方向上，但原因和自恋型完全不同。最后，尤其在年轻的岁月里，爱和性对他有强烈的吸引力。虽然爱情关系通常也不能使他快乐，但是它承诺满足他所有的需要。那么，难怪当他工作中的困难变得难以忍受时，他常常陷入爱情。有时候，他经历了一个不断重复的循环：他工作一段时间，甚至可能完成了一些事情；然后沉浸在一段爱情关系中，有时是一种依赖性的关系；工作逐渐后退，或变成不可能完成的事；他挣脱掉爱情关系，重新开始工作——循环往复。

总结一下：自谦类型独自做任何创造性的工作时，通常都会遇到不可逾越的困难。他不仅在长期的障碍下工作，而且往往在焦虑的压力下工作。当然，与这样的创造过程相连接的痛苦程度是不同的。但是，通常只有短暂的间隙是没有痛苦的。他可能在首次构思方案时感觉是享受的，可以说，他玩游在所涉及的想法中，而尚未陷入矛盾的内在指令的拉扯中。当特定的工作接近完成时，他可能也有昙花一现的满足感。然而之后，他往往不仅丧失了完成事情的满足感，而且甚至不觉得自己是完成这件事情的人，不论他赢得了多少外部的成功或喝彩。对他来说，想到或看到这件事都会感到羞辱，尽管他是在存在内在困难的情况下完成的，但他并没有因此给自己赞赏。对他来说，记起这些存在的困难是显而易见的羞辱。

很自然，由于所有这些令人烦扰的困难，一事无成的危险是很大的。首先，他可能不敢独自启动一件事。他可能在工作的过程中放弃。工作质量可能会由于他的障碍而受损。但是如果有足够的天赋和耐力，他可能有机会产出一些极好的成果，因为尽管他常常难以置信地缺乏效率，但他还是做了大量持续的工作。

放弃类型的人遇到的限制其工作的束缚，本质上与扩张类型和自谦类型的人完全不同。属于持久"放弃"组群的个体，他可能满足于低于自己能力水平的工作，这方面和自谦类型类似。但是自谦类型这样做是因为他感到在这种工作环境中更安全，除了遵守他对自负和进取的禁忌，他可以依赖别人，感觉到被喜欢、被需要。放弃类型满足于此是因为这样做是他普遍"放弃"积极生活中不可缺少的一部分。放弃类型的人能够有效工作的条件也与自谦类型截然相反。由于他的超然，他能够独自工作得很好。他对于强制的敏感性使他很难为了老板或在组织中遵守明确的规章制度。然而，他可能会"调整"自己适应这种情况。因为他对愿望和抱负的限制，以及他对改变的反感，他可能会忍受不适合自己的环境。而且，由于他缺乏竞争力以及急于避免摩擦，他或许能够和大多数人相处得不错，虽然他在情感上与他们是严格分离的。但是他既不快乐也不富有成效。

如果他必须工作，他最好是一个自由职业者，虽然这样他也容易感到来自他人期待的胁迫。比如，自谦类型的人可能希望一件设计或服装的发布或交付有一个截止期限，因为外部的压力会缓解他内在的压力。没有截止期限，他可能感到被迫使无休止地完善他的作品。截止期限使他不那么要求苛刻，也使他凭借着为了某个期待成果的他人而工作的前提下，有可能实现自己的愿望，或有所成就。对于放弃类型来说，截止期限是一种强制，这令他感到明显的愤怒，而且可能唤起他如此多的潜意识反抗，以至于使他变得无精打采、行动迟缓。

他在这方面的态度只是他对强制普遍敏感的一个例子。这适用于任何对他提出的建议、期待、命令、要求，或者任何他所面临的必要性——例如，如果他想有所成就，就不得不投入工作。

可能对放弃类型的人来说，最大的障碍是他的惰性，我们已经讨论过它的含义和表现形式。[1]惰性越普遍，他越倾向于只在想象中做事。由于惰性而造成的工作无成效与自谦类型的工作无成效是不同的，不仅在决定因素上不同，

---

[1] 参见第十一章"放弃型的解决方案：自由的吸引力"。

而且在表现形式上也有差异。自谦类型的人被矛盾的"应该"四处驱动，像笼子里的小鸟不停地拍打翅膀。相反，放弃类型看起来无精打采，没有主动性，在躯体或精神活动中表现地迟缓。他可能会拖延，或者不得不在记事本上记下他必须要做的所有事情，以免忘记。但是，和自谦类型完全相反，一旦他独立做事，情况可能立即逆转。

比如，一个医生只有借助记事本才能在医院完成他的职责。他不得不记下每一位要检查的病人，每一场要出席的会议，每一份要完成的信件或报告，每一种药品的处方。但是在业余时间，他非常积极地阅读他感兴趣的书籍、弹钢琴、进行一些哲学主题的写作。他做所有这些事情，都充满了兴趣，并且乐在其中。这是在他的私人空间里，所以他认为他可以做自己。他的确保存了真实自我大部分的完整性，然而典型地是，他只有在保持不与周围世界接触的情况下，才能够做到这一点。他在业余时间的活动也是一样的。他不期待变成有成就的钢琴家，也没有出版他作品的计划。

放弃类型的人越抗拒顺从别人的期待，他越倾向于减少：和别人一起工作、为别人工作、有固定时间的工作。他宁愿把生活标准限制在最低水平，以便随心所欲。假如他的真实自我在更自由的条件下充分活跃地成长，这种进展可能带给他做建设性工作的可能性。那时他或许会找到创造性表达的可能。然而，这将取决于他现有的天赋。不是所有的人，遭遇了家庭关系的破裂而后去到南太平洋，都能变成画家高更。如果没有这种有利的内在条件，危险的情况将是，他只会变成一个坚定的个人主义者，会乐于做别人意想不到的事，或者在某种程度上以不同于普通人的方式生活。

肤浅生活的组群，他们的工作没有什么难题。它带有一点衰退过程的特征，这是普遍上在发生的。朝向自我实现的奋斗和实现理想化自我的驱力都不仅被抑制了，而且被放弃了。因此，工作变得毫无意义，因为他既没有发展既定潜能的动力，也没有追求崇高目标的动力。工作可能成为不可避免的灾祸，打扰了"一个人快乐的好时光"。工作可能因为被期待而完成，不添加任何个人的参与成分。它可能沦陷到只是获取金钱或声望的手段。

弗洛伊德看到了工作中经常出现的神经症困扰，并且认识到它们的重要性，他将"有能力工作"作为他的治疗目标之一。但是他思考这种能力时，把它与工作的动机、目标和态度分离开，与完成工作的外部条件和工作质量分离开。因此，他仅仅认识到工作的过程被明显的干扰。从这里的讨论而得出的一般结论是：这种看待工作中的困难的方式太过于形式主义。只有当我们考虑到所有提到的因素时，才能够理解广泛存在的困扰。这是另一种说法，工作中的特殊状况和困扰是而且必然是整体人格的表达。

当我们具体考虑工作中的所有因素时，会有另外一个因素凸显出来。我们意识到用一般的方法思考神经症困扰是无效的，换句话说，思考神经症本身的困扰。正如我在最初提到的，我只能谨慎地、有所保留、有所限定地对所有神经症做出一些概括的描述。只有当我们分辨出基于不同的神经症结构所产生的不同困难时，我们才能对特定的困扰做出准确的描述。每一种神经症结构都能产生工作中独特的优势和困难。这种关联极其明确，从而当我们知道了特定的神经症结构，我们几乎能够预测可能的神经症困扰的性质。而且，由于在治疗中我们不是处理"神经症"而是处理特定的神经症个体，这样的精确性不仅帮助我们更快发现特定的困难，而且能更彻底地理解它们。

弄清工作中的神经症困扰所造成的痛苦程度是困难的。不过，工作中的困扰不总是导致有意识的痛苦，许多人甚至没有意识到他们的工作中有任何困难。这些困扰一定会造成人类良好精力的浪费：在工作过程中精力的浪费；不敢去做和现有能力匹配的工作而导致的精力的浪费；没有挖掘现有资源的浪费；工作质量受损的浪费。对个体而言，这意味着他不能在生活中的关键领域实现自己。这种个体的损失乘以数千人，工作中的困扰就变成了人类的损失。

虽然人们没有对这种损失的事实提出争议，但是许多人会对艺术和神经症的关系，或者更准确地说，对艺术家的创造力和他神经症的关系感到不安。"理所当然"，他们会说，"神经症普遍上会造成痛苦，尤其造成工作中的障碍——然而，难道痛苦不是艺术创造力不可缺少的条件吗？大部分艺术家不是都具有神经症吗？相反，如果一位艺术家接受了精神分析，这难道不会减少甚至破坏他的创造力吗？"如果我们把这些问题拆开，并检查其中的因素，我们至少能够得到一些澄清。

首先，人们现有的天赋本身是独立于他的神经症的，几乎没有人质疑这一点。近期的教育动态显示，大部分的人在恰当的鼓励下都能够绘画，但即便如此，不是每个人都能成为画家伦勃朗或雷诺阿。这并不意味着如果天赋足够大，它总能够得到表达。正如这些相同的实验所论述的，毋庸置疑，神经症在很大程度上阻碍了天赋的表达。一个人越少地感到难为情，越少地受到胁迫，越少地试图符合别人的期待，越少地需要自己正确或完美，他就越能更好地表达他拥有的任何天赋。精神分析的工作在更具体的程度上显示了神经症因素是创造性工作的阻碍。

到目前为止，对艺术创造力的担忧势必会使得人们对现有天赋的重量和强度，即在特定媒介中的艺术表达能力的看法不清，或对此低估。然而，在这里第二个问题出现了：假如天赋本身是独立于神经症的，难道艺术家的创造性工作的能力不是与某些神经症条件绑在一起的吗？回答这个问题的路径在于更清楚地分辨究竟哪种神经症的条件可能有利于艺术性工作。自谦倾向占上风是显然不利的。而且事实上，具备自谦倾向的人也不会怀有任何这方面的**顾虑**。他们也相当了解——在他们的血液和骨骼里——神经症折断了他们的翅膀，阻止他们大胆地表达自己。只有扩张驱力占主导的人和放弃型中的反抗类型，他们会害怕通过精神分析丧失掉创造性工作的能力。

他们真正害怕的是什么？把它放进我的术语中来解释，他们认为即使对于掌控的需要可能是神经症的特点，但这种驱动力带给他们完成创造性工作的勇气和爆发力，并且能够让他们克服其中的所有困难。或者，他们认为只有在严格地摆脱掉任何与他人的捆绑，并拒绝被他人的期待打扰时，他们才能创造。他们潜意识中的恐惧是，倘若对神一样的掌控感有丝毫的让步，他们会充满自我怀疑并陷入自我蔑视中。或者在反抗类型的例子中，他们认为除了屈从于自我怀疑，他们还会变成顺从的机器，并以这种方式失去他们的创造力。

这些恐惧是可以理解的，因为他们害怕的另一个极端也在他们身上出现了——从现实可能性的意义上来说。然而，这种恐惧是基于错误的推理。当许多神经症患者仍然深陷于神经症的冲突之中，从而只能以"非此即彼"的方式思考，并且仍无法设想真正去解决他们的冲突，我们会在他们身上看到这种在两极之间的震荡。倘若精神分析顺利地进行并且帮助到他们，他们会看到并且体验到自我蔑视或顺从的倾向，但他们一定不会永远保持这种态度。他们会克服两种极端中的强迫性因素。

在这一点上，出现了进一步的争论，它比其他论点更为深思熟虑也更相关：假设精神分析能够解决神经症的冲突，并且使人更快乐，它难道不是也消除了大量的内在紧张，从而患者会简单地满足于**存在的状态**而失去了内心创造的冲动吗？这个争论可能包含两层含义，它们都不能被轻易地忽略掉。它包含的普遍论点是：艺术家需要内在紧张甚至痛苦，以激发他创造的冲动。我不知道这是否是普遍真实的，但即使是这样，难道所有的痛苦都必然源于神经症的冲突？在我看来，即使没有它们，生活中也有足够的痛苦。这对于艺术家尤其如此，他不仅对于美与和谐有超于常人的敏感性，而且对于不和谐与痛苦也是如此，他拥有更强的体验情感的能力。

此外，这个争论还包含另一个具体的论点：神经症的冲突可以构成生产力。认真看待这一论点的原因在于我们对梦的经验。我们知道在梦里我们潜意识的想象可以就我们在某段时间感到不安的内在冲突，创造出暂时的解决方案。梦中使用的图像是如此浓缩、如此贴切、如此简洁地表达了要点，在这些方面它们类似于艺术创作。因此，为什么一个有天赋的艺术家，他掌握了艺术表达的形式，并能投入必要的工作中，而不能够用同样的方式创作一首诗、一幅画或一段音乐？就我个人而言，我倾向于相信这种可能性。

然而，我们必须通过以下这些思考来限定这种假设。在梦中，一个人可以实现不同种类的解决方案。它们可能是建设性的或神经症的，包括两者之间范围广泛的各种可能性。这个事实与艺术创作的价值也不是毫无关系。我们可以这样说，即使一位艺术家只表现出他特定的神经症的解决方案，他仍然可能找到强有力的共鸣，因为会有许多人倾向于同样的解决方案。但是我好奇，举例来说，达利的绘画和萨特的小说的普遍效力是否由此减弱了？尽管他们具备高超的艺术才能和敏锐的心理理解力。为了避免误解：我不是说戏剧或小说中不应该出现神经症的问题。恰恰相反，当大多数人因其受苦，艺术表现能够帮助许多人认识到它们的存在和意义，并且在头脑中澄清它们。当然，我也不认为关于心理问题的戏剧或小说应该有一个美好的结尾。例如《推销员之死》就没有美好的结尾。**但它不会令我们感到困惑**。这除了是对一个社会和一种生活方式的控诉之外，还清楚地说明了这是一个不去处理自身问题而深陷在想象中的人（从自恋型解决方案的意义上来看），从逻辑上讲必然会发生的事。如果我们不了解作者的立场，或者如果他提出或倡导神经症的解决方案作为**唯一的**解决方案，这项艺术工作就会令我们感到困惑。

或许在刚刚提出的思考中还存在另一个问题的答案。因为神经症的冲突或神经症的解决方案可能使艺术创作瘫痪或受损，如果没有限定，我们当然不能说它们同时引发了艺术创作。到目前为止，大部分的冲突和解决方案可能对艺术家的工作都产生了不良影响。但是我们应该在哪里划出分界限——哪些冲突更会为创造提供建设性的推动力，哪些冲突会扼杀或削弱他的能力，或者哪些会损坏他的作品价值？这个界限仅仅取决于定量的因素吗？我们当然不能说艺术家的冲突越多，他的作品越好。是否对他来说，有一些是好的，但是有太多就不好？但是，"一些"和"太多"之间的界限又在哪里？

显然，当我们从数量上思考，我们就会在空中打转。思考建设性的解决方案和神经症的解决方案，以及它们具有的含义，这在另一个方向上是有意义的。无论艺术家的冲突其性质如何，他决不会迷失在其中。他身上的某些东西必须足够具有建设性，以激发他摆脱这些冲突的愿望，并对此采取立场。然而，这等同于说，尽管他有冲突，他的真实自我一定足够活跃，足以发挥作用。

　　从这些思考来看，普遍表述的观点——神经症对艺术创作的价值，是没有根据的。唯一确凿的可能性是艺术家的神经症冲突可能有助于激发他进行创造性工作。此外，他的冲突以及寻找冲突的出口可能是他工作的主题。比如，就像画家可以表达对山川景色的个人体验，他可以表达自己内在斗争的个人体验。但是只有当他的真实自我处于一定的活跃程度——带给他深层的个人体验、自发性的渴望和表达的能力时，他才能够进行创作。然而，由于和自我的疏离，这些能力在神经症中会受到损害。

　　到这里，我们看到了这个争论——神经症冲突是艺术家不可或缺的动力——中的缺陷。它们充其量能调动暂时的积极性，但创作冲动本身和创造力只能来自自我实现的渴望和服务于自我实现的能量。在某种程度上，当这些能量从简单而直接的生命**体验**转变成必须**证明**些什么——证明他是他本不是的样子，他的创造能力必然受损。相反地，在精神分析中当艺术家自我实现的渴望（他朝向自我实现的驱动力）得到了解放，他可能会恢复他的生产力。如果这种驱力的威力得到承认，那么关于神经症对于艺术家的价值的全部争论在最开始就不会出现。**因而，艺术家的创作不是因为他的神经症，尽管他患有神经症。**"艺术的自发性……是个人的创造力，是自我的表达。"[1]

---

[1] 参见英国哲学家约翰·麦克默里的《理智与情感》，费伯与费伯出版公司，伦敦，1935年。

第十四章　精神分析治疗之路

　　虽然神经症可能会造成严重的困扰，有时也可能相当平稳，但在本质上，它既不意味着第一种情况，也不意味着另一种情况。神经症是一个通过自己的动力产生的**过程**，伴随着它自己残酷的逻辑，覆盖人格中越来越多的方面。它是一个滋生冲突和需要——解决这些冲突——的过程。但是，由于个体只能找到人为的解决方案，新的冲突会再次出现，它再要求新的解决方案——这可能使个体以相当平稳的方式工作。这是一个驱使他离真实自我越来越远的过程，从而危及到他个人的成长。

　　我们必须清楚问题介入的严重性，以避免错误的乐观，想象快速而容易的治愈。事实上，只有当我们想到症状的解除，"治愈"这个词才适用，比如恐怖症或失眠，而且如我们所知，这可以通过许多方式实现。但是我们不能"治愈"一个人发展中所采取的错误的行动方向。我们只能帮助他逐渐超越他的困难，以便在他的发展中有可能呈现出更多建设性的行动方向。在这里，我们无法讨论精神分析的治疗目标所限定的许多方面。很自然，对于任何一位精神分析师来说，治疗目标都是来自他的信念，他认为神经症的要素是什么。比如，一旦我们相信人际关系困扰是神经症的关键因素，我们治疗的目标就是帮助患者建立良好的人际关系。当看到内心过程的本质和重要性，我们现在会倾向以更广泛的方式制定目标。我们想要帮助患者找到自我，并使他有可能致力于自我实现中。他建立良好人际关系的能力是自我实现的至关重要的部分，但目标也包含他具备创造性工作的能力，以及对自己负责的能力。精神分析师必须牢记从第一次治疗到最后一次治疗的治疗目标，因为目标决定了要做的工作以及完成工作的精神。

　　为了对治疗过程中的困难有一个大致的评估，我们必须考虑到对患者来说发生了什么。简言之，他必须克服阻碍他成长的所有需要、驱力或态度：只有当他开始放弃对自己的幻想和虚幻的目标时，他才有机会发现自己真正的潜能并发展它们。在某种程度上，只有当他放弃虚假的自负，他才会减少对自己的敌意，从而发展出坚固的自信。只有当他的"应该"失去了强制力，他才能发现自己真正的情感、愿望、信念和理想。只有当他面对自己现有的冲突时，他才有机会实现真正的整合，等等。

虽然这是不可否认的事实，而且对分析师来说是清楚的，但是患者并不是这样感受。他深信自己的生活方式——他的解决方案——是正确的，并且相信只有这样他才能获得平静和满足。他感觉他的自负给了他内在的坚韧和价值，没有他的"应该"，生活将会混乱，等等。对于客观的局外人，很容易说所有这些价值都是虚假的。但是只要患者认为它们是他拥有的唯一价值，就必然固守着它们。

此外，患者必须坚持他的主观价值，因为不这样做会危及到他的整个精神存在。他为自己内在冲突找到的解决方案，简单地以"掌控""爱"或"自由"这些词作为特征。在他看来，这些解决方案不仅是正确、明智和可取的方法，而且是唯一安全的方法。它们带给他统一感。直面他的冲突势必会带给他处于分裂状态的可怕前景。他的自负不仅给予他价值或意义感，而且保护他避免陷入同样可怕的——自我憎恨和自我蔑视——的危险中。

在精神分析中，患者避免认识到冲突或自我憎恨，而使用的特定方法与他整体的神经症结构相一致。扩张类型会避开认识到自己的恐惧和无助感，避开有关爱、关心、帮助或同情的需要。自谦类型会极为迫切地将视线从他的自负或谋求私利上移开。放弃类型为了防止他的冲突被调动起来，可能表现出谦谦漠然和缺乏活动的冷静外表。在所有患者中，避免冲突具有双重的结构：他们不会让冲突倾向到达表面，也不会去充分理解对冲突的任何洞察。一些人会通过理智或分隔化来试图逃避对冲突的理解。另一些人的防御更为扩散，并表现为潜意识中抗拒清晰的思考，或坚持潜意识的愤世嫉俗（在否定价值的意义上）。在这些例子中，混乱的思维和愤世嫉俗的态度使冲突的问题极其模糊，以至于患者确实无法看到它们。

患者努力回避体验自我憎恨或自我蔑视，其核心在于避免认识到任何未实现的"应该"。因此，在精神分析中他必须竭力避免任何对这些缺陷的真正洞察，根据他的内心指令这些缺陷都是不可原谅的罪过。因此任何对这些缺陷的建议，都被他认为是不公平的指控，并使他处于防御状态。不论在防御中他变得好斗还是让步，效果是一样的：这阻止了他清醒地审视真相是什么。

尽管患者在意识中具备良好的意图，但所有保护主观价值和避免危险的迫切需要——或对焦虑和恐惧的主观感受——解释了他与精神分析师合作能力的受损。它们也说明了患者采取防御状态的必要性。

到目前为止，他的防御态度的目标是维持**现状**。而且在精神分析工作的大部分时间里，这是突出的特征。比如，在与放弃类型工作的最初，患者需要全然地保持完好无损的超然、"自由""无欲"或"无战"政策、这决定了他对精神分析的态度。但是在扩张类型和自谦类型中，尤其是开始的时候，还存在另一种阻止分析进程的力量。就像在他们的生活中一味追求获得绝对的掌控、胜利或爱的积极目标，他们也会在精神分析中并通过精神分析力图实现这些目标。精神分析应该为他清除所有的障碍，使他拥有纯粹的胜利、永不失败，使他拥有神奇的意志力、不可抗拒的吸引力、从容不迫的圣洁，等等。因此，这不简单是患者处于防御状态的问题，而是患者和分析师积极地朝相反方向牵引的问题。虽然他们双方可能都会谈论演进、成长和发展，但他们指的是完全不同的事物。分析师的头脑中是真实自我的成长，患者只能想到理想化自我的完善。

所有这些阻碍力量在患者寻求精神分析帮助的动机上就已经发挥了作用。因为一些困扰，像恐怖症、抑郁、头疼、工作中的抑制、性障碍、这样或那样的重复性失败，人们想要被分析。他们前来是因为他们无法应付一些痛苦的生活状况，比如婚姻伴侣的不忠或离家出走。他们前来也可能因为他们以某种模糊的方式感到在他们的整体发展中被卡住了。所有这些困扰都似乎是考虑进行精神分析充分的理由，并且看起来不需要进一步检查。但是为了不久将要提到的原因，我们最好问一下："**谁**被困扰了？是那个真正希望幸福和成长的他自己，还是他的自负？"

当然，我们无法做出完全清晰的区分，但是我们必须认识到，自负在令一些现存的痛苦变得无法忍受方面发挥了压倒性的作用。例如，街道恐怖症可能对个体来说是难以忍受的，它伤害了这个人掌控任何状况的自负。被丈夫抛弃变成了一场灾难，因为它挫败了对于公平交易的神经症要求。（"我一直是一个这么好的妻子，所以我是有权利得到他永久忠诚的。"）并不会令其他人感到不安的性问题，对某个人变得难以忍受，因为他必须竭尽全力地处于"正常"。卡在自己的发展中可能极其痛苦，因为对于"不费力的优越感"的要求似乎并未实现。自负的作用也表现在，一个人可能因为一些伤害他自负的小困扰而寻求帮助——像脸红、害怕当众讲话、双手颤抖——然而更多障碍性的困扰都被轻易地跳过了，并且它们在个体去做精神分析的决定中起到的作用是模糊的。

另一方面，自负可能阻止那些需要帮助并且能够被帮助的人去求助精神分析师。他们对于"自给自足"和"独立"的自负可能使他们认为考虑去寻求任何帮助是羞耻的。这样做将是不被允许的"放纵"，他们应该能靠自己应对他们的困扰。或者他们对于自我掌控的自负，甚至可能禁止他们承认自己有任何神经症的问题。他们可能充其量是为讨论某个朋友或亲戚的神经症前来咨询。精神分析师必须在这些例子中警惕这种可能性——这是他们间接谈论自己的困境的唯一方法。因此，自负可能阻碍了他们对自身困境做出实际的评价，并且阻碍他们获得帮助。当然，这并不必然是一种特殊的自负在不允许他们考虑接受精神分析。他们可能被任何因素——产生自应对内在冲突的其中一个解决方案——所限制。例如，他们的"放弃"可能极其强烈，以至于宁愿无奈接受他们的困扰。（"我就长成这样了。"）或者他们的自谦倾向可能禁止他们"自私地"为自己做事情。

　　阻碍的力量也会在患者对精神分析的暗自期待中起作用——在讨论精神分析工作的普遍困难时我提到过。重述一下，他期待精神分析应该部分地消除一些令人不安的因素，而不改变他的神经症结构；以及部分地实现理想化自我的无限力量。此外，这些期待不仅涉及到精神分析的目标，而且涉及到应该如何实现这些目标。他很少（如果有的话）能清醒地评估精神分析将要做的工作。这里涉及到几个因素。当然，对任何只是从阅读中了解精神分析或者偶尔尝试分析他人或自我分析的人，去评估这份工作都是困难的。但是，就像在任何一次新的分析中，患者都会及时了解到如果他的自负不干涉，将会发生什么。扩张类型会低估他的困难并高估他克服困难的能力。他有智慧的头脑或全能的意志力，他应该能够立即理顺这些困难。相反，由于缺乏主动性和自身惰性导致陷入瘫痪的放弃类型，他作为一个充满兴趣的旁观者，会一边耐心等待，一边期待分析师提供不可思议的治疗线索。当患者身上自谦类型的元素更多地占据上风，他越会期待分析师因由他的痛苦和对帮助的恳求而简单地"挥舞魔法棒"（困难即刻消失）。当然，所有这些信念和希望都隐藏在合理期待的表层之下。

　　这种期待对于治疗的阻滞效果是相当明显的。不论患者是期待分析师的魔力还是他自己的魔力为他实现预期的结果，他自己聚集治疗工作所需能量的动力会被削弱，而精神分析变成了一个相当神秘的过程。不用说，合理化的解释是无效的，因为它们并无法远距离触及到决定那些"应该"和隐藏其后的要求的内在必要性。只要这些倾向起作用，短期治疗的吸引力就是巨大的。有关介绍这些治疗的出版物都仅仅针对症状的改变，患者忽视了事实，他们误解了可以一蹴而就地变得健康和完美——并为此着迷。

　　这些阻碍力量在分析工作中表现出来的形式是变化无穷的。虽然对精神分析师来说，为了快速识别，去了解这些阻碍力量是重要的，但我在这里只介绍其中的几个。而且我不会再讨论这些问题，因为我们感兴趣的不是精神分析的技术，而是治疗过程的基本要素。

患者可能会争辩、讽刺、攻击；他可能躲避在礼貌顺从的外表之下；他可能回避，放弃话题，忘记它；他可能不用脑子地谈论它，就好像它与自己并无关联；他可能用自我憎恨或自我蔑视的咒语来回应，从而告诫分析师不要再进一步推进，等等。所有这些困难都可能出现在直接针对患者问题的工作中，或在他与分析师的关系上。与其他人际关系相比，治疗关系在某一方面对患者来说是更容易的。分析师对患者的反应相对较少，因为他在专注于理解患者的问题。另一方面，治疗关系是更困难的，因为患者的冲突和焦虑被激发起来。然而，这是一种人际关系，患者在与他人相处中的所有困难也都会在这里发生。仅仅点出几个显著的问题：他对于掌控、爱或自由的强迫需要极大地决定了关系的基调，并使他对指导、拒绝或强制高度敏感。因为他的自负必然在这个过程中受到伤害，他往往很容易感到被羞辱。因为他的期待和要求，他也常常感到挫败和被虐待。他被调动起来的自我指责和自我蔑视使他感到被指控、被鄙视。或者，当置于自我毁灭的愤怒的影响下，他会立即辱骂、责骂他的分析师。

最后，患者经常高估分析师的意义。分析师对他们来说不仅仅是借助自己的训练和知识来帮助他们的人。不论他们有多老于世故，他们暗地里都会把分析师当作一个被赋予善恶超能力的有法术的人。他们的恐惧和期待共同产生了这种态度。分析师有能力伤害他们、粉碎他们的自负、激起他们的自我蔑视——但也能够产生神奇的治愈！总之，他是一个有能力把他们投入地狱或带进天堂的魔法师。

我们可以从几个角度来评估这些防御的意义。当与患者进行工作时，防御对分析过程的阻滞效果令我们印象深刻。它们使患者很难——有时甚至不可能——检视自己、理解自己以及做出改变。另一方面，如弗洛伊德在谈到"阻抗"时所认识到的，它们也是指引我们探究的路标。在某种程度上，我们逐渐理解了患者需要保护或提高的主观价值，以及他正在抵御的危险，我们了解到在他身上起作用的重要力量。

此外，虽然防御造成治疗中多方面的困惑，而且——天真地说——有时候分析师会希望它们少有发生，但是它们也使得治疗过程比没有它们时更加得稳固。分析师竭力避免过早的解释，但由于他并不像神一样的全知全能，他无法阻止这一事实，即有时患者身上更加令人不安的因素会被激发，而他无法处理。分析师可能发表一个他认为无害的评论，但是患者会以惊恐的方式解读它。甚至没有这些评论，患者通过他自己的联想或梦境也可能展开一系列可怕的、到目前为止没有指导意义的想象。因此，不论防御的阻碍效果如何，它们也会带来积极因素，就它们是直觉性的自我保护过程的表现来说，这个过程是由于自负系统产生的内在不稳定条件所必然造成的。

在精神分析治疗中出现的任何焦虑通常都会令患者恐慌，因为他往往把它看作是受损的标志。但是通常情况并非如此。它的意义只能在它发生的具体情境下给予评估。它可能意味着患者更加接近于面对他的冲突或自我憎恨，但比预计他能承受这些的时间点提前了。在这种情况下，他习惯的缓解焦虑的方式通常会帮助他应对。而后，似乎要开启的治疗之路再次关闭，他没能从这种经验中获益。另一方面，一个突然出现的焦虑也可能具有显著的积极意义。因为这可能表明患者现在感觉足够强大，有能力冒着更大的风险正视自己的问题。

精神分析治疗的道路是一条古老的道路，在人类历史上一次又一次被提倡。从苏格拉底和印度哲学的角度来看，它是**通过自我认识重新定向的道路**。其中新的、具体的内容是获得自我认识的方法，这归功于弗洛伊德这位天才。精神分析师帮助患者意识到他身上一切起作用的力量——阻碍的力量和建设性的力量，他帮助患者对抗前者，调动后者。尽管阻碍力量的削弱和建设性力量的激发同时发生，我们将分开讨论它们。

我对本书的主题进行过一系列的讲座，当在第九次讲座之后我被问到什么时候我会最终谈到治疗。我的回答是，我所说的一切都和治疗有关。所有关于可能的心理活动的信息，给每个人机会去了解自己的问题。当我们在这里问到类似的问题：患者为了根除它的自负系统和它产生的一切，他必须意识到的是什么？我们可以直接说，他必须意识到这本书中我们讨论的每一个方面：他对荣誉的追求、他的要求、他的"应该"、他的自负、他的自我憎恨、他与自我的疏离、他的冲突、他特定的解决方案——以及所有这些因素对于他的人际关系和创造性工作能力的影响。

此外，患者决不能只意识到这些个别因素，·而要了解它们之间的联系和相互作用。在这一方面，最具意义的是他认识到自我憎恨是自负不可分割的"同伴"，他不可能有其中一方而没有另一方。每一个因素都必须放在整个神经症结构的背景中去看。比如，他必须意识到他的"应该"来自他的各种自负；未被实现的"应该"会引发他的自我指责，而反过来，这些也解释了他保护自己免受它们攻击的需要。

意识到这些因素并不是指知道它们，而是了解它们。正如麦克默里所说的："这种专注于事物却忽略有关的人，正是'知道'态度的特点，通常也被称为客观性。这实际上只是去人格化……知道永远只是知道关于它的信息，不是了解它。科学不能教给你了解你的狗，它只能告诉你关于狗的一般情况。你只能通过在小狗生病时对它的照顾，通过教它如何在室内活动，以及和它一起玩球来了解它。当然，你可以**利用**科学带给你关于狗的一般信息更好地了解它，但那是另一回事。科学关注的是普遍性——关于一般事物或多或少的共性特征，而不是特定的事物。任何真实的事物总是特定的事物。从某种奇怪的角度来说，对事物的了解依赖于我们个人对它们的兴趣。”

但时，这种自我了解意味着两件事。首先，让患者大致地认识到他拥有大量错误的自负，他对于批评和失败的高度敏感，他责备自己的倾向或他具有的冲突，这是没有任何帮助的。重要的是他意识到这些因素在他身上起作用的**具体**方式，以及它们在他过去和现在的**特定**生活中的**具体细节**表现。泛泛地认识——比如说，一般性的“应该”，甚至是它们在其身上起作用的普遍事实——无法帮助到任何一个人，这似乎是不言自明的。相反，他必须认识到它们的特定内容，那些使它们成为必要的特定因素和它们对他特定生活的特定影响。但是，出于许多原因（他与自我的疏离，他需要掩饰潜意识的伪装），患者要么态度模糊，要么不涉及个人的主观情感，因此强调具体因素和特定因素是必要的。

再者，他对于自己的了解决不能停留在理性的认识上，尽管它可能开始于这种方式，但是它必须变成一种**情感体验**。这两个因素紧密地联系在一起，因为没有人能够体验他一般性的自负，他只能体验到某件明确事情上的特定自负。[1]

那么，为什么患者不仅要考虑到他自身的力量，还要感受到它们是重要的？因为只是在理性上的认识，从严格意义上来讲是根本没有“认识”[2]：这对他来说不是真的；这不会变成他的所属物；这不会扎根于他。他用理性所看到的特殊的东西可能是正确的，然而就像一面不吸收光线，只反射物体的镜子一样，他可以把这种“洞见”运用在别人身上，而非自己身上。或者他在理性

---

[1] 在精神分析的历史上，最初理性的认识似乎被看作是治疗途径。那时，它意味着童年记忆的出现。对于理性控制的高估也在那时表现在人们的期待中，即只要认识到某些倾向的不合理性，就足以让事情好转。后来，钟摆又转向另一个极端：对一个因素的情感体验变成首要的，并且从那时起它被各种方式强调。事实上，重点的转变似乎是大多数精神分析师进步的特征。每个人好像都需要重新发现自己情感体验的重要性。参见奥托·兰克和桑多儿·费伦克兹的“精神分析的发展”，《神经与精神疾病》，华盛顿，1925年；西奥多·赖克的《惊奇与精神分析师》，开根·宝罗出版社，伦敦，1936年；J.G.奥尔巴赫的“通过心理治疗的价值改变”，《人格》，第一卷，1950年。

[2] 根据韦伯斯特辞典，“认识是通往现实的行为或过程”。

上的自负可能以许多形式瞬间占据上风：他由于发现了别人回避的东西而感到骄傲；他开始操控特定的问题，比如，通过转变和扭曲而使得他的报复或受伤害的感受立即变成完全合理的反应。或者，可能最后在他看来，他理性的力量本身就足以消除问题：看见**即解决**。

另外，只有当体验到至今为止潜意识或半意识的感受和驱力在非理性上的全面影响，我们才能逐渐认识到潜意识力量在我们身上起作用的强度和强迫性。对于一位患者而言，由于他不可抗拒的自负或他要占有伴侣身体和心灵的自负受到了伤害，去承认自己对于无回应的爱的绝望实际上是一种羞辱感，这是不够的。他必须**感受**到羞辱，以及感受到之后自负对他的控制。模糊地认识到他的愤怒或自责可能超出了正常范围也是不够的。他必须**感受**到他的愤怒的全部影响，或者感受到他自我谴责的深度：只有这样，某些潜意识过程（和它的非理性）的力量才会摆在他面前。只有这样，他才可能有动力更多地了解自己。

同样重要的是在适当的背景下去感受情绪，并且尝试体验那些我们只是看到尚未感受到的情绪或驱力。比如，回到那个没能爬到山顶时被狗吓到的女人的例子——恐惧本身被充分地感受到了。帮助她克服这种特定恐惧的是认识到恐惧来自自我蔑视。虽然后者几乎没有被体验到，但她的发现同样意味着恐惧在适当的背景下被感受到了。但只要他没有感受到深层的自我蔑视，其他各种恐惧会持续发生。而只有在她非理性对自我的要求——掌控一切困难——的背景下体验到自我蔑视，这种体验才能反过来帮助到她。

迄今为止，一些潜意识的情感或驱力的情感体验可能突然发生，然后给我们留下出乎意料的印象。更经常的是，它在认真处理一个问题的过程中逐渐出现。比如，一位患者可能最初认识到现有的易怒情绪包含了报复性的因素。他可能发现这种情况和受伤害的自负之间的关联。但是在某一时刻他必须体验到这种受伤害感受的完整强度以及报复性的情感冲击。同样，他可能最初发现自己的愤怒或受虐的感受超出了正常范围。他可能意识到这些感受是因为某些期待落空的失望反应。他认识到精神分析师的建议——它们可能是不合理的，但是他自己认为它们是完全正当的。逐渐地，他会发现那些甚至连自己都认为是不合理的期待。后来，他意识到它们并不是无害的愿望，而是僵化的要求。他会及时发现这些情感的范围和它们奇妙的本质。然后，他会体验到当这些情感受到挫折时，他是如何被彻底粉碎或者如何怒火中烧。最后，他领悟到这些情感的内在力量。但是所有的这些都与他宁死也不愿放弃它们的感觉仍然相差甚远。

最后的一个例证：他可能知道他认为"侥幸通过"是极为可取的，或者知道有时他喜欢愚弄或欺骗别人。当这方面的觉察放宽时，他可能意识到他有多嫉妒那些比自己做得好而"侥幸通过"的人，或者他有多气愤自己被愚弄或被欺骗。他越来越认识到实际上他对他的欺骗或虚张声势的能力有多骄傲。在某一时刻，他也必须从骨子里感受到这实际上是一种充满吸引力的激情。

然而，如果患者完全没有感受到某种情绪、冲动、渴望或者其他一些什么，要怎么办？毕竟我们不能人为地制造情感。不过，如果患者和精神分析师都确信让情感出现——不论它们可能关于什么，并且让它们以既定的强度出现是**可取的**，这会提供一些帮助。这会同时提醒他们两个人，仅仅是脑力工作和有情感参与的差别。此外，这也会激发他们去分析干扰情感体验因素的兴趣。这些因素可能在范围、强度和种类上各不相同。对于精神分析师来说重要的是，确定它们是否阻碍了所有情感的体验或仅是特殊情感的体验。患者没有能力或者很少有能力体验任何**悬而未决**的事，这是其中显著的一点。一个相信自己是极端周到的人最终认识到自己可能是一个令人生厌的专横的人。然后，他匆忙地做出价值判断，认为这种态度是错误的，他必须停止。

这种反应看起来像是对神经症倾向采取的一种对立立场，并想要改变它。事实上，在这些例子中，患者被夹在他的自负和他对自我谴责的恐惧的车轮中，因此在他们有时间去认识和体验这些情感强度之前，他们试图匆忙地抹去特定的倾向。另一位患者对接受他人的帮助或利用他人有禁忌，他发现隐藏在他过度谦虚之下的是他一心追求自身利益的需要；他发现事实上，如果他没有从一个环境中获益，他会大发雷霆；他发现每次他和在某些方面对自己重要，又比自己状况好的人在一起时，他都会感到不舒服。然后再一次，他瞬间跳入结论：认为自己完全是令人讨厌的，从而对被压抑的攻击倾向可能的体验和继而的理解都被扼杀在了萌芽状态。现有的冲突来自强迫性的"无私"和强迫性贪婪的占有欲之间，而认识这一冲突的大门被再次关闭。

那些思考过自己，并且觉察到相当多内在问题和冲突的人常说："我对自己相当（甚至完全）了解，并且这帮助我更好地控制自己，但是实际上我仍然感到不安全感或痛苦。"通常在这种例子中，事实是他们的洞察既过于片面，又过于肤浅，换句话说，并不是像刚刚呈现的深刻而全面的认识。但是假设一个人确实体验到了某些重要的力量在他身上起作用，并且看到它们对其生活的影响，这些洞察本身会如何以及多大程度上帮助他解放自己？当然，它们可能有时会令他不安，而有时又令他感到释放，但是它们实际上对他的人格做出了什么改变？草率地讲，这个问题似乎太过笼统而无法给出令人满意的答案。但是我怀疑我们都倾向于高估它们的治疗效果。因为我们想要完全弄清治疗的动因是什么，那么，让我们查看一下这种认识所带来的改变——它们的可能性和它们的局限。

如果不对自己进行一些重新定位，没有人能够了解他的自负系统和他的解决方案。他开始意识到关于自己的某些想法是不切实际的。他开始怀疑是否他对自己的要求对任何人来说也都不可能实现？是否他对别人的要求除了根基不稳固，也完全是无法实现的？

他开始看到自己并不具备——或者至少不是他相信的程度——某些令他无比骄傲的品质，比如他极其骄傲的独立性，实际是对强制的敏感而非真正内在的自由；由于他充满潜意识的伪装，事实上他自己并没有他以为的那么绝对诚实；尽管他具备掌控的自负，但他甚至无法在自己的家中做主；他对人们大量的爱（这使他如此出色）是来自于被喜欢或被赞赏的强迫性需要。

最后，他开始质疑他的整套价值观和目标的正确性。或许他的自我责备不简单是他的道德敏感性的标志？或许他的愤世嫉俗并不是表明他超越了世俗的偏见，而仅仅是一种权宜之计，以逃避直面他自己的信念？或许他把别人都看作骗子并不是纯粹世俗的智慧？或许由于他的超然他失去了很多？或许掌控或爱并不是一切问题的终极答案？

所有这些变化都可以被描述为对现实检验和价值观检验的逐步工作。通过这些步骤，自负系统会越发被削弱。这些都是重新定向的必要条件，这也是治疗的目标。但目前为止，它们都是**幻想破灭的过程**。如果建设性的举动没有同时发生，破灭本身不能也不会具备彻底而持久的解放效果（倘若有一些的话）。

在精神分析早期的历史上，当精神病学家开始思考将精神分析作为可能的心理治疗形式时，一些人提倡在分析结束后应该"综合"（synthesis）这些观点。他们承认，在治疗过程中有拆除一些东西的必要。但是在结束之后，治疗师必须给予患者一些积极的东西，使患者能够靠它们生活下去，能够以此为信念，以此为工作的目标。虽然这些建议很可能来自对分析的误解，并且包含许多谬误，但是它们也来自良好的直觉感受。实际上这些建议对我们学派的精神分析思考比对弗洛伊德学派更为中肯，因为他没有看到如我们所见的治疗过程：关于要放弃有阻碍作用的因素，以便给予建设性力量成长的可能性。在旧有的建议中，主要的谬误在于它们归功于治疗师的角色。他们不相信患者自身的建设性力量，他们认为治疗师应该像一个**解围之神**，人为地提供给患者更积极的生活方式。

我们回到古代的医学智慧，它认为治愈的力量是心智中固有的，就如同也是身体固有的，在身心失调的情况下，医生只是伸出援助之手去除有害之物，并支持治愈力量的发生。**幻想破灭的过程，其治疗价值在于这样的可能性：随着阻碍力量的削弱，真实自我的建设性力量有了成长的机会。**

精神分析师在支持这个过程中的工作与分析自负体系的工作有很大的区别。后一项工作除了要求技术技能的训练之外，还要对潜意识的复杂性以及个体在发现、理解和联系事物方面的独特性有广泛的了解。为了帮助患者找到自我，精神分析师也需要通过自己得到的体验来了解，通过梦以及其他途径来了解，而后真实的自我可能浮现出来。这种了解是可取的，因为这些方式丝毫不明显。他还必须了解什么时候以及如何使患者有意识地积极参与进这一过程。但是比这些因素更重要的是，精神分析师本人是一个建设性的人，并且对终极的目标有清晰的愿景，那就是帮助患者找到他自己。

从最开始，患者身上就有治愈的力量在起作用。但是在分析开始时，这些力量通常缺乏活力，必须被调动起来才能在对抗自负系统的过程中提供真正的帮助。因此，在最开始，分析师必须完全带着善意或积极关注来做工作。无论出于什么原因，患者都会有兴趣摆脱掉某些困扰。通常（同样，无论出于什么原因）他的确想要改进这一点或那一点：他的婚姻、他与子女的关系、他的性功能、他的阅读、精神专注的能力、社交自如的能力、赚钱的能力，等等。他可能对精神分析乃至对自己有求知欲；他可能想要给分析师留下思想独到或获得洞见之迅捷的印象；他可能想要取悦，或者成为一个完美的病人。而且，患者可能开始有意愿甚至渴望配合精神分析的工作，因为他期待自己或分析师的力量能带来神奇的疗效。比如，他可能仅仅是认识到这一事实——他过度顺从或过于感激别人给他的任何关注，他就立刻被"治愈"了。这种动机因素不会带他度过分析工作中令人不安的阶段，但是对于开始阶段来说是绰绰有余的，至少大部分的初期工作都没有太困难。与此同时，他了解到一些关于自己的部分，并在更坚实的基础上发展出兴趣。分析师有必要利用这些动机，弄清它们的本质，并且决定一个合适的时间，将这些不可靠的动机因素作为分析的对象。

在早期精神分析的工作中去调动真实的自我，这看起来是最可取的。但是是否这种尝试是可行和有意义的，就像所有的尝试一样，这取决于患者的兴趣。只要他的精力放在巩固自我理想化和相继的压制真实自我上面，这些尝试就容易是无效的。然而，我们在这方面的经验不多，可能还有我们现在没有想到的更多的可行之路。从一开始到之后，最大的帮助来自患者的梦境。在这里我无法展开我们关于梦的理论。简单地提出我们的基本原则应该就足够了：在梦中，我们更接近自我的现实；它们代表着要么用神经症的方式，要么用健康的方式来尝试解决我们的冲突；在梦中，建设性的力量能够工作，即使那时几乎无法在别处看到它们。

即使在精神分析的开始阶段，患者也能够从具有建设性元素的梦中瞥见在他身上运行的世界，这个世界是他特有的，并且相比他幻想的世界更真实地反映在他的情感中。在梦中，患者会因为他对自己所做的事情，用象征的形式表达对自己的同情。梦揭示了深层的悲伤、怀旧和渴望；在梦中他挣扎着要活过来；在梦中他意识到自己被囚禁并想要逃离；在梦中他温柔地种植一株正在生长的植物，或者他在房子里发现了一间之前不知道的屋子。分析师当然会帮助他理解这些象征性语言所表达的含义。但是此外，他可能强调患者在梦中表达的意义是他不敢在清醒的生活中感受和渴望的东西。患者可能提出一个问题，例如，就像他有意识表现出来的乐观并不真实一样，是否他的确感受到的对自己的悲伤，并没有比他的乐观更真实。

最后，其他的方法也可能有效。患者自己可能会好奇为什么他对自己的情感、愿望或信念的了解如此之少。那时，分析师会鼓励这种困惑的感受。不论他是以何种方式表达的，大量被滥用的"自然"一词似乎都是恰当的。因为对一个人来说，去感受他的情感，去了解他的愿望和信念，这的确是自然的——这在他的本性中。而且有理由去好奇，这些自然的能力什么时候会不起作用。如果这种好奇没有被主动提出，分析师可以在适当的时候发起这样的提问。

所有这些或许看起来都是微不足道的。但是这里得到的并不仅是普遍的真理——好奇是智慧的开端，更具体、更重要的是患者意识到他远离了自我却没有忘却自我。这种影响可以和一个在独裁统治下长大的年轻人去学习民主的生活方式相类比。这一信息可能立即被渗透，也可能伴随怀疑态度地被接收——因为他本不相信民主。尽管如此，他可能逐渐明白他错过了一些值得追求的东西。

在一段时间内，这种偶尔的评论可能是有必要的。只有当患者对"我是谁"的问题感兴趣时，分析师才能更积极地尝试使他意识到他有多么不了解、不关心自己真实的情感、愿望或信念。举个例子：当患者看到自身哪怕很小的冲突，他会感到害怕。他害怕分裂和疯掉。这个问题从几个角度进行处理，比如只有当一切都在理性的控制下，他才感到是安全的；或者他害怕的任何微小冲突都会在他与外部他所觉察的充满敌意的世界的斗争中，削弱自己的力量。通过聚焦在真实自我上，分析师可以指出冲突之所以令人害怕，可能因为它的强度，也可能因为患者的真实自我发挥了太少的作用，使得他无法处理一个即便很小的冲突。

或者，让我们描述一位无法在两个女人之间做选择的患者。随着精神分析的进程，这一点越来越清晰：他最大的困难是无法在任何情况下表态，无论是关于女人、思想、工作或生活领域。分析师也可以从多个角度处理这个问题。首先，只要普遍的困难不明显，分析师就必须弄清楚某个特定的决定所包含的意义。随着无法做决定的普遍性变得清晰起来，他可能会揭开患者设法拥有一切的自负——他想要拥有蛋糕，也想要吃掉它。因此患者感觉选择的必然性是一种丢脸的落魄。另一方面，从真实自我的角度来看，他会谈到患者之所以不能表态，是因为他离自我太遥远，从而不知道自己的偏好和方向。

患者又一次诉说他的顺从。日复一日，他承诺或做自己并不关心的事情，仅仅因为别人的渴望或期待。在这里，同样可以根据当时的情境从许多有利的角度处理这个问题：他必须要避免摩擦，他不认为自己的时间有任何价值，他能够做所有事情的自负。然而，分析师可以简单地提出这个问题："你从来没有问过自己你想要的或者认为正确的是什么吗？"除了以这种间接的方式调动真实自我之外，分析师也不会失掉机会去明确地鼓励患者表现出这些迹象：在他的思想或情感中更为独立，为自己负责，对自我的真相更感兴趣，靠自己来捕捉他的伪装、他的"应该"和他的外化表现。鼓励也包括在两次分析治疗的间隔期，患者所做的每一次自我分析的尝试。此外，分析师将显示或强调这些步骤对患者人际关系的具体影响：他对别人降低了恐惧，减少了依赖，因此对他们更能够萌生友善或同情的感受。

有时患者几乎不需要任何鼓励，因为不管怎样，他都感到更自由、更有活力。有时他倾向于贬低采取这些步骤的重要性。轻视这些步骤的倾向必须进行分析，因为它可能意味着对浮现真实自我的恐惧。此外，分析师会提出这样的问题：在此刻，什么使患者更有可能自发地做决定，或为了自己积极地行动。因为这个问题可能会帮助我们理解患者勇于做自己的相关因素。

当患者开始有一个略微坚实的立足点，他变得更有能力**应对他的冲突**。这并不意味着冲突只在现在才被看到。分析师早就看到了它们，甚至患者也觉察到它们的迹象。对于其他的任何神经症问题也是如此：意识到它以及它引发的所有步骤，这个过程是逐渐发生的，并且对它进行工作会贯穿整个精神分析的过程。但是，如果患者与自我的疏离没有减少，他不可能体验到**他的**这种冲突，并与它们搏斗。正如我们看到的，许多因素对于这一发生——对冲突的认识变成一种破坏性的体验——起到了推动作用。但在这些因素中，与自我疏离是最显著的。理解这种联系最简单的方式是在人际关系中看到冲突。让我们假设一个人与两个人关系亲密——父亲和母亲，或者两个女人，他们试图把他拉向相反的方向。他越是不知道自己的情感和信念，他越容易反复摇摆，他可能在这个过程中崩溃。反之，他越坚定地扎根于自己，这种相反拉力对他的损耗就越少。

患者逐渐意识到他们的冲突的方式有很大不同。他们可能意识到在特定情况下的分裂情感——比如对于父母或婚姻伴侣的矛盾情感——或者关于性活动或思想流派的矛盾态度。打个比方，患者可能意识到他既憎恨自己的母亲，又忠于自己的母亲。看起来他似乎意识到了冲突，尽管这只是关于某个特定的人。但实际上，这是他形象化冲突的方式：一方面他为他的母亲感到难过，因为她作为殉道者的类型，总是不快乐；另一方面他对于母亲感到愤怒，因为她对绝对忠诚的令人窒息的要求。对于像他这类人来说，这两种反应都是极其能被理解的。接下来，他所构想出的爱或同情变得更清晰了。他应该是一个理想儿子，应该使母亲感到快乐和满足。因为这是不可能的，所以他感到"负罪"并加剧了对这个问题的关注。这种"应该"（如接下来显示的）并不局限在这一种情境中，在他生活中的任何情境里，他都应该是**绝对完美的**。于是，他的冲突的另一部分浮现出来。他也算是一个相当超然的人，怀着不被人打扰或不被人抱以期待的要求，并憎恨每一个这么做的人。**这里的进展从他把矛盾的情感归因于外部状况**（他母亲的性格），**到意识到自己在特定关系中的冲突，再到最终认识到主要的冲突在他自身**，因为冲突存在于自身，它作用在他生活的各个领域。

其他患者可能在最初只是闪烁地看到自己主要人生哲学中的矛盾之处。比如，自谦类型的人可能突然间意识到在他身上有大量对他人的轻蔑，或者他抗拒必须"友善"地对待他人。或者，他可能突然认识到对于特权的过分要求。虽然，这些在最初并没有令他认为是矛盾的，更不用说是冲突了，他是逐渐地意识到，它们对于他的过度谦虚和对每个人的喜爱确确实实是矛盾的。然后，他可能暂时地体验到冲突，比如当他强迫性的助人行为没有得到"爱"的回报，他会由此认为自己是个"失败者"而对自己感到盲目的怒火。他完全惊呆了——这种体验把他吞没了。接下来，他对自负和利益的禁忌可能如此僵化而非理性地凸显出来，以至于他开始对禁忌产生怀疑。当他善良和圣洁的自负被逐渐削弱，他可能开始认识到他对别人的嫉妒；看到对自我利益的贪婪的算计；看到自己吝啬付出的方式。发生在他身上的过程，部分地可以被看作是对自身存在的矛盾倾向越来越熟悉。但单独这些，仅仅解释了某种程度上看到这些倾向的吃惊被逐渐缓解的过程。从动力机制来看，更重要的是，他通过所有的分析工作而变得更加强大，从而能够逐渐面对这些倾向，而没有受到根本的动摇——因此他能够对它们进行工作。

　　同样，其他的患者可能认识到自身的冲突，但它的轮廓极其模糊，含义也极为不确定，以至于最初它一直是令人费解的。他们可能会说理智和情感之间的冲突，或者爱情和工作之间的冲突。这种表述形式是难以理解的，因为爱和工作并不对立，理智与情感也不对立。分析师无法以任何方式直接处理它。分析师仅仅认识到这一事实：某个冲突一定在这些领域中起作用。他把冲突牢记在心，并尝试逐渐地理解对于这个特定患者它的含义是什么。同样，患者可能最初没有认为这是个人的冲突，而可能把它和现有的处境联系起来。比如，女人可能基于文化背景把冲突放置在爱情和工作之间。她们可能会指出，事实上女人很难既做好事业，又做好妻子和母亲。逐渐地，她们可能领会到在这方面她们存在个人冲突，它是比现有的外部困难更相关的因素。长话短说：在爱情生活中，她们可能倾向于病态的依赖，然而在事业中，她们可能表现出神经症的雄心和对胜利的需要所包含的一切特征。后面的这些倾向通常被抑制，但是却足够活跃到使她们富有一定的生产力，或至少取得一定的成功。从理论上说，她们尝试把自谦倾向转移到爱情生活中，而把扩张驱力转移到工作中。事实上，这样清晰的划分是不可行的。在精神分析中它会大致地显现出来，对于掌控的驱力也会在她们的爱情关系中运作，就像自我克制的倾向也会在她们的事业中起作用一样——结果是她们变得越来越不快乐。

　　患者也可能坦率地呈现出——在精神分析师看来——其生活方式或整套价值观中公然的矛盾。首先，他们可能表现的是其中的一面：甜美光明、过度顺从、甚至卑微。然后，对权力和声望的驱力可能涌现出来，比如，表现出对社会声望或征服女性的渴望，明显地伴随着施虐与冷酷的暗流。有时，他们可能表达出一个信念——他们无法保持怨恨，而另一些**没有因矛盾而造成不安**的时候，他们具有报复性愤怒的野蛮诅咒。或者一方面，他们可能想要通过精神分析获得一种报复的能力，它不受到任何情绪的打扰；而另一方面，他们又想获得神圣的、隐士般的超然态度。但他们完全不理解这些态度、驱力或信念是怎样构成了冲突。反而，他们因为比那些遵从"狭窄的美德之路"的人拥有更广泛的情感或信仰而感到骄傲。分隔化走向了极端。但是分析师无法直接处理它，因为保持这种分隔的需要要求患者对真理和价值具备不寻常的迟钝、大量地忽略现实证据、严重地避开为自己承担任何责任。在这里，扩张与自谦驱力的含义和力量也将逐渐清晰。但是，除非对他们的逃避和他们潜意识的不诚实做大量的工作，仅仅呈现出来是没有效果的。这通常需要对广泛和顽固的外化表现进行工作，对仅在想象中实现他们的"应该"进行工作，对他们善于发现和相信不可信的借口以保护免受自我的指责进行工作。（"我已经很努力了，我生病了，我被如此多的麻烦困扰，我不知道，我很无助，已经好多了，"等等）所有这些措施使他们有一种内在的平静，但是随着生活在继续，也往往削弱了他们的道德素养，于是使他们无法面对自我憎恨和他们的冲突。这些问题需要长时间的分析工作，但也由此患者可能逐渐地获得了充分的稳固，从而敢于经验和解决他们的冲突。

做个总结：由于冲突的干扰本质，它们在分析工作的最初是模糊的。倘若它们竟然被看到了，也只能是和具体情境有关——或者它们可能以过于模糊、普遍的形式被想象出来。它们可能闪现，过于短暂以至于无法获得新的含义。它们可能被分隔化。这方面的改变发生在这些方向上：它们越发被看作是冲突，而且是**个人**的特定冲突；它们被归结到本质上：患者并非只看到遥远的表现形式，他们开始切实地看到自身的冲突。

虽然精神分析工作是艰辛的、令人不安的，但它也是解放性的。分析工作取代了僵化的解决方案，它们可以在这时通向内在的冲突。特定的主要解决方案，其价值在分析的过程中被减损，最终瓦解。此外，人格中不熟悉的或尚未发展的方面被揭开，并得到发展的机会。可以确定的是，首先出现的仍然是更倾向神经症的驱力。但这是有用的，因为自谦类型的人必须先看到自己追求私利的自我中心，之后才有机会发展健康的自信；他必须先体验到神经症的自负，之后才能接近真正的自我尊重。相反，扩张类型的人必须先体验到他的不幸和对人的需要，才能够发展出真正的谦卑和温情。

随着所有的分析工作顺利进行，患者现在能够更直接地处理最广泛的冲突——在他的自负系统和真实自我之间的冲突，在他完善理想化自我的驱力和作为人类渴望发展既定潜能之间的冲突。一组力量逐渐地出现，核心的内在冲突成为焦点。在随后的时间里，精神分析师的首要任务是保证聚焦，因为患者自己很容易忽略它。伴随着这组力量，精神分析中最获益也最动荡的阶段开始了，它在程度和持续时间上有所不同。动荡是猛烈的内在斗争的直接表现。动荡的强度与这个紧要关头的事件其基本重要性相一致。这个问题的本质是：患者是否想要保留他的幻想、要求、虚假自负所残留的浮夸和迷人的部分？或者，他能够接受自己作为一个人——这意味他具备所有普遍的局限性，具备他特殊的困难，但也具备成长的可能？我猜想，在我们的生活中没有比这更为关键的十字路口了。

　　这段时期的特点是跌宕起伏，通常以快速连续的方式。有时患者向前推进，这可能以各种各样的方式表现。他的情感更为活跃；他可能具有更多的自发性，更直接；他能够想到去做建设性的事情；他对别人感到更友善或更富有同情心。他对于自我疏离的许多方面更加警惕，并且能够自己捕捉到这些方面。比如，他可能快速地认识到他没有"置身于"某个情境中，或者他在责备别人，却没有面对自己的问题。他可能意识到他为自己做的事实际上有多么少。他可能记起过去的事件——他曾经不诚实或残忍的行径，他会更严肃地评价和表达遗憾，但是没有压倒性的负罪感。他开始看到自己身上好的地方，意识到某些存在的优势。他可能因为自己坚韧的奋斗而给予自己适当的赞赏。

　　这种对自己更切实的评价也可能出现在梦中。在一个梦里，患者出现在避暑木屋的象征中，房屋因为很久没有人住过，已有损毁，但仍然是好的材质。另一个梦预示着他企图摆脱为自己承担责任，但最终明确地认识到了责任：患者看见自己是一个青春期的男孩，只是为了好玩，他把另一个男孩装进行李箱中。他不是故意要伤害对方，也并非对其怀有任何敌意，但是他只是忘记了那个男孩，结果他死了。做梦者有一点想逃跑，但是那时一个官员和他交谈，并以非常人性化的方式向他展示了简单的事实和后果。

　　在这段建设性的时期之后，紧接着是**反弹**，其中主要的元素就是重新爆发的自我憎恨和自我蔑视。这些自我毁灭的情感可能被直接地体验到，或者它们通过报复性的方式外化出来——感觉受虐或者有施虐或受虐的幻想。患者可能模糊地认识到他的自我憎恨，但是敏锐地感受到他对自我毁灭冲动的焦虑反应。最后甚至连焦虑反应都没有了，而他习惯化的防御方式变得再度活跃起来——比如酗酒、性活动、对于陪伴的强迫性需要，或者表现得浮夸或傲慢。

　　所有这些不安都会带来更好的真正的变化，但是为了对它们准确地评估，我们必须考虑情况改善的稳固性和促使"复发"的因素。

　　患者有可能会高估他的进展。他忘记了罗马不是一天建成的。他会出现——我开玩笑称它为——"对健康的狂欢"。现在他能做许多之前不能做的事，在他的想象中，他应该成为并且就是——被完美调整的样板、完美健康的样板。虽然一方面，他更加有准备做自己，但他也把他的进展作为最后实现理想化自我——完美健康的荣誉——的机会。这一目标的吸引力仍然足够有力，致使他暂时地运转不良。一个轻度的兴奋会使他暂时保留尚未解决的神经症困难，并使他更确定他已经克服了自己的所有问题。但是他对自己的普遍认识要比之前大得多，这种情况不可能持续下去。他势必会认识到尽管他实际上很好地处理了许多情况，但是大量旧有的神经症困难仍然存在。正是因为他以为自己已经在巅峰，这种认识会让他产生对自己更大的打击。

其他患者看起来冷静、小心地对自己和分析师承认他们的进展。他们反而倾向于贬低自己的进步，通常以非常不易觉察的方式。然而当他们遇到自身或外部环境中他们无法应对的问题时，一个类似的"复发"可能会出现。在这里，和上一组人的情况相同，但是没有美化想象力的部分。这两类人都尚未准备好接纳自己是有困难和局限的，或自己并不具备不同寻常的优势。他们的勉强不情愿可能被外化。（我愿意接纳自己，但如果我不完美，人们会厌恶我。他们只有当我极其慷慨和富有成效时才喜欢我，等等。）

到目前为止，引发情况急剧受损的因素是患者尚且无法应对的神经症困难。在最后一种反弹的情况中，推动的因素不是尚未克服的困难，相反，是朝向建设性方向明确的进展。它并不需要是一个惊人之举。患者可能只是感受到对自己的同情，并且第一次体验到他既不是特别优秀，也不是特别可鄙，而是一个努力奋斗，时常被困扰的人——他真的是这样。他逐渐领悟到"这种自我厌恶是虚假自负的产物"，或者他必然不需要为了获得任何的自我尊重而去成为一个独特的英雄或天才。同样的态度改变可能也出现在梦中。一位患者梦见一批纯种赛马，它现在一瘸一拐并且看起来湿漉漉的。但是他想："我也可以这样爱它。"但是在这种体验之后，患者可能会沮丧，无法工作，并且感到普遍的灰心。结果证明他的自负在反抗，并且占据了上风。他遭受着自我蔑视的剧烈诅咒，并且对此感到愤怒，认为"把目标定这么低"和沉溺于"自怜"中是可鄙的。

通常，这种反弹出现在患者做了一个深思熟虑的决定和为自己做了一些建设性的事情之后。比如，一位患者由于考虑到手头上的工作更重要，所以拒绝了别人占用他时间的要求，而没有感到烦恼或内疚，对这位患者来说，这意味着向前进展的一步。另一位患者因为认识到自己的爱情关系主要基于她和爱人身上的神经症需要，这段关系对她失去了意义，也不再具备走下去的希望，所以她结束了这段关系。她坚定地执行了这个决定，尽可能少地伤害她的伴侣。在这两个例子中，患者最初都对他们处理特定情况的能力感觉良好，但是不久之后就变得恐慌。他们被自己的独立性吓到了，被不讨人喜欢和"攻击性"吓到了，他们斥责自己是"自私的野兽"，并且在一段时间，急于回到了安全界限以内——自我放弃的过度谦虚——的庇护所。

最后要举的例证需要更全面的治疗，因为它比其他例子涉及更积极的步骤。在这个例子中，患者与年长很多的哥哥一起工作，他们从父亲那里共同接管过家业，并发展得很成功。哥哥是有能力的、正义的、支配性的，并具有许多典型的傲慢—报复型的倾向。患者总是生活在他的阴影下，被他胁迫，对他盲目的崇拜，想尽办法地安抚他，自己却并不知道这些。在精神分析过程中，他内在冲突的反面涌现出来。他开始对哥哥挑剔，公然地竞争，有时相当好斗。哥哥以同样的方式回应，一方的反应强化了另一方，很快他们几乎不说话了。办公的氛围变得紧张起来，同事和雇员偏袒一方或另一方。起初我的患者是高兴的，他终于能够"坚持"自己而反对哥哥了，但是他逐渐认识到他也在报复性地摆脱哥哥的傲慢态度。在对自己的冲突进行了几个月富有成效的分析之后，最终，他对整个形势有了更宽阔的视角，并认识到处于危险中的更严峻的问题，这要比个人的斗争和恩怨更重要。他不仅看到了在整个紧张形势中他负有的责任，而且更重要的是，他准备主动地承担这些责任。他决定和哥哥谈一次话，他完全知道这并不容易。在接下来的谈话中，他既不害怕，也没有心怀报复，而是保持自己的想法。由此，他开启了他们基于更健康的基础来建立未来合作的可能性。

　　他知道自己做得很好，并为此感到高兴。但是同一个下午，他变得恐慌，感到恶心头晕而不得不回家躺下。他完全没有要自杀，但是头脑中闪现的念头让他理解了人们为什么会自杀。他试图理解这种情况，重新审视他谈话过程的动机和行为，但是无法发现任何令人不快的地方。他完全糊涂了。尽管如此，他还能够睡着，在第二天清早他感觉平静多了。然而，他醒过来之后又想起他遭受的来自哥哥的各种侮辱，而后重新升起了怨恨。当我们对这个烦恼进行分析的时候，我们看到了他受到两方面的打击。

　　他要求并坚持做到了和哥哥谈话的精神，与迄今为止他所依赖的（潜意识的）价值观截然相反。从扩张驱力的角度，他**应该心怀报复**并获得报复性的胜利。在这方面，他对自己尖锐的指责是他变成一个和事佬，甘心放下了怨恨。另一方面，从仍然存在的自谦倾向的角度，他**应该是温顺的**、自我屈从的。因此在这方面，他嘲笑地攻击自己："弟弟想要超过哥哥！"如果当下，他实际中要么傲慢要么退让，他可能也会在事后感到不安，尽管程度低一些，但它不会令人困惑。因为不论任何人努力挣脱这种冲突，都会在很长一段时间对残留的报复或自谦倾向极其敏感，换句话说，如果这些倾向被感觉到，他会以自我责备来回应。

　　在这里毫无疑问的一点是，这些自我指责**并没有**使他报复或退让。相反，他已经对于远离这两种倾向迈出了决定性且积极的一步，他不仅实事求是、建设性地表达，而且对自我、对生活"情境"获得了真实的感受。也就是说，他已经开始看到和**感受到**在这个困难形势中他的责任，并非作为负担或压力，而是作为他个人生活模式中的组成部分。他就是这样，情况就是这样，他诚实地处理它。他接受了自己在世界上的位置以及由此伴随的责任。

那么，他已经获得了足够的力量朝向自我实现迈出实际的一步，但是他还没有开始让自己与——真实自我和自负系统之间的——冲突和解，这一步必然会搅乱局面。他突然陷入这一冲突的严重程度，解释了前一天强烈的反弹表现。

当患者处于反弹的控制中，他自然不知道将要发生什么。他只是感觉自己的情况更加糟糕。他可能感到绝望。或许他的进步是幻觉？或许他无药可救了？他可能有瞬间的冲动要终止精神分析——这个想法他从未有过，即使在令人不安的时期。他感到困惑、失望、泄气。

事实上，这些情况都是患者努力在自我理想化和自我实现之间做出决定的建设性迹象。或许没有什么能比（由建设性行动的精神所引发的）反弹期间出现的内在斗争更清楚地表明这两种驱力的不相容。它们的出现不是因为他更实事求是地看待自己，而是因为他愿意接受自己的局限；不是因为他可以为自己做决定、做事情，而是因为他愿意注意到自己真正的兴趣并为自己承担责任；不是因为他以讲求实际的方式坚持自己的观点，而是他愿意获得自己在这个世界上的一个位置。简单地说，**它们是成长的痛苦**。

但是只有当患者意识到他的建设性行动的重要性时，它们才能充分地发挥作用。因此，更重要的是，精神分析师不要被表面的复发所迷惑，而是要认识到钟摆为什么这样摆动，并帮助患者看到它们。因为反弹通常以可预测的规律性出现，在它们发生了几次之后，似乎明智之举是当患者处于好转时预先告知他。这可能不会阻止即将到来的反弹，但是如果患者也意识到它的可预测性——这些力量在既定的时间会起作用，他在其来临前不会特别的无助。这会帮助他对它们变得更客观。对精神分析师来说，要做有一件事，这比在其他任何时候做它都更加重要：当患者的真实自我处于危险中，分析师要坚定地做他真实自我的盟友。如果他的视角和立场明确，那么在这段艰难时期，他能够带给患者极度需要的支持。很大程度上，这种支持不是普通的安慰，而是传递给患者事实情况：他正在进行最后的战斗，在战斗中他会遇到的困难和要瞄准的目标。

每一次当患者理解了反弹的意义，他就变得比之前更强大一些。反弹的时间逐渐变短，强度降低。相反，情况好转的阶段更具有明确的建设性。他获得改变和成长的前景变成切实的可能，在他可以触及的范围内。

但是不论还有哪些工作要完成（总会有大量的工作要做），患者能够尝试自己做事情的这一刻即将来临。就像工作中的恶性循环会使他更深地陷入神经症中，现在的良性循环在往相反的方向起作用。比如，如果患者降低了对绝对完美的标准，他的自我指责也会减少。因此，他有能力对自己更诚实。他可以审视自己，而不会感到恐惧。这反过来也使他不那么依赖分析师，给予他对自身资源的信心。同时，他外化自我指责的需要也降低了。因此他感到来自他人的威胁减少了，他对别人的敌意减轻了，他能够开始感受到对他人的善意。

　　此外，患者对于能够全面负责自身发展的勇气和信心逐渐增加。在我们对反弹的讨论中，我们聚焦在内在冲突导致的恐惧上。随着患者清楚地了解他想要的生活方向，这种恐惧会削弱。他的目标感本身给予他更大的统一性和力量。然而，还有另外一种恐惧附着在前进的行动上，我们尚未对它引起充分的重视。这是一种切合实际的恐惧：如果没有神经症的支撑，他没办法应付生活。毕竟，神经症患者是靠魔法活着的魔法师。任何朝向自我实现的迈进都意味着放弃这些魔法而依靠自己现有的资源生活。但是当他意识到，事实上他可以离开这些幻想来生活，甚至活得更好时，他获得了对自己的信心。

　　另外，走向"做自己"的任何一个行动都会带给他成就感；这与他之前了解的任何事情都不同。虽然这种体验最初是短暂的，但它可能越来越频繁地重新出现，并且持续更长的时间。即使在最初，这也会带给他走在正确道路上的更大的信念，这要比任何他所想的或者分析师所说的更令人充满信心。因为这向他展示了自己和生活相一致的可能性。对他来说，这可能是对自身的成长进行工作以及朝向更大的自我实现的最大动力。

　　治疗的过程充满各种困难，以至于患者可能达不到上述的阶段。当分析工作进行的顺利，它一定会带来可见的进步——在他与自己、与他人、与工作的关系上。然而，这些进步并不是终止常规分析工作的标准。因为它们只是更深层的改变所能触及的表现。只有分析师和患者本人能够意识到这一点：价值观、方向、目标开始有所改变。患者神经症自负的虚幻价值以及他对掌控、臣服和自由的幻觉的虚幻价值，都失去了大部分的吸引力，他更加热衷于实现自己既定的潜能。他仍然有大量的工作摆在面前——处理隐藏的各种自负、要求、伪装、外化，等等。但是由于对自己更为坚定，他能够认识到它们是他成长的阻碍。因此，他愿意发现它们并及时克服它们。此刻这种意愿并不是（至少较少地）通过魔法疯狂且没有耐心地消除不完美。他开始接受自己的神经症困难，他也接受了对自己进行工作是生活过程的一个组成部分。

　　以积极的态度进行工作，这涉及了自我实现的所有方面。对他自己而言，这意味着要努力做到更清晰、更深刻地体验他的情感、愿望和信念；具有更大地挖掘自身资源的能力，并将其利用于建设性的目的；对人生方向有更清晰地认识；对自己和自己的决定承担责任。对别人而言，这意味着他努力以真诚的情感和别人相处；尊重他人，把他人看作有自身权利和特点的个体；发展一种交互的精神（而不是利用他们作为实现目的的手段）。对工作而言，这意味着工作本身比满足他的自负或虚荣更加重要，他将致力于实现和发展他的特殊天赋，致力于变得更富有成效。

虽然患者以这样的方式发展，他迟早也会迈出超越个人利益的一步。由于他克服了神经症的自我中心，他更有可能意识到在特定生活和整个世界中更宽广的议题。他曾经在自己的头脑中是一个独特的、重要的例外，现在他将逐渐体会自己是更大整体的一部分。他愿意并且能够承担其中属于自己的那份责任，并以他最有能力的方式建设性地为这个整体做贡献。这可能有关于——像年轻商人的例子——意识到他所工作的群体中的普遍问题。这可能有关于他在家庭中、社区或政治局势中的位置。这一步很重要，不仅因为它拓宽了他个人的视野，而且因为找到或接纳自己在世界中的位置，这给予了他内在的确定性，这种确定性来自积极参与而获得的归属感。

第十五章　理论的思考

　　这本书呈现的神经症理论是从早期著作中所讨论的概念逐步演进而来的。在上一章中，我们讨论了这种演进对治疗的意义。我所思考的神经症的理论变化，不论是有关个别概念还是整体观点，它们仍然需要再观察。

　　和许多抛弃弗洛伊德本能理论的人一样[1]，我首先看到了人际关系中神经症的核心。我指出，一般而言这些都是文化条件造成的。具体来说，由于环境因素阻碍了儿童自由的心理成长。儿童没有发展出对自己和他人基本的信任，相反发展出基本的焦虑——我把这种感觉定义为对一个潜在充满敌意的世界的孤立感和无助感。为了使这种基本焦虑保持在最低限度，自发性的举动——亲近、反抗和远离他人——变得具有强迫性。虽然自发性的举动彼此相容，但是强迫性是相互抵触的。以这种方式产生的冲突，我们称之为基本冲突，因此基本冲突是个体对他人的冲突需要和冲突态度的结果。最初的解决方案主要是通过充分控制其中一些需要和态度而压抑另一些需要和态度，以此尝试整合。

　　这是一个略微简单的总结，因为内心的过程和人际关系的过程太过紧密地交织，以至于我无法完全忽略它们。它们在许多方面都被涉及到。简单地提几句：我无法在讨论神经症患者对爱的需要，或对他人任何的同等需要时，不考虑他必须在自己身上培养的服务于这种需要的品质和态度。另外，我在《自我分析》中所列举的“神经症倾向”，其中一些具有内在的心理含义，比如，通过意志力或理智来实现对于控制的强迫性需要，或对于完美的强迫性需要。对于这一点，在本书讨论克莱尔病态依赖的分析中（也见《自我分析》），我以浓缩的形式论述了相同情境中的许多内在因素。尽管如此，焦点还是明确地放在人际关系的因素上。对我来说，神经症在本质上仍然是人际关系的困扰。

　　超越这种解释的明确的第一步来自这个论点：对他人的冲突能够通过自我理想化来解决。当我在《我们内心的冲突》中提出理想化形象的概念时，我尚未了解它全部的意义。那时我简单地把它看作是解决内在冲突的另一个尝试。

---

　　[1] 像艾里希·弗洛姆，阿道夫·梅耶，詹姆斯·普朗特，哈里·斯塔克·沙利文。

它的整合功能解释了人们依附于它的顽固性。

　　但是在随后的几年，理想化形象的概念变成了核心议题，这其中发展出了新的洞见。在这本书中，它实际上是通往整个内心过程的领域的入口。为了科学地发展弗洛伊德的概念，我意识到了这一领域的存在。但是由于弗洛伊德对它的解释只在局部对我有意义，它对我仍然是陌生的领域。

　　现在我逐渐看到了神经症患者的理想化形象不仅构成了他价值观和意义的错误信念，它更像是一个弗兰肯斯坦的怪兽（毁灭创造者自己之物），迟早会侵占他最佳的能量。最终，它夺取了成长的驱力和实现既定潜能的驱力。这意味着他不再对实事求是地处理或克服他的困难感兴趣，不再对实现潜能感兴趣，而是下决心实现他理想化的自我。这不仅造成他强迫性地追求世俗的荣誉——通过获得成功、权力和胜利，而且造成他试图把自己塑造成一个像神一个的人——通过专制的内在系统。它还会导致神经症的要求和神经症自负的发展。

　　随着对最初的理想化形象的详尽阐述，另一个问题出现了。当我聚焦在人们对自我的态度时，我意识到人们一方面在强烈地、非理性地理想化自己，另一方面以相同的强度和非理性程度憎恨与鄙视自己。有一段时间，这两个相反的极端在我的头脑中是分开的。但最终我看到，它们不仅紧密地相互联系，而且事实上它们是同一过程的两个方面。于是，这是这本书原稿中的主要论题：**像神一样的人势必是憎恨他实际的自己**。将这个过程作为一个共同体来认识，这两个极端在治疗中就更容易被理解。神经症的定义也发生了变化。**现在，神经症是个体与自我关系、与他人关系的困扰。**

　　虽然这个论点在某种程度上仍然是主要的主张，但近些年它在两个方向上有了发展。真实自我的问题就像对许多其他人一样，一直困扰着我。它跳入我的思考中，我开始把始于自我理想化的整个内在心理过程，看作是逐步地与自我的疏离。更重要的是，我在最后的分析中意识到，自我憎恨是针对真实自我的。我把自负系统和真实自我之间的冲突称之为核心的内在冲突。这有利于扩大神经症冲突的概念。我把它定义为两种不相容的强迫性驱力之间的冲突。在保留这个概念的同时，我开始看到这并不是唯一一种神经症冲突。核心的内在冲突是在真实自我的建设性力量和自负系统的阻碍力量之间的冲突，是在健康的成长和现实中证明完美理想化自我的驱力之间的冲突。因此，治疗变成了通往自我实现的助力。通过我们整个小组的临床工作，上述内心过程的普遍有效性，在我们的头脑中变得越来越清晰。

　　随着我们的工作从一般问题到更具体的问题，知识的体系也得到了发展。

我们的兴趣转向了不同"类型"的神经症或神经症人格的变化。首先，这些变化表现在针对内在过程的不同方面，存在意识或理解性上的差异。然而，我逐渐意识到它们产生自内在冲突的各种伪解决方案。这些解决方案提供了一个新的——试探性的——建立神经症人格类型的基础。

当一个人得出某个理论构想，会有愿望将它们与同一领域工作的人的理论进行比较。他们如何看待这些问题？由于这个简单但不可抗拒的原因——时间和精力太过有限而无法兼顾创造性的工作和认真谨慎的阅读，在这里我必须限制自己仅仅将我和弗洛伊德的相似概念做对比，指出它们的某些异同。即使对这个任务做了限定，它仍然遇到极大的困难。在比较个别概念时，几乎不可能完全公正地评价弗洛伊德对某些理论思考的精妙之处。另外，从哲学的角度来看，使孤立的概念脱离情境而后进行比较，这是不被允许的。因此，深入细节是没有帮助的，尽管在细节的解释上差异尤其令人吃惊。

当我回顾在追求荣誉中所涉及的因素，我依旧体验到进入一个相对新领域时的相同经历：我对弗洛伊德的观察力赞叹不已。更令人印象深刻的是，他在这个尚未被探索的科学领域进行了开创性的工作，而且抵挡着来自其他理论假设的限制困难，完成了这样的工作。只有很少几个方面（虽然是重要的），他完全没有注意到，或者没有认为它们重要。其中一个就是我所描述的神经症的要求。[1]弗洛伊德当然看到了这一事实，许多患者很容易对他人有不合理程度的期待。他也看到这些期待可能是迫切的。但是，他把它们看作是口欲的表达，他没有意识到它们可能具有"要求"的具体特征：个体认为有权利使他的要求得以实现。[2]从而，他也没有意识到它们在神经症中所扮演的关键角色。另外，尽管弗洛伊德在文中使用"自负"一词，他没有认识到神经症自负的具体性质和含义。但弗洛伊德确实观察到了有魔力的信念、全知全能的幻想、对自我或"理想化自我"的迷恋——如自我夸大、限制的美化、强迫性的竞争和雄心；对权力、完美、赞赏和认可的需要。

弗洛伊德所观察到的这些多方面的因素，对他来说仍然是不同的、无关联的现象。他没有看到它们是同一股洪流的表现。换句话说，他并没有看到在多样性中的统一性。

三个主要原因结合在一起阻止了弗洛伊德认识到追求荣誉的影响以及它

---

[1] 哈拉尔德·舒尔茨·亨克是最先认识到它们在神经症中的重要意义。根据他的观点，一个人因为恐惧和无助而产生潜意识的要求。这些要求反过来又大大促进了普遍性的抑制。

[2] 弗洛伊德唯一隐约看到的类似神经症要求的地方是他所称的来自疾病的继发性获益，这本身就是一个非常含糊的概念。

对神经症过程的意义。首先，他没有认识到文化条件对塑造人类性格的力量，他和同时代大多数欧洲学者都缺乏这样的了解。[1]在这一点上，我们感兴趣的是，用简单的话说，弗洛伊德误把他在自己周围所见的对声望和成功的渴望当作是普遍的人类倾向。因此，比如对霸权、支配或胜利的驱动力不能也没有令他认为是值得研究的问题，除非这种雄心抱负不符合"正常"的既定模式。弗洛伊德认为，只有当它到达明显的令人困扰的程度，或者当发生在女性身上又与既定的"女性气质"的符号不符时，它才被认为是有问题的。

另一个原因在于弗洛伊德倾向将神经症的驱动力解释为力比多的现象。于是，自我美化是对自我性欲迷恋的表达。（一个人对自己的高估就像他可能高估另一个"爱的对象"。一个具有野心的女人"实际上"遭受"阴茎嫉妒"的痛苦。对赞美的需要是"自恋型供给"的需要，等等）因此，理论和治疗上的问询都指向过去和现在的情感生活细节（即，对自我和他人的性欲关系），而并非针对具体的品质、功能、自我美化的影响、雄心等。

第三个原因存在在弗洛伊德有关进化式的机械思维中。"它暗含着现在的表现不仅受到过去的影响，而且它只包含过去，别无其他。在发展的过程中没有什么真正新的东西被创造出来：我们今天看到的只是改变了形式的旧东西。"[2]根据威廉·詹姆斯的话来说，"它真的不过是原有的、没有改变的材料重新分配的结果。"基于这种哲学假设，过度竞争被满意地解释为未解决的俄狄浦斯情结或同胞竞争的结果。对全能的幻想被认为是固着或退行到"原初自恋"的早期水平，等等。相一致的观点，也可以说，只有与早期的性欲经验建立联系的解释才被认为是"深刻的"、令人满意的。

从我的观点来看，即使这种解释没有断然阻碍重要的洞见，其治疗效果也是有限的。比如，让我们假设一位患者，他意识到他太倾向于感到被分析师羞辱，他还意识到在接近女人时总害怕被羞辱。他感觉不到自己像其他男人一样的阳刚或具备吸引力。他可能记得被父亲羞辱的情景，或许这和性活动有关。基于现在和过去以及梦中的许多具体描述，给出的解释沿着这样的线路：对患者来说，精神分析师就像其他权威形象，代表了父亲；感到被羞辱或者由此产生的恐惧，代表患者仍然根据早期的模式——未解决的俄狄浦斯情结——做出反应。

由于分析工作，患者可能感到解脱，被羞辱的感觉可能得到减轻。在某

[1] 参见卡伦·霍妮的《精神分析新法》，第十章"文化和神经症"，诺顿出版社，1939年。
[2] 引用卡伦·霍妮的《精神分析新法》，第二章"弗洛伊德思想的一般假设"。

种程度上，他的确获益于这部分的分析。他对自己有了一些了解，并且意识到他的羞辱感是不合理的。但是如果没有处理他的自负，这种改变不可能彻底。相反，有可能这种表面的改善在很大程度上是因为他的自负不能容忍他的非理性，尤其是他的"幼稚"。有可能他只是发展了一套新的"应该"。他**不应该**是幼稚的，他**应该**是成熟的。他不应该感到被羞辱，因为这样做是幼稚的，所以他不再感到被羞辱。这样，表面上的进展实际上可能是对患者成长的阻碍。他被羞辱的感觉被驱赶到了更深处，他与其相处的可能性极大地被削弱了。因此，治疗是利用了患者的自负，而不是处理他的自负。

因为所有被提到的理论性的原因，弗洛伊德不可能看到追求荣誉的影响。他的确观察到了那些在扩张驱力中的因素，但它们并不是看起来的样子，他认为它们"实际上"是早期性欲驱动力的衍生物。他的思维方式阻碍了他认识扩张驱力是一种带有自身重要性和结果的力量。

当我们将弗洛伊德和阿德勒进行对比，这种论述会更清晰。阿德勒的巨大贡献是认识到权力和优越感对神经症的重要性。然而，阿德勒过于专注在如何获得权力和维护优越感的手段上，而无法意识到它所造成的个体痛苦的深度，因此过于停留在所涉及问题的表面。

当看到我的自我憎恨的概念和弗洛伊德的自毁本能——死本能——的假设之间有极大的相似性时，我们会首先感到吃惊。至少在这里我们看到了我和弗洛伊德同样地重视自我毁灭驱力的强度和重要性。另外，某一些具体细节也是相似的，比如内在禁忌、自我指责和由此产生的负罪感这些自我毁灭的特点。尽管如此，在这方面我们还是存在显著的差异。弗洛伊德所提出的自我毁灭的驱力具备本能性的特点，这给它们贴上了不可改变的标签。因为它们被认为是本能性的，它们并不产生自确定的心理状况，并且无法通过状况上的改变来克服它。然后，它们的存在和运行构成了人类本能的属性。因此，人类从根本上只能选择痛苦和毁灭自己，或者让别人痛苦，毁灭他人。这些驱动力能够被缓解和控制，但是最终是不可改变的。此外，当依据弗洛伊德的观点，我们会假定本能性的驱力是朝向自我摧毁、自我破坏或死亡，我们必然将自我憎恨以及它的许多含义简单地看作这种驱力的一种表达。一个人会憎恨或鄙视自己真实的样子——这个想法实际上与弗洛伊德的思想相距甚远。

当然，弗洛伊德和其他共享他基本假设的学者们都观察到自我憎恨的发生，虽然他远没有认识到隐藏的各种形式和影响。正如他解释的，自我憎恨似乎"实际上"是其他事物的表达。它可能是对其他人潜意识的憎恨。而且的确可能发生的是，一位抑郁的患者会由于被他人冒犯而指责自己，而实际上是他潜意识地憎恨这个挫伤他"自恋型供给"需要的人。虽然这不是经常发生的情况，但是它成为了弗洛伊德关于抑郁症理论的主要临床基础。简单地说，抑郁症患者有意识地憎恨和指责自己，但实际上**潜意识地**憎恨和指责一个投射的敌人。（"对令人挫败的对象的敌意转而变成对自我（ego）的敌意。"[1]）或者，**看起来的**自我憎恨"**实际上**"是来自超我的惩罚性过程，超我被视为内化的权威。在这里，自我憎恨再一次转变为人际关系的现象：憎恨某个人，或恐惧这种憎恨。或者，最后自我憎恨被看作是超我的施虐性，来自向早期性欲——肛欲期的退行。因此，不仅自我憎恨在解释方式上与我的思想截然不同，而且在这一现象的本质上也完全不同。[2]

　　许多严格遵从弗洛伊德观点的精神分析师，基于我所提出的确凿理由，拒绝了死本能一说。[3]但是如果一个人抛弃了自我毁灭的本能性，这个问题就很难在弗洛伊德的理论框架下进行解释。我好奇的是，是否由于这方面的其他解释不够充分而导致弗洛伊德提出自我毁灭的本能来做解释。

　　弗洛伊德归因于超我的要求和禁忌与我所描述的暴政的"应该"之间是另一个明显的相似之处。但是一旦我们考虑到它们的含义，我们就将走上分离的道路。首先，对弗洛伊德来说，超我是代表良心和道德的正常现象，只有当它特别残忍和具有施虐性时，它才是神经症的。对我来说，不论何种以及何种程度的"应该"和禁忌都完全是神经症的力量，冒充着道德和良心。根据弗洛伊德，超我的一部分是俄狄浦斯情结的衍生物，一部分是本能力量的衍生物（毁灭性的和施虐性的）。根据我的观点，内在指令是个体潜意识地驱使自己变成他不是的那种人的表现（比如，像神一样完美的人），并且当他没有做到时，他会憎恨自己。在这些存在区别的诸多含义中，我只提一个。把"应该"和禁忌看作某一种特殊自负的必然结果，使我们更准确地理解为什么同一件事情在一种性格结构中被强烈的要求，而在另一种性格结构中被禁止。同样，它使我们更准确地理解个体可能对超我——或内在指令——的要求抱有不同的态度，其中一些在弗洛伊德的文献中有所提及：让步、屈从、贿赂、反叛的态度。[4]这些态度要么被概括为和所有的神经症有关（亚历山大），要么被认为仅与某些特定的情况有关，比如抑郁或强迫性神经症。另一方面，在我的神经症理论

---

[1] 引用奥托·菲尼谢尔的《神经症的精神分析理论》，诺顿出版社，1945年。

[2] 参见第五章"自我憎恨与自我蔑视"。

[3] 只举一个例子：奥托·菲尼谢尔的《神经症的精神分析理论》，诺顿出版社，1945年。

[4] 参见奥托·菲尼谢尔的著作，以及弗朗兹·亚历山大的《整体人格的精神分析》，神经与精神疾病出版公司，1930年。

的框架中，神经症的特质严格取决于整个特定的神经症结构。从这些差异可以得出，在这一点上治疗目标是不同的。弗洛伊德可能仅仅将目标放在降低超我的严格性，然而我的目标在于让个体能够完全地免除他的内在指令，并且根据真实愿望和信念来决定生活的方向。弗洛伊德的思想中并不存在后者的可能性。

在这里总结一下，我们可以说在这两种思想中，某些个别现象以相似的方式被观察和描述。但是对于它们的动力机制和意义的解释是完全不同的。如果我们现在抛开个体方面而考虑它们相互关系的整体复杂性，如同在这本书中呈现的，我们会看到根本不存在比较的可能性。

最重要的相互关系在对完美和权力的无限追求与自我憎恨之间。认识到它们是不可分割的，这是一个旧有的观点。在我看来，它最好的象征来自魔鬼契约的故事，其中的要点似乎始终是一样的。有一个人处于心理或精神的痛苦中。[1]有具备邪恶性质的某个象征物的诱惑，比如：魔鬼、巫师、女巫、蛇（亚当和夏娃的故事）、古玩商人（巴尔扎克的《驴皮记》）、愤世嫉俗的亨利·沃顿爵士（王尔德的《道林·格雷的画像》）。然后，魔鬼不仅有奇迹般扫除痛苦的承诺，还有令人拥有无限权力的保证。一个人能够抵挡住诱惑，这是一个真正伟大的考验，就像基督的诱惑故事中所呈现的。如果没能抵挡住诱惑，最后要付出代价，代价（以各种形式呈现）是灵魂的丧失（亚当和夏娃失去了他们纯真的情感），它屈从了邪恶力量。"你若屈膝跪拜我，我就把这一切赐予你，"撒旦对耶稣这样说。代价可能是这一生的精神折磨（就像《驴皮记》中）或者地狱中的折磨。在《魔鬼与丹尼尔·韦伯斯特》中，我们看到了被魔鬼收集的枯萎灵魂的凄美象征。

同一个主题虽然有不同的象征，但是其意义的解释始终是不变的。这一主题反复出现在民间传说、神话和神学中——无论包含哪一种基本的善恶二元论。因此，它长期存在于大众的意识中。对于精神病学来说，去认识它的心理学智慧的时机或许也已成熟。当然，它与本书中描述的神经症过程相类似，这是引人注意的：一个处于精神痛苦中的人妄称自己有无限的权力，他丧失了灵魂并在他的自我憎恨中遭受地狱般的折磨。

---

[1] 有时外在的不幸可以象征这种痛苦，就像在斯蒂芬·文森特·贝内的《魔鬼与丹尼尔·韦伯斯特》中。有时痛苦只是被暗示，就像在耶稣的诱惑的圣经故事中。有时似乎没有痛苦存在，但是就像在歌德的《浮士德》和克里斯托弗·马洛的《浮士德博士》中，其中一个人被他追求魔法力量的渴望所控制。不论如何，我们知道只有精神上被困扰的人会产生这种渴望。在安徒生的《白雪公主》中，魔鬼首先恶作剧地打碎那面镜子，让碎片侵入人们的心中。

从这一段长篇大论、隐喻性的问题陈述回到弗洛伊德：弗洛伊德并没有看到它，当我们想起他没有意识到追求荣誉是那些不可分割的驱力的混合体，继而也无法意识到它的力量时，我们就能够更清楚地理解为什么他无法看到这一点。虽然他充分地看到了自我毁灭的地狱，但是他把其视为自主驱力的表达，他在脱离情境地认识它。

从另一个角度来看，这本书呈现的神经症过程是一个自我的问题。它是一个为了理想自我而放弃真实自我的过程；是试图实现假我，是取代实现我们人类既定潜能的过程；是两种自我之间破坏性斗争的过程；是我们能够使用的最好的、或者在某种程度上唯一能够消除这一斗争的过程；最后，是通过生活或者治疗调动出我们建设性的力量，来找到真实自我的过程。从这个意义上来说，这个问题对弗洛伊德几乎没有任何意义。在弗洛伊德对"自我"（ego）的概念中，他描述了一个神经症患者的"自我"（self）——他远离了自发性的能量，远离了真实的愿望；他不为自己做任何决定，不为任何决定负责；他仅仅看到他并没有与他的环境有太严重的碰撞（"现实检验"）。如果这种神经症的自我被误解为健康活力的对应物，那么克尔凯郭尔或威廉·詹姆斯看到的真实自我的整个复杂问题就不可能出现。

最后，我们可以从道德或精神价值的角度看待这个过程。从这个观点来看，它具有真实人类悲剧的所有因素。虽然伟人有可能变得具有破坏性，人类的历史还是显示了活跃与不懈的努力，去获得对自己和周围世界更多的了解，去加深宗教的体验，去发展更大的精神力量和道德勇气，去获得所有领域中更大的成就，去实现更好的生活方式。一个人将最好的精力投入进这些努力中。凭借智慧和想象的力量，人类可以设想出尚未存在的事物。他在任何既定的时刻都能超越他自己，超越他能做的事情。他有局限性，但是他的局限不是牢固和不可改变的。通常，他落后于他想要实现的内在或外部的目标。这本身并不是悲剧性的。但是神经症的内在心理过程——相当于健康的人类奋斗——它是悲剧性的。当人处于内在痛苦的压力下，会寻求终极和无限——虽然他的局限不固定，但这个目标是注定无法达到的。在这个过程中，他毁灭了自己，把最好的自我实现的驱动力转移到理想化形象的实现中，由此浪费了他实际拥有的潜能。

弗洛伊德对人性的看法是悲观的，根据他的理论假设，悲观是必然的。正如他所看到的，不论人类转向哪一条路，都注定是不满足的。如果人不毁掉自己、毁掉文明，他的原初本能的驱力无法让他满意地生活。他无法独自快乐，也无法与他人一起快乐。他只能选择自己痛苦或使别人痛苦。这都是弗洛伊德的贡献，以这种角度看待事情，他无法给出一个妥协的解决方案。实际上，在他的思想框架中，没有逃离这两种邪恶之物的出口。充其量可能存在一个较好的力量分配，得到更好的控制和"升华"。

弗洛伊德是悲观的，但是他没有看到神经症中的人类悲剧。只有当建设性、创造性的努力存在时，以及当它们被阻碍性或毁灭性的力量破坏时，我们才能看到人类经验的悲剧性浪费。弗洛伊德不仅没有看到人类的建设性力量，他还否认了它们的真实性。因为在他的思想体系中，只有毁灭性和力比多的力量，以及它们的衍生物和组合。对他来说，创造力和爱（**爱欲**）是力比多驱动力的升华形式。一般来说，我们所视为朝向自我实现的健康的努力奋斗，对弗洛伊德来说只是——可能是——自恋型力比多的一种表现。

从"对世界与生活的肯定"和"对世界与生活的否定"的意义上，阿尔贝特·施韦泽使用了"乐观"和"悲观"来表达。从深层意义上来说，弗洛伊德的哲学是悲观的。我们的哲学，带着对神经症悲剧因素的全部认识，却是乐观的。